Prefijos del SI

Múltiplo	*Forma exponencial*	*Prefijo*	*Símbolo del SI*
1 000 000 000	10^{9}	giga	G
1 000 000	10^{6}	mega	M
1 000	10^{3}	kilo	k
Submúltiplo			
0.001	10^{-3}	mili	m
0.000 001	10^{-6}	micro	μ
0.000 000 001	10^{-9}	nano	n

Factores de conversión (FPS) a (SI)

Cantidad	*Unidad de medición (FPS)*	*Es igual a*	*Unidad de medición (SI)*
Fuerza	lb		4.448 N
Masa	slug		14.59 kg
Longitud	ft		0.3048 m

Factores de conversión (FPS)

1 pie = 12 in (pulgadas)
1 mi (milla) = 5280 ft (pies)
1 kip (kilolibra) = 1000 lb
1 ton = 2000 lb

INGENIERÍA MECÁNICA

ESTÁTICA

INGENIERÍA MECÁNICA

ESTÁTICA

DECIMOCUARTA EDICIÓN

R. C. HIBBELER

TRADUCCIÓN
Jesús Elmer Murrieta Murrieta
Tecnológico de Monterrery, campus Morelos

REVISIÓN TÉCNICA
Mónica Ramírez Ortega
Escuela Superior de Ingeniería Mecánica y Eléctrica
Unidad Azcapotzalco
Instituto Politécnico Nacional, México

PEARSON

Datos de catalogación bibliográfica

HIBBELER, R. C.
Ingeniería mecánica. Estática
Decimocuarta edición

PEARSON EDUCACIÓN, México, 2016

ISBN: 978-607-32-3707-9
Área: Ingeniería

Formato: 20 × 25.5 cm   Páginas: 704

ISBN 9780133918922

Director General: Sergio Fonseca Garza
Director de Contenidos y Servicios Digitales: Alan David Palau
Gerente de Contenidos y Servicios Editoriales: Jorge Luis Íñiguez Caso
Coordinador de Contenidos, Educación Superior: Guillermo Domínguez Chávez
e-mail: guillermo.dominguez@pearson.com
Especialista en Contenidos de Aprendizaje: Luis Miguel Cruz Castillo
Especialista en Desarrollo de Contenidos: Bernardino Gutiérrez Hernández
Supervisor de Arte y Diseño: Enrique Trejo Hernández

DECIMOCUARTA EDICIÓN, 2016

D.R. © 2016 por Pearson Educación de México, S.A. de C.V.
Antonio Dovalí Jaime Núm. 70
Torre B, Piso 6, Col. Zedec
Ed. Plaza Santa Fe
Delegación Álvaro Obregón
C.P. 01210, Ciudad de México

Cámara Nacional de la Industria Editorial Mexicana. Reg. Núm. 1031.

ISBN 978-607-32-3707-9
ISBN e-book 978-607-32-3698-0

Impreso en México. *Printed in Mexico*
1 2 3 4 5 6 7 8 9 0 - 19 18 17 16

Se terminó la impresión de esta obra en mayo de 2022
en los talleres de Editorial Progreso, S. A. de C. V.
Naranjo No. 248, Col. Santa María la Ribera
Alcaldía Cuauhtémoc, C. P. 06400, Ciudad de México.

PEARSON

www.pearsonenespañol.com

Al estudiante

Con la esperanza de que este trabajo estimule un interés
en la ingeniería mecánica y proporcione una guía
aceptable para su comprensión.

PREFACIO

El propósito principal de este libro es ofrecer al estudiante una presentación clara e integral de la teoría y las aplicaciones de la ingeniería mecánica. Para alcanzar ese objetivo, la obra se ha enriquecido con los comentarios y las sugerencias de cientos de revisores que se dedican a la enseñanza, así como de muchos de los alumnos del autor.

Características nuevas en esta edición

Problemas preliminares. Esta nueva característica se encuentra a lo largo de todo el texto y se presenta justo antes de los problemas fundamentales. Su intención es poner a prueba la comprensión conceptual que haya tenido el estudiante acerca de la teoría. Por lo general, las soluciones requieren la realización de pocos cálculos o de ninguno en absoluto; así, estos problemas proporcionan un entendimiento básico de los conceptos, antes de aplicarlos en forma numérica. Al final de este texto, se presentan todas las soluciones.

Ampliación de las secciones de puntos importantes. Se agregaron resúmenes que refuerzan el material de lectura y destacan las definiciones y los conceptos importantes en las secciones.

Revisión del material. En esta edición se logró una mayor claridad en los conceptos y ahora las definiciones importantes se presentan en negritas con la finalidad de resaltarlas.

Problemas de repaso al final del capítulo. En esta edición se incluyen las soluciones a todos los problemas de repaso al final del texto, por lo que los estudiantes pueden revisar su trabajo mientras estudian para sus exámenes y repasar sus conocimientos al concluir cada capítulo.

Nuevas fotografías. La importancia de conocer los temas de estudio se refleja en las aplicaciones al mundo real representadas en las más de 30 fotografías nuevas o actualizadas a lo largo del libro. Por lo general, esas fotografías se utilizan para explicar la forma en que los principios relevantes se aplican a situaciones cotidianas y la manera como se comportan los materiales bajo carga.

Nuevos problemas. En esta edición se agregaron cerca de 30% de problemas inéditos, los cuales involucran aplicaciones en muchos campos de la ingeniería.

Características particulares

Además de las nuevas características que se acaban de mencionar, hay otras que destacan el contenido del texto, entre ellas las siguientes.

Organización y enfoque. Cada capítulo está organizado en secciones bien definidas que incluyen una explicación de temas específicos, problemas de ejemplo ilustrativos y conjuntos de problemas de tarea. Los temas dentro de cada sección se colocan en subgrupos definidos por títulos en letras negritas. El propósito de esto es presentar un método estructurado para introducir cada definición o concepto nuevo, y convertir al libro en una útil y práctica referencia en repasos posteriores.

Contenido del capítulo. Cada capítulo comienza con una ilustración que muestra una aplicación relevante del tema, así como con una lista con viñetas de los objetivos del capítulo, para brindar una visión general del material que se cubrirá.

Énfasis en los diagramas de cuerpo libre. Al resolver problemas, es particularmente importante dibujar un diagrama de cuerpo libre; por tal razón este paso se enfatiza a lo largo del texto. En particular, se dedican secciones y ejemplos especiales para demostrar cómo trazar diagramas de cuerpo libre. También se agregaron problemas de tarea específicos para desarrollar dicha práctica.

Procedimientos para el análisis. Al final del primer capítulo se presenta un procedimiento general para analizar cualquier problema de mecánica. Después, el procedimiento se adapta para resolver problemas específicos a lo largo del libro. Esta característica única ofrece al estudiante un método lógico y ordenado que puede seguir al aplicar la teoría. Los problemas de ejemplo se resuelven utilizando ese método esquemático con la finalidad de aclarar su aplicación numérica. Sin embargo, una vez que se tiene dominio de los principios relevantes y se ha obtenido confianza y buen juicio en el método, el estudiante podrá desarrollar sus propios procedimientos para la resolución de problemas.

Puntos importantes. Constituyen un repaso o un resumen de los conceptos más importantes en cada sección y destacan los aspectos más significativos que deberían observarse al aplicar la teoría para la resolución de problemas.

Problemas fundamentales. Esta serie de problemas se ubica de manera selectiva justo después de la mayoría de los problemas de ejemplo. Con ellos, los estudiantes obtienen aplicaciones sencillas de los conceptos y, por lo tanto, la oportunidad de desarrollar sus habilidades en la resolución de problemas antes de intentar resolver cualquiera de los problemas generales que se presentan en seguida. Asimismo, pueden utilizarlos de práctica para los exámenes y, más adelante, si está en sus planes, como preparación para el *Fundamentals in Engineering Exam*.

Comprensión conceptual. Mediante el uso de las fotografías que se incluyen a lo largo del libro se aplica la teoría de una manera simplificada con el propósito de ilustrar algunas de sus características conceptuales más importantes, y representar el significado físico de muchos de los términos que se usan en las ecuaciones. Las aplicaciones simplificadas aumentan el interés en el tema estudiado y preparan de mejor forma al estudiante para entender los ejemplos y resolver los problemas.

Problemas de tarea. Además de los problemas fundamentales y conceptuales que se mencionaron, el libro incluye problemas de otro tipo, como los que se describen a continuación:

- **Problemas de diagrama de cuerpo libre.** Algunas secciones del libro incluyen problemas introductorios que sólo requieren dibujar el diagrama de cuerpo libre para una situación específica. Son asignaciones que harán que el estudiante reconozca la importancia de dominar esta habilidad como un requisito para obtener una solución integral de cualquier problema de equilibrio.

- **Problemas generales de análisis y diseño.** La mayoría de los problemas presentan situaciones reales en la práctica de la ingeniería. Algunos provienen de productos reales usados en la industria. Se espera que este realismo estimule el interés del estudiante en la ingeniería mecánica, y lo ayude a desarrollar la habilidad de reducir cualquier problema de este tipo desde su descripción física hasta un modelo o representación simbólica a la que se le puedan aplicar los principios de la mecánica.

  A lo largo del libro existe cierto equilibrio entre los problemas que utilizan las unidades del SI y las del FPS. Asimismo, en todas las series se ha hecho un esfuerzo por ordenar los problemas de acuerdo con una dificultad creciente, excepto en los problemas de repaso al final de cada capítulo, los cuales se presentan en orden aleatorio.

- **Problemas por computadora.** Se ha hecho un esfuerzo por incluir algunos problemas que pueden resolverse usando un procedimiento numérico ejecutado en una computadora de escritorio o en una calculadora de bolsillo. La intención es ampliar la capacidad del estudiante para que utilice otras formas de análisis matemático sin sacrificar el tiempo, para enfocarse en la aplicación de los principios de la mecánica. Los problemas de este tipo, que pueden o deben resolverse mediante procedimientos numéricos, se identifican con un "cuadro" (■) antes del número del problema.

Esta edición contiene una gran cantidad de problemas de tarea que se clasifican en dos categorías. Los problemas que se indican sólo mediante un número tienen una respuesta, y en algunos casos un resultado numérico adicional, que se presenta en la parte final del libro. Cada cuarto problema tiene un asterisco (*) antes de su número, lo que indica que se trata de un problema sin respuesta.

Exactitud. Del mismo modo que en las ediciones anteriores la precisión del texto y de las soluciones a los problemas ha sido verificada de manera profunda por el autor y por cuatro revisores adicionales: Scott Hendricks, del Virginia Polytechnic Institute and State University; Karim Nohra, de la University of South Florida; Kurt Norlin, del Bittner Development Group; y finalmente Kai Beng, un ingeniero practicante, que además de revisar la precisión brindó sugerencias para el desarrollo de problemas.

Contenido

El libro está dividido en 11 capítulos, donde los principios se aplican primero en situaciones sencillas y después en contextos más complejos. En un sentido general, cada principio se aplica primero a una partícula, después a un cuerpo rígido sujeto a un sistema de fuerzas coplanares y, por último, a un sistema de fuerzas tridimensional que actúa sobre un cuerpo rígido.

El capítulo 1 comienza con una introducción a la mecánica y un análisis de las unidades. En el capítulo 2 examina las propiedades vectoriales de un sistema de fuerzas concurrentes. Después, esta teoría se aplica al equilibrio de una partícula en el capítulo 3. El capítulo 4 presenta un estudio general de los sistemas de fuerzas concentradas y distribuidas, así como de los métodos usados para simplificarlos. En el capítulo 5 se desarrollan los principios del equilibrio de cuerpos rígidos, los cuales, en el capítulo 6, se aplican a problemas específicos que involucran el equilibrio de armaduras, bastidores y máquinas. Luego, en el capítulo 7, estos principios se aplican al análisis de fuerzas internas en vigas y cables. En el capítulo 8 se estudian las aplicaciones a problemas que implican fuerzas de fricción; y en el capítulo 9 se analizan temas relacionados con el centro de gravedad y el centroide. Si el tiempo lo permite, también deben cubrirse las secciones que implican temas más avanzados, los cuales se indican mediante estrellas (★). La mayoría de estos temas se incluyen en el capítulo 10 (momentos de inercia) y en el capítulo 11 (trabajo virtual y energía potencial). Observe que este material también proporciona una referencia adecuada para los principios básicos, cuando éstos se estudian en cursos más avanzados. Por último, el apéndice A presenta un repaso y una lista de fórmulas matemáticas necesarias para resolver los problemas del libro.

Cobertura alternativa. A juicio del profesor, algunas partes del material pueden presentarse en una secuencia diferente sin perder continuidad. Por ejemplo, es posible introducir el concepto de fuerza y todos los métodos necesarios del análisis vectorial, al cubrir primero el capítulo 2 y la sección 4.2 (producto cruz). Asimismo, después de estudiar el resto del capítulo 4 (sistemas de fuerza y momento), se puede continuar con los métodos de equilibrio de los capítulos 3 y 5.

Reconocimientos

El autor se ha esforzado por escribir este libro de manera que resulte de interés tanto para el estudiante como para el profesor. A través de los años, muchas personas han contribuido en su desarrollo y siempre estaré agradecido por sus valiosos comentarios y sugerencias. De forma específica, quisiera agradecer a todas las personas que han aportado comentarios relacionados con la preparación de la decimocuarta edición de esta obra y, en particular, a O. Barton, Jr., de la U. S. Naval Academy, K. Cook-Chennault en Rutgers, la State University of New Jersey, Robert Viesca de la Tufts University, Ismail Orabi de la University of New Haven, Paul Ziehl de la University of South Carolina, Yabin Laio de la Arizona State University, Niki Schulz de la University of Portland, Michael Reynolds de la University of Arkansas, Candace Sulzbach de la Colorado School of Mines, Thomas Miller de la Oregon State University y Ahmad Itani de la University of Nevada.

Hay otras personas que me han enviado algunos comentarios y que también merecen un reconocimiento especial, entre ellos J. Dix, H. Kuhlman, S. Larwood, D. Pollock y H. Wenzel. Un viejo amigo y socio, Kai Beng Yap, fue de gran ayuda durante la preparación y revisión de las soluciones a los problemas. En este mismo sentido, va una nota especial de agradecimiento a Kurt Norlin del Bittner Development Group. Asimismo, agradezco la ayuda recibida durante el proceso de producción de Martha McMaster, mi correctora de pruebas, y de Rose Kernan, mi editora de producción. Además, agradezco a mi esposa, Conny, quien ayudó en la preparación del manuscrito para su publicación.

Por último, extiendo mi agradecimiento a todos mis alumnos y a los miembros del profesorado que se han tomado el tiempo de enviarme sus sugerencias y comentarios por correo electrónico. Como esta lista es demasiado larga, espero que aquellos que han proporcionado su ayuda de esta manera acepten este reconocimiento anónimo.

Estaré muy agradecido con ustedes si me envían algún comentario o sugerencia, o si me hacen saber la existencia de problemas de cualquier tipo en relación con esta edición.

Russell Charles Hibbeler
hibbeler@bellsouth.net

Recursos (en inglés) para los profesores que utilizan este texto como apoyo para su asignatura

- **Manual de soluciones para el profesor.** Este suplemento incluye soluciones completas apoyadas por enunciados y figuras de los problemas. El manual de esta decimocuarta edición ha sido modificado para mejorar su legibilidad, y su precisión se revisó varias veces. El manual de soluciones para el profesor está disponible en: www.pearsonenespañol.com/hibbeler.

- **Recursos para el profesor.** Los recursos visuales que acompañan al texto se encuentran disponibles en: www.pearsonenespañol.com/hibbeler. Estos recursos incluyen todas las figuras del texto en formato de diapositivas de PowerPoint.

Por favor contacte a su representante de Pearson para obtener una clave de inicio y contraseña para acceder a estos recursos.

CONTENIDO

1 Principios generales 3

2 Vectores fuerza 17

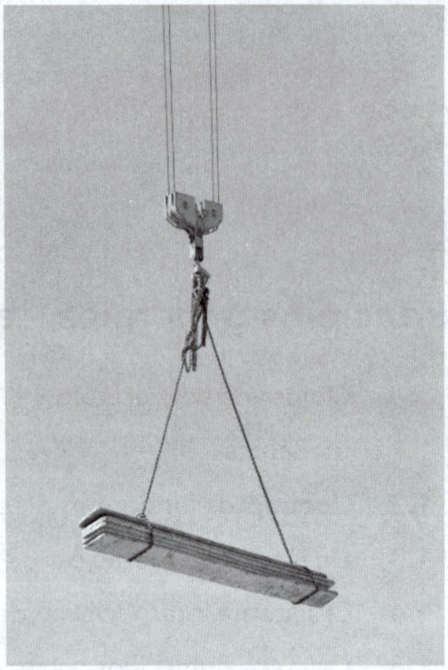

3
Equilibrio de una partícula 87

4
Resultantes de un sistema de fuerzas 121

5
Equilibrio de un cuerpo rígido 207

6
Análisis estructural 273

7
Fuerzas internas 343

8
Fricción 401

9
Centro de gravedad y centroide 465

10
Momentos de inercia 529

11
Trabajo virtual 581

CRÉDITOS

Las imágenes iniciales de los capítulos tienen los siguientes créditos:

Capítulo 1, Andrew Peacock/Lonely Planet Images/Getty Images
Capítulo 2, Vasiliy Koval/Fotolia
Capítulo 3, Igor Tumarkin/ITPS/Shutterstock
Capítulo 4, Rolf Adlercreutz/Alamy
Capítulo 5, YuryZap/Shutterstock
Capítulo 6, Tim Scrivener/Alamy
Capítulo 7, Tony Freeman/Science Source
Capítulo 8, Pavel Polkovnikov/Shutterstock
Capítulo 9, Heather Reeder/Shutterstock
Capítulo 10, Michael N. Paras/AGE Fotostock/Alamy
Capítulo 11, John Kershaw/Alamy

INGENIERÍA MECÁNICA

ESTÁTICA

DECIMOCUARTA EDICIÓN

Capítulo 1

(© Andrew Peacock/Lonely Planet Images/Getty Images)

Las grandes grúas como ésta sirven para levantar cargas extremadamente grandes. Su diseño se basa en los principios básicos de la estática y la dinámica, que son el objeto de estudio de la ingeniería mecánica.

Principios generales

OBJETIVOS DEL CAPÍTULO

- Presentar una introducción a las cantidades básicas y a las idealizaciones de la mecánica.
- Dar un enunciado de las leyes de Newton del movimiento y la gravitación.
- Repasar los principios para aplicar el sistema internacional de unidades (SI).
- Examinar los procedimientos comunes para realizar cálculos numéricos.
- Presentar una guía general para resolver problemas.

1.1 Mecánica

La ***mecánica*** es una rama de las ciencias físicas que estudia el estado de reposo o movimiento de los cuerpos que están sometidos a la acción de fuerzas. En general, esta disciplina suele dividirse a su vez en tres ramas: *mecánica de cuerpos rígidos, mecánica de cuerpos deformables* y *mecánica de fluidos*. En este libro estudiaremos la mecánica de cuerpos rígidos, ya que es un requisito esencial para el estudio de la mecánica de cuerpos deformables y de la mecánica de fluidos. Asimismo, la mecánica de cuerpos rígidos resulta fundamental para el diseño y el análisis de muchos tipos de elementos estructurales, componentes mecánicos o dispositivos electrónicos que se encuentran en la práctica de la ingeniería.

La mecánica de cuerpos rígidos se divide en dos áreas: estática y dinámica. La ***estática*** estudia el equilibrio de los cuerpos, es decir, aquellos que están en reposo o se mueven a una velocidad constante; mientras que la ***dinámica*** estudia el movimiento acelerado de los cuerpos. Podemos considerar la estática como un caso especial de la dinámica, en el cual la aceleración es cero; sin embargo, la estática merece un tratamiento aparte en la enseñanza de la ingeniería, porque muchos objetos se diseñan con la intención de que permanezcan en equilibrio.

Desarrollo histórico. La estática se desarrolló desde los orígenes de la historia porque sus principios pueden formularse con facilidad a partir de la geometría y mediciones de fuerza. Por ejemplo, en los escritos de Arquímedes (287-212 A.C.) tratan el principio de la palanca. También se tiene registro en escritos antiguos de estudios sobre la polea, el plano inclinado y la llave de torsión —en la época en que las necesidades de ingeniería se limitaban primordialmente a la construcción de edificios.

Como los principios de la dinámica dependen de una medición exacta del tiempo, esta disciplina se desarrolló mucho más tarde, en cuyo campo Galileo Galilei (1564-1642) fue uno de los primeros colaboradores importantes. Su trabajo consistió en realizar experimentos con péndulos y cuerpos en caída. No obstante, los aportes más significativos a la dinámica fueron realizados por Isaac Newton (1642-1727), quien fue célebre por la formulación de las tres leyes fundamentales del movimiento y la ley de la atracción gravitacional universal. Poco después de que se postularan esas leyes, otros científicos e ingenieros desarrollaron técnicas importantes para su aplicación, algunas de las cuales se mencionan en el presente texto.

1.2 Conceptos fundamentales

Antes de comenzar nuestro estudio de la ingeniería mecánica, es importante comprender el significado de ciertos conceptos y principios fundamentales.

Cantidades básicas. Las siguientes cuatro cantidades son indispensables en el estudio de la mecánica.

Longitud. La ***longitud*** se usa para localizar la posición de un punto en el espacio y, por lo tanto, describe el tamaño de una característica física. Una vez que se ha definido una unidad estándar de longitud, ésta puede usarse para medir o delimitar distancias y propiedades geométricas de un cuerpo como múltiplos de esa unidad.

Tiempo. El ***tiempo*** se considera una secuencia de eventos. Aunque los principios de la estática son independientes del tiempo, tal cantidad juega un rol importante en el estudio de la dinámica.

Masa. La ***masa*** es la medición de una cantidad de materia que se utiliza para comparar la acción de un cuerpo con la de otro. Es una propiedad que se manifiesta como una atracción gravitacional entre dos cuerpos y ofrece una medida de la resistencia de la materia ante un cambio en su velocidad.

Fuerza. En general, la ***fuerza*** se considera como la interacción entre dos cuerpos y se manifiesta como un "empujón" o un "tirón" ejercido por un cuerpo sobre otro. Esta interacción puede ocurrir de dos maneras: cuando hay un contacto directo entre los cuerpos, como cuando un individuo empuja una pared, o bien, puede ocurrir a distancia cuando los cuerpos están separados físicamente. Entre los ejemplos del último tipo están las fuerzas gravitacionales, eléctricas y magnéticas. En cualquier caso, una fuerza se caracteriza totalmente por su magnitud, dirección y punto de aplicación y se puede nombrar también como "carga".

Idealizaciones. Los modelos o las idealizaciones se utilizan en mecánica con la finalidad de simplificar la aplicación de la teoría. Aquí se considerarán tres idealizaciones importantes.

Partícula. Una ***partícula*** tiene masa, pero también un tamaño que puede despreciarse. El tamaño de la Tierra, por ejemplo, es insignificante en comparación con el tamaño de su órbita y, por consiguiente, la Tierra puede modelarse como una partícula cuando se estudia su movimiento orbital. Si un cuerpo se idealiza como una partícula, los principios de la mecánica se reducen a una forma bastante simplificada, ya que la geometría del cuerpo *no estará incluida* en el análisis del problema, en especial cuando en un cuerpo concurren en un punto todas las fuerzas que actúan en él, lo podemos idealizar como partícula.

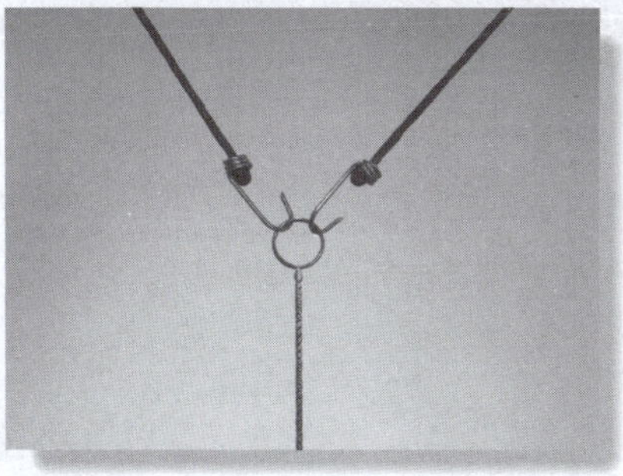

Sobre el anillo que se muestra en la figura actúan tres fuerzas. Puesto que todas las fuerzas se unen en un punto, es posible representar el anillo como una partícula en cualquier análisis de fuerzas. (© Russell C. Hibbeler)

Cuerpo rígido. Un ***cuerpo rígido*** se puede considerar como una combinación de un gran número de partículas, donde todas éstas se mantienen a una distancia fija entre sí, tanto antes como después de la aplicación de una fuerza. Es un modelo importante porque la forma del cuerpo no cambia al aplicar una fuerza, por lo que no es necesario tomar en cuenta el tipo de material del que está hecho el cuerpo. En la realidad, sí ocurren deformaciones en las estructuras, las máquinas, los mecanismos, etcétera, sólo que son tan pequeñas e imperceptibles que considerarlos como cuerpo rígido resulta adecuado para el análisis.

Fuerza concentrada. Una ***fuerza concentrada*** representa el efecto de una carga que se supone actúa en cierto punto de un cuerpo. Una carga puede representarse mediante una fuerza concentrada, siempre y cuando el área sobre la que se aplique la carga sea muy pequeña en comparación con el tamaño total del cuerpo. Un ejemplo sería la fuerza de contacto entre una rueda y el suelo.

En ingeniería es común emplear el acero por ser un material que no se deforma mucho bajo la acción de fuerzas. Por lo tanto, esta rueda de ferrocarril puede considerarse como un cuerpo rígido sobre el que actúa la fuerza concentrada del riel. (© Russell C. Hibbeler)

1

Las tres leyes del movimiento de Newton. La ingeniería mecánica está basada en las tres leyes del movimiento de Newton, cuya validez se finca en la observación experimental. Las leyes se aplican al movimiento de una partícula cuando se mide a partir de un marco de referencia *sin aceleración* y se pueden establecer brevemente de la siguiente manera.

Primera ley. Una partícula originalmente en reposo, o que se mueve en línea recta con velocidad constante, tiende a permanecer en este estado siempre que la partícula *no* se someta a una fuerza no equilibrada (fig. 1-1*a*).

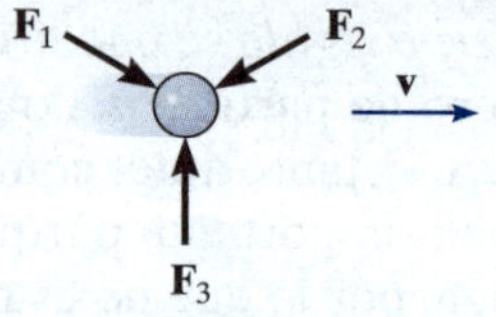

Equilibrio

(a)

Segunda ley. Una partícula sobre la que actúa una *fuerza no equilibrada* **F**, experimenta una aceleración ***a*** que tiene la misma dirección que la fuerza y una magnitud directamente proporcional a la fuerza (fig. 1-1*b*).* Si se aplica **F** a una partícula de masa *m*, esta ley puede expresarse de forma matemática como

$$\mathbf{F} = m\mathbf{a} \tag{1-1}$$

Movimiento acelerado

(b)

Tercera ley. Las fuerzas mutuas de acción y reacción entre dos partículas son iguales, opuestas y colineales (fig. 1-1*c*).

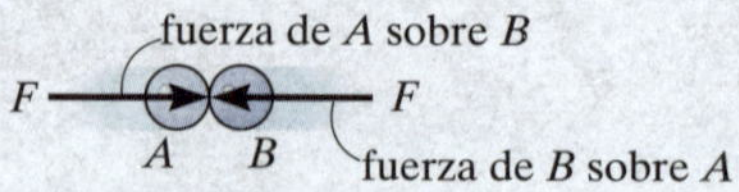

Acción – reacción

(c)

Fig. 1-1

*Expresado de otra manera, la fuerza no equilibrada que actúa sobre la partícula, es proporcional a la razón de cambio de la cantidad del momento lineal de dicha partícula.

Ley de la atracción gravitacional de Newton. Poco después de formular sus tres leyes del movimiento, Newton postuló una ley que rige la atracción gravitacional entre dos partículas cualesquiera. En forma matemática,

$$F = G\frac{m_1 m_2}{r^2} \tag{1-2}$$

donde

F = fuerza gravitacional entre las dos partículas
G = constante universal de gravitación; de acuerdo con la evidencia experimental, $G = 66.73(10^{-12})\text{m}^3/(\text{kg}\cdot\text{s}^2)$
m_1, m_2 = masa de cada una de las dos partículas
r = distancia entre ambas partículas

Peso. De acuerdo con la ecuación 1-2, dos partículas o cuerpos cualesquiera tienen una fuerza de atracción (gravitacional) que actúa entre ellos. Sin embargo, en el caso de una partícula localizada en la superficie de la Tierra, o cerca de ella, la única fuerza gravitacional que tiene alguna magnitud significativa es la que existe entre la Tierra y la partícula. En consecuencia, esta fuerza, conocida como ***peso***, será la única fuerza gravitacional que se considere en nuestro estudio de la mecánica.

A partir de la ecuación 1-2, es posible desarrollar una expresión aproximada para encontrar el peso W de una partícula que tiene una masa $m_1 = m$. Si se supone que la Tierra es una esfera que no gira, y tiene densidad constante y una masa $m_2 = M_T$, entonces, si r es la distancia entre el centro de la Tierra y la partícula,

$$W = G\frac{mM_T}{r^2}$$

El peso de la astronauta se ve disminuido porque se encuentra muy lejos del campo gravitatorio de la Tierra. (© Niko Nomad/ Shutterstock)

Sea $g = GM_T/r^2$, entonces,

$$\boxed{W = mg} \tag{1-3}$$

Por comparación con $\mathbf{F} = m\mathbf{a}$, consideramos que g es la aceleración debida a la gravedad. El peso de un cuerpo depende de r y por tal motivo, *no* es una cantidad absoluta. Sin embargo, su magnitud se determina con base en el lugar donde se hizo la medición. No obstante, para la mayoría de los cálculos de ingeniería, g se determina con una medición al nivel del mar y una latitud de 45°, considerada como la "ubicación estándar".

1.3 Unidades de medición

Las cuatro cantidades básicas (longitud, tiempo, masa y fuerza) no son independientes entre sí; de hecho, están *relacionadas* por la segunda ley del movimiento de Newton, $\mathbf{F} = m\mathbf{a}$. Por consiguiente, las *unidades* utilizadas para medir las cantidades básicas no pueden seleccionarse *todas* de manera arbitraria. La igualdad $\mathbf{F} = m\mathbf{a}$ se mantiene sólo si tres de las cuatro unidades, llamadas ***unidades base***, están *definidas* y la cuarta unidad se *deriva* de la ecuación.

Fig. 1-2

Unidades del SI. El sistema internacional de unidades, que se abrevia SI por las siglas de "Système International d'Unités", es una versión moderna del sistema métrico que ha recibido amplio reconocimiento en todo el mundo. Como se muestra en la tabla 1-1, el SI define la longitud en metros (m), el tiempo en segundos (s) y la masa en kilogramos (kg). La unidad de fuerza, llamada ***newton*** (N), se *deriva* de $\mathbf{F} = m\mathbf{a}$. Así, 1 newton es igual a la fuerza requerida para dar a 1 kilogramo de masa una aceleración de 1 m/s^2 ($\text{N} = \text{kg} \cdot \text{m/s}^2$).

Si el peso de un cuerpo localizado en la "ubicación estándar" se debe determinar en newtons, entonces, tiene que aplicarse la ecuación 1-3. Aquí las mediciones dan $g = 9.806\ 65\ \text{m/s}^2$; sin embargo, para los cálculos, se usará el valor $g = 9.81\ \text{m/s}^2$. Entonces,

$$W = mg \qquad (g = 9.81\ \text{m/s}^2) \tag{1-4}$$

Por lo tanto, un cuerpo de 1 kg de masa tiene un peso de 9.81 N, un cuerpo de 2 kg pesa 19.62 N, etcétera, según la figura 1-2*a*.

Uso común en Estados Unidos. En el sistema de unidades de uso común en Estados Unidos (FPS), la longitud se mide en pies (ft), el tiempo en segundos (s) y la fuerza en libras (lb), como en la tabla 1-1. La unidad de masa, llamada ***slug***, se *deriva* de $\mathbf{F} = m\mathbf{a}$. De esta manera, 1 slug es igual a la cantidad de materia acelerada a 1 ft/s^2 cuando se somete a una fuerza de 1 lb ($\text{slug} = \text{lb} \cdot \text{s}^2/\text{ft}$).

Por lo tanto, si las mediciones se hacen en la "ubicación estándar", donde $g = 32.2\ \text{ft/s}^2$, a partir de la ecuación 1-3,

$$m = \frac{W}{g} \qquad (g = 32.2\ \text{ft/s}^2) \tag{1-5}$$

Así, un cuerpo que pesa 32.2 lb tiene una masa de 1 slug, un cuerpo de 64.4 lb tiene una masa de 2 slugs, y así sucesivamente, como en la figura 1-2*b*.

TABLA 1-1 Sistemas de unidades

Nombre	Longitud	Tiempo	Masa	Fuerza
Sistema internacional de unidades SI	metro m	segundo s	kilogramo kg	newton* N $\left(\frac{\text{kg}\cdot\text{m}}{\text{s}^2}\right)$
Uso común en Estados Unidos FPS	pie ft	segundo s	slug* $\left(\frac{\text{lb}\cdot\text{s}^2}{\text{ft}}\right)$	libra lb

*Unidad derivada.

Unidades de conversión. En la tabla 1-2 se muestra un conjunto de factores de conversión directa entre unidades del sistema FPS y unidades del SI para cantidades básicas. También, en el FPS recuerde que 1 ft = 12 in (pulgadas), 5280 ft = 1 mi (milla), 1000 lb = 1 kip (kilo-libra) y 2000 lb = 1 ton (tonelada).

TABLA 1-2 Factores de conversión

Cantidad	Unidad de medida (FPS)	Es igual a	Unidad de medida (SI)
Fuerza	lb		4.448 N
Masa	slug		14.59 kg
Longitud	ft		0.3048 m

1.4 El sistema internacional de unidades

El sistema internacional de unidades se usa de manera extensa en este libro, ya que está destinado a convertirse en el estándar mundial para efectuar mediciones. Por lo tanto, a continuación presentaremos algunas de las reglas para su uso, así como parte de su terminología relevante en la ingeniería mecánica.

Prefijos. Cuando una cantidad numérica es muy grande o muy pequeña, las unidades utilizadas para definir su tamaño suelen modificarse con el uso de un prefijo. En la tabla 1-3 se muestran algunos de los prefijos utilizados en el SI. Cada uno representa un múltiplo o submúltiplo de una unidad que, si se aplica de manera sucesiva, mueve el punto decimal de una cantidad numérica hacia cada tercera posición.* Por ejemplo, 4 000 000 N = 4 000 kN (kilo-newtons) = 4 MN (mega-newtons), o bien, 0.005 m = 5 mm (milímetros). Observe que el SI no incluye el múltiplo deca (10) ni el submúltiplo centi (0.01), que forman parte del sistema métrico. Excepto para algunas medidas de volumen y área, el uso de tales prefijos debería evitarse en ciencias e ingeniería.

TABLA 1-3 Prefijos

	Forma exponencial	Prefijo	Símbolo del SI
Múltiplo			
1 000 000 000	10^9	giga	G
1 000 000	10^6	mega	M
1 000	10^3	kilo	k
Submúltiplo			
0.001	10^{-3}	mili	m
0.000 001	10^{-6}	micro	μ
0.000 000 001	10^{-9}	nano	n

*El kilogramo es la única unidad base que se define con un prefijo.

Reglas para su uso. A continuación se presentan algunas reglas importantes que describen el uso apropiado de los diferentes símbolos del SI:

- Las cantidades definidas por varias unidades que son múltiplos de otras se separan mediante un *punto*, para evitar la confusión con la notación de prefijos, como se observa en $N = kg \cdot m/s^2 = kg \cdot m \cdot s^{-2}$. Asimismo, $m \cdot s$ significa metro-segundo (metros por segundo), en tanto que ms representa milisegundos.
- La potencia exponencial de una unidad que tiene un prefijo se refiere *tanto* a la unidad *como* a su prefijo. Por ejemplo, $\mu N^2 = (\mu N)^2 = \mu N \cdot \mu N$. De igual manera, mm^2 representa $(mm)^2 = mm \cdot mm$.
- Con excepción de la unidad base kilogramo, por lo general, evite el uso de prefijos en el denominador de las unidades compuestas. Por ejemplo, no escriba N/mm, sino kN/m; asimismo, m/mg debe escribirse como Mm/kg.
- Cuando realice cálculos, represente los números en términos de sus *unidades base* o *derivadas*, convirtiendo todos los prefijos a potencias de 10. De esta manera, el resultado final podrá expresarse con un *solo prefijo*. Incluso después del cálculo es preferible mantener valores numéricos entre 0.1 y 1000; de otra forma, debería elegirse un prefijo adecuado. Por ejemplo,

$$\begin{aligned}(50\text{ kN})(60\text{ nm}) &= \left[50(10^3)\text{ N}\right]\left[60(10^{-9})\text{ m}\right]\\ &= 3000(10^{-6})\text{ N}\cdot\text{m} = 3(10^{-3})\text{ N}\cdot\text{m} = 3\text{ mN}\cdot\text{m}\end{aligned}$$

1.5 Cálculos numéricos

En la práctica de la ingeniería, el trabajo numérico suele realizarse con frecuencia mediante el uso de calculadoras de bolsillo y computadoras. Sin embargo, es importante que las respuestas a cualquier problema se presenten con precisión justificable, empleando las cifras significativas adecuadas. En esta sección se analizarán esos temas, junto con algunos otros aspectos importantes que intervienen en todos los cálculos de ingeniería

Las computadoras se utilizan con frecuencia en ingeniería para el diseño y el análisis avanzados. (© Blaize Pascall/ Alamy)

Homogeneidad dimensional. Los términos de cualquier ecuación usada para describir un proceso físico deben ser ***dimensionalmente homogéneos***; es decir, cada término tiene que expresarse en las mismas unidades. Siempre que éste sea el caso, todos los términos de una ecuación pueden combinarse si las variables se sustituyen por valores numéricos. Por ejemplo, considere la ecuación $s = vt + \frac{1}{2}at^2$, donde, en unidades del SI, s es la posición en metros, m; t es el tiempo en segundos, s; v es la velocidad en m/s; y a es la aceleración en m/s^2. Sin importar la forma en que se evalúe esta ecuación, se mantendrá su homogeneidad dimensional. En la forma establecida, cada uno de los tres términos se expresa en metros $\left[m, (m/\cancel{s})\cancel{s}, (m/\cancel{s^2})\cancel{s^2}\right]$ o, al despejar a, $a = 2s/t^2 - 2v/t$, cada uno de los términos se expresa en unidades de m/s^2 $[m/s^2, m/s^2, (m/s)/s]$.

Tenga en cuenta que los problemas de mecánica siempre implican la solución de ecuaciones dimensionalmente homogéneas; por lo tanto, este hecho se puede usar como una verificación parcial de las manipulaciones algebraicas de una ecuación.

Cifras significativas. El número de cifras significativas contenidas en cualquier número determina la exactitud de éste. El número 4981, por ejemplo, contiene cuatro cifras significativas. No obstante, si hay ceros al final de un número entero, puede ser poco claro cuántas cifras significativas representa el número. Por ejemplo, 23 400 podría tener tres (234), cuatro (2340) o cinco (23 400) cifras significativas. Para evitar esas ambigüedades usaremos la *notación de ingeniería* para expresar un resultado. Lo anterior requiere que los números se redondeen al número apropiado de dígitos significativos y, después se expresen en múltiplos de (10^3), como (10^3), (10^6) o (10^{-9}). Por ejemplo, si 23 400 tiene cinco cifras significativas, se escribe como $23.400(10^3)$; pero si sólo tiene tres cifras significativas, se escribe como $23.4(10^3)$.

Si hay ceros al inicio de un número que es menor que uno, entonces los ceros no son significativos. Por ejemplo, 0.008 21 tiene tres cifras significativas. Con la notación de ingeniería, este número se expresa como $8.21(10^{-3})$. De igual forma, 0.000 582 puede expresarse como $0.582(10^{-3})$ o $582(10^{-6})$.

Redondeo de números. El redondeo de un número es necesario para que la precisión del resultado sea igual a la de los datos del problema. Como regla general, cualquier cifra numérica que termine en un número mayor que cinco se redondea hacia arriba, en tanto que un número menor que cinco no se redondea. Las reglas para redondear números se entienden mejor con ejemplos. Suponga que el número 3.5587 debe redondearse a *tres* cifras significativas. Dado que el cuarto dígito (8) es *mayor que* 5, el tercer número se redondea a 3.56. Del mismo modo, 0.5896 se convierte en 0.590 y 9.3866 en 9.39. Si 1.341 se redondea a tres cifras significativas, ya que el cuarto dígito (1) es *menor que* 5, entonces se obtiene 1.34. Del mismo modo, 0.3762 se convierte en 0.376, y 9.871 en 9.87. Existe un caso especial para aquellos números que terminan en un 5. Como regla general, si el dígito que precede al 5 es un *número par*, entonces este dígito *no* se redondea. Si el dígito anterior al 5 es un *número impar*, entonces se redondea hacia arriba. Por ejemplo, 75.25 redondeado a tres cifras significativas se convierte en 75.2, 0.1275 en 0.128, y 0.2555 en 0.256.

Cálculos. Cuando se realiza una sucesión de cálculos, se recomienda almacenar los resultados intermedios en la calculadora. En otras palabras, no redondee los cálculos sino hasta expresar el resultado final. Este procedimiento mantiene la precisión durante la serie de pasos realizados hasta llegar a la solución final. Por lo general, en este texto redondearemos las respuestas a tres cifras significativas, pues la mayoría de los datos en ingeniería mecánica, como medidas geométricas y cargas, puede medirse de manera confiable con esta exactitud.

1

Al resolver problemas, realice el trabajo de la manera más limpia posible. La limpieza estimulará el pensamiento claro y ordenado, y viceversa. (© Russell C. Hibbeler)

1.6 Procedimiento general para el análisis

La asistencia a una clase, la lectura de este libro y el estudio de los problemas de ejemplo son de gran ayuda; no obstante, **la forma más efectiva de aprender los principios de la ingeniería mecánica consiste en *la resolución de problemas*.** Para hacerlo de manera exitosa, es importante siempre presentar el trabajo de una *forma lógica* y *ordenada*, como sugiere la siguiente secuencia de pasos:

- Lea el problema con cuidado y trate de correlacionar la situación física real con la teoría estudiada.
- Tabule los datos del problema y *dibuje* cualquier diagrama que sea necesario.
- Aplique los principios relevantes, por lo general en una forma matemática. Cuando escriba ecuaciones, asegúrese de que sean dimensionalmente homogéneas.
- Resuelva las ecuaciones necesarias y exprese la respuesta con no más de tres cifras significativas.
- Estudie la respuesta con juicio técnico y sentido común para determinar si parece razonable o no.

Puntos importantes

- La estática es el estudio de los cuerpos que están en reposo o que se mueven en línea recta con velocidad constante.
- Una partícula tiene masa, pero un tamaño que puede despreciarse, y un cuerpo rígido no se deforma bajo una carga.
- Una fuerza se considera como un "empujón" o un "tirón" de un cuerpo sobre otro.
- Se supone que las cargas concentradas actúan en un punto sobre un cuerpo.
- Las tres leyes del movimiento de Newton deben memorizarse.
- La masa es la medida de una cantidad de materia que no cambia de una ubicación a otra. El peso se refiere a la atracción gravitacional de la Tierra sobre un cuerpo o una cantidad de masa. Su magnitud depende de la ubicación a la que se encuentra la masa.
- En el SI, la unidad de fuerza, el newton, es una unidad derivada. El metro, el segundo y el kilogramo son unidades base.
- Los prefijos G, M, k, m, μ y n se usan para representar cantidades numéricas grandes y pequeñas. Es necesario conocer su tamaño exponencial junto con las reglas para usar las unidades del SI.
- Realice los cálculos numéricos con varias cifras significativas y, después, exprese la respuesta final con tres cifras significativas.
- Las manipulaciones algebraicas de una ecuación se pueden revisar en parte al verificar que la ecuación permanece dimensionalmente homogénea.
- Es necesario conocer las reglas para redondear números.

EJEMPLO 1.1

Convierta 2 km/h a m/s. ¿A cuánto equivale en ft/s?

SOLUCIÓN

Como 1 km = 1000 m y 1 h = 3600 s, los factores de conversión se ordenan de la siguiente manera, para que pueda aplicarse una cancelación de unidades:

$$2\ \text{km/h} = \frac{2\ \cancel{\text{km}}}{\cancel{\text{h}}}\left(\frac{1000\ \text{m}}{\cancel{\text{km}}}\right)\left(\frac{1\ \cancel{\text{h}}}{3600\ \text{s}}\right)$$

$$= \frac{2000\ \text{m}}{3600\ \text{s}} = 0.556\ \text{m/s} \qquad \textit{Resp.}$$

De la tabla 1-2, 1 ft = 0.3048 m. Entonces,

$$0.556\ \text{m/s} = \left(\frac{0.556\ \cancel{\text{m}}}{\text{s}}\right)\left(\frac{1\ \text{ft}}{0.3048\ \cancel{\text{m}}}\right)$$

$$= 1.82\ \text{ft/s} \qquad \textit{Resp.}$$

NOTA: Recuerde redondear la respuesta final a tres cifras significativas.

EJEMPLO 1.2

Convierta las cantidades 300 lb · s y 52 slug/ft^3 a las unidades del SI adecuadas.

SOLUCIÓN

Con la tabla 1-2, 1 lb = 4.448 2 N.

$$300\ \text{lb}\cdot\text{s} = 300\ \cancel{\text{lb}}\cdot\text{s}\left(\frac{4.448\ \text{N}}{1\ \cancel{\text{lb}}}\right)$$

$$= 1334.5\ \text{N}\cdot\text{s} = 1.33\ \text{kN}\cdot\text{s} \qquad \textit{Resp.}$$

Como 1 slug = 14.59 kg y 1 ft = 0.3048 m, entonces

$$52\ \text{slug/ft}^3 = \frac{52\ \cancel{\text{slug}}}{\cancel{\text{ft}^3}}\left(\frac{14.59\ \text{kg}}{1\ \cancel{\text{slug}}}\right)\left(\frac{1\ \cancel{\text{ft}}}{0.3048\ \text{m}}\right)^3$$

$$= 26.8(10^3)\ \text{kg/m}^3$$

$$= 26.8\ \text{Mg/m}^3 \qquad \textit{Resp.}$$

EJEMPLO 1.3

Evalúe cada una de las siguientes operaciones y exprese la respuesta en unidades del SI con un prefijo adecuado: (a) (50 mN)(6 GN), (b) (400 mm)(0.6 MN)^2 y (c) 45 MN^3/900 Gg.

SOLUCIÓN

Primero convierta cada número a unidades base, realice las operaciones indicadas y, después, elija un prefijo adecuado.

Inciso (a)

$$\begin{aligned}(50\text{ mN})(6\text{ GN}) &= [50(10^{-3})\text{ N}][6(10^{9})\text{ N}]\\ &= 300(10^{6})\text{ N}^2\\ &= 300(10^{6})\text{ N}^2\left(\frac{1\text{ kN}}{10^3\text{ N}}\right)\left(\frac{1\text{ kN}}{10^3\text{ N}}\right)\\ &= 300\text{ kN}^2 \qquad \textit{Resp.}\end{aligned}$$

NOTA: Tenga en cuenta la convención de que kN^2 = (kN)^2 = 10^6 N^2.

Inciso (b)

$$\begin{aligned}(400\text{ mm})(0.6\text{ MN})^2 &= [400(10^{-3})\text{ m}][0.6(10^{6})\text{ N}]^2\\ &= [400(10^{-3})\text{ m}][0.36(10^{12})\text{ N}^2]\\ &= 144(10^{9})\text{ m}\cdot\text{N}^2\\ &= 144\text{ Gm}\cdot\text{N}^2 \qquad \textit{Resp.}\end{aligned}$$

También podemos escribir

$$\begin{aligned}144(10^{9})\text{ m}\cdot\text{N}^2 &= 144(10^{9})\text{ m}\cdot\text{N}^2\left(\frac{1\text{ MN}}{10^6\text{ N}}\right)\left(\frac{1\text{ MN}}{10^6\text{ N}}\right)\\ &= 0.144\text{ m}\cdot\text{MN}^2 \qquad \textit{Resp.}\end{aligned}$$

Inciso (c)

$$\begin{aligned}\frac{45\text{ MN}^3}{900\text{ Gg}} &= \frac{45(10^6\text{ N})^3}{900(10^6)\text{ kg}}\\ &= 50(10^9)\text{ N}^3/\text{kg}\\ &= 50(10^9)\text{ N}^3\left(\frac{1\text{ kN}}{10^3\text{ N}}\right)^3\frac{1}{\text{kg}}\\ &= 50\text{ kN}^3/\text{kg} \qquad \textit{Resp.}\end{aligned}$$

PROBLEMAS

Las respuestas a todos los problemas, con excepción de cada cuarto problema (marcado con asterisco), se dan en la parte final del libro.

1-1. ¿Cuál es el peso en newtons de un objeto que tiene una masa de (a) 8 kg, (b) 0.04 kg y (c) 760 Mg?

1-2. Represente cada una de las siguientes combinaciones de unidades en la forma correcta del SI: (a) kN/μs, (b) Mg/mN y (c) MN/(kg · ms).

1-3. Represente cada una de las siguientes combinaciones de unidades en la forma correcta del SI: (a) Mg/ms, (b) N/mm y (c) mN/(kg · μs).

***1-4.** Convierta: (a) 200 lb · ft a N · m, (b) 350 lb/ft^3 a kN/m^3, (c) 8 ft/h a mm/s. Exprese el resultado con tres cifras significativas. Utilice el prefijo adecuado.

1-5. Represente cada una de las siguientes cantidades como un número entre 0.1 y 1000 utilizando el prefijo adecuado: (a) 45 320 kN, (b) 568(10^5) mm y (c) 0.00563 mg.

1-6. Redondee los siguientes números a tres cifras significativas: (a) 58 342 m, (b) 68.534 s, (c) 2553 N y (d) 7555 kg.

1-7. Represente cada una de las siguientes cantidades en la forma correcta del SI, utilizando el prefijo adecuado: (a) 0.000 431 kg, (b) 35.3(10^3) N y (c) 0.005 32 km.

***1-8.** Represente cada una de las siguientes combinaciones de unidades en la forma correcta del SI, utilizando el prefijo adecuado: (a) Mg/mm, (b) mN/μs y (c) μm · Mg.

1-9. Represente a cada una de las siguientes combinaciones de unidades en la forma correcta del SI, utilizando el prefijo adecuado: (a) m/ms, (b) μkm, (c) ks/mg y (d) km · μN.

1-10. Represente cada una de las siguientes combinaciones de unidades en la forma correcta del SI: (a) GN · μm, (b) kg/μm, (c) N/ks^2 y (d) kN/μs.

1-11. Represente cada una de las siguientes cantidades con unidades del SI que contengan el prefijo adecuado: (a) 8653 ms, (b) 8368 N y (c) 0.893 kg.

***1-12.** Evalúe cada una de las siguientes cantidades hasta tres cifras significativas y exprese cada respuesta en unidades del SI, utilizando el prefijo adecuado: (a) (684 μm)/(43 ms), (b) (28 ms)(0.0458 Mm)/(348 mg) y (c) (2.68 mm)(426 Mg).

1-13. La densidad (masa/volumen) del aluminio es 5.26 slug/ft^3. Determine su densidad en unidades del SI. Utilice el prefijo adecuado.

1-14. Evalúe cada una de las siguientes cantidades hasta tres cifras significativas y exprese cada respuesta en unidades del SI utilizando el prefijo adecuado: (a) (212 mN)^2, (b) (52 800 ms)^2 y (c) [548(10^6)]$^{1/2}$ ms.

1-15. Utilice el sistema internacional de unidades para demostrar que la ecuación 1-2 es dimensionalmente homogénea y que proporciona la F en newtons. Determine, hasta tres cifras significativas, la fuerza gravitacional que actúa entre dos esferas que se tocan entre sí. La masa de cada esfera es de 200 kg y el radio es de 300 mm.

***1-16.** El *pascal* (Pa) es en realidad una unidad muy pequeña de presión. Para demostrarlo, convierta 1 Pa = 1 N/m^2 a lb/ft^2. La presión atmosférica al nivel del mar es 14.7 lb/in^2. ¿A cuántos pascales equivale?

1-17. El agua tiene una densidad de 1.94 slug/ft^3. ¿Cuál es la densidad expresada en unidades del SI? Exprese la respuesta hasta tres cifras significativas.

1-18. Evalúe cada una de las siguientes cantidades hasta tres cifras significativas y exprese cada respuesta en unidades del SI, utilizando el prefijo adecuado: (a) 354 mg(45 km)/(0.0356 kN), (b) (0.004 53 Mg)(201 ms) y (c) 435 MN/23.2 mm.

1-19. Una columna de concreto tiene un diámetro de 350 mm y una longitud de 2 m. Si la densidad (masa/volumen) del concreto es 2.45 Mg/m^3, determine el peso de la columna en libras.

***1-20.** Si un hombre pesa 155 libras en la Tierra, especifique (a) su masa en slugs, (b) su masa en kilogramos y (c) su peso en newtons. Si el hombre está en la Luna, donde la aceleración debida a la gravedad es $g_L = 5.30$ ft/s^2, determine (d) su peso en libras y (e) su masa en kilogramos.

1-21. Dos partículas tienen una masa de 8 kg y 12 kg, respectivamente. Si están separadas por 800 mm, determine la fuerza de la gravedad que actúa entre ellas. Compare el resultado con el peso de cada partícula.

Capítulo 2

(© Vasiliy Koval/Fotolia)

Esta torre de transmisión eléctrica se estabiliza mediante cables que ejercen fuerzas sobre la torre en sus puntos de conexión. En el presente capítulo se mostrará la forma en que se expresan estas fuerzas como vectores cartesianos y cómo después se determina su resultante.

Vectores fuerza

OBJETIVOS DEL CAPÍTULO

- Mostrar cómo se suman las fuerzas y cómo se obtienen sus componentes empleando la ley del paralelogramo.
- Expresar fuerzas y posiciones en forma de un vector cartesiano, y explicar cómo se determinan la magnitud y la dirección de un vector.
- Aplicar el producto punto con la finalidad de determinar el ángulo entre dos vectores o la proyección de un vector sobre otro.

2.1 Escalares y vectores

Muchas de las cantidades físicas en ingeniería mecánica pueden expresarse en forma escalar o vectorial.

Escalar. Un ***escalar*** es cualquier cantidad física positiva o negativa que se puede especificar por completo mediante su *magnitud*. La longitud, la masa, y el tiempo son ejemplos de cantidades escalares.

Vector. Un ***vector*** es cualquier cantidad física que requiere tanto de *magnitud* como de *dirección* para su descripción completa. En estática, algunas cantidades vectoriales encontradas con frecuencia son fuerza, posición y momento. Un vector se representa gráficamente con una flecha. La longitud de la flecha representa la *magnitud* del vector y el ángulo θ entre el vector y un eje fijo define *la dirección de su línea de acción*. La punta (o cabeza) de la flecha indica el *sentido de dirección* del vector, como se observa en la figura 2-1.

En trabajos impresos, las cantidades vectoriales se representan mediante caracteres en negritas como **A**, en tanto que la magnitud del vector se escribe con letras itálicas, A. Para trabajos manuscritos, casi siempre es conveniente denotar una cantidad vectorial con tan sólo dibujar una flecha sobre el carácter, $\vec{A}$.

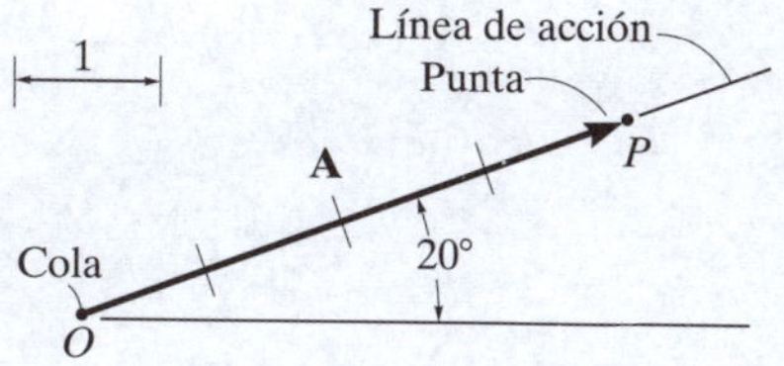

Fig. 2-1

2.2 Operaciones vectoriales

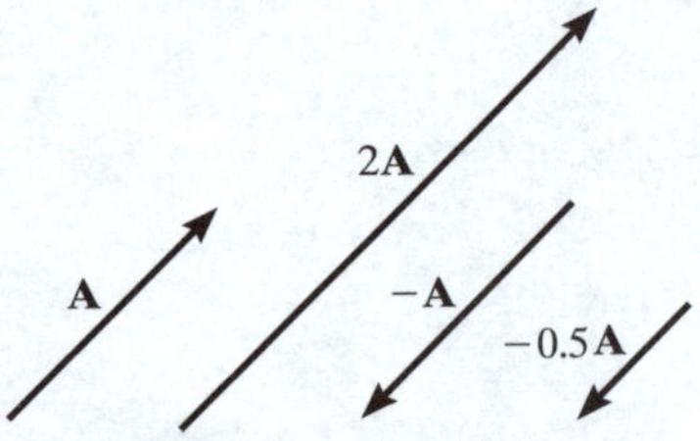

Multiplicación y división escalares

Fig. 2-2

Multiplicación y división de un vector con un escalar. Si un vector se multiplica por un escalar positivo, su magnitud se incrementa por esa cantidad. Al multiplicar por un escalar negativo, además cambiará el sentido direccional del vector. En la figura 2-2 se presentan ejemplos gráficos de tales operaciones.

Suma de vectores. Cuando se suman dos vectores es importante tener en cuenta tanto sus magnitudes como sus direcciones. Para ello es necesario utilizar la ***ley del paralelogramo de la adición***. A manera de ilustración, los dos ***vectores componentes*** **A** y **B** de la figura 2-3*a* se suman para formar un ***vector resultante*** **R** = **A** + **B**, mediante el siguiente procedimiento:

- Primero, una las colas de las componentes en un punto, de manera que se hagan concurrentes (fig. 2-3*b*).
- Desde la punta de **B**, trace una línea paralela a **A**. Trace otra línea desde la punta de **A** que sea paralela a **B**. Estas dos líneas se intersecan en el punto *P* para formar los lados adyacentes de un paralelogramo.
- La diagonal de este paralelogramo que se extiende desde la unión de los vectores hasta *P*, forma **R** que, por ende, representa el vector resultante **R** = **A** + **B** (fig. 2-3*c*).

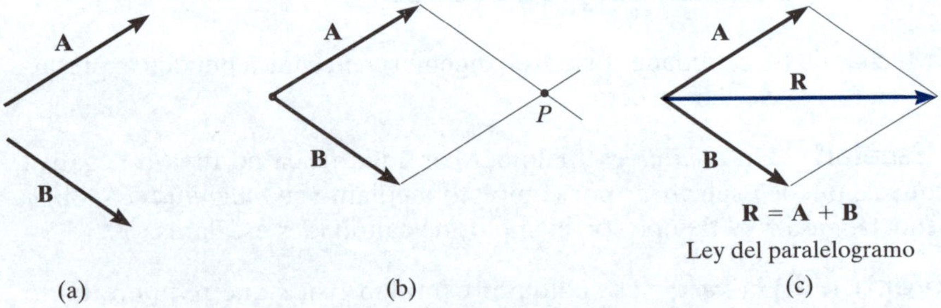

Fig. 2-3

También podemos sumar **B** a **A** (fig. 2-4*a*) mediante la ***regla del triángulo***, que es un caso especial de la ley del paralelogramo, donde el vector **B** se suma al vector **A** en una forma de "punta a cola", es decir, la punta de **A** se conecta con la cola de **B** (fig. 2-4*b*). La resultante **R** se extiende desde la cola de **A** hasta la punta de **B**. Asimismo, **R** también se puede obtener al sumar **A** a **B** (fig. 2-4*c*). Por comparación, se observa que la suma vectorial es conmutativa; en otras palabras, los vectores pueden sumarse en cualquier orden, es decir, **R** = **A** + **B** = **B** + **A**.

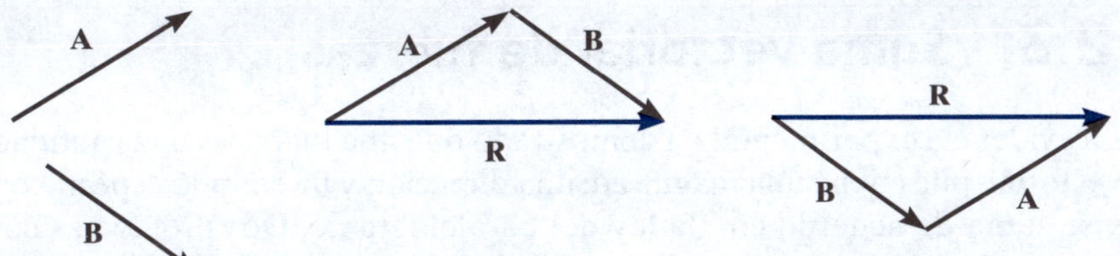

$\mathbf{R} = \mathbf{A} + \mathbf{B}$ Regla del triángulo

$\mathbf{R} = \mathbf{B} + \mathbf{A}$ Regla del triángulo

(a) (b) (c)

Fig. 2-4

Como un caso especial, si los dos vectores **A** y **B** son ***colineales***, es decir, ambos tienen la misma línea de acción, la ley del paralelogramo se reduce a una *suma algebraica* o a una *suma escalar* $R = A + B$, como se muestra en la figura 2-5.

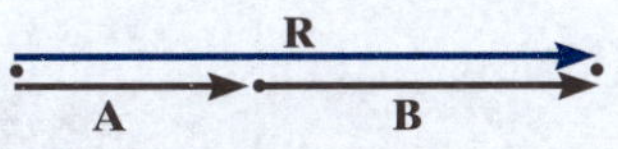

$R = A + B$

Suma de vectores colineales

Fig. 2-5

Resta de vectores. La *diferencia* resultante entre dos vectores **A** y **B** del mismo tipo puede expresarse como

$$\mathbf{R}' = \mathbf{A} - \mathbf{B} = \mathbf{A} + (-\mathbf{B})$$

Esta suma de vectores se muestra de manera gráfica en la figura 2-6. Ya que la resta se define como un caso especial de la suma, las reglas de la suma de vectores también se aplican a la resta vectorial.

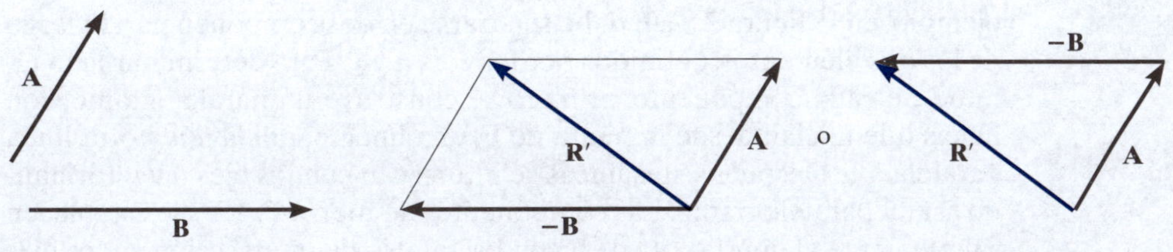

Ley del paralelogramo Regla del triángulo

Resta vectorial

Fig. 2-6

2.3 Suma vectorial de fuerzas

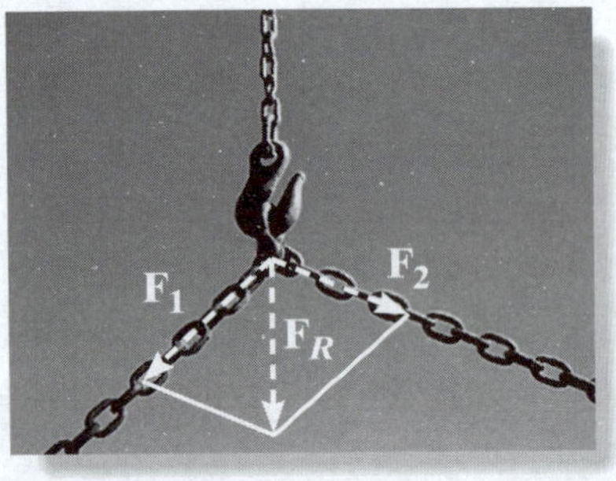

La ley del paralelogramo debe usarse para determinar la resultante de las dos fuerzas que actúan sobre el gancho. (© Russell C. Hibbeler)

La evidencia experimental ha demostrado que una fuerza es una cantidad vectorial, pues tiene una magnitud, una dirección y un sentido específicos, y se suma de acuerdo con la ley del paralelogramo. Dos problemas comunes en estática implican encontrar la fuerza resultante, conocer sus componentes o descomponer una fuerza conocida en dos componentes. A continuación describiremos cómo se resuelve cada uno de estos problemas mediante la aplicación de la ley del paralelogramo.

Determinación de una fuerza resultante. Las dos fuerzas componentes $\mathbf{F}_1$ y $\mathbf{F}_2$ que actúan sobre el pasador de la figura 2-7*a* se pueden sumar para formar la fuerza resultante $\mathbf{F}_R = \mathbf{F}_1 + \mathbf{F}_2$, como se muestra en la figura 2-7*b*. A partir de esta construcción, o mediante el uso de la regla del triángulo (fig. 2-7*c*), podemos aplicar la ley de los cosenos o la ley de los senos al triángulo, con la finalidad de obtener la magnitud de la fuerza resultante y su dirección.

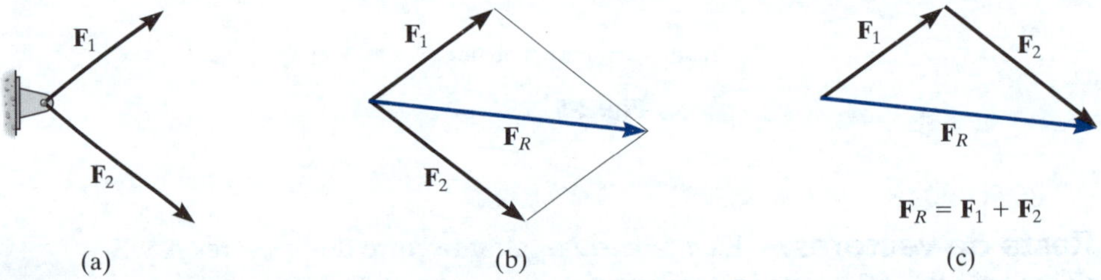

Fig. 2-7

Mediante la ley del paralelogramo, es posible descomponer la fuerza de apoyo **F** en componentes que actúan a lo largo de los ejes *u* y *v*. (© Russell C. Hibbeler)

Determinación de las componentes de una fuerza. En ocasiones es necesario separar una fuerza en dos *componentes* para estudiar su efecto de tirón o de empuje en dos direcciones específicas. Por ejemplo, en la figura 2.8*a*, **F** debe separarse en dos componentes a lo largo de los dos elementos, definidos por los ejes *u* y *v*. Para determinar la magnitud de cada componente, primero se construye un paralelogramo, con líneas que inician desde la punta de **F**, una línea paralela a *u* y otra línea paralela a *v*. Después, estas líneas se intersecan con los ejes *v* y *u* formando así un paralelogramo. Las componentes de fuerza $\mathbf{F}_u$ y $\mathbf{F}_v$ se establecen simplemente al unir la cola de **F** con los puntos de intersección en los ejes *u* y *v*, como en la figura 2-8*b*. Después, este paralelogramo puede reducirse a una figura geométrica que representa la regla del triángulo (fig. 2-8*c*). Con base en esto, se aplica la ley de los senos para determinar las magnitudes desconocidas de las componentes.

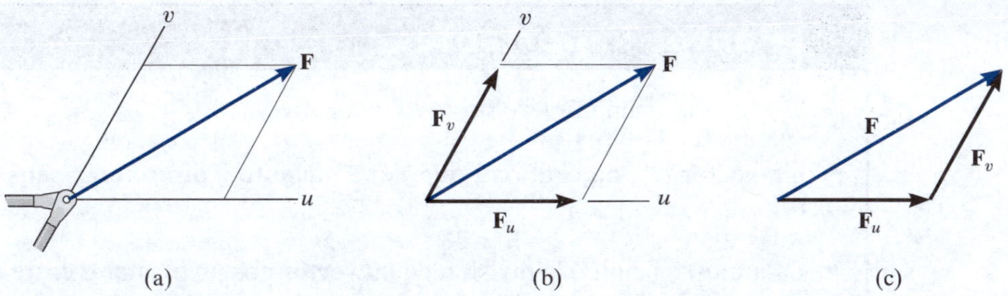

Fig. 2-8

Suma de varias fuerzas. Si deben sumarse más de dos fuerzas, pueden llevarse a cabo aplicaciones sucesivas de la ley del paralelogramo para obtener la fuerza resultante. Por ejemplo, si tres fuerzas $\mathbf{F}_1$, $\mathbf{F}_2$, $\mathbf{F}_3$ actúan en un punto O (fig. 2-9), se calcula la resultante de dos de las fuerzas cualesquiera, digamos $\mathbf{F}_1 + \mathbf{F}_2$, y luego esta resultante se suma a la tercera fuerza, dando la resultante de las tres fuerzas: $\mathbf{F}_R = (\mathbf{F}_1 + \mathbf{F}_2) + \mathbf{F}_3$. La aplicación de la ley del paralelogramo para sumar más de dos fuerzas, como se muestra aquí, a menudo requiere de cálculos geométricos y trigonométricos extensos para determinar los valores numéricos de la magnitud y la dirección de la resultante. En vez de ello, los problemas de este tipo suelen resolverse con facilidad con el "método de las componentes rectangulares", el cual se explica en la sección 2.4.

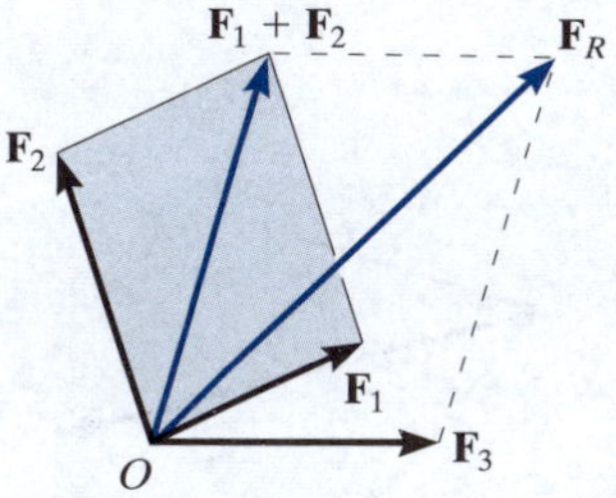

Fig. 2-9

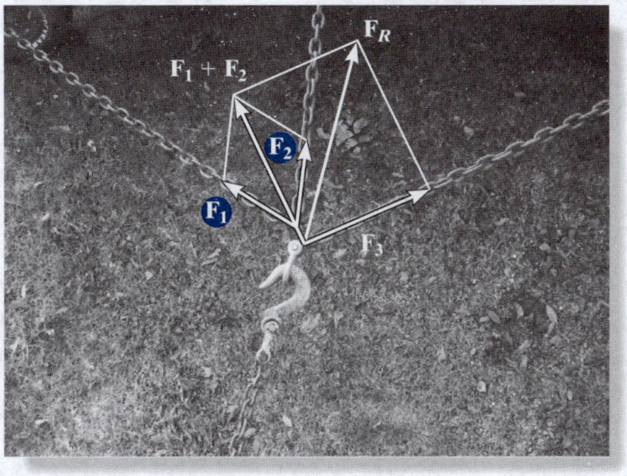

La fuerza resultante $\mathbf{F}_R$ sobre el gancho requiere la suma de $\mathbf{F}_1 + \mathbf{F}_2$; después, esta resultante se suma a $\mathbf{F}_3$. (© Russell C. Hibbeler)

Puntos importantes

- Un escalar es un número positivo o negativo.
- Un vector es una cantidad que tiene magnitud, dirección y sentido.
- La multiplicación o la división de un vector por un escalar o entre éste cambiará la magnitud del vector. El sentido del vector cambiará si el escalar es negativo.
- Como un caso especial, si los vectores son colineales, la resultante se forma mediante una suma algebraica o escalar.

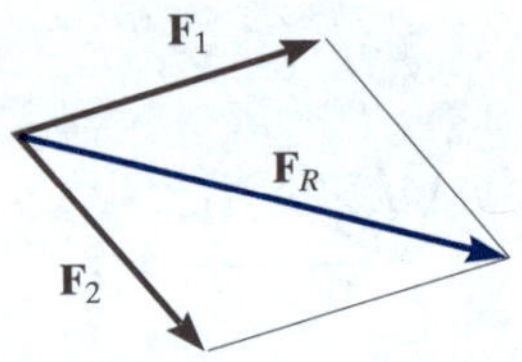

(a)

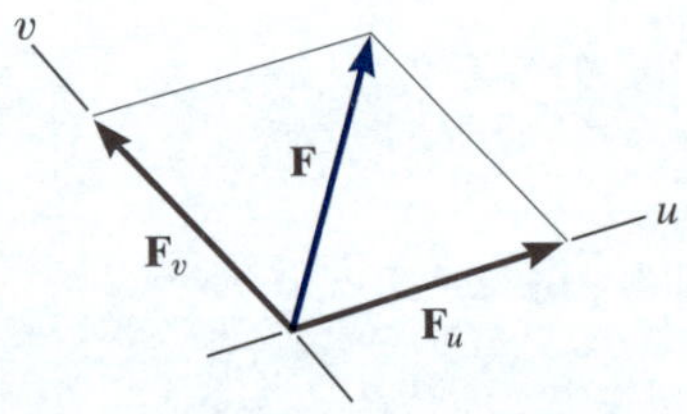

(b)

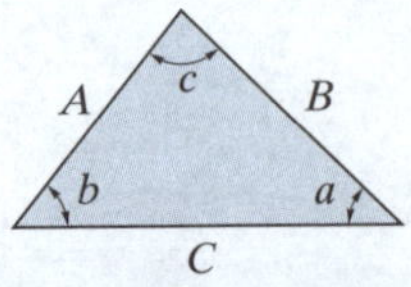

Ley de los cosenos:

$$C = \sqrt{A^2 + B^2 - 2AB\cos c}$$

Ley de los senos:

$$\frac{A}{\text{sen } a} = \frac{B}{\text{sen } b} = \frac{C}{\text{sen } c}$$

(c)

Fig. 2-10

Procedimiento para el análisis

Los problemas que implican la suma de dos fuerzas pueden resolverse de la siguiente manera:

Ley del paralelogramo

- Las dos fuerzas "componentes" $\mathbf{F}_1$ y $\mathbf{F}_2$ de la figura 2-10*a* se suman de acuerdo con la ley del paralelogramo, lo cual produce una fuerza *resultante* $\mathbf{F}_R$ que forma la diagonal del paralelogramo que va del origen de los vectores a la intersección de las paralelas.
- Si una fuerza **F** debe separarse en *componentes* a lo largo de dos ejes u y v (fig. 2-10*b*), entonces comience en la punta de la fuerza **F** y construya líneas paralelas a los ejes, para formar de esta manera el paralelogramo. Los lados del paralelogramo que están sobre los ejes, representan las componentes, $\mathbf{F}_u$ y $\mathbf{F}_v$.
- Anote todas las magnitudes de fuerzas conocidas y desconocidas y los ángulos sobre el bosquejo; asimismo, identifique las dos incógnitas como la magnitud y la dirección de $\mathbf{F}_R$, o las magnitudes de sus componentes.

Trigonometría

- Dibuje de nuevo la mitad del paralelogramo para ilustrar la suma triangular de punta a cola de las componentes.
- A partir de este triángulo, la magnitud de la fuerza resultante puede determinarse con la ley de los cosenos, y su dirección mediante la ley de los senos. Las magnitudes de las dos componentes de fuerza se determinan a partir de la ley de los senos. Las fórmulas se dan en la figura 2-10*c*.

EJEMPLO 2.1

La armella roscada de la figura 2-11*a* está sometida a dos fuerzas, $\mathbf{F}_1$ y $\mathbf{F}_2$. Determine la magnitud y la dirección de la fuerza resultante.

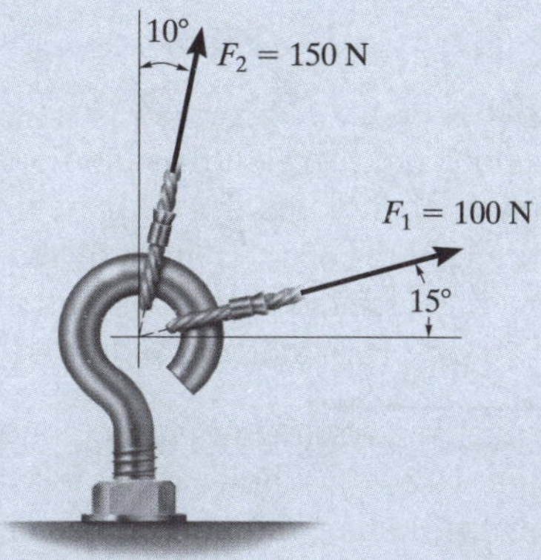

(a)

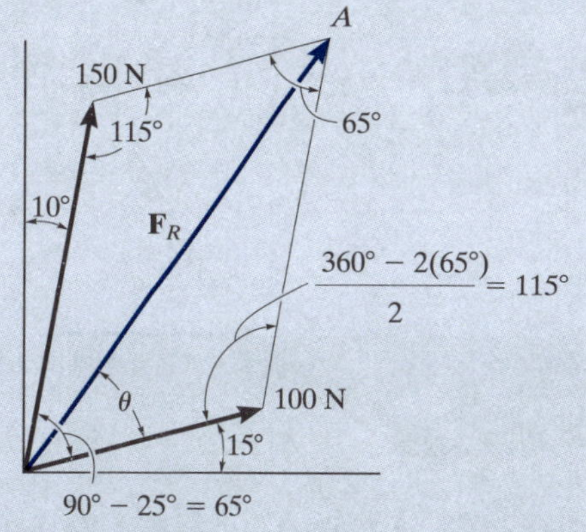

(b)

SOLUCIÓN

Ley del paralelogramo. El paralelogramo se forma al trazar una línea desde la punta de $\mathbf{F}_1$ que sea paralela a $\mathbf{F}_2$, y otra línea desde la punta de $\mathbf{F}_2$ que sea paralela a $\mathbf{F}_1$. La fuerza resultante $\mathbf{F}_R$ se extiende hacia el lugar donde estas líneas se intersecan en el punto *A* (fig. 2-11*b*). Las dos incógnitas son la magnitud de $\mathbf{F}_R$ y el ángulo θ (teta).

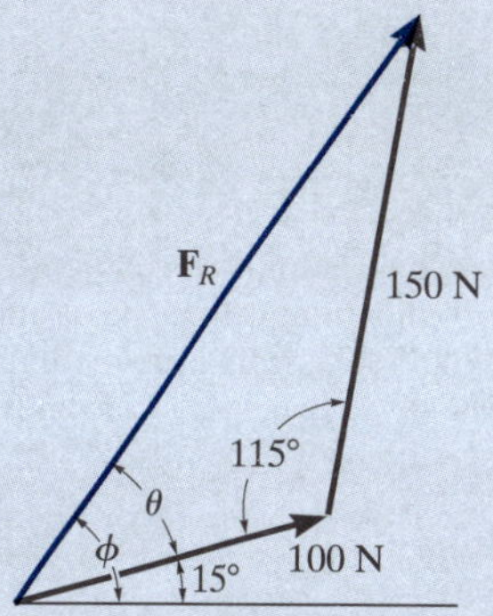

(c)

Fig. 2-11

Trigonometría. A partir del paralelogramo, se construye el triángulo vectorial (fig. 2-11*c*). Mediante la ley de los cosenos,

$$F_R = \sqrt{(100\text{ N})^2 + (150\text{ N})^2 - 2(100\text{ N})(150\text{ N})\cos 115°}$$
$$= \sqrt{10\,000 + 22\,500 - 30\,000(-0.4226)} = 212.6\text{ N}$$
$$= 213\text{ N} \qquad \textit{Resp.}$$

El ángulo θ se determina al aplicar la ley de los senos,

$$\frac{150\text{ N}}{\operatorname{sen}\theta} = \frac{212.6\text{ N}}{\operatorname{sen}115°} \qquad \operatorname{sen}\theta = \frac{150\text{ N}}{212.6\text{ N}}(\operatorname{sen}115°)$$
$$\theta = 39.8°$$

Así, la dirección ϕ (fi) de $\mathbf{F}_R$, medida desde la horizontal, es

$$\phi = 39.8° + 15.0° = 54.8° \qquad \textit{Resp.}$$

NOTA: Los resultados parecen razonables, ya que la figura 2-11*b* muestra que $\mathbf{F}_R$ tiene una magnitud mayor que sus componentes y una dirección que se encuentra entre éstas.

EJEMPLO 2.2

2

Descomponga la fuerza horizontal de 600 lb que se muestra en la figura 2-12*a* en componentes que actúan a lo largo de los ejes *u* y *v*, y determine las magnitudes de estas componentes.

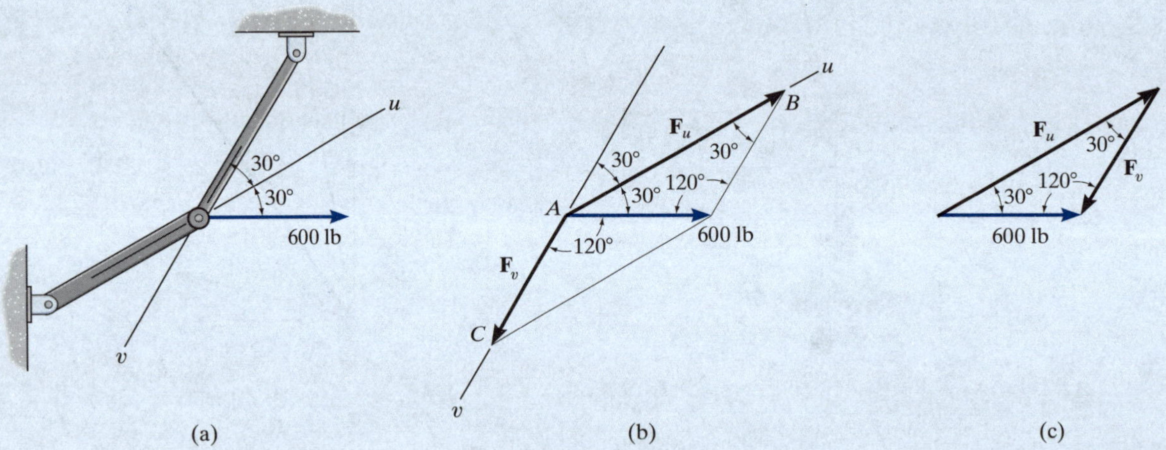

Fig. 2-12

SOLUCIÓN

El paralelogramo se construye al extender una línea paralela al eje *v*, desde la *punta* de la fuerza de 600 lb hasta que interseca el eje *u* en el punto *B* (fig. 2-12*b*). La flecha desde *A* hasta *B* representa $\mathbf{F}_u$. Del mismo modo, la línea que se extiende desde la punta de la fuerza de 600 lb trazada en forma paralela al eje *u* interseca el eje *v* en el punto *C*, de donde se obtiene $\mathbf{F}_v$.

En la figura 2-12*c* se muestra la suma vectorial cuando se usa la regla del triángulo. Las dos incógnitas son las magnitudes de $\mathbf{F}_u$ y $\mathbf{F}_v$. Al aplicar la ley de los senos,

$$\frac{F_u}{\text{sen } 120°} = \frac{600 \text{ lb}}{\text{sen } 30°}$$

$$F_u = 1039 \text{ lb} \qquad \textit{Resp.}$$

$$\frac{F_v}{\text{sen } 30°} = \frac{600 \text{ lb}}{\text{sen } 30°}$$

$$F_v = 600 \text{ lb} \qquad \textit{Resp.}$$

NOTA: El resultado para F_u muestra que, en ocasiones, una componente puede tener una magnitud mayor que la resultante.

EJEMPLO 2.3

Determine la magnitud de la fuerza componente **F** en la figura 2-13*a* y la magnitud de la fuerza resultante $\mathbf{F}_R$, si $\mathbf{F}_R$ está dirigida a lo largo del eje *y* positivo.

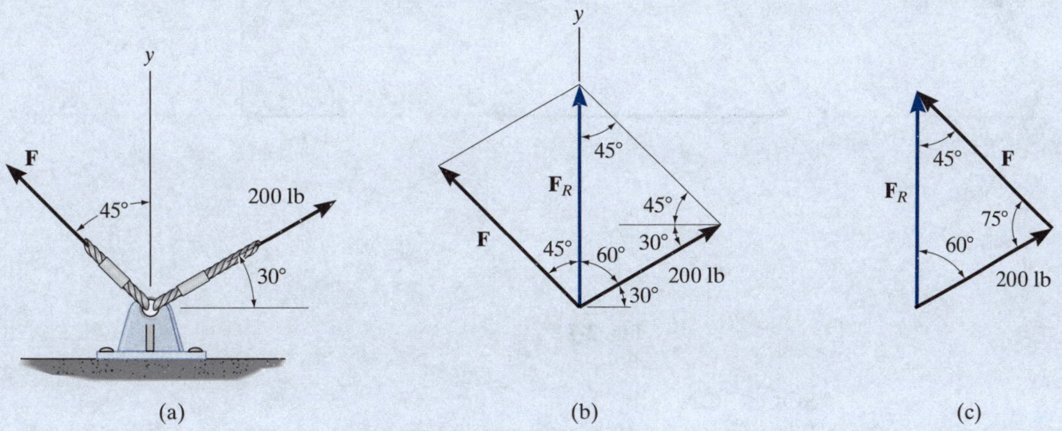

Fig. 2-13

SOLUCIÓN

En la figura 2-13*b* se muestra la ley del paralelogramo para la suma, y en la figura 2-13*c*, la regla del triángulo. Las magnitudes de $\mathbf{F}_R$ y **F** son las dos incógnitas. Éstas pueden determinarse mediante la aplicación de la ley de los senos.

$$\frac{F}{\text{sen } 60^\circ} = \frac{200 \text{ lb}}{\text{sen } 45^\circ}$$

$$F = 245 \text{ lb} \qquad \textit{Resp.}$$

$$\frac{F_R}{\text{sen } 75^\circ} = \frac{200 \text{ lb}}{\text{sen } 45^\circ}$$

$$F_R = 273 \text{ lb} \qquad \textit{Resp.}$$

2

EJEMPLO 2.4

Se requiere que la fuerza resultante que actúa sobre la armella roscada de la figura 2-14*a* esté dirigida a lo largo del eje *x* positivo y que $\mathbf{F}_2$ tenga una magnitud *mínima*. Determine esta magnitud, el ángulo y la fuerza resultante correspondiente.

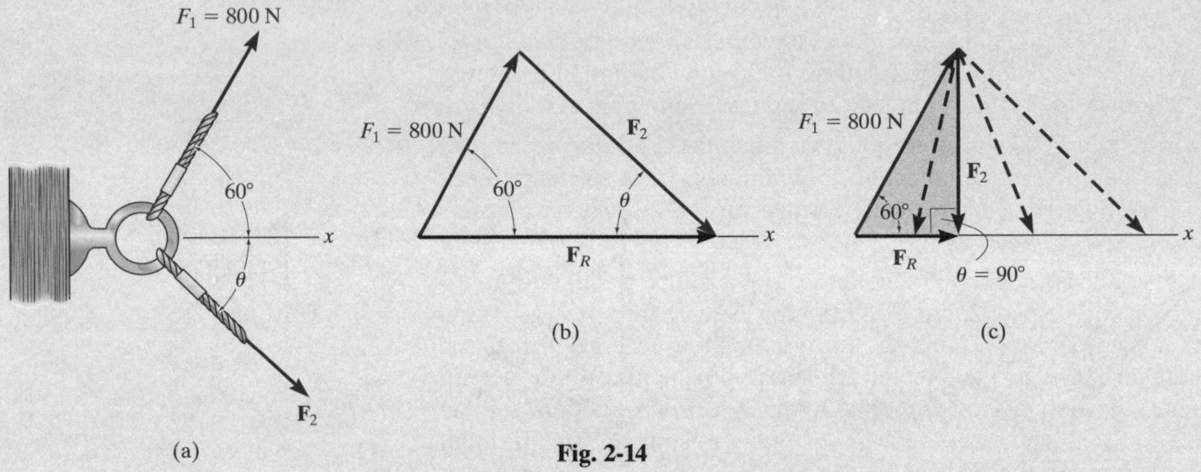

Fig. 2-14

SOLUCIÓN

En la figura 2-14*b* se muestra la regla del triángulo para $\mathbf{F}_R = \mathbf{F}_1 + \mathbf{F}_2$. Como las magnitudes (longitudes) de $\mathbf{F}_R$ y $\mathbf{F}_2$ no están especificadas, entonces $\mathbf{F}_2$ puede ser en realidad cualquier vector cuya punta toque la línea de acción de $\mathbf{F}_R$ (fig. 2-14*c*). Sin embargo, como se indica en la figura, la magnitud de $\mathbf{F}_2$ es un *mínimo* o tiene la longitud más corta cuando su línea de acción es *perpendicular* a la línea de acción de $\mathbf{F}_R$, es decir, cuando

$$\theta = 90^\circ \qquad \textit{Resp.}$$

Como la suma vectorial ahora forma el triángulo rectángulo sombreado, las dos magnitudes desconocidas se pueden obtener con trigonometría.

$$F_R = (800 \text{ N})\cos 60^\circ = 400 \text{ N} \qquad \textit{Resp.}$$

$$F_2 = (800 \text{ N})\text{sen } 60^\circ = 693 \text{ N} \qquad \textit{Resp.}$$

Es muy recomendable que usted se ponga a prueba con la resolución de estos ejemplos; repáselos una y otra vez tratando de dibujar la ley del paralelogramo y pensando en cómo utilizar las leyes del seno y el coseno para determinar las incógnitas. Luego, antes de solucionar cualquiera de los problemas, trate de resolver los problemas preliminares y algunos de los problemas fundamentales que se dan en las siguientes páginas. Las soluciones y las respuestas a estos ejercicios se incluyen en la parte final del libro. Si hace esto a lo largo del texto, obtendrá una gran ayuda en el desarrollo de sus habilidades para resolver problemas.

PROBLEMAS PRELIMINARES

Al final del libro se proporcionan soluciones parciales y respuestas a todos los problemas preliminares.

P2-1. En cada caso, construya la ley del paralelogramo para demostrar que $\mathbf{F}_R = \mathbf{F}_1 + \mathbf{F}_2$. Luego, establezca la regla del triángulo, donde $\mathbf{F}_R = \mathbf{F}_1 + \mathbf{F}_2$. Anote todos los lados y los ángulos internos conocidos y desconocidos.

P2-2. En cada caso, muestre cómo se descompone la fuerza **F** en las componentes que actúan a lo largo de los ejes u y v, utilizando la ley del paralelogramo. Luego, establezca la regla del triángulo para demostrar que $\mathbf{F}_R = \mathbf{F}_u + \mathbf{F}_v$. Anote todos los lados y ángulos interiores conocidos y desconocidos.

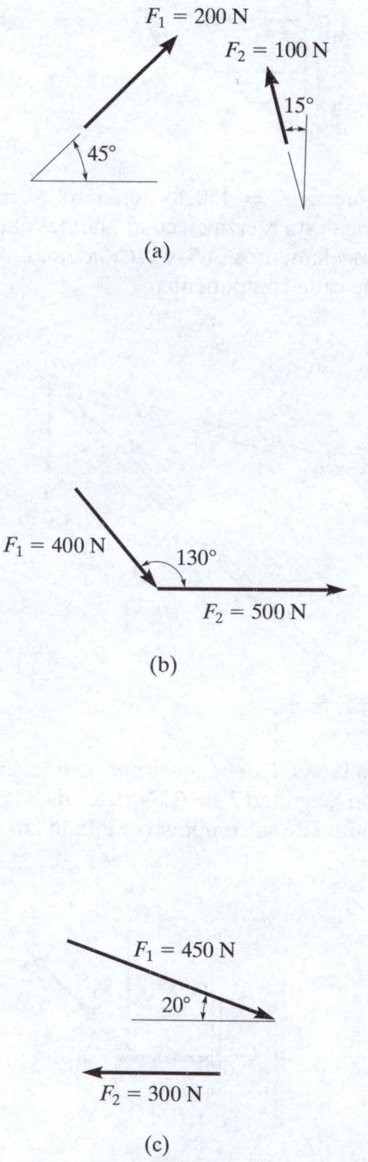

Prob. P2-1

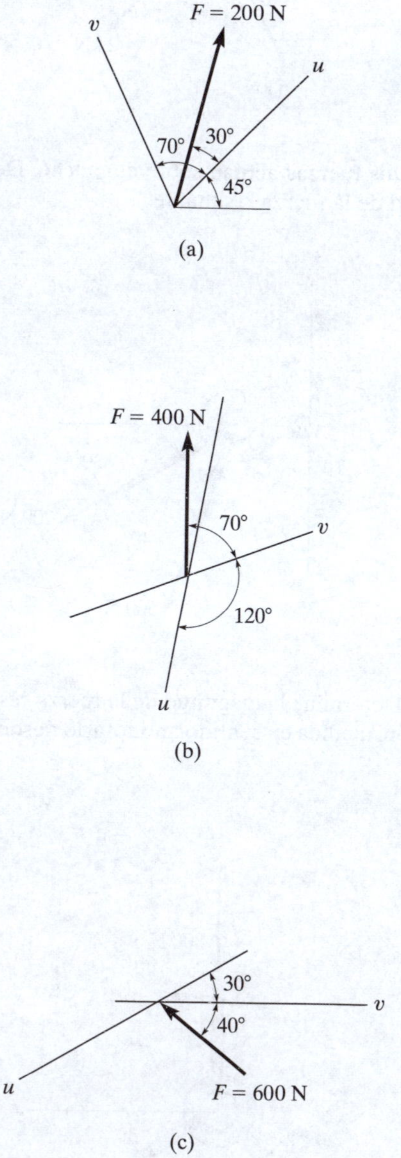

Prob. P2-2

PROBLEMAS FUNDAMENTALES

Al final del libro se proporcionan soluciones parciales y respuestas a todos los problemas fundamentales.

2

F2-1. Determine la magnitud de la fuerza resultante que actúa sobre la armella roscada y su dirección medida en sentido horario desde el eje x.

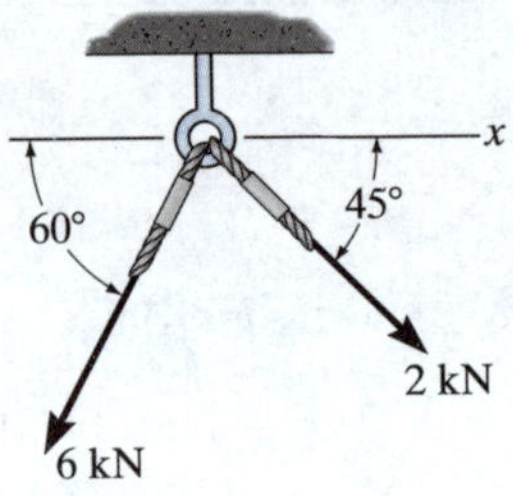

Prob. F2-1

F2-2. Dos fuerzas actúan sobre el gancho. Determine la magnitud de la fuerza resultante.

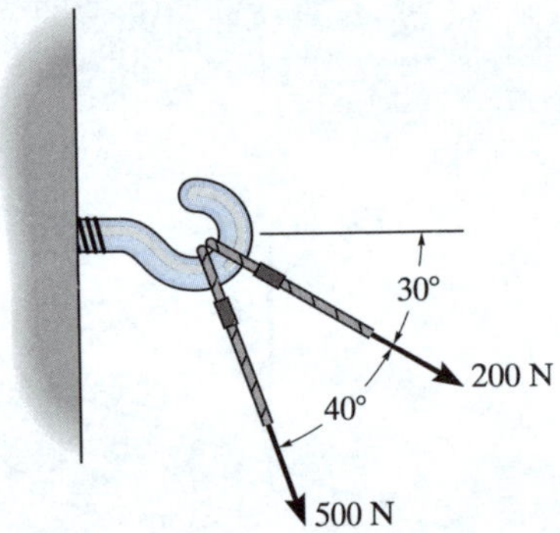

Prob. F2-2

F2-3. Determine la magnitud de la fuerza resultante y su dirección, medida en sentido antihorario desde el eje x positivo.

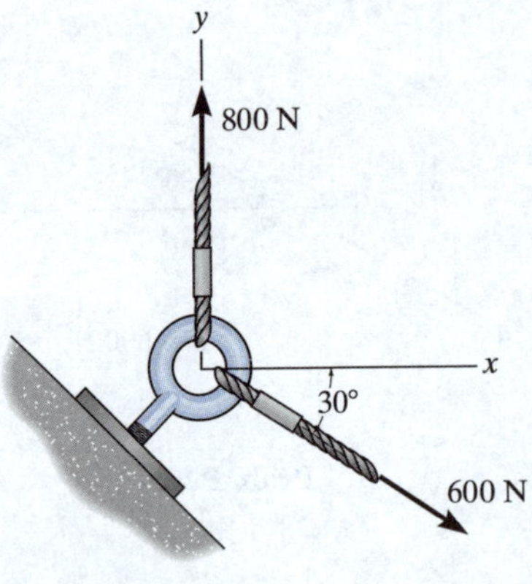

Prob. F2-3

F2-4. Descomponga la fuerza de 30 lb en componentes a lo largo de los ejes u y v; además, determine la magnitud de cada una de estas componentes.

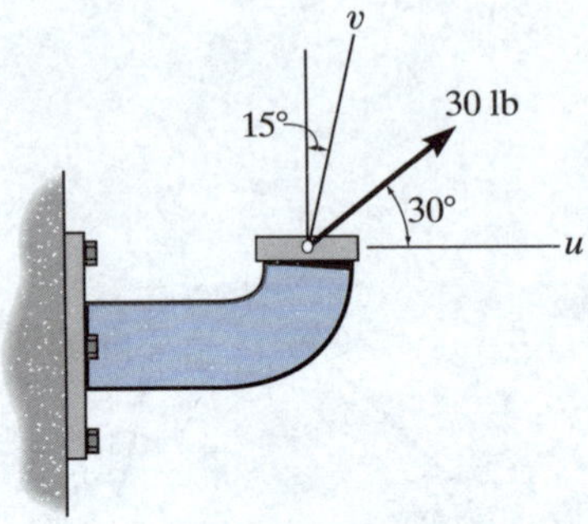

Prob. F2-4

F2-5. La fuerza $F = 450$ lb actúa sobre la estructura. Descomponga esta fuerza en componentes que actúan a lo largo de los elementos AB y AC; además, determine la magnitud de cada componente.

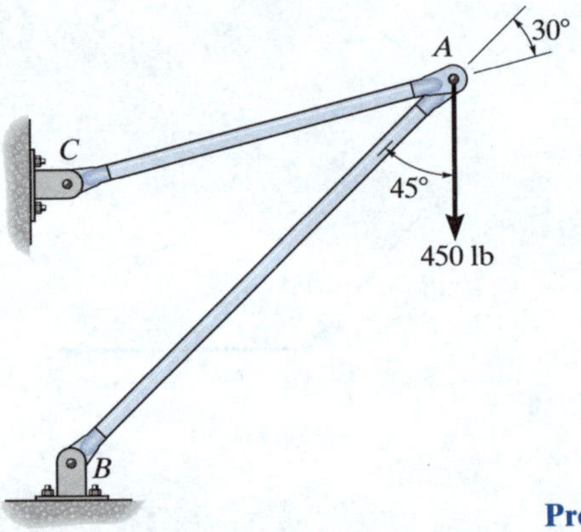

Prob. F2-5

F2-6. Si la fuerza **F** debe tener una componente a lo largo del eje u con magnitud $F_u = 6$ kN, determine la magnitud de **F** y la magnitud de su componente $\mathbf{F}_v$ a lo largo del eje v.

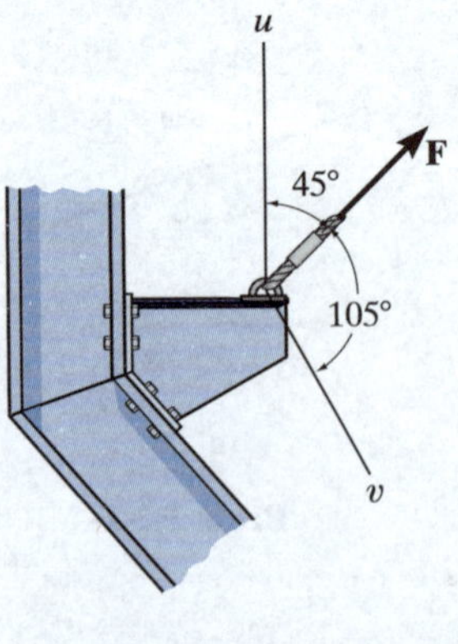

Prob. F2-6

PROBLEMAS

2-1. Si $\theta = 60°$ y $F = 450$ N, determine la magnitud de la fuerza resultante y su dirección, medida en sentido antihorario desde el eje x positivo.

2-2. Si la magnitud de la fuerza resultante debe ser 500 N, dirigida a lo largo del eje y positivo, determine la magnitud de la fuerza **F** y su dirección θ.

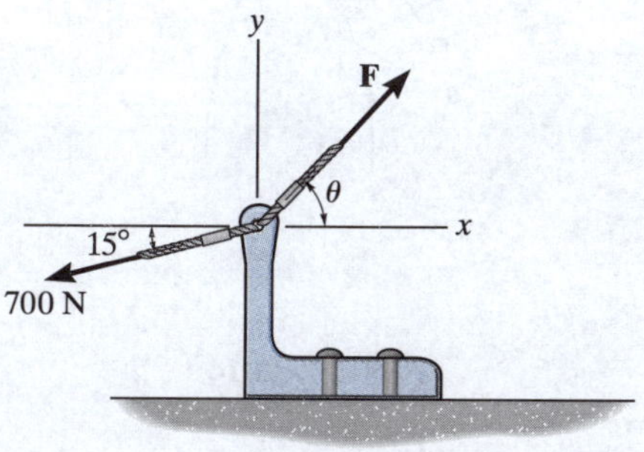

Probs. 2-1/2

2-3. Determine la magnitud de la fuerza resultante $\mathbf{F}_R = \mathbf{F}_1 + \mathbf{F}_2$ y su dirección, medida en sentido antihorario desde el eje x positivo.

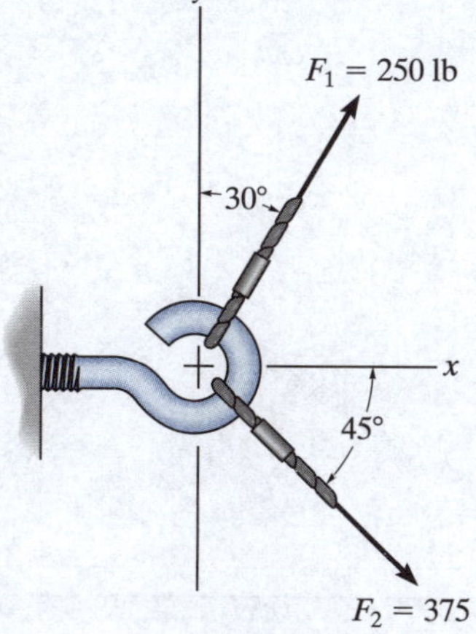

Prob. 2-3

***2-4.** La fuerza vertical **F** actúa hacia abajo en A sobre el bastidor de dos miembros. Determine las magnitudes de las dos componentes de **F** dirigidas a lo largo de los ejes de AB y AC. Sea $F = 500$ N.

2-5. Resuelva el problema 2-4 con $F = 350$ lb.

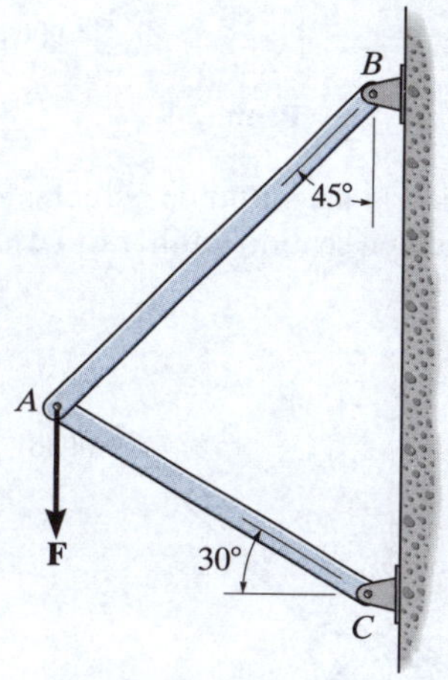

Probs. 2-4/5

2-6. Determine la magnitud de la fuerza resultante $\mathbf{F}_R = \mathbf{F}_1 + \mathbf{F}_2$ y su dirección, medida en sentido horario desde el eje u positivo.

2-7. Descomponga la fuerza $\mathbf{F}_1$ en las componentes que actúan a lo largo de los ejes u y v; después, determine las magnitudes de las componentes.

***2-8.** Descomponga la fuerza $\mathbf{F}_2$ en las componentes que actúan a lo largo de los ejes u y v; después, determine las magnitudes de las componentes.

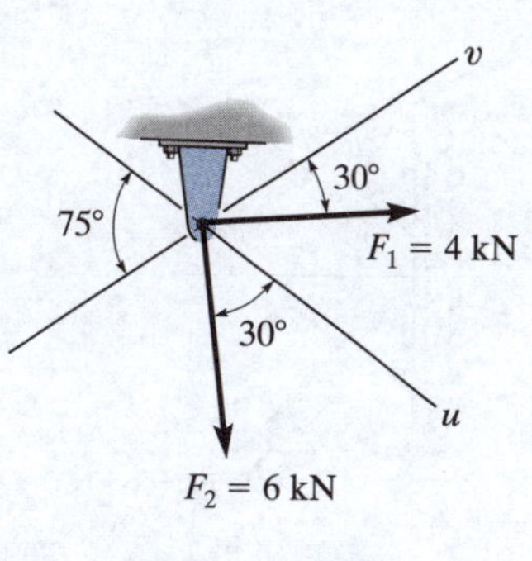

Probs. 2-6/7/8

2-9. Si la fuerza resultante que actúa sobre el soporte debe ser de 1200 lb, dirigida horizontalmente hacia la derecha, determine la fuerza **F** en la cuerda A y el ángulo θ correspondiente.

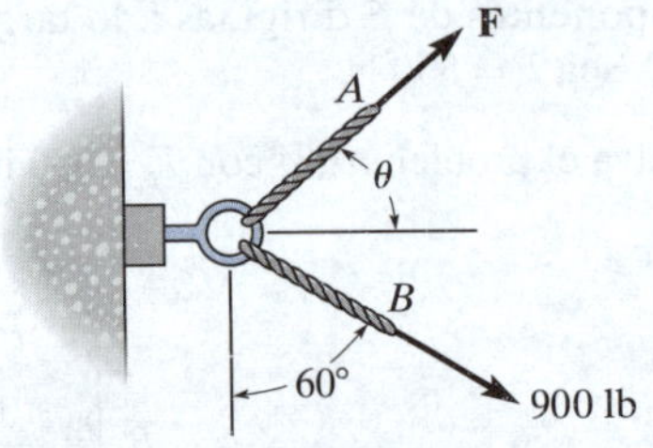

Prob. 2-9

2-10. Determine la magnitud de la fuerza resultante y su dirección, medida en sentido antihorario desde el eje x positivo.

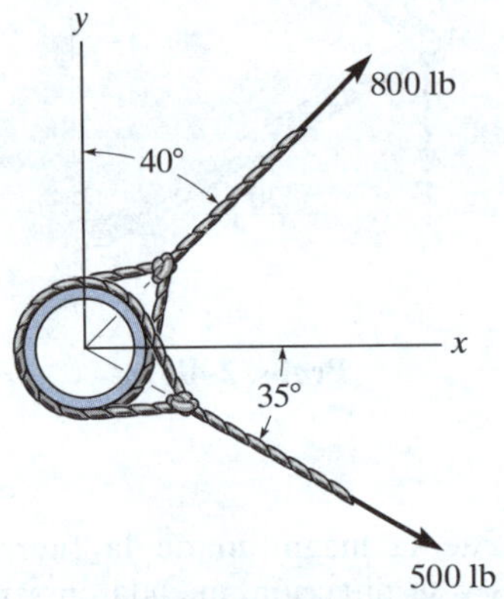

Prob. 2-10

2-11. La placa está sometida a las dos fuerzas en A y B como se muestra en la figura. Si $\theta = 60°$, determine la magnitud de la resultante de estas dos fuerzas y su dirección medida en sentido horario desde la horizontal.

***2-12.** Determine el ángulo θ para el miembro A conectado a la placa, de manera que la fuerza resultante de $\mathbf{F}_A$ y $\mathbf{F}_B$ esté dirigida horizontalmente hacia la derecha. Además, ¿cuál es la magnitud de la fuerza resultante?

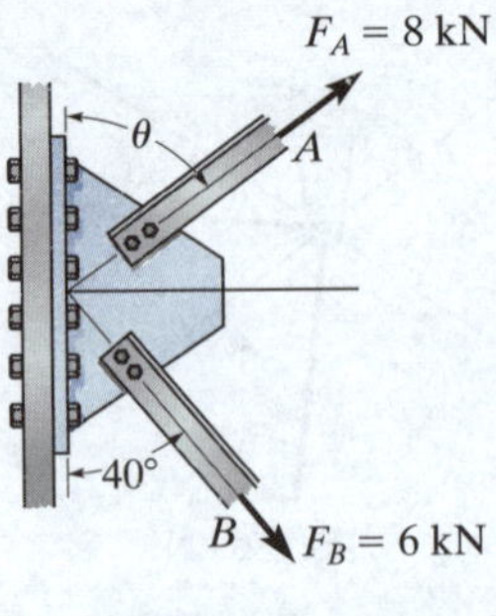

Probs. 2-11/12

2-13. La fuerza que actúa sobre el diente de engrane es $F = 20$ lb. Descomponga esta fuerza en las dos componentes que actúan a lo largo de las líneas aa y bb.

2-14. Se requiere que la componente de la fuerza **F** que actúa a lo largo de la línea aa sea de 30 lb. Determine la magnitud de **F** y su componente a lo largo de la línea bb.

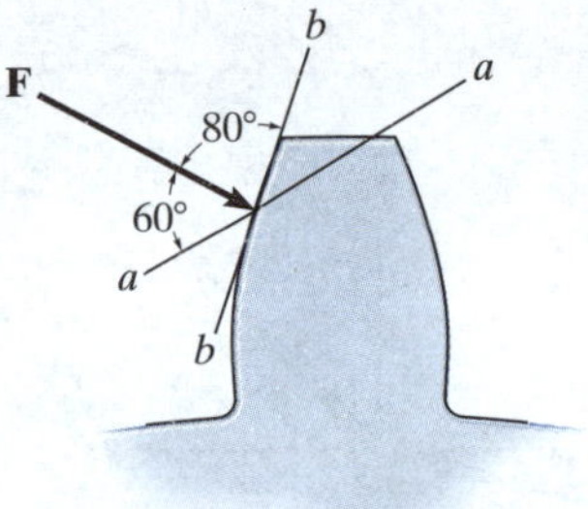

Probs. 2-13/14

2-15. La fuerza **F** actúa sobre el bastidor, de modo que su componente que actúa a lo largo del miembro AB es de 650 lb, dirigida desde B hacia A, y la componente que actúa a lo largo del miembro BC es de 500 libras, dirigida desde B hacia C. Determine la magnitud de **F** y su dirección θ. Considere que $\phi = 60°$.

***2-16.** La fuerza **F** actúa sobre el bastidor de modo que su componente que actúa a lo largo del miembro AB es de 650 lb, dirigida desde B hacia A. Determine el ángulo ϕ ($0° \leq \phi \leq 45°$) requerido y la componente que actúa a lo largo del miembro BC. Considerando $F = 850$ lb y $\theta = 30°$.

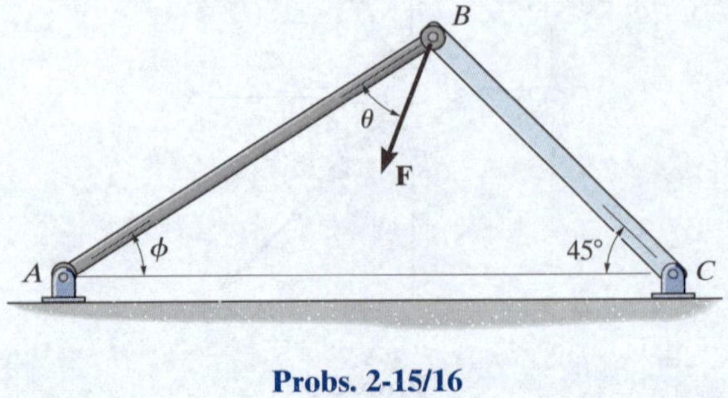

Probs. 2-15/16

2-17. Determine la magnitud y la dirección de la resultante $\mathbf{F}_R = \mathbf{F}_1 + \mathbf{F}_2 + \mathbf{F}_3$ de las tres fuerzas; para ello, primero obtenga la resultante $\mathbf{F}' = \mathbf{F}_1 + \mathbf{F}_2$ y, después, forme $\mathbf{F}_R = \mathbf{F}' + \mathbf{F}_3$.

2-18. Determine la magnitud y la dirección de la resultante $\mathbf{F}_R = \mathbf{F}_1 + \mathbf{F}_2 + \mathbf{F}_3$ de las tres fuerzas; para ello, primero encuentre la resultante $\mathbf{F}' = \mathbf{F}_2 + \mathbf{F}_3$ y, después, forme $\mathbf{F}_R = \mathbf{F}' + \mathbf{F}_1$.

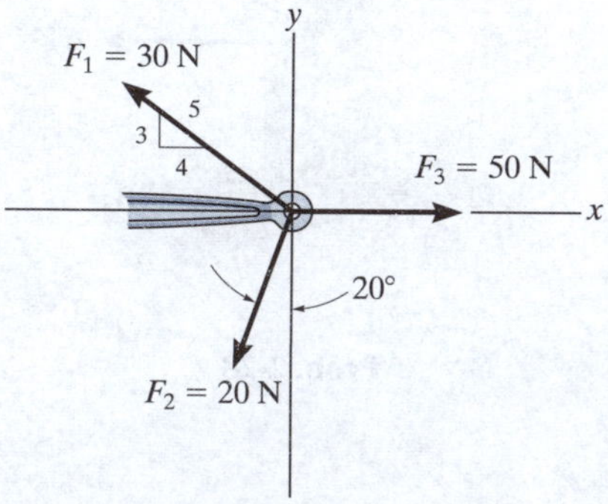

Probs. 2-17/18

2-21. Determine la magnitud y la dirección de la fuerza resultante $\mathbf{F}_R$, medida en sentido antihorario desde el eje x positivo. Para resolver el problema, obtenga primero la resultante $\mathbf{F}' = \mathbf{F}_1 + \mathbf{F}_2$ y, después, forme $\mathbf{F}_R = \mathbf{F}' + \mathbf{F}_3$.

2-22. Determine la magnitud y la dirección de la fuerza resultante, medida en sentido antihorario desde el eje x positivo. Para resolver el problema obtenga primero la resultante $\mathbf{F}' = \mathbf{F}_2 + \mathbf{F}_3$ y, después, forme $\mathbf{F}_R = \mathbf{F}' + \mathbf{F}_1$.

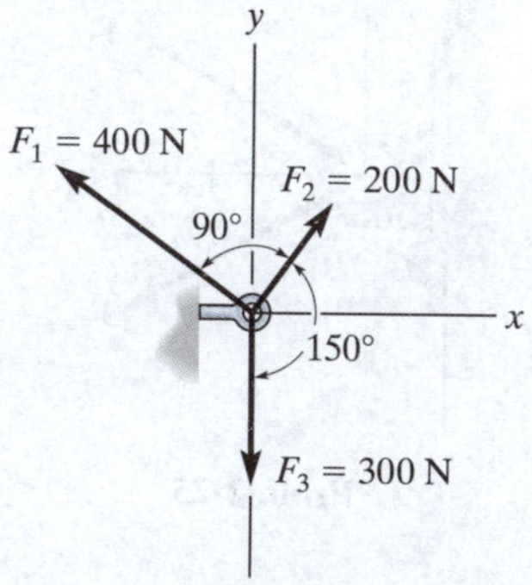

Probs. 2-21/22

2-19. Determine el ángulo de diseño θ ($0° \leq \theta \leq 90°$) para la barra AB, de modo que la fuerza horizontal de 400 lb tenga una componente de 500 libras dirigida desde A hacia C. ¿Cuál es la componente de la fuerza que actúa a lo largo del miembro AB? Considere que $\phi = 40°$.

***2-20.** Determine el ángulo de diseño ϕ ($0° \leq \phi \leq 90°$) entre las barras AB y AC, de modo que la fuerza horizontal de 400 libras tenga una componente de 600 lb que actúe hacia arriba y a la izquierda, en la dirección de B hacia A. Considere que $\theta = 30°$.

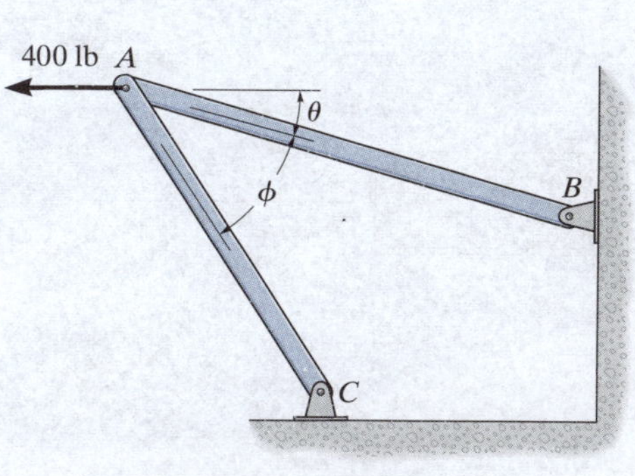

Probs. 2-19/20

2-23. Sobre la armella actúan dos fuerzas. Si $F_1 = 400$ N y $F_2 = 600$ N, determine el ángulo θ ($0° \leq \theta \leq 180°$) entre ellas, de modo que la fuerza resultante tenga una magnitud de $F_R = 800$ N.

***2-24.** Sobre la armella actúan dos fuerzas, $\mathbf{F}_1$ y $\mathbf{F}_2$. Si sus líneas de acción se encuentran separadas por un ángulo θ y la magnitud de cada fuerza es $F_1 = F_2 = F$, determine la magnitud de la fuerza resultante $\mathbf{F}_R$ y el ángulo entre $\mathbf{F}_R$ y $\mathbf{F}_1$.

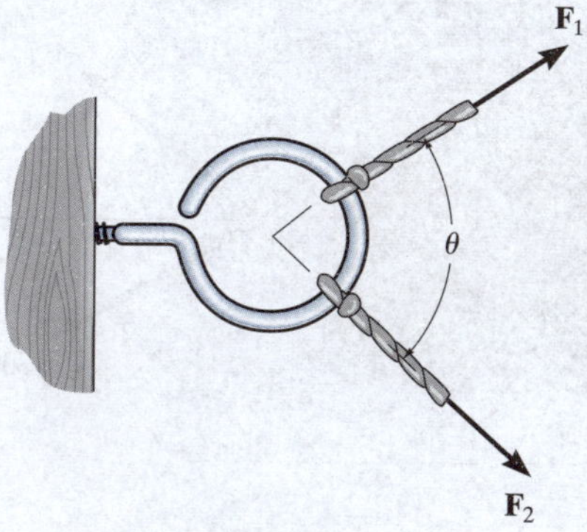

Probs. 2-23/24

2-25. Si $F_1 = 30$ lb y $F_2 = 40$ lb, determine los ángulos θ y ϕ, de modo que la fuerza resultante esté dirigida a lo largo del eje x positivo y tenga una magnitud de $F_R = 60$ lb.

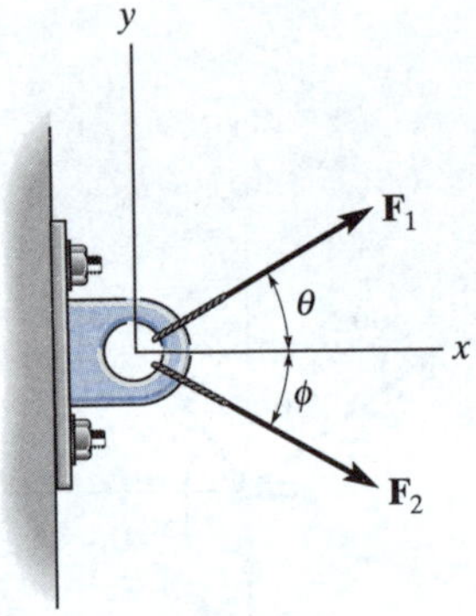

Prob. 2-25

***2-28.** Determine la magnitud de la fuerza **F**, de modo que la resultante $\mathbf{F}_R$ de las tres fuerzas sea lo más pequeña posible. ¿Cuál es la magnitud mínima de $\mathbf{F}_R$?

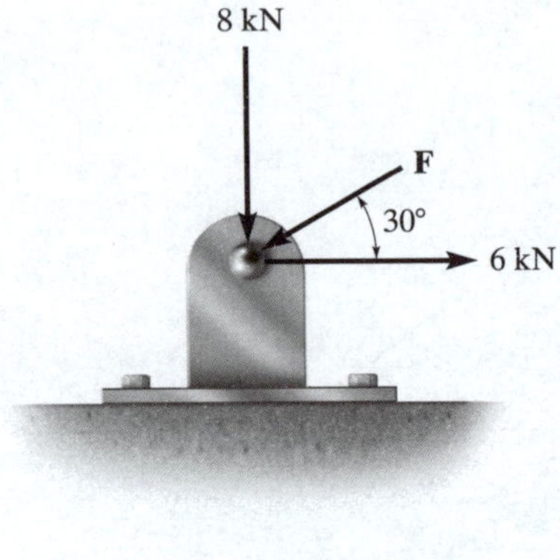

Prob. 2-28

2-26. Determine la magnitud y la dirección θ de $\mathbf{F}_A$, de modo que la fuerza resultante esté dirigida a lo largo del eje x positivo y tenga una magnitud de 1250 N.

2-27. Determine la magnitud y la dirección, medida en sentido antihorario desde el eje x positivo, de la fuerza resultante que actúa sobre el aro en O, si $F_A = 750$ N y $\theta = 45°$.

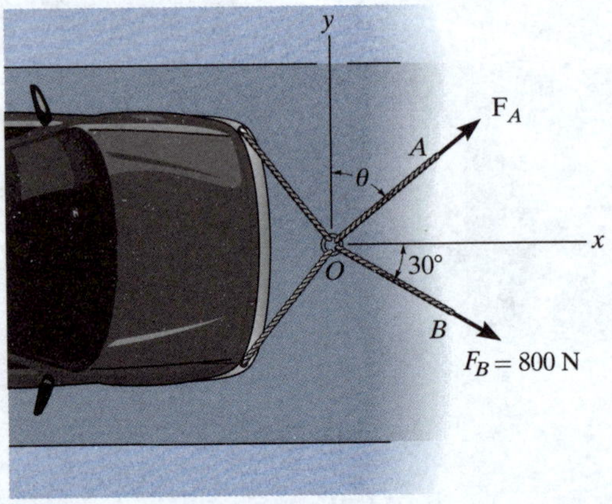

Probs. 2-26/27

2-29. Si la fuerza resultante de los dos remolcadores es 3 kN, dirigida a lo largo del eje x positivo, determine la magnitud requerida de la fuerza $\mathbf{F}_B$ y su dirección θ.

2-30. Si $\mathbf{F}_B = 3$ kN y $\theta = 45°$, determine la magnitud de la fuerza resultante de los dos remolcadores y su dirección medida en sentido horario desde el eje x positivo.

2-31. Si se requiere que la fuerza resultante de los dos remolcadores esté dirigida hacia el eje x positivo, y $\mathbf{F}_B$ debe tener un valor mínimo, determine las magnitudes de $\mathbf{F}_R$ y $\mathbf{F}_B$, así como el ángulo θ.

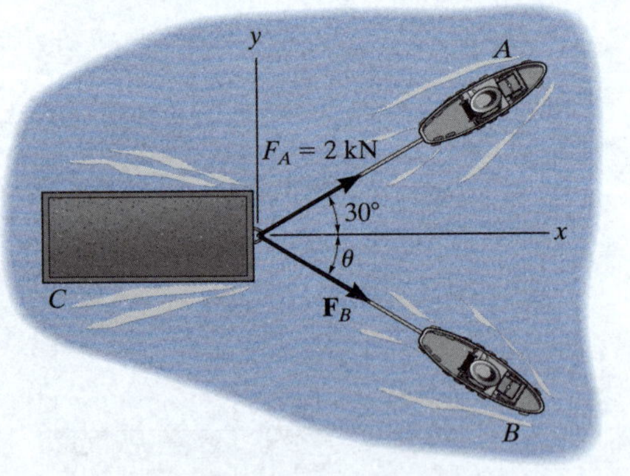

Probs. 2-29/30/31

2.4 Suma de un sistema de fuerzas coplanares

Cuando una fuerza se descompone en dos componentes a lo largo de los ejes x y y, tales componentes se denominan ***componentes rectangulares***. Para el trabajo analítico, podemos representar estas componentes en una de dos formas, mediante notación escalar o notación vectorial cartesiana.

Notación escalar. Las componentes rectangulares de la fuerza **F** que se muestran en la figura 2-15*a* se encuentran al utilizar la ley del paralelogramo, de manera que $\mathbf{F} = \mathbf{F}_x + \mathbf{F}_y$. Como estas componentes forman un triángulo rectángulo, sus magnitudes se determinan a partir de

$$F_x = F\cos\theta \quad \text{y} \quad F_y = F\,\text{sen}\,\theta$$

Sin embargo, en vez de usar el ángulo θ, la dirección de **F** también se puede definir mediante un pequeño triángulo "de pendiente", como el de la figura 2-15*b*. Como este triángulo y el triángulo sombreado más grande son semejantes, la longitud proporcional de los lados da

$$\frac{F_x}{F} = \frac{a}{c}$$

o bien,

$$F_x = F\left(\frac{a}{c}\right)$$

y

$$\frac{F_y}{F} = \frac{b}{c}$$

o

$$F_y = -F\left(\frac{b}{c}\right)$$

Aquí, la componente y es un *escalar negativo,* ya que $\mathbf{F}_y$ está dirigida a lo largo del eje y negativo.

Es importante tener en cuenta que esta notación escalar positiva y negativa se usa sólo para propósitos de cálculo, no para representaciones gráficas en las figuras. A lo largo de este libro, la *punta de un vector representado por una flecha* en *cualquier figura* indica *gráficamente* el sentido del vector; los signos algebraicos no se usan para tal fin. Así, los vectores en las figuras 2-15*a* y 2-15*b* se designan mediante el uso de notación (vectorial) en negritas.* Siempre que en las figuras se escriban símbolos cursivos cerca de flechas vectoriales, éstos indicarán la *magnitud* del vector, la cual es *siempre* una cantidad *positiva*.

*Los signos negativos se usan en figuras con notación en negritas sólo cuando se muestran pares de vectores iguales pero opuestos, como en la figura 2-2.

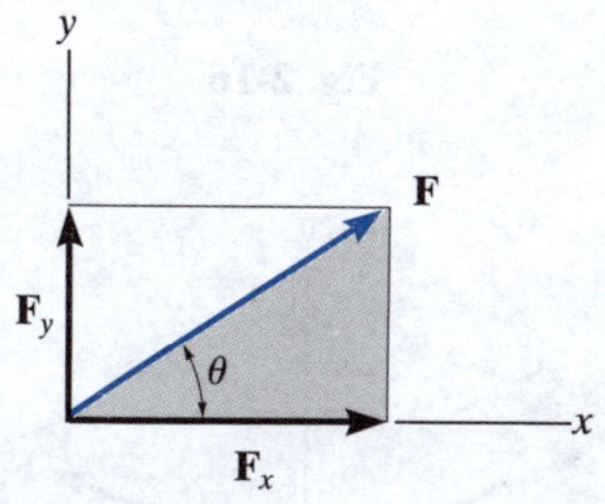

(a)

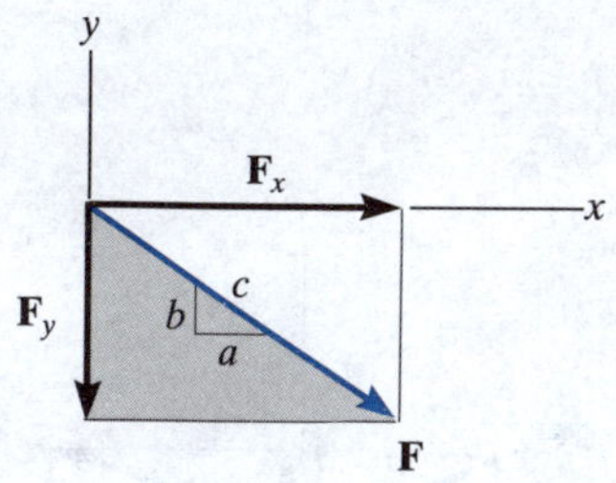

(b)

Fig. 2-15

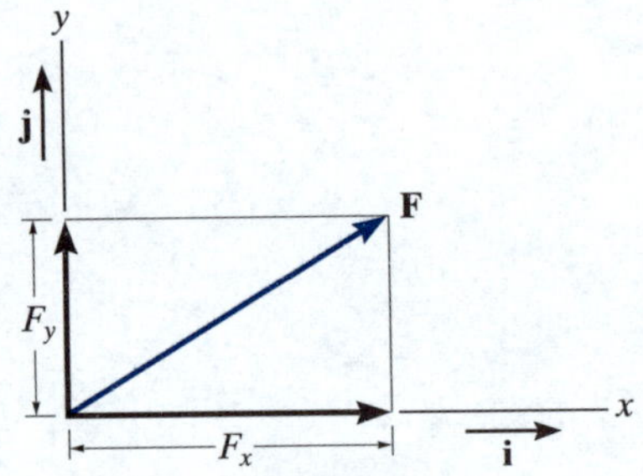

Fig. 2-16

Notación vectorial cartesiana. También es posible representar las componentes x y y de una fuerza en términos de los vectores unitarios cartesianos **i** y **j**. Se llaman vectores unitarios porque tienen una magnitud de 1 sin dimensiones, por lo que pueden usarse para designar las *direcciones* de los ejes x y y, respectivamente (fig. 2-16).*

Como la *magnitud* de cada componente de **F** es *siempre una cantidad positiva*, la cual está representada por los escalares (positivos) F_x y F_y, entonces podemos expresar **F** como un ***vector cartesiano***.

$$\mathbf{F} = F_x\mathbf{i} + F_y\mathbf{j}$$

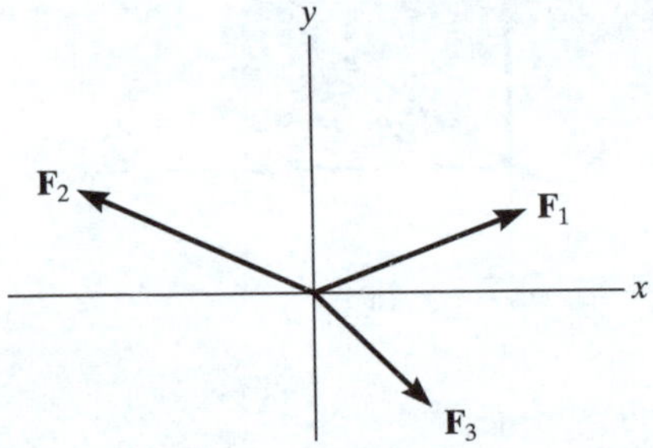

(a)

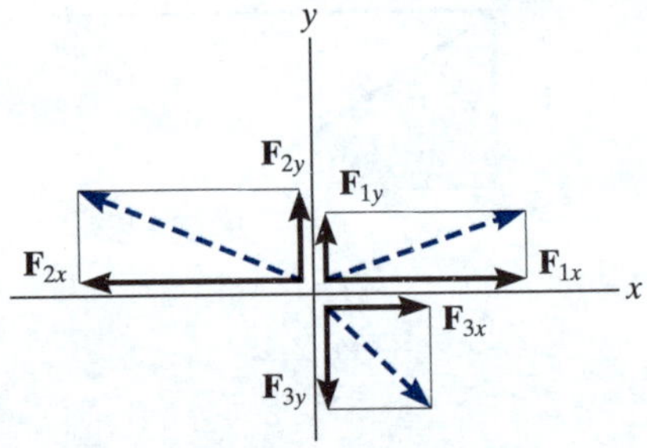

(b)

Fig. 2-17

Resultantes de fuerzas coplanares. Podemos utilizar cualquiera de los dos métodos descritos para determinar la resultante de varias ***fuerzas coplanares***, es decir, fuerzas que se encuentran en el mismo plano. Para hacerlo, cada fuerza se divide primero en sus componentes x y y, y luego las componentes respectivas se suman con álgebra escalar pues son colineales. La fuerza resultante se forma entonces al sumar las componentes resultantes mediante la ley del paralelogramo. Por ejemplo, considere las tres fuerzas concurrentes de la figura 2-17*a*, que tienen las componentes x y y mostradas en la figura 2-17*b*. Al usar notación vectorial cartesiana, cada fuerza se representa primero como un vector cartesiano, es decir,

$$\begin{aligned}\mathbf{F}_1 &= F_{1x}\mathbf{i} + F_{1y}\mathbf{j}\\ \mathbf{F}_2 &= -F_{2x}\mathbf{i} + F_{2y}\mathbf{j}\\ \mathbf{F}_3 &= F_{3x}\mathbf{i} - F_{3y}\mathbf{j}\end{aligned}$$

Por lo tanto, la resultante vectorial es

$$\begin{aligned}\mathbf{F}_R &= \mathbf{F}_1 + \mathbf{F}_2 + \mathbf{F}_3\\ &= F_{1x}\mathbf{i} + F_{1y}\mathbf{j} - F_{2x}\mathbf{i} + F_{2y}\mathbf{j} + F_{3x}\mathbf{i} - F_{3y}\mathbf{j}\\ &= (F_{1x} - F_{2x} + F_{3x})\mathbf{i} + (F_{1y} + F_{2y} - F_{3y})\mathbf{j}\\ &= (F_{Rx})\mathbf{i} + (F_{Ry})\mathbf{j}\end{aligned}$$

Si se utiliza *notación escalar*, entonces al indicar las direcciones positivas de las componentes a lo largo de los ejes x y y con flechas simbólicas, se tiene

$$\xrightarrow{+} \quad (F_R)_x = F_{1x} - F_{2x} + F_{3x}$$
$$+\uparrow \quad (F_R)_y = F_{1y} + F_{2y} - F_{3y}$$

Estos resultados son *iguales* a los de las componentes **i** y **j** de $\mathbf{F}_R$ que se determinaron anteriormente.

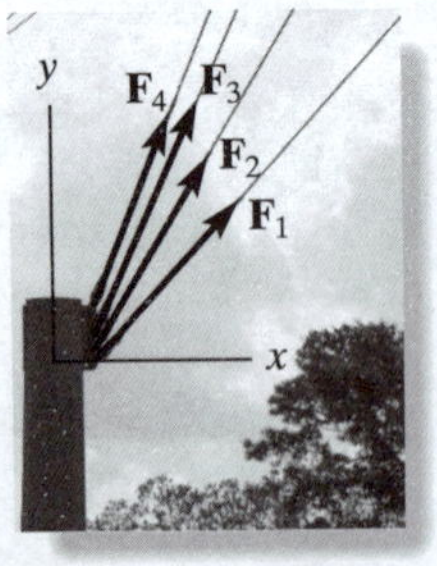

La fuerza resultante de las cuatro fuerzas de los cables que actúan sobre el poste puede determinarse al sumar algebraicamente en forma separada las componentes x y y de cada una de las fuerzas. Esta resultante $\mathbf{F}_R$ produce el *mismo efecto de tirón* sobre el poste que los cuatro cables. (© Russell C. Hibbeler)

*Por lo general, en trabajos manuscritos los vectores unitarios se indican con un acento circunflejo, por ejemplo, $\hat{\imath}$ y $\hat{\jmath}$. Además, observe que F_x y F_y en la figura 2-16 representan las *magnitudes* de las componentes, que son *siempre escalares positivos*. Las direcciones están definidas por **i** y **j**. Si por el contrario se utiliza la notación escalar, entonces F_x y F_y pueden ser escalares positivos o negativos, ya que representarían *tanto* la magnitud *como* la dirección de las componentes.

Podemos representar en forma simbólica las componentes de la fuerza resultante de cualquier número de fuerzas coplanares, mediante la suma algebraica de las componentes x y y de todas las fuerzas, esto es,

$$(F_R)_x = \Sigma F_x$$
$$(F_R)_y = \Sigma F_y \qquad (2\text{-}1)$$

Una vez que se determinen estas componentes, pueden graficarse a lo largo de los ejes x y y con la dirección y sentido adecuados, y la fuerza resultante puede determinarse con base en una suma vectorial, como se muestra en la figura 2-17*c*. Después, a partir de este diagrama, se determina la magnitud de $\mathbf{F}_R$ usando el teorema de Pitágoras; es decir,

$$F_R = \sqrt{(F_R)_x^2 + (F_R)_y^2}$$

Asimismo, el ángulo θ, que especifica la dirección de la fuerza resultante, se determina por trigonometría:

$$\theta = \tan^{-1}\left|\frac{(F_R)_y}{(F_R)_x}\right|$$

Los conceptos anteriores se ilustran de forma numérica en los siguientes ejemplos.

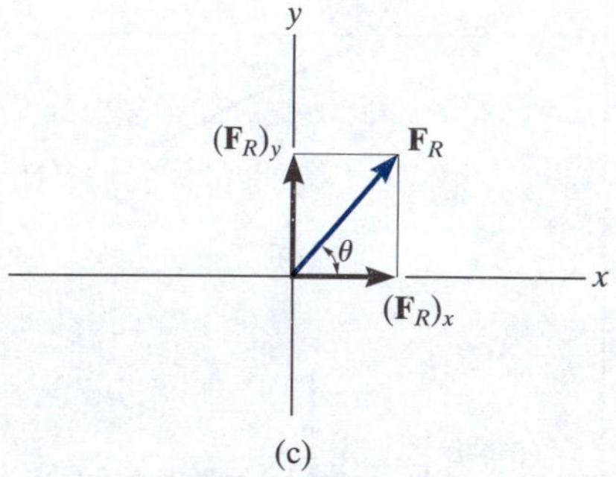

Fig. 2-17 (cont.)

Puntos importantes

- La resultante de varias fuerzas coplanares puede determinarse fácilmente si se establece un sistema de coordenadas x, y donde las fuerzas se descomponen a lo largo de los ejes.
- La dirección de cada fuerza está especificada por el ángulo que forma su línea de acción con uno de los ejes, o por medio de un triángulo de pendiente.
- La orientación de los ejes x y y es arbitraria, y sus direcciones positivas pueden especificarse mediante los vectores unitarios cartesianos **i** y **j**.
- Las componentes x y y de la *fuerza resultante* son simplemente la suma algebraica correspondiente de las componentes de todas las fuerzas coplanares.
- La magnitud de la fuerza resultante se determina a partir del teorema de Pitágoras y, cuando las componentes resultantes se trazan sobre los ejes x y y (fig. 2-17*c*), la dirección θ se determina con trigonometría.

EJEMPLO 2.5

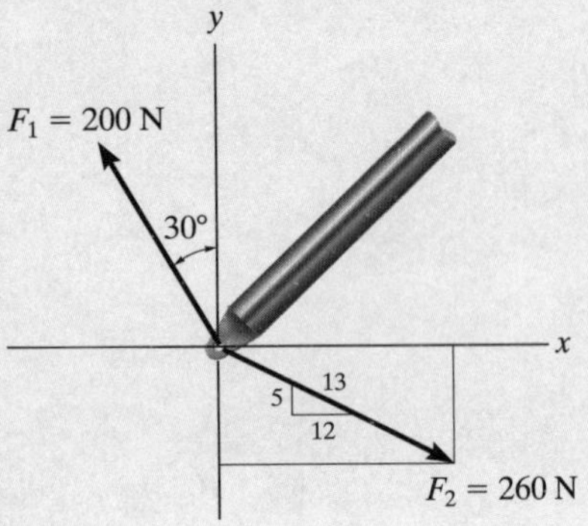

(a)

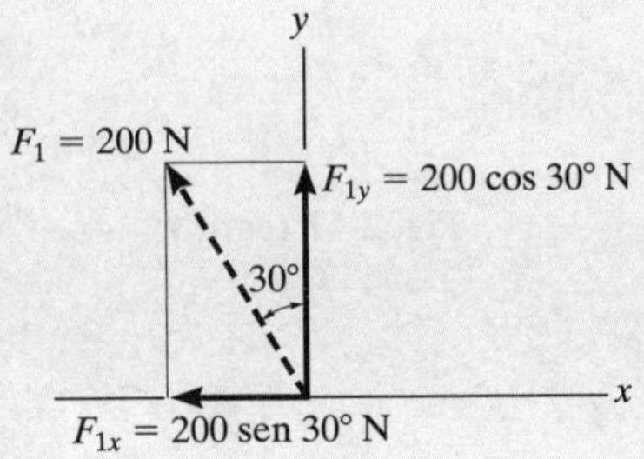

(b)

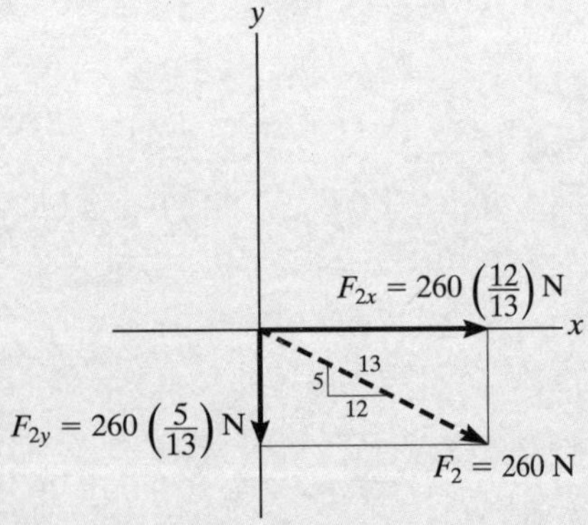

(c)

Fig. 2-18

Determine las componentes x y y de $\mathbf{F}_1$ y $\mathbf{F}_2$ que actúan sobre la barra mostrada en la figura 2-18*a*. Exprese cada fuerza como un vector cartesiano.

SOLUCIÓN

Notación escalar. Por la ley del paralelogramo, $\mathbf{F}_1$ se descompone en sus componentes x y y (fig. 2-18*b*). Como $\mathbf{F}_{1x}$ actúa en la dirección $-x$ y $\mathbf{F}_{1y}$ actúa en la dirección $+y$, tenemos

$$F_{1x} = -200 \operatorname{sen} 30° \text{ N} = -100 \text{ N} = 100 \text{ N} \leftarrow \qquad \textit{Resp.}$$

$$F_{1y} = 200 \cos 30° \text{ N} = 173 \text{ N} = 173 \text{ N} \uparrow \qquad \textit{Resp.}$$

La fuerza $\mathbf{F}_2$ se divide en sus componentes x y y como se muestra en la figura 2-18*c*. Aquí se indica la *pendiente* de la línea de acción para la fuerza. A partir de este "triángulo de pendiente" podríamos obtener el ángulo θ, por ejemplo, $\theta = \tan^{-1}\left(\frac{5}{12}\right)$, y, luego, proceder a determinar las magnitudes de las componentes de la misma manera que para $\mathbf{F}_1$. Sin embargo, un método más fácil consiste en usar partes proporcionales de triángulos semejantes, es decir,

$$\frac{F_{2x}}{260 \text{ N}} = \frac{12}{13} \qquad F_{2x} = 260 \text{ N}\left(\frac{12}{13}\right) = 240 \text{ N}$$

Del mismo modo,

$$F_{2y} = 260 \text{ N}\left(\frac{5}{13}\right) = 100 \text{ N}$$

Observe que la magnitud de la *componente horizontal*, $\mathbf{F}_{2x}$, se obtuvo al multiplicar la magnitud de la fuerza por la razón del *cateto horizontal* del triángulo de pendiente, dividido entre la hipotenusa; mientras que la magnitud de la *componente vertical*, $\mathbf{F}_{2y}$, se obtuvo al multiplicar la magnitud de la fuerza por la razón del *cateto vertical*, dividido entre la hipotenusa. Por lo tanto, si se usa la notación escalar para representar estas componentes, se tiene

$$F_{2x} = 240 \text{ N} = 240 \text{ N} \rightarrow \qquad \textit{Resp.}$$

$$F_{2y} = -100 \text{ N} = 100 \text{ N} \downarrow \qquad \textit{Resp.}$$

Notación vectorial cartesiana. Una vez determinadas las magnitudes y direcciones de las componentes de cada fuerza, podemos expresar cada fuerza como un vector cartesiano.

$$\mathbf{F}_1 = \{-100\mathbf{i} + 173\mathbf{j}\} \text{ N} \qquad \textit{Resp.}$$

$$\mathbf{F}_2 = \{240\mathbf{i} - 100\mathbf{j}\} \text{ N} \qquad \textit{Resp.}$$

EJEMPLO 2.6

La armella que se muestra en la figura 2-19*a* está sometida a las dos fuerzas $\mathbf{F}_1$ y $\mathbf{F}_2$. Determine la magnitud y la dirección de la fuerza resultante.

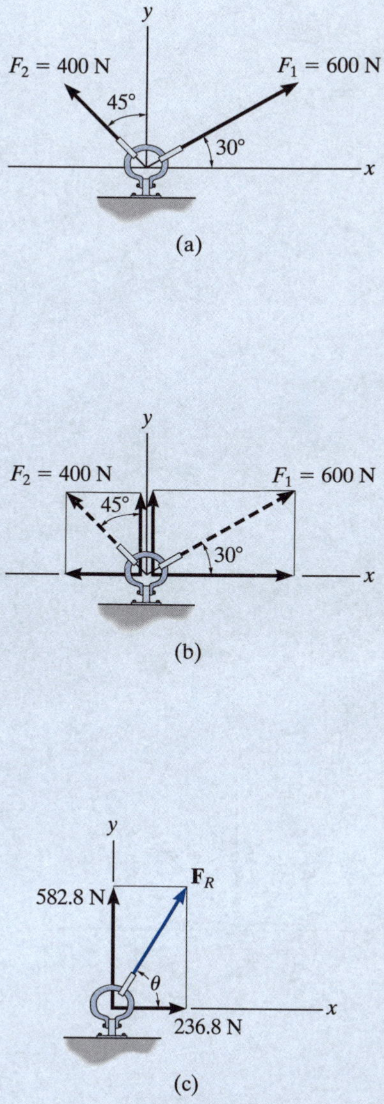

Fig. 2-19

SOLUCIÓN I

Notación escalar. Primero descomponemos cada fuerza en sus componentes *x* y *y* (fig. 2-19*b*); luego, sumamos las componentes algebraicamente.

$$\overset{+}{\rightarrow} (F_R)_x = \Sigma F_x; \qquad (F_R)_x = 600 \cos 30° \text{ N} - 400 \text{ sen } 45° \text{ N}$$
$$= 236.8 \text{ N} \rightarrow$$

$$+\uparrow (F_R)_y = \Sigma F_y; \qquad (F_R)_y = 600 \text{ sen } 30° \text{ N} + 400 \cos 45° \text{ N}$$
$$= 582.8 \text{ N}\uparrow$$

La fuerza resultante, que se muestra en la figura 2-19*c*, tiene una *magnitud* de

$$F_R = \sqrt{(236.8 \text{ N})^2 + (582.8 \text{ N})^2}$$
$$= 629 \text{ N} \qquad \textit{Resp.}$$

A partir de la suma vectorial,

$$\theta = \tan^{-1}\left(\frac{582.8 \text{ N}}{236.8 \text{ N}}\right) = 67.9° \qquad \textit{Resp.}$$

SOLUCIÓN II

Notación vectorial cartesiana. A partir de la figura 2-19*b*, cada fuerza se expresa primero como un vector cartesiano.

$$\mathbf{F}_1 = \{600 \cos 30° \mathbf{i} + 600 \text{ sen } 30° \mathbf{j}\} \text{ N}$$
$$\mathbf{F}_2 = \{-400 \text{ sen } 45° \mathbf{i} + 400 \cos 45° \mathbf{j}\} \text{ N}$$

Entonces,

$$\mathbf{F}_R = \mathbf{F}_1 + \mathbf{F}_2 = (600 \cos 30° \text{ N} - 400 \text{ sen } 45° \text{ N})\mathbf{i}$$
$$+ (600 \text{ sen } 30° \text{ N} + 400 \cos 45° \text{ N})\mathbf{j}$$
$$= \{236.8\mathbf{i} + 582.8\mathbf{j}\} \text{ N}$$

La magnitud y la dirección de $\mathbf{F}_R$ se determinan de la misma manera que antes.

NOTA: Al comparar los dos métodos de solución, observe que el uso de la notación escalar es más eficiente, ya que las componentes pueden encontrarse *directamente*, sin tener que expresar primero cada fuerza como un vector cartesiano antes de sumar las componentes. Sin embargo, después mostraremos que el análisis con vectores cartesianos es muy conveniente para la resolución de problemas tridimensionales.

2

EJEMPLO 2.7

El extremo de la barra O mostrada en la figura 2-20a está sometido a tres fuerzas coplanares y concurrentes. Determine la magnitud y la dirección de la fuerza resultante.

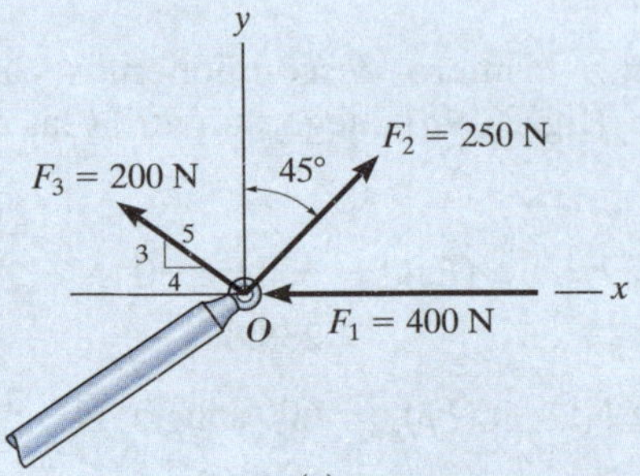

(a)

SOLUCIÓN

Cada fuerza se divide en sus componentes x y y, como se indica en la figura 2-20b. Al sumar las componentes x, tenemos

$$\xrightarrow{+} (F_R)_x = \Sigma F_x; \qquad (F_R)_x = -400\text{ N} + 250 \operatorname{sen} 45^\circ\text{ N} - 200\left(\tfrac{4}{5}\right)\text{ N}$$
$$= -383.2\text{ N} = 383.2\text{ N} \leftarrow$$

El signo negativo significa que F_{Rx} actúa hacia la izquierda, es decir, en la dirección x negativa, como lo indica la flecha pequeña. Evidentemente, esto ocurre porque en la figura 2-20b F_1 y F_3 contribuyen con un mayor tirón hacia la izquierda que el tirón de F_2 hacia la derecha. Al sumar las componentes y se obtiene

$$+\uparrow (F_R)_y = \Sigma F_y; \qquad (F_R)_y = 250 \cos 45^\circ\text{ N} + 200\left(\tfrac{3}{5}\right)\text{ N}$$
$$= 296.8\text{ N}\uparrow$$

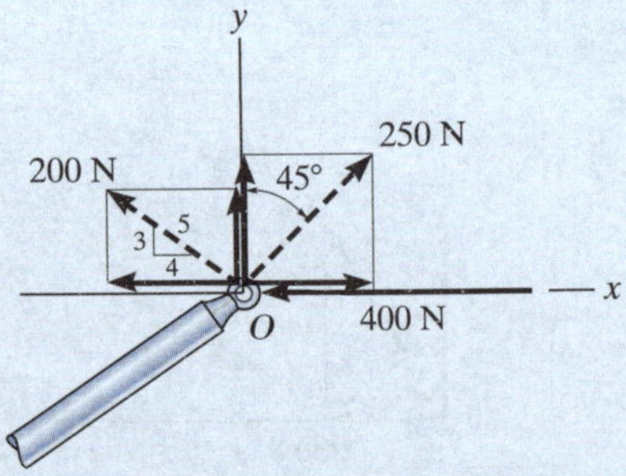

(b)

La fuerza resultante, como se muestra en la figura 2-20c, tiene una *magnitud* de

$$F_R = \sqrt{(-383.2\text{ N})^2 + (296.8\text{ N})^2}$$
$$= 485\text{ N} \qquad \textit{Resp.}$$

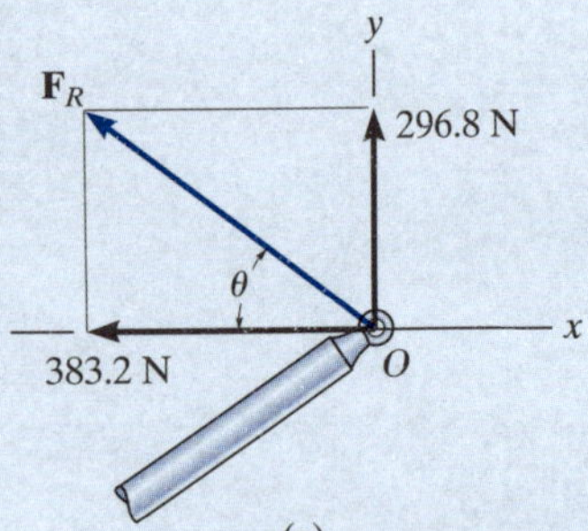

(c)

Fig. 2-20

A partir de la suma vectorial mostrada en la figura 2-20c, el ángulo director θ es

$$\theta = \tan^{-1}\left(\frac{296.8}{383.2}\right) = 37.8^\circ \qquad \textit{Resp.}$$

NOTA: La aplicación de este método es más conveniente que el uso de las dos aplicaciones de la ley del paralelogramo, donde primero se suman $\mathbf{F}_1$ y $\mathbf{F}_2$ para después sumar $\mathbf{F}_3$ a su resultante.

PROBLEMAS FUNDAMENTALES

F2-7. Descomponga cada fuerza que actúa sobre el pilote en sus componentes x y y.

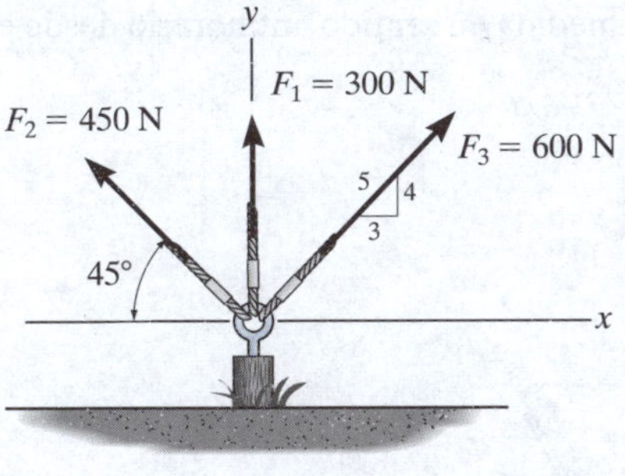

Prob. F2-7

F2-8. Determine la magnitud y la dirección de la fuerza resultante.

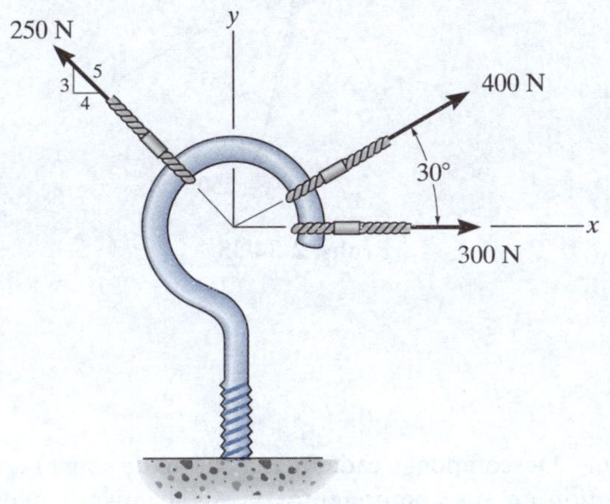

Prob. F2-8

F2-9. Determine la magnitud de la fuerza resultante que actúa sobre la repisa, así como su dirección θ medida en sentido antihorario desde el eje x.

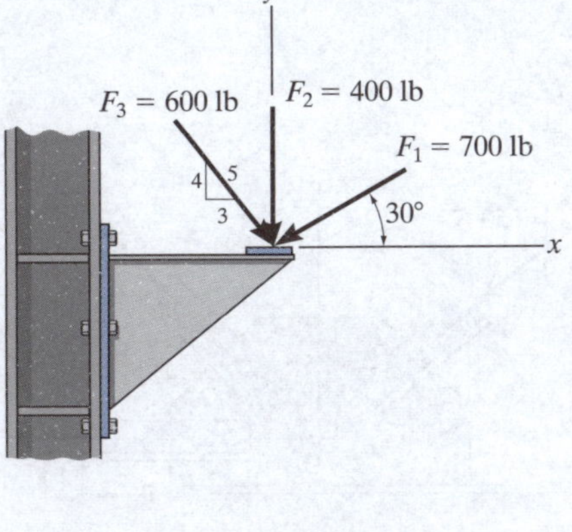

Prob. F2-9

F2-10. Si la fuerza resultante que actúa sobre la ménsula debe ser de 750 N y estar dirigida a lo largo del eje x positivo, determine la magnitud de **F** y su dirección θ.

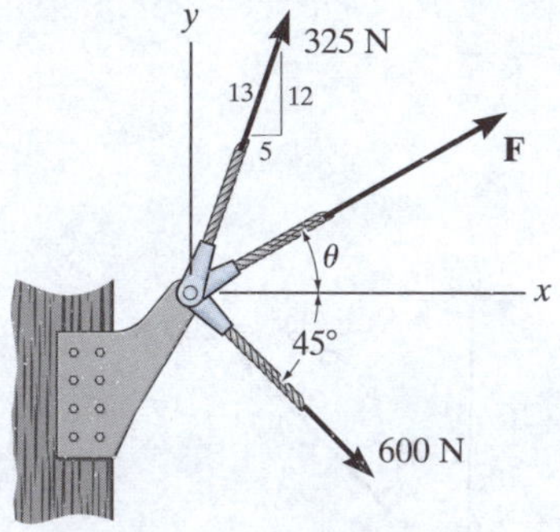

Prob. F2-10

F2-11. Si la magnitud de la fuerza resultante que actúa sobre la ménsula debe ser de 80 lb y estar dirigida a lo largo del eje u, determine la magnitud de **F** y su dirección θ.

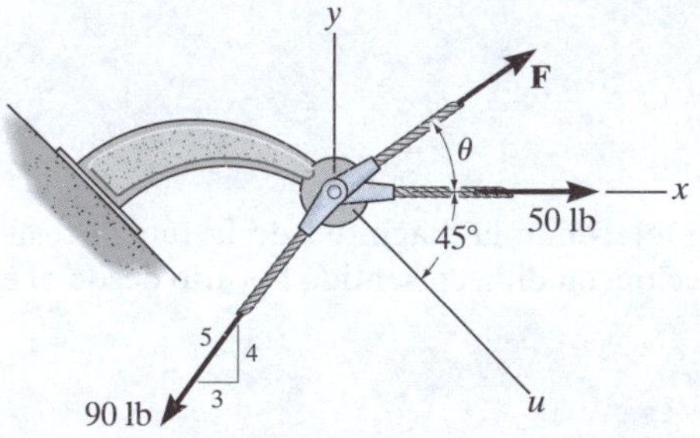

Prob. F2-11

F2-12. Determine la magnitud de la fuerza resultante, así como su dirección θ medida en sentido antihorario desde el eje x positivo.

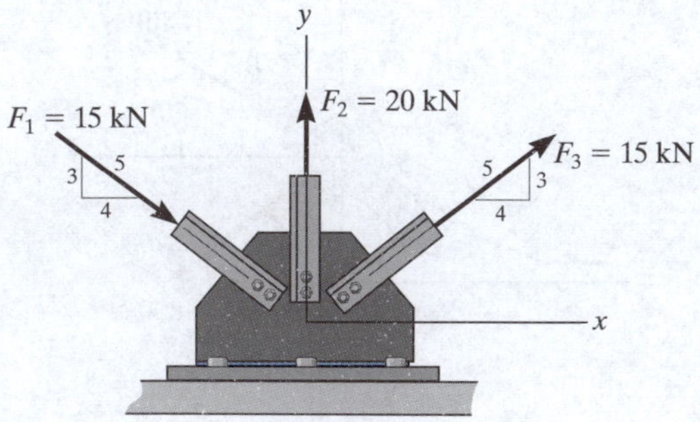

Prob. F2-12

PROBLEMAS

***2-32.** Determine la magnitud de la fuerza resultante y su dirección, medida en sentido antihorario desde el eje x positivo.

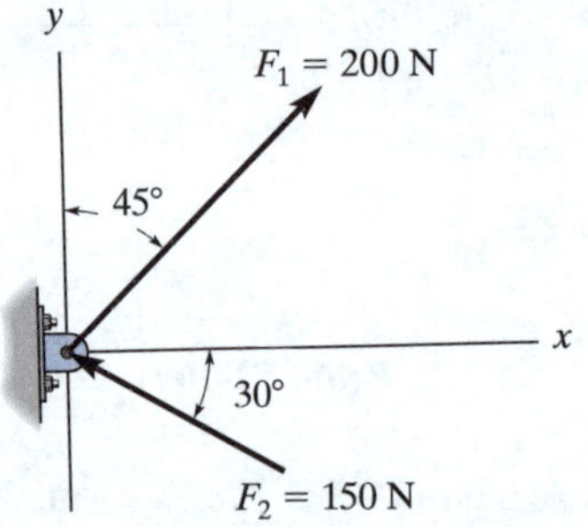

Prob. 2-32

2-33. Determine la magnitud de la fuerza resultante y su dirección, medida en sentido horario desde el eje x positivo.

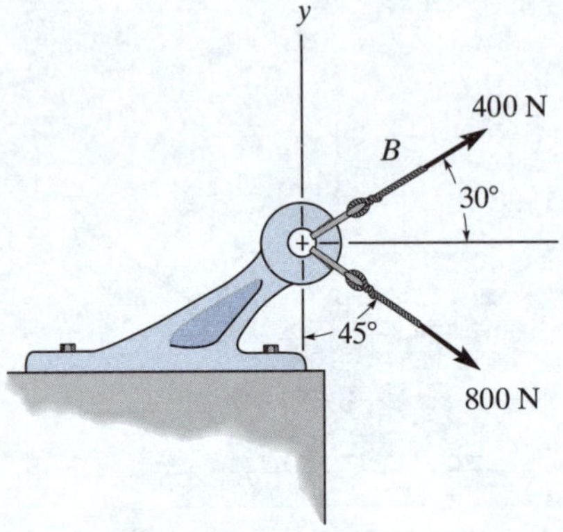

Prob. 2-33

2-34. Descomponga $\mathbf{F}_1$ y $\mathbf{F}_2$ en sus componentes x y y.

2-35. Determine la magnitud de la fuerza resultante y su dirección, medida en sentido antihorario desde el eje x positivo.

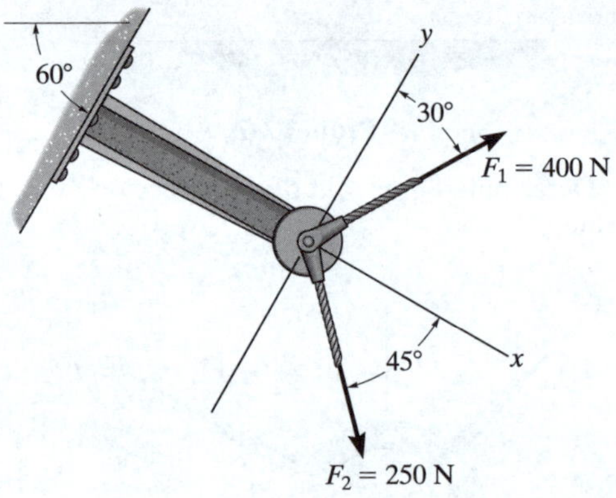

Probs. 2-34/35

***2-36.** Descomponga cada fuerza que actúa sobre la *placa de unión* en sus componentes x y y; asimismo, exprese cada fuerza como un vector cartesiano.

2-37. Determine la magnitud de la fuerza resultante que actúa sobre la placa y su dirección, medida en sentido antihorario desde el eje x positivo.

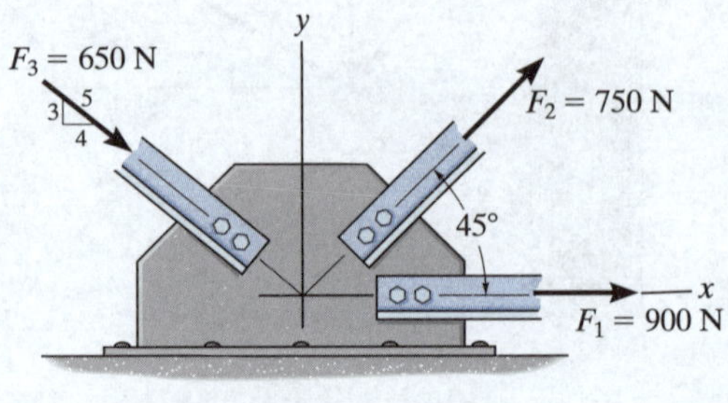

Probs. 2-36/37

2-38. Exprese cada una de las tres fuerzas que actúan sobre el soporte en forma de un vector cartesiano; además, determine la magnitud de la fuerza resultante y su dirección, medida en sentido horario desde el eje *x* positivo.

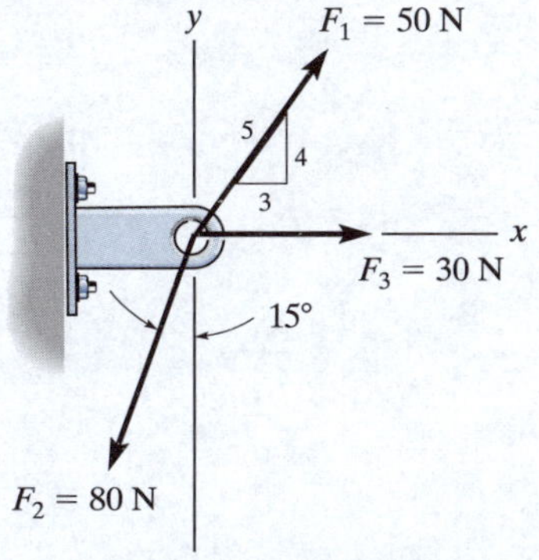

Prob. 2-38

2-39. Determine las componentes *x* y *y* de $\mathbf{F}_1$ y $\mathbf{F}_2$.

***2-40.** Determine la magnitud de la fuerza resultante y su dirección, medida en sentido antihorario desde el eje *x* positivo.

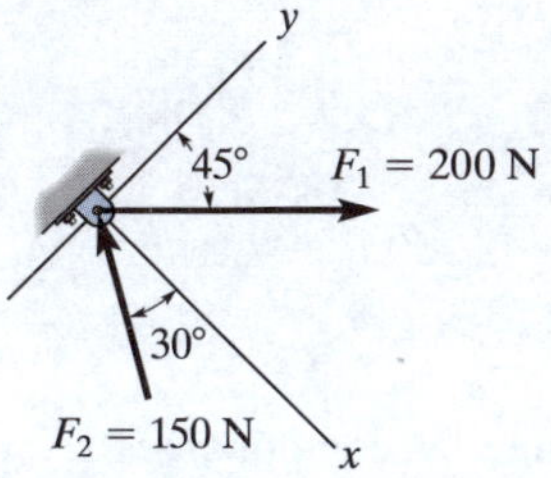

Probs. 2-39/40

2-41. Determine la magnitud de la fuerza resultante y su dirección, medida en sentido antihorario desde el eje *x* positivo.

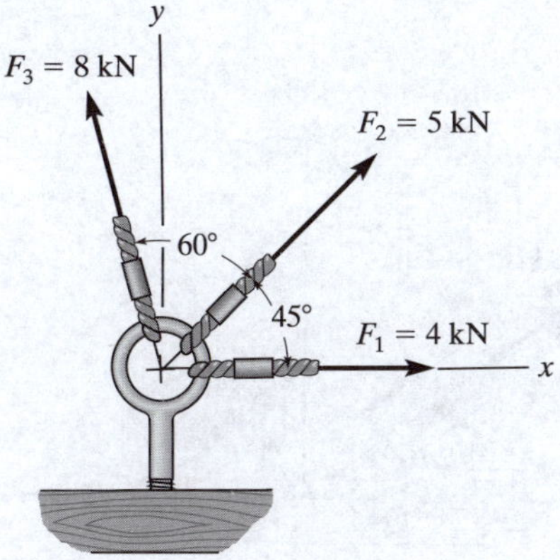

Prob. 2-41

2-42. Exprese $\mathbf{F}_1$, $\mathbf{F}_2$ y $\mathbf{F}_3$ como vectores cartesianos.

2-43. Determine la magnitud de la fuerza resultante y su dirección, medida en sentido antihorario desde el eje *x* positivo.

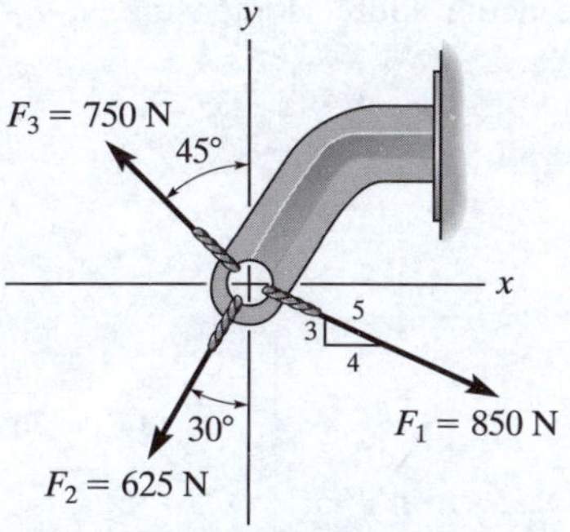

Probs. 2-42/43

***2-44.** Determine la magnitud de la fuerza resultante y su dirección, medida en sentido horario desde el eje *x* positivo.

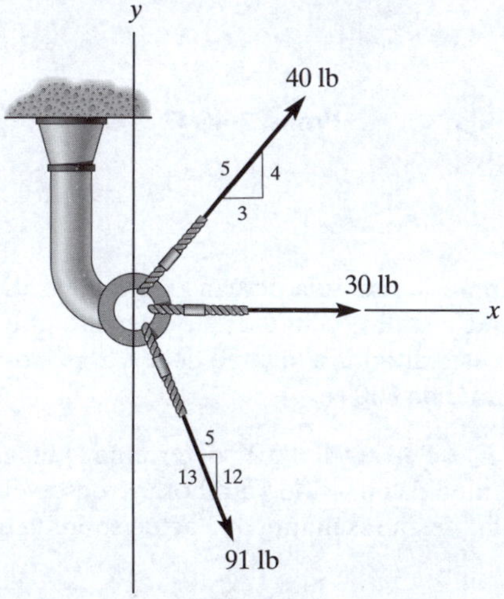

Prob. 2-44

2-45. Determine la magnitud y la dirección θ de la fuerza resultante $\mathbf{F}_R$. Exprese el resultado en términos de las magnitudes de las componentes $\mathbf{F}_1$ y $\mathbf{F}_2$ y del ángulo ϕ.

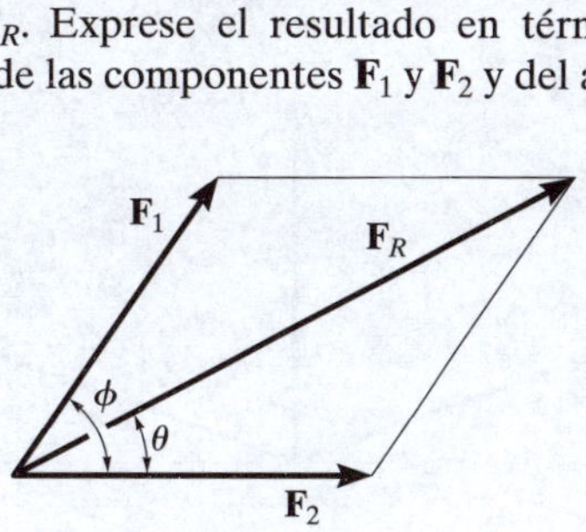

Prob. 2-45

2-46. Determine la magnitud y la dirección θ de $\mathbf{F}_B$, de modo que la fuerza resultante esté dirigida a lo largo del eje y positivo, y tenga una magnitud de 1500 N.

2-47. Determine la magnitud y la dirección, medida en sentido antihorario desde el eje y positivo, de la fuerza resultante que actúa sobre la ménsula, si $F_B = 600$ N y $\theta = 20°$.

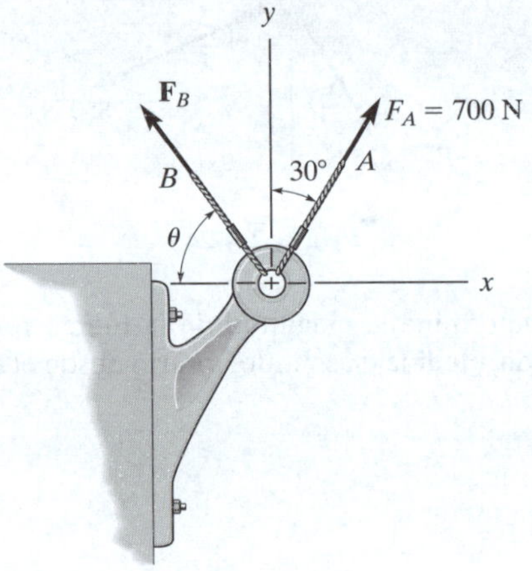

Probs. 2-46/47

2-50. Exprese $\mathbf{F}_1$, $\mathbf{F}_2$ y $\mathbf{F}_3$ como vectores cartesianos.

2-51. Determine la magnitud de la fuerza resultante y su dirección, medida en sentido antihorario desde el eje x positivo.

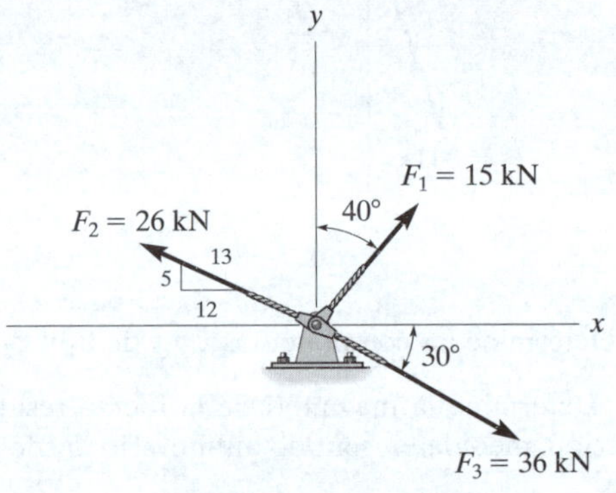

Probs. 2-50/51

***2-48.** Sobre la ménsula actúan tres fuerzas. Determine la magnitud y la dirección θ de $\mathbf{F}_1$ de modo que la fuerza resultante esté dirigida a lo largo del eje x' positivo y tenga una magnitud de 800 N.

2-49. Si $F_1 = 300$ N y $\theta = 10°$, determine la magnitud y la dirección, medida en sentido antihorario desde el eje x' positivo, de la fuerza resultante que actúa sobre la ménsula.

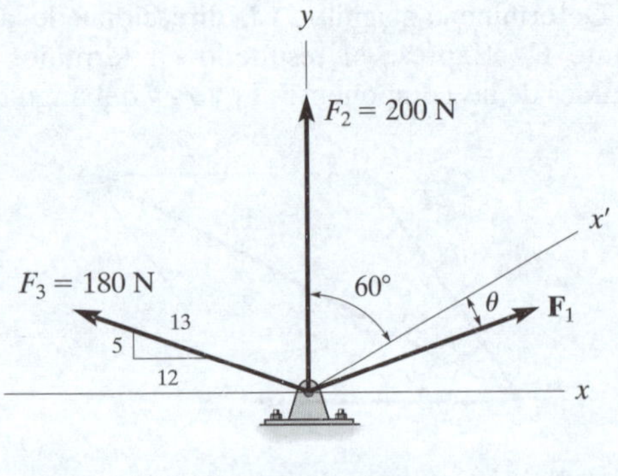

Probs. 2-48/49

***2-52.** Determine las componentes x y y de cada fuerza que actúa sobre la *placa de unión* de una armadura para puente. Demuestre que la fuerza resultante es cero.

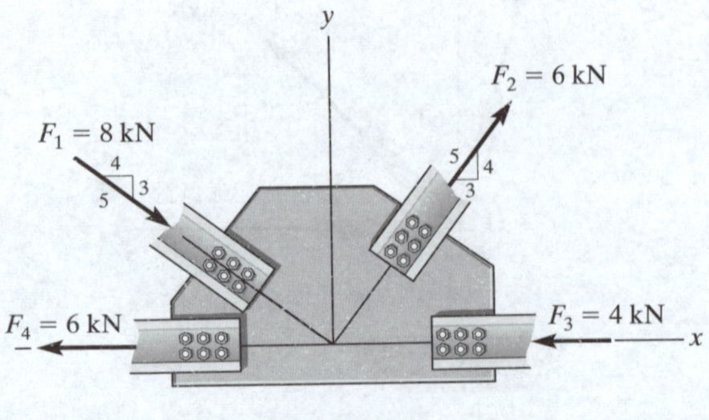

Prob. 2-52

2-53. Exprese $\mathbf{F}_1$ y $\mathbf{F}_2$ como vectores cartesianos.

2-54. Determine la magnitud de la fuerza resultante y su dirección, medida en sentido antihorario desde el eje x positivo.

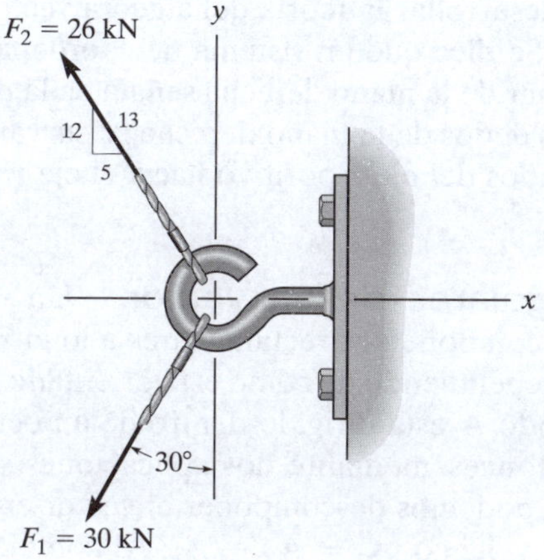

Probs. 2-53/54

2-55. Determine la magnitud de la fuerza **F** de modo que la fuerza resultante de las tres fuerzas sea lo más pequeña posible. ¿Cuál es la magnitud de la fuerza resultante?

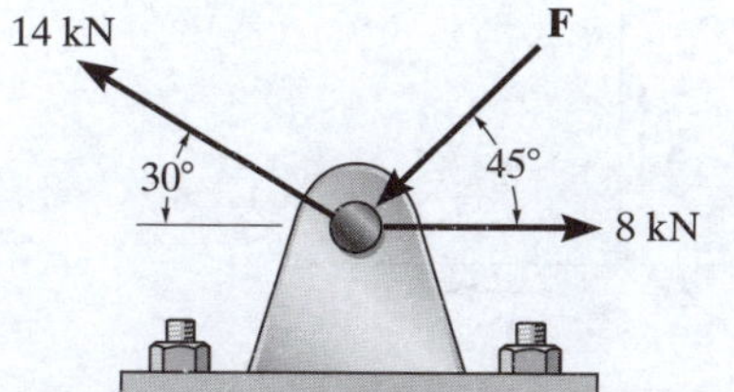

Prob. 2-55

***2-56.** Si la magnitud de la fuerza resultante que actúa sobre la ménsula debe ser de 450 N, dirigida a lo largo del eje u positivo, determine la magnitud de $\mathbf{F}_1$ y su dirección ϕ.

2-57. Si se requiere que la fuerza resultante que actúa sobre la ménsula tenga un valor mínimo, determine las magnitudes de $\mathbf{F}_1$ y de la fuerza resultante. Considere que $\phi = 30°$.

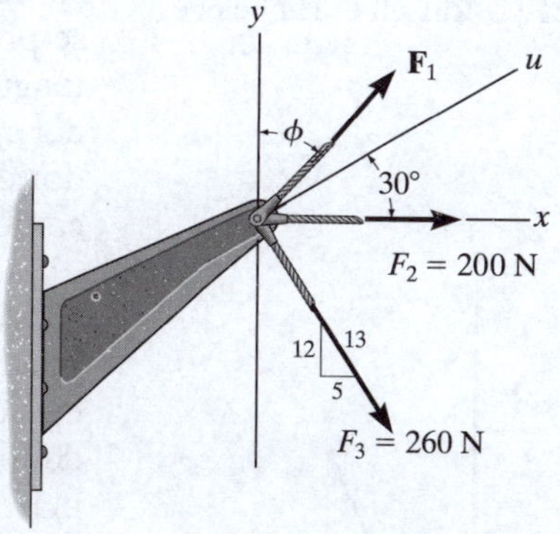

Probs. 2-56/57

2-58. Sobre la ménsula actúan tres fuerzas. Determine la magnitud y dirección θ de **F**, de modo que la fuerza resultante esté dirigida a lo largo del eje x' positivo y tenga una magnitud de 8 kN.

2-59. Si $F = 5$ kN y $\theta = 30°$, determine la magnitud de la fuerza resultante y su dirección, medida en sentido antihorario desde el eje x positivo.

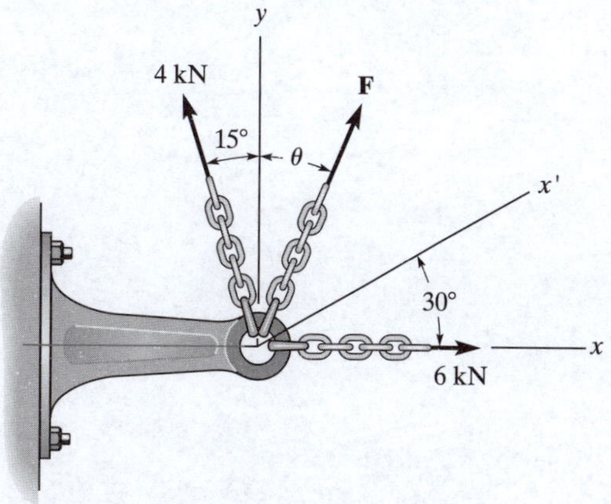

Probs. 2-58/59

2

2

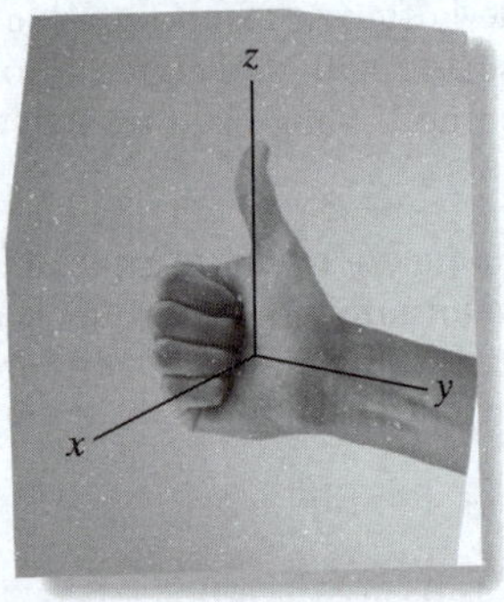

Fig. 2-21 (© Russell C. Hibbeler)

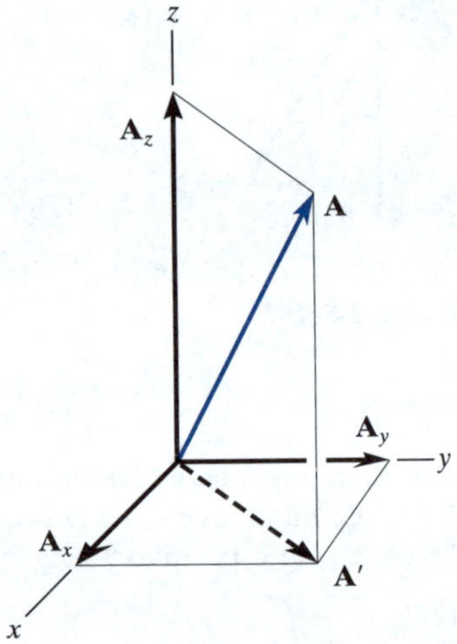

Fig. 2-22

2.5 Vectores cartesianos

Las operaciones del álgebra vectorial, cuando se aplican a la resolución de problemas en *tres dimensiones*, se simplifican considerablemente si primero se representan los vectores en forma vectorial cartesiana. En esta sección presentaremos un método general para hacerlo; después, en la siguiente sección aplicaremos este método para encontrar la fuerza resultante de un sistema de fuerzas concurrentes.

Sistema de coordenadas derecho. Usaremos un sistema de coordenadas derecho para desarrollar la teoría del álgebra vectorial que se presenta a continuación. Se dice que un sistema de coordenadas rectangular es ***derecho*** si el pulgar de la mano derecha señala en la dirección del eje z positivo, cuando los dedos de la mano derecha se curvan alrededor de este eje y están dirigidos del eje x positivo hacia el eje y positivo, como en la figura 2-21.

Componentes rectangulares de un vector. Un vector **A** puede tener una, dos o tres componentes rectangulares a lo largo de los ejes de coordenadas x, y, z, dependiendo de cómo esté orientado respecto de los ejes. En general, cuando **A** está dirigido dentro de un octante del marco x, y, z (fig. 2-22), entonces, mediante dos aplicaciones sucesivas de la ley del paralelogramo, podemos descomponer el vector en componentes como $\mathbf{A} = \mathbf{A}' + \mathbf{A}_z$ y, luego, $\mathbf{A}' = \mathbf{A}_x + \mathbf{A}_y$. Al combinar estas ecuaciones, para eliminar $\mathbf{A}'$, **A** se representa mediante la suma vectorial de sus *tres* componentes rectangulares.

$$\mathbf{A} = \mathbf{A}_x + \mathbf{A}_y + \mathbf{A}_z \tag{2-2}$$

Vectores unitarios cartesianos. En tres dimensiones, el conjunto de vectores unitarios cartesianos **i**, **j**, **k**, se utiliza para designar las direcciones de los ejes x, y, z, respectivamente. Como se indicó en la sección 2.4, el *sentido* (o punta de la flecha) de los vectores se representará analíticamente mediante un signo de más o de menos, dependiendo de si están dirigidos a lo largo de los ejes x, y o z positivos o negativos. En la figura 2-23 se muestran los vectores unitarios cartesianos positivos.

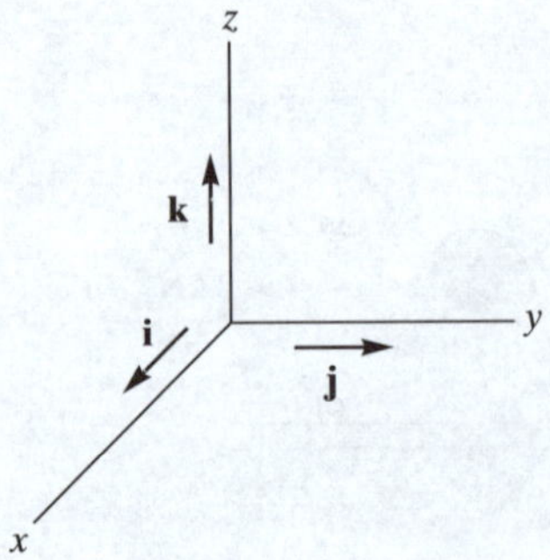

Fig. 2-23

Representación de un vector cartesiano. Como las tres componentes de **A** en la ecuación 2-2 actúan en las direcciones positivas **i**, **j** y **k** (fig. 2-24), podemos escribir **A** en forma de vector cartesiano como

$$\mathbf{A} = A_x\mathbf{i} + A_y\mathbf{j} + A_z\mathbf{k} \tag{2-3}$$

Hay una clara ventaja al escribir los vectores de esta manera. Al separar la *magnitud* y la *dirección* de cada *vector componente* se simplificarán las operaciones de álgebra vectorial, particularmente en tres dimensiones.

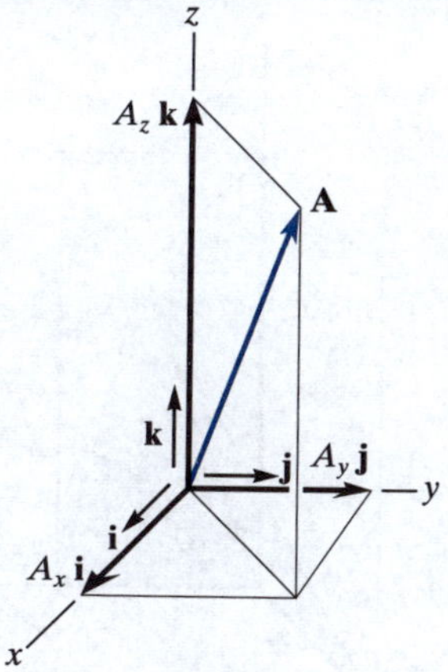

Fig. 2-24

Magnitud de un vector cartesiano. Siempre es posible obtener la magnitud de **A** si está expresado en forma de vector cartesiano. Como se muestra en la figura 2-25, a partir del triángulo rectángulo azul, $A = \sqrt{A'^2 + A_z^2}$, y del triángulo rectángulo gris, $A' = \sqrt{A_x^2 + A_y^2}$. Al combinar estas ecuaciones para eliminar A' se obtiene

$$A = \sqrt{A_x^2 + A_y^2 + A_z^2} \tag{2-4}$$

Por consiguiente, la magnitud de **A** *es igual a la raíz cuadrada positiva de la suma de los cuadrados de sus componentes.*

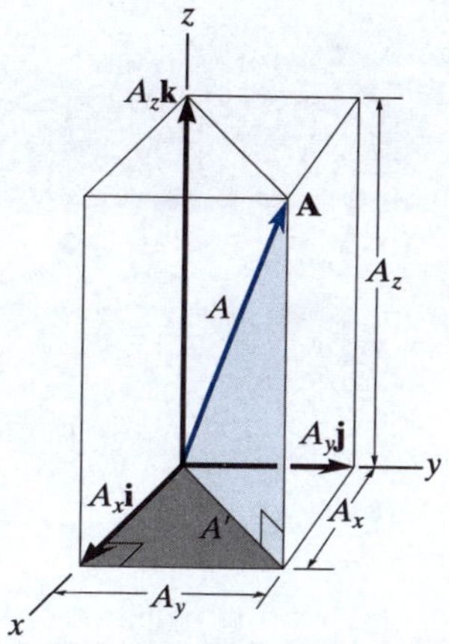

Fig. 2-25

Ángulos directores coordenados. La *dirección* de **A** se definirá mediante los ***ángulos directores coordenados*** α (alfa), β (beta) y γ (gamma), medidos entre la *cola* de **A** y los ejes *x*, *y*, *z positivos*, dado que se localizan en la cola de **A** (fig. 2-26). Observe que, independientemente de hacia dónde se dirija **A**, cada uno de esos ángulos estará entre 0° y 180°.

Para determinar α, β y γ, considere la proyección de **A** sobre los ejes *x*, *y*, *z* (fig. 2-27). Con referencia a los triángulos rectángulos azules mostrados en la figura, tenemos

$$\cos\alpha = \frac{A_x}{A} \quad \cos\beta = \frac{A_y}{A} \quad \cos\gamma = \frac{A_z}{A} \tag{2-5}$$

Estos números se conocen como ***cosenos directores*** de **A**. Una vez obtenidos, los ángulos directores coordenados α, β, γ, y pueden determinarse a partir de los cosenos inversos.

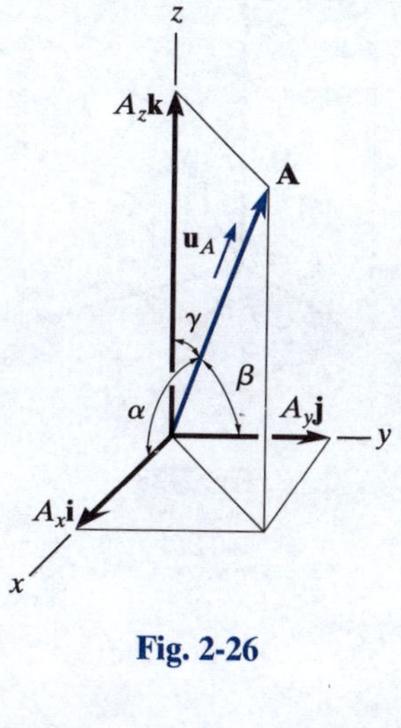

Fig. 2-26

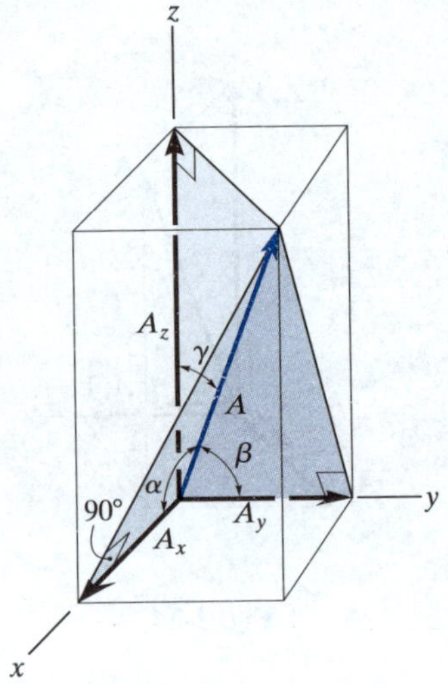

Fig. 2-27

Una manera fácil de obtener los cosenos directores consiste en formar un vector unitario $\mathbf{u}_A$ en la dirección de A (fig. 2-26). Si **A** está expresado en forma de vector cartesiano, $\mathbf{A} = A_x\mathbf{i} + A_y\mathbf{j} + A_z\mathbf{k}$, entonces $\mathbf{u}_A$ tendrá una magnitud de uno y será adimensional, dado que **A** está dividido entre su magnitud, es decir,

$$\mathbf{u}_A = \frac{\mathbf{A}}{A} = \frac{A_x}{A}\mathbf{i} + \frac{A_y}{A}\mathbf{j} + \frac{A_z}{A}\mathbf{k} \qquad (2\text{-}6)$$

donde $A = \sqrt{A_x^2 + A_y^2 + A_z^2}$. Por comparación con las ecuaciones 2-5, se observa que *las componentes* **i**, **j**, **k** *de* $\mathbf{u}_A$ *representan los cosenos directores de* **A**, esto es,

$$\mathbf{u}_A = \cos\alpha\mathbf{i} + \cos\beta\mathbf{j} + \cos\gamma\mathbf{k} \qquad (2\text{-}7)$$

Como la magnitud de un vector es igual a la raíz cuadrada positiva de la suma de los cuadrados de las magnitudes de sus componentes, y $\mathbf{u}_A$ tiene una magnitud de uno, a partir de la ecuación anterior puede formularse una relación importante entre los cosenos directores como

$$\cos^2\alpha + \cos^2\beta + \cos^2\gamma = 1 \qquad (2\text{-}8)$$

Aquí se observa que si sólo se conocen *dos* de los ángulos directores coordenados, el tercer ángulo puede encontrarse con esta ecuación.

Finalmente, si se conocen su magnitud y sus ángulos directores coordenados, **A** puede expresarse en forma de vector cartesiano como

$$\begin{aligned}\mathbf{A} &= A\mathbf{u}_A \\ &= A\cos\alpha\,\mathbf{i} + A\cos\beta\,\mathbf{j} + A\cos\gamma\,\mathbf{k} \\ &= A_x\mathbf{i} + A_y\mathbf{j} + A_z\mathbf{k}\end{aligned} \qquad (2\text{-}9)$$

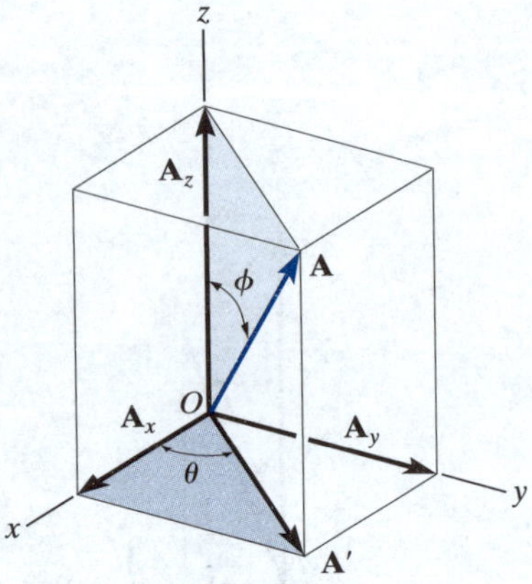

Fig. 2-28

Ángulos transversal y azimutal. En ocasiones, la dirección de **A** se puede especificar mediante el uso de dos ángulos, a saber, un ***ángulo transversal*** θ y un ***ángulo azimutal*** ϕ (phi), como se muestra en la figura 2-28. Así, las componentes de **A** se determinan aplicando trigonometría, primero sobre el triángulo rectángulo de color azul claro, de donde se obtiene

$$A_z = A\cos\phi$$

y

$$A' = A\,\text{sen}\,\phi$$

Ahora, al aplicar trigonometría al triángulo rectángulo azul oscuro,

$$A_x = A'\cos\theta = A\,\text{sen}\,\phi\cos\theta$$
$$A_y = A'\,\text{sen}\,\theta = A\,\text{sen}\,\phi\,\text{sen}\,\theta$$

Por lo tanto, **A** escrito en forma de vector cartesiano se convierte en

$$\mathbf{A} = A \operatorname{sen} \phi \cos \theta \, \mathbf{i} + A \operatorname{sen} \phi \operatorname{sen} \theta \, \mathbf{j} + A \cos \phi \, \mathbf{k}$$

No debería memorizar esta ecuación; en vez de ello, es importante que entienda la forma en que las componentes se determinaron mediante trigonometría.

2.6 Suma de vectores cartesianos

La suma (o resta) de dos o más vectores se simplifica(n) considerablemente, si los vectores se expresan en términos de sus componentes cartesianas. Por ejemplo, si $\mathbf{A} = A_x\mathbf{i} + A_y\mathbf{j} + A_z\mathbf{k}$ y $\mathbf{B} = B_x\mathbf{i} + B_y\mathbf{j} + B_z\mathbf{k}$ (fig. 2-29), entonces el vector resultante, **R**, tiene componentes que representan las sumas escalares de las componentes **i**, **j**, **k** de **A** y **B**, es decir,

$$\mathbf{R} = \mathbf{A} + \mathbf{B} = (A_x + B_x)\mathbf{i} + (A_y + B_y)\mathbf{j} + (A_z + B_z)\mathbf{k}$$

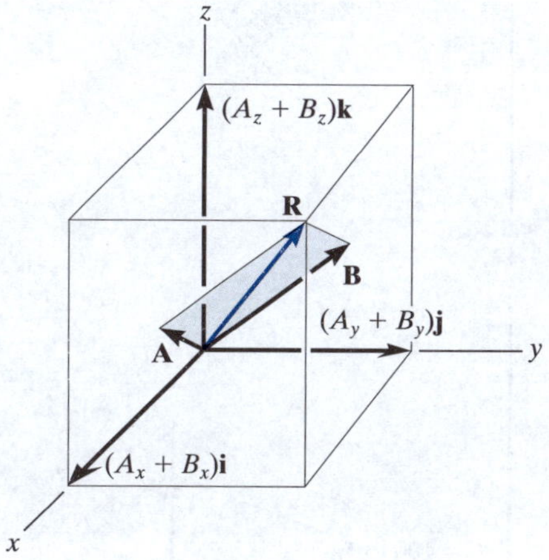

Fig. 2-29

Si esto se generaliza y se aplica a un sistema de varias fuerzas concurrentes, entonces la fuerza resultante es la suma vectorial de todas las fuerzas presentes en el sistema y puede escribirse como

$$\boxed{\mathbf{F}_R = \Sigma\mathbf{F} = \Sigma F_x\mathbf{i} + \Sigma F_y\mathbf{j} + \Sigma F_z\mathbf{k}} \qquad (2\text{-}10)$$

Aquí, ΣF_x, ΣF_y y ΣF_z representan las sumas algebraicas de las respectivas componentes x, y, z o bien **i**, **j**, **k** de cada fuerza presente en el sistema.

El análisis vectorial cartesiano proporciona un método conveniente para encontrar tanto la fuerza resultante como sus componentes en tres dimensiones. (© Russell C. Hibbeler)

Puntos importantes

- Un vector cartesiano **A** tiene las componentes **i**, **j**, **k** a lo largo de los ejes x, y, z. Si **A** se conoce, su magnitud está definida por $A = \sqrt{A_x^2 + A_y^2 + A_z^2}$.
- La dirección de un vector cartesiano puede definirse mediante los tres ángulos α, β, γ, medidos desde los ejes x, y, z *positivos* hasta la *cola* del vector. Para encontrar estos ángulos, formule un vector unitario en la dirección de **A**, es decir, $\mathbf{u}_A = \mathbf{A}/A$, y determine los cosenos inversos de sus componentes. Sólo dos de estos ángulos son independientes entre sí; el tercer ángulo se encuentra a partir de $\cos^2\alpha + \cos^2\beta + \cos^2\gamma = 1$.
- La dirección de un vector cartesiano también se puede especificar usando un ángulo transversal θ y un ángulo azimutal ϕ.

EJEMPLO 2.8

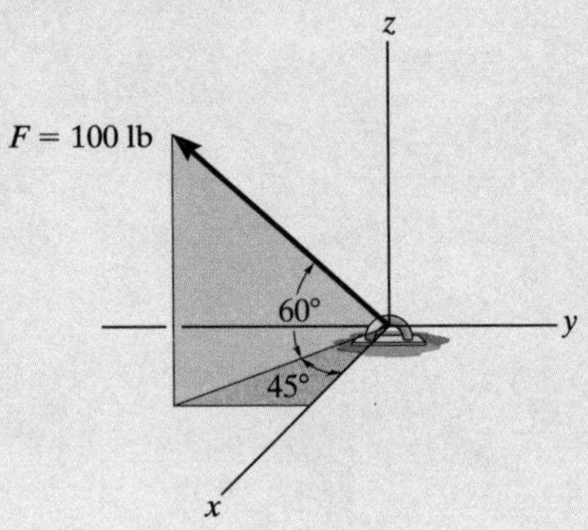

(a)

Exprese la fuerza **F** que se muestra en la figura 2-30*a* como un vector cartesiano.

SOLUCIÓN

Los ángulos de 60° y 45° que definen la dirección de **F** *no* son ángulos directores coordenados. Se requieren dos aplicaciones sucesivas de la ley del paralelogramo para descomponer **F** en sus componentes x, y, z. Primero $\mathbf{F} = \mathbf{F}' + \mathbf{F}_z$, luego $\mathbf{F}' = \mathbf{F}_x + \mathbf{F}_y$ (fig. 2-30*b*). Por trigonometría, las magnitudes de las componentes son

$$F_z = 100 \text{ sen } 60° \text{ lb} = 86.6 \text{ lb}$$

$$F' = 100 \cos 60° \text{ lb} = 50 \text{ lb}$$

$$F_x = F' \cos 45° = 50 \cos 45° \text{ lb} = 35.4 \text{ lb}$$

$$F_y = F' \text{ sen } 45° = 50 \text{ sen } 45° \text{ lb} = 35.4 \text{ lb}$$

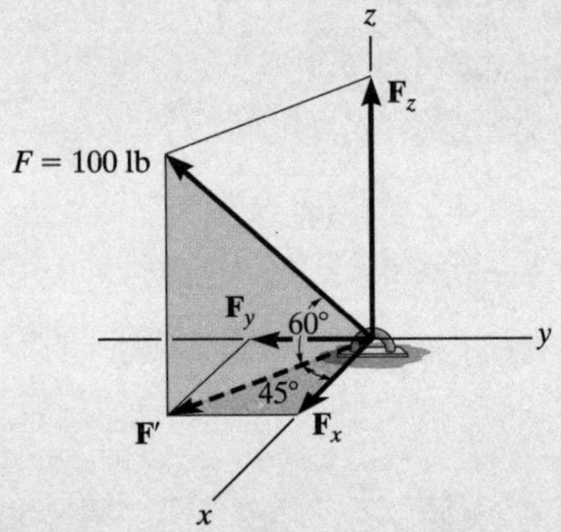

(b)

Dado que $\mathbf{F}_y$ tiene una dirección definida por $-\mathbf{j}$, tenemos

$$\mathbf{F} = \{35.4\mathbf{i} - 35.4\mathbf{j} + 86.6\mathbf{k}\} \text{ lb} \qquad \textit{Resp.}$$

Para mostrar que la magnitud de este vector es efectivamente de 100 lb, se aplica la ecuación 2-4,

$$F = \sqrt{F_x^2 + F_y^2 + F_z^2}$$

$$= \sqrt{(35.4)^2 + (35.4)^2 + (86.6)^2} = 100 \text{ lb}$$

Si es necesario, los ángulos directores coordenados de **F** pueden determinarse a partir de las componentes del vector unitario que actúa en la dirección de **F**. Por lo tanto,

$$\mathbf{u} = \frac{\mathbf{F}}{F} = \frac{F_x}{F}\mathbf{i} + \frac{F_y}{F}\mathbf{j} + \frac{F_z}{F}\mathbf{k}$$

$$= \frac{35.4}{100}\mathbf{i} - \frac{35.4}{100}\mathbf{j} + \frac{86.6}{100}\mathbf{k}$$

$$= 0.354\mathbf{i} - 0.354\mathbf{j} + 0.866\mathbf{k}$$

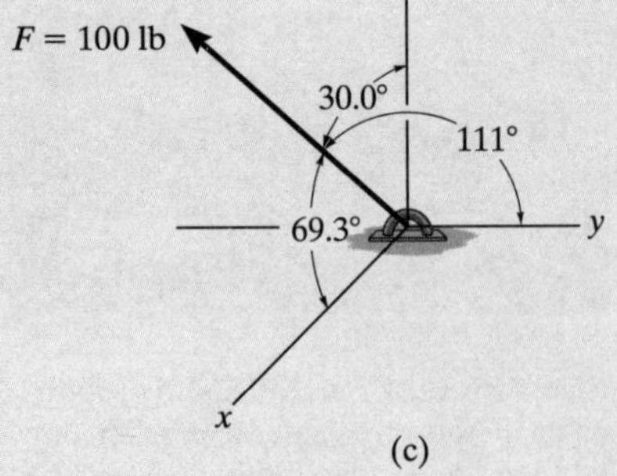

(c)

Fig. 2-30

de manera que

$$\alpha = \cos^{-1}(0.354) = 69.3°$$

$$\beta = \cos^{-1}(-0.354) = 111°$$

$$\gamma = \cos^{-1}(0.866) = 30.0°$$

Estos resultados se muestran en la figura 2-30*c*.

EJEMPLO 2.9

Dos fuerzas actúan sobre el gancho que se muestra en la figura 2-31*a*. Especifique la magnitud de $\mathbf{F}_2$ y sus ángulos directores coordenados, de modo que la fuerza resultante $\mathbf{F}_R$ actúe a lo largo del eje *y* positivo y tenga una magnitud de 800 N.

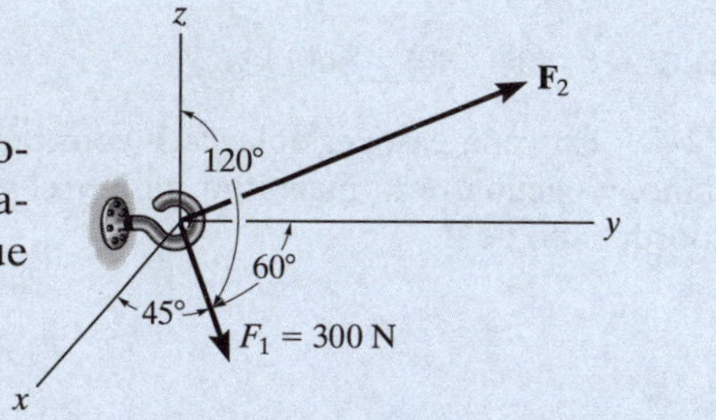

(a)

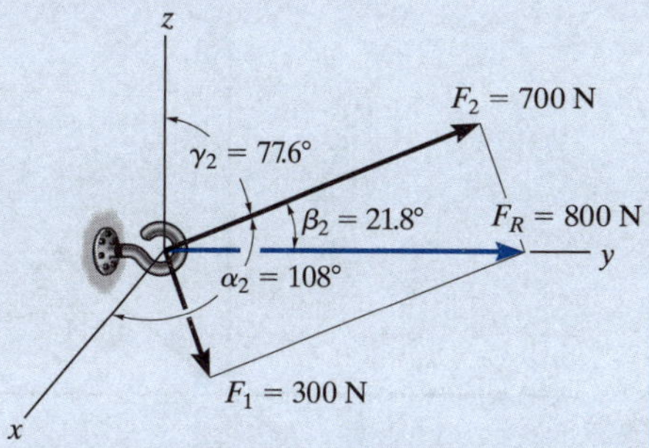

(b)

Fig. 2-31

SOLUCIÓN

Para resolver este problema, la fuerza resultante $\mathbf{F}_R$ y sus dos componentes, $\mathbf{F}_1$ y $\mathbf{F}_2$, se expresarán cada una en forma de vector cartesiano. Entonces, como se muestra en la figura 2-31*b*, es necesario que $\mathbf{F}_R = \mathbf{F}_1 + \mathbf{F}_2$.

Al aplicar la ecuación 2-9,

$$\begin{aligned}\mathbf{F}_1 &= F_1 \cos \alpha_1 \mathbf{i} + F_1 \cos \beta_1 \mathbf{j} + F_1 \cos \gamma_1 \mathbf{k} \\ &= 300 \cos 45^\circ\, \mathbf{i} + 300 \cos 60^\circ\, \mathbf{j} + 300 \cos 120^\circ\, \mathbf{k} \\ &= \{212.1\mathbf{i} + 150\mathbf{j} - 150\mathbf{k}\}\text{ N} \\ \mathbf{F}_2 &= F_{2x}\mathbf{i} + F_{2y}\mathbf{j} + F_{2z}\mathbf{k}\end{aligned}$$

Como $\mathbf{F}_R$ tiene una magnitud de 800 N y actúa en la dirección $+\mathbf{j}$,

$$\mathbf{F}_R = (800\text{ N})(+\mathbf{j}) = \{800\mathbf{j}\}\text{ N}$$

Requerimos que

$$\begin{aligned}\mathbf{F}_R &= \mathbf{F}_1 + \mathbf{F}_2 \\ 800\mathbf{j} &= 212.1\mathbf{i} + 150\mathbf{j} - 150\mathbf{k} + F_{2x}\mathbf{i} + F_{2y}\mathbf{j} + F_{2z}\mathbf{k} \\ 800\mathbf{j} &= (212.1 + F_{2x})\mathbf{i} + (150 + F_{2y})\mathbf{j} + (-150 + F_{2z})\mathbf{k}\end{aligned}$$

Para satisfacer esta ecuación, las componentes **i**, **j**, **k** de $\mathbf{F}_R$ deben ser iguales a las componentes **i**, **j**, **k** correspondientes de $(\mathbf{F}_1 + \mathbf{F}_2)$. Por consiguiente,

$$\begin{aligned}0 &= 212.1 + F_{2x} & F_{2x} &= -212.1\text{ N} \\ 800 &= 150 + F_{2y} & F_{2y} &= 650\text{ N} \\ 0 &= -150 + F_{2z} & F_{2z} &= 150\text{ N}\end{aligned}$$

Entonces, la magnitud de $\mathbf{F}_2$ es

$$\begin{aligned}F_2 &= \sqrt{(-212.1\text{ N})^2 + (650\text{ N})^2 + (150\text{ N})^2} \\ &= 700\text{ N}\end{aligned}$$ *Resp.*

Podemos usar la ecuación 2-9 para determinar $\alpha_2, \beta_2, \gamma_2$.

$$\cos \alpha_2 = \frac{-212.1}{700}; \qquad \alpha_2 = 108^\circ$$ *Resp.*

$$\cos \beta_2 = \frac{650}{700}; \qquad \beta_2 = 21.8^\circ$$ *Resp.*

$$\cos \gamma_2 = \frac{150}{700}; \qquad \gamma_2 = 77.6^\circ$$ *Resp.*

Estos resultados se muestran en la figura 2-31*b*.

2

PROBLEMAS PRELIMINARES

P2-3. Trace las siguientes fuerzas sobre los ejes de coordenadas x, y, z. Represente α, β, γ.

a) $\mathbf{F} = \{50\mathbf{i} + 60\mathbf{j} - 10\mathbf{k}\}$ kN

b) $\mathbf{F} = \{-40\mathbf{i} - 80\mathbf{j} + 60\mathbf{k}\}$ kN

P2-4. En cada caso, establezca **F** como un vector cartesiano, y encuentre la magnitud de **F** y el coseno director coordenado de β.

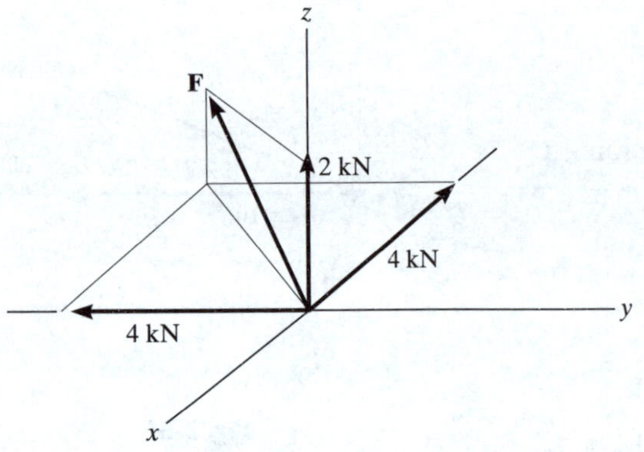

(a)

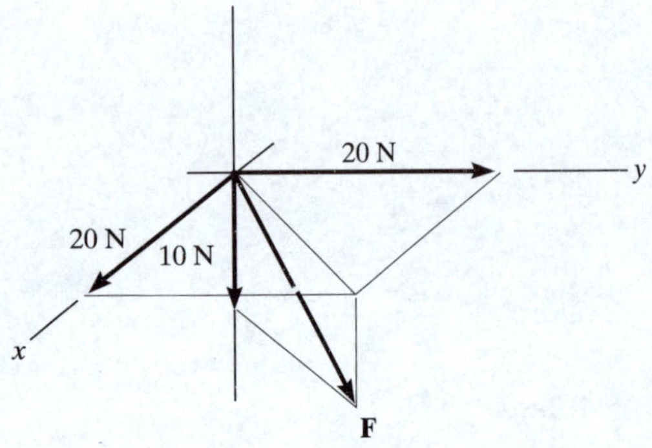

(b)

Prob. P2-4

P2-5. Muestre cómo se descompone cada fuerza en sus componentes x, y y z. Relacione con la figura el cálculo utilizado para determinar la magnitud de cada componente.

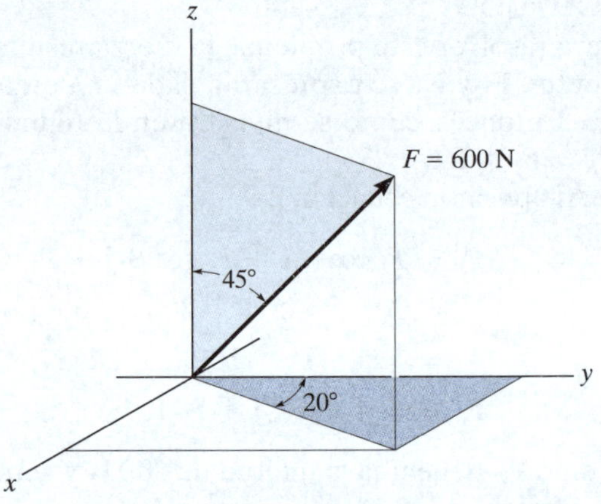

(a)

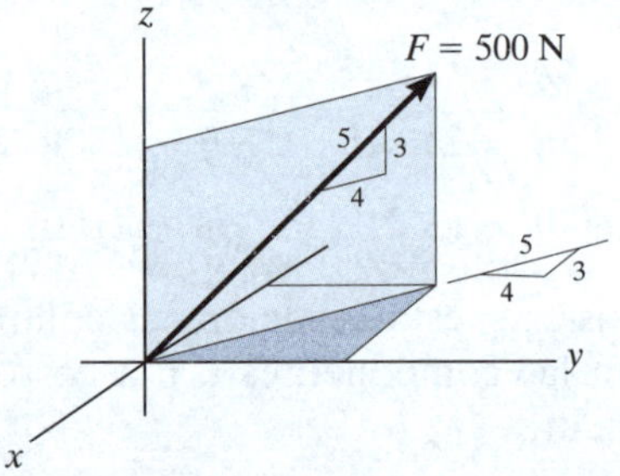

(b)

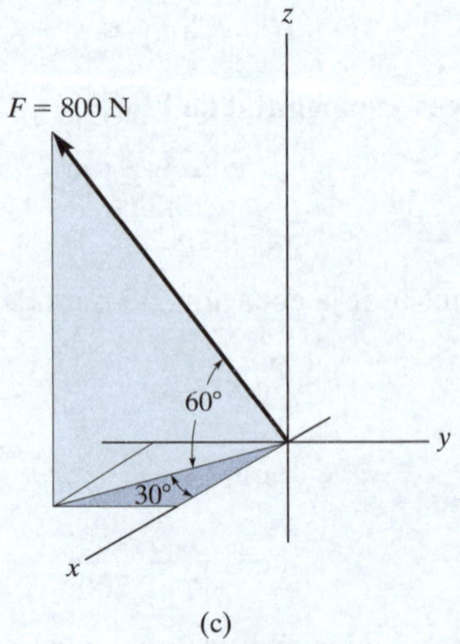

(c)

Prob. P2-5

PROBLEMAS FUNDAMENTALES

F2-13. Determine los ángulos directores coordenados de la fuerza.

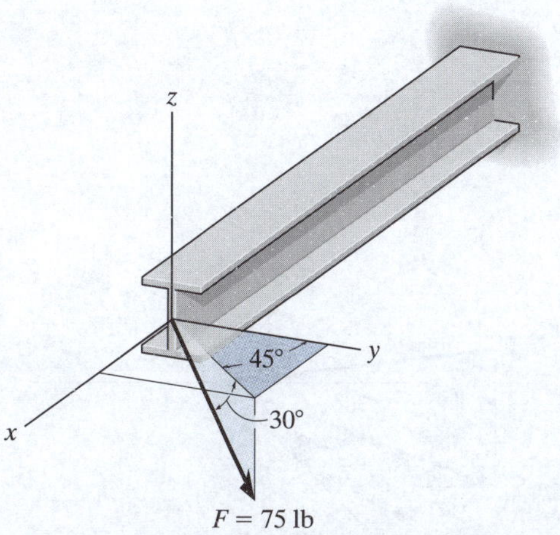

Prob. F2-13

F2-14. Exprese la fuerza como un vector cartesiano.

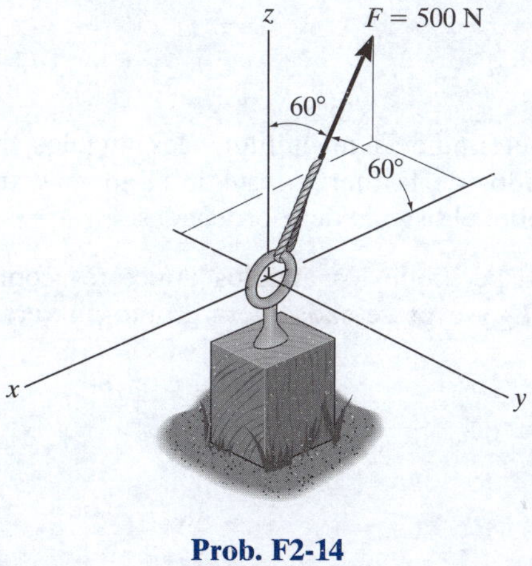

Prob. F2-14

F2-15. Exprese la fuerza como un vector cartesiano.

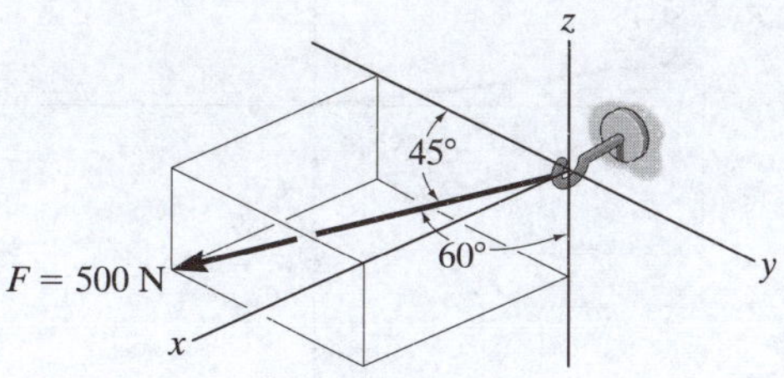

Prob. F2-15

F2-16. Exprese la fuerza como un vector cartesiano.

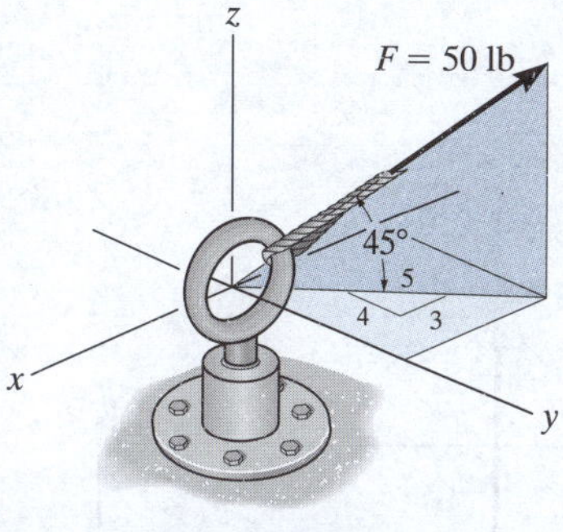

Prob. F2-16

F2-17. Exprese la fuerza como un vector cartesiano.

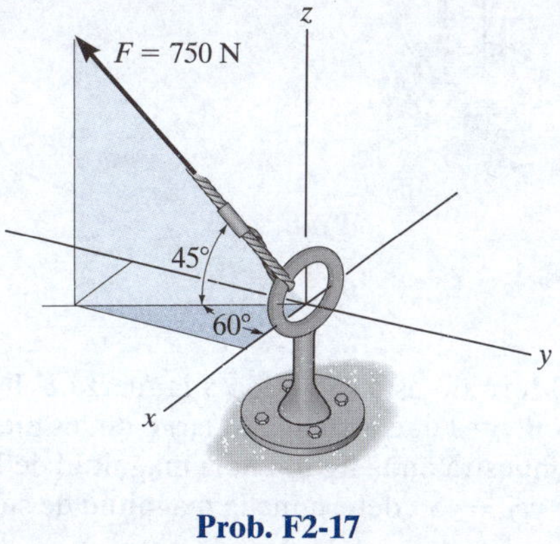

Prob. F2-17

F2-18. Determine la fuerza resultante que actúa sobre el gancho.

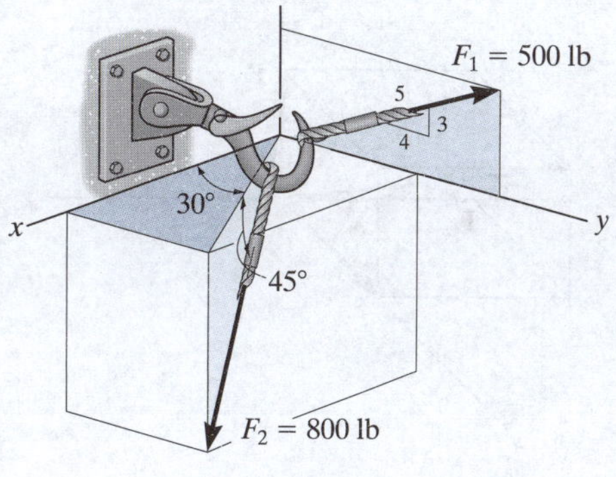

Prob. F2-18

2

PROBLEMAS

***2-60.** La fuerza **F** tiene una magnitud de 80 lb y actúa dentro del octante mostrado. Determine la magnitud de las componentes x, y y z de **F**.

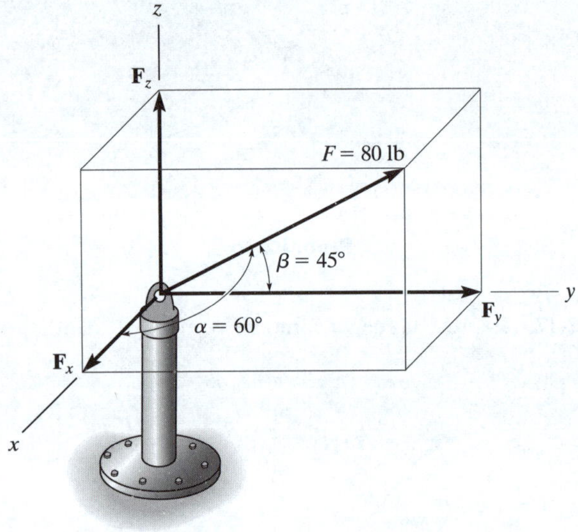

Prob. 2-60

2-61. El tornillo está sometido a la fuerza **F**, la cual tiene componentes que actúan a lo largo de los ejes x, y y z, como se muestra en la figura. Si la magnitud de **F** es 80 N y $\alpha = 60°$ y $\gamma = 45°$, determine la magnitud de sus componentes.

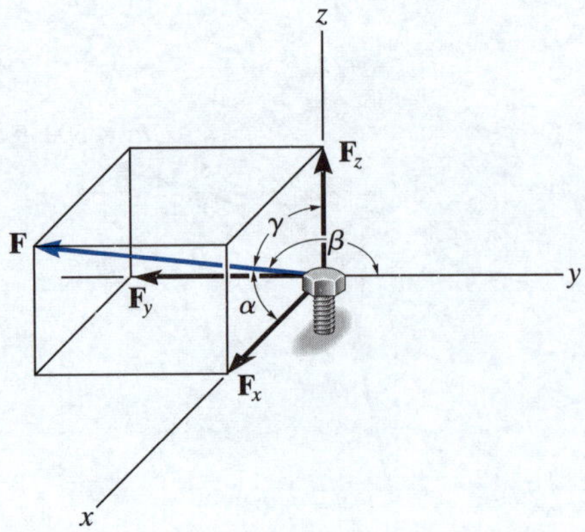

Prob. 2-61

2-62. Determine la magnitud y los ángulos directores coordenados de la fuerza **F** que actúa sobre el soporte. La componente de **F** en el plano x-y es de 7 kN.

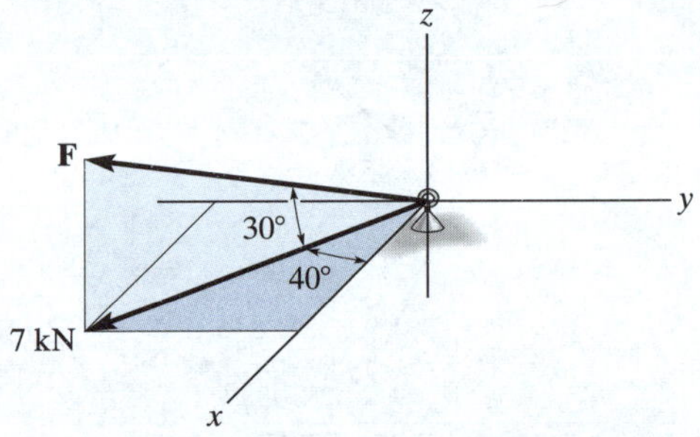

Prob. 2-62

2-63. Determine la magnitud y los ángulos directores coordenados de la fuerza resultante; además, trace este vector sobre el sistema de coordenadas.

***2-64.** Especifique los ángulos directores coordenados de $\mathbf{F}_1$ y $\mathbf{F}_2$ y exprese cada fuerza como un vector cartesiano.

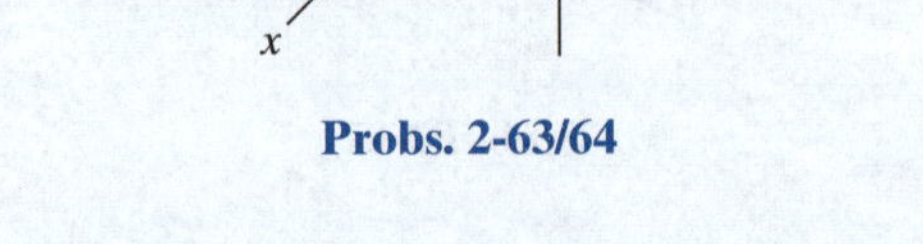

Probs. 2-63/64

2-65. La armella está sometida a las dos fuerzas que se indican en la figura. Exprese cada fuerza en forma vectorial cartesiana y, después, determine la fuerza resultante. Calcule la magnitud y los ángulos directores coordenados de la fuerza resultante.

2-66. Determine los ángulos directores coordenados de $\mathbf{F}_1$.

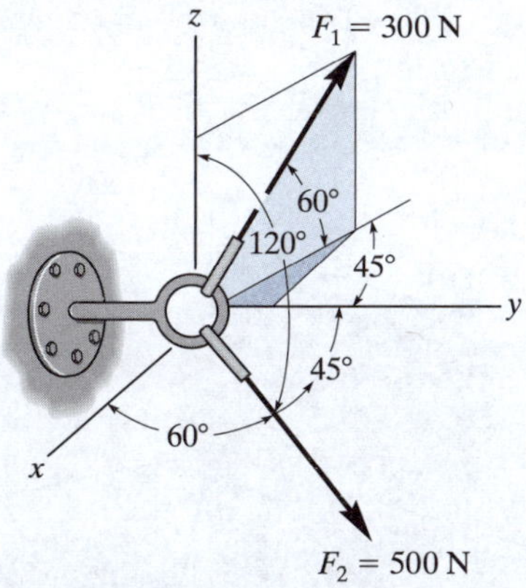

Probs. 2-65/66

2-67. Determine la magnitud y los ángulos directores coordenados de $\mathbf{F}_3$, de modo que la resultante de las tres fuerzas actúe a lo largo del eje *y* positivo y tenga una magnitud de 600 lb.

***2-68.** Determine la magnitud y los ángulos directores coordenados de $\mathbf{F}_3$, de modo que la resultante de las tres fuerzas sea cero.

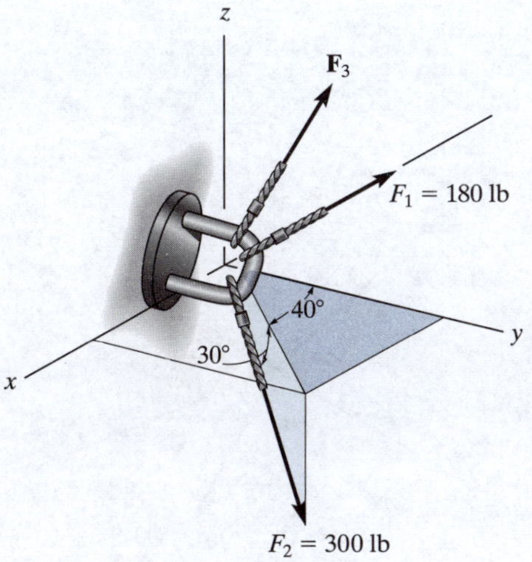

Probs. 2-67/68

2-69. Determine la magnitud y los ángulos directores coordenados de la fuerza resultante; asimismo, trace este vector sobre el sistema de coordenadas.

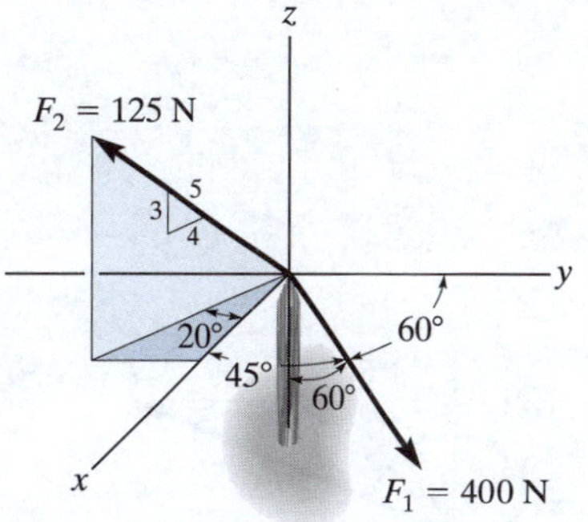

Prob. 2-69

2-70. Determine la magnitud y los ángulos directores coordenados de la fuerza resultante; además, trace este vector sobre el sistema de coordenadas.

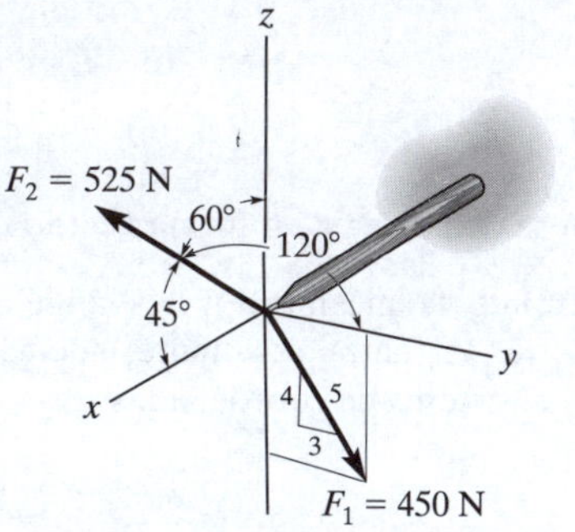

Prob. 2-70

2-71. Especifique la magnitud y los ángulos directores coordenados α_1, β_1 y γ_1 de $\mathbf{F}_1$, de modo que la resultante de las tres fuerzas que actúan sobre el soporte sea $\mathbf{F}_R = \{-350\mathbf{k}\}$ lb. Note que $\mathbf{F}_3$ se encuentra en el plano *x*-*y*.

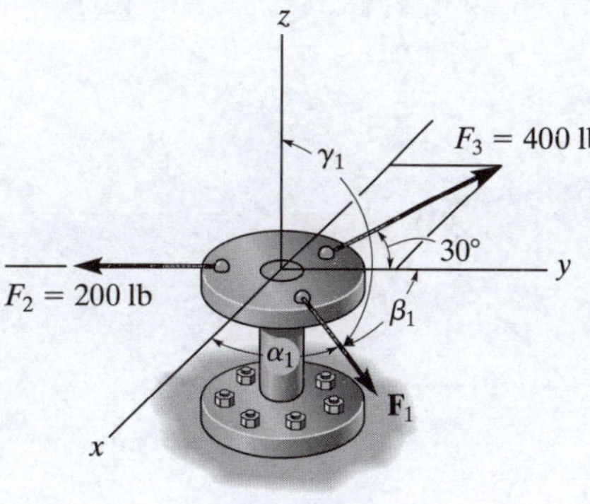

Prob. 2-71

***2-72.** Sobre la armella actúan dos fuerzas, $\mathbf{F}_1$ y $\mathbf{F}_2$. Si la fuerza resultante $\mathbf{F}_R$ tiene una magnitud de 150 lb y los ángulos directores que se muestran en la figura, determine la magnitud de $\mathbf{F}_2$ y sus ángulos directores coordenados.

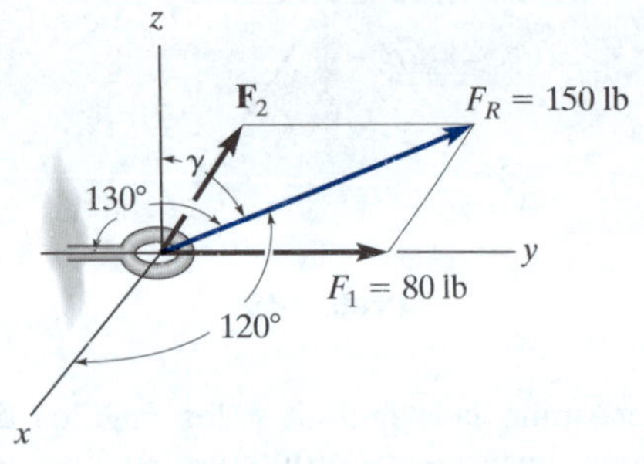

Prob. 2-72

2-73. Exprese cada fuerza en forma vectorial cartesiana.

2-74. Determine la magnitud y los ángulos directores coordenados de la fuerza resultante; además, trace este vector sobre el sistema de coordenadas.

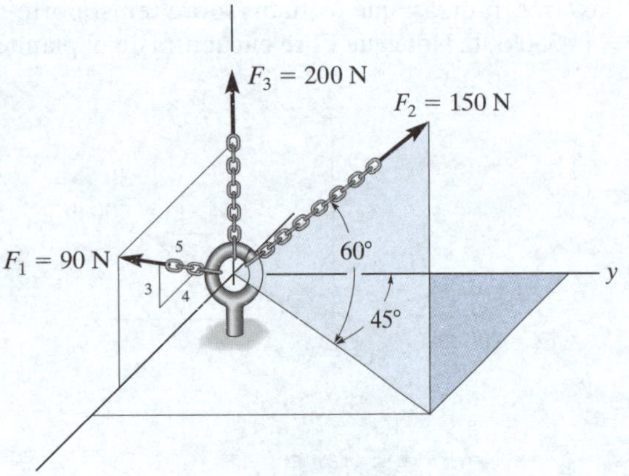

Probs. 2-73/74

2-75. El engrane recto está sometido a las dos fuerzas causadas por el contacto con otros engranes. Exprese cada fuerza como un vector cartesiano.

***2-76.** El engrane recto está sometido a las dos fuerzas causadas por el contacto con otros engranes. Determine la resultante de las dos fuerzas y exprese el resultado como un vector cartesiano.

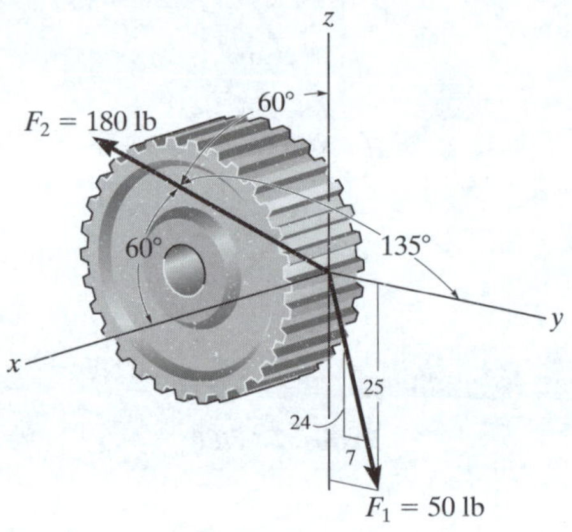

Probs. 2-75/76

2-77. Determine la magnitud y los ángulos directores coordenados de la fuerza resultante; asimismo, trace este vector sobre el sistema de coordenadas.

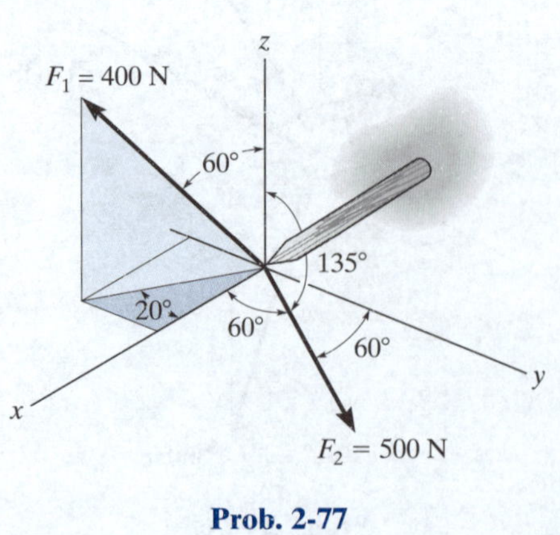

Prob. 2-77

2-78. Las dos fuerzas $\mathbf{F}_1$ y $\mathbf{F}_2$ que actúan en A tienen una fuerza resultante $\mathbf{F}_R = \{-100\mathbf{k}\}$ lb. Determine la magnitud y los ángulos directores coordenados de $\mathbf{F}_2$.

2-79. Determine los ángulos directores coordenados de la fuerza $\mathbf{F}_1$ e indíquelos en la figura.

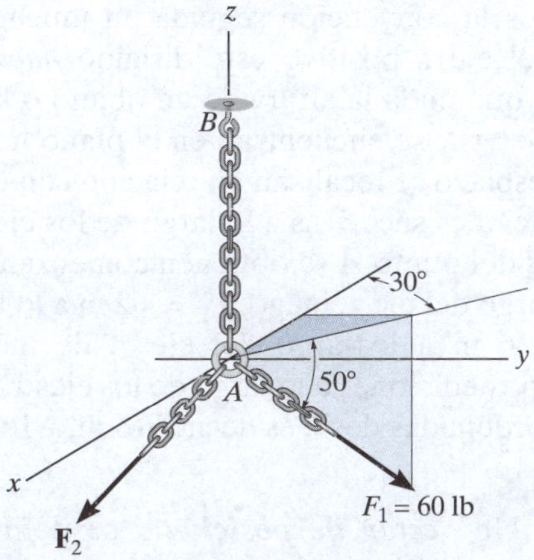

Probs. 2-78/79

2-81. Si los ángulos directores coordenados para $\mathbf{F}_3$ son $\alpha_3 = 120°, \beta_3 = 60°$ y $\gamma_3 = 45°$, determine la magnitud y los ángulos directores coordenados de la fuerza resultante que actúa sobre la armella.

2-82. Si los ángulos directores coordenados para $\mathbf{F}_3$ son $\alpha_3 = 120°, \beta_3 = 45°$ y $\gamma_3 = 60°$, determine la magnitud y los ángulos directores coordenados de la fuerza resultante que actúa sobre la armella.

2-83. Si la dirección de la fuerza resultante que actúa sobre la armella está definida por el vector unitario $\mathbf{u}_{F_R} = \cos 30°\mathbf{j} + \text{sen}\, 30°\mathbf{k}$, determine los ángulos directores coordenados de $\mathbf{F}_3$ y la magnitud de $\mathbf{F}_R$.

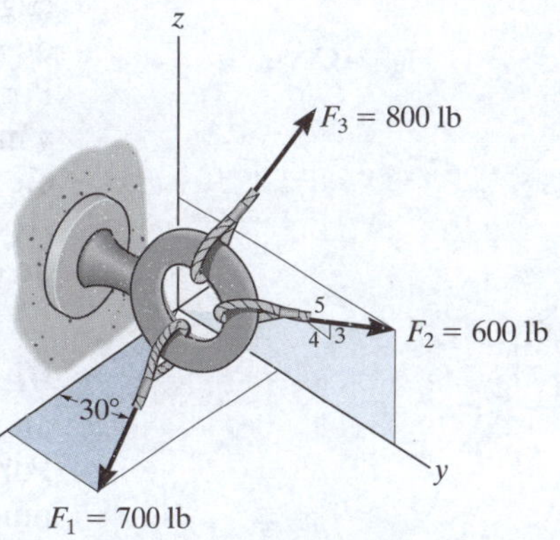

Probs. 2-81/82/83

***2-80.** La ménsula está sometida a las dos fuerzas que se muestran en la figura. Exprese cada fuerza en forma vectorial cartesiana y, después, determine la fuerza resultante $\mathbf{F}_R$. Encuentre la magnitud y los ángulos directores coordenados de la fuerza resultante.

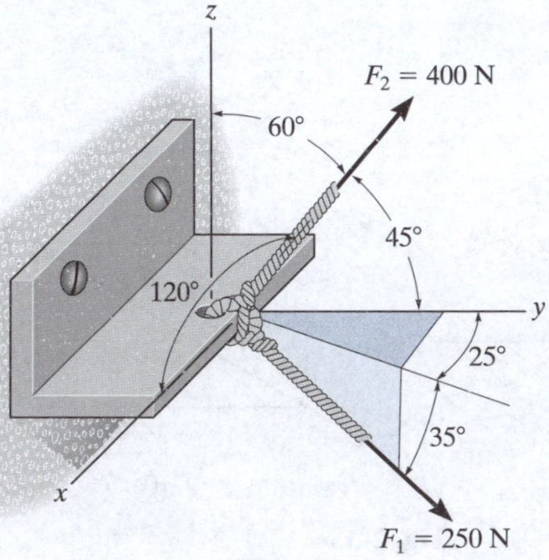

Prob. 2-80

***2-84.** El poste está sometido a la fuerza $\mathbf{F}$, la cual tiene componentes que actúan a lo largo de los ejes x, y y z como se indica en la figura. Si la magnitud de $\mathbf{F}$ es 3 kN, $\beta = 30°$ y $\gamma = 75°$, determine las magnitudes de sus tres componentes.

2-85. El poste está sometido a la fuerza $\mathbf{F}$ que tiene componentes $F_x = 1.5$ kN y $F_z = 1.25$ kN. Si $\beta = 75°$, determine las magnitudes de $\mathbf{F}$ y $\mathbf{F}_y$.

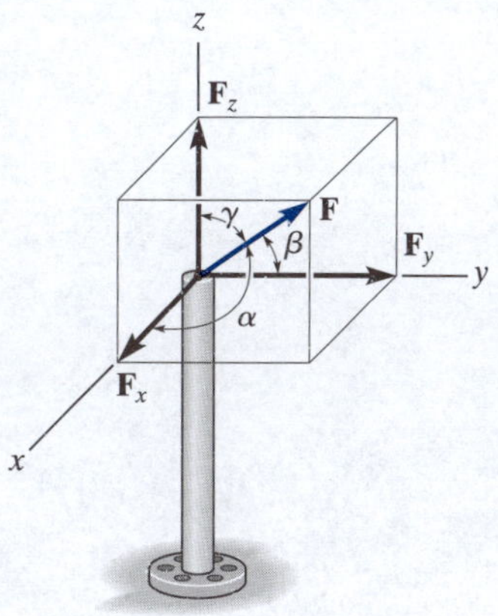

Probs. 2-84/85

2

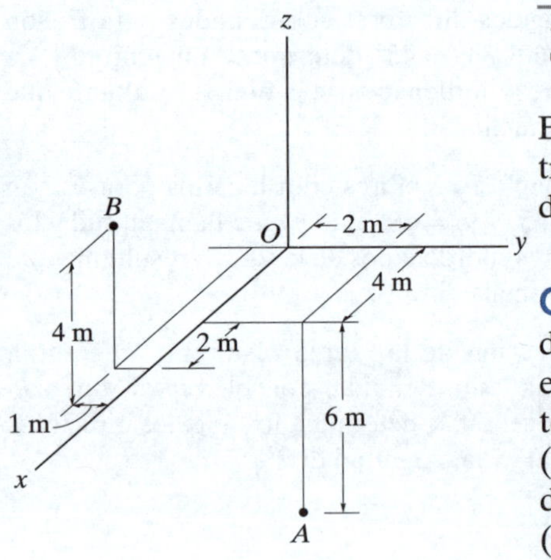

Fig. 2-32

2.7 Vectores de posición

En esta sección presentaremos el concepto de vector de posición. Se mostrará que este vector es importante al formular un vector fuerza cartesiano dirigido entre dos puntos cualesquiera en el espacio.

Coordenadas x, y, z. A lo largo de este libro usaremos un sistema de coordenadas *derecho* para hacer referencia a la ubicación de puntos en el espacio. También usaremos la convención seguida en muchos libros técnicos, la cual exige que el eje z positivo esté dirigido *hacia arriba* (dirección cenital), de forma que mida la altura de un objeto o la altitud de un punto. Entonces, los ejes x, y se encuentran en el plano horizontal (fig. 2-32). Los puntos en el espacio se localizan en relación con el origen de coordenadas, O, por mediciones sucesivas a lo largo de los ejes x, y, z. Por ejemplo, las coordenadas del punto A se obtienen comenzando en O y midiendo $x_A = +4$ m a lo largo del eje x, luego, $y_A = +2$ m a lo largo del eje y, y finalmente $z_A = -6$ m a lo largo del eje z, de modo que $A(4\text{ m}, 2\text{ m}, -6\text{ m})$. Asimismo, mediciones a lo largo de los ejes x, y, z desde O hasta B generan las coordenadas de B, es decir, $B(6\text{ m}, -1\text{ m}, 4\text{ m})$.

Vector de posición. Un ***vector de posición*** $\mathbf{r}$ se define como un vector fijo que ubica un punto en el espacio en relación con otro punto. Por ejemplo, si $\mathbf{r}$ se extiende desde el origen de coordenadas, O, hasta el punto $P(x, y, z)$ (fig. 2-33*a*), entonces $\mathbf{r}$ se expresa en forma de vector cartesiano como

$$\mathbf{r} = x\mathbf{i} + y\mathbf{j} + z\mathbf{k}$$

Observe cómo la suma vectorial de punta a cola de las tres componentes genera el vector $\mathbf{r}$ (fig. 2-33*b*). A partir del origen O, se "recorre" x en la dirección $+\mathbf{i}$, luego y en la dirección $+\mathbf{j}$ y finalmente z en la dirección $+\mathbf{k}$ para llegar al punto $P(x, y, z)$.

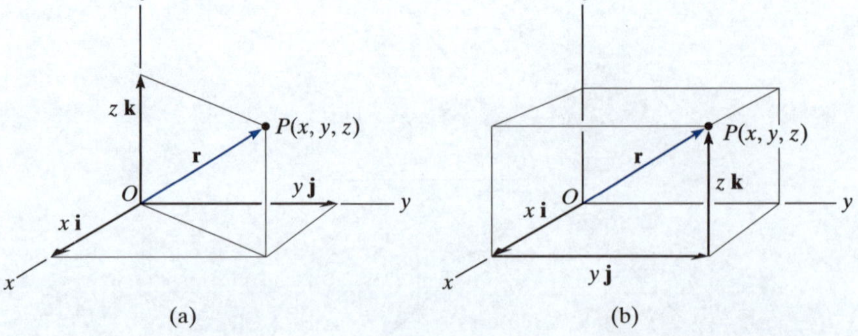

Fig. 2-33

En el caso más general, el vector de posición puede estar dirigido desde el punto A hasta el punto B en el espacio (fig. 2-34*a*). Este vector también está designado por el símbolo $\mathbf{r}$. A manera de convención, *algunas veces* nos referiremos a este vector con *dos subíndices* para indicar desde dónde y hasta qué punto está dirigido. Así, $\mathbf{r}$ también puede designarse como $\mathbf{r}_{AB}$. Además, observe que en la figura 2-34*a* $\mathbf{r}_A$ y $\mathbf{r}_B$ están referenciados con sólo un subíndice, ya que se extienden desde el origen de coordenadas.

A partir de la figura 2-34*a*, por la suma vectorial de punta a cola y con la regla del triángulo, se requiere que

$$\mathbf{r}_A + \mathbf{r} = \mathbf{r}_B$$

Al despejar $\mathbf{r}$ y expresar $\mathbf{r}_A$ y $\mathbf{r}_B$ en forma vectorial cartesiana se obtiene

$$\mathbf{r} = \mathbf{r}_B - \mathbf{r}_A = (x_B\mathbf{i} + y_B\mathbf{j} + z_B\mathbf{k}) - (x_A\mathbf{i} + y_A\mathbf{j} + z_A\mathbf{k})$$

o bien,

$$\boxed{\mathbf{r} = (x_B - x_A)\mathbf{i} + (y_B - y_A)\mathbf{j} + (z_B - z_A)\mathbf{k}} \qquad (2\text{-}11)$$

Así, las componentes $\mathbf{i}, \mathbf{j}, \mathbf{k}$ *del vector de posición* $\mathbf{r}$ *pueden formarse tomando las coordenadas de la cola del vector* $A(x_A, y_A, z_A)$ *para, después, restarlas de las coordenadas correspondientes de la punta* $B(x_B, y_B, z_B)$. También podemos obtener estas componentes *directamente* (fig. 2-34*b*), iniciando en A y recorriendo una distancia de $(x_B - x_A)$ a lo largo del eje x positivo $(+\mathbf{i})$, después $(y_B - y_A)$ a lo largo del eje y positivo $(+\mathbf{j})$ y, finalmente, $(z_B - z_A)$ a lo largo del eje z positivo $(+\mathbf{k})$ para obtener B.

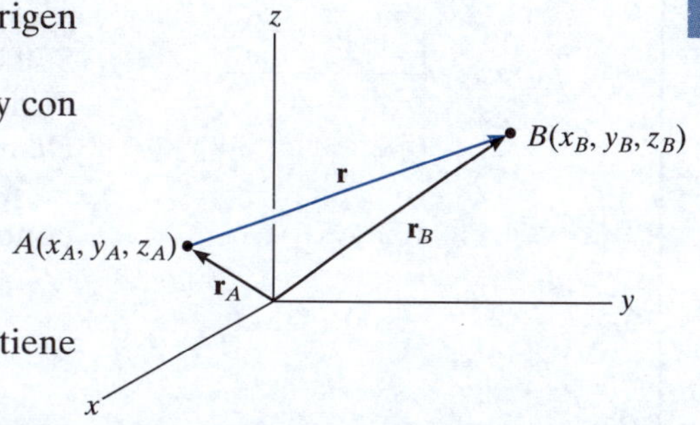

(a)

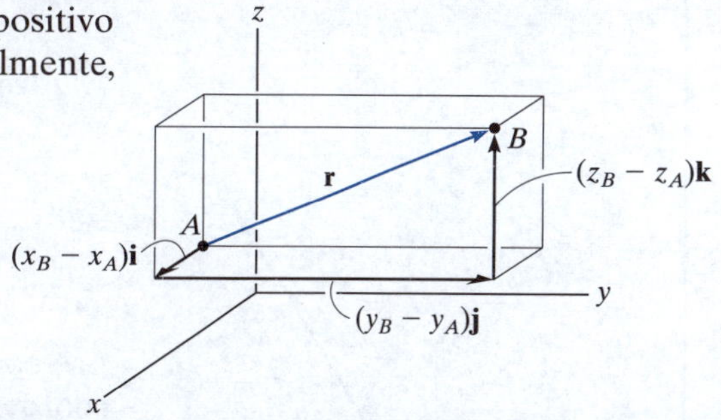

(b)

Fig. 2-34

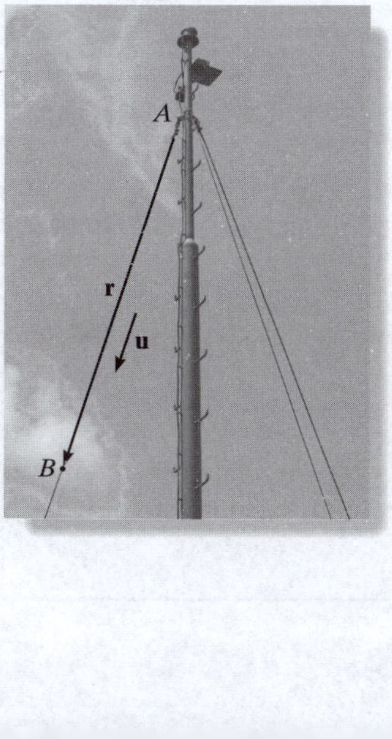

Si se establece un sistema de coordenadas x, y, z, entonces se pueden determinar las coordenadas de los dos puntos A y B sobre el cable. A partir de esta posición se determina el vector $\mathbf{r}$ que actúa a lo largo del cable. Su magnitud representa la distancia de A a B, y su vector unitario, $\mathbf{u} = \mathbf{r}/r$, proporciona la dirección definida por α, β, γ. (© Russell C. Hibbeler)

EJEMPLO 2.10

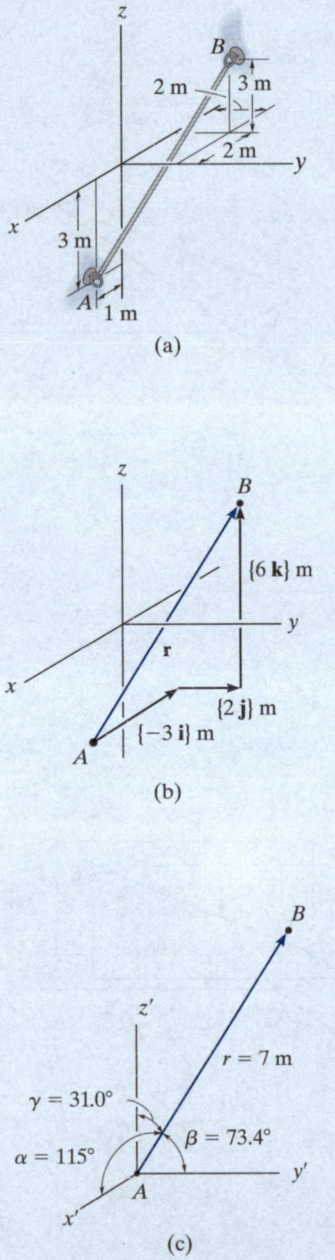

Fig. 2-35

Una banda elástica de caucho está unida a los puntos A y B como se muestra en la figura 2-35*a*. Determine su longitud y su dirección medida desde A hacia B.

SOLUCIÓN

Primero establecemos un vector de posición desde A hasta B (fig. 2-35*b*). De acuerdo con la ecuación 2-11, las coordenadas de la cola $A(1\text{ m}, 0, -3\text{ m})$ se restan de las coordenadas de la punta $B(-2\text{ m}, 2\text{ m}, 3\text{ m})$, de donde se obtiene

$$\mathbf{r} = [-2\text{ m} - 1\text{ m}]\mathbf{i} + [2\text{ m} - 0]\mathbf{j} + [3\text{ m} - (-3\text{ m})]\mathbf{k}$$
$$= \{-3\mathbf{i} + 2\mathbf{j} + 6\mathbf{k}\}\text{ m}$$

Estas componentes de **r** también se pueden determinar *directamente* si se observa que representan la dirección y la distancia que debe recorrerse a lo largo de cada eje para llegar de A a B, es decir, a lo largo del eje x $\{-3\mathbf{i}\}$ m, a lo largo del eje y $\{2\mathbf{j}\}$ m y, finalmente, a lo largo del eje z $\{6\mathbf{k}\}$ m.

Por consiguiente, la longitud de la banda de caucho es

$$r = \sqrt{(-3\text{ m})^2 + (2\text{ m})^2 + (6\text{ m})^2} = 7\text{ m} \qquad \textit{Resp.}$$

Al formular un vector unitario en la dirección de **r**, obtenemos

$$\mathbf{u} = \frac{\mathbf{r}}{r} = -\frac{3}{7}\mathbf{i} + \frac{2}{7}\mathbf{j} + \frac{6}{7}\mathbf{k}$$

Las componentes de este vector unitario dan los ángulos directores coordenados

$$\alpha = \cos^{-1}\left(-\frac{3}{7}\right) = 115° \qquad \textit{Resp.}$$

$$\beta = \cos^{-1}\left(\frac{2}{7}\right) = 73.4° \qquad \textit{Resp.}$$

$$\gamma = \cos^{-1}\left(\frac{6}{7}\right) = 31.0° \qquad \textit{Resp.}$$

NOTA: Estos ángulos se miden desde los *ejes positivos* de un sistema de coordenadas localizado en la cola de **r**, como se muestra en la figura 2-35*c*.

2.8 Vector fuerza dirigido a lo largo de una línea

Con mucha frecuencia, en problemas tridimensionales de estática, la dirección de una fuerza se especifica usando dos puntos, a través de los cuales pasa su línea de acción. Tal situación se ilustra en la figura 2-36, donde la fuerza **F** está dirigida a lo largo de la cuerda AB. Podemos formular **F** como un vector cartesiano al observar que esta fuerza tiene la misma *dirección* y *sentido* que el vector de posición **r** dirigido desde el punto A hasta el punto B sobre la cuerda. Esta dirección común se especifica mediante el ***vector unitario*** $\mathbf{u} = \mathbf{r}/r$. Por lo tanto,

$$\mathbf{F} = F\mathbf{u} = F\left(\frac{\mathbf{r}}{r}\right) = F\left(\frac{(x_B - x_A)\mathbf{i} + (y_B - y_A)\mathbf{j} + (z_B - z_A)\mathbf{k}}{\sqrt{(x_B - x_A)^2 + (y_B - y_A)^2 + (z_B - z_A)^2}}\right)$$

Aunque hemos representado **F** simbólicamente en la figura 2-36, observe que tiene *unidades de fuerza*, a diferencia de **r**, que tiene unidades de longitud.

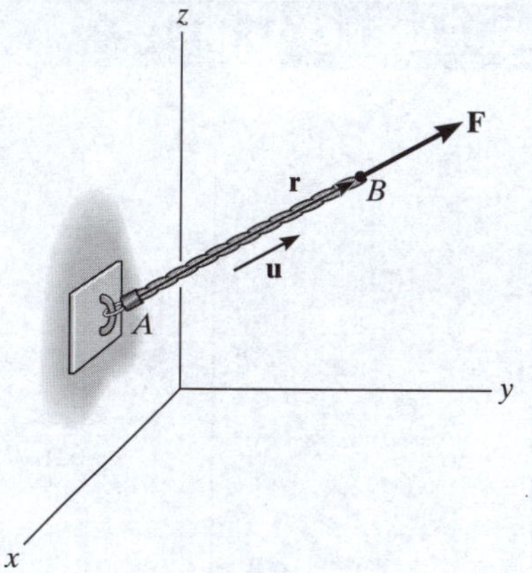

Fig. 2-36

La fuerza **F** que actúa a lo largo de la cuerda puede ser representada como un vector cartesiano, si se establecen primero los ejes x, y, z y se forma un vector de posición **r** a lo largo de la longitud de la cuerda. Después se puede determinar el vector unitario correspondiente $\mathbf{u} = \mathbf{r}/r$ que define la dirección tanto de la cuerda como de la fuerza. Finalmente, la magnitud de la fuerza se combina con su dirección, $\mathbf{F} = F\mathbf{u}$. (© Russell C. Hibbeler)

Puntos importantes

- Un vector de posición localiza un punto en el espacio respecto de otro punto.
- La forma más fácil de formular las componentes de un vector de posición consiste en determinar la distancia y la dirección que debe recorrerse a lo largo de las direcciones x, y, z, desde la cola hasta la punta del vector.
- Una fuerza **F** que actúa en la dirección de un vector de posición **r** puede representarse en forma cartesiana, si se determina el vector unitario **u** del vector de posición y éste se multiplica por la magnitud de la fuerza, es decir, $\mathbf{F} = F\mathbf{u} = F(\mathbf{r}/r)$.

EJEMPLO 2.11

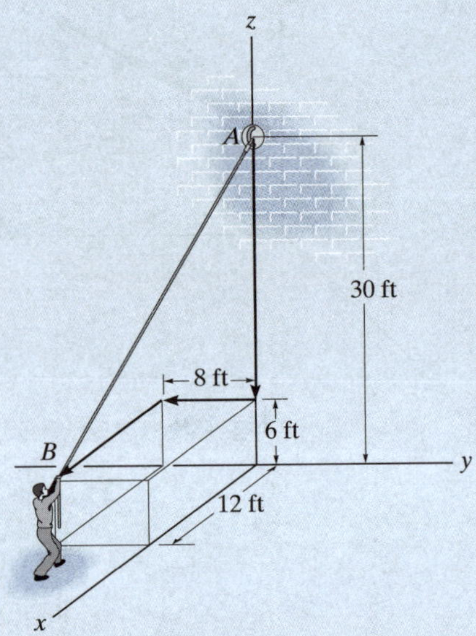

(a)

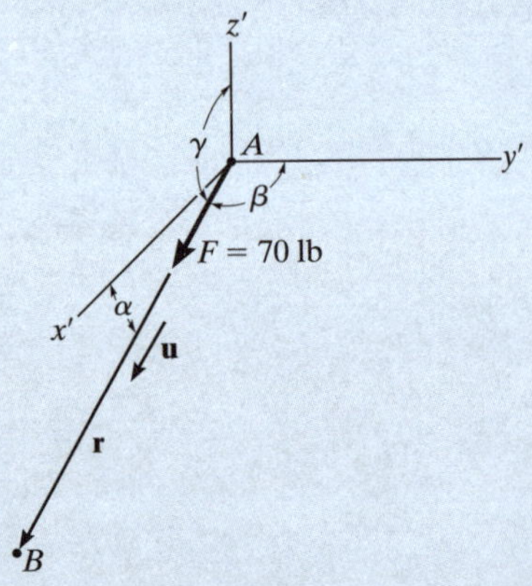

(b)

Fig. 2-37

El hombre que se muestra en la figura 2-37*a* tira de la cuerda con una fuerza de 70 lb. Represente la fuerza que actúa sobre el soporte *A* como un vector cartesiano y determine su dirección.

SOLUCIÓN

En la figura 2-37*b* se muestra la fuerza **F**. La *dirección* de este vector, **u**, está determinada a partir del vector de posición **r**, el cual se extiende desde *A* hasta *B*. En vez de usar las coordenadas de los extremos de la cuerda, **r** también puede obtenerse *directamente* al observar en la figura 2-37*a* que se debe recorrer desde $A\{-24\mathbf{k}\}$ ft, luego $\{-8\mathbf{j}\}$ ft y, finalmente, $\{12\mathbf{i}\}$ ft para llegar a *B*. Así,

$$\mathbf{r} = \{12\mathbf{i} - 8\mathbf{j} - 24\mathbf{k}\}\text{ ft}$$

La magnitud de **r**, que representa la *longitud* de la cuerda *AB*, es

$$r = \sqrt{(12\text{ ft})^2 + (-8\text{ ft})^2 + (-24\text{ ft})^2} = 28\text{ ft}$$

Para formar el vector unitario que define la dirección y el sentido de **r** y de **F**, tenemos

$$\mathbf{u} = \frac{\mathbf{r}}{r} = \frac{12}{28}\mathbf{i} - \frac{8}{28}\mathbf{j} - \frac{24}{28}\mathbf{k}$$

Como **F** tiene una *magnitud* de 70 lb y una *dirección* especificada por **u**, entonces

$$\mathbf{F} = F\mathbf{u} = 70\text{ lb}\left(\frac{12}{28}\mathbf{i} - \frac{8}{28}\mathbf{j} - \frac{24}{28}\mathbf{k}\right)$$

$$= \{30\mathbf{i} - 20\mathbf{j} - 60\mathbf{k}\}\text{ lb} \qquad \textit{Resp.}$$

Los ángulos directores coordenados están medidos entre **r** (o **F**) y los *ejes positivos* de un sistema de coordenadas con origen en *A* (fig. 2-37*b*). A partir de las componentes del vector unitario:

$$\alpha = \cos^{-1}\left(\frac{12}{28}\right) = 64.6° \qquad \textit{Resp.}$$

$$\beta = \cos^{-1}\left(\frac{-8}{28}\right) = 107° \qquad \textit{Resp.}$$

$$\gamma = \cos^{-1}\left(\frac{-24}{28}\right) = 149° \qquad \textit{Resp.}$$

NOTA: Estos resultados tienen sentido si se les compara con los ángulos identificados en la figura 2-37*b*.

EJEMPLO 2.12

El techo está sostenido por cables como se muestra en la fotografía. Si los cables ejercen fuerzas $F_{AB} = 100$ N y $F_{AC} = 120$ N sobre el gancho de pared en A, como se ilustra en la figura 2-38*a*, determine la fuerza resultante que actúa en A. Exprese el resultado como un vector cartesiano.

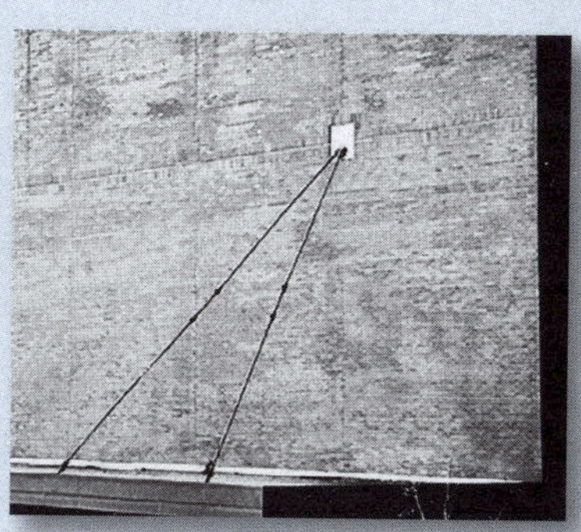

(© Russell C. Hibbeler)

SOLUCIÓN

En la figura 2-38*b* se muestra gráficamente la fuerza resultante $\mathbf{F}_R$. Podemos expresar esta fuerza como un vector cartesiano, si primero formulamos $\mathbf{F}_{AB}$ y $\mathbf{F}_{AC}$ como vectores cartesianos y, luego, sumamos sus componentes. Las direcciones de $\mathbf{F}_{AB}$ y $\mathbf{F}_{AC}$ se especifican al formar vectores unitarios $\mathbf{u}_{AB}$ y $\mathbf{u}_{AC}$ a lo largo de los cables. Estos vectores unitarios se obtienen a partir de los vectores de posición asociados $\mathbf{r}_{AB}$ y $\mathbf{r}_{AC}$. Con referencia a la figura 2-38*a*, para ir desde A hasta B debemos recorrer $\{-4\mathbf{k}\}$ m y, después, $\{4\mathbf{i}\}$ m. Por consiguiente,

$$\mathbf{r}_{AB} = \{4\mathbf{i} - 4\mathbf{k}\}\text{ m}$$

$$r_{AB} = \sqrt{(4\text{ m})^2 + (-4\text{ m})^2} = 5.66\text{ m}$$

$$\mathbf{F}_{AB} = F_{AB}\left(\frac{\mathbf{r}_{AB}}{r_{AB}}\right) = (100\text{ N})\left(\frac{4}{5.66}\mathbf{i} - \frac{4}{5.66}\mathbf{k}\right)$$

$$\mathbf{F}_{AB} = \{70.7\mathbf{i} - 70.7\mathbf{k}\}\text{ N}$$

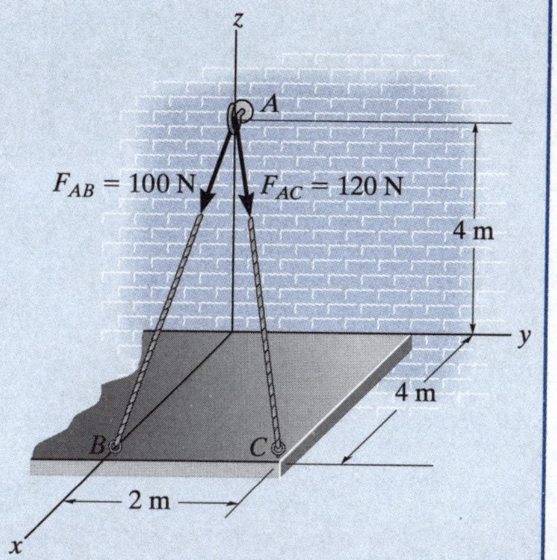

(a)

Para ir desde A hasta C, debemos recorrer $\{-4\mathbf{k}\}$ m, luego $\{2\mathbf{j}\}$ m y, finalmente, $\{4\mathbf{i}\}$. Por lo tanto,

$$\mathbf{r}_{AC} = \{4\mathbf{i} + 2\mathbf{j} - 4\mathbf{k}\}\text{ m}$$

$$r_{AC} = \sqrt{(4\text{ m})^2 + (2\text{ m})^2 + (-4\text{ m})^2} = 6\text{ m}$$

$$\mathbf{F}_{AC} = F_{AC}\left(\frac{\mathbf{r}_{AC}}{r_{AC}}\right) = (120\text{ N})\left(\frac{4}{6}\mathbf{i} + \frac{2}{6}\mathbf{j} - \frac{4}{6}\mathbf{k}\right)$$

$$= \{80\mathbf{i} + 40\mathbf{j} - 80\mathbf{k}\}\text{ N}$$

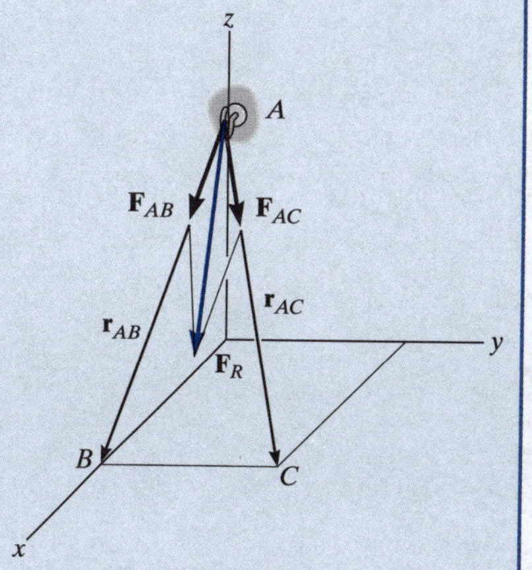

(b)

Fig. 2-38

Entonces, la fuerza resultante es

$$\mathbf{F}_R = \mathbf{F}_{AB} + \mathbf{F}_{AC} = \{70.7\mathbf{i} - 70.7\mathbf{k}\}\text{ N} + \{80\mathbf{i} + 40\mathbf{j} - 80\mathbf{k}\}\text{ N}$$

$$= \{151\mathbf{i} + 40\mathbf{j} - 151\mathbf{k}\}\text{ N} \qquad \textit{Resp.}$$

2

EJEMPLO 2.13

La fuerza que se muestra en la figura 2-39*a* actúa sobre el gancho. Exprésela como un vector cartesiano.

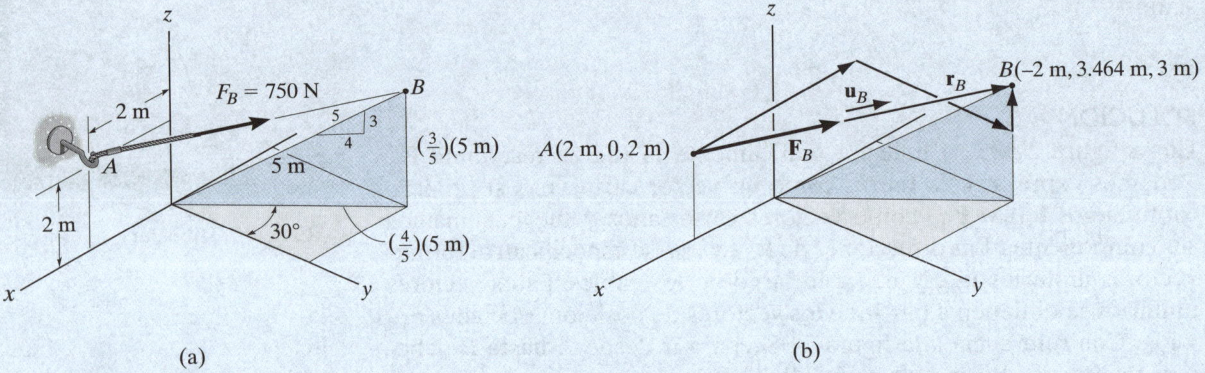

Fig. 2-39

SOLUCIÓN

Como se indica en la figura 2-39*b*, las coordenadas para los puntos *A* y *B* son

$$A(2\text{ m}, 0, 2\text{ m})$$

y

$$B\left[-\left(\frac{4}{5}\right)5\text{ sen }30^\circ\text{ m}, \left(\frac{4}{5}\right)5\cos 30^\circ\text{ m}, \left(\frac{3}{5}\right)5\text{ m}\right]$$

o bien,

$$B(-2\text{ m}, 3.464\text{ m}, 3\text{ m})$$

Por lo tanto, para ir desde *A* hasta *B*, deben recorrerse $\{-4\mathbf{i}\}$ m, después $\{3.464\mathbf{j}\}$ m y finalmente $\{1\mathbf{k}\}$ m. Así,

$$\mathbf{u}_B = \left(\frac{\mathbf{r}_B}{r_B}\right) = \frac{\{-4\mathbf{i} + 3.464\mathbf{j} + 1\mathbf{k}\}\text{ m}}{\sqrt{(-4\text{ m})^2 + (3.464\text{ m})^2 + (1\text{ m})^2}}$$

$$= -0.7428\mathbf{i} + 0.6433\mathbf{j} + 0.1857\mathbf{k}$$

La fuerza $\mathbf{F}_B$ expresada como un vector cartesiano se convierte en

$$\mathbf{F}_B = F_B\mathbf{u}_B = (750\text{ N})(-0.74281\mathbf{i} + 0.6433\mathbf{j} + 0.1857\mathbf{k})$$

$$= \{-557\mathbf{i} + 482\mathbf{j} + 139\mathbf{k}\}\text{ N}$$ *Resp.*

PROBLEMAS PRELIMINARES

P2-6. En cada caso, establezca un vector de posición desde el punto A hasta el punto B.

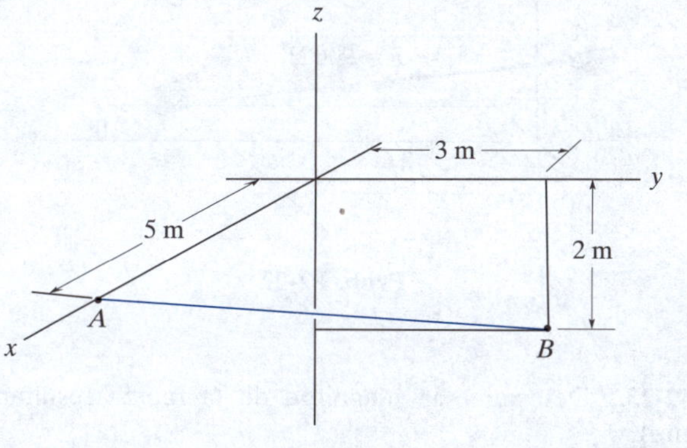

(a)

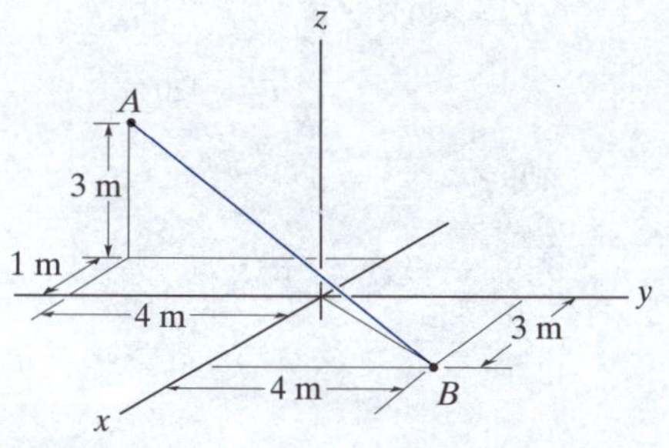

(b)

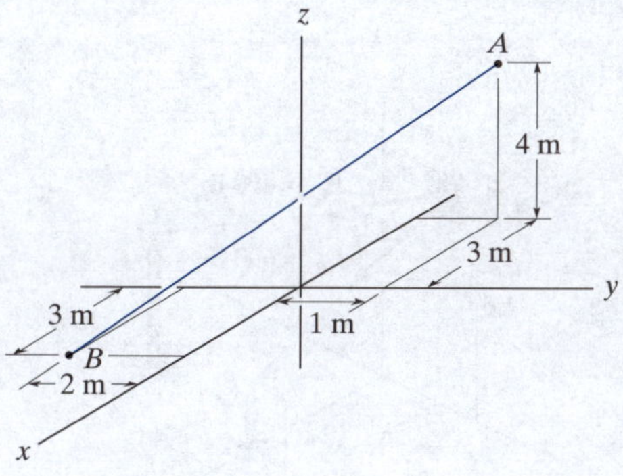

(c)

Prob. P2-6

P2-7. En cada caso, exprese **F** como un vector cartesiano.

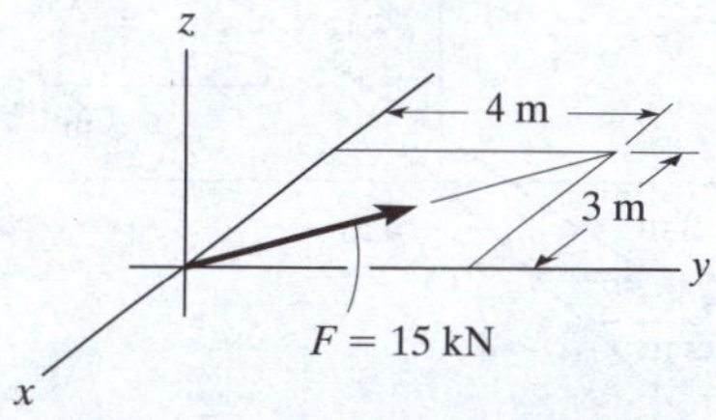

(a)

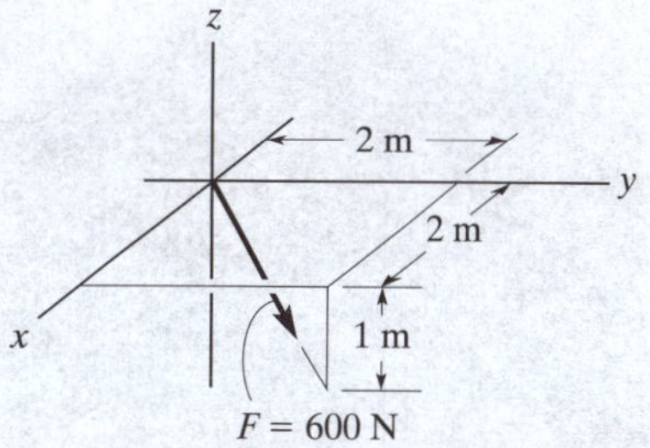

(b)

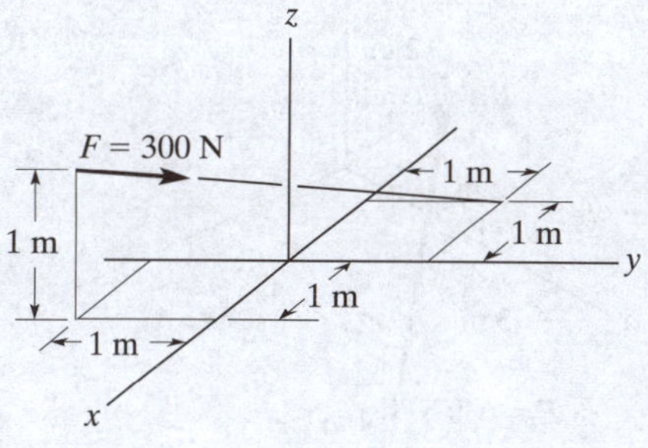

(c)

Prob. P2-7

PROBLEMAS FUNDAMENTALES

F2-19. Exprese el vector de posición $\mathbf{r}_{AB}$ en forma de vector cartesiano y, después, determine su magnitud y sus ángulos directores coordenados.

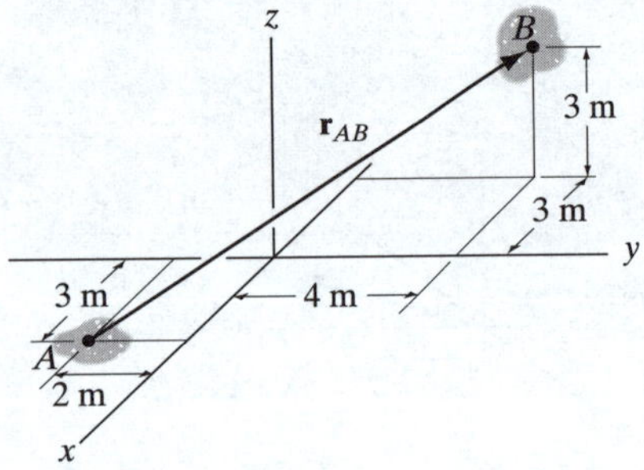

Prob. F2-19

F2-20. Determine la longitud de la varilla y el vector de posición dirigido desde A hasta B. ¿Cuál es el ángulo θ?

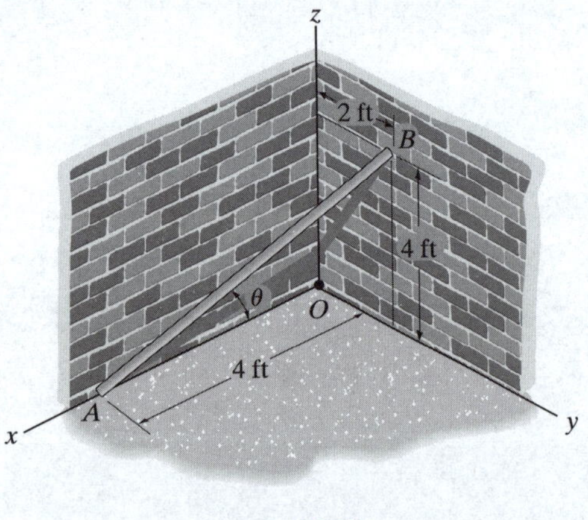

Prob. F2-20

F2-21. Exprese la fuerza como un vector cartesiano.

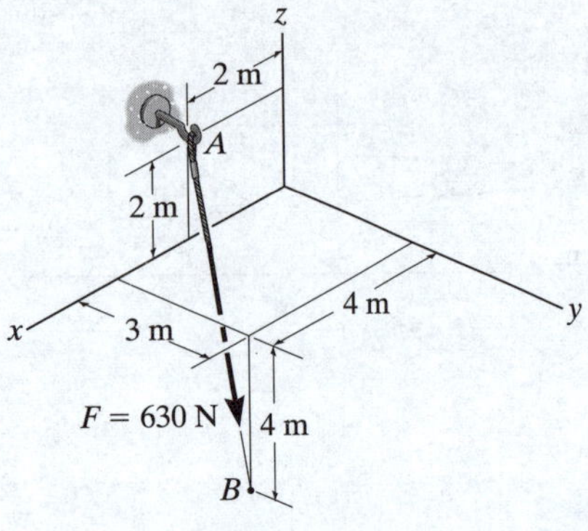

Prob. F2-21

F2-22. Exprese la fuerza como un vector cartesiano.

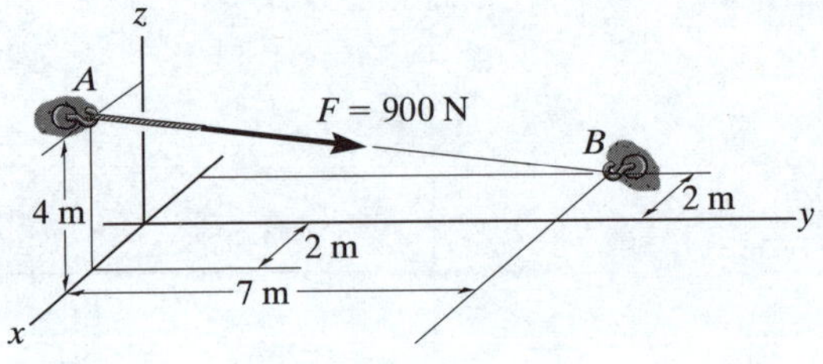

Prob. F2-22

F2-23. Determine la magnitud de la fuerza resultante en A.

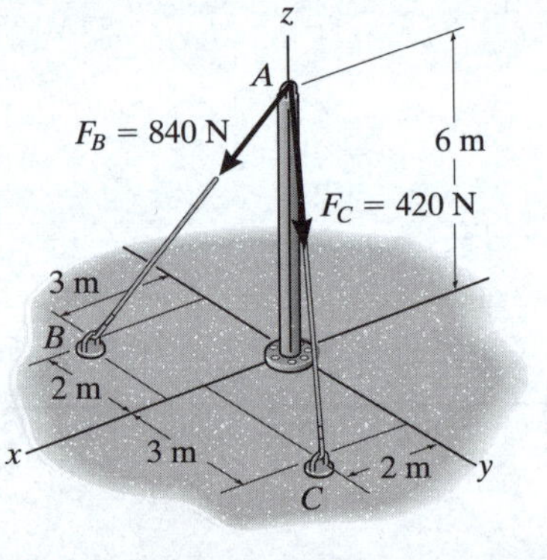

Prob. F2-23

F2-24. Determine la fuerza resultante en A.

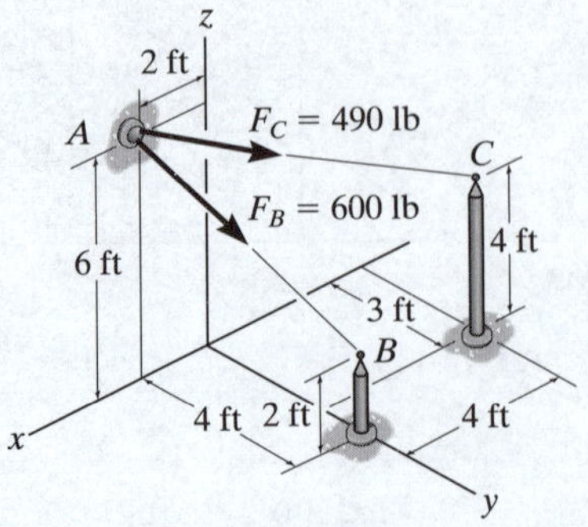

Prob. F2-24

PROBLEMAS

2-86. Determine la longitud de la biela *AB*; para ello, primero formule un vector de posición cartesiano desde *A* hasta *B* y, luego, calcule su magnitud.

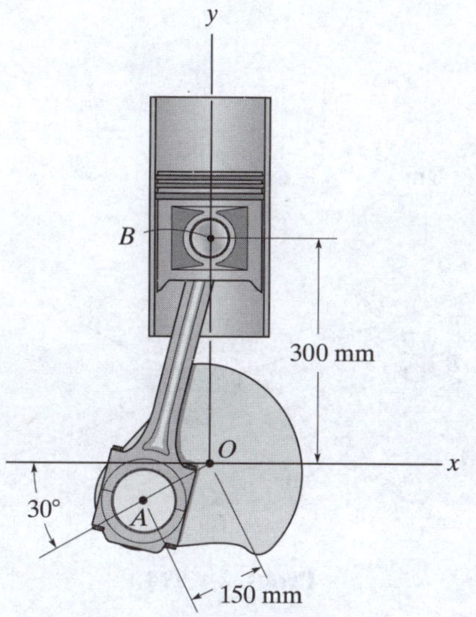

Prob. 2-86

2-87. Exprese la fuerza **F** como un vector cartesiano; después, determine sus ángulos directores coordenados.

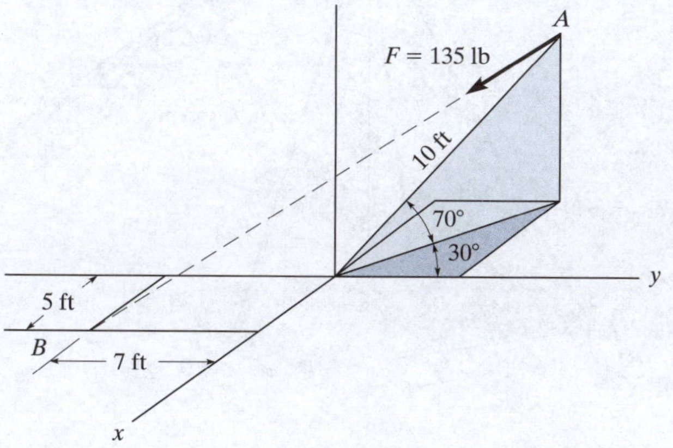

Prob. 2-87

***2-88.** Exprese cada una de las fuerzas en forma vectorial cartesiana; después, determine la magnitud y los ángulos directores coordenados de la fuerza resultante.

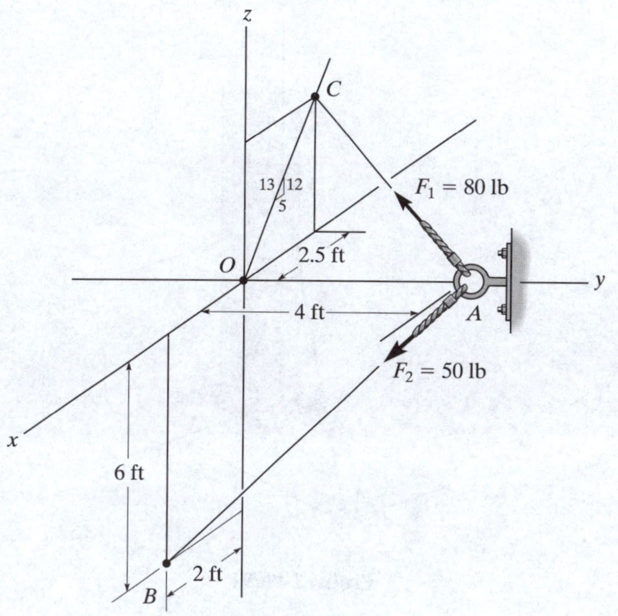

Prob. 2-88

2-89. Si $\mathbf{F} = \{350\mathbf{i} - 250\mathbf{j} - 450\mathbf{k}\}$ N y el cable *AB* tiene 9 m de longitud, determine las coordenadas *x*, *y*, *z* del punto *A*.

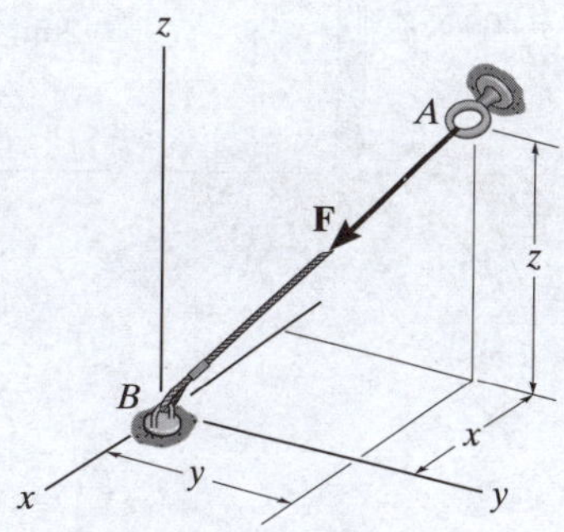

Prob. 2-89

2-90. El cable de 8 m de largo está anclado al suelo en A. Si $x = 4$ m y $y = 2$ m, determine la coordenada z del punto de unión más alto a lo largo de la columna.

2-91. El cable de 8 m de largo está anclado al suelo en A. Si $z = 5$ m, determine la ubicación $+x, +y$ del punto A. Elija un valor tal que $x = y$.

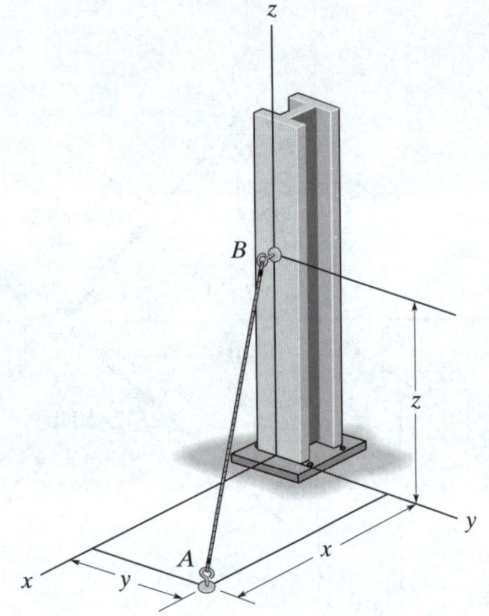

Probs. 2-90/91

2-93. Si $F_B = 560$ N y $F_C = 700$ N, determine la magnitud y los ángulos directores coordenados de la fuerza resultante que actúa sobre el asta de la bandera.

2-94. Si $F_B = 700$ N y $F_C = 560$ N, determine la magnitud y los ángulos directores coordenados de la fuerza resultante que actúa sobre el asta de la bandera.

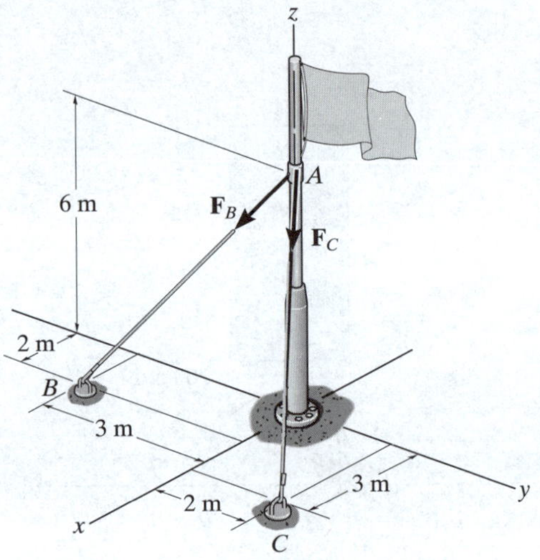

Probs. 2-93/94

2-95. La placa se encuentra suspendida de tres cables que ejercen las fuerzas mostradas en la figura. Exprese cada fuerza como un vector cartesiano.

***2-92.** Exprese cada una de las fuerzas en forma vectorial cartesiana; además, determine la magnitud y los ángulos directores coordenados de la fuerza resultante.

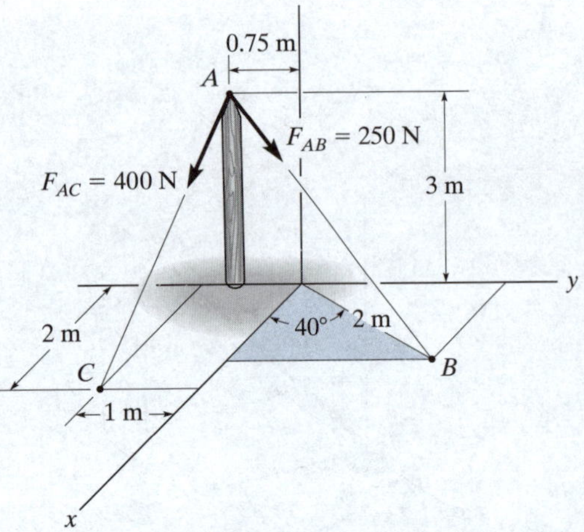

Prob. 2-92

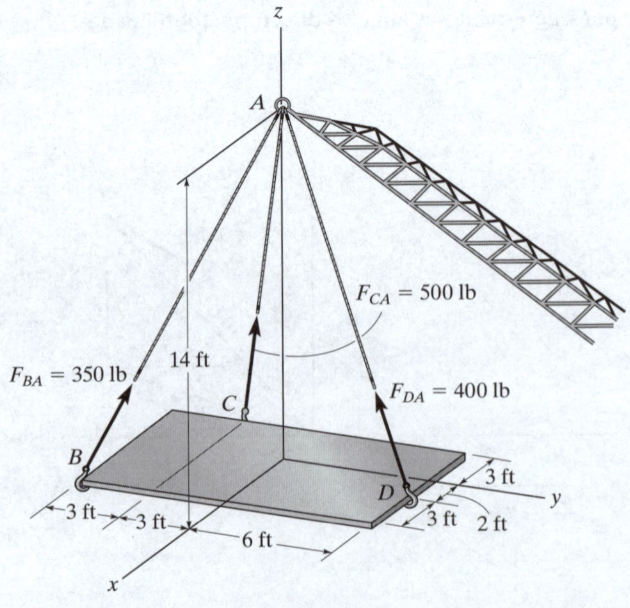

Prob. 2-95

***2-96.** Los tres cables de soporte ejercen sobre el letrero las fuerzas que se ilustran en la figura. Represente cada fuerza como un vector cartesiano.

2-97. Determine la magnitud y los ángulos directores coordenados de la fuerza resultante de las dos fuerzas que actúan sobre el letrero en el punto A.

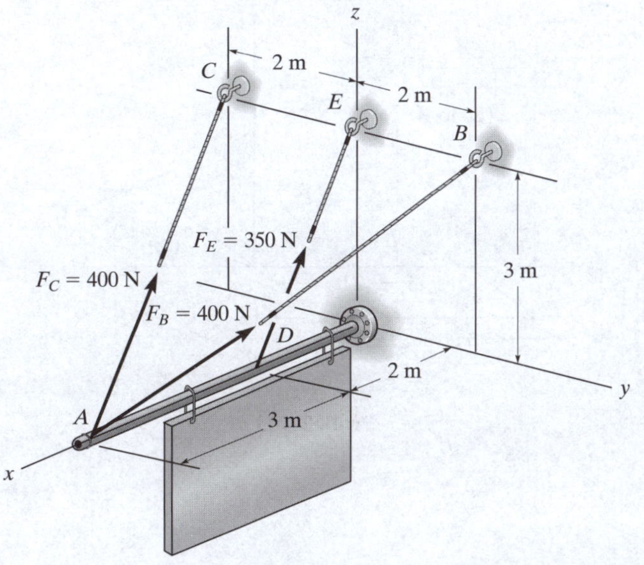

Probs. 2-96/97

2-98. La fuerza **F** tiene una magnitud de 80 libras y actúa en el punto medio C de la varilla delgada. Exprese la fuerza como un vector cartesiano.

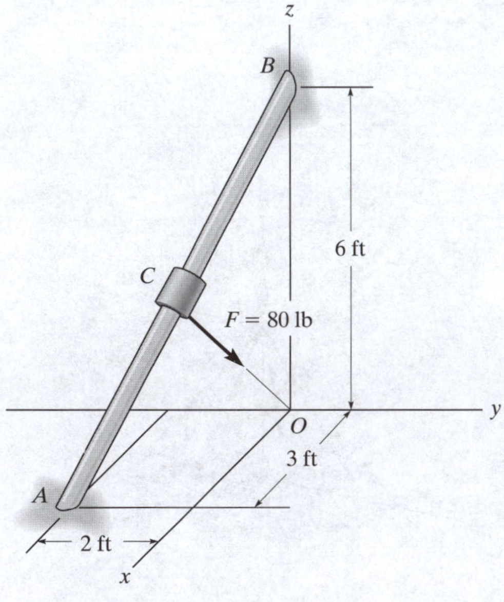

Prob. 2-98

2-99. La carga en A provoca una fuerza de 60 lb en el alambre AB. Exprese esta fuerza como un vector cartesiano que actúa sobre A y está dirigido hacia B de la forma indicada en la figura.

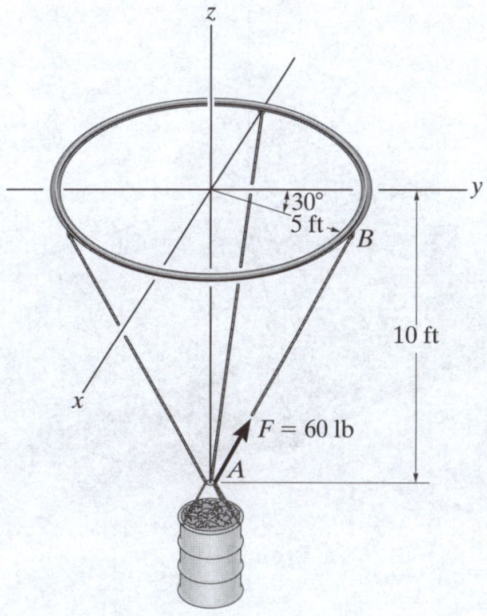

Prob. 2-99

***2-100.** Determine la magnitud y los ángulos directores coordenados de la fuerza resultante que actúa en el punto A sobre el poste.

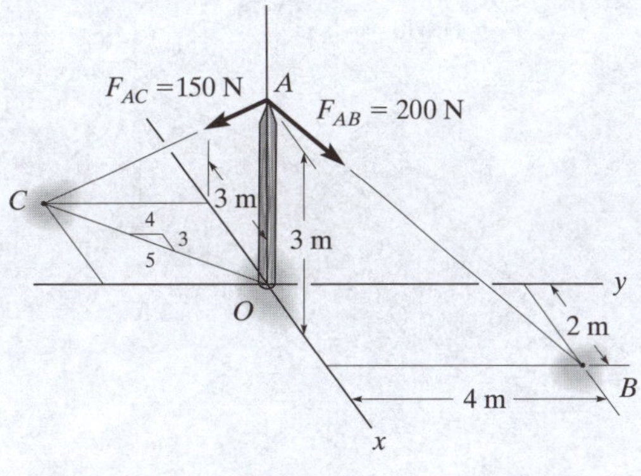

Prob. 2-100

2-101. Los dos cables de amarre ejercen fuerzas sobre la popa de un barco, como se muestra en la figura. Represente cada fuerza como un vector cartesiano; además, determine la magnitud y los ángulos directores coordenados de la resultante.

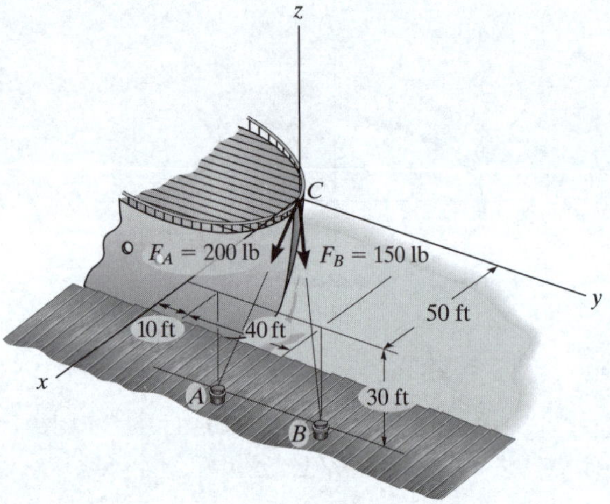

Prob. 2-101

2-102. El motor del avión ligero está soportado por puntales que se conectan a la armadura espacial que conforma la estructura del avión. Se muestra la carga prevista en dos de los puntales. Exprese cada una de esas fuerzas como vector cartesiano.

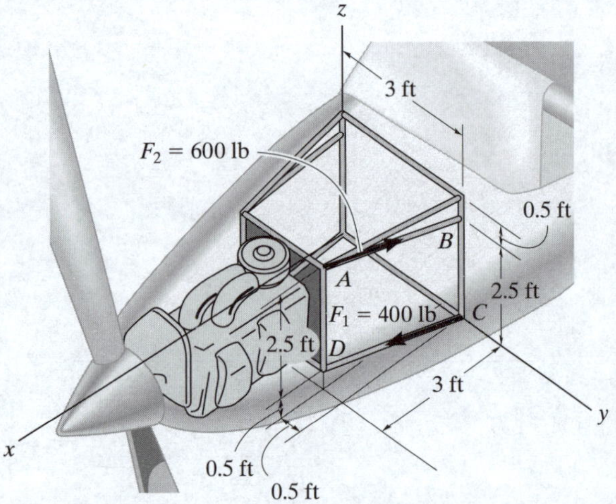

Prob. 2-102

2-103. Determine la magnitud y los ángulos directores coordenados de la fuerza resultante.

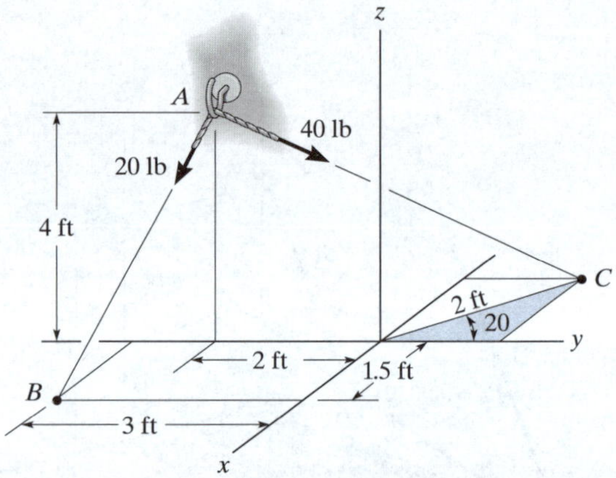

Prob. 2-103

***2-104.** Si la fuerza en cada cable atado a la tolva es de 70 lb, determine la magnitud y los ángulos directores coordenados de la fuerza resultante.

2-105. Si la resultante de las cuatro fuerzas es $\mathbf{F}_R = \{-360\mathbf{k}\}$ lb, determine la tensión desarrollada en cada cable. Por simetría, la tensión en los cuatro cables es la misma.

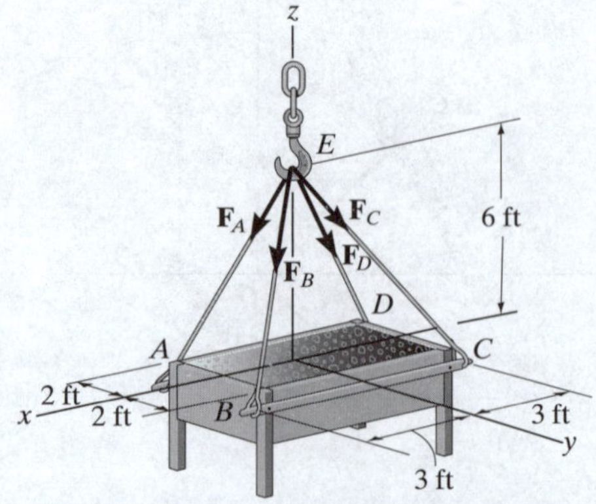

Probs. 2-104/105

2.9 Producto punto

Algunas veces, en estática debemos localizar el ángulo entre dos líneas o las componentes de una fuerza paralela y perpendicular a una línea. En dos dimensiones, estos problemas pueden resolverse fácilmente con trigonometría, ya que las relaciones geométricas son fáciles de visualizar. Sin embargo, en tres dimensiones esto suele ser difícil y, en consecuencia, deberían emplearse métodos vectoriales para encontrar la solución. El producto punto define un método particular para "multiplicar" dos vectores y se utiliza para resolver los problemas antes mencionados.

El ***producto punto*** de los vectores **A** y **B**, que se escribe $\mathbf{A} \cdot \mathbf{B}$ y se lee "**A** punto **B**", se define como el producto de las magnitudes de **A** y **B** y el coseno del ángulo θ entre sus colas (fig. 2-40). Expresado en forma de ecuación,

$$\boxed{\mathbf{A} \cdot \mathbf{B} = AB\cos\theta} \qquad (2\text{-}12)$$

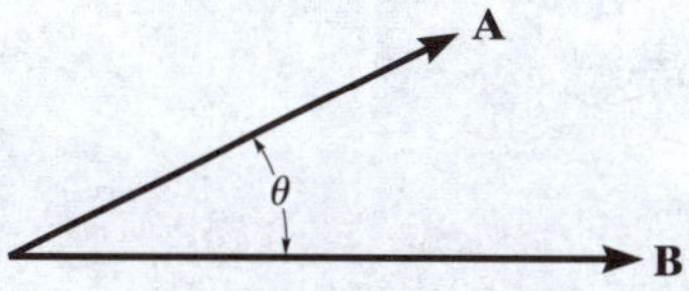

Fig. 2-40

donde $0° \leq \theta \leq 180°$. Con frecuencia, se hace referencia al producto punto como *producto escalar* de vectores, pues el resultado es un *escalar* y no un vector.

Leyes de operación

1. Ley conmutativa: $\mathbf{A} \cdot \mathbf{B} = \mathbf{B} \cdot \mathbf{A}$
2. Multiplicación por un escalar: $a(\mathbf{A} \cdot \mathbf{B}) = (a\mathbf{A}) \cdot \mathbf{B} = \mathbf{A} \cdot (a\mathbf{B})$
3. Ley distributiva: $\mathbf{A} \cdot (\mathbf{B} + \mathbf{D}) = (\mathbf{A} \cdot \mathbf{B}) + (\mathbf{A} \cdot \mathbf{D})$

Es fácil demostrar la primera y segunda leyes mediante la ecuación 2-12. La demostración de la ley distributiva se deja como un ejercicio (problema 2-112).

Formulación vectorial cartesiana. La ecuación 2-12 debe utilizarse para calcular el producto punto de cada uno de los dos vectores unitarios cartesianos. Por ejemplo, $\mathbf{i} \cdot \mathbf{i} = (1)(1)\cos 0° = 1$ y $\mathbf{i} \cdot \mathbf{j} = (1)(1)\cos 90° = 0$. Si queremos encontrar el producto punto de dos vectores **A** y **B** que se expresan en forma vectorial cartesiana, tenemos

$$\begin{aligned}\mathbf{A} \cdot \mathbf{B} &= (A_x\mathbf{i} + A_y\mathbf{j} + A_z\mathbf{k}) \cdot (B_x\mathbf{i} + B_y\mathbf{j} + B_z\mathbf{k}) \\ &= A_xB_x(\mathbf{i} \cdot \mathbf{i}) + A_xB_y(\mathbf{i} \cdot \mathbf{j}) + A_xB_z(\mathbf{i} \cdot \mathbf{k}) \\ &\quad + A_yB_x(\mathbf{j} \cdot \mathbf{i}) + A_yB_y(\mathbf{j} \cdot \mathbf{j}) + A_yB_z(\mathbf{j} \cdot \mathbf{k}) \\ &\quad + A_zB_x(\mathbf{k} \cdot \mathbf{i}) + A_zB_y(\mathbf{k} \cdot \mathbf{j}) + A_zB_z(\mathbf{k} \cdot \mathbf{k})\end{aligned}$$

Al realizar las operaciones del producto punto, el resultado final se convierte en

$$\boxed{\mathbf{A} \cdot \mathbf{B} = A_xB_x + A_yB_y + A_zB_z} \qquad (2\text{-}13)$$

Por lo tanto, para determinar el producto punto de dos vectores cartesianos, multiplique sus componentes correspondientes x, y, z, y sume sus productos algebraicamente. Observe que el resultado será un *escalar* positivo o negativo, o incluso podría ser cero.

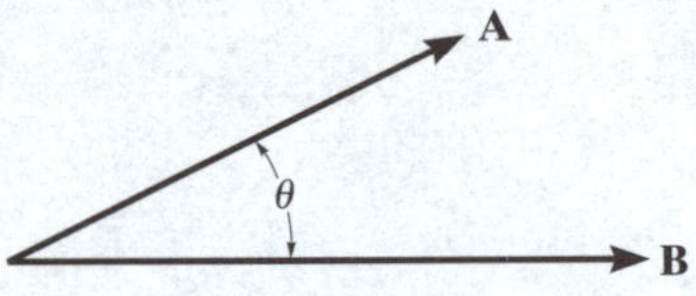

Fig. 2-40 (Repetida)

Aplicaciones. En mecánica, el producto punto tiene dos aplicaciones importantes.

- ***El ángulo formado entre dos vectores o líneas que se intersecan.*** El ángulo θ entre las colas de los vectores **A** y **B** que se muestran en la figura 2-40 puede determinarse mediante la ecuación 2-12 y escribirse como

$$\theta = \cos^{-1}\left(\frac{\mathbf{A}\cdot\mathbf{B}}{AB}\right) \qquad 0^\circ \leq \theta \leq 180^\circ$$

Aquí $\mathbf{A}\cdot\mathbf{B}$ se calcula con la ecuación 2-13. En particular, observe que si $\mathbf{A}\cdot\mathbf{B} = 0, \theta = \cos^{-1} 0 = 90^\circ$, por lo que **A** será *perpendicular* a **B**.

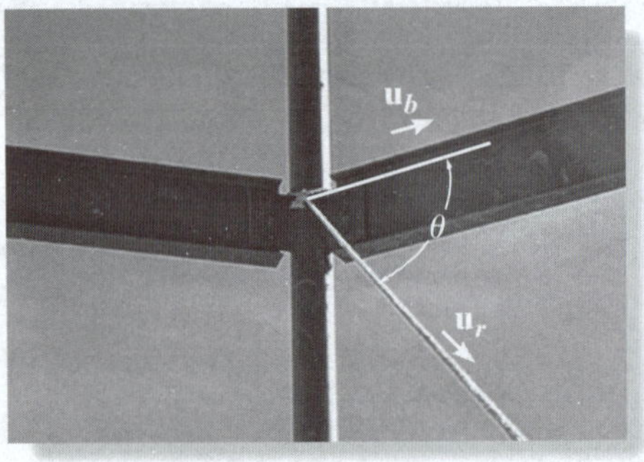

El ángulo θ entre la cuerda y la viga puede determinarse formulando los vectores unitarios a lo largo de la viga y la cuerda para, después, usar el producto punto $\mathbf{u}_b \cdot \mathbf{u}_r = (1)(1)\cos\theta$. (© Russell C. Hibbeler)

- ***Las componentes de un vector paralelo y perpendicular a una línea.*** En la figura 2-40, la componente de un vector **A** paralelo a la línea *aa*, o colineal con ésta, se define por A_a, donde $A_a = A\cos\theta$. En ocasiones, a esta componente se le llama la ***proyección*** de **A** sobre la línea, ya que se forma un *ángulo recto* en la construcción. Si la *dirección* de la línea está especificada por el vector unitario $\mathbf{u}_a$, entonces como $u_a = 1$, podemos determinar A_a directamente con el producto punto (ecuación 2-12); esto es,

$$A_a = A\cos\theta = \mathbf{A}\cdot\mathbf{u}_a$$

Por consiguiente, la proyección escalar de **A** *a lo largo de una línea se determina con el producto punto de* **A** *y el vector unitario* $\mathbf{u}_a$ *que define la dirección de la línea.* Observe que si este resultado es positivo, entonces $\mathbf{A}_a$ tiene un sentido direccional que es igual al de $\mathbf{u}_a$; mientras que si A_a es un escalar negativo, entonces $\mathbf{A}_a$ tiene el sentido opuesto de dirección al de $\mathbf{u}_a$.

Por lo tanto, la componente $\mathbf{A}_a$ representada como un *vector* es

$$\mathbf{A}_a = A_a\,\mathbf{u}_a$$

La proyección de la fuerza **F** del cable a lo largo de la viga puede determinarse calculando primero el vector unitario $\mathbf{u}_b$ que define esta dirección. Después se aplica el producto punto, $F_b = \mathbf{F}\cdot\mathbf{u}_b$. (© Russell C. Hibbeler)

También se puede obtener la componente de **A** que es *perpendicular* a la línea *aa* (fig. 2-41). Como $\mathbf{A} = \mathbf{A}_a + \mathbf{A}_\perp$, entonces $\mathbf{A} = \mathbf{A} - \mathbf{A}_a$. Hay dos maneras posibles de obtener $A_\perp$. Una es determinar θ con el producto punto, $\theta = \cos^{-1}(\mathbf{A}\cdot\mathbf{u}_A/A)$, entonces $A_\perp = A\,\text{sen}\,\theta$. De manera alternativa, si se conoce A_a, entonces, por el teorema de Pitágoras, también podemos escribir $A_\perp = \sqrt{A^2 - A_a{}^2}$.

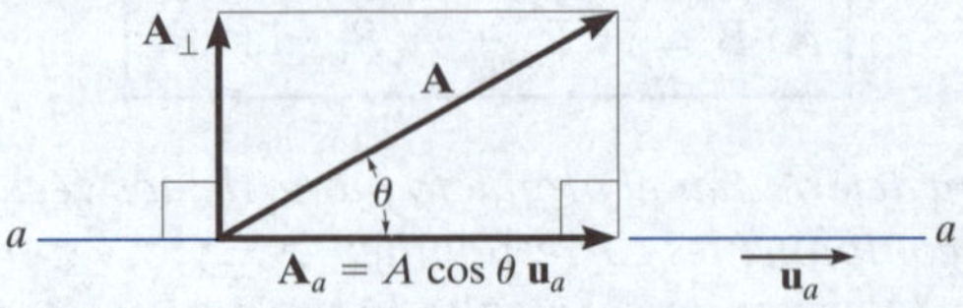

Fig. 2-41

Puntos importantes

- El producto punto se utiliza para determinar el ángulo entre dos vectores o la proyección de un vector en una dirección específica.
- Si los vectores **A** y **B** se expresan en forma de vector cartesiano, el producto punto se determina multiplicando las respectivas componentes escalares x, y, z y la suma algebraica de los resultados, es decir, $\mathbf{A} \cdot \mathbf{B} = A_x B_x + A_y B_y + A_z B_z$.
- A partir de la definición del producto punto, el ángulo formado entre las colas de los vectores **A** y **B** es $\theta = \cos^{-1}(\mathbf{A} \cdot \mathbf{B}/AB)$.
- La magnitud de la proyección del vector **A** a lo largo de una línea *aa* cuya dirección está especificada por $\mathbf{u}_a$ se determina a partir del producto punto $A_a = \mathbf{A} \cdot \mathbf{u}_a$.

EJEMPLO 2.14

Determine las magnitudes de la proyección de la fuerza **F** en la figura 2-42 sobre los ejes u y v.

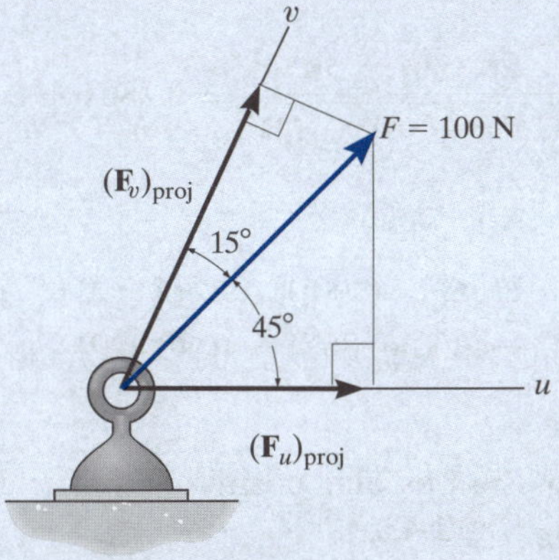

Fig. 2-42

SOLUCIÓN

Proyecciones de fuerza. En la figura 2-42 se muestra la representación gráfica de las *proyecciones*. A partir de esta figura, las magnitudes de las proyecciones de **F** sobre los ejes u y v pueden obtenerse por trigonometría:

$$(F_u)_{\text{proy}} = (100\text{ N})\cos 45° = 70.7\text{ N} \qquad \textit{Resp.}$$

$$(F_v)_{\text{proy}} = (100\text{ N})\cos 15° = 96.6\text{ N} \qquad \textit{Resp.}$$

NOTA: Estas proyecciones no son iguales a las magnitudes de las componentes de la fuerza **F** a lo largo de los ejes u y v que se encontraron con la ley del paralelogramo. Sólo serán iguales si los ejes u y v son *perpendiculares* entre sí.

2

EJEMPLO 2.15

La estructura que se muestra en la figura 2-43*a* está sometida a una fuerza horizontal $\mathbf{F} = \{300\mathbf{j}\}N$. Determine las magnitudes de las componentes de esta fuerza paralela y perpendicular al elemento AB.

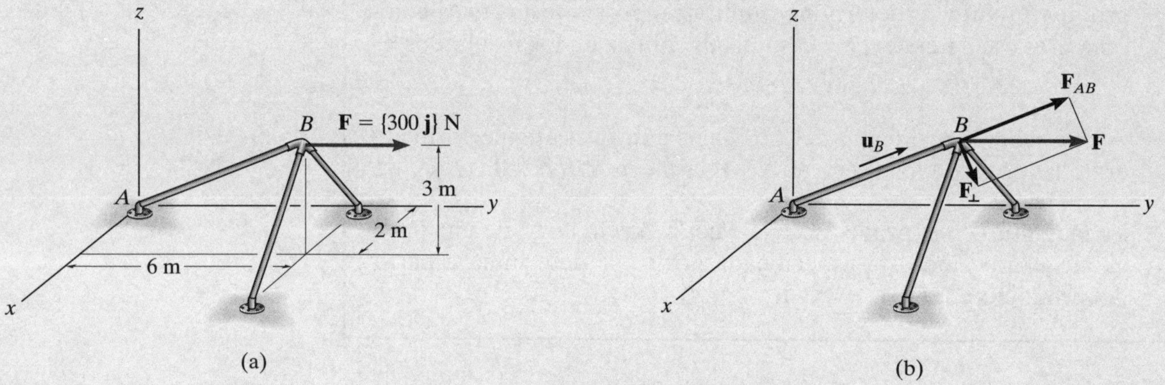

Fig. 2-43

SOLUCIÓN

La magnitud de la componente de **F** a lo largo de AB es igual al producto punto de **F** y el vector unitario $\mathbf{u}_B$, el cual define la dirección de AB (fig. 2-43*b*). Como

$$\mathbf{u}_B = \frac{\mathbf{r}_B}{r_B} = \frac{2\mathbf{i} + 6\mathbf{j} + 3\mathbf{k}}{\sqrt{(2)^2 + (6)^2 + (3)^2}} = 0.286\,\mathbf{i} + 0.857\,\mathbf{j} + 0.429\,\mathbf{k}$$

entonces

$$\begin{aligned} F_{AB} &= F\cos\theta = \mathbf{F}\cdot\mathbf{u}_B = (300\mathbf{j})\cdot(0.286\mathbf{i} + 0.857\mathbf{j} + 0.429\mathbf{k}) \\ &= (0)(0.286) + (300)(0.857) + (0)(0.429) \\ &= 257.1\text{ N} \end{aligned}$$ *Resp.*

Como el resultado es un escalar positivo, $\mathbf{F}_{AB}$ tiene el mismo sentido de dirección que $\mathbf{u}_B$ (fig. 2-43*b*).

Si se expresa $\mathbf{F}_{AB}$ en forma de vector cartesiano,

$$\begin{aligned} \mathbf{F}_{AB} = F_{AB}\mathbf{u}_B &= (257.1\text{ N})(0.286\mathbf{i} + 0.857\mathbf{j} + 0.429\mathbf{k}) \\ &= \{73.5\mathbf{i} + 220\mathbf{j} + 110\mathbf{k}\}\text{ N} \end{aligned}$$ *Resp.*

Por lo tanto, la componente perpendicular (fig. 2-43*b*) es

$$\begin{aligned} \mathbf{F}_\perp &= \mathbf{F} - \mathbf{F}_{AB} = 300\mathbf{j} - (73.5\mathbf{i} + 220\mathbf{j} + 110\mathbf{k}) \\ &= \{-73.5\mathbf{i} + 79.6\mathbf{j} - 110\mathbf{k}\}\text{ N} \end{aligned}$$

Su magnitud puede determinarse a partir de este vector o con el teorema de Pitágoras (fig. 2-43*b*):

$$\begin{aligned} F_\perp &= \sqrt{F^2 - F_{AB}^2} = \sqrt{(300\text{ N})^2 - (257.1\text{ N})^2} \\ &= 155\text{ N} \end{aligned}$$ *Resp.*

EJEMPLO 2.16

La tubería de la figura 2-44*a* está sometida a la fuerza $F = 80$ lb. Determine el ángulo θ entre **F** y el segmento de tubo BA, así como la proyección de **F** a lo largo de este segmento.

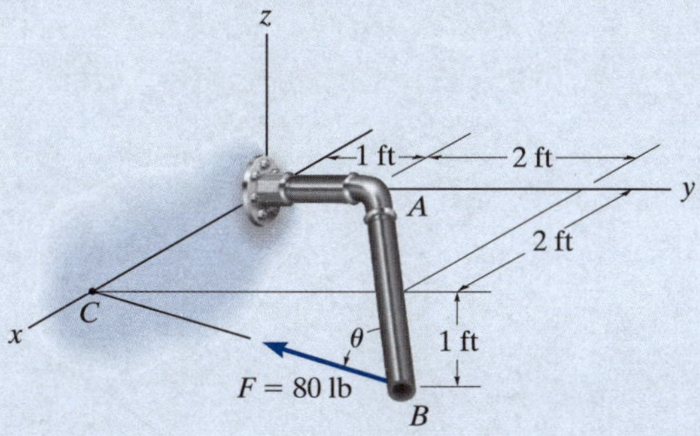

(a)

SOLUCIÓN

Ángulo θ. Primero estableceremos vectores de posición de B a A y de B a C (fig. 2-44*b*). Luego determinaremos el ángulo θ entre las colas de estos dos vectores.

$$\mathbf{r}_{BA} = \{-2\mathbf{i} - 2\mathbf{j} + 1\mathbf{k}\} \text{ ft}, \; r_{BA} = 3 \text{ ft}$$
$$\mathbf{r}_{BC} = \{-3\mathbf{j} + 1\mathbf{k}\} \text{ ft}, \; r_{BC} = \sqrt{10}\, ft$$

Así,

$$\cos\theta = \frac{\mathbf{r}_{BA}\cdot\mathbf{r}_{BC}}{r_{BA}r_{BC}} = \frac{(-2)(0) + (-2)(-3) + (1)(1)}{3\sqrt{10}} = 0.7379$$
$$\theta = 42.5^\circ \qquad \textit{Resp.}$$

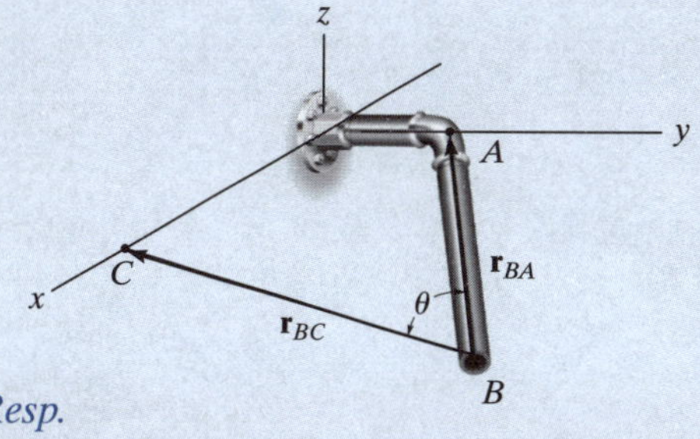

(b)

Componentes de F. En la figura 2-44*c*, se muestra la componente de **F** a lo largo de BA. Debemos formular primero el vector unitario a lo largo de BA y la fuerza **F** como vectores cartesianos.

$$\mathbf{u}_{BA} = \frac{\mathbf{r}_{BA}}{r_{BA}} = \frac{(-2\mathbf{i} - 2\mathbf{j} + 1\mathbf{k})}{3} = -\frac{2}{3}\mathbf{i} - \frac{2}{3}\mathbf{j} + \frac{1}{3}\mathbf{k}$$
$$\mathbf{F} = 80 \text{ lb}\left(\frac{\mathbf{r}_{BC}}{r_{BC}}\right) = 80\left(\frac{-3\mathbf{j} + 1\mathbf{k}}{\sqrt{10}}\right) = -75.89\mathbf{j} + 25.30\mathbf{k}$$

Entonces,

$$F_{BA} = \mathbf{F}\cdot\mathbf{u}_{BA} = (-75.89\mathbf{j} + 25.30\mathbf{k})\cdot\left(-\frac{2}{3}\mathbf{i} - \frac{2}{3}\mathbf{j} + \frac{1}{3}\mathbf{k}\right)$$
$$= 0\left(-\frac{2}{3}\right) + (-75.89)\left(-\frac{2}{3}\right) + (25.30)\left(\frac{1}{3}\right)$$
$$= 59.0 \text{ lb} \qquad \textit{Resp.}$$

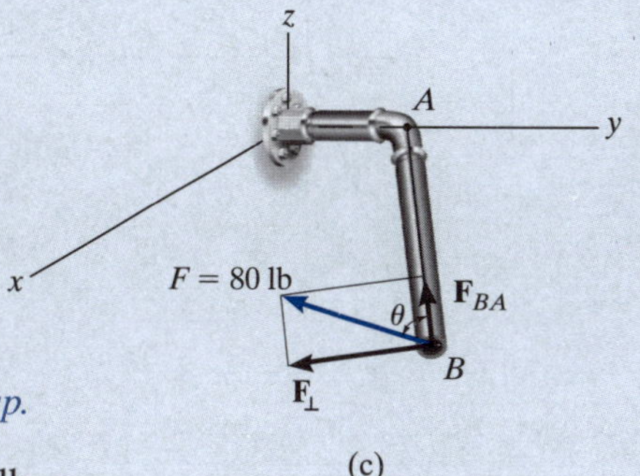

(c)

Fig. 2-44

NOTA: Dado que se calculó θ, entonces también $F_{BA} = F\cos\theta = 80$ lb $\cos 42.5^\circ = 59.0$ lb.

2

PROBLEMAS PRELIMINARES

P2-8. En cada caso, establezca el producto escalar necesario para encontrar el ángulo θ. No calcule el resultado.

P2-9. En cada caso, anote el producto punto correspondiente para encontrar la magnitud de la proyección de la fuerza **F** a lo largo del eje *a-a*. No calcule el resultado.

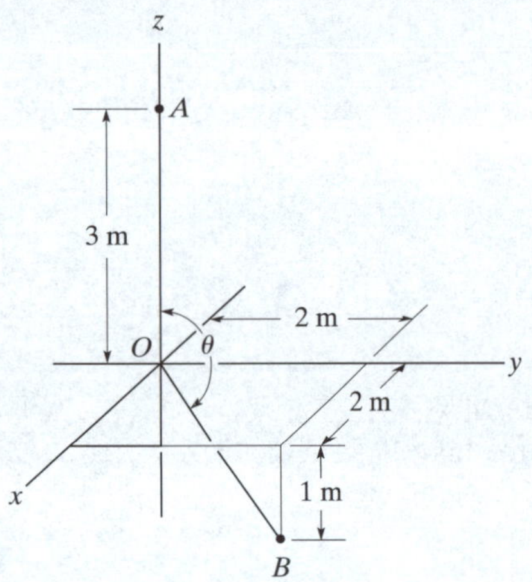

(a)

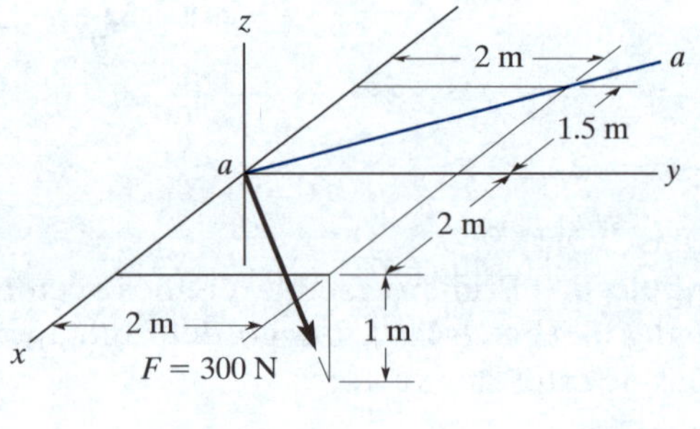

(a)

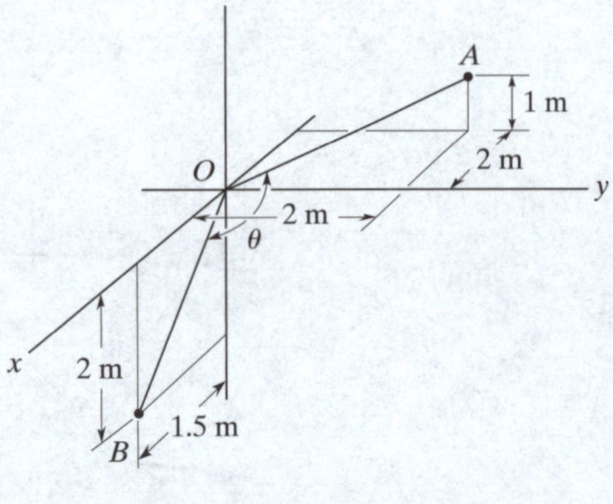

(b)

Prob. P2-8

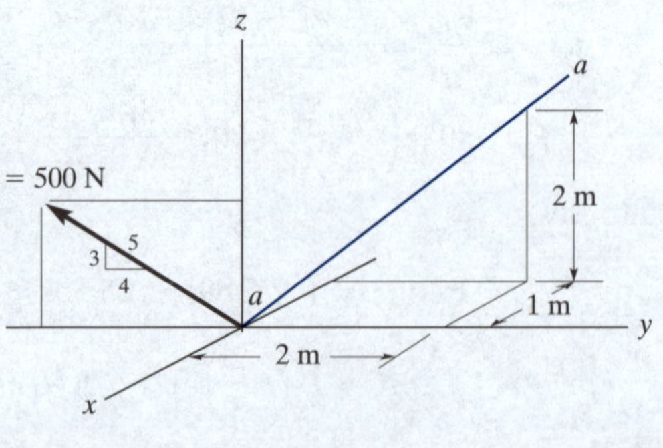

(b)

Prob. P2-9

PROBLEMAS FUNDAMENTALES

F2-25. Determine el ángulo θ entre la fuerza y la línea AO.

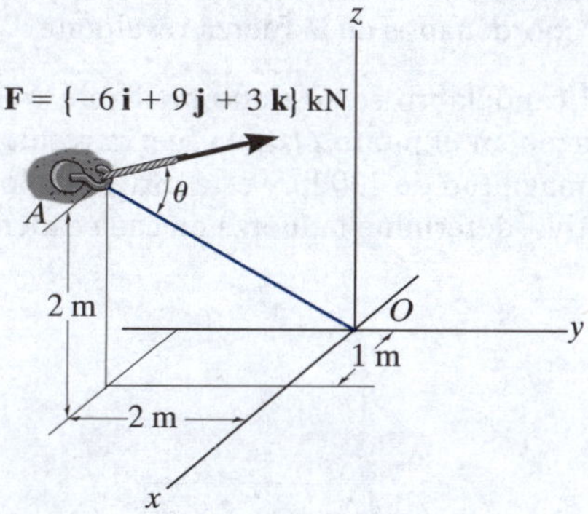

Prob. F2-25

F2-26. Determine el ángulo θ entre la fuerza y la línea AB.

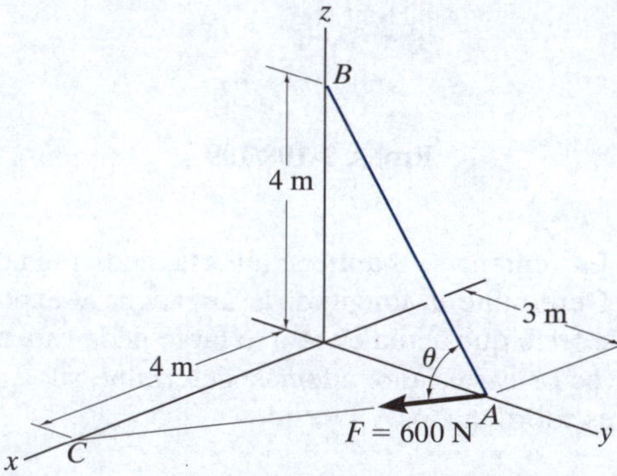

Prob. F2-26

F2-27. Determine el θ ángulo entre la fuerza y la línea OA.

F2-28. Determine la componente de la fuerza proyectada a lo largo de la línea OA.

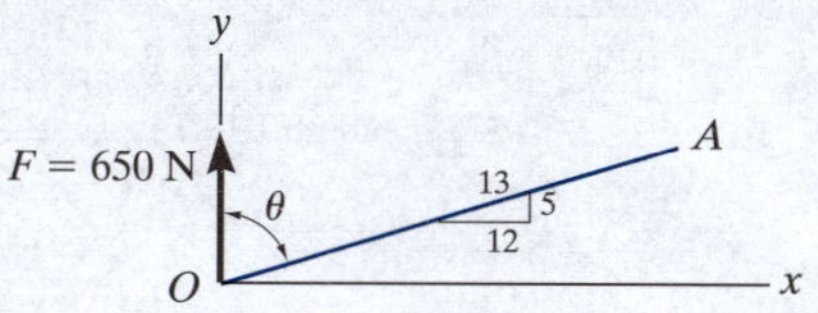

Probs. F2-27/28

F2-29. Encuentre la magnitud de la componente de la fuerza proyectada a lo largo del tubo AO.

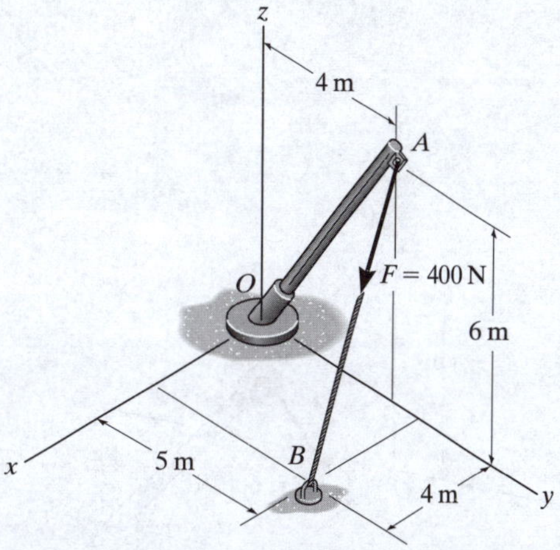

Prob. F2-29

F2-30. Determine las componentes de la fuerza que actúan en forma paralela y perpendicular al eje del poste.

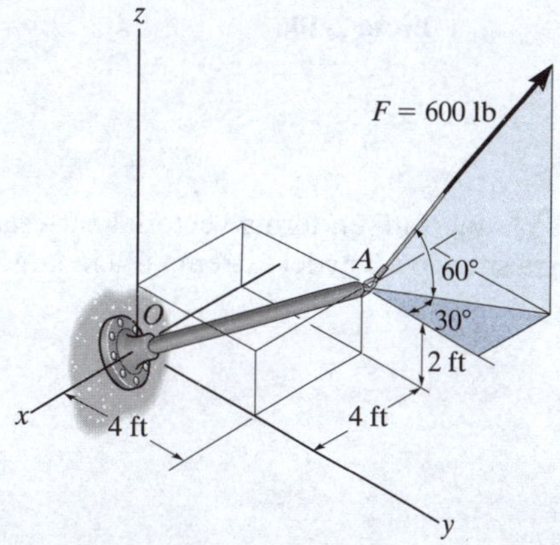

Prob. F2-30

F2-31. Determine las magnitudes de las componentes de la fuerza $F = 56$ N que actúan a lo largo de la línea AO y en forma perpendicular a ésta.

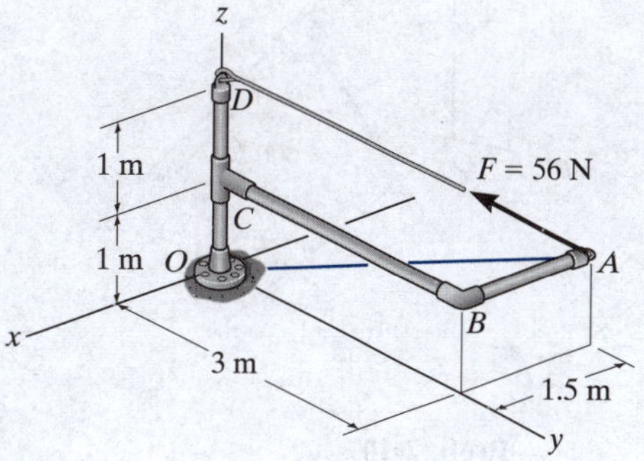

Prob. F2-31

PROBLEMAS

2-106. Exprese la fuerza **F** en forma vectorial cartesiana, si actúa en el punto medio *B* de la varilla.

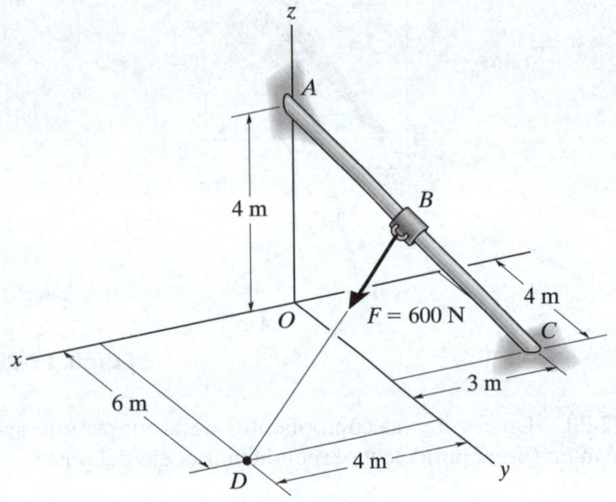

Prob. 2-106

2-107. Exprese la fuerza **F** en forma vectorial cartesiana, si el punto *B* está situado a 3 m del extremo *C* a lo largo de la varilla.

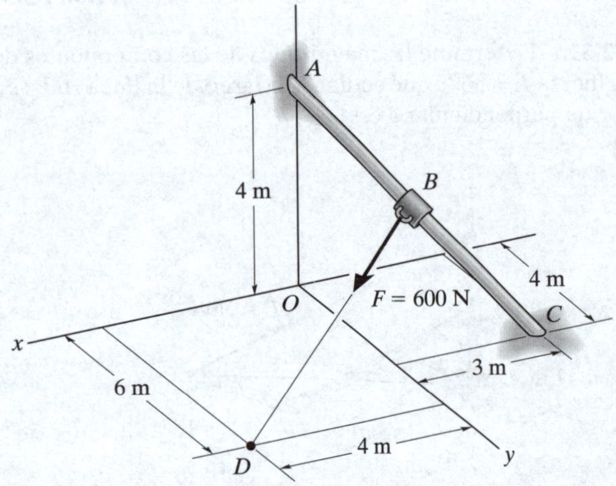

Prob. 2-107

***2-108.** El candelabro se sostiene mediante tres cadenas que concurren en el punto *O*. Si la fuerza en cada cadena tiene una magnitud de 60 lb, exprese cada fuerza como un vector cartesiano, y determine la magnitud y los ángulos directores coordenados de la fuerza resultante.

2-109. El candelabro se sostiene mediante tres cadenas que concurren en el punto *O*. Si la fuerza resultante en *O* tiene una magnitud de 130 lb y está dirigida a lo largo del eje *z* negativo, determine la fuerza en cada cadena.

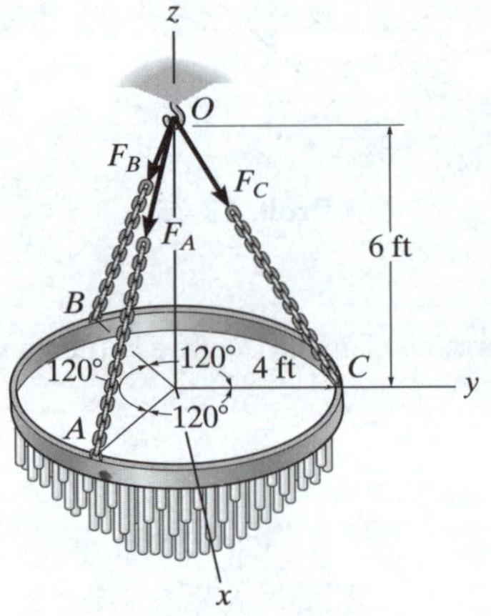

Probs. 2-108/109

2-110. La ventana se mantiene abierta mediante la cadena *AB*. Determine la longitud de la cadena y exprese la fuerza de 50 lb que actúa en *A* a lo largo de la cadena, como un vector cartesiano; además, determine sus ángulos directores coordenados.

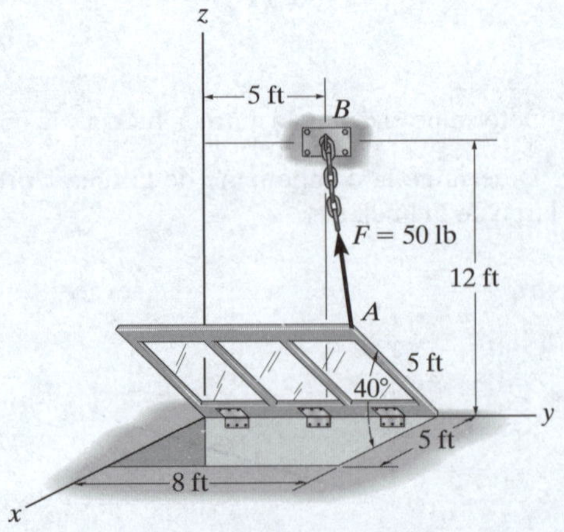

Prob. 2-110

2-111. La ventana se mantiene abierta mediante el cable AB. Determine la longitud del cable y exprese la fuerza de 30 N que actúa en A, a lo largo del cable, como un vector cartesiano.

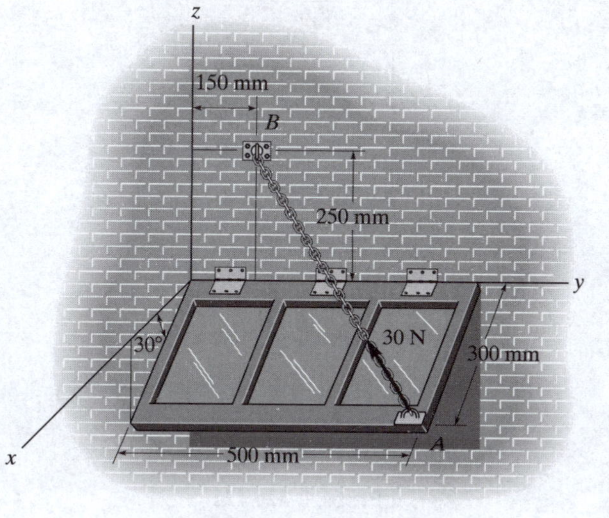

Prob. 2-111

2-114. Determine el ángulo θ entre los dos cables.

2-115. Determine la magnitud de la proyección de la fuerza $\mathbf{F}_1$ a lo largo del cable AC.

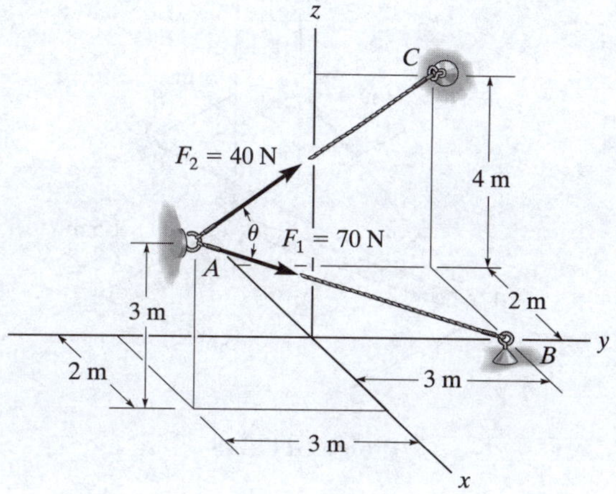

Probs. 2-114/115

***2-112.** Dados los tres vectores **A**, **B** y **D**, muestre que $\mathbf{A} \cdot (\mathbf{B} + \mathbf{D}) = (\mathbf{A} \cdot \mathbf{B}) + (\mathbf{A} \cdot \mathbf{D})$.

2-113. En la tubería mostrada, determine las magnitudes de las componentes de $F = 600$ N que actúan a lo largo del segmento DE, y en forma perpendicular a éste.

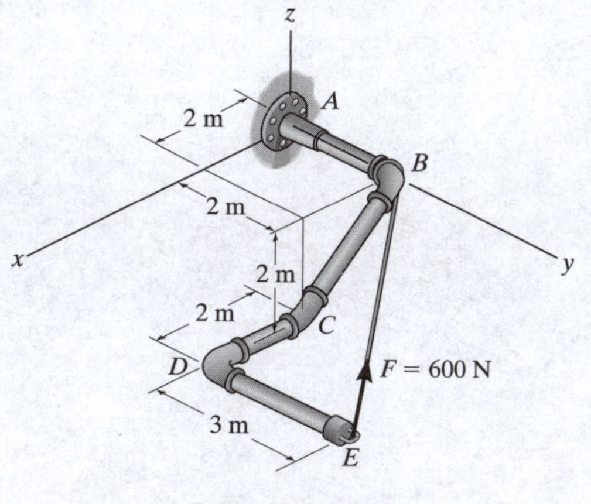

Probs. 2-112/113

***2-116.** Determine el ángulo θ entre el eje y de la barra y el alambre AB.

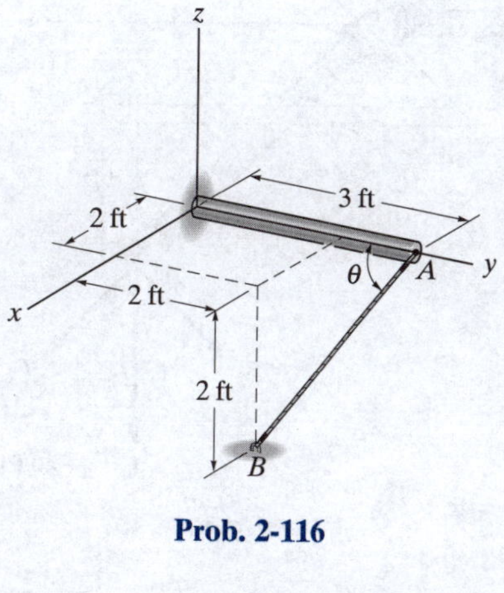

Prob. 2-116

2-117. Determine las magnitudes de las componentes de la fuerza $\mathbf{F} = [60\mathbf{i} + 12\mathbf{j} - 40\mathbf{k}]$ N proyectadas a lo largo de los cables AB y AC.

2-118. Determine el ángulo θ entre los cables AB y AC.

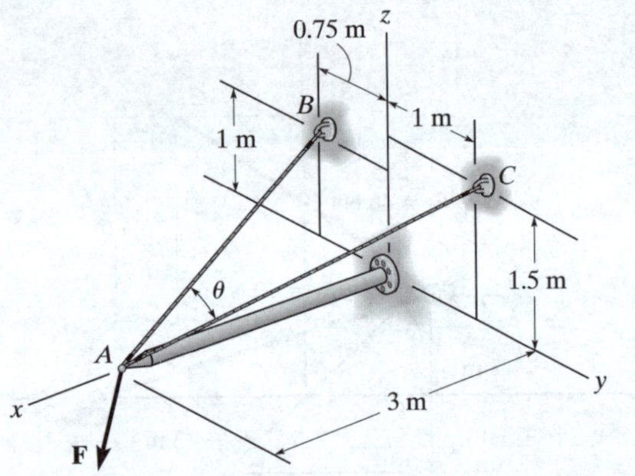

Probs. 2-117/118

***2-120.** Dos cables ejercen fuerzas sobre el tubo. Determine la magnitud de la componente de $\mathbf{F}_1$ proyectada a lo largo de la línea de acción de $\mathbf{F}_2$.

2-121. Determine el ángulo θ entre los dos cables conectados al tubo.

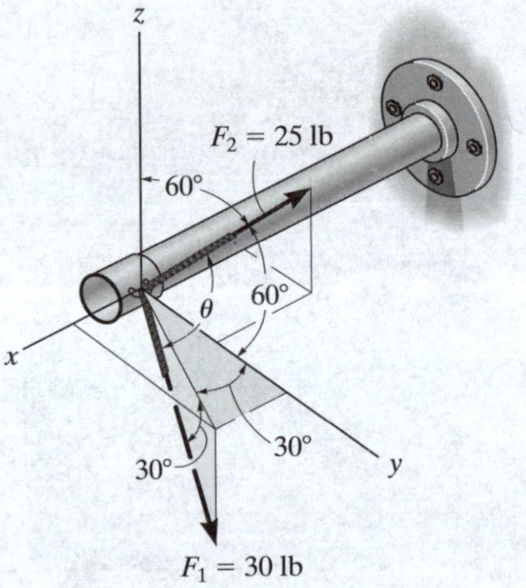

Probs. 2-120/121

2-119. Una fuerza $\mathbf{F} = \{-40\mathbf{k}\}$ lb actúa en el extremo A del tubo. Determine las magnitudes de las componentes $\mathbf{F}_1$ y $\mathbf{F}_2$ que están dirigidas a lo largo del eje del tubo y en forma perpendicular a éste.

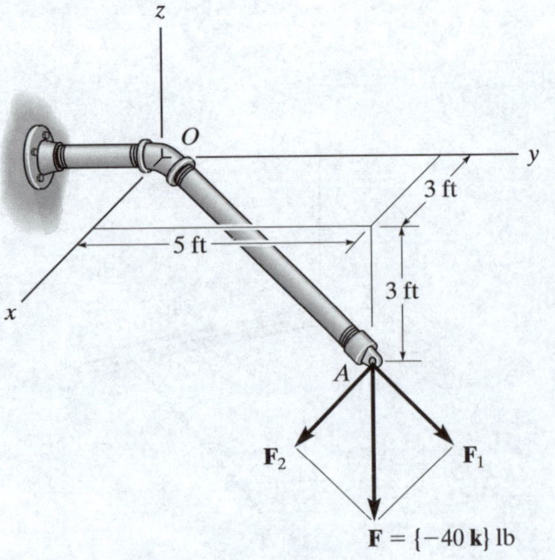

Prob. 2-119

2-122. Determine el ángulo θ entre los cables AB y AC.

2-123. Determine la magnitud de la proyección de la fuerza $\mathbf{F} = \{400\mathbf{i} - 200\mathbf{j} + 500\mathbf{k}\}$ N que actúa a lo largo del cable BA.

***2-124.** Determine la magnitud de la proyección de la fuerza $\mathbf{F} = \{400\mathbf{i} - 200\mathbf{j} + 500\mathbf{k}\}$ N que actúa a lo largo del cable CA.

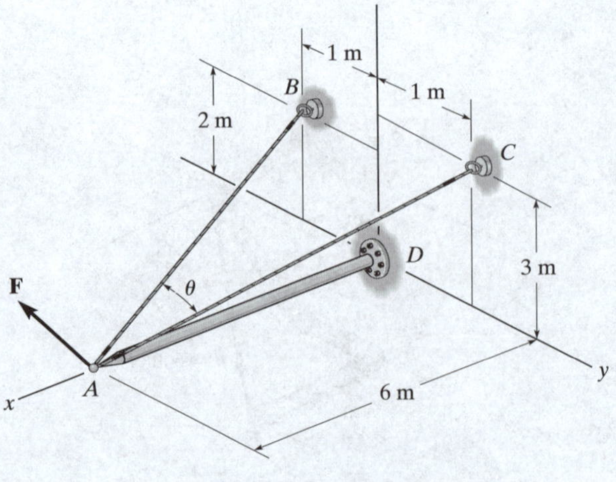

Probs. 2-122/123/124

2-125. Determine la magnitud de la proyección de la fuerza $F = 600$ N a lo largo del eje u.

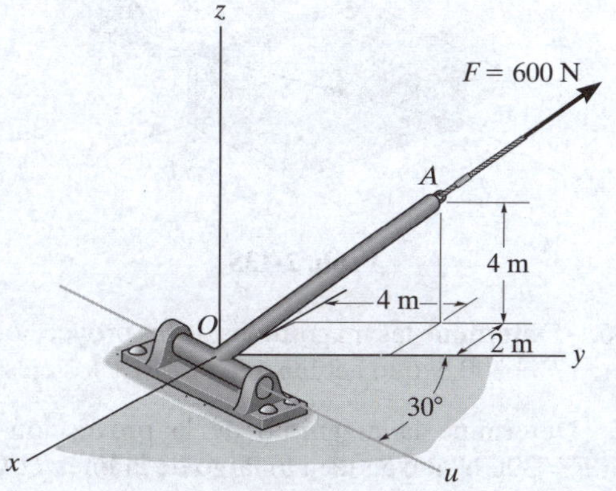

Prob. 2-125

2-126. Determine la magnitud de la proyección de la fuerza de 100 lb que actúa a lo largo del eje BC de la tubería.

2-127. Determine el ángulo θ entre los segmentos de la tubería BA y BC.

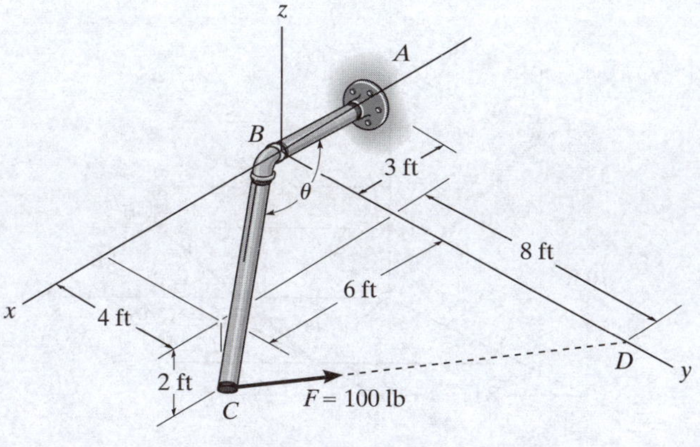

Probs. 2-126/127

***2-128.** Determine el ángulo θ entre BA y BC.

2-129. Determine la magnitud de la proyección de la fuerza de 3 kN que actúa a lo largo del eje BC de la tubería.

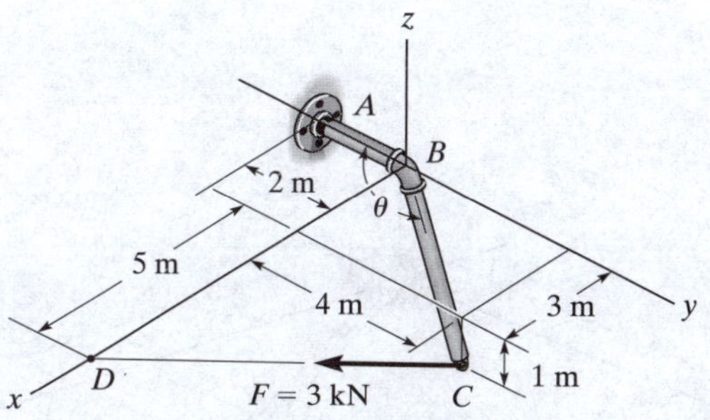

Probs. 2-128/129

2-130. Determine los ángulos θ y ϕ que se forman respectivamente entre el eje OA del asta de la bandera y los cables AB y AC.

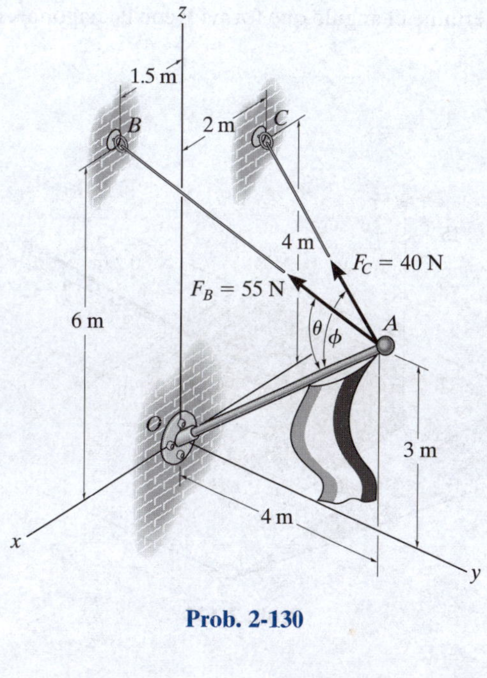

Prob. 2-130

2-131. En la tubería mostrada, determine las magnitudes de las componentes de **F** que actúan a lo largo del segmento *BC*,y en forma perpendicular a éste.

***2-132.** Determine la magnitud de la componente de **F** proyectada a lo largo de *AC*. Exprese esta componente como un vector cartesiano.

2-133. Determine el ángulo θ entre los segmentos de la tubería *BA* y *BC*.

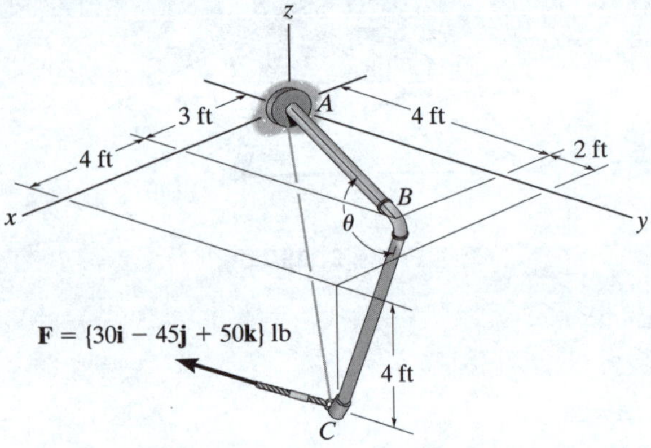

Probs. 2-131/132/133

2-134. Si la fuerza $F = 100$ N se encuentra en el plano *DBEC*, que es paralelo al plano *x-z*, y forma un ángulo de 10° con la línea extendida *DB* como se muestra en la figura, determine el ángulo que forma **F** con la diagonal *AB* de la caja.

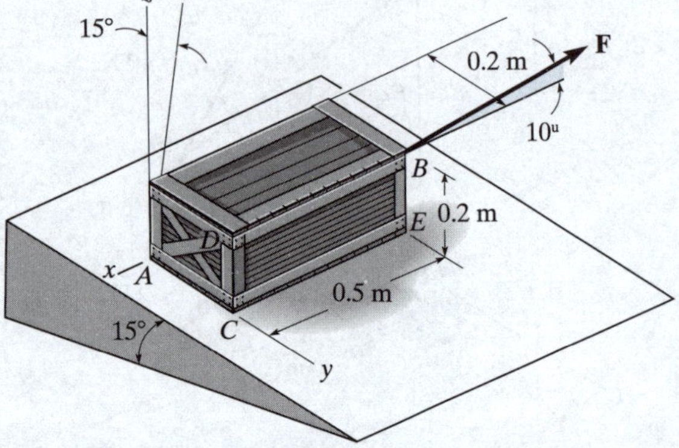

Prob. 2-134

2-135. Determine las magnitudes de las componentes de la fuerza $F = 90$ lb que actúan en forma paralela y perpendicular a la diagonal *AB* de la caja.

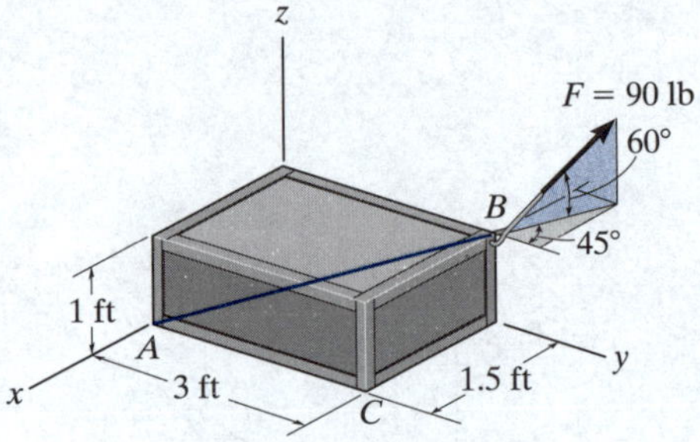

Prob. 2-135

***2-136.** Determine las magnitudes de las proyecciones de la fuerza $F = 300$ N que actúan a lo largo de los ejes *x* y *y*.

2-137. Determine la magnitud de la proyección de la fuerza $F = 300$ N que actúa a lo largo de la línea *OA*.

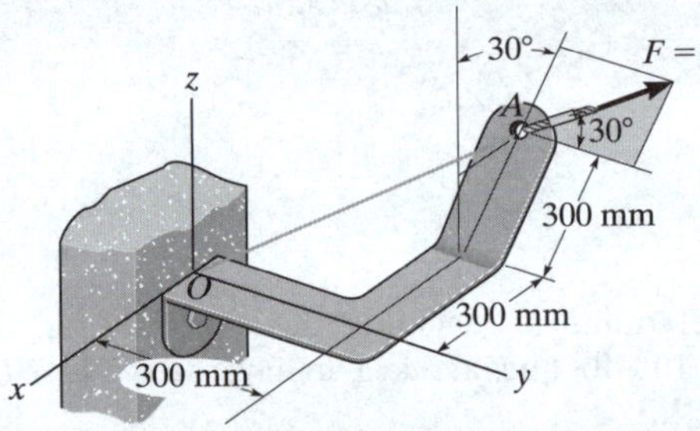

Probs. 2-136/137

2-138. Determine el ángulo θ entre los dos cables.

2-139. Determine la proyección de la fuerza $F = 12$ lb que actúa en la dirección del cable *AC*. Exprese el resultado como un vector cartesiano.

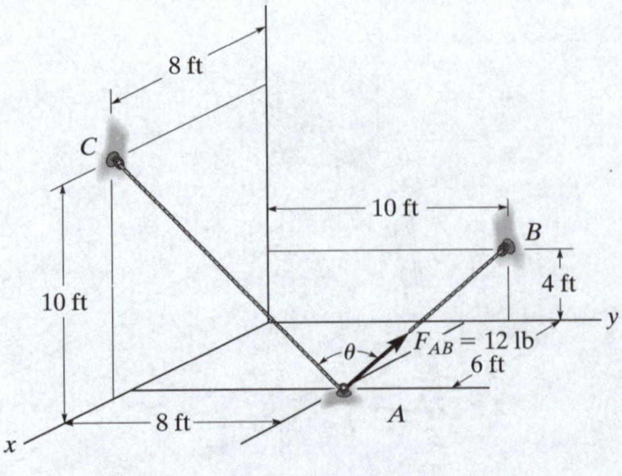

Probs. 2-138/139

REPASO DEL CAPÍTULO

Un escalar es un número positivo o negativo; por ejemplo, masa y temperatura.

Un vector tiene magnitud y dirección, y la punta de la flecha indica el sentido del vector.

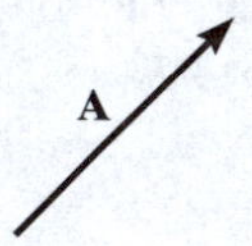

La multiplicación o la división de un vector por un escalar o entre éste sólo cambiará la magnitud del vector. Si el escalar es negativo, el sentido del vector cambiará de manera que actúe en el sentido opuesto.

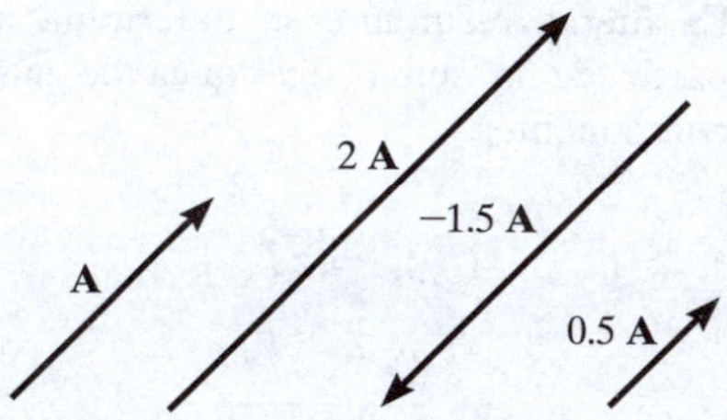

Si los vectores son colineales, la resultante es simplemente la suma algebraica o escalar.

$$R = A + B$$

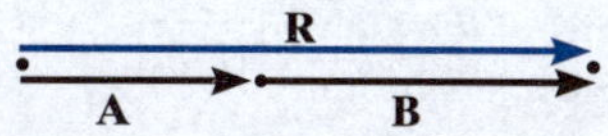

Ley del paralelogramo

Dos fuerzas se suman de acuerdo con la ley del paralelogramo. Las *componentes* forman los lados del paralelogramo y la *resultante* es la diagonal que parte del punto de inicio de las *componentes*.

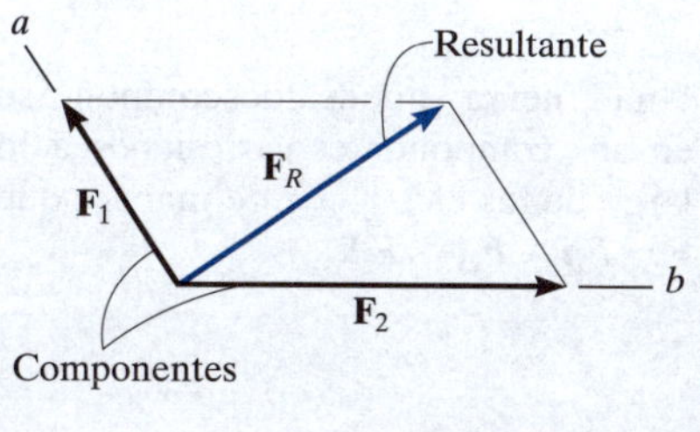

Para encontrar las componentes de una fuerza a lo largo de cualesquiera dos ejes, extienda líneas desde la punta de la fuerza, paralelas a los ejes, y así formar las componentes.

Para obtener las componentes de la resultante, muestre la forma en que las fuerzas se suman de punta a cola utilizando la regla del triángulo y, después, use la ley de los cosenos y la ley de los senos para calcular sus valores.

$$F_R = \sqrt{F_1^2 + F_2^2 - 2\,F_1F_2\cos\theta_R}$$

$$\frac{F_1}{\operatorname{sen}\theta_1} = \frac{F_2}{\operatorname{sen}\theta_2} = \frac{F_R}{\operatorname{sen}\theta_R}$$

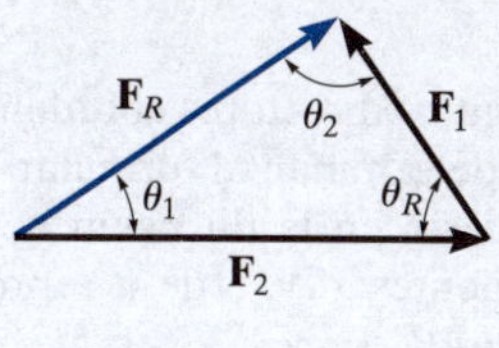

Componentes rectangulares: Dos dimensiones

Los vectores $\mathbf{F}_x$ y $\mathbf{F}_y$ son componentes rectangulares de $\mathbf{F}$.

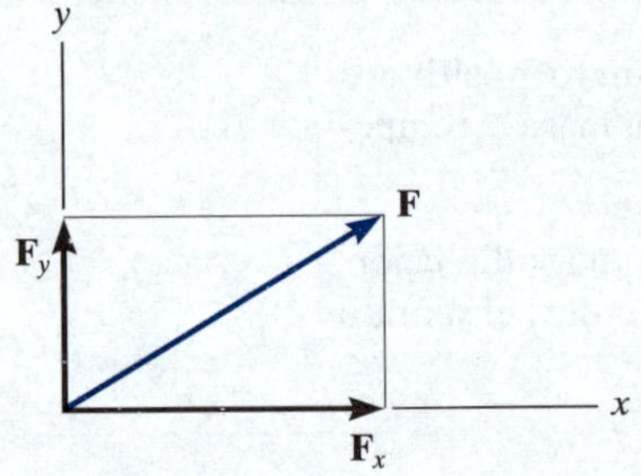

La fuerza resultante se determina a partir de la suma algebraica de sus componentes.

$$(F_R)_x = \Sigma F_x$$

$$(F_R)_y = \Sigma F_y$$

$$F_R = \sqrt{(F_R)_x^2 + (F_R)_y^2}$$

$$\theta = \tan^{-1}\left|\frac{(F_R)_y}{(F_R)_x}\right|$$

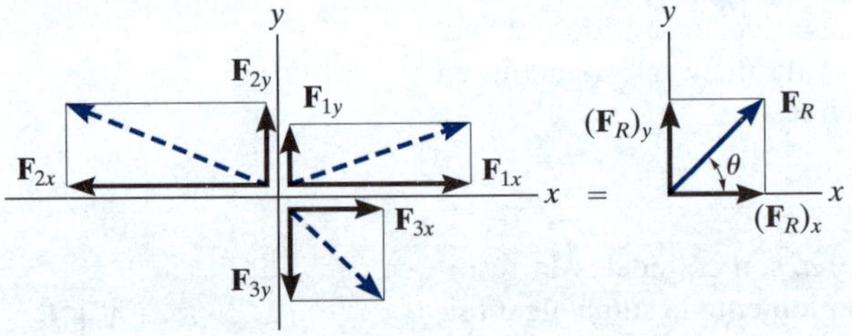

Vectores cartesianos

El vector unitario $\mathbf{u}$ tiene una longitud de 1, sin unidades, y apunta en la dirección del vector $\mathbf{F}$.

$$\mathbf{u} = \frac{\mathbf{F}}{F}$$

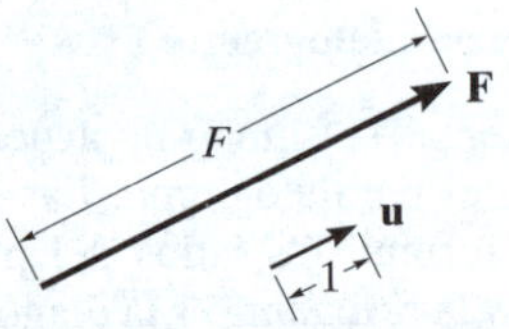

Una fuerza puede descomponerse en sus componentes cartesianos a lo largo de los ejes x, y, z de manera que $\mathbf{F} = F_x\mathbf{i} + F_y\mathbf{j} + F_z\mathbf{k}$.

La magnitud de $\mathbf{F}$ se determina a partir de la raíz cuadrada positiva de la suma de los cuadrados de sus componentes.

$$F = \sqrt{F_x^2 + F_y^2 + F_z^2}$$

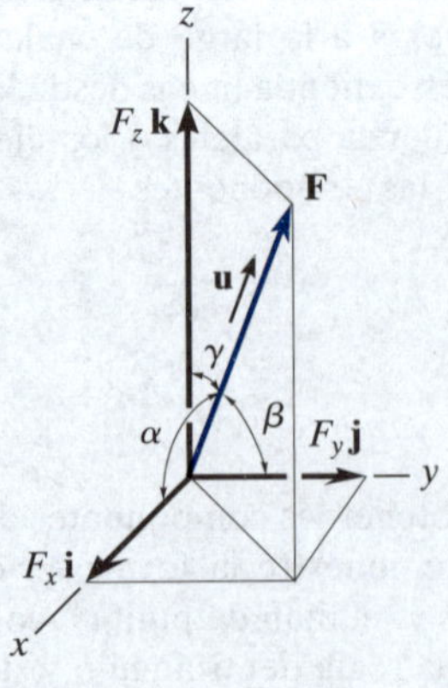

Los ángulos directores coordenados α, β, γ se determinan al formular un vector unitario en la dirección de $\mathbf{F}$. Las componentes x, y, z de $\mathbf{u}$ representan $\cos\alpha$, $\cos\beta$, $\cos\gamma$.

$$\mathbf{u} = \frac{\mathbf{F}}{F} = \frac{F_x}{F}\mathbf{i} + \frac{F_y}{F}\mathbf{j} + \frac{F_z}{F}\mathbf{k}$$

$$\mathbf{u} = \cos\alpha\,\mathbf{i} + \cos\beta\,\mathbf{j} + \cos\gamma\,\mathbf{k}$$

Los ángulos directores coordenados están relacionados de manera que sólo dos de los tres ángulos son independientes entre sí.

$$\cos^2 \alpha + \cos^2 \beta + \cos^2 \gamma = 1$$

Para encontrar la resultante de un sistema de fuerzas concurrentes, exprese cada fuerza como un vector cartesiano y sume las componentes **i**, **j**, **k** de todas las fuerzas en el sistema.

$$\mathbf{F}_R = \Sigma\mathbf{F} = \Sigma F_x\mathbf{i} + \Sigma F_y\mathbf{j} + \Sigma F_z\mathbf{k}$$

Vectores de posición y fuerza

Un vector de posición ubica en el espacio un punto en relación con otro. La forma más fácil de formular las componentes de un vector de posición es determinar la distancia y la dirección que debe recorrerse a lo largo de las direcciones x, y y z —desde la cola hasta la punta del vector.

$$\mathbf{r} = (x_B - x_A)\mathbf{i} + (y_B - y_A)\mathbf{j} + (z_B - z_A)\mathbf{k}$$

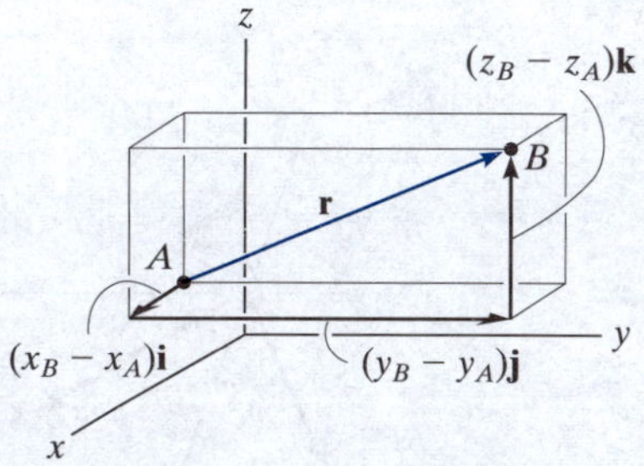

Si la línea de acción de una fuerza pasa a través de los puntos A y B, entonces la fuerza actúa en la misma dirección que el vector de posición **r**, que se define mediante el vector unitario **u**. De esta manera, la fuerza puede expresarse como un vector cartesiano.

$$\mathbf{F} = F\mathbf{u} = F\left(\frac{\mathbf{r}}{r}\right)$$

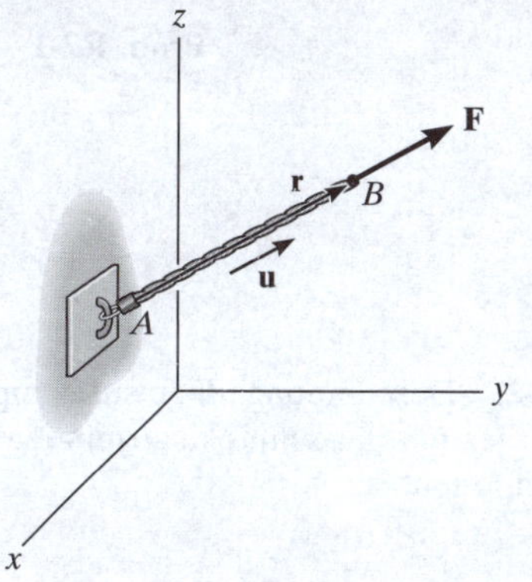

Producto punto

El producto punto entre dos vectores **A** y **B** genera un escalar. Si **A** y **B** se expresan en forma vectorial cartesiana, entonces el producto punto es la suma de los productos de sus componentes x, y y z.

$$\mathbf{A}\cdot\mathbf{B} = AB\cos\theta = A_xB_x + A_yB_y + A_zB_z$$

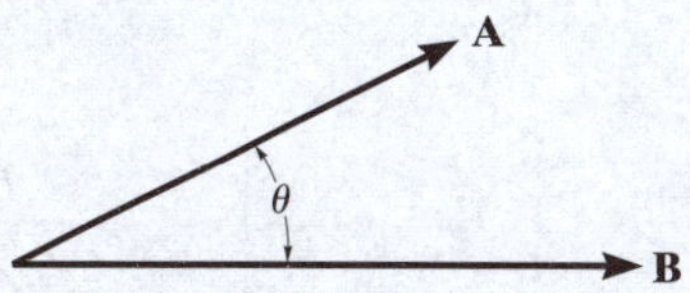

El producto punto puede usarse para determinar el ángulo entre **A** y **B**.

$$\theta = \cos^{-1}\left(\frac{\mathbf{A}\cdot\mathbf{B}}{AB}\right)$$

El producto punto también se utiliza para determinar la proyección de un vector **A** sobre un eje aa, que se define mediante su vector unitario $\mathbf{u}_a$.

$$\mathbf{A}_a = A\cos\theta\,\mathbf{u}_a = (\mathbf{A}\cdot\mathbf{u}_a)\mathbf{u}_a$$

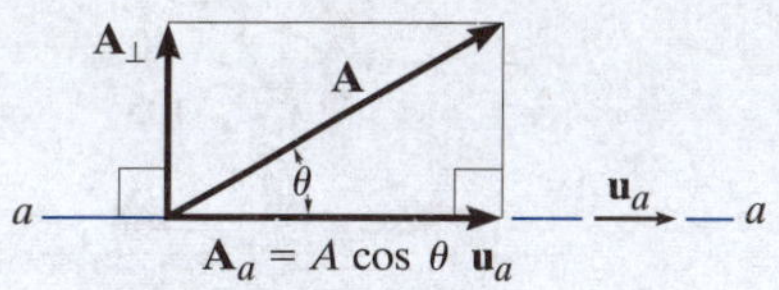

2

PROBLEMAS DE REPASO

Al final del libro se incluyen soluciones y respuestas parciales a todos los problemas de repaso.

R2-1. Determine la magnitud de la fuerza resultante $\mathbf{F}_R$ y su dirección, medida en sentido horario desde el eje u positivo.

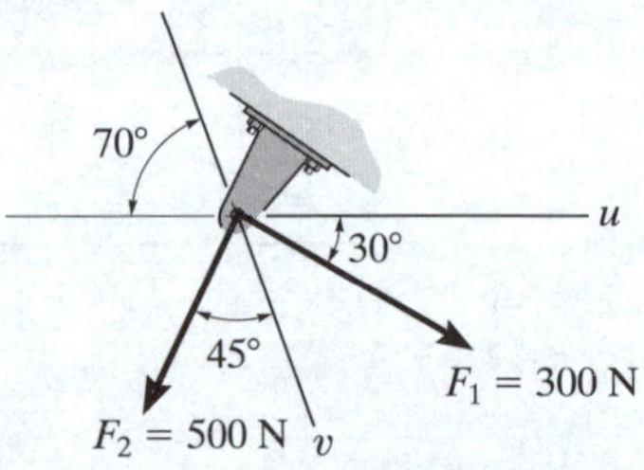

Prob. R2-1

R2-2. Descomponga **F** en sus componentes a lo largo de los ejes u y v; además, determine las magnitudes de estas componentes.

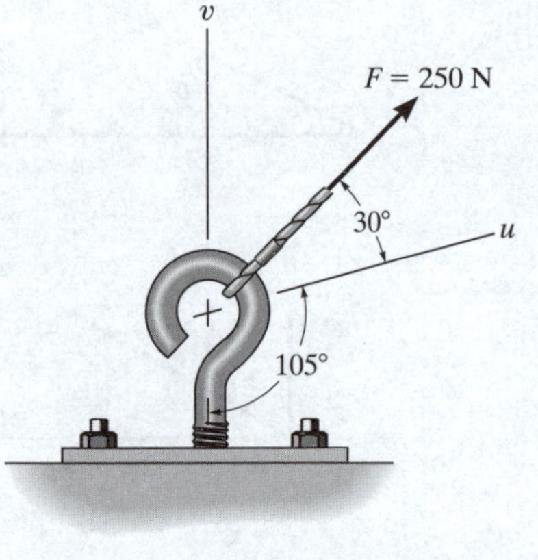

Prob. R2-2

R2-3. Determine la magnitud de la fuerza resultante que actúa sobre la *placa de unión* de una armadura para puente.

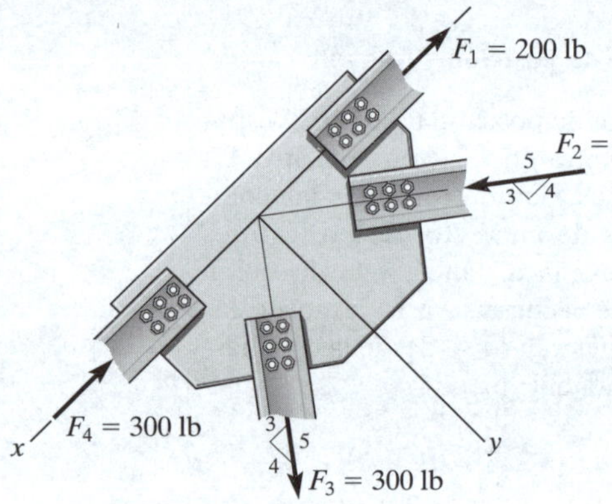

Prob. R2-3

R2-4. El cable en el extremo del brazo de una grúa ejerce una fuerza de 250 lb sobre el brazo, como se indica en la figura. Exprese **F** como un vector cartesiano.

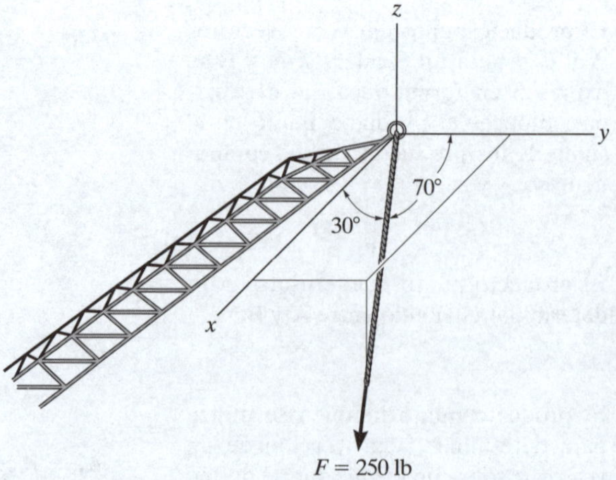

Prob. R2-4

R2-5. El cable unido al tractor en B ejerce una fuerza de 350 lb sobre la estructura. Exprese esta fuerza como un vector cartesiano.

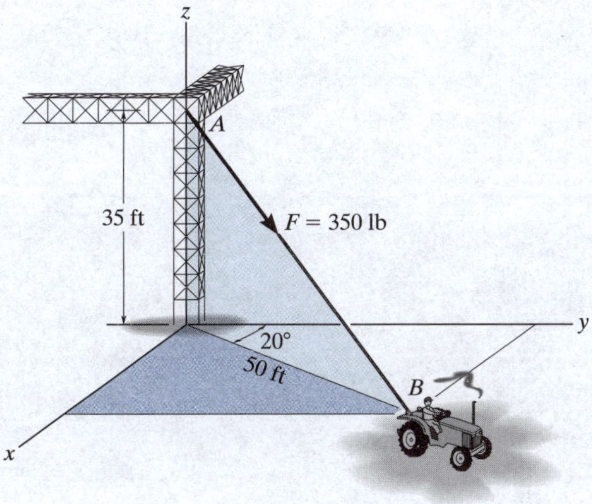

Prob. R2-5

R2-6. Exprese $\mathbf{F}_1$ y $\mathbf{F}_2$ como vectores cartesianos.

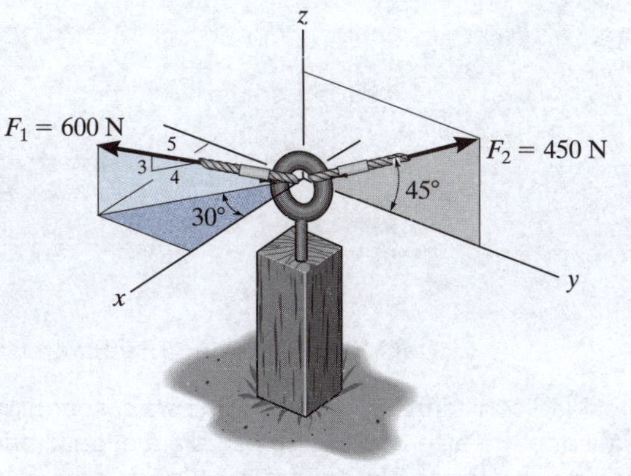

Prob. R2-6

R2-7. Determine el ángulo θ entre las orillas mostradas, de la ménsula metálica.

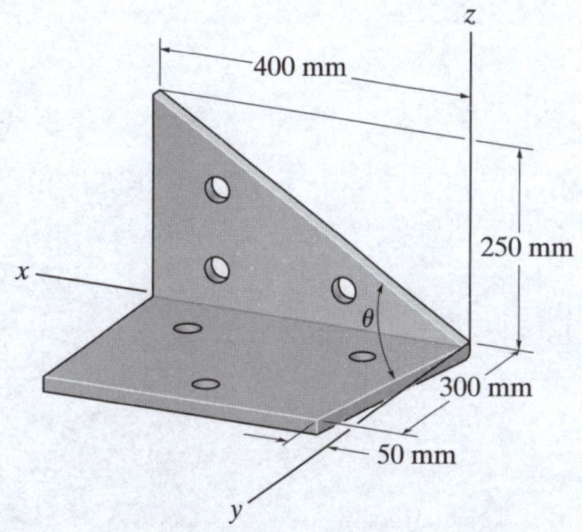

Prob. R2-7

R2-8. Determine la proyección de la fuerza **F** a lo largo del poste.

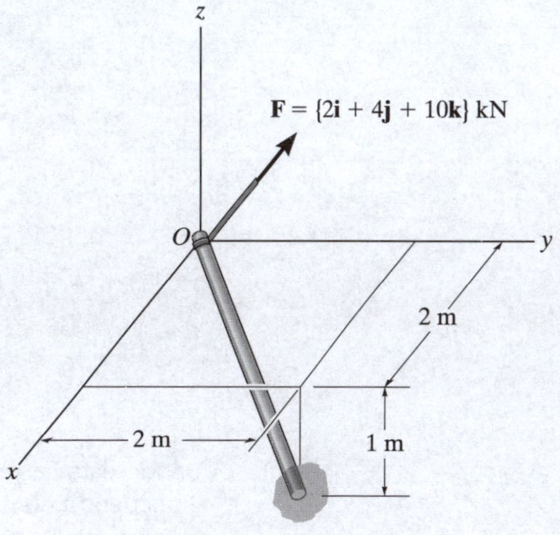

Prob. R2-8

Capítulo 3

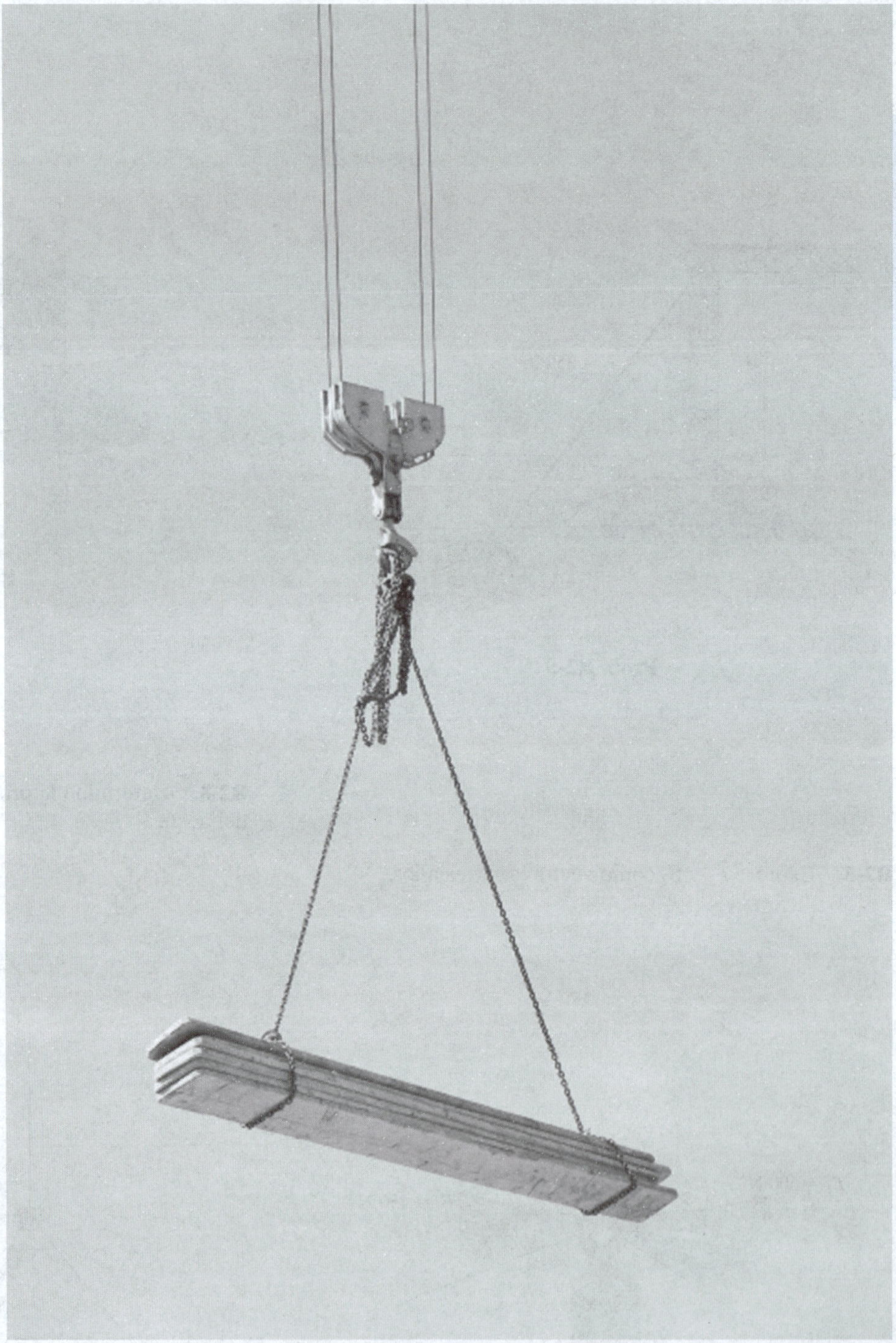

(© Igor Tumarkin/ITPS/Shutterstock)

Cuando esta carga se eleva a velocidad constante, o cuando sólo está suspendida, se encuentra en un estado de equilibrio. En este capítulo se estudiará el equilibrio de una partícula y se mostrará la forma en que estas ideas pueden utilizarse para calcular las fuerzas en los cables utilizados para sostener cargas suspendidas.

Equilibrio de una partícula

OBJETIVOS DEL CAPÍTULO

- Aplicar o emplear el concepto de diagrama de cuerpo libre para una partícula.
- Mostrar cómo se resuelven los problemas de equilibrio de una partícula mediante las ecuaciones de equilibrio.

3.1 Condiciones para el equilibrio de una partícula

Se dice que una partícula está en ***equilibrio*** si permanece en reposo y al inicio estaba en reposo, o si tiene una velocidad constante y originalmente la tenía. Sin embargo, más a menudo el término "equilibrio" o, de manera más específica "equilibrio estático", se usa para describir un objeto en reposo. Para mantener el equilibrio, es *necesario* satisfacer la primera ley del movimiento de Newton, la cual requiere que la *fuerza resultante* que actúa sobre una partícula sea igual a *cero*. Esta condición se establece mediante la *ecuación de equilibrio*,

$$\Sigma \mathbf{F} = \mathbf{0} \tag{3-1}$$

donde $\Sigma \mathbf{F}$ es el vector *suma de todas las fuerzas* que actúan sobre la partícula.

La ecuación 3-1 no sólo es una condición necesaria para el equilibrio, también es una condición *suficiente*. Esto es una consecuencia de la segunda ley del movimiento de Newton, la cual puede escribirse como $\Sigma \mathbf{F} = m\mathbf{a}$. Como el sistema de fuerzas satisface la ecuación 3-1, entonces $m\mathbf{a} = \mathbf{0}$ y, por lo tanto, la aceleración de la partícula $\mathbf{a} = \mathbf{0}$. Por consiguiente, la partícula se mueve con velocidad constante o permanece en reposo.

3.2 Diagrama de cuerpo libre

Para aplicar la ecuación de equilibrio debemos tomar en cuenta *todas* las fuerzas conocidas y desconocidas ($\Sigma\mathbf{F}$) que actúan *sobre* la partícula. La mejor forma de hacer esto es pensar en la partícula como si estuviera aislada y "libre" de su entorno. Un dibujo que muestra la partícula junto con *todas* las fuerzas que actúan sobre ella se denomina ***diagrama de cuerpo libre*** *(DCL)*.

Antes de presentar un procedimiento formal de cómo trazar un diagrama de cuerpo libre, primero consideraremos tres tipos de soportes que se encuentran con frecuencia en los problemas de equilibrio de partículas.

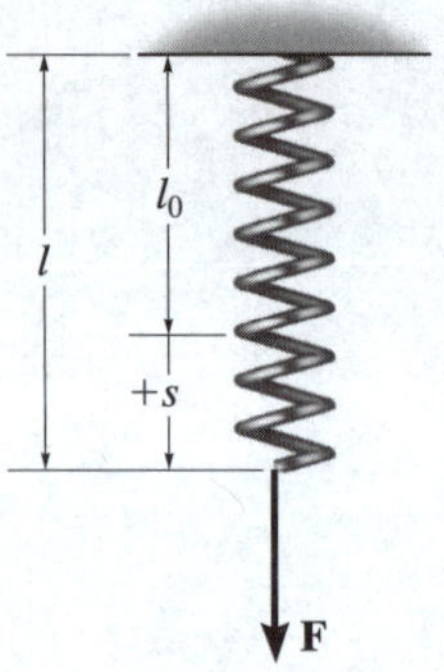

(a)

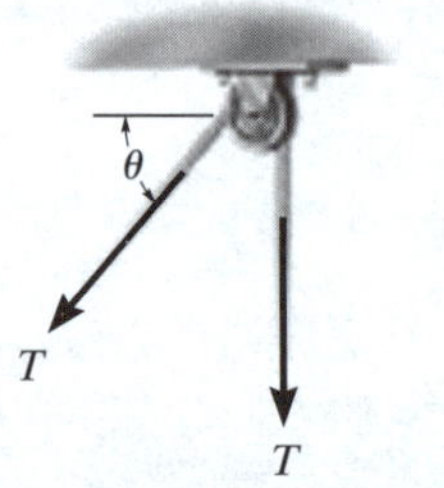

El cable está en tensión
(b)

Fig. 3-1

Resortes. Si un ***resorte elástico lineal*** de longitud no deformada l_0 se utiliza como soporte de una partícula, su longitud cambiará en proporción directa con la fuerza **F** que actúe sobre él (fig. 3-1*a*). Una característica que define la "elasticidad" de un resorte es la ***constante de resorte*** o ***rigidez*** k.

La magnitud de la fuerza ejercida sobre un resorte elástico lineal que tiene una rigidez k y está deformado (alargado o comprimido) una distancia $s = l - l_0$, medida desde su posición *sin carga*, es

$$F = ks \tag{3-2}$$

Si s es positiva, lo que causa un alargamiento, entonces **F** debe tirar del resorte; mientras que si s es negativa, lo cual causa un acortamiento, entonces **F** debe empujar el resorte. Por ejemplo, si el resorte de la figura 3-1*a* tiene una longitud no deformada de 0.8 m y una rigidez $k = 500$ N/m y se estira hasta una longitud de 1 m, de manera que $s = l - l_0 = 1 \text{ m} - 0.8 \text{ m} = 0.2 \text{ m}$, entonces, para lograr esa deformación se requiere una fuerza $F = ks = 500 \text{ N/m}(0.2 \text{ m}) = 100 \text{ N}$.

Cables y poleas. A menos que se establezca lo contrario, en todo este libro, excepto en la sección 7.4, supondremos que todos los cables (o cuerdas) tienen un peso insignificante y que no se pueden deformar. Además, un cable puede soportar *sólo* una tensión o fuerza de "tirón" que actúa en la dirección del cable. En el capítulo 5 se mostrará que la fuerza de tensión desarrollada en un cable continuo, que pasa sobre una polea sin fricción, debe tener una magnitud *constante* para mantener al cable en equilibrio. Por lo tanto, para cualquier ángulo θ, como el que se muestra en la figura 3-1*b*, el cable se somete a una tensión constante T en toda su longitud.

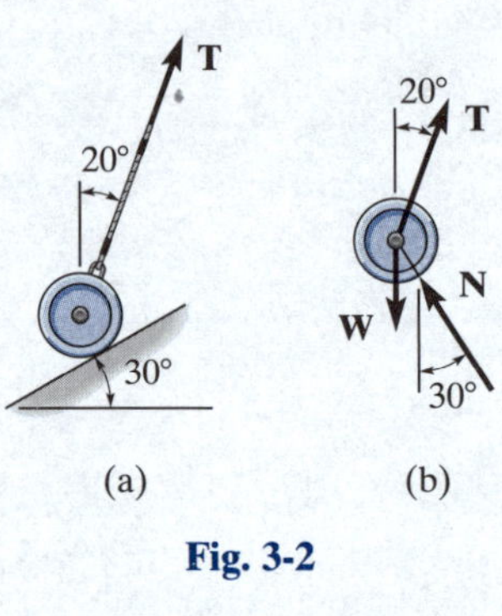

(a) (b)

Fig. 3-2

Contacto liso. Si un objeto se apoya sobre una *superficie lisa*, entonces la superficie ejercerá una fuerza sobre el objeto que sea normal a la superficie en el punto de contacto. Un ejemplo de lo anterior se muestra en la figura 3-2*a*. Además de esta fuerza normal **N**, el cilindro también se encuentra sometido a su peso **W** y a la fuerza **T** de la cuerda. Como las tres fuerzas son concurrentes en el centro del cilindro (fig. 3-2*b*), es posible aplicar la ecuación de equilibrio a esta "partícula", que es lo mismo que aplicarla al cilindro.

Procedimiento para trazar un diagrama de cuerpo libre

Para aplicar las ecuaciones de equilibrio, debemos tomar en cuenta *todas las fuerzas que actúan sobre una partícula*; por tal motivo, no se debe exagerar la importancia de trazar primero un diagrama de cuerpo libre. Para construir un diagrama de cuerpo libre, se requiere llevar a cabo los siguientes tres pasos.

Trace un perfil delineado

Imagine que la partícula está *aislada* o "liberada" de su entorno, lo cual requiere *eliminar* todos los soportes y dibujar la forma bosquejada de la partícula.

Muestre todas las fuerzas

Indique sobre este bosquejo *todas* las fuerzas que *actúan sobre la partícula*. Aquéllas pueden ser *fuerzas activas*, que tienden a poner la partícula en movimiento; o *fuerzas reactivas*, que son el resultado de las restricciones o soportes que tienden a evitar el movimiento. Para tomar en cuenta todas esas fuerzas, puede resultar útil trazar los límites de la partícula y señalar con cuidado cada fuerza que actúa sobre ella.

Identifique cada una de las fuerzas

Las fuerzas que son *conocidas* deberían marcarse con sus propias magnitudes y direcciones. Para representar las magnitudes y las direcciones de las fuerzas desconocidas se usan letras.

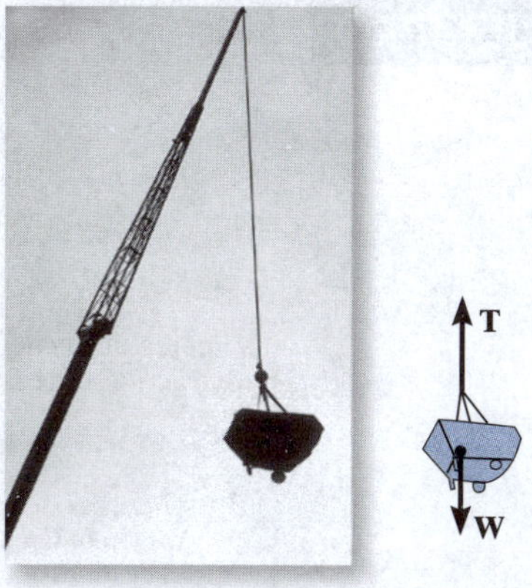

El contenedor se mantiene en equilibrio mediante el cable, e instintivamente sabemos que la fuerza en el cable debe ser igual al peso del contenedor. Al trazar un diagrama de cuerpo libre del contenedor podemos entender por qué esto es así. El diagrama muestra que sólo hay dos fuerzas que *actúan sobre el contenedor*; a saber, su peso **W** y la fuerza **T** del cable. Para obtener el equilibrio, la resultante de estas fuerzas debe ser igual a cero y, por consiguiente, $T = W$. (© Russell C. Hibbeler)

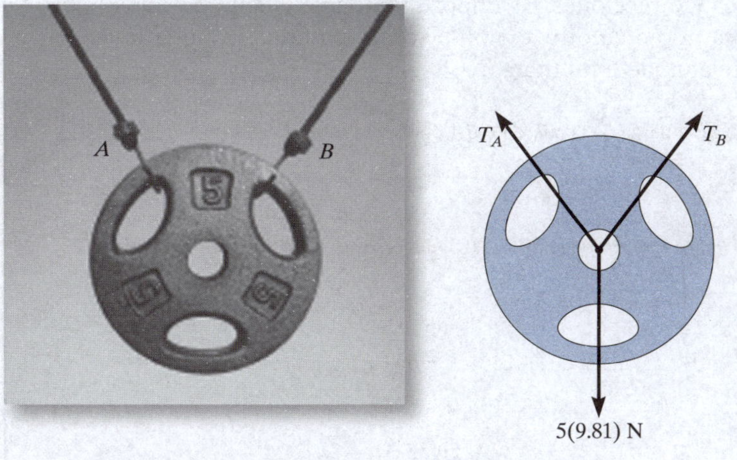

La placa de 5 kg se suspende mediante las cuerdas A y B. Para encontrar la fuerza en cada cuerda, es necesario considerar el diagrama de cuerpo libre de la placa. Como se ha indicado, las tres fuerzas que actúan sobre ésta son concurrentes en el centro. (© Russell C. Hibbeler)

EJEMPLO 3.1

La esfera que aparece en la figura 3-3*a* tiene una masa de 6 kg y está soportada como se muestra. Trace un diagrama de cuerpo libre de la esfera, de la cuerda *CE* y del nudo en *C*.

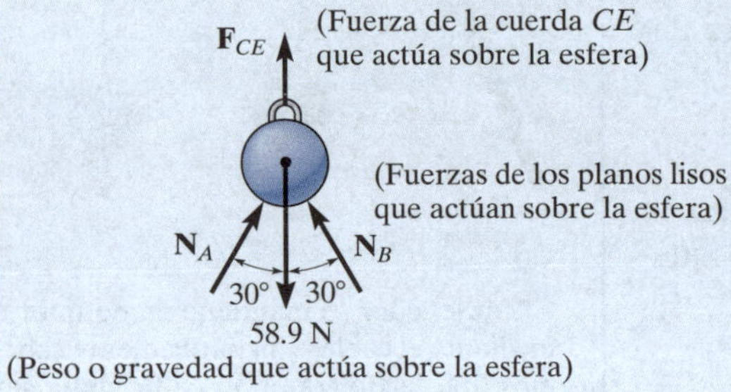

(b)

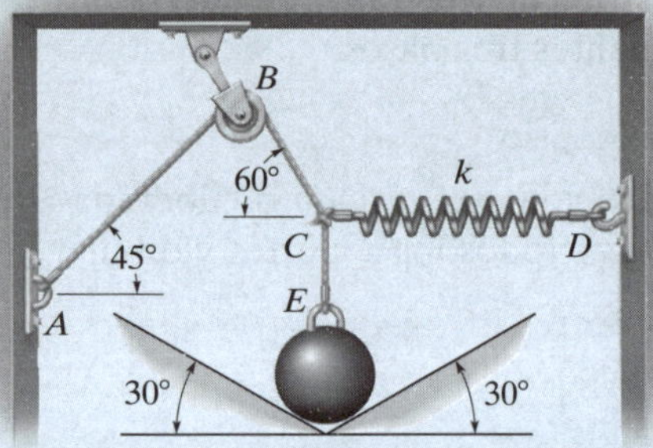

(a)

SOLUCIÓN

Esfera. Una vez que *se eliminan* los soportes, se observa que existen cuatro fuerzas que actúan sobre la esfera: su peso, 6 kg $(9.81 \text{ m/s}^2) = 58.9$ N, la fuerza de la cuerda *CE* y las dos fuerzas normales ocasionadas por los planos inclinados lisos. En la figura 3-3*b* se ilustra el diagrama de cuerpo libre.

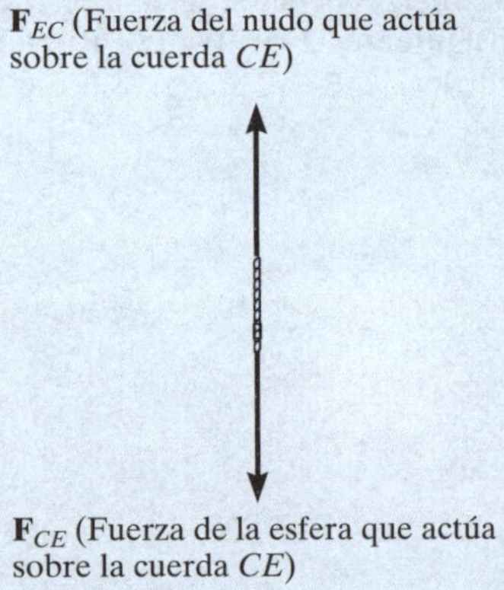

(c)

Cuerda *CE*. Cuando la cuerda *CE* se aísla de su entorno, su diagrama de cuerpo libre muestra sólo dos fuerzas que actúan sobre ella; a saber, la fuerza de la esfera y la fuerza del nudo (fig. 3-3*c*). Observe que la $\mathbf{F}_{CE}$ mostrada aquí es igual pero opuesta a la mostrada en la figura 3-3*b*, una consecuencia de la tercera ley de acción y reacción de Newton. Asimismo, $\mathbf{F}_{CE}$ y $\mathbf{F}_{EC}$ tiran de la cuerda y la mantienen en tensión de manera que no colapse. Para lograr el equilibrio, $F_{CE} = F_{EC}$.

Nudo. El nudo en *C* está sometido a tres fuerzas (fig. 3-3*d*). Éstas son causadas por las cuerdas *CBA* y *CE* y el resorte *CD*. Por lo tanto, el diagrama de cuerpo libre muestra todas esas fuerzas rotuladas con sus magnitudes y direcciones. Es importante darse cuenta de que el peso de la esfera no actúa directamente sobre el nudo, sino que la cuerda *CE* somete el nudo a tal fuerza.

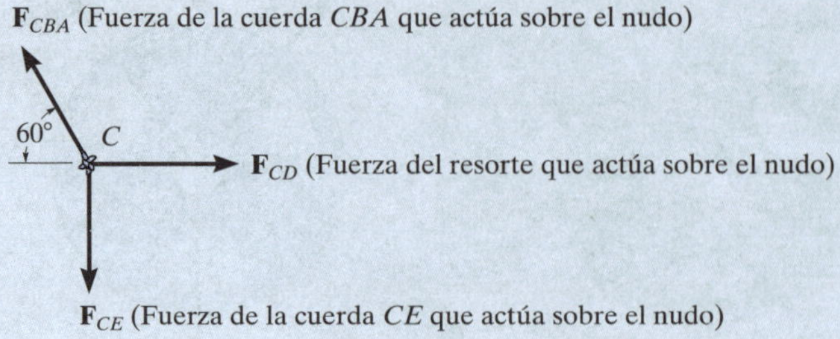

(d)

Fig. 3-3

3.3 Sistemas de fuerzas coplanares

Si una partícula está sometida a un sistema de fuerzas coplanares que se encuentran en el plano *x-y*, como en la figura 3-4, entonces cada fuerza puede descomponerse en sus componentes **i** y **j**. Para lograr el equilibrio, estas fuerzas deben sumarse para producir una fuerza resultante cero, es decir,

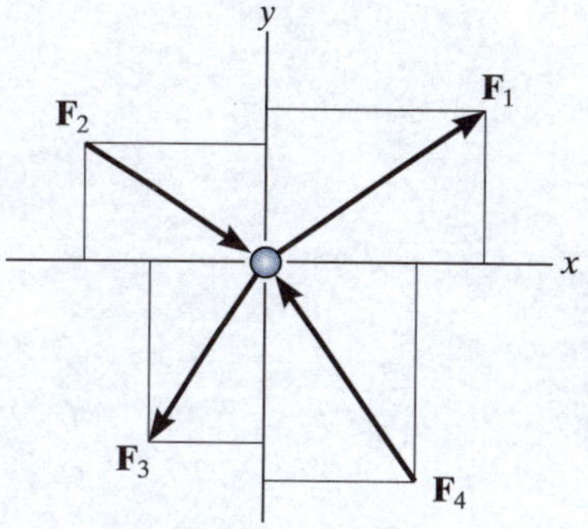

Fig. 3-4

$$\Sigma \mathbf{F} = \mathbf{0}$$
$$\Sigma F_x \mathbf{i} + \Sigma F_y \mathbf{j} = \mathbf{0}$$

Para que se satisfaga esta ecuación vectorial, las componentes *x* y *y* de la fuerza resultante deben ser iguales a cero. Por lo tanto,

$$\boxed{\begin{aligned}\Sigma F_x &= 0\\ \Sigma F_y &= 0\end{aligned}} \qquad (3\text{-}3)$$

Estas dos ecuaciones pueden despejarse cuando mucho para dos incógnitas, representadas generalmente como ángulos y magnitudes de fuerzas mostradas sobre el diagrama de cuerpo libre de la partícula.

Cuando se aplica cada una de las dos ecuaciones de equilibrio, debemos tomar en cuenta el sentido de cada componente con un *signo algebraico*, que corresponde a la dirección de la punta de flecha de la componente a lo largo de los ejes *x* o *y*. Es importante observar que si una fuerza tiene una *magnitud desconocida*, entonces puede *suponerse* el sentido de la punta de flecha de la fuerza en el diagrama de cuerpo libre. De esta forma, si la *solución* genera un *escalar negativo*, el sentido de la fuerza es opuesto al sentido que se supuso.

Por ejemplo, considere el diagrama de cuerpo libre de la partícula sometida a las dos fuerzas que se muestran en la figura 3-5. Aquí se *supone* que la *fuerza desconocida* **F** actúa hacia la derecha, es decir, en la dirección *x* positiva, para mantener el equilibrio. Al aplicar la ecuación de equilibrio a lo largo del eje *x*, tenemos

$$\xrightarrow{+} \Sigma F_x = 0; \qquad +F + 10\text{ N} = 0$$

Ambos términos son "positivos", ya que las dos fuerzas actúan en la dirección *x* positiva. Cuando se resuelve esta ecuación, $F = -10$ N. Aquí, el *signo negativo* indica que **F** debe actuar hacia la izquierda para mantener a la partícula en equilibrio (fig. 3-5). Observe que si el eje $+x$ de la figura 3-5 estuviera dirigido a la izquierda, en la ecuación anterior ambos términos serían negativos pero, de nuevo, después de resolver, $F = -10$ N, lo cual indica que **F** tendría que estar dirigida hacia la izquierda.

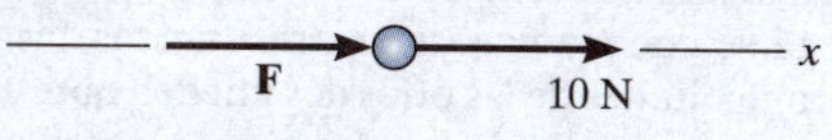

Fig. 3-5

3

Puntos importantes

El primer paso en la solución de cualquier problema de equilibrio consiste en dibujar el diagrama de cuerpo libre de la partícula. Esto requiere *eliminar todos los soportes* y aislar o liberar la partícula de su entorno y, después, mostrar todas las fuerzas que actúan sobre ella.

El equilibrio significa que la partícula está en reposo, o en movimiento a velocidad constante. En dos dimensiones, las condiciones necesarias y suficientes para el equilibrio requieren que $\Sigma F_x = 0$ y $\Sigma F_y = 0$.

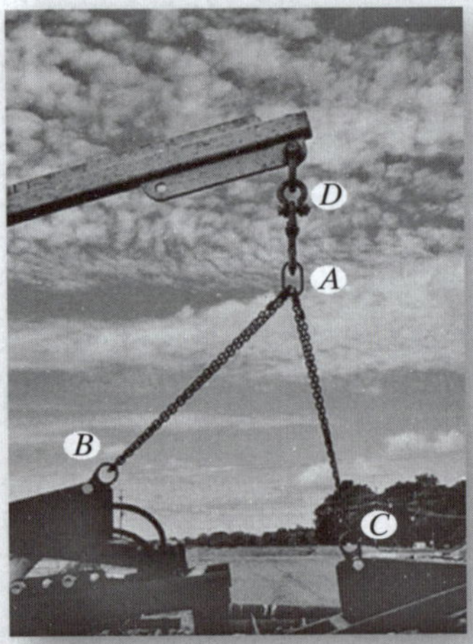

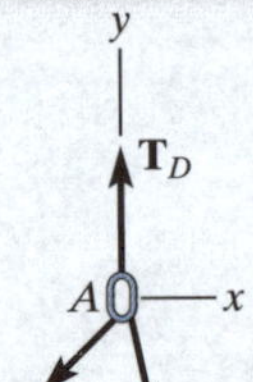

Estas cadenas ejercen tres fuerzas sobre el aro localizado en A, como se ilustra en su diagrama de cuerpo libre. El aro no se moverá, o se moverá con velocidad constante, siempre que la suma de esas fuerzas a lo largo de los ejes x y y sea igual a cero. Si se conoce una de las tres fuerzas, las magnitudes de las otras dos pueden obtenerse a partir de las dos ecuaciones de equilibrio. (© Russell C. Hibbeler)

Procedimiento para el análisis

Los problemas de equilibrio de fuerzas coplanares para una partícula pueden resolverse con el siguiente procedimiento.

Diagrama de cuerpo libre

- Establezca los ejes x, y en cualquier orientación adecuada.
- Rotule en el diagrama todas las magnitudes y direcciones de las fuerzas conocidas y desconocidas.
- Puede suponer el sentido de una fuerza con una magnitud desconocida.

Ecuaciones de equilibrio

- Aplique las ecuaciones de equilibrio $\Sigma F_x = 0$ y $\Sigma F_y = 0$. Por conveniencia, las flechas se pueden escribir junto a cada ecuación para definir las direcciones positivas.
- Las componentes son positivas si están dirigidas a lo largo de un eje positivo, y negativas si están dirigidas a lo largo de un eje negativo.
- Si hay más de dos incógnitas y el problema implica un resorte, aplique $F = ks$ para relacionar la fuerza del resorte con la deformación s del mismo.
- Como la magnitud de una fuerza siempre es una cantidad positiva, si la solución produce un resultado negativo, esto indica que el sentido de la fuerza es el inverso del mostrado sobre el diagrama de cuerpo libre.

EJEMPLO 3.2

Determine la tensión necesaria en los cables BA y BC para sostener el cilindro de 60 kg que se muestra la figura 3-6*a*.

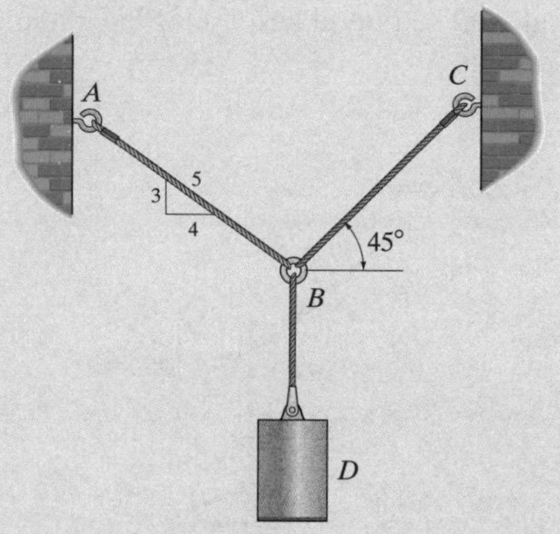

(a)

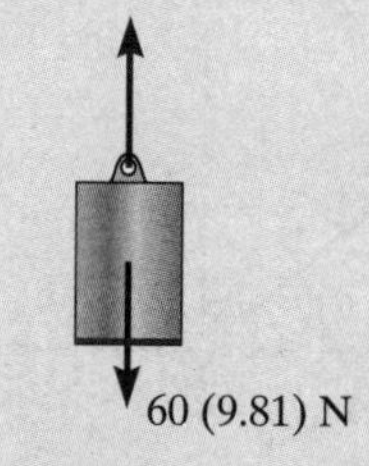

(b)

SOLUCIÓN

Diagrama de cuerpo libre. Debido al equilibrio, el peso del cilindro ocasiona que la tensión en el cable BD sea $T_{BD} = 60(9.81)$ N (fig. 3-6*b*). Las fuerzas en los cables BA y BC pueden determinarse indagando el equilibrio del aro B. Su diagrama de cuerpo libre se presenta en la figura 3-6*c*. Se desconocen las magnitudes de $\mathbf{T}_A$ y $\mathbf{T}_C$, pero sus direcciones sí se conocen.

Ecuaciones de equilibrio. Al aplicar las ecuaciones de equilibrio a lo largo de los ejes x y y,

$$\overset{+}{\rightarrow} \Sigma F_x = 0; \qquad T_C \cos 45° - \left(\tfrac{4}{5}\right) T_A = 0 \qquad (1)$$

$$+\uparrow \Sigma F_y = 0; \qquad T_C \operatorname{sen} 45° + \left(\tfrac{3}{5}\right) T_A - 60(9.81)\text{ N} = 0 \qquad (2)$$

La ecuación (1) puede escribirse como $T_A = 0.8839T_C$. Al sustituir esto en la ecuación (2), resulta

$$T_C \operatorname{sen} 45° + \left(\tfrac{3}{5}\right)(0.8839T_C) - 60(9.81)\text{ N} = 0$$

de forma que

$$T_C = 475.66\text{ N} = 476\text{ N} \qquad \textit{Resp.}$$

Al sustituir este resultado en la ecuación (1) o la ecuación (2), tenemos

$$T_A = 420\text{ N} \qquad \textit{Resp.}$$

NOTA: Por supuesto, la exactitud de los resultados depende de la exactitud de los datos, es decir, de las medidas geométricas y de las cargas. Para la mayoría de los trabajos de ingeniería que implican un problema como éste, serían suficientes los datos medidos con tres cifras significativas.

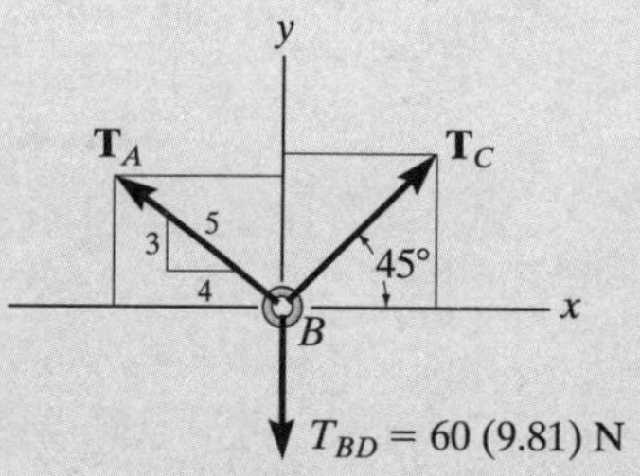

(c)

Fig. 3-6

EJEMPLO 3.3

En la figura 3-7*a* la caja de 200 kg está suspendida por las cuerdas AB y AC. Cada cuerda puede soportar una fuerza máxima de 10 kN antes de que se rompa. Si AB siempre permanece horizontal, determine el ángulo θ mínimo al cual se puede suspender la caja antes de que una de las cuerdas se rompa.

(b) (a)

Fig. 3-7

SOLUCIÓN

Diagrama de cuerpo libre. Estudiaremos el equilibrio del aro A. Hay tres fuerzas que actúan sobre él (fig. 3-7*b*). La magnitud de $\mathbf{F}_D$ es igual al peso de la caja, es decir, $F_D = 200(9.81)\text{ N} = 1962\text{ N} < 10\text{ kN}$.

Ecuaciones de equilibrio. Al aplicar las ecuaciones de equilibrio a lo largo de los ejes x y y,

$$\overset{+}{\rightarrow} \Sigma F_x = 0; \qquad -F_C \cos\theta + F_B = 0; \quad F_C = \frac{F_B}{\cos\theta} \qquad (1)$$

$$+\uparrow \Sigma F_y = 0; \qquad F_C \operatorname{sen}\theta - 1962\text{ N} = 0 \qquad (2)$$

A partir de la ecuación (1), F_C siempre es mayor que F_B puesto que $\cos\theta \leq 1$. Por lo tanto, la cuerda AC alcanzará la fuerza de tensión máxima de 10 kN *antes* que la cuerda AB. Al sustituir $F_C = 10$ kN en la ecuación (2),

$$[10(10^3)\text{N}] \operatorname{sen}\theta - 1962\text{ N} = 0$$

$$\theta = \operatorname{sen}^{-1}(0.1962) = 11.31° = 11.3° \qquad \textit{Resp.}$$

La fuerza desarrollada en la cuerda AB puede obtenerse al sustituir los valores de θ y F_C en la ecuación (1).

$$10(10^3)\text{ N} = \frac{F_B}{\cos 11.31°}$$

$$F_B = 9.81\text{ kN}$$

EJEMPLO 3.4

Determine la longitud requerida para el alambre AC de la figura 3-8a, de manera que la lámpara de 8 kg esté suspendida en la posición que se indica. La longitud *no deformada* del resorte AB es $l'_{AB} = 0.4$ m, y el resorte tiene una rigidez de $k_{AB} = 300$ N/m.

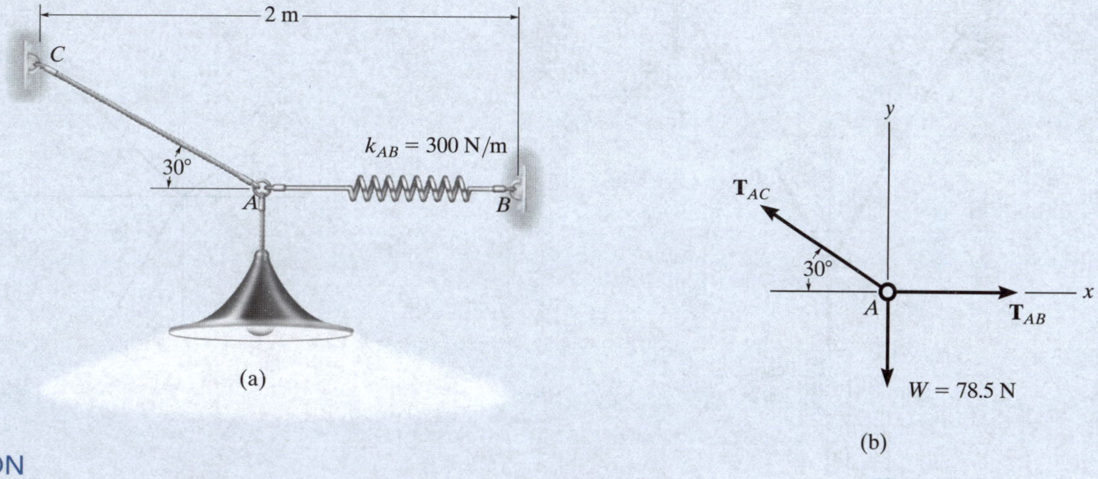

Fig. 3-8

SOLUCIÓN

Si se conoce la fuerza presente en el resorte AB, el alargamiento del resorte se puede encontrar mediante $F = ks$. Entonces, a partir de la geometría del problema, es posible calcular la longitud requerida de AC.

Diagrama de cuerpo libre. La lámpara tiene un peso $W = 8(9.81) = 78.5$ N y, por ende, el diagrama de cuerpo libre del aro en A se muestra en la figura 3-8b.

Ecuaciones de equilibrio. Si utilizamos los ejes x, y,

$$\overset{+}{\rightarrow} \Sigma F_x = 0; \qquad T_{AB} - T_{AC}\cos 30^\circ = 0$$
$$+\uparrow \Sigma F_y = 0; \qquad T_{AC}\,\text{sen}\,30^\circ - 78.5\text{ N} = 0$$

Al resolver estas ecuaciones obtenemos

$$T_{AC} = 157.0\text{ N}$$
$$T_{AB} = 135.9\text{ N}$$

Entonces, el estiramiento del resorte AB es

$$T_{AB} = k_{AB}s_{AB}; \qquad 135.9\text{ N} = 300\text{ N/m}(s_{AB})$$
$$s_{AB} = 0.453\text{ m}$$

y la longitud alargada es, por lo tanto,

$$l_{AB} = l'_{AB} + s_{AB}$$
$$l_{AB} = 0.4\text{ m} + 0.453\text{ m} = 0.853\text{ m}$$

La distancia horizontal de C a B (fig. 3-8a) requiere que

$$2\text{ m} = l_{AC}\cos 30^\circ + 0.853\text{ m}$$
$$l_{AC} = 1.32\text{ m}$$ *Resp.*

3

PROBLEMAS PRELIMINARES

P3-1. En cada caso, dibuje un diagrama de cuerpo libre del aro en A e identifique cada fuerza.

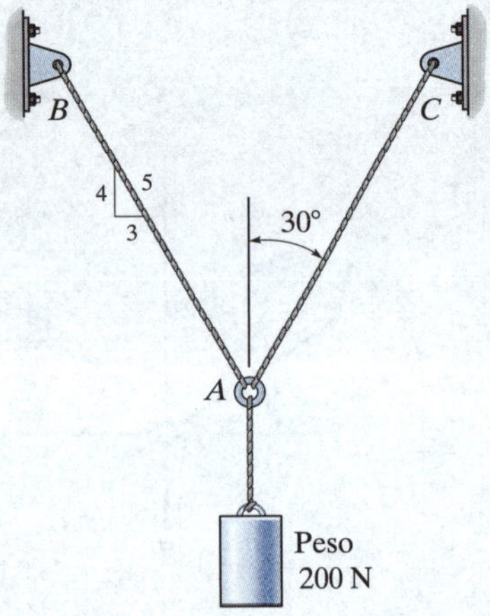

(a)

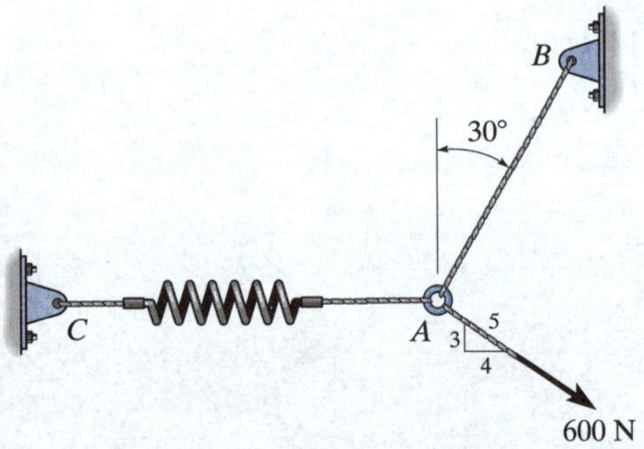

(b)

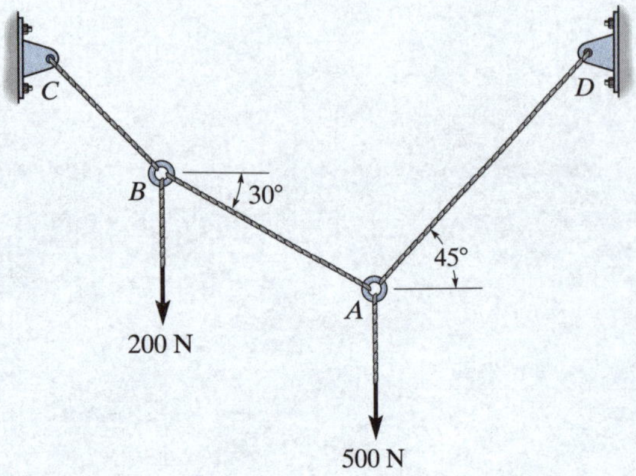

(c)

Prob. P3-1

P3-2. Escriba las dos ecuaciones de equilibrio, $\Sigma F_x = 0$ y $\Sigma F_y = 0$. No resuelva.

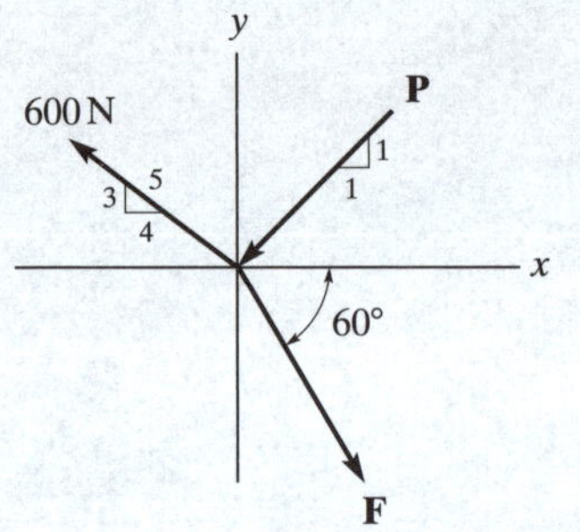

(a)

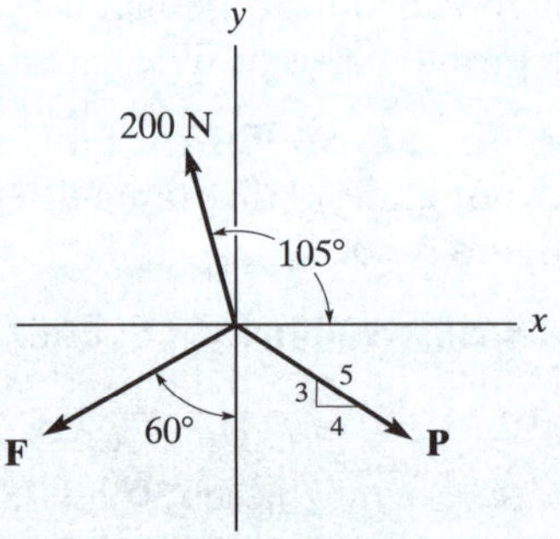

(b)

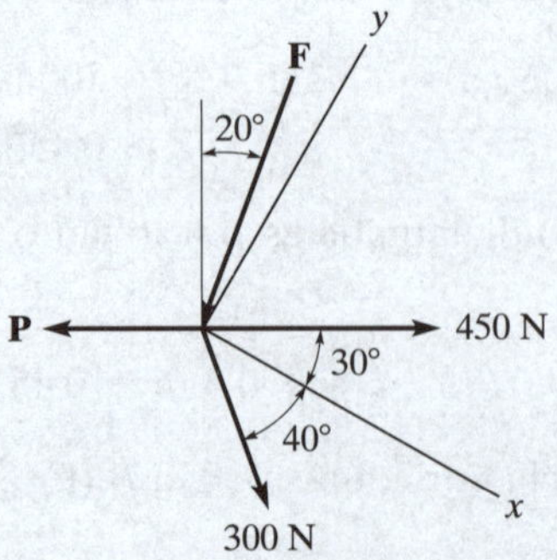

(c)

Prob. P3-2

PROBLEMAS FUNDAMENTALES

Todas las soluciones a los problemas deben incluir un DCL.

F3-1. La caja tiene un peso de 550 lb. Determine la fuerza en cada cable de soporte.

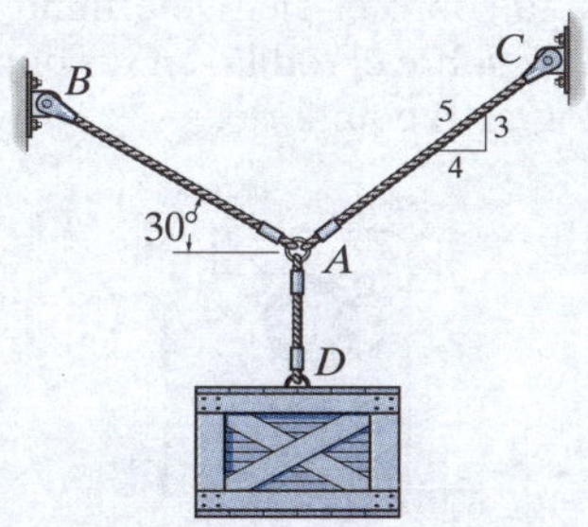

Prob. F3-1

F3-2. La viga tiene un peso de 700 lb. Determine el cable ABC más corto que puede usarse para levantarla, si la fuerza máxima que puede soportar el cable es de 1500 lb.

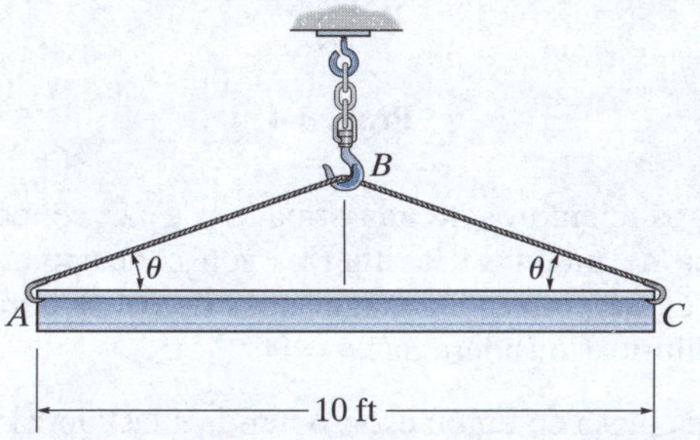

Prob. F3-2

F3-3. Si el bloque de 5 kg se suspende de la polea B y el desplazamiento vertical de la cuerda es $d = 0.15$ m, determine la fuerza en la cuerda ABC. Ignore el tamaño de la polea.

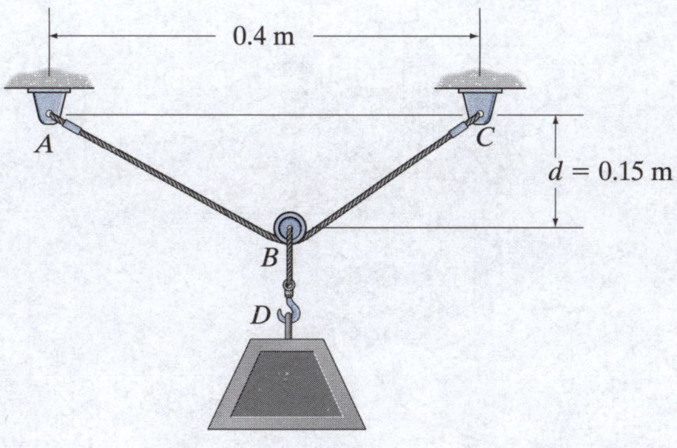

Prob. F3-3

F3-4. El bloque tiene una masa de 5 kg y descansa sobre un plano inclinado liso. Determine la longitud sin estirar del resorte.

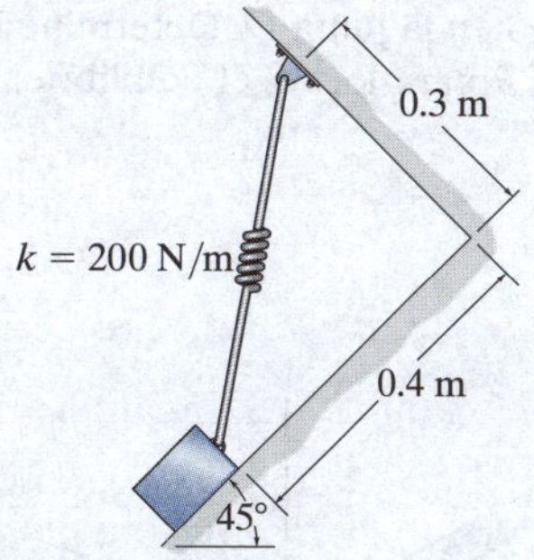

Prob. F3-4

F3-5. Si la masa del cilindro C es de 40 kg, determine la masa del cilindro A para sostener el ensamble en la posición mostrada.

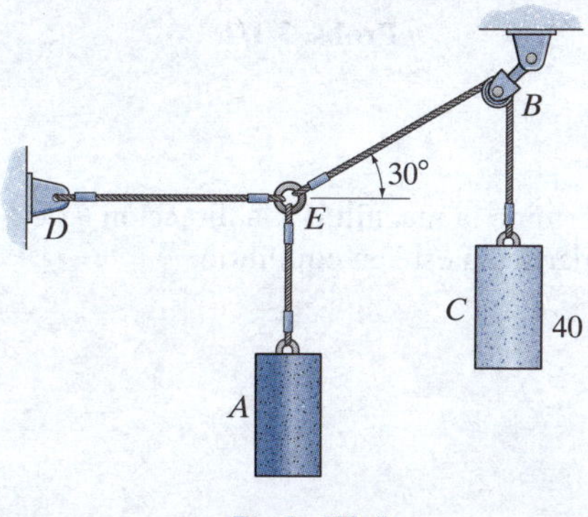

Prob. F3-5

F3-6. Determine la tensión necesaria en los cables AB, BC y CD para sostener los semáforos de 10 kg y 15 kg en B y C, respectivamente. Además, determine el ángulo θ.

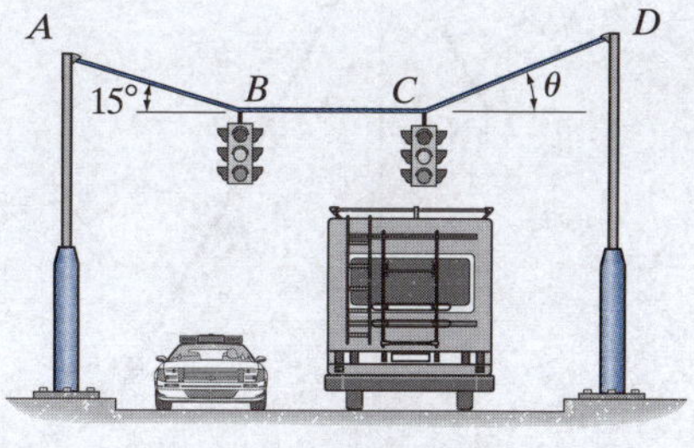

Prob. F3-6

PROBLEMAS

Todas las soluciones a los problemas deben incluir un DCL.

3-1. Los miembros de una armadura están unidos mediante un perno en la junta O. Determine las magnitudes de $\mathbf{F}_1$ y $\mathbf{F}_2$ para lograr el equilibrio. Considere que $\theta = 60°$.

3-2. Los miembros de una armadura están unidos mediante un perno en la junta O. Determine la magnitud de $\mathbf{F}_1$ y su ángulo θ para lograr el equilibrio. Considere que $F_2 = 6$ kN.

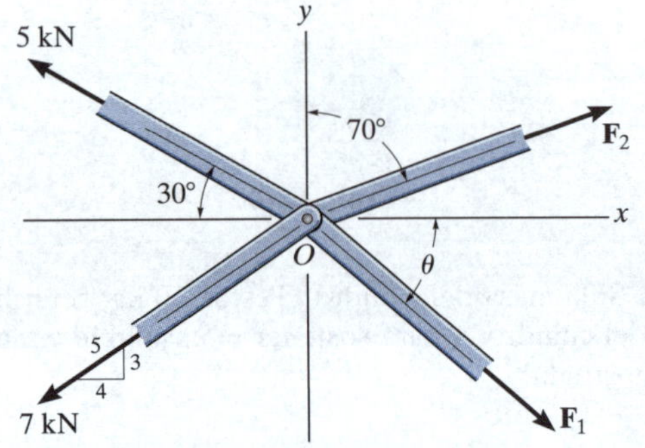

Probs. 3-1/2

3-3. Determine la magnitud y la dirección θ de $\mathbf{F}$, de modo que la partícula esté en equilibrio.

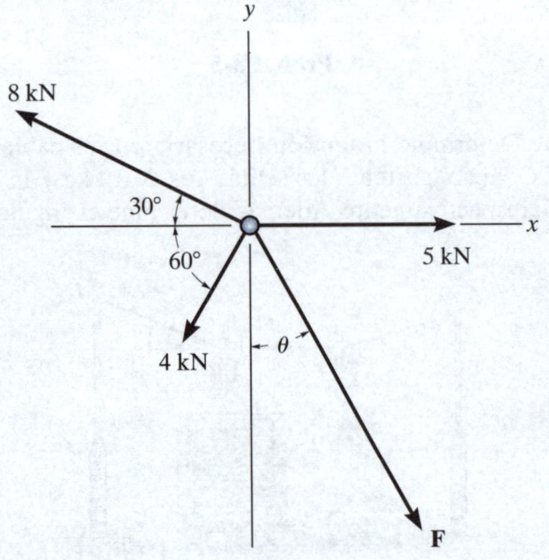

Prob. 3-3

***3-4.** El cojinete se compone de rodillos simétricamente contenidos dentro de la carcasa. El rodillo inferior está sometido a una fuerza de 125 N en su punto de contacto A debido a la carga sobre el eje. Determine las reacciones normales N_B y N_C sobre el rodillo en sus puntos de contacto B y C para lograr el equilibrio.

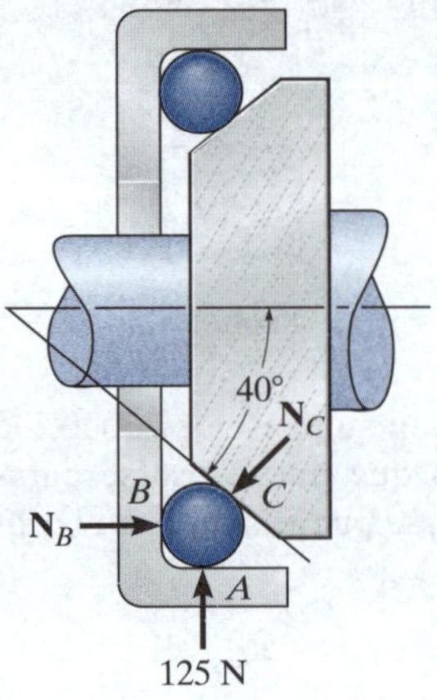

Prob. 3-4

3-5. Los miembros de una armadura están conectados a la placa de unión. Si las fuerzas son concurrentes en el punto O, determine las magnitudes de $\mathbf{F}$ y $\mathbf{T}$ para lograr el equilibrio. Considere que $\theta = 90°$.

3-6. La placa de unión está sometida a las fuerzas de tres miembros. Determine la fuerza de tensión en el miembro C y su ángulo θ para lograr el equilibrio. Las fuerzas son concurrentes en el punto O. Considere que $F = 8$ kN.

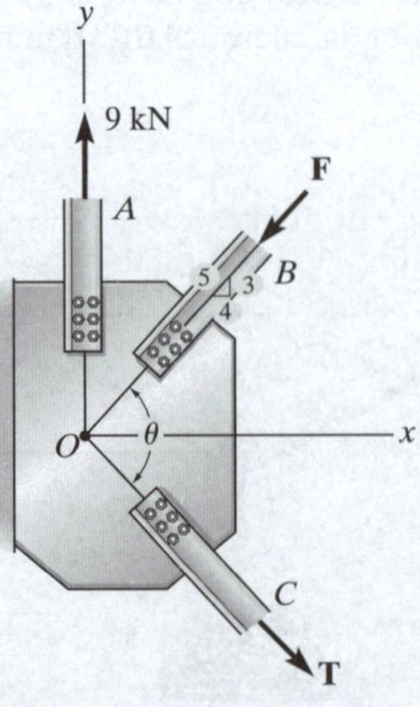

Probs. 3-5/6

3-7. El hombre intenta derribar el árbol con el arreglo del cable y la polea *pequeña* que se muestra. Si la tensión en AB es de 60 lb, determine la tensión en el cable CAD y el ángulo θ que forma el cable en la polea.

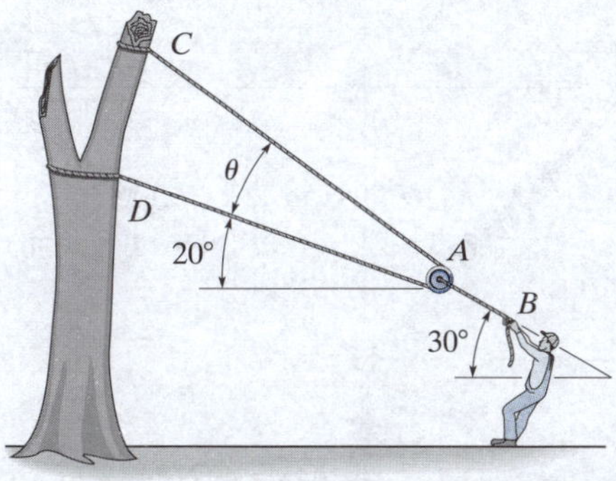

Prob. 3-7

***3-8.** Cada una de las cuerdas ABC y BD puede soportar una carga máxima de 100 lb. Determine el peso máximo de la caja y el ángulo θ necesario para el equilibrio.

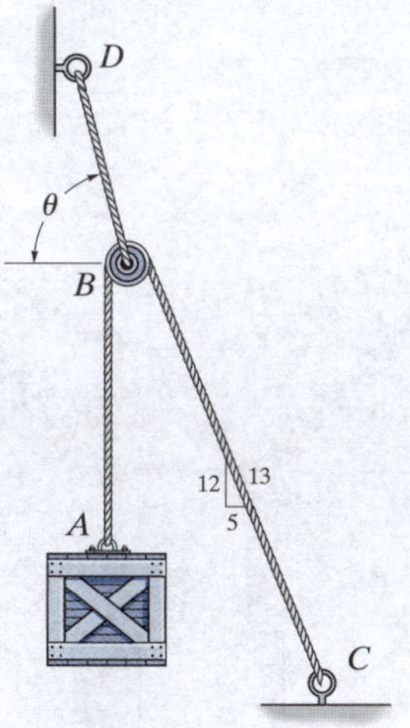

Prob. 3-8

3-9. Determine la fuerza **F** máxima que puede soportarse para la posición que se muestra en la figura, si cada cadena soporta una tensión máxima de 600 lb antes de fallar.

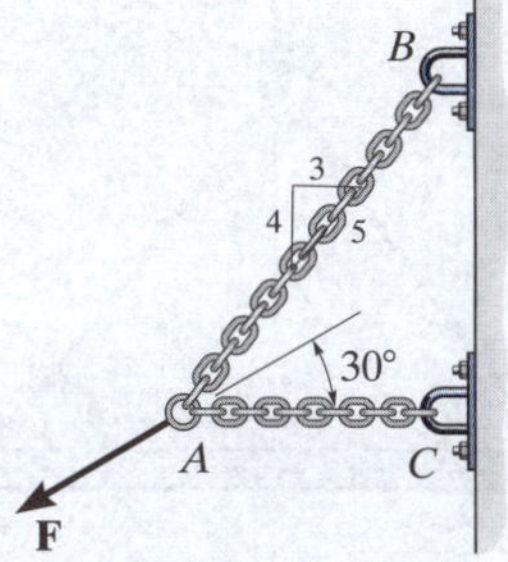

Prob. 3-9

3-10. El bloque tiene un peso de 20 lb y se eleva a una velocidad uniforme. Determine el ángulo θ necesario para el equilibrio y la fuerza en la cuerda AB.

3-11. Determine el peso W máximo del bloque que puede suspenderse en la posición mostrada, si cada una de las cuerdas AB y CAD puede soportar una tensión máxima de 80 lb. Además, ¿cuál es el ángulo θ necesario para el equilibrio?

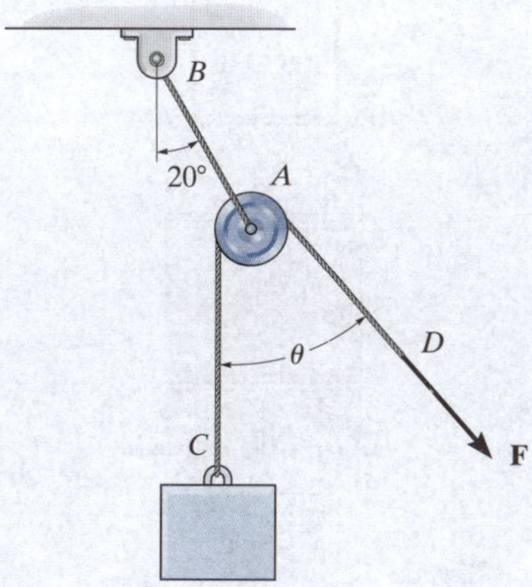

Probs. 3-10/11

3-12. El soporte de elevación se utiliza para levantar un contenedor que tiene una masa de 500 kg. Determine la fuerza en cada uno de los cables *AB* y *AC* en función de θ. Si la tensión máxima permitida en cada cable es de 5 kN, determine la longitud más corta de los cables *AB* y *AC* que puede utilizarse para la elevación. El centro de gravedad del contenedor se encuentra en *G*.

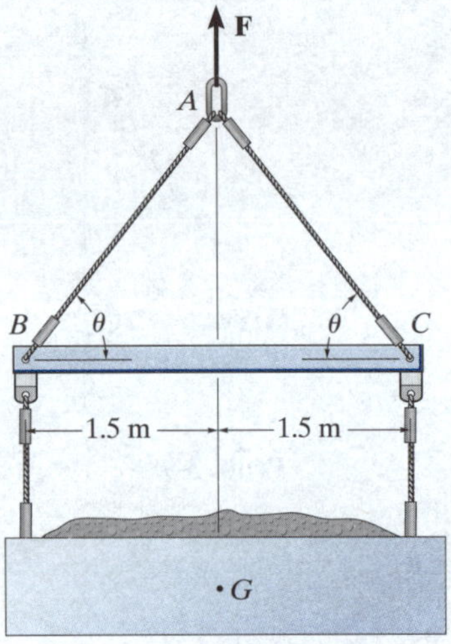

Prob. 3-12

3-13. El recipiente de un reactor nuclear tiene un peso de $500(10^3)$ lb. Determine la fuerza de compresión horizontal que ejerce la barra separadora *AB* sobre el punto *A*, y la fuerza que ejerce cada uno de los segmentos de cable *CA* y *AD* sobre este punto, mientras el recipiente se eleva a una velocidad constante.

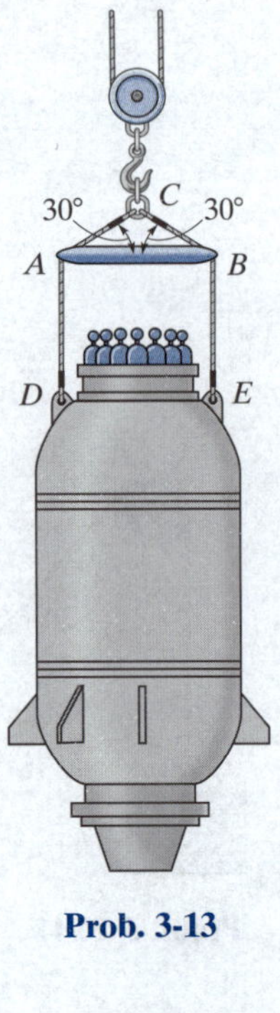

Prob. 3-13

3-14. Determine el estiramiento en cada resorte para lograr el equilibrio del bloque de 2 kg. Los resortes se muestran en la posición de equilibrio.

3-15. La longitud sin estirar del resorte *AB* es de 3 m. Si el bloque se mantiene en la posición de equilibrio mostrada, determine la masa del bloque en *D*.

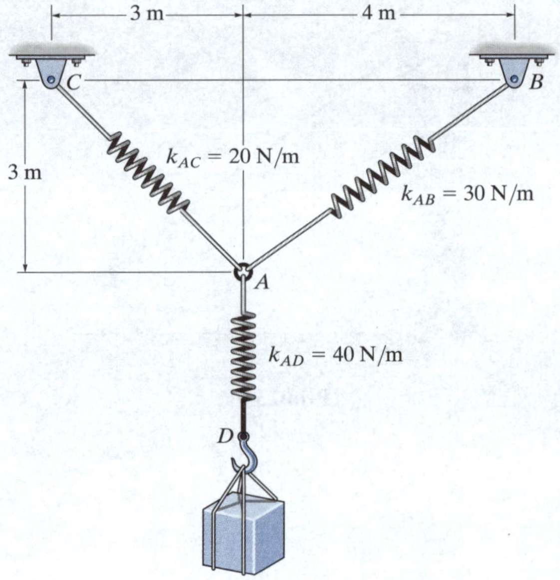

Probs. 3-14/15

***3-16.** Determine la masa de cada uno de los dos cilindros, si causan un desplazamiento vertical $s = 0.5$ m cuando se suspenden de los aros en *A* y *B*. Note que $s = 0$ al retirarse los cilindros.

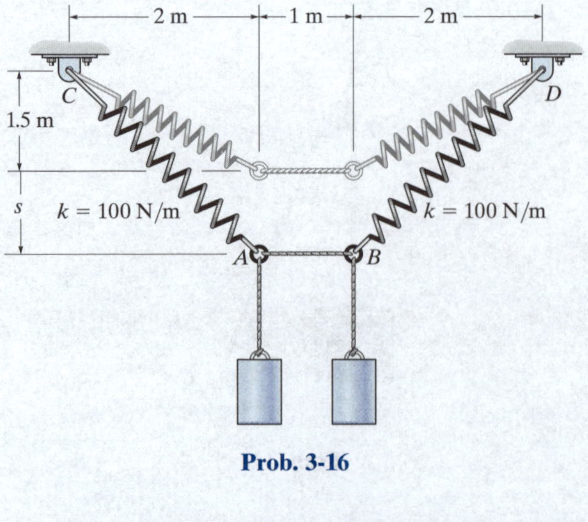

Prob. 3-16

3-17. Determine la rigidez k_T del resorte sencillo, de modo que la fuerza **F** lo estire en la misma cantidad s que la fuerza **F** estira los dos resortes. Exprese k_T en términos de las rigideces k_1 y k_2 de los dos resortes.

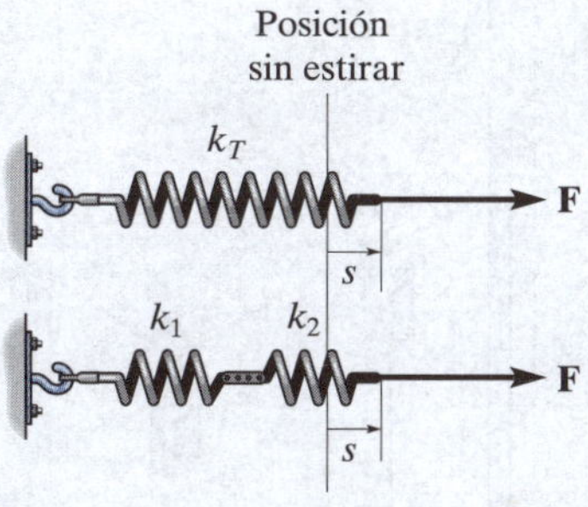

Prob. 3-17

3-18. Si el resorte DB tiene una longitud sin estirar de 2 m, determine la rigidez del resorte para mantener la caja de 40 kg en la posición mostrada.

3-19. Determine la longitud sin estirar de DB para mantener la caja de 40 kg en la posición mostrada. Considere que $k = 180$ N/m.

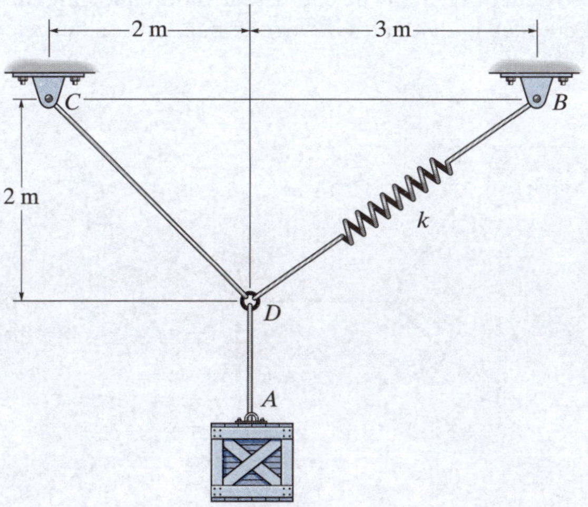

Probs. 3-18/19

***3-20.** Se aplica una fuerza vertical $P = 10$ lb a los extremos de la cuerda AB de 2 ft y al resorte AC. Si el resorte sin estirar tiene una longitud de 2 ft, determine el ángulo θ necesario para el equilibrio. Considere que $k = 15$ lb/ft.

3-21. Determine la longitud sin estirar del resorte AC, si una fuerza $P = 80$ lb forma un ángulo $\theta = 60°$ para lograr el equilibrio. La cuerda AB tiene 2 ft de largo. Considere que $k = 50$ lb/ft.

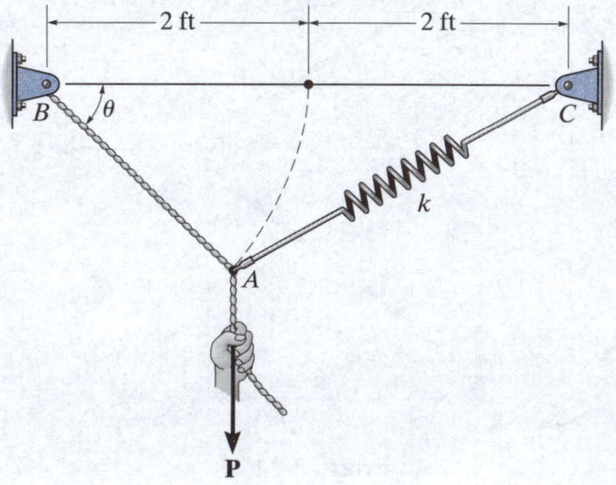

Probs. 3-20/21

3-22. Cada uno de los resortes BA y BC tiene una rigidez de 500 N/m y una longitud sin estirar de 3 m. Determine la fuerza horizontal **F** aplicada a la cuerda que está unida al pequeño aro B, de modo que el desplazamiento de AB desde la pared sea $d = 1.5$ m.

3-23. Cada uno de los resortes BA y BC tiene una rigidez de 500 N/m y una longitud sin estirar de 3 m. Determine el desplazamiento d de la cuerda desde la pared, cuando se aplica una fuerza $F = 175$ N sobre la cuerda.

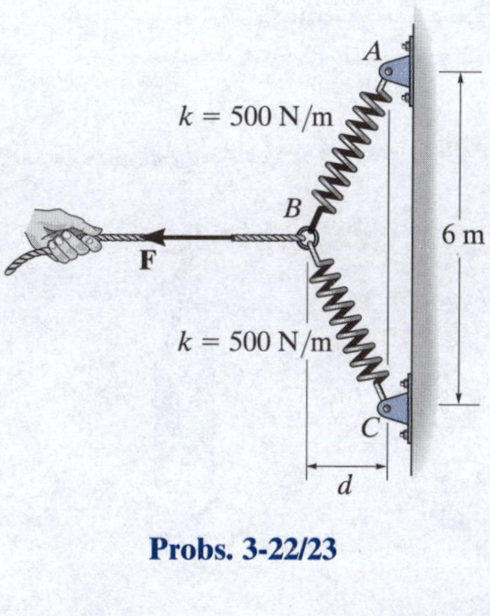

Probs. 3-22/23

***3-24.** Determine las distancias x y y necesarias para el equilibrio, si $F_1 = 800$ N y $F_2 = 1000$ N.

3-25. Determine la magnitud de F_1 y la distancia y si $x = 1.5$ m y $F_2 = 1000$ N.

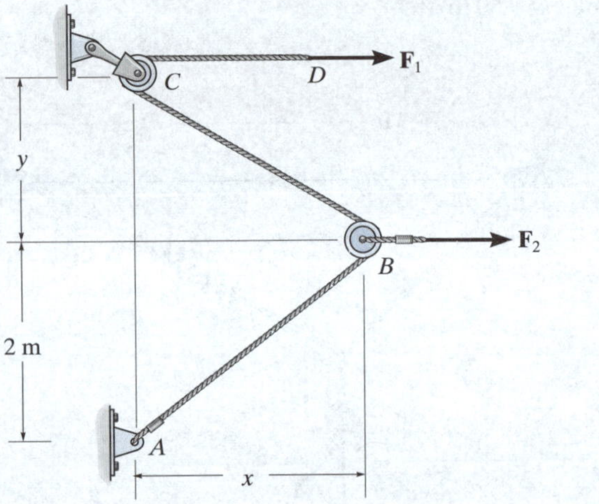

Probs. 3-24/25

***3-28.** Los semáforos en A y B están suspendidos de dos postes, como se indica en la figura. Si cada semáforo tiene un peso de 50 lb, determine la tensión en cada uno de los tres cables de soporte y la altura h requerida del poste DE para que el cable AB permanezca horizontal.

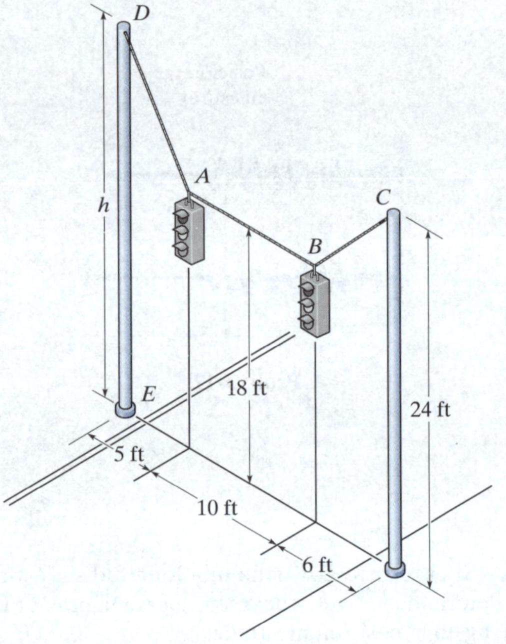

Prob. 3-28

3-26. El tubo de 30 kg se sostiene en A mediante un sistema de cinco cuerdas. Determine la fuerza necesaria en cada cuerda para lograr el equilibrio.

3-27. Cada cuerda puede soportar una tensión máxima de 500 N. Determine la mayor masa del tubo que puede sostenerse.

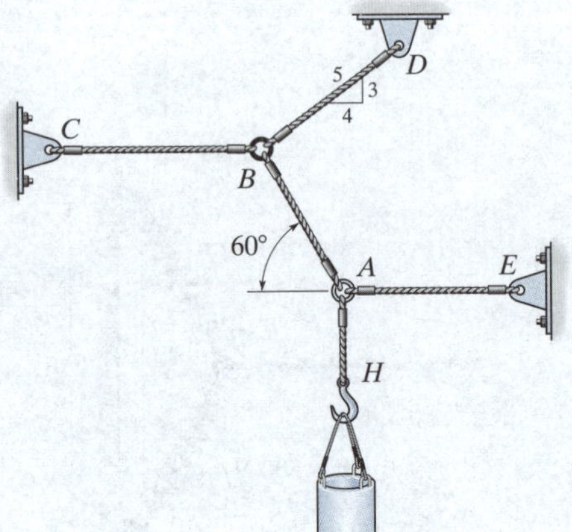

Probs. 3-26/27

3-29. Determine la tensión desarrollada en cada cable que se requiere para lograr el equilibrio de la lámpara de 20 kg.

3-30. Determine la masa máxima de la lámpara que puede sostener el sistema de cuerdas, de modo que ninguna de las cuerdas individuales desarrolle una tensión superior a 400 N.

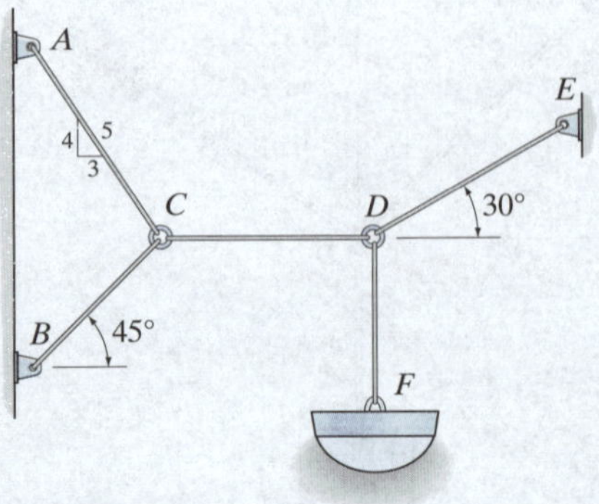

Probs. 3-29/30

3-31. Los bloques D y E tienen una masa de 4 kg y 6 kg, respectivamente. Si $x = 2$ m, determine la fuerza **F** y la distancia s necesarias para el equilibrio.

***3-32.** Los bloques D y E tienen una masa de 4 kg y 6 kg, respectivamente. Si $F = 80$ N, determine las distancias s y x necesarias para el equilibrio.

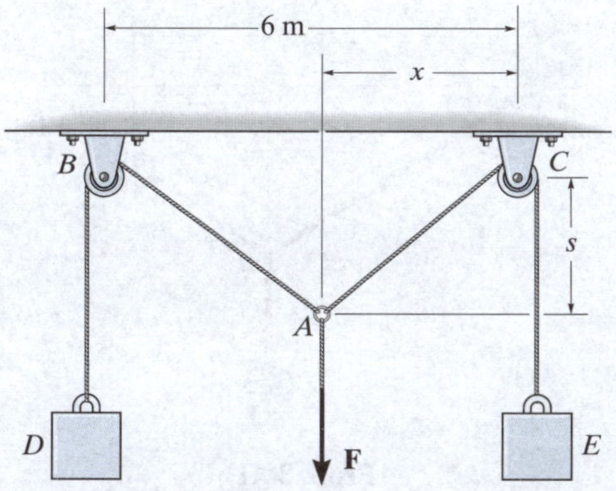

Probs. 3-31/32

3-33. La lámpara tiene un peso de 15 lb y se sostiene mediante seis cuerdas conectadas entre sí, como se muestra en la figura. Determine la tensión en cada cuerda y el ángulo θ necesario para el equilibrio. La cuerda BC es horizontal.

3-34. Cada cuerda puede soportar una tensión máxima de 20 lb. Determine el mayor peso de la lámpara que es posible sostener. Asimismo, determine el ángulo θ de la cuerda DC necesario para el equilibrio.

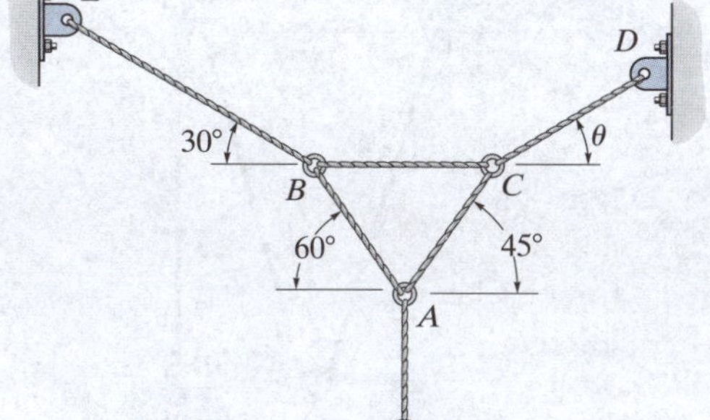

Probs. 3-33/34

3-35. El aro de tamaño insignificante se somete a una fuerza vertical de 200 lb. Determine la longitud l de la cuerda AC requerida para que la tensión que actúa en AC sea de 160 lb. Además, ¿cuál es la fuerza en la cuerda AB? *Sugerencia:* Utilice la condición de equilibrio para determinar el ángulo θ requerido para la conexión; después, determine l usando trigonometría aplicada al triángulo ABC.

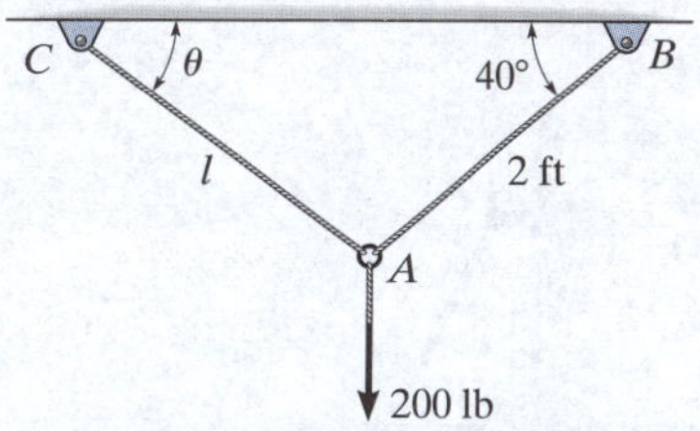

Prob. 3-35

***3-36.** El cable ABC tiene una longitud de 5 m. Determine la posición x y la tensión desarrollada en ABC necesaria para el equilibrio del fardo de 100 kg. No tome en cuenta el tamaño de la polea en B.

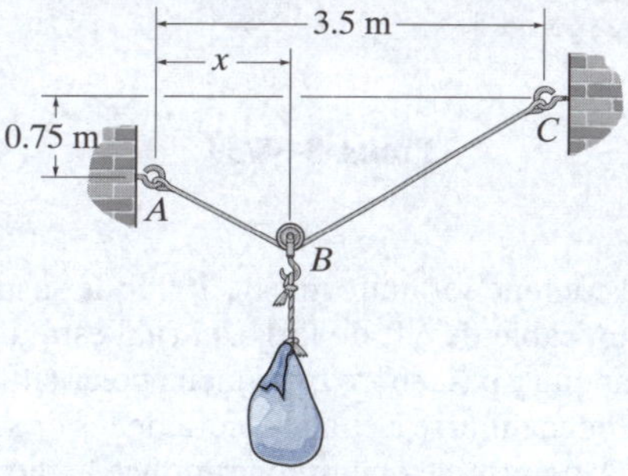

Prob. 3-36

3-37. Una esfera de 4 kg se apoya sobre la superficie parabólica suave. Determine la fuerza normal que ejerce sobre la superficie y la masa m_B del bloque B necesarias para mantenerlo en la posición de equilibrio que se indica en la figura.

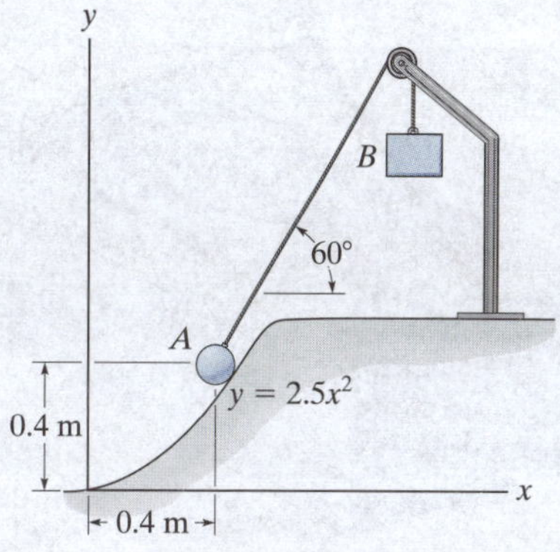

Prob. 3-37

3-38. Determine las fuerzas en los cables AC y AB necesarias para mantener en equilibrio la bola D de 20 kg. Considere que $F = 300$ N y $d = 1$ m.

3-39. La bola D tiene una masa de 20 kg. Si se aplica una fuerza $F = 100$ N horizontalmente sobre el aro en A, determine la dimensión d tal que la fuerza en el cable AC sea cero.

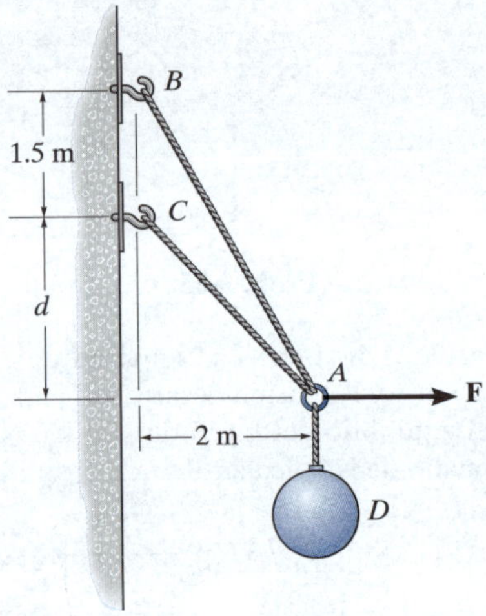

Probs. 3-38/39

3-41. La cuerda elástica única ABC se usa para soportar la carga de 40 lb. Determine la posición x y la tensión en la cuerda que se requieren para mantener el equilibrio. La cuerda pasa a través del aro liso en B y tiene una longitud sin estirar de 6 ft y una rigidez de $k = 50$ lb/ft.

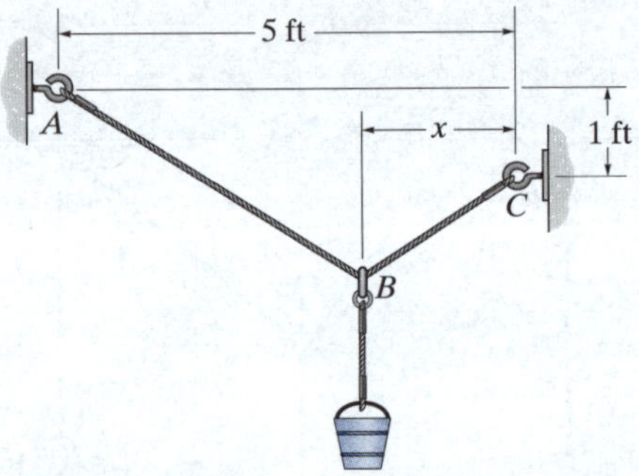

Prob. 3-41

***3-40.** El contenedor uniforme de 200 lb se suspende por medio de un cable de 6 ft de largo, el cual está unido a los lados del tanque y pasa sobre la pequeña polea situada en O. Si el cable puede unirse a cualesquiera de los dos puntos A y B o C y D, determine qué unión produce la menor cantidad de tensión en el cable. ¿Cuál es esa tensión?

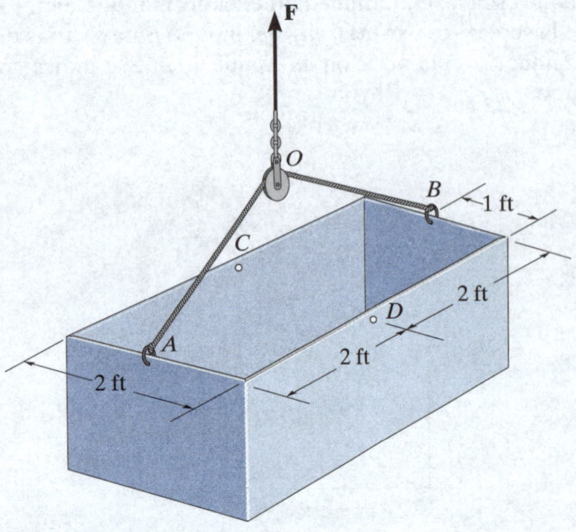

Prob. 3-40

3-42. Se construye una "balanza" con una cuerda de 4 ft de largo y el bloque D de 10 lb. El cable está fijo a un perno en A y pasa sobre dos poleas *pequeñas*. Determine el peso del bloque B suspendido, si el sistema está en equilibrio cuando $s = 1.5$ ft.

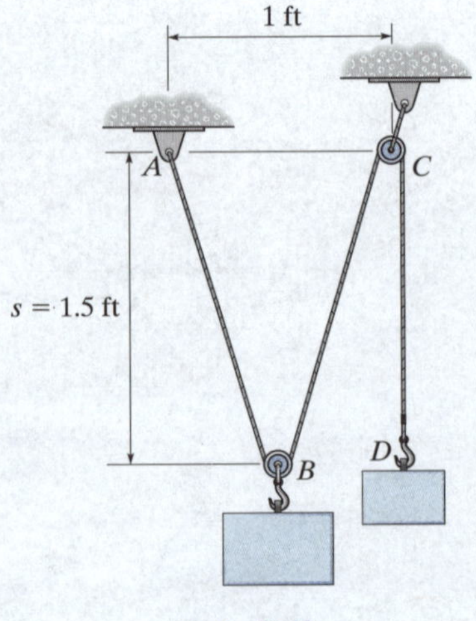

Prob. 3-42

PROBLEMAS CONCEPTUALES

C3-1. El panel de concreto para muro se coloca en posición mediante los dos cables *AB* y *AC* de igual longitud. Establezca las dimensiones adecuadas y utilice un análisis de equilibrio para demostrar que cuanto más largos sean los cables, menor será la fuerza en cada cable.

Prob. C3-1 (© Russell C. Hibbeler)

C3-2. Cada uno de los cables de elevación *BA* y *BC* tiene una longitud de 20 ft. Si la tensión máxima que puede soportar cada cable es de 900 lb, determine la distancia *AC* máxima entre ellos, para poder elevar la armadura uniforme de 1200 lb con velocidad constante.

Prob. C3-2 (© Russell C. Hibbeler)

C3-3. El dispositivo *DB* se utiliza para tirar de la cadena *ABC* con la finalidad de mantener una puerta cerrada en el contenedor. Si el ángulo entre *AB* y *BC* es de 30°, determine el ángulo entre *DB* y *BC* para lograr el equilibrio.

Prob. C3-3 (© Russell C. Hibbeler)

C3-4. La cadena *AB* tiene 1 m de largo y la cadena *AC* posee una longitud de 1.2 m. Si la distancia *BC* es de 1.5 m y *AB* puede soportar una fuerza máxima de 2 kN, mientras que *AC* puede soportar una fuerza máxima de 0.8 kN, determine la mayor fuerza *F* vertical que puede aplicarse al eslabón en *A*.

Prob. C3-4 (© Russell C. Hibbeler)

3

3.4 Sistemas de fuerzas tridimensionales

En la sección 3.1 establecimos que la condición necesaria y suficiente para el equilibrio de una partícula es

$$\Sigma \mathbf{F} = \mathbf{0} \tag{3-4}$$

En el caso de un sistema de fuerza tridimensional, como el de la figura 3-9, podemos descomponer las fuerzas en sus respectivas componentes **i**, **j**, **k**, de manera que $\Sigma F_x \mathbf{i} + \Sigma F_y \mathbf{j} + \Sigma F_z \mathbf{k} = \mathbf{0}$. Para satisfacer esta ecuación requerimos

$$\begin{aligned} \Sigma F_x &= 0 \\ \Sigma F_y &= 0 \\ \Sigma F_z &= 0 \end{aligned} \tag{3-5}$$

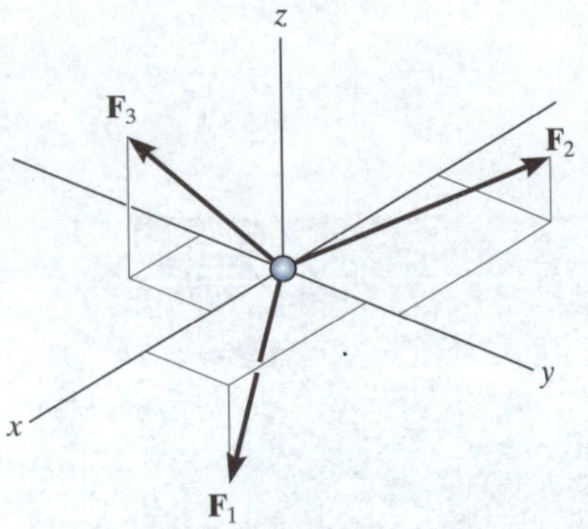

Fig. 3-9

Las tres ecuaciones establecen que la *suma algebraica* de las componentes de todas las fuerzas que actúan sobre la partícula a lo largo de cada uno de los ejes de coordenadas debe ser igual a cero. Si las utilizamos, podremos resolver un máximo de tres incógnitas que, por lo común, se representan como magnitudes o ángulos directores coordenados de fuerzas, los cuales se muestran en el diagrama de cuerpo libre de la partícula.

Procedimiento para el análisis

Los problemas de equilibrio de fuerzas tridimensionales para una partícula pueden resolverse con el siguiente procedimiento.

Diagrama de cuerpo libre

- Establezca los ejes x, y, z en cualquier orientación adecuada.
- Rotule todas las magnitudes y direcciones de las fuerzas conocidas y desconocidas sobre el diagrama.
- El sentido de una fuerza que tenga magnitud desconocida puede suponerse.

Ecuaciones de equilibrio

- Use las ecuaciones escalares de equilibrio, $\Sigma F_x = 0, \Sigma F_y = 0, \Sigma F_z = 0$, en los casos donde sea fácil descomponer cada fuerza en sus componentes x, y, z.
- Si la geometría tridimensional le parece difícil, entonces exprese primero cada fuerza como un vector cartesiano en el diagrama de cuerpo libre, sustituya esos vectores en $\Sigma \mathbf{F} = \mathbf{0}$ y, después, iguale a cero las componentes **i**, **j**, **k**.
- Si la solución para una fuerza da un resultado negativo, ello indica que el sentido de la fuerza es el inverso del mostrado en el diagrama de cuerpo libre.

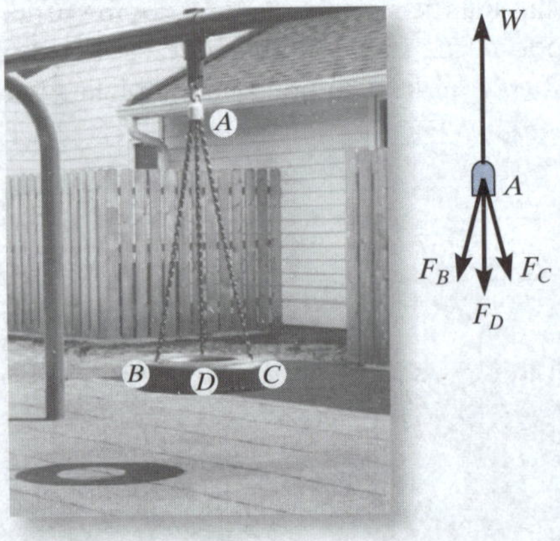

La junta en A se somete a una fuerza desde el soporte, así como a las fuerzas de cada una de las tres cadenas. Si el neumático y cualquier carga sobre éste tienen un peso W, entonces la fuerza en el soporte será **W**, y es posible aplicar las tres ecuaciones escalares de equilibrio al diagrama de cuerpo libre de la junta, con la finalidad de determinar las fuerzas de las cadenas, $\mathbf{F}_B$, $\mathbf{F}_C$ y $\mathbf{F}_D$. (© Russell C. Hibbeler)

EJEMPLO 3.5

Una carga de 90 lb está suspendida del gancho que se muestra en la figura 3-10*a*. Si la carga se sostiene mediante dos cables y un resorte con rigidez $k = 500$ lb/ft, determine la fuerza presente en los cables y el alargamiento del resorte para lograr la posición de equilibrio. El cable AD se encuentra en el plano x-y y el cable AC está en plano x-z.

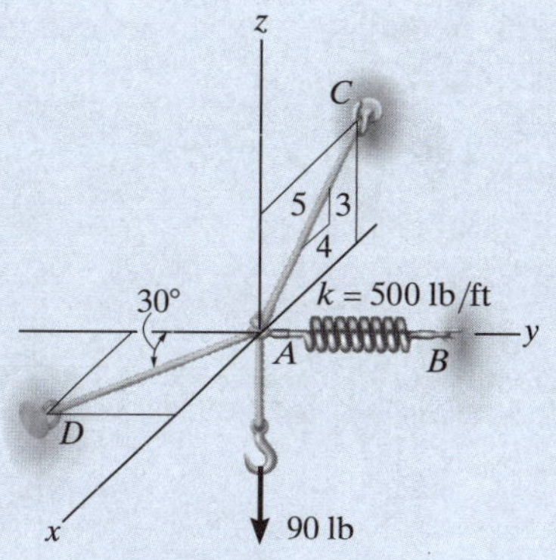

(a)

SOLUCIÓN

El alargamiento del resorte se puede determinar una vez que se haya calculado la fuerza que hay en él.

Diagrama de cuerpo libre. Se selecciona la conexión en A para el análisis del equilibrio, ya que las fuerzas presentes en los cables son concurrentes en este punto. El diagrama de cuerpo libre se ilustra en la figura 3-10*b*.

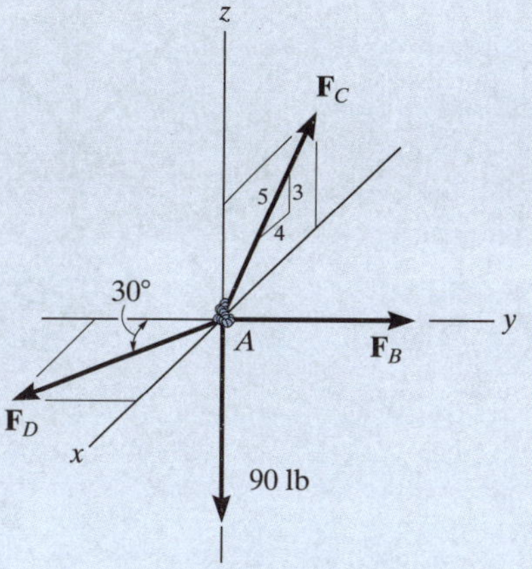

(b)

Fig. 3-10

Ecuaciones de equilibrio. Por inspección, cada fuerza se puede separar fácilmente en sus componentes x, y, z y, por lo tanto, es posible aplicar directamente las tres ecuaciones escalares de equilibrio. Si consideramos las componentes dirigidas a lo largo de los ejes positivos como "positivas", tenemos

$$\Sigma F_x = 0; \qquad F_D \operatorname{sen} 30° - \left(\tfrac{4}{5}\right) F_C = 0 \qquad (1)$$

$$\Sigma F_y = 0; \qquad -F_D \cos 30° + F_B = 0 \qquad (2)$$

$$\Sigma F_z = 0; \qquad \left(\tfrac{3}{5}\right) F_C - 90 \text{ lb} = 0 \qquad (3)$$

Al despejar F_C de la ecuación (3), luego F_D de la ecuación (1) y finalmente F_B de la ecuación (2), se obtiene

$$F_C = 150 \text{ lb} \qquad \textit{Resp.}$$

$$F_D = 240 \text{ lb} \qquad \textit{Resp.}$$

$$F_B = 207.8 \text{ lb} = 208 \text{ lb} \qquad \textit{Resp.}$$

Entonces, el alargamiento del resorte es

$$F_B = ks_{AB}$$

$$207.8 \text{ lb} = (500 \text{ lb/ft})(s_{AB})$$

$$s_{AB} = 0.416 \text{ ft} \qquad \textit{Resp.}$$

NOTA: Como los resultados para todas las fuerzas en los cables son positivos, cada uno de los cables se encuentra en tensión; es decir, tira desde el punto A como era de esperarse (fig. 3-10*b*).

EJEMPLO 3.6

La lámpara de 10 kg que se muestra en la figura 3-11*a* está suspendida de tres cuerdas que tienen la misma longitud. Determine su mínima distancia vertical *s* medida desde el techo, si la fuerza desarrollada en cualquier cuerda no puede ser mayor que 50 N.

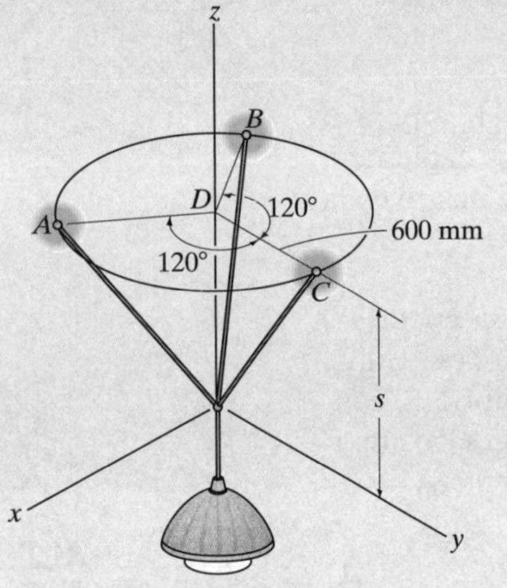

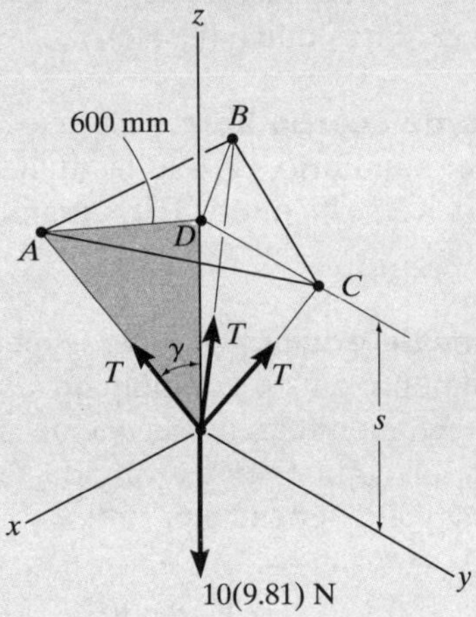

Fig. 3-11

SOLUCIÓN

Diagrama de cuerpo libre. Por simetría (fig. 3-11*b*), la distancia $DA = DB = DC = 600$ mm. A partir de $\Sigma F_x = 0$ y $\Sigma F_y = 0$ se deduce que la tensión T en cada cuerda será la misma. Además, el ángulo entre cada cuerda y el eje z es γ.

Ecuación de equilibrio. Si aplicamos la ecuación de equilibrio a lo largo del eje z, con $T = 50$ N, tenemos

$$\Sigma F_z = 0; \qquad 3[(50\text{ N})\cos\gamma] - 10(9.81)\text{ N} = 0$$

$$\gamma = \cos^{-1}\frac{98.1}{150} = 49.16^\circ$$

A partir del triángulo sombreado de la figura 3-11*b*,

$$\tan 49.16^\circ = \frac{600\text{ mm}}{s}$$

$$s = 519\text{ mm} \qquad \textit{Resp.}$$

EJEMPLO 3.7

Determine la fuerza en cada cable que se utiliza para sostener la caja de 40 lb que se muestra en la figura 3-12*a*.

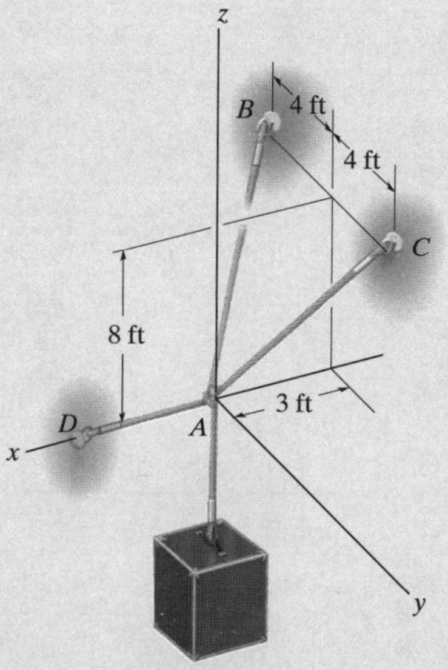

(a)

SOLUCIÓN

Diagrama de cuerpo libre. Como se indica en la figura 3-12*b*, se considera el diagrama de cuerpo libre del punto *A* para "exponer" las tres fuerzas desconocidas en los cables.

Ecuaciones de equilibrio. Primero expresaremos cada fuerza en su forma de vector cartesiano. Como las coordenadas de los puntos *B* y *C* son $B(-3\text{ ft}, -4\text{ ft}, 8\text{ ft})$ y $C(-3\text{ ft}, 4\text{ ft}, 8\text{ ft})$, tenemos

$$\mathbf{F}_B = F_B\left[\frac{-3\mathbf{i} - 4\mathbf{j} + 8\mathbf{k}}{\sqrt{(-3)^2 + (-4)^2 + (8)^2}}\right]$$
$$= -0.318F_B\mathbf{i} - 0.424F_B\mathbf{j} + 0.848F_B\mathbf{k}$$

$$\mathbf{F}_C = F_C\left[\frac{-3\mathbf{i} + 4\mathbf{j} + 8\mathbf{k}}{\sqrt{(-3)^2 + (4)^2 + (8)^2}}\right]$$
$$= -0.318F_C\mathbf{i} + 0.424F_C\mathbf{j} + 0.848F_C\mathbf{k}$$

$$\mathbf{F}_D = F_D\mathbf{i}$$

$$\mathbf{W} = \{-40\mathbf{k}\}\text{ lb}$$

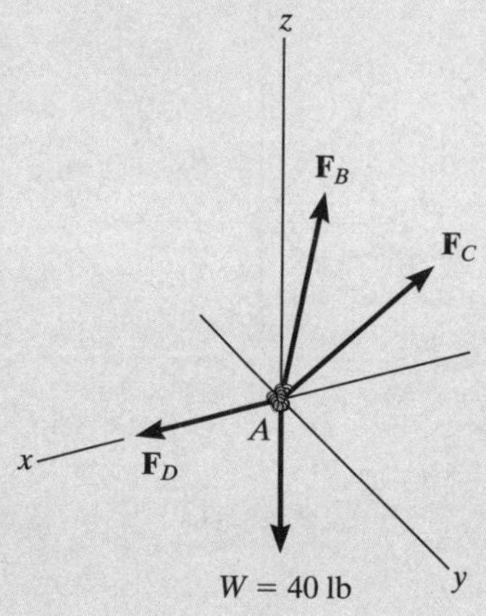

(b)

Fig. 3-12

El equilibrio requiere que

$$\Sigma\mathbf{F} = \mathbf{0}; \qquad \mathbf{F}_B + \mathbf{F}_C + \mathbf{F}_D + \mathbf{W} = \mathbf{0}$$
$$-0.318F_B\mathbf{i} - 0.424F_B\mathbf{j} + 0.848F_B\mathbf{k}$$
$$-0.318F_C\mathbf{i} + 0.424F_C\mathbf{j} + 0.848F_C\mathbf{k} + F_D\mathbf{i} - 40\mathbf{k} = \mathbf{0}$$

Al igualar a cero las respectivas componentes **i**, **j**, **k**,

$$\Sigma F_x = 0; \qquad -0.318F_B - 0.318F_C + F_D = 0 \qquad (1)$$

$$\Sigma F_y = 0; \qquad -0.424F_B + 0.424F_C = 0 \qquad (2)$$

$$\Sigma F_z = 0; \qquad 0.848F_B + 0.848F_C - 40 = 0 \qquad (3)$$

La ecuación (2) establece que $F_B = F_C$. Entonces, al despejar F_B y F_C de la ecuación (3) y sustituir el resultado en la ecuación (1) para obtener F_D, tenemos

$$F_B = F_C = 23.6\text{ lb} \qquad \textit{Resp.}$$

$$F_D = 15.0\text{ lb} \qquad \textit{Resp.}$$

EJEMPLO 3.8

Determine la tensión en cada una de las cuerdas usadas para sostener el cajón de 100 kg que se muestra en la figura 3-13*a*.

SOLUCIÓN

Diagrama de cuerpo libre. La fuerza en cada una de las cuerdas se puede determinar si investigamos el equilibrio del punto A. El diagrama de cuerpo libre se muestra en la figura 3-13*b*. El peso de la caja es $W = 100(9.81) = 981$ N.

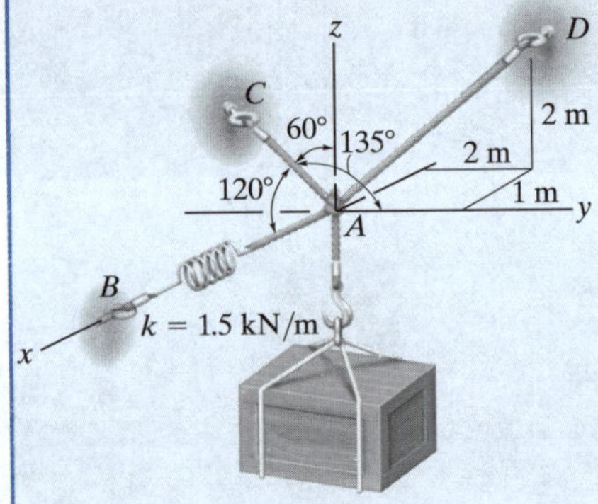

(a)

Ecuaciones de equilibrio. Cada fuerza incluida en el diagrama de cuerpo libre se expresa primero en forma vectorial cartesiana. Con la ecuación 2-9 para $\mathbf{F}_C$ y el punto $D(-1\text{ m}, 2\text{ m}, 2\text{ m})$ para $\mathbf{F}_D$, tenemos

$$\mathbf{F}_B = F_B\mathbf{i}$$

$$\mathbf{F}_C = F_C\cos 120°\mathbf{i} + F_C\cos 135°\mathbf{j} + F_C\cos 60°\mathbf{k}$$

$$= -0.5F_C\mathbf{i} - 0.707F_C\mathbf{j} + 0.5F_C\mathbf{k}$$

$$\mathbf{F}_D = F_D\left[\frac{-1\mathbf{i} + 2\mathbf{j} + 2\mathbf{k}}{\sqrt{(-1)^2 + (2)^2 + (2)^2}}\right]$$

$$= -0.333F_D\mathbf{i} + 0.667F_D\mathbf{j} + 0.667F_D\mathbf{k}$$

$$\mathbf{W} = \{-981\mathbf{k}\}\text{ N}$$

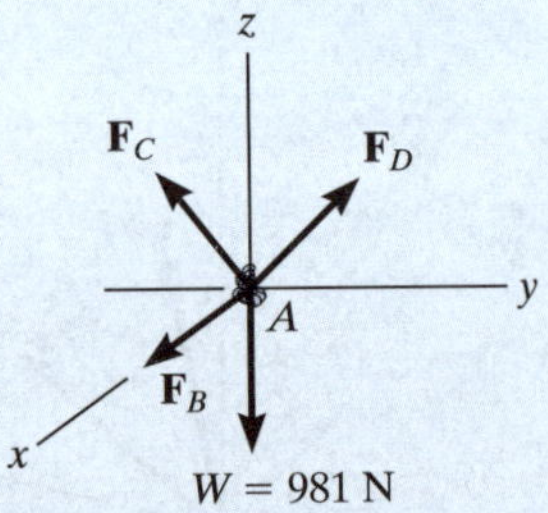

(b)

Fig. 3-13

Para el equilibrio se requiere que

$$\Sigma\mathbf{F} = \mathbf{0};\qquad \mathbf{F}_B + \mathbf{F}_C + \mathbf{F}_D + \mathbf{W} = \mathbf{0}$$

$$F_B\mathbf{i} - 0.5F_C\mathbf{i} - 0.707F_C\mathbf{j} + 0.5F_C\mathbf{k}$$
$$-0.333F_D\mathbf{i} + 0.667F_D\mathbf{j} + 0.667F_D\mathbf{k} - 981\mathbf{k} = \mathbf{0}$$

Al igualar a cero las respectivas componentes **i**, **j**, **k**, resulta

$$\Sigma F_x = 0;\qquad F_B - 0.5F_C - 0.333F_D = 0 \qquad (1)$$

$$\Sigma F_y = 0;\qquad -0.707F_C + 0.667F_D = 0 \qquad (2)$$

$$\Sigma F_z = 0;\qquad 0.5F_C + 0.667F_D - 981 = 0 \qquad (3)$$

Al despejar F_D de la ecuación (2) en términos de F_C, y sustituir el resultado en la ecuación (3), se obtiene F_C. Luego, se determina F_D a partir de la ecuación (2). Por último, al sustituir los resultados en la ecuación (1) se obtiene F_B. Por consiguiente,

$$F_C = 813\text{ N}$$ *Resp.*

$$F_D = 862\text{ N}$$ *Resp.*

$$F_B = 694\text{ N}$$ *Resp.*

PROBLEMAS FUNDAMENTALES

Todas las soluciones a los problemas deben incluir un DCL.

F3-7. Determine la magnitud de las fuerzas $\mathbf{F}_1$, $\mathbf{F}_2$, $\mathbf{F}_3$, de manera que la partícula se mantenga en equilibrio.

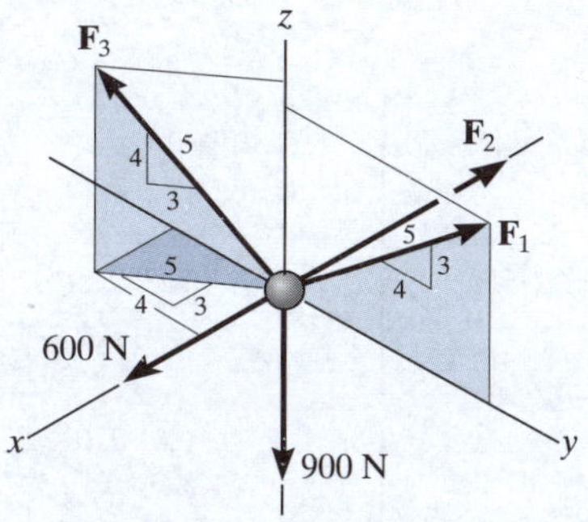

Prob. F3-7

F3-8. Determine la tensión desarrollada en los cables *AB*, *AC* y *AD*.

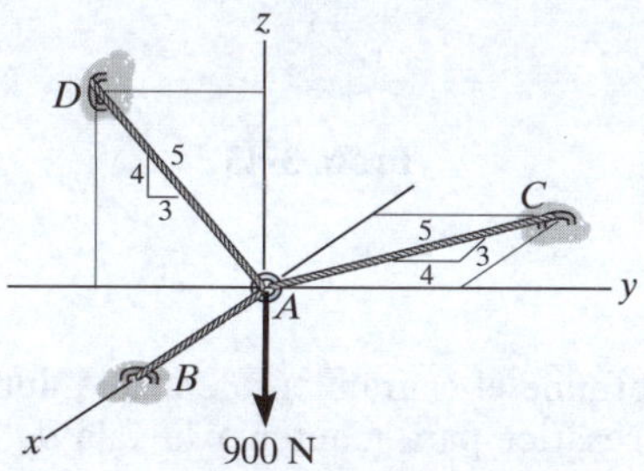

Prob. F3-8

F3-9. Determine la tensión desarrollada en los cables *AB*, *AC* y *AD*.

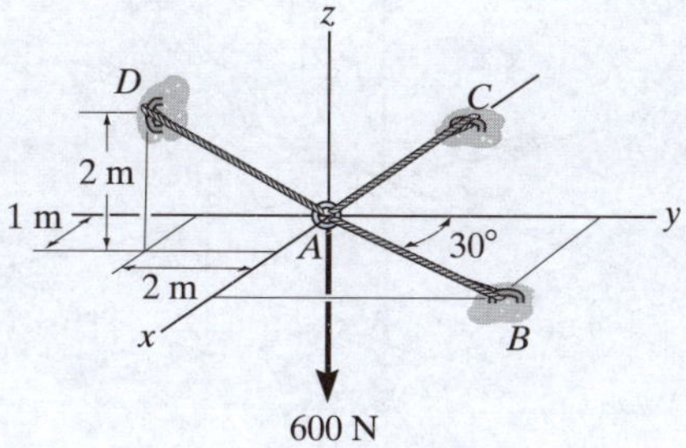

Prob. F3-9

F3-10. Determine la tensión desarrollada en los cables *AB*, *AC* y *AD*.

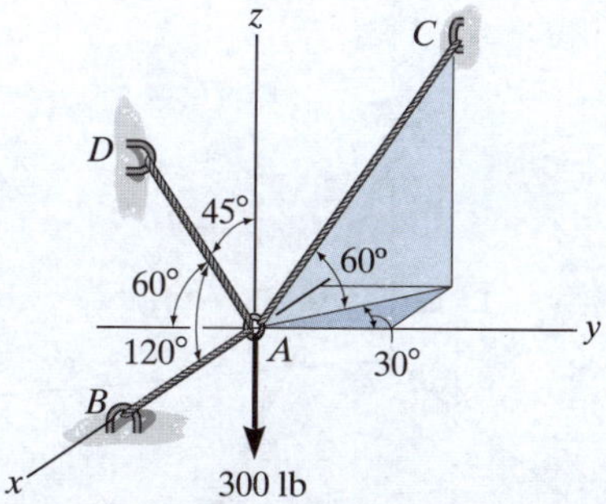

Prob. F3-10

F3-11. La caja de 150 lb se sostiene mediante los cables *AB*, *AC* y *AD*. Determine la tensión en estos cables.

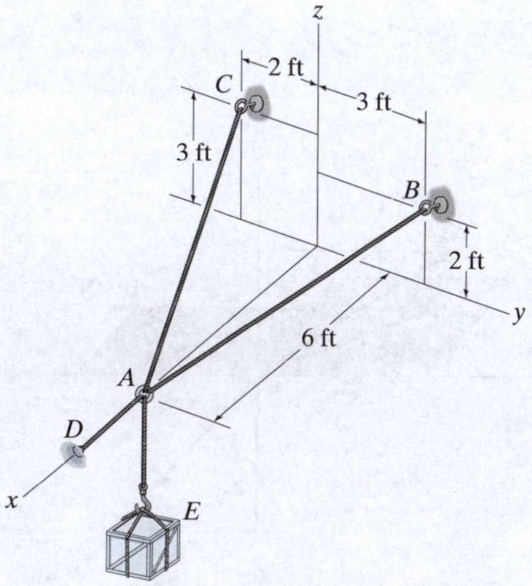

Prob. F3-11

PROBLEMAS

Todas las soluciones a los problemas deben incluir un DCL.

3-43. Los tres cables se usan para sostener la maceta de 40 kg. Determine la fuerza desarrollada en cada cable para alcanzar el equilibrio.

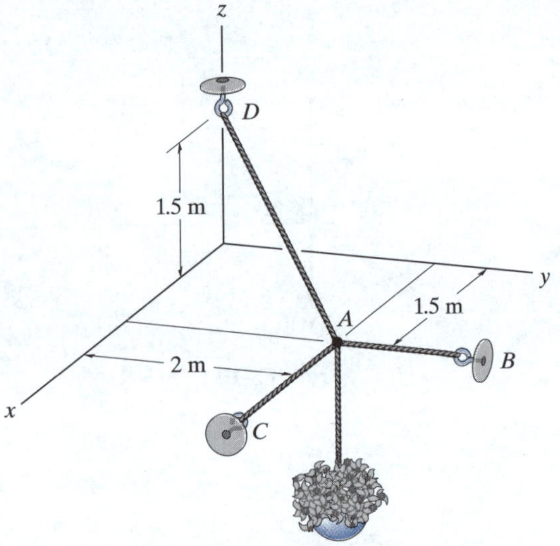

Prob. 3-43

***3-44.** Determine las magnitudes de $\mathbf{F}_1$, $\mathbf{F}_2$ y $\mathbf{F}_3$ para lograr el equilibrio de la partícula.

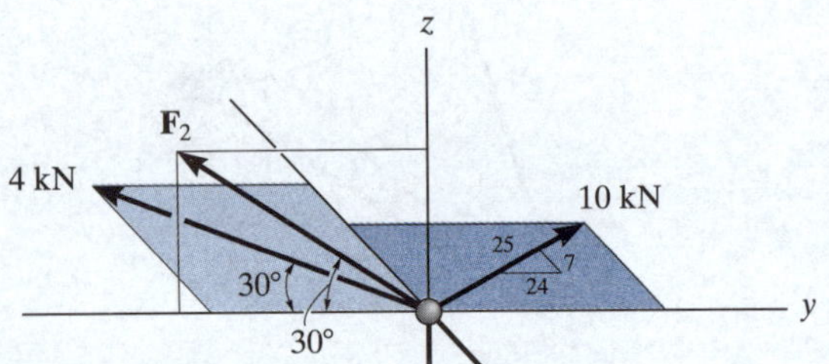

Prob. 3-44

3-45. Si la cubeta y su contenido tienen un peso total de 20 lb, determine la fuerza en los cables de soporte DA, DB y DC.

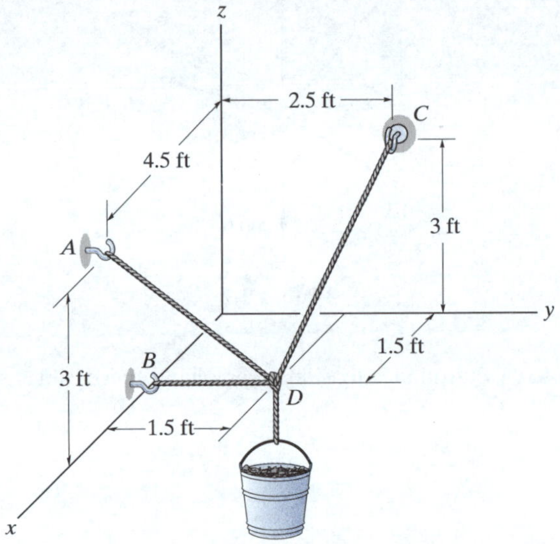

Prob. 3-45

3-46. Determine el estiramiento en cada uno de los dos resortes necesarios para mantener la caja de 20 kg en la posición de equilibrio mostrada. Cada resorte tiene una longitud sin estirar de 2 m y una rigidez de $k = 300$ N/m.

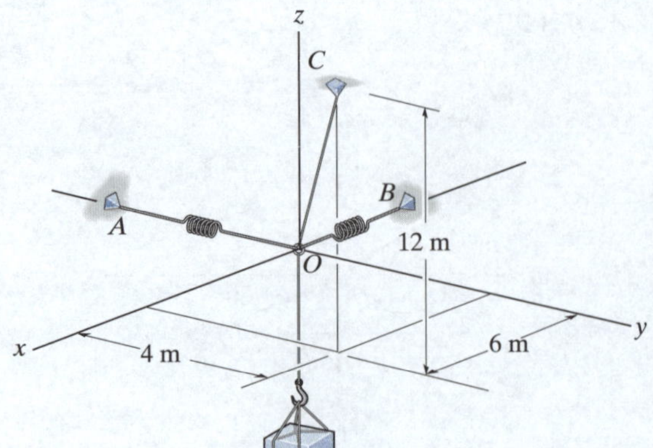

Prob. 3-46

3-47. Determine la fuerza en cada cable necesaria para sostener la maceta de 20 kg.

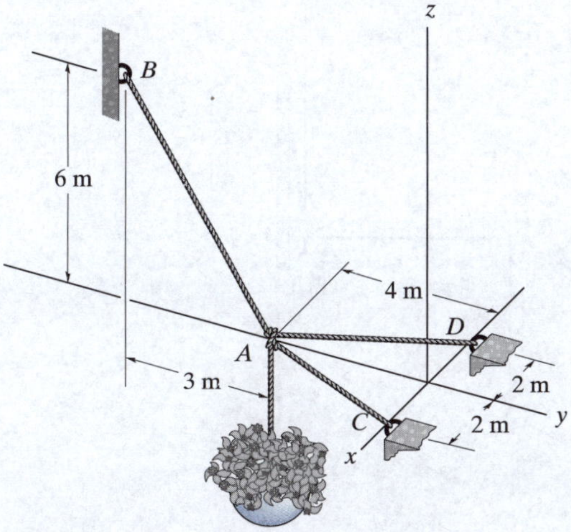

Prob. 3-47

3-50. Determine la fuerza en cada cable si $F = 500$ lb.

3-51. Determine la mayor fuerza **F** que puede aplicarse al aro, si cada cable soporta una fuerza máxima de 800 lb.

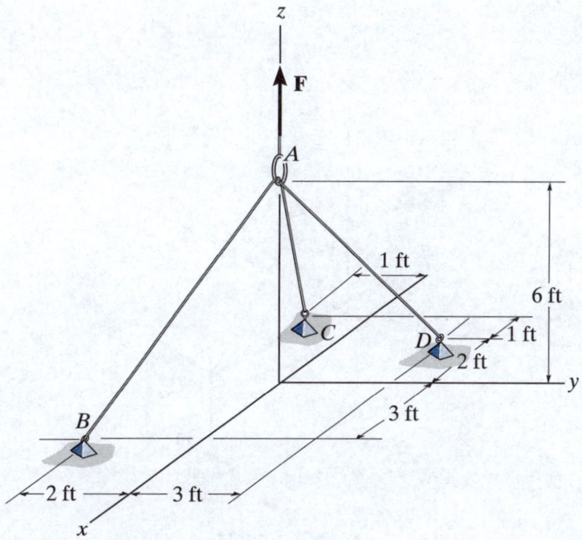

Probs. 3-50/51

***3-48.** Determine la tensión en los cables a fin de sostener la caja de 100 kg en la posición de equilibrio mostrada.

3-49. Determine la masa máxima de la caja, para que la tensión desarrollada en cualquiera de los cables no supere los 3 kN.

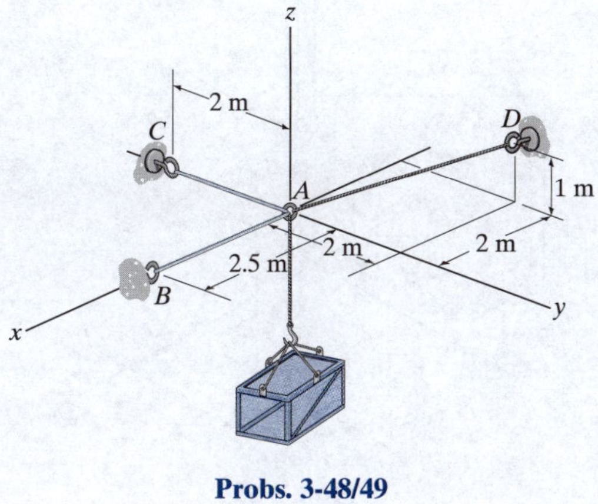

Probs. 3-48/49

***3-52.** Determine las tensiones desarrolladas en los cables AB y AC, así como la fuerza desarrollada a lo largo del puntal AD para lograr el equilibrio de la caja de 400 lb.

3-53. Si la tensión desarrollada en cada cable no puede exceder 300 lb, determine el mayor peso de la caja que puede soportarse. Además, ¿cuál es la fuerza desarrollada a lo largo del puntal AD?

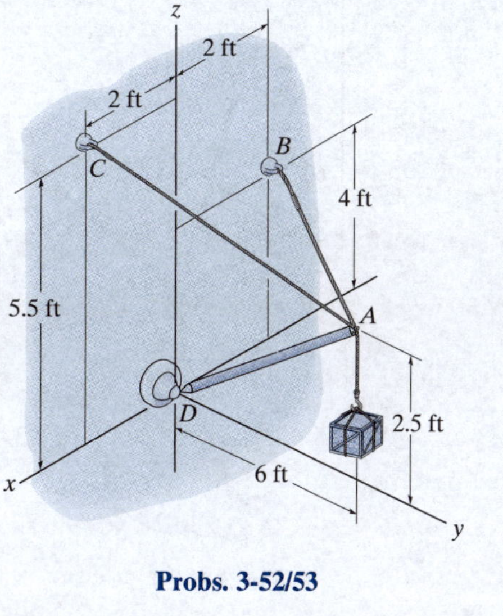

Probs. 3-52/53

3-54. Determine la tensión desarrollada en cada cable para lograr el equilibrio de la caja de 300 lb.

3-55. Determine el peso máximo de la caja que puede suspenderse de los cables *AB*, *AC* y *AD*, de manera que la tensión desarrollada en cualquiera de los cables no exceda 250 lb.

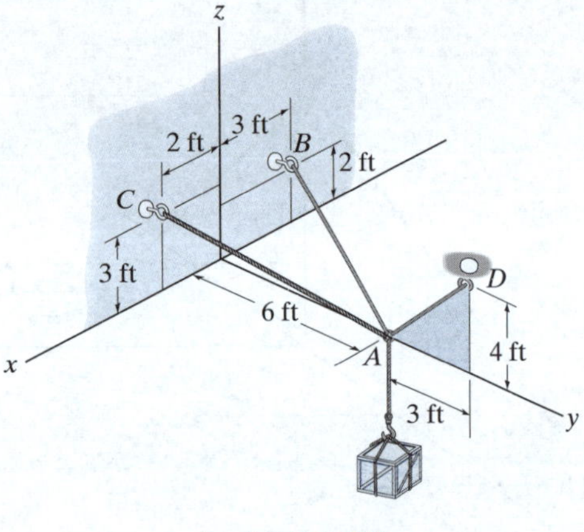

Probs. 3-54/55

***3-56.** La maceta de 25 kg se sostiene en *A* mediante las tres cuerdas. Determine la fuerza que actúa en cada cuerda para lograr el equilibrio.

3-57. Si cada cuerda puede soportar una tensión máxima de 50 N antes de fallar, determine el mayor peso de la maceta que pueden soportar las cuerdas.

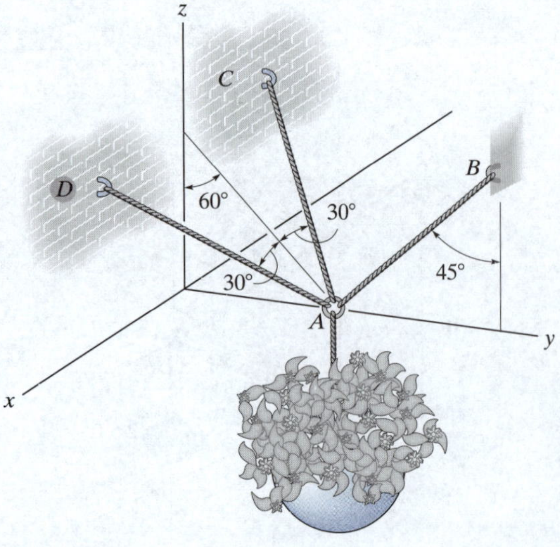

Probs. 3-56/57

3-58. Determine la tensión desarrollada en los tres cables para sostener el semáforo; éste tiene una masa de 15 kg. Considere que $h = 4$ m.

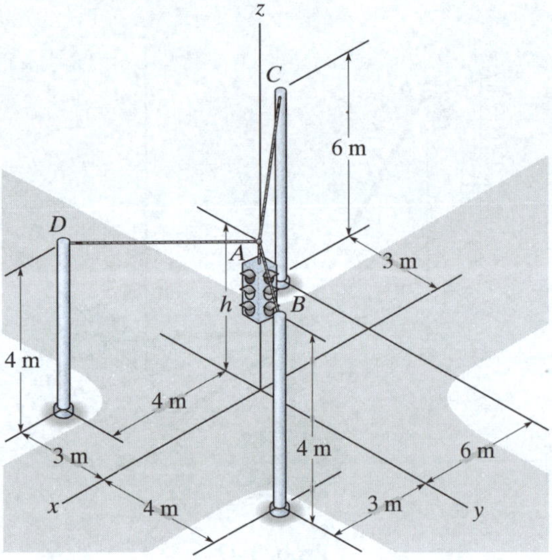

Prob. 3-58

3-59. Determine la tensión desarrollada en los tres cables para sostener el semáforo; éste tiene una masa de 20 kg. Considere que $h = 3.5$ m.

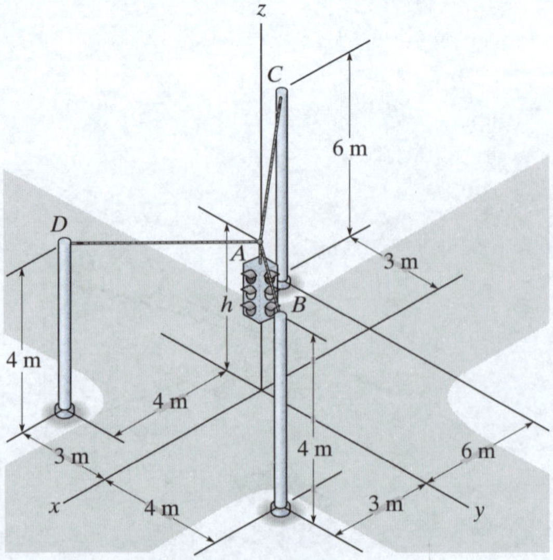

Prob. 3-59

***3-60.** El cilindro de 800 lb se sostiene mediante tres cadenas como se indica en la figura. Determine la fuerza necesaria en cada cadena para lograr el equilibrio. Considere que $d = 1$ ft.

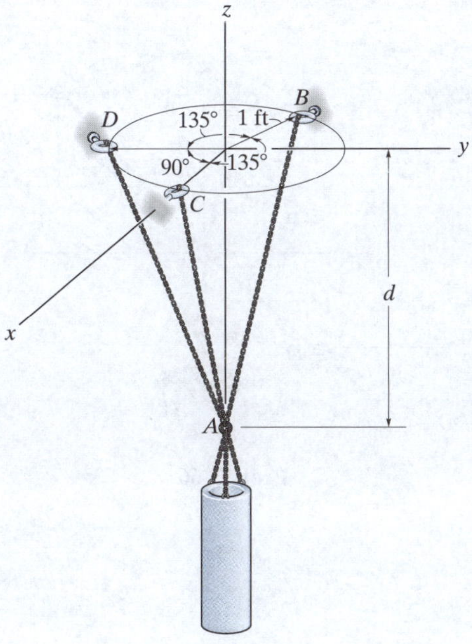

Prob. 3-60

3-61. Determine la tensión en cada cable para lograr el equilibrio.

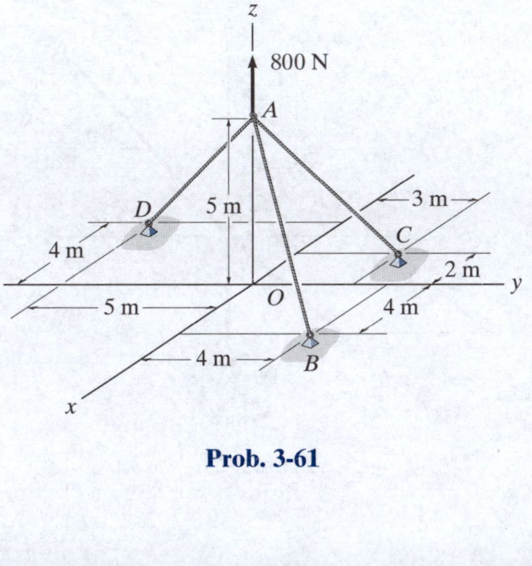

Prob. 3-61

3-62. Si la fuerza máxima en cada varilla no puede exceder 1500 N, determine la mayor masa de la caja que puede soportarse.

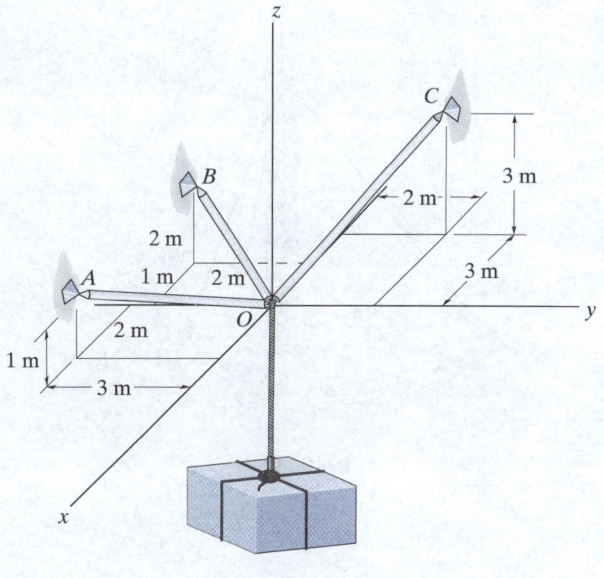

Prob. 3-62

3-63. La caja tiene una masa de 130 kg. Determine la tensión desarrollada en cada cable para lograr el equilibrio.

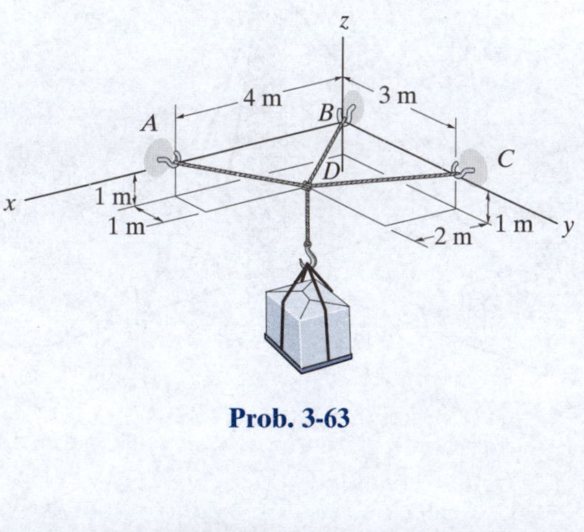

Prob. 3-63

***3-64.** Si el cable AD se aprieta mediante un tensor y desarrolla una tensión de 1300 lb, determine la tensión desarrollada en los cables AB y AC, así como la fuerza desarrollada a lo largo de la antena AE en el punto A.

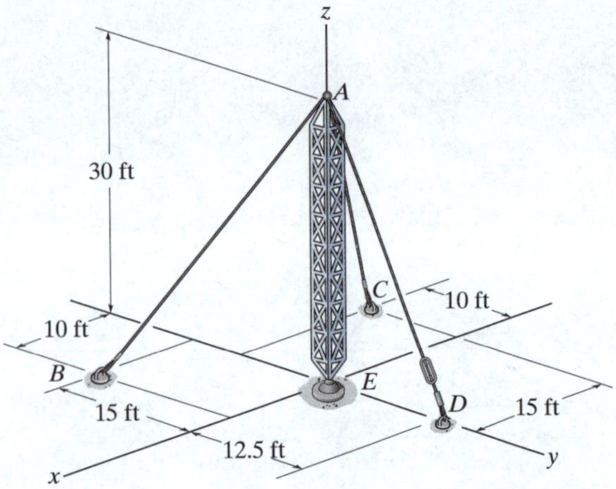

Prob. 3-64

3-65. Si la tensión desarrollada en cualquiera de los cables AB o AC no puede exceder 1000 lb, determine la tensión máxima que se puede desarrollar en el cable AD cuando se aprieta mediante un tensor. Además, ¿cuál es la fuerza desarrollada a lo largo de la antena en el punto A?

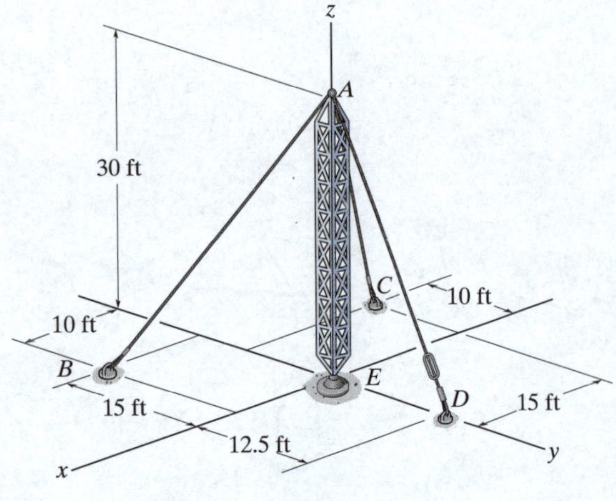

Prob. 3-65

3-66. Determine la tensión desarrollada en los cables AB, AC y AD requerida para lograr el equilibrio de la caja de 300 lb.

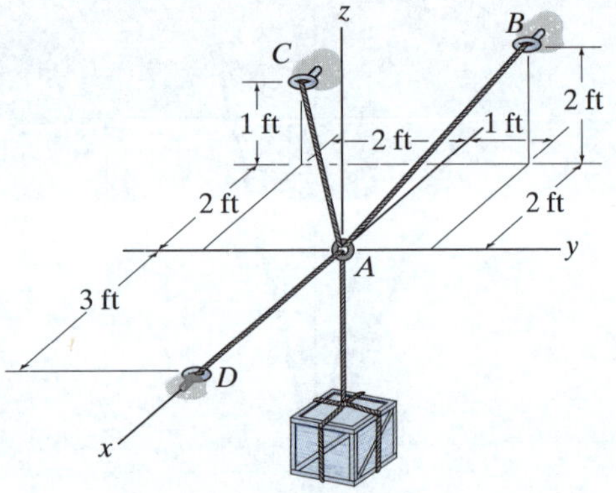

Prob. 3-66

3-67. Determine el peso máximo de la caja, tal que la tensión desarrollada en cualquiera de los cables no exceda 450 lb.

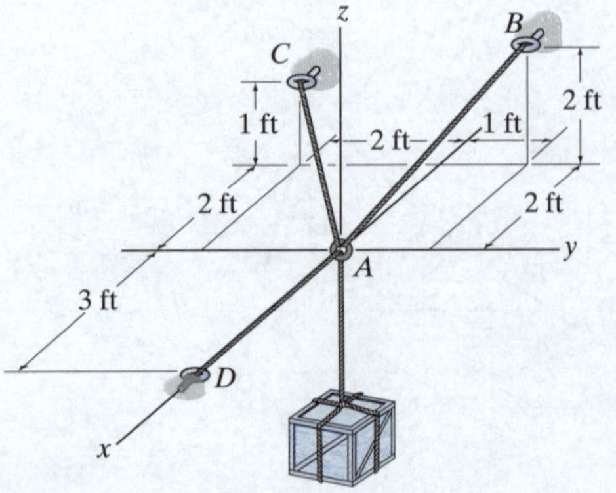

Prob. 3-67

REPASO DEL CAPÍTULO

Partícula en equilibrio

Cuando una partícula está en reposo o se mueve con velocidad constante, se dice que está en equilibrio. Esto requiere que todas las fuerzas que actúan sobre la partícula formen una fuerza resultante que sea igual a cero.

Para tomar en cuenta todas las fuerzas que actúan sobre una partícula, es necesario trazar su diagrama de cuerpo libre. Este diagrama es un perfil delineado de la partícula, que muestra todas las fuerzas actuantes con sus magnitudes y direcciones conocidas o desconocidas.

$$F_R = \Sigma F = 0$$

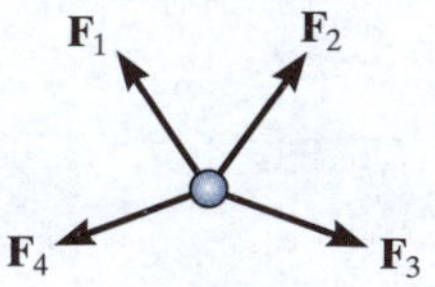

Dos dimensiones

Si el problema implica un resorte elástico lineal, entonces el alargamiento o la compresión *s* del resorte puede relacionarse con la fuerza aplicada a éste.

$$F = ks$$

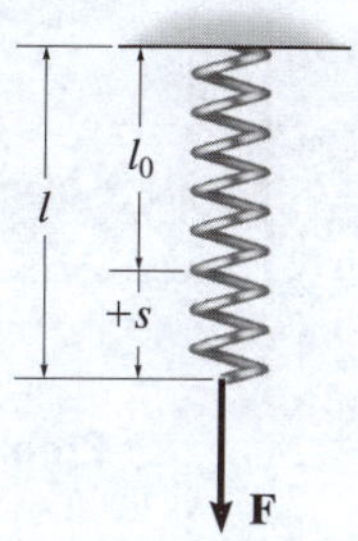

La fuerza de tensión desarrollada en un *cable continuo* que pasa sobre una polea sin fricción debe tener una magnitud *constante* a lo largo del cable para mantener a éste en equilibrio.

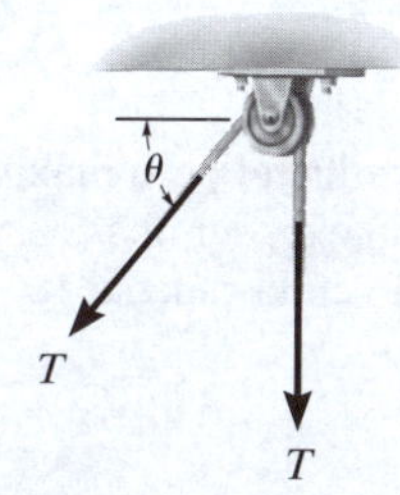

Las dos ecuaciones escalares de equilibrio de fuerzas, pueden aplicarse con referencia a un sistema de coordenadas *x*, *y* establecido.

$$\Sigma F_x = 0$$
$$\Sigma F_y = 0$$

Tres dimensiones

Si la geometría tridimensional es difícil de visualizar, la ecuación de equilibrio debería aplicarse con un análisis vectorial cartesiano, lo cual requiere expresar primero cada fuerza incluida en el diagrama de cuerpo libre como un vector cartesiano. Cuando las fuerzas se suman y se igualan a cero, entonces las componentes **i**, **j** y **k** también son iguales a cero.

$$\Sigma \mathbf{F} = \mathbf{0}$$

$$\Sigma F_x = 0$$
$$\Sigma F_y = 0$$
$$\Sigma F_z = 0$$

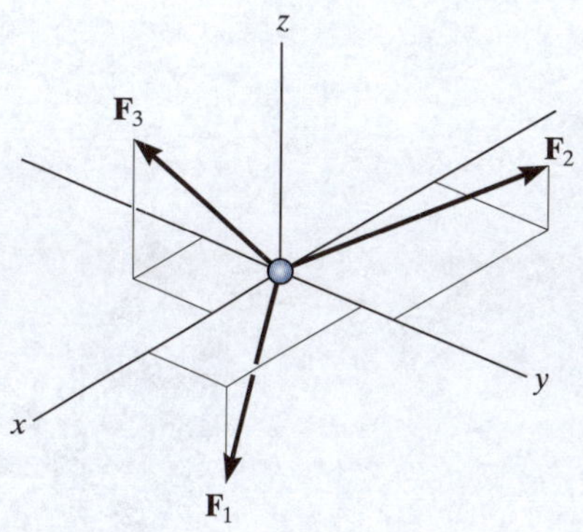

PROBLEMAS DE REPASO

Todas las soluciones a los problemas deben incluir un DCL.

R3-1. El tubo se mantiene en su lugar mediante el tornillo de banco. Si el tornillo ejerce una fuerza de 50 lb sobre el tubo en la dirección indicada, determine las fuerzas F_A y F_B que ejercen los contactos lisos en A y B sobre el tubo.

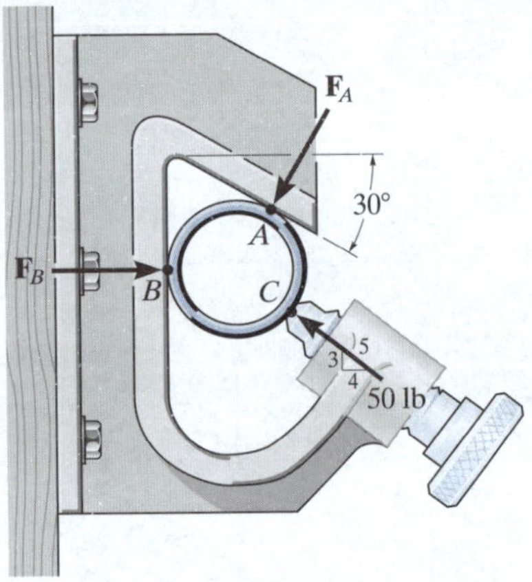

Prob. R3-1

R3-2. Determine el peso máximo del motor que se puede soportar sin exceder una tensión de 450 lb en la cadena AB y de 480 lb en la cadena AC.

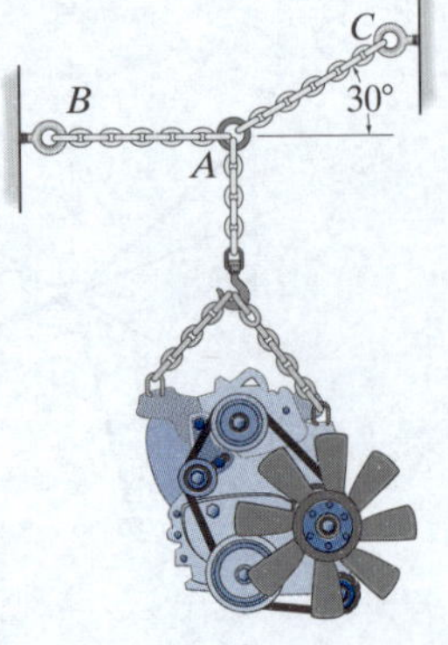

Prob. R3-2

R3-3. Determine el peso máximo de la maceta que se puede soportar sin exceder una tensión del cable de 50 lb, ya sea en el cable AB o en el AC.

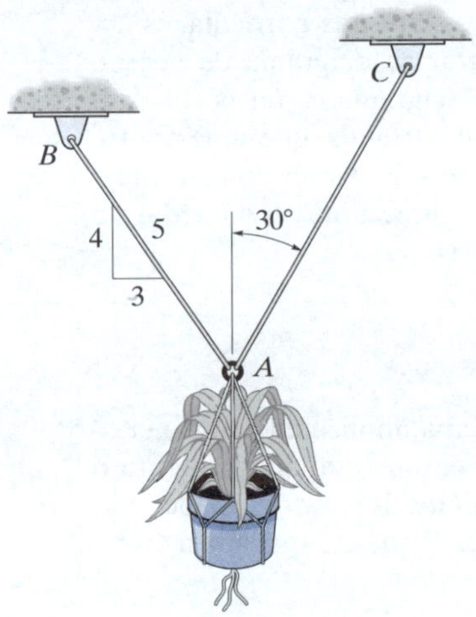

Prob. R3-3

R3-4. Cuando y es cero, los resortes soportan una fuerza de 60 lb. Determine la magnitud de las fuerzas verticales aplicadas **F** y −**F** que son necesarias para separar el punto A del punto B una distancia de $y = 2$ ft. Los extremos de las cuerdas CAD y el CBD están unidos a los aros en C y D.

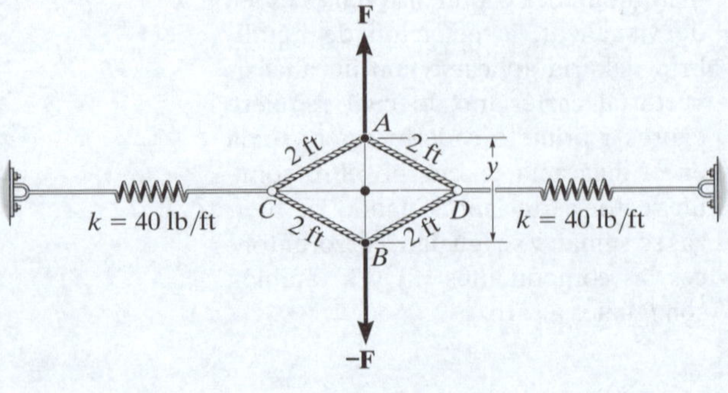

Prob. R3-4

R3-5. La junta de un marco espacial se somete a cuatro fuerzas de los miembros. El miembro *OA* se encuentra en el plano *x-y* y el miembro *OB* se encuentra en el plano *y-z*. Determine la fuerza que actúa en cada uno de los miembros y que es necesaria para alcanzar el equilibrio de la junta.

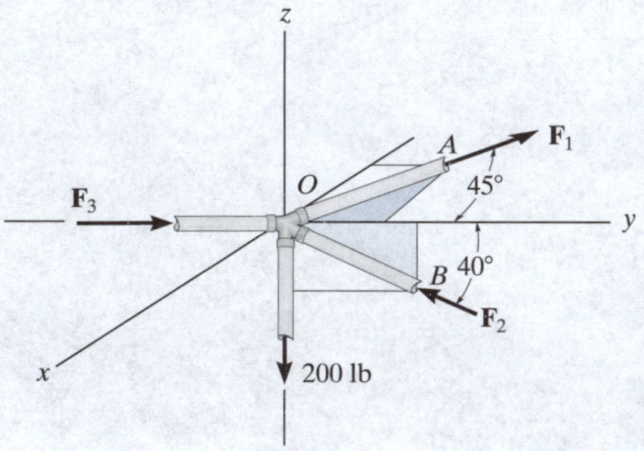

Prob. R3-5

R3-6. Determine las magnitudes de $\mathbf{F}_1$, $\mathbf{F}_2$ y $\mathbf{F}_3$ necesarias para el equilibrio de la partícula.

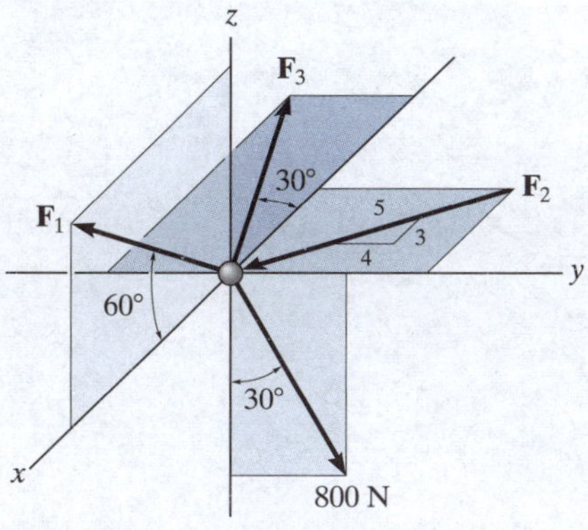

Prob. R3-6

R3-7. En cada cable determine la fuerza necesaria para sostener la carga de 500 lb.

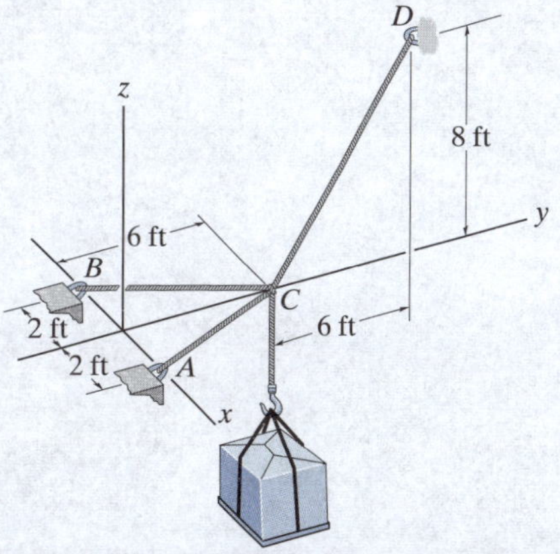

Prob. R3-7

R3-8. Si el cable *AB* se somete a una tensión de 700 N, determine la tensión en los cables *AC* y *AD*, así como la magnitud de la fuerza vertical **F**.

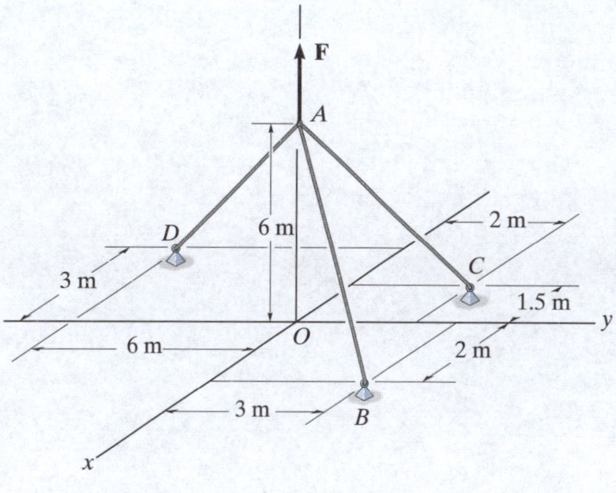

Prob. R3-8

Capítulo 4

(© Rolf Adlercreutz/Alamy)

La fuerza aplicada a esta llave producirá una rotación o una tendencia a la rotación. Este efecto se llama momento, y en este capítulo se estudiará la forma para determinar el momento de un sistema de fuerzas y calcular sus resultantes.

Resultantes de un sistema de fuerzas

OBJETIVOS DEL CAPÍTULO

- Analizar el concepto de momento de una fuerza y mostrar cómo calcularlo en dos y en tres dimensiones.
- Proporcionar un método para encontrar el momento de una fuerza con respecto a un eje específico.
- Definir el momento de un par.
- Mostrar cómo se encuentra el efecto resultante de un sistema de fuerzas no concurrentes.
- Indicar cómo reducir una carga simple distribuida a una fuerza resultante con una ubicación específica.

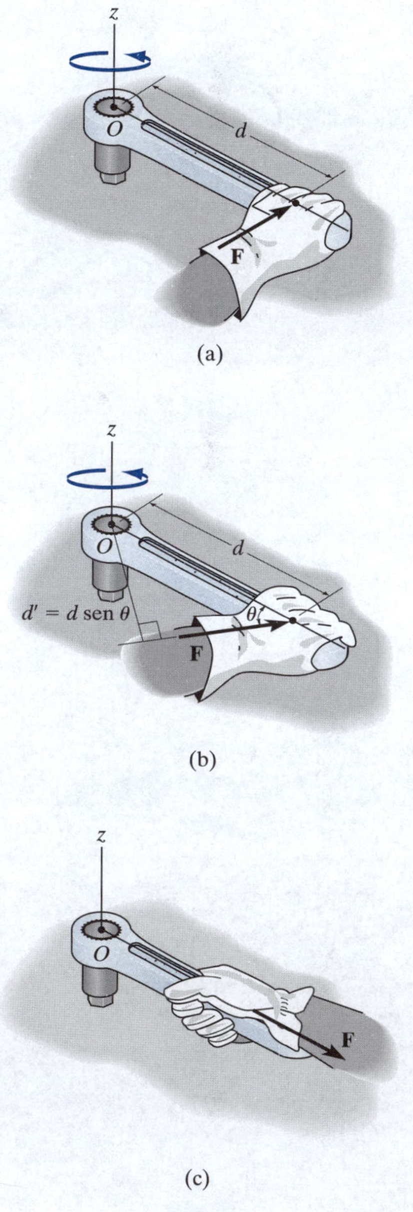

Fig. 4-1

4.1 Momento de una fuerza, formulación escalar

Cuando una fuerza se aplica a un cuerpo, aquélla producirá una tendencia a que el cuerpo gire alrededor de un punto que no está en la línea de acción de la fuerza. Esta tendencia a girar se conoce en ocasiones como ***par de torsión (torque)***, pero con mayor frecuencia se denomina momento de una fuerza o simplemente ***momento***. Por ejemplo, considere una llave que se usa para desenroscar el perno de la figura 4-1a. Si se aplica una fuerza al maneral de la llave, ésta tenderá a girar el perno alrededor del punto O (o eje z). La magnitud del momento es directamente proporcional a la magnitud de $\mathbf{F}$ y a la distancia perpendicular o *brazo de momento d*. Cuanto mayor sea la fuerza o cuanto más grande sea el brazo de momento, mayor será el momento o el efecto de giro. Observe que si se aplica la fuerza $\mathbf{F}$ a un ángulo $\theta \neq 90°$ (fig. 4-1b), entonces será más difícil girar el perno, ya que el brazo de momento $d' = d \operatorname{sen} \theta$ será menor que d. Si se aplica $\mathbf{F}$ a lo largo de la llave (fig. 4-1c), su brazo de momento será igual a cero, ya que la línea de acción de $\mathbf{F}$ intersecará el punto O (el eje z). En consecuencia, el momento de $\mathbf{F}$ con respecto a O también es cero y no puede ocurrir el giro.

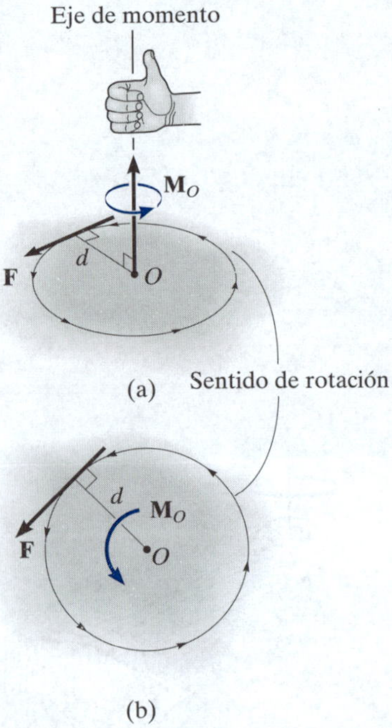

Fig. 4-2

Ahora podemos generalizar el análisis anterior y considerar la fuerza **F** y el punto O que se encuentran en el plano sombreado, como se muestra en la figura 4-2*a*. El momento $\mathbf{M}_O$ con respecto al punto O, o con respecto a un eje que pase por O y sea perpendicular al plano, es una *cantidad vectorial* porque tiene magnitud y dirección específicas.

Magnitud. La magnitud de $\mathbf{M}_O$ es

$$M_O = Fd \tag{4-1}$$

donde d es el ***brazo de momento*** o la *distancia perpendicular* desde el eje en el punto O hasta la línea de acción de la fuerza. Las unidades de la magnitud del momento son el producto de la fuerza multiplicada por la distancia, es decir, N · m o lb · ft.

Dirección. La dirección de $\mathbf{M}_O$ está definida por su ***eje de momento***, el cual es perpendicular al plano que contiene la fuerza **F** y su brazo de momento d. Para establecer el sentido de dirección de $\mathbf{M}_O$ se utiliza la regla de la mano derecha, según la cual la curvatura natural de los dedos de la mano derecha, cuando se alinean con d y se doblan hacia la palma siguiendo el sentido de la fuerza, representa la rotación o, si no es posible el movimiento, habrá una tendencia a la rotación causada por el momento. Cuando se realiza esta acción, el pulgar de la mano derecha dará el sentido de la dirección de $\mathbf{M}_O$ (fig. 4-2*a*). Observe que, en tres dimensiones, el vector de momento se ilustra mediante una flecha curva alrededor de una flecha. En dos dimensiones, este vector se representa sólo con la flecha curva como en la figura 4—2*b*. Como en este caso el momento tenderá a causar una rotación en sentido antihorario (contrario al de las manecillas del reloj), el vector de momento se dirige en realidad hacia afuera de la página.

Momento resultante. Para problemas bidimensionales, donde todas las fuerzas se encuentran en el plano *x-y* (fig. 4-3), el momento resultante $(\mathrm{M}_R)_O$ con respecto al punto O (el eje z) puede determinarse al *encontrar la suma algebraica* de los momentos causados por todas las fuerzas en el sistema. Como convención, consideraremos de manera general los *momentos positivos* como *en sentido antihorario* por estar dirigidos a lo largo del eje z positivo (fuera de la página). Los *momentos en sentido horario* (en el sentido de las manecillas del reloj) serán *negativos*. Al hacer esto, el sentido de dirección de cada momento puede representarse mediante un signo de *más* o uno de *menos*. Por lo tanto, si se utiliza esta convención de signos, donde una curvatura simbólica define la dirección positiva, el momento resultante en la figura 4-3 es

$$\circlearrowleft+(M_R)_o = \Sigma Fd; \qquad (M_R)_o = F_1d_1 - F_2d_2 + F_3d_3$$

Si el resultado numérico de esta suma es un escalar positivo, $(M_R)_O$ será un momento en sentido antihorario (afuera de la página); y si el resultado es negativo, $(M_R)_O$ será un momento en sentido horario (adentro de la página).

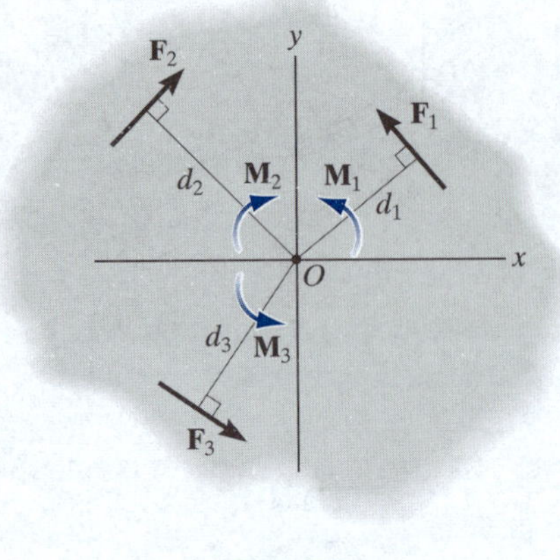

Fig. 4-3

EJEMPLO 4.1

Para cada caso ilustrado en la figura 4-4, determine el momento de la fuerza con respecto al punto O.

SOLUCIÓN (ANÁLISIS ESCALAR)

La línea de acción de cada fuerza está extendida como una línea punteada para establecer el brazo de momento d. También se ilustra la tendencia de rotación del elemento causada por la fuerza. Además, la órbita de la fuerza con respecto a O se indica con una flecha curva azul. Entonces,

Fig. 4–4*a* $\quad M_O = (100\text{ N})(2\text{ m}) = 200\text{ N}\cdot\text{m} \circlearrowright$ *Resp.*

Fig. 4–4*b* $\quad M_O = (50\text{ N})(0.75\text{ m}) = 37.5\text{ N}\cdot\text{m} \circlearrowright$ *Resp.*

Fig. 4–4*c* $\quad M_O = (40\text{ lb})(4\text{ ft} + 2\cos 30^\circ\text{ ft}) = 229\text{ lb}\cdot\text{ft} \circlearrowright$ *Resp.*

Fig. 4–4*d* $\quad M_O = (60\text{ lb})(1\,\text{sen}\,45^\circ\text{ ft}) = 42.4\text{ lb}\cdot\text{ft} \circlearrowleft$ *Resp.*

Fig. 4–4*e* $\quad M_O = (7\text{ kN})(4\text{ m} - 1\text{ m}) = 21.0\text{ kN}\cdot\text{m} \circlearrowleft$ *Resp.*

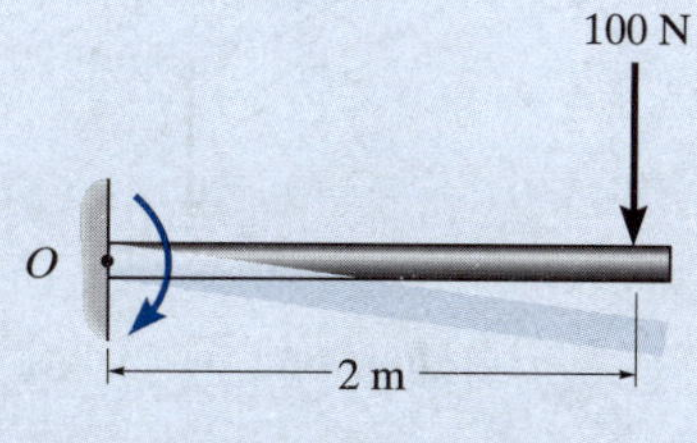

(a)

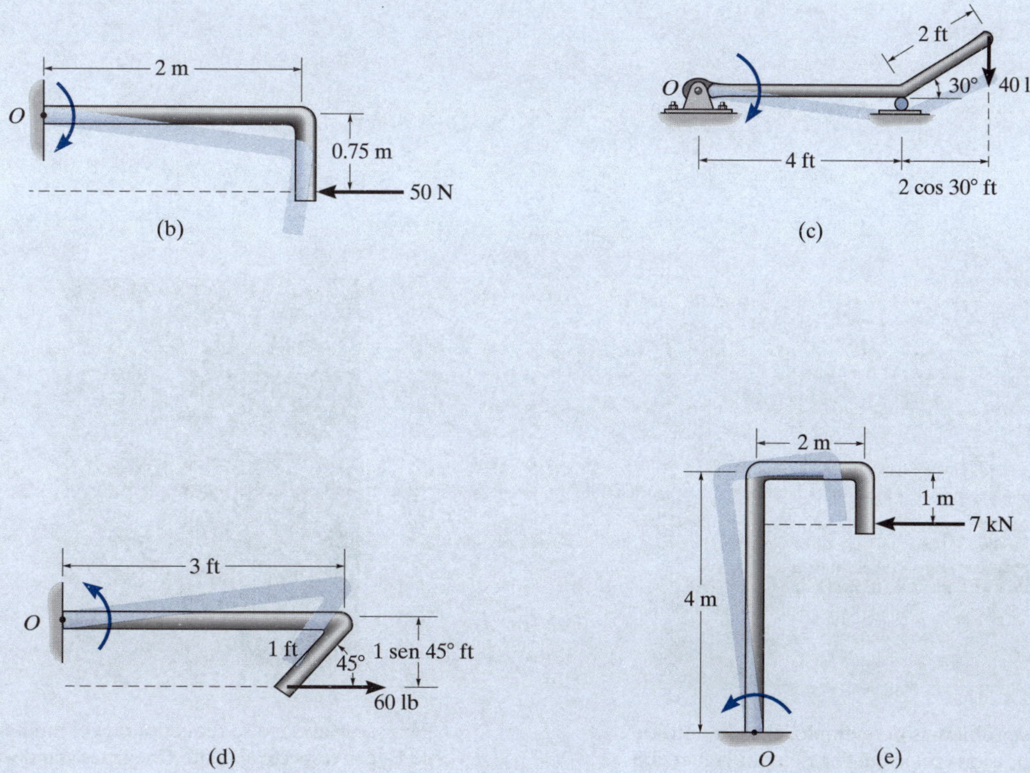

(b) (c) (d) (e)

Fig. 4-4

EJEMPLO 4.2

Determine el momento resultante de las cuatro fuerzas que actúan sobre la barra de la figura 4-5 con respecto al punto O.

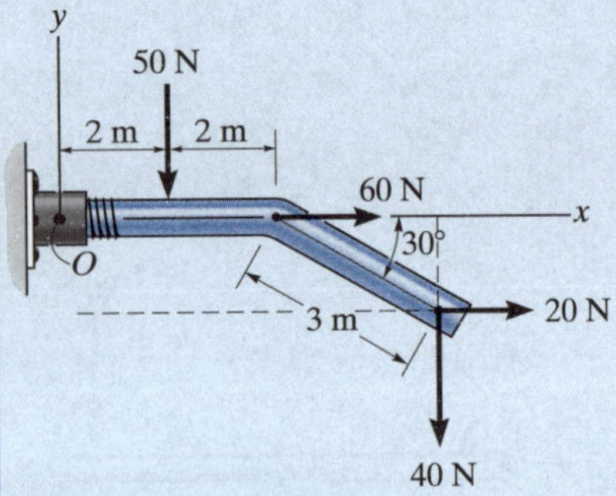

Fig. 4-5

SOLUCIÓN

Si se supone que los momentos positivos actúan en la dirección $+\mathbf{k}$, es decir, en sentido antihorario, tenemos

$$\circlearrowleft + (M_R)_o = \Sigma Fd;$$

$$(M_R)_o = -50\text{ N}(2\text{ m}) + 60\text{ N}(0) + 20\text{ N}(3\text{ sen }30°\text{ m})$$

$$-40\text{ N}(4\text{ m} + 3\cos 30°\text{ m})$$

$$(M_R)_o = -334\text{ N}\cdot\text{m} = 334\text{ N}\cdot\text{m} \circlearrowright$$ *Resp.*

Para este cálculo, observe cómo se establecen las distancias del brazo de momento para las fuerzas de 20 N y 40 N, desde las líneas de acción extendidas (punteadas) de cada una de estas fuerzas.

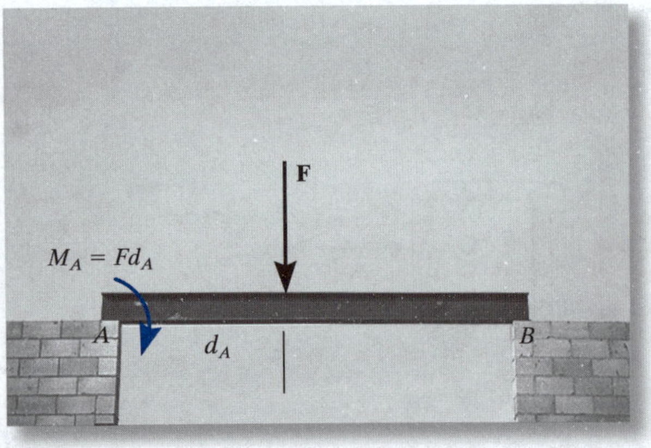

Como se ilustra en los problemas de ejemplo, el momento de una fuerza no siempre ocasiona rotación. Por ejemplo, la fuerza **F** tiende a girar la viga en sentido horario en torno a su soporte en A con un momento $M_A = Fd_A$. Si se quitara el soporte en B se daría la rotación real. (© Russell C. Hibbeler)

Para sacar el clavo se requerirá que el momento de $\mathbf{F}_H$ con respecto al punto O sea más grande que el momento de la fuerza $\mathbf{F}_N$ con respecto a O que se necesita para sacar el clavo. (© Russell C. Hibbeler)

4.2 Producto cruz

El momento de una fuerza se formulará mediante vectores cartesianos en la siguiente sección. Sin embargo, antes de hacerlo, es necesario ampliar nuestro conocimiento del álgebra vectorial e introducir el método del producto cruz de la multiplicación vectorial, que fue utilizado por primera vez por Willard Gibbs en cursos que impartió a finales del siglo XIX.

El ***producto cruz*** de dos vectores **A** y **B** da como resultado el vector **C**, el cual se escribe

$$\mathbf{C} = \mathbf{A} \times \mathbf{B} \tag{4-2}$$

y se lee "**C** es igual a **A** cruz **B**".

Magnitud. La *magnitud* de **C** se define como el producto de las magnitudes de **A** y **B** y el seno del ángulo θ entre sus colas ($0° \leq \theta \leq 180°$). Así, $C = AB$ sen θ.

Dirección. El vector **C** tiene una *dirección* perpendicular al plano que contiene a **A** y **B**, de tal manera que **C** se especifica mediante la regla de la mano derecha; es decir, al cerrar los dedos de la mano derecha desde el vector **A** (cruz) hacia el vector **B**, el pulgar señala entonces la dirección de **C**, como se muestra en la figura 4-6.

Dado que se conocen la magnitud y la dirección de **C**, escribimos

$$\mathbf{C} = \mathbf{A} \times \mathbf{B} = (AB \text{ sen } \theta)\mathbf{u}_C \tag{4-3}$$

donde el escalar AB sen θ define la *magnitud* de **C** y el vector unitario $\mathbf{u}_C$ define la *dirección* de **C**. Los términos de la ecuación 4-3 se ilustran de manera gráfica en la figura 4-6.

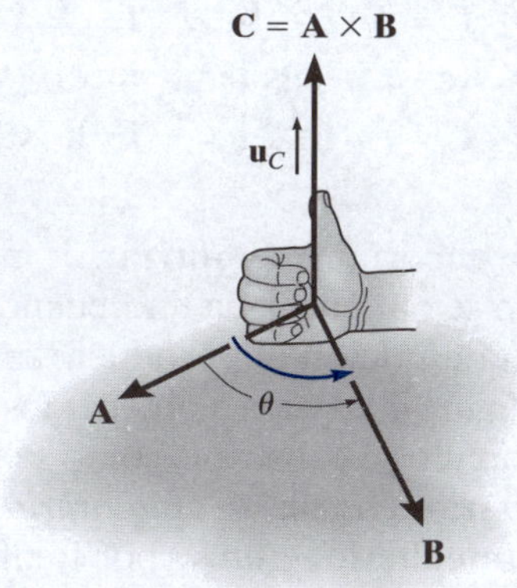

Fig. 4-6

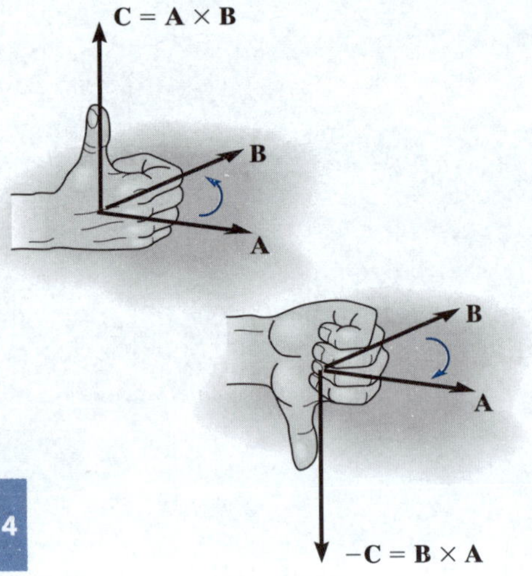

Fig. 4-7

Leyes de operación

- La ley conmutativa *no* es válida, es decir, $\mathbf{A} \times \mathbf{B} \neq \mathbf{B} \times \mathbf{A}$. En vez de eso,

$$\mathbf{A} \times \mathbf{B} = -\mathbf{B} \times \mathbf{A}$$

Esto se ilustra en la figura 4-7 mediante la regla de la mano derecha. El producto cruz $\mathbf{B} \times \mathbf{A}$ produce un vector que tiene la misma magnitud pero actúa en dirección opuesta a $\mathbf{C}$; esto es, $\mathbf{B} \times \mathbf{A} = -\mathbf{C}$.

- Si el producto cruz se multiplica por un escalar a, obedece la ley asociativa:

$$a(\mathbf{A} \times \mathbf{B}) = (a\mathbf{A}) \times \mathbf{B} = \mathbf{A} \times (a\mathbf{B}) = (\mathbf{A} \times \mathbf{B})a$$

Esta propiedad es fácil de demostrar pues la magnitud del vector resultante ($|a|AB$ sen θ) y su dirección son las mismas en cada caso.

- El producto cruz de vectores también obedece la ley distributiva de la suma,

$$\mathbf{A} \times (\mathbf{B} + \mathbf{D}) = (\mathbf{A} \times \mathbf{B}) + (\mathbf{A} \times \mathbf{D})$$

- La demostración de esta identidad se deja como ejercicio (vea el problema 4-1). Es importante observar que debe mantenerse el *orden adecuado* de los productos cruz, ya que no son conmutativos.

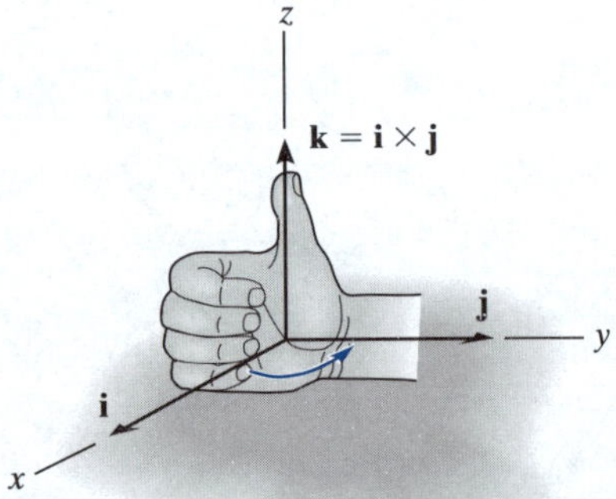

Fig. 4-8

Formulación vectorial cartesiana. La ecuación 4-3 puede usarse para encontrar el producto cruz de cualquier par de vectores unitarios cartesianos. Por ejemplo, para determinar $\mathbf{i} \times \mathbf{j}$, la magnitud del vector resultante es $(i)(j)(\text{sen } 90°) = (1)(1)(1) = 1$, y su dirección se determina por la regla de la mano derecha. Como se muestra en la figura 4-8, el vector resultante apunta en la dirección $+\mathbf{k}$. Así, $\mathbf{i} \times \mathbf{j} = (1)\mathbf{k}$. Del mismo modo,

$$\begin{array}{lll} \mathbf{i} \times \mathbf{j} = \mathbf{k} & \mathbf{i} \times \mathbf{k} = -\mathbf{j} & \mathbf{i} \times \mathbf{i} = \mathbf{0} \\ \mathbf{j} \times \mathbf{k} = \mathbf{i} & \mathbf{j} \times \mathbf{i} = -\mathbf{k} & \mathbf{j} \times \mathbf{j} = \mathbf{0} \\ \mathbf{k} \times \mathbf{i} = \mathbf{j} & \mathbf{k} \times \mathbf{j} = -\mathbf{i} & \mathbf{k} \times \mathbf{k} = \mathbf{0} \end{array}$$

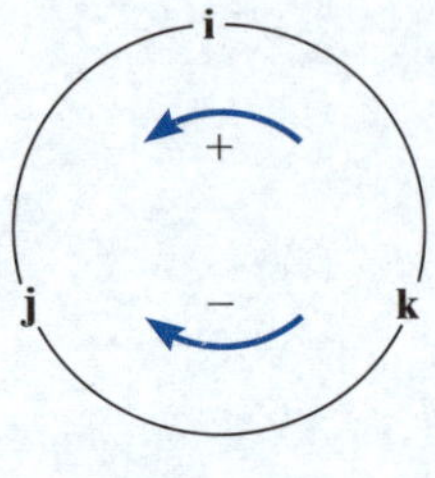

Fig. 4-9

Estos resultados *no* deberían memorizarse; mejor hay que entender de manera clara cómo se obtiene cada uno, cuando se emplean la regla de la mano derecha y la definición del producto cruz. El esquema sencillo que se muestra en la figura 4-9 ayuda a obtener los mismos resultados cuando se requiere. Si el círculo se construye como se indica, entonces, al "cruzar" dos vectores unitarios en *sentido antihorario* alrededor del círculo, se obtiene el tercer vector unitario *positivo*; por ejemplo, $\mathbf{k} \times \mathbf{i} = \mathbf{j}$. Al "cruzar" en *sentido horario*, se obtiene un vector unitario *negativo*; por ejemplo, $\mathbf{i} \times \mathbf{k} = -\mathbf{j}$.

Considere ahora el producto cruz de dos vectores generales **A** y **B**, los cuales se expresan en forma vectorial cartesiana. Tenemos

$$\begin{aligned}\mathbf{A}\times\mathbf{B} &= (A_x\mathbf{i}+A_y\mathbf{j}+A_z\mathbf{k})\times(B_x\mathbf{i}+B_y\mathbf{j}+B_z\mathbf{k})\\ &= A_xB_x(\mathbf{i}\times\mathbf{i})+A_xB_y(\mathbf{i}\times\mathbf{j})+A_xB_z(\mathbf{i}\times\mathbf{k})\\ &\quad + A_yB_x(\mathbf{j}\times\mathbf{i})+A_yB_y(\mathbf{j}\times\mathbf{j})+A_yB_z(\mathbf{j}\times\mathbf{k})\\ &\quad + A_zB_x(\mathbf{k}\times\mathbf{i})+A_zB_y(\mathbf{k}\times\mathbf{j})+A_zB_z(\mathbf{k}\times\mathbf{k})\end{aligned}$$

Al realizar las operaciones de productos cruz y combinar términos, resulta

$$\mathbf{A}\times\mathbf{B} = (A_yB_z - A_zB_y)\mathbf{i} - (A_xB_z - A_zB_x)\mathbf{j} + (A_xB_y - A_yB_x)\mathbf{k} \quad (4\text{-}4)$$

Esta ecuación también puede escribirse en una forma de determinante más compacta, como

$$\mathbf{A}\times\mathbf{B} = \begin{vmatrix}\mathbf{i} & \mathbf{j} & \mathbf{k}\\ A_x & A_y & A_z\\ B_x & B_y & B_z\end{vmatrix} \quad (4\text{-}5)$$

Así, para obtener el producto cruz de dos vectores cartesianos **A** y **B** cualesquiera, es necesario desarrollar un determinante, cuya primera fila de elementos conste de los vectores unitarios **i**, **j** y **k** y cuyas segunda y tercera filas representen las componentes *x*, *y*, *z* de los dos vectores **A** y **B**, respectivamente.*

*Un determinante con tres filas y tres columnas se puede desarrollar si se usan tres menores, cada uno de los cuales se multiplica por uno de los tres términos en la primera fila. Hay cuatro elementos en cada menor, por ejemplo,

$$\begin{vmatrix}A_{11} & A_{12}\\ A_{21} & A_{22}\end{vmatrix}$$

Por *definición*, esta notación determinante representa los términos $(A_{11}A_{22} - A_{12}A_{21})$, lo cual es simplemente el producto de los dos elementos intersecados por la flecha inclinada hacia abajo y a la derecha $(A_{11}A_{22})$, *menos* el producto de los dos elementos intersecados por la flecha inclinada hacia abajo y hacia la izquierda $(A_{12}A_{21})$. Para un determinante de 3×3, como el de la ecuación 4-5, los tres menores se pueden generar de acuerdo con el siguiente esquema:

Para el elemento **i**: $\begin{vmatrix}\mathbf{i} & \mathbf{j} & \mathbf{k}\\ A_x & A_y & A_z\\ B_x & B_y & B_z\end{vmatrix} = \mathbf{i}(A_yB_z - A_zB_y)$

Recuerde el signo negativo

Para el elemento **j**: $\begin{vmatrix}\mathbf{i} & \mathbf{j} & \mathbf{k}\\ A_x & A_y & A_z\\ B_x & B_y & B_z\end{vmatrix} = -\mathbf{j}(A_xB_z - A_zB_x)$

Para el elemento **k**: $\begin{vmatrix}\mathbf{i} & \mathbf{j} & \mathbf{k}\\ A_x & A_y & A_z\\ B_x & B_y & B_z\end{vmatrix} = \mathbf{k}(A_xB_y - A_yB_x)$

Al sumar los resultados y tomar nota de que el elemento **j** *debe incluir el signo menos,* se obtiene la forma desarrollada de $\mathbf{A}\times\mathbf{B}$ dada en la ecuación 4-4.

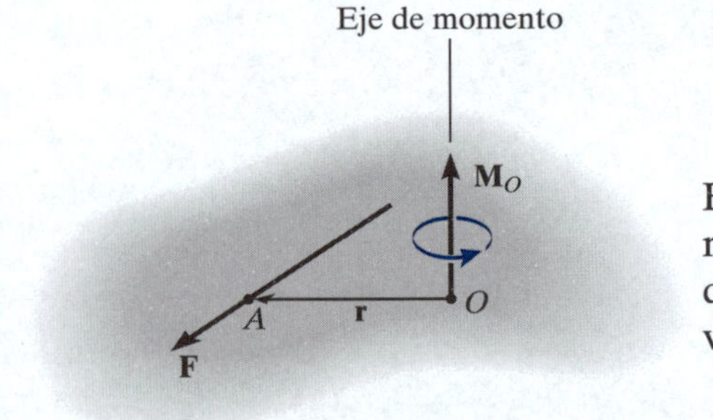

(a)

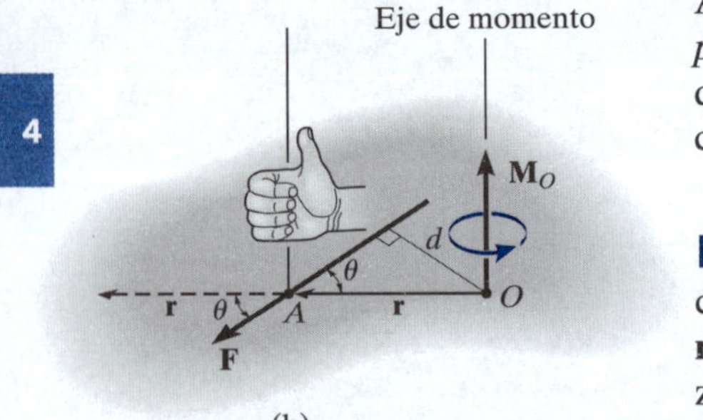

(b)

Fig. 4-10

4.3 Momento de una fuerza, formulación vectorial

El momento de una fuerza **F** con respecto al punto O, o realmente con respecto al eje de momento que pasa por O y es perpendicular al plano que contiene a O y a **F** (fig. 4-10*a*), puede expresarse por el producto cruz vectorial, a saber,

$$\mathbf{M}_O = \mathbf{r} \times \mathbf{F} \tag{4-6}$$

Aquí **r** representa un vector de posición trazado *desde O* hasta *cualquier punto* que se encuentre sobre la línea de acción de **F**. Ahora mostraremos que en realidad el momento $\mathbf{M}_O$, al estar determinado por este producto cruz, tiene la magnitud y la dirección adecuadas.

Magnitud. La magnitud del producto cruz se define con la ecuación 4-3 como $M_O = rF \operatorname{sen} \theta$, donde el ángulo θ se mide entre las *colas* de **r** y **F**. Para establecer este ángulo, se debe tratar a **r** como un vector deslizante, de manera que θ se pueda construir correctamente (fig. 4-10*b*). Como el brazo de momento $d = r \operatorname{sen} \theta$, entonces

$$M_O = rF \operatorname{sen} \theta = \mathrm{F}(r \operatorname{sen} \theta) = Fd$$

lo que concuerda con la ecuación 4-1.

Dirección. La dirección y el sentido de $\mathbf{M}_O$ en la ecuación 4-6 están determinados mediante la regla de la mano derecha, tal como ésta se aplica al producto cruz. Así, al deslizar **r** a la posición de la línea punteada y cerrar los dedos de la mano derecha de **r** hacia **F**, "**r** cruz **F**", el pulgar está dirigido hacia arriba o perpendicularmente al plano que contiene a **r** y a **F**, esto es, en la *misma dirección* que $\mathbf{M}_O$, el momento de la fuerza con respecto al punto O (fig. 4-10*b*). Observe que la "curvatura" de los dedos, como la curvatura alrededor del vector momento, indica el sentido de rotación causado por la fuerza. Como el producto cruz no obedece la ley conmutativa, es importante conservar el orden de $\mathbf{r} \times \mathbf{F}$ para producir el sentido correcto de la dirección para $\mathbf{M}_O$.

Principio de transmisibilidad. A menudo, la operación del producto cruz se usa en tres dimensiones, ya que no se requiere la distancia perpendicular o el brazo de momento desde el punto O hasta la línea de acción de la fuerza. En otras palabras, podemos usar cualquier vector de posición **r** medido desde el punto O hasta cualquier punto sobre la línea de acción de la fuerza **F** (fig. 4-11). Así,

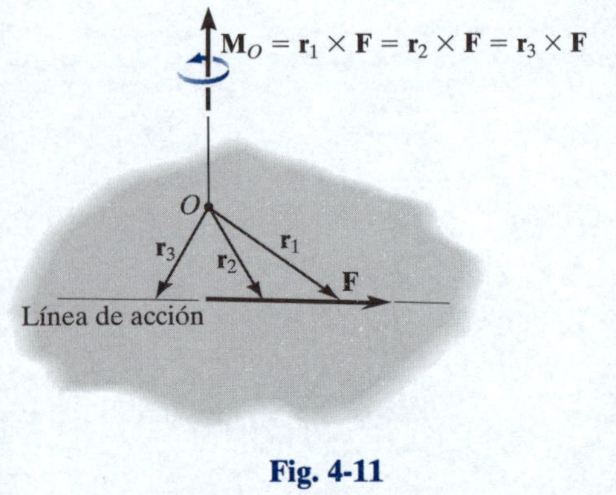

Fig. 4-11

$$\mathbf{M}_O = \mathbf{r}_1 \times \mathbf{F} = \mathbf{r}_2 \times \mathbf{F} = \mathbf{r}_3 \times \mathbf{F}$$

Como **F** se puede aplicar en cualquier punto a lo largo de su línea de acción y aun así crear el *mismo momento* con respecto al punto O, entonces **F** puede considerarse un *vector deslizante*. Esta propiedad se llama *principio de transmisibilidad* de una fuerza.

Formulación vectorial cartesiana. Si establecemos ejes de coordenadas x, y, z, el vector de posición **r** y la fuerza **F** pueden expresarse como vectores cartesianos (fig. 4-12*a*). Al aplicar la ecuación 4-5,

$$\mathbf{M}_O = \mathbf{r} \times \mathbf{F} = \begin{vmatrix} \mathbf{i} & \mathbf{j} & \mathbf{k} \\ r_x & r_y & r_z \\ F_x & F_y & F_z \end{vmatrix} \tag{4-7}$$

donde

r_x, r_y, r_z representan las componentes x, y, z del vector de posición trazado desde el punto O hasta *cualquier punto* sobre la línea de acción de la fuerza

F_x, F_y, F_z representan las componentes x, y, z del vector fuerza

Si se desarrolla el determinante como en la ecuación 4-4, tenemos

$$\mathbf{M}_O = (r_yF_z - r_zF_y)\mathbf{i} - (r_xF_z - r_zF_x)\mathbf{j} + (r_xF_y - r_yF_x)\mathbf{k} \tag{4-8}$$

El significado físico de esas tres componentes de momento resulta evidente al estudiar la figura 4-12*b*. Por ejemplo, la componente **i** de $\mathbf{M}_O$ puede determinarse a partir de los momentos de $\mathbf{F}_x$, $\mathbf{F}_y$ y $\mathbf{F}_z$ con respecto al eje x. La componente $\mathbf{F}_x$ *no* genera un momento ni una tendencia a girar con respecto al eje x puesto que esta fuerza es *paralela* al eje x. La línea de acción de $\mathbf{F}_y$ pasa por el punto B y entonces la magnitud del momento de $\mathbf{F}_y$ con respecto al punto A sobre el eje x es r_zF_y. Por la regla de la mano derecha, esta componente actúa en la dirección **i** *negativa*. De igual forma, $\mathbf{F}_z$ pasa por el punto C y, por lo tanto, aporta una componente de momento de $r_yF_z\mathbf{i}$ con respecto al eje x. Así, $(M_O)_x = (r_yF_z - r_zF_y)$ como se muestra en la ecuación 4-8. Como ejercicio, establezca las componentes **j** y **k** de $\mathbf{M}_O$ de esta manera y demuestre que, en realidad, la forma desarrollada del determinante, ecuación 4-8, representa el momento de **F** con respecto al punto O. Una vez que se determina $\mathbf{M}_O$ observe que siempre será *perpendicular* al plano sombreado que contiene los vectores **r** y **F** (fig. 4-12*a*).

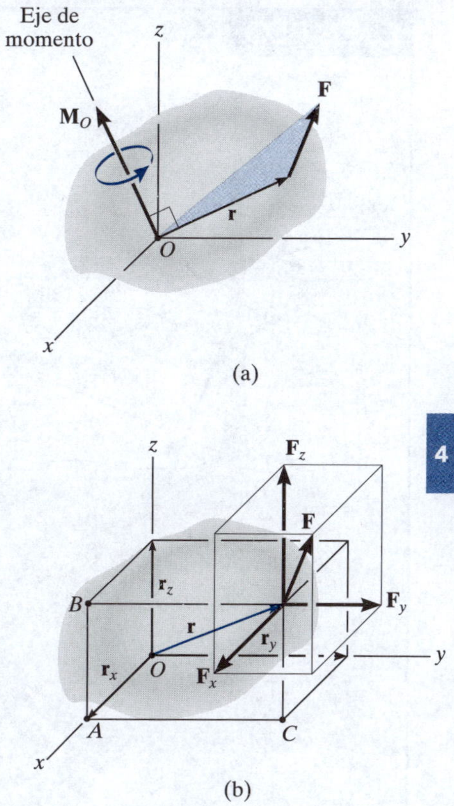

Fig. 4-12

Momento resultante de un sistema de fuerzas. Si un sistema de fuerzas actúa sobre un cuerpo (fig. 4-13), el momento resultante de las fuerzas respecto al punto O puede determinarse mediante la adición vectorial del momento de cada fuerza. Este resultante se escribe simbólicamente como

$$(\mathbf{M}_R)_O = \Sigma(\mathbf{r} \times \mathbf{F}) \tag{4-9}$$

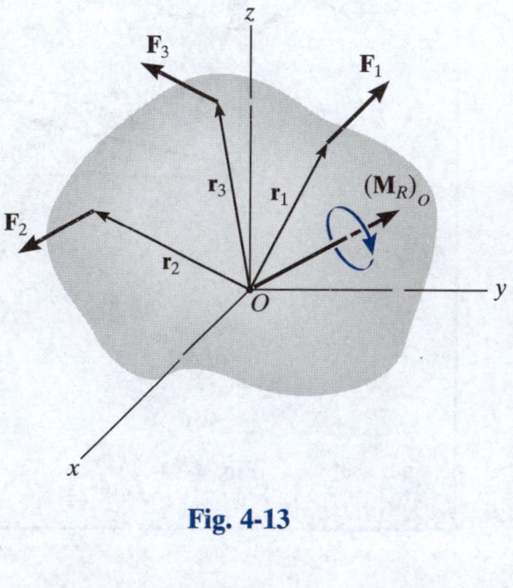

Fig. 4-13

EJEMPLO 4.3

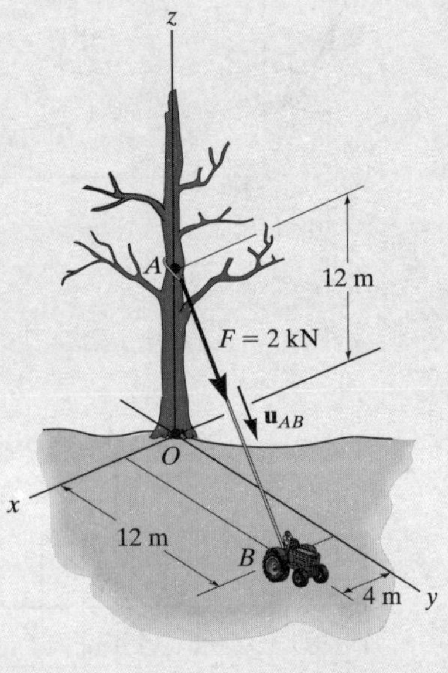

(a)

Determine el momento producido por la fuerza **F** que se muestra en la figura 4-14*a*, con respecto al punto *O*. Exprese el resultado como un vector cartesiano.

SOLUCIÓN

Como se muestra en la figura 4-14*b*, puede usarse $\mathbf{r}_A$ o bien $\mathbf{r}_B$ para determinar el momento con respecto al punto *O*. Estos vectores de posición son

$$\mathbf{r}_A = \{12\mathbf{k}\}\text{ m}^\circ\text{y}^\circ\mathbf{r}_B = \{4\mathbf{i} + 12\mathbf{j}\}\text{ m}$$

La fuerza **F** expresada como un vector cartesiano es

$$\mathbf{F} = F\mathbf{u}_{AB} = 2\text{ kN}\left[\frac{\{4\mathbf{i} + 12\mathbf{j} - 12\mathbf{k}\}\text{ m}}{\sqrt{(4\text{ m})^2 + (12\text{ m})^2 + (-12\text{ m})^2}}\right]$$

$$= \{0.4588\mathbf{i} + 1.376\mathbf{j} - 1.376\mathbf{k}\}\text{ kN}$$

Por lo tanto,

$$\mathbf{M}_O = \mathbf{r}_A \times \mathbf{F} = \begin{vmatrix} \mathbf{i} & \mathbf{j} & \mathbf{k} \\ 0 & 0 & 12 \\ 0.4588 & 1.376 & -1.376 \end{vmatrix}$$

$$= [0(-1.376) - 12(1.376)]\mathbf{i} - [0(-1.376) - 12(0.4588)]\mathbf{j} + [0(1.376) - 0(0.4588)]\mathbf{k}$$

$$= \{-16.5\mathbf{i} + 5.51\mathbf{j}\}\text{ kN}\cdot\text{m}$$ *Resp.*

o bien,

$$\mathbf{M}_O = \mathbf{r}_B \times \mathbf{F} = \begin{vmatrix} \mathbf{i} & \mathbf{j} & \mathbf{k} \\ 4 & 12 & 0 \\ 0.4588 & 1.376 & -1.376 \end{vmatrix}$$

$$= [12(-1.376) - 0(1.376)]\mathbf{i} - [4(-1.376) - 0(0.4588)]\mathbf{j} + [4(1.376) - 12(0.4588)]\mathbf{k}$$

$$= \{-16.5\mathbf{i} + 5.51\mathbf{j}\}\text{ kN}\cdot\text{m}$$ *Resp.*

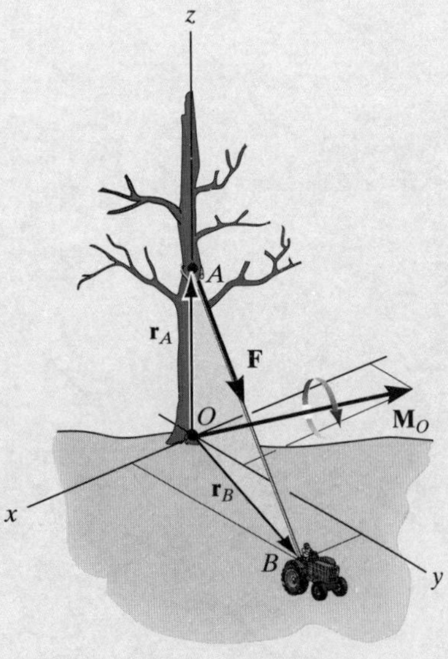

(b)

Fig. 4-14

NOTA: Como se indica en la figura 4-14*b*, $\mathbf{M}_O$ actúa perpendicular al plano que contiene a $\mathbf{F}, \mathbf{r}_A$ y $\mathbf{r}_B$. Después de trabajar con este problema a partir de $M_O = Fd$, observe la dificultad que puede surgir al obtener el brazo de momento *d*.

EJEMPLO 4.4

Dos fuerzas actúan sobre la barra de la figura 4-15*a*. Determine el momento resultante que generan con respecto al soporte en *O*. Exprese el resultado como un vector cartesiano.

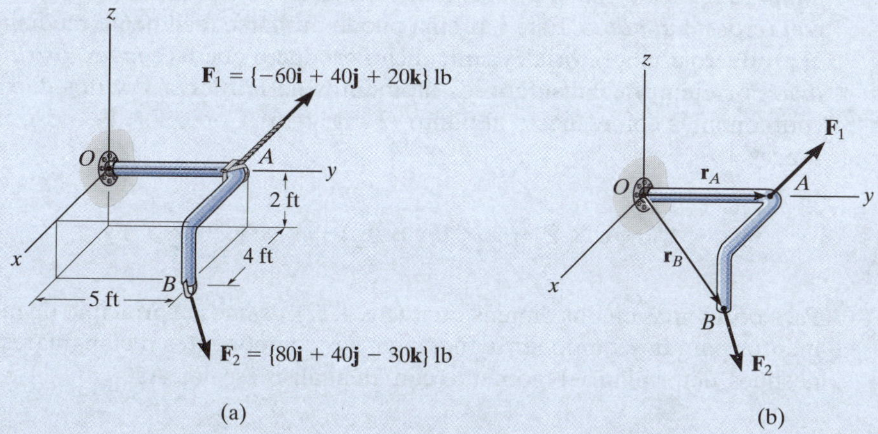

SOLUCIÓN

Los vectores de posición están dirigidos desde el punto *O* hacia cada fuerza, como se muestra en la figura 4-15*b*. Esos vectores son

$$\mathbf{r}_A = \{5\mathbf{j}\} \text{ ft}$$

$$\mathbf{r}_B = \{4\mathbf{i} + 5\mathbf{j} - 2\mathbf{k}\} \text{ ft}$$

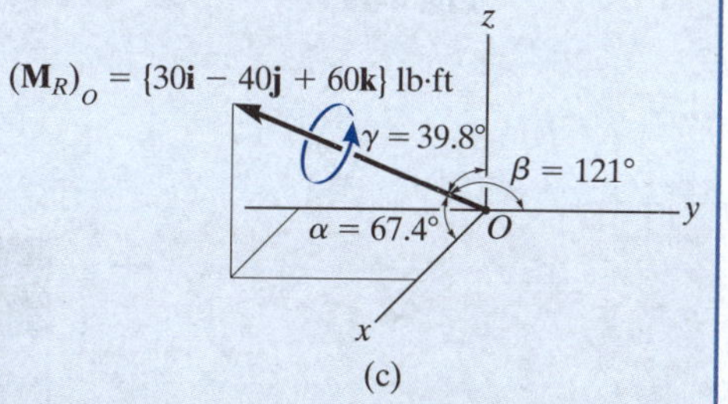

Fig. 4-15

Por lo tanto, el momento resultante con respecto a *O* es

$$(\mathbf{M}_R)_O = \Sigma(\mathbf{r} \times \mathbf{F})$$

$$= \mathbf{r}_A \times \mathbf{F}_1 + \mathbf{r}_B \times \mathbf{F}_2$$

$$= \begin{vmatrix} \mathbf{i} & \mathbf{j} & \mathbf{k} \\ 0 & 5 & 0 \\ -60 & 40 & 20 \end{vmatrix} + \begin{vmatrix} \mathbf{i} & \mathbf{j} & \mathbf{k} \\ 4 & 5 & -2 \\ 80 & 40 & -30 \end{vmatrix}$$

$$= [5(20) - 0(40)]\mathbf{i} - [0]\mathbf{j} + [0(40) - (5)(-60)]\mathbf{k}$$

$$+ [5(-30) - (-2)(40)]\mathbf{i} - [4(-30) - (-2)(80)]\mathbf{j} + [4(40) - 5(80)]\mathbf{k}$$

$$= \{30\mathbf{i} - 40\mathbf{j} + 60\mathbf{k}\} \text{ lb}\cdot\text{ft}$$ *Resp.*

NOTA: Este resultado se presenta en la figura 4-15*c*. Los ángulos directores coordenados se determinaron a partir del vector unitario para $(\mathbf{M}_R)_O$. Tenga en cuenta que las dos fuerzas tienden a ocasionar que la barra gire con respecto al eje de momento, como muestra la flecha curva sobre el vector de momento.

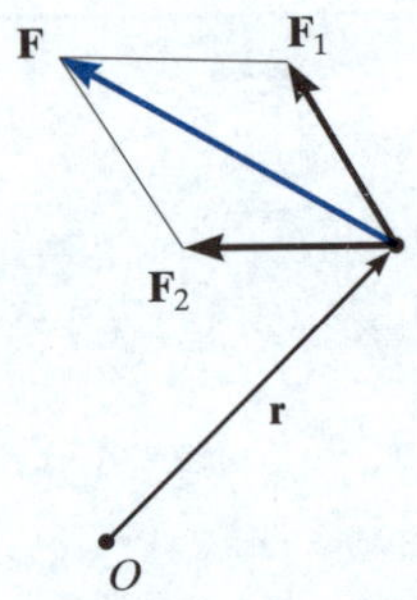

Fig. 4-16

4.4 Principio de momentos

Un concepto que se usa a menudo en mecánica es el ***principio de momentos***, al cual también en ocasiones se le llama ***teorema de Varignon*** puesto que originalmente lo desarrolló el matemático francés Varignon (1654-1722). El principio establece que *el momento de una fuerza con respecto a un punto es igual a la suma de los momentos de las componentes de la fuerza con respecto al punto*. Este teorema puede probarse fácilmente mediante el producto cruz vectorial, ya que dicho producto obedece *la ley distributiva*. Por ejemplo, considere los momentos de la fuerza **F** y dos de sus componentes con respecto al punto O (fig. 4-16). Como $\mathbf{F} = \mathbf{F}_1 + \mathbf{F}_2$, entonces

$$\mathbf{M}_O = \mathbf{r} \times \mathbf{F} = \mathbf{r} \times (\mathbf{F}_1 + \mathbf{F}_2) = \mathbf{r} \times \mathbf{F}_1 + \mathbf{r} \times \mathbf{F}_2$$

4

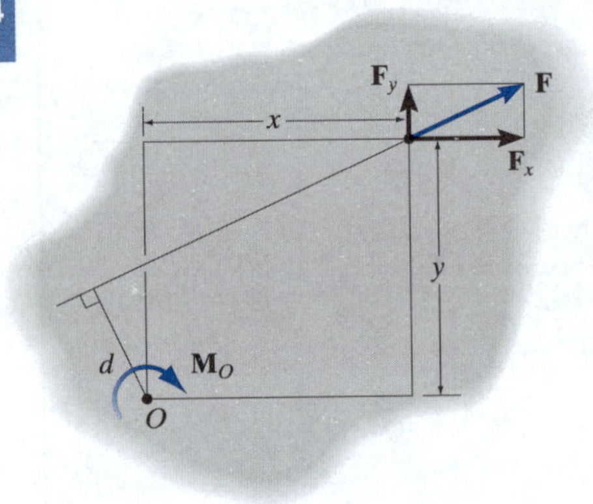

Fig. 4-17

Para problemas en dos dimensiones (fig. 4-17), usamos el principio de momentos para descomponer la fuerza en sus componentes rectangulares y, después, determinar el momento con un análisis escalar. Así,

$$M_O = F_x y - F_y x$$

Por lo general, este método es más sencillo que determinar el mismo momento con $M_O = Fd$.

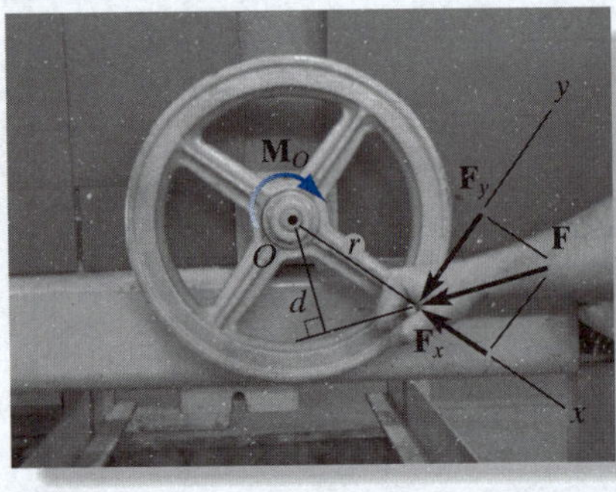

El momento de la fuerza con respecto al punto O es $M_O = Fd$. Pero es más fácil encontrar este momento mediante $M_O = F_x(0) + F_y r = F_y r$. (© Russell C. Hibbeler)

Puntos importantes

- El momento de una fuerza crea la tendencia de un cuerpo a girar con respecto a un eje que pasa por un punto O específico.
- Mediante la regla de la mano derecha, el sentido de rotación está indicado por la flexión de los dedos y el pulgar se dirige a lo largo del eje de momento, o línea de acción del momento.
- La magnitud del momento se determina mediante $M_O = Fd$, donde d se denomina brazo de momento y representa la distancia perpendicular o la distancia más corta desde el punto O hasta la línea de acción de la fuerza.
- En tres dimensiones, se usa el producto cruz vectorial para determinar el momento, es decir, $\mathbf{M}_O = \mathbf{r} \times \mathbf{F}$. Recuerde que **r** se dirige *desde* el punto *O hacia cualquier punto* sobre la línea de acción de **F**.

EJEMPLO 4.5

Determine el momento de la fuerza que se muestra en la figura 4-18*a* con respecto al punto *O*.

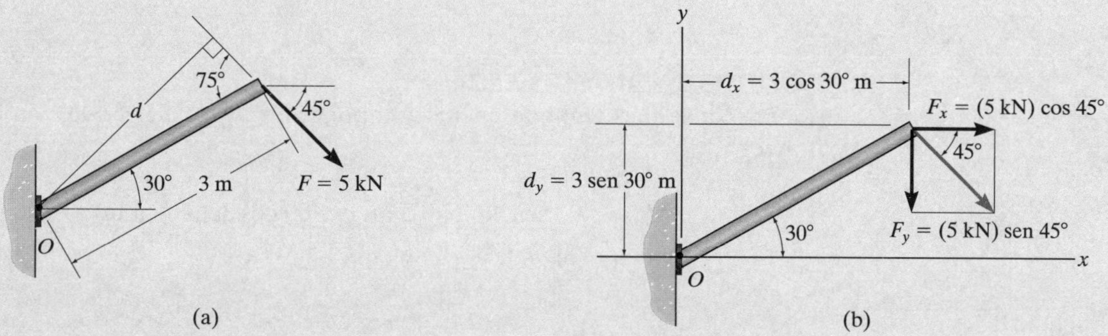

(a) (b)

SOLUCIÓN I

El brazo de momento *d* de la figura 4-18*a* puede encontrarse con trigonometría.

$$d = (3 \text{ m}) \text{ sen } 75^\circ = 2.898 \text{ m}$$

Así,

$$M_O = Fd = (5 \text{ kN})(2.898 \text{ m}) = 14.5 \text{ kN} \cdot \text{m} \curvearrowright \qquad \textit{Resp.}$$

Como la fuerza tiende a girar o a orbitar en sentido horario con respecto al punto *O*, el momento está dirigido hacia dentro de la página.

SOLUCIÓN II

En la figura 4-18*b* se indican las componentes *x* y *y* de la fuerza. Si consideramos los momentos en sentido horario como positivos, y aplicamos el principio de momentos, tenemos

$$\circlearrowright + M_O = -F_x d_y - F_y d_x$$
$$= -(5 \cos 45^\circ \text{ kN})(3 \text{ sen } 30^\circ \text{ m}) - (5 \text{ sen } 45^\circ \text{ kN})(3 \cos 30^\circ \text{ m})$$
$$= -14.5 \text{ kN} \cdot \text{m} = 14.5 \text{ kN} \cdot \text{m} \curvearrowright \qquad \textit{Resp.}$$

SOLUCIÓN III

Los ejes *x* y *y* pueden establecerse paralelos y perpendiculares al eje de la barra, como se indica en la figura 4-18*c*. Aquí $\mathbf{F}_x$ no produce momento con respecto al punto *O*, ya que su línea de acción pasa a través de este punto. Por lo tanto,

$$\circlearrowright + M_O = -F_y d_x$$
$$= -(5 \text{ sen } 75^\circ \text{ kN})(3 \text{ m})$$
$$= -14.5 \text{ kN} \cdot \text{m} = 14.5 \text{ kN} \cdot \text{m} \curvearrowright \qquad \textit{Resp.}$$

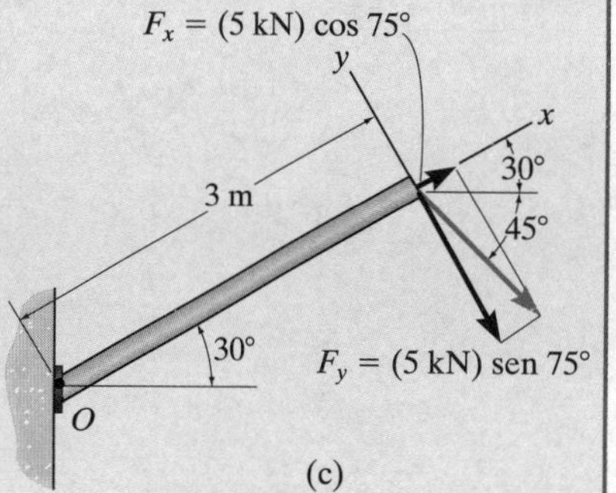

(c)

Fig. 4-18

EJEMPLO 4.6

La fuerza **F** actúa en el extremo de la ménsula de la figura 4-19*a*. Determine el momento de la fuerza con respecto al punto *O*.

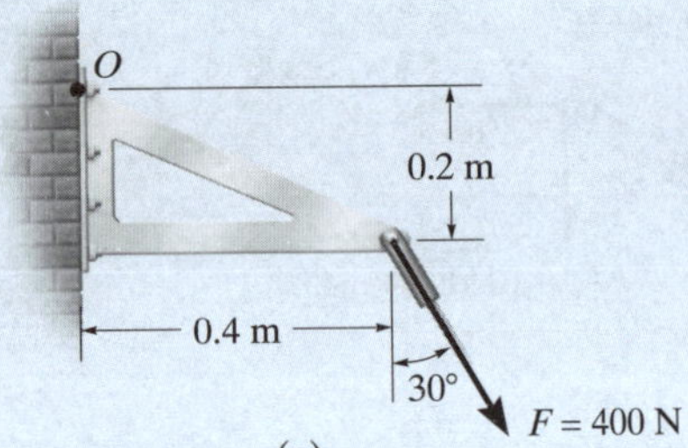

(a)

SOLUCIÓN I *(ANÁLISIS ESCALAR)*

La fuerza se descompone en sus componentes *x* y *y* (fig. 4-19*b*), entonces

$$\circlearrowleft + M_O = 400 \text{ sen } 30° \text{ N}(0.2 \text{ m}) - 400 \cos 30° \text{ N}(0.4 \text{ m})$$

$$= -98.6 \text{ N} \cdot \text{m} = 98.6 \text{ N} \cdot \text{m} \circlearrowright$$

o bien,

$$\mathbf{M}_O = \{-98.6\mathbf{k}\} \text{N} \cdot \text{m}$$ *Resp.*

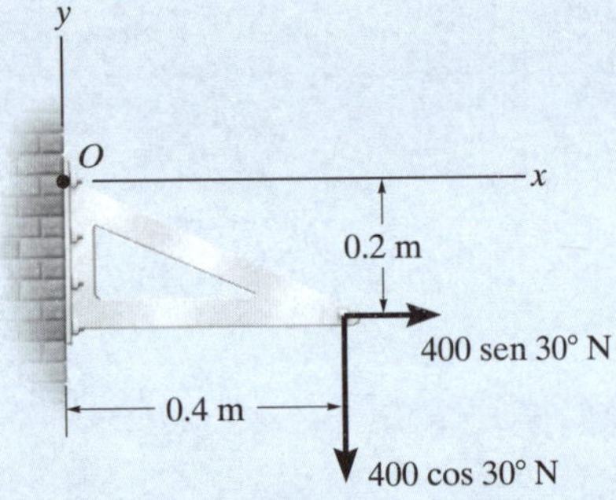

(b)

SOLUCIÓN II *(ANÁLISIS VECTORIAL)*

Si aplicamos un método vectorial cartesiano, los vectores fuerza y de posición mostrados en la figura 4-19*c* son

$$\mathbf{r} = \{0.4\mathbf{i} - 0.2\mathbf{j}\} \text{ m}$$

$$\mathbf{F} = \{400 \text{ sen } 30° \mathbf{i} - 400 \cos 30° \mathbf{j}\} \text{ N}$$

$$= \{200.0\mathbf{i} - 346.4\mathbf{j}\} \text{ N}$$

Por lo tanto, el momento es

$$\mathbf{M}_O = \mathbf{r} \times \mathbf{F} = \begin{vmatrix} \mathbf{i} & \mathbf{j} & \mathbf{k} \\ 0.4 & -0.2 & 0 \\ 200.0 & -346.4 & 0 \end{vmatrix}$$

$$= 0\mathbf{i} - 0\mathbf{j} + [0.4(-346.4) - (-0.2)(200.0)]\mathbf{k}$$

$$= \{-98.6\mathbf{k}\} \text{ N} \cdot \text{m}$$ *Resp.*

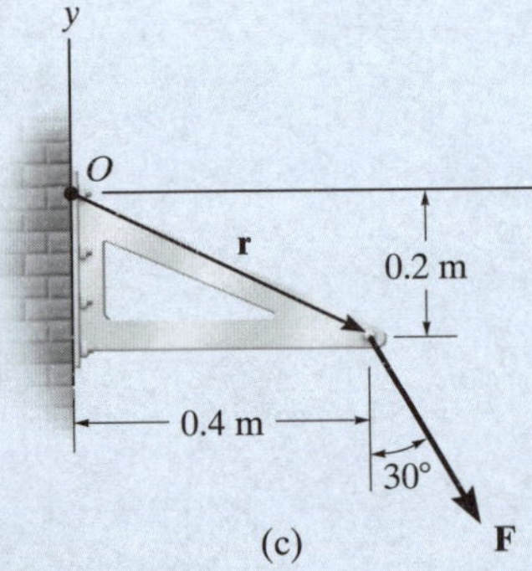

(c)

Fig. 4-19

NOTA: Observe que el análisis escalar (solución I) ofrece un *método más conveniente* que la solución II, ya que la dirección del momento y el brazo de momento para cada componente de fuerza son fáciles de establecer. Por consiguiente, suele recomendarse el uso de este método para resolver problemas bidimensionales, en tanto que el análisis vectorial cartesiano sólo se recomienda para resolver problemas tridimensionales.

PROBLEMAS PRELIMINARES

P4-1. En cada caso, determine el momento de la fuerza con respecto al punto O.

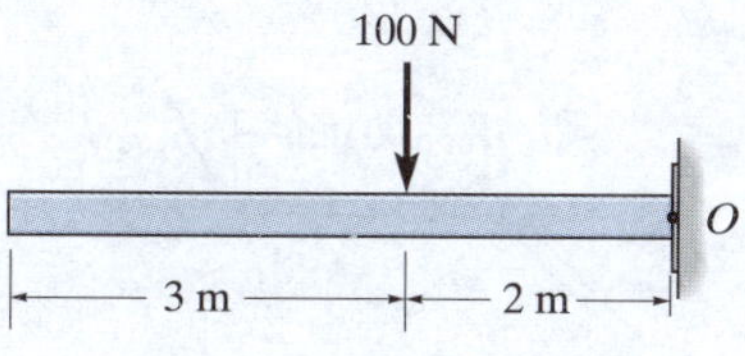

(a)

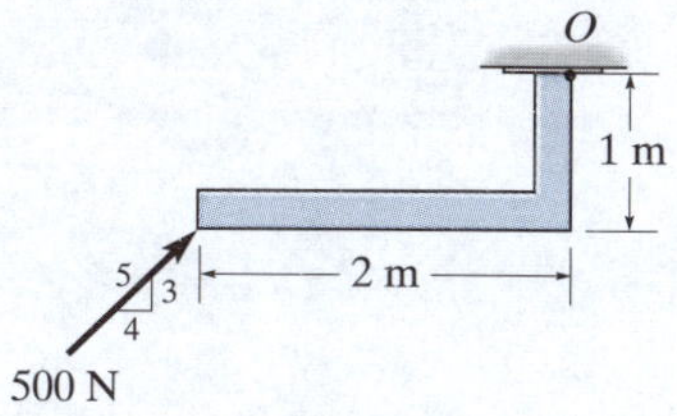

(g)

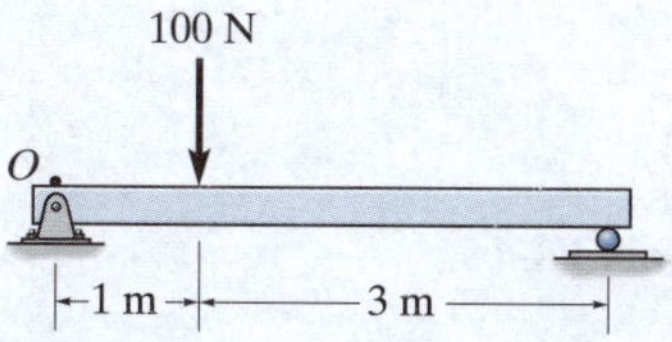

(b)

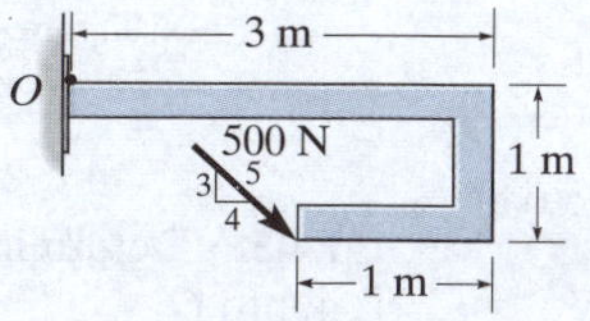

(h)

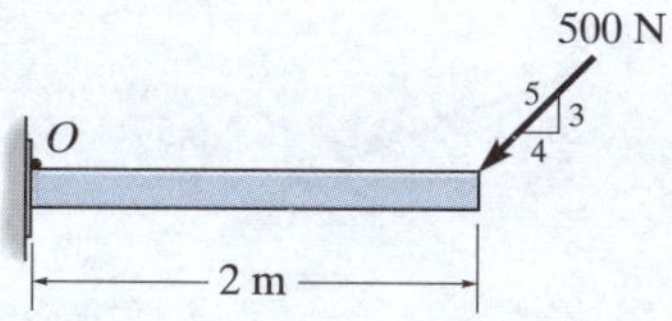

(c)

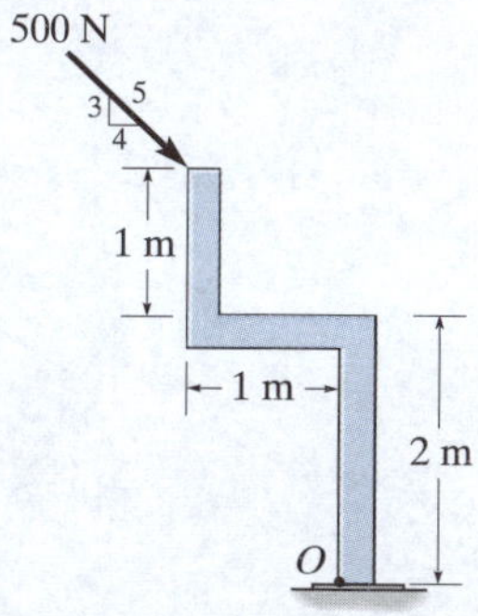

(i)

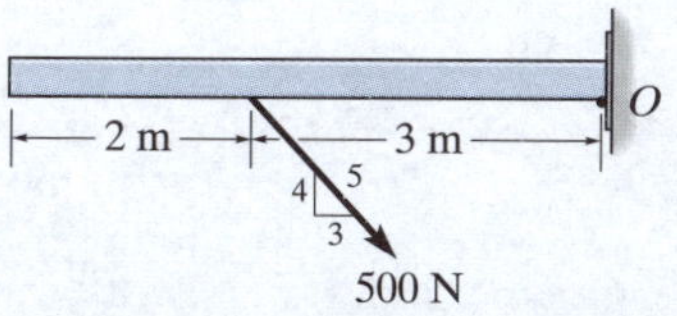

(d)

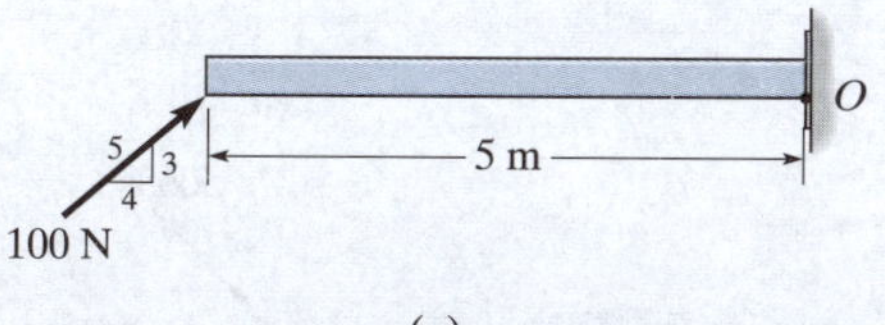

(e)

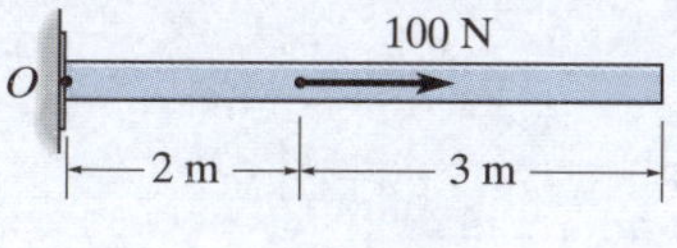

(f)

Prob. P4-1

P4-2. En cada caso, establezca el determinante para encontrar el momento de la fuerza con respecto al punto P.

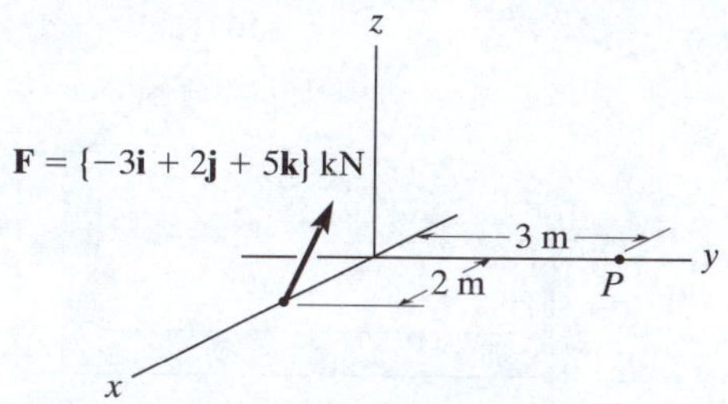

(a)

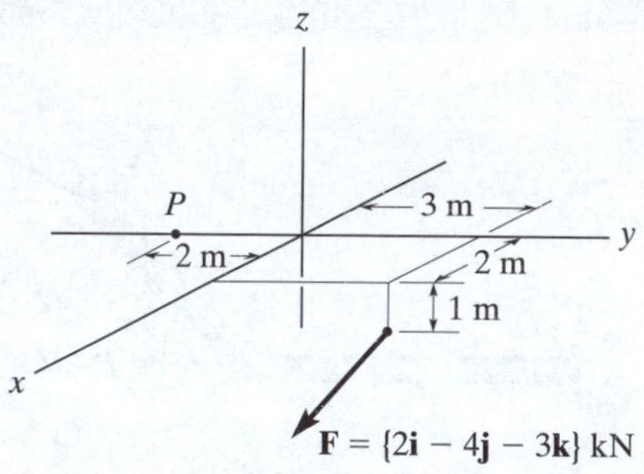

(b)

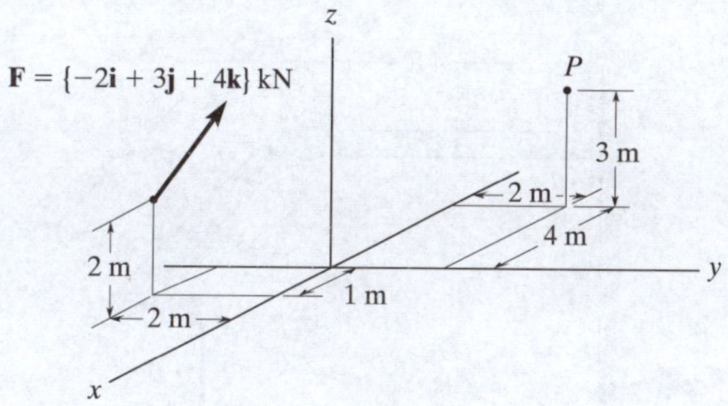

(c)

Prob. P4-2

PROBLEMAS FUNDAMENTALES

F4-1. Determine el momento de la fuerza con respecto al punto O.

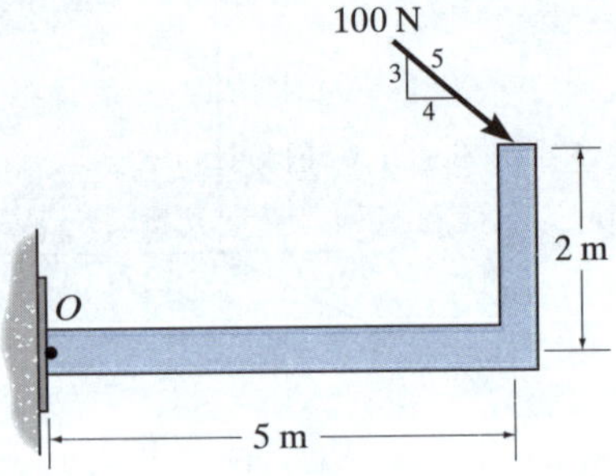

Prob. F4-1

F4-2. Determine el momento de la fuerza con respecto al punto O.

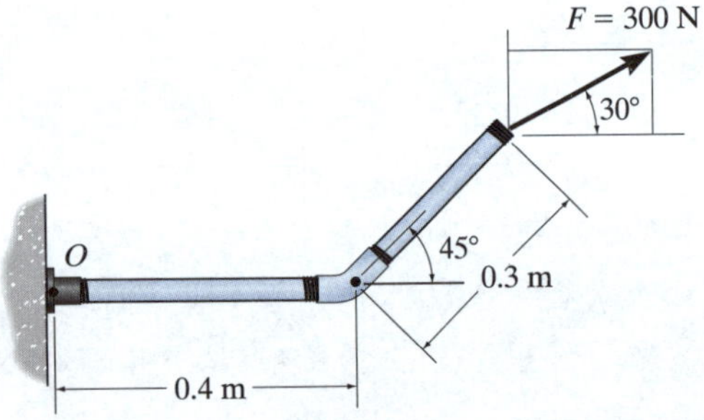

Prob. F4-2

F4-3. Determine el momento de la fuerza con respecto al punto O.

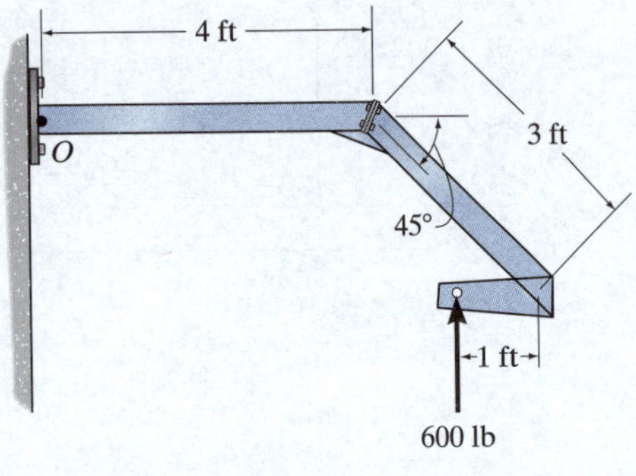

Prob. F4-3

F4-4. Determine el momento de la fuerza con respecto al punto O. No tome en consideración el espesor del miembro.

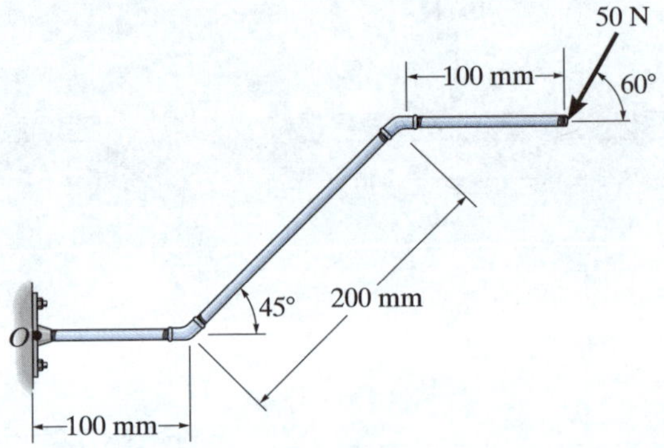

Prob. F4-4

F4-5. Determine el momento de la fuerza con respecto al punto O.

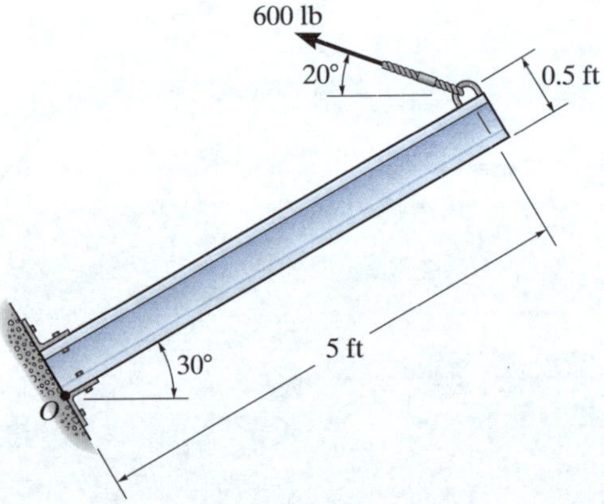

Prob. F4-5

F4-6. Determine el momento de la fuerza con respecto al punto O.

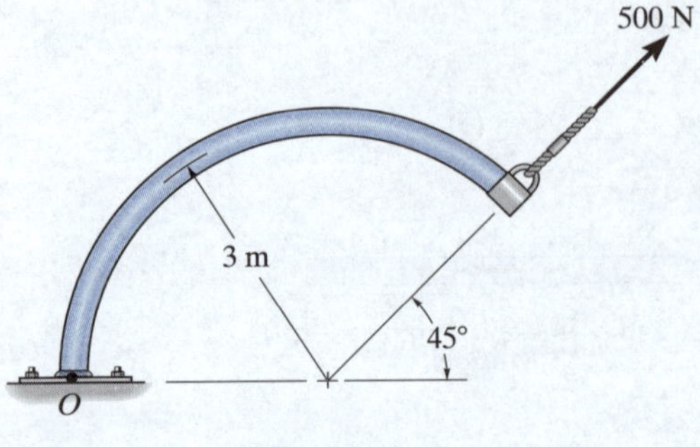

Prob. F4-6

F4-7. Determine el momento resultante producido por las fuerzas con respecto al punto *O*.

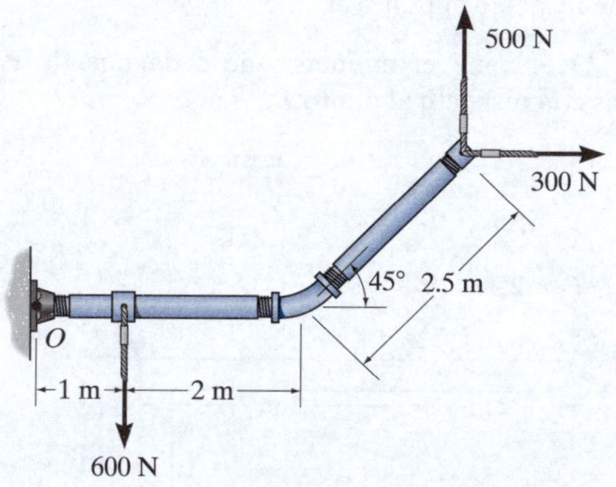

Prob. F4-7

F4-8. Determine el momento resultante producido por las fuerzas con respecto al punto *O*.

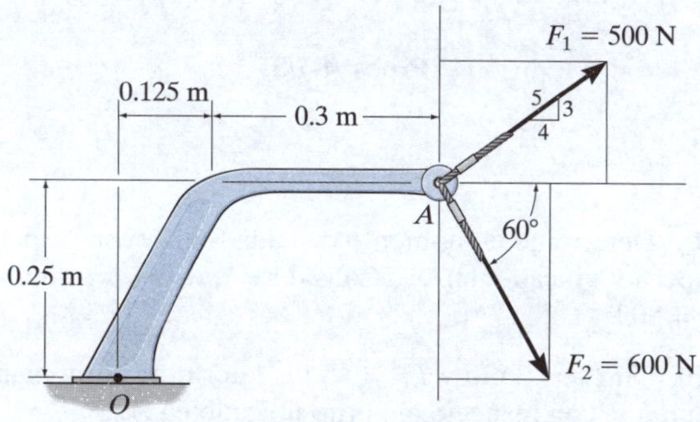

Prob. F4-8

F4-9. Determine el momento resultante producido por las fuerzas con respecto al punto *O*.

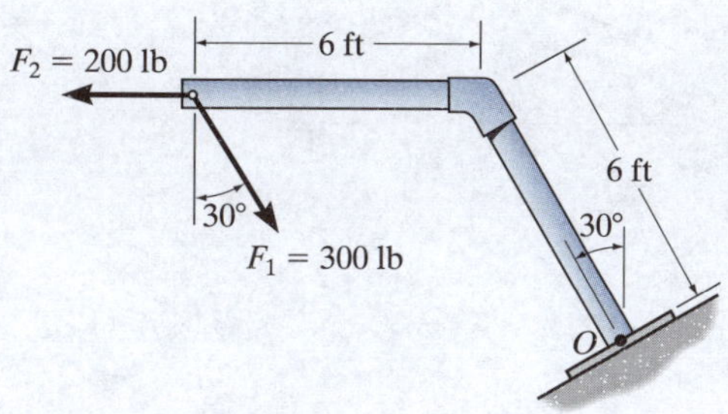

Prob. F4-9

F4-10. Determine el momento de la fuerza **F** con respecto al punto *O*. Exprese el resultado como un vector cartesiano.

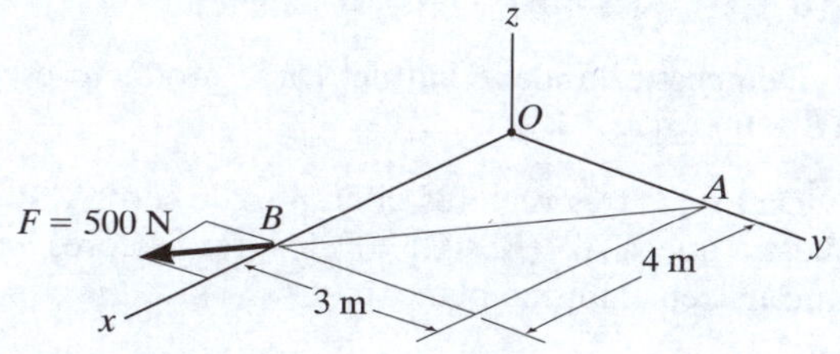

Prob. F4-10

F4-11. Determine el momento de la fuerza **F** con respecto al punto *O*. Exprese el resultado como un vector cartesiano.

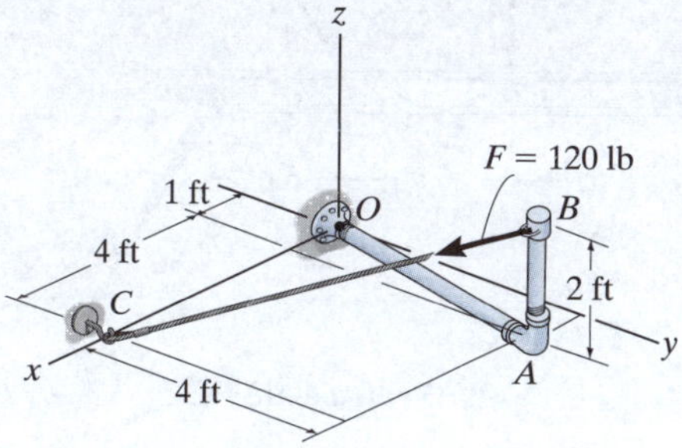

Prob. F4-11

F4-12. Si las dos fuerzas $\mathbf{F}_1 = \{100\mathbf{i} - 120\mathbf{j} + 75\mathbf{k}\}$ lb y $\mathbf{F}_2 = \{-200\mathbf{i} + 250\mathbf{j} + 100\mathbf{k}\}$ lb actúan en *A*, determine el momento resultante producido por estas fuerzas con respecto al punto *O*. Exprese el resultado como un vector cartesiano.

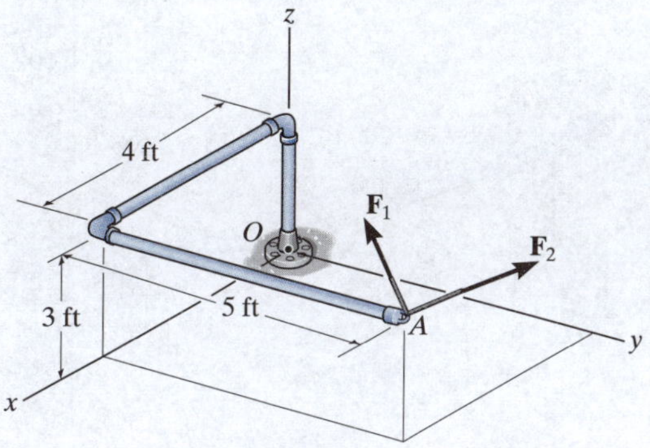

Prob. F4-12

4

PROBLEMAS

4-1. Si **A**, **B** y **D** son vectores dados, demuestre la ley distributiva para el producto cruz vectorial, es decir, $\mathbf{A}\times(\mathbf{B}+\mathbf{D}) = (\mathbf{A}\times\mathbf{B}) + (\mathbf{A}\times\mathbf{D})$.

4-2. Demuestre la identidad del triple producto escalar $\mathbf{A}\cdot(\mathbf{B}\times\mathbf{C}) = (\mathbf{A}\times\mathbf{B})\cdot\mathbf{C}$.

4-3. Dados los tres vectores diferentes de cero **A**, **B** y **C**, demuestre que si $\mathbf{A}\cdot(\mathbf{B}\times\mathbf{C}) = 0$, los tres vectores *deben* encontrarse en el mismo plano.

***4-4.** Determine el momento con respecto al punto *A* de cada una de las tres fuerzas que actúan sobre la viga.

4-5. Determine el momento con respecto al punto *B* de cada una de las tres fuerzas que actúan sobre la viga.

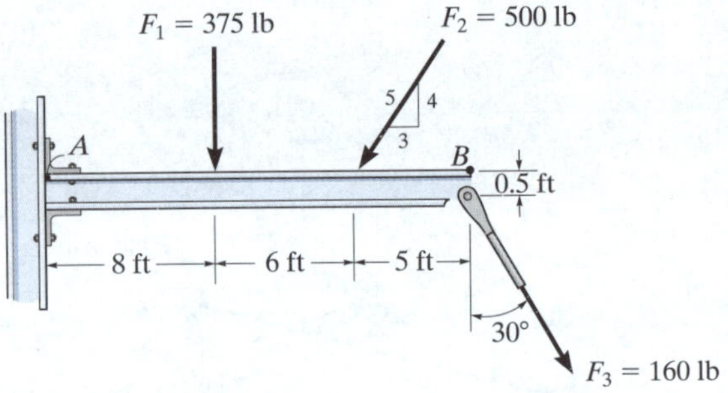

Probs. 4-4/5

4-6. La pata de cabra (palanca) se somete a una fuerza vertical de $P = 25$ lb en la empuñadura mientras que, para sacar el clavo, se necesita una fuerza de $F = 155$ lb en la horqueta. Encuentre el momento de cada fuerza sobre el punto *A* y determine si **P** es suficiente para sacar el clavo. La pata de cabra hace contacto con la madera en el punto *A*.

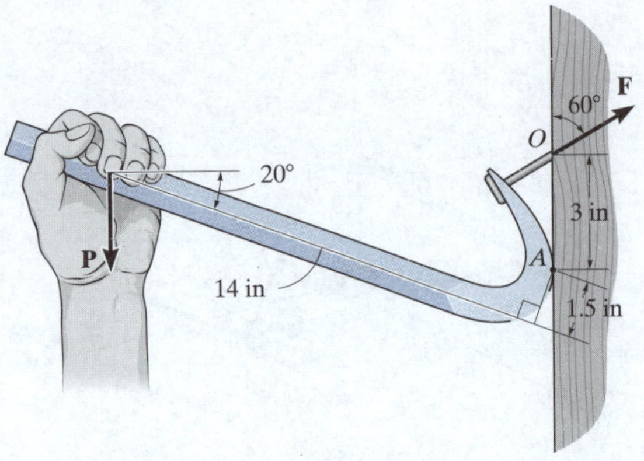

Prob. 4-6

4-7. Determine el momento de cada una de las tres fuerzas con respecto al punto *A*.

***4-8.** Determine el momento de cada una de las tres fuerzas con respecto al punto *B*.

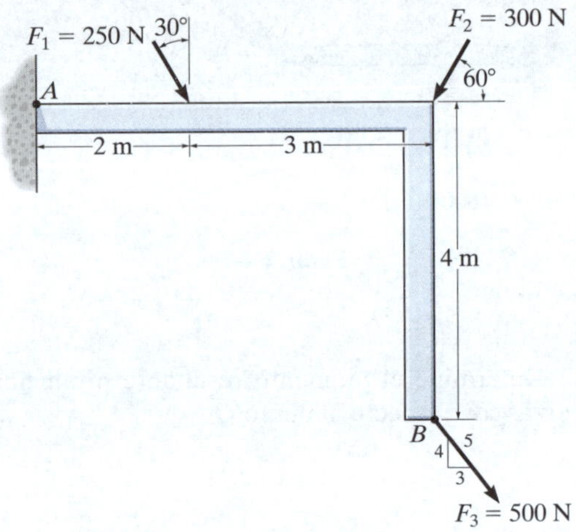

Probs. 4-7/8

4-9. Determine el momento de cada fuerza con respecto al perno ubicado en *A*. Considere que $F_B = 40$ lb y $F_C = 50$ lb.

4-10. Si $F_B = 36$ lb y $F_C = 45$ lb, determine el momento resultante con respecto al perno ubicado en *A*.

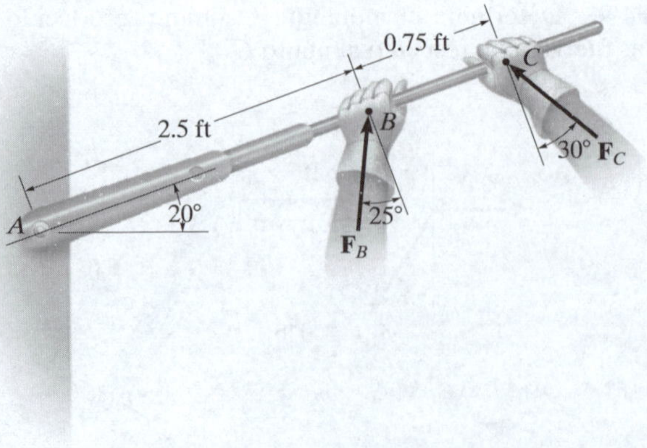

Probs. 4-9/10

4-11. El cable ejerce una fuerza de $P = 6$ kN en el extremo del brazo de la grúa que tiene 8 m de longitud. Si $\theta = 30°$, determine la ubicación x del gancho en B, de modo que esta fuerza cree un momento máximo con respecto al punto O. ¿Cuál es ese momento?

***4-12.** El cable ejerce una fuerza de $P = 6$ kN en el extremo del brazo de la grúa que tiene 8 m de longitud. Si $x = 10$ m, determine la posición θ del brazo para que esta fuerza cree un momento máximo con respecto al punto O. ¿Cuál es ese momento?

4-15. Dos hombres ejercen fuerzas de $F = 80$ lb y $P = 50$ lb sobre las cuerdas. Determine el momento de cada fuerza con respecto a A. ¿De qué forma girará el poste, en sentido horario o antihorario?

***4-16.** Si el hombre en B ejerce una fuerza de $P = 30$ lb sobre su cuerda, determine la magnitud de la fuerza **F** que debe ejercer el hombre en C para evitar que gire el poste, es decir, para que el momento resultante de ambas fuerzas con respecto a A sea cero.

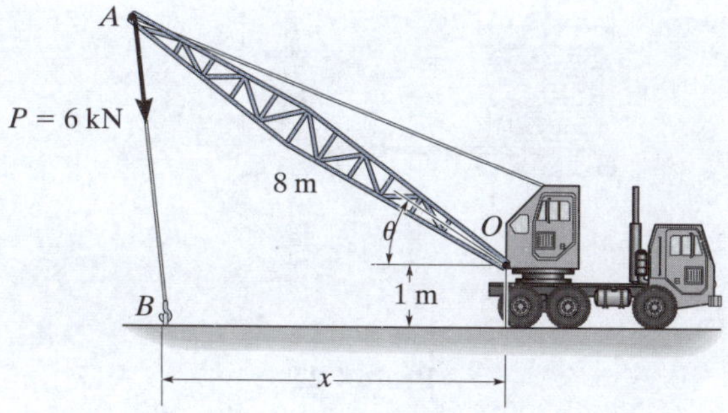

Probs. 4-11/12

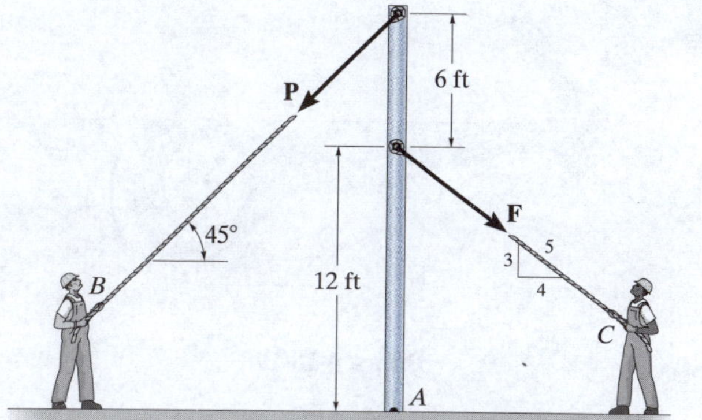

Probs. 4-15/16

4-13 La fuerza horizontal de 20 N actúa sobre el mango de la llave de tubo. ¿Cuál es el momento de esta fuerza con respecto al punto B? Especifique los ángulos directores coordenados α, β, γ del eje de momento.

4-14. La fuerza horizontal de 20 N actúa sobre el mango de la llave de tubo. Determine el momento de esta fuerza con respecto al punto O. Especifique los ángulos directores coordenados α, β, γ del eje de momento.

4-17. La llave de torsión ABC se usa para medir el momento o par de torsión aplicado a un perno, cuando éste se encuentra en A y se aplica una fuerza al mango en C. El mecánico lee el par de torsión en la escala en B. Si se utiliza una extensión AO de longitud d en la llave, determine la lectura requerida en la escala, si el par de torsión deseado sobre el perno en O debe ser M.

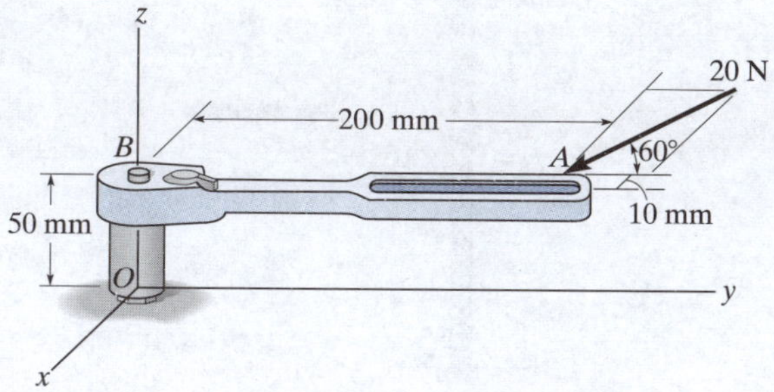

Probs. 4-13/14

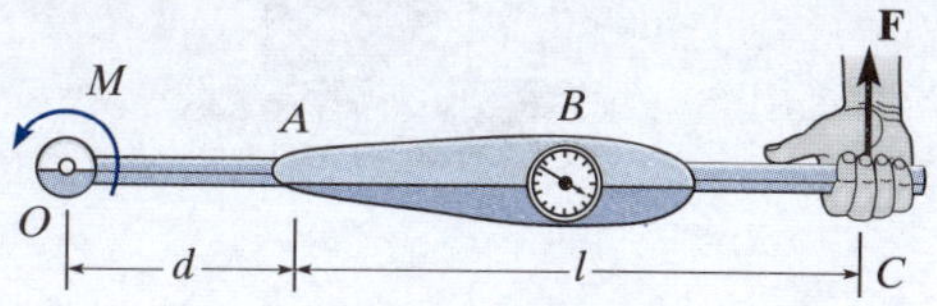

Prob. 4-17

4-18. Las pinzas se utilizan para sujetar los extremos del tubo de perforación P. Determine el par de torsión (momento) M_P que ejerce la fuerza aplicada $F = 150$ lb sobre el tubo, con respecto al punto P, como una función de θ. Grafique este momento M_P contra θ para $0 \leq \theta \leq 90°$.

4-19. Las pinzas se utilizan para sujetar los extremos del tubo de perforación P. Si se requiere un par de torsión (momento) de $M_P = 800$ lb · ft en P para girar el tubo, determine la fuerza del cable F que debe aplicarse a las pinzas. Considere que $\theta = 30°$.

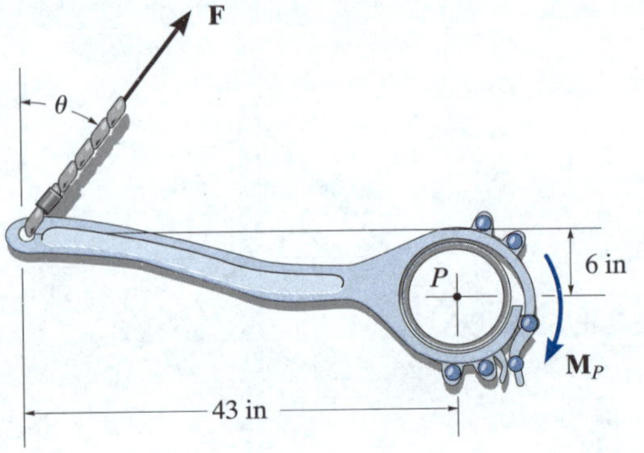

Probs. 4-18/19

***4-20.** El mango del martillo está sometido a la fuerza de $F = 20$ lb. Determine el momento de esta fuerza con respecto al punto A.

4-21. Con la finalidad de sacar el clavo en B, la fuerza **F** ejercida sobre el mango del martillo debe producir un momento en sentido horario de 500 lb · in con respecto al punto A. Determine la magnitud requerida de la fuerza **F**.

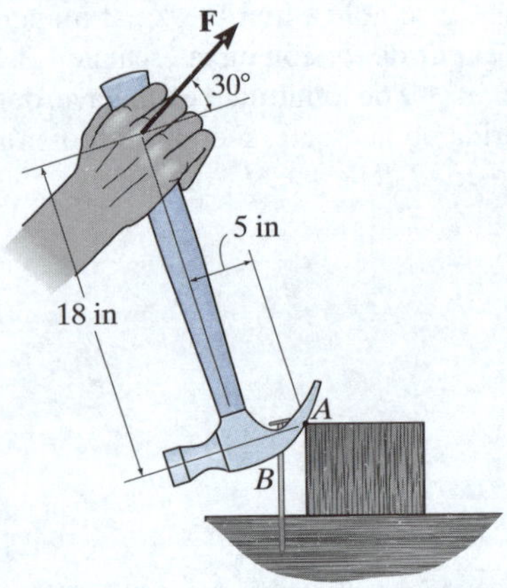

Probs. 4-20/21

4-22. Los relojes antiguos se construían usando un *caracol B* para impulsar los engranes y las manecillas. El propósito del caracol es aumentar el apalancamiento desarrollado por el resorte principal A, a medida que se desenrolla y, por lo tanto, pierde algo de su tensión. El resorte principal puede desarrollar un par de torsión (momento) $T_s = k\theta$, donde $k = 0.015$ N · m/rad es la rigidez torsional y θ es el ángulo de torsión del resorte en radianes. Si el par de torsión T_f desarrollado por el caracol debe permanecer constante mientras el resorte principal se desenrolla, y $x = 10$ mm cuando $\theta = 4$ rad, determine el radio requerido del caracol cuando $\theta = 3$ rad.

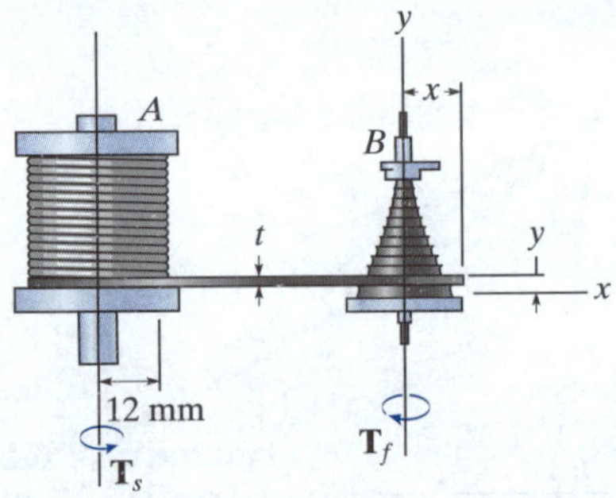

Prob. 4-22

4-23. La grúa se utiliza para elevar la carga de 2 Mg a velocidad constante. El brazo BD de 1.5 Mg, el brazo BC de 0.5 Mg y el contrapeso C de 6 Mg tienen centros de masa en G_1, G_2 y G_3, respectivamente. Determine el momento resultante producido por la carga y los pesos de los brazos de la grúa con respecto al punto A y al punto B.

***4-24.** La grúa se utiliza para elevar la carga de 2 Mg a velocidad constante. El brazo BD de 1.5 Mg y el brazo BC de 0.5 Mg tienen centros de masa en G_1 y G_2, respectivamente. Determine la masa requerida del contrapeso C, de modo que el momento resultante producido por la carga y el peso de los brazos de la grúa con respecto al punto A sea igual a cero. El centro de masa para el contrapeso se encuentra en G_3.

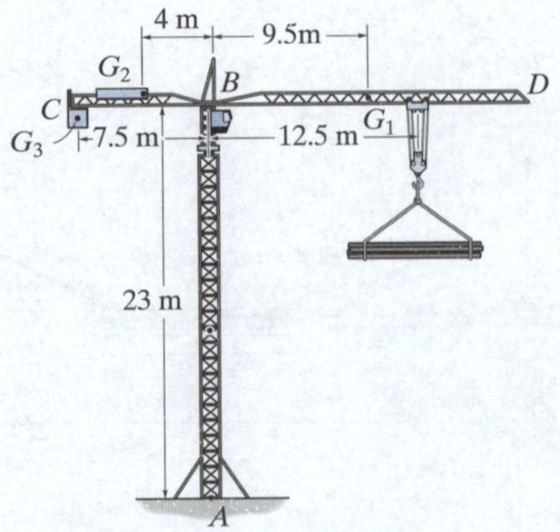

Probs. 4-23/24

4-25. Si el aguilón AB de 1500 lb, la jaula BCD de 200 lb y el hombre de 175 lb tienen centros de gravedad que se encuentran en los puntos G_1, G_2 y G_3, respectivamente, determine el momento resultante producido por cada peso con respecto al punto A.

4-26. Si el aguilón AB de 1500 lb, la jaula BCD de 200 lb y el hombre de 175 lb tienen centros de gravedad que se encuentran en los puntos G_1, G_2 y G_3, respectivamente, determine el momento resultante producido por todos los pesos con respecto al punto A.

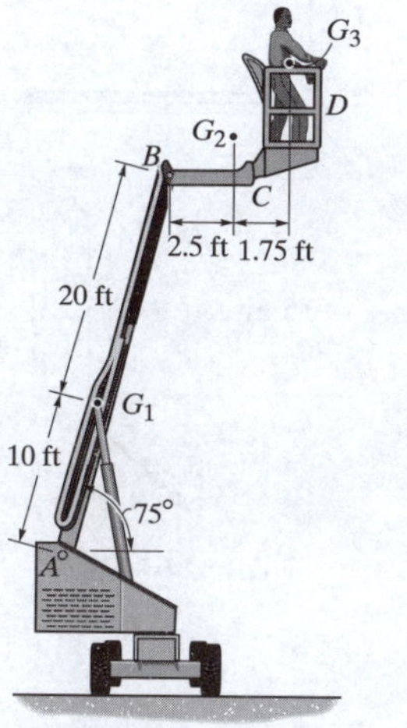

Probs. 4-25/26

4-29. La fuerza $\mathbf{F} = \{400\mathbf{i} - 100\mathbf{j} - 700\mathbf{k}\}$ lb actúa en el extremo de la viga. Determine el momento de esta fuerza con respecto al punto O.

4-30. La fuerza $\mathbf{F} = \{400\mathbf{i} - 100\mathbf{j} - 700\mathbf{k}\}$ lb actúa en el extremo de la viga. Determine el momento de esta fuerza con respecto al punto A.

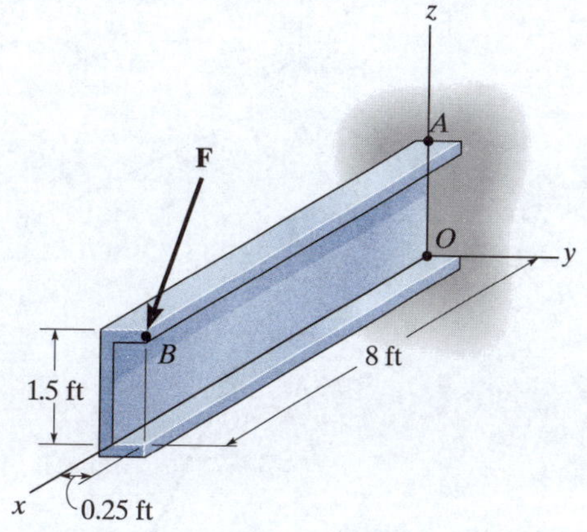

Probs. 4-29/30

4-27. Determine el momento de la fuerza **F** con respecto al punto O. Exprese el resultado como un vector cartesiano.

***4-28.** Determine el momento de la fuerza **F** con respecto al punto P. Exprese el resultado como un vector cartesiano.

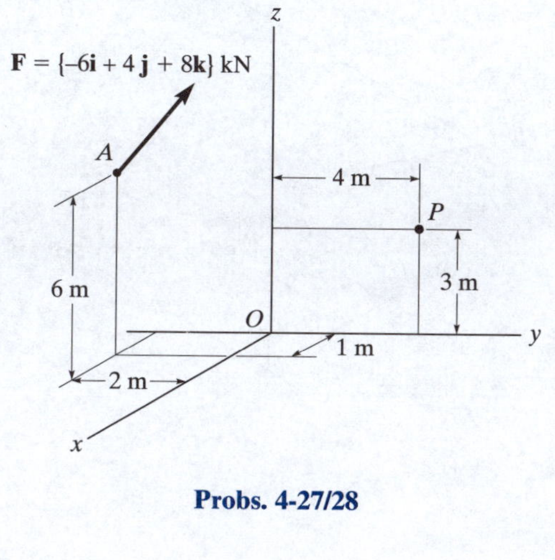

Probs. 4-27/28

4-31. Determine el momento de la fuerza **F** con respecto al punto P. Exprese el resultado como un vector cartesiano.

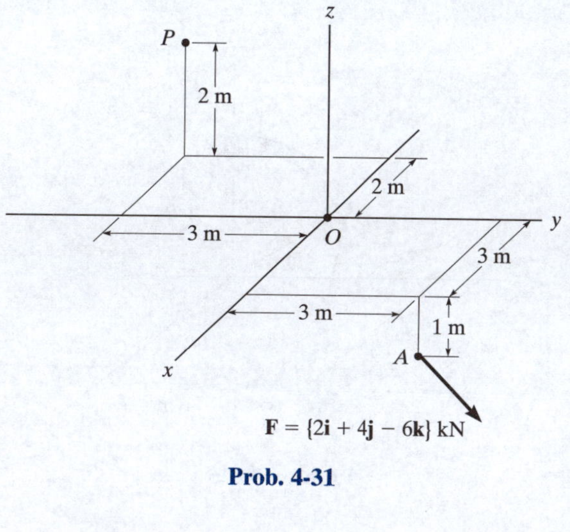

Prob. 4-31

***4-32.** La tubería está sometida a $\mathbf{F} = \{600\mathbf{i} + 800\mathbf{j} - 500\mathbf{k}\}$ N. Determine el momento de esta fuerza con respecto al punto A.

4-33. La tubería está sometida a $\mathbf{F} = \{600\mathbf{i} + 800\mathbf{j} - 500\mathbf{k}\}$ N. Determine el momento de esta fuerza con respecto al punto B.

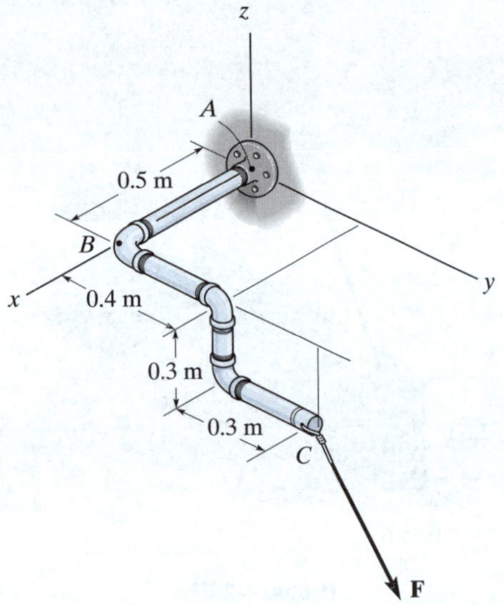

Probs. 4-32/33

***4-36.** Determine los ángulos directores coordenados α, β, γ de la fuerza $\mathbf{F}$, tales que el momento de $\mathbf{F}$ con respecto a O sea igual a cero.

4-37. Determine el momento de la fuerza $\mathbf{F}$ con respecto al punto O. La fuerza tiene una magnitud de 800 N y ángulos directores coordenados $\alpha = 60°$, $\beta = 120°$, $\gamma = 45°$. Exprese el resultado como un vector cartesiano.

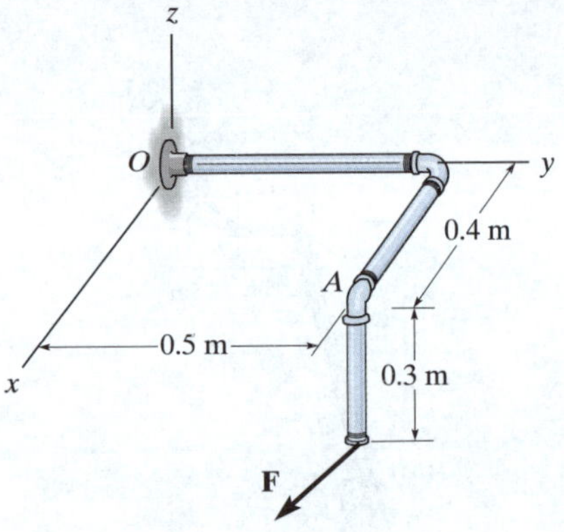

Probs. 4-36/37

4-34. Determine el momento de la fuerza de $F = 600$ N con respecto al punto A.

4-35. Determine la fuerza F más pequeña que debe aplicarse a lo largo de la cuerda, con la finalidad de ocasionar que la varilla curva, que tiene un radio de 4 m, falle en el soporte A. Esto requiere que se aplique un momento de $M = 1500$ N · m en A.

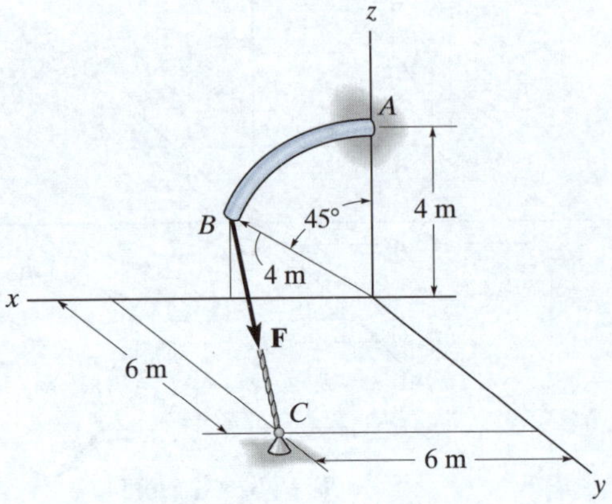

Probs. 4-34/35

4-38. Determine el momento de la fuerza $\mathbf{F}$ con respecto a la bisagra de la puerta en A. Exprese el resultado como un vector cartesiano.

4-39. Determine el momento de la fuerza $\mathbf{F}$ con respecto a la bisagra de la puerta en B. Exprese el resultado como un vector cartesiano.

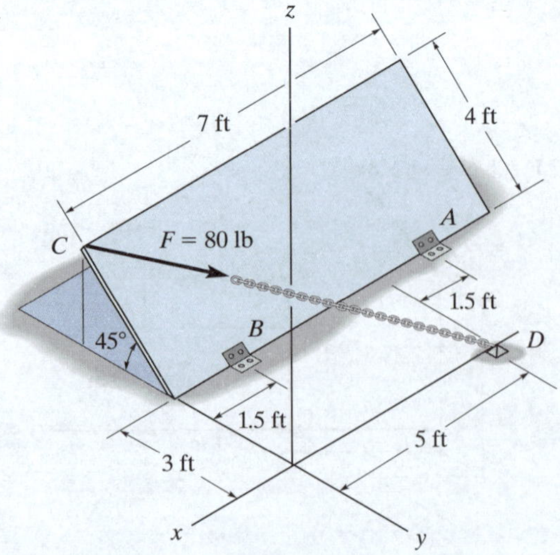

Probs. 4-38/39

***4-40.** La varilla curva tiene un radio de 5 ft. Si en su extremo actúa una fuerza de 60 lb como se ilustra en la figura, determine el momento de esta fuerza con respecto al punto *C*.

4-41. Determine la menor fuerza *F* que debe aplicarse a lo largo de la cuerda, con la finalidad de ocasionar que la varilla curva, que tiene un radio de 5 ft, falle en el soporte *C*. Esto requiere se aplique un momento de $M = 80$ lb · ft en *C*.

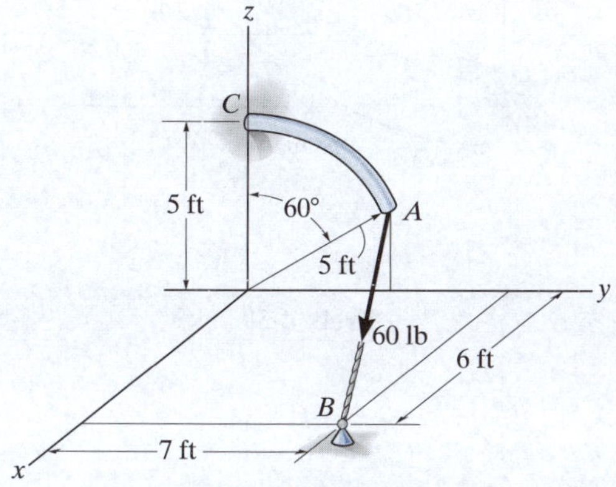

Probs. 4-40/41

4-42. Una fuerza horizontal de 20 N se aplica en forma perpendicular al mango de la llave de tubo. Determine la magnitud y los ángulos directores coordenados del momento creado por esta fuerza con respecto al punto *O*.

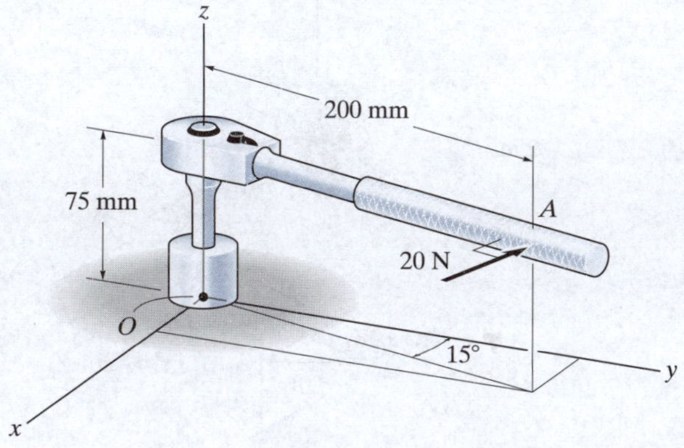

Prob. 4-42

4-43. La tubería se somete a la fuerza de 80 N. Determine el momento de esta fuerza con respecto al punto *A*.

***4-44.** La tubería se somete a la fuerza de 80 N. Determine el momento de esta fuerza con respecto al punto *B*.

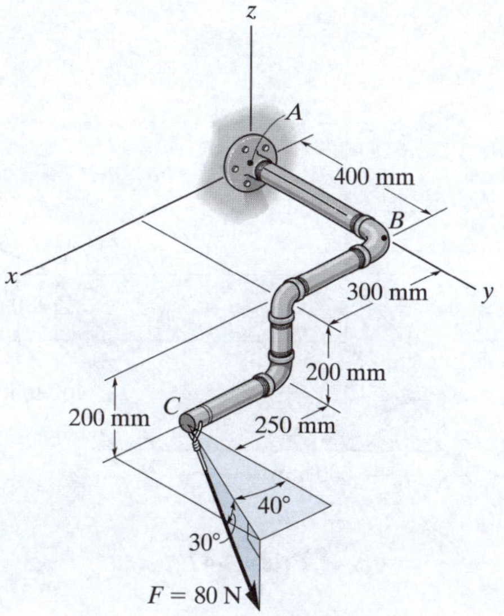

Probs. 4-43/44

4-45. Una fuerza de $\mathbf{F} = \{6\mathbf{i} - 2\mathbf{j} + 1\mathbf{k})$ kN produce un momento de $\mathbf{M}_O = \{4\mathbf{i} + 5\mathbf{j} - 14\mathbf{k}\}$ kN · m con respecto al origen, el punto *O*. Si la fuerza actúa en un punto que tiene una coordenada $x = 1$ m, determine las coordenadas *y* y *z*. *Nota:* La figura muestra a **F** y $\mathbf{M}_O$ en una posición arbitraria.

4-46. La fuerza $\mathbf{F} = \{6\mathbf{i} + 8\mathbf{j} + 10\mathbf{k}\}$ N crea un momento con respecto al punto *O* de $\mathbf{M}_O = \{-14\mathbf{i} + 8\mathbf{j} + 2\mathbf{k}\}$ N · m. Si la fuerza pasa a través de un punto que tiene una coordenada *x* de 1 m, determine las coordenadas *y* y *z* del punto. Además, en vista de que $M_O = Fd$, determine la distancia perpendicular *d* desde el punto *O* hasta la línea de acción de **F**. *Nota:* La figura muestra a **F** y $\mathbf{M}_O$ en una posición arbitraria.

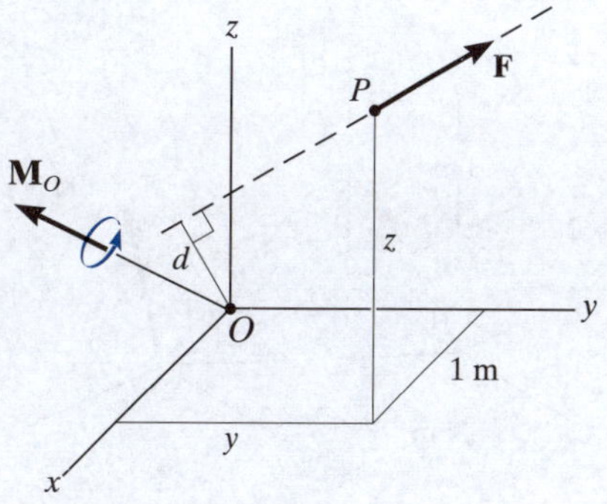

Probs. 4-45/46

4-47. Una fuerza **F** que tiene una magnitud de $F = 100$ N actúa a lo largo de la diagonal del paralelepípedo. Determine el momento de **F** con respecto al punto A utilizando $\mathbf{M}_A = \mathbf{r}_B \times \mathbf{F}$ y $\mathbf{M}_A = \mathbf{r}_C \times \mathbf{F}$.

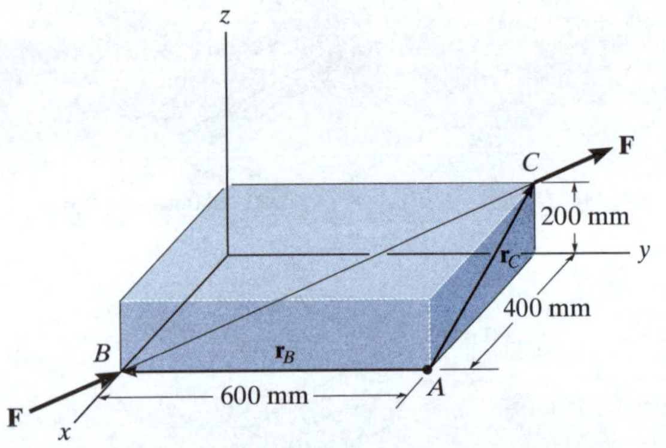

Prob. 4-47

4-50. El puntal AB de la escotilla de 1 m de diámetro ejerce una fuerza de 450 N sobre el punto B. Determine el momento de esta fuerza con respecto al punto O.

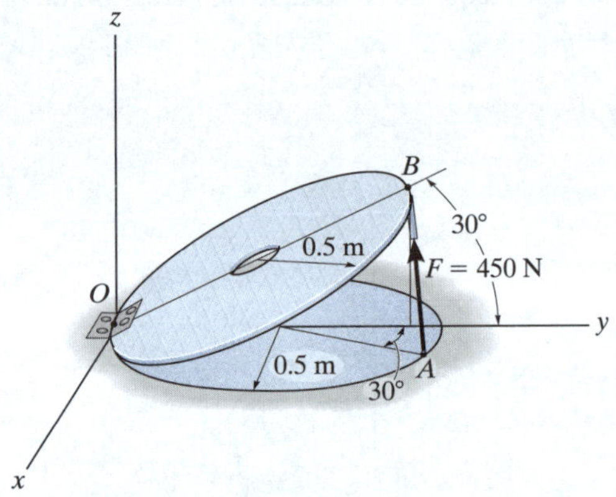

Prob. 4-50

***4-48.** La fuerza **F** actúa en forma perpendicular al plano inclinado. Determine el momento producido por **F** con respecto al punto A. Exprese el resultado como un vector cartesiano.

4-49. La fuerza **F** actúa en forma perpendicular al plano inclinado. Determine el momento producido por **F** con respecto al punto B. Exprese el resultado como un vector cartesiano.

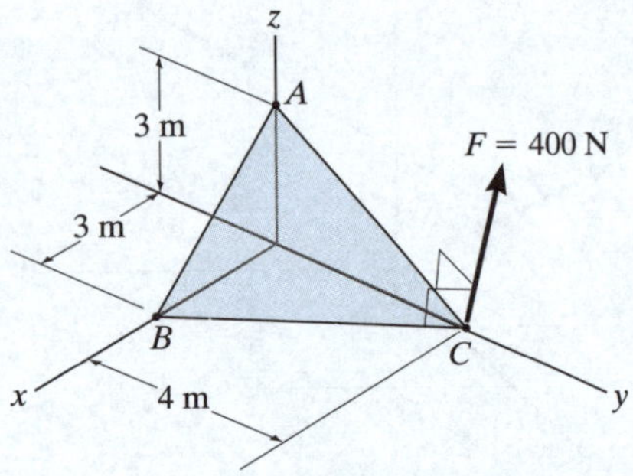

Probs. 4-48/49

4-51. Mediante el uso de un collarín de anillo, la fuerza de 75 N puede actuar en el plano vertical con varios ángulos θ. Determine la magnitud del momento que produce con respecto al punto A, grafique el resultado de M (ordenada) contra θ (abscisa) para $0° \leq \theta \leq 180°$, y especifique los ángulos que generan los momentos máximo y mínimo.

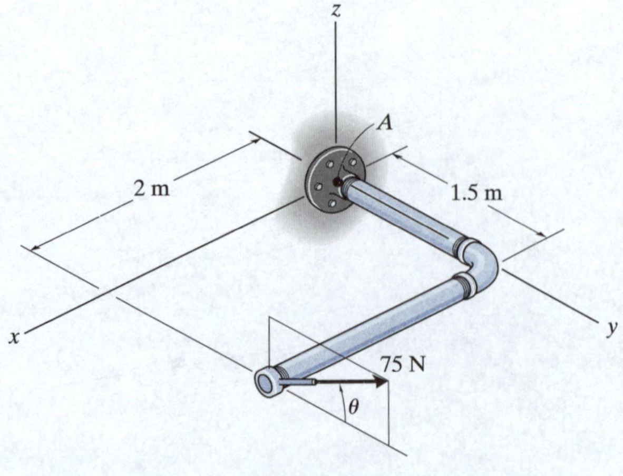

Prob. 4-51

4.5 Momento de una fuerza con respecto a un eje específico

En ocasiones debe determinarse el momento producido por una fuerza con respecto a un *eje específico*. Suponga, por ejemplo, que hay que aflojar la tuerca del punto O de la rueda del automóvil, que se ilustra en la figura 4-20a. La fuerza aplicada a la llave producirá una tendencia a que ésta y la tuerca giren en torno al *eje de momento* que pasa por O; sin embargo, la tuerca sólo puede girar con respecto al eje y. Por lo tanto, para determinar el efecto de giro, sólo se necesita la componente y del momento, en tanto que el momento total producido no es importante. Para determinar esta componente, podemos usar un análisis escalar o vectorial.

Análisis escalar. Para usar un análisis escalar en el caso de la tuerca de la figura 4-20a, el brazo de momento, o la distancia perpendicular desde el eje hasta la línea de acción de la fuerza, es $d_y = d \cos \theta$. Así, el momento de $\mathbf{F}$ con respecto al eje y es $M_y = F\,d_y = F(d \cos \theta)$. De acuerdo con la regla de la mano derecha, $\mathbf{M}_y$ está dirigido a lo largo del eje y positivo, como se indica en la figura. En general, para cualquier eje a, el momento es

$$\boxed{M_a = Fd_a} \qquad (4\text{-}10)$$

(© Russell C. Hibbeler)

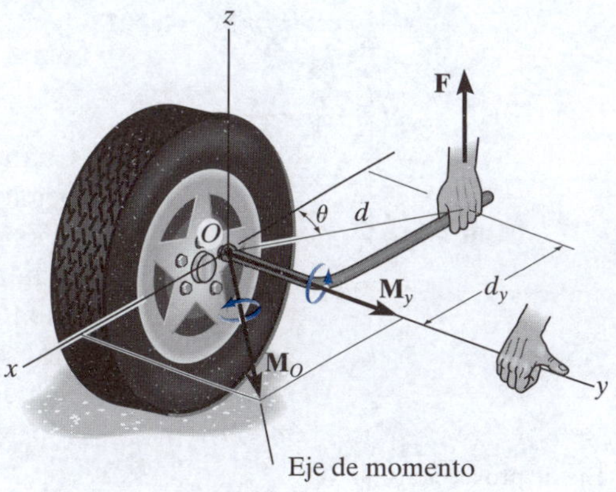

(a)

Fig. 4-20

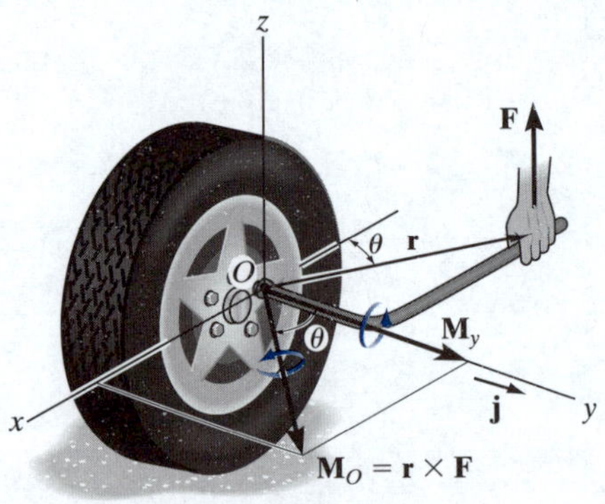

(b)

Fig. 4-20 (cont.)

Análisis vectorial. Para encontrar el momento de la fuerza **F** en la figura 4-20*b* con respecto al eje *y* utilizando un análisis vectorial, primero debemos determinar el momento de la fuerza con respecto a *cualquier punto O* sobre el eje *y*, aplicando la ecuación 4-7, $\mathbf{M}_O = \mathbf{r} \times \mathbf{F}$. La componente $\mathbf{M}_y$ a lo largo del eje *y* es la *proyección* de $\mathbf{M}_O$ sobre el eje *y*. Ésta puede encontrarse mediante el *producto punto* analizado en el capítulo 2, de manera que $M_y = \mathbf{j} \cdot \mathbf{M}_O = \mathbf{j} \cdot (\mathbf{r} \times \mathbf{F})$, donde **j** es el vector unitario para el eje *y*.

Este método puede generalizarse considerando que $\mathbf{u}_a$ es el vector unitario que especifica la dirección del eje *a* mostrada en la figura 4-21. Después, el momento de **F** con respecto a un punto *O* sobre el eje es $\mathbf{M}_O = \mathbf{r} \times \mathbf{F}$, y la proyección de este momento sobre el eje *a* es $M_a = \mathbf{u}_a \cdot (\mathbf{r} \times \mathbf{F})$. Esta combinación se denomina *triple producto escalar*. Si los vectores se escriben en su forma cartesiana, tenemos

$$M_a = [u_{a_x}\mathbf{i} + u_{a_y}\mathbf{j} + u_{a_z}\mathbf{k}] \cdot \begin{vmatrix} \mathbf{i} & \mathbf{j} & \mathbf{k} \\ r_x & r_y & r_z \\ F_x & F_y & F_z \end{vmatrix}$$
$$= u_{a_x}(r_yF_z - r_zF_y) - u_{a_y}(r_xF_z - r_zF_x) + u_{a_z}(r_xF_y - r_yF_x)$$

Este resultado también se puede escribir en la forma de un determinante, con lo cual resulta más fácil memorizarlo.*

$$M_a = \mathbf{u}_a \cdot (\mathbf{r} \times \mathbf{F}) = \begin{vmatrix} u_{a_x} & u_{a_y} & u_{a_z} \\ r_x & r_y & r_z \\ F_x & F_y & F_z \end{vmatrix} \qquad (4\text{-}11)$$

donde

$u_{a_x}, u_{a_y}, u_{a_z}$ representan las componentes *x*, *y*, *z* del vector unitario que define la dirección del eje *a*

r_x, r_y, r_z representan las componentes *x*, *y*, *z* del vector de posición trazado desde *cualquier punto O* sobre el eje *a* hacia *cualquier punto A* sobre la línea de acción de la fuerza

F_x, F_y, F_z representan las componentes *x*, *y*, *z* del vector fuerza.

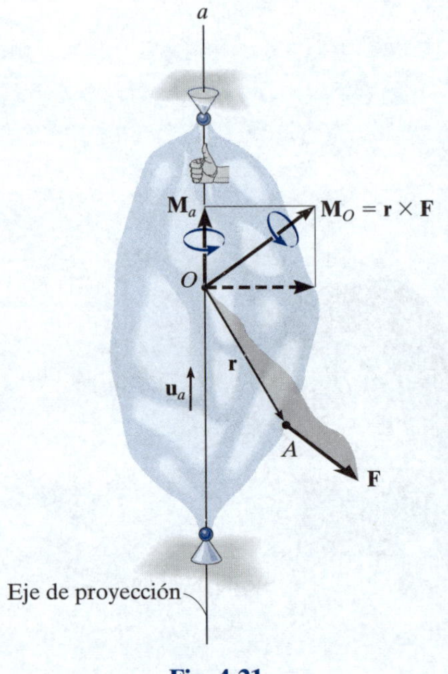

Fig. 4-21

Cuando M_a se calcule con la ecuación 4-11, generará un escalar positivo o negativo, cuyo signo indica el sentido de dirección de $\mathbf{M}_a$ a lo largo del eje *a*. Si es positivo, entonces $\mathbf{M}_a$ tendrá el mismo sentido que $\mathbf{u}_a$; mientras que si es negativo, $\mathbf{M}_a$ actuará en sentido opuesto a $\mathbf{u}_a$. Una vez que el eje *a* se encuentre establecido, apunte el dedo pulgar de la mano derecha en la dirección de $\mathbf{M}_a$, y la curvatura de sus dedos indicará el sentido del giro con respecto al eje (fig. 4-21).

*Tome un minuto para desarrollar esta determinante, con la finalidad de demostrar que producirá el resultado presentado.

Dado que se determinó M_a, podemos expresar $\mathbf{M}_a$ como un vector cartesiano, a saber,

$$\mathbf{M}_a = M_a \mathbf{u}_a \tag{4-12}$$

Los siguientes ejemplos ilustran aplicaciones numéricas de los conceptos descritos en esta sección.

Puntos importantes

- El momento de una fuerza con respecto a un eje específico puede determinarse, siempre que la distancia perpendicular d_a desde la línea de acción de la fuerza hasta el eje pueda determinarse. $M_a = Fd_a$.
- Si se usa el análisis vectorial, $M_a = \mathbf{u}_a \cdot (\mathbf{r} \times \mathbf{F})$, donde $\mathbf{u}_a$ define la dirección del eje y $\mathbf{r}$ está dirigido desde *cualquier punto* sobre el eje hasta *cualquier punto* sobre la línea de acción de la fuerza.
- Si M_a se calcula como un escalar negativo, entonces el sentido de dirección de $\mathbf{M}_a$ es opuesto a $\mathbf{u}_a$.
- El momento $\mathbf{M}_a$ expresado como un vector cartesiano se determina a partir de $\mathbf{M}_a = M_a \mathbf{u}_a$.

4

EJEMPLO 4.7

Determine el momento resultante de las tres fuerzas que se muestran en la figura 4-22 con respecto al eje x, al eje y y al eje z.

SOLUCIÓN

Una fuerza que es *paralela* a un eje de coordenadas o tiene una línea de acción que pasa por el eje *no* produce ningún momento o tendencia a girar alrededor de ese eje. Por lo tanto, al definir la dirección positiva del momento de una fuerza de acuerdo con la regla de la mano derecha, como se muestra en la figura, tenemos

$$M_x = (60 \text{ lb})(2 \text{ ft}) + (50 \text{ lb})(2 \text{ ft}) + 0 = 220 \text{ lb} \cdot \text{ft} \qquad \textit{Resp.}$$

$$M_y = 0 - (50 \text{ lb})(3 \text{ ft}) - (40 \text{ lb})(2 \text{ ft}) = -230 \text{ lb} \cdot \text{ft} \qquad \textit{Resp.}$$

$$M_z = 0 + 0 - (40 \text{ lb})(2 \text{ ft}) = -80 \text{ lb} \cdot \text{ft} \qquad \textit{Resp.}$$

Los signos negativos indican que $\mathbf{M}_y$ y $\mathbf{M}_z$ actúan en las direcciones $-y$ y $-z$, respectivamente.

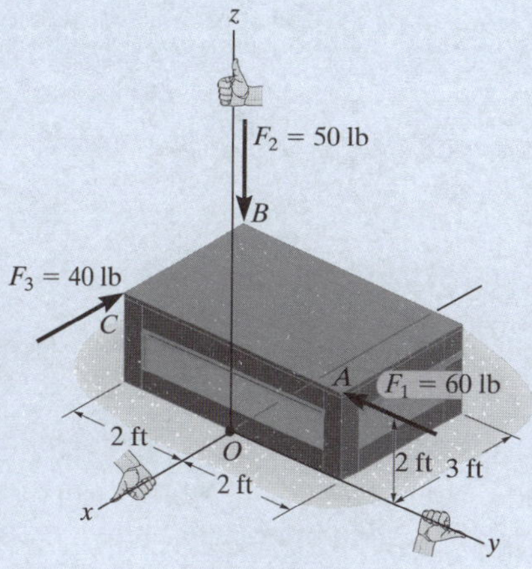

Fig. 4-22

EJEMPLO 4.8

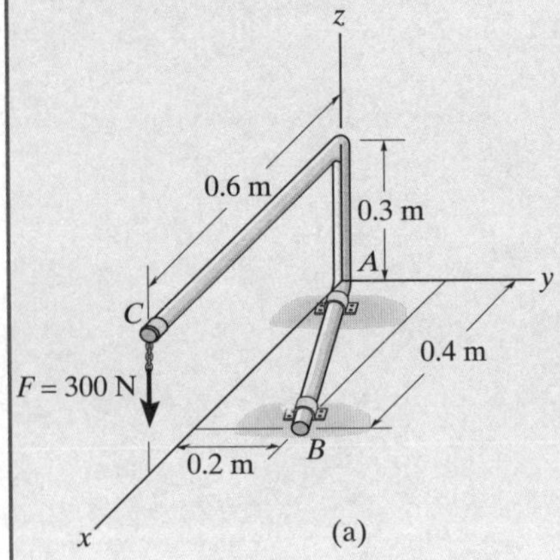

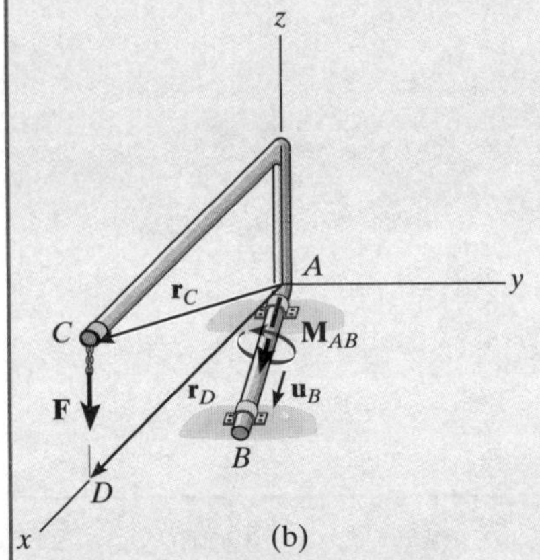

Fig. 4-23

Determine el momento $\mathbf{M}_{AB}$ producido por la fuerza $\mathbf{F}$ que se muestra en la figura 4-23*a*, la cual tiende a girar la barra con respecto al eje *AB*.

SOLUCIÓN

Para encontrar la solución, se considerará un análisis vectorial si usamos $M_{AB} = \mathbf{u}_B \cdot (\mathbf{r} \times \mathbf{F})$ en vez de encontrar el brazo de momento, o la distancia perpendicular desde la línea de acción de $\mathbf{F}$ hasta el eje *AB*. Ahora se identificará cada uno de los términos presentes en la ecuación.

El vector unitario $\mathbf{u}_B$ define la dirección del eje *AB* de la barra (fig. 4-23*b*), donde

$$\mathbf{u}_B = \frac{\mathbf{r}_B}{r_B} = \frac{\{0.4\mathbf{i} + 0.2\mathbf{j}\}\text{ m}}{\sqrt{(0.4\text{ m})^2 + (0.2\text{ m})^2}} = 0.8944\mathbf{i} + 0.4472\mathbf{j}$$

El vector $\mathbf{r}$ está dirigido desde *cualquier punto* sobre el eje *AB* hacia *cualquier punto* sobre la línea de acción de la fuerza. Por ejemplo, los vectores de posición $\mathbf{r}_C$ y $\mathbf{r}_D$ son los adecuados (fig. 4-23*b*). (Aunque no se muestran en la figura, también se pueden usar $\mathbf{r}_{BC}$ o $\mathbf{r}_{BD}$). Por sencillez, elegimos $\mathbf{r}_D$, donde

$$\mathbf{r}_D = \{0.6\mathbf{i}\}\text{ m}$$

La fuerza es

$$\mathbf{F} = \{-300\mathbf{k}\}\text{ N}$$

Al sustituir estos vectores en la forma de determinante y al desarrollarlos,

$$M_{AB} = \mathbf{u}_B \cdot (\mathbf{r}_D \times \mathbf{F}) = \begin{vmatrix} 0.8944 & 0.4472 & 0 \\ 0.6 & 0 & 0 \\ 0 & 0 & -300 \end{vmatrix}$$

$$= 0.8944[0(-300) - 0(0)] - 0.4472[0.6(-300) - 0(0)] + 0[0.6(0) - 0(0)]$$

$$= 80.50\text{ N}\cdot\text{m}$$

Este resultado positivo indica que el sentido de $\mathbf{M}_{AB}$ tiene la misma dirección que $\mathbf{u}_B$.

Al expresar $\mathbf{M}_{AB}$ en la figura 4-23*b* como un vector cartesiano resulta

$$\mathbf{M}_{AB} = M_{AB}\mathbf{u}_B = (80.50\text{ N}\cdot\text{m})(0.8944\mathbf{i} + 0.4472\mathbf{j})$$
$$= \{72.0\mathbf{i} + 36.0\mathbf{j}\}\text{ N}\cdot\text{m} \qquad \textit{Resp.}$$

NOTA: Si el eje *AB* se define con un vector unitario dirigido desde *B* hacia *A*, entonces en la formulación anterior tendría que haberse usado $-\mathbf{u}_B$. Esto conduciría a $M_{AB} = -80.50\text{ N}\cdot\text{m}$. En consecuencia, $\mathbf{M}_{AB} = M_{AB}(-\mathbf{u}_B)$, y se obtendría el mismo resultado.

EJEMPLO 4.9

Determine la magnitud del momento de la fuerza **F** con respecto al segmento *OA* del ensamble de tubos que se muestra en la figura 4-24*a*.

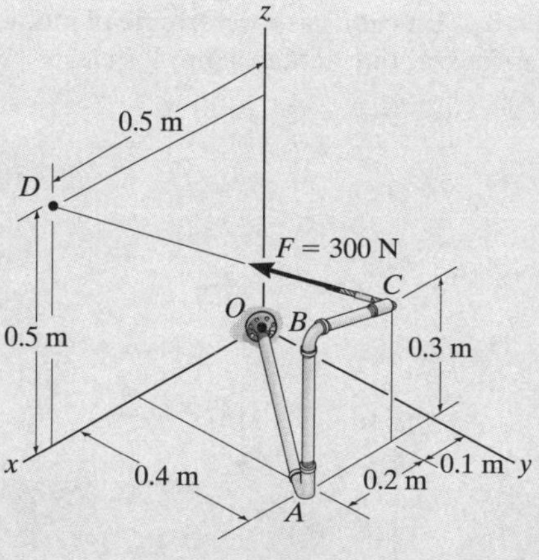

(a)

SOLUCIÓN

El momento de **F** con respecto al eje *OA* se determina a partir de $M_{OA} = \mathbf{u}_{OA} \cdot (\mathbf{r} \times \mathbf{F})$, donde **r** es un vector de posición que se extiende desde cualquier punto sobre el eje *OA* hasta cualquier punto sobre la línea de acción de **F**. Como se indica en la figura 4-24*b*, es posible usar $\mathbf{r}_{OD}$, $\mathbf{r}_{OC}$, $\mathbf{r}_{AD}$ o $\mathbf{r}_{AC}$; sin embargo, aquí se considerará $\mathbf{r}_{OD}$ porque esto facilitará los cálculos.

El vector unitario $\mathbf{u}_{OA}$, que especifica la dirección del eje *OA*, es

$$\mathbf{u}_{OA} = \frac{\mathbf{r}_{OA}}{r_{OA}} = \frac{\{0.3\mathbf{i} + 0.4\mathbf{j}\}\text{ m}}{\sqrt{(0.3\text{ m})^2 + (0.4\text{ m})^2}} = 0.6\mathbf{i} + 0.8\mathbf{j}$$

y el vector de posición $\mathbf{r}_{OD}$ es

$$\mathbf{r}_{OD} = \{0.5\mathbf{i} + 0.5\mathbf{k}\}\text{ m}$$

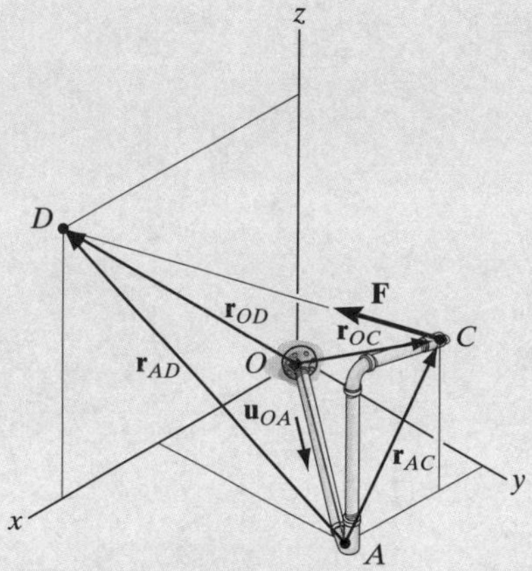

(b)

Fig. 4-24

La fuerza **F** expresada como un vector cartesiano es

$$\mathbf{F} = F\left(\frac{\mathbf{r}_{CD}}{r_{CD}}\right)$$

$$= (300\text{ N})\left[\frac{\{0.4\mathbf{i} - 0.4\mathbf{j} + 0.2\mathbf{k}\}\text{ m}}{\sqrt{(0.4\text{ m})^2 + (-0.4\text{ m})^2 + (0.2\text{ m})^2}}\right]$$

$$= \{200\mathbf{i} - 200\mathbf{j} + 100\mathbf{k}\}\text{ N}$$

Por lo tanto,

$$M_{OA} = \mathbf{u}_{OA} \cdot (\mathbf{r}_{OD} \times \mathbf{F})$$

$$= \begin{vmatrix} 0.6 & 0.8 & 0 \\ 0.5 & 0 & 0.5 \\ 200 & -200 & 100 \end{vmatrix}$$

$$= 0.6[0(100) - (0.5)(-200)] - 0.8[0.5(100) - (0.5)(200)] + 0$$

$$= 100\text{ N}\cdot\text{m}$$ *Resp.*

PROBLEMAS PRELIMINARES

P4-3. En cada caso, determine el momento resultante de las fuerzas que actúan sobre los ejes *x*, *y* y *z*.

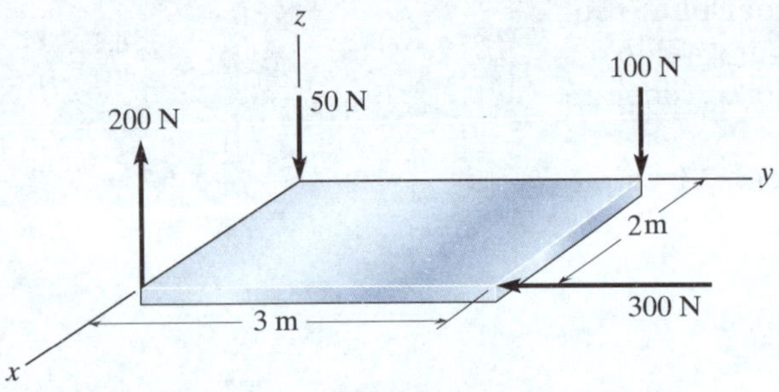

(a)

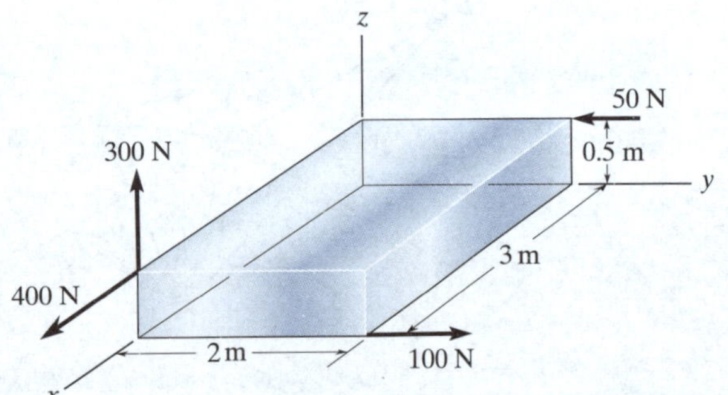

(b)

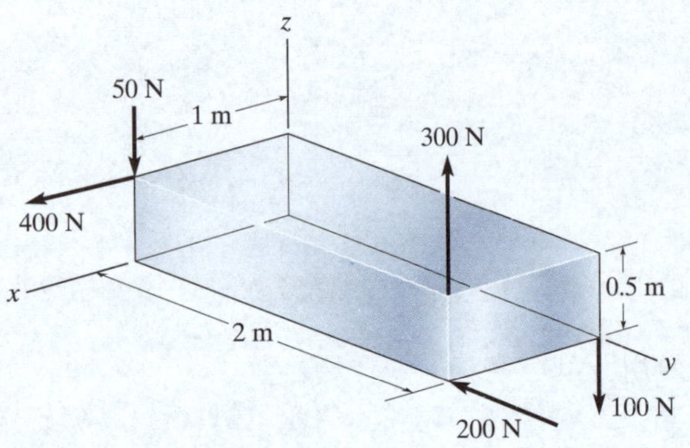

(c)

Prob. P4-3

P4-4 En cada caso, establezca el determinante necesario para encontrar el momento de la fuerza con respecto a los ejes *a-a*.

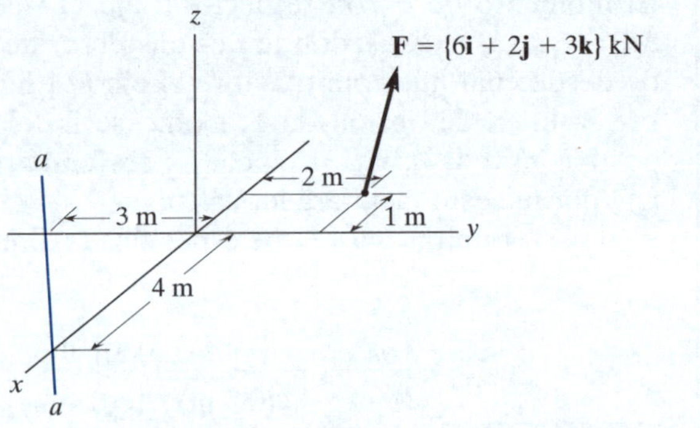

(a)

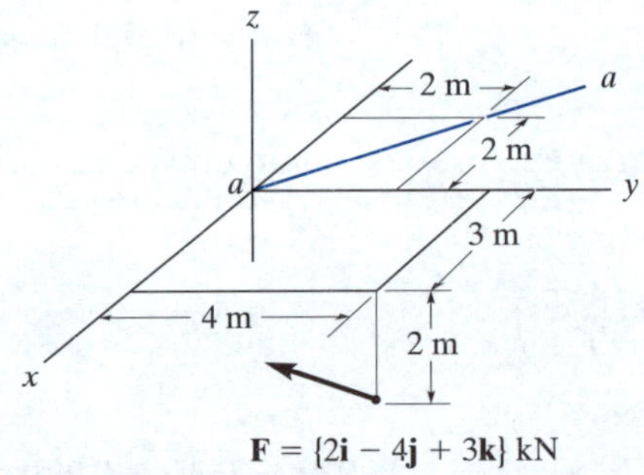

(b)

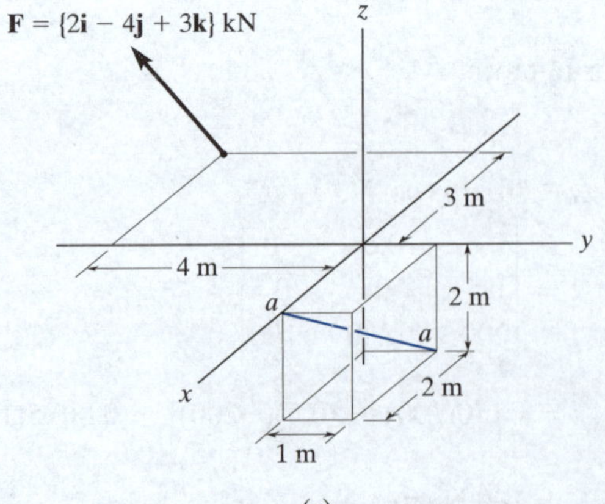

(c)

Prob. P4-4

PROBLEMAS FUNDAMENTALES

F4-13. Determine la magnitud del momento de la fuerza $\mathbf{F} = \{300\mathbf{i} - 200\mathbf{j} + 150\mathbf{k}\}$ N con respecto al eje x.

F4-14. Determine la magnitud del momento de la fuerza $\mathbf{F} = \{300\mathbf{i} - 200\mathbf{j} + 150\mathbf{k}\}$ N con respecto al eje OA.

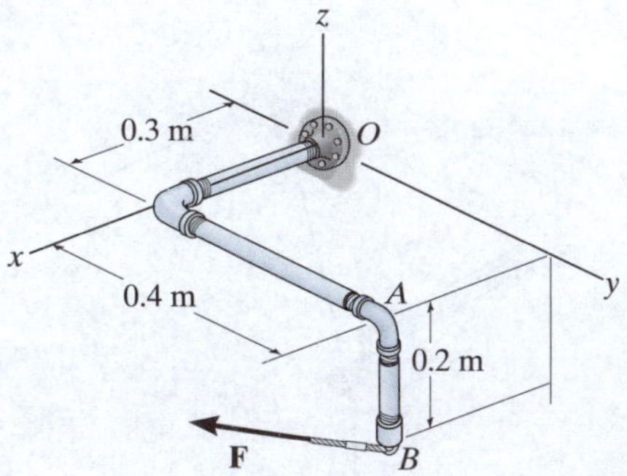

Probs. F4-13/14

F4-15. Determine la magnitud del momento de la fuerza de 200 N con respecto al eje x. Resuelva el problema usando tanto un análisis escalar como un análisis vectorial.

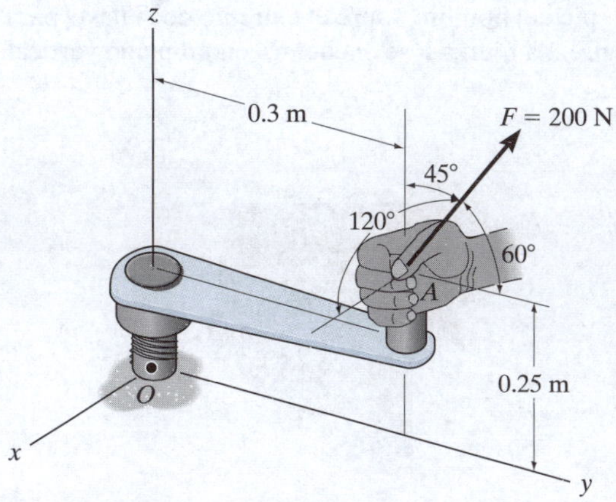

Prob. F4-15

F4-16. Determine la magnitud del momento de la fuerza con respecto al eje y.

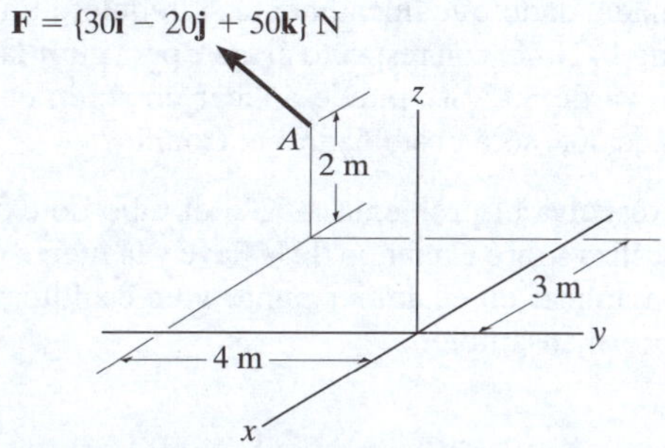

Prob. F4-16

F4-17. Determine el momento de la fuerza $\mathbf{F} = \{50\mathbf{i} - 40\mathbf{j} + 20\mathbf{k}\}$ lb con respecto al eje AB. Exprese el resultado como un vector cartesiano.

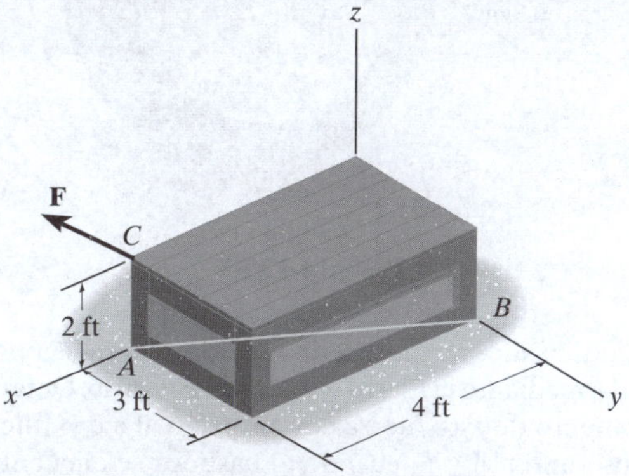

Prob. F4-17

F4-18. Determine el momento de la fuerza **F** con respecto a los ejes x, y y z. Resuelva el problema utilizando tanto un análisis escalar como un análisis vectorial

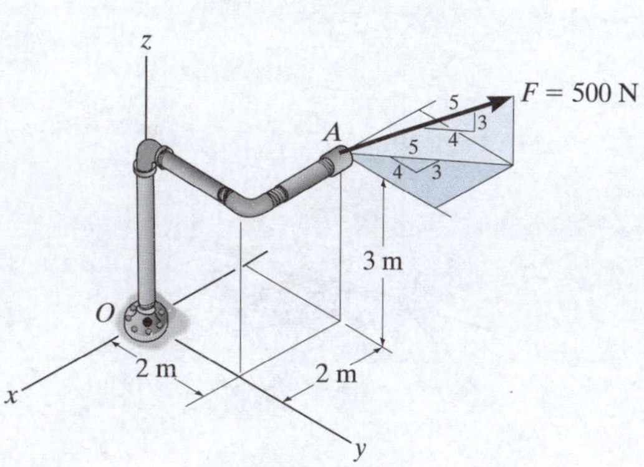

Prob. F4-18

PROBLEMAS

***4-52.** La tuerca de seguridad de la rueda del automóvil debe retirarse mediante el uso de la llave y la aplicación de la fuerza vertical $F = 30$ N en A. Determine si esta fuerza es adecuada, dado que inicialmente se requiere un par de torsión de 14 N · m con respecto al eje x para girar la tuerca. Si la fuerza de 30 N se puede aplicar en A, en cualquier otra dirección, ¿será posible girar el tronillo?

4-53. Resuelva el problema 4-52 si el tubo de extensión AB se desliza sobre el mango de la llave y la fuerza de 30 N se puede aplicar en cualquier punto y en cualquier dirección sobre el ensamble.

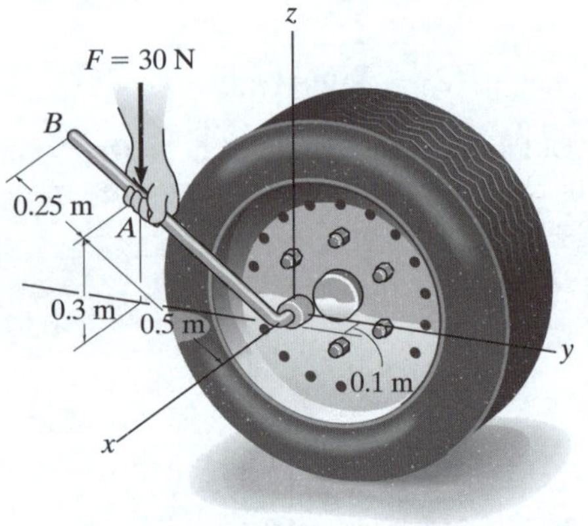

Probs. 4-52/53

4-54. El bastidor en forma de A se eleva hasta la posición erguida, mediante la fuerza vertical de $F = 80$ lb. Determine el momento de esta fuerza con respecto al eje y' que pasa por los puntos A y B, cuando el bastidor se encuentra en la posición indicada.

4-55. El bastidor en forma de A se eleva hasta la posición erguida, mediante la fuerza vertical de $F = 80$ lb. Determine el momento de esta fuerza con respecto al eje x, cuando el bastidor se encuentra en la posición mostrada.

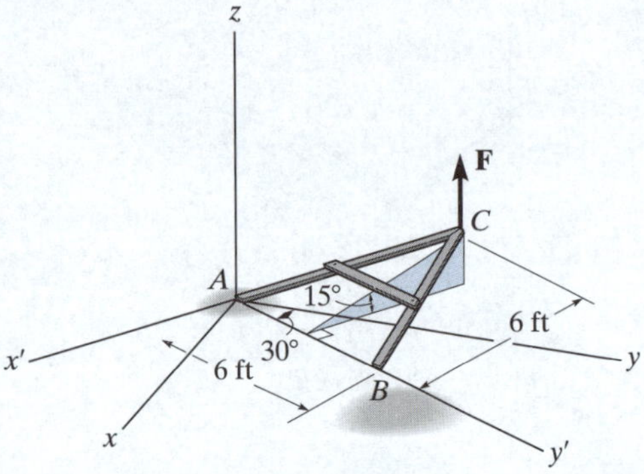

Probs. 4-54/55

***4-56.** Determine la magnitud de los momentos de la fuerza **F** alrededor los ejes x, y y z. Resuelva el problema (a) usando un método vectorial cartesiano y (b) usando un método escalar.

4-57. Determine el momento de esta fuerza **F** con respecto a un eje que se extiende entre A y C. Exprese el resultado como un vector cartesiano.

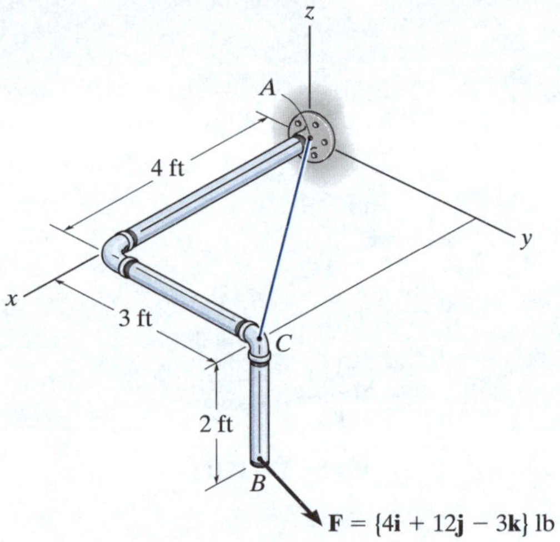

Probs. 4-56/57

4-58. La tabla se utiliza para mantener el extremo de una llave de cruz (de cuatro vías) en la posición mostrada, cuando el hombre aplica una fuerza de $F = 100$ N. Determine la magnitud del momento producido por esta fuerza con respecto al eje x. La fuerza **F** se encuentra en un plano vertical.

4-59. La tabla se utiliza para mantener en posición el extremo de una llave de cruz. Si se requiere un par de torsión de 30 N · m con respecto al eje x para apretar la tuerca, determine la magnitud requerida de la fuerza **F** que debe aplicar el pie del hombre, sobre el extremo de la llave, para que ésta gire. La fuerza **F** se encuentra en un plano vertical.

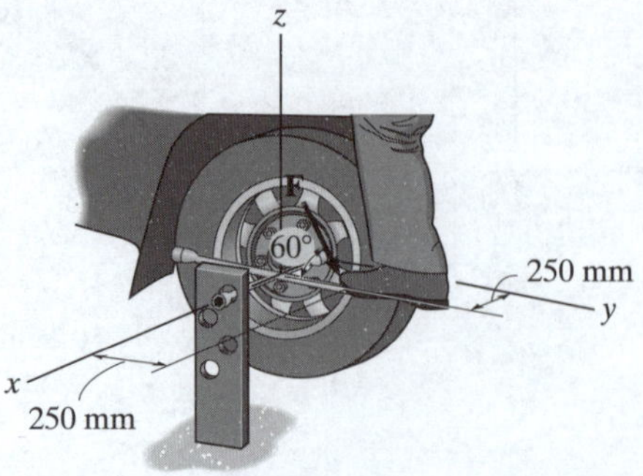

Probs. 4-58/59

***4-60.** El bastidor en forma de A se eleva hasta su posición erguida mediante la fuerza vertical de $F = 80$ lb. Determine el momento de esta fuerza con respecto al eje y cuando el bastidor se encuentra en la posición indicada.

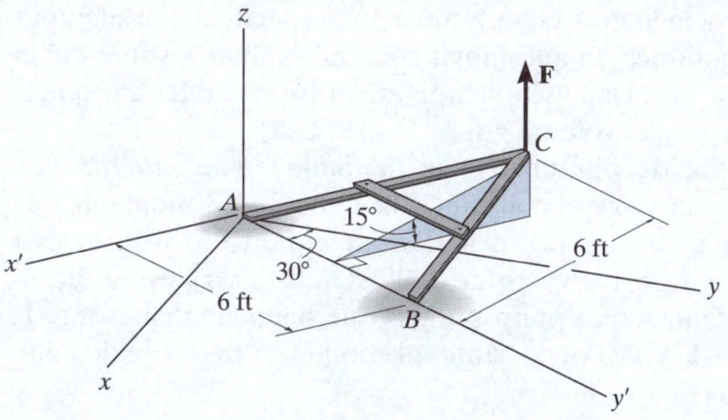

Prob. 4-60

4-61. Determine la magnitud del momento de la fuerza $\mathbf{F} = \{50\mathbf{i} - 20\mathbf{j} - 80\mathbf{k}\}$ N con respecto a la línea de base AB del trípode.

4-62. Determine la magnitud del momento de la fuerza $\mathbf{F} = \{50\mathbf{i} - 20\mathbf{j} - 80\mathbf{k}\}$ N con respecto a la línea de base BC del trípode.

4-63. Determine la magnitud del momento de la fuerza $\mathbf{F} = \{50\mathbf{i} - 20\mathbf{j} - 80\mathbf{k}\}$ N con respecto a la línea de base CA del trípode.

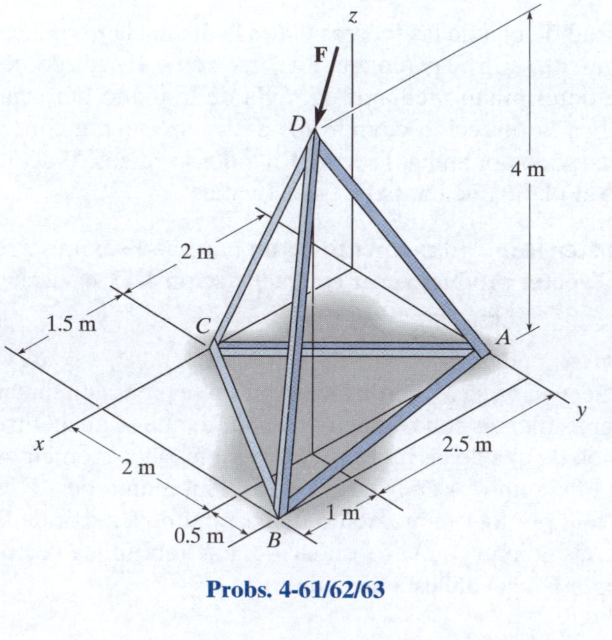

Probs. 4-61/62/63

***4-64.** Una fuerza horizontal de $\mathbf{F} = \{-50\mathbf{i}\}$ N se aplica en forma perpendicular al mango de la llave para tuberías. Determine el momento que ejerce esta fuerza a lo largo del eje OA (eje z) de la tubería. Tanto la llave como la tubería, $OABC$, se encuentran en el plano y-z. *Sugerencia:* Utilice un análisis escalar.

4-65. Determine la magnitud de la fuerza horizontal $\mathbf{F} = -F\mathbf{i}$ que actúa sobre el mango de la llave, de modo que esta fuerza produzca una componente del momento a lo largo del eje OA (eje z) de la tubería de $\mathbf{M}_z = \{4\mathbf{k}\}$ N · m. Tanto la llave como la tubería, $OABC$, se encuentran en el plano y-z. *Sugerencia:* Utilice un análisis escalar.

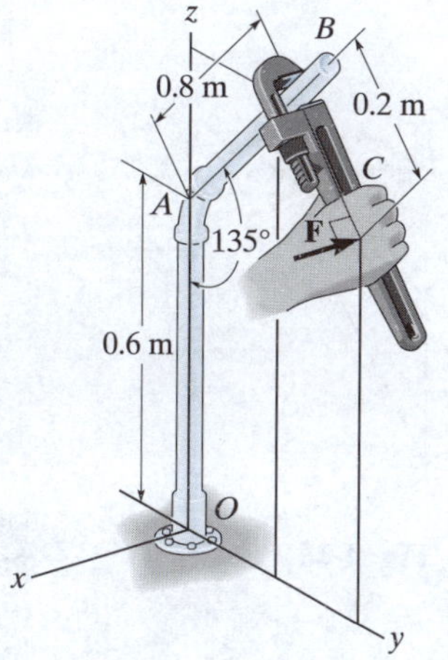

Probs. 4-64/65

4-66. La fuerza de $F = 30$ N actúa sobre la ménsula como se indica. Determine el momento de la fuerza con respecto al eje a-a de la tubería, si $\alpha = 60°$, $\beta = 60°$ y $\gamma = 45°$. Además, determine los ángulos directores coordenados de F tales que produzcan el momento máximo con respecto al eje a-a. ¿Cuál es este momento?

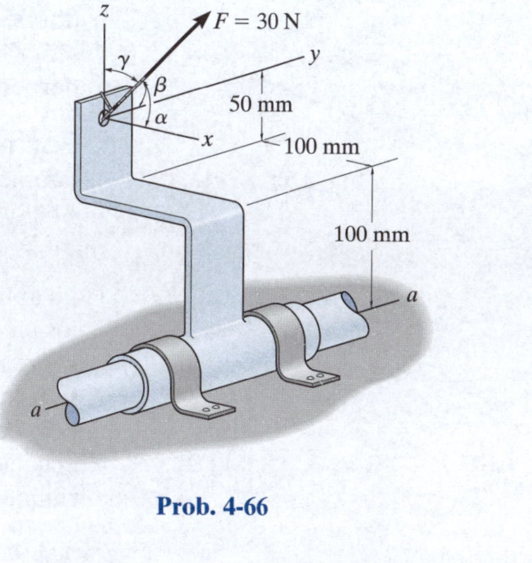

Prob. 4-66

4.6 Momento de un par

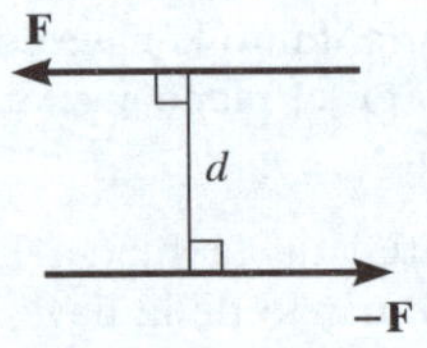

Fig. 4-25

Un ***par*** se define como dos fuerzas paralelas que tienen la misma magnitud, con direcciones opuestas, y están separadas por una distancia perpendicular d (fig. 4-25). Como la fuerza resultante es cero, el único efecto de un par es producir una rotación real; o bien, si no hay un movimiento posible, hay una tendencia a girar en una dirección específica. Por ejemplo, imagine que usted conduce un automóvil con ambas manos sobre el volante y está dando un giro. Una mano empujará el volante mientras que la otra tirará de él, con esto el volante girará.

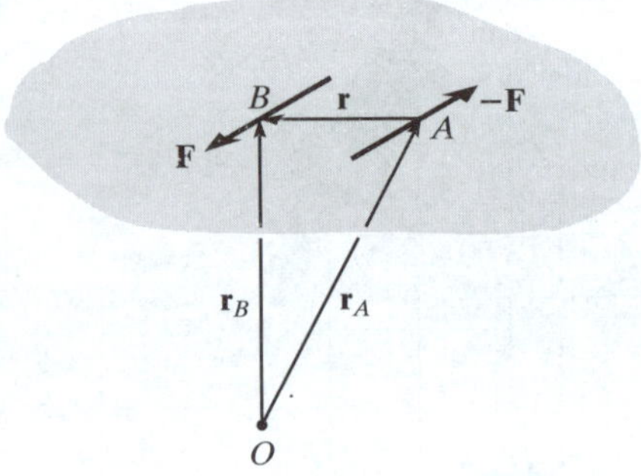

Fig. 4-26

El momento producido por un par se denomina ***momento de par***. Podemos determinar su valor encontrando la suma de los momentos de ambas fuerzas de par con respecto a *cualquier* punto arbitrario. Por ejemplo, en la figura 4-26, los vectores de posición $\mathbf{r}_A$ y $\mathbf{r}_B$ están dirigidos desde el punto O hasta los puntos A y B que se encuentran sobre la línea de acción de $-\mathbf{F}$ y $\mathbf{F}$. Por lo tanto, el momento de par calculado con respecto a O es

$$\mathbf{M} = \mathbf{r}_B \times \mathbf{F} + \mathbf{r}_A \times -\mathbf{F} = (\mathbf{r}_B - \mathbf{r}_A) \times \mathbf{F}$$

Sin embargo, $\mathbf{r}_B = \mathbf{r}_A + \mathbf{r}$, o bien $\mathbf{r} = \mathbf{r}_B - \mathbf{r}_A$, de forma que

$$\mathbf{M} = \mathbf{r} \times \mathbf{F} \tag{4-13}$$

Este resultado indica que un momento de par es un ***vector libre***, es decir, puede actuar en *cualquier punto*, ya que $\mathbf{M}$ depende *sólo* del vector de posición $\mathbf{r}$ dirigido *entre* las fuerzas y *no* de los vectores de posición $\mathbf{r}_A$ y $\mathbf{r}_B$, dirigidos desde el punto arbitrario O hacia las fuerzas. Este concepto es diferente del momento de una fuerza, que requiere un punto (o eje) definido con respecto al cual se determinan los momentos.

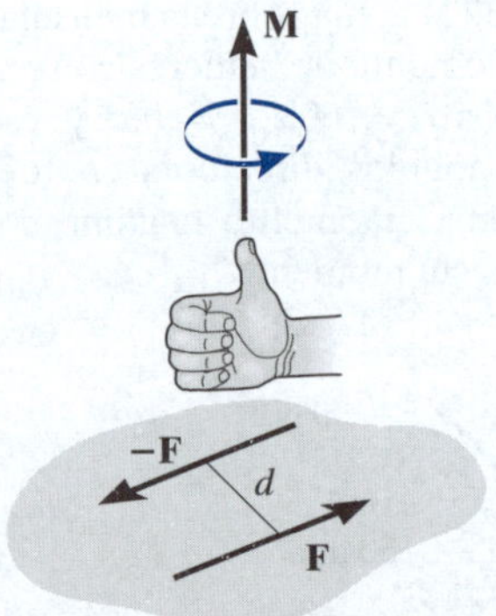

Fig. 4-27

Formulación escalar.

El momento de un par, $\mathbf{M}$ (fig. 4-27), se define con una *magnitud* de

$$M = Fd \tag{4-14}$$

donde F es la magnitud de una de las fuerzas y d es la distancia perpendicular o brazo de momento entre las fuerzas. La *dirección* y el sentido del momento de par se determinan mediante la regla de la mano derecha, donde el pulgar indica la dirección cuando los dedos se cierran con el sentido de rotación causado por ambas fuerzas. En todos los casos, $\mathbf{M}$ actúa perpendicularmente al plano que contiene estas fuerzas.

Formulación vectorial.

El momento de un par puede expresarse también mediante el vector producto cruz con la ecuación 4-13, es decir,

$$\mathbf{M} = \mathbf{r} \times \mathbf{F} \tag{4-15}$$

La aplicación de esta ecuación se recuerda fácilmente si se piensa en tomar los momentos de ambas fuerzas con respecto a un punto que se encuentre sobre la línea de acción de una de las fuerzas. Por ejemplo, si los momentos se toman con respecto al punto A en la figura 4-26, el momento de $-\mathbf{F}$ es *cero* con respecto a este punto, y el momento de $\mathbf{F}$ se define a partir de la ecuación 4-15. Por consiguiente, en la formulación, $\mathbf{r}$ se multiplica vectorialmente por la fuerza $\mathbf{F}$ a la cual está dirigida.

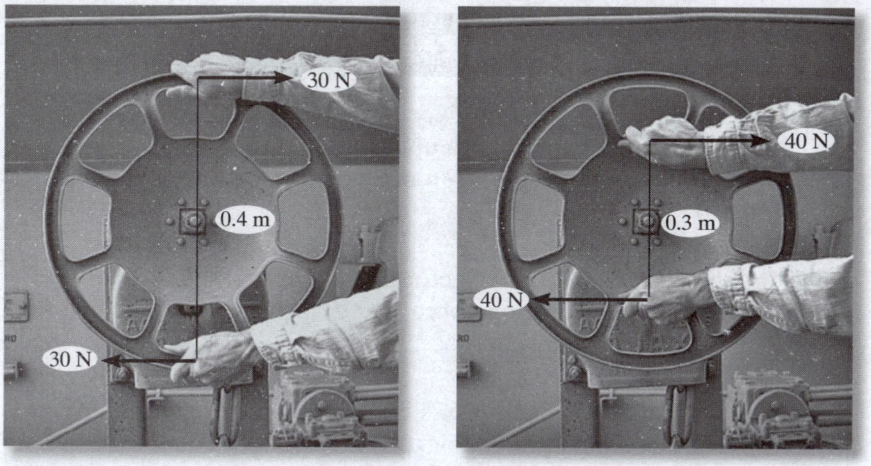

Fig. 4-28 (© Russell C. Hibbeler)

Pares equivalentes. Se dice que dos pares son *equivalentes* si producen un momento con las *mismas magnitud y dirección*. Por ejemplo, los dos pares mostrados en la figura 4-28 son *equivalentes* porque cada momento de par tiene una magnitud de $M = 30\text{ N}(0.4\text{ m}) = 40\text{ N}(0.3\text{ m}) = 12\text{ N}\cdot\text{m}$, y cada uno de ellos está dirigido hacia el plano de la página. Observe que en el segundo caso se requieren mayores fuerzas para crear el mismo efecto de giro, debido a que las manos están colocadas más cerca entre sí. Además, si la rueda estuviera conectada al eje en un punto distinto de su centro, ésta giraría al aplicar cada uno de los pares porque el par de $12\text{ N}\cdot\text{m}$ es un vector libre.

Momento de par resultante. Como los momentos de par son vectores, sus resultantes pueden determinarse mediante la suma de vectores. Por ejemplo, considere los momentos de par $\mathbf{M}_1$ y $\mathbf{M}_2$ que actúan sobre el tubo de la figura 4-29*a*. Como cada momento de par es un vector libre, podemos unir sus colas en cualquier punto arbitrario y encontrar el momento de par resultante, $\mathbf{M}_R = \mathbf{M}_1 + \mathbf{M}_2$, como se ilustra en la figura 4-29*b*.

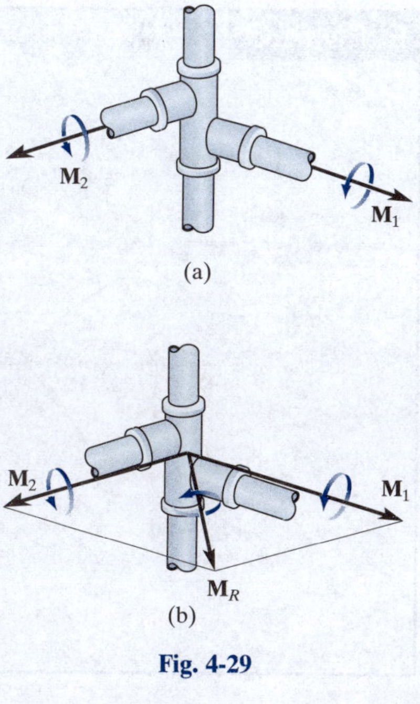

Fig. 4-29

Si sobre el cuerpo actúan más de dos momentos de par, podemos generalizar este concepto y escribir el vector resultante como

$$\mathbf{M}_R = \Sigma(\mathbf{r}\times\mathbf{F}) \qquad (4\text{-}16)$$

Esos conceptos se ilustran numéricamente en los ejemplos que siguen. En general, los problemas proyectados en dos dimensiones deberían resolverse con un análisis escalar, ya que los brazos de momento y las componentes de fuerza son fáciles de determinar.

Los volantes en los vehículos actuales se fabrican más pequeños que en los automóviles antiguos, debido a que la dirección asistida (hidráulica) no requiere que el conductor aplique un momento de par grande al rin de la rueda. (© Russell C. Hibbeler)

4

Puntos importantes

- Un momento de par lo producen dos fuerzas no colineales que son iguales en magnitud pero opuestas en dirección. Su efecto es producir una rotación pura, o una tendencia a girar en una dirección especificada.
- Un momento de par es un vector libre y, como resultado, causa el mismo efecto de rotación sobre un cuerpo independientemente de dónde se aplique al cuerpo.
- El momento de las dos fuerzas de par se puede determinar con respecto a *cualquier punto*. Por conveniencia, a menudo este punto se selecciona sobre la línea de acción de una de las fuerzas, para eliminar el momento de esta fuerza con respecto al punto.
- En tres dimensiones, el momento de par a menudo se determina por la formulación vectorial, $\mathbf{M} = \mathbf{r} \times \mathbf{F}$, donde $\mathbf{r}$ está dirigido desde *cualquier punto* sobre la línea de acción de una de las fuerzas a *cualquier punto* sobre la línea de acción de la otra fuerza $\mathbf{F}$.
- Un momento de par resultante es simplemente la suma vectorial de todos los momentos de par del sistema.

EJEMPLO 4.10

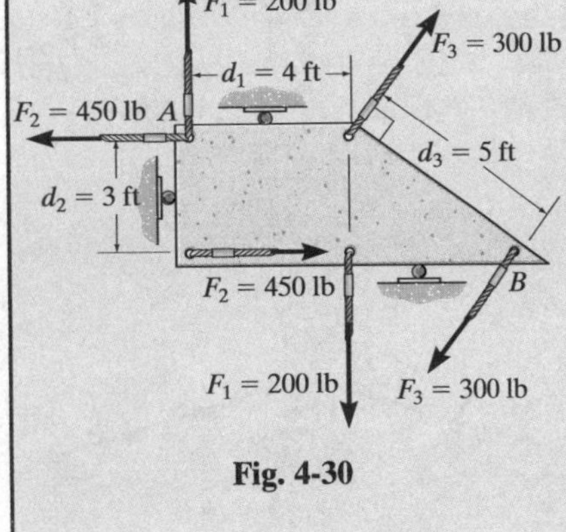

Fig. 4-30

Determine el momento de par resultante de los tres pares que actúan sobre la placa de la figura 4-30.

SOLUCIÓN

Como se muestra en la figura, las distancias perpendiculares entre cada par de fuerzas son $d_1 = 4$ ft, $d_2 = 3$ ft y $d_3 = 5$ ft. Si se considera que los momentos de par con sentido antihorario son positivos, tenemos

$$\circlearrowleft + M_R = \Sigma M; \quad M_R = -F_1 d_1 + F_2 d_2 - F_3 d_3$$

$$= -(200 \text{ lb})(4 \text{ ft}) + (450 \text{ lb})(3 \text{ ft}) - (300 \text{ lb})(5 \text{ ft})$$

$$= -950 \text{ lb} \cdot \text{ft} = 950 \text{ lb} \cdot \text{ft} \circlearrowright \qquad \textit{Resp.}$$

El signo negativo indica que $\mathbf{M}_R$ tiene un sentido rotacional horario.

EJEMPLO 4.11

Determine la magnitud y la dirección del momento de par que actúa sobre el engrane de la figura 4-31*a*.

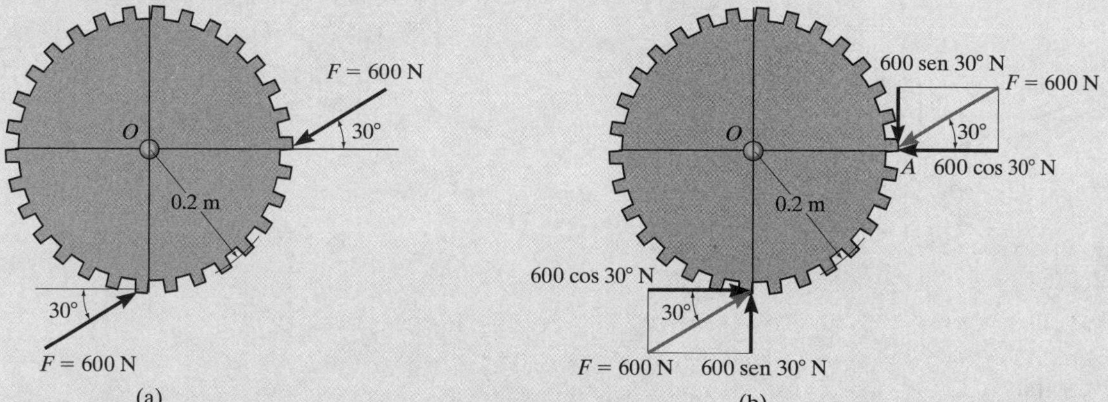

SOLUCIÓN

La solución más fácil requiere descomponer cada fuerza en sus componentes, como se muestra en la figura 4-31*b*. El momento de par puede determinarse al sumar los momentos de estas componentes de fuerza con respecto a cualquier punto, por ejemplo, el centro *O* del engrane o el punto *A*. Si consideramos que los momentos con sentido antihorario son positivos, entonces

$$\circlearrowleft + M = \Sigma M_O; \quad M = (600 \cos 30° \text{ N})(0.2 \text{ m}) - (600 \operatorname{sen} 30° \text{ N})(0.2 \text{ m})$$
$$= 43.9 \text{ N} \cdot \text{m} \circlearrowleft \qquad \textit{Resp.}$$

o bien,

$$\circlearrowleft + M = \Sigma M_A; \quad M = (600 \cos 30° \text{ N})(0.2 \text{ m}) - (600 \operatorname{sen} 30° \text{ N})(0.2 \text{ m})$$
$$= 43.9 \text{ N} \cdot \text{m} \circlearrowleft \qquad \textit{Resp.}$$

Este resultado positivo indica que **M** tiene un sentido de rotación antihorario, de manera que está dirigido hacia fuera, perpendicular a la página.

NOTA: También se puede obtener el mismo resultado con $M = Fd$, donde d es la distancia perpendicular entre las líneas de acción de las fuerzas de par (fig. 4-31*c*). Sin embargo, el cálculo para d es más complicado. Observe que el momento de par es un vector libre, por lo que puede actuar en cualquier punto del engrane y produce el mismo efecto de giro con respecto al punto *O*.

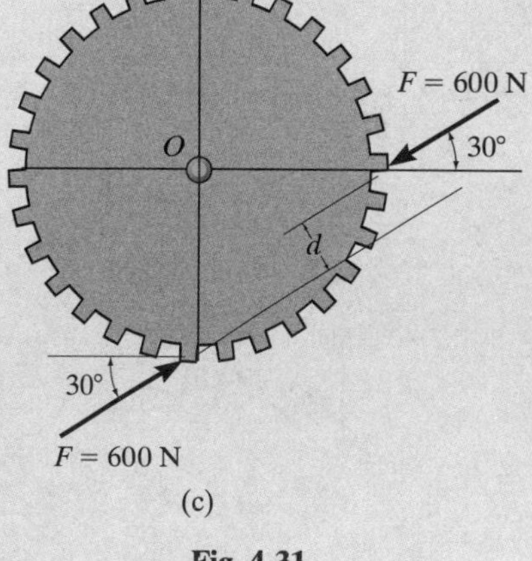

Fig. 4-31

EJEMPLO 4.12

Determine el momento de par que actúa sobre el tubo de la figura 4-32*a*. El segmento *AB* está dirigido 30° por debajo del plano *x*-*y*.

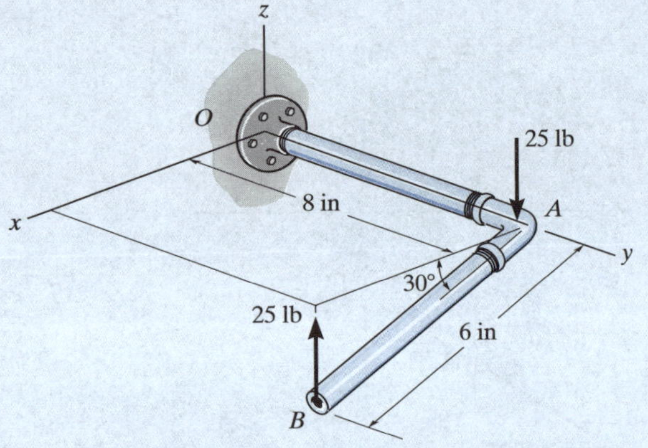

(a)

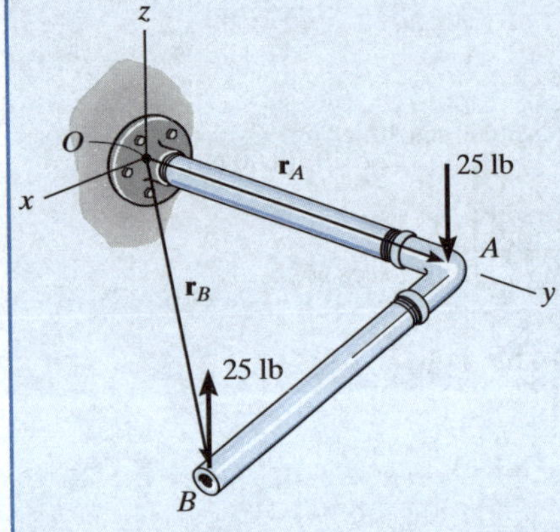

(b)

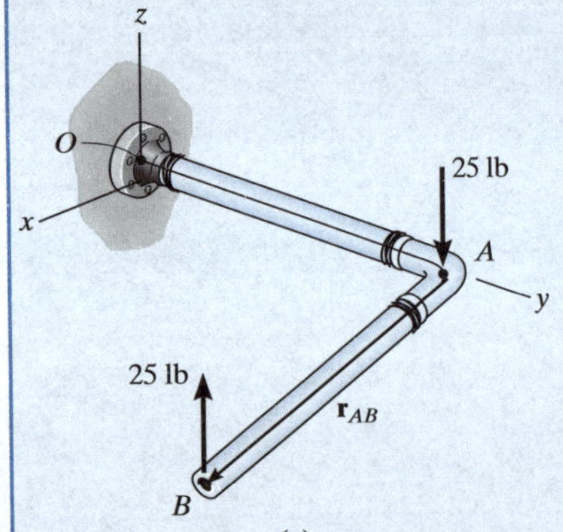

(c)

SOLUCIÓN I *(ANÁLISIS VECTORIAL)*

El momento de las dos fuerzas de par puede encontrarse con respecto a *cualquier punto*. Si se considera el punto *O* (fig. 4-32*b*),

$$\begin{aligned}\mathbf{M} &= \mathbf{r}_A \times (-25\mathbf{k}) + \mathbf{r}_B \times (25\mathbf{k})\\ &= (8\mathbf{j}) \times (-25\mathbf{k}) + (6\cos 30°\mathbf{i} + 8\mathbf{j} - 6\,\text{sen}\,30°\mathbf{k}) \times (25\mathbf{k})\\ &= -200\mathbf{i} - 129.9\mathbf{j} + 200\mathbf{i}\\ &= \{-130\mathbf{j}\}\ \text{lb}\cdot\text{in}\end{aligned}$$

Resp.

Es *más fácil* tomar momentos de las fuerzas de par con respecto a un punto que esté sobre la línea de acción de una de las fuerzas, por ejemplo, el punto *A* (fig. 4-32*c*). En este caso, el momento de la fuerza en *A* es cero, por lo que

$$\begin{aligned}\mathbf{M} &= \mathbf{r}_{AB} \times (25\mathbf{k})\\ &= (6\cos 30°\mathbf{i} - 6\,\text{sen}\,30°\mathbf{k}) \times (25\mathbf{k})\\ &= \{-130\mathbf{j}\}\ \text{lb}\cdot\text{in}\end{aligned}$$

Resp.

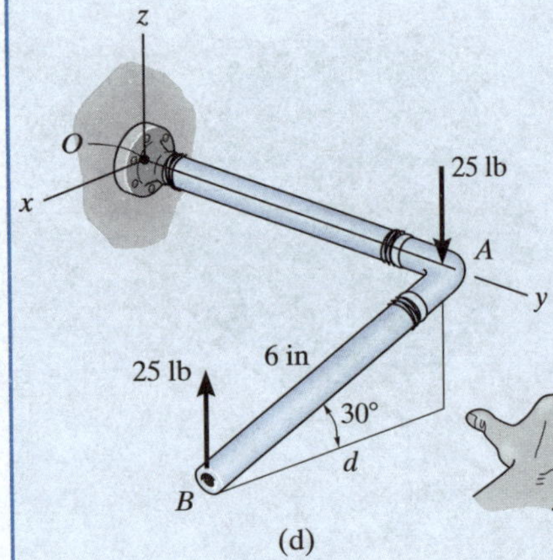

(d)

Fig. 4.32

SOLUCIÓN II *(ANÁLISIS ESCALAR)*

Aunque este problema se muestra en tres dimensiones, la geometría es lo bastante sencilla como para usar la ecuación escalar $M = Fd$. La distancia perpendicular entre las líneas de acción de las fuerzas de par es $d = 6\cos 30° = 5.196$ in (fig. 4-32*d*). Por lo tanto, tomando momentos de las fuerzas con respecto a cualquier punto *A* o *B* resulta

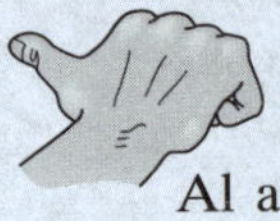

$$M = Fd = 25\ \text{lb}\,(5.196\ \text{in}) = 129.9\ \text{lb}\cdot\text{in}$$

Al aplicar la regla de la mano derecha, **M** actúa en la dirección **–j**. Entonces,

$$\mathbf{M} = \{-130\mathbf{j}\}\ \text{lb}\cdot\text{in}$$

Resp.

EJEMPLO 4.13

Reemplace los dos pares que actúan sobre la columna tubular en la figura 4-33*a* por un momento de par resultante.

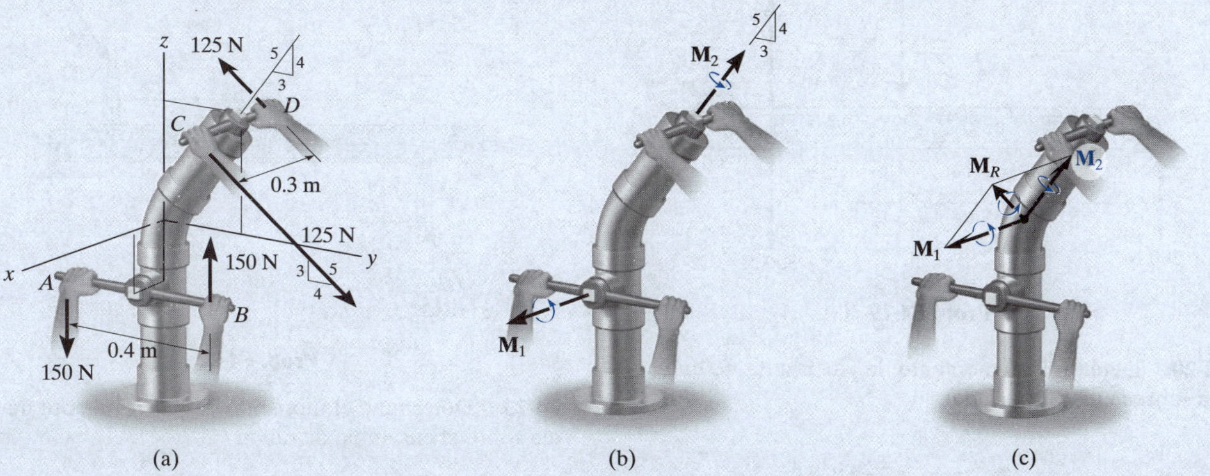

Fig. 4-33

SOLUCIÓN *(ANÁLISIS VECTORIAL)*

El momento de par $\mathbf{M}_1$, desarrollado por las fuerzas presentes en *A* y *B*, puede determinarse con facilidad a partir de una formulación escalar.

$$M_1 = Fd = 150\text{ N}(0.4\text{ m}) = 60\text{ N}\cdot\text{m}$$

Por la regla de la mano derecha, $\mathbf{M}_1$ actúa en la dirección $+\mathbf{i}$ (fig. 4-33*b*). Por consiguiente,

$$\mathbf{M}_1 = \{60\mathbf{i}\}\text{ N}\cdot\text{m}$$

Se usará el análisis vectorial para determinar $\mathbf{M}_2$, causado por las fuerzas en *C* y *D*. Si los momentos se calculan con respecto al punto *D* (fig. 4-33*a*), $\mathbf{M}_2 = \mathbf{r}_{DC} \times \mathbf{F}_C$, entonces

$$\begin{aligned}\mathbf{M}_2 &= \mathbf{r}_{DC} \times \mathbf{F}_C = (0.3\mathbf{i}) \times \left[125\left(\tfrac{4}{5}\right)\mathbf{j} - 125\left(\tfrac{3}{5}\right)\mathbf{k}\right]\\ &= (0.3\mathbf{i}) \times [100\mathbf{j} - 75\mathbf{k}] = 30(\mathbf{i}\times\mathbf{j}) - 22.5(\mathbf{i}\times\mathbf{k})\\ &= \{22.5\mathbf{j} + 30\mathbf{k}\}\text{ N}\cdot\text{m}\end{aligned}$$

Como $\mathbf{M}_1$ y $\mathbf{M}_2$ son vectores libres, pueden desplazarse hacia algún punto arbitrario y sumarse en forma vectorial (fig. 4-33*c*). El momento de par resultante se convierte en

$$\mathbf{M}_R = \mathbf{M}_1 + \mathbf{M}_2 = \{60\mathbf{i} + 22.5\mathbf{j} + 30\mathbf{k}\}\text{ N}\cdot\text{m} \qquad \textit{Resp.}$$

PROBLEMAS FUNDAMENTALES

F4-19. Determine el momento de par resultante que actúa sobre la viga.

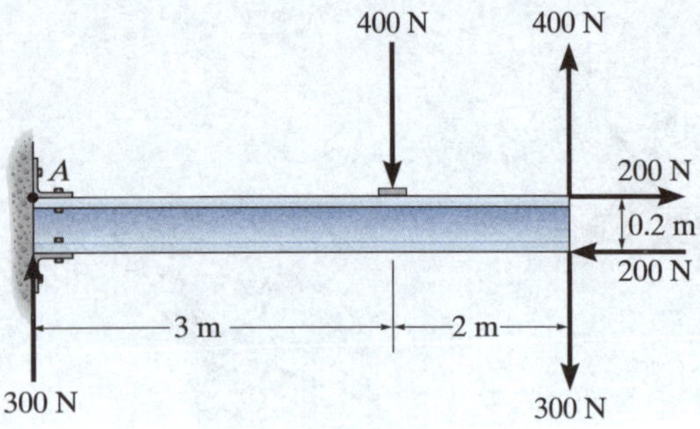

Prob. F4-19

F4-20. Determine el momento de par resultante que actúa sobre la placa triangular.

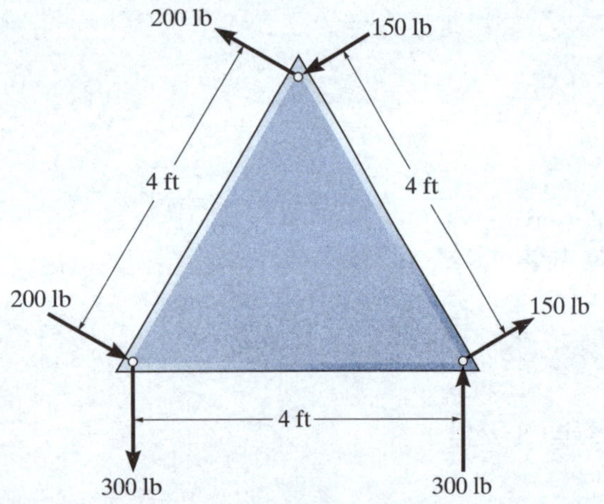

Prob. F4-20

F4-21. Determine la magnitud de **F** de modo que el momento de par resultante que actúa sobre la viga sea de 1.5 kN · m en sentido horario.

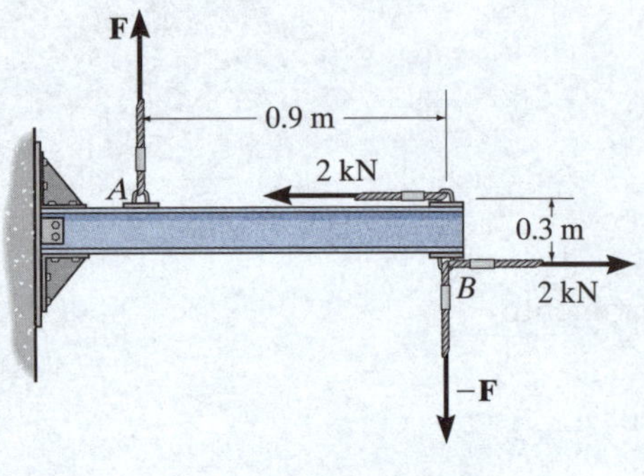

Prob. F4-21

F4-22. Determine el momento de par que actúa sobre la viga.

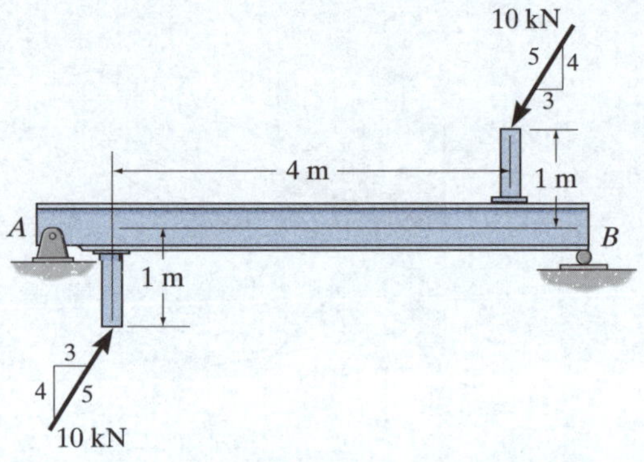

Prob. F4-22

F4-23. Determine el momento de par resultante que actúa sobre el ensamble de tubos.

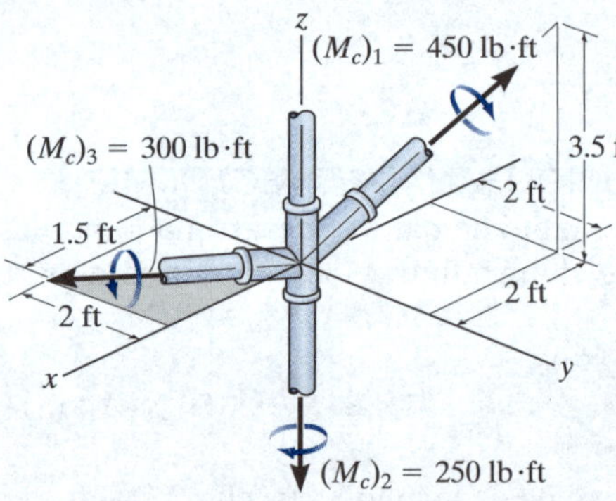

Prob. F4-23

F4-24 Determine el momento de par que actúa sobre la tubería y exprese el resultado como un vector cartesiano.

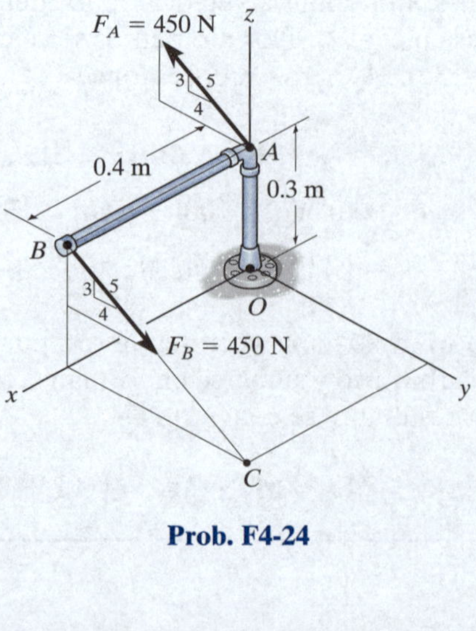

Prob. F4-24

PROBLEMAS

4-67. La flecha (eje) del motor eléctrico resiste un par en sentido horario $M = 5$ N · m. Determine la magnitud de las fuerzas reactivas $-\mathbf{R}$ y $\mathbf{R}$ que actúan en los soportes A y B, de manera que la resultante de los dos pares sea cero.

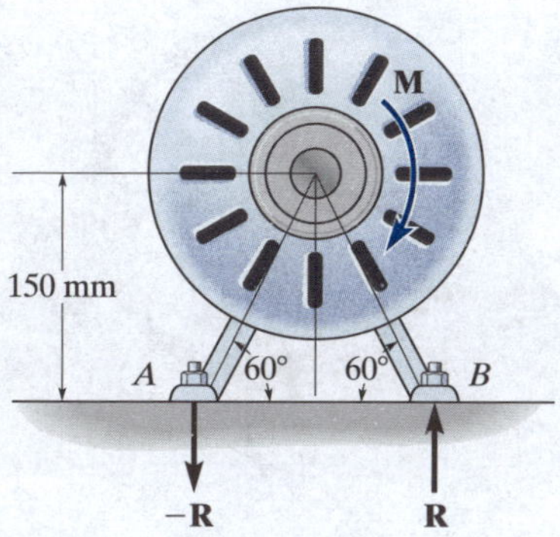

Prob. 4-67

***4-68.** Se aplica un giro de 4 N · m al mango del destornillador. Descomponga este momento de par en dos pares de fuerzas: **F** que se ejerce sobre el mango y **P** que se ejerce sobre la paleta.

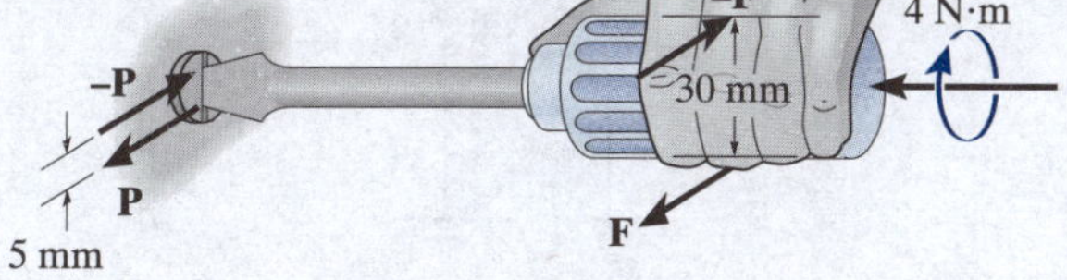

Prob. 4-68

4-69. Si el momento de par resultante de los tres pares que actúan sobre el bloque triangular debe ser cero, determine la magnitud de las fuerzas **F** y **P**.

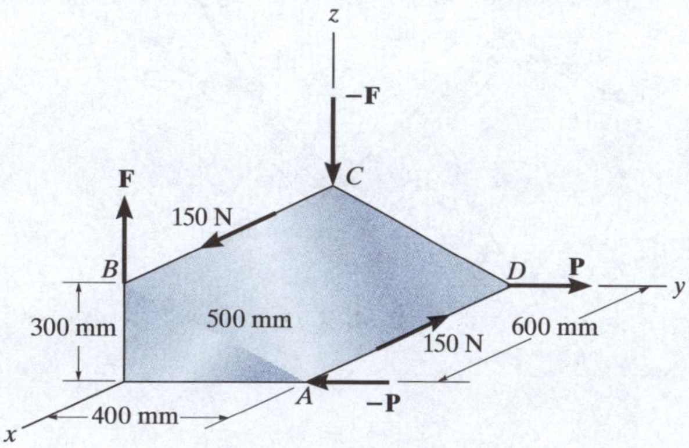

Prob. 4-69

4-70. Dos pares actúan sobre la viga. Si $F = 125$ lb, determine el momento de par resultante.

4-71. Dos pares actúan sobre la viga. Determine la magnitud de **F** tal que el momento de par resultante sea de 450 lb · ft, en sentido antihorario. ¿Dónde actúa el momento de par resultante sobre la viga?

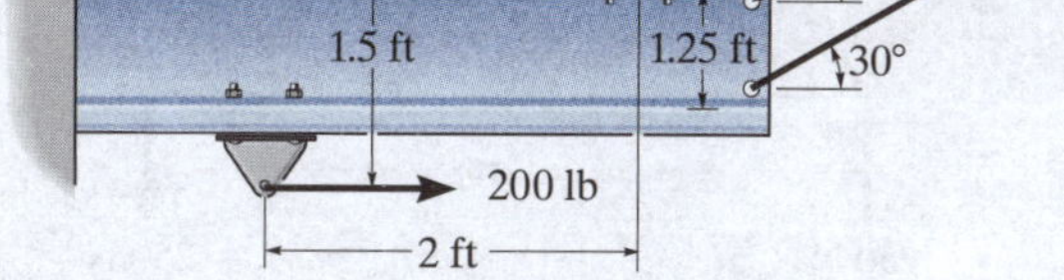

Probs. 4-70/71

***4-72.** Determine la magnitud del par de fuerzas **F** de modo que el momento de par resultante sobre la manivela sea cero.

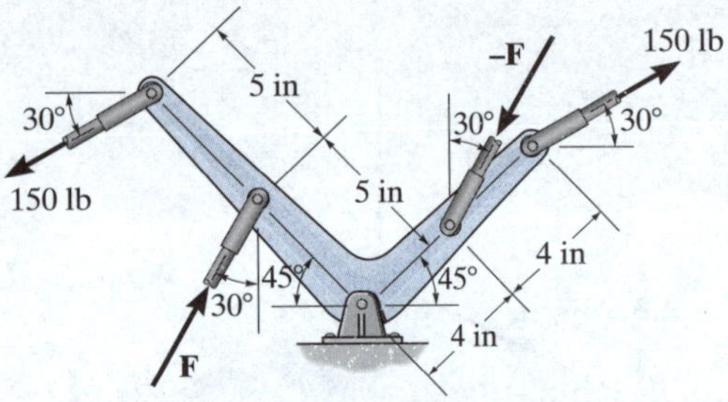

Prob. 4-72

4-74. El hombre trata de abrir la válvula al aplicar las fuerzas de par de $F = 75$ N al volante. Determine el momento de par producido.

4-75. Si la válvula se puede abrir con un momento de par de 25 N · m, determine la magnitud requerida de cada fuerza de par que debe aplicarse al volante.

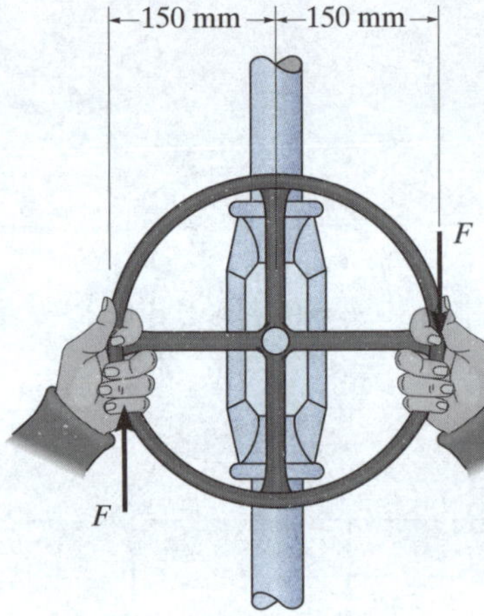

Probs. 4-74/75

4-73. Los extremos de la placa triangular se someten a tres pares. Determine la magnitud de la fuerza **F** tal que el momento de par resultante sea de 400 N · m en sentido horario.

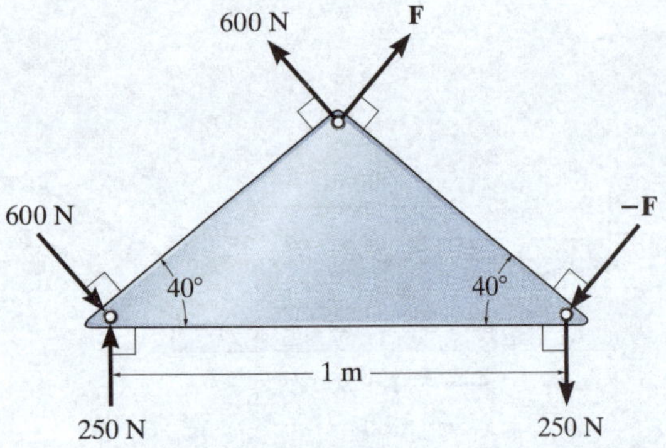

Prob. 4-73

***4-76.** Determine la magnitud de **F** tal que el momento de par resultante sea de 12 kN · m en sentido antihorario. ¿Dónde actúa el momento de par resultante sobre la viga?

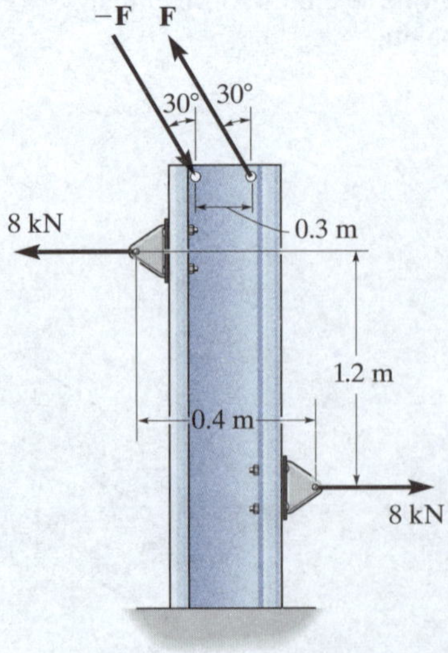

Prob. 4-76

4-77. Dos pares actúan sobre la viga, como se indica en la figura. Si $F = 150$ lb, determine el momento de par resultante.

4-78. Dos pares actúan sobre la viga como se indica en la figura. Determine la magnitud de **F** tal que el momento de par resultante sea de 300 lb · ft en sentido antihorario. ¿Dónde actúa el par resultante sobre la viga?

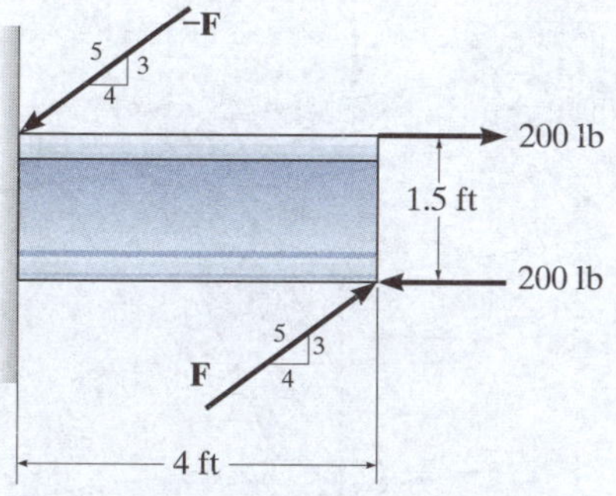

Probs. 4-77/78

4-79. Dos pares actúan sobre el bastidor. Si el momento de par resultante es igual a cero, determine la distancia d entre las fuerzas de par de 80 lb.

***4-80.** Dos pares actúan sobre el bastidor. Si $d = 4$ ft, determine el momento de par resultante. Calcule el resultado al descomponer cada fuerza en sus componentes x y y; también (a) obtenga el momento de cada par (ecuación 4-13) y (b) sume los momentos de todas las componentes de fuerza con respecto al punto A.

4-81. Dos pares actúan sobre el bastidor. Si $d = 4$ ft, determine el momento de par resultante. Calcule el resultado al descomponer cada fuerza en sus componentes x y y; también (a) obtenga el momento de cada par (ecuación 4-13) y (b) sume los momentos de todas las componentes de fuerza con respecto al punto B.

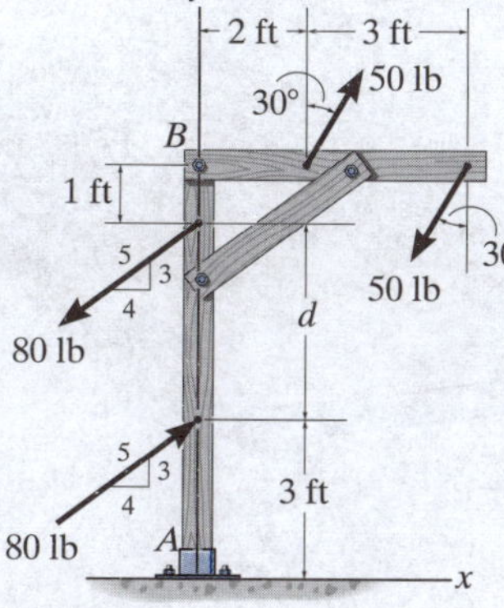

Probs. 4-79/80/81

4-82. Exprese el momento de par que actúa sobre la tubería en forma vectorial cartesiana. ¿Cuál es la magnitud del momento de par?

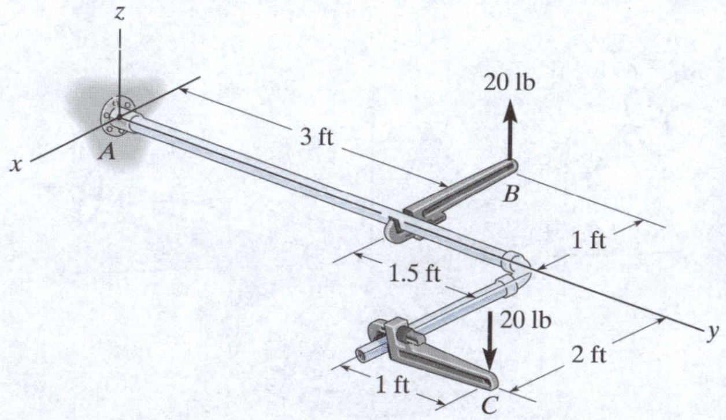

Prob. 4-82

4-83. Si $M_1 = 180$ lb · ft, $M_2 = 90$ lb · ft y $M_3 = 120$ lb · ft, determine la magnitud y los ángulos directores coordenados del momento de par resultante.

***4-84.** Determine las magnitudes de los momentos de par $\mathbf{M}_1$, $\mathbf{M}_2$ y $\mathbf{M}_3$, tales que el momento de par resultante sea cero.

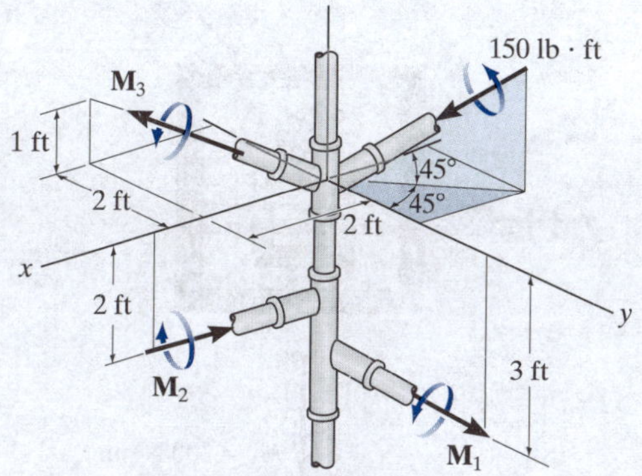

Probs. 4-83/84

4

4-85. Los engranes están sometidos a los momentos de par que se muestran en la figura. Determine la magnitud y los ángulos directores coordenados del momento de par resultante.

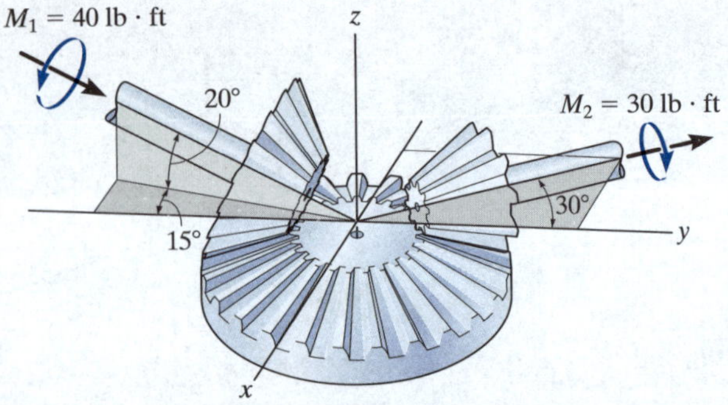

Prob. 4-85

4-86. Determine la magnitud requerida de los momentos de par $\mathbf{M}_2$ y $\mathbf{M}_3$, de manera que el momento de par resultante sea cero.

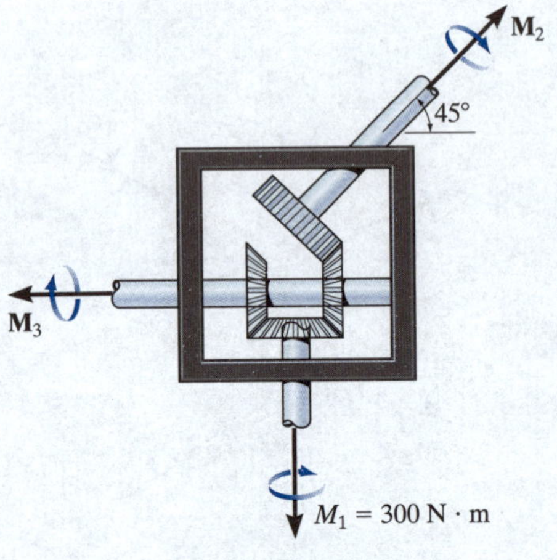

Prob. 4-86

4-87. Determine el momento de par resultante de los dos pares que actúan sobre el ensamble. Especifique su magnitud y sus ángulos directores coordenados.

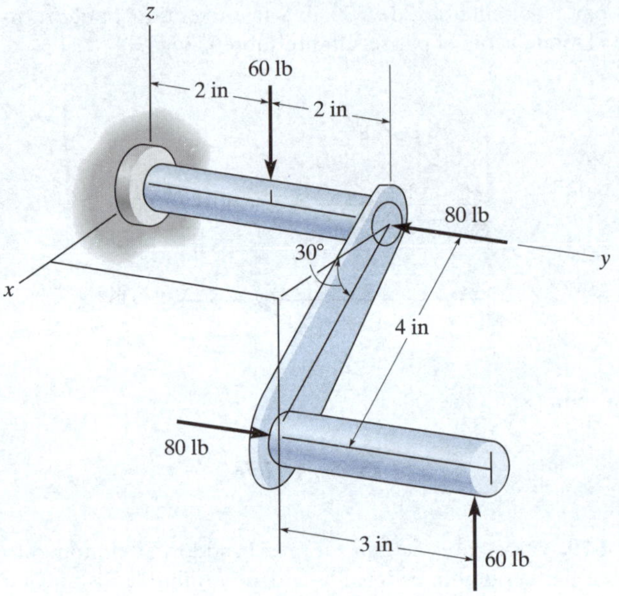

Prob. 4-87

***4-88.** Exprese el momento de par que actúa sobre el bastidor en forma vectorial cartesiana. Las fuerzas se aplican en forma perpendicular al bastidor. ¿Cuál es la magnitud del momento de par? Considere que $F = 50$ N.

4-89. Con el propósito de girar el bastidor, se aplica un momento de par como se indica en la figura. Si la componente de este momento de par a lo largo del eje x es $\mathbf{M}_x = \{-20\mathbf{i}\}$ N · m, determine la magnitud F de las fuerzas de par.

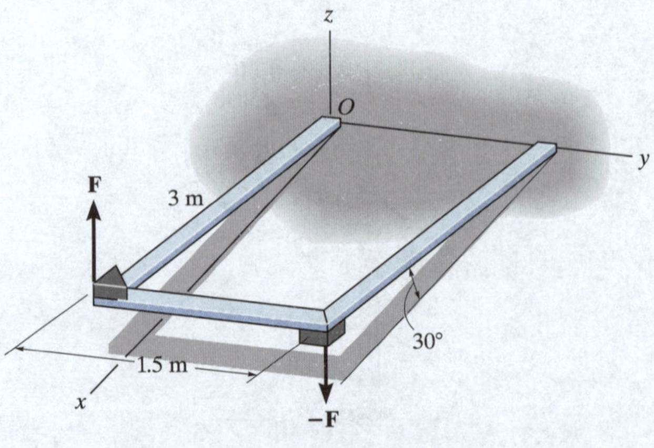

Probs. 4-88/89

4-90. Exprese el momento de par que actúa sobre el tubo en forma vectorial cartesiana. ¿Cuál es la magnitud del momento de par? Considere que $F = 125$ N.

4-91. Si el momento de par que actúa sobre el tubo tiene una magnitud de 300 N · m, determine la magnitud F de las fuerzas aplicadas a las llaves.

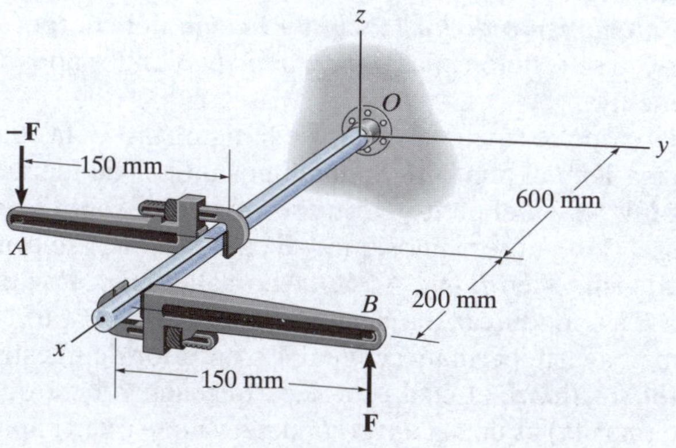

Probs. 4-90/91

4-94. Exprese el momento de par que actúa sobre la varilla en forma vectorial cartesiana. ¿Cuál es la magnitud del momento de par?

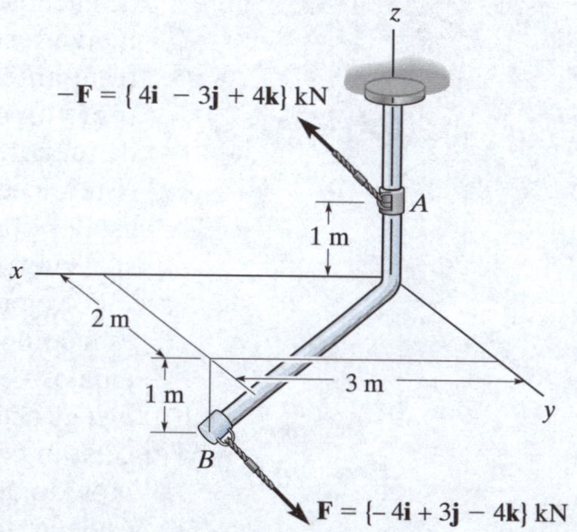

Prob. 4-94

***4-92.** Si $F = 80$ N, determine la magnitud y los ángulos directores coordenados del momento de par. La tubería se encuentra en el plano x-y.

4-93. Si la magnitud del momento de par que actúa sobre la tubería es de 50 N · m, determine la magnitud de las fuerzas de par aplicadas a cada llave. La tubería se encuentra en el plano x-y.

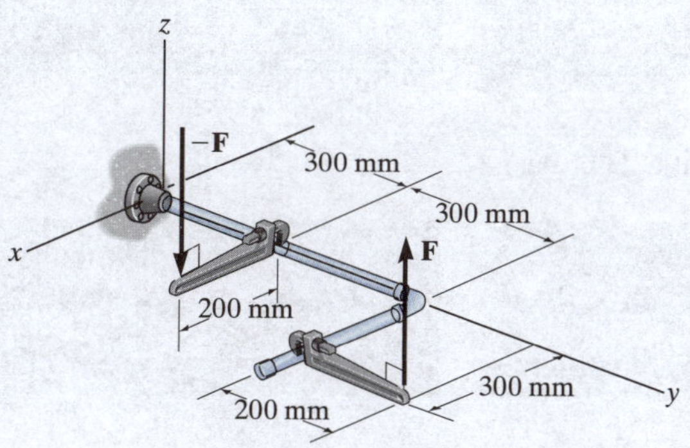

Probs. 4-92/93

4-95. Si $F_1 = 100$ N, $F_2 = 120$ N y $F_3 = 80$ N, determine la magnitud y los ángulos directores coordenados del momento de par resultante.

***4-96.** Determine la magnitud requerida de $\mathbf{F}_1$, $\mathbf{F}_2$ y $\mathbf{F}_3$, de modo que el momento de par resultante sea $(\mathbf{M}_c)_R = [50\mathbf{i} - 45\mathbf{j} - 20\mathbf{k}]$ N · m

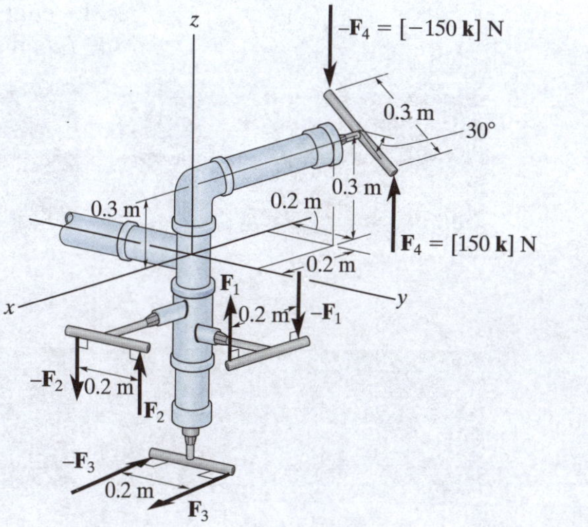

Probs. 4-95/96

4.7 Simplificación de un sistema de fuerza y par

En ocasiones es conveniente reducir un sistema de fuerzas y momentos de par que actúan sobre un cuerpo a una forma más sencilla, lo cual se puede hacer si se reemplaza con un ***sistema equivalente***, que conste de una sola fuerza resultante que actúe en un punto específico y un momento de par resultante. Un sistema es equivalente si los ***efectos externos*** que produce sobre un cuerpo son los mismos que los causados por el sistema original de fuerza y momento de par. En este contexto, los efectos externos de un sistema se refieren al *movimiento de traslación y rotación* del cuerpo, si éste es libre de moverse, o se refieren a las *fuerzas reactivas* en los apoyos si el cuerpo se mantiene fijo.

Por ejemplo, considere que se sujeta la varilla de la figura 4-34*a*, la cual está sometida a la fuerza **F** en el punto *A*. Si añadimos un par de fuerzas iguales pero opuestas **F** y −**F** en el punto *B*, que se encuentra *sobre la línea de acción* de **F** (fig. 4-34*b*), observamos que −**F** en *B* y **F** en *A* se cancelarán entre sí, y queda sólo **F** en *B* (fig. 4-34*c*). Ahora, la fuerza **F** se ha movido desde *A* hasta *B* sin modificar sus *efectos externos* sobre la varilla; es decir, la reacción en el agarre permanece igual. Lo anterior demuestra el ***principio de transmisibilidad***, el cual establece que una fuerza que actúa sobre un cuerpo (varilla) es un ***vector deslizante***, ya que puede aplicarse sobre cualquier punto a lo largo de su línea de acción.

También podemos usar el procedimiento anterior para mover una fuerza hasta un punto que *no* está sobre la línea de acción de la fuerza. Si **F** se aplica en forma perpendicular a la varilla, como en la figura 4-35*a*, podemos agregar un par de fuerzas iguales pero opuestas **F** y −**F** a *B* (fig. 4-35*b*). Ahora la fuerza **F** se aplica en *B*, y las otras dos fuerzas, **F** en *A* y −**F** en *B*, forman un par que produce el momento de par $M = Fd$ (fig. 4-35*c*). Por lo tanto, la fuerza **F** puede moverse desde *A* hasta *B* siempre que se añada un momento de par **M**, para mantener un sistema equivalente. Este momento de par se determina al tomar el momento de **F** con respecto a *B*. Como **M** es en realidad un *vector libre*, puede actuar en cualquier punto de la varilla. En ambos casos, los sistemas son equivalentes, lo cual produce una fuerza descendente **F** y un momento de par $M = Fd$ en sentido horario, que se siente en el punto de sujeción.

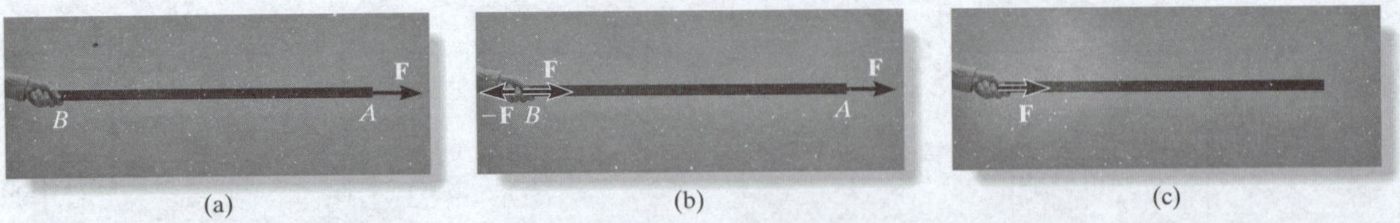

(a) (b) (c)

Fig. 4-34 (© Russell C. Hibbeler)

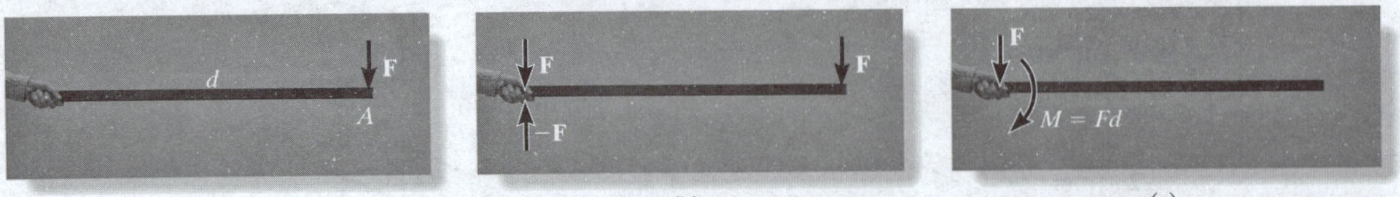

(a) (b) (c)

Fig. 4-35 (© Russell C. Hibbeler)

Sistema de fuerzas y momentos de par. Por el método anterior, es posible reducir un sistema de varias fuerzas y momentos de par que actúan sobre un cuerpo a una sola fuerza resultante equivalente, que actúa en el punto O y en un momento de par resultante. Por ejemplo, en la figura 4-36*a*, O no está en la línea de acción de $\mathbf{F}_1$, por lo que la fuerza puede moverse al punto O siempre que se agregue al cuerpo un momento de par $(\mathbf{M}_O)_1 = \mathbf{r}_1 \times \mathbf{F}_1$. Del mismo modo, el momento de par $(\mathbf{M}_O)_2 = \mathbf{r}_2 \times \mathbf{F}_2$ debería agregarse al cuerpo cuando movemos $\mathbf{F}_2$ al punto O. Por último, como el momento de par $\mathbf{M}$ es un vector libre, se puede mover justo al punto O. Al hacer esto obtenemos el sistema equivalente que se muestra en la figura 4-36*b*, lo cual produce los mismos efectos externos (reacciones en los apoyos) sobre el cuerpo que el sistema de fuerza y par de la figura 4-36*a*. Si sumamos las fuerzas y los momentos de par, obtenemos la fuerza resultante $\mathbf{F}_R = \mathbf{F}_1 + \mathbf{F}_2$ y el momento de par resultante $(\mathbf{M}_R)_O = \mathbf{M} + (\mathbf{M}_O)_1 + (\mathbf{M}_O)_2$ (fig. 4-36*c*).

Observe que $\mathbf{F}_R$ es independiente de la ubicación del punto O, ya que es simplemente una sumatoria de las fuerzas. Sin embargo, $(\mathbf{M}_R)_O$ depende de esta ubicación, pues los momentos $\mathbf{M}_1$ y $\mathbf{M}_2$ se determinan con los vectores de posición $\mathbf{r}_1$ y $\mathbf{r}_2$, que se extienden desde O hasta cada fuerza. Observe también que $(\mathbf{M}_R)_O$ es un vector libre y puede actuar en *cualquier punto* sobre el cuerpo, aunque por lo general el punto O se selecciona en su punto de aplicación.

El método anterior, para simplificar un sistema de fuerza y par a una fuerza resultante equivalente $\mathbf{F}_R$ que actúe en el punto O y en un momento de par resultante $(\mathbf{M}_R)_O$, puede generalizarse aplicando las siguientes dos ecuaciones.

$$\begin{aligned} \mathbf{F}_R &= \Sigma \mathbf{F} \\ (\mathbf{M}_R)_O &= \Sigma \mathbf{M}_O + \Sigma \mathbf{M} \end{aligned} \qquad (4\text{-}17)$$

La primera ecuación establece que la fuerza resultante del sistema es equivalente a la suma de todas las fuerzas; y la segunda ecuación establece que el momento de par resultante del sistema es equivalente a la suma de todos los momentos de par $\Sigma\mathbf{M}$ más los momentos con respecto al punto O de todas las fuerzas $\Sigma\mathbf{M}_O$. Si el sistema de fuerzas se encuentra en el plano *x-y* y cualesquiera momentos de par son perpendiculares a este plano, entonces las ecuaciones anteriores se reducen a las siguientes tres ecuaciones escalares.

$$\begin{aligned} (F_R)_x &= \Sigma F_x \\ (F_R)_y &= \Sigma F_y \\ (M_R)_O &= \Sigma M_O + \Sigma M \end{aligned} \qquad (4\text{-}18)$$

Aquí, la fuerza resultante se determina a partir de la suma vectorial de sus dos componentes $(F_R)_x$ y $(F_R)_y$.

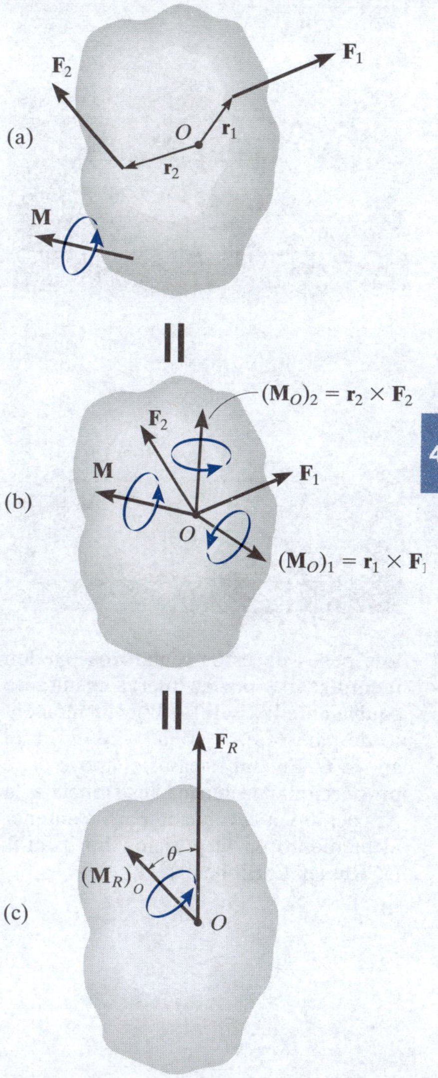

Fig. 4-36

4

Los pesos de estos semáforos pueden reemplazarse por su fuerza resultante equivalente $W_R = W_1 + W_2$ y un momento de par $(M_R)_O = W_1d_1 + W_2d_2$ en el apoyo O. En ambos casos, el apoyo debe proporcionar la misma resistencia a la traslación y a la rotación para mantener al elemento en la posición horizontal. (© Russell C. Hibbeler)

4

Puntos importantes

- La fuerza es un vector deslizante, puesto que creará los mismos efectos externos sobre un cuerpo, cuando se aplica en cualquier punto P a lo largo de su línea de acción. Esto se conoce como el principio de transmisibilidad.

- Un momento de par es un vector libre dado que creará los mismos efectos externos sobre un cuerpo, cuando se aplique en cualquier punto P en el cuerpo.

- Cuando una fuerza se mueve a otro punto P que no está en su línea de acción, se crearán los mismos efectos externos sobre el cuerpo si también se aplica un momento de par al cuerpo. El momento de par se determina tomando el momento de la fuerza con respecto al punto P.

Procedimiento para el análisis

Los siguientes puntos deberán tenerse presentes al simplificar un sistema de fuerza y momento de par a un sistema equivalente de fuerza y par resultante.

- Establezca los ejes de coordenadas con el origen ubicado en el punto O donde los ejes tienen una orientación seleccionada.

Suma de fuerzas

- Si el sistema de fuerzas es *coplanar*, descomponga cada fuerza en sus componentes x y y. Si una componente está dirigida a lo largo de los ejes x o y positivos, representa un escalar positivo; mientras que si está dirigida a lo largo de los ejes x o y negativos, es un escalar negativo.

- En tres dimensiones, represente cada fuerza como un vector cartesiano antes de sumar las fuerzas.

Suma de momentos

- Por lo general, al determinar los momentos de un sistema de fuerzas *coplanares* con respecto al punto O, suele ser conveniente aplicar el principio de momentos, es decir, determinar los momentos de las componentes de cada fuerza, en vez del momento de la fuerza en sí.

- En tres dimensiones, use el producto cruz vectorial para determinar el momento de cada fuerza con respecto al punto O. Aquí los vectores de posición se extienden desde el punto O hasta cualquier punto sobre la línea de acción de cada fuerza.

EJEMPLO 4.14

Reemplace el sistema de fuerza y par que se muestra en la figura 4-37*a* por una fuerza resultante equivalente y un momento de par que actúen en el punto *O*.

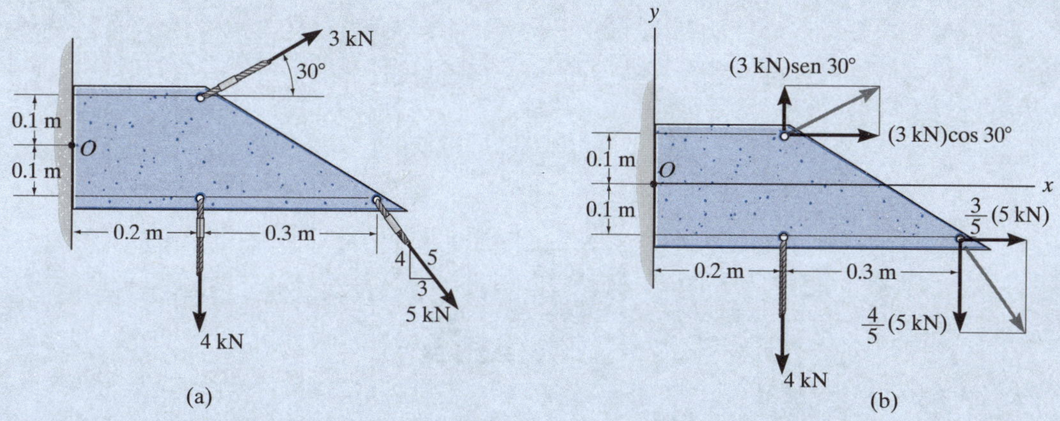

SOLUCIÓN

Suma de fuerzas. Las fuerzas de 3 kN y 5 kN se descomponen en sus componentes *x* y *y* como se indica en la figura 4-37*b*. Entonces,

$$\overset{+}{\rightarrow} (F_R)_x = \Sigma F_x; \qquad (F_R)_x = (3\text{ kN})\cos 30° + \left(\tfrac{3}{5}\right)(5\text{ kN}) = 5.598\text{ kN}\rightarrow$$

$$+\uparrow (F_R)_y = \Sigma F_y; \qquad (F_R)_y = (3\text{ kN})\,\text{sen}30° - \left(\tfrac{4}{5}\right)(5\text{ kN}) - 4\text{ kN} = -6.50\text{ kN} = 6.50\text{ kN}\downarrow$$

Con base en el teorema de Pitágoras (fig. 4-37*c*), la magnitud de $\mathbf{F}_R$ es

$$F_R = \sqrt{(F_R)_x^{\,2} + (F_R)_y^{\,2}} = \sqrt{(5.598\text{ kN})^2 + (6.50\text{ kN})^2} = 8.58\text{ kN} \quad \textit{Resp.}$$

Su dirección θ es

$$\theta = \tan^{-1}\left(\frac{(F_R)_y}{(F_R)_x}\right) = \tan^{-1}\left(\frac{6.50\text{ kN}}{5.598\text{ kN}}\right) = 49.3° \qquad \textit{Resp.}$$

Suma de momentos. Los momentos de 3 kN y 5 kN con respecto al punto *O* se determinarán mediante el uso de sus componentes *x* y *y*. Con referencia a la figura 4-37*b*, tenemos

$$\zeta+ (M_R)_O = \Sigma M_O;$$

$$(M_R)_O = (3\text{ kN})\,\text{sen}\,30°(0.2\text{ m}) - (3\text{ kN})\cos 30°(0.1\text{ m}) + \left(\tfrac{3}{5}\right)(5\text{ kN})\,(0.1\text{ m})$$
$$- \left(\tfrac{4}{5}\right)(5\text{ kN})\,(0.5\text{ m}) - (4\text{ kN})(0.2\text{ m})$$
$$= -2.46\text{ kN}\cdot\text{m} = 2.46\text{ kN}\cdot\text{m}\,\curvearrowright \qquad \textit{Resp.}$$

Este momento en sentido horario se muestra en la figura 4-37*c*.

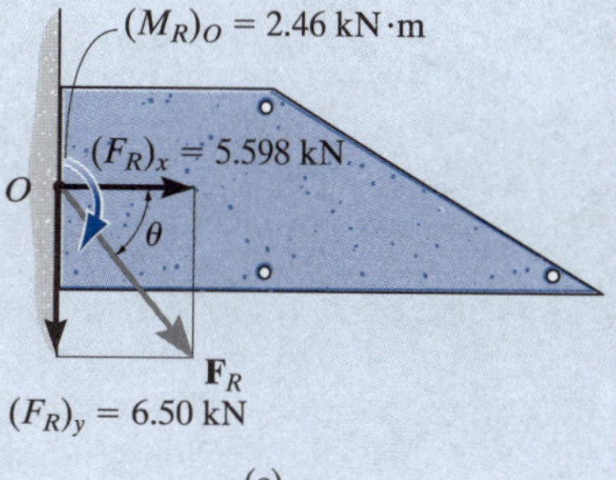

Fig. 4-37

NOTA: Observe que la fuerza y el momento de par resultantes en la figura 4-37*c* producirán los mismos efectos externos o reacciones en los apoyos, que los producidos por el sistema de fuerzas (fig. 4-37*a*).

4

EJEMPLO 4.15

Reemplace el sistema de fuerza y par que actúa sobre el elemento de la figura 4-38*a* por una fuerza y un momento de par resultantes equivalentes que actúen en el punto *O*.

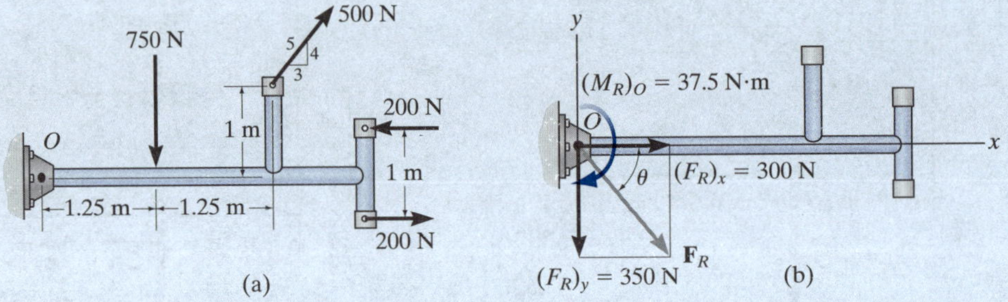

Fig. 4-38

SOLUCIÓN

Suma de fuerzas. Como las fuerzas de par son de 200 N e iguales pero opuestas, producen una fuerza resultante nula; por lo tanto, no es necesario considerarlas en la sumatoria de fuerzas. La fuerza de 500 N se descompone en sus componentes *x* y *y*, por consiguiente,

$$\overset{+}{\rightarrow} (F_R)_x = \Sigma F_x; \quad (F_R)_x = \left(\tfrac{3}{5}\right)(500 \text{ N}) = 300 \text{ N} \rightarrow$$

$$+\uparrow (F_R)_y = \Sigma F_y; \quad (F_R)_y = (500 \text{ N})\left(\tfrac{4}{5}\right) - 750 \text{ N} = -350 \text{ N} = 350 \text{ N}\downarrow$$

A partir de la figura 4-15*b*, la magnitud de $\mathbf{F}_R$ es

$$F_R = \sqrt{(F_R)_x^2 + (F_R)_y^2}$$

$$= \sqrt{(300 \text{ N})^2 + (350 \text{ N})^2} = 461 \text{ N} \qquad \textit{Resp.}$$

Y el ángulo θ es

$$\theta = \tan^{-1}\left(\frac{(F_R)_y}{(F_R)_x}\right) = \tan^{-1}\left(\frac{350 \text{ N}}{300 \text{ N}}\right) = 49.4° \qquad \textit{Resp.}$$

Suma de momentos. Como el momento de par es un vector libre, puede actuar en cualquier punto del elemento. Con referencia a la figura 4-38*a*, tenemos

$$\circlearrowleft + (M_R)_O = \Sigma M_O + \Sigma M$$

$$(M_R)_O = (500 \text{ N})\left(\tfrac{4}{5}\right)(2.5 \text{ m}) - (500 \text{ N})\left(\tfrac{3}{5}\right)(1 \text{ m})$$

$$- (750 \text{ N})(1.25 \text{ m}) + 200 \text{ N}\cdot\text{m}$$

$$= -37.5 \text{ N}\cdot\text{m} = 37.5 \text{ N}\cdot\text{m} \circlearrowright \qquad \textit{Resp.}$$

Este momento en el sentido horario se ilustra en la figura 4-38*b*.

EJEMPLO 4.16

El elemento estructural está sometido al momento de par **M** y a las fuerzas $\mathbf{F}_1$ y $\mathbf{F}_2$ como se muestra en la figura 4-39*a*. Reemplace este sistema por una fuerza resultante y un momento de par equivalentes que actúen en su base, es decir, en el punto *O*.

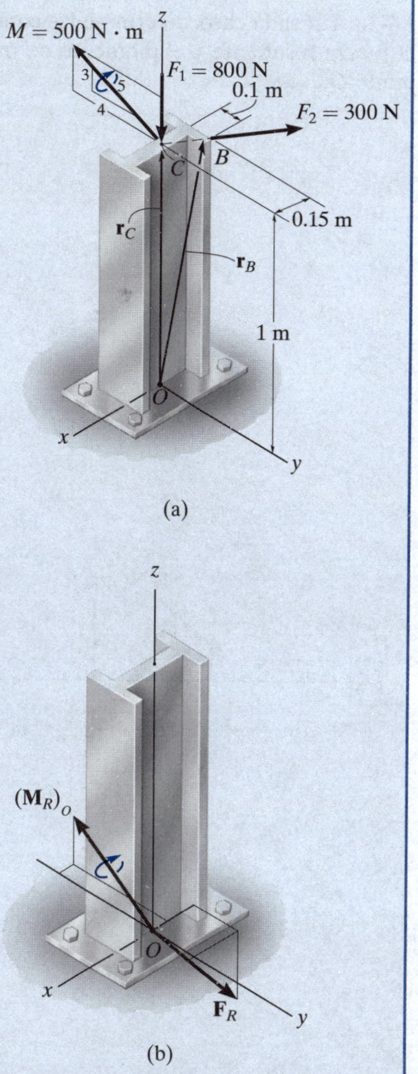

Fig. 4-39

SOLUCIÓN *(ANÁLISIS VECTORIAL)*

Los aspectos tridimensionales del problema pueden simplificarse mediante un análisis vectorial cartesiano. Al expresar las fuerzas y el momento de par como vectores cartesianos, tenemos

$$\mathbf{F}_1 = \{-800\mathbf{k}\}\text{ N}$$

$$\mathbf{F}_2 = (300\text{ N})\mathbf{u}_{CB}$$

$$= (300\text{ N})\left(\frac{\mathbf{r}_{CB}}{r_{CB}}\right)$$

$$= 300\text{ N}\left[\frac{\{-0.15\mathbf{i} + 0.1\mathbf{j}\}\text{ m}}{\sqrt{(-0.15\text{ m})^2 + (0.1\text{ m})^2}}\right] = \{-249.6\mathbf{i} + 166.4\mathbf{j}\}\text{ N}$$

$$\mathbf{M} = -500\left(\tfrac{4}{5}\right)\mathbf{j} + 500\left(\tfrac{3}{5}\right)\mathbf{k} = \{-400\mathbf{j} + 300\mathbf{k}\}\text{ N}\cdot\text{m}$$

Suma de fuerzas

$$\mathbf{F}_R = \Sigma\mathbf{F}; \qquad \mathbf{F}_R = \mathbf{F}_1 + \mathbf{F}_2 = -800\mathbf{k} - 249.6\mathbf{i} + 166.4\mathbf{j}$$

$$= \{-250\mathbf{i} + 166\mathbf{j} - 800\mathbf{k}\}\text{ N} \qquad \textit{Resp.}$$

Suma de momentos

$$(\mathbf{M}_R)_o = \Sigma\mathbf{M} + \Sigma\mathbf{M}_O$$

$$(\mathbf{M}_R)_o = \mathbf{M} + \mathbf{r}_C \times \mathbf{F}_1 + \mathbf{r}_B \times \mathbf{F}_2$$

$$(\mathbf{M}_R)_o = (-400\mathbf{j} + 300\mathbf{k}) + (1\mathbf{k}) \times (-800\mathbf{k}) + \begin{vmatrix} \mathbf{i} & \mathbf{j} & \mathbf{k} \\ -0.15 & 0.1 & 1 \\ -249.6 & 166.4 & 0 \end{vmatrix}$$

$$= (-400\mathbf{j} + 300\mathbf{k}) + (0) + (-166.4\mathbf{i} - 249.6\mathbf{j})$$

$$= \{-166\mathbf{i} - 650\mathbf{j} + 300\mathbf{k}\}\text{ N}\cdot\text{m} \qquad \textit{Resp.}$$

Los resultados se muestran en la figura 4-39*b*.

4

PROBLEMAS PRELIMINARES

P4-5. En cada caso, determine las componentes x y y de la fuerza resultante y el momento de par resultante en el punto O.

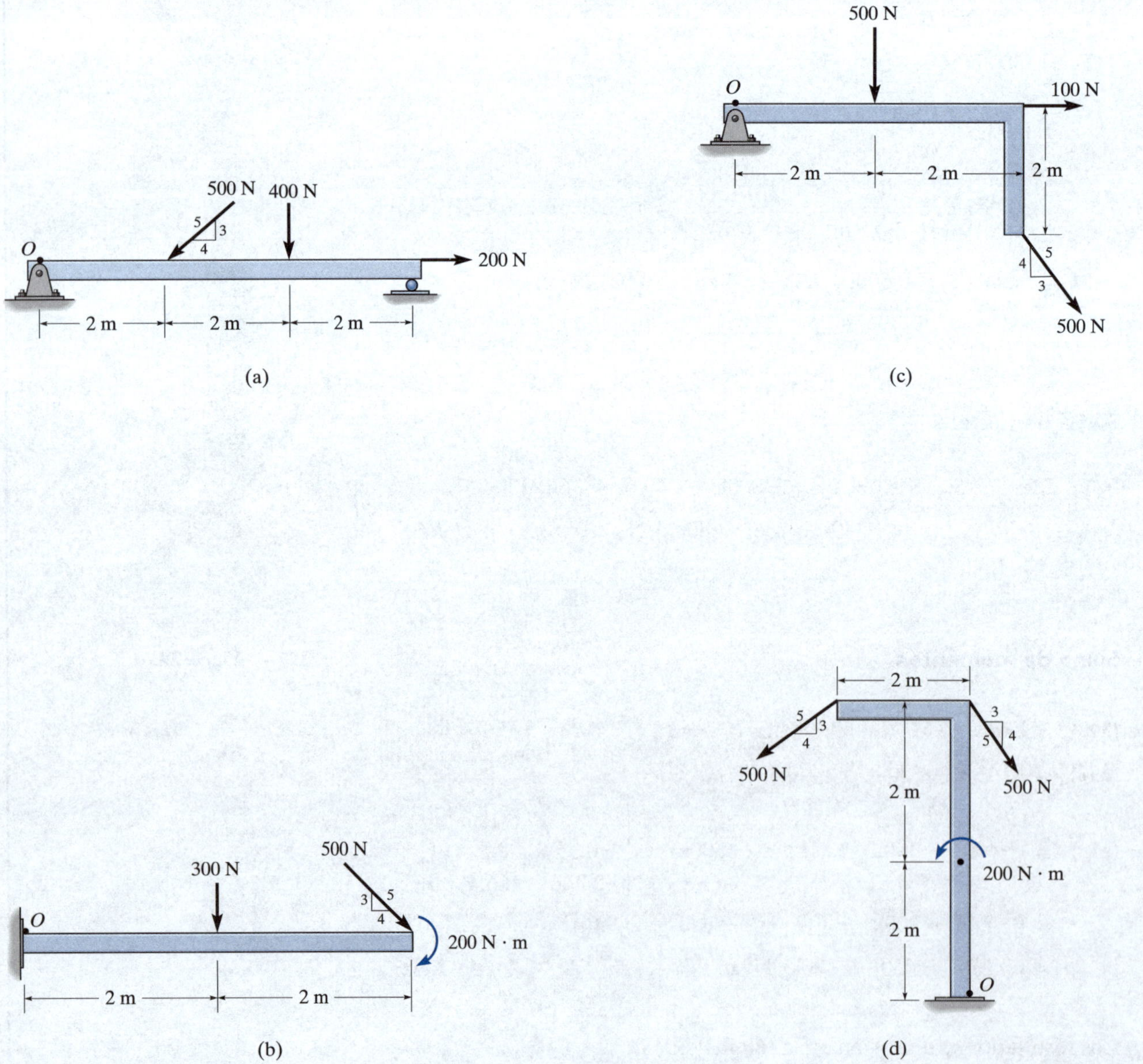

Prob. P4-5

PROBLEMAS FUNDAMENTALES

F4-25. Reemplace el sistema de cargas por una fuerza resultante y un momento de par equivalentes que actúen en el punto *A*.

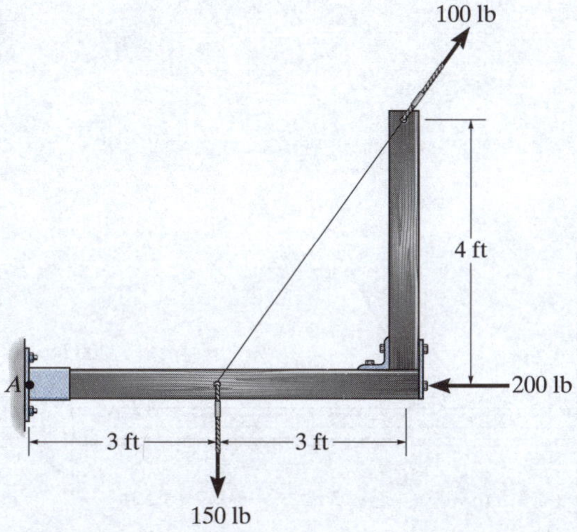

Prob. F4-25

F4-26. Reemplace el sistema de cargas por una fuerza resultante y un momento de par equivalentes que actúen en el punto *A*.

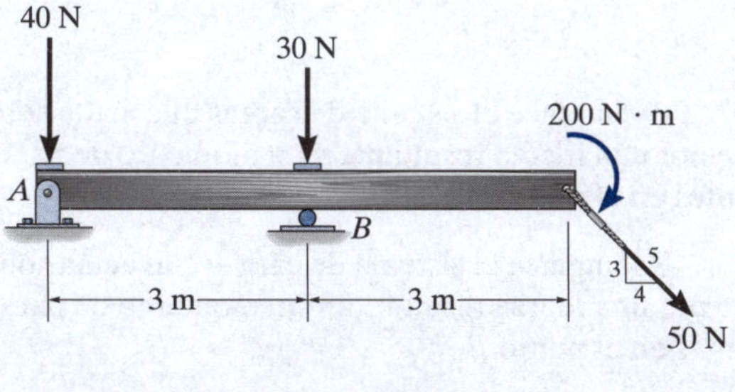

Prob. F4-26

F4-27. Reemplace el sistema de cargas por una fuerza resultante y un momento de par equivalentes que actúen en el punto *A*.

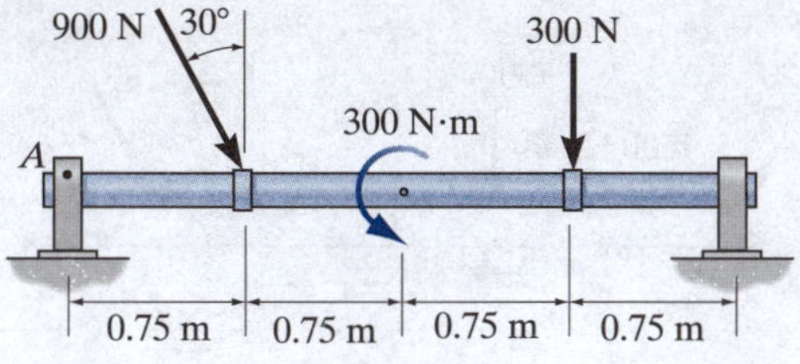

Prob. F4-27

F4-28. Reemplace el sistema de cargas por una fuerza resultante y un momento de par equivalentes que actúen en el punto *A*.

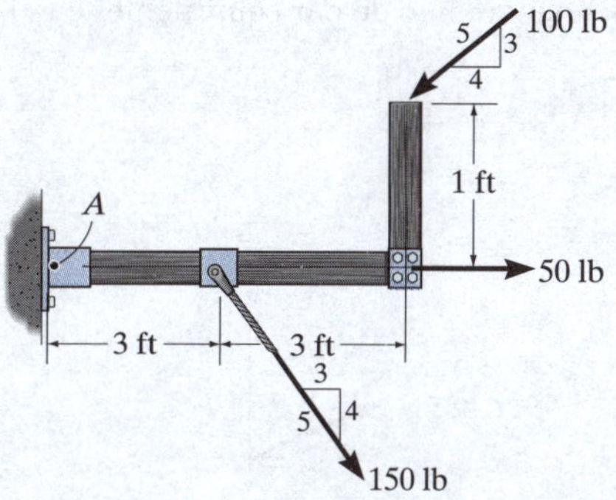

Prob. F4-28

F4-29. Reemplace el sistema de cargas por una fuerza resultante y un momento de par equivalentes que actúen en el punto *O*.

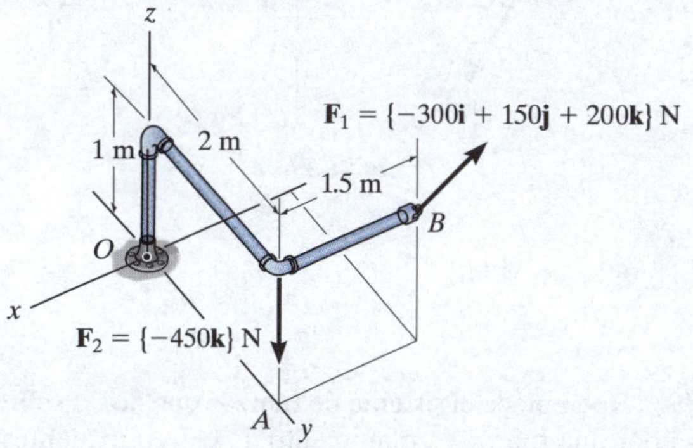

Prob. F4-29

F4-30. Reemplace el sistema de cargas por una fuerza resultante y un momento de par equivalentes que actúen en el punto *O*.

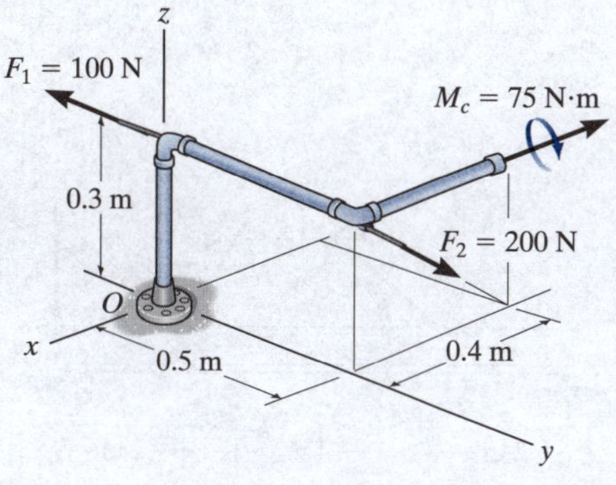

Prob. F4-30

PROBLEMAS

4-97. Reemplace el sistema de fuerzas por una fuerza resultante y un momento de par equivalentes en el punto *O*.

4-98. Reemplace el sistema de fuerzas por una fuerza resultante y un momento de par equivalentes en el punto *P*.

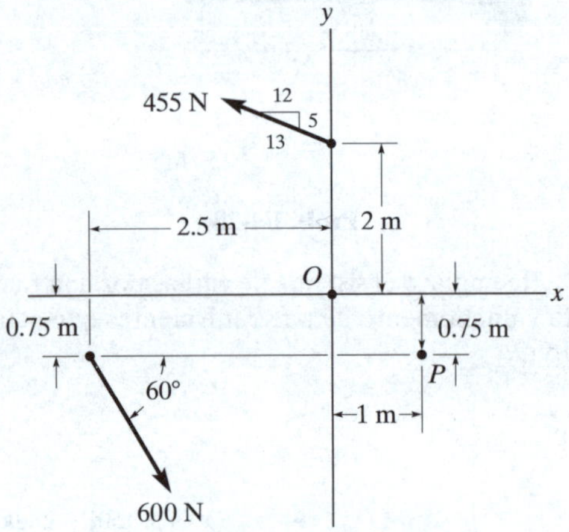

Probs. 4-97/98

4-101. Reemplace el sistema de cargas que actúa sobre la viga por una fuerza resultante y un momento de par equivalentes en el punto *O*.

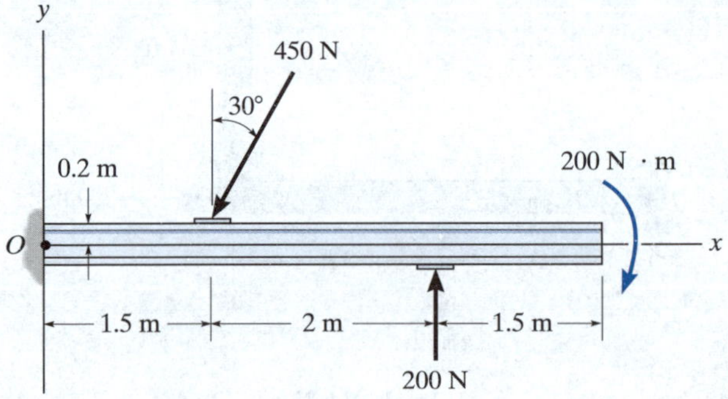

Prob. 4-101

4-99. Reemplace el sistema de fuerzas que actúa sobre la viga por una fuerza y un momento de par equivalentes en el punto *A*.

***4-100.** Reemplace el sistema de fuerzas que actúa sobre la viga por una fuerza y un momento de par equivalentes en el punto *B*.

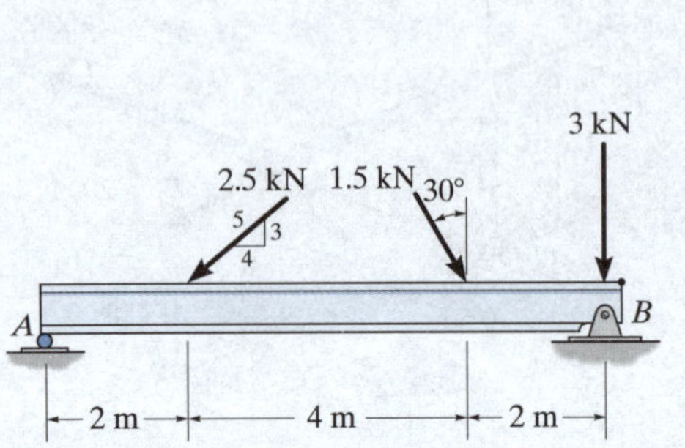

Probs. 4-99/100

4-102. Reemplace el sistema de cargas que actúa sobre el poste por una fuerza resultante y un momento de par equivalentes en el punto *A*.

4-103. Reemplace el sistema de cargas que actúa sobre el poste por una fuerza resultante y un momento de par equivalentes en el punto *B*.

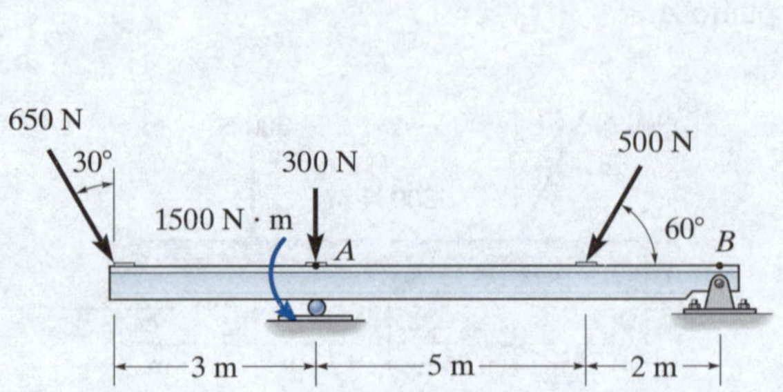

Probs. 4-102/103

***4-104.** Reemplace el sistema de fuerzas que actúa sobre el poste por una fuerza resultante y un momento de par en el punto O.

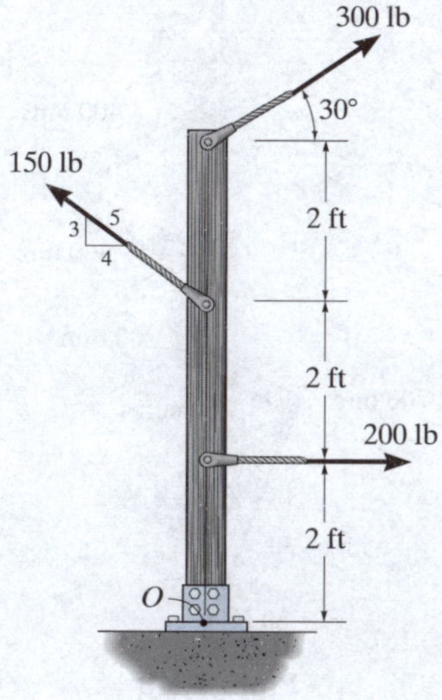

Prob. 4-104

4-105. Reemplace el sistema de fuerzas que actúa sobre el bastidor por una fuerza resultante y un momento de par equivalentes que actúan en el punto A.

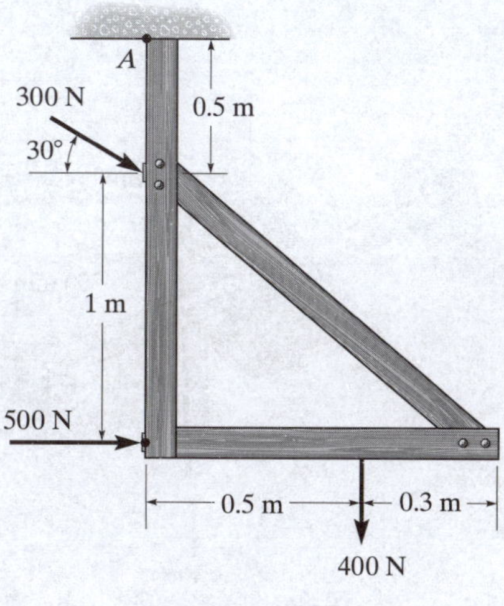

Prob. 4-105

4-106. Las fuerzas $\mathbf{F}_1 = \{-4\mathbf{i} + 2\mathbf{j} - 3\mathbf{k}\}$ kN y $\mathbf{F}_2 = \{3\mathbf{i} - 4\mathbf{j} - 2\mathbf{k}\}$ kN actúan en el extremo de la viga. Reemplace estas fuerzas por una fuerza y un momento de par equivalentes que actúan en el punto O.

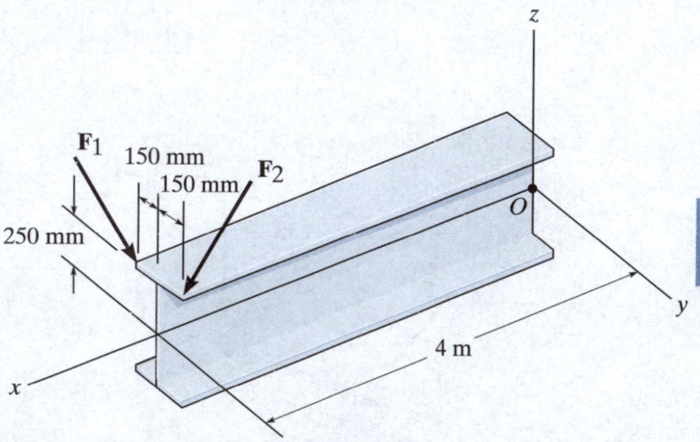

Prob. 4-106

4-107. En la figura se ilustra un modelo biomecánico de la región lumbar del tronco humano. Las fuerzas que actúan en los cuatro grupos de músculos se componen de $F_R = 35$ N para el recto, $F_O = 45$ N para el oblicuo, $F_L = 23$ N para el dorsal ancho lumbar y $F_E = 32$ N para el erector de la columna. Estas cargas son simétricas con respecto al plano y-z. Reemplace este sistema de fuerzas paralelas por una fuerza y un momento de par equivalentes que actúan en el punto O de la columna vertebral. Exprese los resultados en forma vectorial cartesiana.

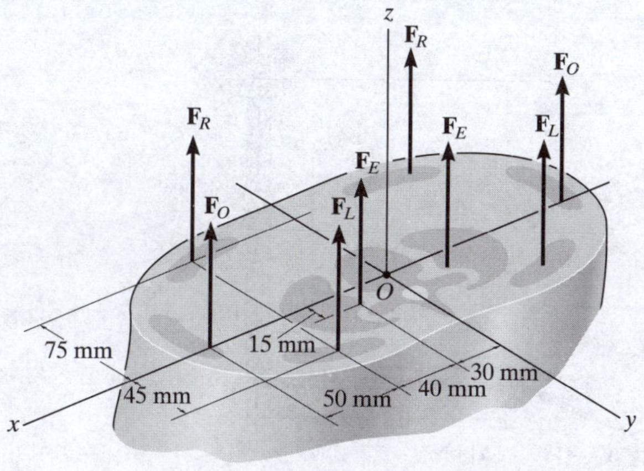

Prob. 4-107

***4-108.** Reemplace el sistema de fuerzas por una fuerza resultante y un momento de par equivalentes en el punto O. Considere que $\mathbf{F}_3 = \{-200\mathbf{i} + 500\mathbf{j} - 300\mathbf{k}\}$ N.

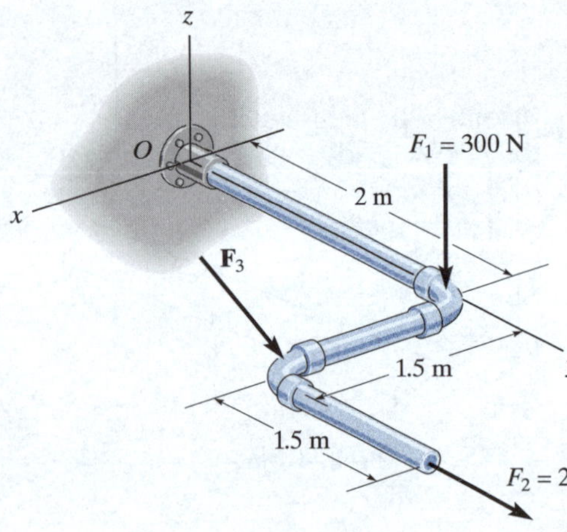

Prob. 4-108

4-109. Reemplace las cargas por una fuerza resultante y un momento de par equivalentes en el punto O.

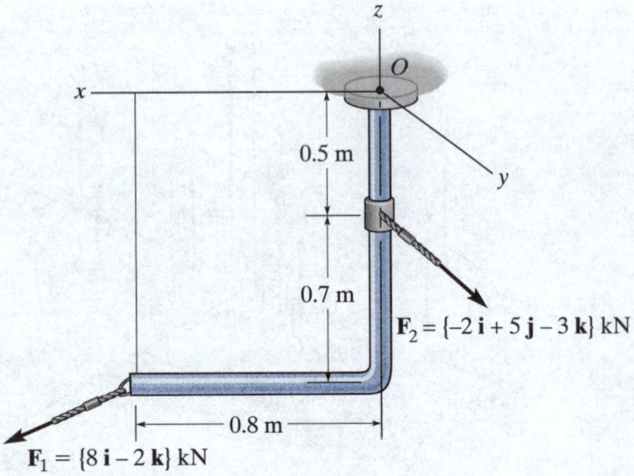

Prob. 4-109

4-110. Reemplace la fuerza de $F = 80$ N que actúa sobre la tubería por una fuerza resultante y un momento de par equivalentes en el punto A.

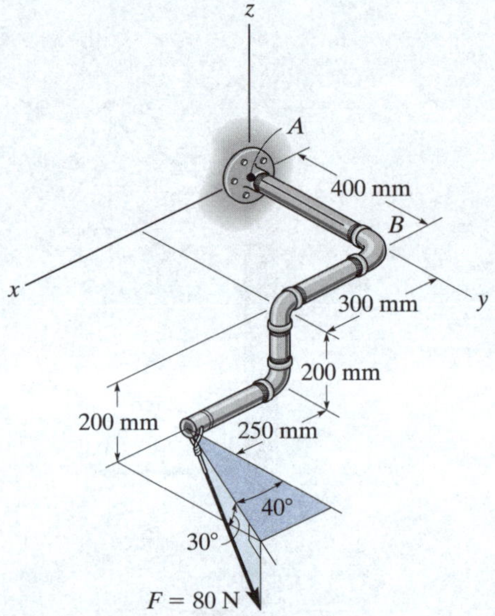

Prob. 4-110

4-111. El paso de la correa sobre la polea se somete a las fuerzas $\mathbf{F}_1$ y $\mathbf{F}_2$, cada una con magnitud de 40 N. $\mathbf{F}_1$ actúa en la dirección $-\mathbf{k}$. Reemplace estas fuerzas por una fuerza y un momento de par equivalentes en el punto A. Exprese el resultado en forma vectorial cartesiana. Establezca $\theta = 0°$ de modo que $\mathbf{F}_2$ actúe en la dirección $-\mathbf{j}$.

***4-112.** El paso de la correa sobre la polea se somete a dos fuerzas $\mathbf{F}_1$ y $\mathbf{F}_2$, cada una con magnitud de 40 N. $\mathbf{F}_1$ actúa en la dirección $-\mathbf{k}$. Reemplace estas fuerzas por una fuerza y un momento de par equivalentes en el punto A. Exprese el resultado en forma vectorial cartesiana. Considere que $\theta = 45°$.

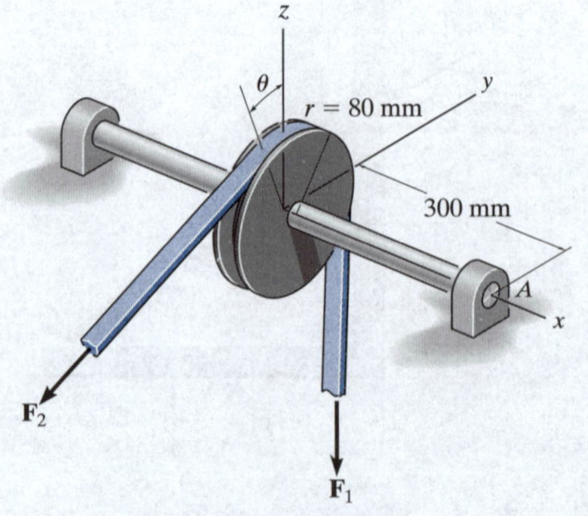

Probs. 4-111/112

4.8 Simplificación adicional de un sistema de fuerza y par

En la sección anterior desarrollamos una forma de reducir un sistema de fuerza y momento de par que actúa sobre un cuerpo rígido, a una fuerza resultante $\mathbf{F}_R$ equivalente que actúa en un punto específico O y un momento de par resultante $(\mathbf{M}_R)_O$. El sistema de fuerzas puede reducirse aún más a una sola fuerza resultante equivalente, siempre que las líneas de acción de $\mathbf{F}_R$ y $(\mathbf{M}_R)_O$ sean *perpendiculares* entre sí. Debido a esta condición, los sistemas de fuerzas concurrentes, coplanares y paralelas se pueden simplificar aún más.

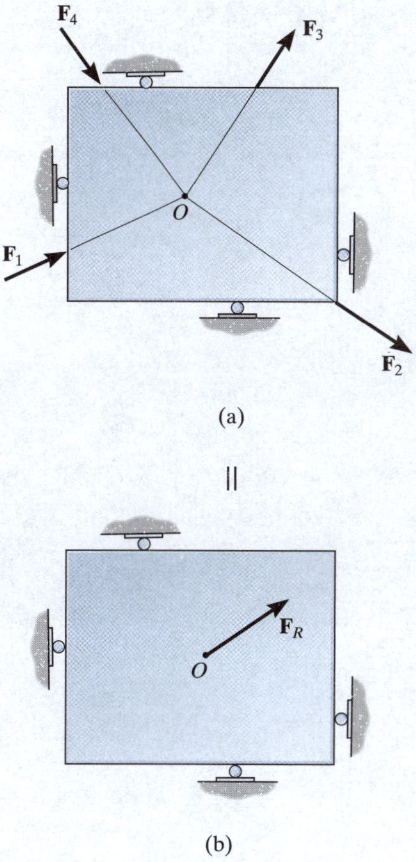

Fig. 4-40

Sistema de fuerzas concurrentes.

Como un ***sistema de fuerzas concurrentes*** es aquel donde las líneas de acción de todas las fuerzas se intersecan en un punto común O (fig. 4-40a), entonces el sistema de fuerzas no produce ningún momento con respecto a este punto. En consecuencia, el sistema equivalente puede representarse mediante una sola fuerza resultante $\mathbf{F}_R = \Sigma\mathbf{F}$ que actúa en O (fig. 4-40*b*).

Sistema de fuerzas coplanares.

En el caso de un ***sistema de fuerzas coplanares***, las líneas de acción de todas las fuerzas pertenecen al mismo plano (fig. 4-41*a*) y, por ende, la fuerza resultante $\mathbf{F}_R = \Sigma\mathbf{F}$ de este sistema también se encuentra en el mismo plano. Aún más, el momento de cada una de las fuerzas con respecto a cualquier punto O se dirige en forma perpendicular a este plano. Entonces, el momento resultante $(\mathbf{M}_R)_O$ y la fuerza resultante $\mathbf{F}_R$ serán *mutuamente perpendiculares* (fig. 4-41*b*). El momento resultante se puede remplazar al mover la fuerza resultante $\mathbf{F}_R$ a un brazo de momento o una distancia perpendicular d del punto O, de tal forma que $\mathbf{F}_R$ produzca el *mismo momento* $(\mathbf{M}_R)_O$ con respecto al punto O (fig. 4-41*c*). Esta distancia d se puede determinar a partir de la ecuación escalar $(M_R)_O = F_R d = \Sigma M_O$ o bien $d = (M_R)_O/F_R$.

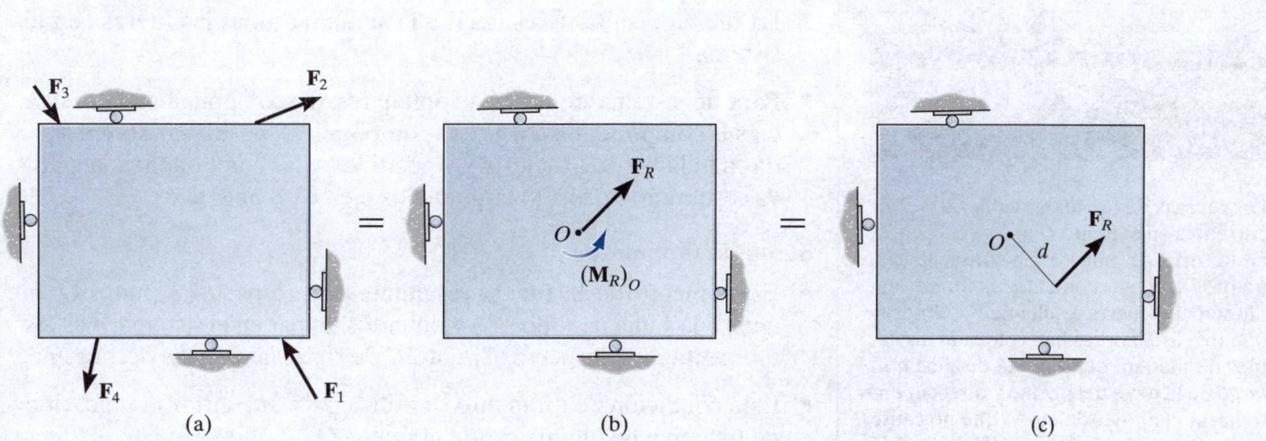

Fig. 4-41

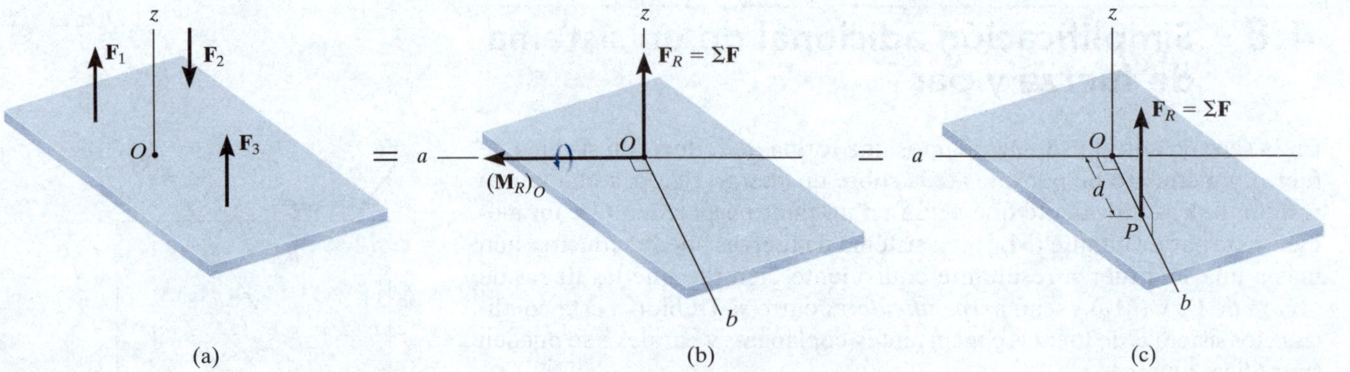

Fig. 4-42

Sistema de fuerzas paralelas.

El ***sistema de fuerzas paralelas*** que se muestra en la figura 4-42*a* consiste en fuerzas que son paralelas al eje z. Así, la fuerza resultante $\mathbf{F}_R = \Sigma\mathbf{F}$ en el punto O también debe ser paralela a este eje (fig. 4-42*b*). El momento producido por cada fuerza se encuentra en el plano de la placa, por lo que el momento de par resultante, $(\mathbf{M}_R)_O$, también estará en este plano, a lo largo del eje de momento a puesto que $\mathbf{F}_R$ y $(\mathbf{M}_R)_O$ son mutuamente perpendiculares. En consecuencia, el sistema de fuerzas se puede reducir aún más a una sola fuerza resultante equivalente $\mathbf{F}_R$, la cual actúa a través del punto P ubicado sobre el eje perpendicular b (fig. 4-42*c*). Para encontrar la distancia d a lo largo de este eje desde el punto O, se emplea $(M_R)_O = F_R d = \Sigma M_O$ o bien $d = \Sigma M_O / F_R$.

Las fuerzas de los cuatro cables son concurrentes en el punto O que se encuentra en la torre del puente. En consecuencia, no producen un momento resultante ahí, tan sólo una fuerza resultante $\mathbf{F}_R$. Observe que los diseñadores han colocado los cables de manera que $\mathbf{F}_R$ esté dirigida *a lo largo* de la torre del puente y directamente hacia el apoyo, de modo que no cause ninguna flexión de la torre. (© Russell C. Hibbeler)

Procedimiento para el análisis

La técnica para reducir un sistema de fuerzas coplanares o paralelas a una sola fuerza resultante sigue un procedimiento similar al descrito en la sección anterior.

- Establezca los ejes x, y, z y localice la fuerza resultante $\mathbf{F}_R$ a una distancia arbitraria del origen de las coordenadas.

Suma de fuerzas

- La fuerza resultante es igual a la suma de todas las fuerzas en el sistema.
- Para un sistema de fuerzas coplanares, descomponga cada fuerza en sus componentes x y y. Las componentes positivas están dirigidas a lo largo de los ejes x y y positivos, y las componentes negativas están dirigidas a lo largo de los ejes x y y negativos.

Suma de momentos

- El momento de la fuerza resultante con respecto al punto O es igual a la suma de todos los momentos de par en el sistema, más los momentos con respecto al punto O de todas las fuerzas del sistema.
- Esta condición de momento se utiliza para encontrar la ubicación de la fuerza resultante desde el punto O.

Aquí, los pesos de los semáforos se reemplazan por su fuerza resultante $W_R = W_1 + W_2$ que actúa a una distancia $d = (W_1d_1 + W_2d_2)/W_R$ desde O. Ambos sistemas son equivalentes. (© Russell C. Hibbeler)

Reducción a una llave. En general, un sistema tridimensional de fuerzas y momentos de par tendrá una fuerza resultante equivalente $\mathbf{F}_R$ que actuará en el punto O y un momento de par resultante $(\mathbf{M}_R)_O$ que *no son perpendiculares* entre sí, como se muestra en la figura 4-43*a*. Aunque un sistema de fuerzas como éste no se puede reducir aún más a una sola fuerza resultante equivalente, el momento de par resultante $(\mathbf{M}_R)_O$ se puede descomponer en sus componentes paralela y perpendicular a la línea de acción de $\mathbf{F}_R$ (fig. 4-43*a*). Si esto parece difícil de hacer en tres dimensiones, utilice el producto punto para obtener $\mathbf{M}_{\parallel} = (\mathbf{M}_R) \cdot \mathbf{u}_{F_R}$ y, luego, $\mathbf{M}_{\perp} = \mathbf{M}_R - \mathbf{M}_{\parallel}$. La componente perpendicular $\mathbf{M}_{\perp}$ se puede reemplazar si movemos $\mathbf{F}_R$ al punto P, a una distancia d desde el punto O a lo largo del eje b (fig. 4-43*b*). Como se indica, este eje es perpendicular tanto al eje a como a la línea de acción de $\mathbf{F}_R$. La ubicación de P puede determinarse a partir de $d = M_{\perp}/F_R$. Por último, debido a que $\mathbf{M}_{\parallel}$ es un vector libre, puede moverse hasta el punto P (fig. 4-43*c*). Esta combinación de una fuerza resultante $\mathbf{F}_R$ y un momento de par colineal $\mathbf{M}_{\parallel}$ tenderá a girar y trasladar el cuerpo con respecto a su eje, lo cual se denomina ***llave*** o ***tornillo***. Una llave es el sistema más simple que puede usarse para representar cualquier sistema general de fuerza y momento de par que actúa sobre un cuerpo.

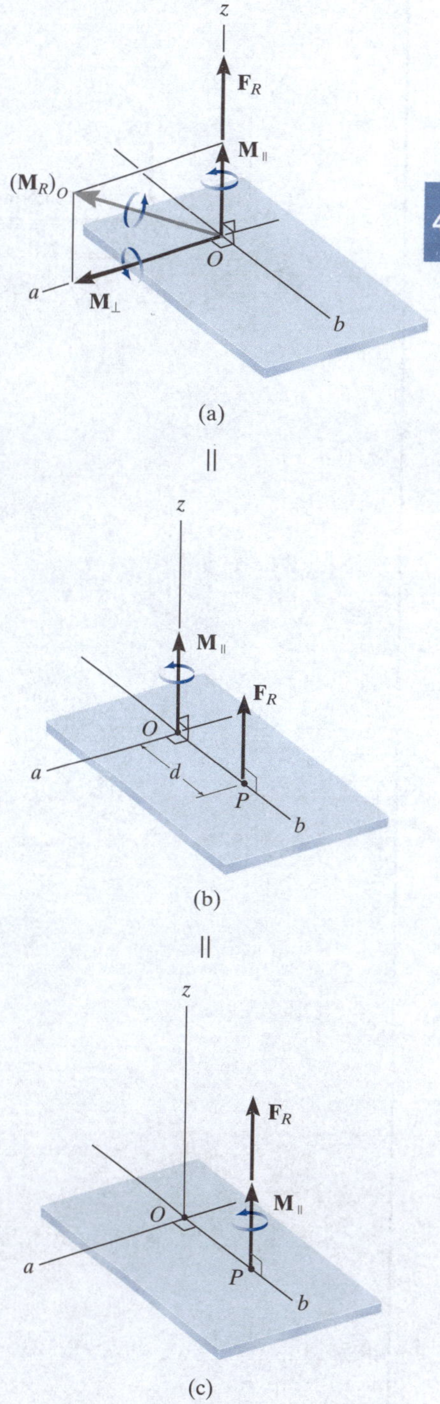

Fig. 4-43

Puntos importantes

- Un sistema de fuerzas concurrentes, coplanares o paralelas siempre se puede reducir a una sola fuerza resultante que actúa en un punto P específico. Para cualquier otro tipo de sistema de fuerzas, la reducción más simple es a una llave, que consta de una fuerza resultante y un momento de par colineal que actúan en un punto P específico.

4

EJEMPLO 4.17

Reemplace el sistema de fuerza y momento de par que actúa sobre la viga de la figura 4-44*a* por una fuerza resultante equivalente y encuentre la distancia, medida desde el punto *O*, en la que su línea de acción interseca la viga.

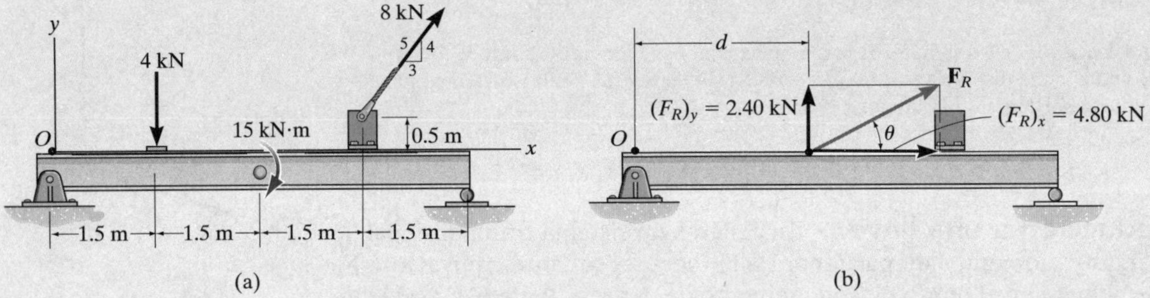

Fig. 4-44

SOLUCIÓN

Suma de fuerzas. Si sumamos las componentes de fuerza,

$$\overset{+}{\rightarrow} (F_R)_x = \Sigma F_x; \qquad (F_R)_x = 8\text{ kN}\left(\tfrac{3}{5}\right) = 4.80\text{ kN} \rightarrow$$

$$+\uparrow (F_R)_y = \Sigma F_y; \qquad (F_R)_y = -4\text{ kN} + 8\text{ kN}\left(\tfrac{4}{5}\right) = 2.40\text{ kN}\uparrow$$

Con base en la figura 4-44*b*, la magnitud de $\mathbf{F}_R$ es

$$F_R = \sqrt{(4.80\text{ kN})^2 + (2.40\text{ kN})^2} = 5.37\text{ kN} \qquad \textit{Resp.}$$

El ángulo θ es

$$\theta = \tan^{-1}\left(\frac{2.40\text{ kN}}{4.80\text{ kN}}\right) = 26.6^\circ \qquad \textit{Resp.}$$

Suma de momentos. Debemos igualar el momento de $\mathbf{F}_R$ respecto al punto *O* de la figura 4-44*b* con la suma de los momentos del sistema de fuerza y momento de par, con respecto al punto *O* que se muestra en la figura 4-44*a*. Como la línea de acción de $(\mathbf{F}_R)_x$ actúa a través del punto *O*, *sólo* $(\mathbf{F}_R)_y$ *produce un momento* con respecto a este punto. Por lo tanto,

$$\zeta + (M_R)_O = \Sigma M_O; \qquad 2.40\text{ kN}(d) = -(4\text{ kN})(1.5\text{ m}) - 15\text{ kN}\cdot\text{m}$$
$$-\left[8\text{ kN}\left(\tfrac{3}{5}\right)\right](0.5\text{ m}) + \left[8\text{ kN}\left(\tfrac{4}{5}\right)\right](4.5\text{ m})$$
$$d = 2.25\text{ m} \qquad \textit{Resp.}$$

EJEMPLO 4.18

La grúa fija que se muestra en la figura 4-45*a* está sometida a tres fuerzas coplanares. Reemplace esta carga por una fuerza resultante equivalente y especifique en qué punto la línea de acción de la resultante interseca la columna *AB* y la pluma *BC*.

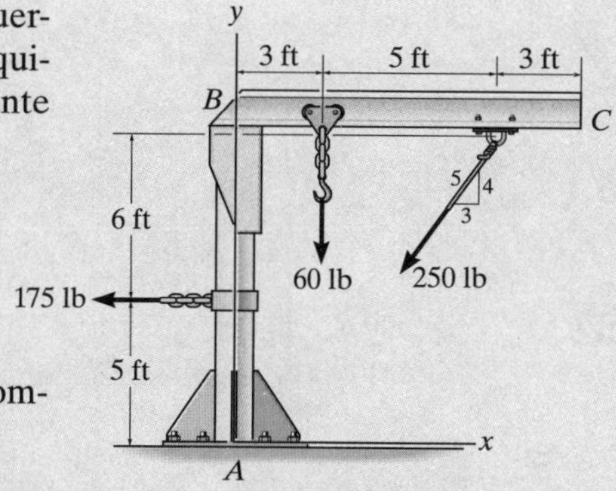

(a)

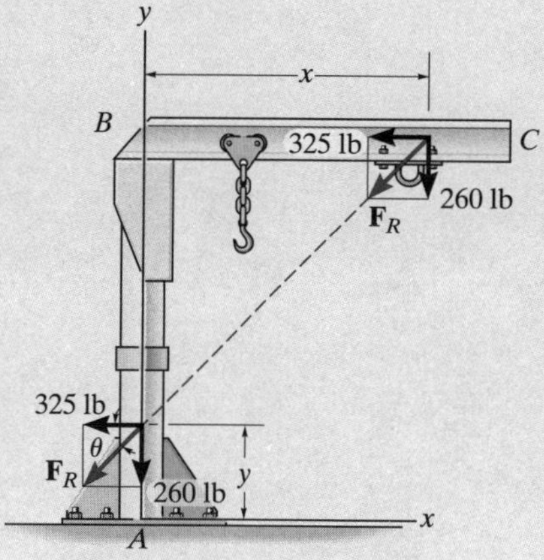

(b)

Fig. 4-45

SOLUCIÓN

Suma de fuerzas. Al descomponer la fuerza de 250 lb en sus componentes *x* y *y* y al sumar las componentes de fuerza, se obtiene

$$\overset{+}{\rightarrow} (F_R)_x = \Sigma F_x; \quad (F_R)_x = -250 \text{ lb}\left(\tfrac{3}{5}\right) - 175 \text{ lb} = -325 \text{ lb} = 325 \text{ lb} \leftarrow$$

$$+\uparrow (F_R)_y = \Sigma F_y; \quad (F_R)_y = -250 \text{ lb}\left(\tfrac{4}{5}\right) - 60 \text{ lb} = -260 \text{ lb} = 260 \text{ lb}\downarrow$$

Como se muestra en la figura 4-45*b*, mediante la suma vectorial,

$$F_R = \sqrt{(325 \text{ lb})^2 + (260 \text{ lb})^2} = 416 \text{ lb} \qquad \textit{Resp.}$$

$$\theta = \tan^{-1}\left(\frac{260 \text{ lb}}{325 \text{ lb}}\right) = 38.7° \qquad \textit{Resp.}$$

Suma de momentos. Los momentos se sumarán con respecto al punto *A*. Suponiendo que la línea de acción de $\mathbf{F}_R$ *interseca AB* a una distancia *y* desde *A* (fig. 4-45*b*), tenemos

$$\zeta+ (M_R)_A = \Sigma M_A; \qquad 325 \text{ lb } (y) + 260 \text{ lb } (0)$$

$$= 175 \text{ lb } (5 \text{ ft}) - 60 \text{ lb } (3 \text{ ft}) + 250 \text{ lb}\left(\tfrac{3}{5}\right)(11 \text{ ft}) - 250 \text{ lb}\left(\tfrac{4}{5}\right)(8 \text{ ft})$$

$$y = 2.29 \text{ ft} \qquad \textit{Resp.}$$

Por el principio de transmisibilidad, $\mathbf{F}_R$ puede colocarse a una distancia *x* donde interseca *BC* (fig. 4-45*b*). En este caso,

$$\zeta+ (M_R)_A = \Sigma M_A; \qquad 325 \text{ lb } (11 \text{ ft}) - 260 \text{ lb } (x)$$

$$= 175 \text{ lb } (5 \text{ ft}) - 60 \text{ lb } (3 \text{ ft}) + 250 \text{ lb}\left(\tfrac{3}{5}\right)(11 \text{ ft}) \quad 250 \text{ lb}\left(\tfrac{4}{5}\right)(8 \text{ ft})$$

$$x = 10.9 \text{ ft} \qquad \textit{Resp.}$$

EJEMPLO 4.19

La losa que se ilustra en la figura 4-46*a* está sometida a cuatro fuerzas paralelas. Determine la magnitud y la dirección de una fuerza resultante equivalente al sistema de fuerzas dado, y localice su punto de aplicación sobre la losa.

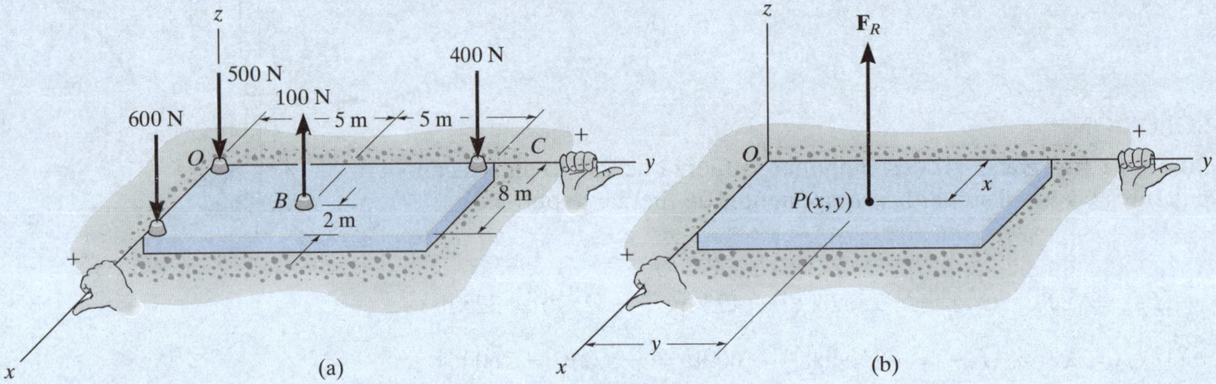

Fig. 4-46

SOLUCIÓN *(ANÁLISIS ESCALAR)*

Suma de fuerzas. A partir de la figura 4-46*a*, la fuerza resultante es

$$+\uparrow F_R = \Sigma F; \qquad F_R = -600\text{ N} + 100\text{ N} - 400\text{ N} - 500\text{ N}$$
$$= -1400\text{ N} = 1400\text{ N}\downarrow \qquad \textit{Resp.}$$

Suma de momentos. Requerimos que el momento con respecto al eje x de la fuerza resultante (fig. 4-46*b*) sea igual a la suma de los momentos con respecto al eje x de todas las fuerzas presentes en el sistema (fig. 4-46*a*). Los brazos de momento se determinan a partir de las coordenadas y, dado que esas coordenadas representan las *distancias perpendiculares* desde el eje x hasta las líneas de acción de las fuerzas. Si usamos la regla de la mano derecha, tenemos

$$(M_R)_x = \Sigma M_x;$$
$$-(1400\text{ N})y = 600\text{ N}(0) + 100\text{ N}(5\text{ m}) - 400\text{ N}(10\text{ m}) + 500\text{ N}(0)$$
$$-1400y = -3500 \qquad y = 2.50\text{ m} \qquad \textit{Resp.}$$

Del mismo modo, una ecuación de momentos se puede escribir con respecto al eje y mediante brazos de momento definidos por las coordenadas x de cada fuerza.

$$(M_R)_y = \Sigma M_y;$$
$$(1400\text{ N})x = 600\text{ N}(8\text{ m}) - 100\text{ N}(6\text{ m}) + 400\text{ N}(0) + 500\text{ N}(0)$$
$$1400x = 4200$$
$$x = 3\text{ m} \qquad \textit{Resp.}$$

NOTA: Por lo tanto, una fuerza de $F_R = 1400$ N colocada en el punto $P(3.00\text{ m}, 2.50\text{ m})$ sobre la losa (fig. 4-46*b*) es equivalente al sistema de fuerzas paralelas que actúa sobre la losa en la figura 4-46*a*.

EJEMPLO 4.20

Reemplace el sistema de fuerzas que se muestra en la figura 4-47*a* por una fuerza resultante equivalente y especifique su punto de aplicación sobre el pedestal.

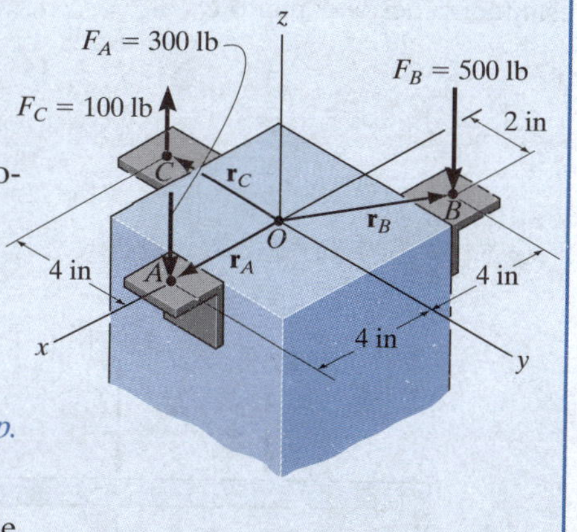

(a)

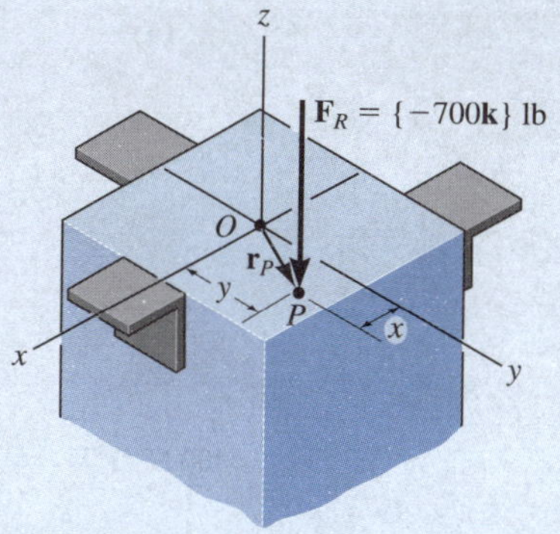

(b)

Fig. 4-47

SOLUCIÓN

Suma de fuerzas. A continuación demostraremos un análisis vectorial. Al sumar fuerzas,

$$\mathbf{F}_R = \Sigma\mathbf{F};\ \mathbf{F}_R = \mathbf{F}_A + \mathbf{F}_B + \mathbf{F}_C$$

$$= \{-300\mathbf{k}\}\text{ lb} + \{-500\mathbf{k}\}\text{ lb} + \{100\mathbf{k}\}\text{ lb}$$

$$= \{-700\mathbf{k}\}\text{ lb} \qquad \textit{Resp.}$$

Ubicación. Los momentos se sumarán con respecto al punto O. Se supone que la fuerza resultante $\mathbf{F}_R$ actúa a través del punto $P(x, y, 0)$ (fig. 4-47*b*). Así,

$$(\mathbf{M}_R)_O = \Sigma\mathbf{M}_O;$$

$$\mathbf{r}_P \times \mathbf{F}_R = (\mathbf{r}_A \times \mathbf{F}_A) + (\mathbf{r}_B \times \mathbf{F}_B) + (\mathbf{r}_C \times \mathbf{F}_C)$$

$$(x\mathbf{i} + y\mathbf{j}) \times (-700\mathbf{k}) = [(4\mathbf{i}) \times (-300\mathbf{k})]$$

$$+ [(-4\mathbf{i} + 2\mathbf{j}) \times (-500\mathbf{k})] + [(-4\mathbf{j}) \times (100\mathbf{k})]$$

$$-700x(\mathbf{i} \times \mathbf{k}) - 700y(\mathbf{j} \times \mathbf{k}) = -1200(\mathbf{i} \times \mathbf{k}) + 2000(\mathbf{i} \times \mathbf{k})$$

$$- 1000(\mathbf{j} \times \mathbf{k}) - 400(\mathbf{j} \times \mathbf{k})$$

$$700x\mathbf{j} - 700y\mathbf{i} = 1200\mathbf{j} - 2000\mathbf{j} - 1000\mathbf{i} - 400\mathbf{i}$$

Al igualar las componentes de **i** y **j**,

$$-700y = -1400 \qquad (1)$$

$$y = 2\text{ in} \qquad \textit{Resp.}$$

$$700y = -800 \qquad (2)$$

$$x = -1.14\text{ in} \qquad \textit{Resp.}$$

El signo negativo indica que la coordenada x del punto P es negativa.

NOTA: También es posible establecer directamente las ecuaciones 1 y 2 sumando los momentos con respecto a los ejes x y y. Con la regla de la mano derecha, tenemos

$$(M_R)_x = \Sigma M_x; \qquad -700y = -100\text{ lb}(4\text{ in}) - 500\text{ lb}(2\text{ in})$$

$$(M_R)_y = \Sigma M_y; \qquad 700x = 300\text{ lb}(4\text{ in}) - 500\text{ lb}(4\text{ in})$$

PROBLEMAS PRELIMINARES

P4-6. En cada caso, determine las componentes *x* y *y* de la fuerza resultante y especifique la distancia a la que actúa esta fuerza desde el punto *O*.

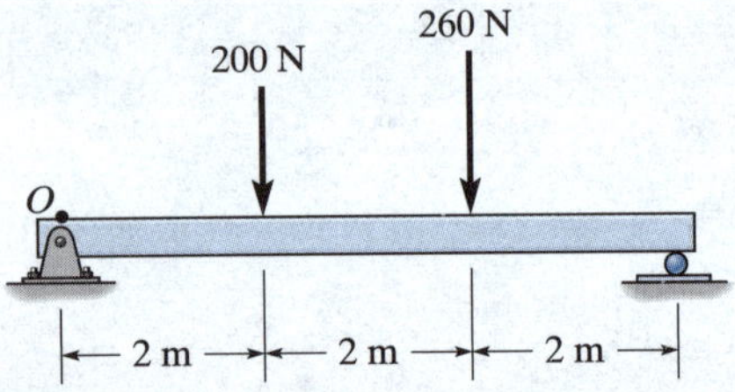

(a)

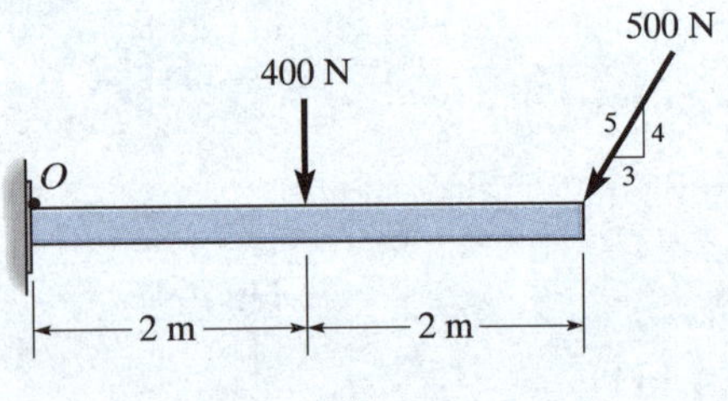

(b)

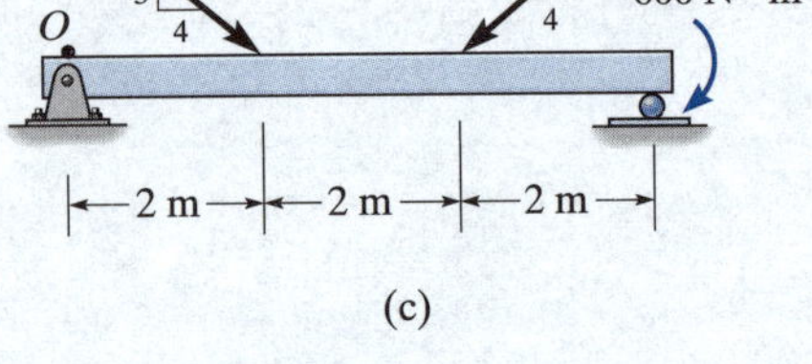

(c)

Prob. P4-6

P4-7. En cada caso, determine la fuerza resultante y especifique las coordenadas *x* y *y* en las que actúa sobre el plano *x*-*y*.

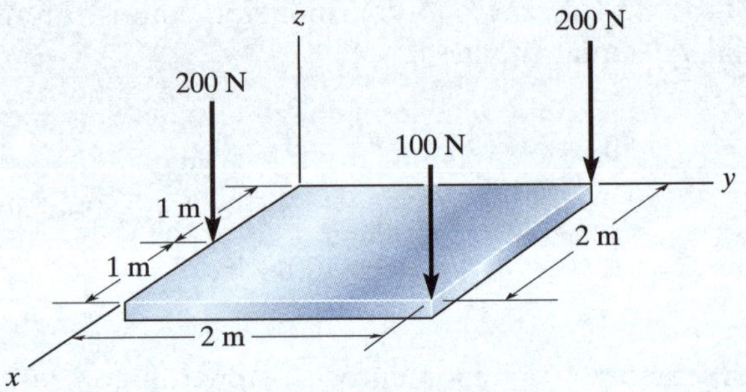

(a)

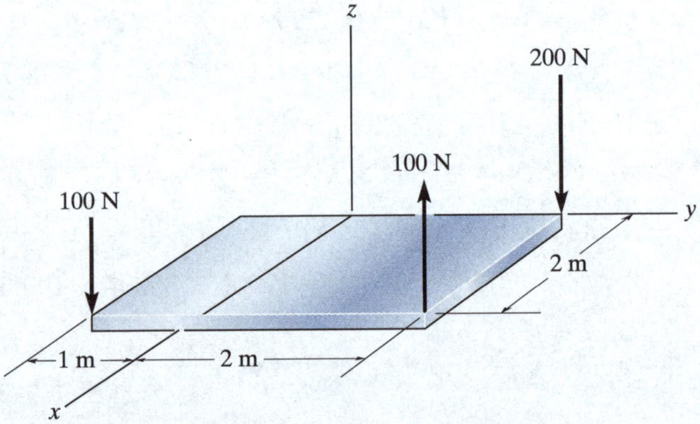

(b)

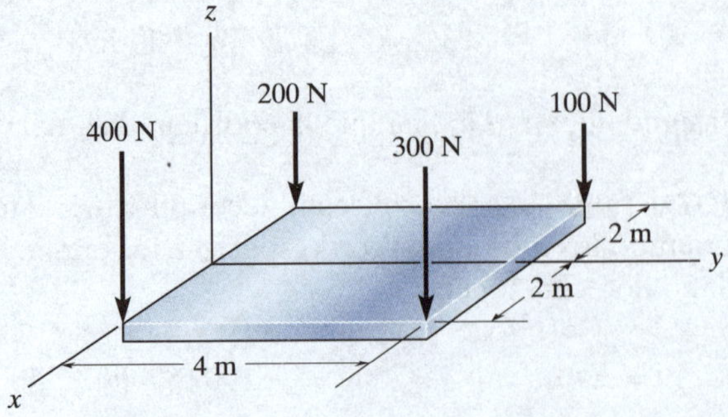

(c)

Prob. P4-7

PROBLEMAS FUNDAMENTALES

F4-31. Reemplace el sistema de cargas por una fuerza resultante equivalente y especifique el punto, medido desde O, donde la línea de acción de la resultante interseca la viga.

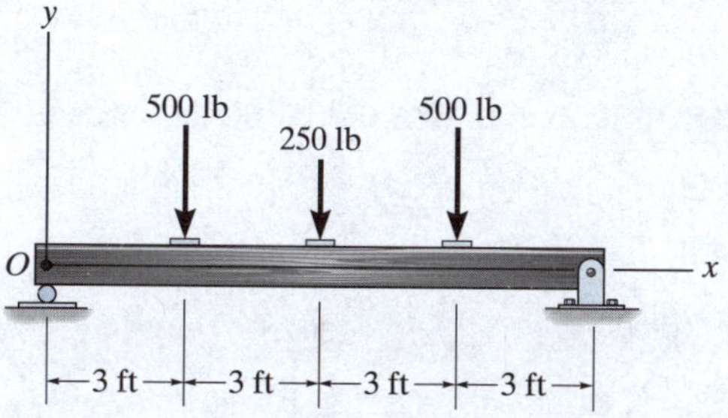

Prob. F4-31

F4-32. Reemplace el sistema de cargas por una fuerza resultante equivalente y especifique el punto, medido desde A, donde la línea de acción de la resultante interseca el elemento.

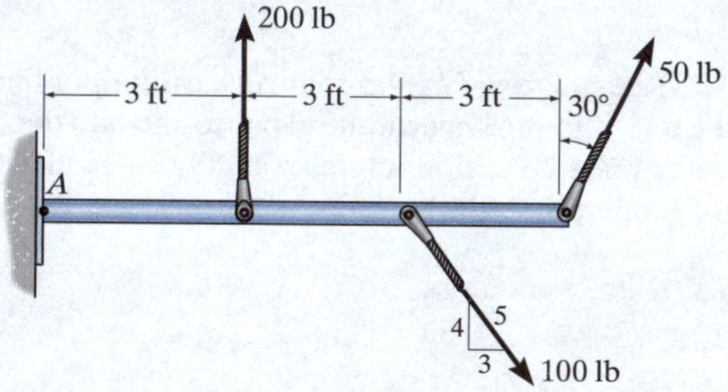

Prob. F4-32

F4-33. Reemplace el sistema de cargas por una fuerza resultante equivalente y especifique el punto, medido desde A, donde la línea de acción de la resultante interseca el segmento horizontal del miembro.

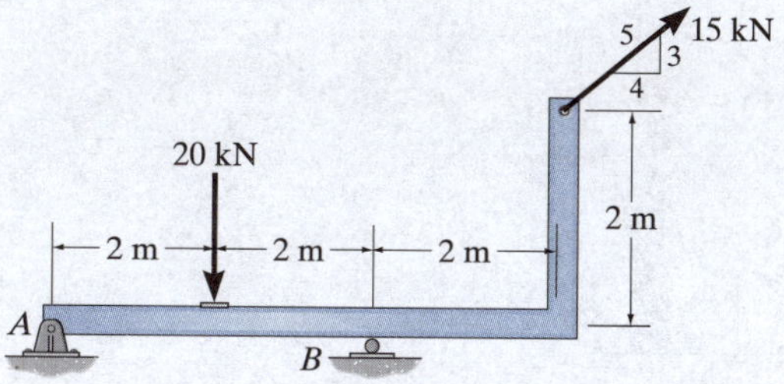

Prob. F4-33

F4-34. Reemplace el sistema de cargas por una fuerza resultante equivalente y especifique el punto, medido desde A, donde la línea de acción de la resultante interseca el elemento AB.

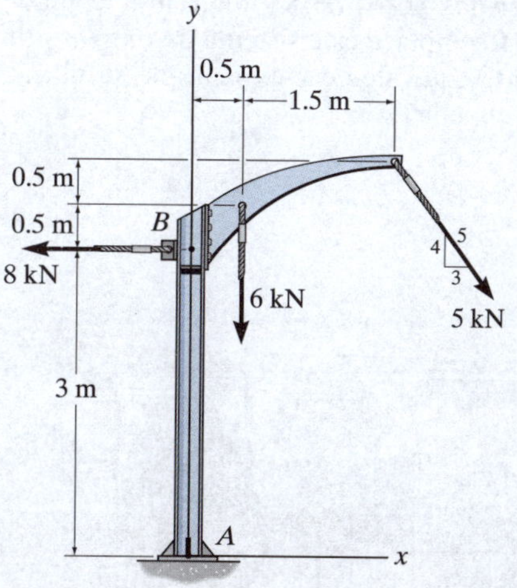

Prob. F4-34

F4-35. Reemplace las cargas mostradas por una sola fuerza resultante equivalente y especifique las coordenadas x y y de su línea de acción.

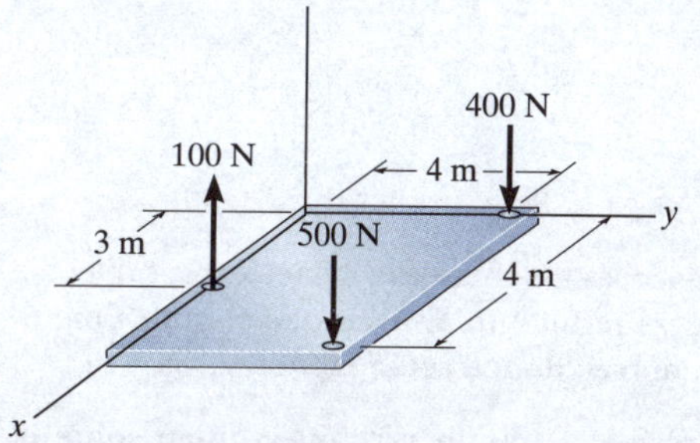

Prob. F4-35

F4-36. Reemplace las cargas mostradas por una sola fuerza resultante equivalente y especifique las coordenadas x y y de su línea de acción.

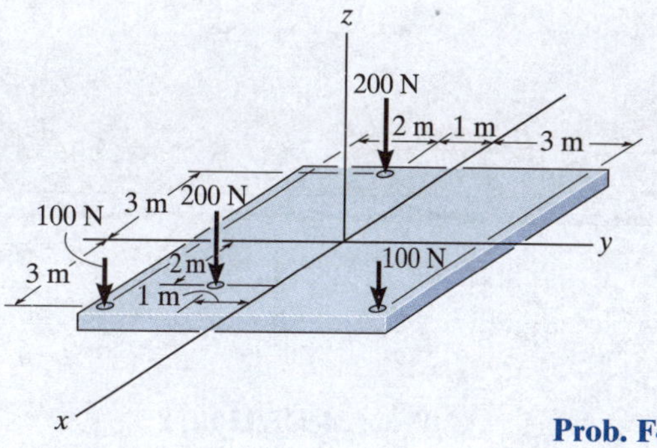

Prob. F4-36

4

PROBLEMAS

4-113. Se muestran los pesos de los diferentes componentes del camión. Reemplace este sistema de fuerzas por una fuerza resultante equivalente y especifique su ubicación medida desde B.

4-114. Se muestran los pesos de los diferentes componentes del camión. Reemplace este sistema de fuerzas por una fuerza resultante equivalente y especifique su ubicación medida desde el punto A.

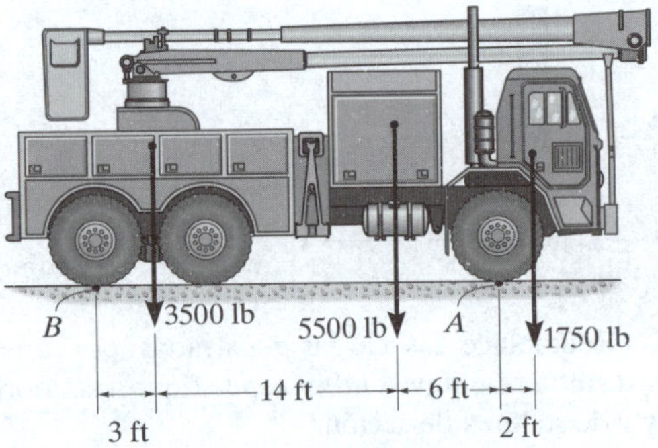

Probs. 4-113/114

4-115. Reemplace las tres fuerzas que actúan sobre el eje por una sola fuerza resultante. Especifique el punto, medido desde el extremo A, donde actúa la fuerza.

***4-116.** Reemplace las tres fuerzas que actúan sobre el eje por una sola fuerza resultante. Especifique el punto, medido desde el extremo B, donde actúa la fuerza.

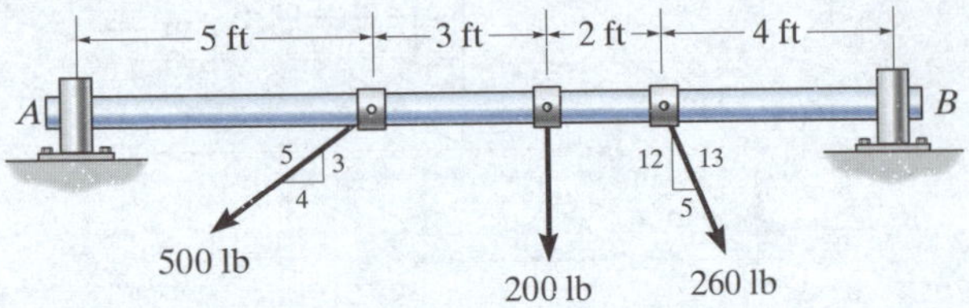

Probs. 4-115/116

4-117. Reemplace las cargas que actúan sobre la viga por una sola fuerza resultante. Especifique el punto, medido desde el extremo A, donde actúa la fuerza.

4-118. Reemplace las cargas que actúan sobre la viga por una sola fuerza resultante. Especifique el punto, medido desde B, donde actúa la fuerza.

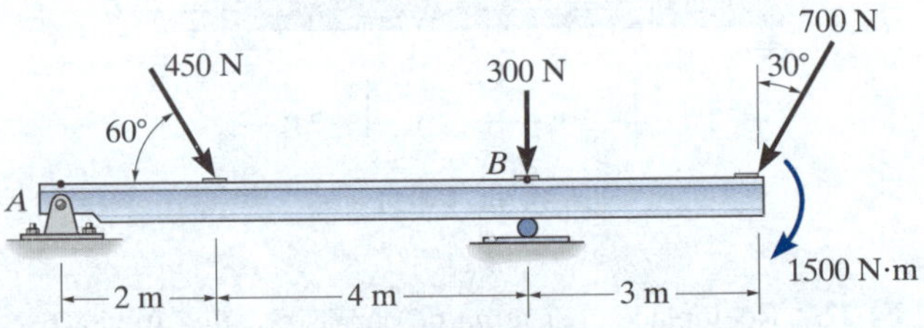

Probs. 4-117/118

4-119. Reemplace las cargas sobre el bastidor por una sola fuerza resultante. Especifique el punto, medido desde A, donde su línea de acción interseca una línea vertical a lo largo del miembro AB.

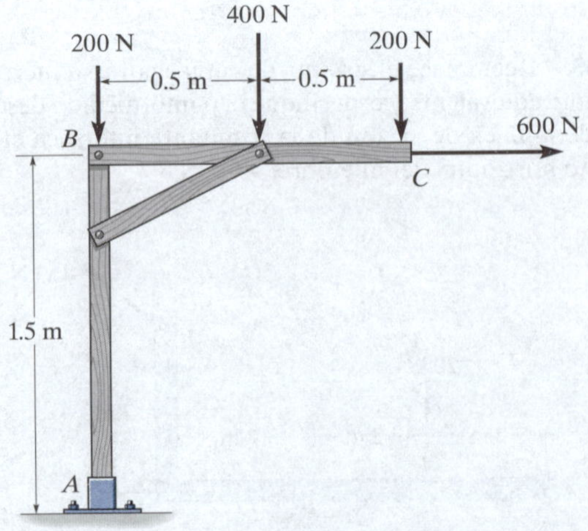

Prob. 4-119

***4-120.** Reemplace las cargas sobre el bastidor por una sola fuerza resultante. Especifique el punto, medido desde *A*, donde su línea de acción interseca una línea vertical a lo largo de miembro *AB*.

4-121. Reemplace las cargas sobre el bastidor por una sola fuerza resultante. Especifique el punto, medido desde el extremo *C*, donde su línea de acción interseca una línea horizontal a lo largo del miembro *CB*.

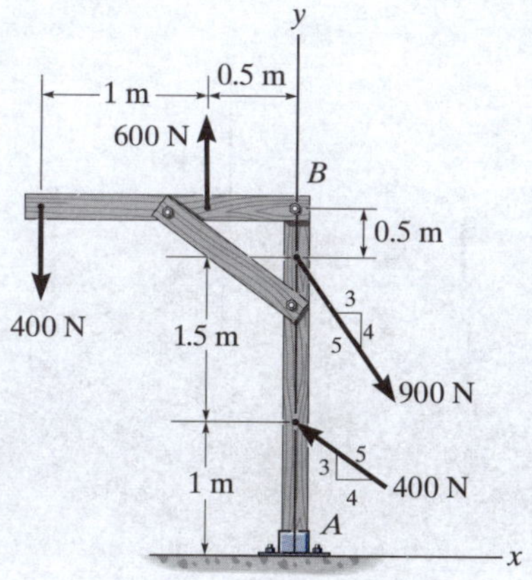

Probs. 4-120/121

***4-124.** Reemplace el sistema de fuerzas paralelas que actúa sobre la placa por una fuerza resultante y especifique su ubicación sobre el plano *x-z*.

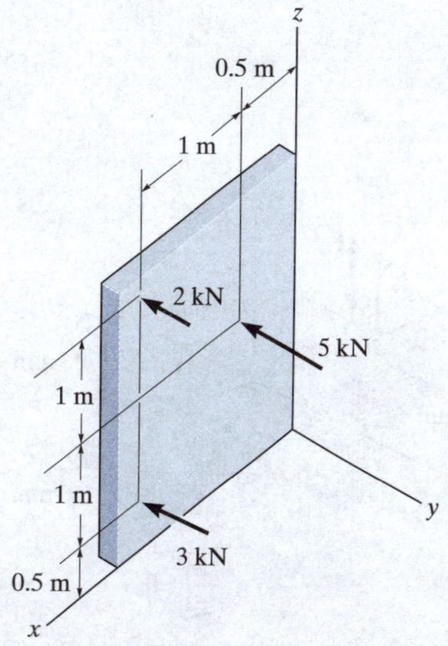

Prob. 4-124

4-122. Reemplace el sistema de fuerzas que actúa sobre el poste por una fuerza resultante, y especifique el punto, medido desde *A*, donde su línea de acción interseca el poste *AB*.

4-123. Reemplace el sistema de fuerzas que actúa sobre el poste por una fuerza resultante, y especifique el punto, medido desde *B*, donde su línea de acción interseca el poste *AB*.

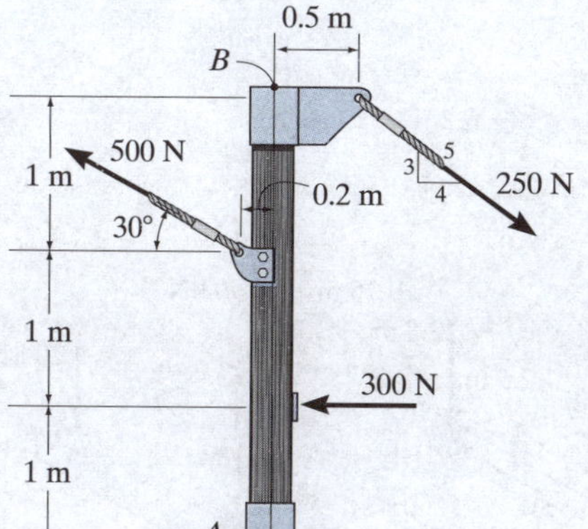

Probs. 4-122/123

4-125. Reemplace el sistema de fuerzas y par que actúa sobre el bastidor por una fuerza resultante equivalente y especifique el punto, medido desde *A*, donde la línea de acción de la resultante interseca el miembro *AB*.

4-126. Reemplace el sistema de fuerzas y par que actúa sobre el bastidor por una fuerza resultante equivalente y especifique el punto, medido desde *B*, donde la línea de acción de la resultante interseca el miembro *BC*.

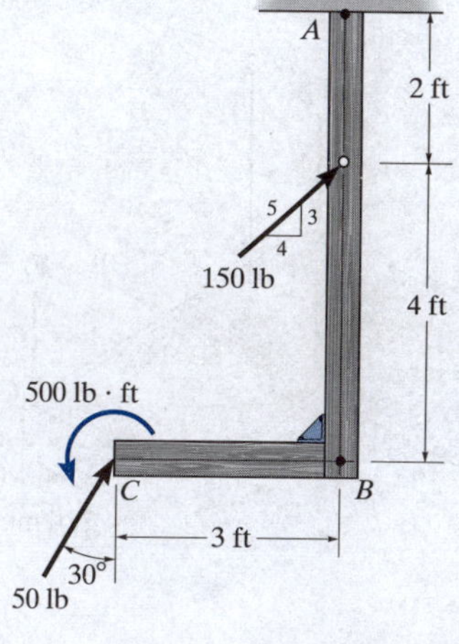

Probs. 4-125/126

4-127. Si $F_A = 7$ kN y $F_B = 5$ kN, represente el sistema de fuerzas que actúa sobre las ménsulas mediante una fuerza resultante, y especifique su ubicación sobre el plano *x-y*.

***4-128.** Determine las magnitudes de $\mathbf{F}_A$ y $\mathbf{F}_B$ de manera que la fuerza resultante pase por el punto *O* de la columna.

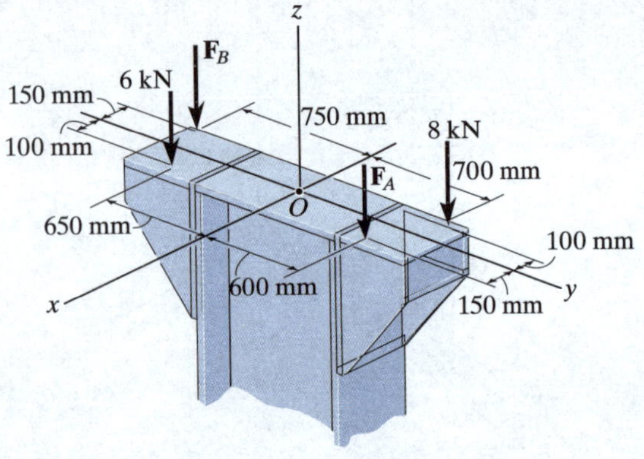

Probs. 4-127/128

4-130. La losa de construcción está sometida a cuatro cargas de columna paralelas. Determine la fuerza resultante equivalente y especifique su ubicación (*x*, *y*) sobre la losa. Considere que $F_1 = 8$ kN y $F_2 = 9$ kN.

4.131. La losa de construcción está sometida a cuatro cargas de columna paralelas. Determine $\mathbf{F}_1$ y $\mathbf{F}_2$ si la fuerza resultante actúa a través del punto (12 m, 10 m).

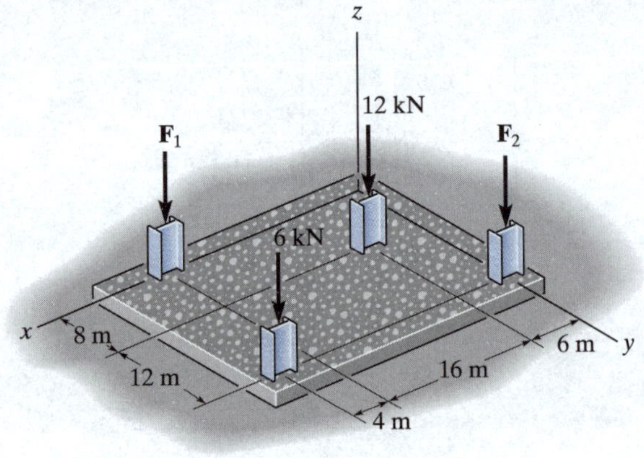

Probs. 4-130/131

4-129. El tubo soporta las cuatro fuerzas paralelas. Determine las magnitudes de las fuerzas $\mathbf{F}_C$ y $\mathbf{F}_D$ que actúan en *C* y *D*, de modo que la fuerza resultante equivalente del sistema fuerzas actúe a través del punto medio *O* del tubo.

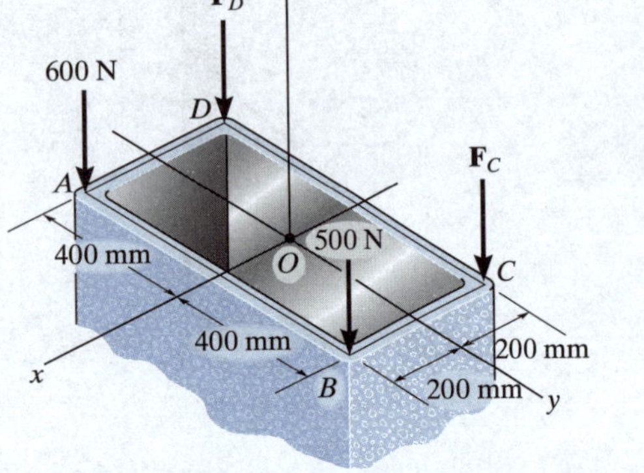

Prob. 4-129

***4-132.** Si $F_A = 40$ kN y $F_B = 35$ kN, determine la magnitud de la fuerza resultante y especifique la ubicación de su punto de aplicación (*x*, *y*) sobre la losa.

4-133. Si se requiere que la fuerza resultante actúe en el centro de la losa, determine la magnitud de las cargas de columna $\mathbf{F}_A$ y $\mathbf{F}_B$, así como la magnitud de la fuerza resultante.

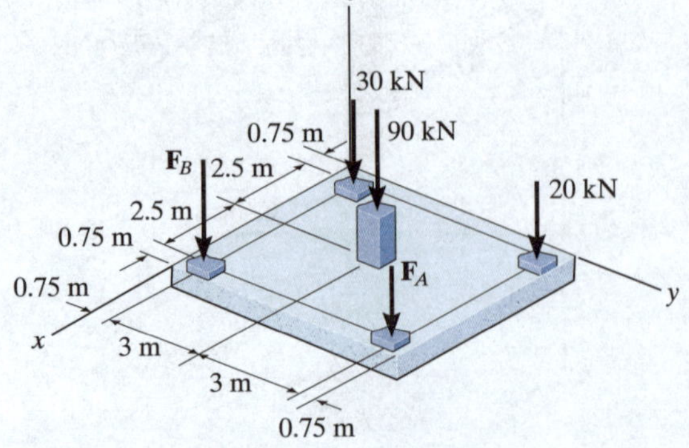

Probs. 4-132/133

4-134. Reemplace las dos llaves de torsión y la fuerza, que actúan sobre el ensamble de tubos, por una fuerza resultante y un momento de par equivalentes en el punto *O*.

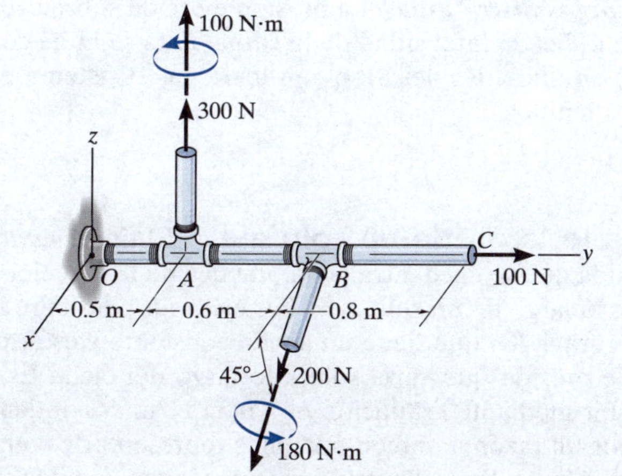

Prob. 4-134

4-135. Reemplace el sistema de fuerzas por una llave de torsión y especifique la magnitud de la fuerza y el momento de par de la llave de torsión, así como el punto donde la llave de torsión interseca el plano *x-z*.

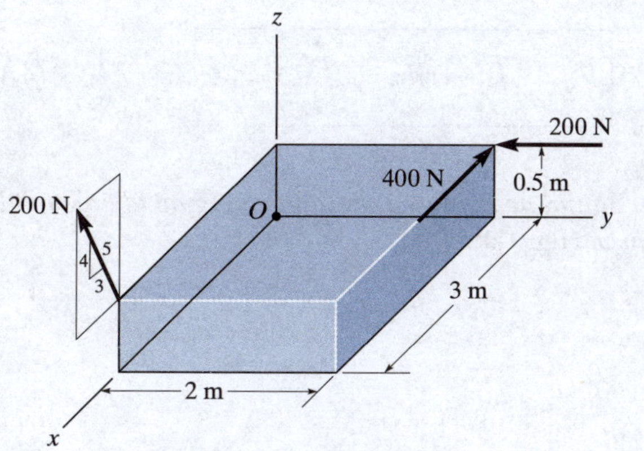

Prob. 4-135

***4-136.** Reemplace las cinco fuerzas que actúan sobre la placa por una llave de torsión. Especifique la magnitud de la fuerza y el momento de par de la llave de torsión, así como el punto $P\ (x, z)$ donde la llave de torsión interseca el plano *x-z*.

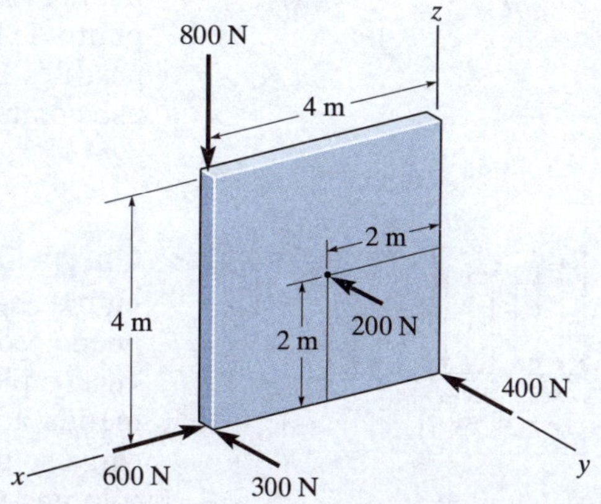

Prob. 4-136

4-137. Reemplace las tres fuerzas que actúan sobre la placa por una llave de torsión. Especifique la magnitud de la fuerza y el momento de par de la llave de torsión, así como el punto $P\ (x, y)$ donde la llave de torsión interseca la placa.

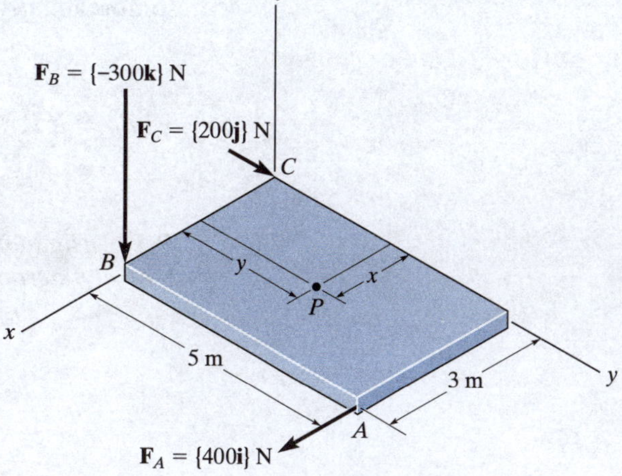

Prob. 4-137

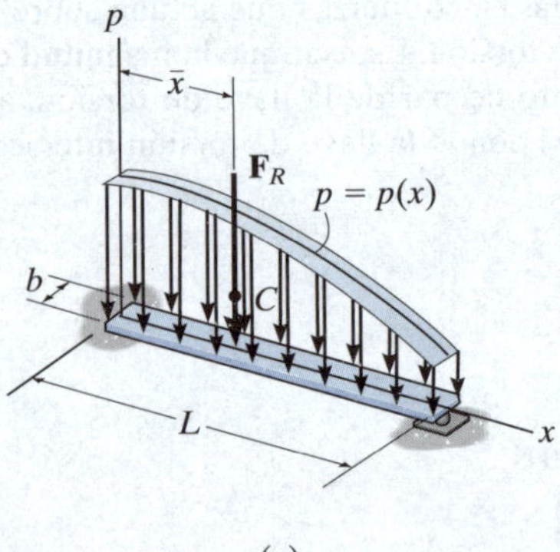

(a)

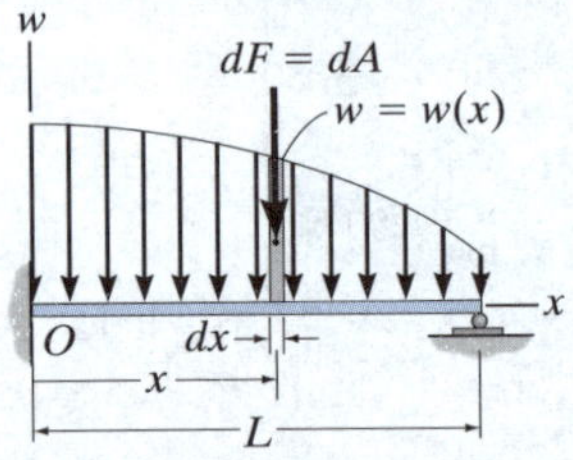

(b)

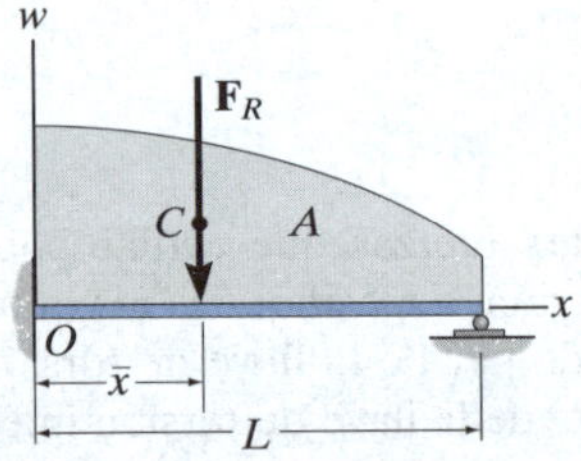

(c)

Fig. 4-48

4.9 Reducción de una carga simple distribuida

En ocasiones, un cuerpo puede estar sometido a una carga que se encuentra distribuida por toda su superficie. Por ejemplo, la presión del viento sobre la superficie de un señalamiento, la presión del agua dentro de un tanque, o el peso de la arena sobre el piso de un contenedor de almacenamiento, son todas ***cargas distribuidas***. La presión ejercida sobre cada punto de la superficie indica la intensidad de la carga. Ésta se mide con pascales Pa (o N/m^2) en unidades del SI, o con lb/ft^2 en el sistema de uso común en Estados Unidos.

Carga uniforme a lo largo de un solo eje. El tipo más común de carga distribuida que se encuentra en la práctica de la ingeniería puede representarse a lo largo de un solo eje.* Por ejemplo, considere la viga (o placa) de la figura 4-48*a* que tiene un ancho constante y está sometida a una carga de presión que varía sólo a lo largo del eje x. Esta carga se puede describir mediante la función $p = p(x)$ N/m^2 y contiene sólo una variable x; por tal razón, también podemos representarla como una *carga distribuida coplanar*. Para ello, multiplicamos la función de carga por el ancho b m de la viga, de modo que $w(x) = p(x)b$ N/m (fig. 4-48*b*). Con los métodos de la sección 4.8, podemos reemplazar este sistema de fuerzas paralelas coplanares por una sola fuerza resultante equivalente $\mathbf{F}_R$ que actúa en una ubicación específica sobre la viga (fig. 4-48*c*).

Magnitud de la fuerza resultante. A partir de la ecuación 4-17 ($F_R = \Sigma F$), la magnitud de $\mathbf{F}_R$ es equivalente a la suma de todas las fuerzas en el sistema. En este caso, debemos usar integración puesto que hay un número infinito de fuerzas paralelas $d\mathbf{F}$ que actúan sobre la viga (fig. 4-48*b*). Como $d\mathbf{F}$ actúa sobre un elemento de longitud dx, y $w(x)$ es una fuerza por unidad de longitud, entonces $dF = w(x)\,dx = dA$. En otras palabras, la magnitud de $d\mathbf{F}$ se determina a partir del *área* diferencial sombreada dA bajo la curva de carga. Para toda la longitud L,

$$+\downarrow F_R = \Sigma F; \qquad F_R = \int_L w(x)\,dx = \int_A dA = A \tag{4-19}$$

Por consiguiente, la magnitud de la fuerza resultante es igual al área total A bajo el diagrama de carga (fig. 4-48*c*).

*El caso más general de una superficie con carga que actúa sobre un cuerpo se expone en la sección 9.5.

Ubicación de la fuerza resultante. Aplicando la ecuación 4-17 ($M_{R_O} = \Sigma M_O$), la ubicación $\bar{x}$ de la línea de acción de $\mathbf{F}_R$ puede determinarse igualando los momentos de la fuerza resultante y de la distribución de fuerzas paralela con respecto al punto O (el eje y). Como $d\mathbf{F}$ produce un momento de $x\,dF = xw(x)\,dx$ con respecto a O (fig. 4-48*b*), entonces, para toda la longitud (fig. 4-48*c*),

$$\curvearrowleft + (M_R)_O = \Sigma M_O; \qquad -\bar{x}F_R = -\int_L xw(x)\,dx$$

Al despejar $\bar{x}$ de la ecuación 4-19,

$$\bar{x} = \frac{\displaystyle\int_L xw(x)\,dx}{\displaystyle\int_L w(x)\,dx} = \frac{\displaystyle\int_A x\,dA}{\displaystyle\int_A dA} \qquad (4\text{-}20)$$

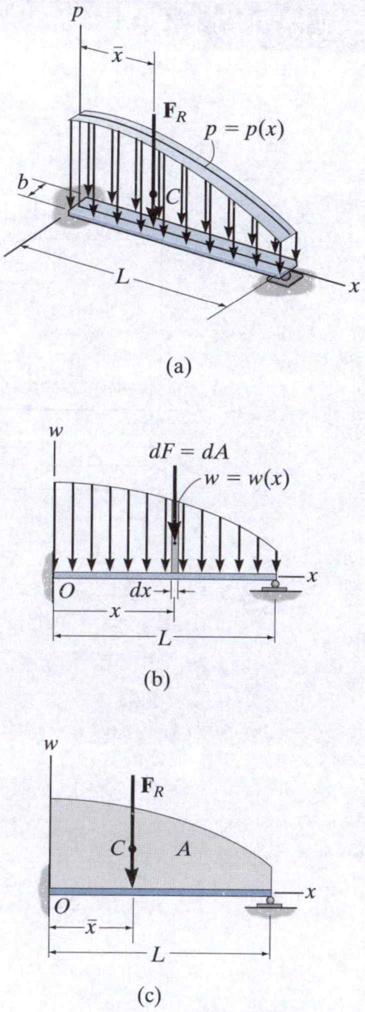

Fig. 4-48 (Repetida)

Esta coordenada $\bar{x}$ ubica el centro geométrico o ***centroide*** del área bajo la carga distribuida. *En otras palabras, la fuerza resultante tiene una línea de acción que pasa por el centroide C (centro geométrico) del área bajo el diagrama de carga* (fig. 4.48*c*). En el capítulo 9 se proporciona un tratamiento detallado de las técnicas de integración para encontrar la ubicación de los centroides de las áreas. Sin embargo, en muchos casos, el diagrama de carga distribuida tiene la forma de un rectángulo, de un triángulo o de algún otro cuerpo geométrico simple. La ubicación de los centroides para formas tan comunes no tiene que determinarse con la ecuación anterior, sino que pueden obtenerse directamente de las tablas que aparecen en los forros de este libro.

Una vez que se determina $\bar{x}$, por simetría $\mathbf{F}_R$ pasa a través del punto $(\bar{x}, 0)$ sobre la superficie de la viga (fig. 4-48*a*). *Por lo tanto, en este caso, la fuerza resultante tiene una magnitud igual al volumen bajo la curva de carga $p = p(x)$ y una línea de acción que pasa por el centroide (centro geométrico) de este volumen.*

Puntos importantes

- Las cargas distribuidas coplanares se definen con una función de carga $w = w(x)$ que indica la intensidad de la carga a lo largo de la longitud del elemento. Esta intensidad se mide en N/m o en lb/ft.
- Los efectos externos causados por una carga distribuida coplanar que actúa sobre un cuerpo pueden representarse mediante una sola fuerza resultante.
- Esta fuerza resultante es equivalente al *área* bajo el diagrama de carga, y tiene una línea de acción que pasa por el *centroide* o centro geométrico de esta área.

La pila de ladrillos crea aproximadamente una carga triangular distribuida sobre el tablón. (© Russell C. Hibbeler)

EJEMPLO 4.21

Determine la magnitud y la ubicación de la fuerza resultante equivalente que actúa sobre la flecha de la figura 4-49*a*.

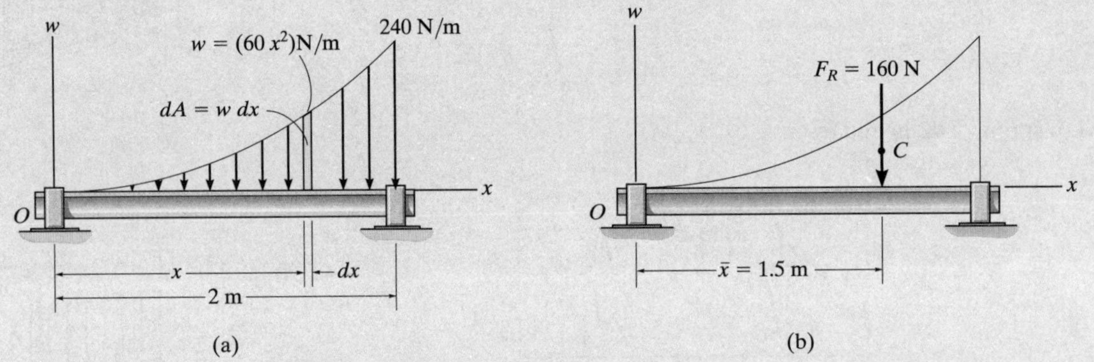

Fig. 4-49

SOLUCIÓN

Como $w = w(x)$ está dada, este problema se resolverá por integración.

El elemento diferencial tiene un área $dA = w\,dx = 60x^2\,dx$. Si se aplica la ecuación 4-19,

$$+\downarrow F_R = \Sigma F;$$

$$F_R = \int_A dA = \int_0^{2\text{ m}} 60x^2\,dx = 60\left(\frac{x^3}{3}\right)\Bigg|_0^{2\text{ m}} = 60\left(\frac{2^3}{3} - \frac{0^3}{3}\right)$$

$$= 160\text{ N}$$ *Resp.*

La ubicación $\bar{x}$ de $\mathbf{F}_R$ medida desde O (fig. 4-49*b*), se determina con la ecuación 4-20.

$$\bar{x} = \frac{\int_A x\,dA}{\int_A dA} = \frac{\int_0^{2\text{ m}} x(60x^2)\,dx}{160\text{ N}} = \frac{60\left(\frac{x^4}{4}\right)\Big|_0^{2\text{ m}}}{160\text{ N}} = \frac{60\left(\frac{2^4}{4} - \frac{0^4}{4}\right)}{160\text{ N}}$$

$$= 1.5\text{ m}$$ *Resp.*

NOTA: Estos resultados se verifican mediante la tabla que se encuentra en los forros de este libro, donde se muestra que la fórmula para un área exparabólica con longitud a, altura b y forma como la mostrada en la figura 4-49*a*, es

$$A = \frac{ab}{3} = \frac{2\text{ m}(240\text{ N/m})}{3} = 160\text{ N y } \bar{x} = \frac{3}{4}a = \frac{3}{4}(2\text{ m}) = 1.5\text{ m}$$

EJEMPLO 4.22

Una carga distribuida de $p = (800x)$ Pa actúa sobre la superficie superior de la viga que se muestra en la figura 4-50*a*. Determine la magnitud y la ubicación de la fuerza resultante equivalente.

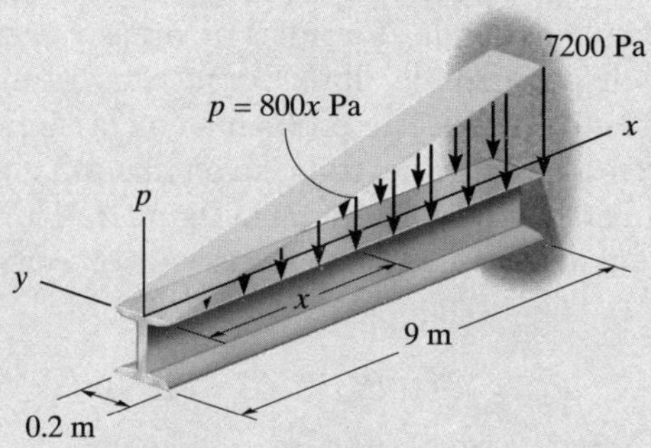

(a)

SOLUCIÓN

Como la intensidad de la carga es uniforme en todo el ancho de la viga (el eje y), la carga puede verse en dos dimensiones, como se muestra en la figura 4-50*b*. Aquí

$$w = (800x \text{ N/m}^2)(0.2 \text{ m})$$
$$= (160x) \text{ N/m}$$

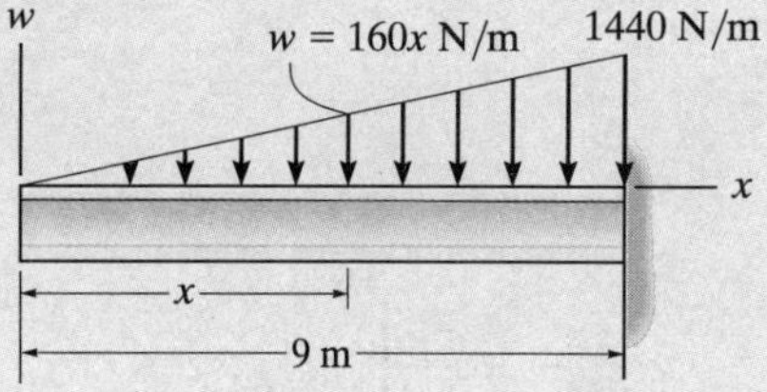

(b)

Observe que $w = 1440$ N/m en $x = 9$ m. Aunque podemos aplicar de nuevo las ecuaciones 4-19 y 4-20 como en el ejemplo anterior, es más sencillo utilizar la tabla que aparece en los forros de este libro.

La magnitud de la fuerza resultante es equivalente al área del triángulo.

$$F_R = \tfrac{1}{2}(9 \text{ m})(1440 \text{ N/m}) = 6480 \text{ N} = 6.48 \text{ kN} \qquad \textit{Resp.}$$

La línea de acción de $\mathbf{F}_R$ pasa por el *centroide C* de este triángulo. Por consiguiente,

$$\bar{x} = 9 \text{ m} - \tfrac{1}{3}(9 \text{ m}) = 6 \text{ m} \qquad \textit{Resp.}$$

Los resultados se muestran en la figura 4-50*c*.

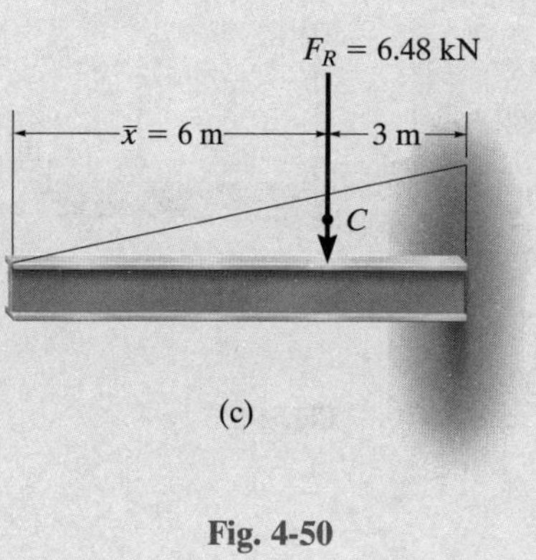

(c)

NOTA: También podemos considerar que la resultante $\mathbf{F}_R$ *actúa* a través del *centroide* del *volumen* del diagrama de carga $p = p(x)$ en la figura 4-50*a*. Por lo tanto, $\mathbf{F}_R$ corta el plano *x-y* en el punto (6 m, 0). Además, la magnitud de $\mathbf{F}_R$ es igual al volumen bajo el diagrama de carga; es decir,

$$F_R = V = \tfrac{1}{2}(7200 \text{ N/m}^2)(9 \text{ m})(0.2 \text{ m}) = 6.48 \text{ kN} \qquad \textit{Resp.}$$

Fig. 4-50

EJEMPLO 4.23

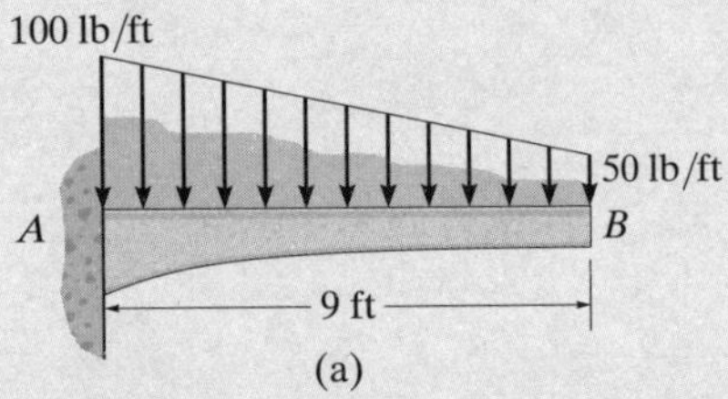

(a)

El material granular ejerce una carga distribuida sobre la viga como se muestra en la figura 4-51*a*. Determine la magnitud y la ubicación de la resultante equivalente de esta carga.

SOLUCIÓN

El área del diagrama de carga es un *trapecio* y, por ello, la solución puede obtenerse directamente con las fórmulas de áreas y centroides para un trapecio listadas en los forros del libro. Como estas fórmulas no son fáciles de recordar, resolveremos este problema con las áreas "compuestas". Para ello, dividiremos la carga del trapecio en una carga rectangular y en una carga triangular, como se ilustra en la figura 4-51*b*. La magnitud de la fuerza representada por cada una de esas cargas es igual a su área asociada,

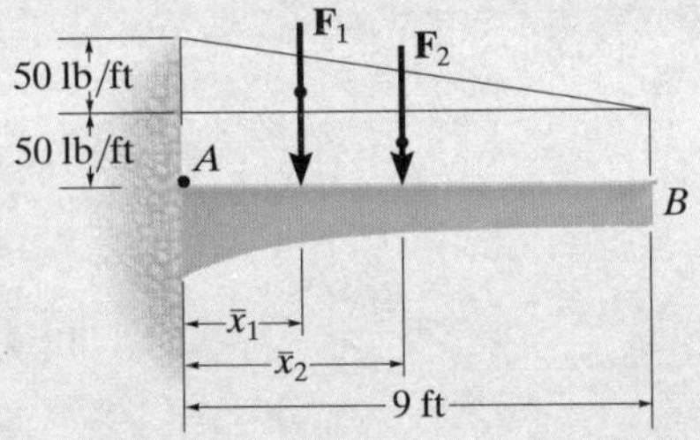

(b)

$$F_1 = \tfrac{1}{2}(9\text{ ft})(50\text{ lb/ft}) = 225\text{ lb}$$

$$F_2 = (9\text{ ft})(50\text{ lb/ft}) = 450\text{ lb}$$

Las líneas de acción de estas fuerzas paralelas actúan a través de los respectivos *centroides* de sus áreas asociadas y, por consiguiente, intersecan la viga en

$$\bar{x}_1 = \tfrac{1}{3}(9\text{ ft}) = 3\text{ ft}$$

$$\bar{x}_2 = \tfrac{1}{2}(9\text{ ft}) = 4.5\text{ ft}$$

Las dos fuerzas paralelas $\mathbf{F}_1$ y $\mathbf{F}_2$ pueden reducirse a una sola fuerza resultante $\mathbf{F}_R$. La magnitud de $\mathbf{F}_R$ es

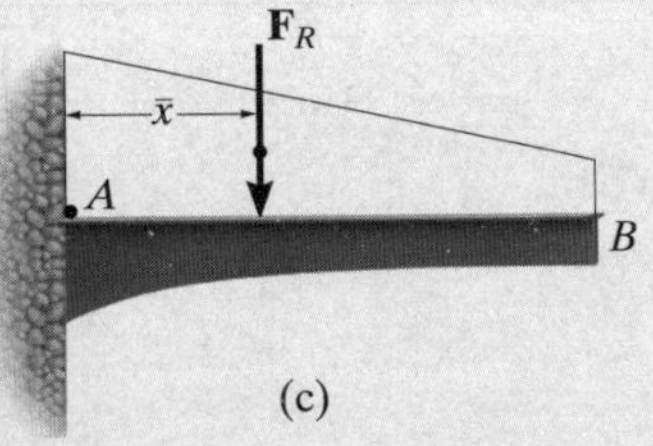

(c)

$$+\downarrow F_R = \Sigma F; \qquad F_R = 225 + 450 = 675\text{ lb} \qquad \textit{Resp.}$$

Con referencia al punto A, figuras 4-51*b* y 4-51*c*, podemos encontrar la ubicación de $\mathbf{F}_R$. Requerimos que

$$\circlearrowleft + (M_R)_A = \Sigma M_A; \quad \bar{x}(675) = 3(225) + 4.5(450)$$

$$\bar{x} = 4\text{ ft} \qquad \textit{Resp.}$$

NOTA: El área trapezoidal que se indica en la figura 4-51*a* también puede dividirse en dos áreas triangulares, como se muestra en la figura 4-51*d*. En este caso,

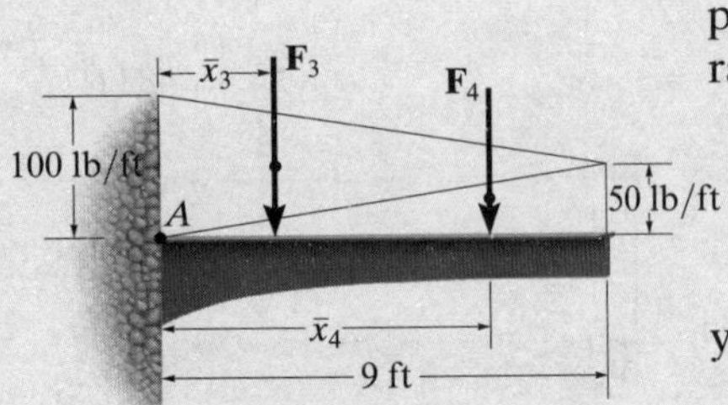

(d)

Fig. 4-51

$$F_3 = \tfrac{1}{2}(9\text{ ft})(100\text{ lb/ft}) = 450\text{ lb}$$

$$F_4 = \tfrac{1}{2}(9\text{ ft})(50\text{ lb/ft}) = 225\text{ lb}$$

y

$$\bar{x}_3 = \tfrac{1}{3}(9\text{ ft}) = 3\text{ ft}$$

$$\bar{x}_4 = 9\text{ ft} - \tfrac{1}{3}(9\text{ ft}) = 6\text{ ft}$$

Con estos resultados, se demuestra de nuevo que $F_R = 675$ lb y $\bar{x} = 4$ ft.

PROBLEMAS FUNDAMENTALES

F4-37. Determine la fuerza resultante y especifique el punto, medido desde A, donde dicha fuerza actúa sobre la viga.

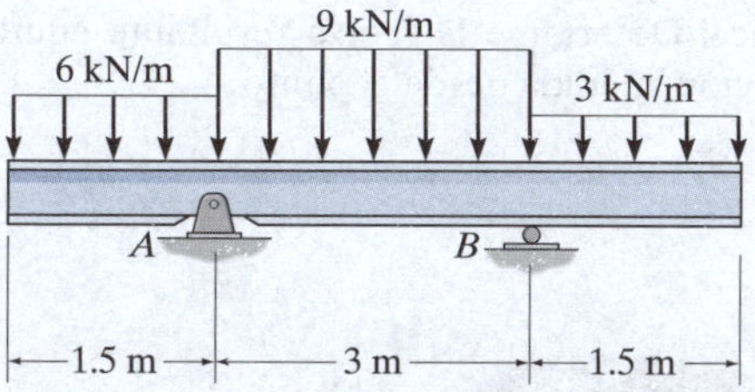

Prob. F4-37

F4-38. Determine la fuerza resultante y especifique el punto, medido desde A, donde dicha fuerza actúa sobre la viga.

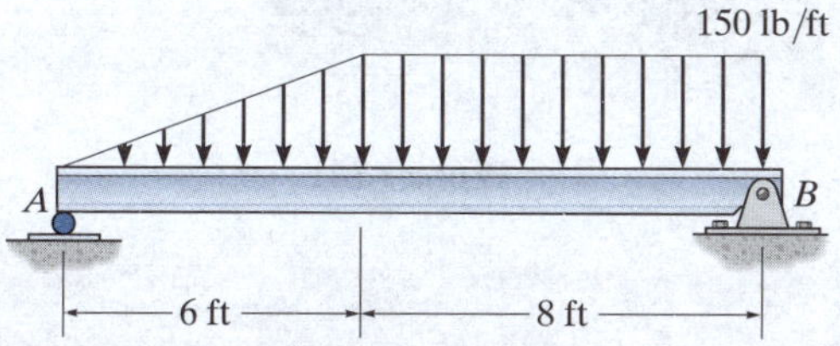

Prob. F4-38

F4-39. Determine la fuerza resultante y especifique el punto, medido desde A, donde dicha fuerza actúa sobre la viga.

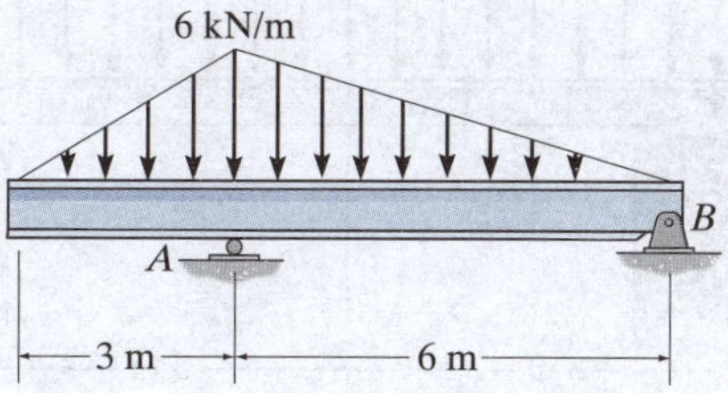

Prob. F4-39

F4-40. Determine la fuerza resultante y especifique el punto, medido desde A, donde dicha fuerza actúa sobre la viga.

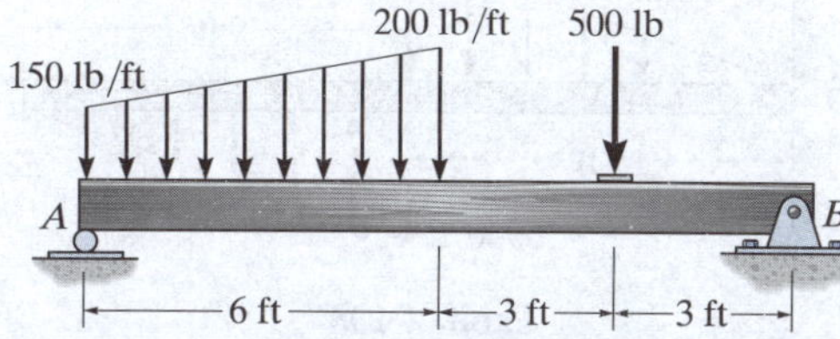

Prob. F4-40

F4-41. Determine la fuerza resultante y especifique el punto, medido desde A, donde dicha fuerza actúa sobre la viga.

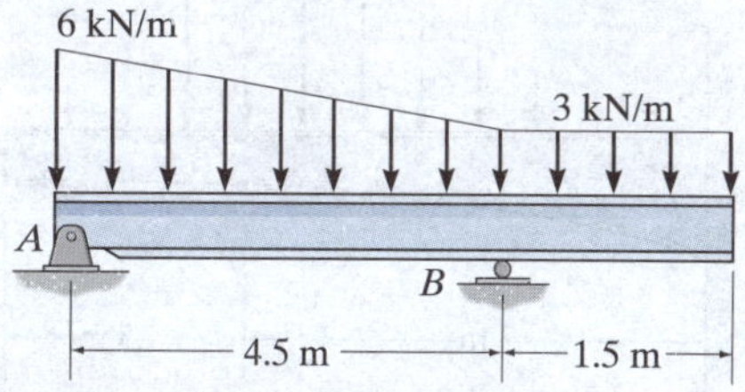

Prob. F4-41

F4-42. Determine la fuerza resultante y especifique el punto, medido desde A, donde dicha fuerza actúa sobre la viga.

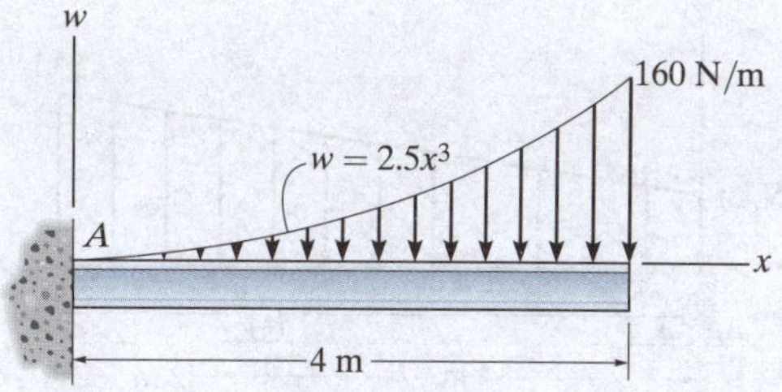

Prob. F4-42

PROBLEMAS

4-138. Reemplace la carga por una fuerza resultante y un momento de par equivalentes que actúan en el punto *O*.

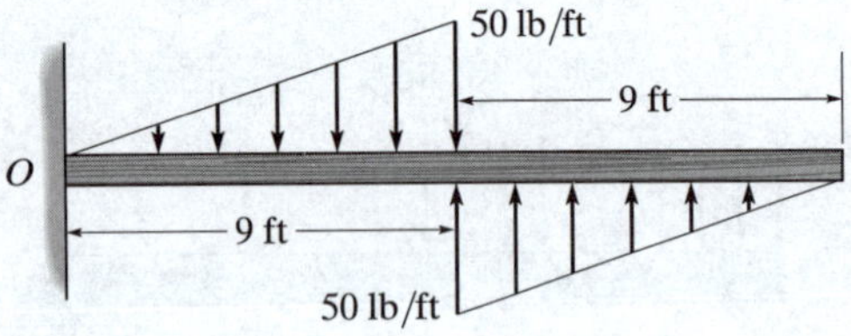

Prob. 4-138

4-139. Reemplace la carga distribuida por una fuerza resultante equivalente y especifique su ubicación sobre la viga, medida desde el punto *O*.

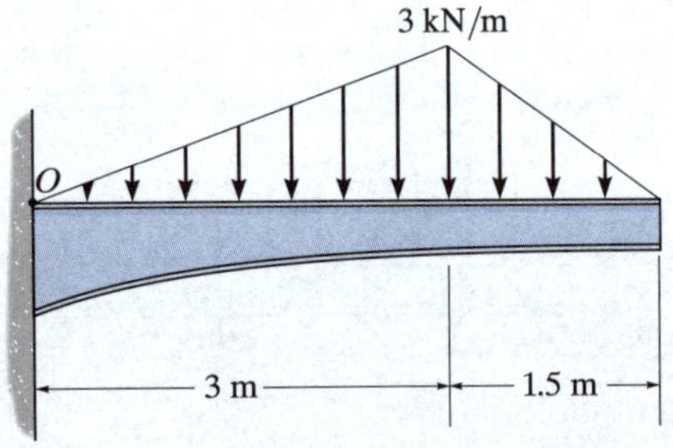

Prob. 4-139

***4-140.** Reemplace la carga por una fuerza resultante equivalente y especifique su ubicación sobre la viga, medida desde el punto *A*.

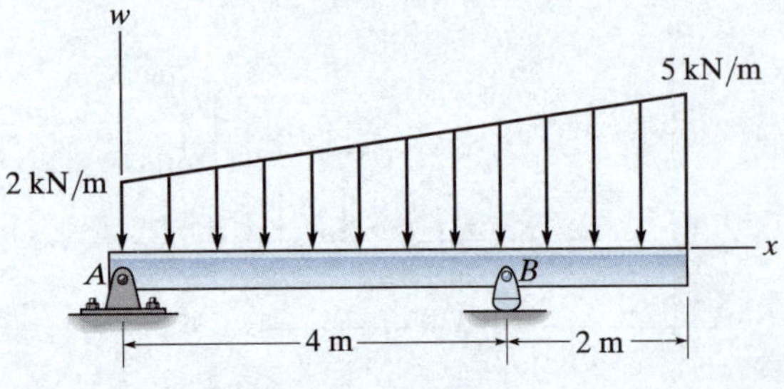

Prob. 4-140

4-141. En la actualidad, 85 por ciento de todas las lesiones en el cuello son causadas por choques de automóvil desde la parte trasera. Para aliviar este problema, se ha desarrollado una protección en los asientos del vehículo, que proporciona una presión adicional en contacto con el cráneo. Durante las pruebas dinámicas, se graficó la distribución de la carga sobre el cráneo y se demostró que ésta es parabólica. Determine la fuerza resultante equivalente y su ubicación, medida desde el punto *A*.

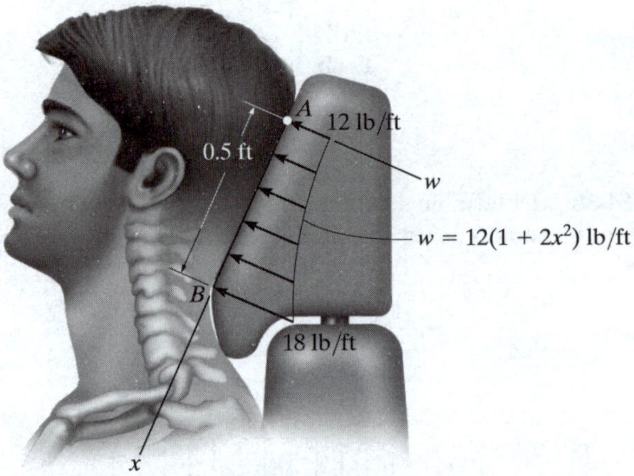

Prob. 4-141

4-142. Reemplace la carga distribuida por una fuerza resultante equivalente, y especifique su ubicación en la viga, medida desde el apoyo de perno en *A*.

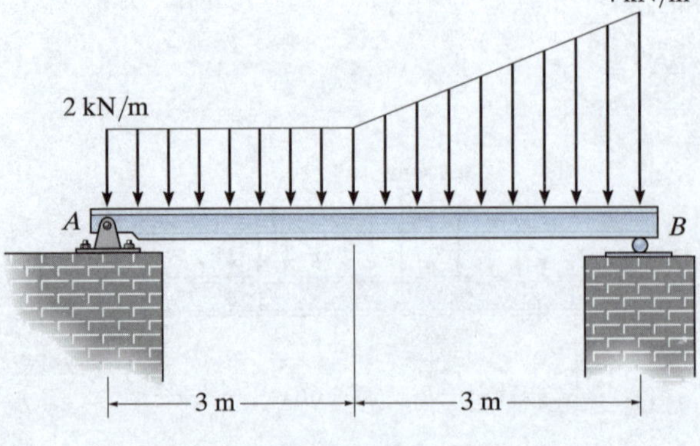

Prob. 4-142

4-143. Reemplace esta carga por una fuerza resultante equivalente y especifique su ubicación, medida desde el punto O.

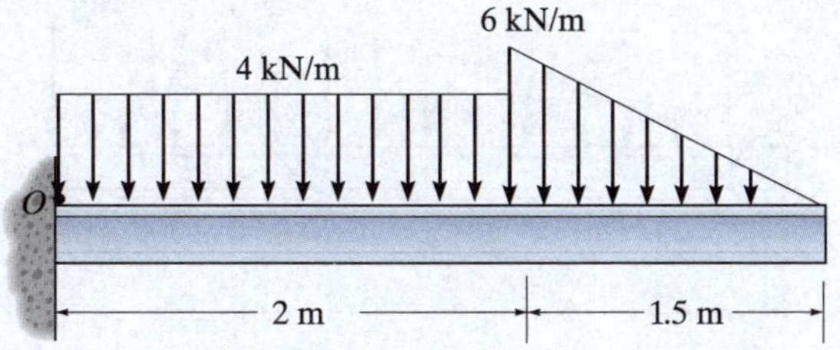

Prob. 4-143

***4-144.** En la figura se muestra la distribución de la carga del suelo sobre la parte inferior de una losa de construcción. Reemplace esta carga por una fuerza resultante equivalente y especifique su ubicación, medida desde el punto O.

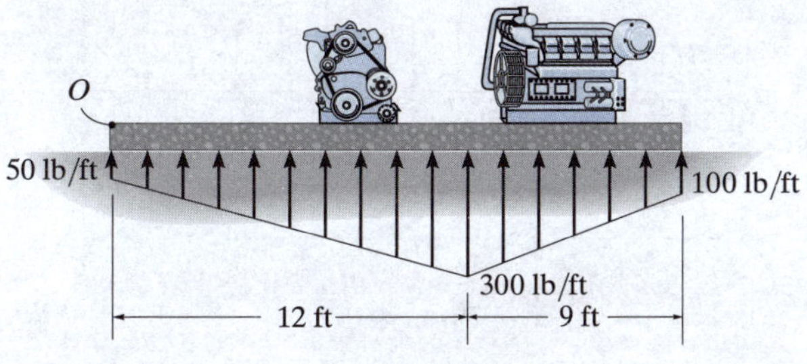

Prob. 4-144

4-145. Reemplace la carga por una fuerza resultante y un momento de par equivalentes que actúan en el punto O.

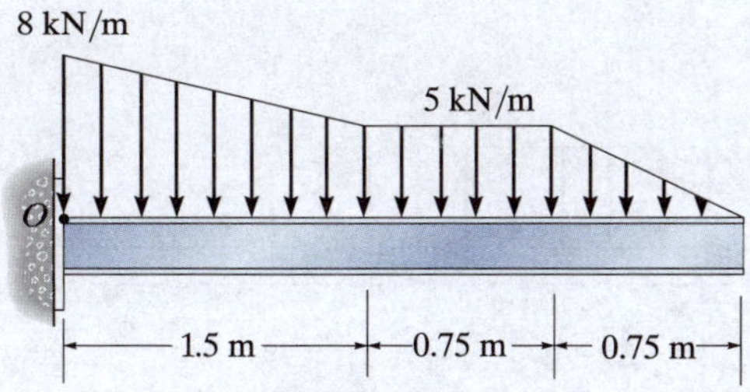

Prob. 4-145

4-146. Reemplace la carga distribuida por una fuerza resultante y un momento de par equivalentes que actúan en el punto A.

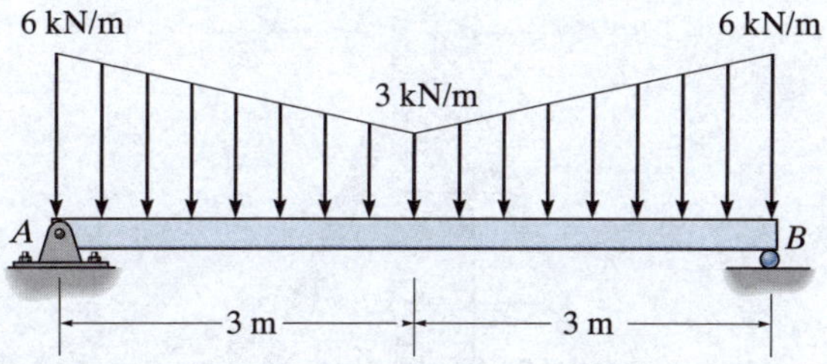

Prob. 4-146

4-147. Determine la longitud b de la carga triangular y su posición a sobre la viga, de modo que la fuerza resultante equivalente sea cero y el momento de par resultante sea de 8 kN · m en sentido horario.

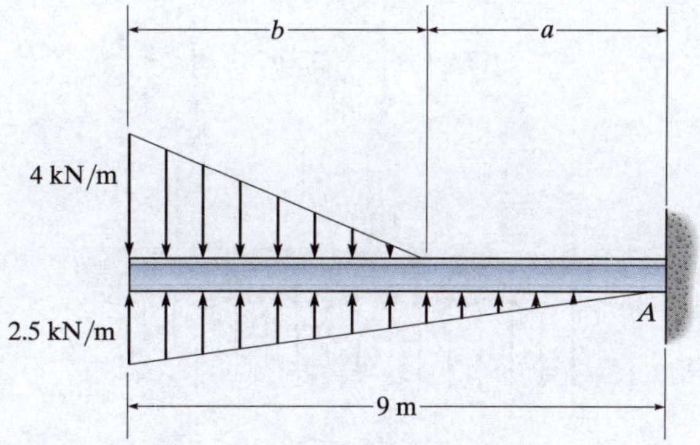

Prob. 4-147

***4-148.** La estructura se utiliza para colar un muro de concreto con un ancho de 5 m. Determine la fuerza resultante equivalente que ejerce el concreto húmedo sobre la placa AB de la estructura, si la distribución de la presión debida al concreto se puede aproximar de la manera indicada. Especifique la ubicación de la fuerza resultante, medida desde el punto B.

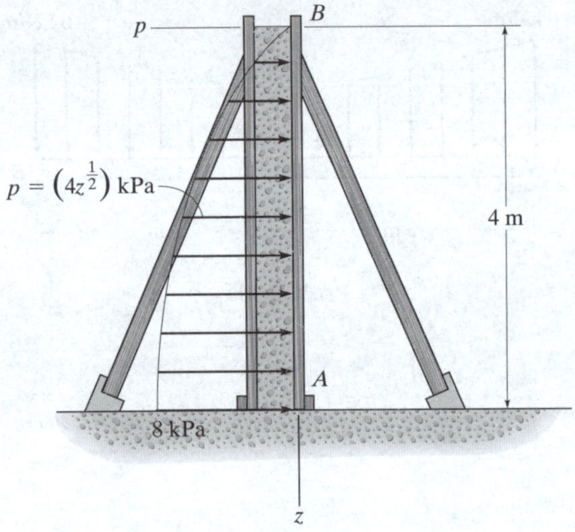

Prob. 4-148

4-149. Si el suelo ejerce una distribución de carga trapezoidal sobre la parte inferior de la zapata, determine las magnitudes w_1 y w_2 de esta distribución, necesarias para soportar las cargas de columna.

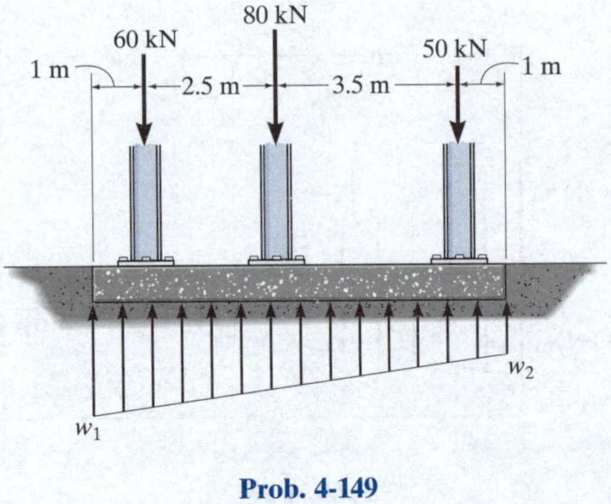

Prob. 4-149

4-150. Reemplace la carga por una fuerza y un momento de par equivalentes que actúan en el punto O.

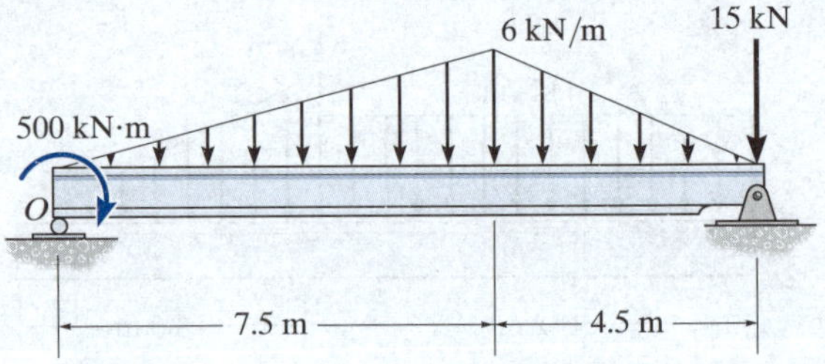

Prob. 4-150

4-151. Reemplace la carga por una sola fuerza resultante y especifique la ubicación de la fuerza medida desde el punto O.

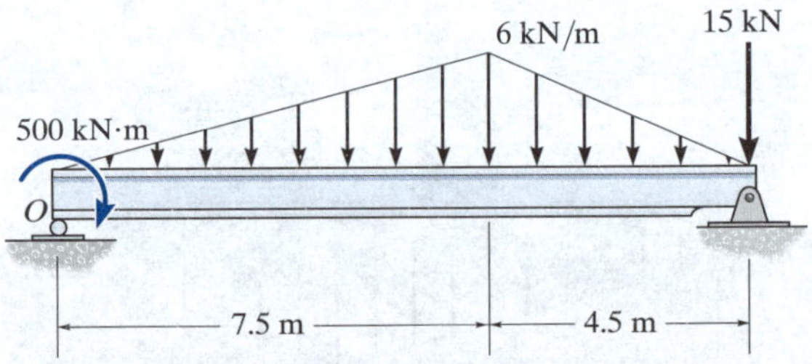

Prob. 4-151

***4-152.** Reemplace la carga por una fuerza resultante y un momento de par equivalentes que actúan en el punto A.

4-153. Reemplace la carga por una sola fuerza resultante y especifique su ubicación sobre la viga medida desde el punto A.

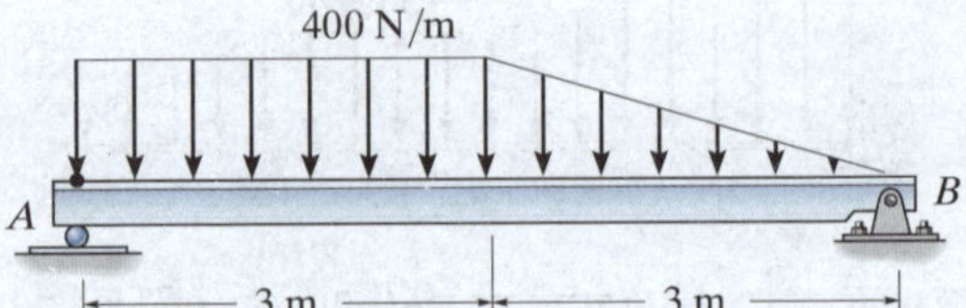

Probs. 4-152/153

4-154. Reemplace la carga distribuida por una fuerza resultante equivalente y especifique el punto, medido desde A, donde su línea de acción interseca una línea horizontal a lo largo del miembro AB.

4-155. Reemplace la carga distribuida por una fuerza resultante equivalente y especifique el punto, medido desde C, donde su línea de acción interseca una línea vertical a lo largo del miembro BC.

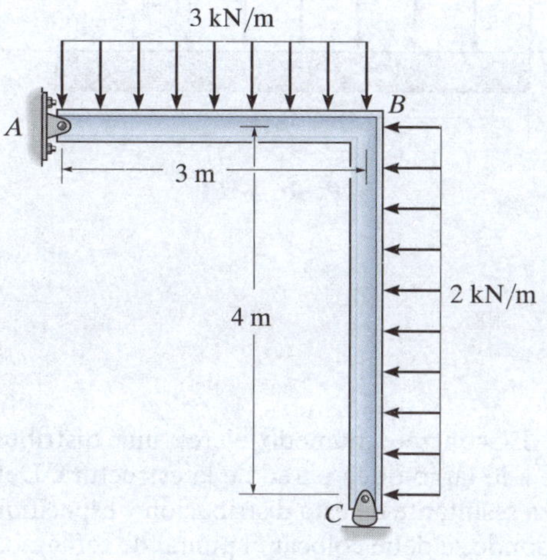

Probs. 4-154/155

***4-156.** Determine la longitud b de la carga triangular y su posición a sobre la viga, de modo que la fuerza resultante equivalente sea cero y el momento de par resultante sea de 8 kN · m en sentido horario.

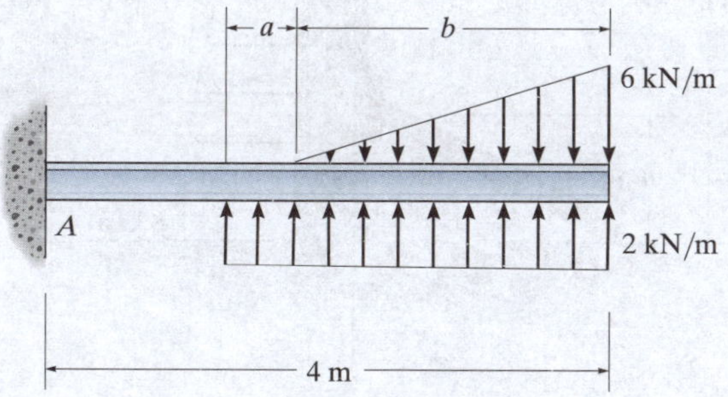

Prob. 4-156

4-157. Determine la fuerza resultante y el momento de par equivalentes en el punto O.

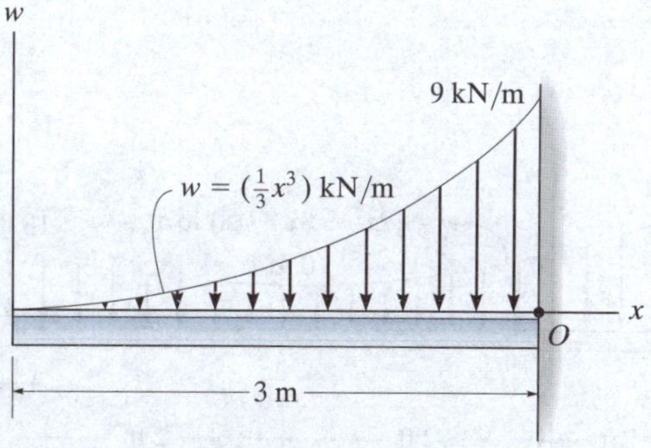

Prob. 4-157

4-158. Determine la magnitud de la fuerza resultante equivalente y su ubicación medida desde el punto O.

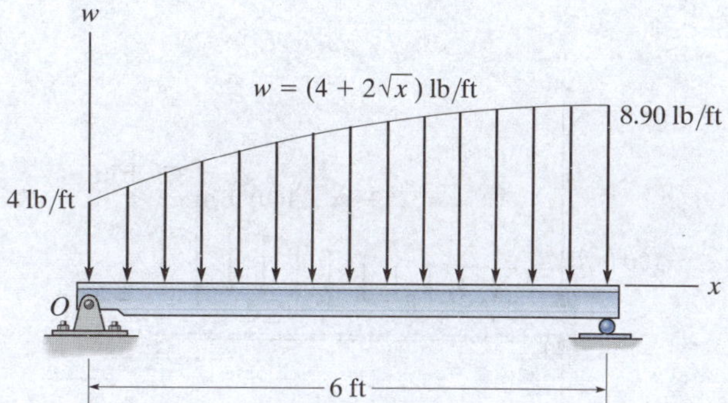

Prob. 4-158

4-159. La carga distribuida actúa sobre el eje de la manera indicada en la figura. Determine la magnitud de la fuerza resultante equivalente y especifique su ubicación, medida desde el soporte A.

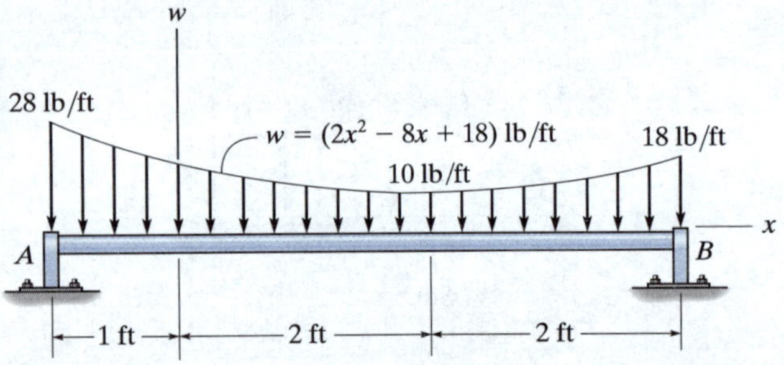

Prob. 4-159

4-161. Reemplace la carga por una fuerza resultante y un momento de par equivalentes que actúan en el punto O.

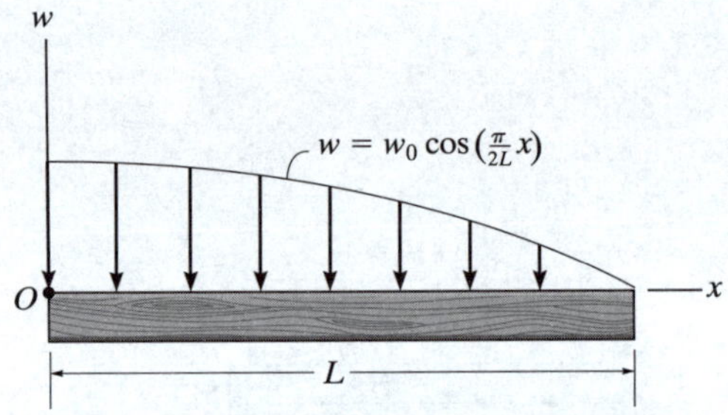

Prob. 4-161

4-162. El concreto húmedo ejerce una distribución de presión a lo largo de la pared de la estructura. Determine la fuerza resultante de esta distribución y especifique la altura h donde se debe colocar el puntal de refuerzo, de modo que se encuentre sobre la línea de acción de la fuerza resultante. La pared tiene un ancho de 5 m.

***4-160.** Reemplace la carga distribuida por una fuerza resultante equivalente y especifique su ubicación sobre la viga, medida desde el punto A.

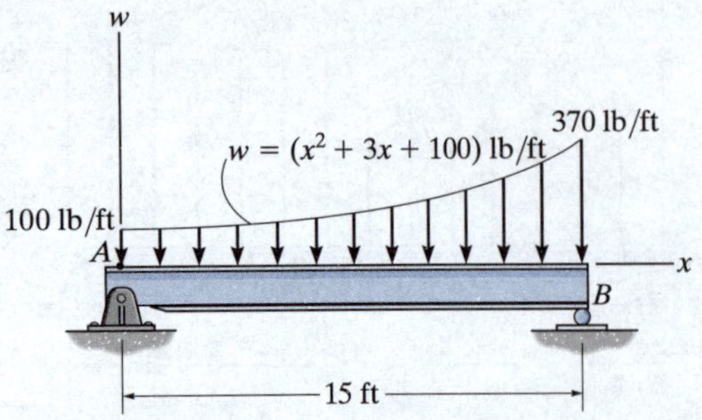

Prob. 4-160

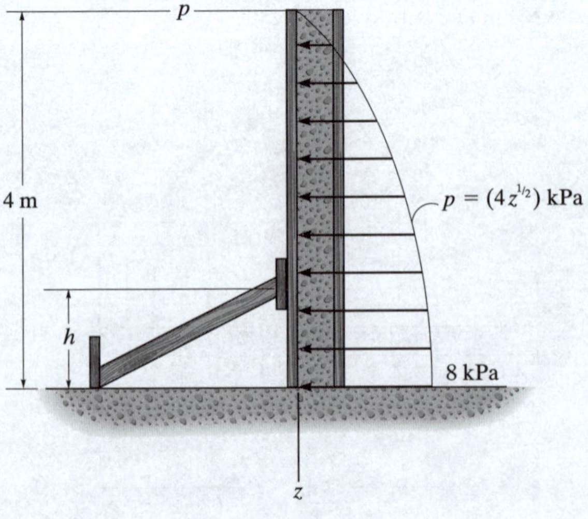

Prob. 4-162

REPASO DEL CAPÍTULO

Momento de fuerza, definición escalar

Una fuerza produce un efecto giratorio o momento con respecto a un punto O que no se encuentra sobre su línea de acción. En forma escalar, la *magnitud* del momento es el producto de la fuerza y el brazo de momento, o la distancia perpendicular desde el punto O hasta la línea de acción de la fuerza.

La *dirección* del momento se define con la regla de la mano derecha. $\mathbf{M}_O$ siempre actúa a lo largo de un eje perpendicular al plano que contiene a $\mathbf{F}$ y d, y pasa por el punto O.

$$M_O = Fd$$

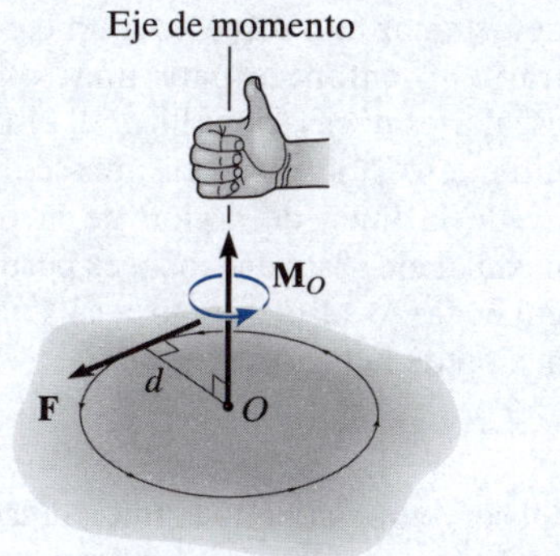

En vez de calcular d, generalmente es más fácil descomponer la fuerza en sus componentes x y y, determinar el momento de cada componente con respecto al punto y, luego, sumar los resultados. A esto se le llama principio de momentos.

$$M_O = Fd = F_x y - F_y x$$

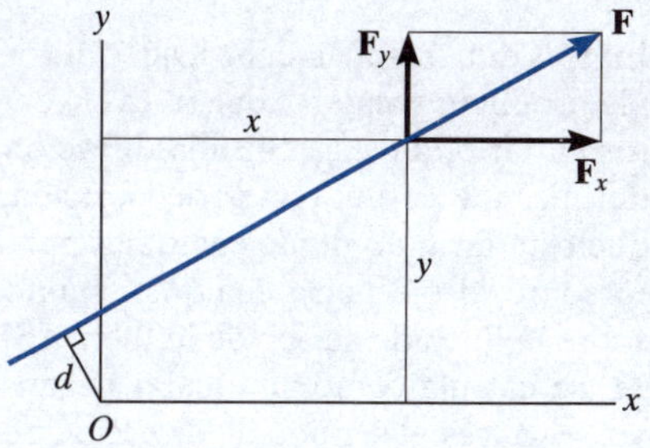

Momento de una fuerza, definición vectorial

Como, por lo general, la geometría tridimensional es más difícil de visualizar, debería usarse el producto cruz vectorial para determinar el momento. Aquí $\mathbf{M}_O = \mathbf{r} \times \mathbf{F}$, donde $\mathbf{r}$ es un vector de posición que se extiende desde el punto O hasta cualquier punto A, B o C sobre la línea de acción de $\mathbf{F}$.

$$\mathbf{M}_O = \mathbf{r}_A \times \mathbf{F} = \mathbf{r}_B \times \mathbf{F} = \mathbf{r}_C \times \mathbf{F}$$

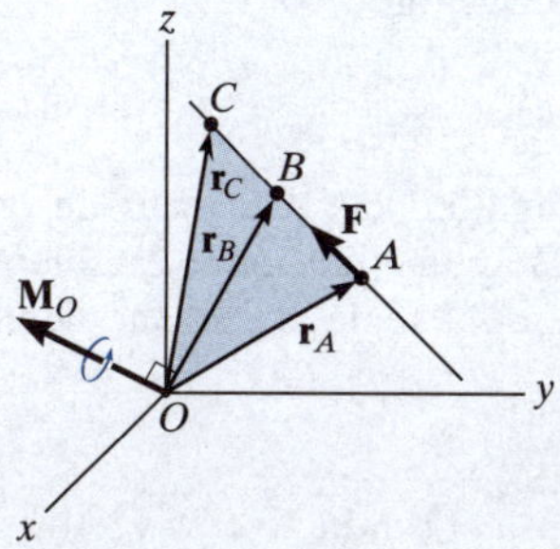

Si el vector de posición $\mathbf{r}$ y la fuerza $\mathbf{F}$ se expresan como vectores cartesianos, entonces el producto cruz se obtiene del desarrollo de un determinante.

$$\mathbf{M}_O = \mathbf{r} \times \mathbf{F} = \begin{vmatrix} \mathbf{i} & \mathbf{j} & \mathbf{k} \\ r_x & r_y & r_z \\ F_x & F_y & F_z \end{vmatrix}$$

Momento con respecto a un eje Si el momento de una fuerza **F** se debe determinar con respecto a un eje arbitrario a, entonces para una solución escalar es necesario utilizar el brazo de momento o la distancia más corta d_a desde la línea de acción de la fuerza hasta el eje. Esta distancia es perpendicular, tanto al eje como a la línea de acción de la fuerza	$M_a = Fd_a$	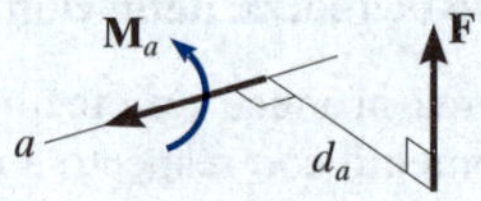
Observe que cuando la línea de acción de **F** interseca el eje, el momento de **F** con respecto al eje es igual a cero. Además, cuando la línea de acción de **F** es paralela al eje, el momento de **F** con respecto al eje es igual a cero.		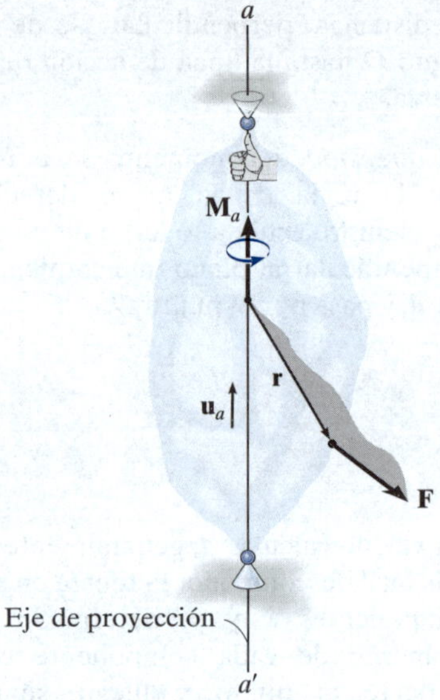
En tres dimensiones, debe usarse el triple producto escalar. Aquí, $\mathbf{u}_a$ es el vector unitario que especifica la dirección del eje, y **r** es un vector de posición, que está dirigido desde cualquier punto sobre el eje hacia cualquier punto sobre la línea de acción de la fuerza. Si M_a se calcula como un escalar negativo, entonces el sentido de dirección de $\mathbf{M}_a$ es opuesto a $\mathbf{u}_a$.	$M_a = \mathbf{u}_a \cdot (\mathbf{r} \times \mathbf{F}) = \begin{vmatrix} u_{a_x} & u_{a_y} & u_{a_z} \\ r_x & r_y & r_z \\ F_x & F_y & F_z \end{vmatrix}$	
Momento de par Un par consta de dos fuerzas iguales pero opuestas que actúan separadas por una distancia perpendicular d. Los pares tienden a producir una rotación sin translación.		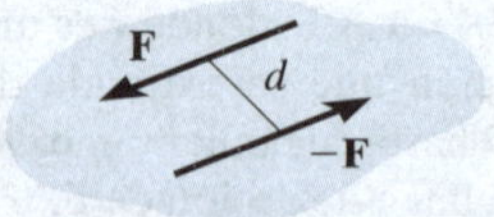
La magnitud del momento de par es $M = Fd$, y su dirección se establece por medio de la regla de la mano derecha.	$M = Fd$	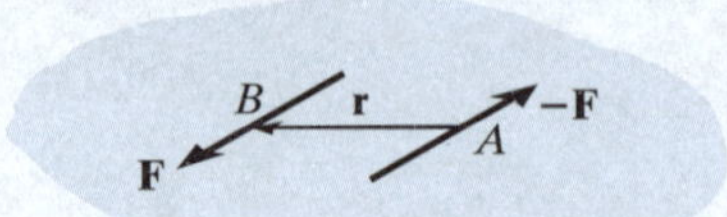
Si se usa el producto cruz vectorial para determinar el momento de par, entonces **r** se extiende desde cualquier punto sobre la línea de acción de una de las fuerzas, hacia cualquier punto sobre la línea de acción de la otra fuerza **F** que se utiliza en el producto cruz.	$\mathbf{M} = \mathbf{r} \times \mathbf{F}$	

Simplificación de un sistema de fuerza y par

Cualquier sistema de fuerzas y pares puede reducirse a una sola fuerza resultante y a un momento de par resultante que actúan en un punto. La fuerza resultante es la suma de todas las fuerzas presentes en el sistema, $\mathbf{F}_R = \Sigma\mathbf{F}$, y el momento de par resultante es igual a la suma de todos los momentos de las fuerzas con respecto al punto y todos los momentos de par. $\mathbf{M}_{R_O} = \Sigma\mathbf{M}_O + \Sigma\mathbf{M}$.

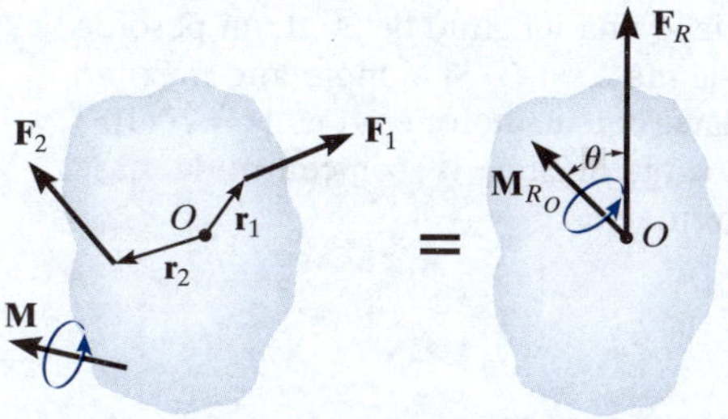

Una simplificación adicional a una sola fuerza resultante es posible siempre que el sistema de fuerzas sea concurrente, coplanar o paralelo. Para encontrar la ubicación de la fuerza resultante desde un punto, es necesario igualar el momento de la fuerza resultante con respecto al punto, al momento de las fuerzas y pares presentes en el sistema con respecto al mismo punto.

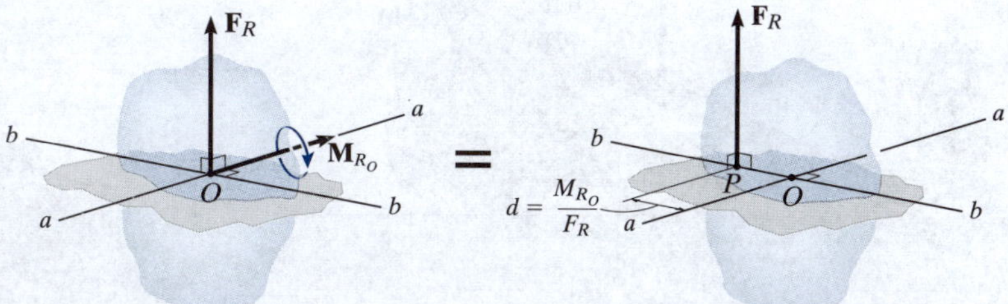

Si la fuerza y el momento de par resultantes no son perpendiculares entre sí, entonces este sistema se puede reducir a una llave de torsión, la cual consta de la fuerza resultante y un momento de par colineales.

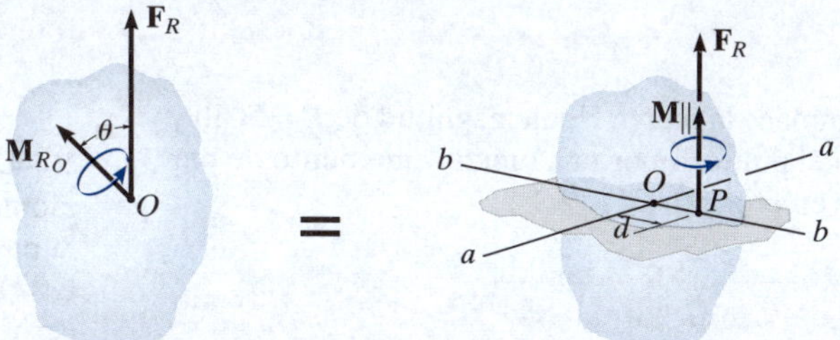

Carga distribuida coplanar

Una carga distribuida simple puede representarse mediante su fuerza resultante, la cual es equivalente al *área* bajo la curva de carga. Esta resultante tiene una línea de acción que pasa por el *centroide* o centro geométrico del área o el volumen bajo el diagrama de carga.

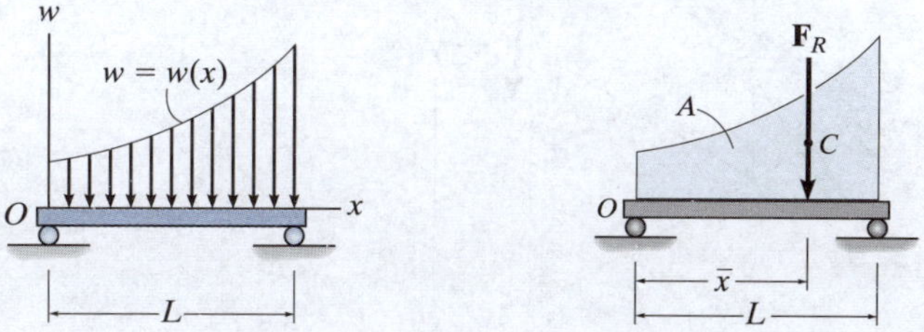

PROBLEMAS DE REPASO

R4-1. El aguilón tiene una longitud de 30 ft, un peso de 800 lb y un centro de masa en G. Si el momento máximo que puede desarrollarse con un motor en A es $M = 20(10^3)$ lb · ft, determine la carga máxima W, con centro de masa en G', que puede levantarse.

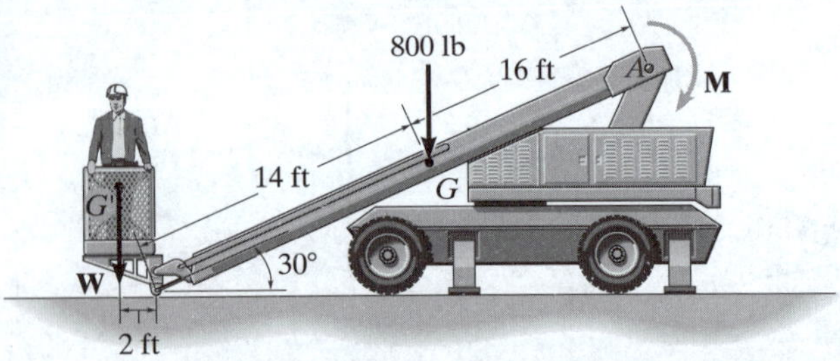

Prob. R4-1

R4-2. Reemplace la fuerza **F** con magnitud de $F = 50$ lb y que actúa en el punto A por una fuerza y momento de par equivalentes en el punto C.

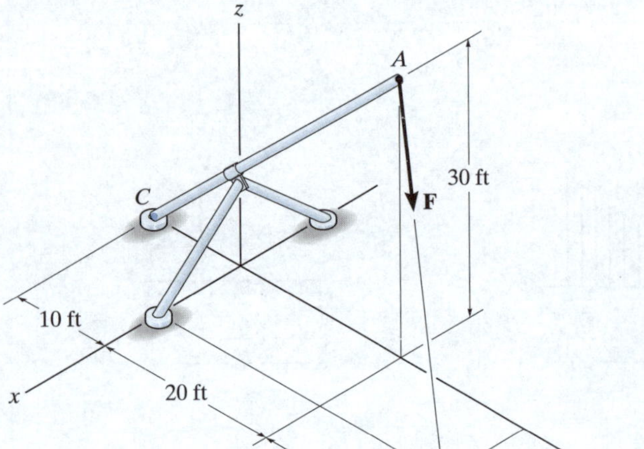

Prob. R4-2

R4-3. El cofre del automóvil se sostiene mediante el puntal AB, que ejerce una fuerza de $F = 24$ lb sobre el cofre. Determine el momento de esta fuerza sobre el eje articulado y.

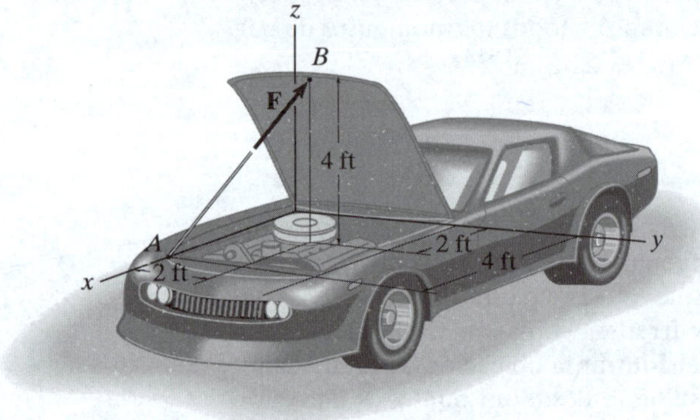

Prob. R4-3

R4-4. La fricción sobre la superficie del concreto crea un momento de par de $M_O = 100$ N · m sobre las cuchillas de la paleta. Determine la magnitud de las fuerzas de par tales que el momento de par resultante sobre la paleta sea cero. Las fuerzas se encuentran en el plano horizontal y actúan en forma perpendicular al mango de la paleta.

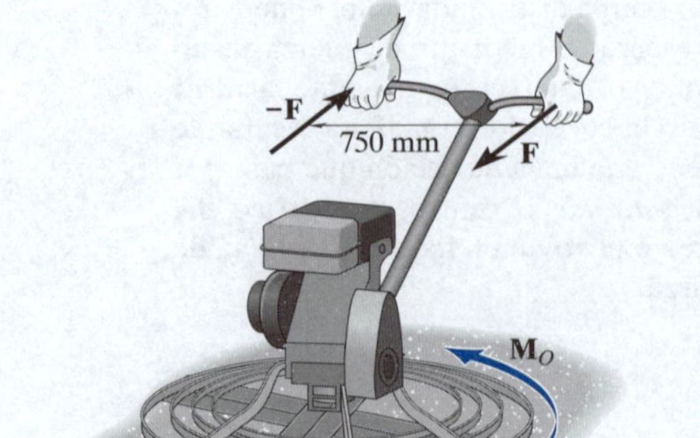

Prob. R4-4

R4-5. Reemplace el sistema de fuerzas y par por una fuerza y un momento de par equivalentes en el punto P.

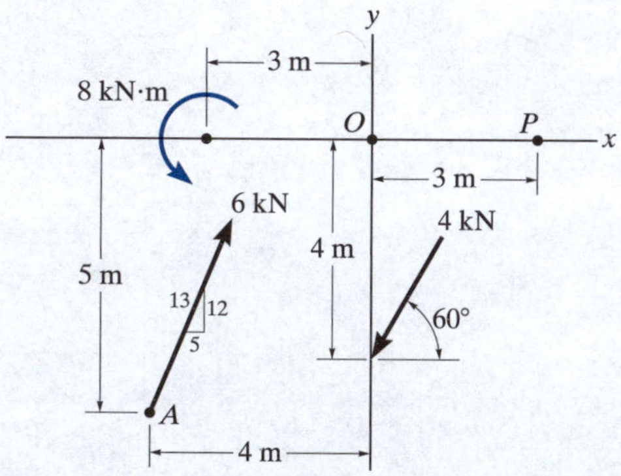

Prob. R4-5

R4-6. Reemplace el sistema de fuerzas que actúa sobre el bastidor por una fuerza resultante, y especifique el punto, medido desde el punto A, donde su línea de acción interseca el miembro AB.

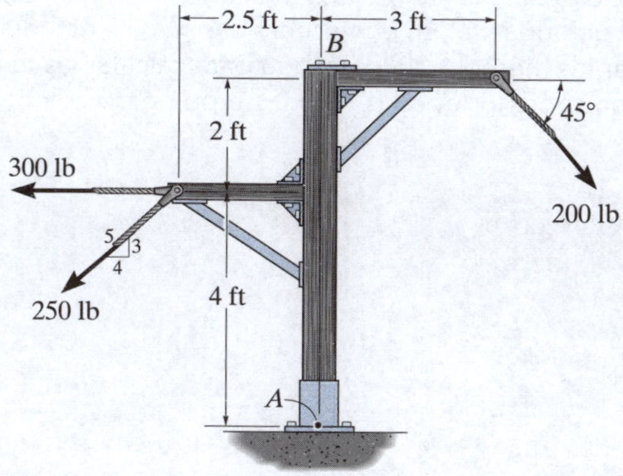

Prob. R4-6

R4-7. La losa de construcción está sometida a cuatro cargas de columna paralelas. Determine la fuerza resultante equivalente y especifique su ubicación (x, y) sobre la losa. Considere que $F_1 = 30$ kN, $F_2 = 40$ kN.

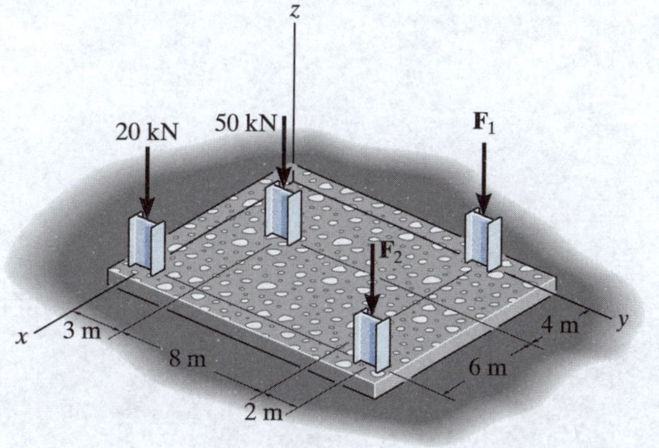

Prob. R4-7

R4-8. Reemplace la carga distribuida por una fuerza resultante equivalente y especifique su ubicación en la viga, medida desde el apoyo de pasador en C.

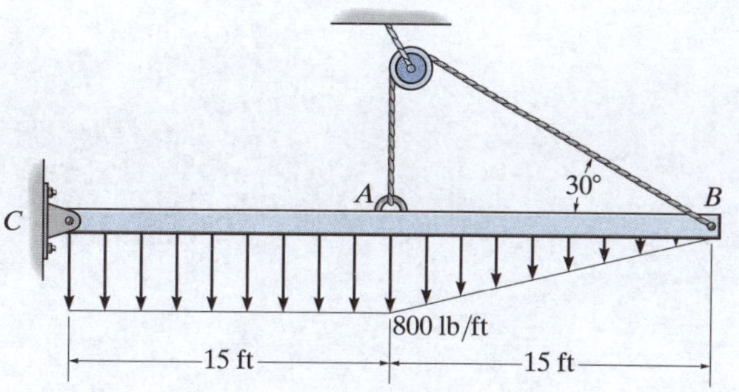

Prob. R4-8

Capítulo 5

(© YuryZap/Shutterstock)

Es importante tener la capacidad de determinar las fuerzas en los cables usados para sostener este aguilón, con la finalidad de asegurarse que no falle. En el presente capítulo se estudiará la forma de aplicar los métodos de equilibrio para calcular las fuerzas que actúan sobre los apoyos de un cuerpo rígido como éste.

Equilibrio de un cuerpo rígido

OBJETIVOS DEL CAPÍTULO

- Desarrollar las ecuaciones de equilibrio para un cuerpo rígido.
- Presentar el concepto de diagrama de cuerpo libre para un cuerpo rígido.
- Mostrar cómo resolver problemas de equilibrio de cuerpos rígidos mediante las ecuaciones de equilibrio.

5.1 Condiciones para el equilibrio de un cuerpo rígido

En esta sección desarrollaremos las condiciones necesarias y suficientes para lograr el equilibrio del cuerpo rígido que se muestra en la figura 5-1*a*. Como se indica, este cuerpo está sometido a un sistema de fuerzas externas y momentos de par que es el resultado de los efectos de fuerzas gravitacionales, eléctricas, magnéticas o de contacto causadas por cuerpos adyacentes. Las fuerzas internas causadas por interacciones entre partículas dentro del cuerpo no se muestran en la figura, porque estas fuerzas ocurren en pares colineales iguales pero opuestos y, por consiguiente, se cancelarán, lo cual es una consecuencia de la tercera ley de Newton.

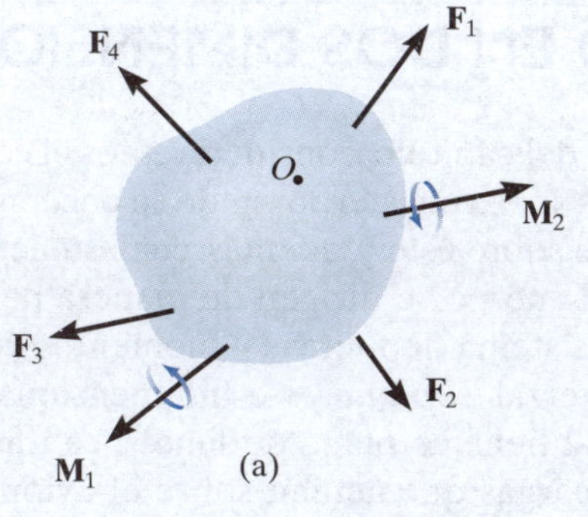

(a)

Fig. 5-1

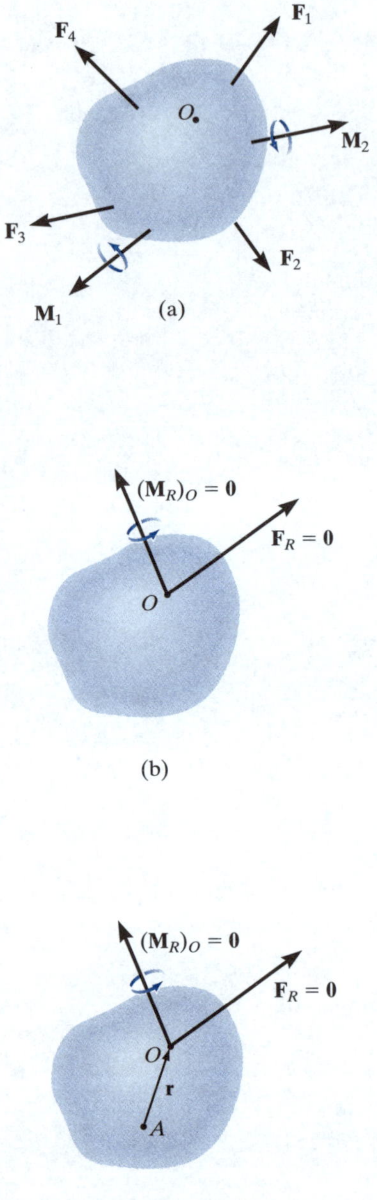

Fig. 5-1 (cont.)

Si utilizamos los métodos del capítulo anterior, el sistema de fuerzas y momentos de par que actúan sobre un cuerpo puede reducirse a una fuerza resultante y un momento de par equivalentes, en cualquier punto arbitrario O sobre el cuerpo o fuera de él (fig. 5-1*b*). Si tanto la fuerza como el momento de par resultantes son iguales a cero, entonces se dice que el cuerpo está en ***equilibrio***. En forma matemática, el equilibrio de un cuerpo se expresa como

$$\mathbf{F}_R = \Sigma \mathbf{F} = \mathbf{0}$$
$$(\mathbf{M}_R)_O = \Sigma \mathbf{M}_O = \mathbf{0} \tag{5-1}$$

La primera de esas ecuaciones establece que la suma de las fuerzas que actúan sobre el cuerpo es igual a *cero*. La segunda ecuación establece que la suma de los momentos de todas las fuerzas en el sistema con respecto al punto O —añadida a todos los momentos de par— es igual a *cero*. Estas dos ecuaciones no sólo son necesarias para el equilibrio, sino que también son suficientes. Para demostrarlo, considere la sumatoria de los momentos con respecto a algún otro punto, como el punto A de la figura 5-1*c*. Necesitamos

$$\Sigma \mathbf{M}_A = \mathbf{r} \times \mathbf{F}_R + (\mathbf{M}_R)_O = \mathbf{0}$$

Como $\mathbf{r} \neq \mathbf{0}$, esta ecuación se cumple tan sólo si se satisfacen las ecuaciones 5-1, a saber, $\mathbf{F}_R = \mathbf{0}$ y $(\mathbf{M}_R)_O = \mathbf{0}$.

Cuando se apliquen las ecuaciones de equilibrio, supondremos que el cuerpo permanece rígido. Sin embargo, en realidad todos los cuerpos se deforman cuando están sometidos a cargas. Aunque éste sea el caso, la mayoría de los materiales de ingeniería como el acero y el concreto son muy rígidos, por lo que su deformación suele ser muy pequeña. Por lo tanto, al aplicar las ecuaciones de equilibrio, podemos suponer de manera general que el cuerpo permanecerá *rígido*, y *no se deformará* bajo la carga aplicada sin introducir ningún error significativo. De esta forma, la dirección de las fuerzas aplicadas, y sus brazos de momento con respecto a una referencia fija, permanecen iguales antes y después de cargar el cuerpo.

EQUILIBRIO EN DOS DIMENSIONES

En la primera parte del capítulo, consideraremos el caso donde el sistema de fuerzas que actúa sobre un cuerpo rígido se encuentra en un *solo* plano o puede proyectarse sobre éste y, además, cualesquiera momentos de par que actúen sobre el cuerpo se dirigen de manera perpendicular a dicho plano. Este tipo de sistema de fuerzas y momentos de par suele denominarse sistema de fuerzas *coplanares* o bidimensionales. Por ejemplo, el avión de la figura 5-2 tiene un plano de simetría a través de su eje central y, por lo tanto, las cargas que actúan sobre el avión son simétricas con respecto a ese plano. Así, cada uno de los dos neumáticos de las alas soportará la misma carga $\mathbf{T}$, lo cual se representa en la vista lateral (bidimensional) del avión como $2\mathbf{T}$.

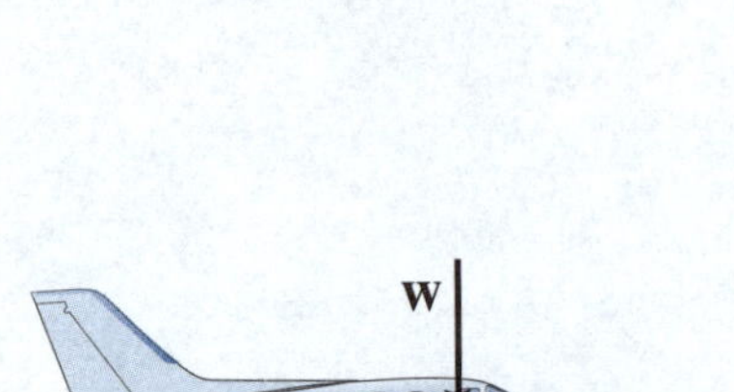

Fig. 5-2

5.2 Diagramas de cuerpo libre

La aplicación exitosa de las ecuaciones de equilibrio requiere de una especificación completa de *todas* las fuerzas externas conocidas y desconocidas que actúan *sobre* un cuerpo. La mejor forma de tomar en cuenta esas fuerzas consiste en trazar el ***diagrama de cuerpo libre***, es decir, un bosquejo del contorno o silueta del cuerpo, el cual lo representa *aislado* o "libre" de su entorno, esto es, un "cuerpo libre". Sobre este bosquejo es necesario mostrar *todas* las fuerzas y los momentos de par que ejerce el entorno *sobre el cuerpo* en la ubicación y dirección correspondientes, de manera que cuando se apliquen las ecuaciones de equilibrio se puedan tener en cuenta esos efectos. *Para resolver problemas en mecánica, es de primordial importancia lograr un entendimiento integral de cómo trazar un diagrama de cuerpo libre.*

Reacciones en soportes. Antes de presentar un procedimiento formal sobre cómo trazar un diagrama de cuerpo libre, primero consideraremos los diversos tipos de reacciones que ocurren en soportes y puntos de contacto entre cuerpos sometidos a sistemas coplanares de fuerza. Como regla general,

- Un soporte evita la traslación de un cuerpo en una dirección dada, al ejercer una fuerza sobre el cuerpo en la dirección opuesta.
- Un soporte evita la rotación de un cuerpo en una dirección dada, al ejercer un momento de par sobre el cuerpo en la dirección opuesta.

Por ejemplo, consideremos tres maneras en que un elemento horizontal, como una viga, está soportado en su extremo. Un método es por medio de un *rodillo* o cilindro (fig. 5-3*a*). Como tal soporte sólo evita que la viga se *traslade* en dirección vertical, el rodillo puede ejercer una *fuerza* sobre la viga únicamente en esta dirección (fig. 5-3*b*).

La viga puede soportarse de una forma más restrictiva con un *pasador*, como se muestra en la figura 5-3*c*. El pasador liso atraviesa un orificio ubicado en la viga y en dos placas que están fijas al suelo. Aquí, el pasador puede evitar la *traslación* de la viga en *cualquier dirección* ϕ (fig. 5-3*d*), por lo que debe ejercer una *fuerza* **F** sobre la viga en la dirección opuesta. Por lo general, para fines de análisis es más sencillo representar esta fuerza resultante **F** por medio de sus dos componentes rectangulares $\mathbf{F}_x$ y $\mathbf{F}_y$ (fig. 5-3*e*). Si se conocen F_x y F_y, entonces se pueden calcular F y ϕ.

La forma más restrictiva de soportar la viga sería con un *soporte fijo*, como se indica en la figura 5-3*f*. Este soporte impedirá la *traslación y la rotación* de la viga. Para ello deben desarrollarse una *fuerza y un momento de par* sobre la viga en su punto de conexión (fig. 5-3*g*). Como en el caso del pasador, la fuerza se suele representar mediante sus componentes rectangulares $\mathbf{F}_x$ y $\mathbf{F}_y$.

En la tabla 5-1 se presentan otros tipos comunes de soportes para cuerpos sometidos a sistemas de fuerzas coplanares. (En todos los casos, se supone que se conoce el ángulo θ). Estudie cuidadosamente cada uno de los símbolos usados para representar esos soportes y los tipos de reacciones que éstos ejercen sobre sus elementos en contacto.

5

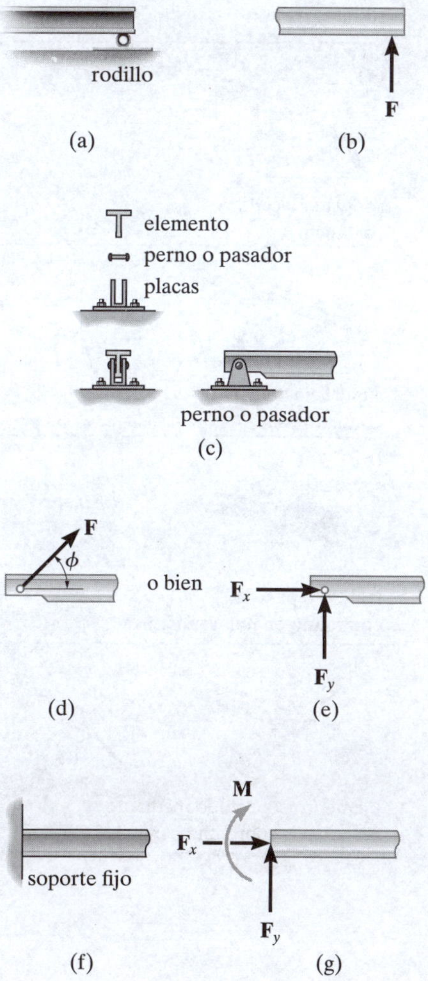

Fig. 5-3

TABLA 5-1 Soportes para cuerpos rígidos sometidos a sistemas de fuerzas bidimensionales

Tipos de conexión	Reacción	Número de incógnitas
(1) 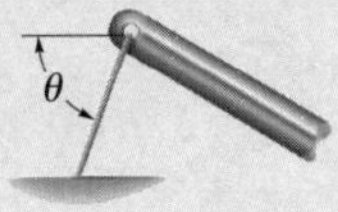 cable	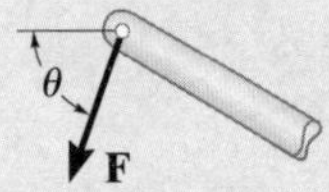	Una incógnita. La reacción es una fuerza de tensión que actúa alejándose del elemento en la dirección del cable.
(2) 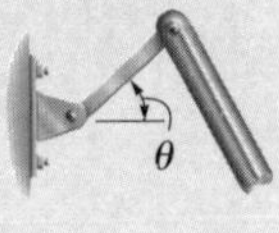 eslabón sin peso	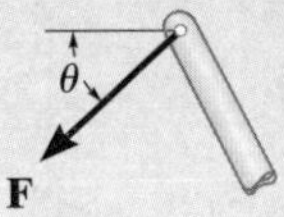 o bien 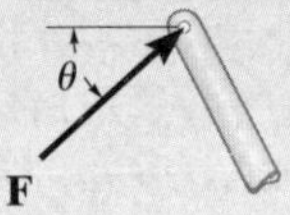	Una incógnita. La reacción es una fuerza que actúa a lo largo del eje del eslabón.
(3) 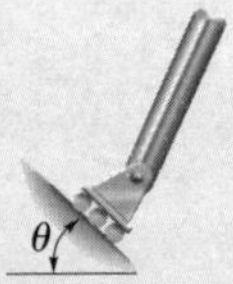 rodillos o patín	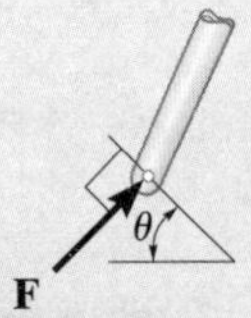	Una incógnita. La reacción es una fuerza que actúa perpendicularmente a la superficie en el punto de contacto.
(4) 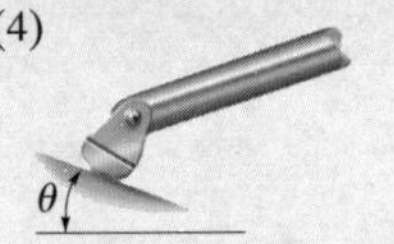 soporte mecedora (balancín)	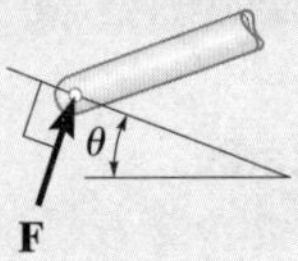	Una incógnita. La reacción es una fuerza que actúa perpendicularmente a la superficie en el punto de contacto.
(5) 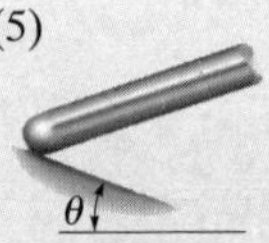 superficie de contacto lisa	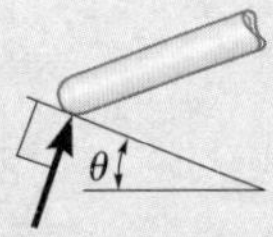	Una incógnita. La reacción es una fuerza que actúa perpendicularmente a la superficie en el punto de contacto.
(6) 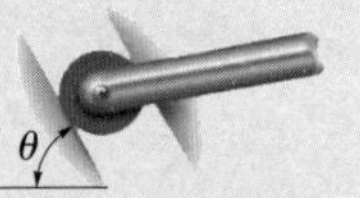 rodillo o pasador confinado en una ranura lisa	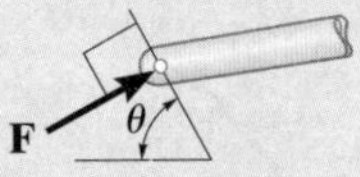 o bien 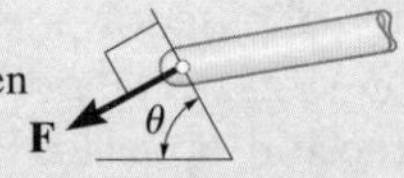	Una incógnita. La reacción es una fuerza que actúa perpendicularmente a la ranura.
(7) 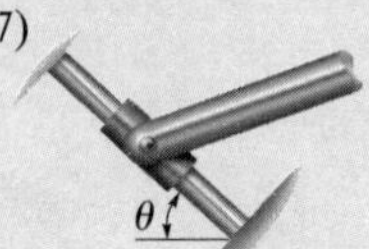 elemento conectado mediante un collarín sobre una barra lisa	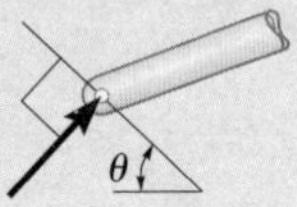 o bien 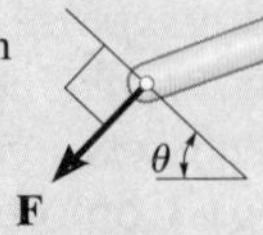	Una incógnita. La reacción es una fuerza que actúa perpendicularmente a la barra.

continúa

TABLA 5-1 Continuación

Tipos de conexión	Reacción	Número de incógnitas
(8)  pasador liso o articulación lisa	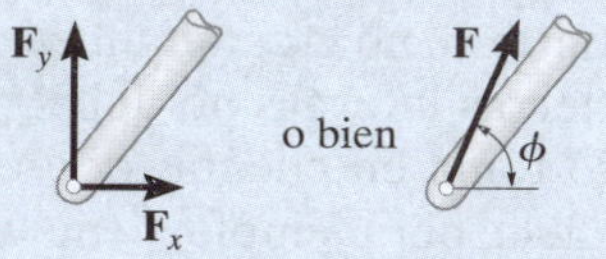	Dos incógnitas. Las reacciones son dos componentes de fuerza, o la magnitud y la dirección ϕ de la fuerza resultante. Observe que ϕ y θ no son necesariamente iguales [no suelen serlo, a menos que la barra mostrada sea un eslabón como en (2)].
(9) 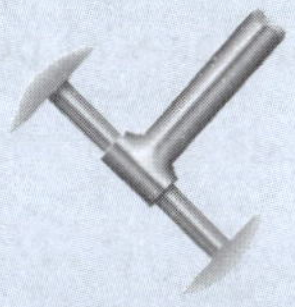 elemento con conexión fija a un collar sobre una barra lisa	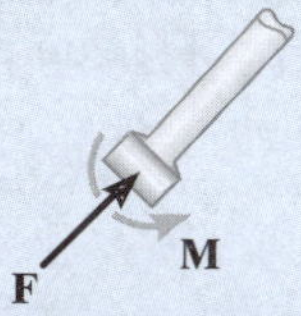	Dos incógnitas. Las reacciones son el momento de par y la fuerza que actúa perpendicularmente a la barra.
(10) 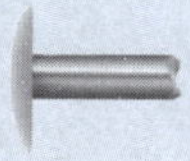 soporte fijo	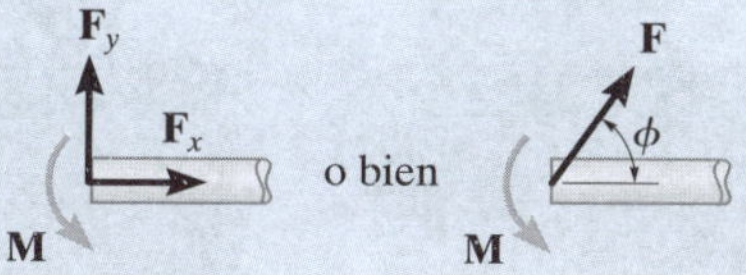	Tres incógnitas. Las reacciones son el momento de par y las dos componentes de fuerza, o el momento de par y la magnitud y la dirección ϕ de la fuerza resultante.

En la siguiente serie de fotografías se presentan ejemplos típicos de soportes reales. Los números indican los tipos de conexión a que se hace referencia en la tabla 5-1.

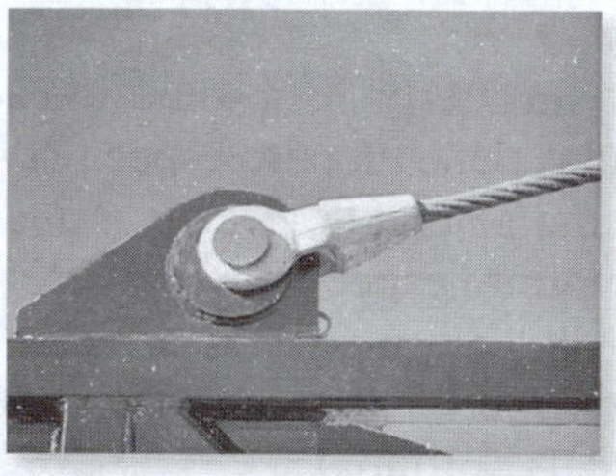

(© Russell C. Hibbeler)

El cable ejerce una fuerza sobre la ménsula, o soporte, en la dirección del cable. (1)

El soporte de mecedora para esta trabe de puente permite el movimiento horizontal, de manera que el puente pueda dilatarse y contraerse por cambios en la temperatura. (4) (© Russell C. Hibbeler)

Esta trabe de concreto descansa sobre el borde que supuestamente actúa como una superficie de contacto lisa. (5) (© Russell C. Hibbeler)

Soporte de pasador común para una viga. (8) (© Russell C. Hibbeler)

Las vigas del piso de este edificio se sueldan entre sí para formar conexiones fijas. (10) (© Russell C. Hibbeler)

Fuerzas internas. Como mencionamos en la sección 5.1, las fuerzas internas que actúan entre partículas adyacentes en un cuerpo siempre se presentan en parejas colineales que tienen la misma magnitud, pero que actúan en direcciones opuestas (tercera ley de Newton). Como estas fuerzas se cancelan entre sí, no crearán un *efecto externo* sobre el cuerpo. Por tal motivo, las fuerzas internas no deberían incluirse en el diagrama de cuerpo libre, si se toma en cuenta todo el cuerpo. El motor que se muestra en la figura 5-4*a*, por ejemplo, tiene un diagrama de cuerpo libre que aparece en la figura 5-4*b*. Las fuerzas internas entre todas sus partes conectadas, como tornillos y tuercas, se cancelarán porque forman parejas colineales y opuestas. En el diagrama de cuerpo libre sólo se muestran las fuerzas externas $\mathbf{T}_1$ y $\mathbf{T}_2$, que ejercen las cadenas y el peso $\mathbf{W}$ del motor.

5

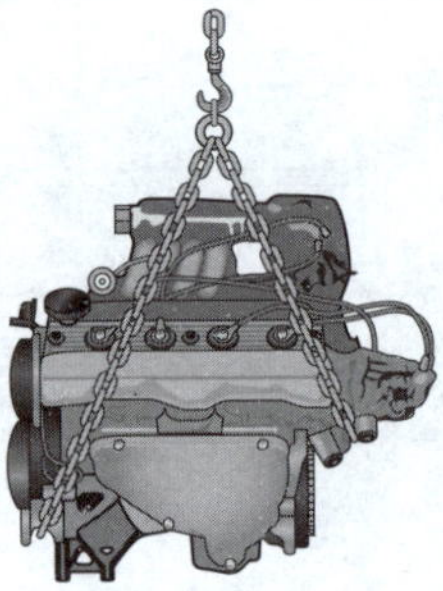
(a)

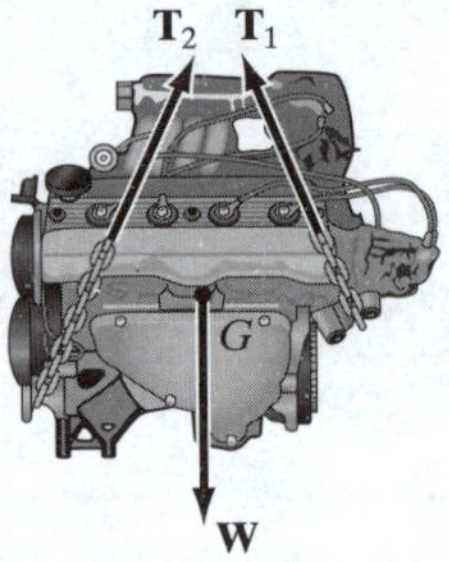

(b)

Fig. 5-4

Peso y centro de gravedad. Cuando un cuerpo está sometido a un campo gravitacional, cada una de sus partículas tiene un peso específico. En la sección 4.8 se demostró que dicho sistema se puede reducir a una sola fuerza resultante que actúa a través de un punto específico. Nos referimos a esa fuerza resultante como el *peso* $\mathbf{W}$ del cuerpo, y a la posición de su punto de aplicación como el ***centro de gravedad***. Los métodos usados para su determinación se desarrollarán en el capítulo 9.

En los ejemplos y problemas que siguen, si el peso del cuerpo es importante para el análisis, esta fuerza resultante se indicará en el enunciado del problema. Asimismo, cuando el cuerpo sea *uniforme*, o esté hecho de material homogéneo, el centro de gravedad se ubicará en el *centro geométrico* o *centroide* del cuerpo; sin embargo, si el cuerpo no es homogéneo o tiene una forma poco común, entonces se dará la ubicación de su centro de gravedad G.

Modelos idealizados. Cuando un ingeniero realiza un análisis de fuerzas de cualquier objeto, debe considerar un modelo analítico correspondiente o un modelo idealizado que dé resultados que se aproximen lo más posible a la situación real. Para ello, tiene que hacerse una selección cuidadosa de manera que el tipo de soporte, el comportamiento del material y las dimensiones del objeto estén justificados. De esta manera es posible confiar en que cualquier diseño o análisis dará resultados seguros.

En situaciones complejas, este proceso quizá requiera el desarrollo de varios modelos diferentes del objeto que debe analizarse. En cualquier caso, este proceso de selección requiere tanto habilidad como experiencia.

Los siguientes dos casos ilustran lo que se requiere para desarrollar un modelo adecuado. Como se observa en la figura 5-5*a*, se va a utilizar la viga de acero para soportar los tres largueros del techo de un edificio. En un análisis de fuerza, es razonable suponer que el material (acero) es rígido, ya que sólo ocurrirán deflexiones muy pequeñas cuando se cargue la viga. Una conexión con pernos en *A* permitirá cualquier rotación que ocurra cuando se aplique la carga, por lo que para el soporte puede considerarse un *pasador liso*. En *B* puede considerarse un *rodillo*, puesto que ahí el soporte no ofrece resistencia al movimiento horizontal. Para especificar la carga de techo *A* se usa el código de construcción con la finalidad de calcular las cargas **F** de los largueros. Estas fuerzas serán mayores que cualquier carga real sobre la viga, ya que toman en cuenta los casos extremos de carga para efectos dinámicos o de vibración. Finalmente, el peso de la viga por lo general se pasa por alto cuando es pequeño comparado con la carga que soporta la viga. Por consiguiente, el modelo idealizado de la viga se muestra con dimensiones promedio *a*, *b*, *c* y *d* en la figura 5-5*b*.

Como un segundo caso, considere la pluma de ascenso de la figura 5-6*a*, la cual está soportada por un pasador colocado en *A* y por el cilindro hidráulico *BC*, que puede aproximarse como un eslabón sin peso. Podemos suponer que el material es rígido y con su densidad conocida, y se determinan el peso de la pluma y la ubicación de su centro de gravedad *G*. Cuando se especifica una carga de diseño **P**, el modelo idealizado que se muestra en la figura 5-6*b* puede usarse para un análisis de fuerza. Para especificar la ubicación de las cargas y los soportes, se utilizan dimensiones promedio (que no se muestran aquí).

En algunos de los ejemplos presentados en el texto, se darán modelos idealizados de objetos específicos. Sin embargo, es necesario tener en mente que cada caso representa la reducción de una situación práctica mediante supuestos simplificados como los que se ilustran aquí.

(a)

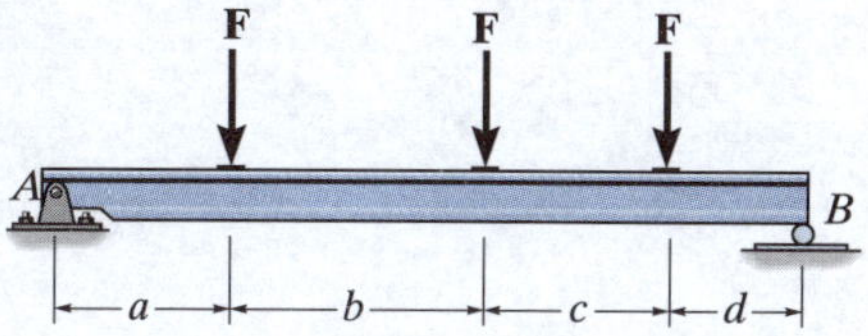

(b)

Fig. 5-5 (© Russell C. Hibbeler)

(a)

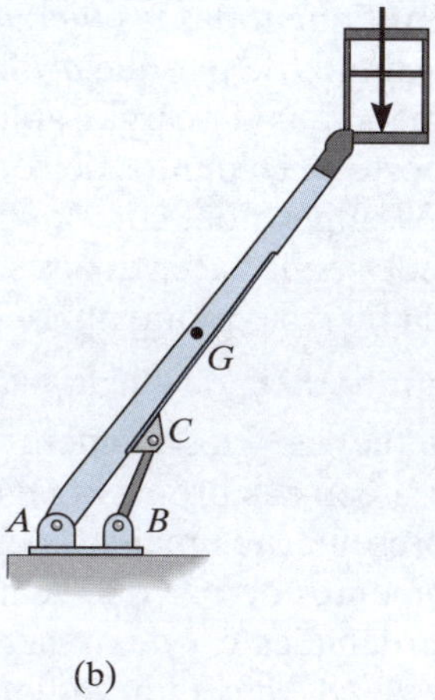

(b)

Fig. 5-6 (© Russell C. Hibbeler)

Puntos importantes

- Ningún problema de equilibrio debería resolverse sin *trazar primero el diagrama de cuerpo libre*, de manera que se tomen en cuenta todas las fuerzas y todos los momentos de par que actúan sobre el cuerpo.
- Si un soporte *evita la traslación* de un cuerpo en una dirección específica, entonces cuando se retira el soporte, se sustituye por una *fuerza* sobre el cuerpo en esa dirección y el sentido correspondiente.
- Si se *evita la rotación*, entonces cuando el soporte se retira, se sustituye por un *momento de par* sobre el cuerpo.
- Estudie la tabla 5-1.
- Las fuerzas internas *nunca se muestran* en el diagrama de cuerpo libre, ya que se presentan en parejas colineales iguales pero opuestas y, por consiguiente, se anulan.
- El peso de un cuerpo es una fuerza externa, y su efecto se representa mediante una sola fuerza resultante, que actúa a través del centro de gravedad G del cuerpo.
- Los *momentos de par* pueden colocarse en cualquier parte del diagrama de cuerpo libre, pues son *vectores libres*. Las fuerzas pueden actuar en cualquier punto a lo largo de sus líneas de acción, ya que son *vectores deslizantes*.

Procedimiento para el análisis

Para construir el diagrama de cuerpo libre de un cuerpo rígido o de cualquier grupo de cuerpos considerados como un solo sistema, deben darse los siguientes pasos:

Trace el contorno

Imagine el cuerpo *aislado* o recortado "libre" de sus restricciones y conexiones, y delinee (en un bosquejo) su contorno. Asegúrese de *retirar todos los soportes* del cuerpo.

Muestre todas las fuerzas y los momentos de par

Identifique todas las *fuerzas externas* conocidas y desconocidas y los momentos de par que *actúan sobre el cuerpo*. Los que por lo general se deben a: (1) cargas aplicadas, (2) reacciones que ocurren en los soportes o en puntos de contacto con otros cuerpos (vea la tabla 5-1), y (3) el peso del cuerpo. Para tomar en cuenta todos estos efectos, puede servir hacer trazos sobre los límites, y señalar cuidadosamente cada fuerza o momento de par que actúa en el cuerpo.

Identifique cada carga y las dimensiones dadas

Las fuerzas y los momentos de par que se conocen tienen que marcarse con sus propias magnitudes y direcciones. Se usan letras para representar las magnitudes y los ángulos de dirección de fuerzas y momentos de par que sean desconocidos. Establezca un sistema de coordenadas x, y de manera que se puedan identificar estas incógnitas, A_x, A_y, etcétera. Indique por último las dimensiones del cuerpo necesarias para calcular los momentos de las fuerzas.

EJEMPLO 5.1

Trace el diagrama de cuerpo libre de la viga uniforme que se muestra en la figura 5-7*a*. La viga tiene una masa de 100 kg.

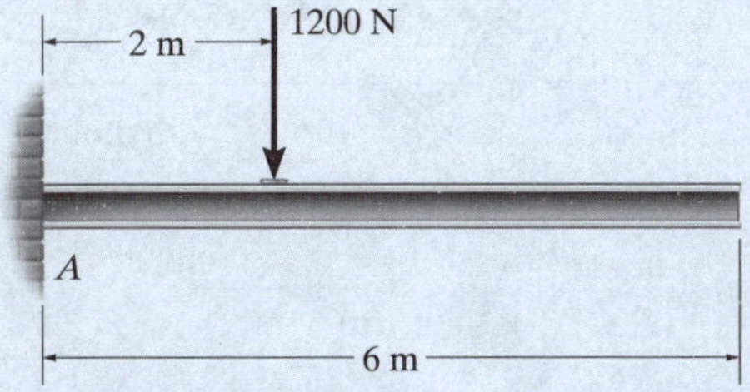

(a)

SOLUCIÓN

El diagrama de cuerpo libre de la viga se muestra en la figura 5-7*b*. Como el soporte en *A* es fijo, la pared ejerce tres reacciones que actúan *sobre la viga*, identificadas como $\mathbf{A}_x$, $\mathbf{A}_y$ y $\mathbf{M}_A$. Las magnitudes de tales reacciones son *desconocidas*, y sus sentidos son *supuestos*. El peso de la viga, $W = 100(9.81)$ N $= 981$ N, actúa a través del centro de gravedad *G* de la viga, que está a 3 m de *A* pues la viga es uniforme.

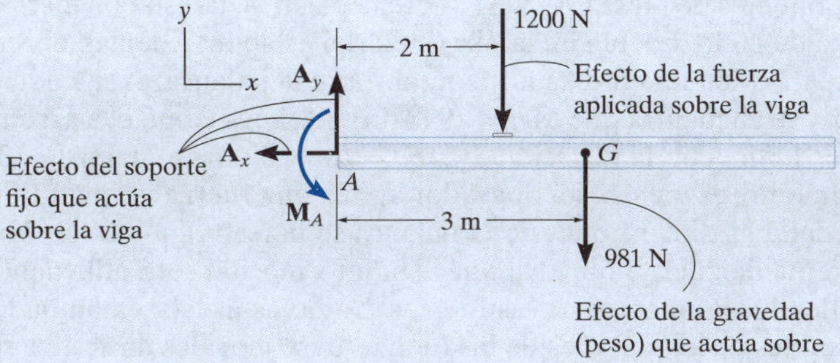

(b)

Fig. 5-7

EJEMPLO 5.2

Trace el diagrama de cuerpo libre del pedal que se muestra en la figura 5-8*a*. El operador aplica una fuerza vertical al pedal, de manera que el resorte se estira 1.5 in y la fuerza en el eslabón en *B* es de 20 lb.

(a)

Fig. 5-8 (© Russell C. Hibbeler)

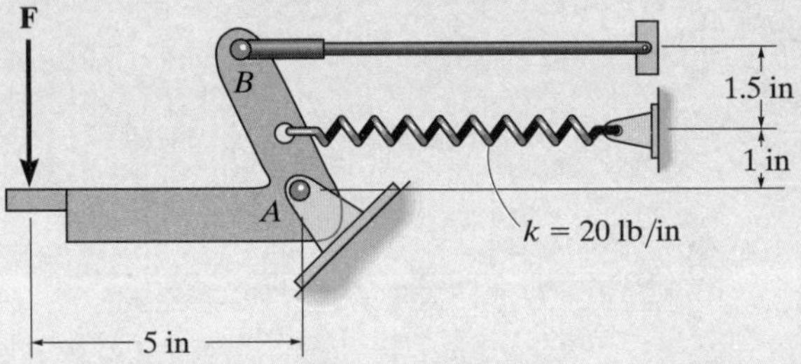

(b)

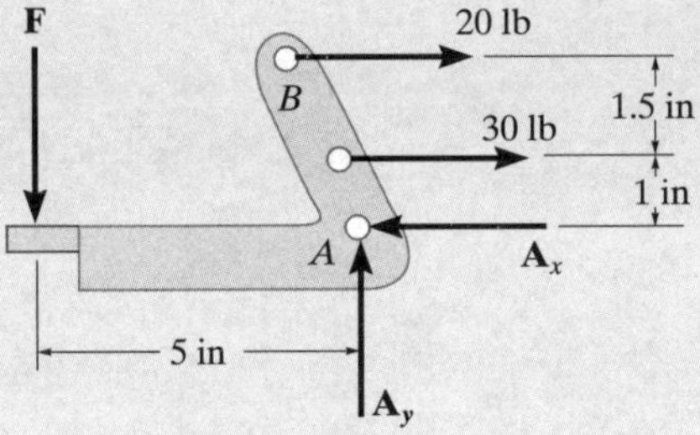

(c)

SOLUCIÓN

Como se observa en la fotografía, la palanca está unida holgadamente al bastidor del camión en *A* por medio de un perno. (Vea (8) en la tabla 5-1.) Aunque no se muestra aquí, el eslabón en *B* está articulado a ambos extremos, por lo que es como (2) en la tabla 5-1. Después de realizar las mediciones adecuadas, el modelo idealizado de la palanca se muestra en la figura 5-8*b*. A partir de esto, se muestra el diagrama de cuerpo libre en la figura 5-8*c*. Como *se retira* el pasador en *A*, ejerce las componentes de fuerza $\mathbf{A}_x$ y $\mathbf{A}_y$ sobre la palanca. El eslabón ejerce una fuerza de 20 lb, y actúa en la dirección del eslabón. Además, el resorte ejerce también una fuerza horizontal sobre la palanca. Si se mide la rigidez y se encuentra que es $k = 20$ lb/in, entonces, como el alargamiento $s = 1.5$ in, con la ecuación 3-2, $F_s = ks = 20$ lb/in (1.5 in) $= 30$ lb. Finalmente, el zapato del operador aplica una fuerza vertical **F** sobre el pedal. Las dimensiones de la palanca se muestran también sobre el diagrama de cuerpo libre, ya que esta información será útil cuando se calculen los momentos de las fuerzas. Como es usual, se han dado como supuestos los sentidos de las fuerzas desconocidas en *A*. Los sentidos correctos serán evidentes después de resolver las ecuaciones de equilibrio.

EJEMPLO 5.3

Dos tubos lisos, cada uno con masa de 300 kg, están soportados por la horquilla del tractor en la figura 5-9*a*. Dibuje los diagramas de cuerpo libre para cada tubo y para los dos tubos juntos.

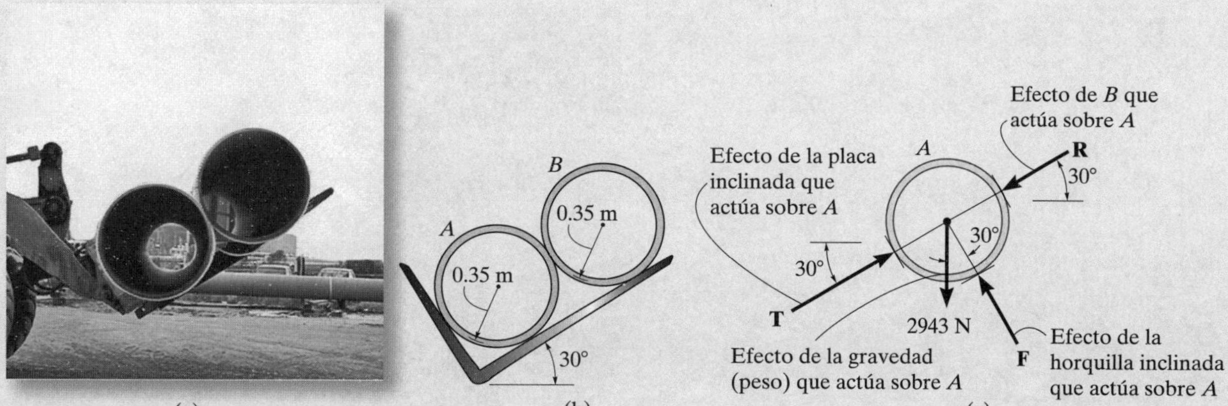

(a) (© Russell C. Hibbeler) (b) (c)

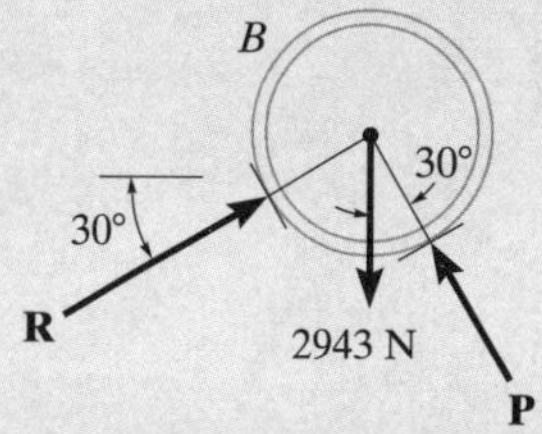

(d)

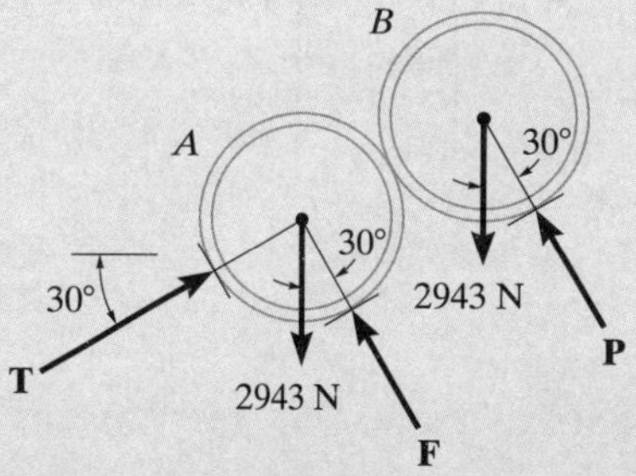

(e)

Fig. 5-9

SOLUCIÓN

El modelo idealizado a partir del cual debemos dibujar los diagramas de cuerpo libre se muestra en la figura 5-9*b*. Aquí los tubos están identificados, se han agregado las dimensiones y la situación física se redujo a su forma más simple.

Si se retiran las superficies de contacto, el diagrama de cuerpo libre para el tubo A es como se muestra en la figura 5-9*c*. Su peso es $W = 300(9.81)$ N $= 2943$ N. Suponiendo que todas las superficies de contacto son *lisas*, las fuerzas de reacción **T**, **F**, **R** actúan en una dirección *normal* a la tangente en sus superficies de contacto.

El diagrama de cuerpo libre del tubo aislado B se muestra en la figura 5-9*d*. ¿Puede identificar cada una de las tres fuerzas que actúan *sobre este tubo*? En particular, observe que **R**, que representa la fuerza de A sobre B (fig. 5-9*d*), es igual y opuesta a **R** que representa la fuerza de B sobre A (fig. 5-9*c*). Esto es una consecuencia de la tercera ley del movimiento de Newton.

El diagrama de cuerpo libre de ambos tubos combinados ("sistema") se muestra en la figura 5-9*e*. Aquí, la fuerza de contacto **R**, que actúa entre A y B, está considerada como una fuerza *interna* y, por ello, no se muestra en el diagrama de cuerpo libre. Es decir, representa un par de fuerzas colineales iguales pero opuestas que se cancelan entre sí.

EJEMPLO 5.4

Dibuje el diagrama de cuerpo libre de la plataforma sin carga que está suspendida del borde de la torre petrolera (fig. 5-10*a*). La plataforma tiene una masa de 200 kg.

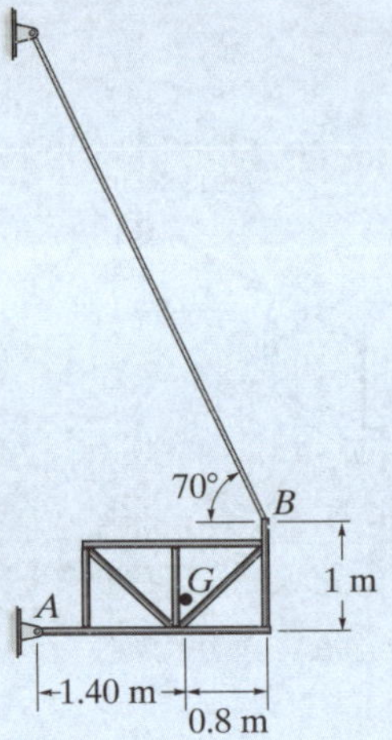

(b)

(a)

Fig. 5-10 (© Russell C. Hibbeler)

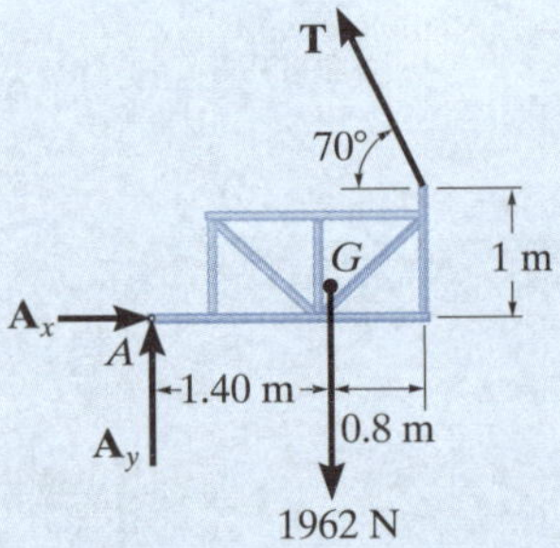

(c)

SOLUCIÓN

El modelo idealizado de la plataforma se considerará en dos dimensiones ya que, por observación, la carga y las dimensiones son simétricas con respecto a un plano vertical que pasa por su centro (fig. 5-10*b*). Se considera que la conexión en *A* es un pasador y que el cable soporta la plataforma en *B*. La dirección del cable y las dimensiones promedio de la plataforma están indicadas, y se determinó el centro de gravedad *G*. A partir de este modelo, hemos dibujado el diagrama de cuerpo libre que se muestra en la figura 5-10*c*. El peso de la plataforma es de $200(9.81) = 1962$ N. Los soportes fueron *retirados*, y las componentes de fuerza $\mathbf{A}_x$ y $\mathbf{A}_y$ junto con la fuerza del cable $\mathbf{T}$ representan las reacciones que *ambos* pasadores y *ambos* cables ejercen sobre la plataforma (fig. 5-10*a*). Como resultado, en cada lado de la plataforma se desarrolla la mitad de sus magnitudes.

PROBLEMAS

5-1. Dibuje el diagrama de cuerpo libre para los siguientes problemas.

a) La viga en voladizo del problema 5-10.

b) La viga del problema 5-11.

c) La viga del problema 5-12.

d) La viga del problema 5-14.

5-2. Dibuje el diagrama de cuerpo libre para los siguientes problemas.

a) La armadura del problema 5-15.

b) La viga del problema 5-16.

c) El hombre y la carga del problema 5-17.

d) La viga del problema 5-18.

5-3. Dibuje el diagrama de cuerpo libre para los siguientes problemas.

a) El hombre y la viga del problema 5-19.

b) La varilla del problema 5-20.

c) La varilla del problema 5-21.

d) La viga del problema 5-22.

***5-4.** Dibuje el diagrama de cuerpo libre para los siguientes problemas.

a) La viga del problema 5-25.

b) La grúa y el aguilón del problema 5-26.

c) La barra del problema 5-27.

d) La varilla del problema 5-28.

5-5. Dibuje el diagrama de cuerpo libre para los siguientes problemas.

a) El aguilón del problema 5-32.

b) La grúa de brazo del problema 5-33.

c) El tubo liso del problema 5-35.

d) La viga del problema 5-36.

5-6. Dibuje el diagrama de cuerpo libre para los siguientes problemas.

a) La grúa de brazo del problema 5-37.

b) La barra del problema 5-39.

c) La barrera del problema 5-41.

d) El aguilón del problema 5-42.

5-7. Dibuje el diagrama de cuerpo libre para los siguientes problemas.

a) La varilla del problema 5-44.

b) El carro manual y la carga que se debe levantar en el problema 5-45.

c) La viga del problema 5-47.

d) La zapata en voladizo del problema 5-51.

***5-8.** Dibuje el diagrama de cuerpo libre para los siguientes problemas.

a) La viga del problema 5-52.

b) El niño y el trampolín del problema 5-53.

c) La varilla del problema 5-54.

d) La varilla del problema 5-56.

5-9. Dibuje el diagrama de cuerpo libre para los siguientes problemas.

a) La viga del problema 5-57.

b) La varilla del problema 5-59.

c) La barra del problema 5-60.

5.3 Ecuaciones de equilibrio

En la sección 5.1 desarrollamos las dos ecuaciones que se requieren y bastan para obtener el equilibrio de un cuerpo rígido, esto es, $\Sigma\mathbf{F} = \mathbf{0}$ y $\Sigma\mathbf{M}_O = \mathbf{0}$. Cuando el cuerpo está sometido a un sistema de fuerzas, las cuales se encuentran en el plano *x-y*, las fuerzas se pueden descomponer en sus componentes *x* y *y*. En consecuencia, las condiciones de equilibrio en dos dimensiones son

$$\Sigma F_x = 0 \qquad \Sigma F_y = 0 \qquad \Sigma M_O = 0 \tag{5-2}$$

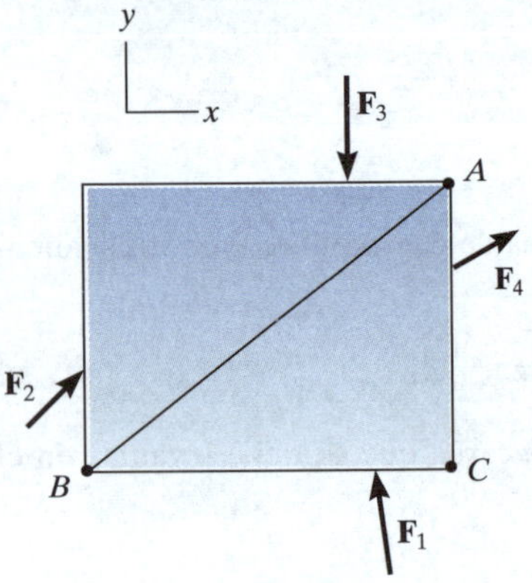

(a)

Aquí, ΣF_x y SF_y representan, respectivamente, las sumas algebraicas de las componentes *x* y *y* de todas las fuerzas que actúan sobre el cuerpo, y ΣM_O representa la suma algebraica de los momentos de par y los momentos de todas las componentes de fuerza con respecto al eje *z*, el cual es perpendicular al plano *x-y* y pasa por el punto arbitrario *O*.

Conjuntos alternativos de ecuaciones de equilibrio.

Aunque las ecuaciones 5-2 se *usan con mayor frecuencia* para resolver problemas de equilibrio coplanar, pueden usarse también dos conjuntos *alternativos* de tres ecuaciones de equilibrio independientes. Uno de estos conjuntos es

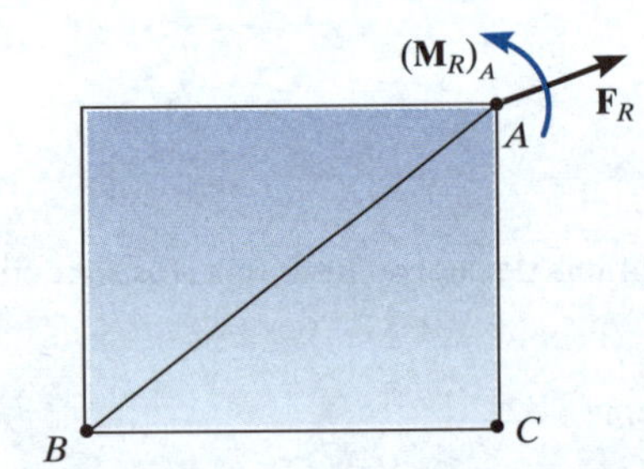

(b)

$$\Sigma F_x = 0 \qquad \Sigma M_A = 0 \qquad \Sigma M_B = 0 \tag{5-3}$$

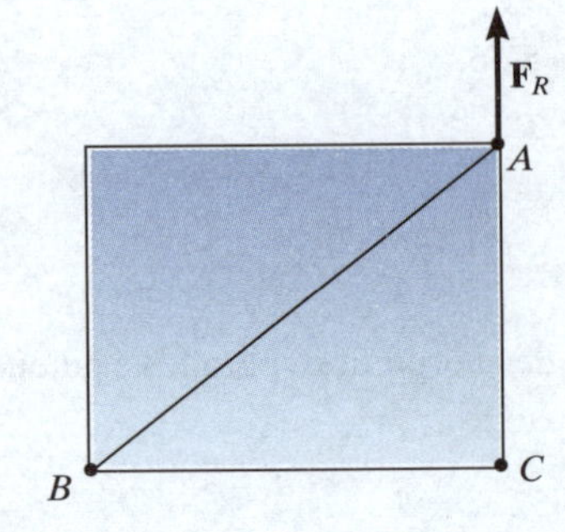

(c)

Fig. 5-11

Al usar estas ecuaciones se requiere que una línea que pase por los puntos *A* y *B no sea paralela* al eje *y*. Para probar que las ecuaciones 5-3 proporcionan las *condiciones* de equilibrio, considere el diagrama de cuerpo libre de la placa que se muestra en la figura 5-11*a*. Con los métodos de la sección 4.7, todas las fuerzas sobre el diagrama de cuerpo libre pueden reemplazarse por una fuerza resultante equivalente $\mathbf{F}_R = \Sigma\mathbf{F}$, que actúan en el punto *A*, y un momento de par resultante $(\mathbf{M}_R)_A = \Sigma\mathbf{M}_A$ (fig. 5-11*b*). Si se satisface $\Sigma M_A = 0$, es necesario que $(\mathbf{M}_R)_A = \mathbf{0}$. Además, para que $\mathbf{F}_R$ satisfaga a $\Sigma F_x = 0$, *no debe tener componentes* a lo largo del eje *x* y, por lo tanto, $\mathbf{F}_R$ debe ser paralela al eje *y* (fig. 5-11*c*). Finalmente, si se requiere que $\Sigma M_B = 0$, donde *B* no se encuentra sobre la línea de acción de $\mathbf{F}_R$, entonces $\mathbf{F}_R = \mathbf{0}$. Como las ecuaciones 5-3 muestran que ambas resultantes son iguales a cero, ciertamente el cuerpo que aparece en la figura 5-11*a* debe estar en equilibrio.

Un segundo conjunto alternativo de ecuaciones de equilibrio es

$$\Sigma M_A = 0$$
$$\Sigma M_B = 0 \qquad (5\text{-}4)$$
$$\Sigma M_C = 0$$

Aquí es necesario que los puntos A, B y C no se encuentren en la misma línea. Para probar que al satisfacer esas ecuaciones se garantiza el equilibrio, considere de nuevo el diagrama de cuerpo libre de la figura 5-11*b*. Si debe satisfacerse $\Sigma M_A = 0$, entonces $(\mathbf{M}_R)_A = \mathbf{0}$. $\Sigma M_C = 0$ se satisface si la línea de acción de $\mathbf{F}_R$ pasa por el punto C, como se indica en la figura 5-11*c*. Por último, si requerimos que $\Sigma M_B = 0$, es necesario que $\mathbf{F}_R = \mathbf{0}$ y, entonces, la placa de la figura 5-11*a* debe estar en equilibrio.

Procedimiento para el análisis

Los problemas de equilibrio de fuerzas coplanares para un cuerpo rígido pueden resolverse con el siguiente procedimiento.

Diagrama de cuerpo libre

- Establezca los ejes de coordenadas x, y en cualquier orientación adecuada.
- Retire todos los soportes y trace un contorno del cuerpo.
- Muestre todas las fuerzas y los momentos de par que actúan sobre el cuerpo.
- Rotule todas las cargas y especifique sus direcciones relativas a los ejes x o y. El sentido de una fuerza o momento de par que tiene una magnitud *desconocida*, pero línea de acción conocida, puede *suponerse*.
- Indique las dimensiones del cuerpo necesarias para calcular los momentos de las fuerzas.

Ecuaciones de equilibrio

- Aplique la ecuación de equilibrio de momentos, $\Sigma M_O = 0$, con respecto a un punto (O) que se encuentre en la intersección de las líneas de acción de dos fuerzas desconocidas. De este modo, los momentos de esas incógnitas son cero con respecto a O, y se puede determinar una *solución directa* para la tercera incógnita.
- Al aplicar las ecuaciones de equilibrio mediante fuerzas, $\Sigma F_x = 0$ y $\Sigma F_y = 0$, oriente los ejes x y y a lo largo de líneas que proporcionen la descomposición más simple de las fuerzas en sus componentes x y y.
- Si la solución de las ecuaciones de equilibrio da como resultado un escalar negativo para una magnitud de fuerza o de momento de par, esto indica que el sentido es contrario al que se supuso en el diagrama de cuerpo libre.

EJEMPLO 5.5

Determine las componentes horizontal y vertical de la reacción en la viga, causada por el pasador en B y el soporte de mecedora (balancín) en A, como se ilustra en la figura 5-12a. No tome en cuenta el peso de la viga.

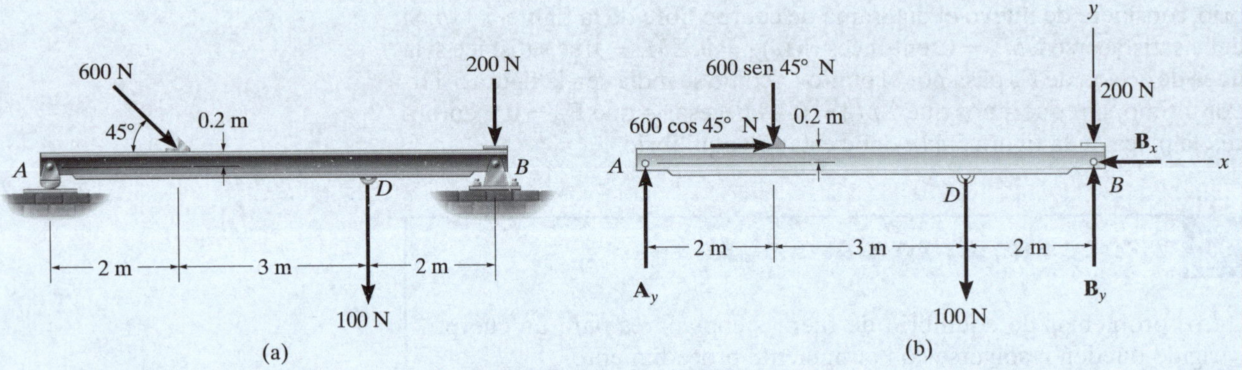

Fig. 5-12

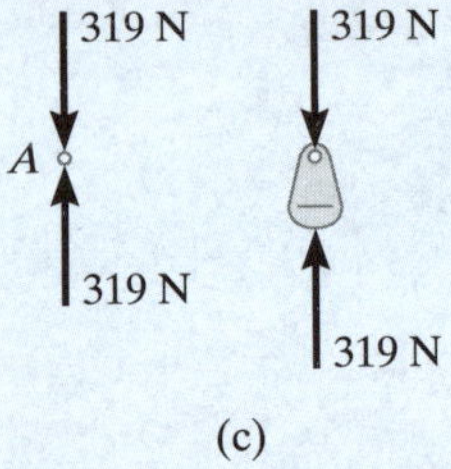

SOLUCIÓN

Diagrama de cuerpo libre. Se *retiran* los soportes y el diagrama de cuerpo libre de la viga es como se indica en la figura 5-12b. (Vea el ejemplo 5.1). Por sencillez, la fuerza de 600 N se representa mediante sus componentes x y y como se muestra en la figura 5-12b.

Ecuaciones de equilibrio. Al sumar las fuerzas en la dirección x se obtiene

$$\overset{+}{\rightarrow}\Sigma F_x = 0; \qquad 600 \cos 45° \text{ N} - B_x = 0$$

$$B_x = 424 \text{ N} \qquad \textit{Resp.}$$

Una solución directa para $\mathbf{A}_y$ se obtiene mediante la ecuación de momentos $\Sigma M_B = 0$ con respecto al punto B.

$$\circlearrowleft + \Sigma M_B = 0; \qquad 100 \text{ N}(2 \text{ m}) + (600 \text{ sen } 45° \text{ N})(5 \text{ m})$$

$$- (600 \cos 45° \text{ N})(0.2 \text{ m}) - A_y(7 \text{ m}) = 0$$

$$A_y = 319 \text{ N} \qquad \textit{Resp.}$$

Al sumar fuerzas en la dirección y, y usar este resultado, obtenemos

$$+\uparrow \Sigma F_y = 0; \qquad 319 \text{ N} - 600 \text{ sen } 45° \text{ N} - 100 \text{ N} - 200 \text{ N} + B_y = 0$$

$$B_y = 405 \text{ N} \qquad \textit{Resp.}$$

NOTA: Recuerde que las fuerzas de los soportes en la figura 5-12b son el resultado de pasadores que *actúan sobre la viga*. Las fuerzas opuestas actúan sobre los pasadores. Por ejemplo, en la figura 5-12c se muestra el equilibrio del pasador en A y del soporte de mecedora.

EJEMPLO 5.6

La cuerda de la figura 5-13*a* soporta una fuerza de 100 lb y se enrolla sobre la polea sin fricción. Determine la tensión en la cuerda en *C*, y las componentes horizontal y vertical de reacción en el pasador *A*.

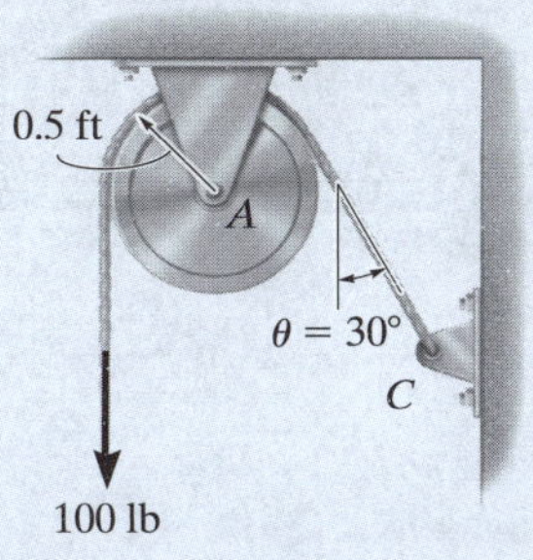

Fig. 5-13

5

SOLUCIÓN

Diagramas de cuerpo libre. Los diagramas de cuerpo libre de la cuerda y la polea se ilustran en la figura 5-13*b*. Tenga presente que el principio de acción igual pero reacción opuesta se debe observar con gran cuidado, al trazar cada uno de estos diagramas: la cuerda ejerce una distribución de carga desconocida *p* sobre la polea en la superficie de contacto, mientras que la polea ejerce un efecto igual pero opuesto sobre la cuerda. Sin embargo, para encontrar la solución es más sencillo *combinar* los diagramas de cuerpo libre de la polea y esta porción de la cuerda, de manera que la carga distribuida se vuelva *interna* al "sistema" y, por lo tanto, pueda eliminarse del análisis (fig. 5-13*c*).

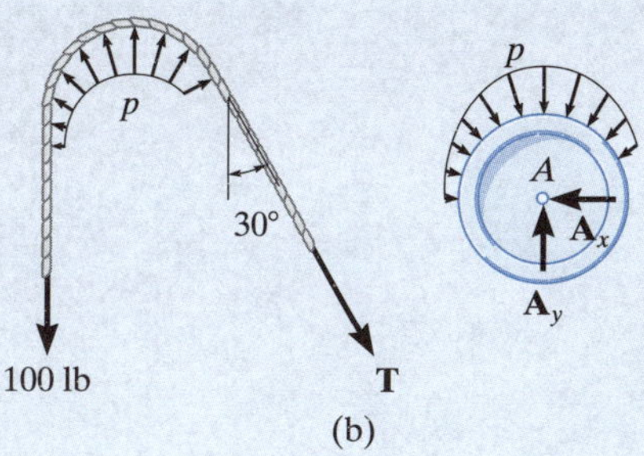

Ecuaciones de equilibrio. Al sumar momentos con respecto al punto *A* para eliminar $\mathbf{A}_x$ y $\mathbf{A}_y$ (fig. 5-13*c*), tenemos

$$\circlearrowleft + \Sigma M_A = 0; \qquad 100\text{ lb}\,(0.5\text{ ft}) - T(0.5\text{ ft}) = 0$$

$$T = 100\text{ lb} \qquad \textit{Resp.}$$

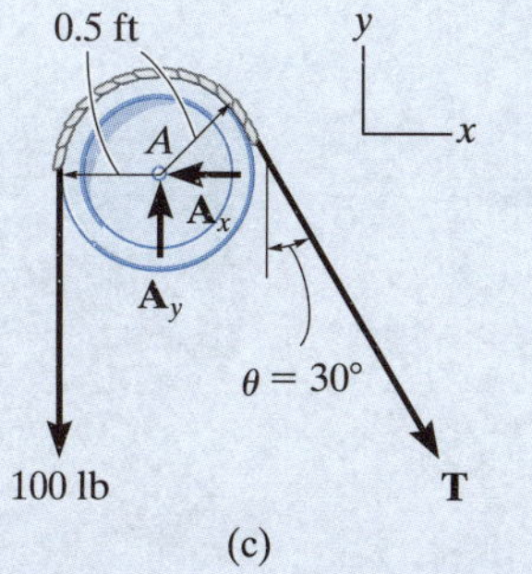

Con el resultado,

$$\overset{+}{\rightarrow}\Sigma F_x = 0; \qquad -A_x + 100\text{ sen }30^\circ\text{ lb} = 0$$

$$A_x = 50.0\text{ lb} \qquad \textit{Resp.}$$

$$+\uparrow\Sigma F_y = 0; \qquad A_y - 100\text{ lb} - 100\cos 30^\circ\text{ lb} = 0$$

$$A_y = 187\text{ lb} \qquad \textit{Resp.}$$

NOTA: A partir de la ecuación de momentos, se observa que la tensión permanece *constante* al pasar la cuerda sobre la polea. (Por supuesto, esto es cierto para cualquier ángulo *θ* en el que esté dirigida la cuerda y para *cualquier radio r* de la polea).

EJEMPLO 5.7

El elemento que se muestra en la figura 5-14*a* está articulado en *A* y descansa contra un soporte liso ubicado en *B*. Determine las componentes horizontal y vertical de reacción en el pasador *A*.

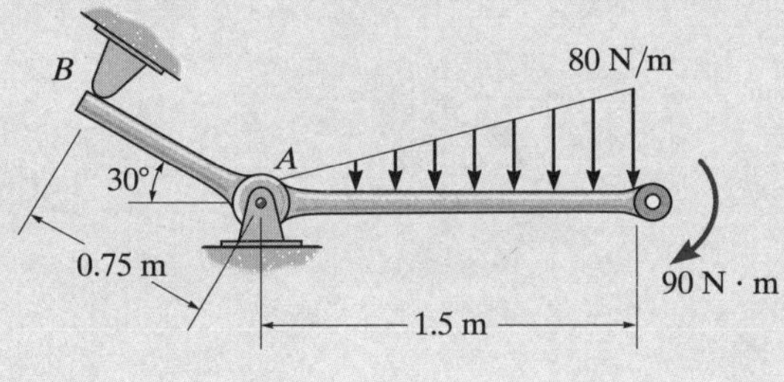

(a)

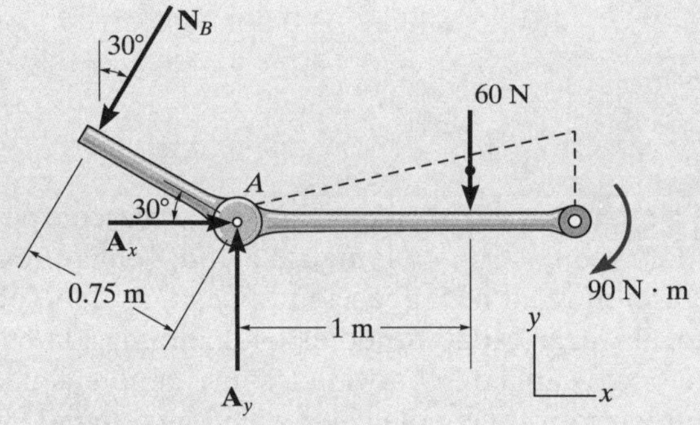

(b)

Fig. 5-14

SOLUCIÓN

Diagrama de cuerpo libre. Como se muestra en la figura 5-14*b*, se retiran los soportes y la reacción $\mathbf{N}_B$ es perpendicular al eslabón en *B*. Asimismo, las componentes horizontal y vertical de reacción están representadas en *A*. La resultante de la carga distribuida es $\frac{1}{2}(1.5 \text{ m})(80 \text{ N/m}) = 60 \text{ N}$. Actúa a través del centroide del triángulo, a 1 m de *A*, como se indica en la figura.

Ecuaciones de equilibrio. Al sumar los momentos con respecto a *A*, obtenemos una solución directa para N_B,

$$\circlearrowleft+\Sigma M_A = 0; \quad -90 \text{ N}\cdot\text{m} - 60 \text{ N}(1 \text{ m}) + N_B(0.75 \text{ m}) = 0$$
$$N_B = 200 \text{ N}$$

Con este resultado,

$$\overset{+}{\rightarrow}\Sigma F_x = 0; \quad A_x - 200 \text{ sen } 30^\circ \text{ N} = 0$$
$$A_x = 100 \text{ N} \qquad \textit{Resp.}$$

$$+\uparrow\Sigma F_y = 0; \quad A_y - 200 \cos 30^\circ \text{ N} - 60 \text{ N} = 0$$
$$A_y = 233 \text{ N} \qquad \textit{Resp.}$$

EJEMPLO 5.8

La llave que se muestra en la figura 5-15*a* se utiliza para apretar el perno en A. Si la llave no gira cuando se aplica la carga al maneral, determine el par de torsión o el momento aplicado al perno, y la fuerza de la llave sobre el perno.

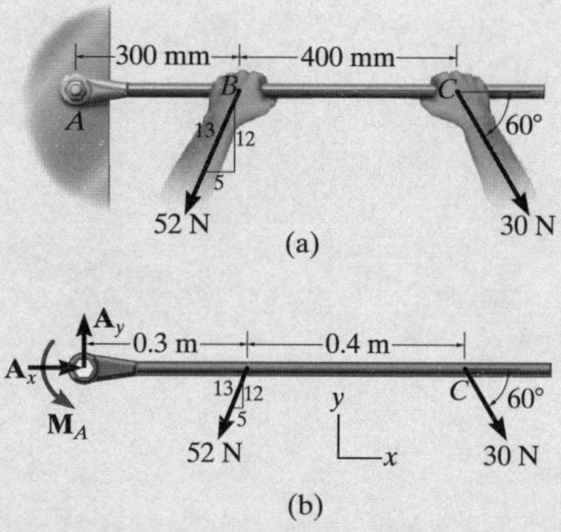

Fig. 5-15

SOLUCIÓN

Diagrama de cuerpo libre. El diagrama de cuerpo libre para la llave se muestra en la figura 5-17*b*. Dado que el perno actúa como un "soporte fijo", al ser retirado, ejerce las componentes de fuerza $\mathbf{A}_x$ y $\mathbf{A}_y$ y un momento $\mathbf{M}_A$ sobre la llave en A.

Ecuaciones de equilibrio

$$\overset{+}{\rightarrow}\Sigma F_x = 0; \qquad A_x - 52\left(\tfrac{5}{13}\right)\text{ N} + 30\cos 60^\circ\text{ N} = 0$$

$$A_x = 5.00\text{ N} \qquad \textit{Resp.}$$

$$+\uparrow\Sigma F_y = 0; \qquad A_y - 52\left(\tfrac{12}{13}\right)\text{ N} - 30\text{ sen }60^\circ\text{ N} = 0$$

$$A_y = 74.0\text{ N} \qquad \textit{Resp.}$$

$$\circlearrowleft+\Sigma M_A = 0; \quad M_A - \left[52\left(\tfrac{12}{13}\right)\text{N}\right](0.3\text{ m}) - (30\text{ sen }60^\circ\text{ N})(0.7\text{ m}) = 0$$

$$M_A = 32.6\text{ N}\cdot\text{m} \qquad \textit{Resp.}$$

Observe que en esta sumatoria de momentos debe *incluirse* $\mathbf{M}_A$. Este momento de par es un vector libre y representa la resistencia del perno a girar sobre la llave. Por la tercera ley de Newton, la llave ejerce un momento o par de torsión igual pero opuesto sobre el perno. Además, la fuerza resultante sobre la llave es

$$F_A = \sqrt{(5.00)^2 + (74.0)^2} = 74.1\text{ N} \qquad \textit{Resp.}$$

NOTA: Aunque sólo pueden escribirse tres ecuaciones independientes de equilibrio para un cuerpo rígido, es un buen hábito *revisar* los cálculos mediante una cuarta ecuación de equilibrio. Por ejemplo, los cálculos anteriores se pueden verificar en parte al sumar momentos con respecto al punto C:

$$\circlearrowleft+\Sigma M_C = 0; \quad \left[52\left(\tfrac{12}{13}\right)\text{N}\right](0.4\text{ m}) + 32.6\text{ N}\cdot\text{m} - 74.0\text{ N}(0.7\text{ m}) = 0$$

$$19.2\text{ N}\cdot\text{m} + 32.6\text{ N}\cdot\text{m} - 51.8\text{ N}\cdot\text{m} = 0$$

EJEMPLO 5.9

Determine las componentes horizontal y vertical de reacción sobre el elemento del pasador A, y la reacción normal del rodillo B de la figura 5-16*a*.

SOLUCIÓN

Diagrama de cuerpo libre. En la figura 5.16*b* se muestra el diagrama de cuerpo libre, después de que fueron retirados todos los soportes. El pasador en A ejerce dos componentes de reacción sobre el elemento, $\mathbf{A}_x$ y $\mathbf{A}_y$.

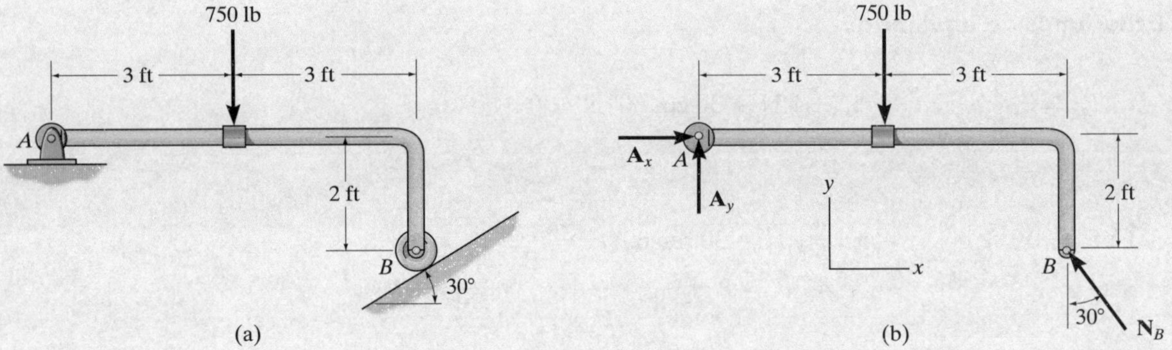

Fig. 5-16

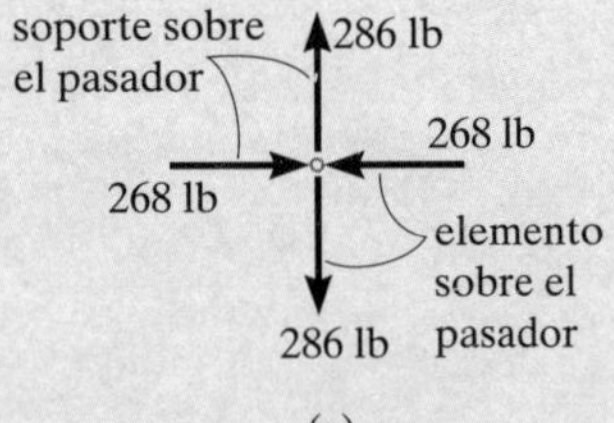

(c)

Ecuaciones de equilibrio. La reacción N_B puede obtenerse *directamente* al sumar momentos con respecto al punto A, ya que $\mathbf{A}_x$ y $\mathbf{A}_y$ no producen momentos con respecto a A.

$$\circlearrowleft + \Sigma M_A = 0;$$

$$[N_B \cos 30°](6 \text{ ft}) - [N_B \text{ sen } 30°](2 \text{ ft}) - 750 \text{ lb}(3 \text{ ft}) = 0$$

$$N_B = 536.2 \text{ lb} = 536 \text{ lb} \qquad \textit{Resp.}$$

Con este resultado,

$$\overset{+}{\rightarrow} \Sigma F_x = 0; \qquad A_x - (536.2 \text{ lb}) \text{ sen } 30° = 0$$

$$A_x = 268 \text{ lb} \qquad \textit{Resp.}$$

$$+\uparrow \Sigma F_y = 0; \qquad A_y + (536.2 \text{ lb}) \cos 30° - 750 \text{ lb} = 0$$

$$A_y = 286 \text{ lb} \qquad \textit{Resp.}$$

En la figura 5-16*c* se muestran los detalles del equilibrio del pasador en A.

EJEMPLO 5.10

La varilla uniforme lisa que se muestra en la figura 5-17*a* está sometida a una fuerza y a un momento de par. Si la varilla está soportada en *A* por una pared lisa, y en *B* y *C* por rodillos colocados en la parte superior o inferior, determine las reacciones de esos soportes. No tome en cuenta el peso de la barra.

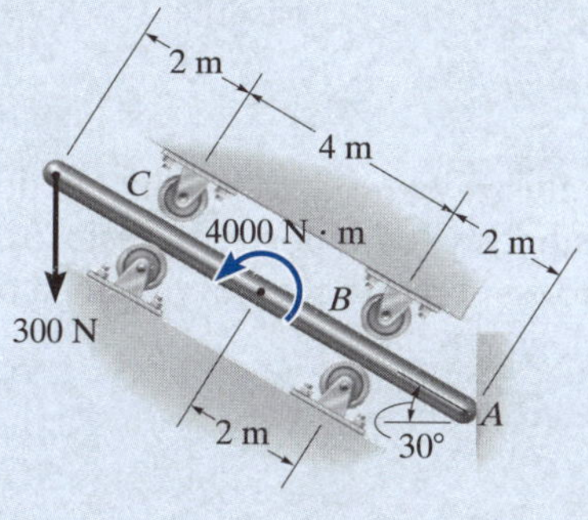

(a)

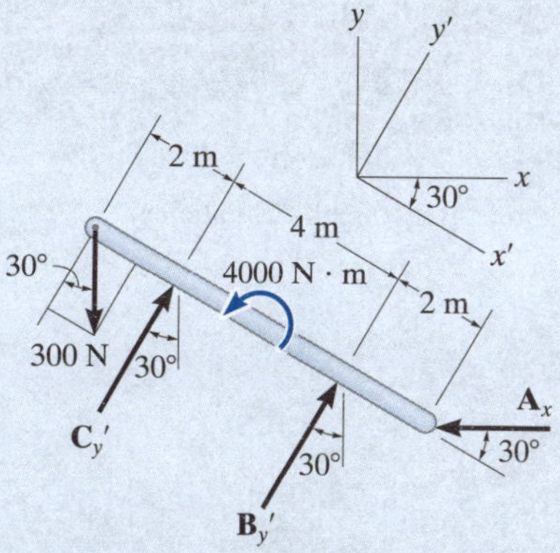

(b)

Fig. 5-17

SOLUCIÓN

Diagrama de cuerpo libre. Al retirar los soportes, como se indica en la figura 5-17*b*, todas las reacciones actúan en forma normal a las superficies de contacto, ya que dichas superficies son lisas. Se muestra que las reacciones en *B* y *C* actúan en la dirección *y′* positiva. Esto hace suponer que los rodillos ubicados al fondo de la varilla sólo se utilizan como soporte.

Ecuaciones de equilibrio. Si utilizamos el sistema de coordenadas *x*, *y* que se ilustra en la figura 5-17*b*, tenemos

$$\overset{+}{\rightarrow}\Sigma F_x = 0; \qquad C_{y'} \text{ sen } 30^\circ + B_{y'} \text{ sen } 30^\circ - A_x = 0 \qquad (1)$$

$$+\uparrow\Sigma F_y = 0; \qquad -300 \text{ N} + C_{y'} \cos 30^\circ + B_{y'} \cos 30^\circ = 0 \qquad (2)$$

$$\circlearrowleft+\Sigma M_A = 0; \qquad -B_{y'}(2 \text{ m}) + 4000 \text{ N}\cdot\text{m} - C_{y'}(6 \text{ m})$$
$$+ (300 \cos 30^\circ \text{ N})(8 \text{ m}) = 0 \qquad (3)$$

Al escribir la ecuación de momentos, debería observarse que la línea de acción de la componente de fuerza 300 sen 30° N pasa por el punto *A* y, por lo tanto, esta fuerza no está incluida en la ecuación de momentos. Al resolver simultáneamente las ecuaciones 2 y 3,

$$B_{y'} = -1000.0 \text{ N} = -1 \text{ kN} \qquad \textit{Resp.}$$

$$C_{y'} = 1346.4 \text{ N} = 1.35 \text{ kN} \qquad \textit{Resp.}$$

Como $B_{y'}$ es un escalar negativo, el sentido de $\mathbf{B}_{y'}$ es opuesto al del diagrama de cuerpo libre de la figura 5-17*b*. Por consiguiente, el rodillo superior ubicado en *B* sirve como soporte en vez del inferior. Se conserva el signo negativo para $B_{y'}$ (¿por qué?) y al sustituir los resultados en la ecuación 1, obtenemos

$$1346.4 \text{ sen } 30^\circ \text{ N} + (-1000.0 \text{ sen } 30^\circ \text{ N}) - A_x = 0$$

$$A_x = 173 \text{ N} \qquad \textit{Resp.}$$

5

EJEMPLO 5.11

(a)

(© Russell C. Hibbeler)

La rampa uniforme del camión que se muestra en la figura 5-18*a* pesa 400 lb y está articulada al bastidor del camión en cada lado; asimismo, se mantiene en la posición indicada mediante los dos cables laterales. Determine la tensión en los cables.

SOLUCIÓN

En la figura 5-18*b* se ilustra el modelo idealizado de la rampa, que indica todas las dimensiones y los soportes necesarios. Aquí el centro de gravedad está ubicado en el punto medio, ya que la rampa se considera uniforme.

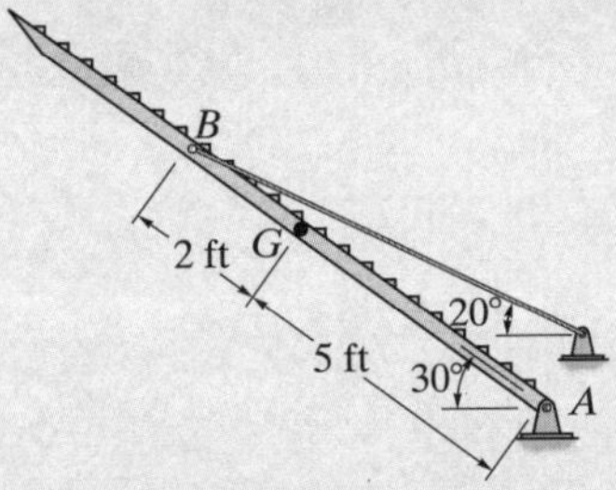

(b)

Diagrama de cuerpo libre. Al retirar los soportes del modelo idealizado, el diagrama de cuerpo libre de la rampa se muestra en la figura 5-18*c*.

Ecuaciones de equilibrio. Al sumar momentos con respecto al punto A se tendrá una solución directa para la tensión en el cable. Si se usa el principio de momentos, hay varias formas de determinar el momento de **T** con respecto a A. Si usamos las componentes x y y, con **T** aplicada en B, entonces

$$\circlearrowleft + \Sigma M_A = 0; \qquad -T\cos 20°(7 \text{ sen } 30° \text{ ft}) + T \text{ sen } 20°(7 \cos 30° \text{ ft})$$

$$+ 400 \text{ lb}\,(5 \cos 30° \text{ ft}) = 0$$

$$T = 1425 \text{ lb}$$

También es posible determinar el momento de **T** con respecto a A al separarla en componentes a lo largo de la rampa, y de manera perpendicular a ésta, en B. Por lo tanto, el momento de la componente a lo largo de la rampa es cero con respecto a A, por lo que

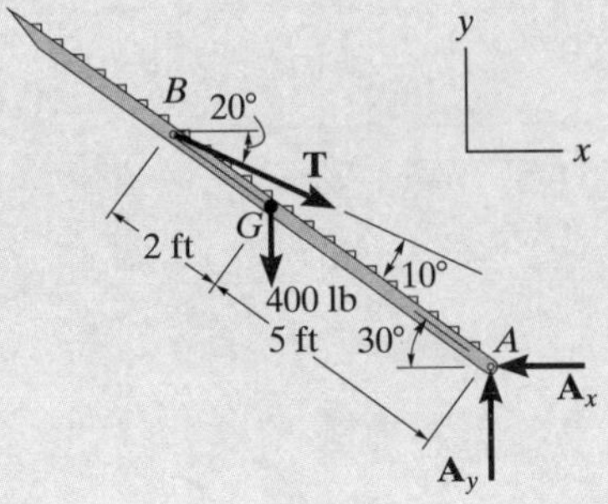

(c)

Fig. 5-18

$$\circlearrowleft + \Sigma M_A = 0; \qquad -T \text{ sen } 10°(7 \text{ ft}) + 400 \text{ lb}\,(5 \cos 30° \text{ ft}) = 0$$

$$T = 1425 \text{ lb}$$

Dado que dos cables soportan la rampa,

$$T' = \frac{T}{2} = 712 \text{ lb} \qquad \textit{Resp.}$$

NOTA: Como ejercicio, demuestre que $A_x = 1339$ lb y $A_y = 887.4$ lb.

EJEMPLO 5.12

Determine las reacciones de los soportes sobre el elemento que se muestra en la figura 5-19*a*. El collar en *A* está fijo al elemento y puede deslizarse verticalmente a lo largo del eje vertical.

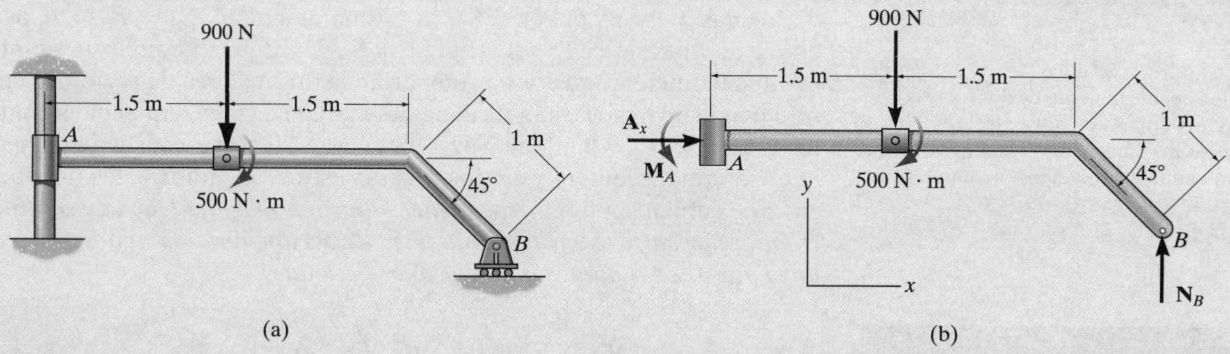

Fig. 5-19

5

SOLUCIÓN

Diagrama de cuerpo libre. En la figura 5-19*b* se muestra el diagrama de cuerpo libre del elemento, después de retirar los soportes. El collar ejerce una fuerza horizontal $\mathbf{A}_x$ y un momento $\mathbf{M}_A$ sobre el elemento. La reacción $\mathbf{N}_B$ del rodillo sobre el elemento es vertical.

Ecuaciones de equilibrio. Las fuerzas A_x y N_B pueden calcularse directamente a partir de las ecuaciones de equilibrio de fuerza.

$\xrightarrow{+} \Sigma F_x = 0;$ $\quad A_x = 0$ *Resp.*

$+\uparrow \Sigma F_y = 0;$ $\quad N_B - 900\text{ N} = 0$

$N_B = 900\text{ N}$ *Resp.*

El momento M_A puede determinarse sumando los momentos con respecto al punto *A* o bien con respecto al punto *B*.

$\circlearrowleft + \Sigma M_A = 0;$

$$M_A - 900\text{ N}(1.5\text{ m}) - 500\text{ N}\cdot\text{m} + 900\text{ N}[3\text{ m} + (1\text{ m})\cos 45^\circ] = 0$$

$$M_A = -1486\text{ N}\cdot\text{m} = 1.49\text{ kN}\cdot\text{m} \circlearrowright$$ *Resp.*

o bien

$\circlearrowleft + \Sigma M_B = 0;$ $\quad M_A + 900\text{ N}[1.5\text{ m} + (1\text{ m})\cos 45^\circ] - 500\text{ N}\cdot\text{m} = 0$

$$M_A = -1486\text{ N}\cdot\text{m} = 1.49\text{ kN}\cdot\text{m} \circlearrowright$$ *Resp.*

El signo negativo indica que $\mathbf{M}_A$ tiene el sentido de rotación opuesto al del diagrama de cuerpo libre.

5.4 Elementos de dos y tres fuerzas

Las soluciones de algunos problemas de equilibrio pueden simplificarse al identificar los elementos que están sometidos a sólo dos o tres fuerzas.

Elementos de dos fuerzas Como indica su nombre, un ***elemento de dos fuerzas*** tiene fuerzas aplicadas en sólo dos puntos sobre el elemento. Un ejemplo se muestra en la figura 5-20*a*. Para satisfacer el equilibrio de fuerzas, $\mathbf{F}_A$ y $\mathbf{F}_B$ deben tener la misma magnitud, $F_A = F_B = F$, pero dirección opuesta ($\Sigma\mathbf{F} = \mathbf{0}$) (fig. 5-20*b*). Asimismo, el equilibrio de momentos requiere que $\mathbf{F}_A$ y $\mathbf{F}_B$ compartan la misma línea de acción, lo cual sólo puede ocurrir si están dirigidas a lo largo de la línea que une los puntos A y B ($\Sigma\mathbf{M}_A = \mathbf{0}$ o bien $\Sigma\mathbf{M}_B = \mathbf{0}$) (fig. 5-20*c*). Por consiguiente, para que cualquier elemento de dos fuerzas esté en equilibrio, las dos fuerzas que actúan sobre él *deben tener la misma magnitud, actuar en direcciones opuestas y tener la misma línea de acción, dirigida a lo largo de la línea que une los puntos donde actúan estas fuerzas*.

El cilindro hidráulico AB es un ejemplo típico de un elemento de dos fuerzas, pues está articulado en sus extremos y, dado que su peso no se toma en cuenta, sobre este elemento solamente actúan las fuerzas de los pasadores. (© Russell C. Hibbeler)

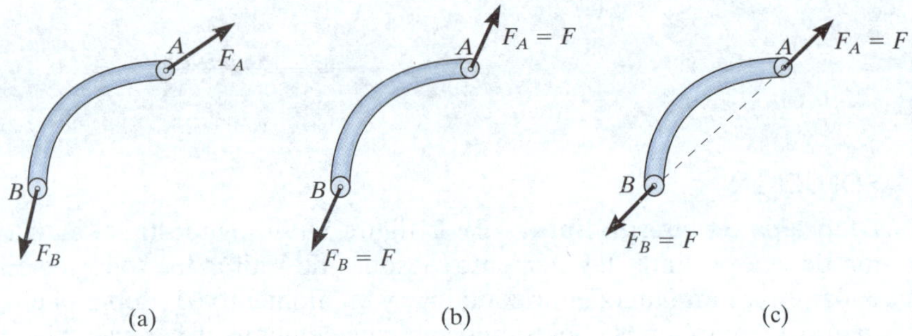

Elemento de dos fuerzas

Fig. 5-20

El eslabón que se usa para frenar este vagón de ferrocarril es un elemento de tres fuerzas. Como la fuerza $\mathbf{F}_B$ en la varilla de sujeción B y $\mathbf{F}_C$ desde el eslabón en C son paralelas, entonces para lograr el equilibrio la fuerza resultante $\mathbf{F}_A$ en el pasador A también debe ser paralela a esas dos fuerzas. (© Russell C. Hibbeler)

Elementos de tres fuerzas. Si un elemento está sometido a sólo *tres fuerzas*, se denomina ***elemento de tres* fuerzas**. El equilibrio de momento se puede satisfacer sólo si las tres fuerzas forman un sistema de fuerzas *concurrentes* o *paralelas.* Para ilustrarlo, considere el elemento sometido a las tres fuerzas $\mathbf{F}_1$, $\mathbf{F}_2$ y $\mathbf{F}_3$, que se muestra en la figura 5-21*a*. Si las líneas de acción de $\mathbf{F}_1$ y $\mathbf{F}_2$ se intersecan en el punto O, entonces la línea de acción de $\mathbf{F}_3$ *también* debe pasar por el punto O, de modo que las fuerzas satisfagan $\Sigma\mathbf{M}_O = \mathbf{0}$. Como caso especial, si las tres fuerzas son paralelas (fig. 5-21*b*), la ubicación del punto de intersección, O, se aproximará al infinito.

La pluma y la jaula de este elevador forman un elemento de tres fuerzas, sin tomar en cuenta su peso. Aquí, las líneas de acción del peso del trabajador, $\mathbf{W}$, y la fuerza del elemento de dos fuerzas (cilindro hidráulico) en B, $\mathbf{F}_B$, se intersecan en O. Para el equilibrio de momento, la fuerza resultante en el pasador A, $\mathbf{F}_A$, también debe estar dirigida hacia O. (© Russell C. Hibbeler)

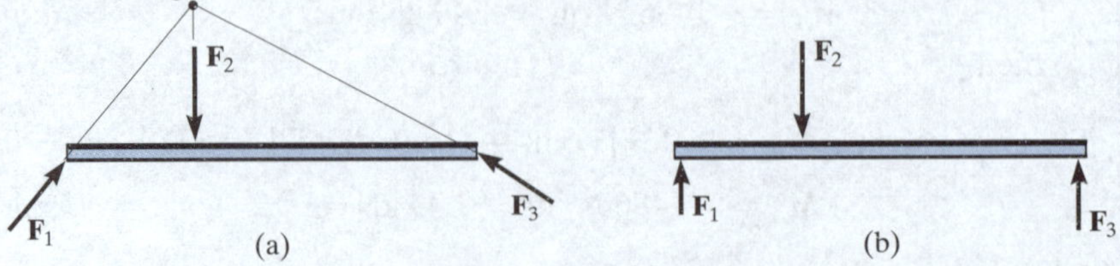

Elemento de tres fuerzas

Fig. 5-21

EJEMPLO 5.13

La palanca ABC está articulada en A y conectada a un eslabón corto BD, como se indica en la figura 5-22a. Si no se toma en cuenta el peso del elemento, determine la fuerza del pasador sobre la palanca en A.

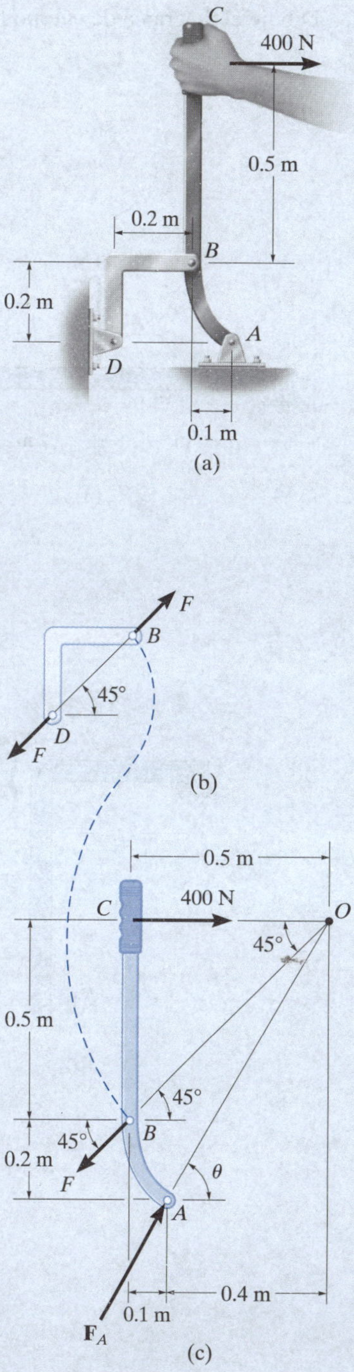

Fig. 5-22

SOLUCIÓN

Diagramas de cuerpo libre. Como se observa en la figura 5-22b, el eslabón corto BD es un *elemento de dos fuerzas*, por lo que las *fuerzas resultantes* en los pasadores D y B deben ser iguales, opuestas y colineales. Aunque la magnitud de la fuerza es una incógnita, se conoce la línea de acción, ya que pasa por B y D.

La palanca ABC es un *elemento de tres fuerzas*; por lo tanto, para satisfacer el equilibrio de momento, las tres fuerzas no paralelas que actúan sobre la palanca deben ser concurrentes en O (fig. 5-22c). En particular, observe que la fuerza **F** sobre la palanca en B es igual pero opuesta a la fuerza **F** que actúa en B sobre el eslabón. ¿Por qué? La distancia CO debe ser de 0.5 m, ya que se conocen las líneas de acción de **F** y la fuerza de 400 N.

Ecuaciones de equilibrio. Como se requiere que el sistema de fuerzas sea concurrente en O, y ya que $\Sigma M_O = 0$, el ángulo θ que define la línea de acción de $\mathbf{F}_A$ puede determinarse por trigonometría,

$$\theta = \tan^{-1}\left(\frac{0.7}{0.4}\right) = 60.3^\circ$$

Con los ejes x, y y la aplicación de las ecuaciones de equilibrio de fuerzas,

$$\overset{+}{\rightarrow}\Sigma F_x = 0; \qquad F_A \cos 60.3^\circ - F\cos 45^\circ + 400\text{ N} = 0$$

$$+\uparrow\Sigma F_y = 0; \qquad F_A \operatorname{sen} 60.3^\circ - F\operatorname{sen} 45^\circ = 0$$

Al despejar, obtenemos

$$F_A = 1.07\text{ kN}$$
$$F = 1.32\text{ kN} \qquad \textit{Resp.}$$

NOTA: También podemos resolver este problema con la representación de la fuerza en A mediante sus dos componentes $\mathbf{A}_x$ y $\mathbf{A}_y$ y la aplicación de $\Sigma M_A = 0$, $\Sigma F_x = 0$, $\Sigma F_y = 0$ a la palanca. Una vez que se determinan A_x y A_y, obtenemos F_A y θ.

5

PROBLEMAS PRELIMINARES

P5-1. Dibuje el diagrama de cuerpo libre de cada objeto.

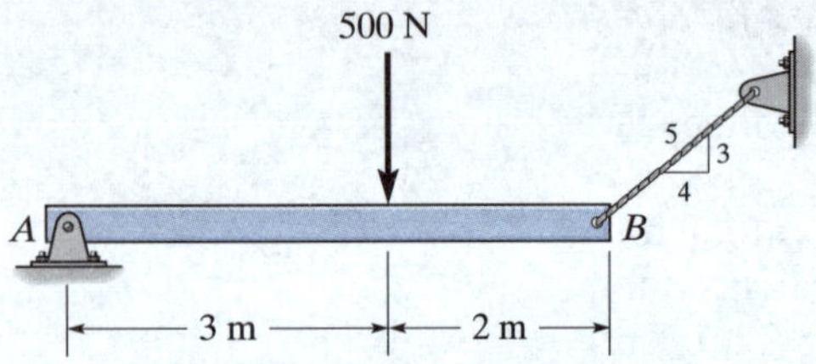

(a)

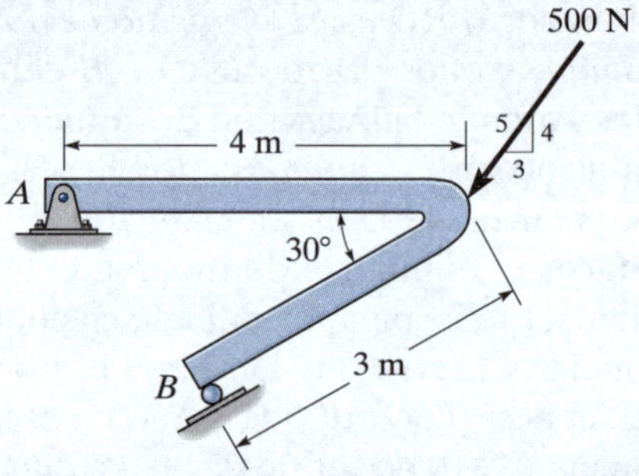

(d)

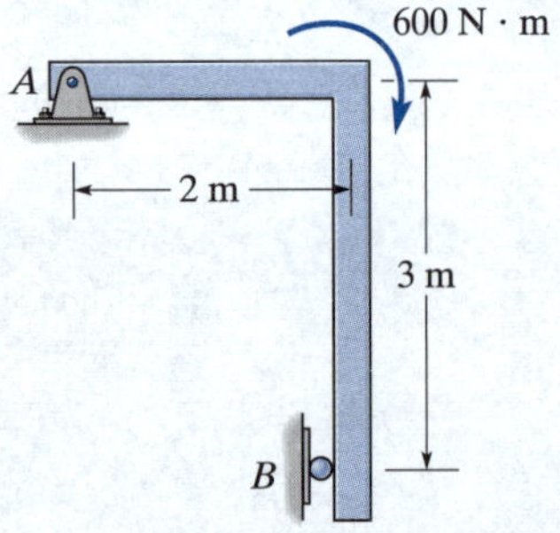

(b)

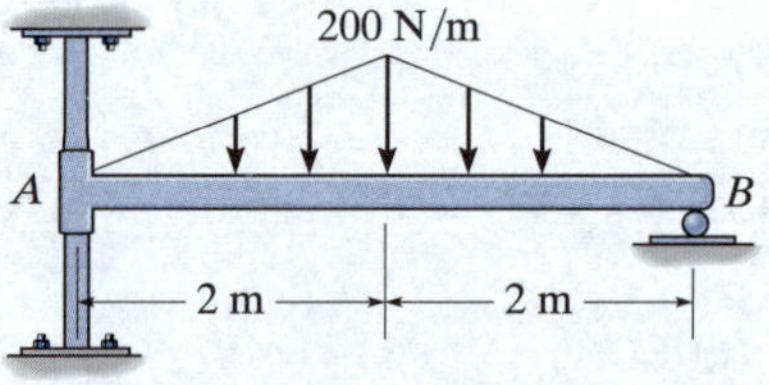

(e)

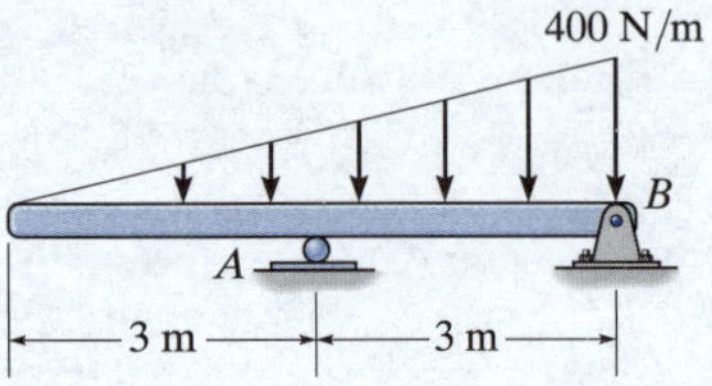

(c)

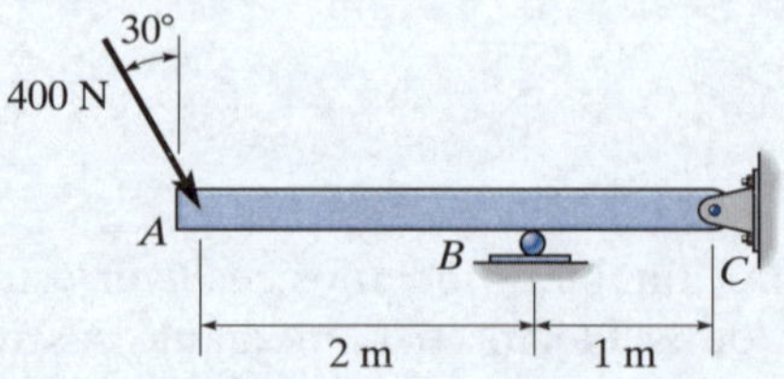

(f)

Prob. P5-1

PROBLEMAS FUNDAMENTALES

Todas las soluciones a los problemas deben incluir un DCL.

F5-1. Determine las componentes horizontal y vertical de la reacción de los soportes. No tome en cuenta el grosor de la viga.

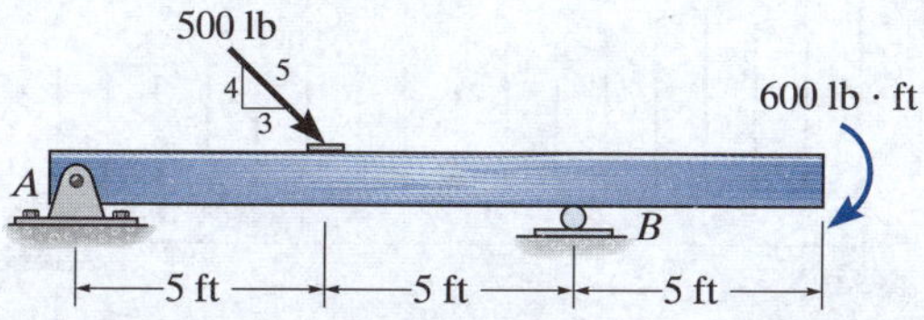

Prob. F5-1

F5-2. Determine las componentes horizontal y vertical de la reacción del pasador A y la reacción sobre la viga en C.

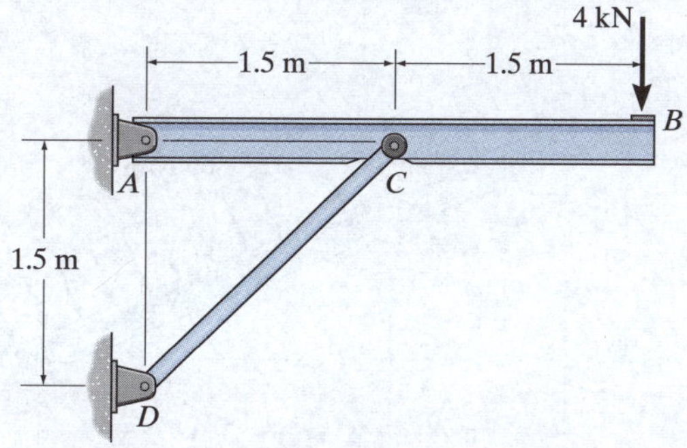

Prob. F5-2

F5-3. La armadura se sostiene mediante un pasador en A y un rodillo en B. Determine las reacciones del soporte.

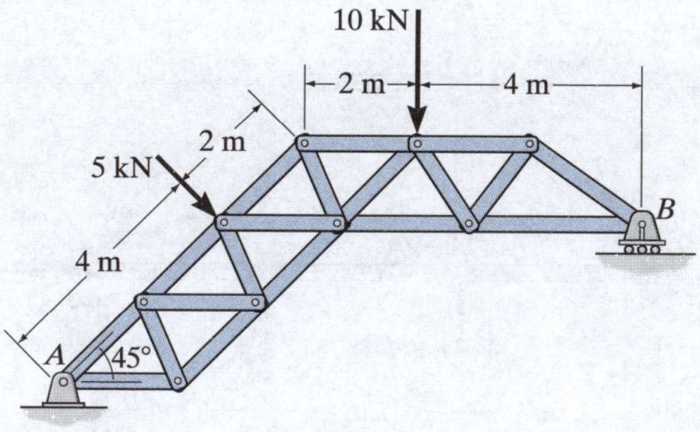

Prob. F5-3

F5-4. Determine las componentes de reacción del soporte fijo ubicado en A. El grosor de la viga no se toma en cuenta.

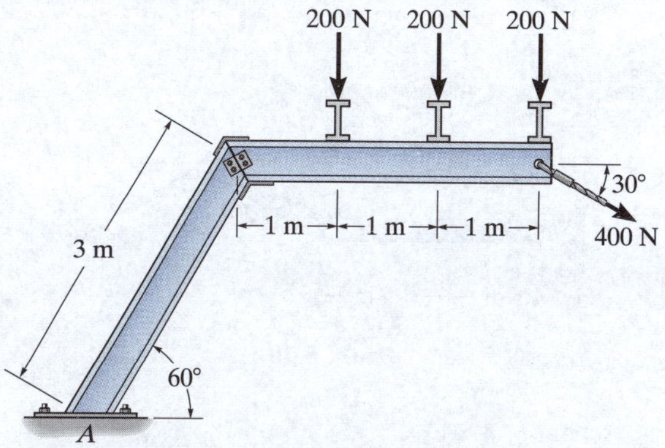

Prob. F5-4

F5-5. La barra de 25 kg tiene un centro de masa en G. Si la barra se sostiene mediante una clavija lisa en C, un rodillo en A y una cuerda AB, determine las reacciones de estos soportes.

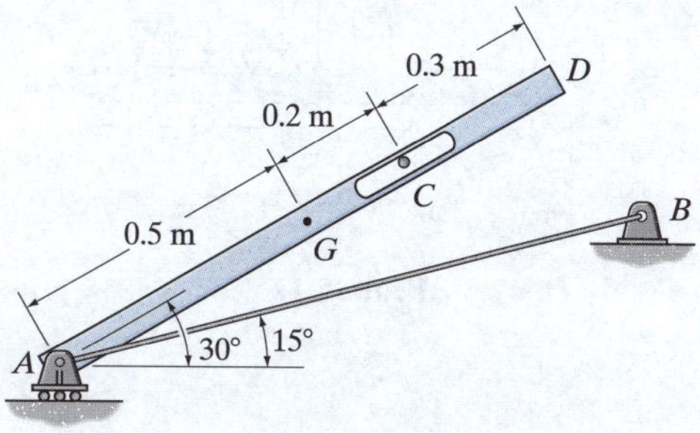

Prob. F5-5

F5-6. Determine las reacciones de los puntos de contacto lisos A, B y C en la barra.

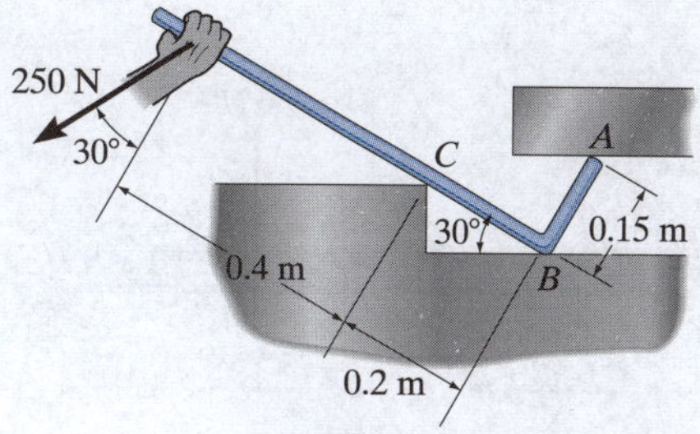

Prob. F5-6

5

PROBLEMAS

Todas las soluciones a los problemas deben incluir un DCL

5-10. Determine las componentes de las reacciones de apoyo del soporte fijo A sobre la viga en voladizo.

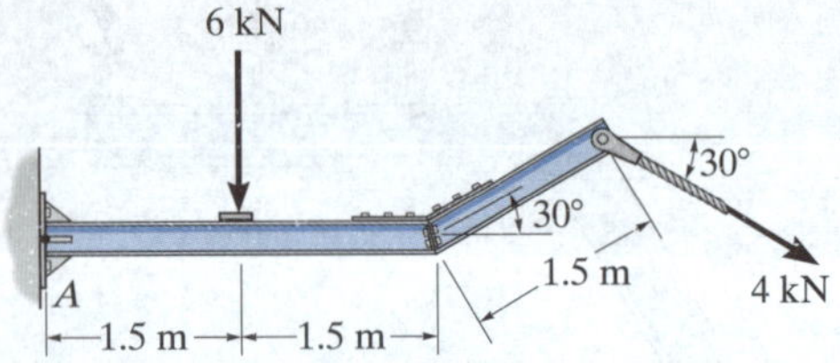

Prob. 5-10

5-11. Determine las reacciones en los soportes.

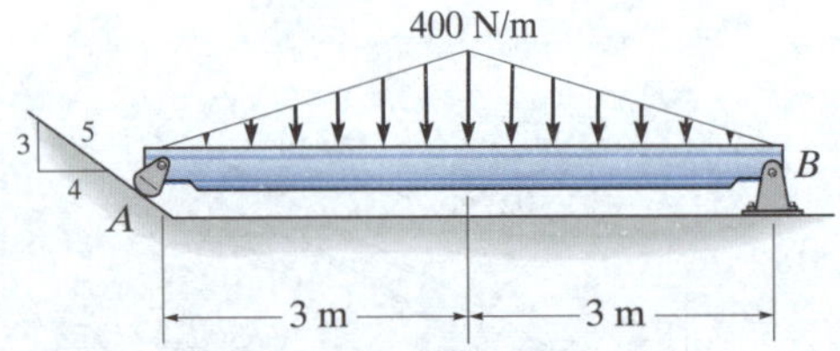

Prob. 5-11

***5-12.** Determine las componentes horizontal y vertical de la reacción del pasador A y la reacción del soporte de mecedora B sobre la viga.

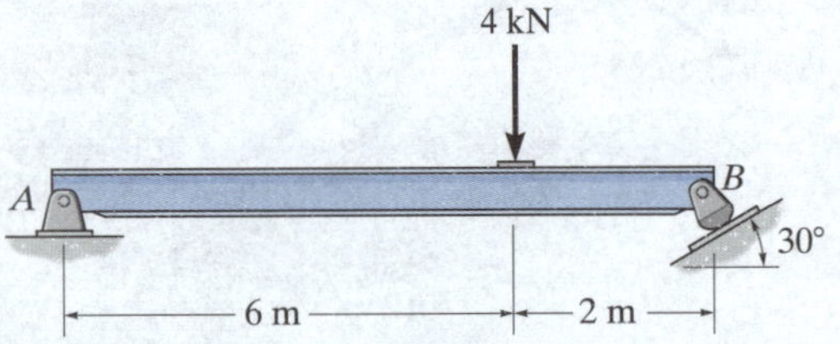

Prob. 5-12

5-13. Determine las reacciones de los soportes.

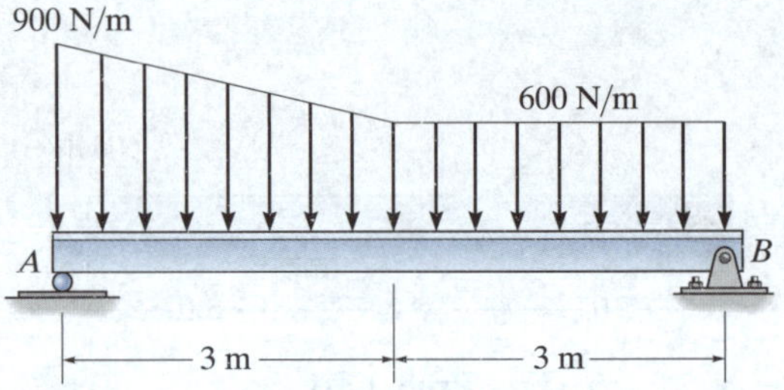

Prob. 5-13

5-14. Determine las reacciones de los soportes.

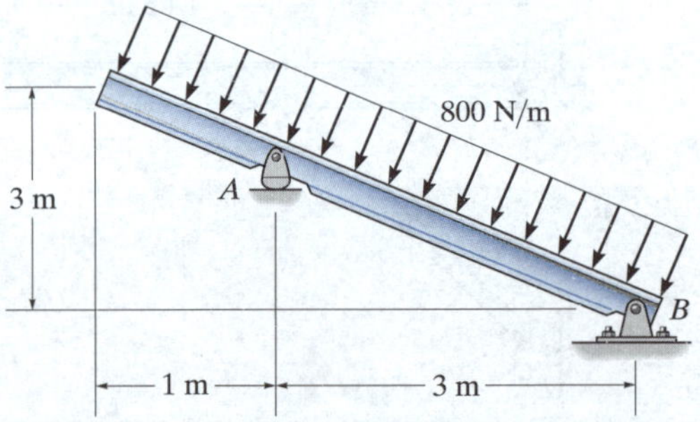

Prob. 5-14

5-15. Determine las reacciones de los soportes.

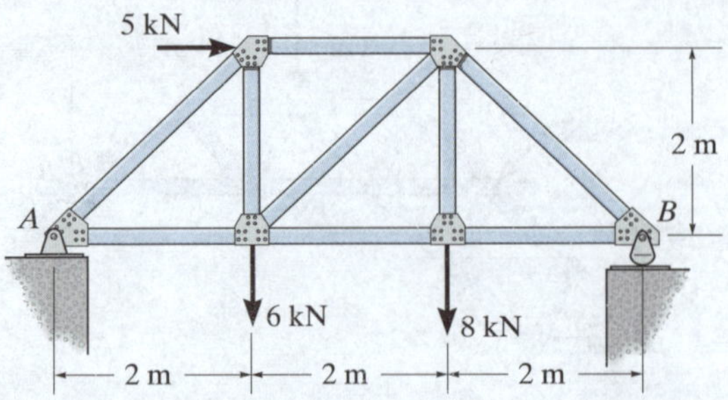

Prob. 5-15

***5-16.** Determine la tensión en el cable y las componentes horizontal y vertical de la reacción del pasador A. La polea en D está libre de fricción y el cilindro pesa 80 lb.

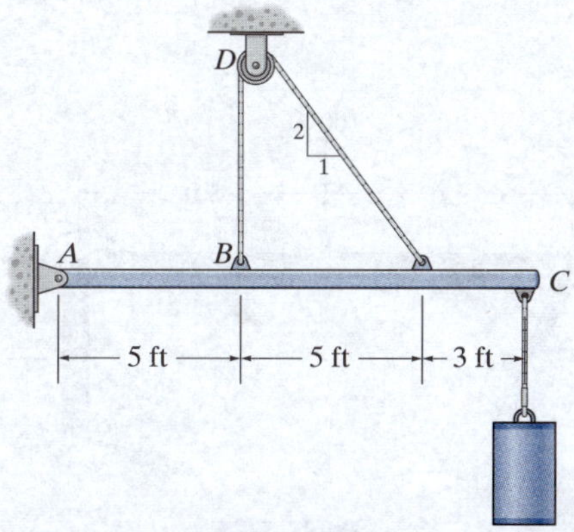

Prob. 5-16

5-17. El hombre intenta sostener la carga de tablas que tienen un peso W y un centro de gravedad en G. Si se encuentra de pie sobre un suelo liso, determine el ángulo θ más pequeño al que puede mantenerlas en la posición mostrada. No tome en cuenta el peso del hombre.

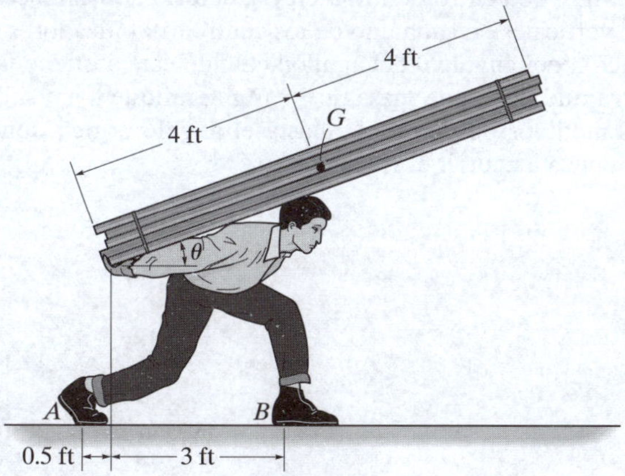

Prob. 5-17

5-18. Determine las componentes de la reacción de los soportes A y B sobre la varilla.

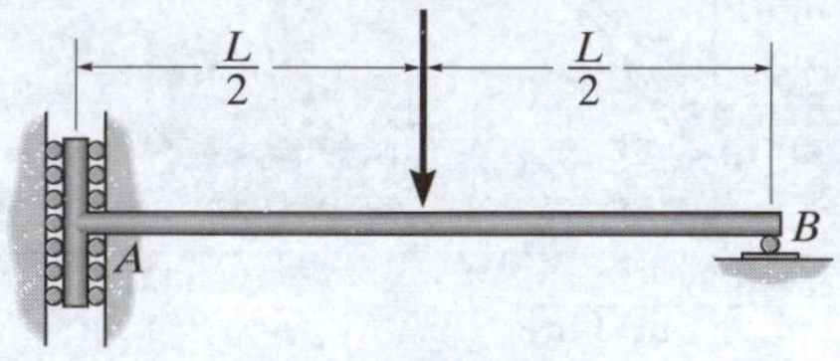

Prob. 5-18

5-19. El hombre tiene un peso W y está parado en el centro de la tabla. Si los planos A y B son lisos, determine la tensión en la cuerda en términos de W y θ.

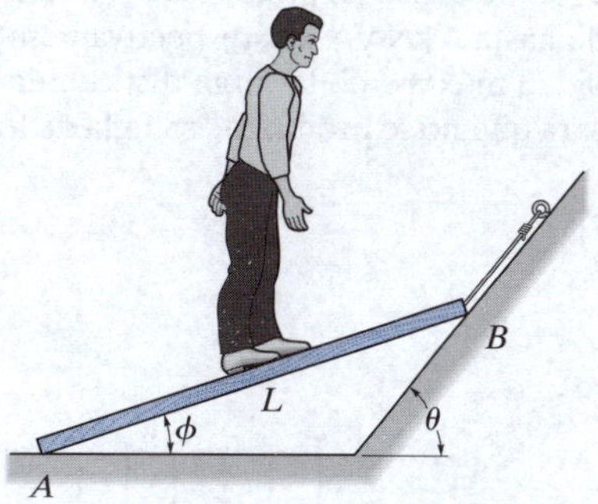

Prob. 5-19

***5-20.** Una varilla de vidrio uniforme que tiene una longitud L se coloca en el tazón hemisférico liso con radio r. Determine el ángulo de inclinación θ necesario para el equilibrio.

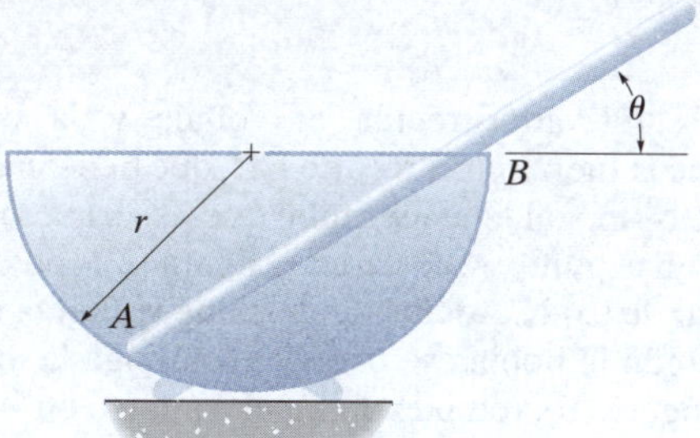

Prob. 5-20

5-21. La varilla uniforme AB tiene una masa de 40 kg. Determine la fuerza en el cable cuando la varilla está en la posición mostrada. En A hay un collarín liso.

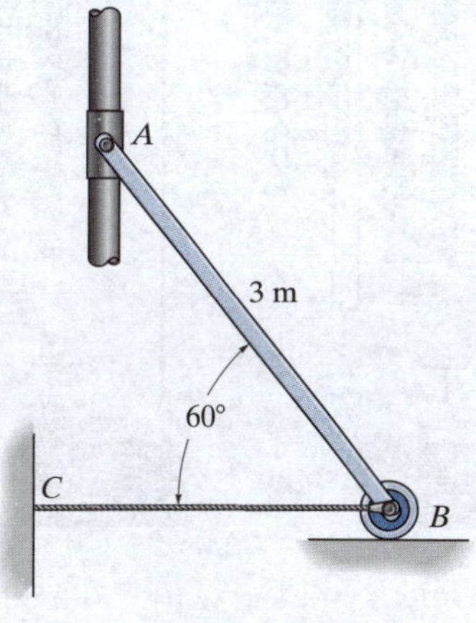

Prob. 5-21

5-22. Si la intensidad de la carga distribuida que actúa sobre la viga es $w = 3$ kN/m, determine las reacciones del rodillo A y pasador B.

5-23. Si el rodillo en A y el pasador en B pueden soportar una carga de hasta 4 kN y 8 kN, respectivamente, determine la intensidad máxima de la carga distribuida w, medida en kN/m, para que no se produzca esa falla de los soportes.

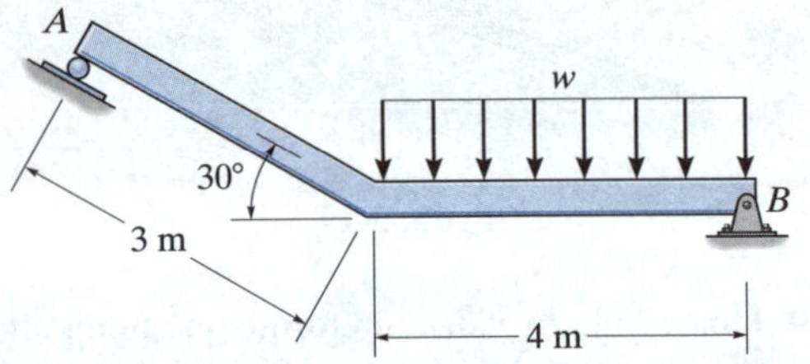

Probs. 5-22/23

***5-24.** El relevador regula el voltaje y la corriente. Determine la fuerza en el resorte CD, que tiene una rigidez $k = 120$ N/m, tal que permita que la armadura haga contacto en el punto A, como en la figura (a), con una fuerza vertical de 0.4 N. Además, determine la fuerza en el resorte, cuando la bobina se energice y atraiga la armadura hacia E, figura (b), rompiendo así el contacto en A.

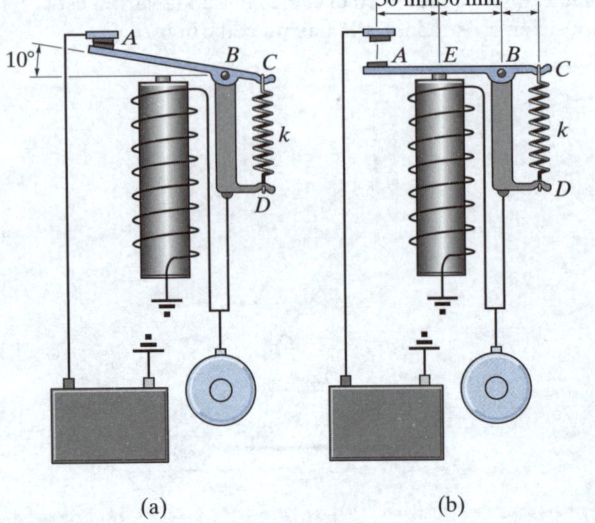

Prob. 5-24

5-25. Determine las reacciones en la varilla doblada que se apoya en una superficie lisa en B y mediante un collar en A, el cual está fijo a la varilla y puede deslizarse libremente sobre la varilla fija inclinada.

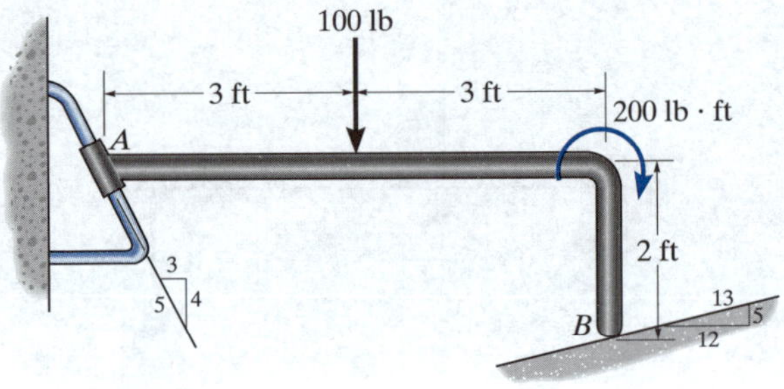

Prob. 5-25

5-26. La grúa móvil está sostenida en forma simétrica mediante dos estabilizadores en A y dos más en B, con la finalidad de aliviar la suspensión del camión sobre el que descansa y de proporcionar una mayor estabilidad. Si el brazo de la grúa y el camión tienen una masa de 18 Mg y un centro de masa en G_1, y el aguilón tiene una masa de 1.8 Mg y un centro de masa en G_2, determine las reacciones verticales en cada uno de los cuatro estabilizadores en función del ángulo θ del aguilón cuando éste sostiene una carga que tiene una masa de 1.2 Mg. Grafique los resultados medidos desde $\theta = 0°$ hasta el ángulo crítico donde comienza a ocurrir el volcamiento.

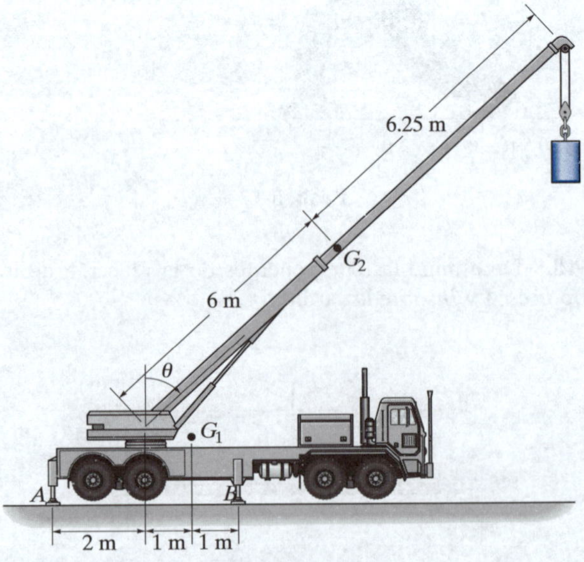

Prob. 5-26

5-27. Determine las reacciones que actúan sobre la barra uniforme lisa, que tiene una masa de 20 kg.

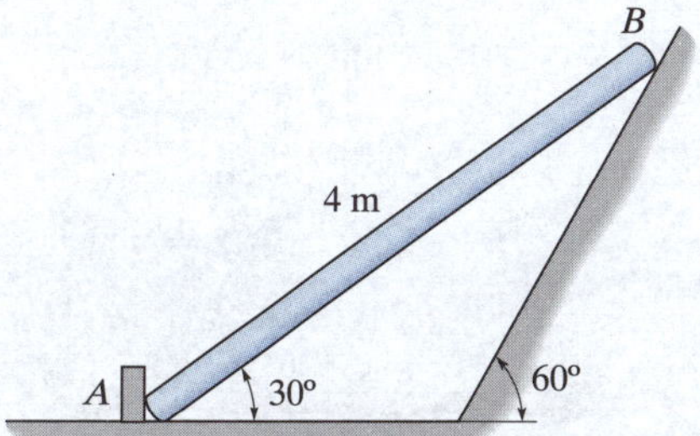

Prob. 5-27

***5-28.** Un *resorte de torsión* lineal se deforma de modo que un momento de par M aplicado se relaciona con la rotación θ en radianes del resorte mediante la ecuación $M = (20\,\theta)$ N · m. Si tal resorte se une al extremo de una varilla uniforme de 10 kg, conectada mediante un pasador, determine el ángulo θ necesario para el equilibrio. El resorte está sin deformar cuando $\theta = 0°$.

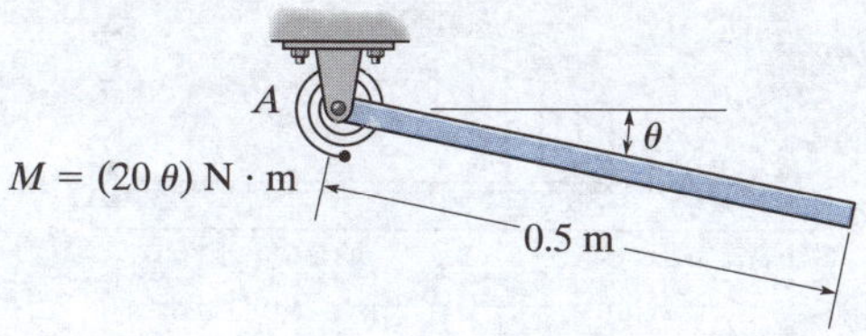

Prob. 5-28

5-29. Determine la fuerza P necesaria para tirar del rodillo de 50 kg sobre el escalón liso. Considere que $\theta = 30°$.

5-30. Determine la magnitud y la dirección θ de la fuerza P mínima necesaria para tirar del rodillo de 50 kg sobre el escalón liso.

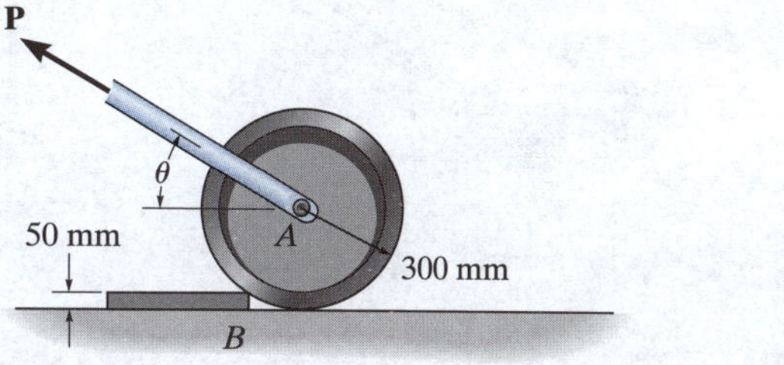

Probs. 5-29/30

5-31. La operación de la bomba de combustible para un automóvil depende de la acción del movimiento alternativo del brazo basculante ABC, que está conectado mediante un pasador en B y se carga mediante resortes en A y D. Si la leva lisa C se encuentra en la posición indicada, determine las componentes horizontal y vertical de la fuerza del pasador y la fuerza del resorte DF para lograr el equilibrio. La fuerza vertical que actúa sobre el brazo basculante en A es $F_A = 60$ N, y en C es $F_C = 125$ N.

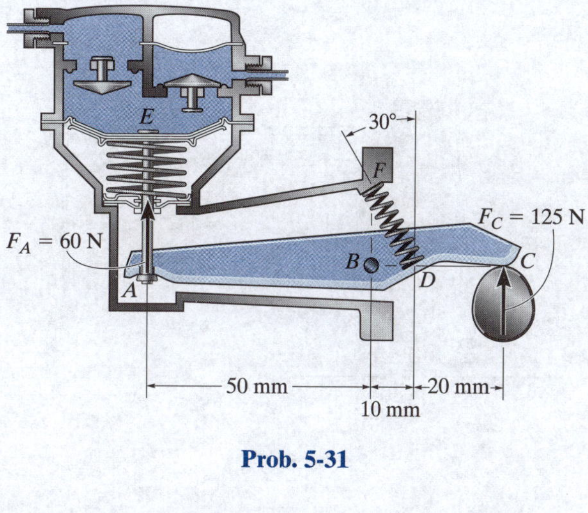

Prob. 5-31

***5-32.** Determine la magnitud de la fuerza del pasador A y el cable BC necesaria para sostener la carga de 500 lb. No tome en cuenta el peso del aguilón AB.

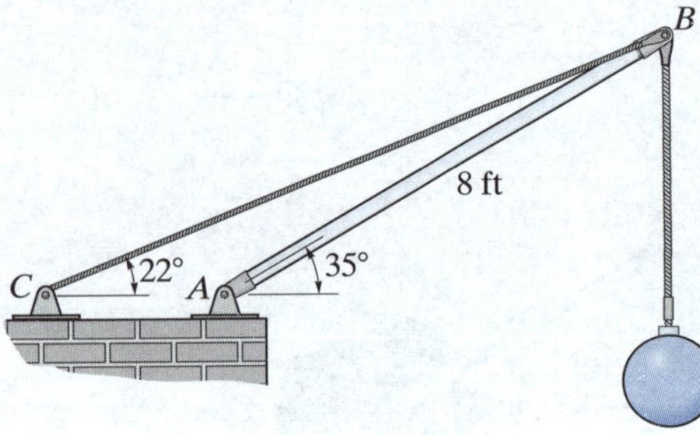

Prob. 5-32

5-33. En la figura se presentan las dimensiones de una grúa de brazo, que fabrica la compañía Basick. Si la grúa tiene una masa de 800 kg y un centro de masa en G, y la fuerza nominal máxima en su extremo es $F = 15$ kN, determine las reacciones de sus cojinetes. El cojinete en A es liso y sólo admite una fuerza horizontal, en tanto que el cojinete en B es de empuje y soporta las componentes horizontal y vertical.

5-34. En la figura se presentan las dimensiones de una grúa de brazo, que fabrica la compañía Basick. La grúa tiene una masa de 800 kg y un centro de masa en G. El cojinete en A es liso y puede soportar una fuerza horizontal, mientras que el cojinete en B es de empuje y soporta las componentes horizontal y vertical. Determine la carga F máxima que se puede suspender de su extremo, si los cojinetes seleccionados en A y B pueden soportar una carga resultante máxima de 24 kN y 34 kN, respectivamente.

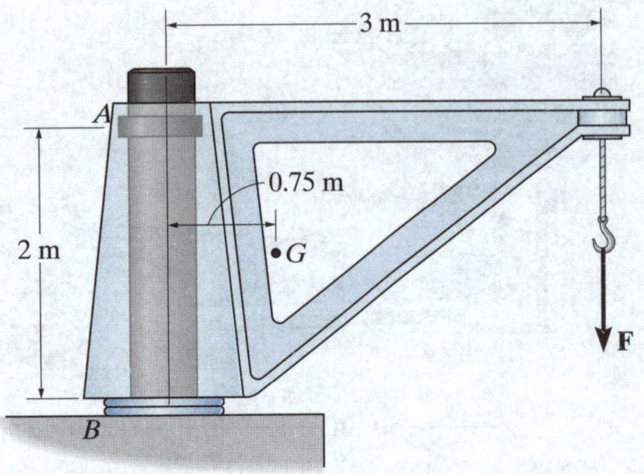

Probs. 5-33/34

5-35. El tubo liso se apoya contra la abertura en los puntos de contacto A, B y C. Determine las reacciones en estos puntos, necesarias para soportar la fuerza de 300 N. No tome en cuenta el espesor de la tubería en el cálculo.

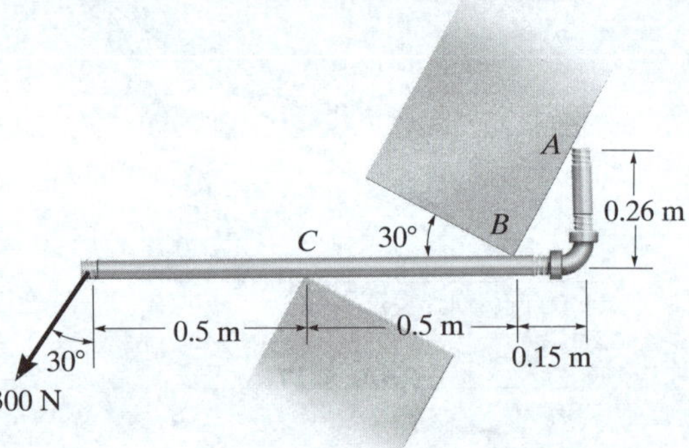

Prob. 5-35

***5-36.** La viga de peso despreciable se sostiene horizontalmente mediante dos resortes. Si la viga se encuentra en posición horizontal y los resortes no están estirados al retirar la carga, determine el ángulo de inclinación de la viga cuando se aplica la carga.

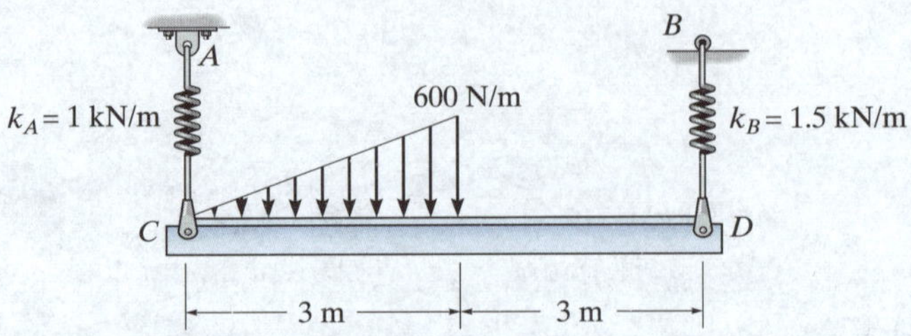

Prob. 5-36

5-37. La grúa de brazo en voladizo se utiliza para sostener la carga de 780 lb. Si $x = 5$ ft, determine las reacciones de los apoyos. Tenga en cuenta que los apoyos son collares que permiten que la grúa gire libremente con respecto al eje vertical. El collar en B soporta una fuerza en la dirección vertical, mientras que el collar en A no lo hace.

5-38. La grúa de brazo en voladizo se utiliza para sostener la carga de 780 lb. Si el carro T se puede colocar en cualquier sitio entre $1.5 \text{ ft} \leq x \leq 7.5$ ft, determine la magnitud máxima de la reacción de los apoyos A y B. Tenga en cuenta que los soportes son collares que permiten que la grúa gire libremente con respecto al eje vertical. El collar en B soporta una fuerza en la dirección vertical, mientras que el collar en A no lo hace.

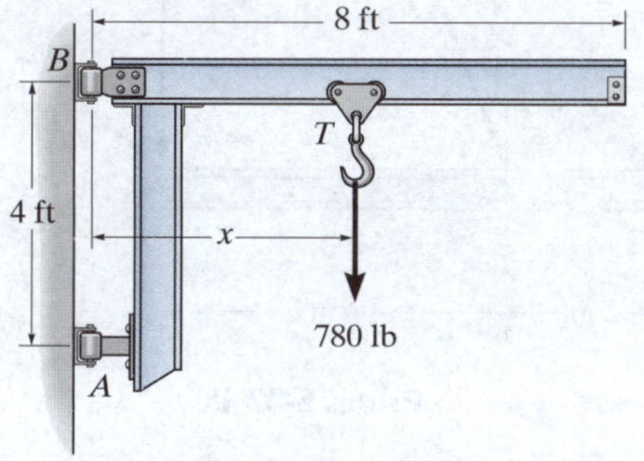

Probs. 5-37/38

5-39. La barra de peso despreciable se sostiene mediante dos resortes, cada uno con una rigidez $k = 100$ N/m. Si los resortes están originalmente sin estirar y la fuerza es vertical, como se muestra en la figura, determine el ángulo θ que forma la barra con la horizontal cuando se aplica una fuerza de 30 N a la barra.

***5-40.** Determine la rigidez k de cada resorte, tal que la fuerza de 30 N haga que la barra se incline hasta $\theta = 15°$ cuando se aplica la fuerza. En un inicio, la barra se encuentra en posición horizontal y los resortes están sin estirar. No tome en cuenta el peso de la barra.

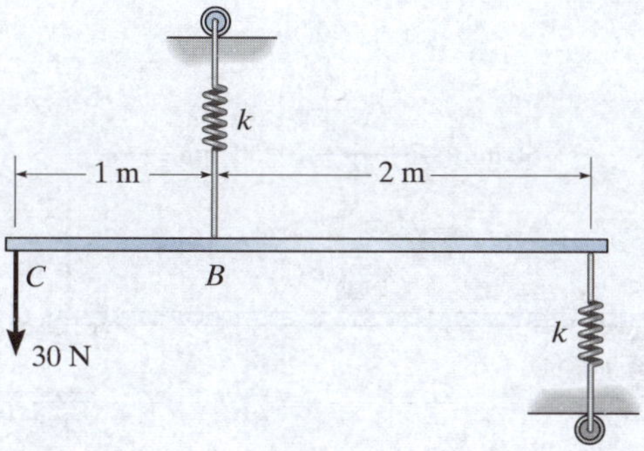

Probs. 5-39/40

5-41. La barrera AD está sometida tanto a la presión del agua como a la del material de relleno. Si se supone que AD está "articulada" al suelo en A, determine las reacciones horizontal y vertical en ese punto, así como la tensión en el anclaje al suelo BC, necesaria para el equilibrio. La barrera tiene una masa de 800 kg.

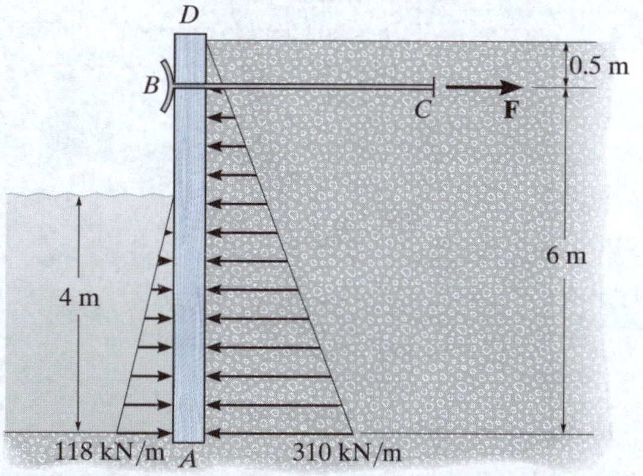

Prob. 5-41

5-42. El aguilón soporta las dos cargas verticales. No tome en cuenta el tamaño de los collares en D y B, ni el espesor del aguilón, para calcular las componentes horizontal y vertical de la fuerza del pasador A y la fuerza en el cable CB. Considere que $F_1 = 800$ N y $F_2 = 350$ N.

5-43. El aguilón está diseñado para soportar dos cargas verticales, $\mathbf{F}_1$ y $\mathbf{F}_2$. Si el cable CB puede soportar una carga máxima de 1500 N antes de fallar, determine las cargas críticas si $F_1 = 2F_2$. Además, ¿cuál es la magnitud de la reacción máxima del pasador A?

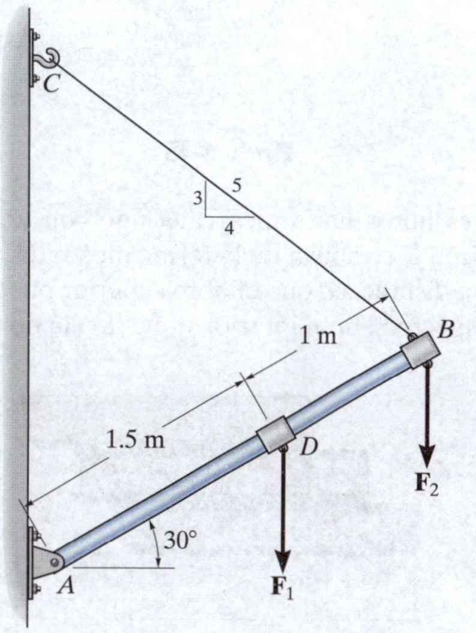

Probs. 5-42/43

***5-44.** La varilla uniforme de 10 kg está articulada en el extremo A. Si también se somete a un momento de par de 50 N · m, determine el ángulo θ más pequeño que se requiere para el equilibrio. El resorte no está estirado cuando $\theta = 0$ y tiene una rigidez $k = 60$ N/m.

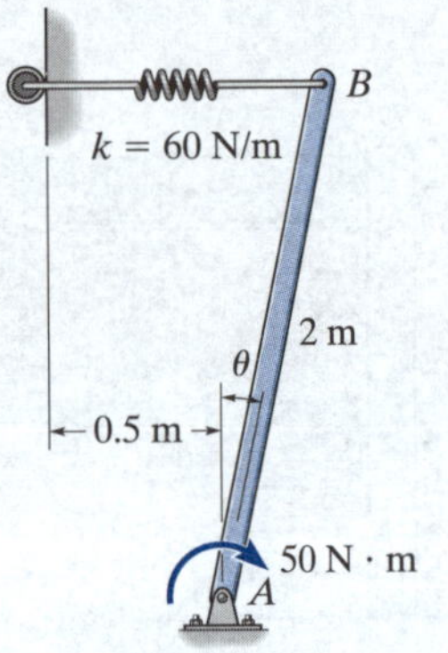

Prob. 5-44

5-45. El hombre utiliza el carro manual para mover el material hacia arriba del escalón. Si el carro y su carga tienen una masa de 50 kg con centro de gravedad en G, determine la reacción normal de ambas ruedas, así como la magnitud y la dirección de la fuerza mínima requerida en la empuñadura B necesaria para levantar la carga.

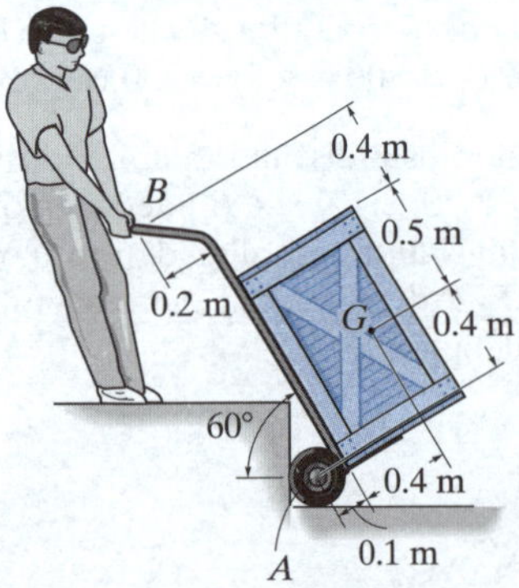

Prob. 5-45

5-46. Tres libros uniformes, cada uno con un peso W y una longitud a, se apilan de la forma mostrada. Determine la máxima distancia d que el libro superior puede deslizarse con respecto al libro inferior y que la pila no se vuelque.

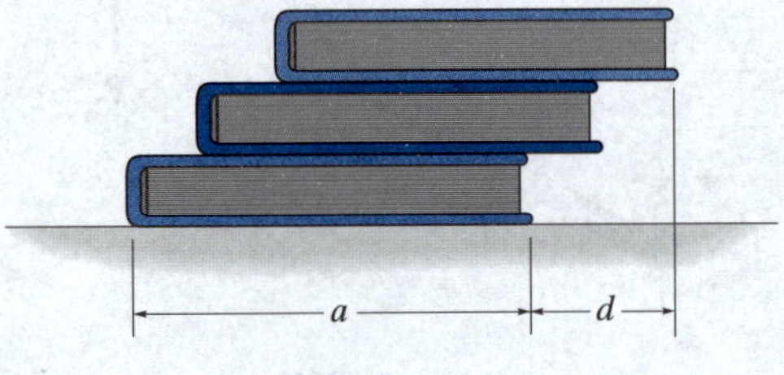

Prob. 5-46

5-47. Determine las reacciones del pasador A y la tensión en la cuerda BC. Considere que $F = 40$ kN. No tome en cuenta el espesor de la viga.

***5-48.** Si la cuerda BC fallará cuando la tensión sea de 50 kN, determine la mayor carga vertical F que se puede aplicar a la viga en B. ¿Cuál es la magnitud de la reacción en A para esta carga? No tome en cuenta el espesor de la viga.

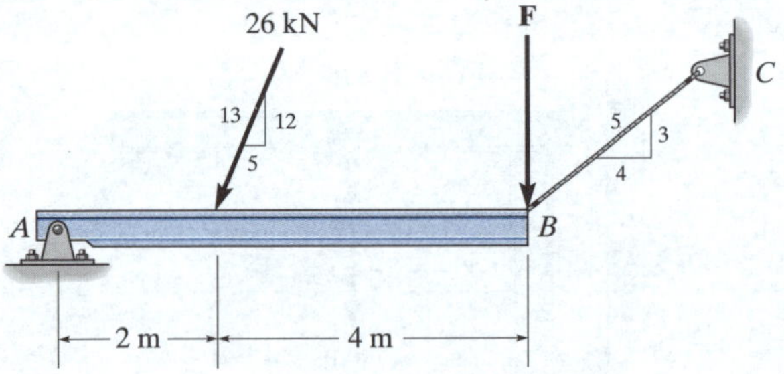

Probs. 5-47/48

5-49. La tira de metal rígido con peso despreciable se utiliza como parte de un interruptor electromagnético. Si la rigidez de los resortes en A y B es $k = 5$ N/m, y la tira se encuentra en un inicio en posición horizontal cuando los resortes no están estirados, determine la fuerza F más pequeña necesaria para eliminar la separación de contacto en C.

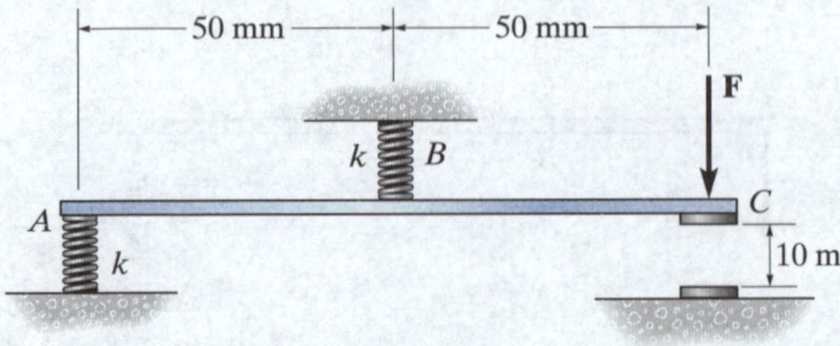

Prob. 5-49

5-50. La tira de metal rígido con peso despreciable se utiliza como parte de un interruptor electromagnético. Determine la rigidez máxima k de los resortes en A y B, tal que el contacto en C ocurra cuando la fuerza vertical desarrollada ahí sea $F = 0.5$ N. En un inicio, la tira está en posición horizontal como se indica en la figura.

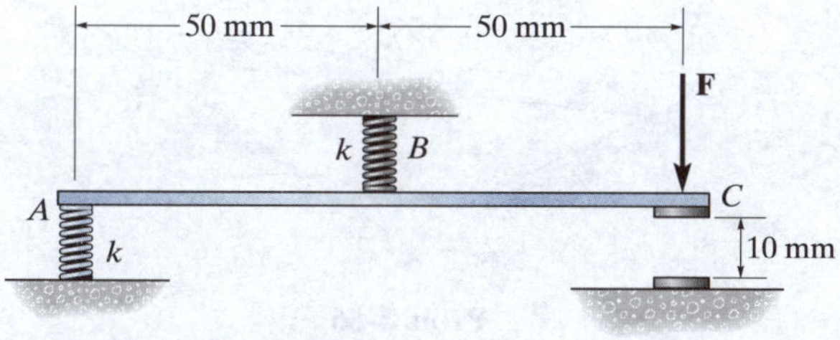

Prob. 5-50

5-51. La zapata en voladizo se utiliza para sostener un muro cerca de su borde A, de modo que ocasiona una presión uniforme del suelo bajo la zapata. Determine las cargas con distribución uniforme, w_A y w_B, medidas en lb/ft en las placas A y B, necesarias para soportar las fuerzas de muro de 8000 lb y 20 000 lb.

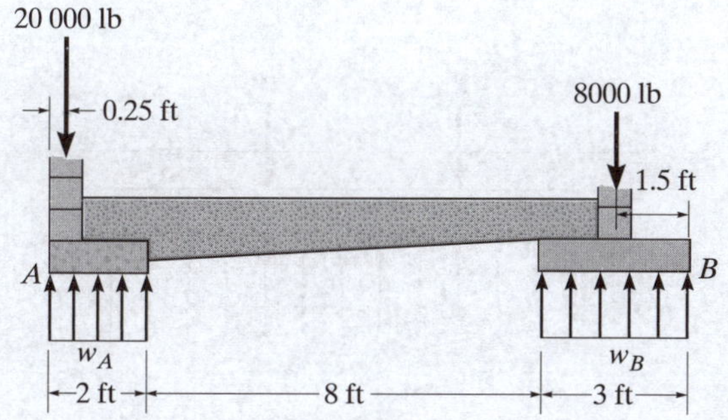

Prob. 5-51

***5-52.** La viga uniforme, que tiene un peso W y una longitud l, se sostiene mediante un pasador en A y un cable BC. Determine las componentes horizontal y vertical de la reacción en A y la tensión en el cable, necesarias para mantener la viga en la posición mostrada.

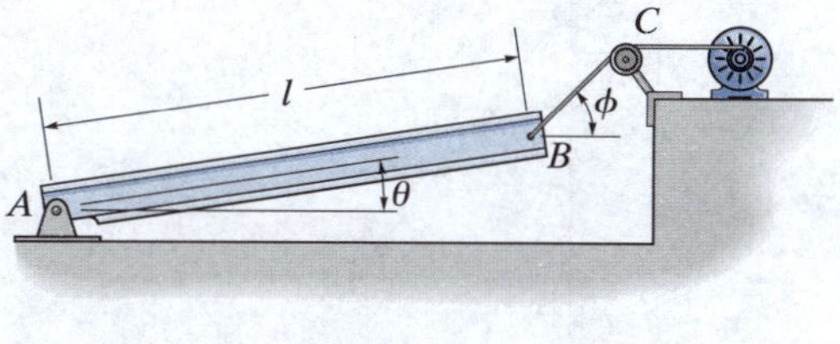

Prob. 5-52

5-53. Un niño se para en el extremo de un trampolín que se sostiene mediante dos resortes A y B, cada uno con una rigidez $k = 15$ kN/m. En la posición mostrada, el trampolín está horizontal. Si el niño tiene una masa de 40 kg, determine el ángulo de inclinación que forma el trampolín con la horizontal después de que salta el niño. No tome en cuenta el peso del trampolín y suponga que es rígido.

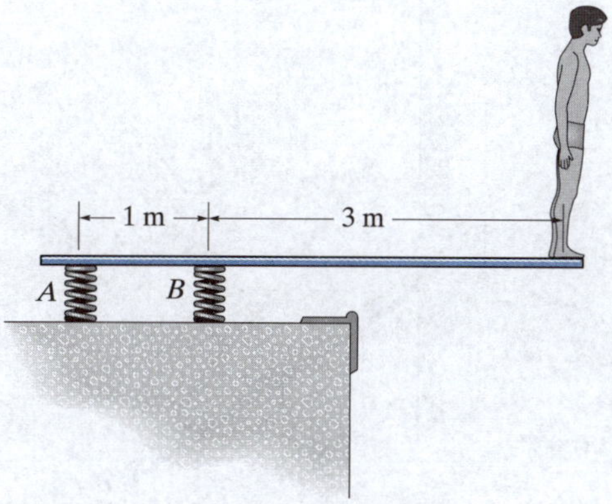

Prob. 5-53

5-54. La varilla uniforme de 30 N tiene una longitud $l = 1$ m. Si $s = 1.5$ m, determine la distancia h para la colocación del extremo A, a lo largo de la pared lisa, con la finalidad de lograr el equilibrio.

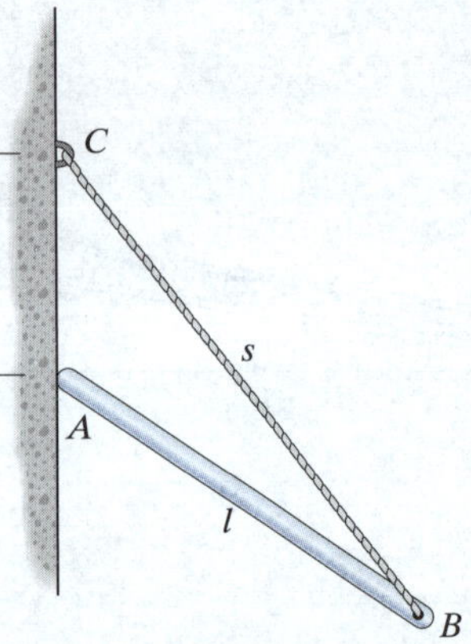

Prob. 5-54

5-55. La varilla uniforme tiene una longitud l y un peso W. Se apoya en su extremo A sobre una pared lisa y el otro extremo se sostiene mediante una cuerda de longitud s, que está unida a la pared como se muestra en la figura. Determine la ubicación h para el equilibrio.

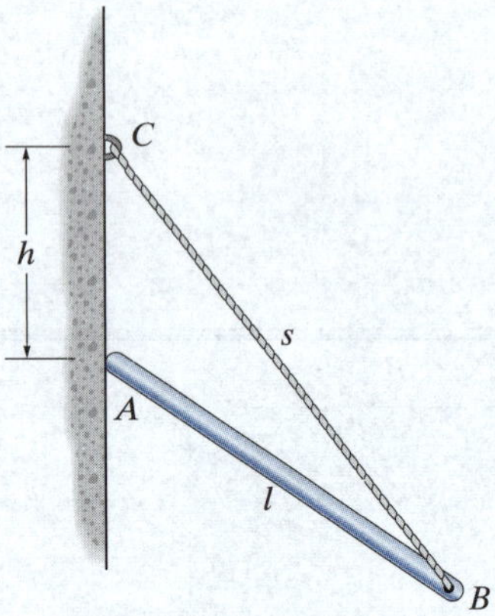

Prob. 5-55

***5-56.** La varilla uniforme de longitud L y el peso W se apoya sobre los planos lisos. Determine su posición θ necesaria para el equilibrio. No tome en cuenta el espesor de la varilla.

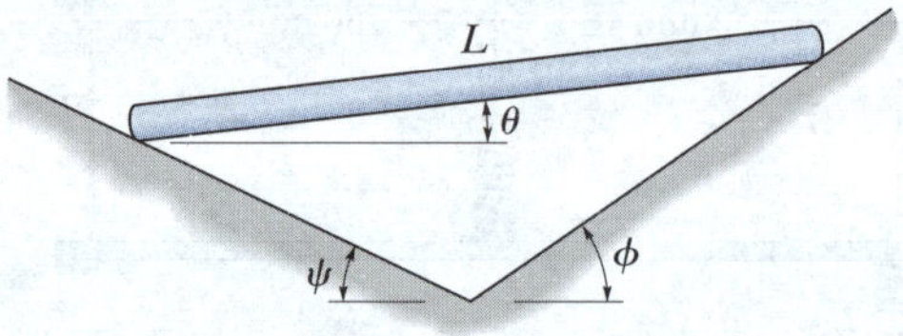

Prob. 5-56

5-57. La viga está sometida a las dos cargas concentradas. Si se supone que la cimentación ejerce una distribución de carga que varía linealmente en su parte inferior, determine las intensidades de carga w_1 y w_2 necesarias para el equilibrio, si $P = 500$ lb y $L = 12$ ft.

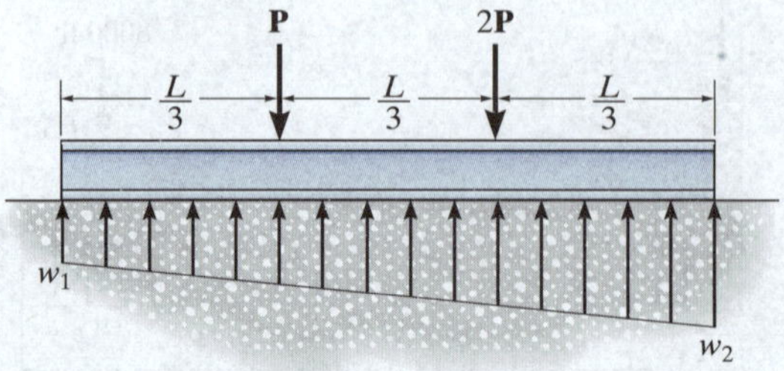

Prob. 5-57

5-58. La viga está sometida a las dos cargas concentradas. Si se supone que la cimentación ejerce una distribución de carga que varía linealmente en su parte inferior, determine las intensidades de carga w_1 y w_2 necesarias para el equilibrio en términos de los parámetros mostrados.

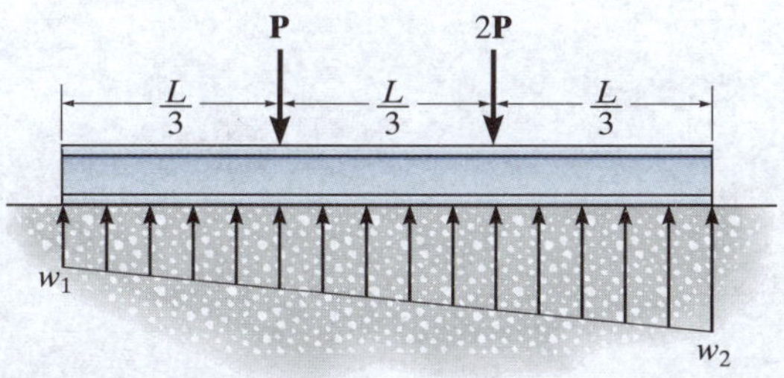

Prob. 5-58

5-59. La varilla sostiene un peso de 200 lb y se encuentra articulado en su extremo *A*. Si también se somete a un momento de par de 100 lb · ft, determine el ángulo θ necesario para el equilibrio. El resorte tiene una longitud sin estirar de 2 ft y una rigidez $k = 50$ lb/ft.

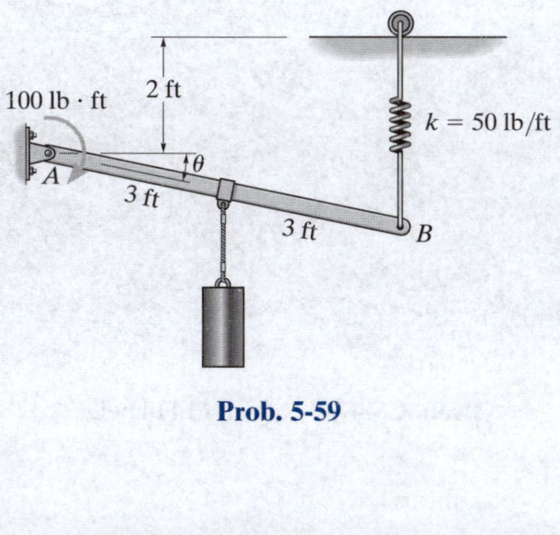

Prob. 5-59

***5-60.** Determine la distancia *d* a la que debe colocarse la carga **P** para lograr el equilibrio de la barra lisa, en la posición θ que se indica. No tome en cuenta el peso de la barra.

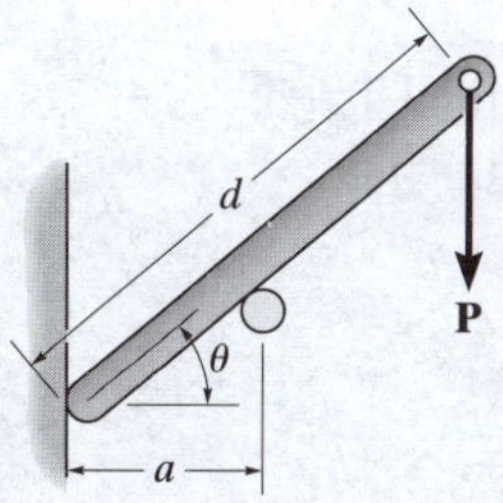

Prob. 5-60

5-61. Si $d = 1$ m y $\theta = 30°$, determine la reacción normal en los apoyos lisos y la distancia requerida *a* en que debe colocarse el rodillo, si $P = 600$ N. No tome en cuenta el peso de la barra.

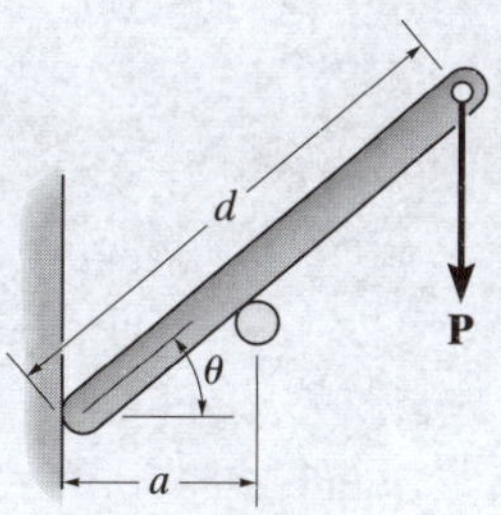

Prob. 5-61

PROBLEMAS CONCEPTUALES

C5-1. La varilla de sujeción se utiliza para sostener el volado a la entrada de un edificio. Si está conectado mediante pasadores a la pared del edificio en *A* y al centro del volado *B*, determine si la fuerza en la varilla se incrementará, disminuirá o permanecerá igual, si (*a*) el soporte en *A* se mueve a una posición *D* más baja, y (*b*) el soporte en *B* se mueve a una posición *C* más cercana a la orilla. Explique su respuesta con un análisis de equilibrio, usando dimensiones y cargas. Suponga que el volado está sostenido mediante pasadores en la pared del edificio.

Prob. C5-1 (© Russell C. Hibbeler)

C5-2. El hombre trata de tirar de la cuatrimoto hacia arriba por el plano inclinado y sobre la plataforma del remolque. Desde la posición que se muestra, ¿será más efectivo tirar de la cuerda atada en *A*, o sería mejor tirar de la cuerda atada en *B*? Trace un diagrama de cuerpo libre para cada caso y haga un análisis de equilibrio que explique su respuesta. Use valores numéricos apropiados para realizar sus cálculos.

Prob. C5-2 (© Russell C. Hibbeler)

C5-3. Como cualquier avión, este jet descansa sobre tres ruedas. ¿Por qué no usar una rueda adicional en la cola para tener un mejor soporte? (Piense en alguna razón para no incluir dicha rueda). Si hubiera una cuarta rueda en la cola, trace un diagrama de cuerpo libre del jet desde una vista lateral (2D), y muestre por qué no es posible determinar las reacciones en todas las ruedas con las ecuaciones de equilibrio.

Prob. C5-3 (© Russell C. Hibbeler)

C5-4. ¿Cuál es el mejor sitio para acomodar la mayoría de los troncos en la carretilla, de modo que se minimice la magnitud de la fuerza que actúa sobre la columna vertebral de la persona que transporta la carga? Haga un análisis de equilibrio para explicar su respuesta.

Prob. C5-4 (© Russell C. Hibbeler)

EQUILIBRIO EN TRES DIMENSIONES

5.5 Diagramas de cuerpo libre

El primer paso para resolver problemas tridimensionales de equilibrio, como en el caso de los bidimensionales, consiste en trazar un diagrama de cuerpo libre. Sin embargo, antes de demostrarlo, es necesario analizar los tipos de reacción que suelen presentarse en los soportes.

Reacciones de soporte. En la tabla 5-2, se muestran las fuerzas y los momentos de par reactivos que actúan en varios tipos de soportes y conexiones, cuando los elementos se ven en tres dimensiones. Es importante reconocer los símbolos utilizados para representar cada uno de esos soportes y entender claramente cómo se desarrollan las fuerzas y los momentos de par. Al igual que en el caso bidimensional:

- Una fuerza se desarrolla mediante un soporte que restringe la traslación de su elemento conectado.
- Un momento de par se desarrolla cuando se evita la rotación del elemento conectado.

Por ejemplo, en la tabla 5-2, la junta (4) de rótula esférica impide cualquier traslación del elemento conectado; por lo tanto, una fuerza debe actuar en el elemento en el punto de conexión. Esta fuerza tiene tres componentes con magnitudes desconocidas F_x, F_y, F_z. Si se conocen esas componentes, se puede obtener la magnitud de la fuerza, $F = \sqrt{F_x^2 + F_y^2 + F_z^2}$, y la orientación de la fuerza está definida por los ángulos directores coordenados α, β, γ, ecuaciones 2-5.* Dado que el elemento conectado puede girar libremente con respecto a *cualquier* eje, ninguna junta de rótula esférica resiste momento de par alguno.

Debería observarse que en los soportes de chumacera (5) y (7), el pasador (8) y la bisagra (9) deben resistir componentes tanto de fuerza como de momento de par. Sin embargo, si esos soportes se usan junto con *otras* chumaceras, pasadores o bisagras para mantener un cuerpo rígido en equilibrio, y los soportes están *alineados adecuadamente* cuando se conectan al cuerpo, entonces las *reacciones de fuerza* en esos soportes pueden *por sí solas* ser adecuadas para soportar el cuerpo. En otras palabras, los momentos de par se vuelven redundantes y no se muestran en el diagrama de cuerpo libre. La razón de esto se aclara después de estudiar los siguientes ejemplos.

* Las tres incógnitas también se pueden representar como una magnitud de fuerza desconocida F y dos ángulos directores coordenados desconocidos. El tercer ángulo director se obtiene con la identidad $\cos^2 \alpha + \cos^2 \beta + \cos^2 \gamma = 1$, ecuación 2-8.

TABLA 5-2 Soportes para cuerpos rígidos sometidos a sistemas de fuerzas tridimensionales

Tipos de conexión	Reacción	Número de incógnitas
(1) 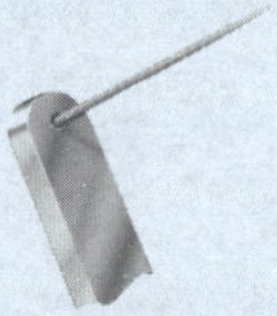 cable	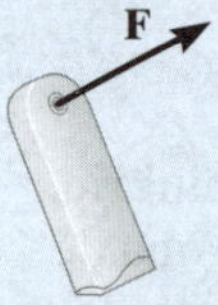	Una incógnita. La reacción es una fuerza que actúa alejándose del elemento en la dirección conocida del cable.
(2) 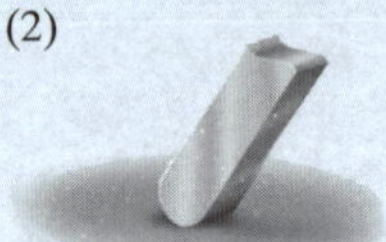 superficie lisa	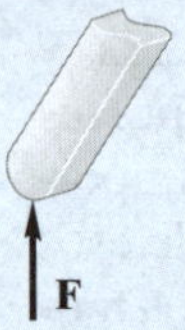	Una incógnita. La reacción es una fuerza que actúa perpendicularmente a la superficie en el punto de contacto.
(3) 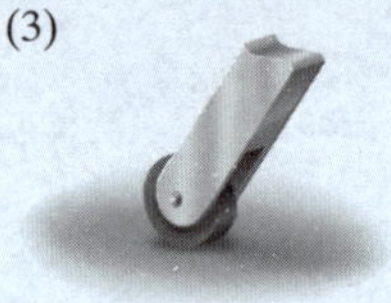 rueda	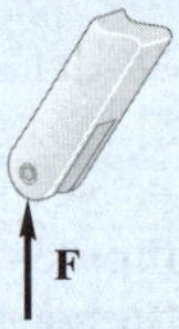	Una incógnita. La reacción es una fuerza que actúa perpendicularmente a la superficie en el punto de contacto.
(4) 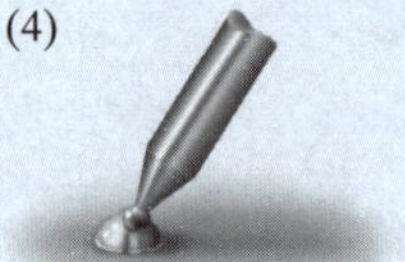 rótula esférica	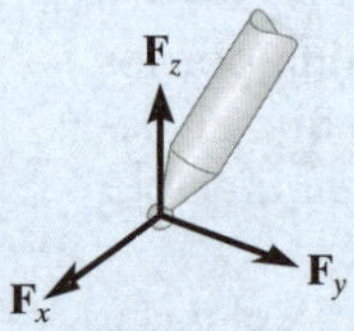	Tres incógnitas. Las reacciones son tres componentes rectangulares de fuerza.
(5) 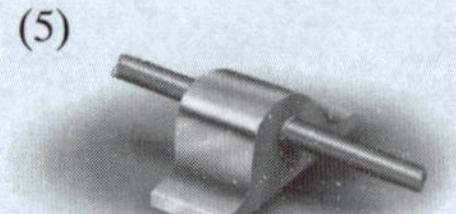 chumacera simple	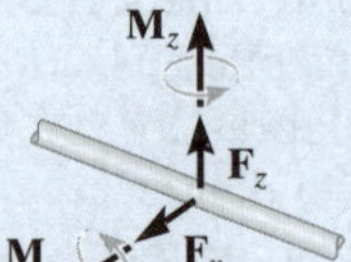	Cuatro incógnitas. Las reacciones son dos componentes de fuerza y dos componentes de momento de par que actúan perpendicularmente al eje. *Nota: Por lo general*, los momentos de par *no se aplican* si el cuerpo está soportado en cualquier otro punto. Vea los ejemplos.

continúa

TABLA 5-2 Continuación

Tipos de conexión	Reacción	Número de incógnitas
(6) 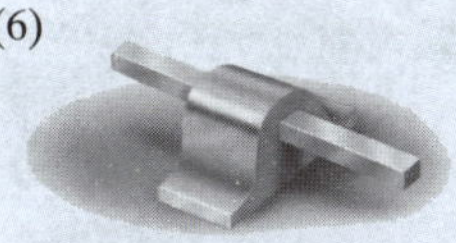 chumacera simple con flecha cuadrada	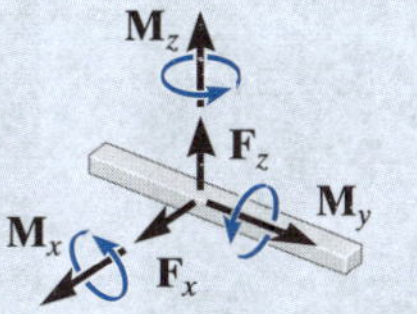	Cinco incógnitas. Las reacciones son dos componentes de fuerza y tres componentes del momento de par. *Nota*: *Por lo general*, los momentos de par *no se aplican* si el cuerpo está soportado en cualquier otro punto. Vea los ejemplos.
(7)  chumacera de empuje	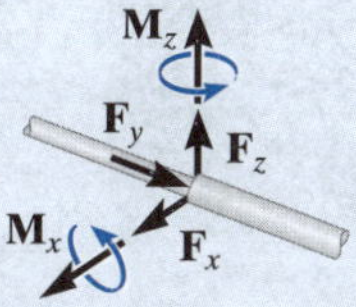	Cinco incógnitas. Las reacciones son tres componentes de fuerza y dos componentes del momento de par. *Nota*: *Por lo general*, los momentos de par *no se aplican* si el cuerpo está soportado en cualquier otro punto. Vea los ejemplos.
(8) 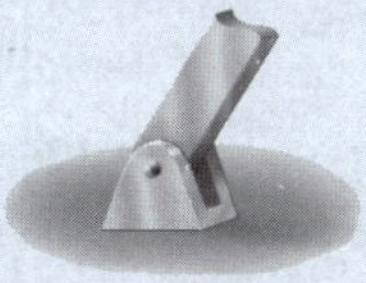 pasador liso	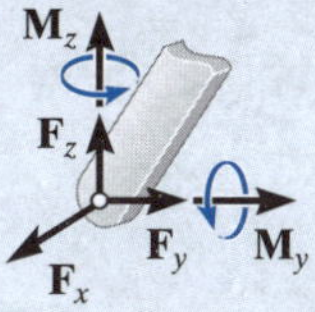	Cinco incógnitas. Las reacciones son tres componentes de fuerza y dos componentes del momento de par. *Nota*: *Por lo general*, los momentos de par *no se aplican* si el cuerpo está soportado en cualquier otro punto. Vea los ejemplos.
(9) 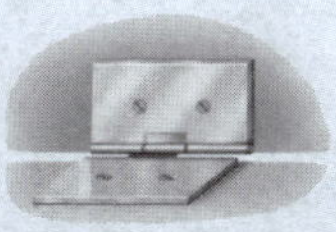 bisagra	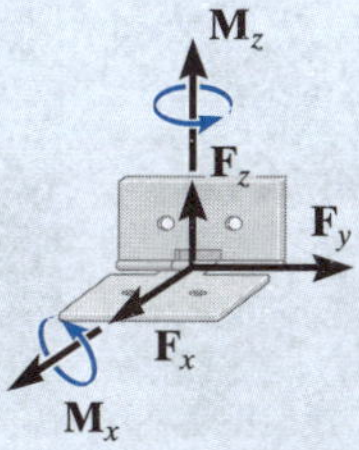	Cinco incógnitas. Las reacciones son tres componentes de fuerza y dos componentes del momento de par. *Nota*: *Por lo general*, los momentos de par *no se aplican* si el cuerpo está soportado en cualquier otro punto. Vea los ejemplos.
(10)  soporte fijo	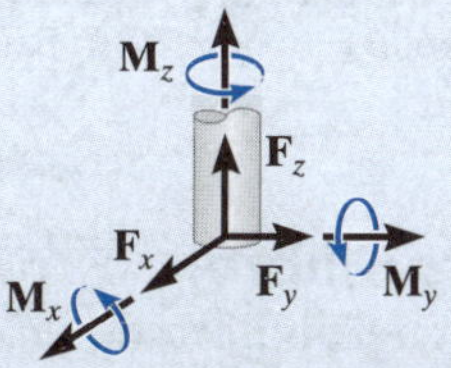	Seis incógnitas. Las reacciones son tres componentes de fuerza y tres componentes del momento de par.

En la siguiente serie de fotografías, se muestran ejemplos típicos de soportes reales, cuyas referencias están en la tabla 5-2.

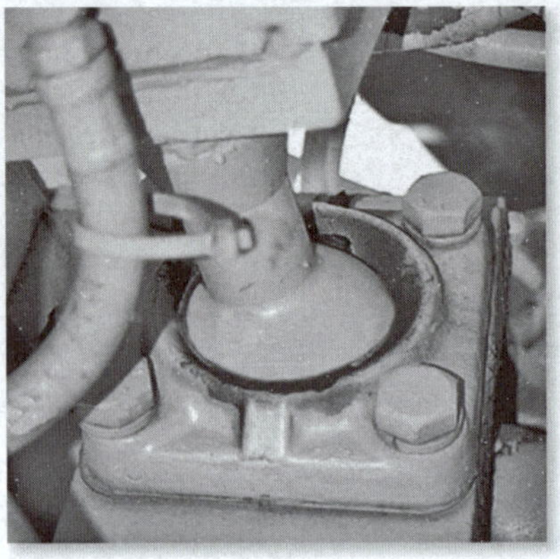

Esta junta de rótula esférica proporciona una conexión para la caja de una máquina niveladora de tierra con su bastidor. (4) (© Russell C. Hibbeler)

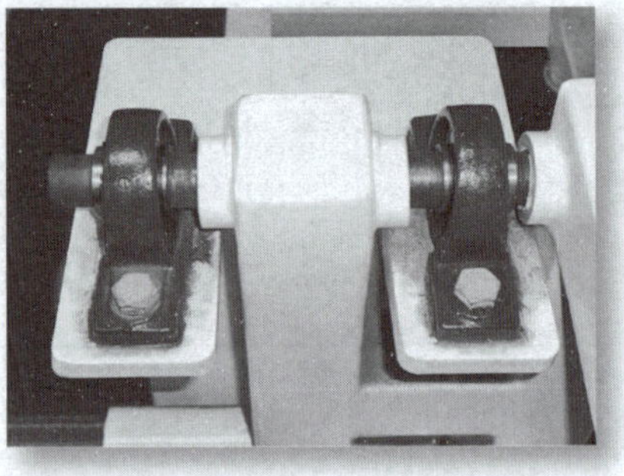

Estas chumaceras simples soportan los extremos de la flecha. (5) (© Russell C. Hibbeler)

5

Esta chumacera de empuje se utiliza para soportar la flecha impulsora de una máquina. (7) (© Russell C. Hibbeler)

Este pasador se usa para soportar el extremo del tirante usado en un tractor. (8) (© Russell C. Hibbeler)

Diagramas de cuerpo libre. El procedimiento general para establecer el diagrama de cuerpo libre de un cuerpo rígido se bosquejó en la sección 5.2. En esencia, se requiere primero "aislar" el cuerpo por medio del delineado de su contorno. A esto sigue una cuidadosa *rotulación* de *todas* las fuerzas y momentos de par con referencia a un sistema de coordenadas x, y, z establecido. Como regla general, se sugiere mostrar las componentes de reacción con magnitud desconocida en cuanto actúan en el diagrama de cuerpo libre en *sentido positivo*. De este modo, si se obtienen valores negativos, ello indicará que las componentes actúan en las direcciones coordenadas negativas.

EJEMPLO 5.14

Considere las dos barras y la placa, junto con sus diagramas de cuerpo libre asociados que se muestran en la figura 5-23. Los ejes *x*, *y*, *z* se establecen en el diagrama y las componentes de reacción desconocidas están indicadas con *sentido positivo*. El peso de los objetos no se considera.

SOLUCIÓN

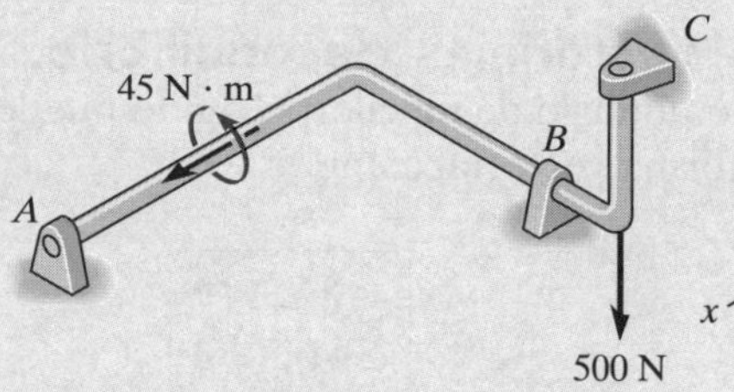

Chumaceras en *A*, *B*, *C*, alineadas apropiadamente.

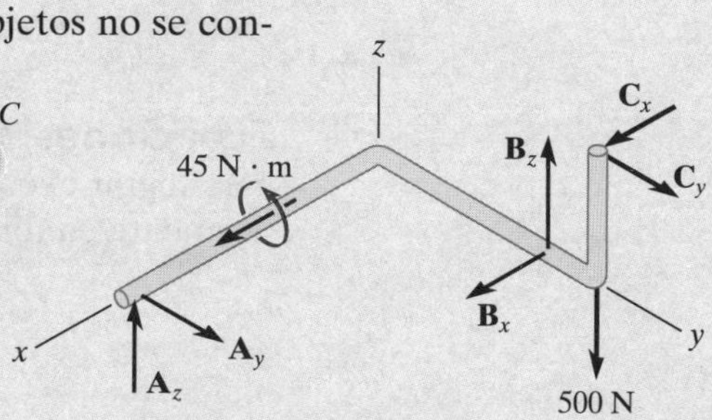

Las reacciones de fuerza desarrolladas mediante las chumaceras son *suficientes* para obtener el equilibrio, ya que impiden que la flecha gire con respecto a cada uno de los ejes de coordenadas. No se desarrollan momentos de par en ninguna de las chumaceras.

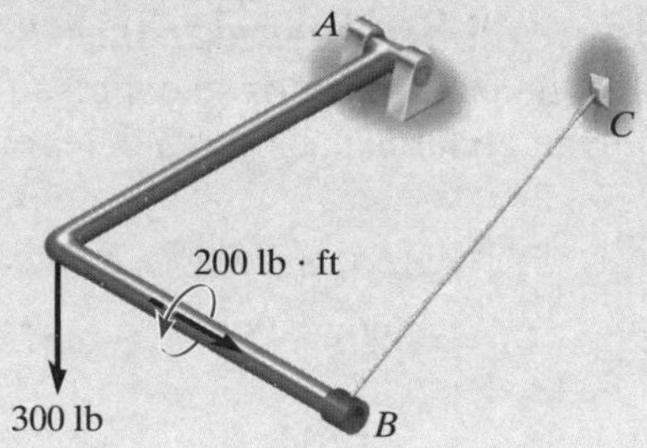

Pasador en *A* y cable *BC*.

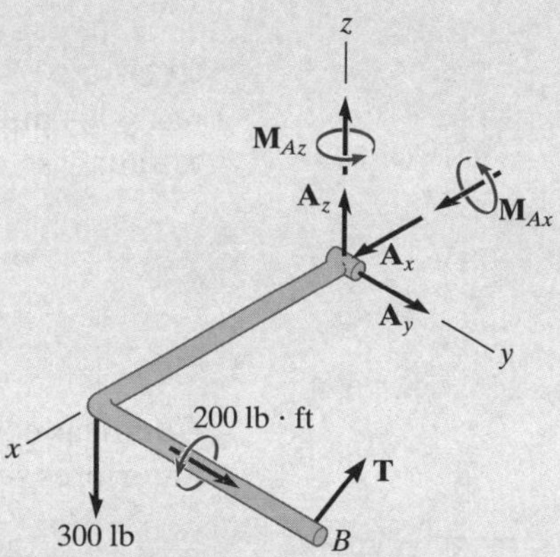

Mediante el pasador colocado sobre la varilla, se desarrollan componentes de momento, para impedir rotaciones con respecto a los ejes *x* y *z*.

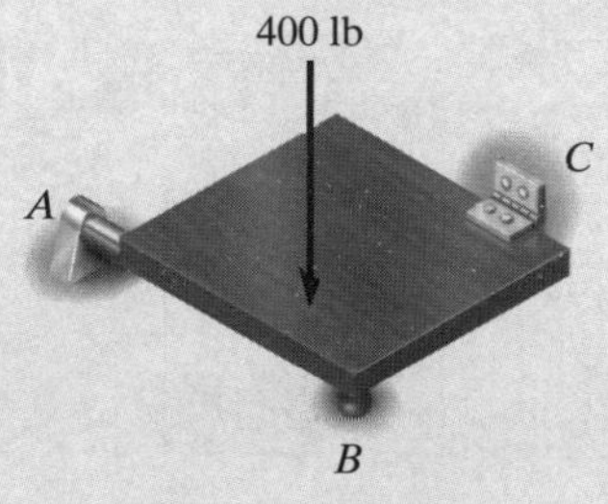

Chumacera alineada apropiadamente en *A* y bisagra en *C*. Rodillo en *B*.

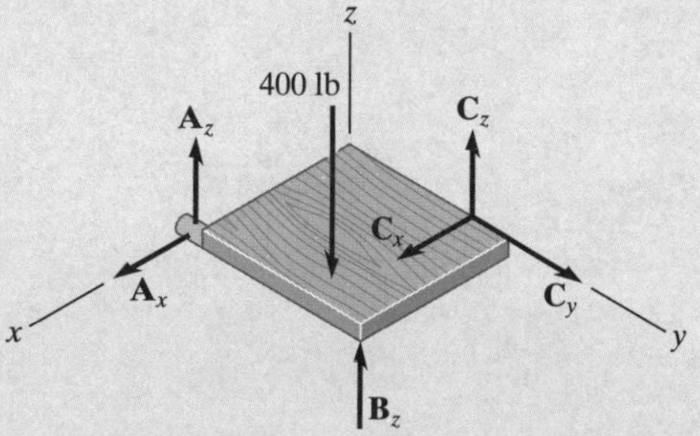

Mediante la chumacera y la bisagra colocadas sobre la placa, se desarrollan sólo reacciones de fuerza, para impedir rotaciones con respecto a cada eje de coordenadas. En la bisagra no se desarrolla ningún momento.

Fig. 5-23

5

5.6 Ecuaciones de equilibrio

Como se estableció en la sección 5.1, las condiciones para lograr el equilibrio de un cuerpo rígido sometido a un sistema tridimensional de fuerzas requieren que la fuerza *resultante* y el momento de par *resultante* que actúan sobre el cuerpo sean iguales a *cero*.

Ecuaciones vectoriales de equilibrio. Las dos condiciones para lograr el equilibrio de un cuerpo rígido pueden expresarse matemáticamente en forma vectorial como

$$\Sigma \mathbf{F} = \mathbf{0} \qquad \Sigma \mathbf{M}_O = \mathbf{0} \tag{5-5}$$

donde $\Sigma\mathbf{F}$ es la suma vectorial de todas las fuerzas externas que actúan sobre el cuerpo y $\Sigma\mathbf{M}_O$ es la suma de los momentos de par y los momentos de todas las fuerzas con respecto a cualquier punto O localizado en el cuerpo o fuera de él.

Ecuaciones de equilibrio escalares. Si todas las fuerzas externas y los momentos de par aplicados se expresan en forma vectorial cartesiana y se sustituyen en las ecuaciones 5-5, tenemos

$$\Sigma\mathbf{F} = \Sigma F_x\mathbf{i} + \Sigma F_y\mathbf{j} + \Sigma F_z\mathbf{k} = \mathbf{0}$$
$$\Sigma\mathbf{M}_O = \Sigma M_x\mathbf{i} + \Sigma M_y\mathbf{j} + \Sigma M_z\mathbf{k} = \mathbf{0}$$

Como las componentes **i, j** y **k** son independientes entre sí, las ecuaciones anteriores se satisfacen siempre que

$$\Sigma F_x = 0 \qquad \Sigma F_y = 0 \qquad \Sigma F_z = 0 \tag{5-6a}$$

y

$$\Sigma M_x = 0 \qquad \Sigma M_y = 0 \qquad \Sigma M_z = 0 \tag{5-6b}$$

Estas *seis ecuaciones de equilibrio escalares* pueden usarse para resolver cuando mucho seis incógnitas mostradas en el diagrama de cuerpo libre. Las ecuaciones 5-6*a* exigen que la suma de las componentes externas de fuerza que actúan en las direcciones x, y y z sea igual a cero; asimismo, las ecuaciones 5-6*b* requieren que la suma de las componentes de momento con respecto a los ejes x, y y z sea igual a cero.

5.7 Restricciones y determinación estática

Para asegurar el equilibrio de un cuerpo rígido, no sólo es necesario satisfacer las ecuaciones de equilibrio, sino que el cuerpo también debe estar sostenido o restringido adecuadamente por sus soportes. Algunos cuerpos pueden tener más soportes que los necesarios para el equilibrio, mientras que otros quizá no tengan suficientes o estén colocados de tal manera que ocasionen el movimiento del cuerpo. A continuación se analiza cada uno de esos casos.

Restricciones redundantes. Cuando un cuerpo tiene soportes redundantes, es decir, más de los necesarios para mantenerlo en equilibrio, se vuelve ***estáticamente indeterminado***, lo cual significa que habrá más cargas desconocidas sobre el cuerpo, que ecuaciones de equilibrio disponibles para su solución. Por ejemplo, la viga de la figura 5-24*a*, y el ensamble de tubos de la figura 5-24*b*, que se muestran junto con sus diagramas de cuerpo libre, son estáticamente indeterminados debido a las reacciones adicionales (o redundantes) en los soportes. Para la viga hay cinco incógnitas, M_A, A_x, A_y, B_y y C_y, para las cuales sólo se pueden escribir tres ecuaciones de equilibrio ($\Sigma F_x = 0, \Sigma F_y = 0$ y $\Sigma M_O = 0$, ecuaciones 5-2). El ensamble de tubos tiene ocho incógnitas, para las cuales únicamente se pueden escribir seis ecuaciones de equilibrio, ecuaciones 5-6.

Las ecuaciones adicionales necesarias para resolver problemas estáticamente indeterminados del tipo que se muestra en la figura 5-24 se obtienen generalmente a partir de las condiciones de deformación presentes en los puntos de soporte. Estas ecuaciones implican las propiedades físicas del cuerpo que se estudian en temas relacionados con la mecánica elástica, como la "mecánica de materiales"*.

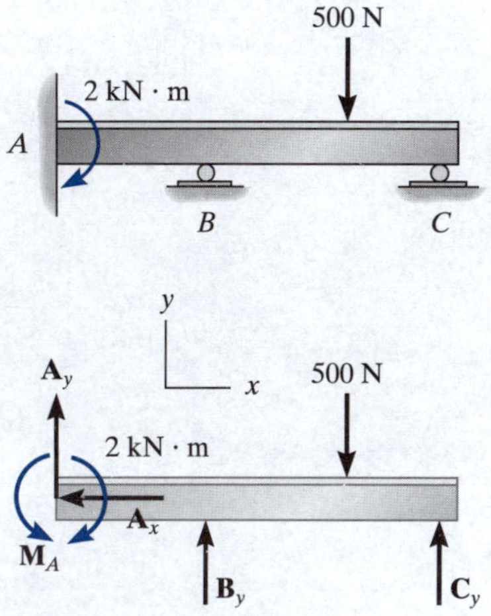

(a)

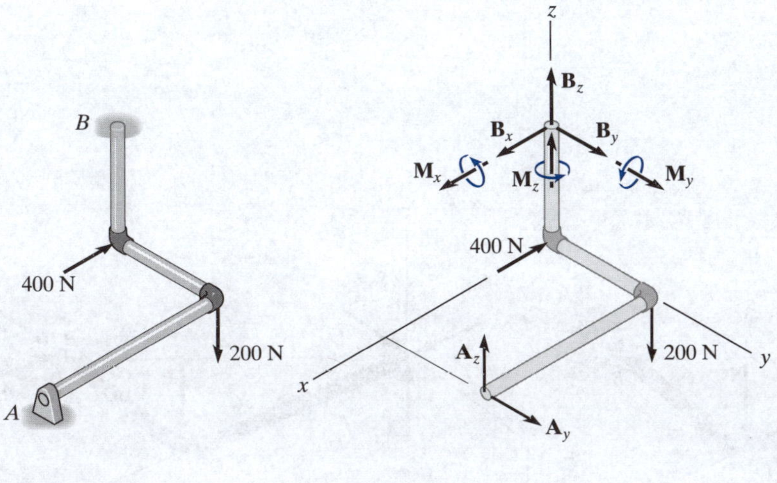

(b)

Fig. 5-24

5

* Vea R. C. Hibbeler, *Mecánica de materiales*, 8a. ed., Pearson Educación.

Restricciones impropias. Cuando se tienen tantas fuerzas de reacción desconocidas como ecuaciones de equilibrio, no siempre se garantiza que un cuerpo se encuentre estable cuando se somete a una carga específica. Por ejemplo, el soporte de pasador en A y el soporte de rodillo en B para la viga, de la figura 5-25a, están colocados de tal modo que las líneas de acción de las fuerzas de reacción son *concurrentes* en un punto A. En consecuencia, la carga **P** aplicada ocasionará que la viga gire un poco con respecto a A, por lo que la viga está impropiamente restringida, $\Sigma M_A \neq 0$.

En tres dimensiones, un cuerpo estará impropiamente restringido si las líneas de acción de todas las fuerzas de reacción intersecan un eje común. Por ejemplo, las fuerzas de reacción en los soportes de rótula esférica, ubicados en los puntos A y B de la figura 5-25b, intersecan el eje que pasa por A y B. Como los momentos de estas fuerzas con respecto a A y B son todos iguales a cero, entonces la carga **P** hará que el elemento gire con respecto al eje AB, $\Sigma M_{AB} \neq 0$.

5

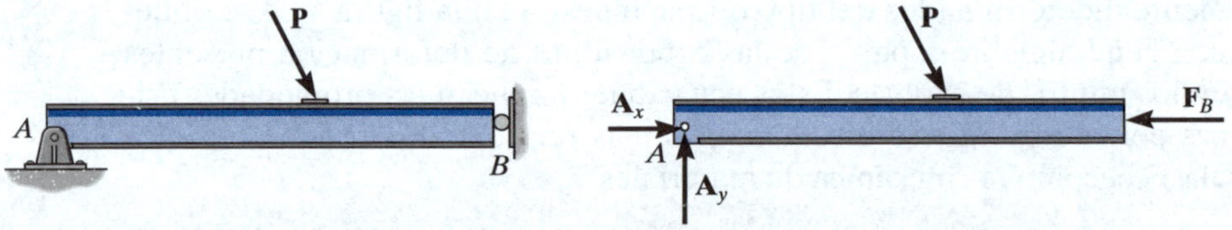

(a)

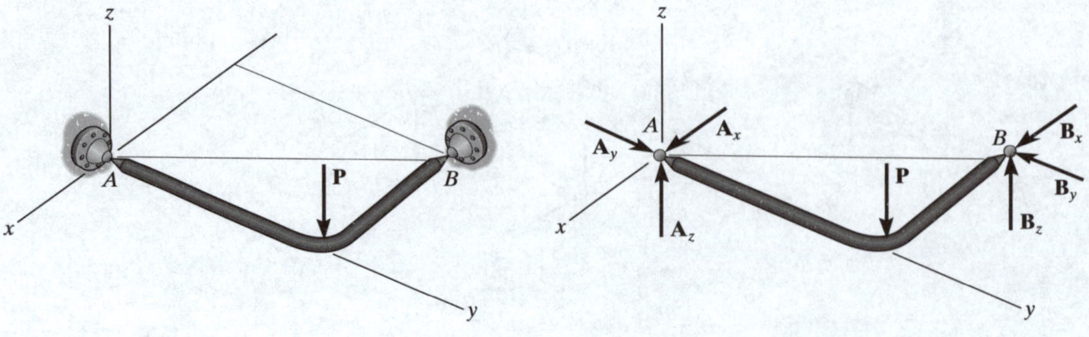

(b)

Fig. 5-25

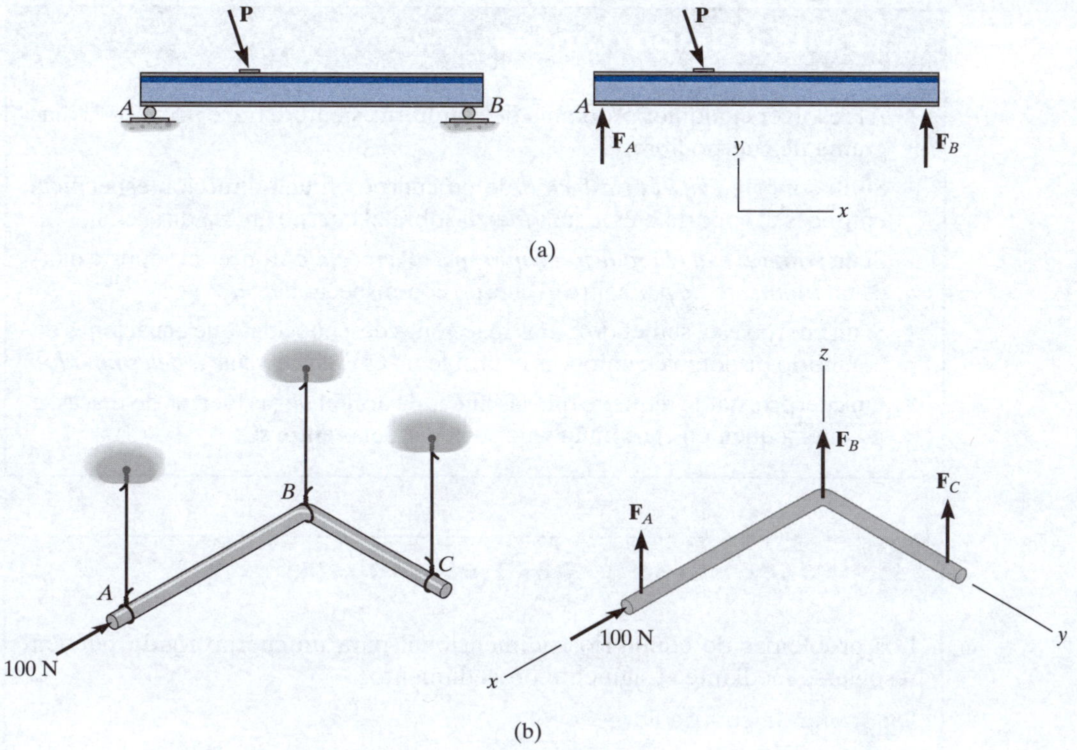

Fig. 5-26

Fig. 5-27

Otra manera en que una restricción impropia conduce a la inestabilidad ocurre cuando todas las *fuerzas de reacción* son *paralelas*. En la figura 5-26 se muestran ejemplos bidimensionales y tridimensionales de esto. En ambos casos, la suma de fuerzas a lo largo del eje *x* no será igual a cero.

En algunos casos, un cuerpo puede tener *menos* fuerzas de reacción que ecuaciones de equilibrio que deben satisfacerse. Entonces, el cuerpo está sólo *parcialmente restringido*. Por ejemplo, considere el elemento AB de la figura 5-27*a* con su correspondiente diagrama de cuerpo libre en la figura 5-27*b*. Aquí, $\Sigma F_y = 0$ no será satisfecha para las condiciones de carga y, por lo tanto, el equilibrio no se mantendrá.

Para resumir esos puntos, un cuerpo se considera ***impropiamente restringido*** si todas las fuerzas de reacción se intersecan en un punto común o pasan por un eje común, o si todas las fuerzas de reacción son paralelas. En la práctica de la ingeniería, estas situaciones deberían evitarse en todo momento, ya que podrían causar una condición inestable.

La estabilidad es siempre una preocupación importante cuando se opera una grúa, no sólo al levantar una carga, sino también al trasladarla de un lugar a otro. (© Russell C. Hibbeler)

5

Puntos importantes

- Al resolver cualquier problema de equilibrio, siempre trace primero el diagrama de cuerpo libre.
- Si un soporte *evita la traslación* de un cuerpo en una dirección específica, entonces el soporte ejerce una *fuerza* sobre el cuerpo en esa dirección.
- Si un soporte *evita la rotación con respecto a un eje*, entonces el soporte ejerce un *momento de par* sobre el cuerpo con respecto al eje.
- Si un cuerpo está sometido a más reacciones desconocidas que ecuaciones de equilibrio disponibles, entonces el problema es *estáticamente indeterminado*.
- Un cuerpo estable requiere que las líneas de acción de las fuerzas de reacción no intersequen un eje común y no sean paralelas entre sí.

Procedimiento para el análisis

Los problemas de equilibrio tridimensional para un cuerpo rígido pueden resolverse mediante el siguiente procedimiento.

Diagrama de cuerpo libre

- Trace el contorno del cuerpo.
- Muestre todas las fuerzas y los momentos de par que actúan sobre el cuerpo.
- Establezca el origen de los ejes x, y, z en un punto conveniente, y oriente los ejes de manera que sean paralelos a las fuerzas y a los momentos externos tanto como sea posible.
- Rotule todas las cargas y especifique sus direcciones. En general, muestre todas las componentes *desconocidas* con un sentido positivo a lo largo de los ejes x, y, z.
- Indique las dimensiones del cuerpo necesarias para calcular los momentos de las fuerzas.

Ecuaciones de equilibrio

- Si las componentes x, y, z de fuerza y momento parecen fáciles de determinar, entonces aplique las seis ecuaciones escalares de equilibrio; de otra manera, use las ecuaciones vectoriales.
- No es necesario que el conjunto de ejes seleccionados para la sumatoria de fuerzas coincida con el conjunto de ejes elegidos para la sumatoria de momentos. En realidad, para realizar la suma de fuerzas y momentos puede elegirse un eje en cualquier dirección arbitraria.
- Elija la dirección de un eje para la suma de momentos, de manera que interseque la línea de acción de las fuerzas desconocidas tanto como sea posible. Tenga en cuenta que los momentos de las fuerzas que pasan por los puntos sobre este eje y los momentos de las fuerzas que son paralelas al eje serán iguales a cero.
- Si la solución de las ecuaciones de equilibrio da como resultado un escalar negativo para una magnitud de fuerza o de momento de par, esto indica que el sentido es contrario al supuesto en el diagrama de cuerpo libre.

EJEMPLO 5.15

La placa homogénea que se muestra en la figura 5-28*a* tiene una masa de 100 kg y está sometida a una fuerza y a un momento de par a lo largo de sus bordes. Si está soportada en el plano horizontal mediante un rodillo en A, una rótula esférica en B y una cuerda en C, determine las componentes de reacción en estos soportes.

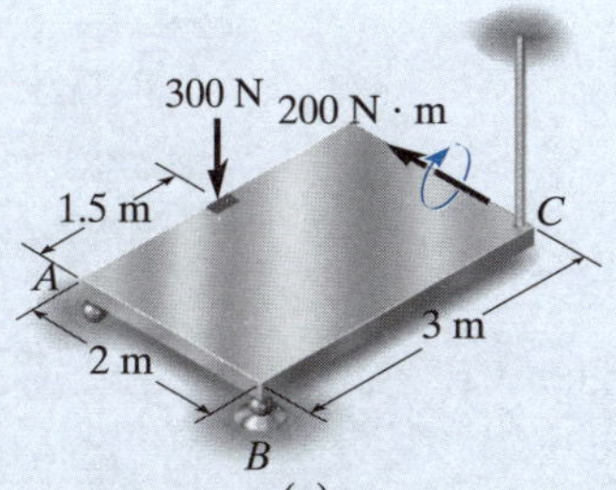

(a)

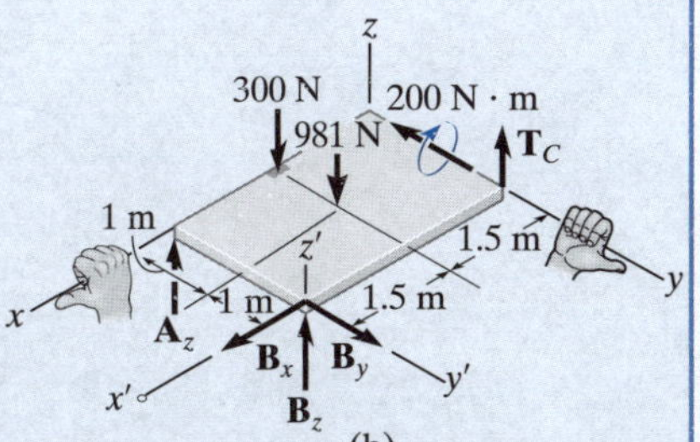

(b)

Fig. 5-28

SOLUCIÓN (*ANÁLISIS ESCALAR*)

Diagrama de cuerpo libre. Hay cinco reacciones desconocidas que actúan sobre la placa, como se indica en la figura 5-28*b*. Se supone que cada una de esas reacciones actúa en una dirección coordenada positiva.

Ecuaciones de equilibrio. Como la geometría tridimensional es bastante sencilla, un *análisis escalar* proporciona una *solución directa* a este problema. Una suma de fuerzas a lo largo de cada eje resulta en

$\Sigma F_x = 0; \qquad B_x = 0$ *Resp.*

$\Sigma F_y = 0; \qquad B_y = 0$ *Resp.*

$$\Sigma F_z = 0; \qquad A_z + B_z + T_C - 300 \text{ N} - 981 \text{ N} = 0 \tag{1}$$

Recuerde que el momento de una fuerza con respecto a un eje es igual al producto de la magnitud de la fuerza y la distancia perpendicular (brazo de momento) desde la línea de acción de la fuerza hasta el eje. Asimismo, las fuerzas que son paralelas a un eje o pasan por él no generan momento con respecto al eje. Por consiguiente, al sumar momentos con respecto a los ejes x y y positivos, tenemos

$$\Sigma M_x = 0; \qquad T_C(2 \text{ m}) - 981 \text{ N}(1 \text{ m}) + B_z(2 \text{ m}) = 0 \tag{2}$$

$$\Sigma M_y = 0; \qquad 300 \text{ N}(1.5 \text{ m}) + 981 \text{ N}(1.5 \text{ m}) - B_z(3 \text{ m}) - A_z(3 \text{ m}) - 200 \text{ N}\cdot\text{m} = 0 \tag{3}$$

Las componentes de la fuerza en B se pueden eliminar si los momentos se suman con respecto a los ejes x' y y'. Obtenemos

$$\Sigma M_{x'} = 0; \qquad 981 \text{ N}(1 \text{ m}) + 300 \text{ N}(2 \text{ m}) - A_z(2 \text{ m}) = 0 \tag{4}$$

$$\Sigma M_{y'} = 0; \qquad -300 \text{ N}(1.5 \text{ m}) - 981 \text{ N}(1.5 \text{ m}) - 200 \text{ N}\cdot\text{m} + T_C(3 \text{ m}) = 0 \tag{5}$$

Resolver las ecuaciones 1 a 3, o las más convenientes 1, 4 y 5, da como resultado

$A_z = 790 \text{ N} \quad B_z = -217 \text{ N} \quad T_C = 707 \text{ N}$ *Resp.*

El signo negativo indica que $\mathbf{B}_z$ actúa hacia abajo.

NOTA: La solución de este problema no requiere el uso de una sumatoria de momentos con respecto al eje z. La placa está parcialmente restringida, ya que los soportes no pueden impedir que gire con respecto al eje z, si se aplica una fuerza en el plano x-y.

5

EJEMPLO 5.16

Determine las componentes de reacción que ejercen la junta de rótula esférica ubicada en A, la chumacera lisa en B y el soporte de rodillo en C, sobre el ensamble de varillas que se muestra en la figura 5-29*a*.

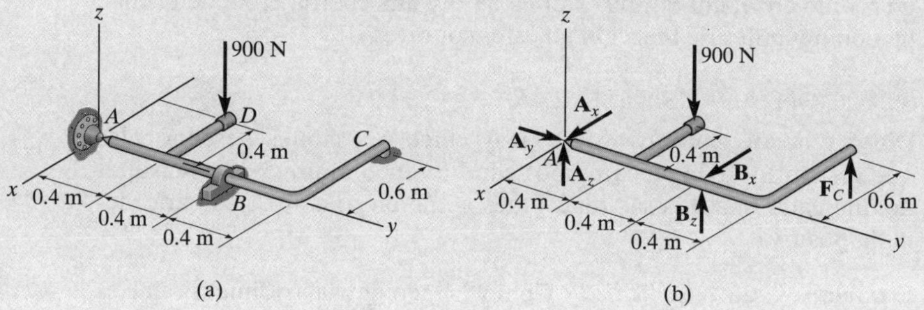

Fig. 5-29

SOLUCIÓN (*ANÁLISIS ESCALAR*)

Diagrama de cuerpo libre. Como se muestra en la figura 5-29*b*, las fuerzas de reacción de los soportes evitarán que el ensamble gire con respecto a cada eje de coordenadas, de esta manera la chumacera en B sólo ejerce fuerzas de reacción sobre el elemento. No se requieren momentos de par.

Ecuaciones de equilibrio. Debido a que todas las fuerzas son horizontales o verticales, resulta conveniente usar un análisis escalar. Podemos obtener una solución directa para A_y si sumamos fuerzas a lo largo del eje y.

$\Sigma F_y = 0; \qquad A_y = 0$ *Resp.*

La fuerza F_C puede determinarse directamente al sumar momentos con respecto al eje y.

$\Sigma M_y = 0; \qquad F_C(0.6\text{ m}) - 900\text{ N}(0.4\text{ m}) = 0$

$F_C = 600\text{ N}$ *Resp.*

Con este resultado, B_z puede determinarse al sumar momentos con respecto al eje x.

$\Sigma M_x = 0; \qquad B_z(0.8\text{ m}) + 600\text{ N}(1.2\text{ m}) - 900\text{ N}(0.4\text{ m}) = 0$

$B_z = -450\text{ N}$ *Resp.*

El signo negativo indica que $\mathbf{B}_z$ actúa hacia abajo. La fuerza B_x puede encontrarse al sumar momentos con respecto al eje z.

$\Sigma M_z = 0; \qquad -B_x(0.8\text{ m}) = 0 \quad B_x = 0$ *Resp.*

Así,

$\Sigma F_x = 0; \qquad A_x + 0 = 0 \quad A_x = 0$ *Resp.*

Por último, con los resultados de B_z y F_C.

$\Sigma F_z = 0; \qquad A_z + (-450\text{ N}) + 600\text{ N} - 900\text{ N} = 0$

$A_z = 750\text{ N}$ *Resp.*

EJEMPLO 5.17

El pescante se usa para sostener la maceta de 75 lb que se ilustra en la figura 5-30*a*. Determine la tensión desarrollada en los alambres *AB* y *AC*.

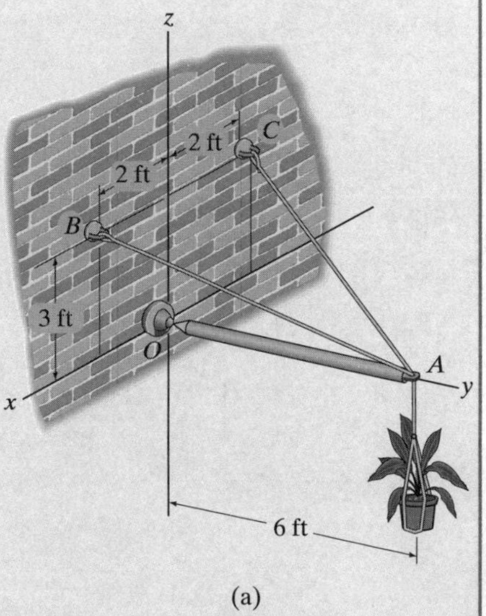

(a)

Fig. 5-30

SOLUCIÓN (*ANÁLISIS VECTORIAL*)

Diagrama de cuerpo libre. En la figura 5-30*b*, se muestra el diagrama de cuerpo libre del pescante.

Ecuaciones de equilibrio. Aquí, las fuerzas de los cables están dirigidas de manera que forman ángulos con los ejes de coordenadas, por lo que usaremos un análisis vectorial.

$$\mathbf{F}_{AB} = F_{AB}\left(\frac{\mathbf{r}_{AB}}{r_{AB}}\right) = F_{AB}\left(\frac{\{2\mathbf{i} - 6\mathbf{j} + 3\mathbf{k}\}\ \text{ft}}{\sqrt{(2\ \text{ft})^2 + (-6\ \text{ft})^2 + (3\ \text{ft})^2}}\right)$$

$$= \tfrac{2}{7}F_{AB}\mathbf{i} - \tfrac{6}{7}F_{AB}\mathbf{j} + \tfrac{3}{7}F_{AB}\mathbf{k}$$

$$\mathbf{F}_{AC} = F_{AC}\left(\frac{\mathbf{r}_{AC}}{r_{AC}}\right) = F_{AC}\left(\frac{\{-2\mathbf{i} - 6\mathbf{j} + 3\mathbf{k}\}\ \text{ft}}{\sqrt{(-2\ \text{ft})^2 + (-6\ \text{ft})^2 + (3\ \text{ft})^2}}\right)$$

$$= -\tfrac{2}{7}F_{AC}\mathbf{i} - \tfrac{6}{7}F_{AC}\mathbf{j} + \tfrac{3}{7}F_{AC}\mathbf{k}$$

Podemos eliminar la reacción de la fuerza en *O* escribiendo la ecuación de equilibrio del momento con respecto al punto *O*.

$$\Sigma\mathbf{M}_O = \mathbf{0}; \qquad \mathbf{r}_A \times (\mathbf{F}_{AB} + \mathbf{F}_{AC} + \mathbf{W}) = \mathbf{0}$$

$$(6\mathbf{j}) \times \left[\left(\tfrac{2}{7}F_{AB}\mathbf{i} - \tfrac{6}{7}F_{AB}\mathbf{j} + \tfrac{3}{7}F_{AB}\mathbf{k}\right) + \left(-\tfrac{2}{7}F_{AC}\mathbf{i} - \tfrac{6}{7}F_{AC}\mathbf{j} + \tfrac{3}{7}F_{AC}\mathbf{k}\right) + (-75\mathbf{k})\right] = \mathbf{0}$$

$$\left(\tfrac{18}{7}F_{AB} + \tfrac{18}{7}F_{AC} - 450\right)\mathbf{i} + \left(-\tfrac{12}{7}F_{AB} + \tfrac{12}{7}F_{AC}\right)\mathbf{k} = \mathbf{0}$$

$$\Sigma M_x = 0; \qquad \tfrac{18}{7}F_{AB} + \tfrac{18}{7}F_{AC} - 450 = 0 \qquad (1)$$

$$\Sigma M_y = 0; \qquad 0 = 0$$

$$\Sigma M_z = 0; \qquad -\tfrac{12}{7}F_{AB} + \tfrac{12}{7}F_{AC} = 0 \qquad (2)$$

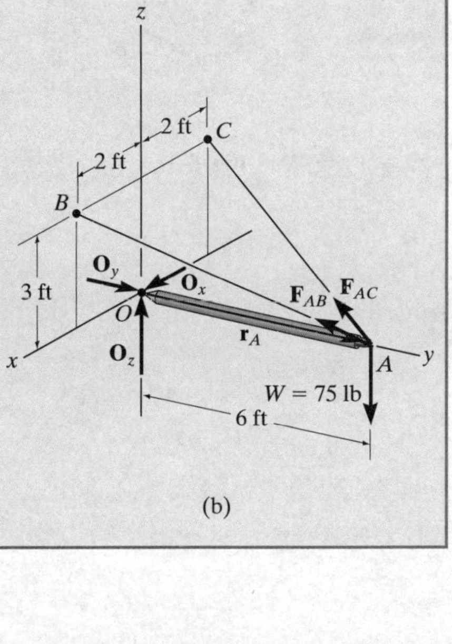

(b)

Al resolver simultáneamente las ecuaciones (1) y (2),

$$F_{AB} = F_{AC} = 87.5\ \text{lb} \qquad \textit{Resp.}$$

5

EJEMPLO 5.18

La varilla AB que se muestra en la figura 5-31a está sometida a la fuerza de 200 N. Determine las reacciones en la junta de rótula esférica A y la tensión en los cables BD y BE. El collarín en C está fijo a la varilla.

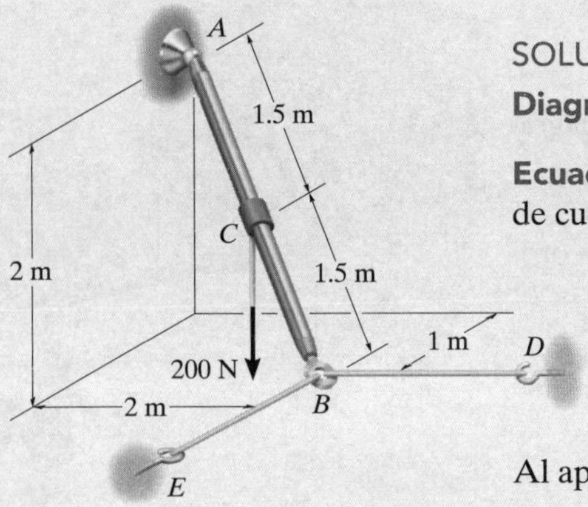

(a)

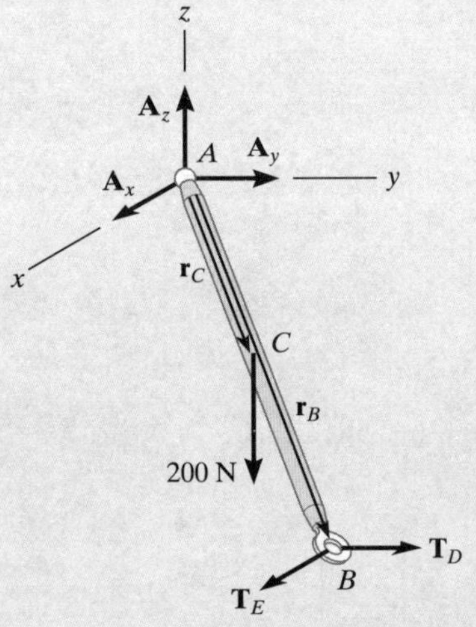

(b)

Fig. 5-31

SOLUCIÓN (*ANÁLISIS VECTORIAL*)

Diagrama de cuerpo libre. Figura 5-31b.

Ecuaciones de equilibrio. Al representar cada fuerza del diagrama de cuerpo libre en forma vectorial cartesiana, tenemos

$$\mathbf{F}_A = A_x\mathbf{i} + A_y\mathbf{j} + A_z\mathbf{k}$$
$$\mathbf{T}_E = T_E\mathbf{i}$$
$$\mathbf{T}_D = T_D\mathbf{j}$$
$$\mathbf{F} = \{-200\mathbf{k}\}\ \text{N}$$

Al aplicar la ecuación de equilibrio de fuerzas:

$$\Sigma\mathbf{F} = \mathbf{0}; \qquad \mathbf{F}_A + \mathbf{T}_E + \mathbf{T}_D + \mathbf{F} = \mathbf{0}$$

$$(A_x + T_E)\mathbf{i} + (A_y + T_D)\mathbf{j} + (A_z - 200)\mathbf{k} = \mathbf{0}$$

$$\Sigma F_x = 0; \qquad A_x + T_E = 0 \qquad (1)$$
$$\Sigma F_y = 0; \qquad A_y + T_D = 0 \qquad (2)$$
$$\Sigma F_z = 0; \qquad A_z - 200 = 0 \qquad (3)$$

Al sumar momentos con respecto al punto A, resulta

$$\Sigma\mathbf{M}_A = \mathbf{0}; \qquad \mathbf{r}_C \times \mathbf{F} + \mathbf{r}_B \times (\mathbf{T}_E + \mathbf{T}_D) = \mathbf{0}$$

Como $\mathbf{r}_C = \frac{1}{2}\mathbf{r}_B$, entonces

$$(0.5\mathbf{i} + 1\mathbf{j} - 1\mathbf{k}) \times (-200\mathbf{k}) + (1\mathbf{i} + 2\mathbf{j} - 2\mathbf{k}) \times (T_E\mathbf{i} + T_D\mathbf{j}) = \mathbf{0}$$

Al desarrollar y reordenar términos se obtiene

$$(2T_D - 200)\mathbf{i} + (-2T_E + 100)\mathbf{j} + (T_D - 2T_E)\mathbf{k} = \mathbf{0}$$

$$\Sigma M_x = 0; \qquad 2T_D - 200 = 0 \qquad (4)$$
$$\Sigma M_y = 0; \qquad -2T_E + 100 = 0 \qquad (5)$$
$$\Sigma M_z = 0; \qquad T_D - 2T_E = 0 \qquad (6)$$

Si resolvemos las ecuaciones 1 a 5, obtenemos

$$T_D = 100\ \text{N} \qquad \textit{Resp.}$$
$$T_E = 50\ \text{N} \qquad \textit{Resp.}$$
$$A_x = -50\ \text{N} \qquad \textit{Resp.}$$
$$A_y = -100\ \text{N} \qquad \textit{Resp.}$$
$$A_z = 200\ \text{N} \qquad \textit{Resp.}$$

NOTA: El signo negativo indica que $\mathbf{A}_x$ y $\mathbf{A}_y$ tienen un sentido que es opuesto al que se muestra en el diagrama de cuerpo libre (fig. 5-31b). Además, observe que las ecuaciones 1 a 6 pueden establecerse *directamente* utilizando un análisis escalar.

EJEMPLO 5.19

La varilla doblada que se muestra en la figura 5-32*a* está soportada en *A* por una chumacera, en *D* por una junta de rótula esférica y en *B* por el cable *BC*. Con sólo *una ecuación de equilibrio*, obtenga una solución directa para la tensión en el cable *BC*. La chumacera en *A* es capaz de ejercer componentes de fuerza sólo en las direcciones *z* y *y* puesto que está apropiadamente alineada sobre el eje. Dicho de otra forma, en este soporte no se requieren momentos de par.

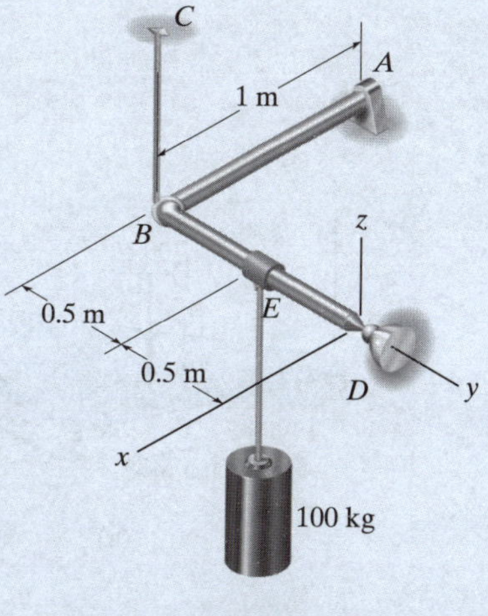

(a)

SOLUCIÓN (*ANÁLISIS VECTORIAL*)

Diagrama de cuerpo libre. Como se muestra en la figura 5-32*b*, hay seis incógnitas.

Ecuaciones de equilibrio. La tensión $\mathbf{T}_B$ en el cable puede obtenerse *directamente* al sumar momentos con respecto a un eje que pase por los puntos *D* y *A*. ¿Por qué? La dirección del eje está definida por el vector unitario **u**, donde

$$\mathbf{u} = \frac{\mathbf{r}_{DA}}{r_{DA}} = -\frac{1}{\sqrt{2}}\mathbf{i} - \frac{1}{\sqrt{2}}\mathbf{j}$$
$$= -0.7071\mathbf{i} - 0.7071\mathbf{j}$$

Por lo tanto, la suma de los momentos con respecto a este eje será cero siempre que

$$\Sigma M_{DA} = \mathbf{u} \cdot \Sigma(\mathbf{r} \times \mathbf{F}) = 0$$

Aquí **r** representa un vector de posición trazado desde *cualquier punto* sobre el eje *DA*, hasta cualquier punto sobre la línea de acción de la fuerza **F** (vea la ecuación 4-11). Con referencia a la figura 5-32*b*, podemos escribir

$$\mathbf{u} \cdot (\mathbf{r}_B \times \mathbf{T}_B + \mathbf{r}_E \times \mathbf{W}) = \mathbf{0}$$
$$(-0.7071\mathbf{i} - 0.7071\mathbf{j}) \cdot \left[(-1\mathbf{j}) \times (T_B\mathbf{k}) + (-0.5\mathbf{j}) \times (-981\mathbf{k}) \right] = \mathbf{0}$$
$$(-0.7071\mathbf{i} - 0.7071\mathbf{j}) \cdot [(-T_B + 490.5)\mathbf{i}] = \mathbf{0}$$
$$-0.7071(-T_B + 490.5) + 0 + 0 = 0$$
$$T_B = 490.5 \text{ N} \qquad \textit{Resp.}$$

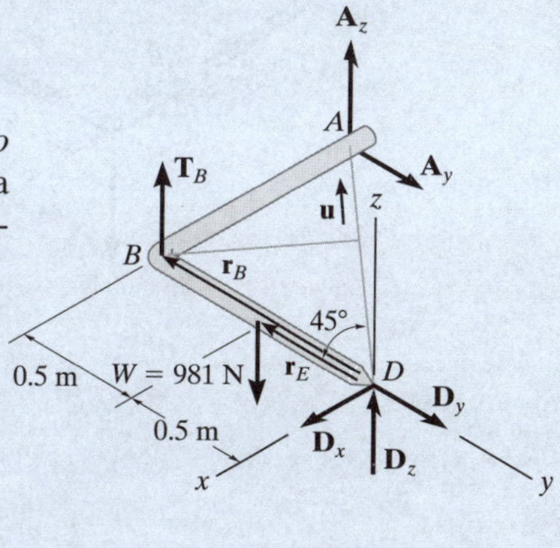

(b)

Fig. 5-32

NOTA: Como los brazos de momento desde el eje hasta $\mathbf{T}_B$ y **W** son fáciles de obtener, también podemos determinar este resultado con un análisis escalar. Como se muestra en la figura 5-32*b*,

$$\Sigma M_{DA} = 0; \quad T_B(1 \text{ m sen } 45°) - 981 \text{ N}(0.5 \text{ m sen } 45°) = 0$$
$$T_B = 490.5 \text{ N} \qquad \textit{Resp.}$$

PROBLEMAS PRELIMINARES

P5-2. Dibuje el diagrama de cuerpo libre de cada objeto.

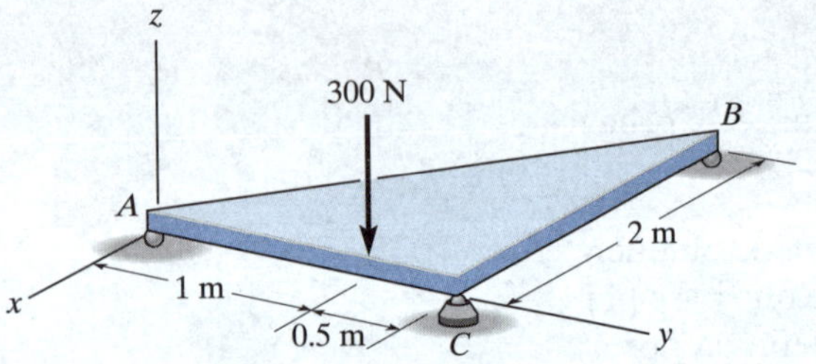

(a)

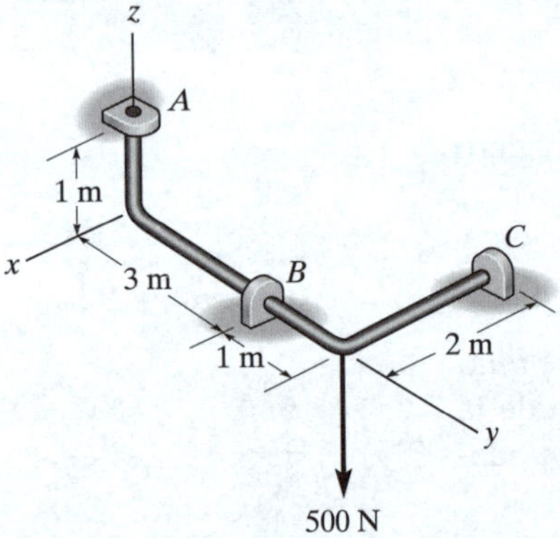

(b)

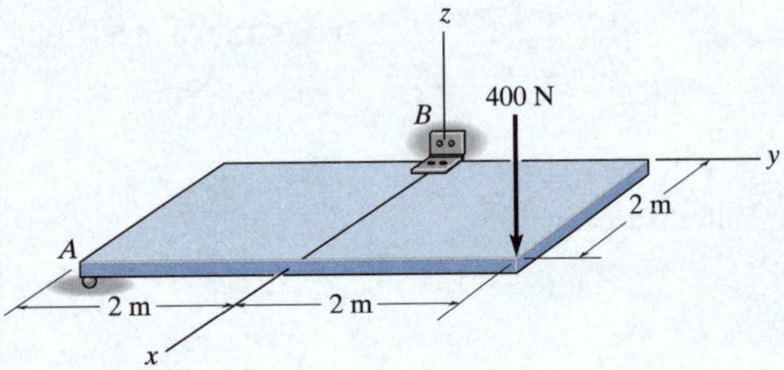

(c)

Prob. P5-2

P5-3. En cada caso, escriba las ecuaciones de momento con respecto a los ejes x, y y z.

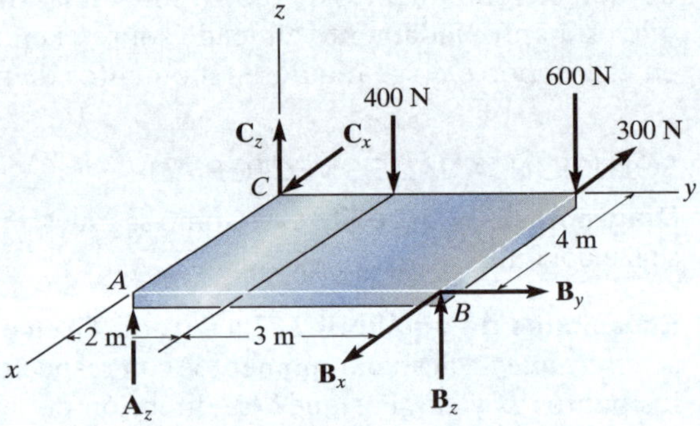

(a)

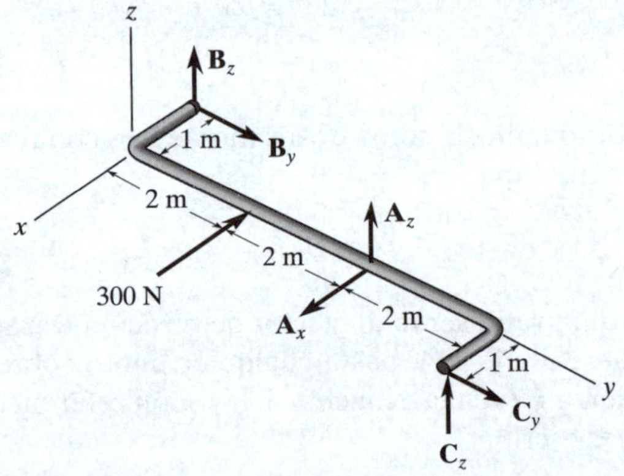

(b)

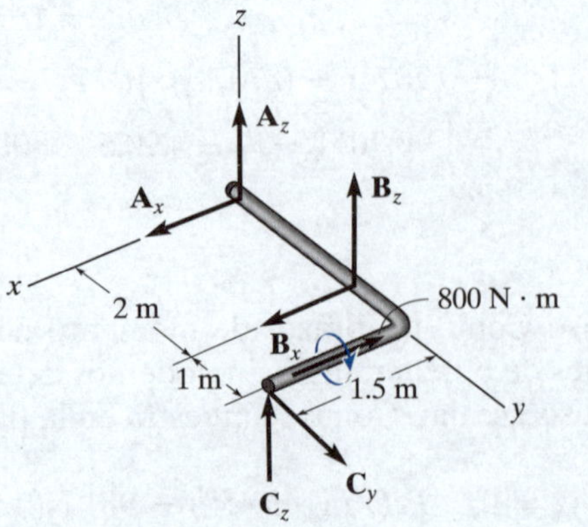

(c)

Prob. P5-3

PROBLEMAS FUNDAMENTALES

Todas las soluciones a los problemas deben incluir un DCL.

F5-7. La placa uniforme tiene un peso de 500 lb. Determine la tensión en cada uno de los cables de soporte.

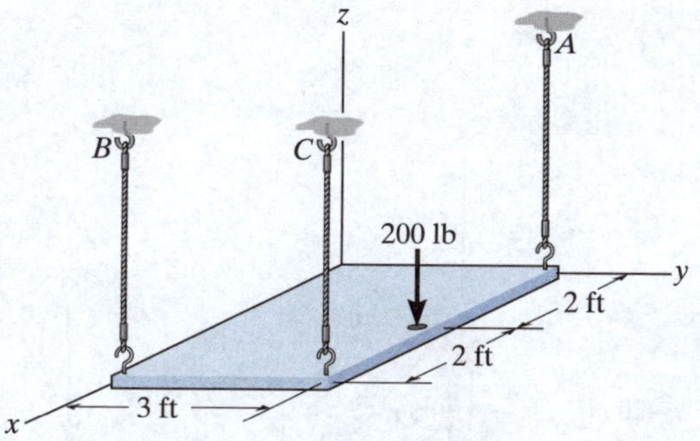

Prob. F5-7

F5-8. Para la placa que se muestra en la figura, determine las reacciones del soporte de rodillo A, la junta de rótula esférica D y la tensión en el cable BC.

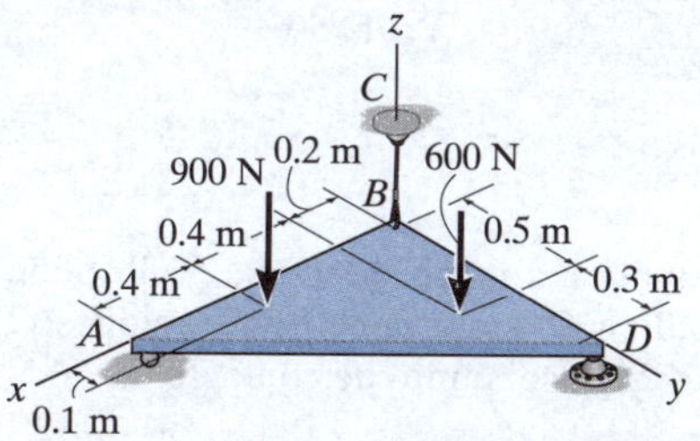

Prob. F5-8

F5-9. La varilla se sostiene mediante chumaceras lisas en A, B y C y está sometida a las dos fuerzas indicadas. Determine las reacciones de los soportes.

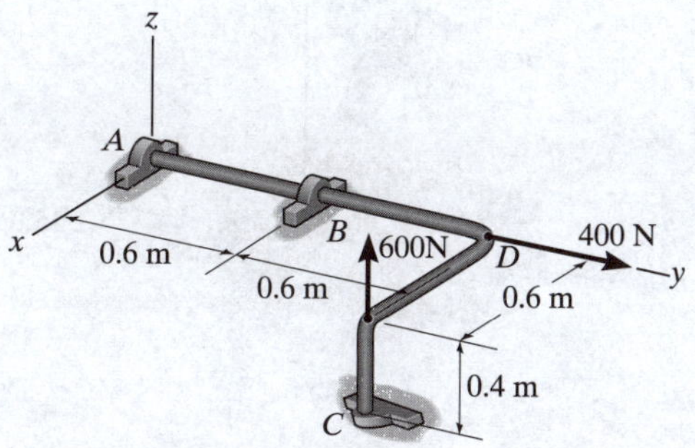

Prob. F5-9

F5-10. Determine las reacciones de soporte en las chumaceras lisas A, B y C del ensamble de tubos.

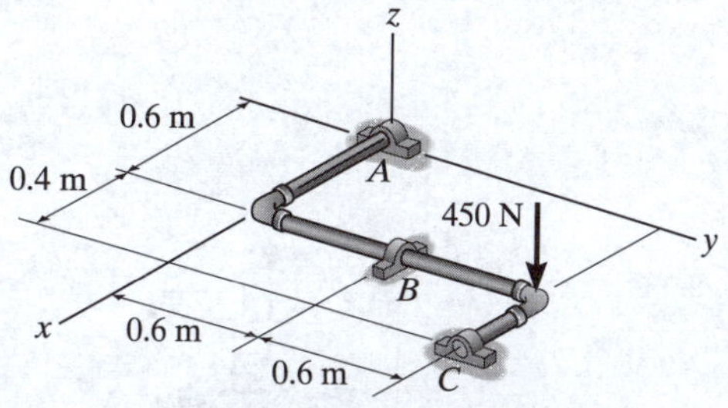

Prob. F5-10

F5-11. Determine la fuerza desarrollada del eslabón corto BD, la tensión en las cuerdas CE y CF, así como las reacciones de la junta de rótula esférica A sobre el bloque.

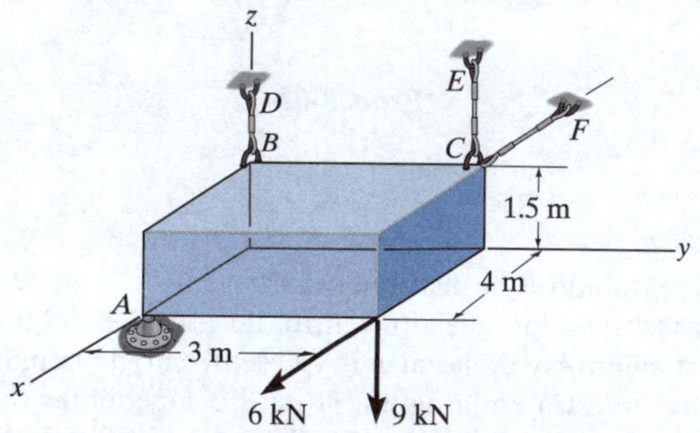

Prob. F5-11

F5-12. Determine las componentes de reacción que ejercen la chumacera de empuje A y el cable BC sobre la barra.

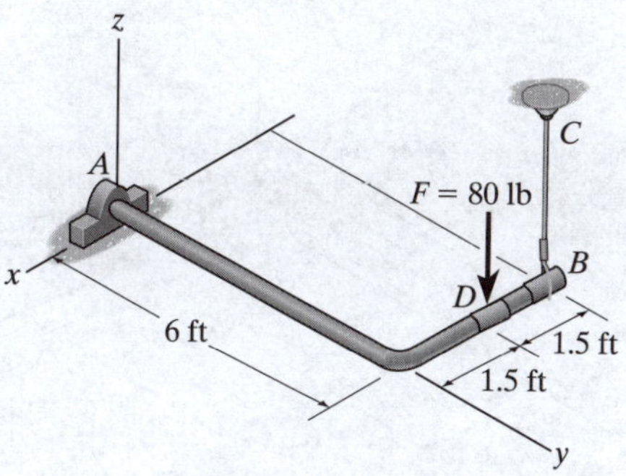

Prob. F5-12

PROBLEMAS

Todas las soluciones a los problemas deben incluir un DCL.

5-62. La carga uniforme tiene una masa de 600 kg y se eleva usando una viga transversal uniforme *BAC* de 30 kg y cuatro cuerdas de la manera indicada. Determine la tensión en cada cuerda y la fuerza que debe aplicarse en *A*.

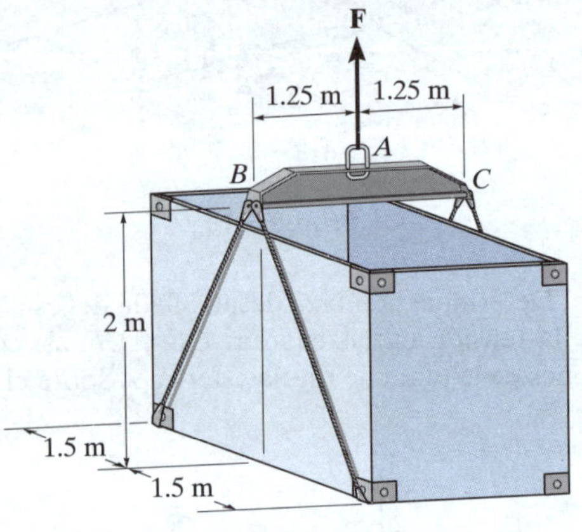

Prob. 5-62

5-63. Debido a la distribución desigual de combustible en los tanques laterales, los centros de gravedad del fuselaje del avión *A* y de las alas *B* y *C* se ubican de la manera que se muestra en la figura. Si estas componentes tienen pesos $W_A = 45\,000$ lb, $W_B = 8000$ lb y $W_C = 6000$ lb, determine las reacciones normales de las ruedas *D*, *E* y *F* sobre el suelo.

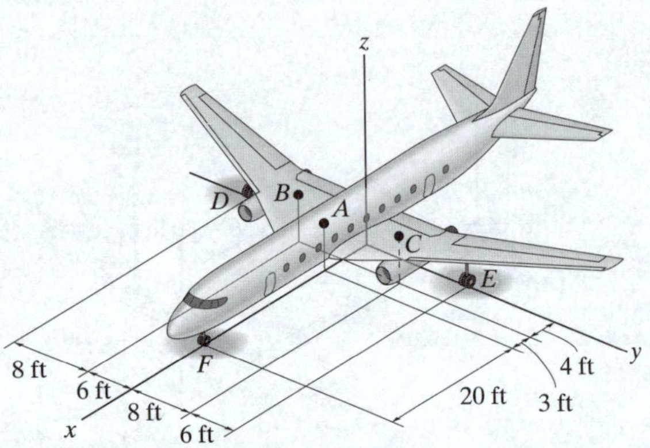

Prob. 5-63

***5-64.** Determine las componentes de la reacción en el soporte fijo *A*. Las fuerzas de 400 N, 500 N y 600 N son paralelas a los ejes *x*, *y* y *z*, respectivamente.

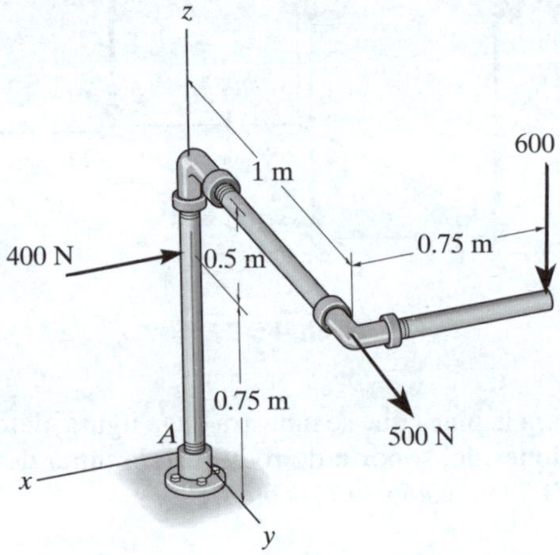

Prob. 5-64

5-65. La máquina fertilizadora de 50 lb tiene un centro de gravedad en *G*. Determine las reacciones verticales de las ruedas *C* y *B* y el punto de contacto liso *A*.

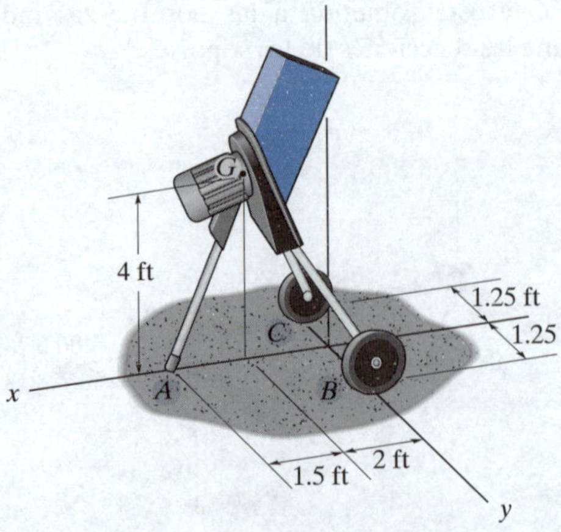

Prob. 5-65

5-66. La varilla lisa y uniforme AB se sostiene mediante una junta de rótula esférica en A, la pared en B y el cable BC. Determine las componentes de reacción en A, la tensión en el cable y la reacción normal de B si la varilla tiene una masa de 20 kg.

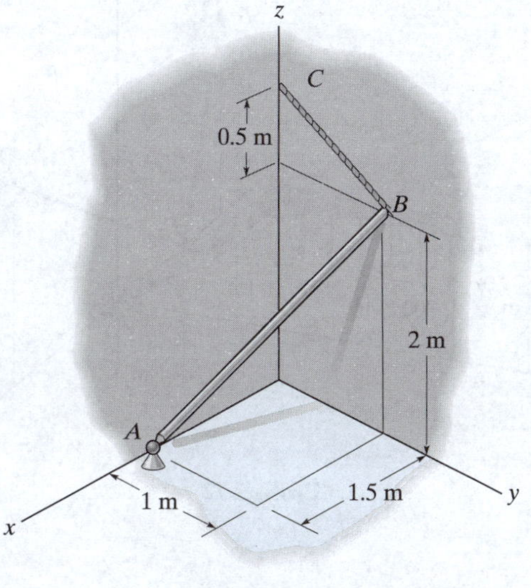

Prob. 5-66

5-67. La losa de concreto uniforme tiene una masa de 2400 kg. Determine la tensión en cada uno de los tres cables de soporte paralelos, si la losa se mantiene en el plano horizontal de la manera indicada.

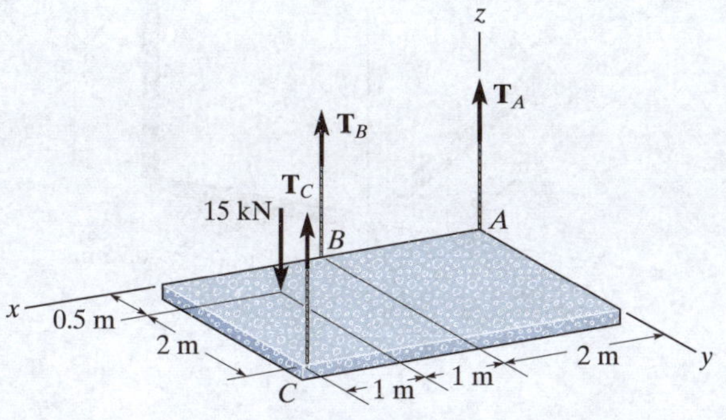

Prob. 5-67

***5-68.** La puerta de 100 lb tiene su centro de gravedad en G. Determine las componentes de la reacción de las bisagras A y B, si la bisagra B solamente resiste fuerzas en las direcciones x y y, y A resiste fuerzas en las direcciones x, y y z.

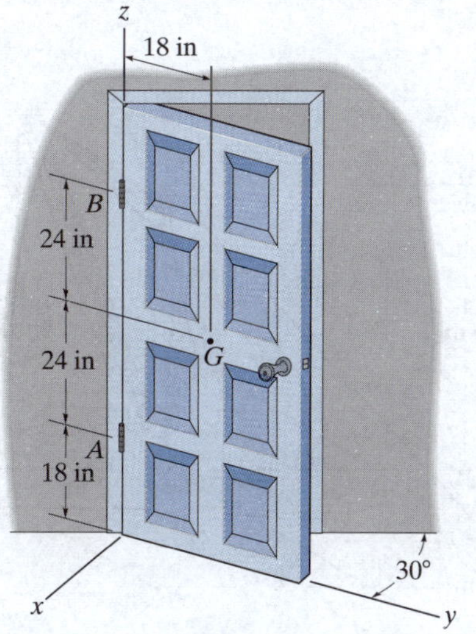

Prob. 5-68

5-69. Determine la tensión en cada cable y las componentes de la reacción D necesarias para soportar la carga.

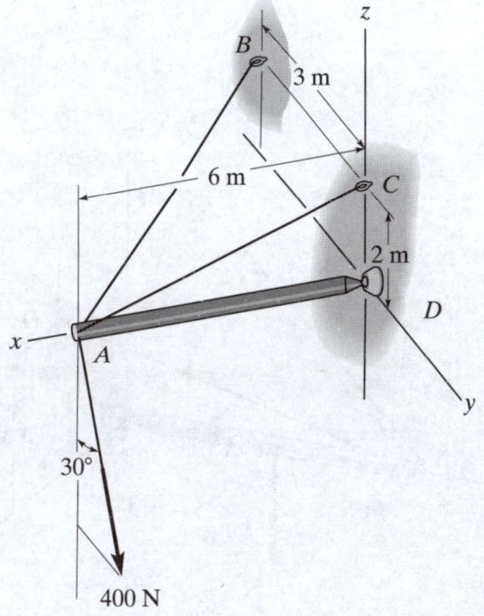

Prob. 5-69

5-70. La grúa de brazo rígido que se utiliza en barcos se sostiene mediante una junta de rótula esférica en D y dos cables BA y BC. Los cables están unidos a un anillo de collarín liso en B, que permite la rotación de la grúa con respecto al eje z. Si la grúa soporta una caja que tiene una masa de 200 kg, determine la tensión en los cables y las componentes x, y, z de la reacción en D.

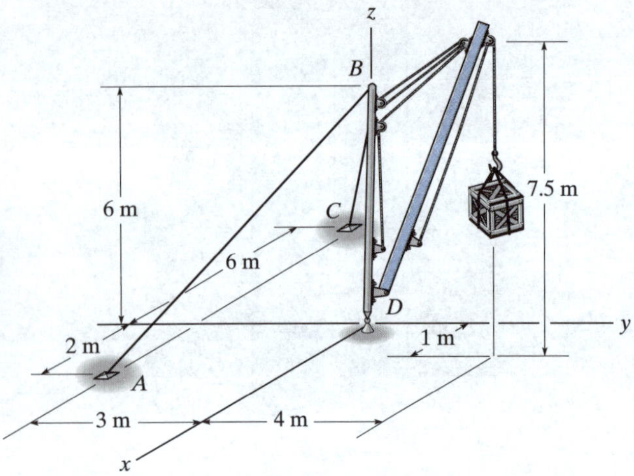

Prob. 5-70

5-71. Determine las componentes de la reacción de la junta de rótula esférica A y la tensión en cada cable, necesarias para lograr el equilibrio de la varilla.

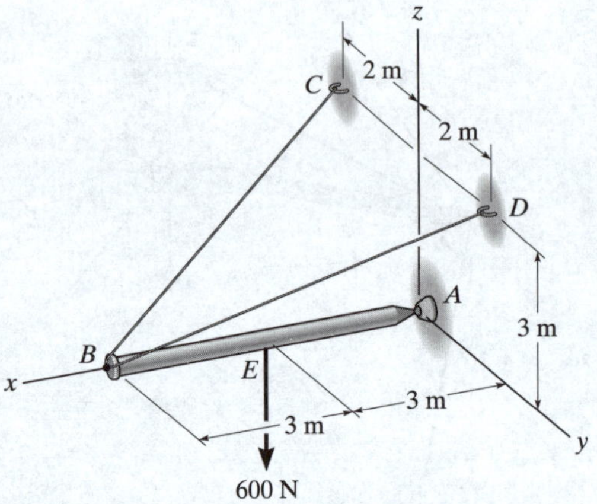

Prob. 5-71

***5-72.** Determine las componentes de la reacción de la junta de rótula esférica A y la tensión en los cables de soporte DB y DC.

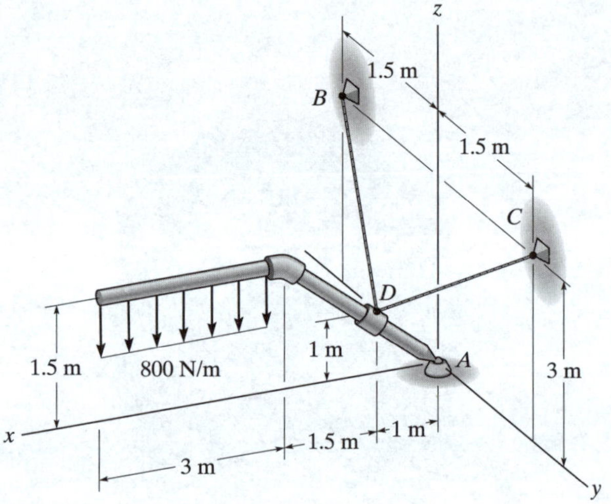

Prob. 5-72

5-73. La varilla doblada se apoya en A, B y C mediante cojinetes lisos. Determine las componentes de reacciónde los cojinetes, si la varilla está sometida a la fuerza $F = 800$ N. Los cojinetes tienen la alineación adecuada y sólo ejercen reacciones de fuerza sobre la varilla.

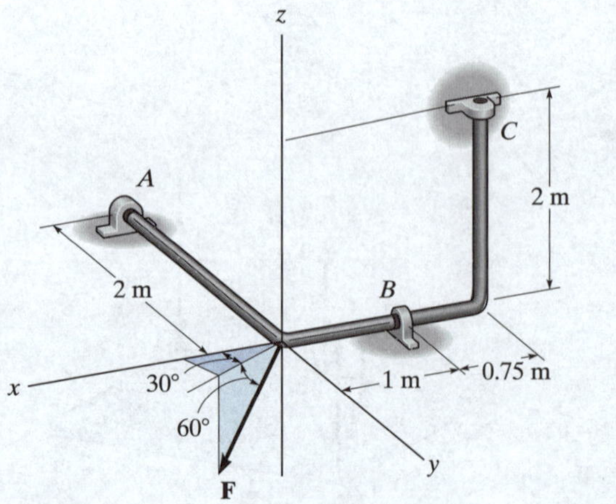

Prob. 5-73

5-74. La varilla doblada se apoya en A, B y C mediante cojinetes lisos. Determine la magnitud de **F** que causará que la componente x positiva de la reacción del cojinete C sea $C_x = 50$ N. Los cojinetes tienen la alineación adecuada y sólo ejercen reacciones de fuerza sobre la varilla.

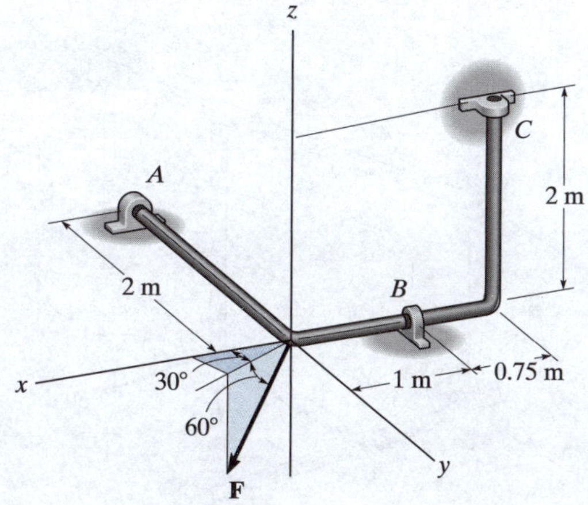

Prob. 5-74

***5-76.** El miembro se sostiene mediante un pasador en A y el cable BC. Determine las componentes de reacción de estos soportes si el cilindro tiene una masa de 40 kg.

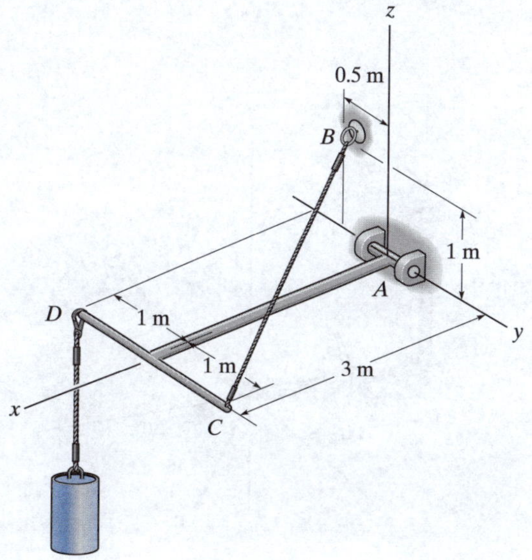

Prob. 5-76

5-75. El miembro AB se sostiene mediante un cable BC y en A por medio de una varilla *cuadrada* que pasa de manera holgada por el orificio cuadrado en el collar fijo al miembro, como se muestra en la figura. Determine las componentes de reacción de A y la tensión en el cable necesarias para mantener la varilla en equilibrio.

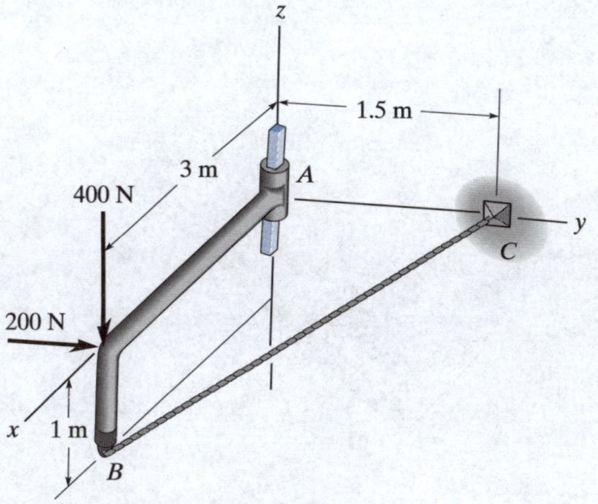

Prob. 5-75

5-77. El miembro se sostiene mediante una varilla cuadrada que pasa holgadamente por el orificio cuadrado liso del collar unido en A y por medio de un rodillo en B. Determine las componentes de reacción de estos soportes, cuando el miembro se somete a la carga mostrada.

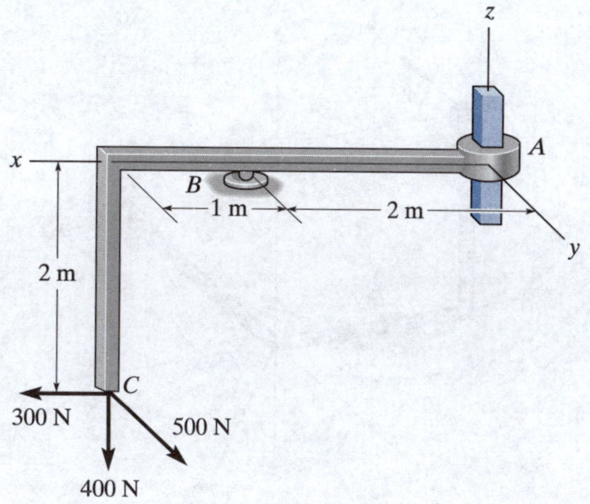

Prob. 5-77

5-78. La varilla doblada se sostiene en A, B y C mediante cojinetes lisos. Calcule las componentes x, y, z de la reacción de los cojinetes, si la varilla se somete a las fuerzas $F_1 = 300$ lb y $F_2 = 250$ lb. $\mathbf{F}_1$ se encuentra en el plano y-z. Los cojinetes tienen la alineación adecuada y ejercen solamente reacciones de fuerza sobre la varilla.

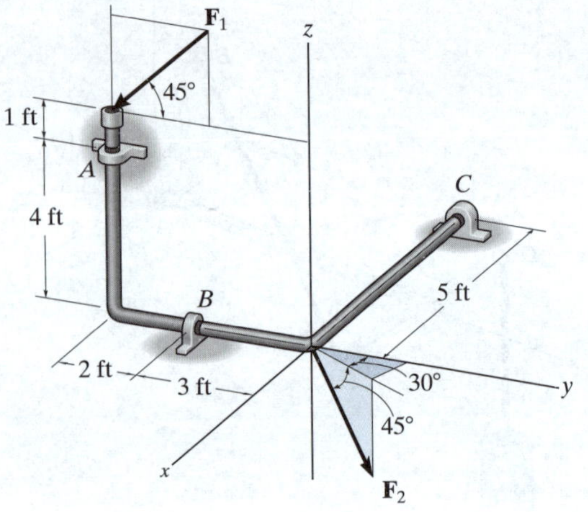

Prob. 5-78

5-79. La varilla doblada se apoya en A, B y C mediante cojinetes lisos. Determine la magnitud de $\mathbf{F}_2$ que ocasionará que la reacción $\mathbf{C}_y$ del cojinete C sea igual a cero. Los cojinetes tienen la alineación adecuada y ejercen solamente reacciones de fuerza sobre la varilla. Considere que $F_1 = 300$ lb.

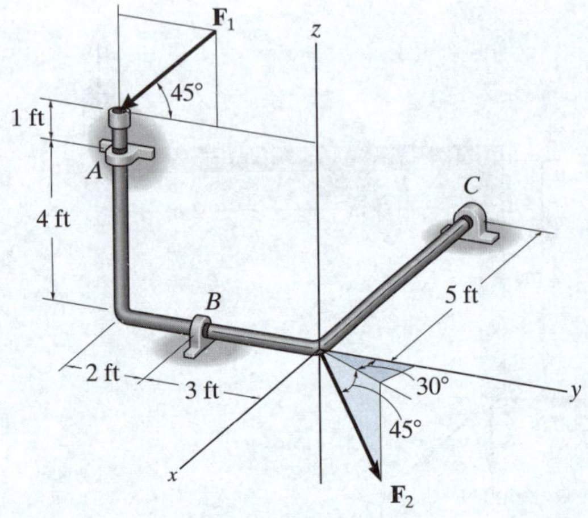

Prob. 5-79

***5-80.** La barra AB se apoya mediante dos collares lisos. En A la conexión es con una junta de rótula esférica y en B se trata de una unión rígida. Si se aplica una carga de 50 lb a la barra, determine las componentes x, y, z de la reacción de A y B.

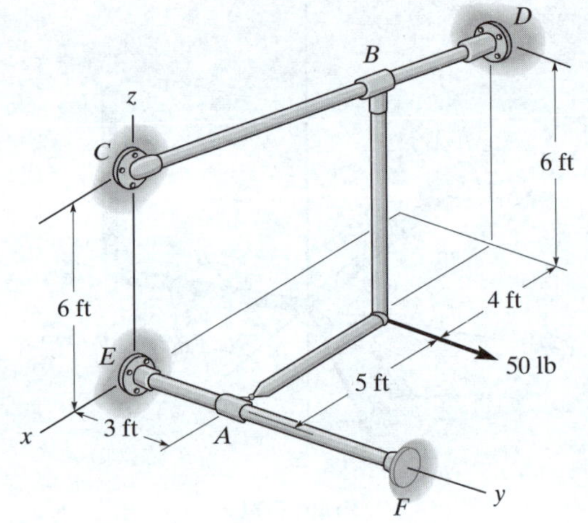

Prob. 5-80

5-81. La varilla tiene un peso de 6 lb/ft. Si se sostiene mediante una junta de rótula esférica en C y una chumacera liso en D, determine las componentes x, y, z de la reacción de estos soportes y el momento M que debe aplicarse a lo largo del eje de la varilla para mantenerla en la posición mostrada.

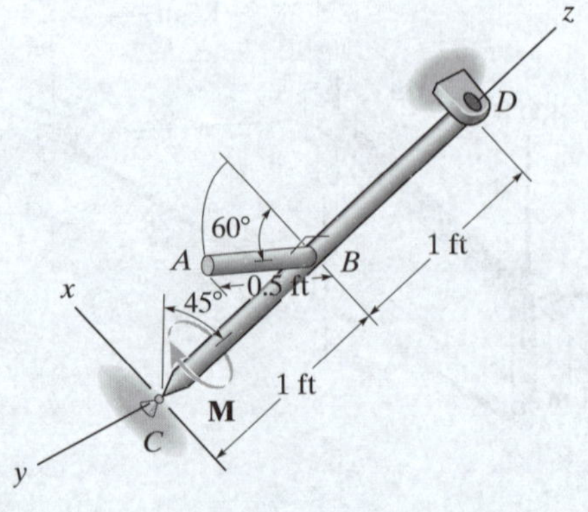

Prob. 5-81

5-82. El letrero tiene una masa de 100 kg con centro de masa en G. Determine las componentes x, y, z de la reacción de la junta de rótula esférica A y la tensión de los alambres BC y BD.

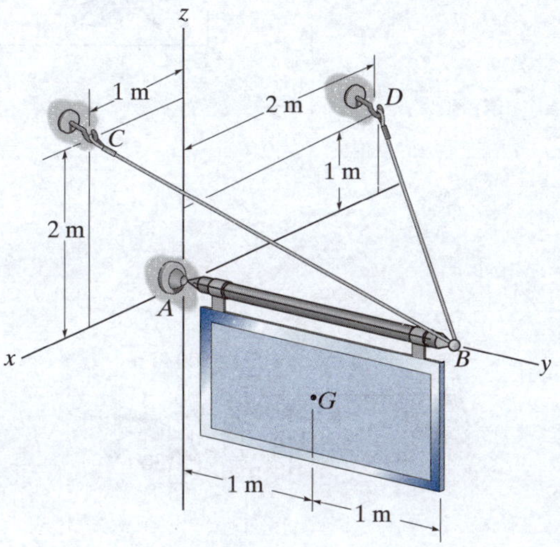

Prob. 5-82

5-83. Las dos poleas están fijas al eje y, cuando éste gira con velocidad angular constante, la potencia de la polea A se transmite a la polea B. Determine la tensión horizontal **T** en la correa de la polea B y las componentes x, y, z de la reacción de la chumacera C y del cojinete de empuje D, si $\theta = 0°$. Los cojinetes tienen la alineación adecuada y ejercen solamente reacciones de fuerza sobre el eje.

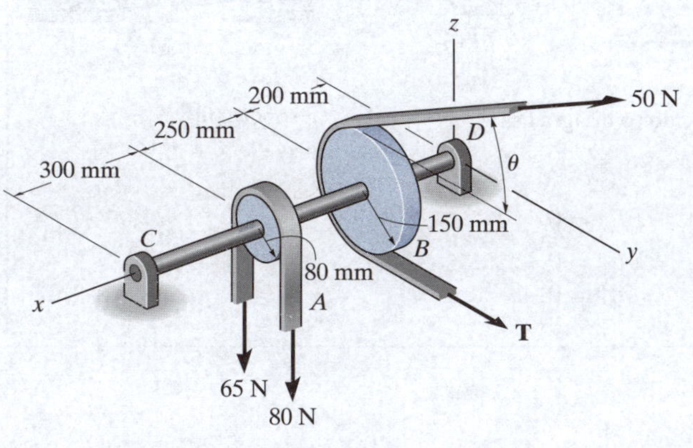

Prob. 5-83

***5-84.** Las dos poleas están fijas al eje y, cuando éste gira con velocidad angular constante, la potencia de la polea A se transmite a la polea B. Determine la tensión horizontal **T** en la correa de la polea B y las componentes x, y, z de la reacción de la chumacera C y del cojinete de empuje D, si $\theta = 45°$. Los cojinetes tienen la alineación adecuada y ejercen solamente reacciones de fuerza sobre el eje.

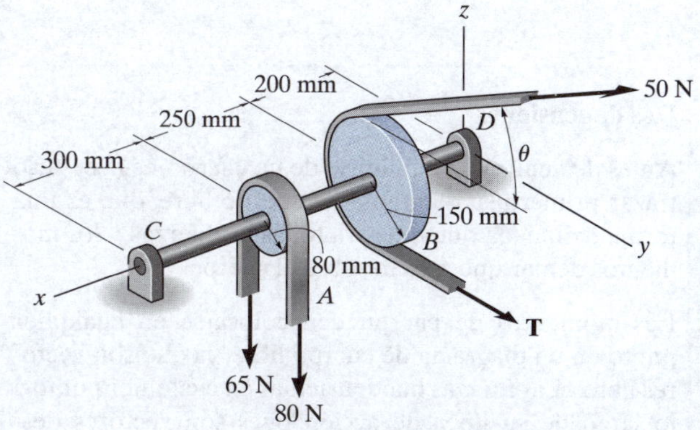

Prob. 5-84

5-85. El miembro AB se sostiene mediante un cable BC y en A por medio de una varilla cuadrada que pasa de manera holgada por el orificio cuadrado en la articulación del extremo del miembro, como se indica en la figura. Determine las componentes de reacción de A y la tensión del cable, necesarias para mantener en equilibrio al cilindro de 800 lb.

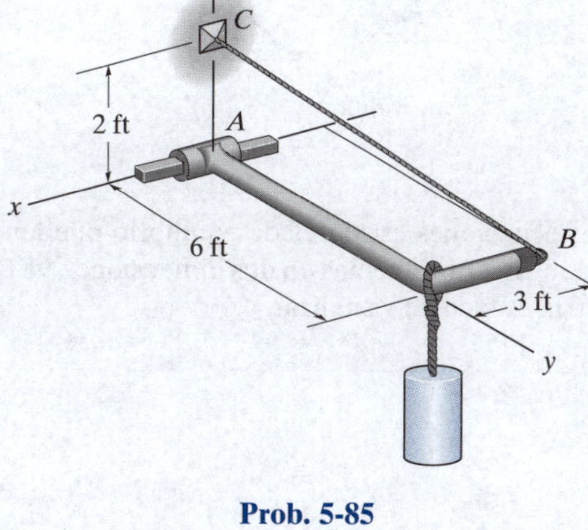

Prob. 5-85

5

REPASO DEL CAPÍTULO

Equilibrio

Un cuerpo en equilibrio puede estar en reposo, o bien puede trasladarse con velocidad constante.

$$\Sigma \mathbf{F} = \mathbf{0}$$

$$\Sigma \mathbf{M} = \mathbf{0}$$

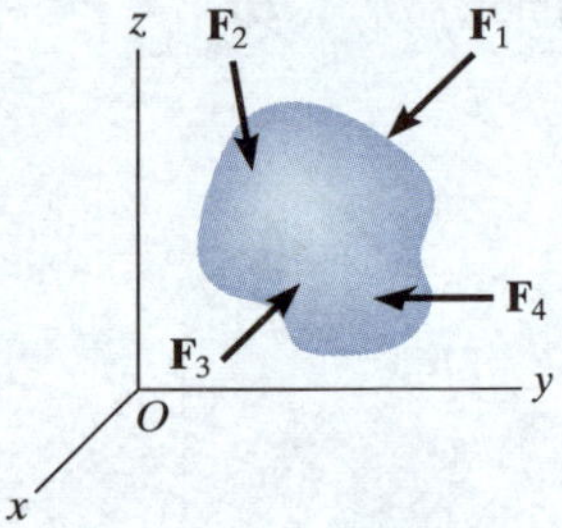

Dos dimensiones

Antes de analizar el equilibrio de un cuerpo, es necesario trazar primero su diagrama de cuerpo libre, que es una forma delineada que muestra todas las fuerzas y los momentos de par que actúan sobre el cuerpo.

Los momentos de par pueden colocarse en cualquier punto en un diagrama de cuerpo libre, ya que son vectores libres. Las fuerzas pueden actuar en cualquier punto a lo largo de su línea de acción pues son vectores deslizantes.

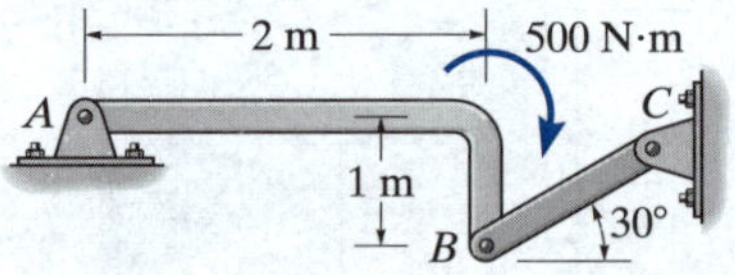

Los ángulos utilizados para descomponer fuerzas, y las dimensiones empleadas para tomar los momentos de las fuerzas, también deberían mostrarse en el diagrama de cuerpo libre.

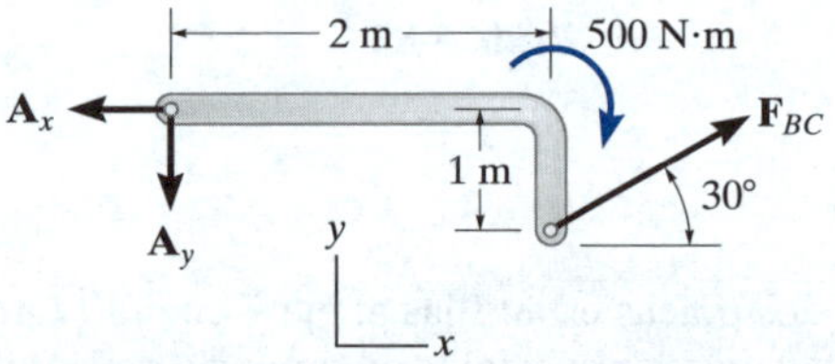

A continuación se presentan en dos dimensiones algunos tipos comunes de soportes y sus reacciones.

Recuerde que un soporte ejercerá una fuerza sobre el cuerpo en una dirección específica, si evita la traslación del cuerpo en esa dirección, y ejercerá un momento de par sobre el cuerpo si evita una rotación.

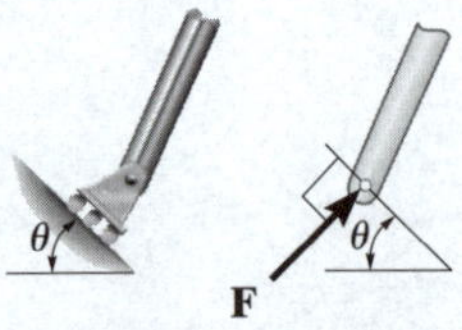

rodillo

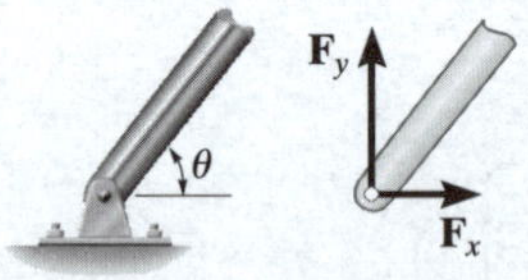

pasador o bisagra lisa

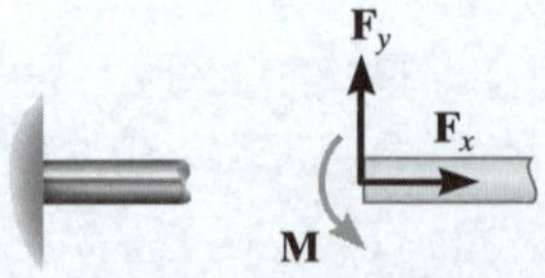

soporte fijo

Las tres ecuaciones escalares de equilibrio pueden aplicarse al resolver problemas en dos dimensiones, ya que la geometría es fácil de visualizar.

$$\Sigma F_x = 0$$
$$\Sigma F_y = 0$$
$$\Sigma M_O = 0$$

Para la solución más directa, trate de sumar fuerzas a lo largo de un eje que elimine tantas fuerzas desconocidas como sea posible. Sume momentos con respecto a un punto A que pase por la línea de acción de tantas fuerzas desconocidas como sea posible.

$$\Sigma F_x = 0;$$

$$A_x - P_2 = 0 \quad A_x = P_2$$

$$\Sigma M_A = 0;$$

$$P_2 d_2 + B_y d_B - P_1 d_1 = 0$$

$$B_y = \frac{P_1 d_1 - P_2 d_2}{d_B}$$

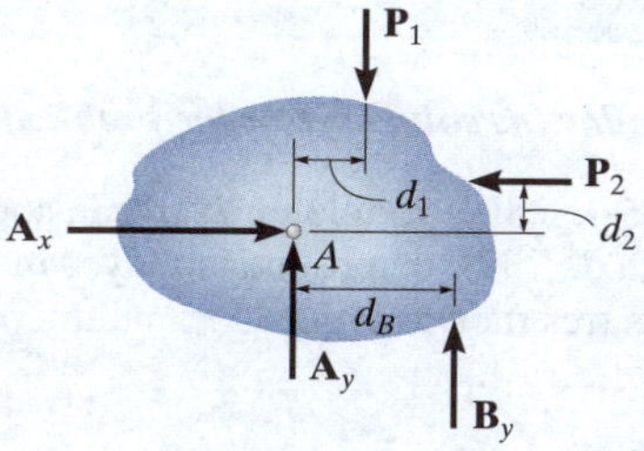

Tres dimensiones

A continuación se muestran aquí en tres dimensiones algunos tipos comunes de soporte y sus reacciones.

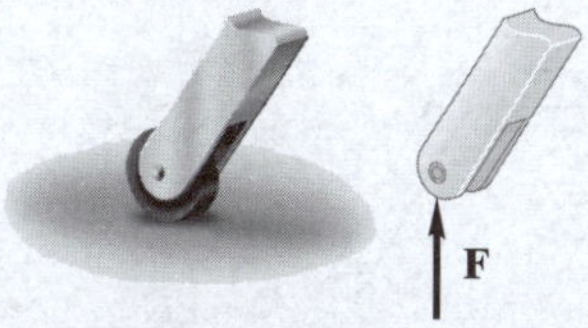

rodillo o rueda

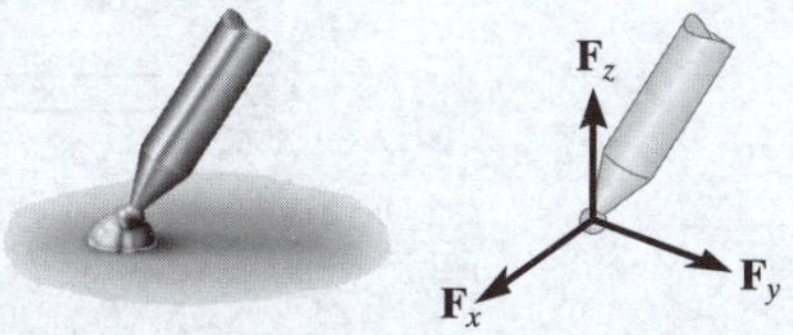

rótula esférica

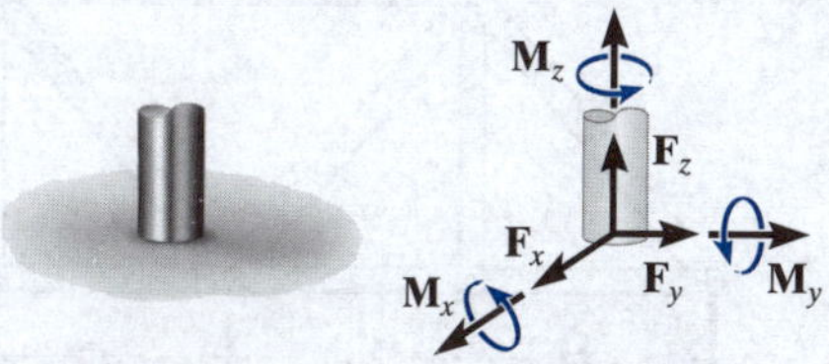

soporte fijo

En tres dimensiones, a menudo resulta conveniente usar un análisis vectorial cartesiano al aplicar las ecuaciones de equilibrio. Para hacerlo, exprese primero, en forma vectorial cartesiana, cada fuerza y cada momento de par conocidos y desconocidos mostrados en el diagrama de cuerpo libre. Luego iguale a cero la suma de fuerzas. Tome momentos con respecto a un punto O que se encuentre sobre la línea de acción, de tantas componentes de fuerza desconocidas como sea posible. Desde el punto O dirija vectores de posición hacia cada fuerza y, después, use el producto cruz para determinar el momento de cada fuerza.

$$\Sigma \mathbf{F} = \mathbf{0}$$

$$\Sigma \mathbf{M}_O = \mathbf{0}$$

Las seis ecuaciones de equilibrio escalares se establecen haciendo iguales a cero las respectivas componentes **i**, **j** y **k** de esas sumas de fuerzas y de momentos.

$$\Sigma F_x = 0 \qquad \Sigma M_x = 0$$

$$\Sigma F_y = 0 \qquad \Sigma M_y = 0$$

$$\Sigma F_z = 0 \qquad \Sigma M_z = 0$$

Determinación y estabilidad

Si un cuerpo está soportado por un número mínimo de restricciones para asegurar el equilibrio, entonces es estáticamente determinado. Si tiene más restricciones que las requeridas, entonces es estáticamente indeterminado.

Para restringir apropiadamente el cuerpo, las reacciones no deben ser todas concurrentes o paralelas entre sí.

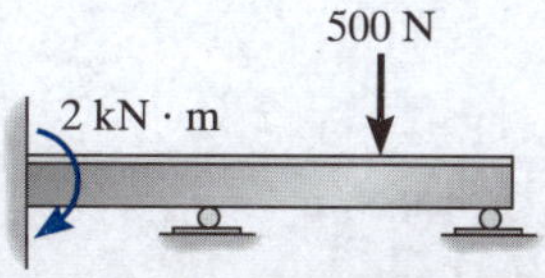

Estáticamente indeterminadas, cinco reacciones, tres ecuaciones de equilibrio

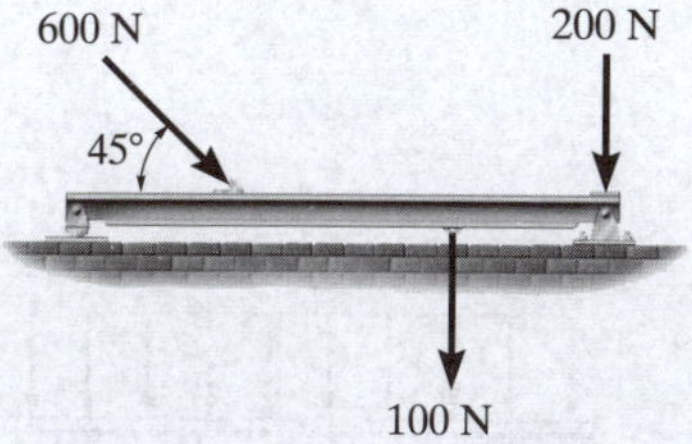

Restricción apropiada, estáticamente determinada

5

5

PROBLEMAS DE REPASO

Todas las soluciones a los problemas deben incluir un DCL.

R5-1. Si el rodillo en *B* puede soportar una carga máxima de 3 kN, determine la mayor magnitud de cada una de las tres fuerzas **F** que la armadura puede soportar.

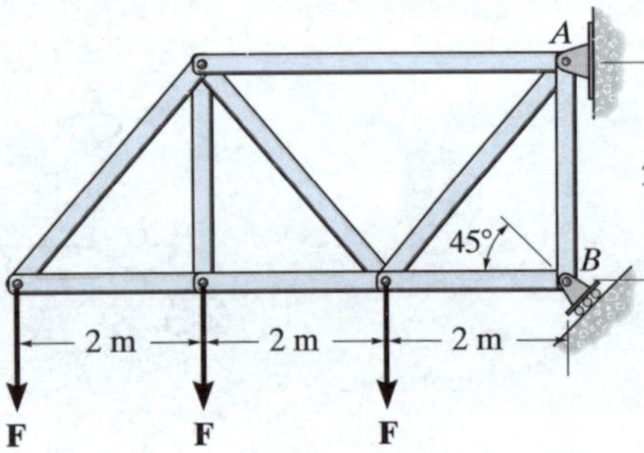

Prob. R5-1

R5-2. Determine las reacciones de los soportes *A* y *B* necesarias para el equilibrio de la viga.

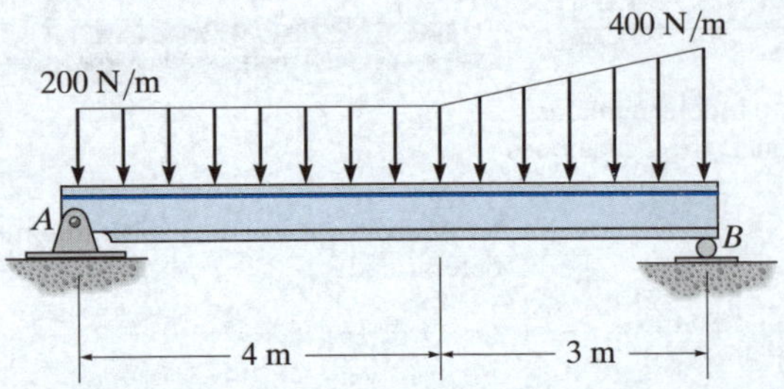

Prob. R5-2

R5-3. Determine la reacción normal del rodillo *A* y las componentes horizontal y vertical del pasador *B* necesarias para el equilibrio del miembro.

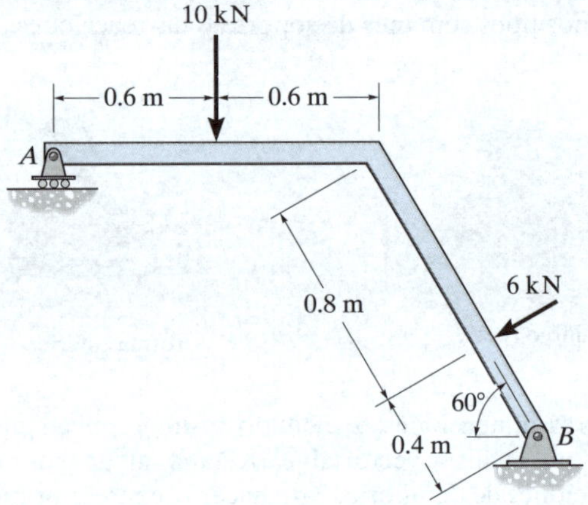

Prob. R5-3

R5-4. Determine las componentes horizontal y vertical de la reacción en el pasador en *A* y la reacción del rodillo en *B* sobre la palanca.

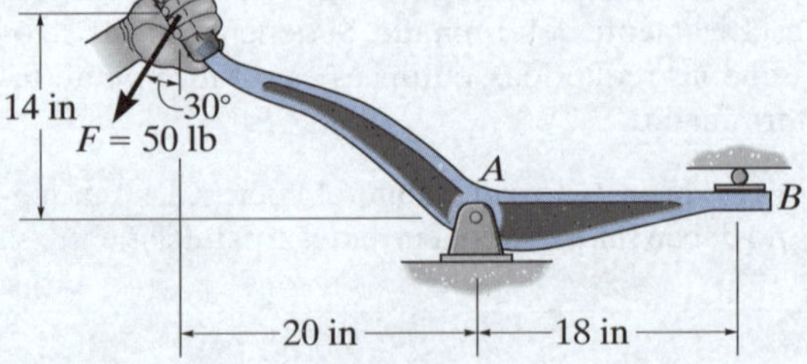

Prob. R5-4

R5-5. Determine las componentes x, y, z de la reacción del muro fijo A. La fuerza de 150 N es paralela al eje z y la fuerza de 200 N es paralela al eje y.

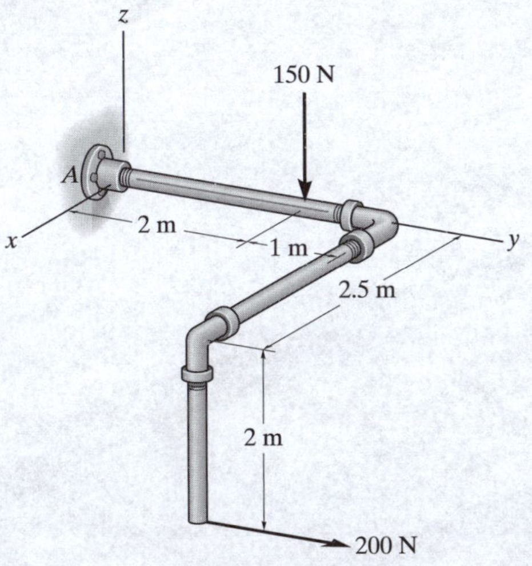

Prob. R5-5

R5-6. Una fuerza vertical de 80 lb actúa sobre el cigüeñal. Determine la fuerza de equilibrio horizontal **P** que se debe aplicar a la manija y las componentes x, y, z de la reacción de la chumacera A y del cojinete de empuje B. Los cojinetes están correctamente alineados y ejercen solamente reacciones de fuerza sobre el eje.

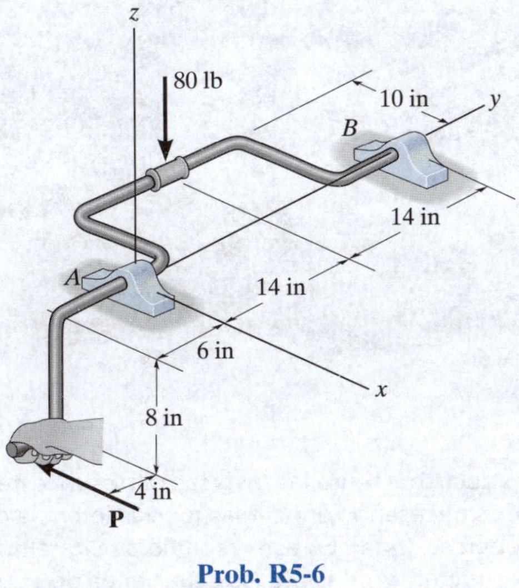

Prob. R5-6

R5-7. Determine las componentes x, y, z de la reacción de los soportes de bola B y C y de la junta de rótula esférica A (que no se muestra) para la placa cargada uniformemente.

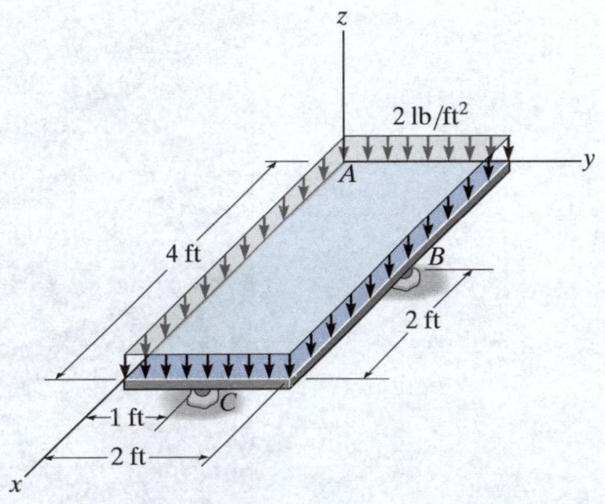

Prob. R5-7

R5-8. Determine las componentes x y z de la reacción de la chumacera A y la tensión de las cuerdas BC y BD necesarias para el equilibrio de la varilla.

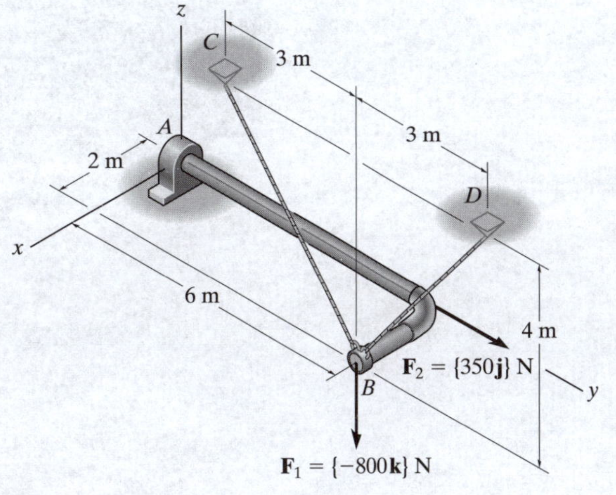

Prob. R5-8

Capítulo 6

(© Tim Scrivener/Alamy)

Para diseñar adecuadamente las diversas partes de este brazo articulado, es necesario conocer las fuerzas internas que los elementos deben soportar. En este capítulo analizaremos tales estructuras mediante las ecuaciones de equilibrio.

Análisis estructural

OBJETIVOS DEL CAPÍTULO

- Mostrar cómo se determinan las fuerzas en los elementos de una armadura, utilizando el método de nodos y el método de secciones.
- Analizar las fuerzas que actúan sobre los elementos de bastidores y máquinas, compuestos por elementos conectados mediante pasadores.

6.1 Armaduras simples

Una ***armadura*** es una estructura compuesta de elementos esbeltos unidos entre sí en sus puntos extremos. Los elementos usados comúnmente en construcción consisten en puntales de madera o barras metálicas. En particular, las armaduras *planas* se sitúan en un solo plano y con frecuencia se utilizan para soportar techos y puentes. La armadura que se muestra en la figura 6-1*a* es un ejemplo de una armadura típica para soportar techos, donde la carga del techo se transmite a la armadura *en los nodos* por medio de una serie de *largueros*. Como esta carga actúa en el mismo plano que la armadura (fig. 6-1*b*), el análisis de las fuerzas desarrolladas en los elementos de la armadura será bidimensional.

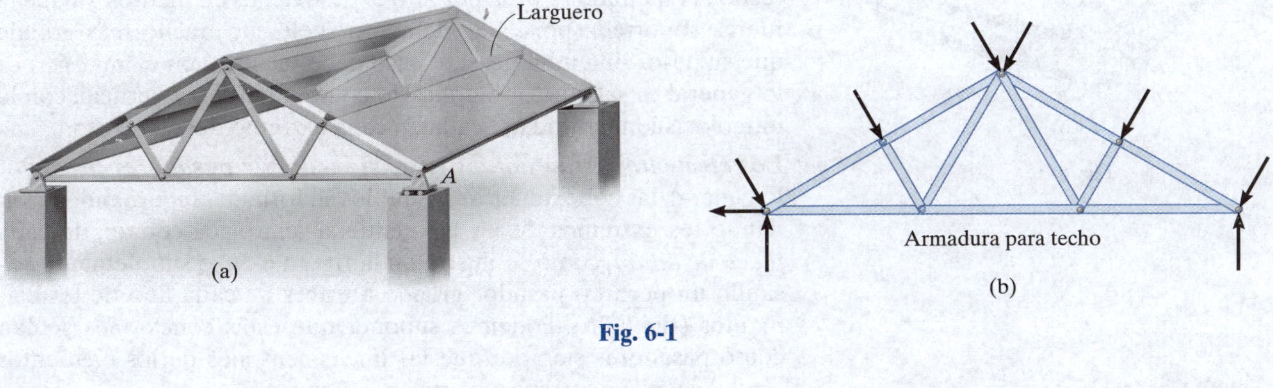

Fig. 6-1

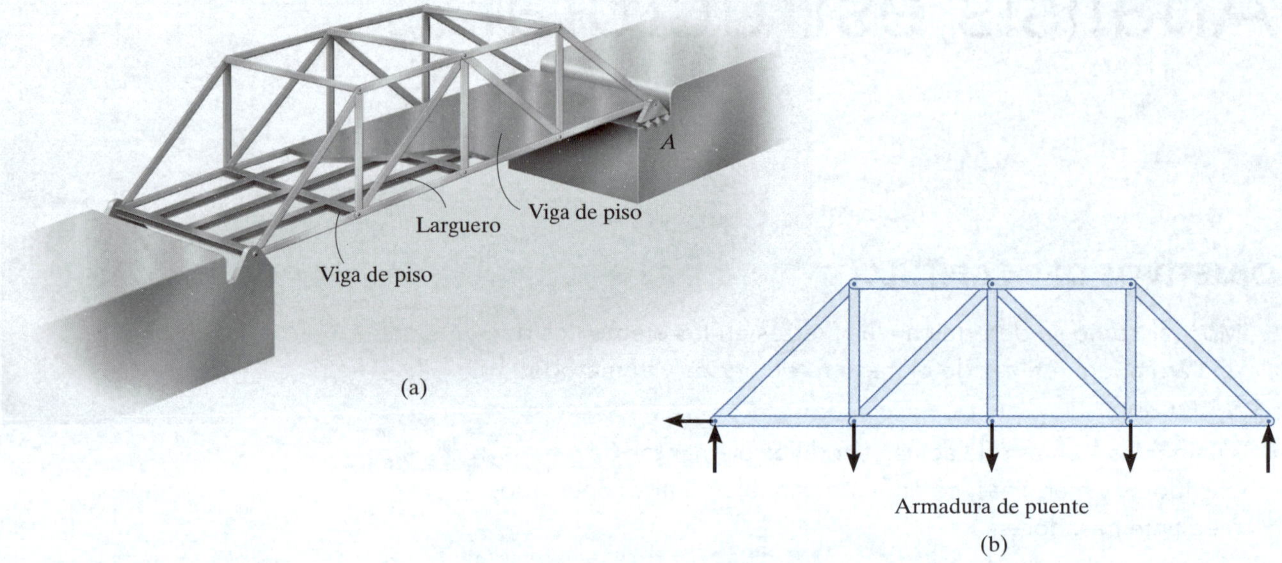

Fig. 6-2

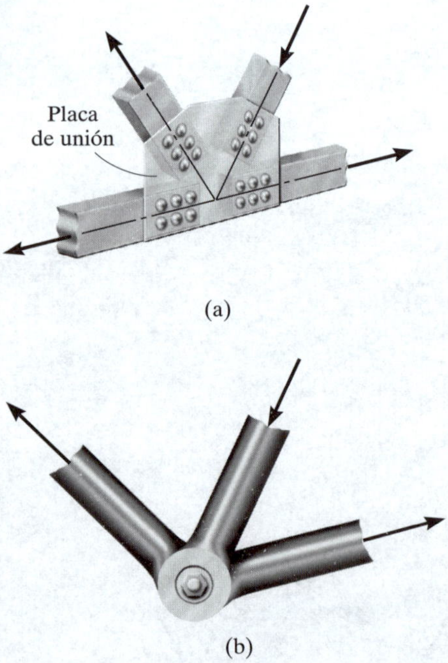

Fig. 6-3

En el caso de un puente, como el mostrado en la figura 6-2*a*, la carga sobre la cubierta se transmite primero a los *largueros*, luego a las *vigas de piso* y, finalmente, a los *nodos* de las dos armaduras laterales de soporte. Igual que en la armadura para techo, la carga en una armadura de puente es coplanar (fig. 6-2*b*).

Cuando las armaduras de puente o de techo se extienden sobre grandes distancias, comúnmente se usa un soporte o rodillo para soportar un extremo, por ejemplo, el nodo *A* en las figuras 6-1*a* y 6-2*a*. Este tipo de soporte permite la expansión o la contracción de los elementos debidas a los cambios de temperatura o a la aplicación de cargas.

Supuestos para el diseño. Para diseñar los elementos y las conexiones de una armadura, es necesario determinar primero la *fuerza* desarrollada en cada elemento cuando la armadura está sometida a una carga dada. Para ello, haremos dos supuestos importantes:

- ***Todas las cargas se aplican en los nodos.*** Este supuesto se cumple en la mayoría de las situaciones, como en armaduras de puentes y de techos. A menudo se pasa por alto el peso de los elementos, ya que la fuerza soportada por cada elemento suele ser mucho más grande que su peso. Sin embargo, si el peso debe incluirse en el análisis, por lo general es satisfactorio aplicarlo como una fuerza vertical, con la mitad de su magnitud aplicada en cada extremo del elemento.
- ***Los elementos están unidos entre sí mediante pasadores lisos.*** Por lo general, las conexiones de los nodos se forman empernando o soldando los extremos de los elementos a una placa común, llamada *placa de unión*, como se ilustra en la figura 6-3*a*, o simplemente pasando un perno o pasador grande a través de cada uno de los elementos (fig. 6-3*b*). Podemos suponer que estas conexiones actúan como pasadores siempre que las líneas centrales de los elementos unidos sean *concurrentes*, como en la figura 6-3.

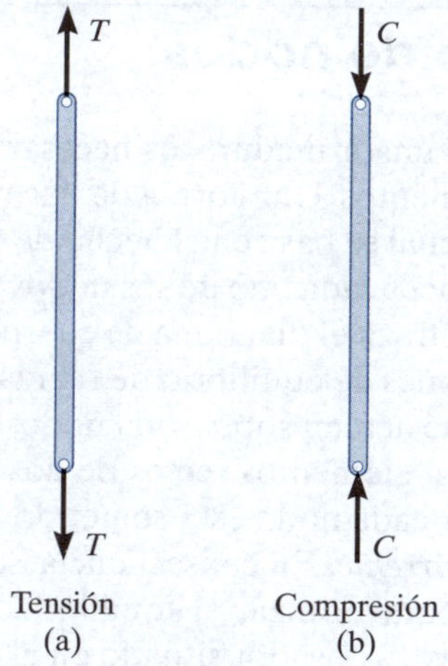

Fig. 6-4

Debido a estos dos supuestos, *cada elemento de la armadura actuará como un elemento de dos fuerzas* y, por lo tanto, la fuerza que actúe en cada extremo del elemento deberá estar dirigida a lo largo del eje del elemento. Si la fuerza tiende a *alargar* el elemento, es una ***fuerza de tensión*** (T) (fig. 6-4*a*); mientras que si tiende a *acortar* el elemento, es una ***fuerza de compresión*** (C) (fig. 6-4*b*). En el diseño real de una armadura es importante establecer si la naturaleza de la fuerza es de tensión o de compresión. A menudo, los elementos a compresión deben ser *más gruesos* que los elementos a tensión, debido al efecto de pandeo o de columna que sucede cuando un elemento está en compresión.

En la construcción de estas armaduras Warren, es muy evidente el uso de placas de unión metálicas. (© Russell C. Hibbeler)

Armadura simple.

Si tres elementos se conectan entre sí mediante pasadores en sus extremos, forman una *armadura triangular* que será *rígida* (fig. 6-5). Al unir dos elementos más y conectar estos elementos a un nodo *D* nuevo se forma una armadura más grande (fig. 6-6). Este procedimiento puede repetirse todas las veces que se desee para formar una armadura aún más grande. Si una armadura se puede construir expandiendo de este modo la armadura triangular básica, se denomina una ***armadura simple***.

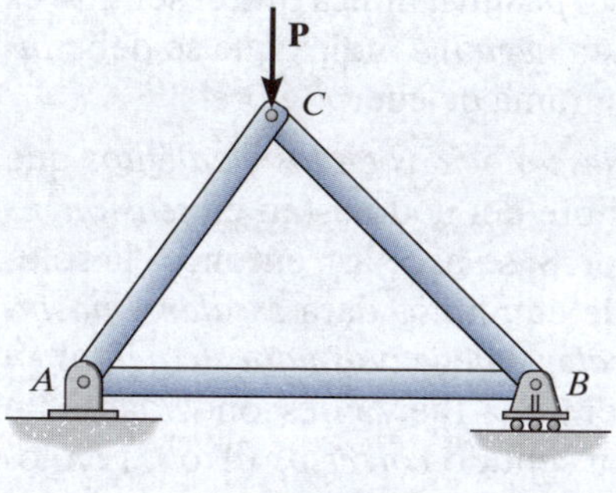

Fig. 6-5

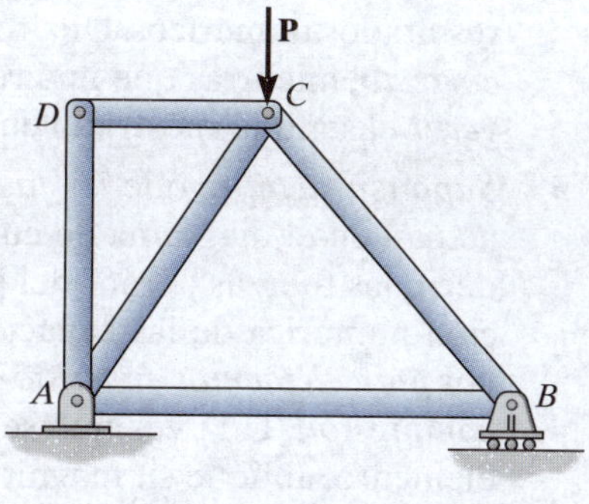

Fig. 6-6

6.2 Método de nodos

Para analizar o diseñar una armadura, es necesario determinar la fuerza en cada uno de sus elementos. Una forma de hacerlo consiste en emplear el ***método de nodos***, el cual se basa en el hecho de que si toda la armadura está en equilibrio, entonces cada uno de sus nodos también estará en equilibrio. Por lo tanto, si se traza el diagrama de cuerpo libre de cada nodo, se pueden usar las ecuaciones de equilibrio de fuerzas para obtener las fuerzas de los elementos que actúan sobre cada nodo. Como los elementos de una *armadura plana* son elementos rectos de dos fuerzas que se encuentran en el mismo plano, cada nodo está sometido a un sistema de fuerzas que es *coplanar y concurrente*. En consecuencia, sólo es necesario satisfacer $\Sigma F_x = 0$ y $\Sigma F_y = 0$ para alcanzar el equilibrio.

Por ejemplo, considere el pasador situado en el nodo B de la armadura que aparece en la figura 6-7*a*. Sobre el pasador actúan tres fuerzas, a saber, la fuerza de 500 N y las fuerzas ejercidas por los elementos BA y BC. El diagrama de cuerpo libre del pasador se muestra en la figura 6-7*b*. Aquí, $\mathbf{F}_{BA}$ está "tirando" del pasador, lo cual significa que el elemento BA está en *tensión*; en tanto que $\mathbf{F}_{BC}$ está "empujando" el pasador y, en consecuencia, el miembro BC está en *compresión*. Estos efectos se muestran claramente al aislar el nodo con pequeños segmentos del elemento conectado al pasador (fig. 6-7*c*). El tirón o el empujón sobre esos pequeños segmentos indican el efecto del elemento que está en tensión o en compresión.

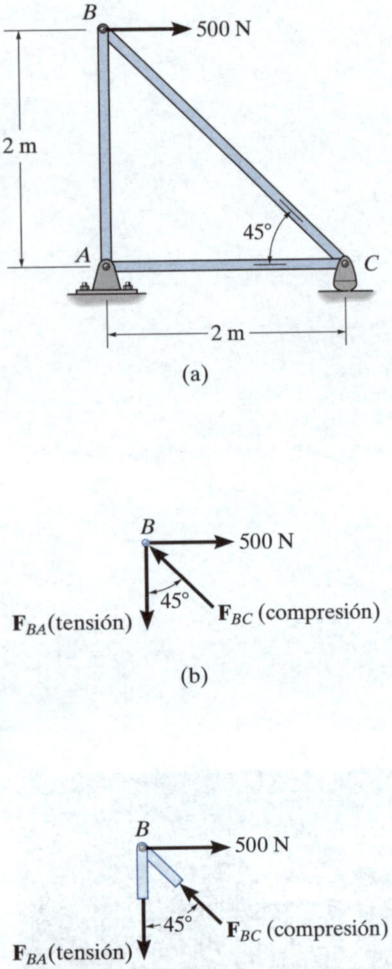

Fig. 6-7

Cuando se usa el método de nodos, siempre se debe comenzar en un nodo que tenga por lo menos una fuerza conocida, y cuando mucho dos fuerzas desconocidas, como en la figura 6-7*b*. De esta manera, la aplicación de $\Sigma F_x = 0$ y $\Sigma F_y = 0$ da como resultado dos ecuaciones algebraicas, de las cuales se pueden despejar las dos incógnitas. Al aplicar esas ecuaciones, el sentido correcto de una fuerza de elemento desconocida puede determinarse con uno de dos métodos posibles.

- El sentido *correcto* de la dirección de una fuerza desconocida de un elemento puede determinarse, en muchos casos, "por inspección". Por ejemplo, $\mathbf{F}_{BC}$ en la figura 6-7*b* debe empujar sobre el pasador (compresión), ya que su componente horizontal, F_{BC} sen 45°, debe equilibrar la fuerza de 500 N ($\Sigma F_x = 0$). Asimismo, $\mathbf{F}_{BA}$ es una fuerza de tensión, ya que equilibra la componente vertical, $F_{BC} \cos 45°$ ($\Sigma F_y = 0$). En casos más complicados, el sentido de la fuerza desconocida de un elemento puede *suponerse*; luego, después de aplicar las ecuaciones de equilibrio, el sentido supuesto puede verificarse a partir de los resultados numéricos. Una respuesta *positiva* indica que el sentido es *correcto*, mientras que una respuesta *negativa* indica que se debe *invertir* el sentido mostrado en el diagrama de cuerpo libre.
- *Suponga siempre* que las *fuerzas desconocidas en los elementos* que actúan en el diagrama de cuerpo libre del nodo están en *tensión*; es decir, las fuerzas "tiran" del pasador. Si se hace así, entonces la solución numérica de las ecuaciones de equilibrio dará *escalares positivos para elementos en tensión y escalares negativos para elementos en compresión*. Una vez que se encuentre la fuerza desconocida de un elemento, aplique su magnitud y su sentido *correctos* (T o C) en los subsecuentes diagramas de cuerpo libre de los nodos.

Las fuerzas en los elementos de esta armadura para techo sencilla pueden determinarse con el método de nodos. (© Russell C. Hibbeler)

6

Puntos importantes

- Las armaduras simples se componen de elementos triangulares. Se supone que los miembros están conectados mediante pasadores en sus extremos y que las cargas se aplican en los nodos.
- Si una armadura está en equilibrio, entonces cada uno de sus nodos está en equilibrio. Las fuerzas internas en los elementos se convierten en fuerzas externas cuando se traza el diagrama de cuerpo libre de cada nodo de la armadura. Una fuerza que tira de un nodo es causada por la tensión en un elemento, y una fuerza que empuja un nodo es causada por la compresión en un elemento.

Procedimiento para el análisis

El siguiente procedimiento ofrece un medio para analizar una armadura con el método de nodos.

- Trace el diagrama de cuerpo libre de un nodo que tenga por lo menos una fuerza conocida y cuando mucho dos fuerzas desconocidas. (Si este nodo está en uno de los soportes, entonces quizá sea necesario calcular primero las reacciones externas en los soportes de la armadura).
- Use uno de los dos métodos antes descritos para establecer el sentido de una fuerza desconocida.
- Oriente los ejes x y y de manera que las fuerzas en el diagrama de cuerpo libre puedan descomponerse fácilmente en sus componentes x y y, y luego aplique las dos ecuaciones de equilibrio de fuerzas $\Sigma F_x = 0$ y $\Sigma F_y = 0$. Despeje las dos fuerzas del elemento desconocidas y verifique su sentido correcto.
- Con los resultados obtenidos, continúe con el análisis de cada uno de los otros nodos. Recuerde que un elemento en *compresión* "empuja" el nodo y un elemento en *tensión* "tira" del nodo. Además, asegúrese de seleccionar un nodo que tenga cuando mucho dos incógnitas y por lo menos una fuerza conocida.

6

EJEMPLO 6.1

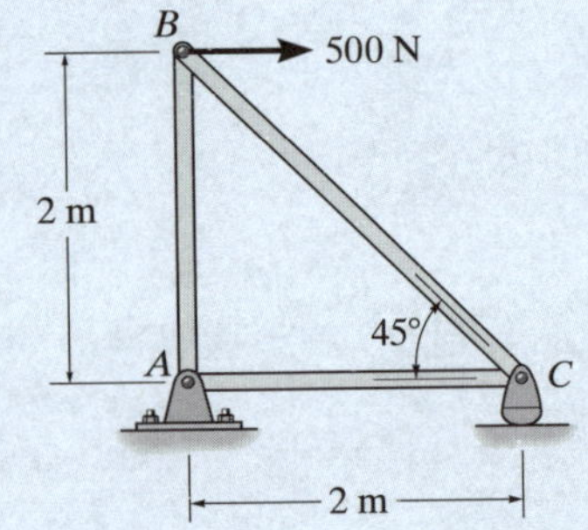

(a)

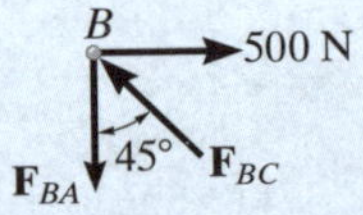

(b)

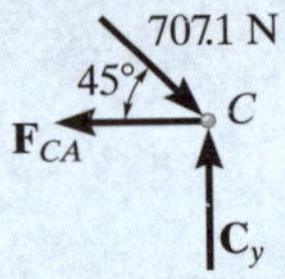

(c)

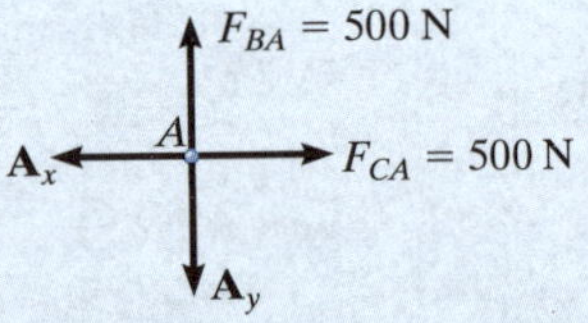

(d)

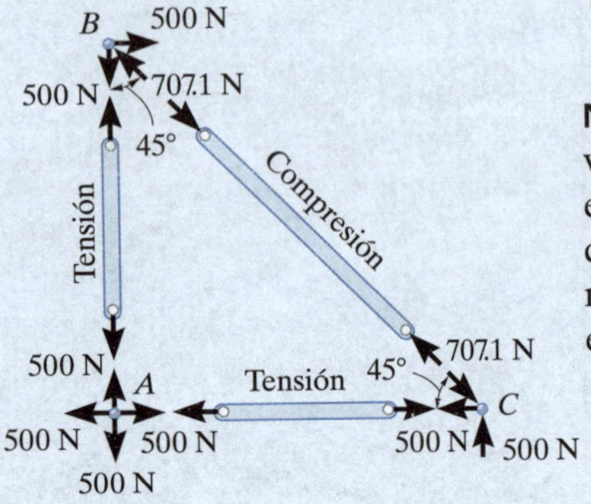

(e)

Fig. 6-8

Determine la fuerza en cada elemento de la armadura ilustrada en la figura 6-8*a* e indique si los elementos están en tensión o en compresión.

SOLUCIÓN

Como no deberíamos tener más de dos incógnitas en el nodo y, por lo menos, contar con una fuerza conocida que actúe ahí, comenzaremos el análisis en el nodo *B*.

Nodo *B*. El diagrama de cuerpo libre del nodo en *B* se muestra en la figura 6-8*b*. Al aplicar las ecuaciones de equilibrio, tenemos

$$\overset{+}{\rightarrow} \Sigma F_x = 0; \qquad 500 \text{ N} - F_{BC} \operatorname{sen} 45° = 0 \qquad F_{BC} = 707.1 \text{ N (C)} \qquad \textit{Resp.}$$

$$+\uparrow \Sigma F_y = 0; \qquad F_{BC} \cos 45° - F_{BA} = 0 \qquad F_{BA} = 500 \text{ N (T)} \qquad \textit{Resp.}$$

Como se ha calculado la fuerza en el elemento *BC*, podemos proceder a analizar el nodo *C* para determinar la fuerza en el elemento *CA* y la reacción en el soporte del rodillo.

Nodo *C*. A partir del diagrama de cuerpo libre del nodo *C* (fig. 6.8*c*),

$$\overset{+}{\rightarrow} \Sigma F_x = 0; \quad -F_{CA} + 707.1 \cos 45° \text{ N} = 0 \qquad F_{CA} = 500 \text{ N (T)} \qquad \textit{Resp.}$$

$$+\uparrow \Sigma F_y = 0; \qquad C_y - 707.1 \operatorname{sen} 45° \text{ N} = 0 \qquad C_y = 500 \text{ N} \qquad \textit{Resp.}$$

Nodo *A*. Aunque no es necesario, podemos determinar las componentes de las reacciones de soporte en el nodo *A* mediante los resultados de F_{CA} y F_{BA}. A partir del diagrama de cuerpo libre (fig. 6-8*d*), entonces

$$\overset{+}{\rightarrow} \Sigma F_x = 0; \qquad 500 \text{ N} - A_x = 0 \qquad A_x = 500 \text{ N}$$

$$+\uparrow \Sigma F_y = 0; \qquad 500 \text{ N} - A_y = 0 \qquad A_y = 500 \text{ N}$$

NOTA: Los resultados del análisis se resumen en la figura 6-8*e*. Observe que el diagrama de cuerpo libre de cada nodo (o pasador) indica los efectos de todos los elementos conectados y las fuerzas externas aplicadas al nodo, en tanto que el diagrama de cuerpo libre de cada elemento sólo muestra los efectos de los pasadores de los extremos en el elemento.

6

EJEMPLO 6.2

Determine las fuerzas que actúan en todos los elementos de la armadura que se muestra en la figura 6-9*a*.

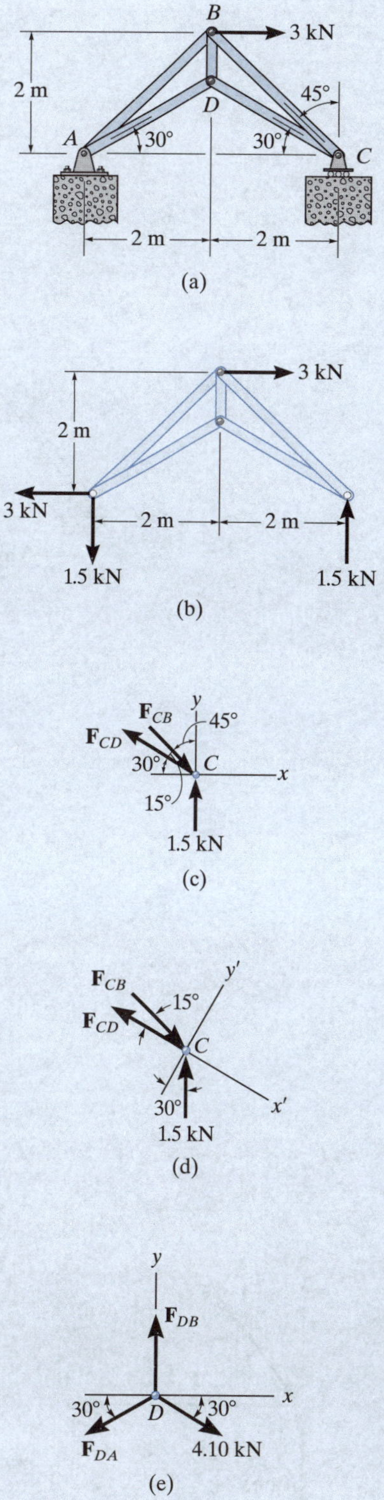

Fig. 6-9

SOLUCIÓN

Por inspección, hay más de dos incógnitas en cada nodo. En consecuencia, es necesario determinar primero las reacciones de soporte sobre la armadura. Demuestre que se calcularon correctamente en el diagrama de cuerpo libre de la figura 6-9*b*. Ahora podemos comenzar el análisis en el nodo *C*. ¿Por qué?

Nodo *C*. A partir del diagrama de cuerpo libre (fig. 6-9*c*),

$$\overset{+}{\rightarrow} \Sigma F_x = 0; \qquad -F_{CD}\cos 30° + F_{CB}\,\text{sen}\,45° = 0$$

$$+\uparrow \Sigma F_y = 0; \qquad 1.5\text{ kN} + F_{CD}\,\text{sen}\,30° - F_{CB}\cos 45° = 0$$

Estas dos ecuaciones deben resolverse *simultáneamente* para cada una de las dos incógnitas. Sin embargo, observe que es posible obtener una *solución directa* para una de las fuerzas desconocidas, aplicando una suma de fuerzas a lo largo de un eje que sea *perpendicular* a la dirección de la otra fuerza desconocida. Por ejemplo, al sumar las fuerzas a lo largo del eje *y*', que es perpendicular a la dirección de $\mathbf{F}_{CD}$ (fig. 6-9*d*), se obtiene una *solución directa* para F_{CB}.

$$+\nearrow \Sigma F_{y'} = 0; \qquad 1.5\cos 30°\text{ kN} - F_{CB}\,\text{sen}\,15° = 0$$

$$F_{CB} = 5.019\text{ kN} = 5.02\text{ kN (C)} \qquad \textit{Resp.}$$

Entonces,

$$+\searrow \Sigma F_{x'} = 0;$$

$$-F_{CD} + 5.019\cos 15° - 1.5\,\text{sen}\,30° = 0; \qquad F_{CD} = 4.10\text{ kN (T)} \qquad \textit{Resp.}$$

Nodo *D*. Ahora podemos analizar el nodo *D*. El diagrama de cuerpo libre se ilustra en la figura 6-9*e*.

$$\overset{+}{\rightarrow} \Sigma F_x = 0; \qquad -F_{DA}\cos 30° + 4.10\cos 30°\text{ kN} = 0$$

$$F_{DA} = 4.10\text{ kN (T)} \qquad \textit{Resp.}$$

$$+\uparrow \Sigma F_y = 0; \qquad F_{DB} - 2(4.10\,\text{sen}\,30°\text{ kN}) = 0$$

$$F_{DB} = 4.10\text{ kN (T)} \qquad \textit{Resp.}$$

NOTA: La fuerza en el último elemento, *BA*, se puede obtener del nodo *B* o del nodo *A*. Como ejercicio, dibuje el diagrama de cuerpo libre del nodo *B*, sume las fuerzas en la dirección horizontal y demuestre que $F_{BA} = 0.776$ kN (C).

EJEMPLO 6.3

Determine la fuerza en cada elemento de la armadura mostrada en la figura 6-10*a*. Indique si los elementos están en tensión o en compresión.

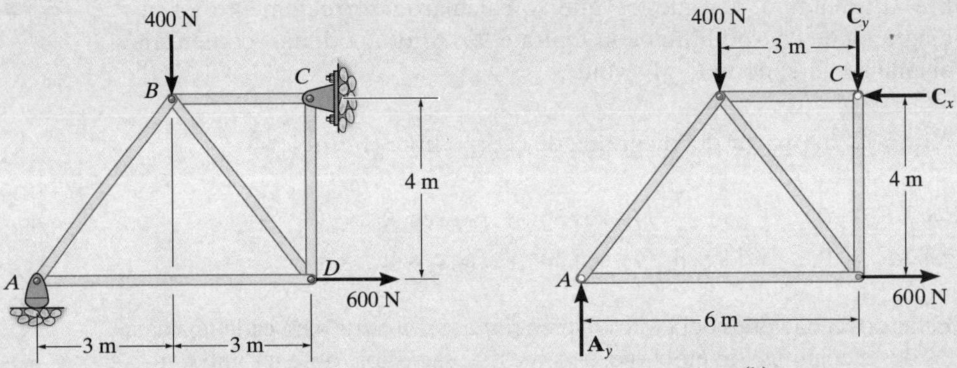

(a) (b)

Fig. 6-10

SOLUCIÓN

Reacciones en los soportes. No se puede analizar ningún nodo hasta que se hayan determinado las reacciones en los soportes, ya que cada nodo tiene al menos tres fuerzas desconocidas que actúan sobre él. En la figura 6-10*b* se presenta un diagrama de cuerpo libre de toda la armadura. Al aplicar las ecuaciones de equilibrio, tenemos

$$\overset{+}{\rightarrow}\Sigma F_x = 0; \qquad 600\text{ N} - C_x = 0 \qquad C_x = 600\text{ N}$$

$$\circlearrowleft +\Sigma M_C = 0; \qquad -A_y(6\text{ m}) + 400\text{ N}(3\text{ m}) + 600\text{ N}(4\text{ m}) = 0$$

$$A_y = 600\text{ N}$$

$$+\uparrow\Sigma F_y = 0; \qquad 600\text{ N} - 400\text{ N} - C_y = 0 \qquad C_y = 200\text{ N}$$

El análisis puede empezar ahora en cualquiera de los nodos *A* o *C*. La elección es arbitraria pues en el elemento hay una fuerza conocida y dos fuerzas desconocidas que actúan sobre el pasador en cada uno de esos nodos.

(c)

Nodo *A*. (Fig. 6-10*c*). Como se indica en el diagrama de cuerpo libre, se supone que $\mathbf{F}_{AB}$ es una fuerza de compresión y $\mathbf{F}_{AD}$ es de tensión. Al aplicar las ecuaciones de equilibrio, tenemos

$$+\uparrow\Sigma F_y = 0; \qquad 600\text{ N} - \tfrac{4}{5}F_{AB} = 0 \qquad F_{AB} = 750\text{ N (C)} \qquad \textit{Resp.}$$

$$\overset{+}{\rightarrow}\Sigma F_x = 0; \qquad F_{AD} - \tfrac{3}{5}(750\text{ N}) = 0 \qquad F_{AD} = 450\text{ N (T)} \qquad \textit{Resp.}$$

Nodo D. (Fig. 6-10*d*). Si utilizamos el resultado para F_{AD} y sumamos fuerzas en la dirección horizontal (fig. 6-10*d*), entonces

$$\xrightarrow{+} \Sigma F_x = 0; \qquad -450\text{ N} + \tfrac{3}{5}F_{DB} + 600\text{ N} = 0 \qquad F_{DB} = -250\text{ N}$$

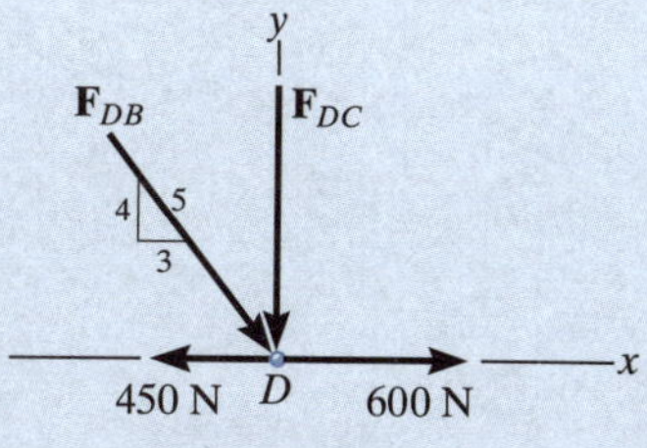

(d)

El signo negativo indica que $\mathbf{F}_{DB}$ actúa en *sentido opuesto* al mostrado en la figura 6-10*d*.* Por lo tanto,

$$F_{DB} = 250\text{ N (T)} \qquad \textit{Resp.}$$

Para determinar $\mathbf{F}_{DC}$ podemos corregir el sentido de $\mathbf{F}_{DB}$ en el diagrama de cuerpo libre y, luego, aplicar $\Sigma F_y = 0$, o bien, aplicar esta ecuación y retener el signo negativo para F_{DB}, es decir,

$$+\uparrow\Sigma F_y = 0; \qquad -F_{DC} - \tfrac{4}{5}(-250\text{ N}) = 0 \qquad F_{DC} = 200\text{ N (C)} \qquad \textit{Resp.}$$

Nodo C. (Fig. 6-10*e*).

$$\xrightarrow{+} \Sigma F_x = 0; \qquad F_{CB} - 600\text{ N} = 0 \qquad F_{CB} = 600\text{ N (C)} \qquad \textit{Resp.}$$

$$+\uparrow\Sigma F_y = 0; \qquad 200\text{ N} - 200\text{ N} \equiv 0 \quad \text{(comprobación)}$$

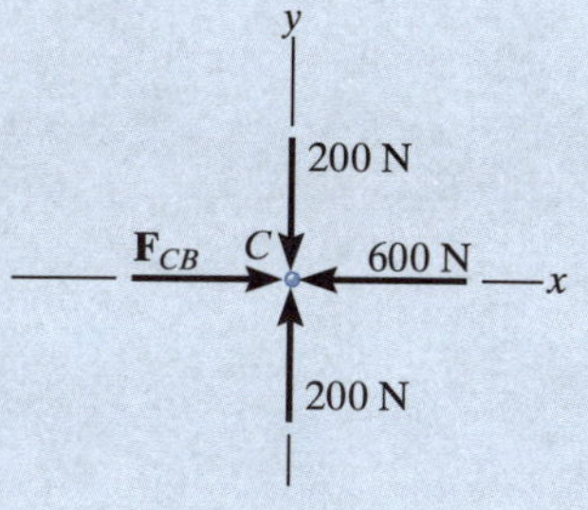

(e)

NOTA: En la figura 6-10*f* se presenta el análisis resumido, que muestra el diagrama de cuerpo libre para cada nodo y cada elemento.

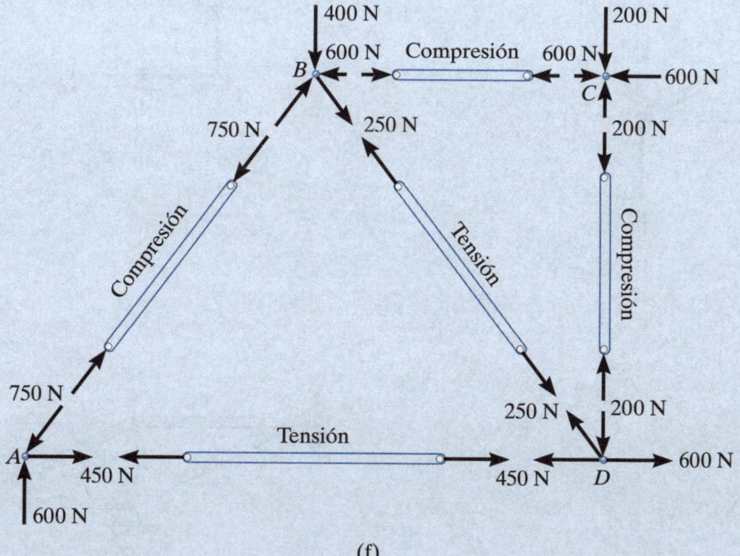

(f)

Fig. 6-10 (cont.)

*El sentido correcto podría haberse determinado por inspección, antes de aplicar $\Sigma F_x = 0$.

6.3 Elementos de fuerza cero

El análisis de armaduras con el método de nodos se simplifica de manera considerable si podemos identificar primero aquellos elementos que *no soportan carga*. Esos *elementos de fuerza cero* se usan para incrementar la estabilidad de la armadura durante la construcción y para proporcionar soporte adicional, si se modifica la carga aplicada.

Por lo general, los elementos de fuerza cero de una armadura se pueden encontrar *por inspección* en cada uno de sus nodos. Por ejemplo, considere la armadura mostrada en la figura 6-11*a*. Si se traza un diagrama de cuerpo libre del pasador situado en el nodo A (fig. 6-11*b*), se advierte que los elementos AB y AF son elementos de fuerza cero. (No podríamos haber llegado a esta conclusión si hubiéramos considerado los diagramas de cuerpo libre de los nodos F o B, simplemente porque hay cinco incógnitas en cada uno de esos nodos.) Del mismo modo, considere el diagrama de cuerpo libre del nodo D (fig. 6-11*c*). Aquí se observa de nuevo que DC y DE son elementos de fuerza cero. A partir de esas observaciones, concluimos que *si sólo dos elementos no colineales forman un nodo de armadura y no se aplica ninguna carga externa o reacción de soporte al nodo, los dos elementos deben ser elementos de fuerza cero*. Por lo tanto, la carga sobre la armadura que aparece en la figura 6-11*a* está soportada sólo por cinco elementos, como se indica en la figura 6-11*d*.

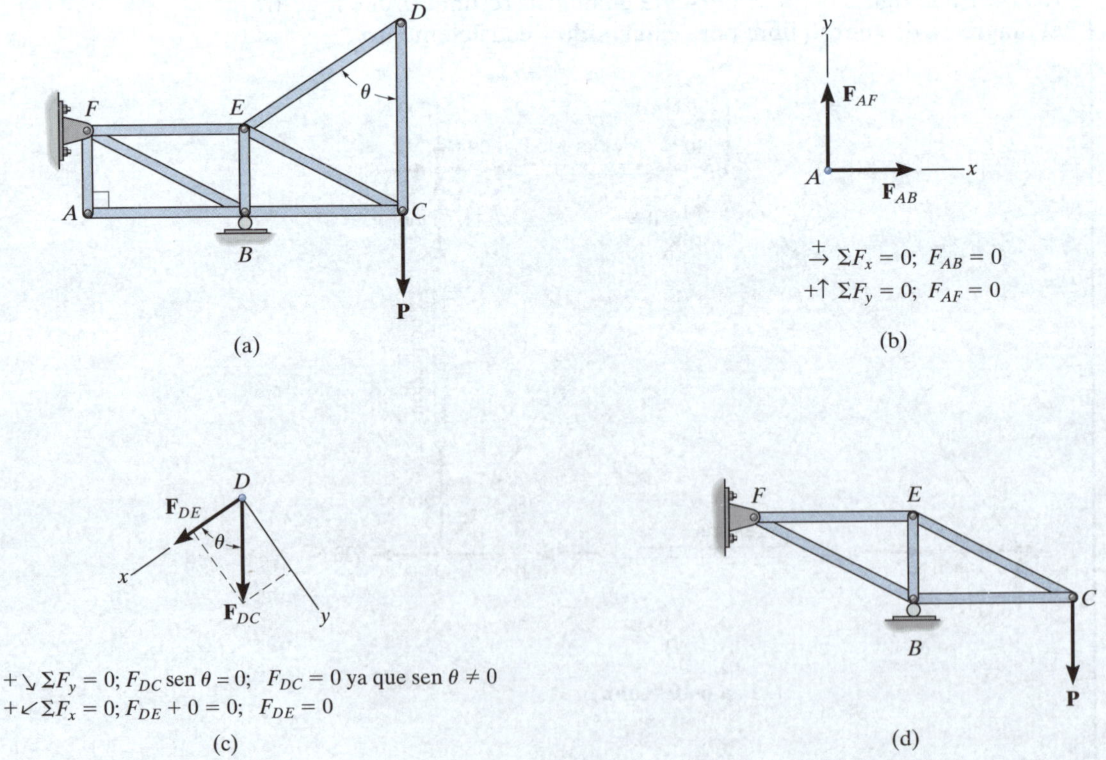

Fig. 6-11

Ahora considere la armadura mostrada en la figura 6-12*a*. El diagrama de cuerpo libre del pasador en el nodo D se muestra en la figura 6-12*b*. Al orientar el eje y a lo largo de los elementos DC y DE y el eje x a lo largo del elemento DA, se observa que DA es un elemento de fuerza cero. Observe que éste es también el caso del elemento CA, figura 6.12*c*. Por lo general, *si tres elementos forman un nodo de armadura donde dos de los elementos son colineales, el tercer miembro es un elemento de fuerza cero siempre que no se aplique ninguna fuerza exterior o reacción de soporte con una componente que actúe a lo largo de este elemento*. Por consiguiente, la armadura ilustrada en la figura 6-12*d* es adecuada para soportar la carga **P**.

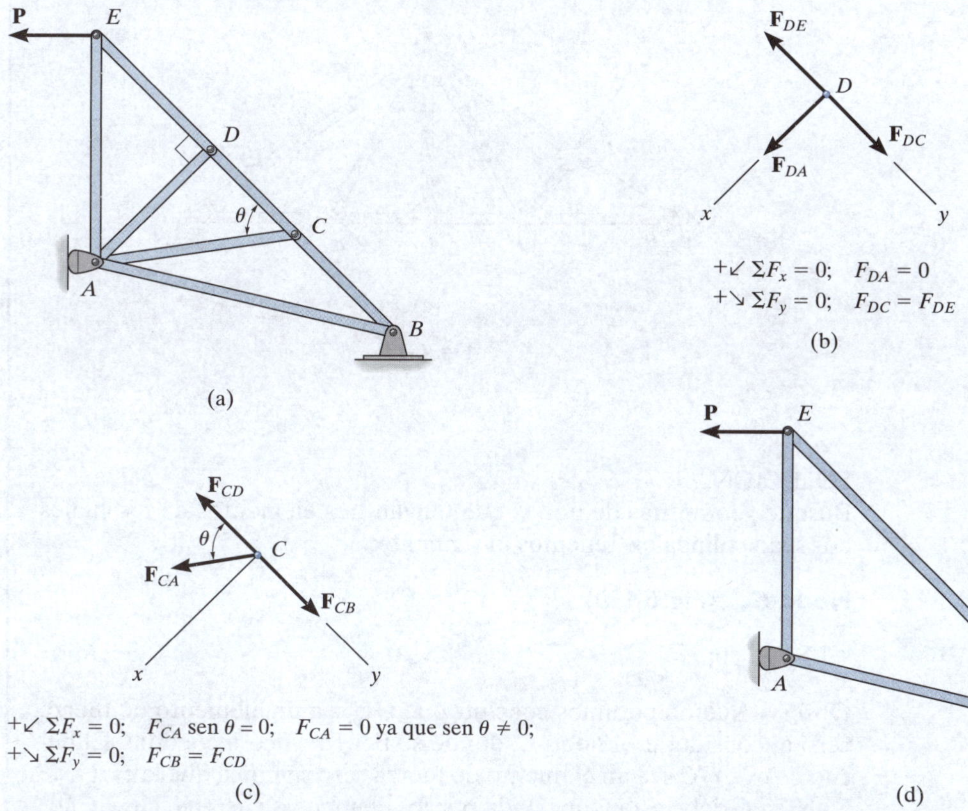

Fig. 6-12

Puntos importantes

- Los elementos de fuerza cero no soportan ninguna carga; sin embargo, son necesarios para la estabilidad, y están disponibles cuando se aplican cargas adicionales a los nodos de la armadura. Por lo general, estos elementos se pueden identificar por inspección. Se producen en los nodos donde se conectan sólo dos elementos y no hay cargas externas que actúen a lo largo de cualquiera de los elementos. Además, en los nodos que tengan dos elementos colineales, un tercer elemento será un elemento de fuerza de cero, si no hay componentes de fuerza externas que actúen a lo largo de dicho elemento.

EJEMPLO 6.4

Con el método de nodos, determine todos los elementos de fuerza cero de la *armadura para techo Fink* que se muestra en la figura 6-13*a*. Suponga que todos los nodos están conectados mediante pasadores.

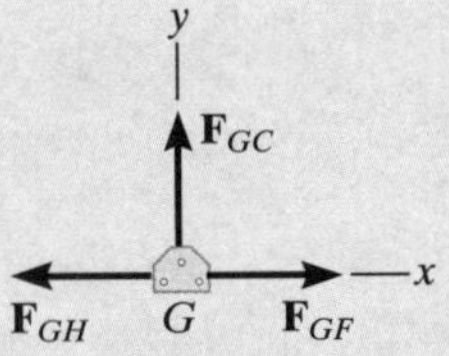

(b)

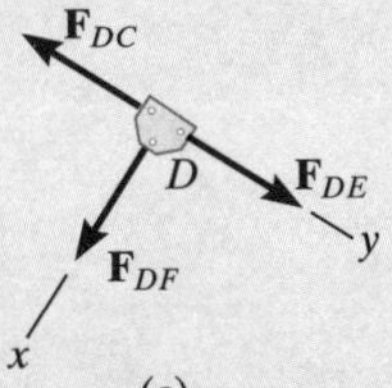

(c)

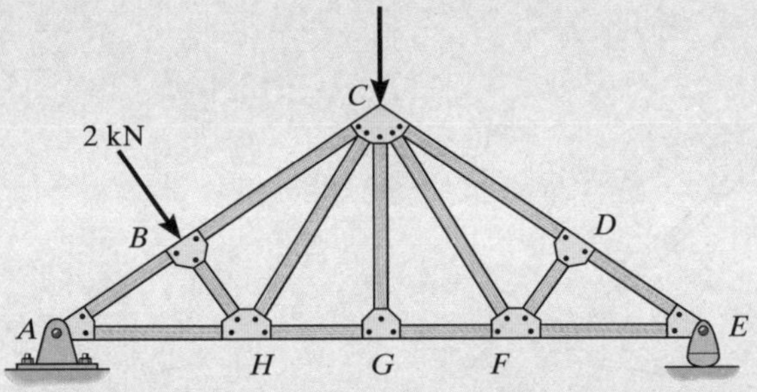

(a)

Fig. 6-13

SOLUCIÓN

Busque geometrías de nodos que tengan tres elementos de los cuales dos sean colineales. Tenemos lo siguiente:

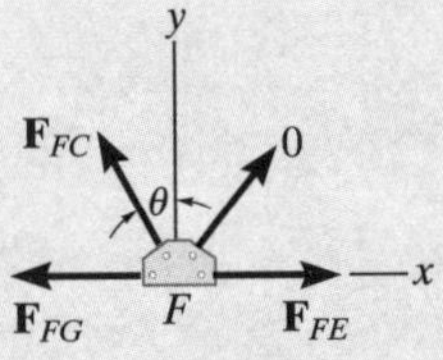

(d)

Nodo G. (Fig. 6-13*b*).

$$+\uparrow\Sigma F_y = 0; \qquad F_{GC} = 0 \qquad \textit{Resp.}$$

Observe que no pudimos concluir que *GC* sea un elemento de fuerza cero al considerar el nodo *C*, donde se tienen cinco incógnitas. El hecho de que *GC* sea un elemento de fuerza cero significa que la carga de 5 kN en *C* debe estar soportada por los elementos *CB*, *CH*, *CF* y *CD*.

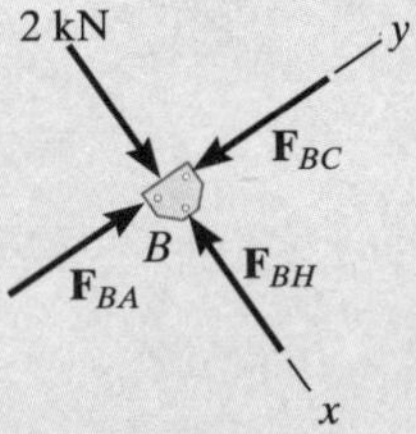

(e)

Nodo D. (Fig. 6-13*c*).

$$+\swarrow\Sigma F_x = 0; \qquad F_{DF} = 0 \qquad \textit{Resp.}$$

Nodo F. (Fig. 6-13*d*).

$$+\uparrow\Sigma F_y = 0; \quad F_{FC}\cos\theta = 0 \quad \text{Puesto que } \theta \neq 90^\circ, \quad F_{FC} = 0 \qquad \textit{Resp.}$$

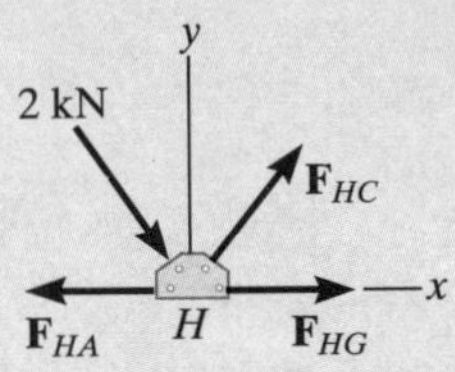

(f)

NOTA: Si se analiza el nodo *B* (fig. 6-13*e*),

$$+\searrow\Sigma F_x = 0; \qquad 2\text{ kN} - F_{BH} = 0 \quad F_{BH} = 2\text{ kN} \quad \text{(C)}$$

Además, F_{HC} debe satisfacer $\Sigma F_y = 0$ (fig. 6-13*f*) y, por lo tanto, *HC no es* un elemento de fuerza cero.

PROBLEMAS PRELIMINARES

P6-1. En cada caso, calcule las reacciones de los soportes y, después, dibuje los diagramas de cuerpo libre de los nodos *A*, *B* y *C* de la armadura.

P6-2. Identifique los elementos de fuerza cero en cada armadura.

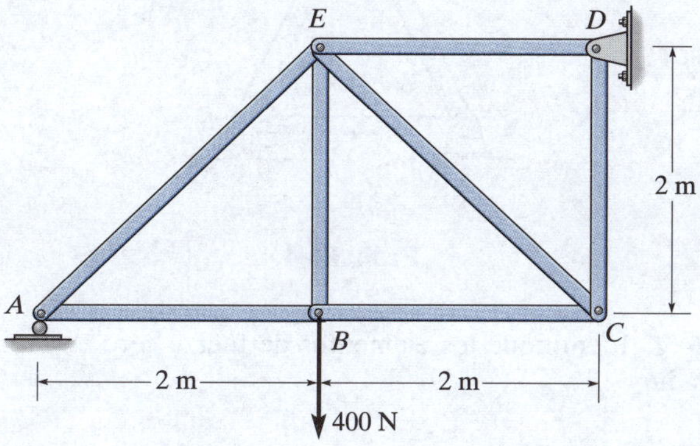

(a)

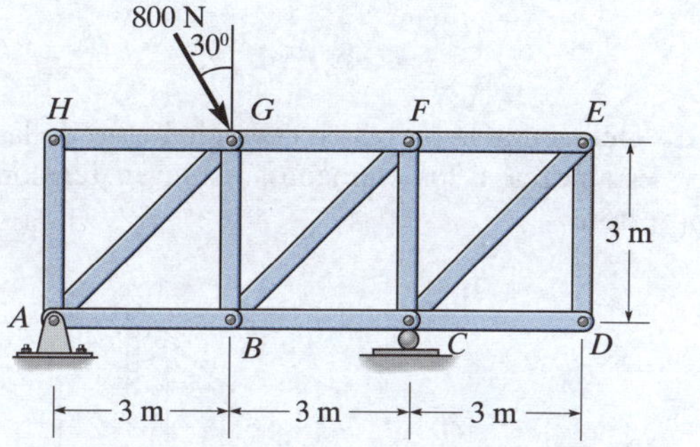

(a)

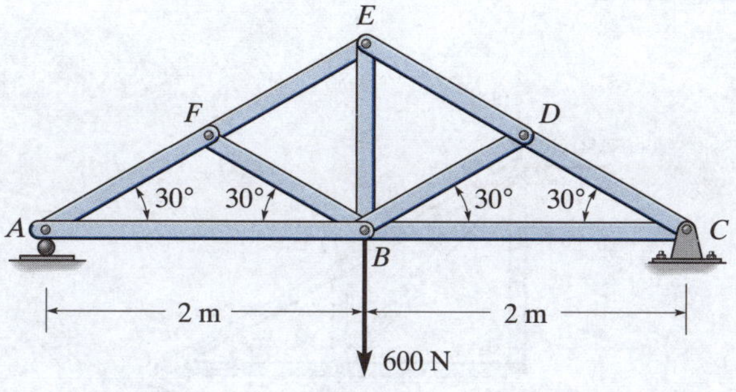

(b)

Prob. P6-1

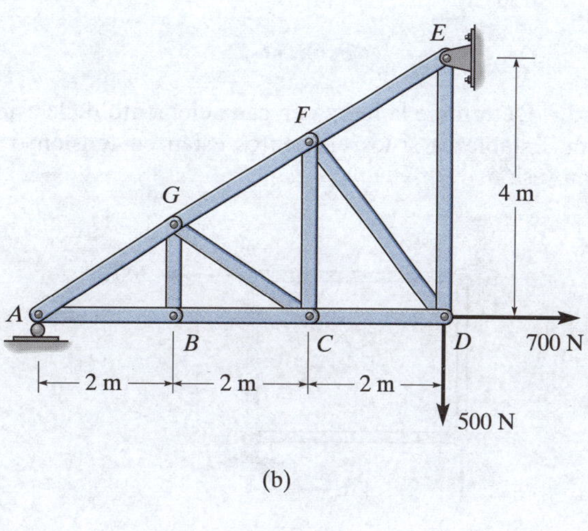

(b)

Prob. P6-2

PROBLEMAS FUNDAMENTALES

Todas las soluciones a los problemas deben incluir un DCL.

F6-1. Determine la fuerza en cada elemento de la armadura. Establezca si los elementos están en tensión o en compresión.

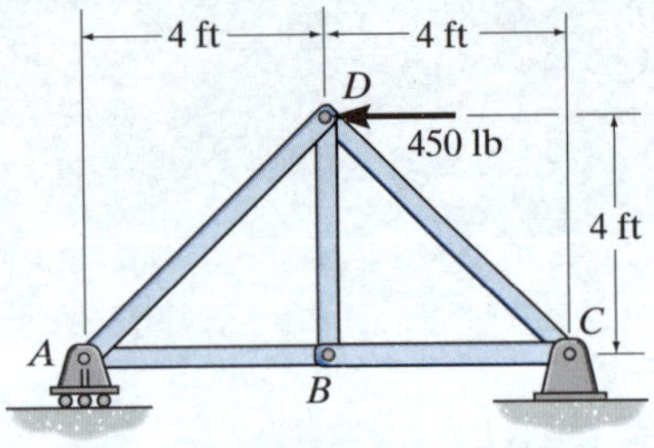

Prob. F6-1

F6-2. Determine la fuerza en cada elemento de la armadura. Establezca si los elementos están en tensión o en compresión.

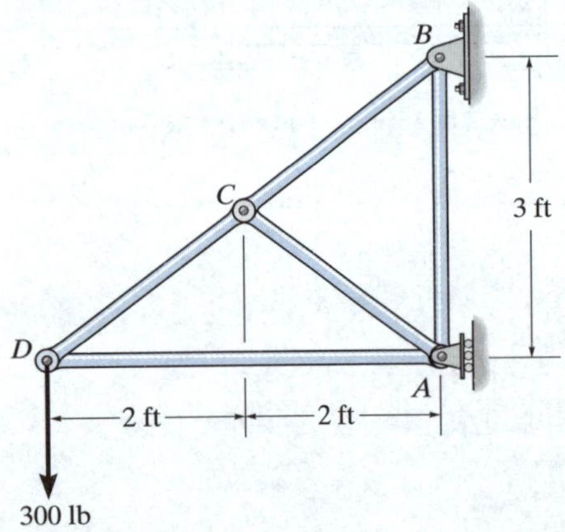

Prob. F6-2

F6-3. Determine la fuerza en cada elemento de la armadura. Establezca si los elementos están en tensión o en compresión.

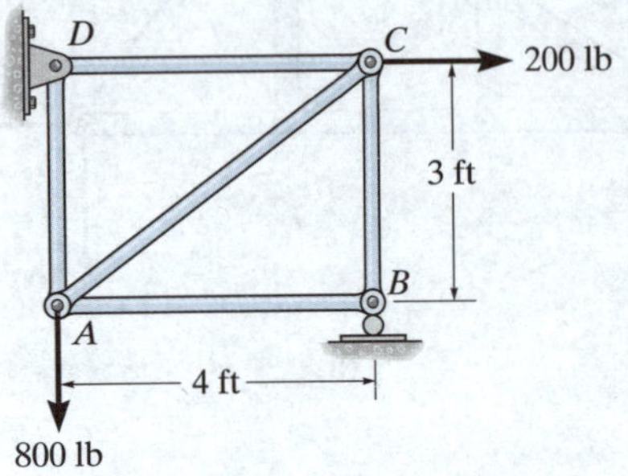

Prob. F6-3

F6-4. Determine la máxima carga P que puede aplicarse a la armadura, de manera que ninguno de los elementos esté sometido a una fuerza que supere 2 kN en tensión o 1.5 kN en compresión.

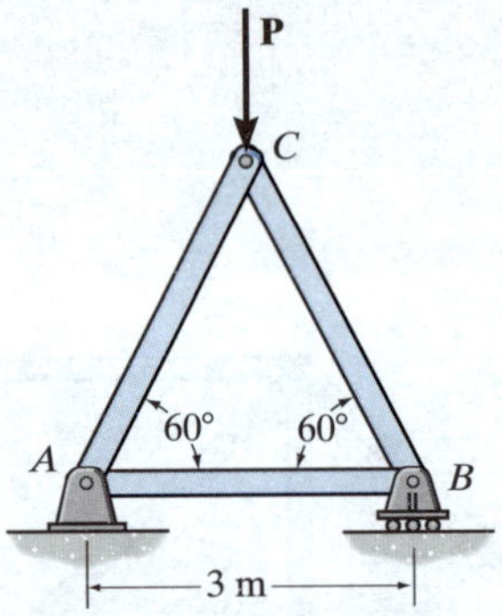

Prob. F6-4

F6-5. Identifique los elementos de fuerza cero en la armadura.

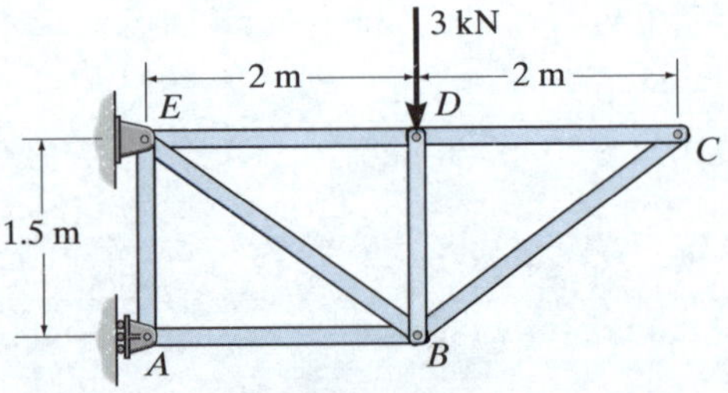

Prob. F6-5

F6-6. Determine la fuerza en cada elemento de la armadura. Establezca si los elementos están en tensión o en compresión.

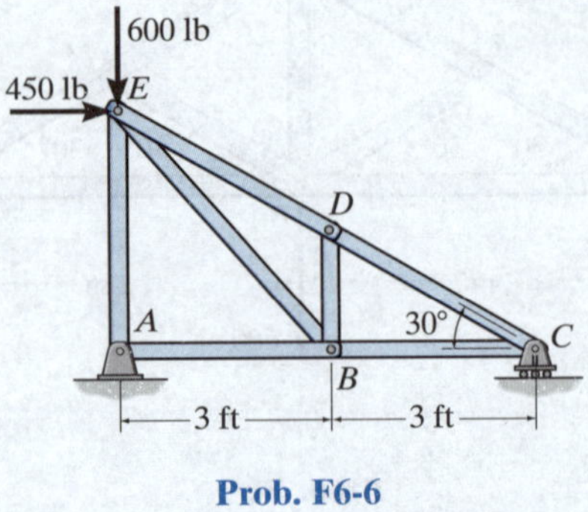

Prob. F6-6

PROBLEMAS

Todas las soluciones a los problemas deben incluir un DCL.

6-1. Determine la fuerza en cada elemento de la armadura e indique si los elementos están en tensión o en compresión. Considere que $P_1 = 20$ kN, $P_2 = 10$ kN.

6-2. Determine la fuerza en cada elemento de la armadura e indique si los elementos están en tensión o en compresión. Considere que $P_1 = 45$ kN, $P_2 = 30$ kN.

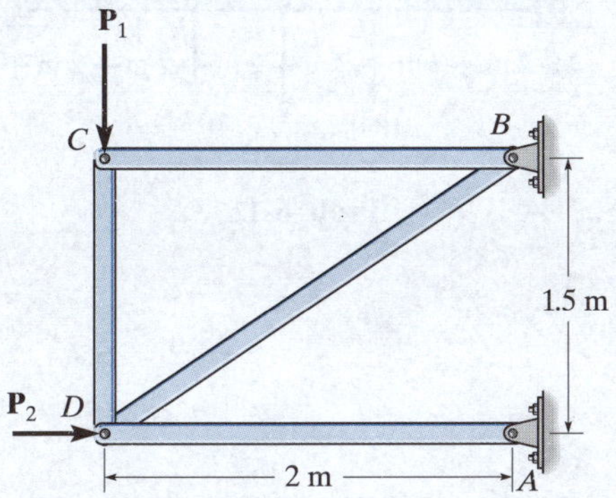

Probs. 6-1/2

6-3. Determine la fuerza en cada elemento de la armadura. Indique si los elementos están en tensión o en compresión.

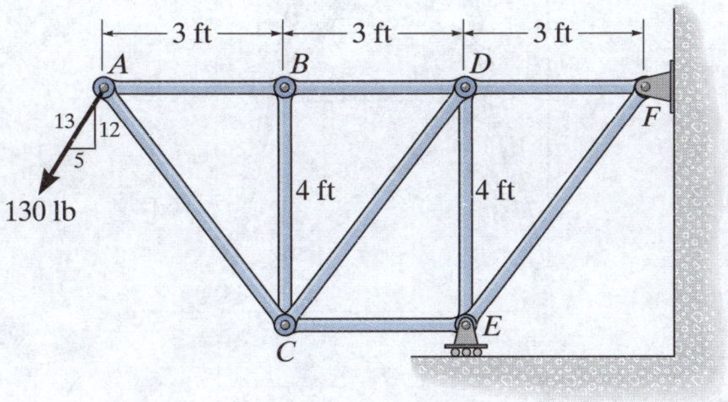

Prob. 6-3

***6-4.** Determine la fuerza en cada elemento de la armadura e indique si los elementos están en tensión o en compresión.

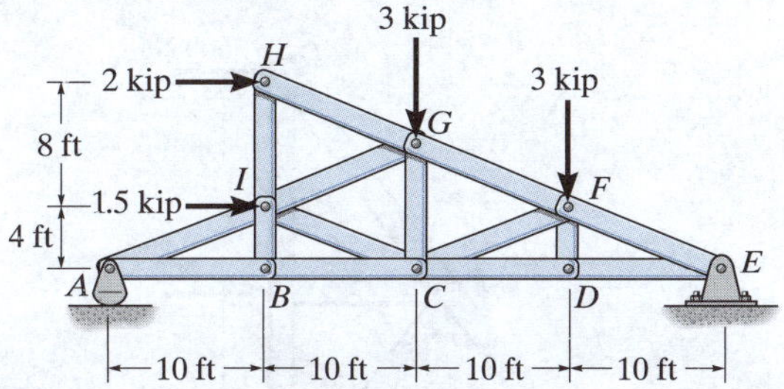

Prob. 6-4

6-5. Determine la fuerza en cada elemento de la armadura e indique si los elementos están en tensión o en compresión. Considere que $\theta = 0°$.

6-6. Determine la fuerza en cada elemento de la armadura e indique si los elementos están en tensión o en compresión. Considere que $\theta = 30°$.

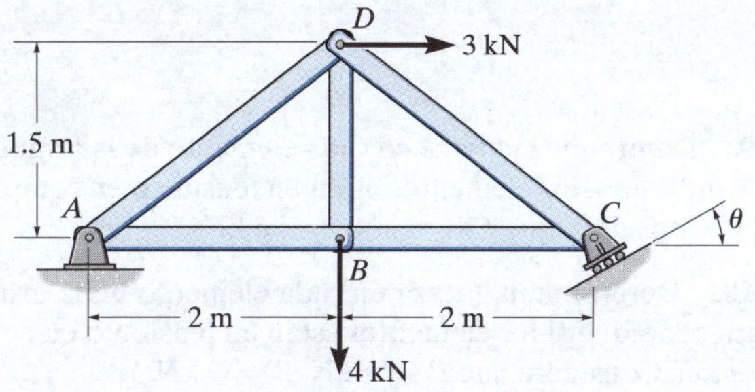

Probs. 6-5/6

6-7. Determine la fuerza en cada elemento de la armadura e indique si los elementos están en tensión o en compresión.

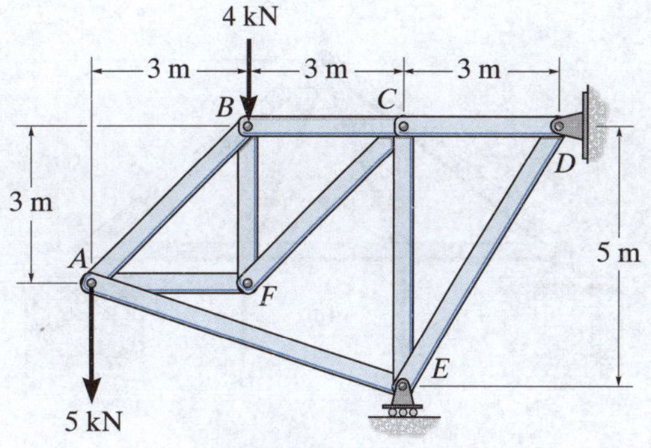

Prob. 6-7

***6-8.** Determine la fuerza en cada elemento de la armadura e indique si los elementos están en tensión o en compresión.

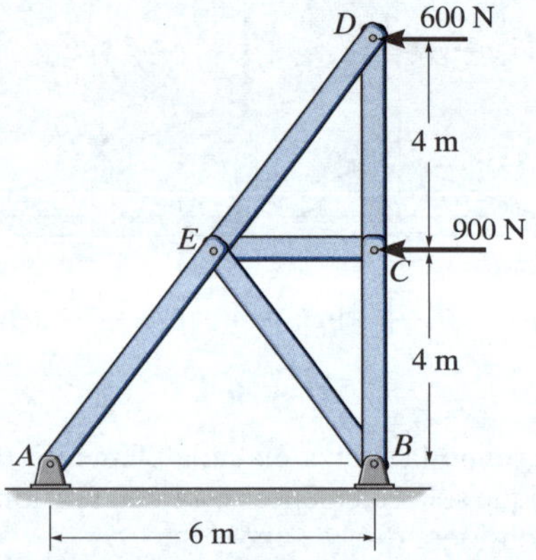

Prob. 6-8

6-9. Determine la fuerza en cada elemento de la armadura e indique si los elementos están en tensión o en compresión. Considere que $P_1 = 3$ kN, $P_2 = 6$ kN.

6-10. Determine la fuerza en cada elemento de la armadura e indique si los elementos están en tensión o en compresión. Considere que $P_1 = 6$ kN, $P_2 = 9$ kN.

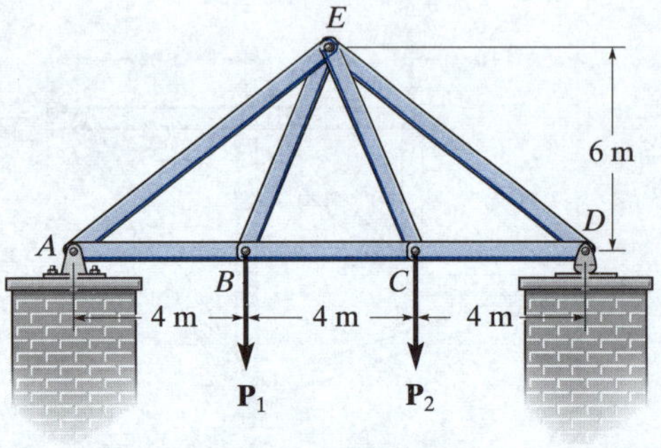

Probs. 6-9/10

6-11. Determine la fuerza en cada elemento de la *armadura Pratt* e indique si los elementos están en tensión o en compresión.

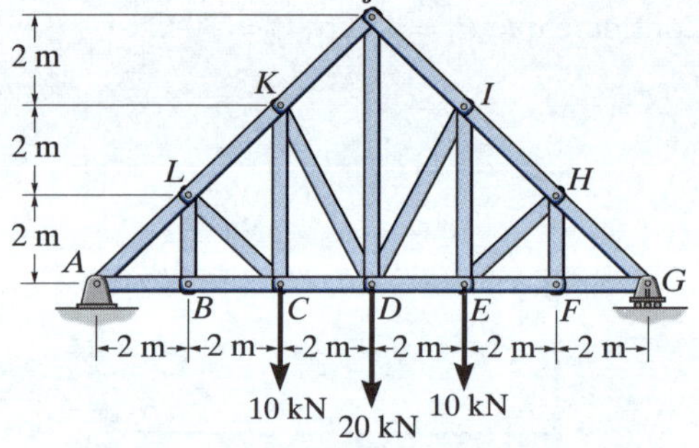

Prob. 6-11

***6-12.** Determine la fuerza en cada elemento de la armadura e indique si los elementos están en tensión o en compresión.

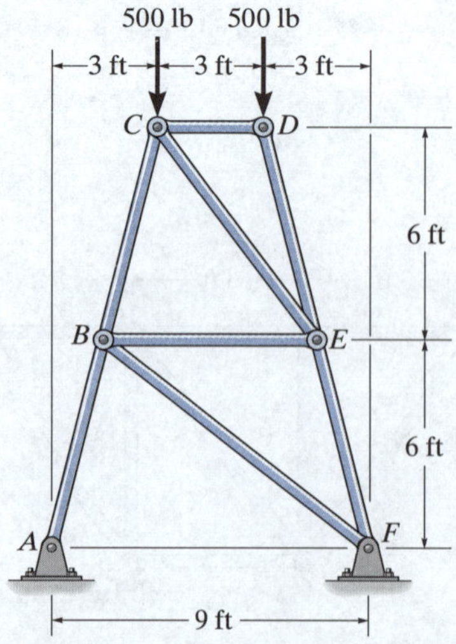

Prob. 6-12

6-13. Determine la fuerza en cada elemento de la armadura en función de la carga P e indique si los elementos están en tensión o en compresión.

6-14. Cada uno de los elementos AB y BC puede soportar una fuerza de compresión máxima de 800 lb, y los elementos AD, DC y BD pueden soportar una fuerza de tensión máxima de 1500 lb. Si $a = 10$ ft, determine la mayor carga P que la armadura puede soportar.

6-15. Cada uno de los elementos AB y BC puede soportar una fuerza máxima de compresión de 800 lb, y los elementos AD, DC y BD pueden soportar una fuerza de tensión máxima de 2000 lb. Si $a = 6$ ft, determine la mayor carga P que la armadura puede soportar.

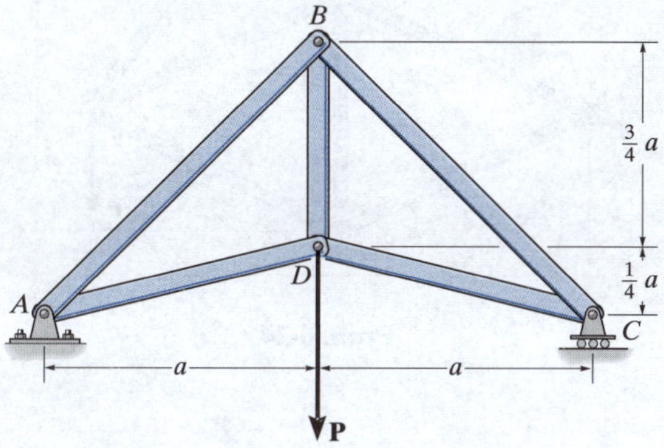

Probs. 6-13/14/15

***6-16.** Determine la fuerza en cada elemento de la armadura. Indique si los elementos están en tensión o en compresión. Considere que $P = 8$ kN.

6-17. Si la fuerza máxima que cualquier elemento de la armadura puede soportar es de 8 kN en tensión y de 6 kN en compresión, determine la fuerza P máxima que se puede soportar en el nodo D.

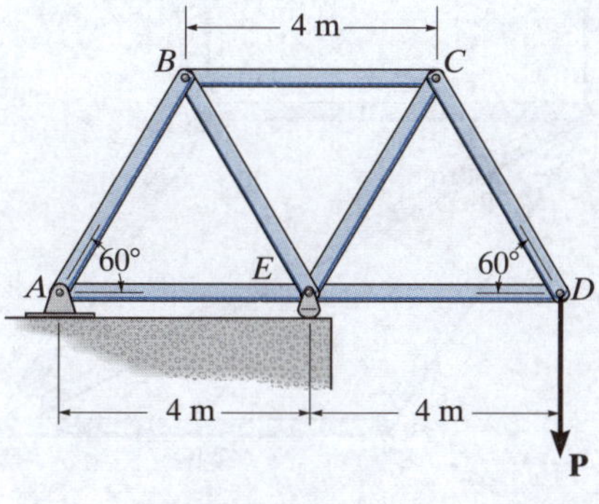

Probs. 6-16/17

6-18. Determine la fuerza en cada elemento de la armadura e indique si los elementos están en tensión o en compresión. Considere que $P_1 = 10$ kN, $P_2 = 8$ kN.

6-19. Determine la fuerza en cada elemento de la armadura, e indique si los elementos están en tensión o en compresión. Considere que $P_1 = 8$ kN, $P_2 = 12$ kN.

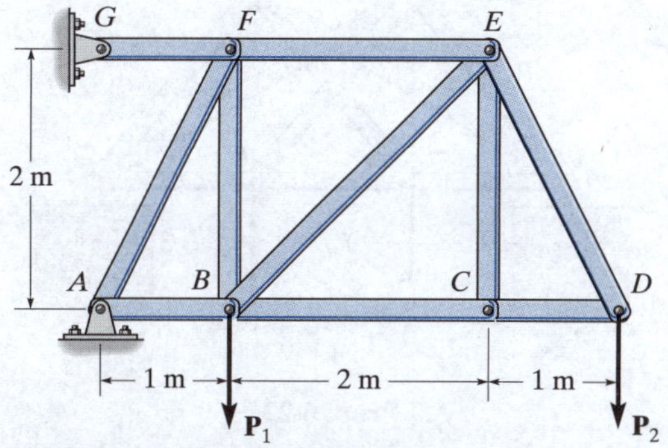

Probs. 6-18/19

***6-20.** Determine la fuerza en cada elemento de la armadura e indique si los elementos están en tensión o en compresión. Considere que $P_1 = 9$ kN, $P_2 = 15$ kN.

6-21. Determine la fuerza en cada elemento de la armadura e indique si los elementos están en tensión o en compresión. Considere que $P_1 = 30$ kN, $P_2 = 15$ kN.

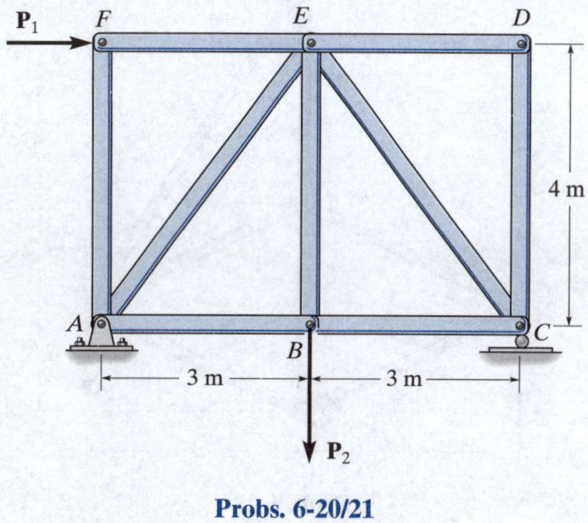

Probs. 6-20/21

6-22. Determine la fuerza en cada elemento de la armadura de doble tijera en términos de la carga P, e indique si los elementos están en tensión o en compresión.

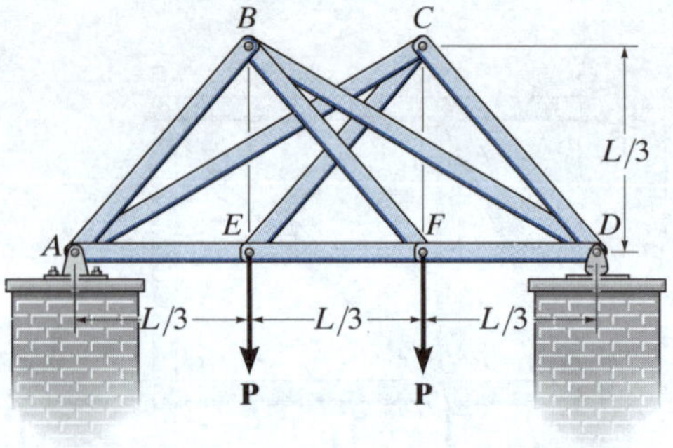

Prob. 6-22

6-23. Determine la fuerza en cada elemento de la armadura en términos de la carga P, e indique si los elementos están en tensión o en compresión.

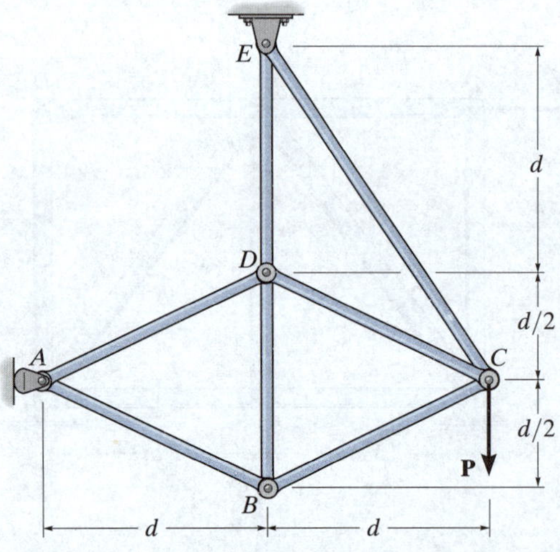

Prob. 6-23

***6-24.** La fuerza de tensión máxima permisible en los elementos de la armadura es $(F_t)_{máx} = 5$ kN, y la fuerza de compresión máxima permisible es $(F_c)_{máx} = 3$ kN. Determine la magnitud máxima de la carga **P** que se puede aplicar a la armadura. Considere que $d = 2$m.

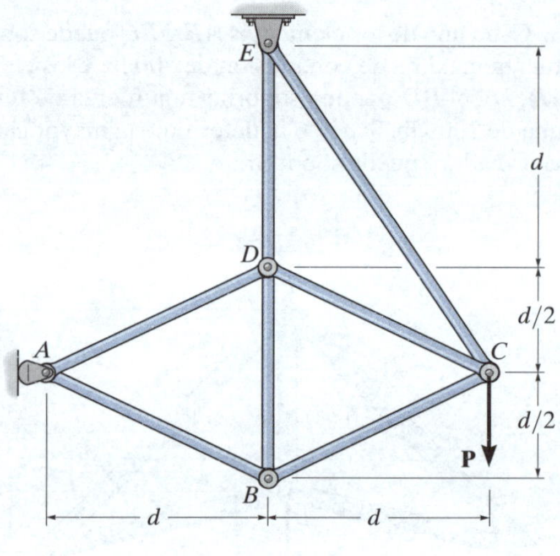

Prob. 6-24

6-25. Determine la fuerza en cada elemento de la armadura en términos de la carga externa, e indique si los elementos están en tensión o en compresión. Considere que $P = 2$ kN.

6-26. La fuerza de tensión máxima permisible en los elementos de la armadura es $(F_t)_{máx} = 5$ kN y la fuerza de compresión máxima permisible es $(F_c)_{máx} = 3$ kN. Determine la magnitud P máxima de las dos cargas que se pueden aplicar a la armadura.

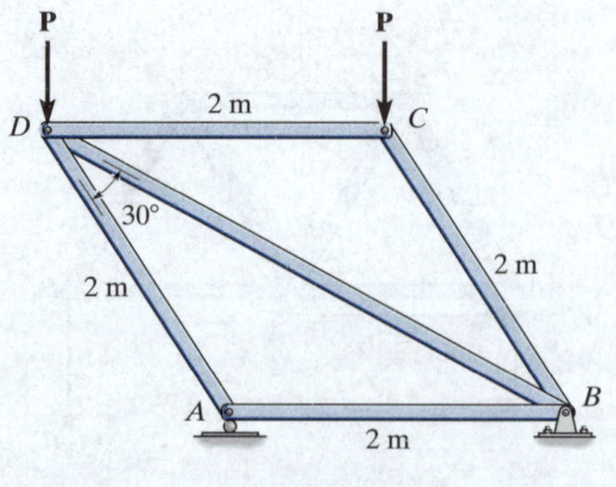

Probs. 6-25/26

6.4 Método de secciones

Cuando necesitamos encontrar la fuerza en sólo unos cuantos elementos de una armadura, ésta puede analizarse con el ***método de secciones***, el cual se basa en el principio de que si la armadura está en equilibrio, entonces cualquier segmento de la armadura está también en equilibrio. Por ejemplo, considere los dos elementos de armadura mostrados a la izquierda en la figura 6-14. Si se deben determinar las fuerzas dentro de los elementos, entonces puede utilizarse una sección imaginaria, indicada por la línea azul, para cortar cada elemento en dos partes y, en consecuencia, "exponer" cada fuerza interna como "externa", como se indica en los diagramas de cuerpo libre de la derecha. Se puede observar con claridad que para que haya equilibrio el elemento que está en tensión (T) está sujeto a un "tirón", mientras que el elemento en compresión (C) está sometido a un "empujón".

El método de secciones puede usarse también para "cortar" o seccionar los elementos de toda una armadura. Si la sección pasa por la armadura y se traza el diagrama de cuerpo libre de cualquiera de sus dos partes, entonces podemos aplicar las ecuaciones de equilibrio a esa parte, para determinar las fuerzas del elemento en la "sección cortada". Como sólo se pueden aplicar *tres* ecuaciones de equilibrio independientes ($\Sigma F_x = 0$, $\Sigma F_y = 0, \Sigma M_O = 0$) al diagrama de cuerpo libre de cualquier segmento, deberíamos tratar de seleccionar una sección que, en general, pase por no más de *tres* elementos donde las fuerzas sean desconocidas. Por ejemplo, considere la armadura que se muestra en la figura 6-15*a*. Si se deben determinar las fuerzas en los elementos *BC*, *GC* y *GF*, la sección *aa* podría ser adecuada. Los diagramas de cuerpo libre de las dos partes se muestran en las figuras 6-15*b* y 6-15*c*. Observe que la línea de acción de cada fuerza del elemento se especifica a partir de la *geometría* de la armadura, ya que la fuerza en un elemento pasa a lo largo de su eje. Además, las fuerzas del elemento que actúan sobre una parte de la armadura son iguales pero opuestas a las que actúan sobre la otra parte —tercera ley de Newton. Se supone que los elementos *BC* y *GC* están en *tensión* pues se encuentran sometidos a un "tirón", mientras que *GF* está en *compresión* porque se encuentra sometido a un "empujón".

Las tres fuerzas de elemento desconocidas $\mathbf{F}_{BC}$, $\mathbf{F}_{GC}$ y $\mathbf{F}_{GF}$ pueden obtenerse al aplicar las tres ecuaciones de equilibrio al diagrama de cuerpo libre de la figura 6-15*b*. Sin embargo, si se considera el diagrama de cuerpo libre de la figura 6-15*c*, se tendrán que conocer las tres reacciones de soporte $\mathbf{D}_x$, $\mathbf{D}_y$ y $\mathbf{E}_x$, ya que sólo hay disponibles tres ecuaciones de equilibrio. (Por supuesto, esto se hace de la manera usual, si se considera un diagrama de cuerpo libre de *toda la armadura*).

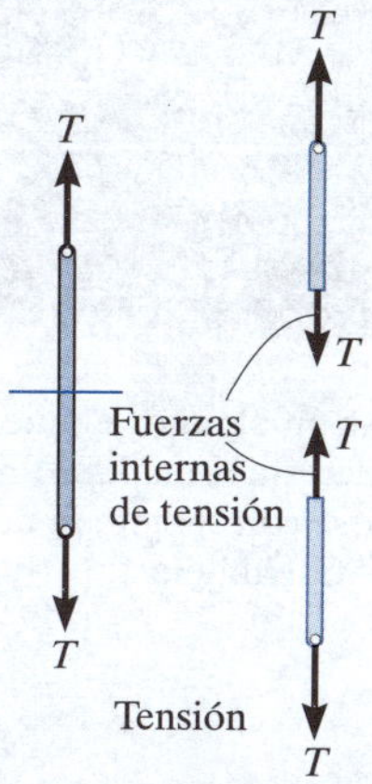

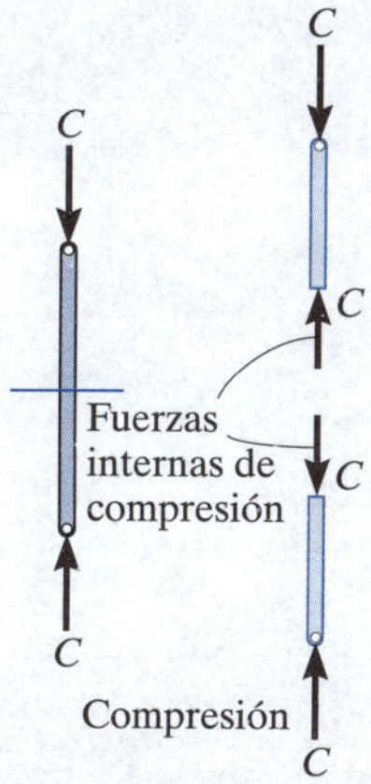

Fig. 6-14

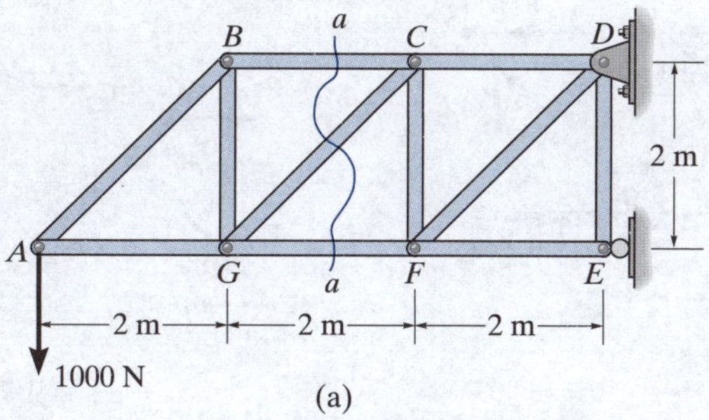

(a)

Fig. 6-15

Las fuerzas en algunos elementos seleccionados de esta armadura Pratt pueden determinarse con el método de secciones. (© Russell C. Hibbeler)

Al aplicar las ecuaciones de equilibrio, debemos considerar con gran cuidado las maneras de escribir las ecuaciones, de modo que den una *solución directa* para cada una de las incógnitas, en vez de tener que resolver ecuaciones simultáneas. Por ejemplo, con el segmento de armadura de la figura 6-15*b* y la suma de momentos con respecto a *C*, se obtendría una solución directa para $\mathbf{F}_{GF}$ ya que $\mathbf{F}_{BC}$ y $\mathbf{F}_{GC}$ no producen ningún momento con respecto a *C*. Asimismo, $\mathbf{F}_{BC}$ puede obtenerse directamente a partir de una suma de momentos con respecto a *G*. Por último, $\mathbf{F}_{GC}$ se obtiene directamente a partir de una suma de fuerzas en la dirección vertical, ya que $\mathbf{F}_{GF}$ y $\mathbf{F}_{BC}$ no tienen componentes verticales. Esta capacidad de *determinar directamente* la fuerza en un elemento específico de la armadura es una de las principales ventajas del método de secciones.*

Al igual que en el método de nodos, hay dos maneras en las cuales se determina el sentido correcto de una fuerza de elemento desconocida:

- En muchos casos, el sentido correcto de una fuerza de elemento desconocida puede determinarse "por inspección". Por ejemplo, $\mathbf{F}_{BC}$ es una fuerza de tensión tal como se representa en la figura 6-15*b*, ya que el equilibrio de momentos con respecto a *G* requiere que $\mathbf{F}_{BC}$ genere un momento opuesto al de la fuerza de 1000 N. Además, $\mathbf{F}_{GC}$ es una fuerza de tensión porque su componente vertical debe equilibrar la fuerza de 1000 N que actúa hacia abajo. En casos más complicados, puede *suponerse* el sentido de una fuerza de elemento desconocida. Si la solución resulta un escalar *negativo*, esto indica que el sentido de la fuerza es *opuesto* al del diagrama de cuerpo libre.
- *Siempre suponga* que las fuerzas desconocidas en elementos de la sección cortada están *en tensión*, es decir, "tirando" del elemento. Al hacer esto, la solución numérica de las ecuaciones de equilibrio dará *escalares positivos para elementos en tensión, y escalares negativos para elementos en compresión.*

*Observe que si se usara el método de nodos para determinar, digamos, la fuerza en el elemento *GC*, sería necesario analizar en secuencia los nodos *A*, *B* y *G*.

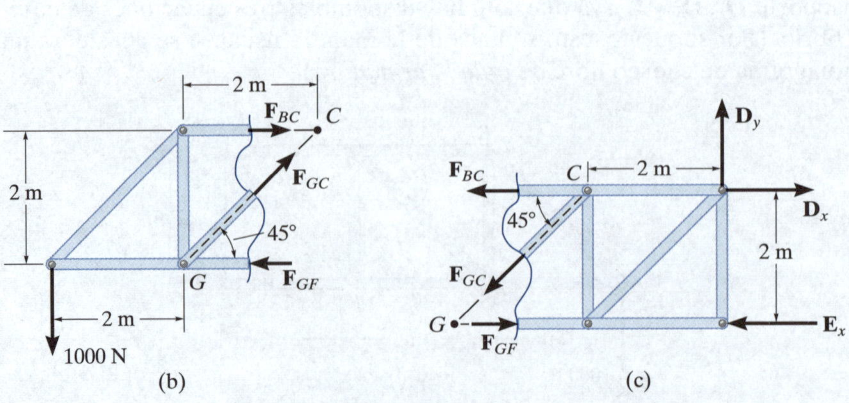

Fig. 6-15 (cont.)

Puntos importantes

- Si una armadura está en equilibrio, entonces cada uno de sus segmentos está en equilibrio. Las fuerzas internas en los elementos se convierten en fuerzas externas, cuando se dibuja el diagrama de cuerpo libre de un segmento de la armadura. Una fuerza que tira de un elemento provoca tensión en el elemento, y una fuerza que empuja un elemento origina compresión.

En la construcción de grúas grandes suelen usarse armaduras sencillas con la finalidad de reducir el peso de la pluma y la torre. (© Russell C. Hibbeler)

Procedimiento para el análisis

Las fuerzas en los elementos de una armadura pueden determinarse con el método de secciones y el siguiente procedimiento.

Diagrama de cuerpo libre

- Tome una decisión acerca de cómo "cortar" o seccionar la armadura a través de los elementos cuyas fuerzas deben determinarse.
- Antes de aislar la sección adecuada, quizá se requiera determinar primero las reacciones externas de los apoyos de la armadura. Una vez hecho esto, entonces estarán disponibles las tres ecuaciones de equilibrio para encontrar las fuerzas de los elementos en la sección.
- Trace el diagrama de cuerpo libre del segmento de la armadura seccionada sobre la que actúe el menor número de fuerzas.
- Utilice uno de los dos métodos antes descritos para establecer el sentido de las fuerzas de elemento desconocidas.

Ecuaciones de equilibrio

- Los momentos deben sumarse con respecto a un punto que se encuentre en la intersección de las líneas de acción de dos fuerzas desconocidas, de manera que la tercera fuerza desconocida se determine directamente a partir de la ecuación de momento.
- Si dos de las fuerzas desconocidas son *paralelas*, las otras fuerzas pueden sumarse en forma *perpendicular* a la dirección de esas incógnitas para determinar *directamente* la tercera fuerza desconocida.

EJEMPLO 6.5

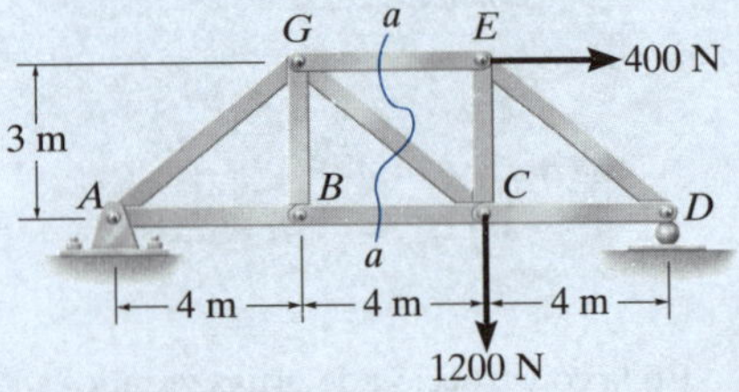

(a)

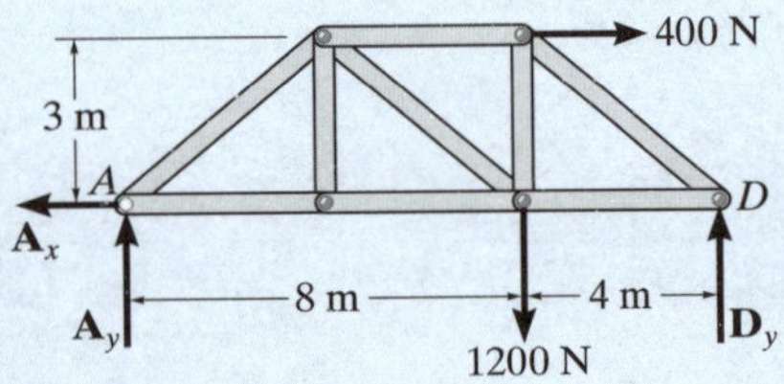

(b)

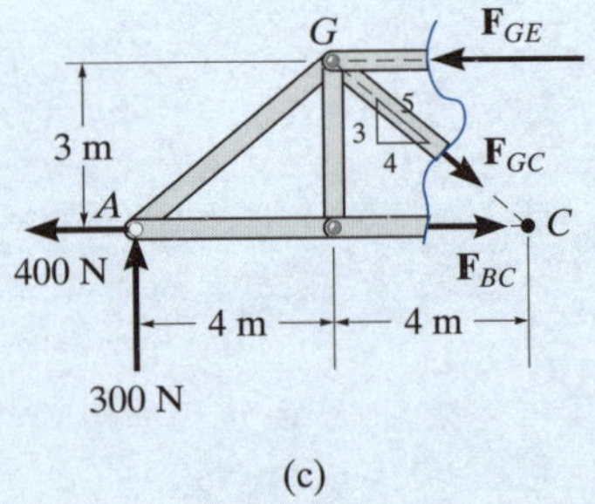

(c)

Fig. 6.16

Determine la fuerza en los elementos GE, GC y BC de la armadura mostrada en la figura 6-16*a*. Indique si los elementos están en tensión o en compresión.

SOLUCIÓN

La sección *aa* que se muestra en la figura 6-16*a* ha sido seleccionada porque corta a través de los *tres* elementos cuyas fuerzas deben determinarse. Sin embargo, para utilizar el método de secciones, es necesario determinar *primero* las reacciones externas de los apoyos A o D. ¿Por qué? En la figura 6-16*b* se ilustra un diagrama de cuerpo libre de toda la armadura. Al aplicar las ecuaciones de equilibrio, tenemos

$$\xrightarrow{+} \Sigma F_x = 0; \qquad 400\text{ N} - A_x = 0 \qquad A_x = 400\text{ N}$$

$$\circlearrowleft + \Sigma M_A = 0; \qquad -1200\text{ N}(8\text{ m}) - 400\text{ N}(3\text{ m}) + D_y(12\text{ m}) = 0$$

$$D_y = 900\text{ N}$$

$$+\uparrow \Sigma F_y = 0; \qquad A_y - 1200\text{ N} + 900\text{ N} = 0 \qquad A_y = 300\text{ N}$$

Diagrama de cuerpo libre. Para el análisis, se usará el diagrama de cuerpo libre de la porción izquierda de la armadura seccionada, ya que implica el menor número de fuerzas (fig. 6-16*c*).

Ecuaciones de equilibrio. Al sumar momentos con respecto al punto G se eliminan $\mathbf{F}_{GE}$ y $\mathbf{F}_{GC}$ y se obtiene una solución directa para F_{BC}.

$$\circlearrowleft + \Sigma M_G = 0; \qquad -300\text{ N}(4\text{ m}) - 400\text{ N}(3\text{ m}) + F_{BC}(3\text{ m}) = 0$$

$$F_{BC} = 800\text{ N} \quad (\text{T}) \qquad \textit{Resp.}$$

De la misma manera, al sumar momentos con respecto al punto C obtenemos una solución directa para F_{GE}.

$$\circlearrowleft + \Sigma M_C = 0; \qquad -300\text{ N}(8\text{ m}) + F_{GE}(3\text{ m}) = 0$$

$$F_{GE} = 800\text{ N} \quad (\text{C}) \qquad \textit{Resp.}$$

Como $\mathbf{F}_{BC}$ y $\mathbf{F}_{GE}$ no tienen componentes verticales, al sumar fuerzas en la dirección y obtenemos directamente F_{GC}, es decir,

$$+\uparrow \Sigma F_y = 0; \qquad 300\text{ N} - \tfrac{3}{5}F_{GC} = 0$$

$$F_{GC} = 500\text{ N} \quad (\text{T}) \qquad \textit{Resp.}$$

NOTA: Aquí es posible determinar, por inspección, la dirección apropiada para cada fuerza de elemento desconocida. Por ejemplo, $\Sigma M_C = 0$ requiere que $\mathbf{F}_{GE}$ sea *de compresión* porque debe equilibrar el momento de la fuerza de 300 N con respecto a C.

6

EJEMPLO 6.6

Determine la fuerza presente en el elemento CF de la armadura ilustrada en la figura 6-17*a*. Indique si el elemento está en tensión o en compresión. Suponga que cada elemento está conectado mediante pasadores.

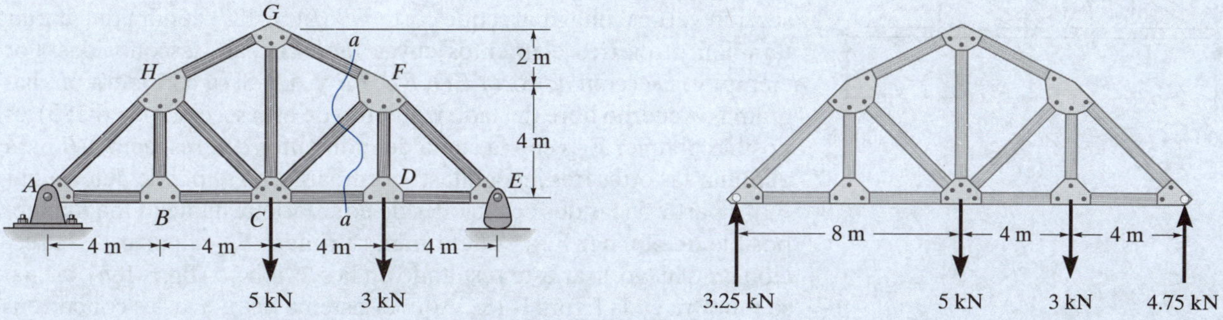

(a) (b)

Fig. 6-17

SOLUCIÓN

Diagrama de cuerpo libre. Se usará la sección *aa* que se muestra en la figura 6-17*a*, ya que es la que "expondrá" la fuerza interna en el elemento CF como "externa" en el diagrama de cuerpo libre de la porción derecha o izquierda de la armadura. Sin embargo, primero es necesario determinar las reacciones externas de los apoyos en el lado izquierdo o en el derecho. Verifique los resultados que se muestran en el diagrama de cuerpo libre de la figura 6-17*b*.

En la figura 6-17*c* se muestra el diagrama de cuerpo libre de la porción derecha de la armadura, que es la más fácil de analizar. Se tienen tres incógnitas, F_{FG}, F_{CF} y F_{CD}.

Ecuaciones de equilibrio. Aplicaremos la ecuación de momento con respecto al punto O con la finalidad de eliminar las dos incógnitas F_{FG} y F_{CD}. La ubicación del punto O medida desde E puede determinarse usando triángulos semejantes, es decir, $4/(4+x) = 6/(8+x)$, $x = 4$ m. O, dicho de otra manera, la pendiente del elemento GF tiene una caída de 2 m en una distancia horizontal de 4 m. Como FD es de 4 m (fig. 6-17*c*), entonces la distancia desde D hasta O debe ser de 8 m.

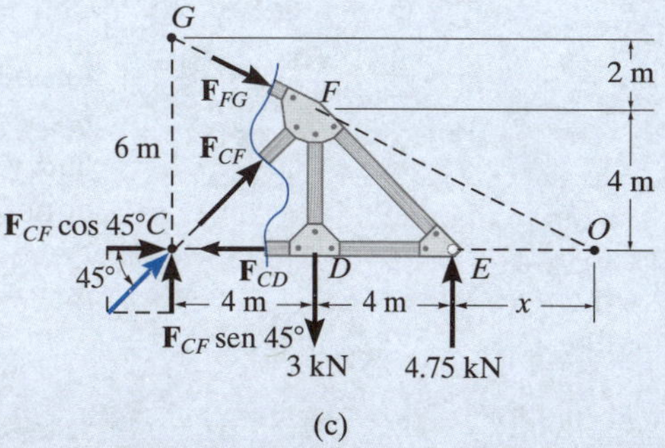

(c)

Una manera sencilla para determinar el momento de $\mathbf{F}_{CF}$ con respecto al punto O consiste en usar el principio de transmisibilidad y trasladar $\mathbf{F}_{CF}$ al punto C y, luego, descomponer $\mathbf{F}_{CF}$ en sus dos componentes rectangulares. Tenemos

$$\zeta + \Sigma M_O = 0;$$

$$-F_{CF}\,\text{sen}\,45°(12\text{ m}) + (3\text{ kN})(8\text{ m}) - (4.75\text{ kN})(4\text{ m}) = 0$$

$$F_{CF} = 0.589\text{ kN} \quad \text{(C)}$$ *Resp.*

6

EJEMPLO 6.7

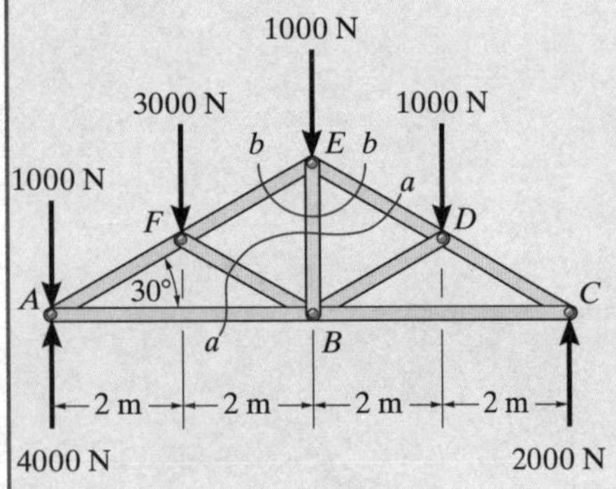

(a)

Determine la fuerza en el elemento EB de la armadura para techo mostrada en la figura 6-18*a*. Indique si el elemento está en tensión o en compresión.

SOLUCIÓN

Diagramas de cuerpo libre. Con el método de secciones, cualquier sección vertical imaginaria que corte EB (fig. 6-18*a*), tendrá que cortar también otros tres elementos cuyas fuerzas sean desconocidas. Por ejemplo, la sección *aa* corta ED, EB, FB y AB. Si se considera un diagrama de cuerpo libre del lado izquierdo de esta sección (fig. 6-18*b*), es posible obtener $\mathbf{F}_{ED}$ con la suma de momentos con respecto a B para eliminar las otras tres incógnitas; sin embargo, no se puede determinar $\mathbf{F}_{EB}$ a partir de las dos ecuaciones de equilibrio restantes. Una manera posible de obtener $\mathbf{F}_{ED}$ es determinar primero $\mathbf{F}_{ED}$ a partir de la sección *aa* y, luego, usar este resultado en la sección *bb* (fig. 6-18*a*), la cual se muestra en la figura 6-18*c*. Aquí el sistema de fuerzas es concurrente y nuestro diagrama de cuerpo libre seccionado es el mismo que el diagrama de cuerpo libre para el nodo ubicado en E.

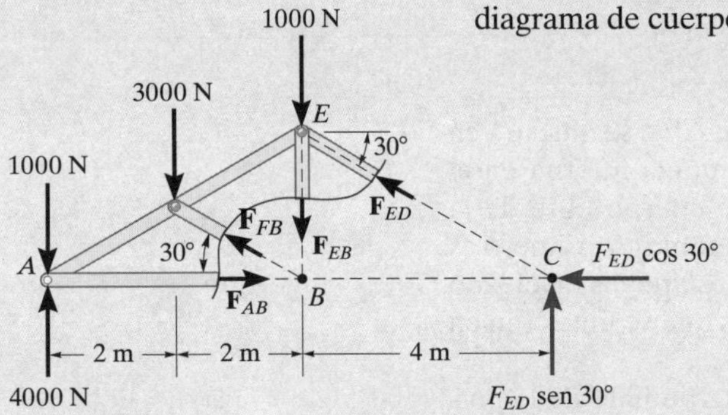

(b)

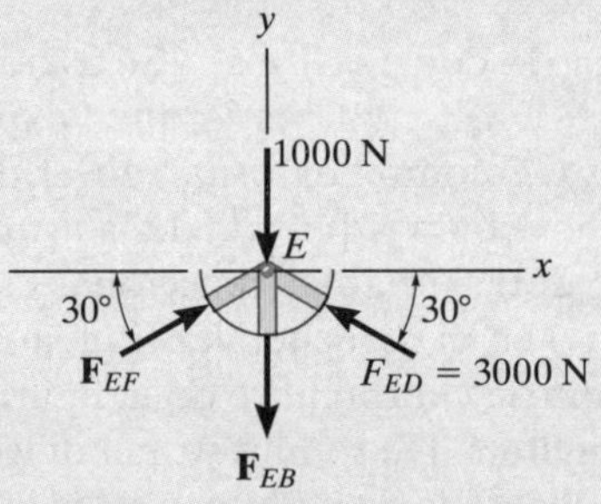

(c)

Fig. 6-18

Ecuaciones de equilibrio. Para determinar el momento de $\mathbf{F}_{ED}$ con respecto al punto B (fig. 6-18*b*), usaremos el principio de transmisibilidad y extenderemos la fuerza hasta el punto C para, después, descomponerla en sus componentes rectangulares como se indica. Por lo tanto,

$$\circlearrowleft + \Sigma M_B = 0; \quad 1000\text{ N}(4\text{ m}) + 3000\text{ N}(2\text{ m}) - 4000\text{ N}(4\text{ m}) + F_{ED}\,\text{sen}\,30°(4\text{ m}) = 0$$

$$F_{ED} = 3000\text{ N} \quad (\text{C})$$

Al considerar ahora el diagrama de cuerpo libre de la sección *bb* (fig. 6-18*c*), tenemos

$$\overset{+}{\rightarrow} \Sigma F_x = 0; \quad F_{EF}\cos 30° - 3000\cos 30°\text{ N} = 0$$

$$F_{EF} = 3000\text{ N} \quad (\text{C})$$

$$+\uparrow \Sigma F_y = 0; \quad 2(3000\,\text{sen}\,30°\text{ N}) - 1000\text{ N} - F_{EB} = 0$$

$$F_{EB} = 2000\text{ N} \quad (\text{T}) \qquad \textit{Resp.}$$

PROBLEMAS FUNDAMENTALES

Todas las soluciones a los problemas deben incluir un DCL.

F6-7. Determine la fuerza en los elementos *BC*, *CF* y *FE*. Establezca si los elementos están en tensión o en compresión.

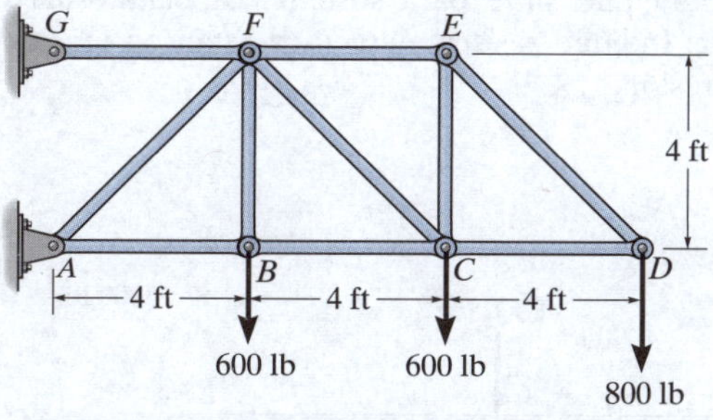

Prob. F6-7

F6-8. Determine la fuerza en los elementos *LK*, *KC* y *CD* de la armadura Pratt. Establezca si los elementos están en tensión o en compresión.

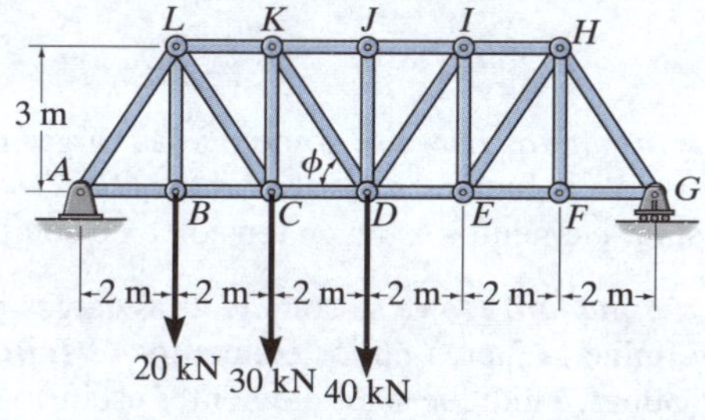

Prob. F6-8

F6-9. Determine la fuerza en los elementos *KJ*, *KD* y *CD* de la armadura Pratt. Establezca si los elementos están en tensión o en compresión.

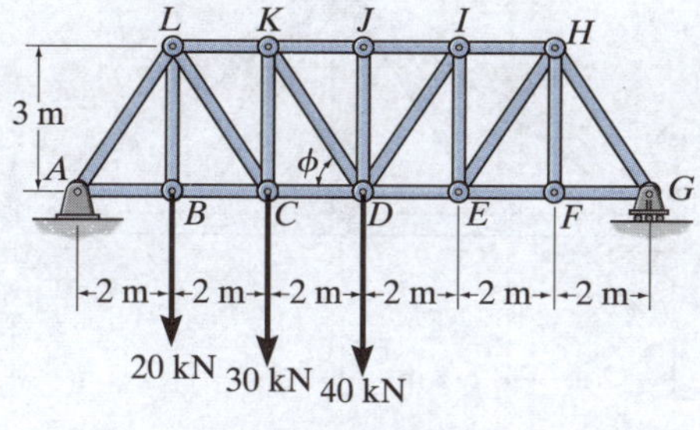

Prob. F6-9

F6-10. Determine la fuerza en los elementos *EF*, *CF* y *BC* de la armadura. Establezca si los elementos están en tensión o en compresión.

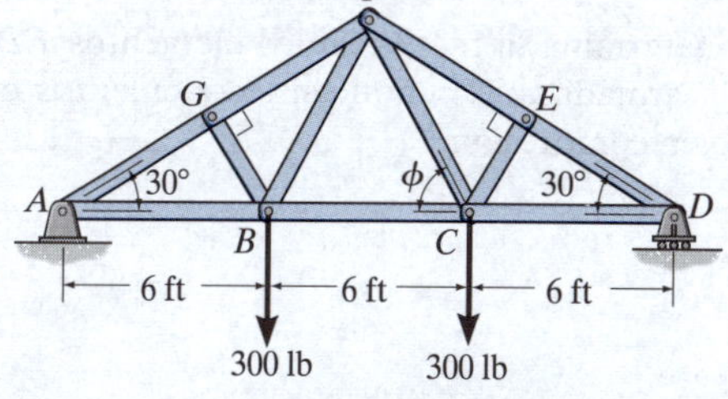

Prob. F6-10

F6-11. Determine la fuerza en los elementos *GF*, *GD* y *CD* de la armadura. Establezca si los elementos están en tensión o en compresión.

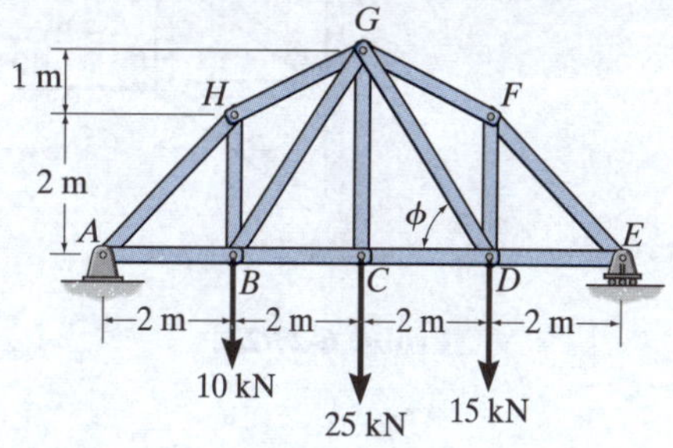

Prob. F6-11

F6-12. Determine la fuerza en los elementos *DC*, *HI* y *JI* de la armadura. Establezca si los elementos están en tensión o en compresión.
Sugerencia: Utilice las secciones mostradas

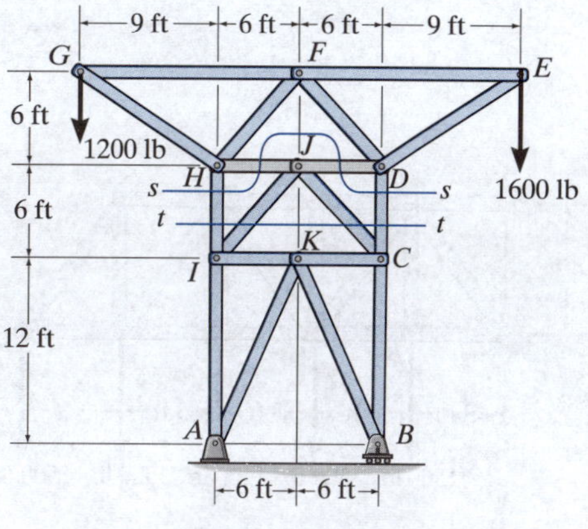

Prob. F6-12

PROBLEMAS

Todas las soluciones a los problemas deben incluir un DCL.

6-27. Determine la fuerza en los elementos *DC*, *HC* y *HI* de la armadura, e indique si los elementos están en tensión o en compresión.

***6-28.** Determine la fuerza en los elementos *ED*, *EH* y *GH* de la armadura, e indique si los elementos están en tensión o en compresión.

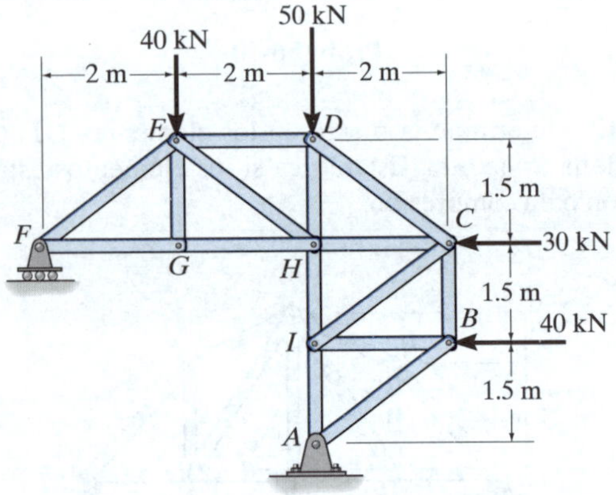

Probs. 6-27/28

6-29. Determine la fuerza en los elementos *HG*, *HE* y *DE* de la armadura, e indique si los elementos están en tensión o en compresión.

6-30. Determine la fuerza en los elementos *CD*, *HI* y *CH* de la armadura, e indique si los elementos están en tensión o en compresión.

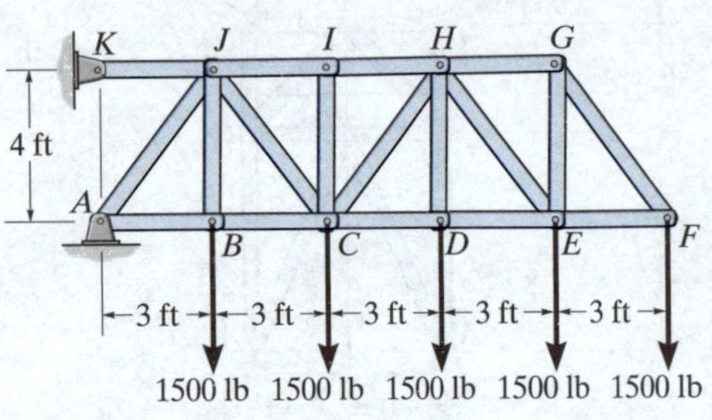

Probs. 6-29/30

6-31. Determine la fuerza en los elementos *CD*, *CJ*, *KJ* y *DJ* de la armadura que sirve para sostener la plataforma de un puente. Indique si esos elementos están en tensión o en compresión.

***6-32.** Determine la fuerza en los elementos *EI* y *JI* de la armadura que sirve para sostener la plataforma de un puente. Indique si esos elementos están en tensión o en compresión.

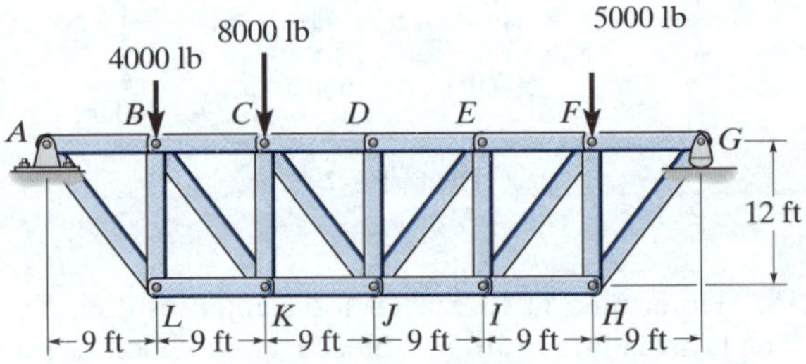

Probs. 6-31/32

6-33. La *armadura Howe* se somete a las cargas mostradas. Determine la fuerza en los elementos *GF*, *CD* y *GC*, e indique si los elementos están en tensión o en compresión.

6-34. La *armadura Howe* se somete a las cargas mostradas. Determine la fuerza en los elementos *GH*, *BC* y *BG* de la armadura, e indique si los elementos están en tensión o en compresión.

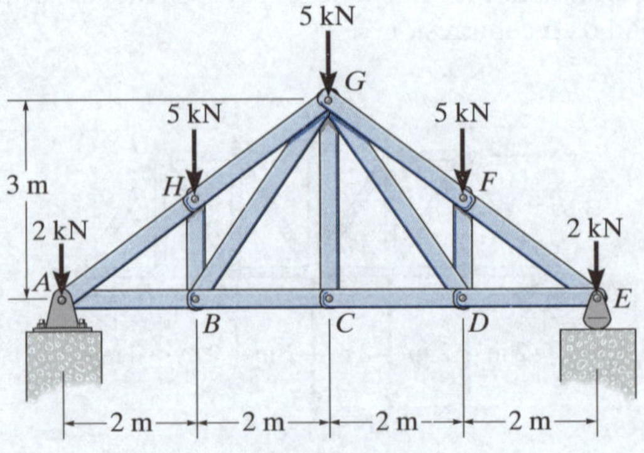

Probs. 6-33/34

6-35. Determine la fuerza en los elementos *EF*, *CF* y *BC*, e indique si los elementos están en tensión o en compresión.

***6-36.** Determine la fuerza en los elementos *AF*, *BF* y *BC*, e indique si los elementos están en tensión o en compresión.

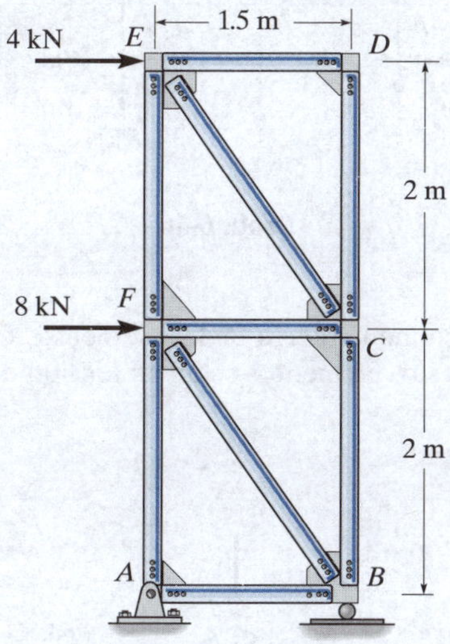

Probs. 6-35/36

6-39. Determine la fuerza en los elementos *BC*, *HC* y *HG*. Después de que la armadura se secciona, utilice una sola ecuación de equilibrio para el cálculo de cada fuerza. Indique si esos elementos están en tensión o en compresión.

***6-40.** Determine la fuerza en los elementos *CD*, *CF* y *CG*, e indique si estos elementos están en tensión o en compresión.

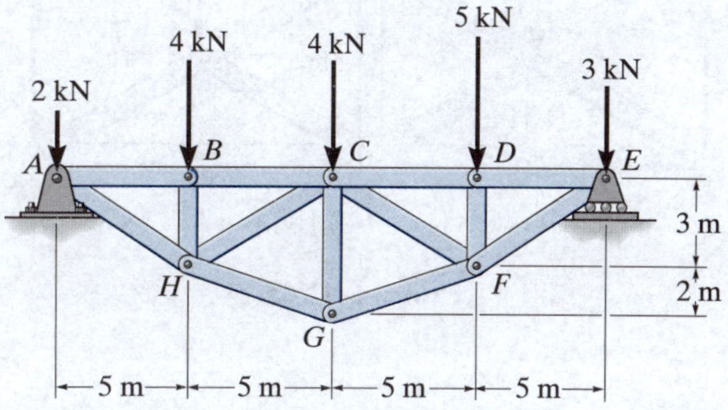

Probs. 6-39/40

6-37. Determine la fuerza en los elementos *EF*, *BE*, *BC* y *BF* de la armadura, e indique si estos elementos están en tensión o en compresión. Considere que $P_1 = 9$ kN, $P_2 = 12$ kN y $P_3 = 6$ kN.

6-38. Determine la fuerza en los elementos *BC*, *BE* y *EF* de la armadura, e indique si esos elementos están en tensión o en compresión. Considere que $P_1 = 6$ kN, $P_2 = 9$ kN y $P_3 = 12$ kN.

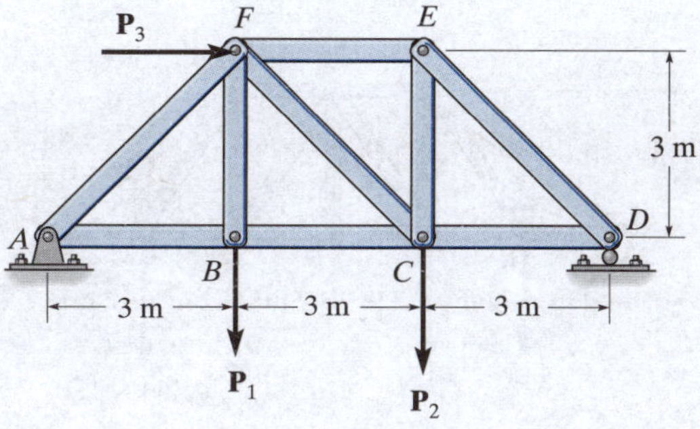

Probs. 6-37/38

6-41. Determine la fuerza desarrollada en los elementos *FE*, *EB* y *BC* de la armadura, e indique si estos elementos están en tensión o en compresión.

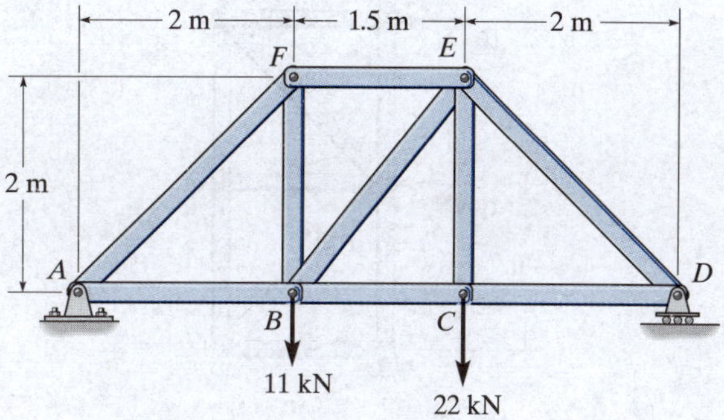

Prob. 6-41

6-42. Determine la fuerza en los elementos BC, HC y HG. Indique si estos elementos están en tensión o en compresión.

6-43. Determine la fuerza en los elementos CD, CJ, GJ y CG, e indique si estos elementos están en tensión o en compresión.

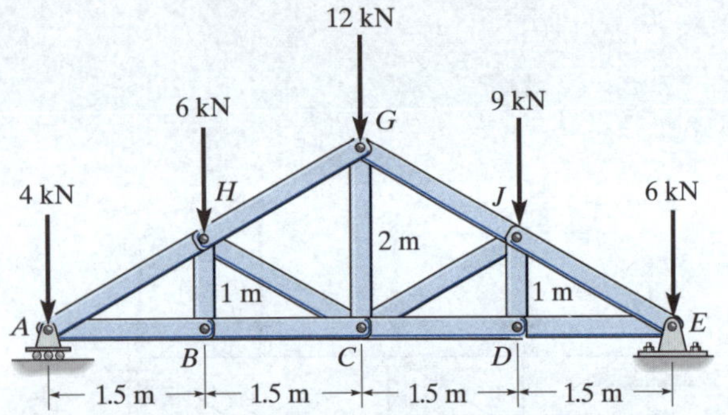

Probs. 6-42/43

***6-44.** Determine la fuerza en los elementos BE, EF y CB, e indique si los elementos están en tensión o en compresión.

6-45. Determine la fuerza en los elementos BF, BG y AB, e indique si los elementos están en tensión o en compresión.

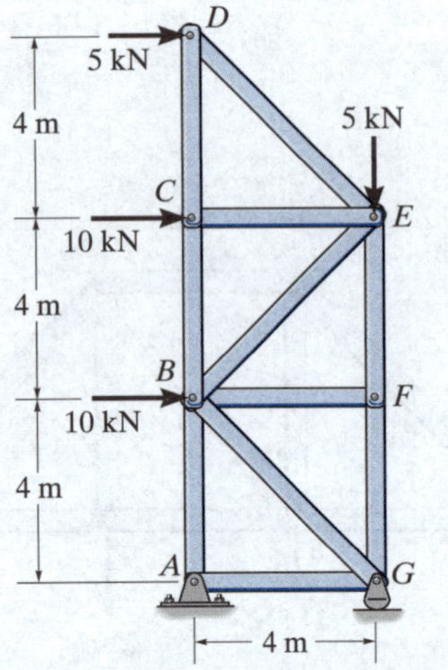

Probs. 6-44/45

6-46. Determine la fuerza en los elementos BC, CH, GH y CG de la armadura, e indique si los elementos están en tensión o en compresión.

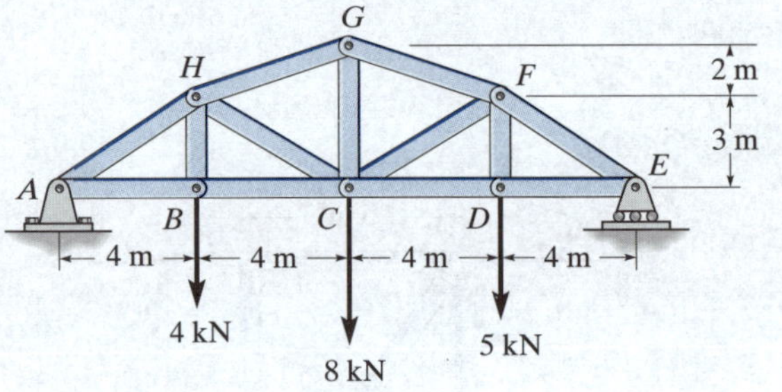

Prob. 6-46

6-47. Determine la fuerza en los elementos CD, CJ y KJ, e indique si estos elementos están en tensión o en compresión.

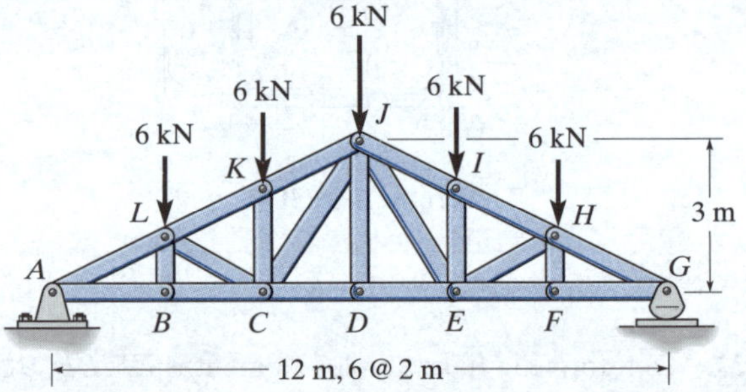

Prob. 6-47

***6-48.** Determine la fuerza en los elementos JK, CJ y CD de la armadura, e indique si los elementos están en tensión o en compresión.

6-49. Determine la fuerza en los elementos, HI, FI y EF de la armadura, e indique si los elementos están en tensión o en compresión.

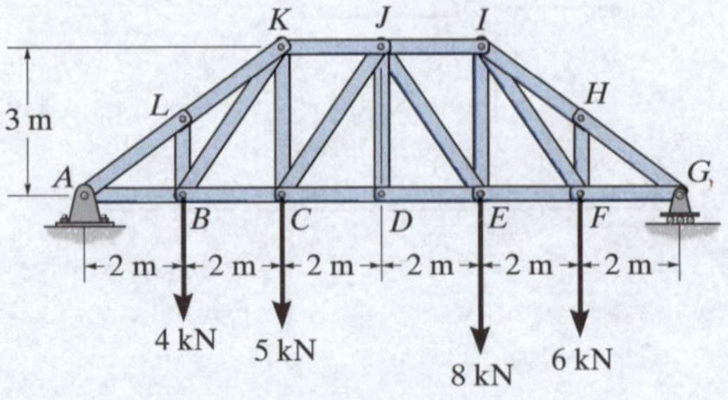

Probs. 6-48/49

*6.5 Armaduras espaciales

Una ***armadura espacial*** consiste en elementos unidos en sus extremos para formar una estructura tridimensional estable. La forma más simple de una armadura espacial es un ***tetraedro***, formado al conectar seis elementos entre sí, como se muestra en la figura 6-19. Cualquier elemento adicional agregado a este elemento básico sería redundante en el soporte de la fuerza **P**. Una *armadura espacial simple* puede construirse a partir de este tetraedro básico, agregando tres elementos adicionales y un nodo, y continuando de esta manera hasta formar un sistema de tetraedros con conexiones múltiples.

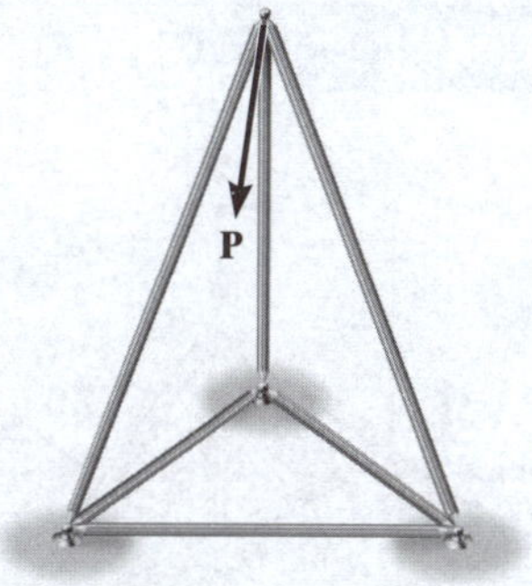

Fig. 6-19

Supuestos para el diseño. Los elementos de una armadura espacial se pueden tratar como elementos de dos fuerzas, siempre que la carga externa esté aplicada en los nodos y éstos consistan en conexiones de rótula esférica. Tales supuestos se justifican cuando las conexiones, soldadas o empernadas, de los elementos unidos se intersecan en un punto común y el peso de los elementos puede ignorarse. En casos donde debe incluirse el peso de un elemento en el análisis, por lo general resulta satisfactorio aplicarlo como una fuerza vertical, con la mitad de su magnitud aplicada en cada extremo del elemento.

Armadura espacial típica para soporte de plafón. Observe el uso de rótulas esféricas en las conexiones. (© Russell C. Hibbeler)

Procedimiento para el análisis

Cuando se desea determinar las fuerzas desarrolladas en los elementos de una armadura espacial simple, se puede usar el método de nodos o el método de secciones.

Método de nodos

Si se deben determinar las fuerzas en *todos* los elementos de la armadura, el método de nodos resulta el más adecuado para realizar el análisis. Aquí es necesario aplicar las tres ecuaciones de equilibrio $\Sigma F_x = 0$, $\Sigma F_y = 0$, $\Sigma F_z = 0$ a las fuerzas que actúan en cada nodo. Recuerde que la solución de muchas ecuaciones simultáneas puede evitarse, si el análisis de fuerzas empieza en un nodo que tenga, por lo menos, una fuerza conocida y cuando mucho tres fuerzas desconocidas. Además, si la geometría tridimensional del sistema de fuerzas existente en el nodo es difícil de visualizar, se recomienda utilizar un análisis vectorial cartesiano para encontrar la solución.

Método de secciones

Si se deben determinar sólo unas *pocas* fuerzas de elemento, se utiliza el método de secciones. Cuando se pasa una sección imaginaria por una armadura y ésta queda separada en dos partes, el sistema de fuerzas que actúa sobre una de las partes debe satisfacer las *seis* ecuaciones de equilibrio: $\Sigma F_x = 0$, $\Sigma F_y = 0$, $\Sigma F_z = 0$, $\Sigma M_x = 0$, $\Sigma M_y = 0$, $\Sigma M_z = 0$ (ecuaciones 5-6). Por medio de una selección apropiada de la sección y los ejes para sumar fuerzas y momentos, muchas de las fuerzas de elemento desconocidas en una armadura espacial se pueden calcular *directamente* mediante una sola ecuación de equilibrio.

Por razones económicas, las grandes torres de transmisión eléctrica suelen construirse con armaduras espaciales. (© Russell C. Hibbeler)

EJEMPLO 6.8

Determine las fuerzas que actúan en los elementos de la armadura espacial que se muestra en la figura 6-20*a*. Indique si los elementos están en tensión o en compresión.

SOLUCIÓN

Como hay una fuerza conocida y tres fuerzas desconocidas que actúan en el nodo *A*, el análisis de fuerzas de la armadura comenzará en este nodo.

Nodo A. (Fig. 6-20*b*). Si expresamos cada fuerza que actúa en el diagrama de cuerpo libre del nodo *A* como un vector cartesiano, tenemos

$$\mathbf{P} = \{-4\mathbf{j}\} \text{ kN}, \qquad \mathbf{F}_{AB} = F_{AB}\mathbf{j}, \quad \mathbf{F}_{AC} = -F_{AC}\mathbf{k},$$

$$\mathbf{F}_{AE} = F_{AE}\left(\frac{\mathbf{r}_{AE}}{r_{AE}}\right) = F_{AE}(0.577\mathbf{i} + 0.577\mathbf{j} - 0.577\mathbf{k})$$

Por equilibrio,

$$\Sigma\mathbf{F} = \mathbf{0}; \qquad \mathbf{P} + \mathbf{F}_{AB} + \mathbf{F}_{AC} + \mathbf{F}_{AE} = \mathbf{0}$$

$$-4\mathbf{j} + F_{AB}\mathbf{j} - F_{AC}\mathbf{k} + 0.577F_{AE}\mathbf{i} + 0.577F_{AE}\mathbf{j} - 0.577F_{AE}\mathbf{k} = \mathbf{0}$$

$$\Sigma F_x = 0; \qquad 0.577F_{AE} = 0$$

$$\Sigma F_y = 0; \qquad -4 + F_{AB} + 0.577F_{AE} = 0$$

$$\Sigma F_z = 0; \qquad -F_{AC} - 0.577F_{AE} = 0$$

$$F_{AC} = F_{AE} = 0$$ *Resp.*

$$F_{AB} = 4 \text{ kN} \quad (\text{T})$$ *Resp.*

Como se conoce F_{AB}, a continuación se puede analizar el nodo *B*.

Nodo B. (Fig. 6-20*c*).

$$\Sigma F_x = 0; \qquad F_{BE}\frac{1}{\sqrt{2}} = 0$$

$$\Sigma F_y = 0; \qquad -4 + F_{CB}\frac{1}{\sqrt{2}} = 0$$

$$\Sigma F_z = 0; \qquad -2 + F_{BD} - F_{BE}\frac{1}{\sqrt{2}} + F_{CB}\frac{1}{\sqrt{2}} = 0$$

$$F_{BE} = 0, \qquad F_{CB} = 5.65 \text{ kN (C)} \qquad F_{BD} = 2 \text{ kN (T)}$$ *Resp.*

Las ecuaciones de equilibrio *escalares* también pueden aplicarse directamente a sistemas de fuerzas que actúan en los diagramas de cuerpo libre de los nodos *D* y *C*. Demuestre que

$$F_{DE} = F_{DC} = F_{CE} = 0$$ *Resp.*

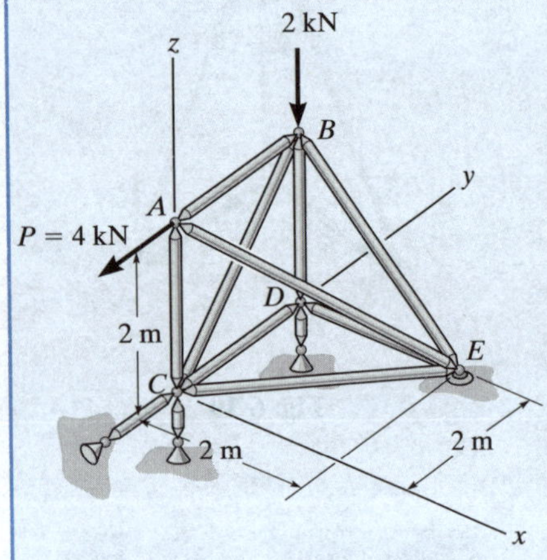

(a)

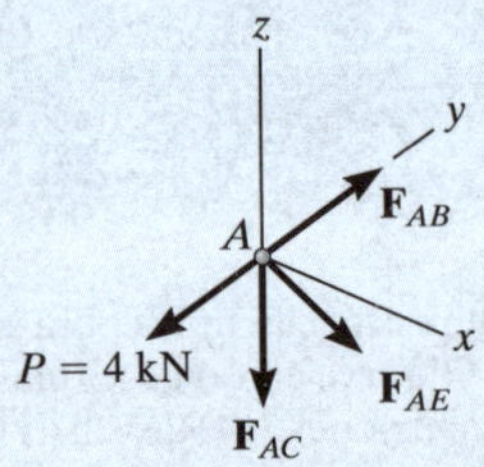

(b)

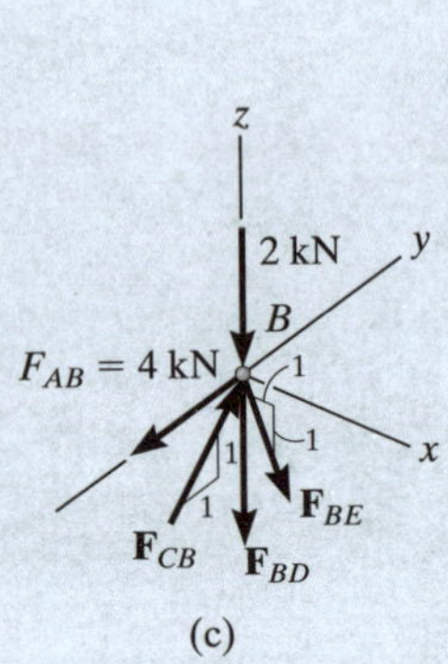

(c)

Fig. 6-20

6

PROBLEMAS

Todas las soluciones a los problemas deben incluir un DCL.

6-50. Determine la fuerza desarrollada en cada elemento de la armadura espacial e indique si los elementos están en tensión o en compresión. La caja tiene un peso de 150 lb.

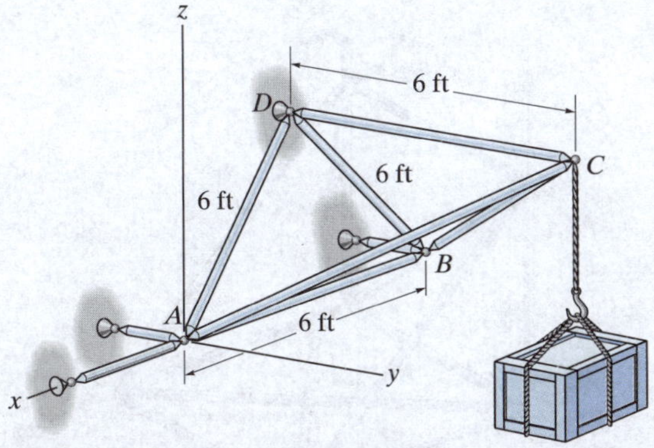

Prob. 6-50

6-51. Determine la fuerza en cada elemento de la armadura espacial e indique si los elementos están en tensión o en compresión. *Sugerencia:* La reacción del soporte en E actúa a lo largo del elemento de EB. ¿Por qué?

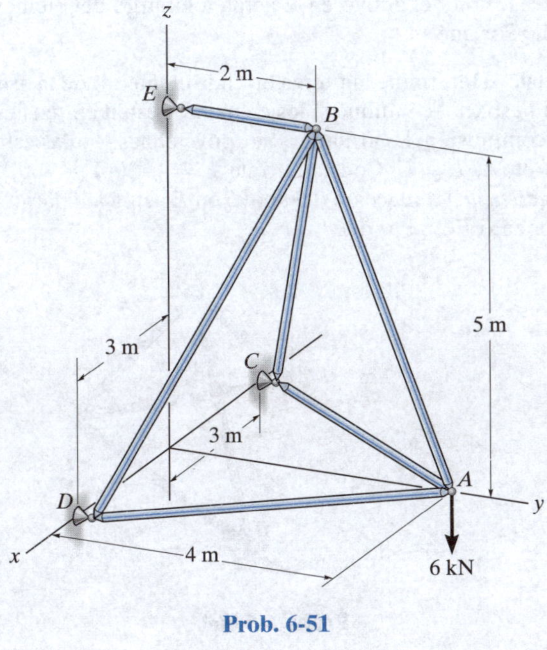

Prob. 6-51

***6-52.** Determine la fuerza en cada elemento de la armadura espacial e indique si los elementos están en tensión o en compresión. La armadura se sostiene mediante las articulaciones de rótula esférica en A, B, C y D.

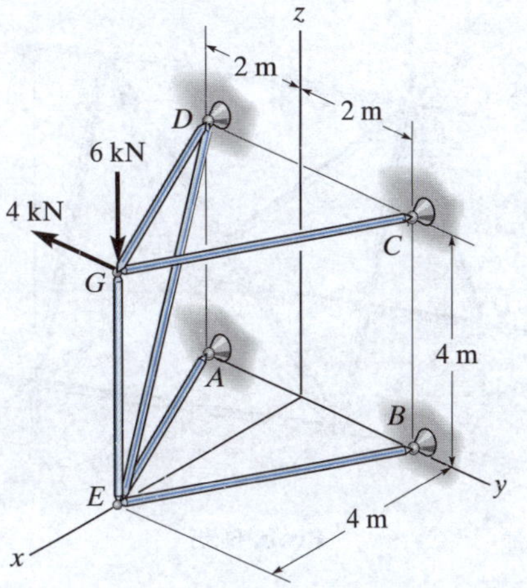

Prob. 6-52

6-53. La armadura espacial soporta una fuerza $\mathbf{F} = \{-500\mathbf{i} + 600\mathbf{j} + 400\mathbf{k}\}$ lb. Determine la fuerza en cada elemento e indique si los elementos están en tensión o en compresión.

6-54. La armadura espacial soporta una fuerza $\mathbf{F} = \{600\mathbf{i} + 450\mathbf{j} - 750\mathbf{k}\}$ lb. Determine la fuerza en cada elemento e indique si los elementos están en tensión o en compresión.

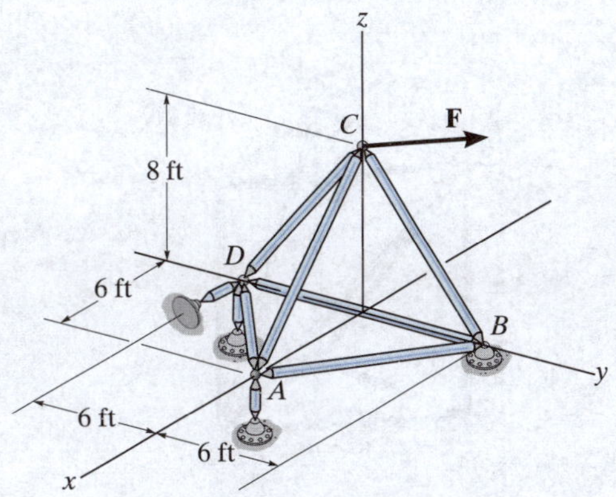

Probs. 6-53/54

6

6-55. Determine la fuerza en los elementos *EF*, *AF* y *DF* de la armadura espacial e indique si los elementos están en tensión o en compresión. La armadura se sostiene mediante eslabones cortos en *A*, *B*, *D* y *E*.

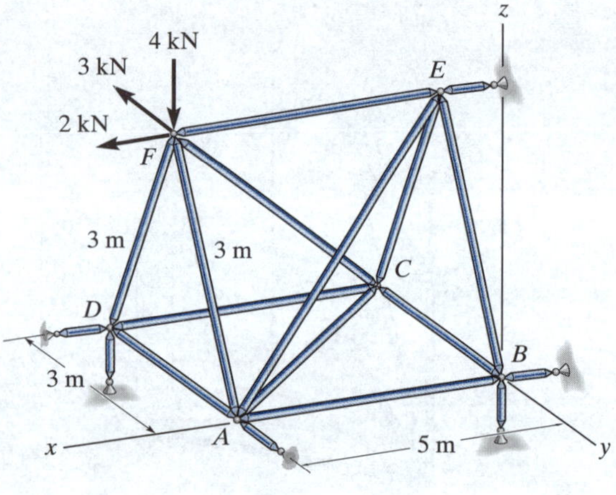

Prob. 6-55

***6-56.** La armadura espacial se utiliza para soportar las fuerzas en los nodos *B* y *D*. Determine la fuerza en cada elemento e indique si los elementos están en tensión o en compresión.

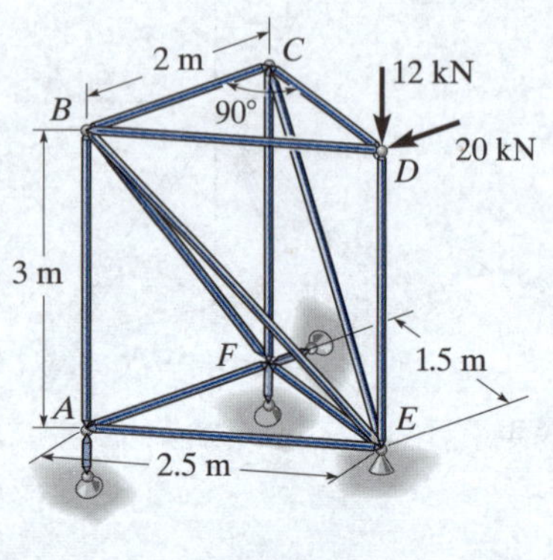

Prob. 6-56

6-57. La armadura espacial se sostiene mediante una rótula esférica en *D* y eslabones cortos en *C* y *E*. Determine la fuerza en cada elemento e indique si los elementos están en tensión o en compresión. Considere que $\mathbf{F}_1 = \{-500\mathbf{k}\}$ lb y $\mathbf{F}_2 = \{400\mathbf{j}\}$ lb.

6-58. La armadura espacial se sostiene mediante una rótula esférica en *D* y eslabones cortos en *C* y *E*. Determine la fuerza en cada elemento e indique si los elementos están en tensión o en compresión. Considere que $\mathbf{F}_1 = \{200\mathbf{i} + 300\mathbf{j} - 500\mathbf{k}\}$ lb y $\mathbf{F}_2 = \{400\mathbf{j}\}$ lb.

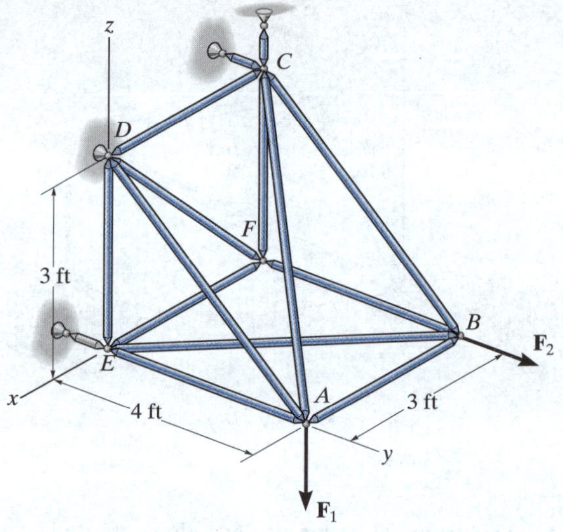

Probs. 6-57/58

6-59. Determine la fuerza en cada elemento de la armadura espacial e indique si los elementos están en tensión o en compresión. La armadura se apoya en las rótulas esféricas en *A*, *B* y *E*. Considere que $\mathbf{F} = \{800\mathbf{j}\}$ N. *Sugerencia*: La reacción del apoyo en *E* actúa a lo largo del elemento *EC*. ¿Por qué?

***6-60.** Determine la fuerza en cada elemento de la armadura espacial e indique si los elementos están en tensión o en compresión. La armadura se apoya en las rótulas esféricas en *A*, *B* y *E*. Considere que $\mathbf{F} = \{-200\mathbf{i} + 400\mathbf{j}\}$ N. *Sugerencia*: La reacción del apoyo en *E* actúa a lo largo del elemento *EC*. ¿Por qué?

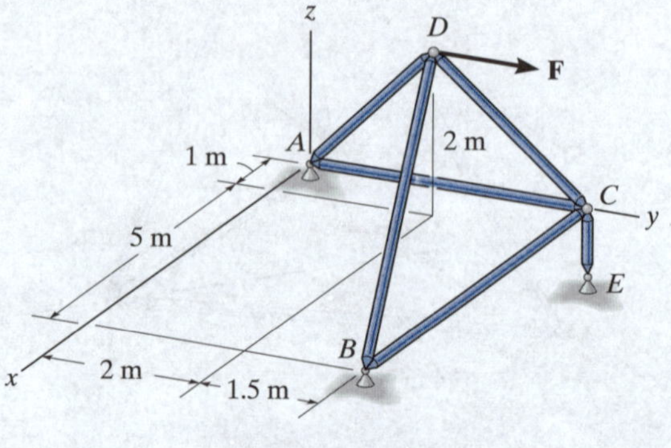

Probs. 6-59/60

6.6 Bastidores y máquinas

Los bastidores y las máquinas son dos tipos comunes de estructuras que a menudo están compuestas por ***elementos de varias fuerzas*** conectados mediante pasadores, es decir, elementos que están sometidos a más de dos fuerzas. Los ***bastidores*** se usan para soportar cargas, mientras que las ***máquinas*** contienen partes móviles y están diseñadas para transmitir y modificar el efecto de las fuerzas. Siempre que un bastidor o una máquina no contengan más soportes o elementos que los necesarios para evitar el colapso, las fuerzas que actúan en los nodos y los soportes pueden determinarse si se aplican las ecuaciones de equilibrio a cada uno de sus elementos. Una vez obtenidas las fuerzas en los nodos, es posible diseñar el tamaño de los elementos, conexiones y soportes aplicando la teoría de la mecánica de materiales y un código de diseño de ingeniería adecuado.

Esta grúa es un ejemplo típico de un bastidor. (© Russell C. Hibbeler)

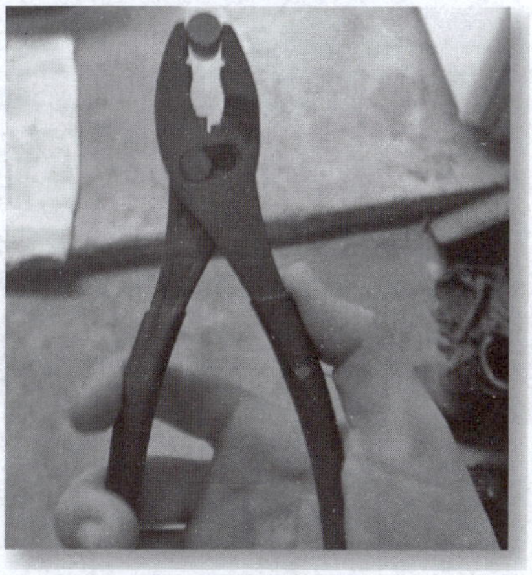

Algunas herramientas comunes, como estas pinzas, actúan como máquinas simples. Aquí, la fuerza aplicada sobre los mangos crea una fuerza más grande en las quijadas o puntas. (© Russell C. Hibbeler)

Diagramas de cuerpo libre. Para determinar las fuerzas que actúan en los nodos y los soportes de un bastidor o de una máquina, la estructura tiene que desensamblarse y se deben trazar los diagramas de cuerpo libre de sus partes. Es *necesario* cumplir con los siguientes puntos importantes:

- Aísle cada parte con la *delineación de su contorno*. Después muestre todas las fuerzas y/o los momentos de par que actúan sobre la parte. Asegúrese de *marcar* o *identificar* cada fuerza y momento de par conocidos o desconocidos con referencia a un sistema de coordenadas x, y establecido. También indique cualesquiera dimensiones empleadas para tomar momentos. Las ecuaciones de equilibrio suelen ser más fáciles de aplicar, si las fuerzas están representadas por sus componentes rectangulares. Como es usual, se puede suponer el sentido de una fuerza o de un momento de par desconocidos.
- Identifique todos los elementos de dos fuerzas existentes en la estructura y represente sus diagramas de cuerpo libre con dos fuerzas colineales iguales pero opuestas que actúan en sus puntos de aplicación. (Vea la sección 5.4). Si reconocemos los elementos de dos fuerzas, podemos evitar la resolución de un número innecesario de ecuaciones de equilibrio.
- Las fuerzas comunes a dos elementos *cualesquiera en contacto* actúan con magnitudes iguales pero con sentidos opuestos sobre los elementos respectivos. Si los dos elementos se tratan como un *"sistema" de elementos conectados*, entonces esas fuerzas son *"internas"* y *no se muestran* en el *diagrama de cuerpo libre del sistema*; sin embargo, cuando se traza el diagrama de cuerpo libre de *cada elemento*, las fuerzas son *"externas"* y *deben* mostrarse como iguales en magnitud y opuestas en dirección en cada uno de los dos diagramas de cuerpo libre.

Los siguientes ejemplos ilustran gráficamente la manera de trazar los diagramas de cuerpo libre de un bastidor o de una máquina desmembrados. En todos los casos se ignora el peso de los elementos.

6

EJEMPLO 6.9

Para el bastidor de la figura 6-21*a*, trace el diagrama de cuerpo libre de (*a*) cada elemento, (*b*) los pasadores situados en *B* y *A*, y (*c*) los dos elementos conectados entre sí.

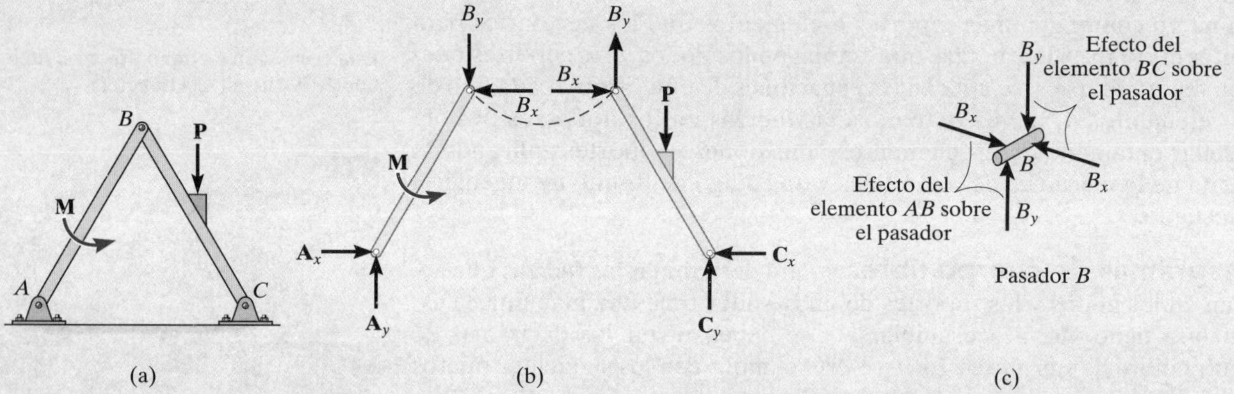

SOLUCIÓN

Parte (a). Por inspección, los elementos *BA* y *BC* *no* son elementos de dos fuerzas. En vez de eso, como se indica en los diagramas de cuerpo libre (fig. 6-21*b*), el elemento *BC* está sometido a una fuerza desde los pasadores en *B* y *C*, y a la fuerza externa **P**. Asimismo, *AB* está sometido a las fuerzas resultantes desde los pasadores en *A* y *B* y al momento de par externo **M**. Las fuerzas del pasador están representadas por sus componentes *x* y *y*.

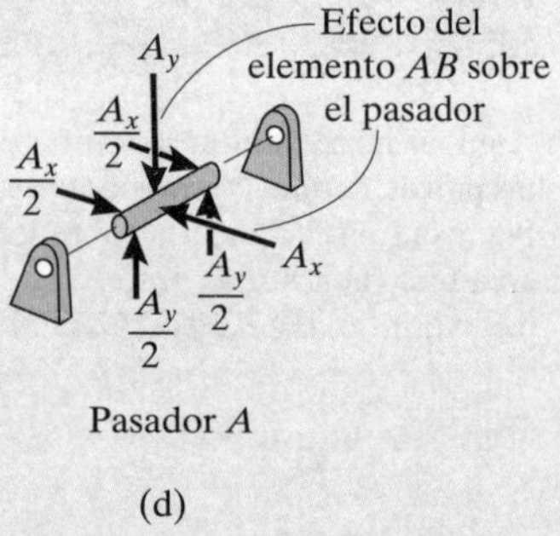

Parte (b). El pasador en *B* está sometido a sólo *dos fuerzas*, es decir, a la fuerza del elemento *BC* y a la del elemento *AB*. Por *equilibrio*, estas fuerzas (o sus respectivas componentes) deben ser iguales pero opuestas (fig. 6-21*c*). Observe atentamente cómo se aplica la tercera ley de Newton entre el pasador y sus elementos conectados, es decir, el efecto del pasador sobre los dos elementos (fig. 6-21*b*), y el efecto igual pero opuesto de los dos elementos sobre el pasador (fig. 6-21*c*). Del mismo modo, hay tres fuerzas sobre el pasador *A* (fig. 6-21*d*), causadas por las componentes de fuerza del elemento *AB* y cada una de las dos hojas del pasador.

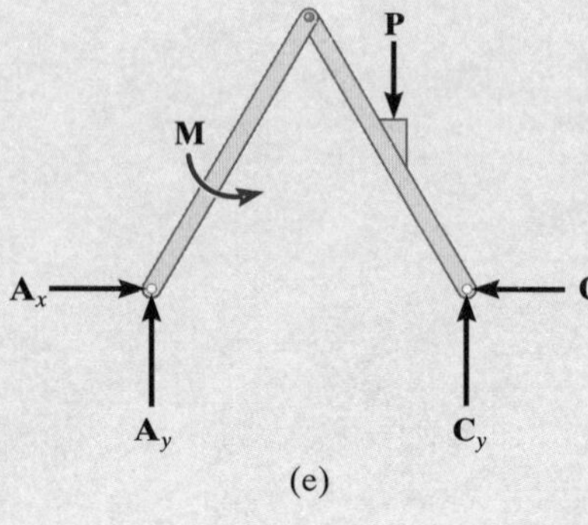

Fig. 6-21

Parte (c). El diagrama de cuerpo libre de los dos elementos conectados entre sí, pero retirados de los pasadores de soporte en *A* y *C*, se muestra en la figura 6-21*e*. Las componentes de fuerza $\mathbf{B}_x$ y $\mathbf{B}_y$ *no se muestran* en este diagrama, ya que son fuerzas *internas* (fig. 6-21*b*) y, por lo tanto, se cancelan. Además, para ser consistentes cuando apliquemos las ecuaciones de equilibrio, las componentes desconocidas de fuerza en *A* y *C* deben actuar en el *mismo sentido* que las de la figura 6-21*b*.

EJEMPLO 6.10

En la banda transportadora se mantiene una tensión constante con el dispositivo que se muestra en la figura 6-22*a*. Trace los diagramas de cuerpo libre del bastidor y del cilindro (o polea) que la banda rodea. El bloque suspendido tiene un peso de *W*.

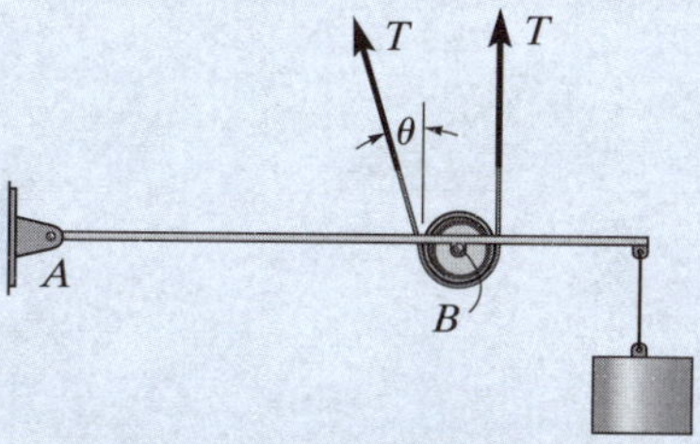

(b)

(a)

Fig. 6-22 (© Russell C. Hibbeler)

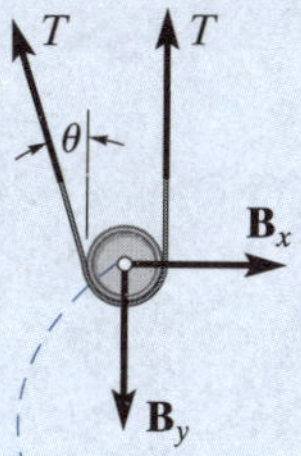

(c)

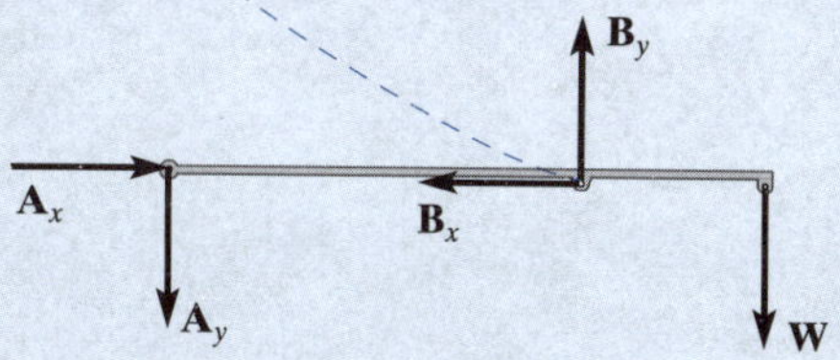

(d)

SOLUCIÓN

El modelo idealizado del dispositivo se ilustra en la figura 6-22*b*. Aquí se supone que se conoce el ángulo θ. A partir de este modelo, los diagramas de cuerpo libre del bastidor y de la polea se muestran en las figuras 6-22*c* y 6-22*d*, respectivamente. Observe que las componentes $\mathbf{B}_x$ y $\mathbf{B}_y$ de la fuerza que el pasador en *B* ejerce sobre la polea deben ser iguales pero opuestas a las que actúan sobre el bastidor. Vea la figura 6-21*c* del ejemplo 6.9.

6

EJEMPLO 6.11

Para el bastidor que se muestra en la figura 6-23*a*, trace los diagramas de cuerpo libre de (*a*) todo el bastidor incluyendo poleas y cuerdas, (*b*) el bastidor sin poleas ni cuerdas, y (*c*) cada una de las poleas.

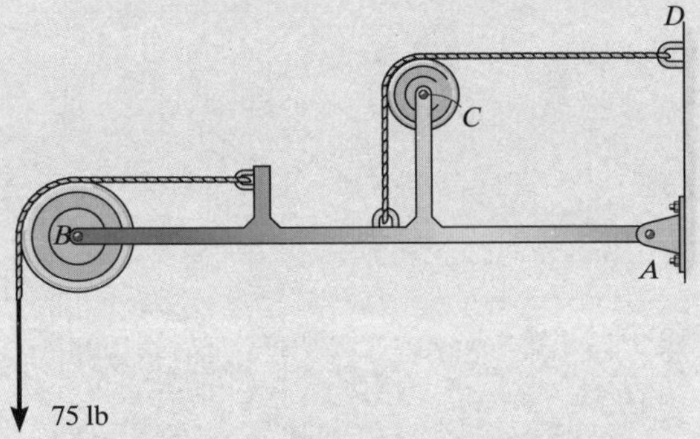

(a)

SOLUCIÓN

Parte (a). Cuando se considera todo el bastidor, incluidas las poleas y las cuerdas, las interacciones en los puntos donde poleas y cuerdas están conectadas al bastidor se vuelven pares de fuerzas *internas* que se cancelan entre sí y, por consiguiente, no se muestran en el diagrama de cuerpo libre (fig. 6-23*b*).

Parte (b). Cuando se retiren las cuerdas y las poleas, deben mostrarse sus efectos *sobre el bastidor* (fig. 6-23*c*).

Parte (c). Las componentes de fuerza $\mathbf{B}_x$, $\mathbf{B}_y$, $\mathbf{C}_x$, $\mathbf{C}_y$ de los pasadores sobre las poleas (fig. 6-23*d*) son iguales pero opuestas a las componentes de fuerza ejercidas por los pasadores sobre el bastidor (fig. 6-23*c*). Vea el ejemplo 6.9.

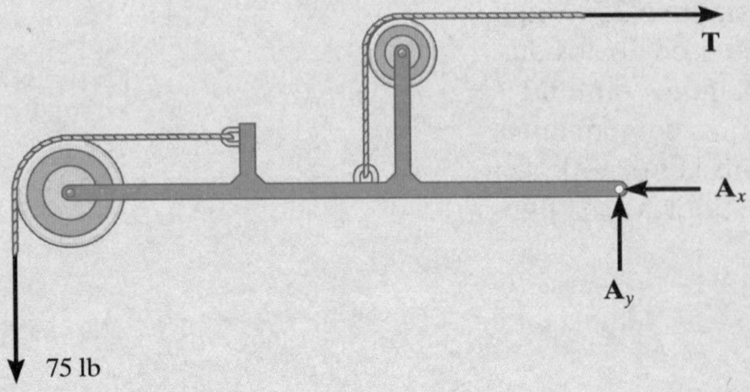

(b)

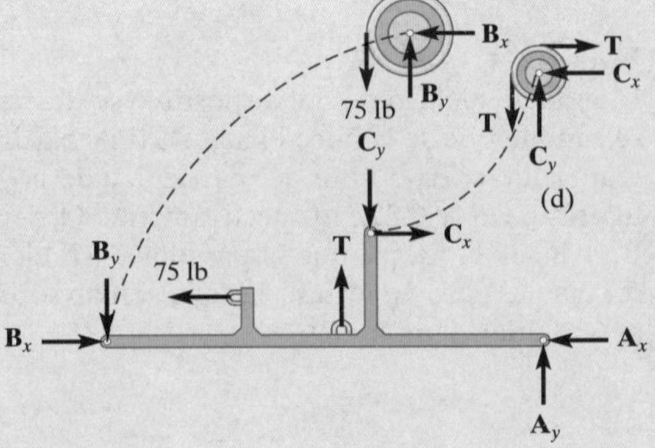

(c)

Fig. 6-23

EJEMPLO 6.12

Trace los diagramas de cuerpo libre de los elementos de la retroexcavadora que se muestra en la fotografía (fig. 6-24*a*). La pala y su contenido tienen un peso W.

Fig. 6-24 (© Russell C. Hibbeler)

SOLUCIÓN

En la figura 6-24*b* se ilustra el modelo idealizado del ensamble. Por inspección, los elementos AB, BC, BE y HI son todos elementos de dos fuerzas, ya que están conectados por pasadores en sus puntos extremos y ninguna otra fuerza actúa sobre ellos. Los diagramas de cuerpo libre de la pala y del brazo se ilustran en la figura 6.24*c*. Observe que el pasador C está sometido a sólo dos fuerzas, mientras que el pasador en B está sometido a tres fuerzas (fig. 6-24*d*). En la figura 6-24*e* se presenta el diagrama de cuerpo libre de todo el ensamble.

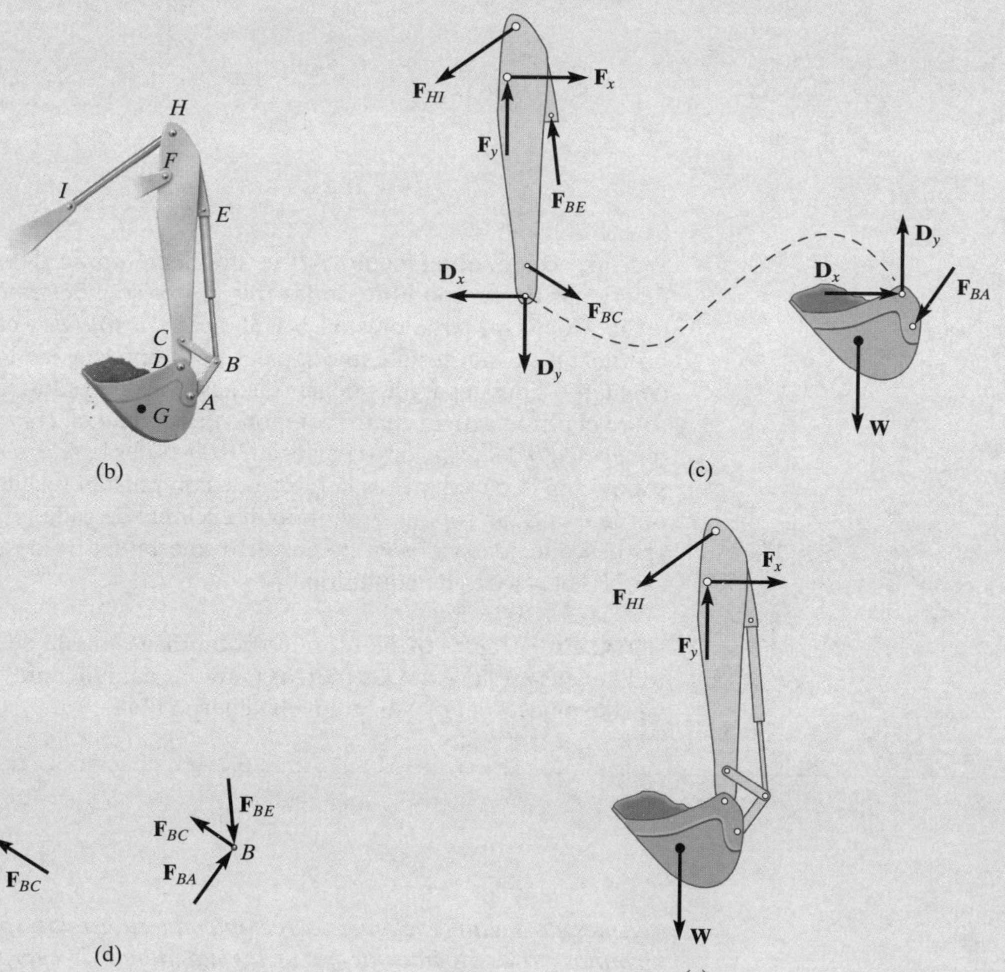

EJEMPLO 6.13

Trace el diagrama de cuerpo libre de cada parte del mecanismo de pistón liso y el eslabón que se utiliza para comprimir latas recicladas (fig. 6-25*a*).

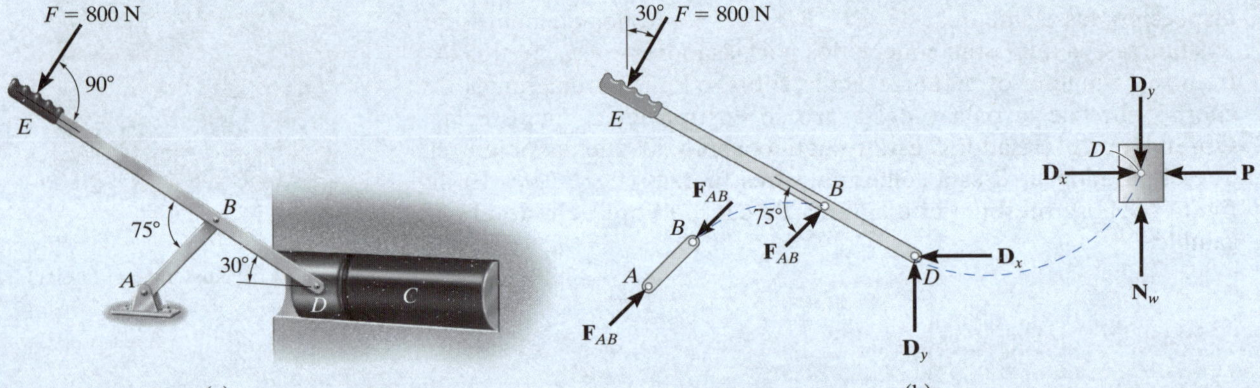

Fig. 6-25

SOLUCIÓN

Por inspección, el elemento AB es un elemento de dos fuerzas. Los diagramas de cuerpo libre de las tres partes se muestran en la figura 6-25*b*. Como los pasadores en B y D *conectan sólo dos partes entre sí*, las fuerzas se muestran como iguales pero opuestas en los diagramas de cuerpo libre separados de sus elementos conectados. En específico, sobre el pistón actúan cuatro componentes de fuerza: $\mathbf{D}_x$ y $\mathbf{D}_y$ representan el efecto del pasador (o palanca EBD), $\mathbf{N}_w$ es la *fuerza resultante* del soporte en la pared, y $\mathbf{P}$ es la fuerza de compresión resultante causada por la lata C. Se supone el sentido direccional de cada una de las fuerzas desconocidas y el sentido correcto se establecerá después de aplicar las ecuaciones de equilibrio.

NOTA: En la figura 6-25*c* se muestra un diagrama de cuerpo libre de todo el ensamble. Aquí las fuerzas entre las componentes son internas y no se muestran en el diagrama de cuerpo libre.

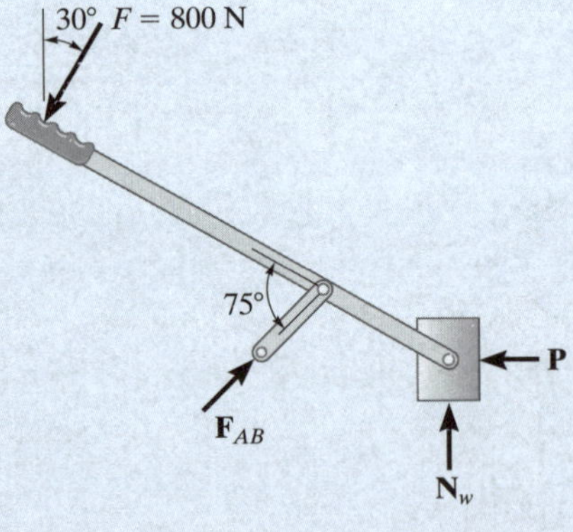

(c)

Antes de seguir adelante, se recomienda cubrir las soluciones de los ejemplos previos e intentar trazar los diagramas de cuerpo libre requeridos. Cuando lo haga, asegúrese de que el trabajo sea ordenado, y que todas las fuerzas y momentos de par estén adecuadamente marcados.

Procedimiento para el análisis

Las reacciones en los nodos de bastidores o máquinas (estructuras) compuestos por elementos de varias fuerzas pueden determinarse con el siguiente procedimiento.

Diagrama de cuerpo libre

- Trace el diagrama de cuerpo libre de todo el bastidor o toda la máquina, de una porción de éste o ésta, o de cada uno de sus elementos. La selección debe hacerse para que conduzca a la solución más directa del problema.

- Identifique los elementos de dos fuerzas. Recuerde que, sin importar su forma, tienen fuerzas colineales iguales pero opuestas que actúan en sus extremos.

- Cuando se traza el diagrama de cuerpo libre de un grupo de elementos de una estructura, las fuerzas entre las partes conectadas de este grupo son fuerzas internas y no se muestran en el diagrama de cuerpo libre del grupo.

- Las fuerzas comunes a dos miembros que están en contacto actúan con igual magnitud pero con sentido opuesto en los respectivos diagramas de cuerpo libre de los elementos.

- En muchos casos es posible decir por inspección el sentido apropiado de las fuerzas desconocidas que actúan sobre un elemento; sin embargo, si esto parece difícil de lograr, se puede suponer el sentido.

- Recuerde que después de haber trazado el diagrama de cuerpo libre, un momento de par es un vector libre y puede actuar en cualquier punto del diagrama. Además, una fuerza es un vector deslizante y puede actuar en cualquier punto a lo largo de su línea de acción.

Ecuaciones de equilibrio

- Cuente el número de incógnitas y compárelo con el número total de ecuaciones de equilibrio disponibles. En dos dimensiones, hay tres ecuaciones de equilibrio que pueden escribirse para cada elemento.

- Sume momentos con respecto a un punto que se encuentre en la intersección de las líneas de acción de tantas fuerzas desconocidas como sea posible.

- Si se encuentra que la solución de la magnitud de una fuerza o momento de par es negativa, esto significa que el sentido de la fuerza es inverso del que se muestra en los diagramas de cuerpo libre.

6

EJEMPLO 6.14

Determine la tensión en los cables y la fuerza **P** requerida para soportar la fuerza de 600 N al usar el sistema de poleas sin fricción que se muestra en la figura 6-26*a*.

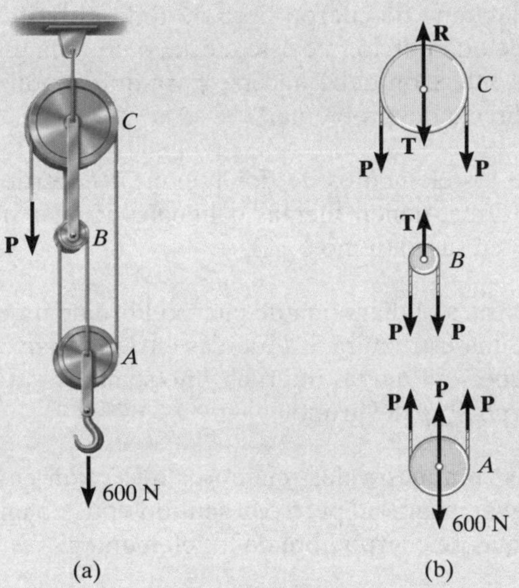

Fig. 6-26

6

SOLUCIÓN

Diagrama de cuerpo libre. En la figura 6-26*b* se muestra un diagrama de cuerpo libre de cada polea, *incluyendo* su pasador y una porción del cable en contacto. Como el cable es *continuo* tiene una *tensión constante P* que actúa en toda su longitud. El eslabón de conexión entre las poleas *B* y *C* es un elemento de dos fuerzas y, por lo tanto, tiene una tensión *T* desconocida que actúa sobre él. Observe que el *principio de acción igual, pero de reacción opuesta* debe cumplirse cuidadosamente para las fuerzas **P** y **T** cuando se trazan *por separado* los diagramas de cuerpo libre.

Ecuaciones de equilibrio. Las tres incógnitas se obtienen de la siguiente manera:

Polea A

$+\uparrow \Sigma F_y = 0; \qquad 3P - 600\text{ N} = 0 \qquad P = 200\text{ N}$ *Resp.*

Polea B

$+\uparrow \Sigma F_y = 0; \qquad T - 2P = 0 \qquad T = 400\text{ N}$ *Resp.*

Polea C

$+\uparrow \Sigma F_y = 0; \qquad R - 2P - T = 0 \qquad R = 800\text{ N}$ *Resp.*

EJEMPLO 6.15

El carro elevador de 500 kg de la figura 6-27*a* sube con el motor *A* mediante el sistema de poleas que se indica. Si el carro viaja con una velocidad constante, determine la fuerza desarrollada en los dos cables. Ignore la masa del cable y las poleas.

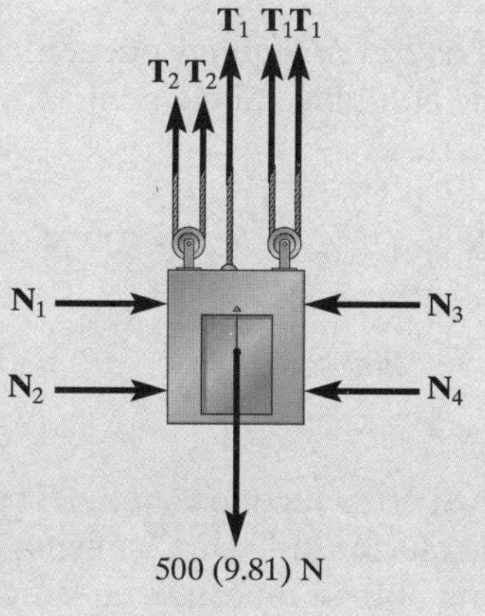

(b)

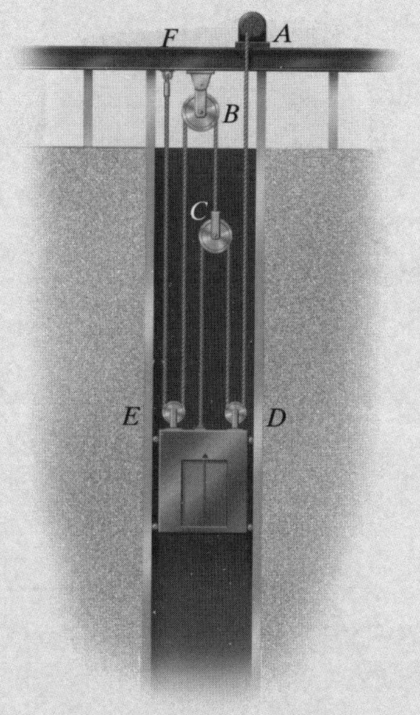

(a)

Fig. 6-27

SOLUCIÓN

Diagrama de cuerpo libre. Podemos resolver este problema mediante los diagramas de cuerpo libre del carro elevador y la polea *C* (fig. 6-27*b*). Las fuerzas de tensión desarrolladas en los cables se denotan como T_1 y T_2.

Ecuaciones de equilibrio. Para la polea *C*,

$$+\uparrow\Sigma F_y = 0; \qquad T_2 - 2T_1 = 0 \qquad \text{o} \qquad T_2 = 2T_1 \qquad (1)$$

Para el carro elevador,

$$+\uparrow\Sigma F_y = 0; \qquad 3T_1 + 2T_2 - 500(9.81)\text{ N} = 0 \qquad (2)$$

Al sustituir la ecuación (1) en la ecuación (2), se obtiene

$$3T_1 + 2(2T_1) - 500(9.81)\text{ N} = 0$$

$$T_1 = 700.71\text{ N} = 701\text{ N} \qquad \textit{Resp.}$$

Al sustituir este resultado en la ecuación (1),

$$T_2 = 2(700.71)\text{ N} = 1401\text{ N} = 1.40\text{ kN} \qquad \textit{Resp.}$$

EJEMPLO 6.16

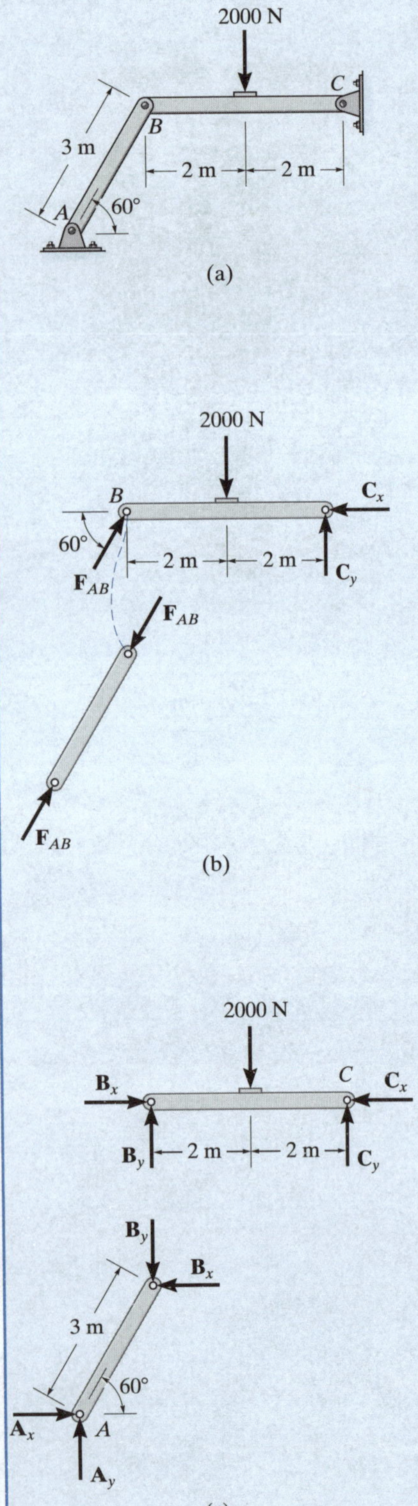

Fig. 6-28

Determine las componentes de fuerza horizontal y vertical que el pasador ubicado en C ejerce sobre el elemento CB del bastidor en la figura 6-28*a*.

SOLUCIÓN I

Diagramas de cuerpo libre. Por inspección, se observa que AB es un elemento de dos fuerzas. Los diagramas de cuerpo libre se muestran en la figura 6-28*b*.

Ecuaciones de equilibrio. Las *tres incógnitas* pueden determinarse aplicando las tres ecuaciones de equilibrio al elemento CB.

$$\circlearrowleft + \Sigma M_C = 0; \quad 2000\text{ N}(2\text{ m}) - (F_{AB}\text{ sen }60°)(4\text{ m}) = 0 \quad F_{AB} = 1154.7\text{ N}$$

$$\xrightarrow{+} \Sigma F_x = 0; \quad 1154.7 \cos 60°\text{ N} - C_x = 0 \quad C_x = 577\text{ N}$$ *Resp.*

$$+\uparrow \Sigma F_y = 0; \quad 1154.7\text{ sen }60°\text{ N} - 2000\text{ N} + C_y = 0$$

$$C_y = 1000\text{ N}$$ *Resp.*

SOLUCIÓN II

Diagramas de cuerpo libre. Si no se reconoce que AB es un elemento de dos fuerzas, entonces la solución de este problema implica más trabajo. Los diagramas de cuerpo libre se muestran en la figura 6-28*c*.

Ecuaciones de equilibrio. Las *seis incógnitas* se determinan al aplicar las tres ecuaciones de equilibrio a cada uno de los elementos.

Elemento AB

$$\circlearrowleft + \Sigma M_A = 0; \quad B_x(3\text{ sen }60°\text{ m}) - B_y(3\cos 60°\text{ m}) = 0 \quad (1)$$

$$\xrightarrow{+} \Sigma F_x = 0; \quad A_x - B_x = 0 \quad (2)$$

$$+\uparrow \Sigma F_y = 0; \quad A_y - B_y = 0 \quad (3)$$

Elemento BC

$$\circlearrowleft + \Sigma M_C = 0; \quad 2000\text{ N}(2\text{ m}) - B_y(4\text{ m}) = 0 \quad (4)$$

$$\xrightarrow{+} \Sigma F_x = 0; \quad B_x - C_x = 0 \quad (5)$$

$$+\uparrow \Sigma F_y = 0; \quad B_y - 2000\text{ N} + C_y = 0 \quad (6)$$

Los resultados para C_x y C_y pueden determinarse al resolver estas ecuaciones en la siguiente secuencia: 4, 1, 5 y luego 6. Los resultados son

$$B_y = 1000\text{ N}$$

$$B_x = 577\text{ N}$$

$$C_x = 577\text{ N}$$ *Resp.*

$$C_y = 1000\text{ N}$$ *Resp.*

Por comparación, la solución I es la más sencilla pues el requisito de que en la figura 6-28*b* F_{AB} sea igual, opuesta y colineal en los extremos del elemento AB automáticamente satisface las ecuaciones 1, 2 y 3 anteriores y, por lo tanto, elimina la necesidad de escribir esas ecuaciones. ***En consecuencia, ahorre algún tiempo y esfuerzo al identificar siempre los elementos de dos fuerzas antes de comenzar el análisis.***

EJEMPLO 6.17

La viga compuesta que se muestra en la figura 6-29*a* está conectada mediante un pasador en *B*. Determine las componentes de la reacción en sus soportes. Ignore su peso y espesor.

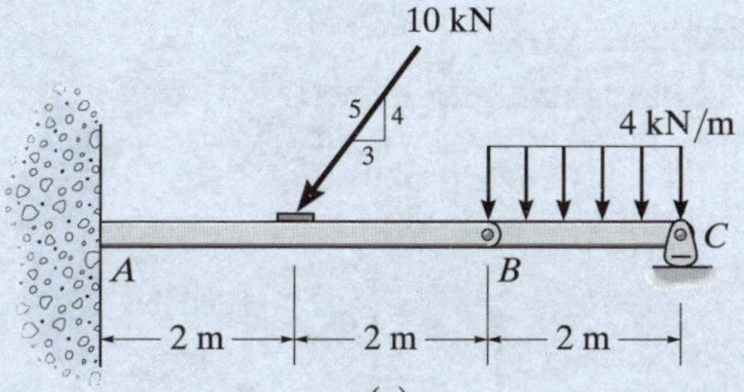

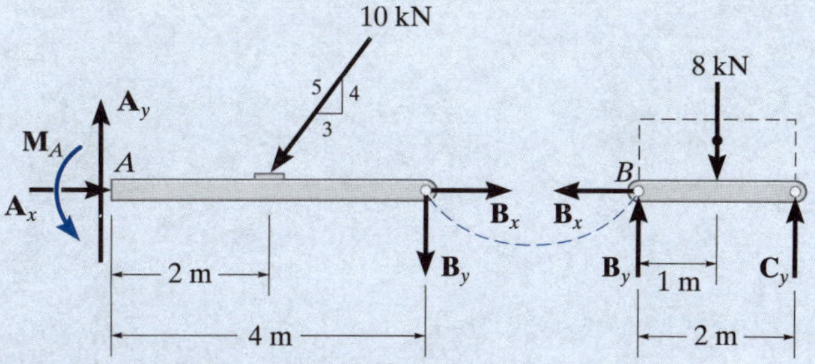

Fig. 6-29

SOLUCIÓN

Diagramas de cuerpo libre. Por inspección, si consideramos un diagrama de cuerpo libre de *toda la viga ABC*, habrá tres reacciones desconocidas en *A* y una en *C*. Esas cuatro incógnitas no pueden obtenerse con las tres ecuaciones de equilibrio disponibles, por lo que será necesario desmembrar la viga en sus dos segmentos, como se indica en la figura 6-29*b*.

Ecuaciones de equilibrio. Las seis incógnitas se determinan de la siguiente manera:

Segmento BC

$$\overset{+}{\leftarrow} \Sigma F_x = 0; \qquad B_x = 0$$

$$\zeta + \Sigma M_B = 0; \qquad -8\text{ kN}(1\text{ m}) + C_y(2\text{ m}) = 0$$

$$+\uparrow \Sigma F_y = 0; \qquad B_y - 8\text{ kN} + C_y = 0$$

Segmento AB

$$\overset{+}{\rightarrow} \Sigma F_x = 0; \qquad A_x - (10\text{ kN})\left(\tfrac{3}{5}\right) + B_x = 0$$

$$\zeta + \Sigma M_A = 0; \qquad M_A - (10\text{ kN})\left(\tfrac{4}{5}\right)(2\text{ m}) - B_y(4\text{ m}) = 0$$

$$+\uparrow \Sigma F_y = 0; \qquad A_y - (10\text{ kN})\left(\tfrac{4}{5}\right) - B_y = 0$$

Al resolver sucesivamente cada una de estas ecuaciones, con los resultados calculados anteriormente, obtenemos

$A_x = 6\text{ kN}$ $\quad A_y = 12\text{ kN}$ $\quad M_A = 32\text{ kN}\cdot\text{m}$ *Resp.*

$B_x = 0$ $\quad B_y = 4\text{ kN}$

$C_y = 4\text{ kN}$ *Resp.*

6

EJEMPLO 6.18

Los dos tablones de la figura 6-30*a* están conectados entre sí mediante el cable *BC* y un espaciador liso *DE*. Determine las reacciones en los soportes lisos *A* y *F*; además, encuentre la fuerza desarrollada en el cable y en el espaciador.

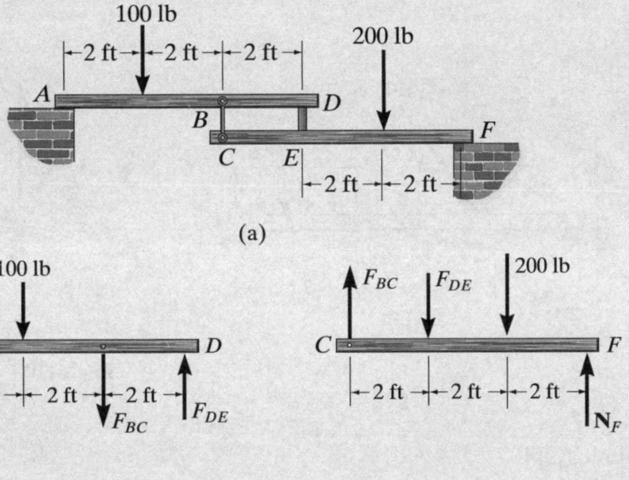

(b)

Fig. 6-30

6

SOLUCIÓN

Diagramas de cuerpo libre. En la figura 6-30*b* se muestra el diagrama de cuerpo libre de cada tablón. Es importante aplicar la tercera ley de Newton a las fuerzas de interacción F_{BC} y F_{DE} como se indica.

Ecuaciones de equilibrio. Para el tablón *AD*,

$$\zeta + \Sigma M_A = 0; \qquad F_{DE}(6\text{ ft}) - F_{BC}(4\text{ ft}) - 100\text{ lb}\,(2\text{ ft}) = 0$$

Para el tablón *CF*,

$$\zeta + \Sigma M_F = 0; \qquad F_{DE}(4\text{ ft}) - F_{BC}(6\text{ ft}) + 200\text{ lb}\,(2\text{ ft}) = 0$$

Al resolver simultáneamente,

$$F_{DE} = 140\text{ lb} \quad F_{BC} = 160\text{ lb}$$ *Resp.*

Con estos resultados para el tablón *AD*,

$$+\uparrow\Sigma F_y = 0; \qquad N_A + 140\text{ lb} - 160\text{ lb} - 100\text{ lb} = 0$$

$$N_A = 120\text{ lb}$$ *Resp.*

Y para el tablón *CF*,

$$+\uparrow\Sigma F_y = 0; \qquad N_F + 160\text{ lb} - 140\text{ lb} - 200\text{ lb} = 0$$

$$N_F = 180\text{ lb}$$ *Resp.*

NOTA: Dibuje el diagrama de cuerpo libre del sistema de *ambos* tablones y aplique $\Sigma M_A = 0$ para determinar N_F. Después, use el diagrama de cuerpo libre de *CEF* para determinar F_{DE} y F_{BC}.

EJEMPLO 3.19

El hombre de 75 kg que se muestra en la figura 6-31*a* intenta levantar una viga uniforme desde el soporte de rodillo en *B*. Determine la tensión desarrollada en el cable unido a *B* y la reacción normal del hombre sobre la viga cuando esto está a punto de ocurrir.

SOLUCIÓN

Diagramas de cuerpo libre. La fuerza de tensión en el cable se denotará con T_1. En la figura 6-31*b* se muestran los diagramas de cuerpo libre de la polea *E*, el hombre y la viga. Dado que el hombre tiene que despegar la viga del rodillo *B*, entonces $N_B = 0$. Al trazar cada uno de estos diagramas, es muy importante aplicar la tercera ley de Newton.

Ecuaciones de equilibrio. Mediante el diagrama de cuerpo libre de la polea *E*,

$$+\uparrow\Sigma F_y = 0; \qquad 2T_1 - T_2 = 0 \quad \text{o} \quad T_2 = 2T_1 \qquad (1)$$

Con referencia al diagrama de cuerpo libre del hombre y con este resultado,

$$+\uparrow\Sigma F_y = 0 \qquad N_m + 2T_1 - 75(9.81)\text{ N} = 0 \qquad (2)$$

Con la suma de momentos con respecto al punto *A* sobre la viga,

$$\circlearrowleft+\Sigma M_A = 0; \; T_1(3\text{ m}) - N_m(0.8\text{ m}) - [40(9.81)\text{ N}]\,(1.5\text{ m}) = 0 \qquad (3)$$

Al resolver simultáneamente las ecuaciones 2 y 3 para T_1 y N_m, y después con la ecuación (1) para T_2, obtenemos

$$T_1 = 256\text{ N} \qquad N_m = 224\text{ N} \qquad T_2 = 512\text{ N} \qquad \textit{Resp.}$$

SOLUCIÓN II

Puede obtenerse una solución directa para T_1 si se consideran la viga, el hombre y la polea *E* como un *solo sistema*. En la figura 6-31*c* se presenta el diagrama de cuerpo libre. Así,

$$\circlearrowleft+\Sigma M_A = 0; \qquad 2T_1(0.8\text{ m}) - [75(9.81)\text{ N}](0.8\text{ m})$$

$$- [40(9.81)\text{ N}](1.5\text{ m}) + T_1(3\text{ m}) = 0$$

$$T_1 = 256\text{ N} \qquad \textit{Resp.}$$

Con este resultado pueden usarse las ecuaciones 1 y 2 para calcular N_m y T_2.

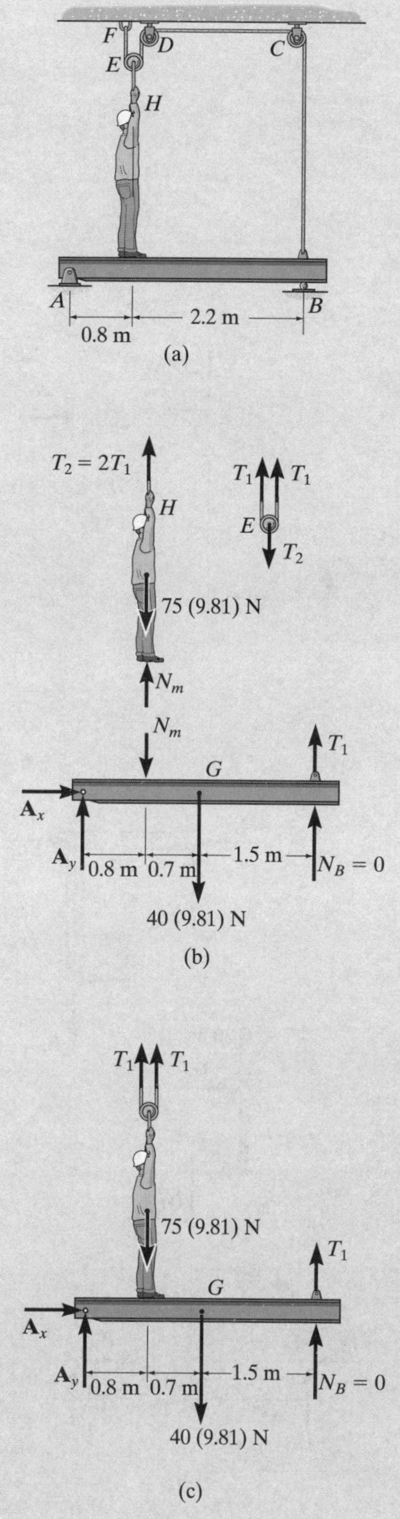

Fig. 6-31

6

EJEMPLO 6.20

El disco liso mostrado en la figura 6-32*a* está articulado en D y tiene un peso de 20 lb. Ignore los pesos de los otros elementos, y determine las componentes de reacción horizontal y vertical en los pasadores B y D.

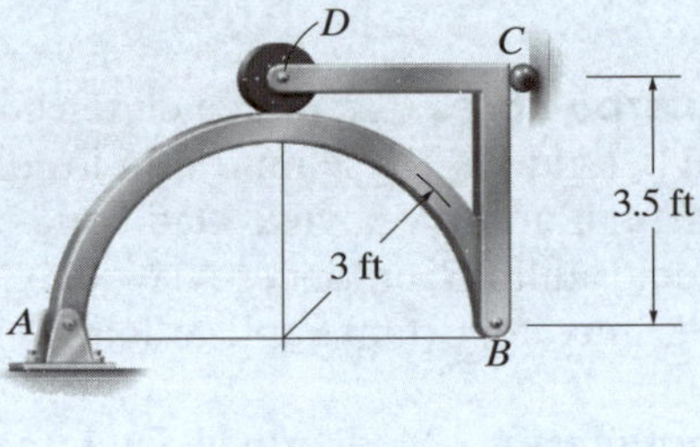

(a)

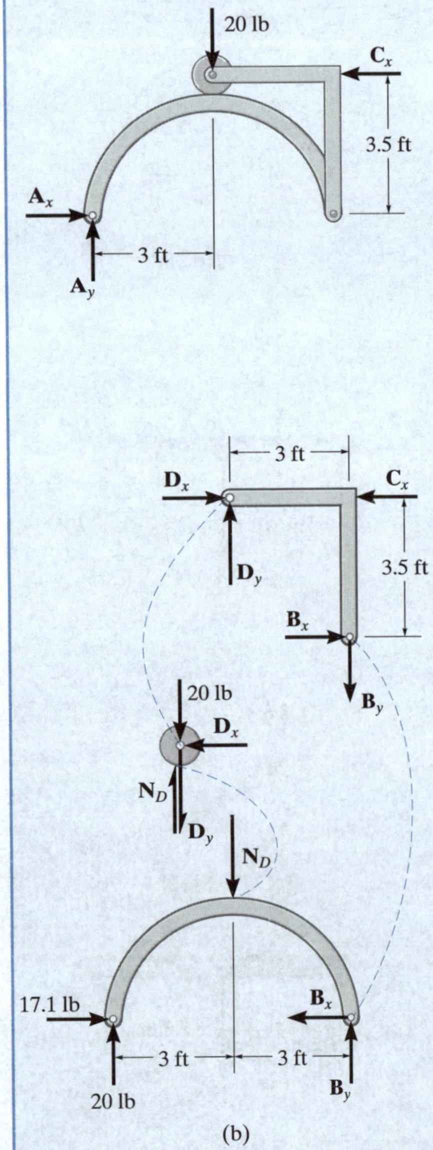

(b)

Fig. 6-32

SOLUCIÓN

Diagramas de cuerpo libre. En la figura 6-32*b* se ilustran los diagramas de cuerpo libre de todo el bastidor y cada uno de sus elementos.

Ecuaciones de equilibrio. Desde luego, las ocho incógnitas pueden obtenerse si se aplican las ocho ecuaciones de equilibrio a cada elemento: tres al elemento AB, tres al elemento BCD y dos al disco. (El equilibrio de momentos se satisface de manera automática para el disco). Sin embargo, si se hace esto, todos los resultados pueden obtenerse sólo a partir de una solución simultánea de algunas de las ecuaciones. (Inténtelo y encuéntrelos). Para evitar esta situación, es mejor determinar primero las tres reacciones en los soportes sobre el bastidor *completo*; luego, con esos resultados, pueden aplicarse las cinco ecuaciones de equilibrio restantes a otras dos partes para despejar sucesivamente las demás incógnitas.

Bastidor completo

$\circlearrowleft + \Sigma M_A = 0; \quad -20 \text{ lb} (3 \text{ ft}) + C_x(3.5 \text{ ft}) = 0 \qquad C_x = 17.1 \text{ lb}$

$\overset{+}{\rightarrow} \Sigma F_x = 0; \quad A_x - 17.1 \text{ lb} = 0 \qquad A_x = 17.1 \text{ lb}$

$+\uparrow \Sigma F_y = 0; \quad A_y - 20 \text{ lb} = 0 \qquad A_y = 20 \text{ lb}$

Elemento AB

$\overset{+}{\rightarrow} \Sigma F_x = 0; \quad 17.1 \text{ lb} - B_x = 0 \qquad B_x = 17.1 \text{ lb}$ *Resp.*

$\circlearrowleft + \Sigma M_B = 0; \quad -20 \text{ lb} (6 \text{ ft}) + N_D(3 \text{ ft}) = 0 \qquad N_D = 40 \text{ lb}$

$+\uparrow \Sigma F_y = 0; \quad 20 \text{ lb} - 40 \text{ lb} + B_y = 0 \qquad B_y = 20 \text{ lb}$ *Resp.*

Disco

$\overset{+}{\rightarrow} \Sigma F_x = 0; \quad D_x = 0$ *Resp.*

$+\uparrow \Sigma F_y = 0; \quad 40 \text{ lb} - 20 \text{ lb} - D_y = 0 \qquad D_y = 20 \text{ lb}$ *Resp.*

EJEMPLO 6.21

El bastidor de la figura 6-33*a* soporta el cilindro de 50 kg. Determine las componentes horizontal y vertical de la reacción en *A* y la fuerza en *C*.

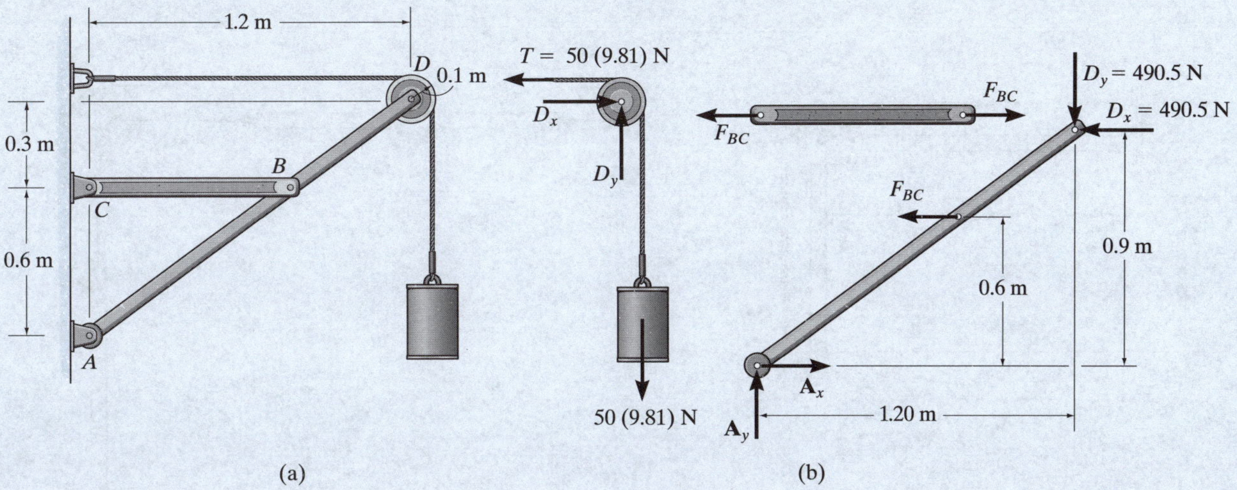

Fig. 6-33

6

SOLUCIÓN

Diagramas de cuerpo libre. En la figura 6-33*b* se muestra el diagrama de cuerpo libre de la polea *D*, junto con el cilindro y una porción de la cuerda (un sistema). El elemento *BC* es un elemento de dos fuerzas, como lo indica su diagrama de cuerpo libre. También se muestra el diagrama de cuerpo libre del elemento *ABD*.

Ecuaciones de equilibrio. Comenzaremos por analizar el equilibrio de la polea. La ecuación de equilibrio de momentos se satisface de manera automática con $T = 50(9.81)$ N, por lo que

$$\overset{+}{\rightarrow} \Sigma F_x = 0; \qquad D_x - 50(9.81)\text{ N} = 0 \quad D_x = 490.5\text{ N}$$

$$+\uparrow \Sigma F_y = 0; \qquad D_y - 50(9.81)\text{ N} = 0 \quad D_y = 490.5\text{ N} \qquad \textit{Resp.}$$

Con estos resultados, F_{BC} puede determinarse al sumar momentos con respecto al punto *A* en el elemento *ABD*.

$$\circlearrowleft + \Sigma M_A = 0; \; F_{BC}(0.6\text{ m}) + 490.5\text{ N}(0.9\text{ m}) - 490.5\text{ N}(1.20\text{ m}) = 0$$

$$F_{BC} = 245.25\text{ N} \qquad \textit{Resp.}$$

Ahora, A_x y A_y pueden determinarse mediante la sumatoria de fuerzas.

$$\overset{+}{\rightarrow} \Sigma F_x = 0; \quad A_x - 245.25\text{ N} - 490.5\text{ N} = 0 \quad A_x = 736\text{ N} \qquad \textit{Resp.}$$

$$+\uparrow \Sigma F_y = 0; \qquad A_y - 490.5\text{ N} = 0 \quad A_y = 490.5\text{ N} \qquad \textit{Resp.}$$

EJEMPLO 6.22

Determine la fuerza que ejercen los pasadores situados en A y B sobre el bastidor de dos elementos que se ilustra en la figura 6-34*a*.

SOLUCIÓN I

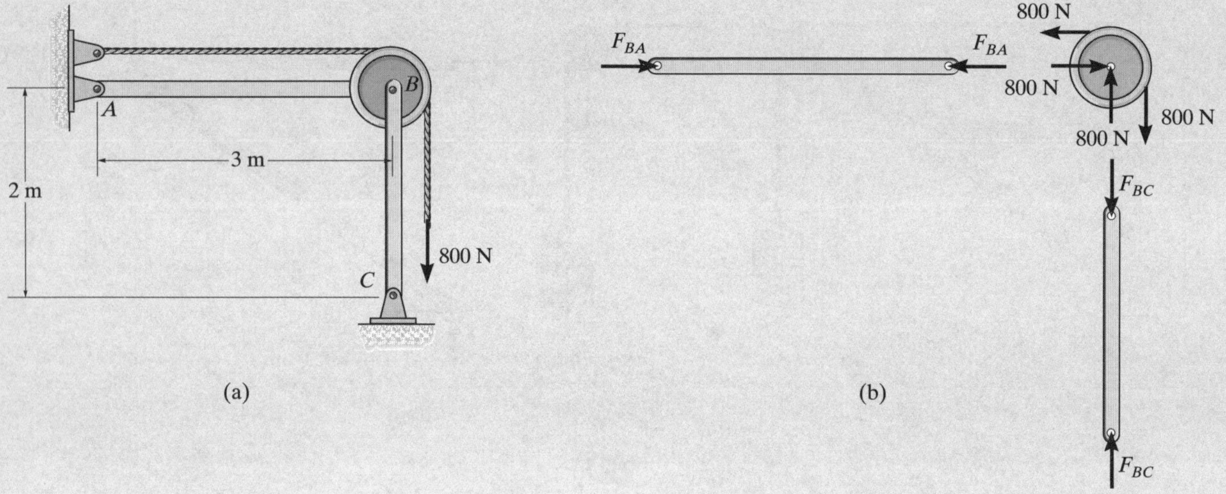

(a) (b)

6

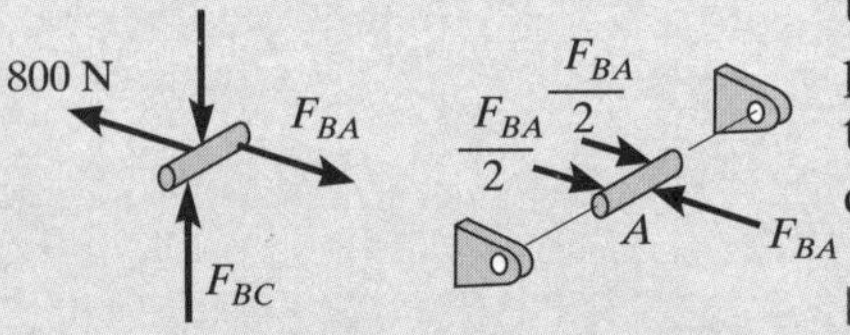

(c) (d)

Diagramas de cuerpo libre. Por inspección, AB y BC son elementos de dos fuerzas. Sus diagramas de cuerpo libre, junto con el de la polea, se muestran en la figura 6-34*b*. Para resolver este problema, también se debe incluir el diagrama de cuerpo libre del pasador situado en B, ya que es el que conecta los *tres elementos* entre sí (fig. 6-34*c*).

Ecuaciones de equilibrio. Aplique las ecuaciones de equilibrio de fuerzas al pasador B.

$$\overset{+}{\rightarrow}\Sigma F_x = 0; \quad F_{BA} - 800 \text{ N} = 0; \quad F_{BA} = 800 \text{ N} \quad \textit{Resp.}$$

$$+\uparrow\Sigma F_y = 0; \quad F_{BC} - 800 \text{ N} = 0; \quad F_{BC} = 800 \text{ N} \quad \textit{Resp.}$$

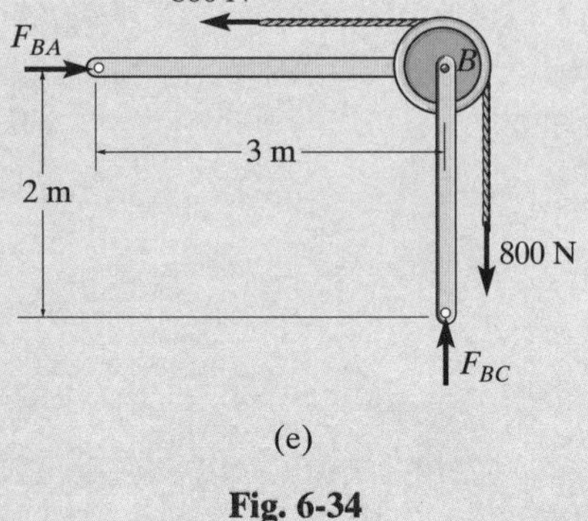

(e)

Fig. 6-34

NOTA: El diagrama de cuerpo libre del pasador en A (fig. 6-34*d*) indica cómo se equilibra la fuerza F_{AB} con la fuerza (F_{AB}/2) ejercida sobre el pasador mediante cada una de las dos hojas del pasador.

SOLUCIÓN II

Diagrama de cuerpo libre. Si notamos que AB y BC son elementos de dos fuerzas, entonces el diagrama de cuerpo libre de *todo el bastidor* produce una solución más fácil (fig. 6-34*e*). Las ecuaciones de equilibrio de fuerzas son iguales que las anteriores. Observe que el equilibrio de momentos se cumplirá, independientemente del radio de la polea.

PROBLEMAS PRELIMINARES

P6-3. En cada caso, identifique los elementos de dos fuerzas y, después, dibuje los diagramas de cuerpo libre de cada elemento del bastidor.

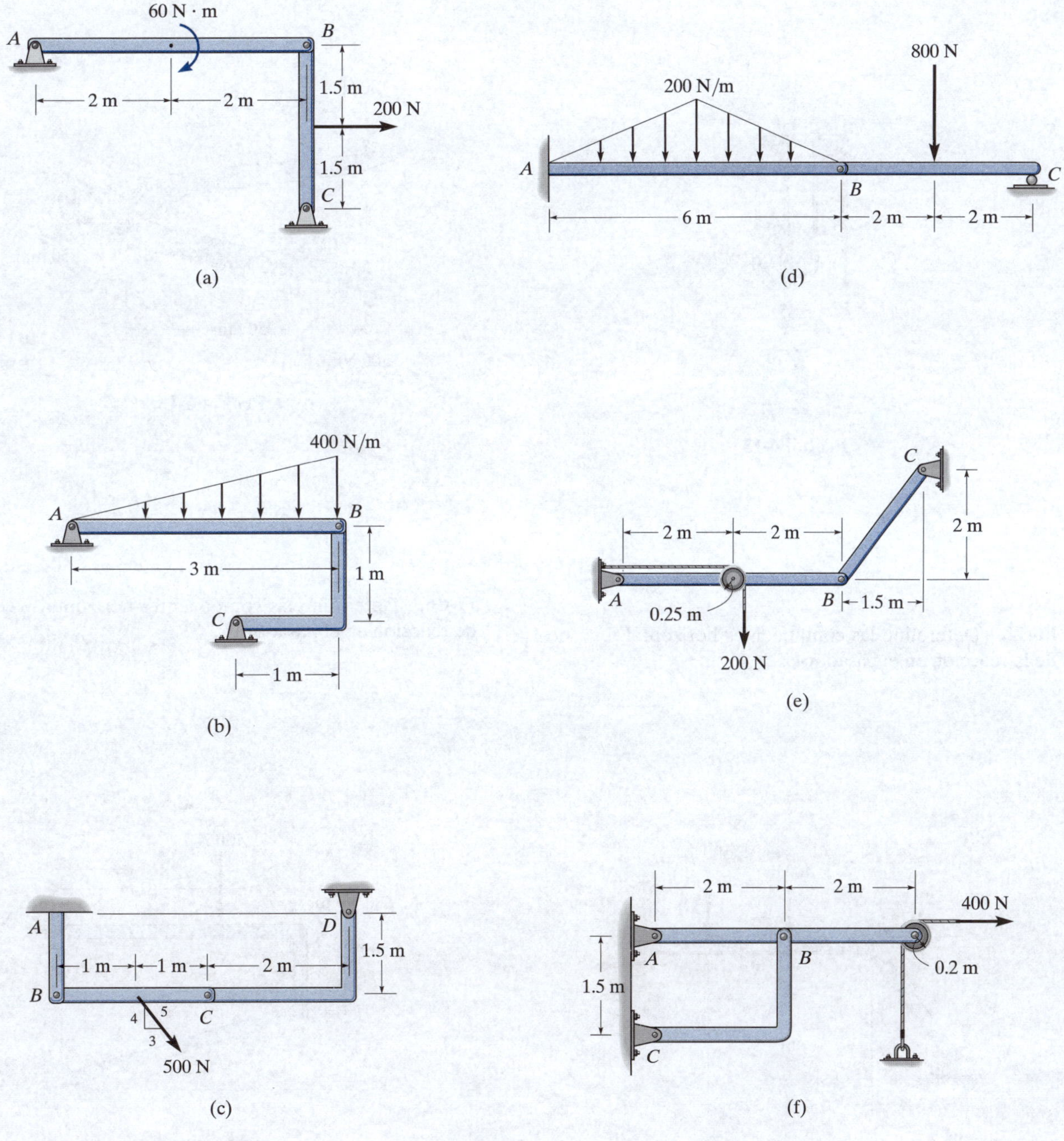

Prob. P6-3

PROBLEMAS FUNDAMENTALES

Todas las soluciones a los problemas deben incluir un DCL.

F6-13. Determine la fuerza P necesaria para mantener en equilibrio el peso de 60 lb.

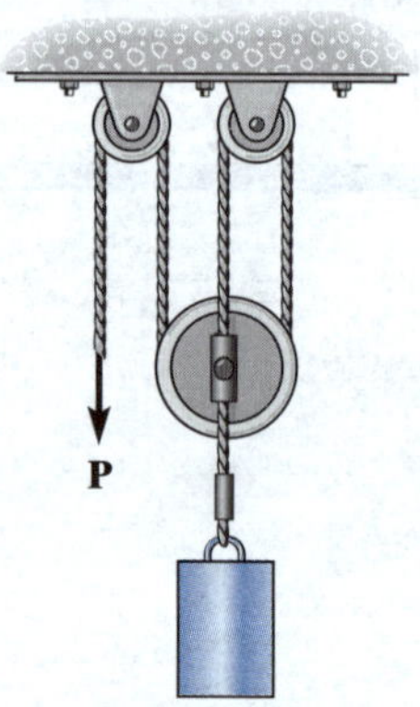

Prob. F6-13

F6-14. Determine las componentes horizontal y vertical de la reacción en el pasador C.

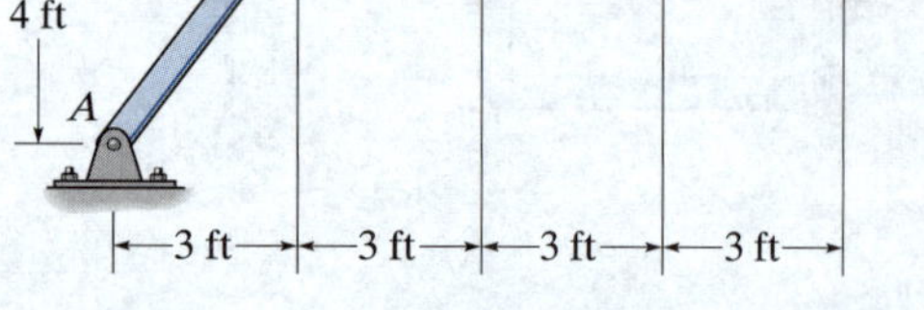

Prob. F6-14

F6-15. Si una fuerza de 100 N se aplica a los mangos de las pinzas, determine la fuerza de sujeción ejercida sobre el tubo liso B y la magnitud de la fuerza resultante que uno de los elementos ejerce en el pasador A.

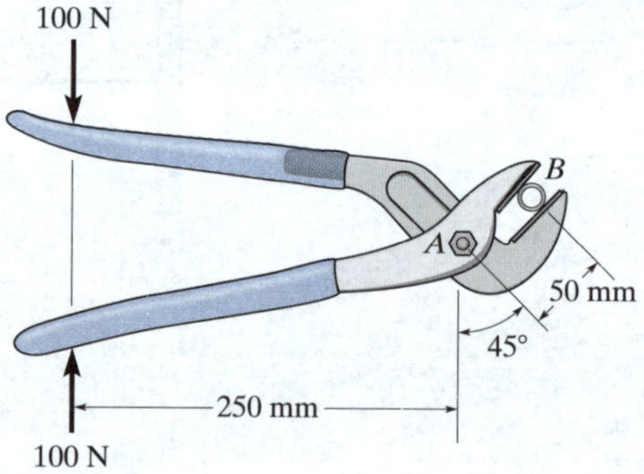

Prob. F6-15

F6-16. Determine las componentes horizontal y vertical de reacción en el pasador C.

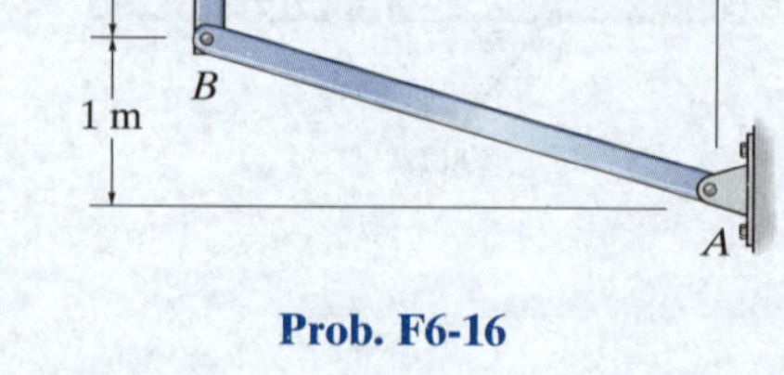

Prob. F6-16

F6-17. Determine la fuerza normal que ejerce la placa *A* de 100 lb sobre la placa *B* de 30 lb.

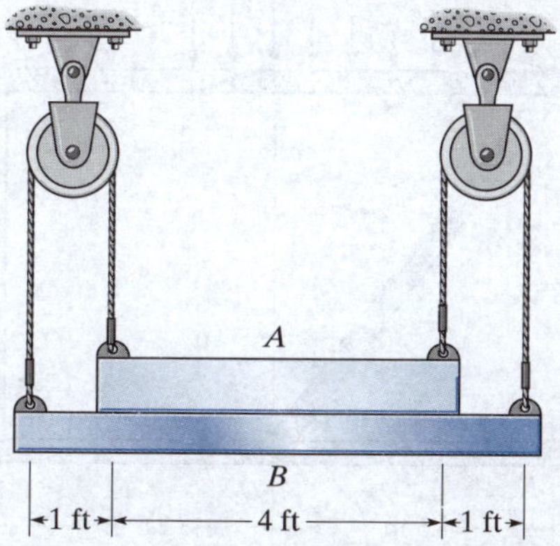

Prob. F6-17

F6-18. Determine la fuerza *P* necesaria para levantar la carga. También determine la colocación *x* del gancho, que sea adecuada para lograr el equilibrio. Ignore el peso de la viga.

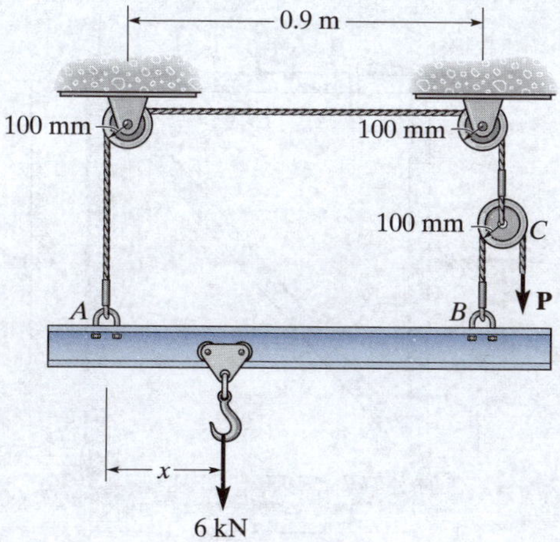

Prob. F6-18

F6-19. Determine las componentes de la reacción en *A* y *B*.

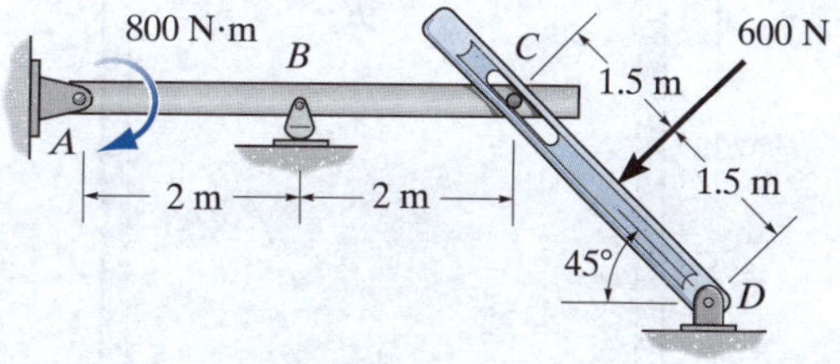

Prob. F6-19

F6-20. Determine las reacciones en *D*.

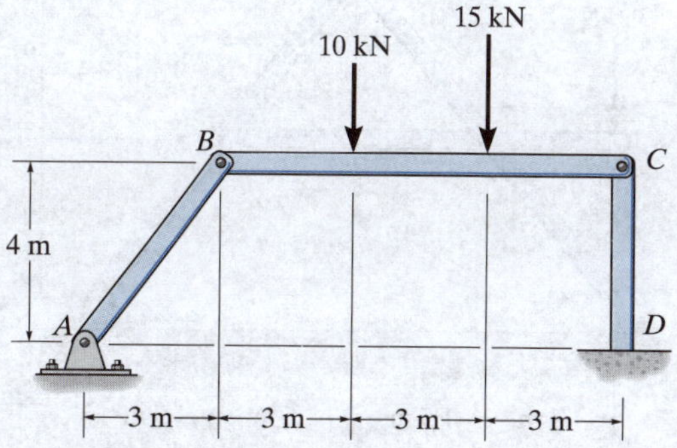

Prob. F6-20

F6-21. Determine las componentes de la reacción en A y C.

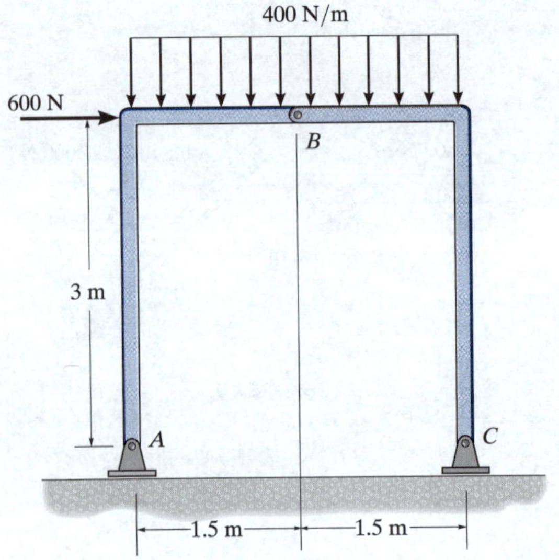

Prob. F6-21

F6-22. Determine las componentes de la reacción en C.

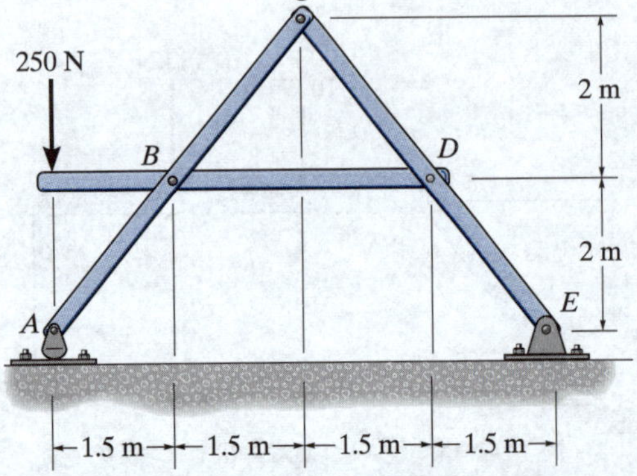

Prob. F6-22

F6-23. Determine las componentes de la reacción en E.

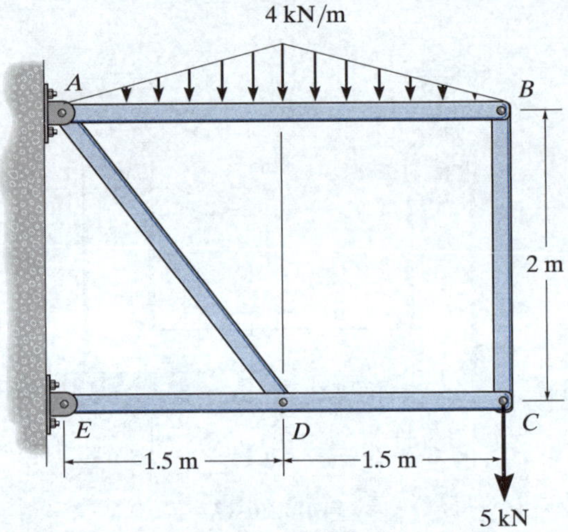

Prob. F6-23

F6-24. Determine las componentes de la reacción en D y las componentes de la reacción que el pasador en A ejerce sobre el elemento BA.

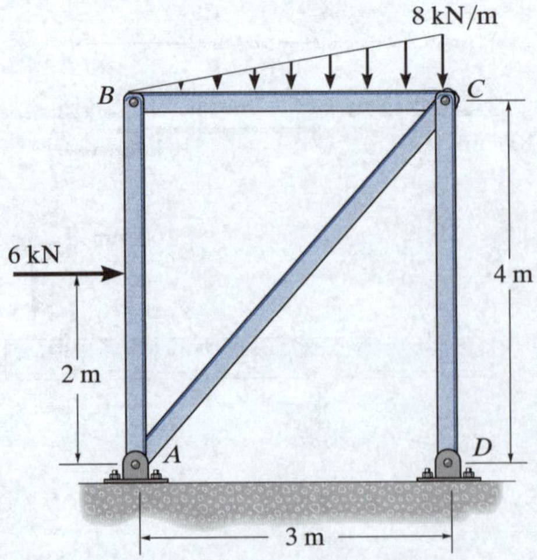

Prob. F6-24

6

PROBLEMAS

Todas las soluciones a los problemas deben incluir un DCL.

6-61. Determine la fuerza **P** requerida para mantener en equilibrio el peso de 100 lb.

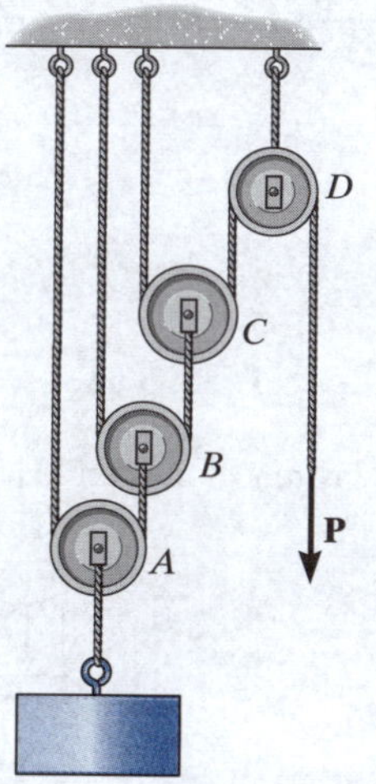

Prob. 6-61

6-62. En cada caso, determine la fuerza **P** requerida para mantener el equilibrio. El bloque pesa 100 lb.

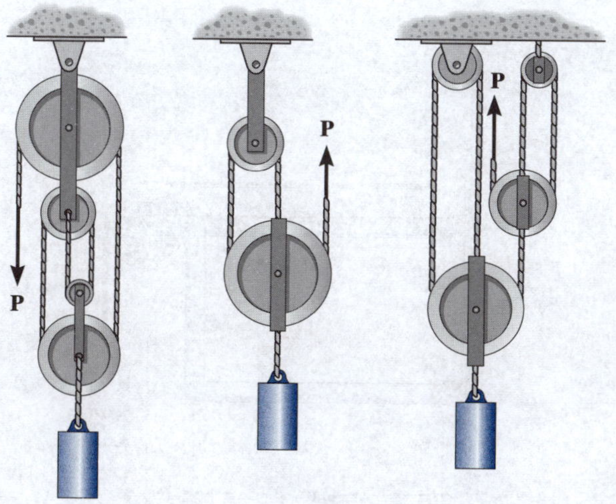

Prob. 6-62

6-63. Determine la fuerza **P** requerida para mantener en equilibrio la masa de 50 kg.

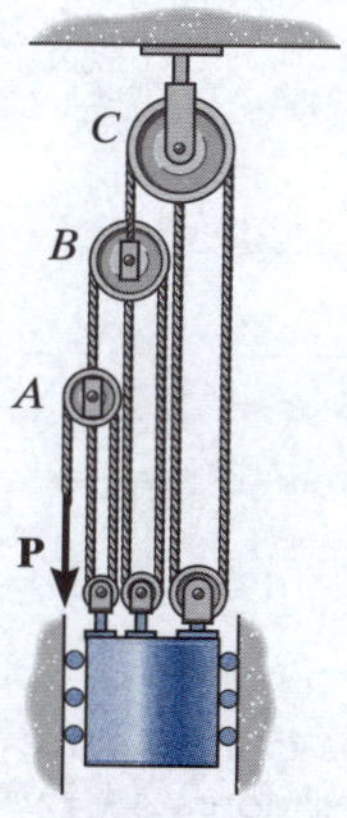

Prob. 6-63

***6-64.** Determine la fuerza **P** que se requiere para mantener la caja de 150 kg en equilibrio.

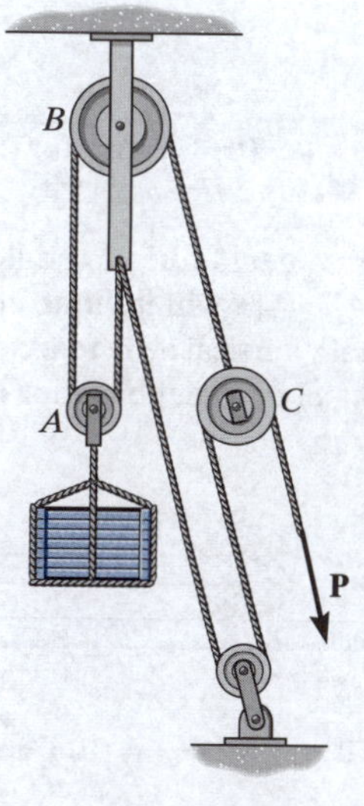

Prob. 6-64

6

6-65. Determine las componentes horizontal y vertical de la fuerza que ejercen los pasadores *A* y *B* sobre el bastidor.

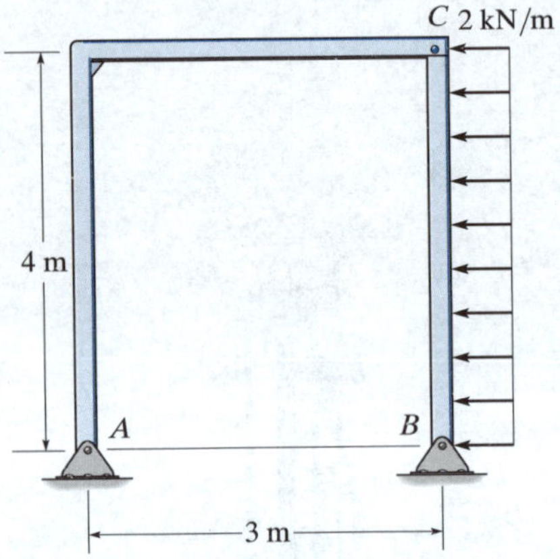

Prob. 6-65

6-66. Determine las componentes horizontal y vertical de la fuerza en los pasadores *A* y *D*.

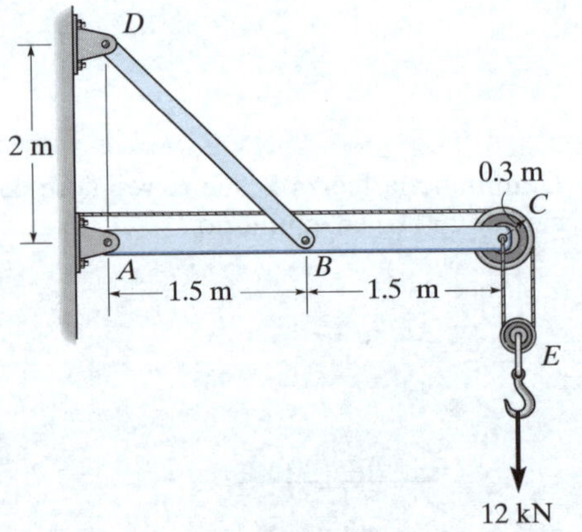

Prob. 6-66

6-67 Determine la fuerza que el rodillo liso *C* ejerce sobre el elemento *AB*. También indique cuáles son las componentes horizontal y vertical de la reacción en el pasador *A*. No tome en cuenta el peso del bastidor ni del rodillo.

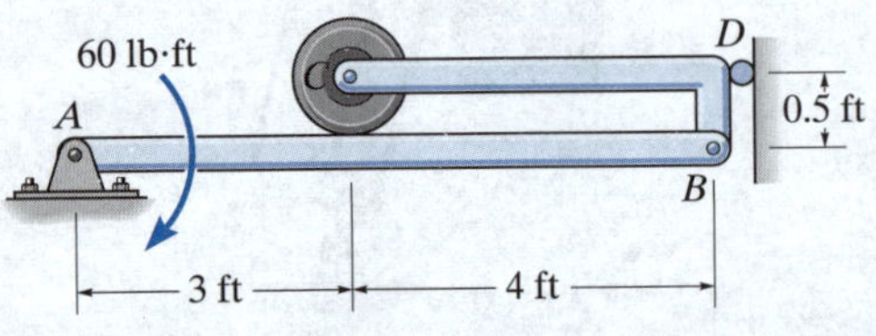

Prob. 6-67

***6-68.** El bastidor de puente consta de tres segmentos que se pueden considerar articulados en *A*, *D* y *E*, apoyados sobre un oscilador en *C* y *F*, y soportados por un rodillo en *B*. Determine las componentes horizontal y vertical de la reacción en todos estos soportes debida a la carga que se muestra.

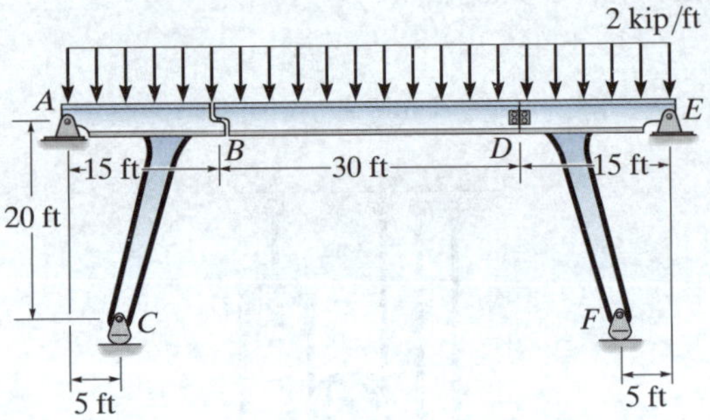

Prob. 6-68

6-69 Determine las reacciones en los soportes *A* y *B*.

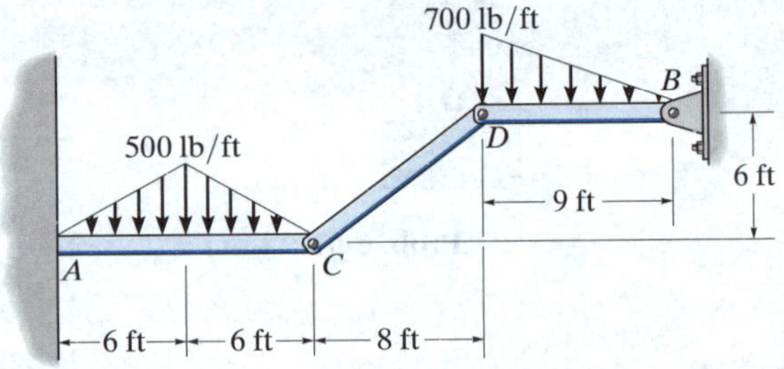

Prob. 6-69

6-70. Determine las componentes horizontal y vertical de la fuerza en los pasadores *B* y *C*. El cilindro suspendido tiene una masa de 75 kg.

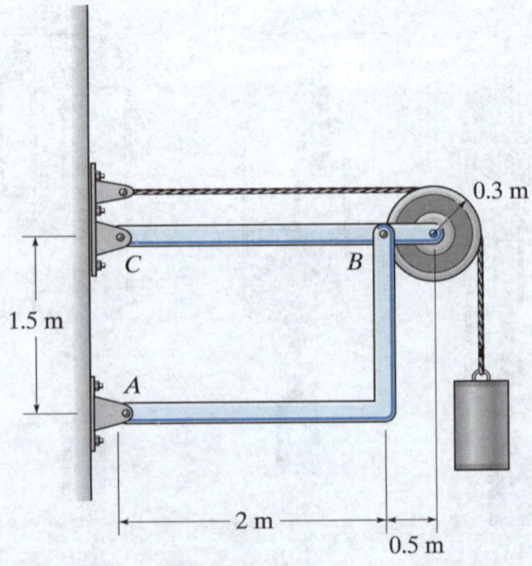

Prob. 6-70

6-71. Determine las reacciones en los soportes A, C y E de la viga compuesta.

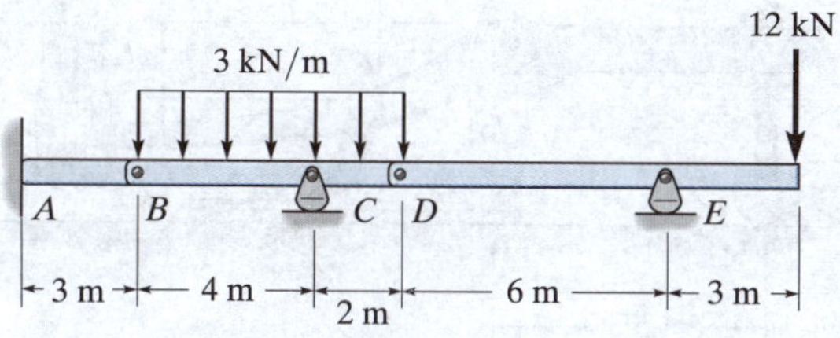

Prob. 6-71

***6-72.** Determine la fuerza resultante en los pasadores A, B y C sobre el bastidor de tres elementos.

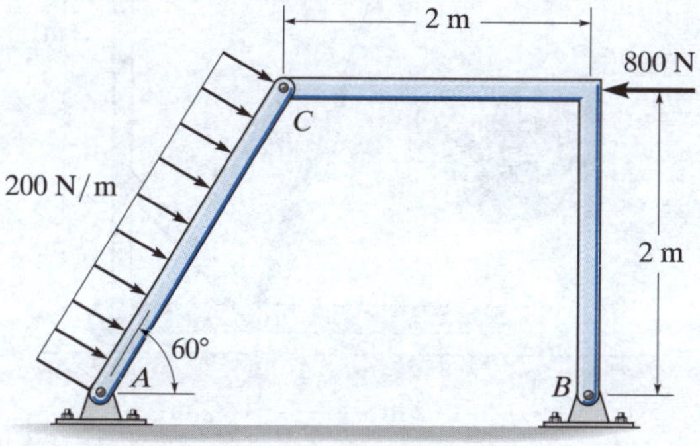

Prob. 6-72

6-73. Determine las reacciones en los soportes en A, E y B de la viga compuesta.

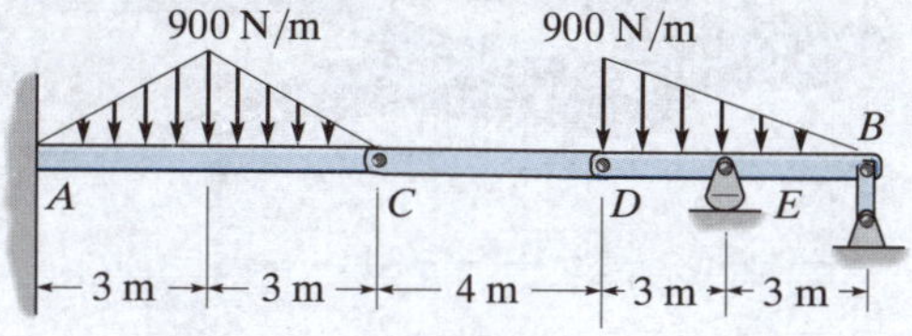

Prob. 6-73

6-74. La grúa de pared soporta una carga de 700 lb. Determine las componentes horizontal y vertical de la reacción de los pasadores A y D. Además indique cuál es la fuerza en el cable del cabrestante W.

6-75. La grúa de pared soporta una carga de 700 lb. Determine las componentes horizontal y vertical de la reacción de los pasadores A y D. Además indique cuál es la fuerza en el cable del cabrestante W? El brazo ABC tiene un peso de 100 lb y el elemento BD pesa 40 lb. Todos los elementos son uniformes y tienen un centro de gravedad en su centro.

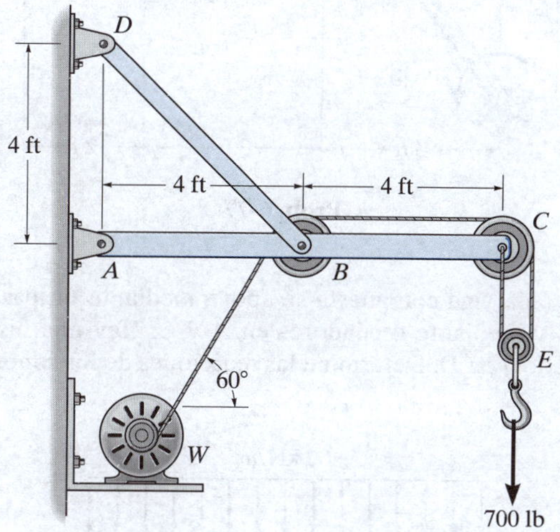

Probs. 6-74/75

***6-76.** Determine las componentes horizontal y vertical de la fuerza que ejercen los pasadores en A y B sobre el bastidor.

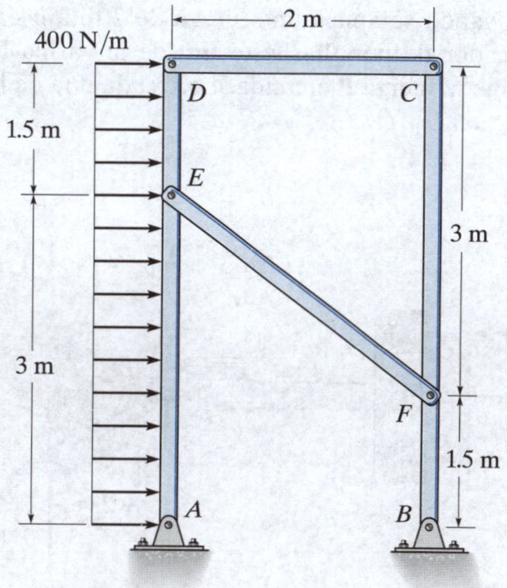

Prob. 6-76

6

6-77. La estructura de dos elementos está conectada en C mediante un pasador, que se fija a BDE y pasa a través de la ranura lisa en el elemento AC. Determine las componentes horizontal y vertical de la reacción de los soportes.

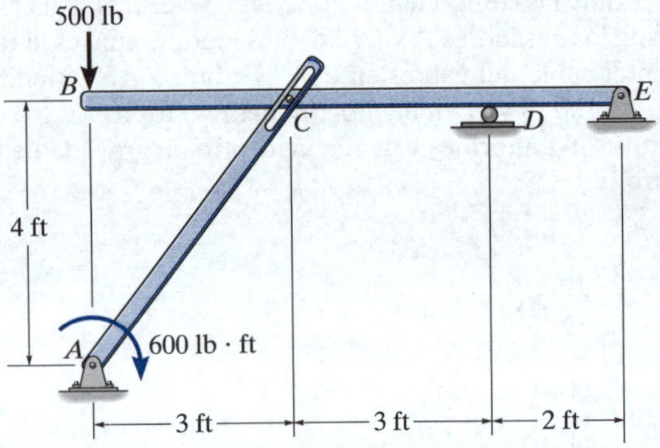

Prob. 6-77

6-78. La viga compuesta se apoya mediante un pasador en B y mediante osciladores en A y C. Hay una bisagra (pasador) en D. Determine las reacciones de los soportes.

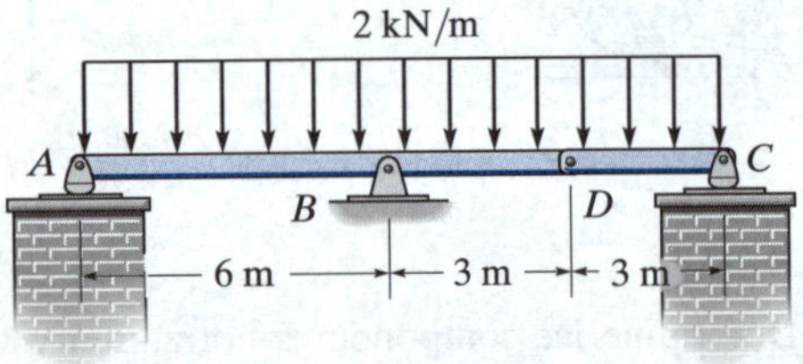

Prob. 6-78

6-79. Cuando se aplica una fuerza de 2 lb a las manijas del aplicador de puntillas, éste tira de la varilla lisa AB. Determine la fuerza **P** ejercida sobre cada una de las puntillas lisas en C y D.

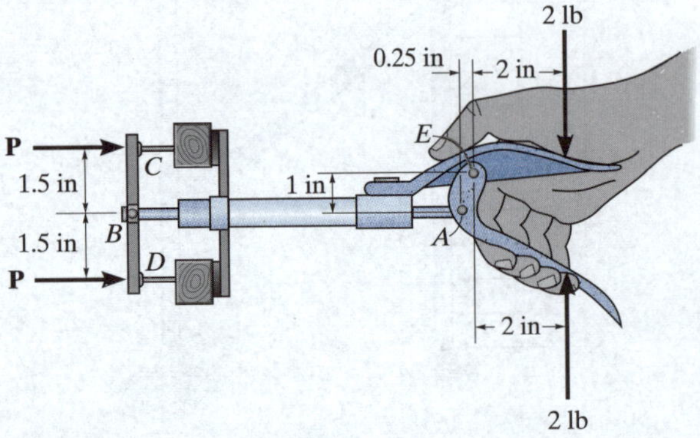

Prob. 6-79

***6-80.** La abrazadera de palanca se somete a una fuerza **F** en el mango. Determine la fuerza de sujeción vertical que actúa en E.

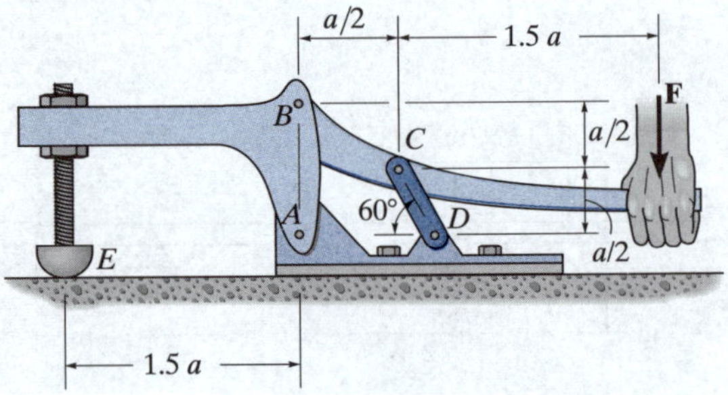

Prob. 6-80

6-81. El cabrestante sostiene el motor de 125 kg. Determine la fuerza que la carga crea en el elemento DB y en el elemento FB, que contiene el cilindro hidráulico H.

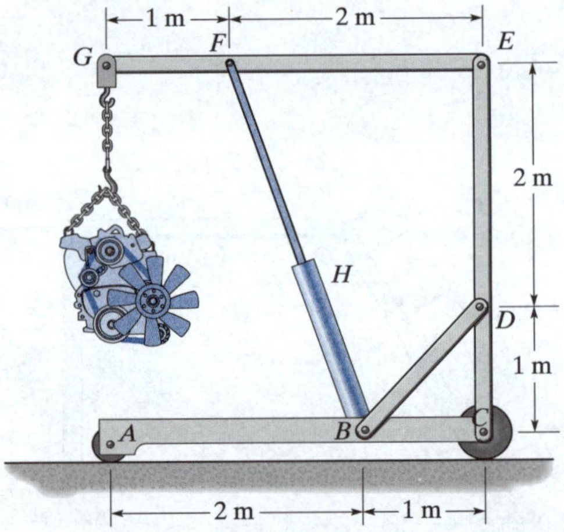

Prob. 6-81

6-82. Se aplica una fuerza de 5 lb a las manijas de la tenaza. Determine la fuerza de compresión desarrollada sobre el vástago del perno liso A en las quijadas.

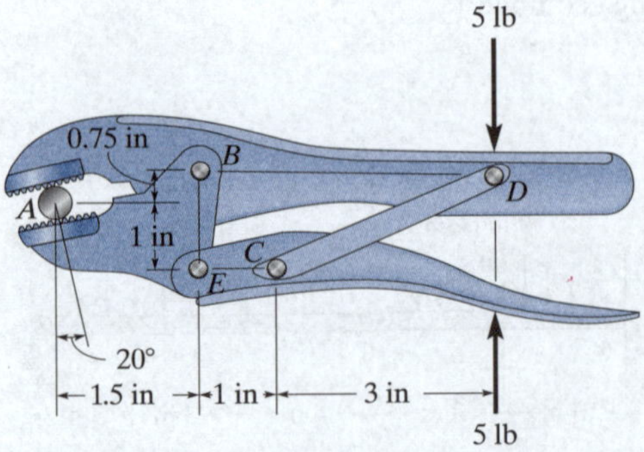

Prob. 6-82

6-83. Determine la fuerza en los elementos FD y DB del bastidor. Además, encuentre las componentes horizontal y vertical de la reacción que ejerce el pasador en C sobre el elemento ABC y sobre el elemento EDC.

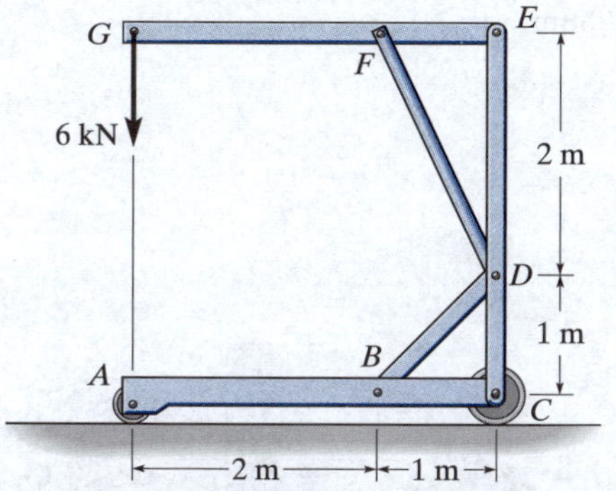

Prob. 6-83

***6-84.** Determine la fuerza que el cilindro liso de 20 kg ejerce sobre los elementos AB y CDB. Además indique cuáles son las componentes horizontal y vertical de la reacción en el pasador A.

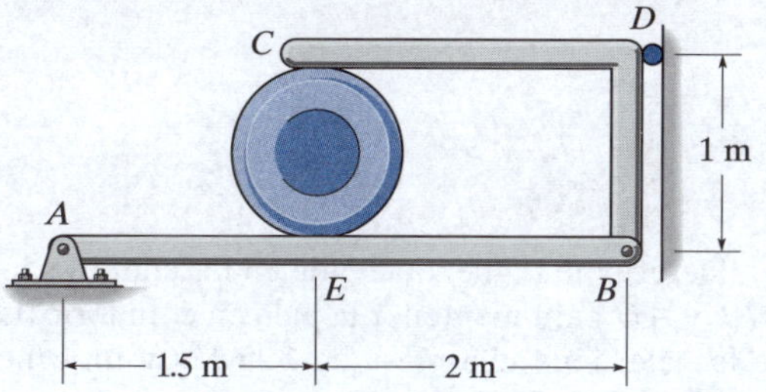

Prob. 6-84

6-85. Las tres líneas de energía eléctrica ejercen las fuerzas indicadas sobre los elementos articulados en los nodos B, C y D, que a su vez están articulados a los postes AH y EG. Determine la fuerza en el cable de retención AI y la reacción del pasador en el soporte H.

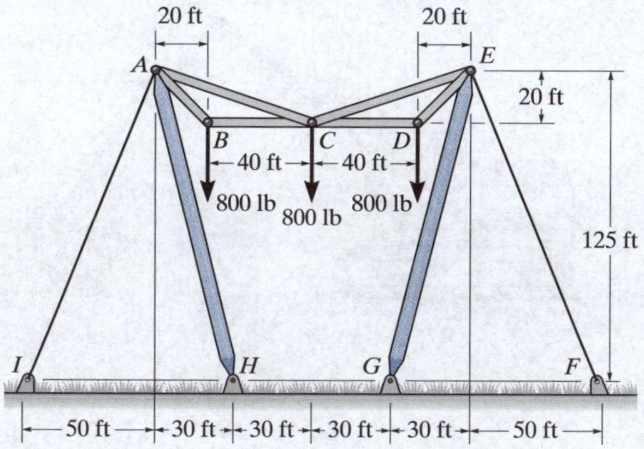

Prob. 6-85

6-86. La unidad de bombeo se utiliza para extraer petróleo. Cuando la viga móvil ABC se encuentra en posición horizontal, la fuerza que actúa en el alambre en la cabeza del pozo es de 250 lb. Determine el par de torsión **M** que debe ejercer el motor para vencer esta carga. La cabeza de caballo C pesa 60 lb y tiene su centro de gravedad en G_C. La viga móvil ABC tiene un peso de 130 lb y su centro de gravedad en G_B, y el contrapeso tiene un peso de 200 lb y su centro de gravedad en G_W. El pistón AD está articulado en sus extremos y tiene un peso insignificante.

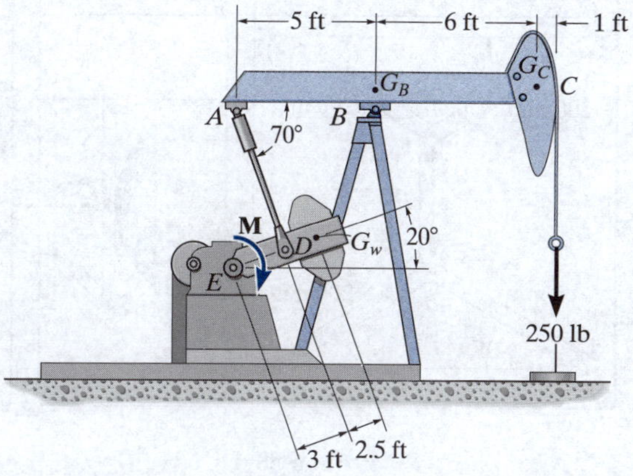

Prob. 6-86

6-87. Determine la fuerza que las quijadas J de la cortadora de metal ejercen sobre el cable liso C, si se aplican las fuerzas de 100 N sobre las manijas. Las quijadas están articuladas en E y A y en D y B. También hay un pasador en F.

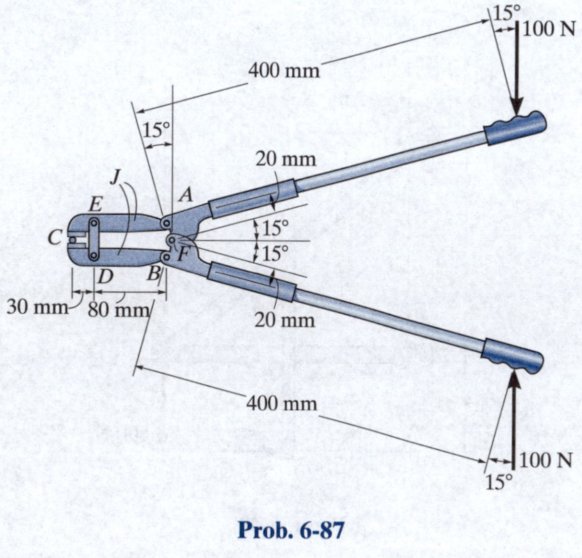

Prob. 6-87

***6-88.** La máquina mostrada se utiliza para formar placas metálicas. Se compone de dos mecanismos *ABC* y *DEF*, que se operan mediante el cilindro hidráulico *H*. Las palancas empujan la barra móvil *G* hacia adelante, presionando así la placa *p* en la cavidad. Si la fuerza que ejerce la placa sobre la cabeza es $P = 12$ kN, determine la fuerza *F* en el cilindro hidráulico cuando $\theta = 30°$.

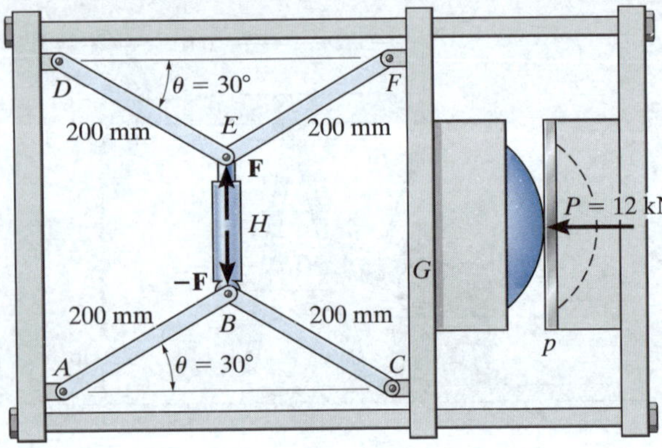

Prob. 6-88

6-89. Determine las componentes horizontal y vertical de la fuerza que ejerce el pasador *C* sobre el elemento *ABC*. La carga de 600 N se aplica al pasador.

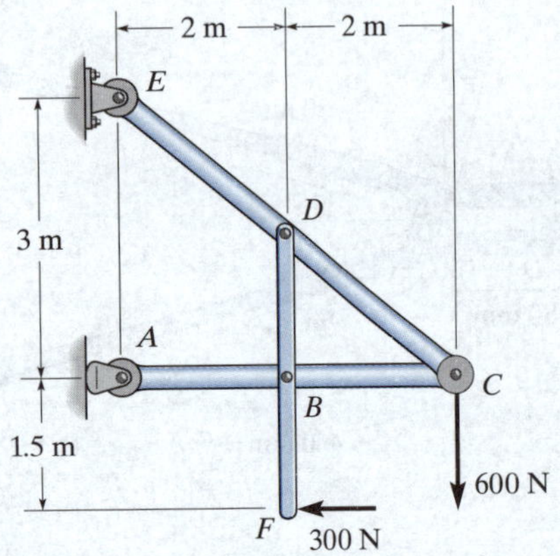

Prob. 6-89

6-90. La cortadora de tubos está afianzada alrededor del tubo *P*. Si la rueda situada en *A* ejerce una fuerza normal de $F_A = 80$ N sobre el tubo, determine las fuerzas normales de las ruedas *B* y *C* sobre el tubo. Las tres ruedas tienen cada una un radio de 7 mm y el tubo tiene un radio exterior de 10 mm.

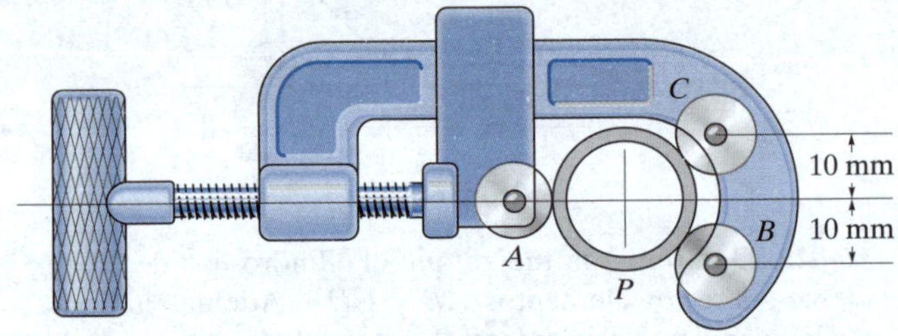

Prob. 6-90

6-91. Determine la fuerza creada en los cilindros hidráulicos *EF* y *AD* para mantener la pala en equilibrio. La carga de la pala tiene una masa de 1.25 Mg y un centro de gravedad en *G*. Todos los nodos están articulados.

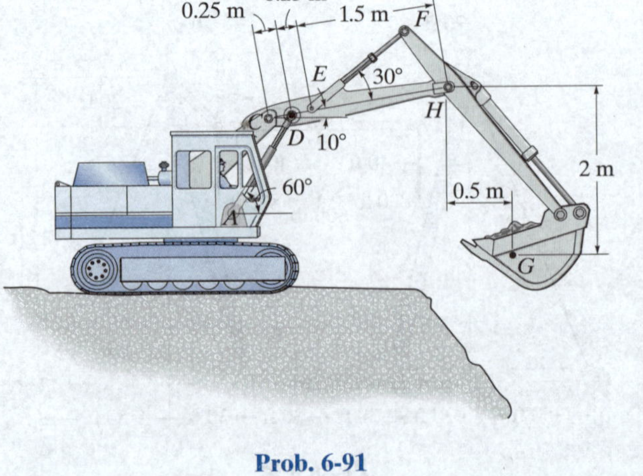

Prob. 6-91

***6-92.** Determine las componentes horizontal y vertical de la fuerza en el pasador B y la fuerza normal que el pasador C ejerce sobre la ranura lisa. Asimismo, determine el momento y las reacciones horizontal y vertical de la fuerza en A. Hay una polea en E.

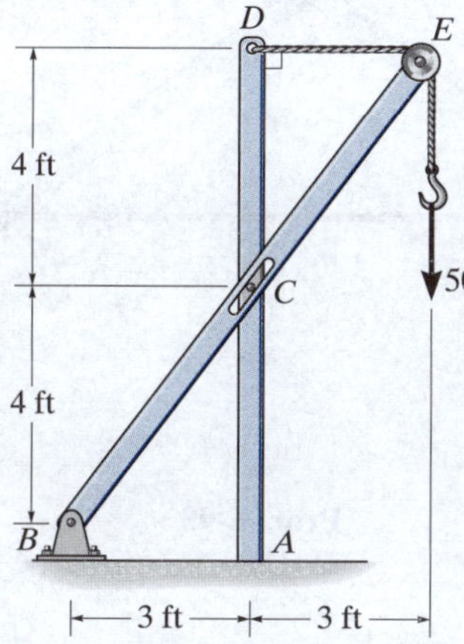

Prob. 6-92

6-93. El momento constante de 50 N · m se aplica al cigüeñal. Determine la fuerza de compresión P que se ejerce sobre el pistón para lograr el equilibrio, como una función de θ. Grafique los resultados de P (eje vertical) contra θ (eje horizontal) para $0° \leq \theta \leq 90°$.

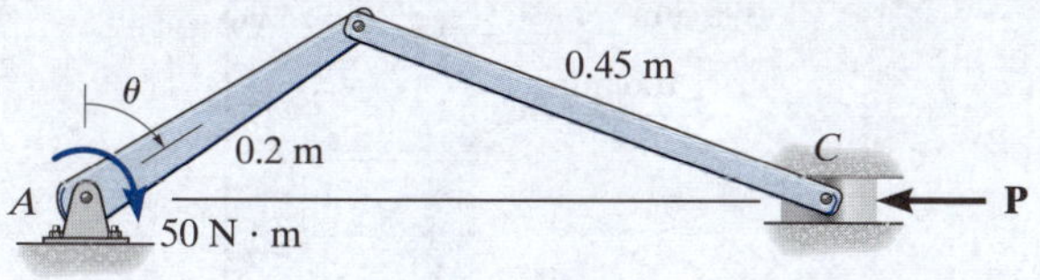

Prob. 6-93

6-94. Cinco monedas se apilan en el recipiente de plástico liso que se muestra en la figura. Si cada moneda pesa 0.0235 lb, determine las reacciones normales de la moneda inferior sobre el recipiente en los puntos A y B.

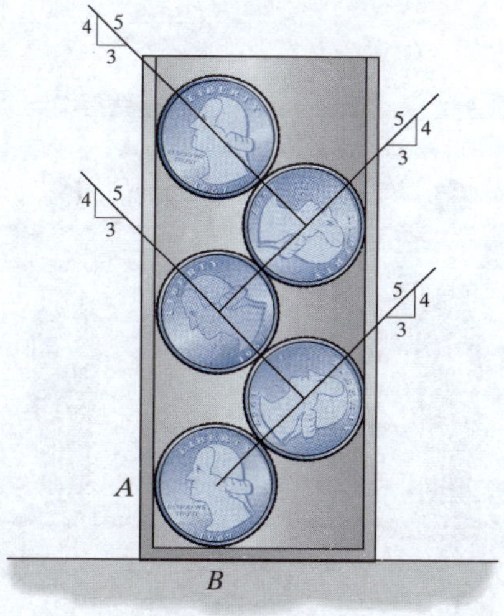

Prob. 6-94

6-95. El cortador de uñas consiste en las manijas y las dos cuchillas cortadoras. Si se supone que las cuchillas están articuladas en B y que la superficie en D es lisa, determine la fuerza normal sobre la uña cuando se aplica una fuerza de 1 lb sobre las manijas, como se indica en la figura. El pasador AC se desliza a través de un orificio liso en A y se une al elemento inferior en C.

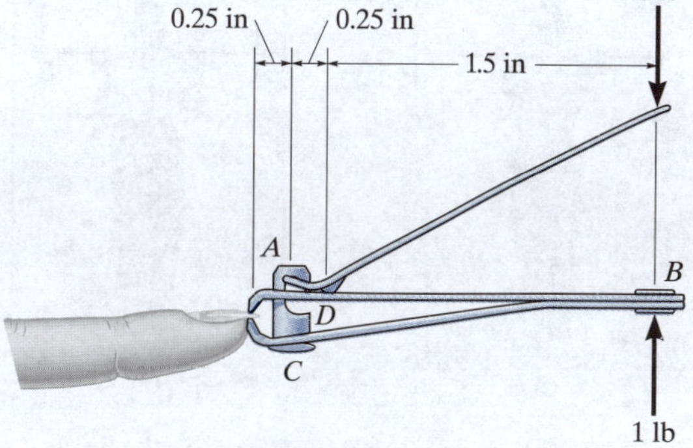

Prob. 6-95

***6-96.** Un hombre que tiene un peso de 175 lb intenta sostenerse usando uno de los dos métodos mostrados. Determine la fuerza total que debe ejercer sobre la barra *AB* en cada caso, así como la reacción normal que ejerce sobre la plataforma en *C*. No tome en cuenta el peso de la plataforma.

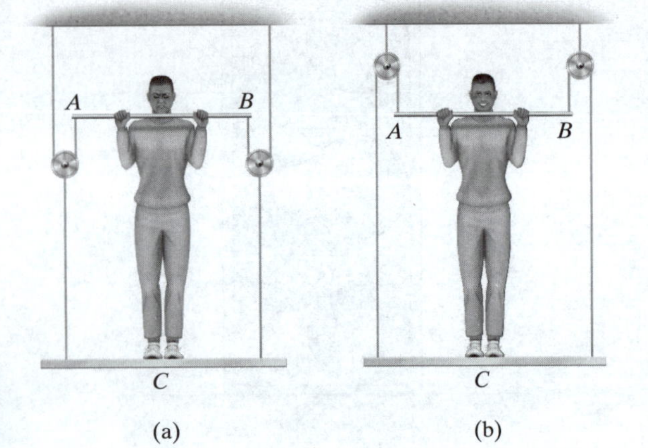

Prob. 6-96

6-97. Un hombre que tiene un peso de 175 lb intenta sostenerse usando uno de los dos métodos mostrados. Determine la fuerza total que debe ejercer sobre la barra *AB* en cada caso, así como la reacción normal que ejerce sobre la plataforma en *C*. La plataforma tiene un peso de 30 lb.

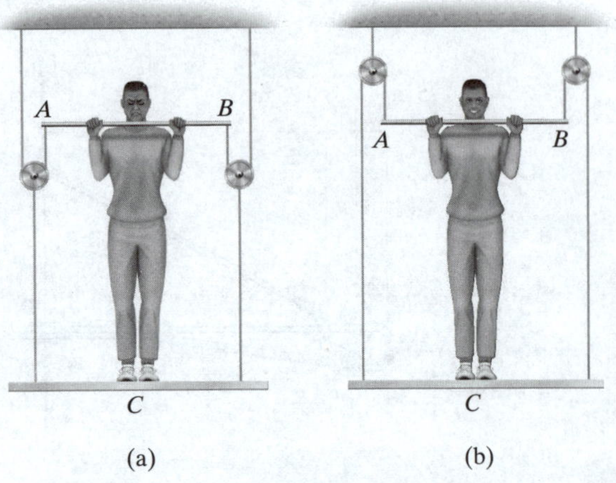

Prob. 6-97

6-98. El bastidor de dos elementos está articulado en *E*. El cable se conecta a *D*, pasa sobre la clavija lisa en *C* y soporta la carga de 500 N. Determine las reacciones horizontal y vertical de cada pasador.

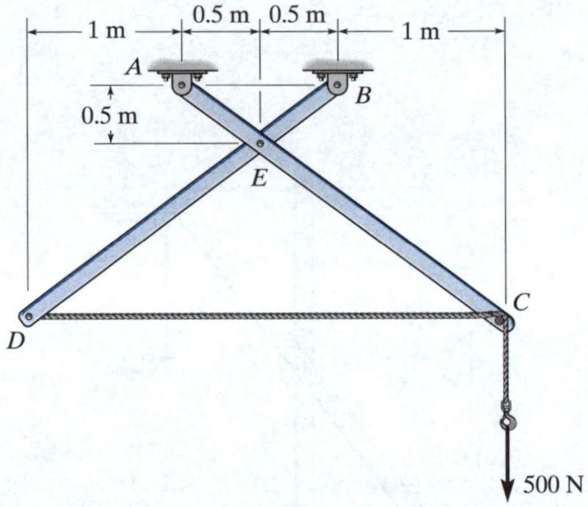

Prob. 6-98

6-99. Si el tambor de 300 kg tiene un centro de masa en el punto *G*, determine las componentes horizontal y vertical de la fuerza, que actúa en el pasador *A* y las reacciones sobre las almohadillas lisas *C* y *D*. La sujeción en *B* sobre el elemento *DAB* resiste las componentes horizontal y vertical de la fuerza en el borde del tambor.

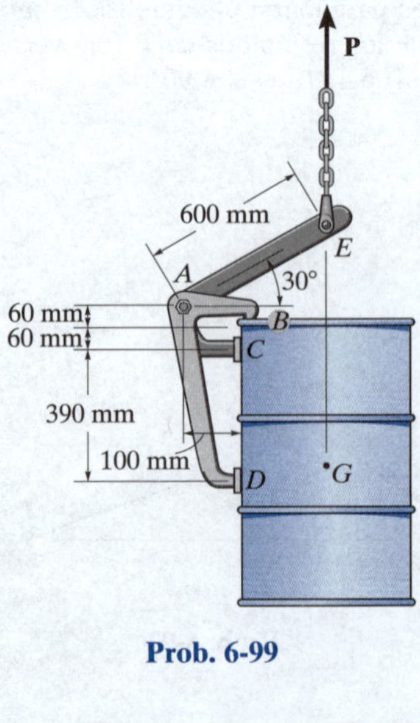

Prob. 6-99

***6-100.** El funcionamiento de las válvulas de escape y admisión en un motor de automóvil consta de la leva C, la varilla de empuje DE, el brazo oscilante EFG que está articulado en F y en un resorte, y la válvula V. Si la compresión en el resorte es de 20 mm cuando la válvula está abierta, como se indica en la figura, determine la fuerza normal que actúa sobre el lóbulo de la leva en C. Suponga que la leva y los cojinetes en H, I y J son lisos. El resorte tiene una rigidez de 300 N/m.

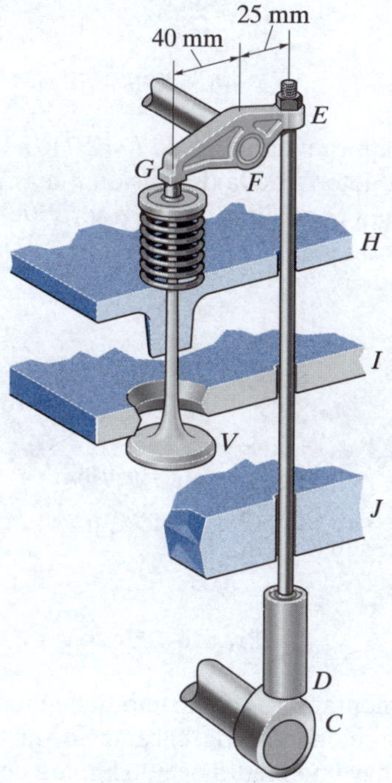

Prob. 6-100

6-101. Si se requiere una fuerza de sujeción de 300 N en A, determine el tamaño de la fuerza $\mathbf{F}$ que se debe aplicar a la manija de la abrazadera de palanca.

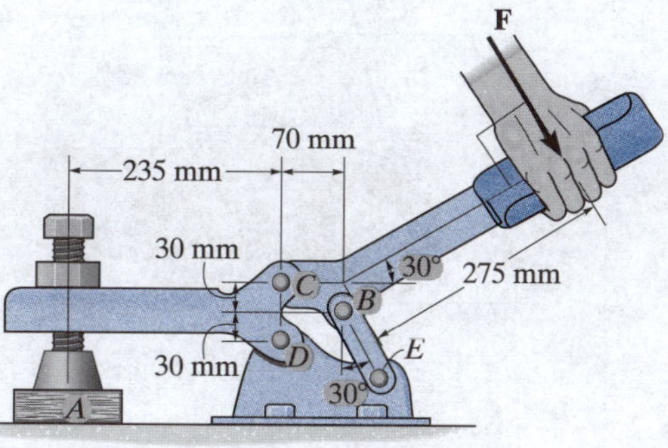

Prob. 6-101

6-102 Si se aplica una fuerza de $F = 350$ N a la manija de la abrazadera de palanca, determine la fuerza de sujeción resultante en A.

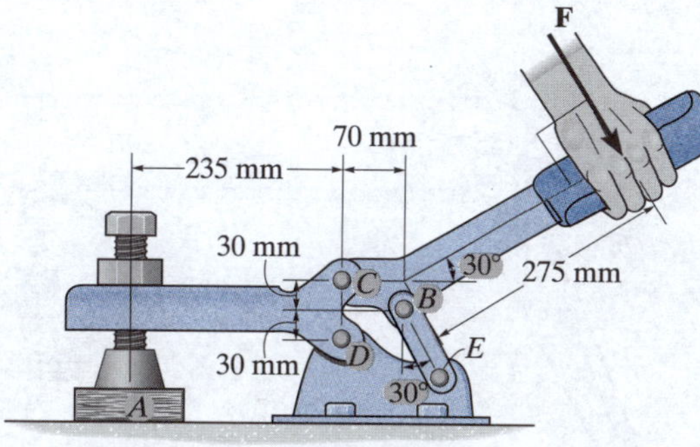

Prob. 6-102

6-103. Determine las componentes horizontal y vertical de la fuerza que ejercen los pasadores en A y B sobre el bastidor.

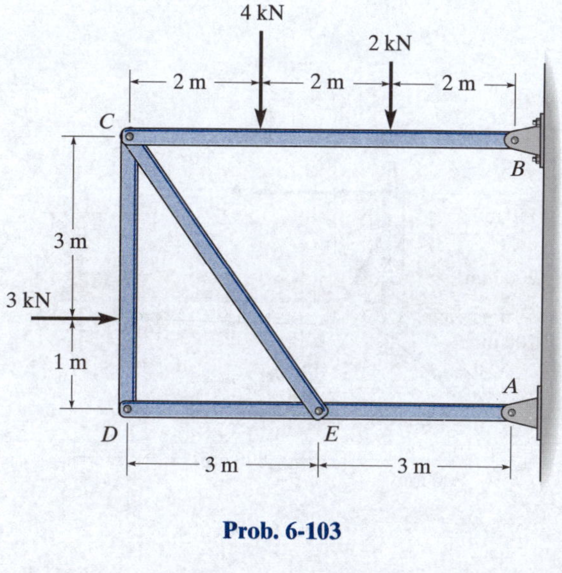

Prob. 6-103

***6-104.** La grúa hidráulica se utiliza para levantar la carga de 1400 lb. Determine la fuerza en el cilindro hidráulico AB y la fuerza en los eslabones AC y AD cuando la carga se mantiene en la posición mostrada.

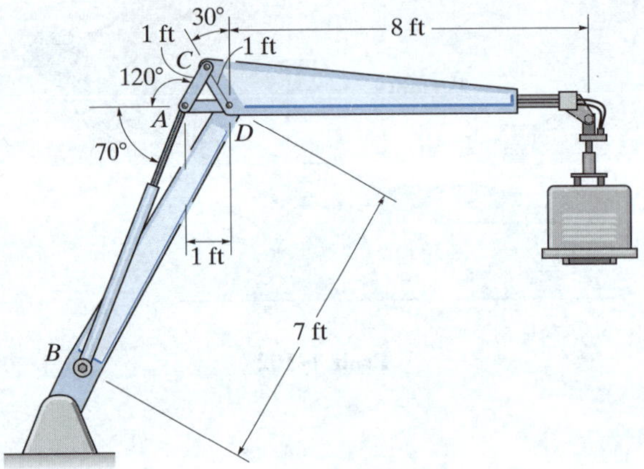

Prob. 6-104

6-105. Determine la fuerza **P** sobre el cable, si el resorte se comprime 0.025 m cuando el mecanismo está en la posición mostrada. El resorte tiene una rigidez de $k = 6$ kN/m.

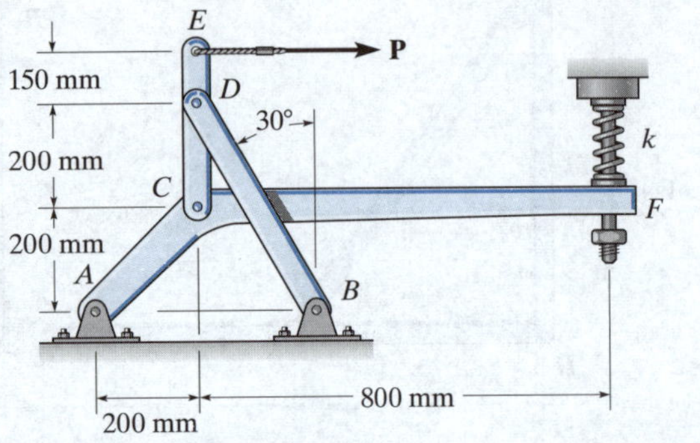

Prob. 6-105

6-106. Si $d = 0.75$ ft y el resorte tiene una longitud sin estirar de 1 ft, determine la fuerza F necesaria para el equilibrio.

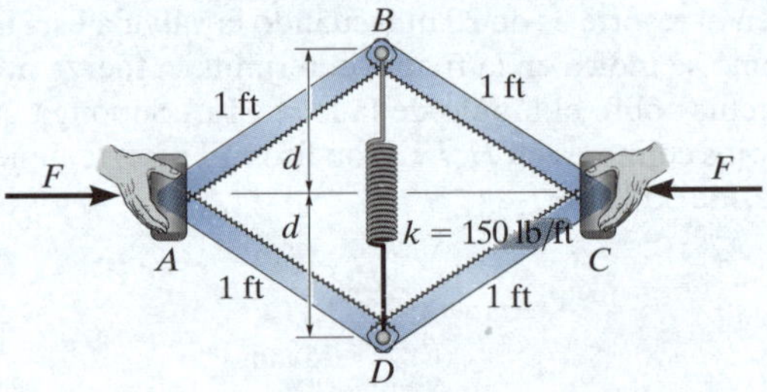

Prob. 6-106

6-107. Si se aplica una fuerza de $F = 50$ lb a las almohadillas en A y C, determine la dimensión d más pequeña que se requiere para el equilibrio, si el resorte tiene una longitud sin estirar de 1 ft.

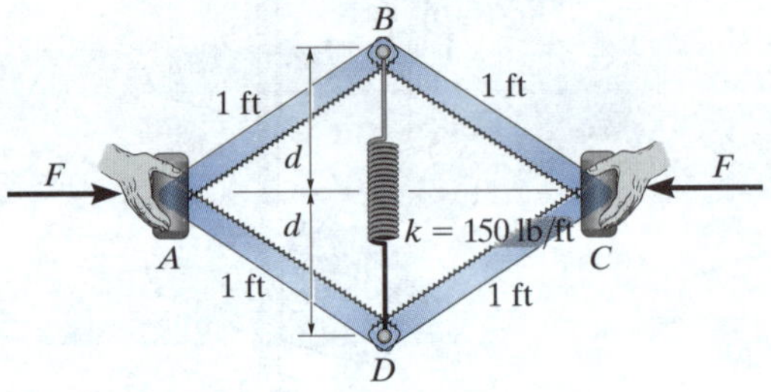

Prob. 6-107

***6-108.** El montacargas compacto tiene una masa de 1.18 Mg y, en la posición indicada, el centro de masa está en G_1. Si en la pala hay una piedra de 300 kg, con centro de masa en G_2, determine las reacciones de cada par de ruedas A y B sobre el piso, así como la fuerza en el cilindro hidráulico CD y en el pasador E. Existe un eslabonamiento similar en cada lado del montacargas.

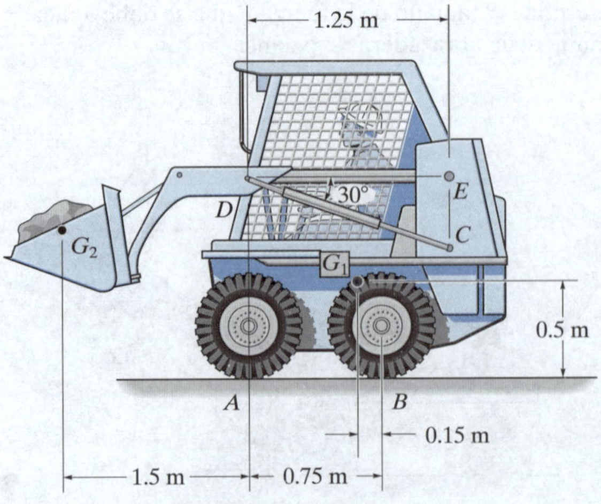

Prob. 6-108

6-109. Determine la fuerza **P** sobre el cable si el resorte se comprime 0.5 in cuando el mecanismo está en la posición mostrada. El resorte tiene una rigidez de $k = 800$ lb/ft.

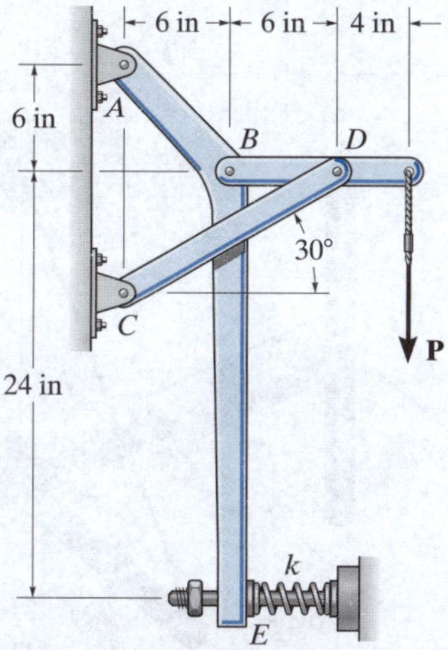

Prob. 6-109

6-110. El resorte tiene una longitud sin estirar de 0.3 m. Determine el ángulo θ para el equilibrio, si cada una de las barras uniformes tienen una masa de 20 kg.

6-111. El resorte tiene una longitud sin estirar de 0.3 m. Determine la masa m de cada barra uniforme, si cada ángulo $\theta = 30°$ para el equilibrio.

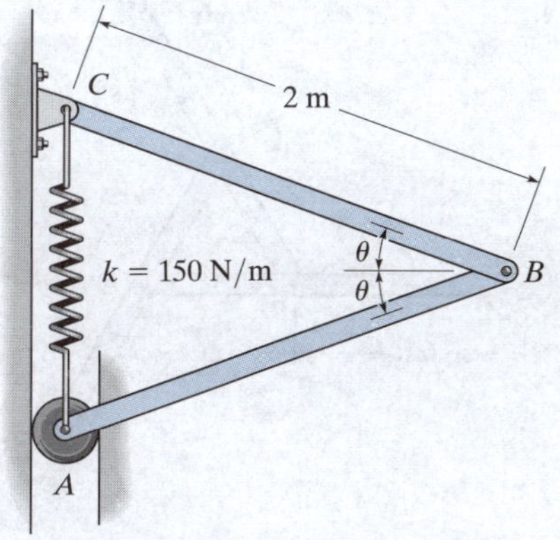

Probs. 6-110/111

***6-112.** El pistón C se mueve verticalmente entre las dos paredes lisas. Si el resorte tiene una rigidez de $k = 15$ lb/in, y no está estirado cuando $\theta = 0°$, determine el par **M** que debe aplicarse a AB para mantener el mecanismo en equilibrio cuando $\theta = 30°$.

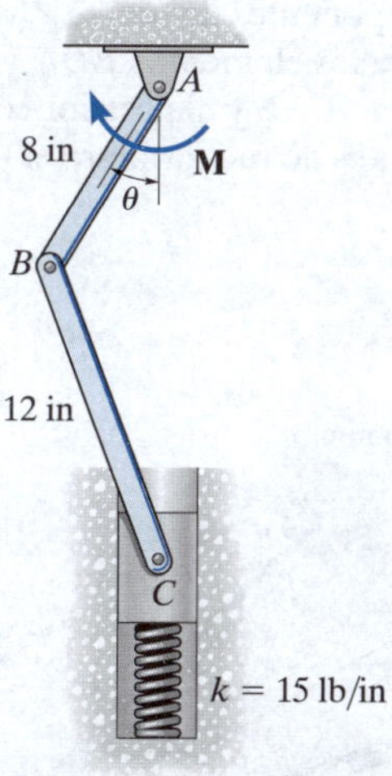

Prob. 6-112

6-113. La balanza de plataforma consiste en una combinación de palancas de tercera y primera clases, de modo que la carga sobre una palanca se convierte en el esfuerzo que mueve la siguiente palanca. A través de este arreglo, un peso pequeño puede equilibrar un objeto grande. Si $x = 450$ mm, determine la masa requerida del contrapeso S para equilibrar una carga L de 90 kg.

6-114. La balanza de plataforma consiste en una combinación de palancas de tercera y primera clases, de manera que la carga sobre una palanca se convierte en el esfuerzo que mueve la siguiente palanca. A través de este arreglo, un peso pequeño puede equilibrar un objeto grande. Si $x = 450$ mm y la masa del contrapeso S es de 2 kg, determine la masa de la carga L requerida para mantener el equilibrio.

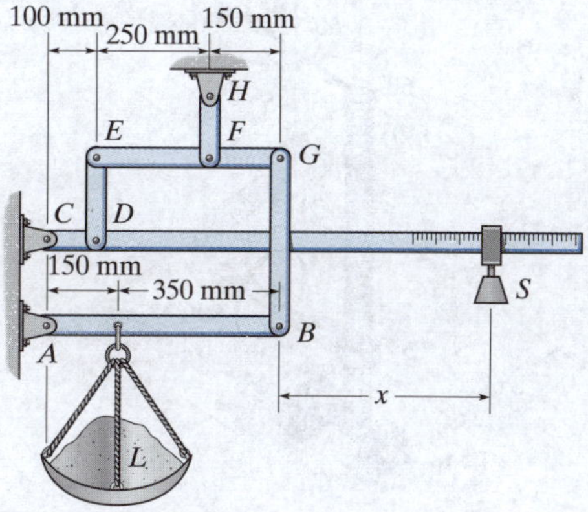

Probs. 6-113/114

6-115. El bastidor en forma de "A" de cuatro elementos está soportado en A y en E por collarines lisos, y en G mediante un pasador. Los demás nodos son rótulas esféricas. Si el pasador ubicado en G fallará cuando la fuerza resultante ahí sea de 800 N, determine la fuerza P vertical máxima que el bastidor pueda soportar. Además indique cuáles son las componentes de fuerza x, y, z que el elemento BD ejerce sobre los elementos EDC y ABC? Los collarines localizados en A y E y el pasador colocado en G sólo ejercen componentes de fuerza sobre el bastidor.

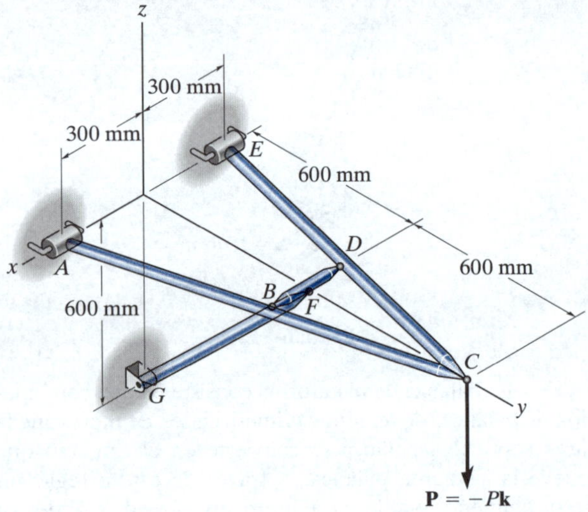

Prob. 6-115

***6-116.** La estructura está sometida a las cargas mostradas. El elemento AB se sostiene mediante una rótula esférica en A y un collarín liso en B. El elemento CD se apoya mediante un pasador en C. Determine las componentes x, y, z de la reacción en A y C.

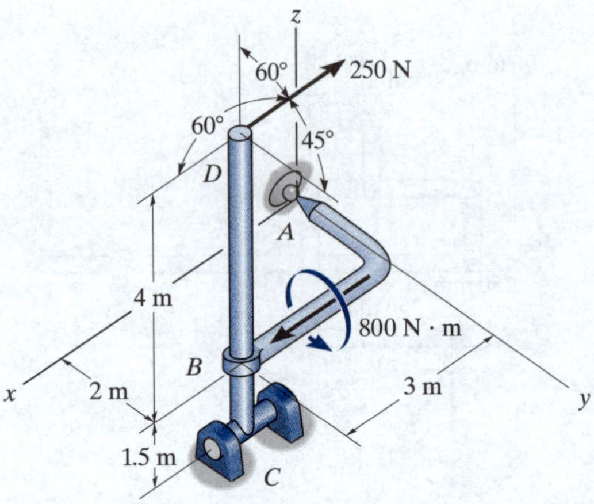

Prob. 6-116

6-117 La estructura está sometida a la carga mostrada. El elemento AD está soportado por un cable AB y un rodillo en C, y entra en un orificio circular liso en D. El elemento ED está soportado por un rodillo en D y un poste que entra en un orificio circular liso en E. Determine las componentes x, y, z de la reacción en E y la tensión en el cable AB.

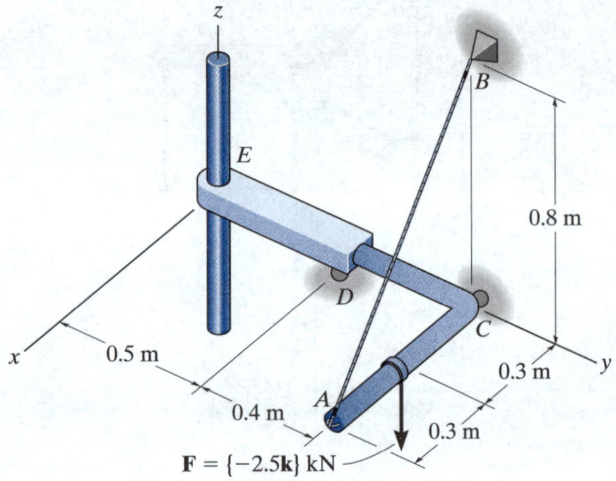

Prob. 6-117

6-118. Los tres elementos articulados que se muestran en la figura desde una *vista superior* soportan una fuerza hacia abajo de 60 lb en G. Si sólo se soportan fuerzas verticales en las conexiones B, C, E y en los apoyos de almohadilla A, D, F, determine las reacciones de cada almohadilla.

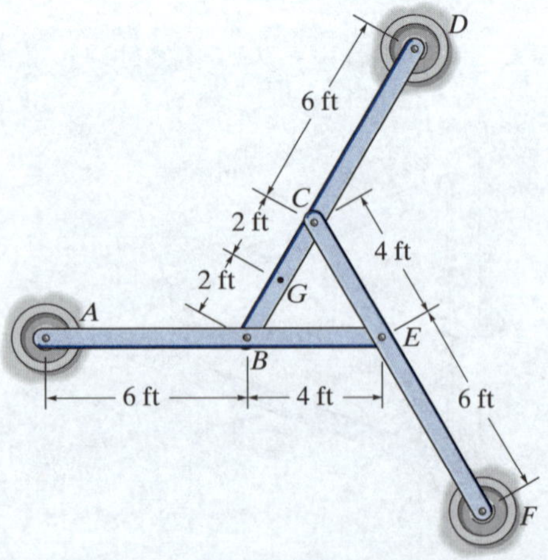

Prob. 6-118

REPASO DEL CAPÍTULO

Armadura simple

Una armadura simple consiste en elementos triangulares conectados entre sí mediante nodos de pasador. Las fuerzas dentro de sus elementos pueden determinarse al suponer que éstos son todos de dos fuerzas, conectados concurrentemente en cada nodo. Los elementos están en tensión o en compresión, o no soportan ninguna fuerza.

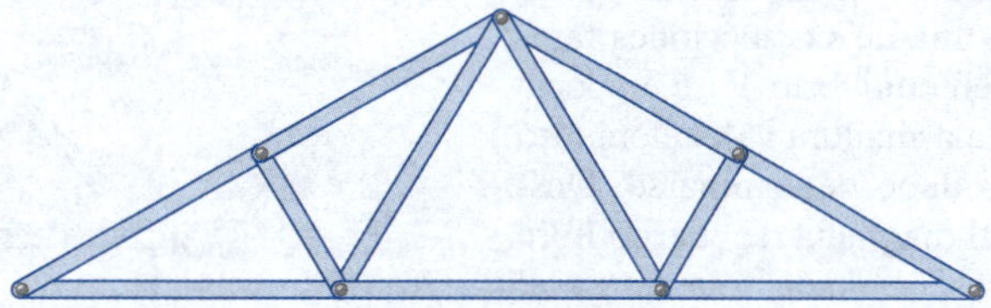

Armadura para techo

Método de nodos

El método de nodos establece que si una armadura está en equilibrio, entonces cada uno de sus nodos también estará en equilibrio. Para una armadura plana, el sistema de fuerzas concurrentes en cada nodo debe satisfacer el equilibrio de fuerzas.

$$\Sigma F_x = 0$$
$$\Sigma F_y = 0$$

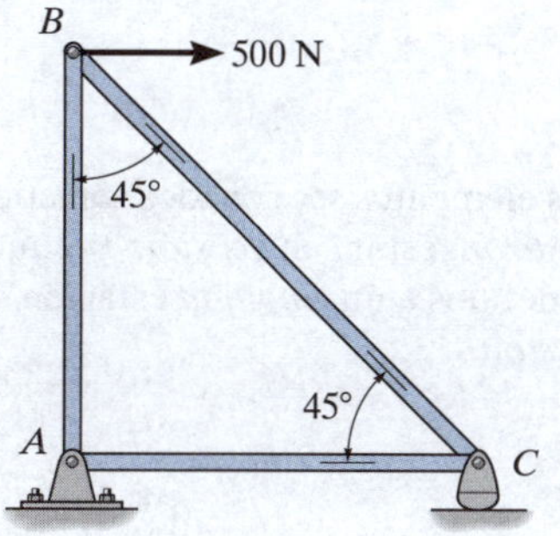

Para obtener una solución numérica para las fuerzas en los elementos, seleccione un nodo que tenga un diagrama de cuerpo libre con, cuando mucho, dos fuerzas desconocidas y una fuerza conocida. (Esto puede requerir encontrar primero las reacciones en los soportes).

Una vez determinada una fuerza del elemento, use su valor y aplíquelo a un nodo adyacente.

Recuerde que las fuerzas que *tiran* del nodo *están en tensión*, y aquellas que lo *empujan están en compresión*.

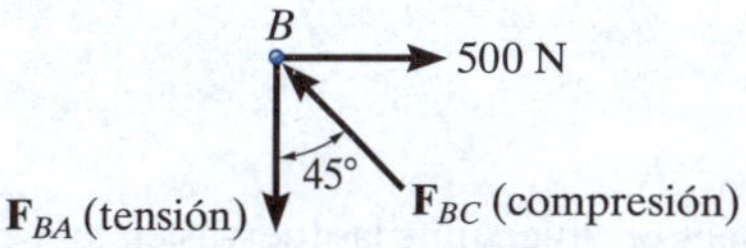

Para evitar una solución simultánea de dos ecuaciones, establezca uno de los ejes de coordenadas a lo largo de la línea de acción de una de las fuerzas desconocidas y sume fuerzas en una dirección perpendicular a este eje. Así se obtendrá una solución directa para la otra incógnita.

El análisis se puede simplificar más aún, al identificar primero todos los elementos de fuerza cero.

6

Método de secciones

El método de secciones establece que si una armadura está en equilibrio, entonces cada una de sus secciones también estará en equilibrio. Pase un corte a través de la armadura y del elemento cuya fuerza debe determinarse. Después, trace el diagrama de cuerpo libre de la parte seccionada que tenga el menor número de fuerzas sobre ella.

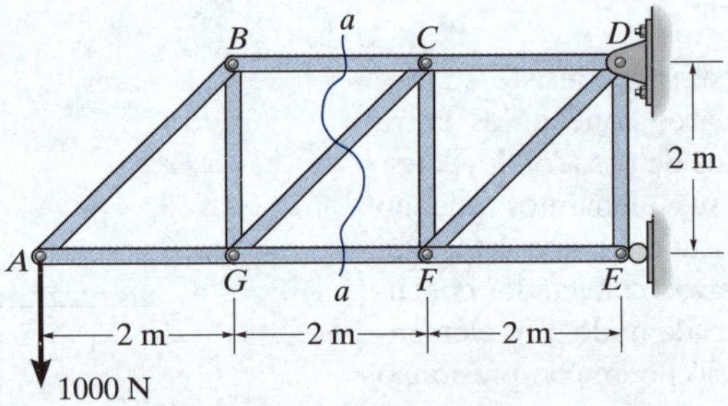

Los elementos seccionados sometidos a un *tirón* están en *tensión* y aquellos sometidos a un *empujón* están en *compresión*.

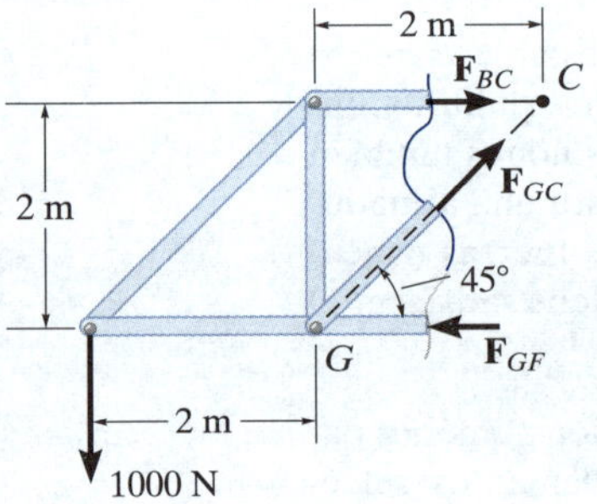

Se dispone de tres ecuaciones de equilibrio para determinar las incógnitas.

$$\Sigma F_x = 0$$
$$\Sigma F_y = 0$$
$$\Sigma M_O = 0$$

Si es posible, sume las fuerzas en una dirección que sea perpendicular a dos de las tres fuerzas desconocidas. Esto dará una solución directa para la tercera fuerza.

$$+\uparrow \Sigma F_y = 0$$
$$-1000 \text{ N} + F_{GC} \text{ sen } 45^\circ = 0$$
$$F_{GC} = 1.41 \text{ kN (T)}$$

Sume momentos con respecto a un punto donde las líneas de acción de dos de las tres fuerzas desconocidas se intersequen, de manera que la tercera fuerza desconocida pueda determinarse en forma directa.

$$\circlearrowleft + \Sigma M_C = 0$$
$$1000 \text{ N}(4 \text{ m}) - F_{GF}(2 \text{ m}) = 0$$
$$F_{GF} = 2 \text{ kN (C)}$$

6

Armadura espacial

Una armadura espacial es una estructura tridimensional construida a partir de elementos tetraédricos, y se analiza con los mismos métodos que para las armaduras planas. Se supone que los nodos son conexiones de rótula esférica.

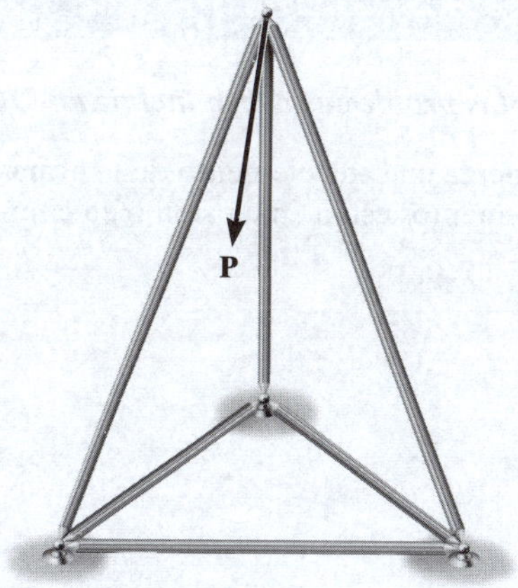

Bastidores y máquinas

Los bastidores y las máquinas son estructuras que contienen uno o más elementos de varias fuerzas, es decir, elementos que tienen tres o más fuerzas o pares que actúan sobre ellos. Los bastidores están diseñados para soportar cargas, y las máquinas transmiten y modifican el efecto de las fuerzas.

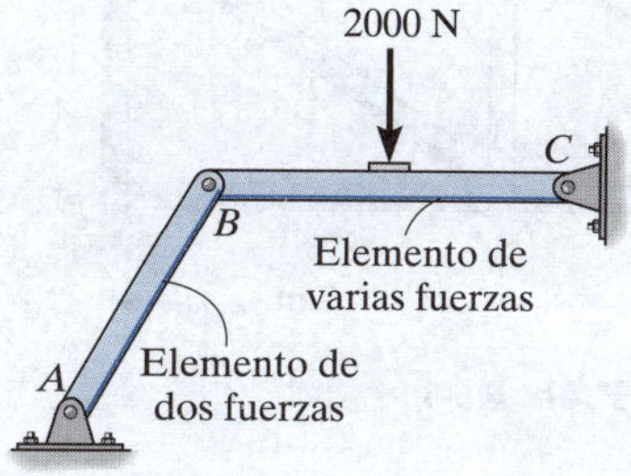

Las fuerzas que actúan en los nodos de un bastidor o de una máquina pueden determinarse al trazar los diagramas de cuerpo libre de cada uno de sus elementos o partes. El principio de acción-reacción debería cumplirse cuidadosamente al trazar esas fuerzas sobre cada elemento o pasador adyacente, en el diagrama de cuerpo libre. Para un sistema de fuerzas coplanar, hay tres ecuaciones de equilibrio disponibles para cada elemento.

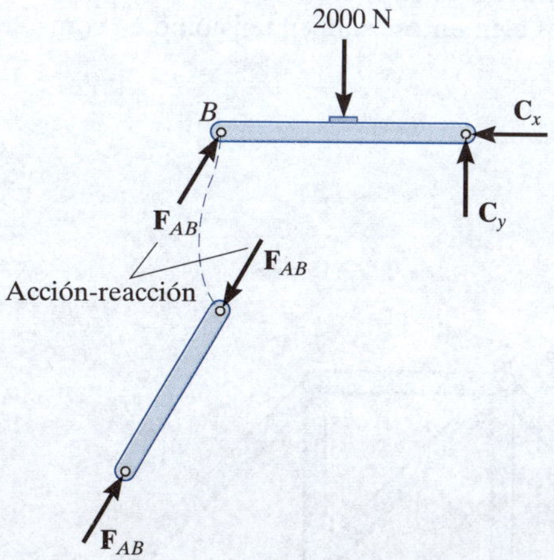

Para facilitar el análisis, asegúrese de reconocer todos los elementos de dos fuerzas. Éstos tienen fuerzas colineales iguales pero opuestas en sus extremos.

6

PROBLEMAS DE REPASO

Todas las soluciones a los problemas deben incluir un DCL.

R6-1. Determine la fuerza en cada elemento de la armadura e indique si los elementos están en tensión o en compresión.

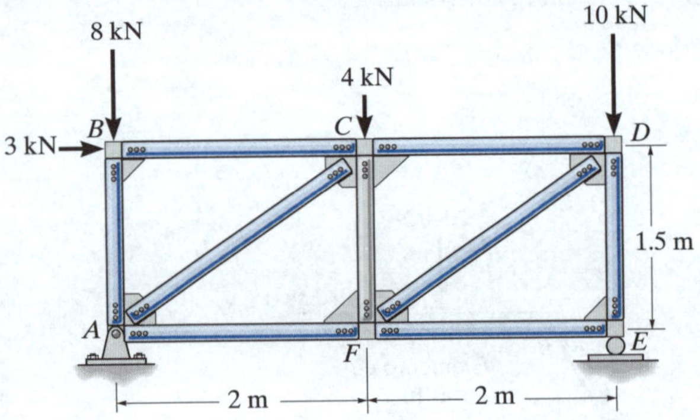

Prob. R6-1

R6-2. Determine la fuerza en cada elemento de la armadura e indique si los elementos están en tensión o en compresión.

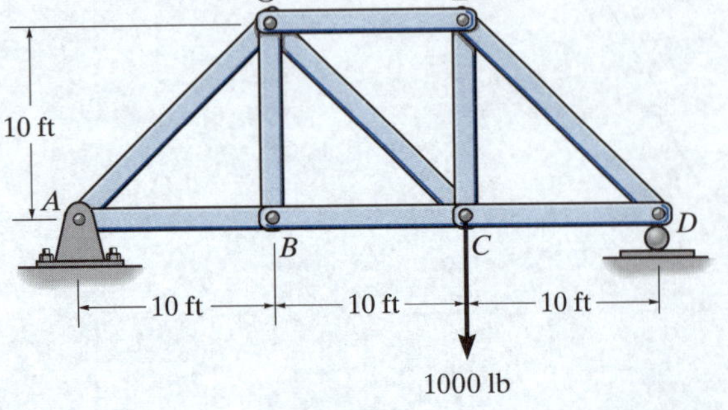

Prob. R6-2

R6-3. Determine la fuerza en los elementos *GJ* y *GC* de la armadura e indique si los elementos están en tensión o en compresión.

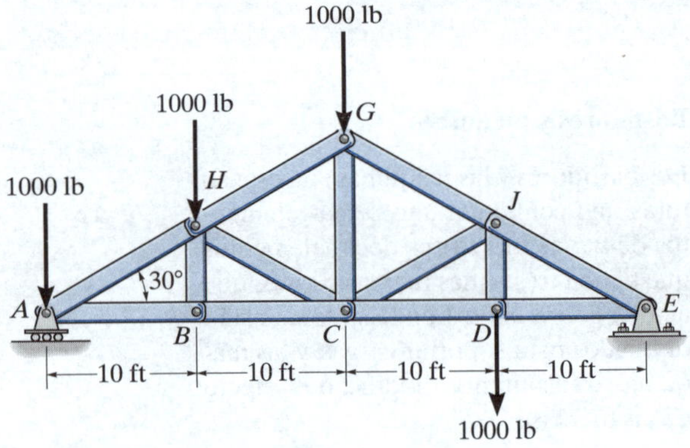

Prob. R6-3

R6-4. Determine la fuerza en los elementos *GF*, *FB* y *BC* de la *armadura Fink* e indique si los elementos están en tensión o en compresión.

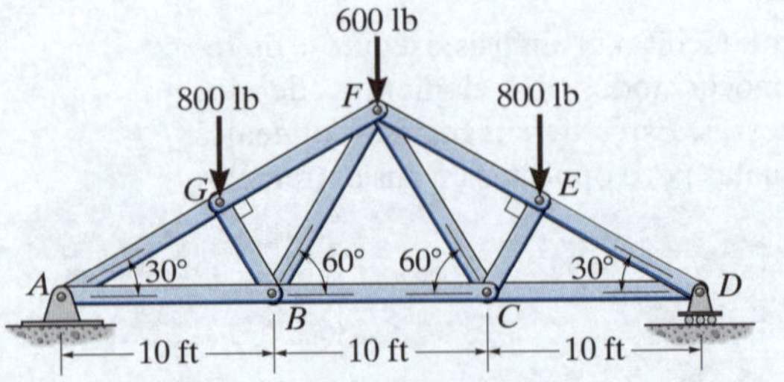

Prob. R6-4

R6-5. Determine la fuerza en los elementos *AB*, *AD* y *AC* de la armadura espacial e indique si los elementos están en tensión o en compresión.

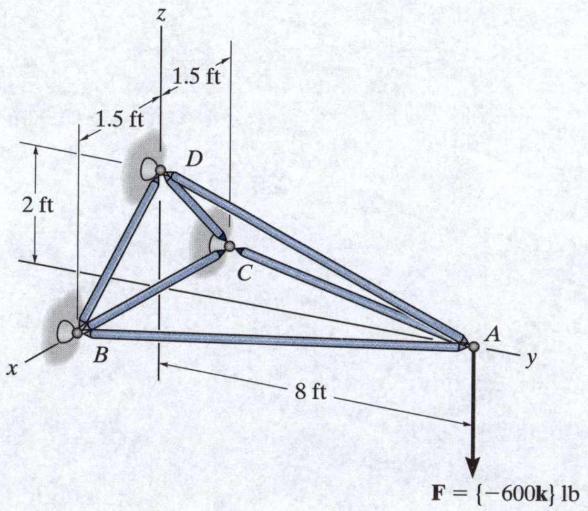

Prob. R6-5

R6-6. Determine las componentes horizontal y vertical de la fuerza que los pasadores *A* y *B* ejercen sobre el bastidor de dos elementos.

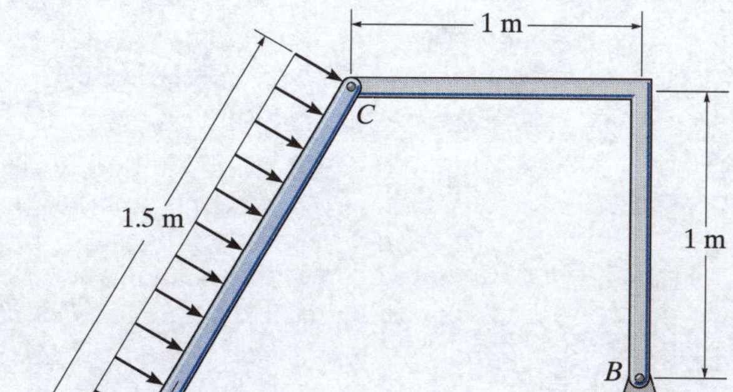

Prob. R6-6

R6-7. Determine las componentes horizontal y vertical de la fuerza en los pasadores *A* y *C* de la armadura de dos elementos.

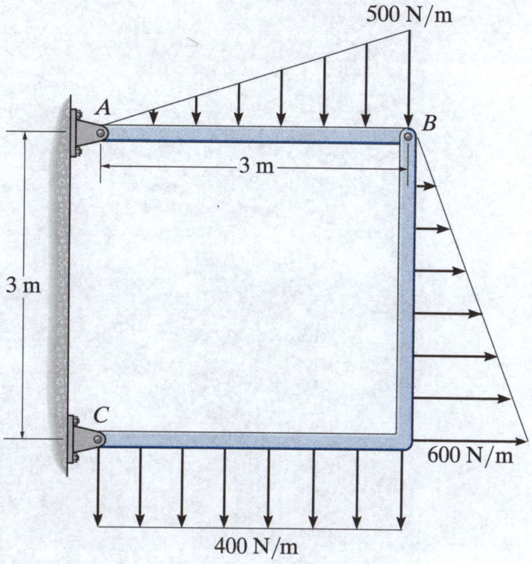

Prob. R6-7

R6-8. Determine las fuerzas resultantes en los pasadores *B* y *C* sobre el elemento *ABC* del bastidor de cuatro elementos.

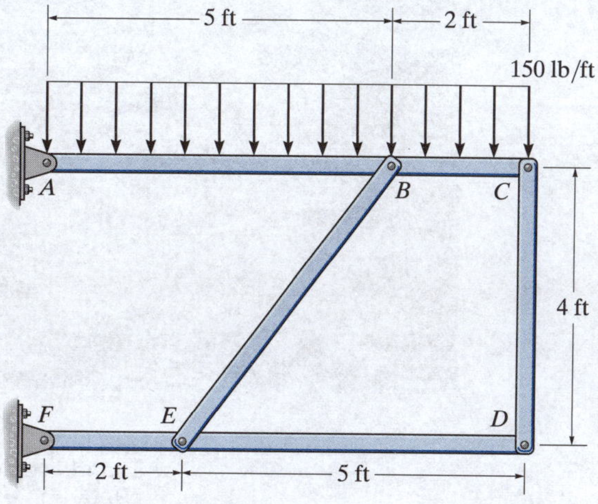

Prob. R6-8

6

Capítulo 7

(© Tony Freeman/Science Source)

Cuando se aplican cargas externas sobre estas vigas y columnas, es necesario determinar las cargas en su interior, si se desea hacer un diseño correcto. En este capítulo se estudiará la forma de determinar esas cargas internas.

Fuerzas internas

OBJETIVOS DEL CAPÍTULO

- Utilizar el método de secciones para determinar las cargas internas de un elemento en un punto específico.
- Mostrar cómo se obtiene la fuerza cortante interna y el momento a través de un elemento, así como expresar el resultado de manera gráfica en forma de diagramas de fuerza cortante y de momento.
- Analizar las fuerzas y la forma de los cables que sostienen diferentes tipos de cargas.

7.1 Cargas internas desarrolladas en elementos estructurales

Para diseñar un elemento estructural o mecánico, es necesario conocer la carga que actúa dentro de él, para asegurarnos de que el material puede resistir esa carga. Las cargas internas suelen determinarse con el ***método de secciones***. Para ejemplificarlo, considere la viga en voladizo que se muestra en la figura 7-1*a*. Si se deben determinar las cargas internas que actúan en la sección transversal en el punto *B*, entonces se debe pasar por la viga una sección imaginaria *a-a*, perpendicular al eje de la viga a través del punto *B*, que separe la viga en dos segmentos. Las cargas internas que actúan en *B* quedarán expuestas y se volverán *externas* en el diagrama de cuerpo libre de cada segmento (fig. 7-1*b*).

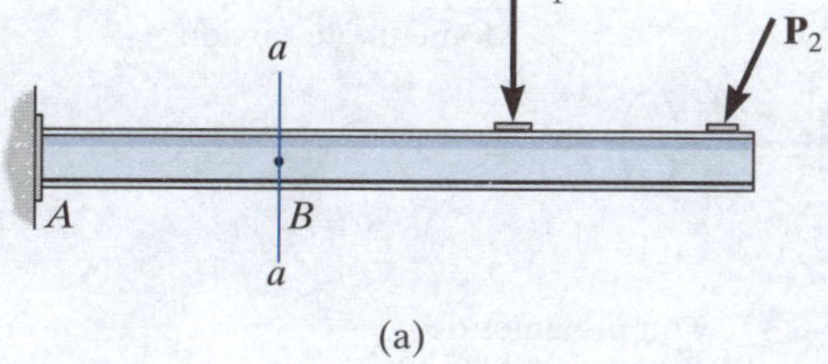

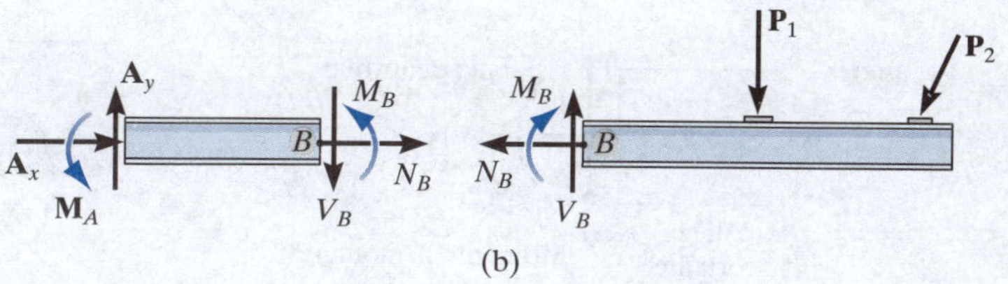

Fig. 7-1

En cada caso, el eslabón de la retroexcavadora es un elemento de dos fuerzas. En la fotografía de arriba está sometido a flexión y a carga axial en su centro. Es más eficiente hacer que el miembro sea recto, como en la fotografía inferior; en ese caso, sólo una fuerza axial actúa dentro del elemento. (© Russell C. Hibbeler)

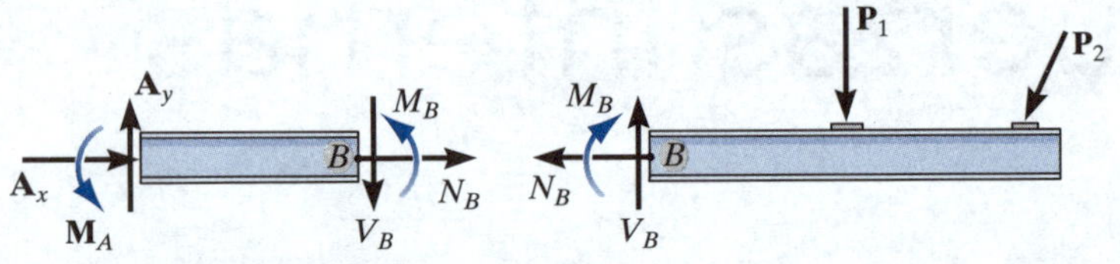

(b)

Fig. 7-1 (Reiterada)

La componente de fuerza $\mathbf{N}_B$ que actúa *perpendicular* a la sección transversal se denomina ***fuerza normal***. La componente de fuerza $\mathbf{V}_B$ que es tangente a la sección transversal se llama ***fuerza cortante***, y el momento de par $\mathbf{M}_B$ se conoce como ***momento flexionante***. Las componentes de fuerza evitan la traslación relativa entre los dos segmentos, y el momento de par evita la rotación relativa. De acuerdo con la tercera ley de Newton, estas cargas deben actuar en direcciones opuestas sobre cada segmento, como se muestra en la figura 7-1*b*, y pueden determinarse al aplicar las ecuaciones de equilibrio al diagrama de cuerpo libre de cualquier segmento. Sin embargo, en este caso el segmento derecho es la mejor opción debido a que no involucra las reacciones de soporte desconocidas en *A*. Una solución directa para $\mathbf{N}_B$ se obtiene al aplicar $\Sigma F_x = 0$, $\mathbf{V}_B$ se obtiene de $\Sigma F_y = 0$ y $\mathbf{M}_B$ se puede obtener aplicando $\Sigma M_B = 0$, ya que los momentos de $\mathbf{N}_B$ y $\mathbf{V}_B$ con respecto a *B* son iguales a cero.

En dos dimensiones hemos demostrado que existen tres cargas internas resultantes (fig. 7-2*a*); sin embargo, en tres dimensiones actuarán en la sección una fuerza interna general y un momento de par resultantes. Las componentes *x*, *y*, *z* de tales cargas se muestran en la figura 7-2*b*. Aquí $\mathbf{N}_y$ es la *fuerza normal*, y $\mathbf{V}_x$ y $\mathbf{V}_z$ son *componentes de fuerza cortante*. $\mathbf{M}_y$ es un *momento de torsión* o *de giro*, y $\mathbf{M}_x$ y $\mathbf{M}_z$ son *componentes de momento flexionante*. Para la mayoría de las aplicaciones, estas *cargas resultantes* actuarán en el centro geométrico o centroide (*C*) del área de la sección transversal. Aunque por lo general la magnitud para cada carga será diferente en los distintos puntos a lo largo del eje del elemento, siempre puede utilizarse el método de secciones para determinar sus valores.

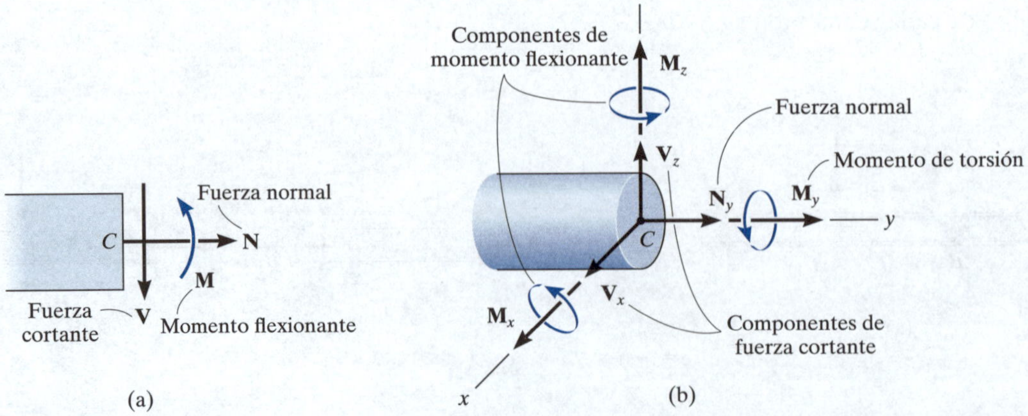

Fig. 7-2

Convención de signos. Para los problemas en dos dimensiones, los ingenieros suelen emplear una convención de signos para expresar las tres cargas internas **N**, **V** y **M**. Aunque esta convención de signos puede asignarse de manera arbitraria, aquí se usará la de mayor aceptación (fig. 7-3). Se dice que la fuerza normal es positiva si crea *tensión*, una fuerza cortante positiva ocasionará que el segmento de viga sobre el que actúa gire en sentido horario, en tanto que un momento flexionante positivo tenderá a doblar el segmento sobre el que actúa de una forma cóncava hacia arriba. Las cargas opuestas a las descritas anteriormente se consideran negativas.

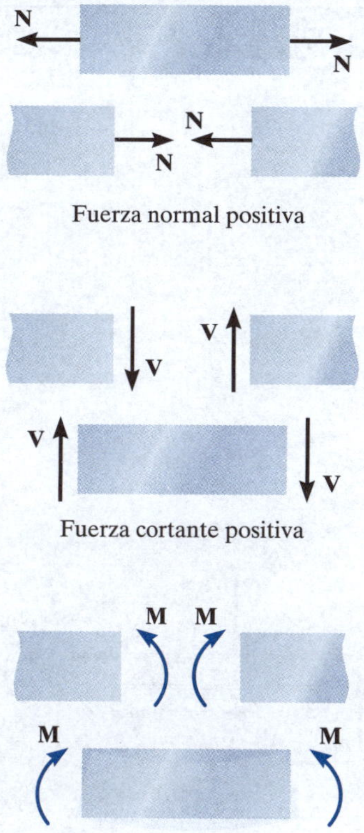

Fuerza normal positiva

Fuerza cortante positiva

Momento positivo

Fig. 7-3

Puntos importantes

- En un elemento puede haber cuatro tipos de cargas internas resultantes. Son las fuerzas normales y cortantes, y los momentos de flexión y de torsión. Por lo general, esas cargas varían de un punto a otro y se determinan usando el método de secciones.

Procedimiento para el análisis

El método de secciones se utiliza para determinar las cargas internas en la sección transversal de un elemento, con el siguiente procedimiento.

Reacciones en los soportes

- Antes de seccionar el elemento quizá sea necesario determinar primero las reacciones en sus soportes.

Diagrama de cuerpo libre

- Es importante *mantener* todas las cargas distribuidas, momentos de par y fuerzas que actúan sobre el elemento en sus *ubicaciones exactas*; *luego*, pase una sección imaginaria por el elemento, perpendicular a su eje en el punto donde debe determinarse la carga interna.

- Una vez hecha la sección, trace un diagrama de cuerpo libre del segmento que tenga el menor número de cargas, e indique las componentes de la fuerza y el momento de par resultantes en la sección transversal que actúan en sus direcciones positivas, de acuerdo con la convención de signos establecida.

Ecuaciones de equilibrio

- Hay que sumar los momentos en la sección. De esta manera se eliminan las fuerzas normal y cortante en la sección y se puede obtener una solución directa para el momento.

- Si la solución de las ecuaciones de equilibrio da como resultado un escalar negativo, el sentido de la cantidad es contrario al del diagrama de cuerpo libre.

El diseñador de esta grúa de taller se dio cuenta de la necesidad de poner un refuerzo extra alrededor del nodo en *A*, con la finalidad de evitar una flexión interna grave en éste, cuando se suspenda una carga grande de la cadena del malacate. (© Russell C. Hibbeler)

EJEMPLO 7.1

Determine la fuerza normal, la fuerza cortante y el momento flexionante que actúan justo a la izquierda, punto *B*, y justo a la derecha, punto *C*, de la fuerza de 6 kN aplicada sobre la viga de la figura 7-4*a*.

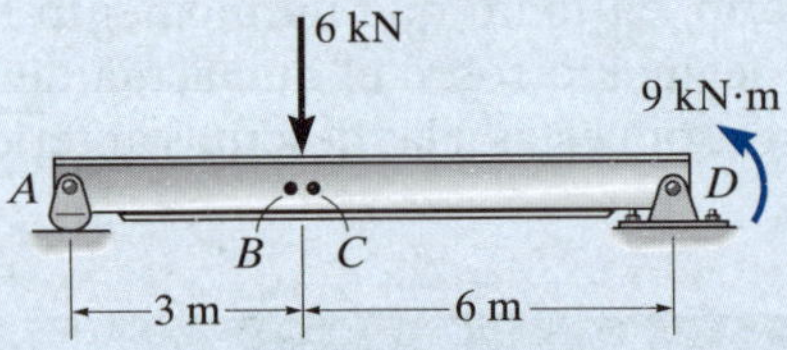

(a)

SOLUCIÓN

Reacciones en los soportes. En la figura 7-4*b* se muestra el diagrama de cuerpo libre de la viga. Al determinar las *reacciones externas*, observe que el momento de par de 9 kN · m es un vector libre y, por lo tanto, se le puede colocar en *cualquier parte* del diagrama de cuerpo libre de la viga completa. Aquí determinaremos sólo $\mathbf{A}_y$, ya que los segmentos de la izquierda se usarán para el análisis.

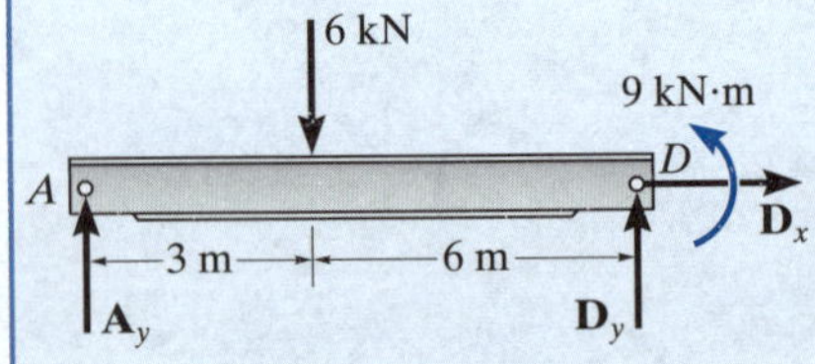

(b)

$$\circlearrowleft + \Sigma M_D = 0; \quad 9 \text{ kN} \cdot \text{m} + (6 \text{ kN})(6 \text{ m}) - A_y(9 \text{ m}) = 0$$
$$A_y = 5 \text{ kN}$$

Diagramas de cuerpo libre. En las figuras 7-4*c* y 7-4*d* se muestran los diagramas de cuerpo libre de los segmentos izquierdos *AB* y *AC* de la viga. En este caso, el momento de par de 9 kN · m *no se incluye* en esos diagramas, ya que debe mantenerse en su *posición original* hasta *después* de que se haga la sección y se aísle el segmento apropiado.

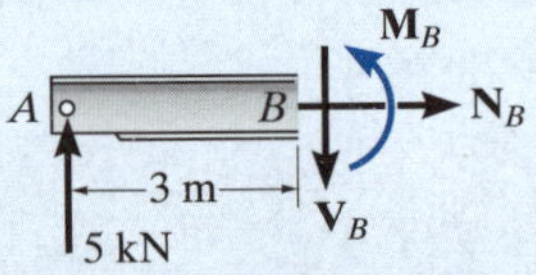

(c)

Ecuaciones de equilibrio

Segmento AB

$\xrightarrow{+} \Sigma F_x = 0; \qquad N_B = 0$ **Resp.**

$+\uparrow \Sigma F_y = 0; \qquad 5 \text{ kN} - V_B = 0 \qquad V_B = 5 \text{ kN}$ **Resp.**

$\circlearrowleft + \Sigma M_B = 0; \qquad -(5 \text{ kN})(3 \text{ m}) + M_B = 0 \qquad M_B = 15 \text{ kN} \cdot \text{m}$ **Resp.**

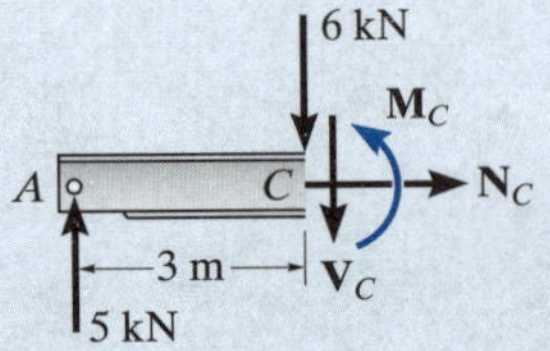

(d)

Fig. 7-4

Segmento AC

$\xrightarrow{+} \Sigma F_x = 0; \qquad N_C = 0$ **Resp.**

$+\uparrow \Sigma F_y = 0; \qquad 5 \text{ kN} - 6 \text{ kN} - V_C = 0 \qquad V_C = -1 \text{ kN}$ **Resp.**

$\circlearrowleft + \Sigma M_C = 0; \qquad -(5 \text{ kN})(3 \text{ m}) + M_C = 0 \qquad M_C = 15 \text{ kN} \cdot \text{m}$ **Resp.**

NOTA: El signo negativo indica que $\mathbf{V}_C$ actúa en sentido opuesto al del diagrama de cuerpo libre. Además, en ambos casos el brazo de momento para la fuerza de 5 kN es aproximadamente de 3 m, ya que *B* y *C* son "casi" coincidentes.

EJEMPLO 7.2

Determine la fuerza normal, la fuerza cortante y el momento flexionante en el punto C de la viga que se muestra en la figura 7-5a.

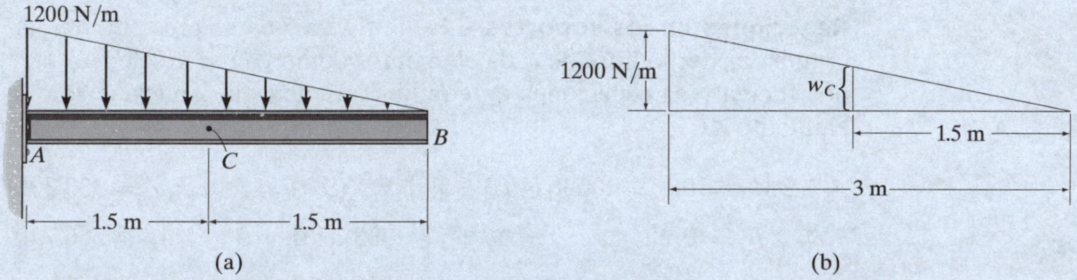

Fig. 7-5

SOLUCIÓN

Diagrama de cuerpo libre. No es necesario encontrar las reacciones en el soporte A, ya que el segmento BC de la viga puede usarse para determinar las cargas internas en C. La intensidad de la carga triangular distribuida en C se determina usando triángulos semejantes a partir de la geometría que se ilustra en la figura 7-5b, es decir,

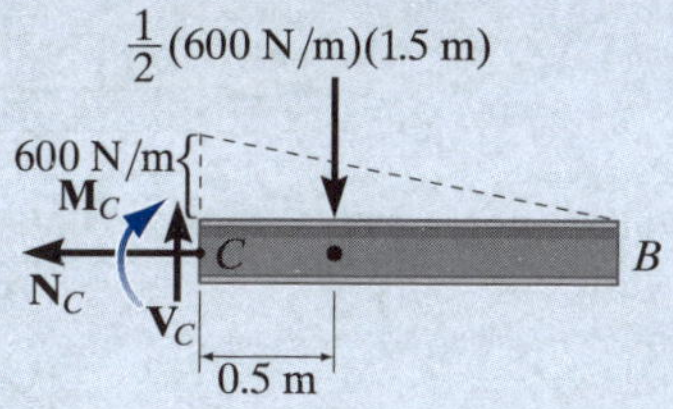

(c)

$$w_C = (1200 \text{ N/m})\left(\frac{1.5 \text{ m}}{3 \text{ m}}\right) = 600 \text{ N/m}$$

La carga distribuida que actúa sobre el segmento BC puede remplazarse ahora por su fuerza resultante, y su ubicación se indica en el diagrama de cuerpo libre (fig. 7-5c).

Ecuaciones de equilibrio

$$\overset{+}{\rightarrow} \Sigma F_x = 0; \qquad N_C = 0 \qquad \textit{Resp.}$$

$$+\uparrow \Sigma F_y = 0; \qquad V_C - \tfrac{1}{2}(600 \text{ N/m})(1.5 \text{ m}) = 0$$

$$V_C = 450 \text{ N} \qquad \textit{Resp.}$$

$$\circlearrowleft + \Sigma M_C = 0; \quad -M_C - \tfrac{1}{2}(600 \text{ N/m})(1.5 \text{ m})(0.5 \text{ m}) = 0$$

$$M_C = -225 \text{ N} \qquad \textit{Resp.}$$

El signo negativo indica que $\mathbf{M}_C$ actúa en sentido opuesto al que se muestra en el diagrama de cuerpo libre.

7

EJEMPLO 7.3

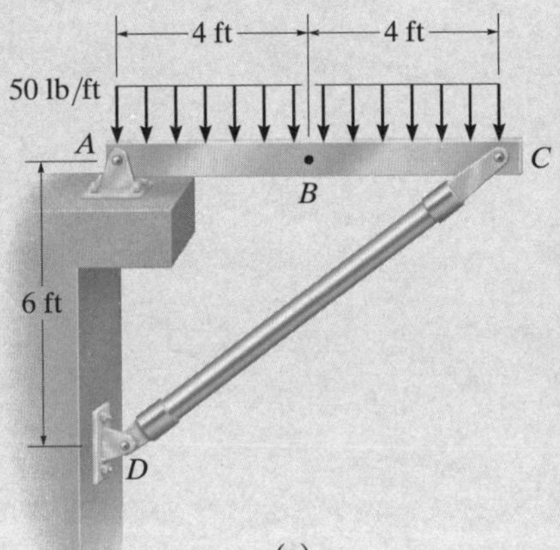

(a)

Determine la fuerza normal, la fuerza cortante y el momento flexionante que actúan en el punto B de la estructura de dos elementos que se muestra en la figura 7-6*a*.

SOLUCIÓN

Reacciones en los soportes. En la figura 7-6*b* se presenta un diagrama de cuerpo libre de cada elemento. Como CD es un elemento de dos fuerzas, las ecuaciones de equilibrio tienen que aplicarse sólo al elemento AC.

$$\circlearrowleft+\Sigma M_A = 0; \quad -400 \text{ lb } (4 \text{ ft}) + \left(\tfrac{3}{5}\right) F_{DC}(8 \text{ ft}) = 0 \qquad F_{DC} = 333.3 \text{ lb}$$

$$\overset{+}{\rightarrow} \Sigma F_x = 0; \quad -A_x + \left(\tfrac{4}{5}\right)(333.3 \text{ lb}) = 0 \qquad A_x = 266.7 \text{ lb}$$

$$+\uparrow \Sigma F_y = 0; \quad A_y - 400 \text{ lb} + \left(\tfrac{3}{5}\right)(333.3 \text{ lb}) = 0 \qquad A_y = 200 \text{ lb}$$

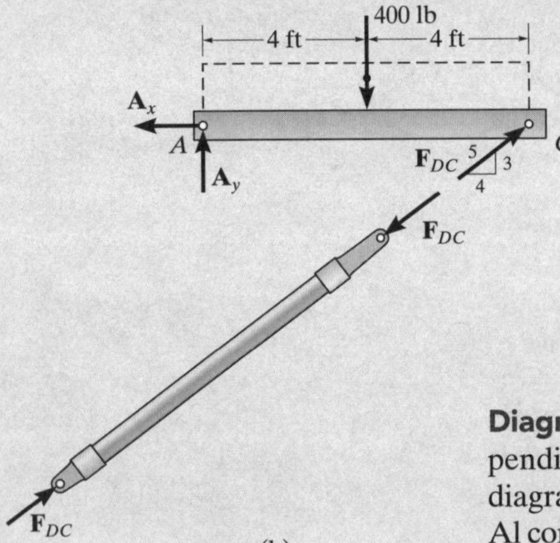

(b)

Fig. 7-6

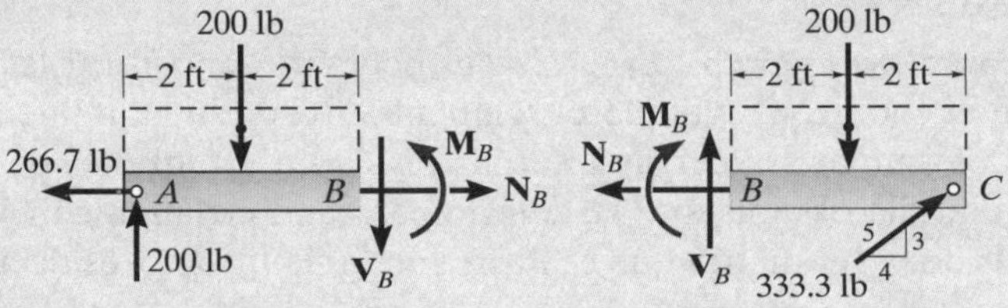

(c)

Diagramas de cuerpo libre. Al pasar una sección imaginaria perpendicular al eje del elemento AC a través del punto B se obtienen los diagramas de cuerpo libre de los segmentos AB y BC de la figura 7-6*c*. Al construir esos diagramas, es importante mantener la carga distribuida exactamente donde está *hasta después de que se haga la sección*. Sólo entonces se podrá reemplazar por una sola fuerza resultante.

Ecuaciones de equilibrio. Al aplicar las ecuaciones de equilibrio al segmento AB, tenemos

$$\overset{+}{\rightarrow} \Sigma F_x = 0; \quad N_B - 266.7 \text{ lb} = 0 \qquad N_B = 267 \text{ lb} \qquad \textit{Resp.}$$

$$+\uparrow \Sigma F_y = 0; \quad 200 \text{ lb} - 200 \text{ lb} - V_B = 0 \qquad V_B = 0 \qquad \textit{Resp.}$$

$$\circlearrowleft+\Sigma M_B = 0; \quad M_B - 200 \text{ lb } (4 \text{ ft}) + 200 \text{ lb } (2 \text{ ft}) = 0$$

$$M_B = 400 \text{ lb} \cdot \text{ft} \qquad \textit{Resp.}$$

NOTA: Como ejercicio, trate de obtener los mismos resultados mediante el segmento BC.

EJEMPLO 7.4

Determine la fuerza normal, la fuerza cortante y el momento flexionante que actúan en el punto E de una estructura que está cargada de la manera que se indica en la figura 7-7*a*.

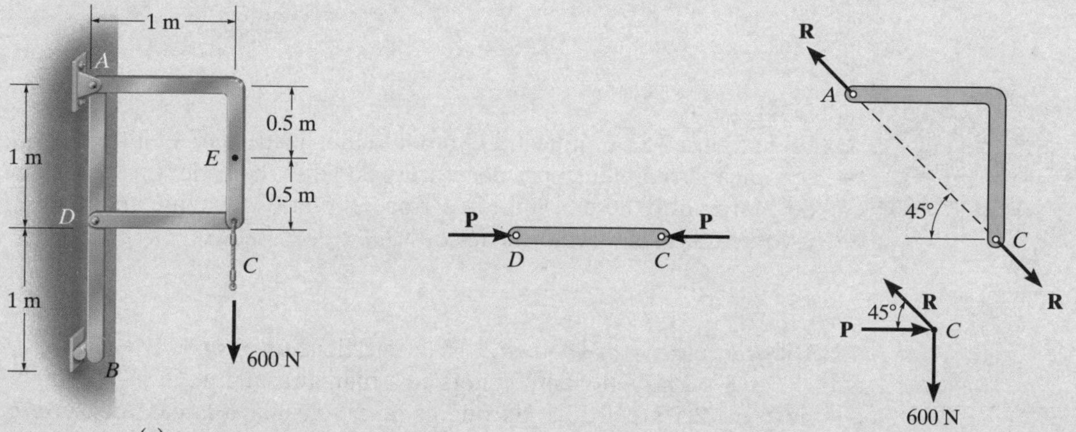

(a) (b)

SOLUCIÓN

Reacciones en los soportes. Por inspección, los elementos AC y CD son elementos de dos fuerzas (fig. 7-7*b*). Para determinar las cargas internas en E, primero debemos determinar la fuerza **R** que actúa en el extremo del elemento AC. Para obtener esto analizaremos el equilibrio del pasador ubicado en C.

Sumando fuerzas en la dirección vertical sobre el pasador (fig. 7-7*b*), tenemos

$$+\uparrow \Sigma F_y = 0; \qquad R \operatorname{sen} 45^\circ - 600 \text{ N} = 0 \qquad R = 848.5 \text{ N}$$

Diagrama de cuerpo libre. En la figura 7-7*c* se muestra el diagrama de cuerpo libre del segmento CE.

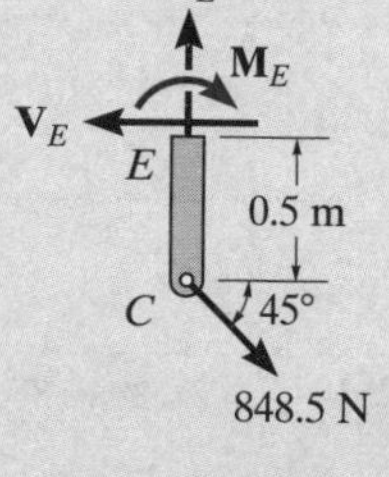

(c)

Fig. 7-7

Ecuaciones de equilibrio.

$$\xrightarrow{+} \Sigma F_x = 0; \qquad 848.5 \cos 45^\circ \text{ N} - V_E = 0 \qquad V_E = 600 \text{ N} \qquad \textit{Resp.}$$

$$+\uparrow \Sigma F_y = 0; \qquad -848.5 \operatorname{sen} 45^\circ \text{ N} + N_E = 0 \qquad N_E = 600 \text{ N} \qquad \textit{Resp.}$$

$$\circlearrowleft + \Sigma M_E = 0; \qquad 848.5 \cos 45^\circ \text{ N}(0.5 \text{ m}) - M_E = 0$$

$$M_E = 300 \text{ N} \cdot \text{m} \qquad \textit{Resp.}$$

NOTA: Estos resultados indican un diseño deficiente. El elemento AC debería ser *recto* (de A a C) para que se *elimine* la flexión dentro del elemento. Si AC fuera recto, entonces la fuerza interna generaría sólo tensión en el elemento.

7

EJEMPLO 7.5

(© Russell C. Hibbeler)

(a)

El letrero uniforme de la figura 7-8*a* tiene una masa de 650 kg y está sostenido mediante la columna empotrada. Los códigos de diseño indican que la carga de viento uniforme máxima esperada que ocurrirá en el área donde se localiza el letrero es de 900 Pa. Determine las cargas internas en A.

SOLUCIÓN

En la figura 7-8*b* se muestra el modelo idealizado para el letrero. Aquí se indican las dimensiones necesarias. Podemos considerar el diagrama de cuerpo libre de una sección arriba del punto A, ya que ahí no están involucradas las reacciones de soporte.

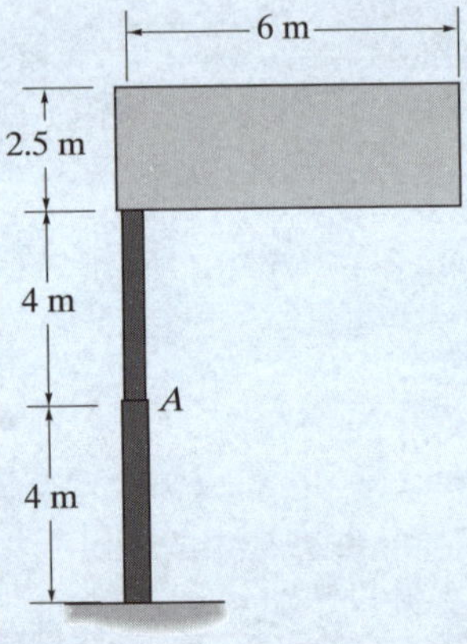

(b)

Diagrama de cuerpo libre. El letrero tiene un peso de $W = 650(9.81)$ N $= 6.376$ kN, y el viento genera una fuerza resultante de $F_w = 900$ N/m^2(6 m)(2.5 m) $= 13.5$ kN que es perpendicular a la cara del letrero. Estas cargas se muestran en el diagrama de cuerpo libre (fig. 7-8*c*).

Ecuaciones de equilibrio. Como el problema es tridimensional, se usará un análisis vectorial.

$$\Sigma \mathbf{F} = \mathbf{0}; \qquad \mathbf{F}_A - 13.5\mathbf{i} - 6.376\mathbf{k} = \mathbf{0}$$

$$\mathbf{F}_A = \{13.5\mathbf{i} + 6.38\mathbf{k}\} \text{ kN} \qquad \textit{Resp.}$$

$$\Sigma \mathbf{M}_A = \mathbf{0}; \qquad \mathbf{M}_A + \mathbf{r} \times (\mathbf{F}_w + \mathbf{W}) = \mathbf{0}$$

$$\mathbf{M}_A + \begin{vmatrix} \mathbf{i} & \mathbf{j} & \mathbf{k} \\ 0 & 3 & 5.25 \\ -13.5 & 0 & -6.376 \end{vmatrix} = \mathbf{0}$$

$$\mathbf{M}_A = \{19.1\mathbf{i} + 70.9\mathbf{j} - 40.5\mathbf{k}\} \text{ kN} \cdot \text{m} \qquad \textit{Resp.}$$

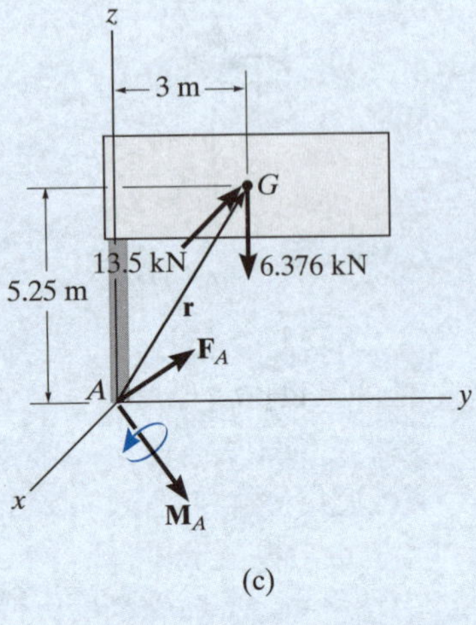

(c)

Fig. 7-8

NOTA: Aquí $\mathbf{F}_{A_z} = \{6.38\mathbf{k}\}$ kN representa la fuerza normal, mientras que $\mathbf{F}_{A_x} = \{13.5\mathbf{i}\}$ kN es la fuerza cortante. Asimismo, el momento de torsión es $\mathbf{M}_{A_z} = \{-40.5\mathbf{k}\}$ kN·m, y el momento flexionante se determina a partir de sus componentes $\mathbf{M}_{A_x} = \{19.1\mathbf{i}\}$ kN·m y $\mathbf{M}_{A_y} = \{70.9\mathbf{j}\}$ kN·m; es decir, $(M_b)_A = \sqrt{(M_A)_x^2 + (M_A)_y^2} = 73.4$ kN·m.

PROBLEMAS PRELIMINARES

P7-1. En cada caso, calcule la reacción en A y, después, trace el diagrama de cuerpo libre del segmento AB de la viga para determinar la carga interna en B.

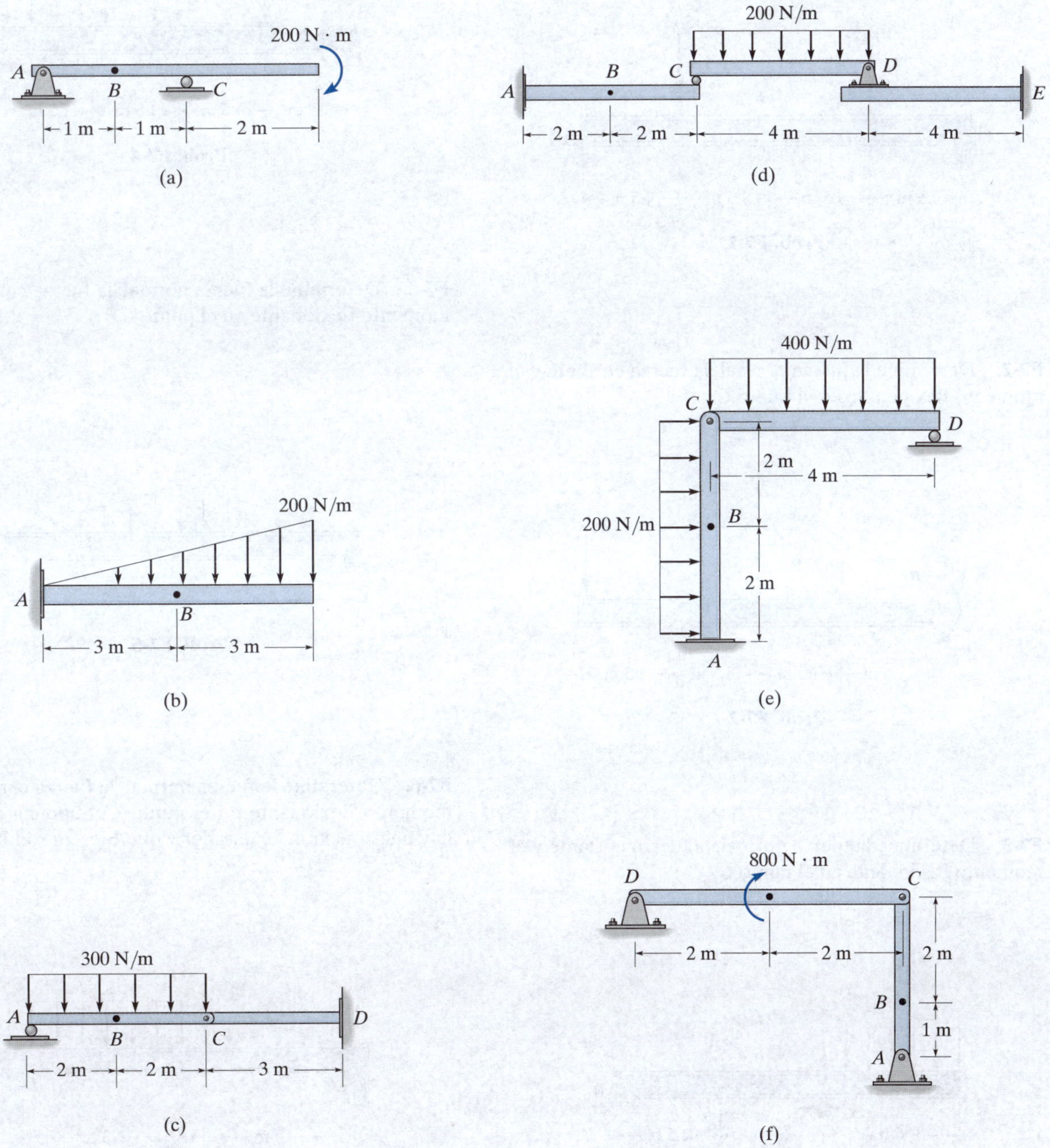

Prob. P7-1

PROBLEMAS FUNDAMENTALES

Todas las soluciones a los problemas deben incluir un DCL.

F7-1. Determine la fuerza normal, la fuerza cortante y el momento flexionante en el punto C.

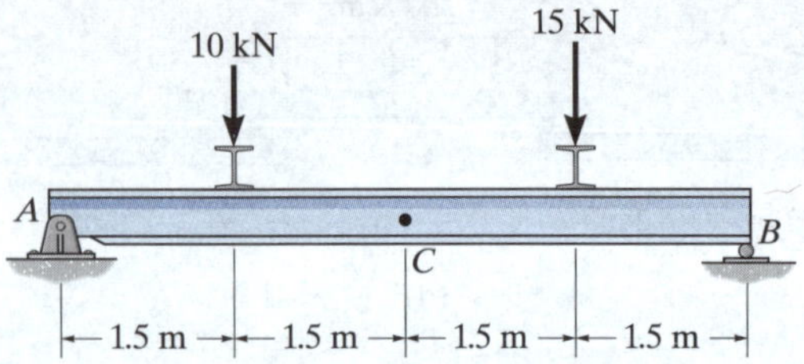

Prob. F7-1

F7-2. Determine la fuerza normal, la fuerza cortante y el momento flexionante en el punto C.

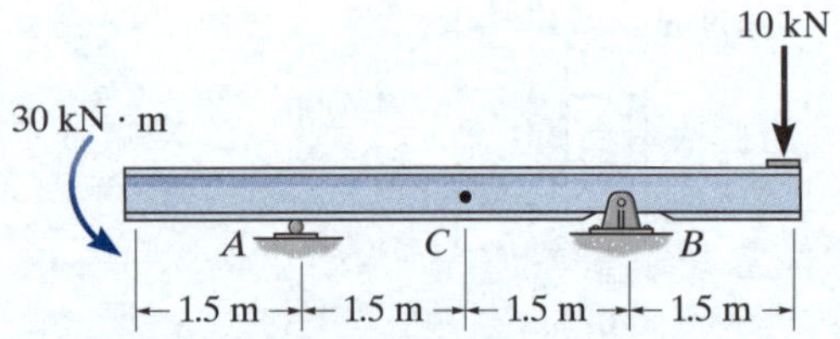

Prob. F7-2

F7-3. Determine la fuerza normal, la fuerza cortante y el momento flexionante en el punto C.

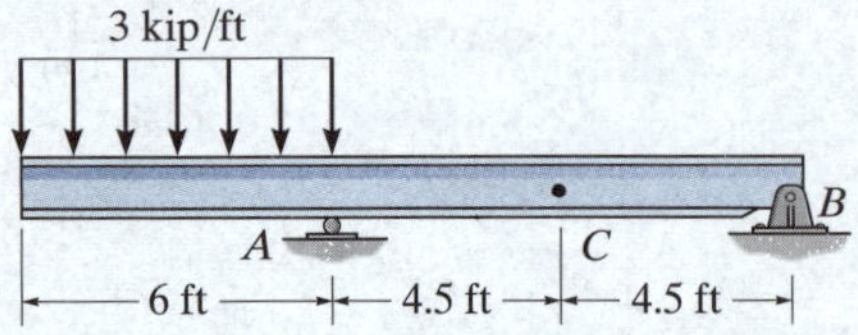

Prob. F7-3

F7-4. Determine la fuerza normal, la fuerza cortante y el momento flexionante en el punto C.

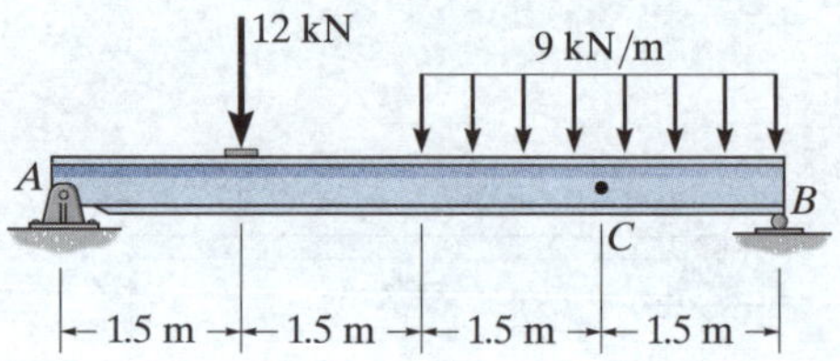

Prob. F7-4

F7-5. Determine la fuerza normal, la fuerza cortante y el momento flexionante en el punto C.

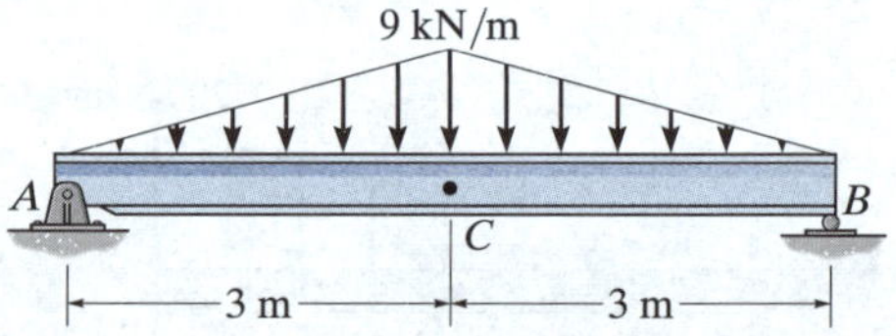

Prob. F7-5

F7-6. Determine la fuerza normal, la fuerza cortante y el momento flexionante en el punto C. Suponga que en A hay una conexión de pasador y que B es un rodillo.

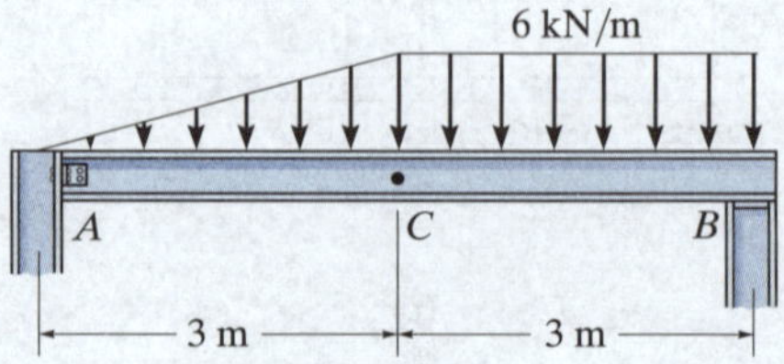

Prob. F7-6

PROBLEMAS

Todas las soluciones a los problemas deben incluir un DCL.

7-1. Determine la fuerza cortante y el momento en los puntos *C* y *D*.

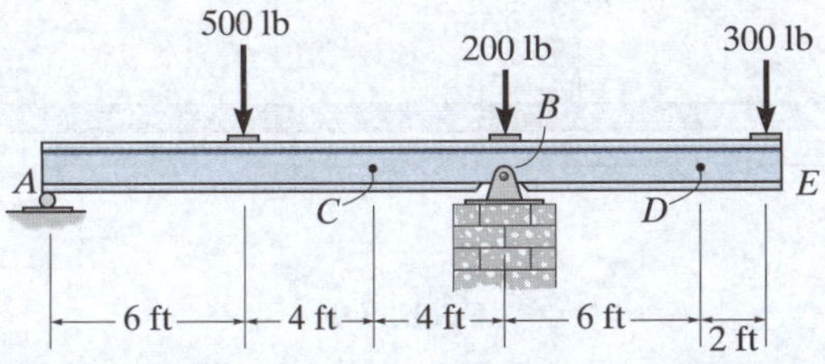

Prob. 7-1

7-2. Determine la fuerza normal interna, la fuerza cortante y el momento flexionante en los puntos *C* y *D* de la viga. Suponga que el soporte en *B* es un rodillo. El punto *C* se encuentra justo a la derecha de la carga de 8 kip.

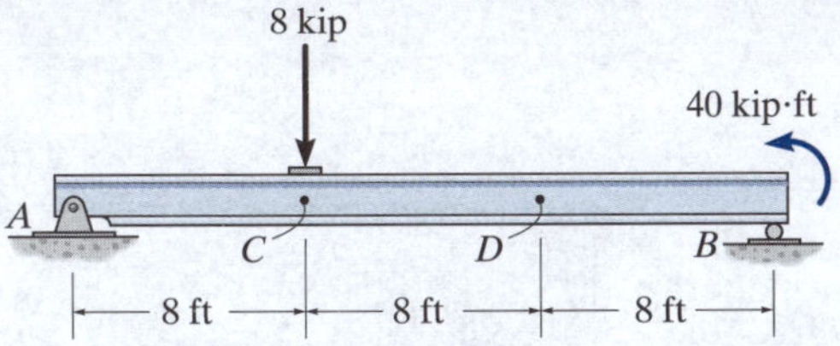

Prob. 7-2

7-3. Dos vigas están unidas a la columna de modo que las conexiones estructurales transmiten las cargas mostradas. Determine la fuerza normal interna, la fuerza cortante y el momento que actúan en una sección de la columna que pasa horizontalmente a través del punto *A*.

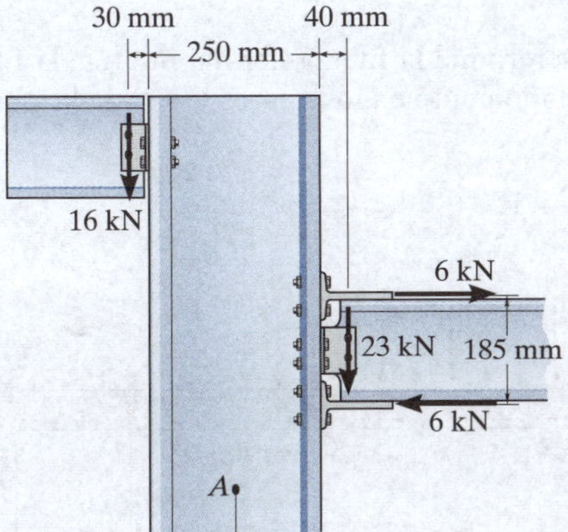

Prob. 7-3

***7-4.** La viga pesa 280 lb/ft. Determine la fuerza normal interna, la fuerza cortante y el momento en el punto *C*.

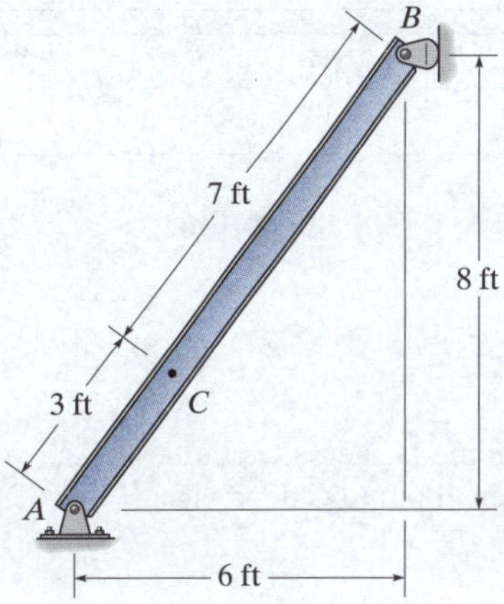

Prob. 7-4

7-5. Las pinzas se utilizan para sujetar el tubo en *B*. Si se aplica una fuerza de 20 lb a las manijas, determine la fuerza cortante interna y el momento en el punto *C*. Suponga que las quijadas de las pinzas ejercen solamente fuerzas normales sobre el tubo.

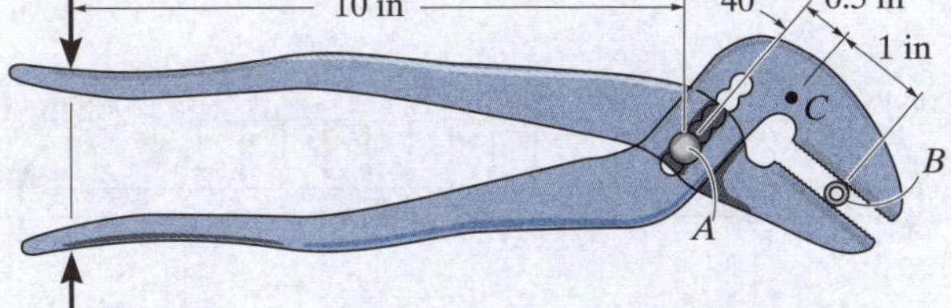

Prob. 7-5

7

7-6. Determine la distancia a como una fracción de la longitud L de la viga para ubicar el soporte de rodillo, de modo que el momento en el punto B de la viga sea cero.

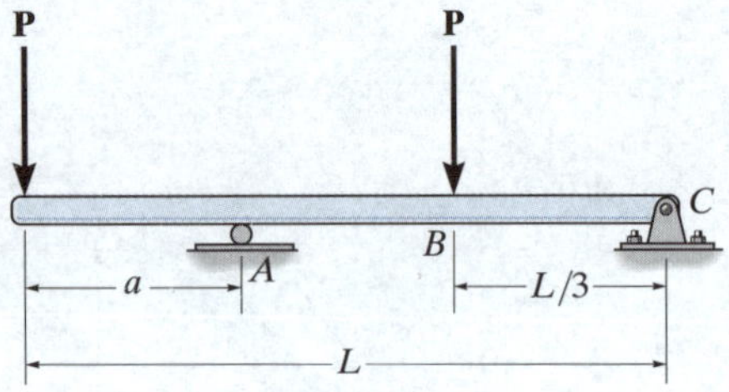

Prob. 7-6

7-7. Determine la fuerza cortante interna y el momento que actúan en el punto C de la viga.

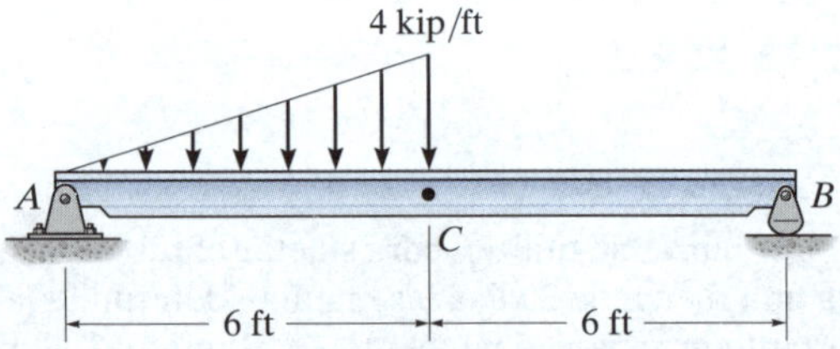

Prob. 7-7

***7-8.** Determine la fuerza cortante interna y el momento que actúan en el punto C de la viga.

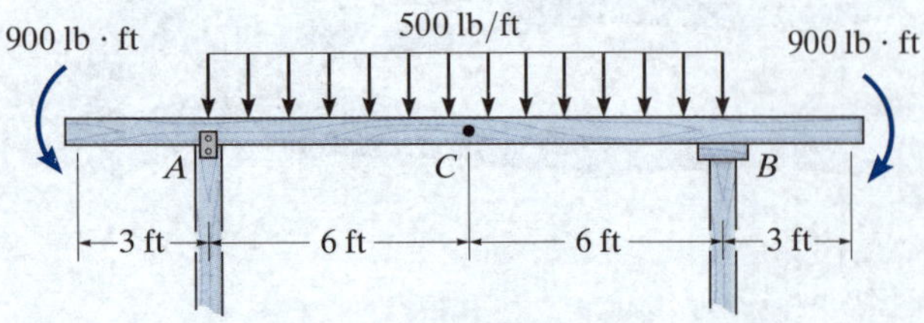

Prob. 7-8

7-9. Determine la fuerza normal, la fuerza cortante y el momento en una sección que pasa por el punto C. Considere que $P = 8$ kN.

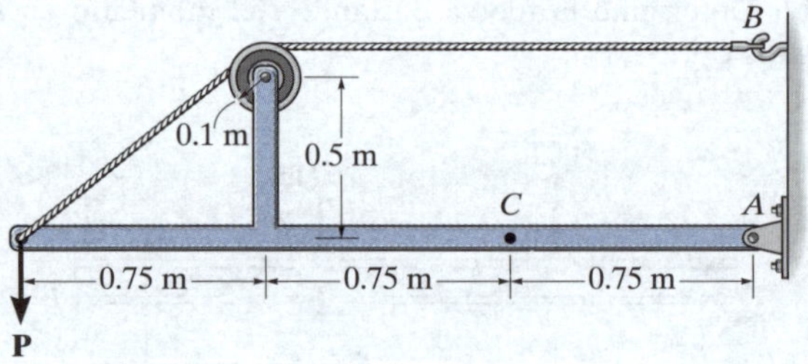

Prob. 7-9

7-10. El cable fallará cuando se someta a una tensión de 2 kN. Determine la mayor carga vertical P que el bastidor puede soportar, y calcule la fuerza normal interna, la fuerza cortante y el momento en una sección que pasa por el punto C para esa carga.

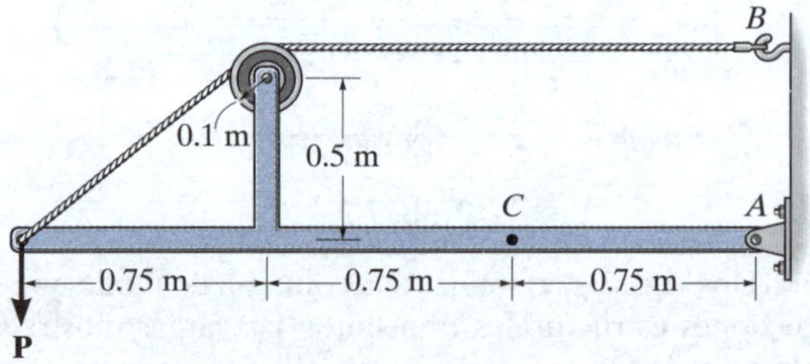

Prob. 7-10

7-11. Determine la fuerza normal interna, la fuerza cortante y el momento en los puntos C y D de la viga.

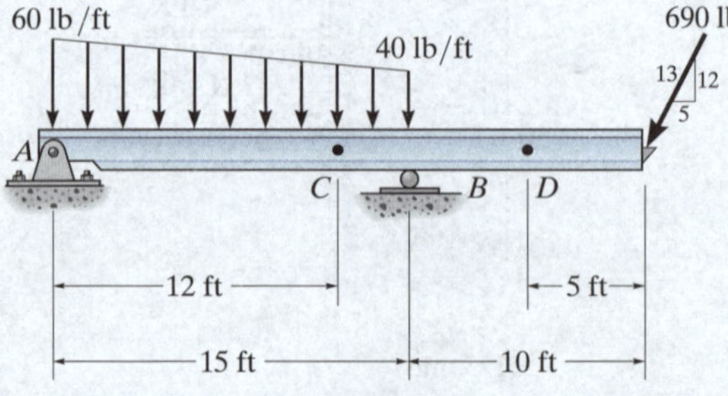

Prob. 7-11

***7-12.** Determine la distancia a entre los cojinetes en función de la longitud L del eje, de modo que el momento en el eje *simétrico* sea cero en su centro.

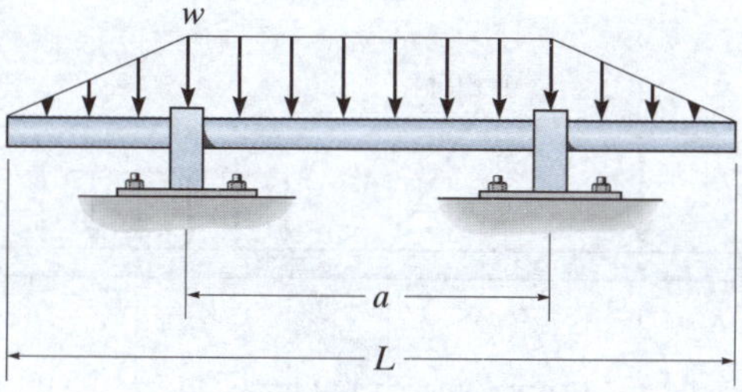

Prob. 7-12

7-13. Determine la fuerza normal interna, la fuerza cortante y el momento en secciones de la viga que pasan por los puntos D y E. El punto D se ubica justo a la izquierda de la carga de 5 kip.

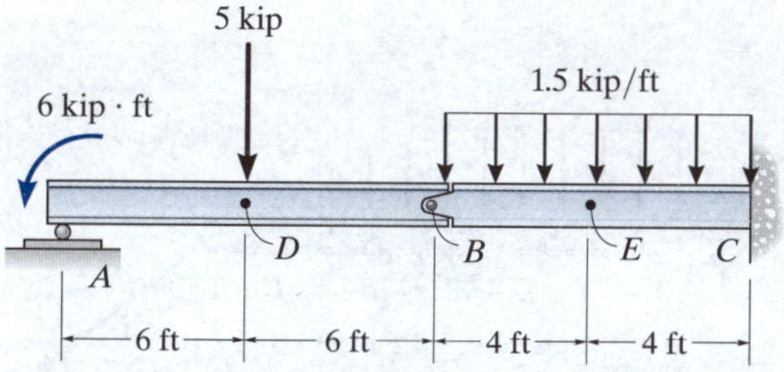

Prob. 7-13

7-14. El eje se sostiene mediante una chumacera en A y mediante un cojinete de empuje en B. Determine la fuerza normal, la fuerza cortante y el momento en una sección que pasa a través de (a) el punto C, que está justo a la derecha del cojinete en A; y (b) el punto D, que está justo a la izquierda de la fuerza de 3000 lb.

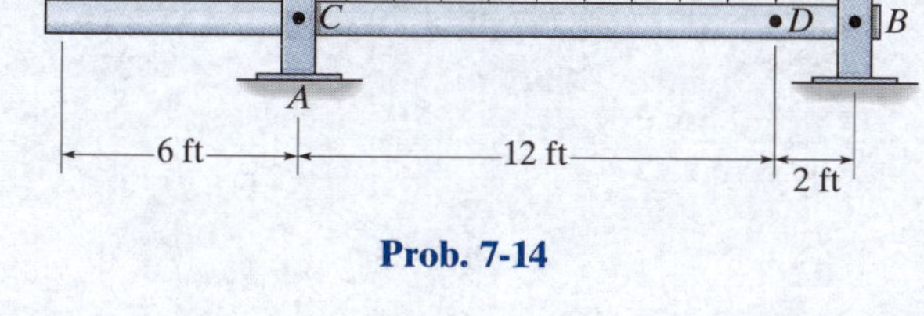

Prob. 7-14

7-15. Determine la fuerza normal interna, la fuerza cortante y el momento en el punto C.

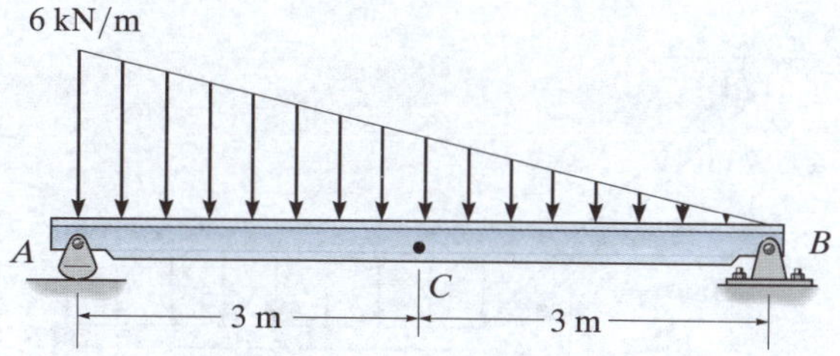

Prob. 7-15

***7-16.** Determine la fuerza normal interna, la fuerza cortante y el momento en el punto C de la viga.

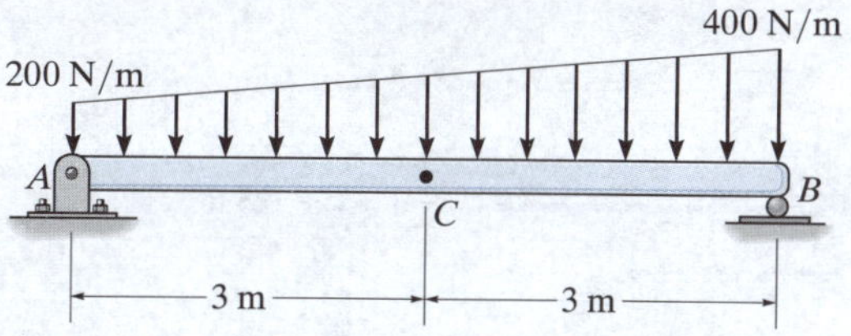

Prob. 7-16

7-17. El portaestante en voladizo se usa para sostener cada uno de los extremos de un tubo liso que tiene un peso total de 300 lb. Determine la fuerza normal, la fuerza cortante y el momento que actúan en el soporte fijo A del brazo a lo largo de una sección vertical.

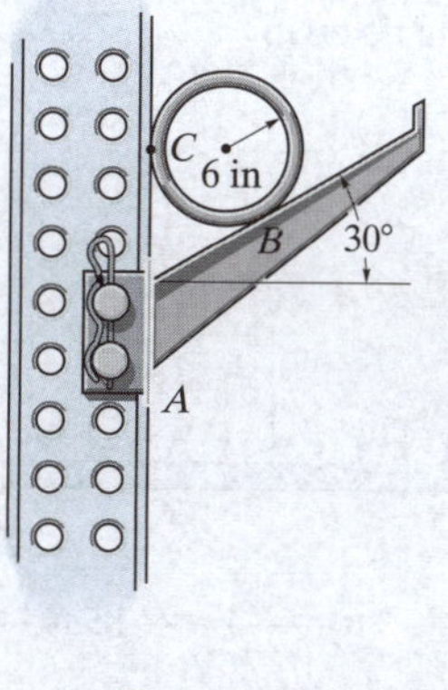

Prob. 7-17

7-18. Determine la fuerza normal interna, la fuerza cortante y el momento en los puntos C y D.

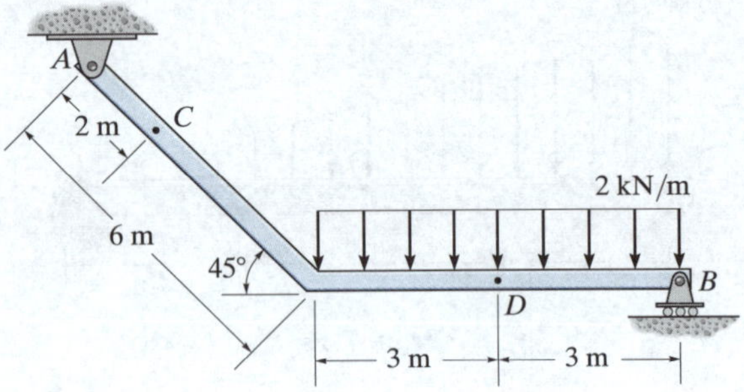

Prob. 7-18

7-19. Determine la fuerza normal interna, la fuerza cortante y el momento en el punto C.

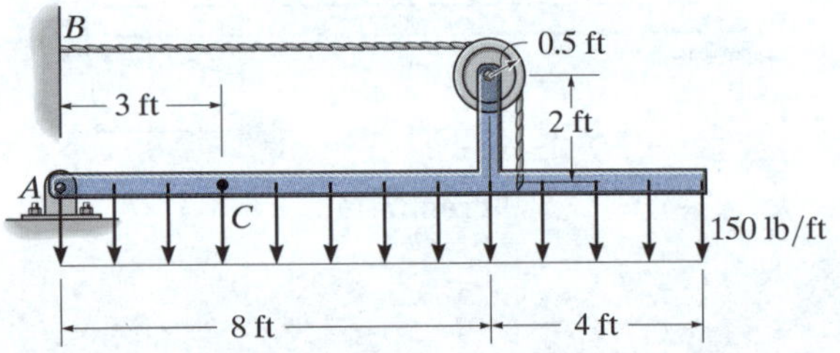

Prob. 7-19

***7-20.** La varilla AB está fija a un collarín liso D, que se desliza libremente a lo largo de la guía vertical. Determine la fuerza normal interna, la fuerza cortante y el momento en el punto C, que se encuentra justo a la izquierda de la carga concentrada de 60 lb.

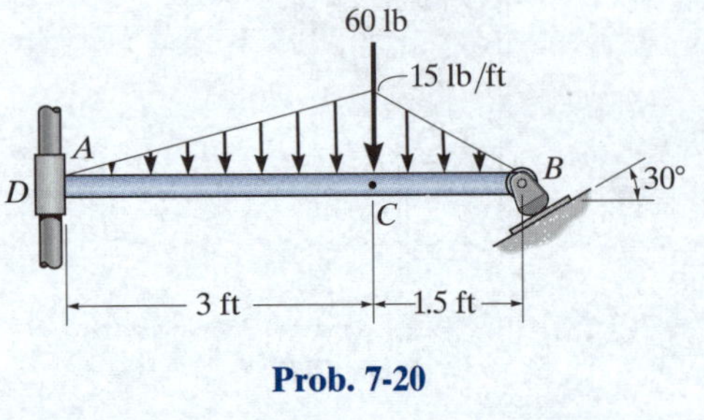

Prob. 7-20

7-21. Determine la fuerza normal interna, la fuerza cortante y el momento en los puntos E y F de la viga compuesta. El punto E se encuentra justo a la izquierda de la fuerza de 800 N.

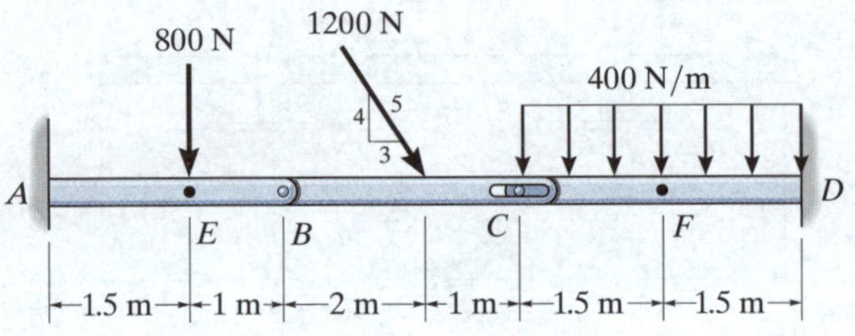

Prob. 7-21

7-22. Determine la fuerza normal interna, la fuerza cortante y el momento en los puntos D y E de la viga saliente. El punto D se encuentra justo a la izquierda del soporte de rodillo en B, donde actúa el momento de par.

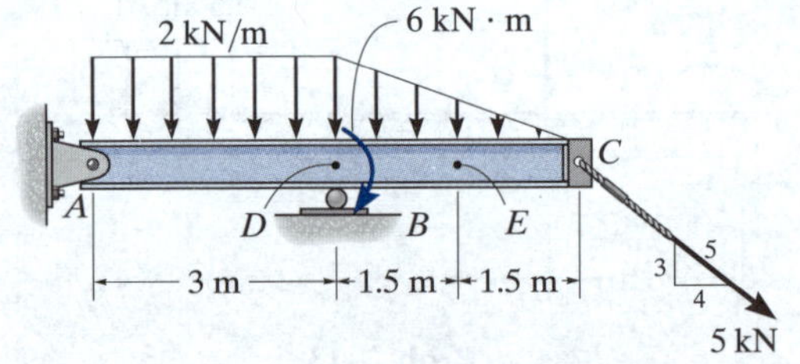

Prob. 7-22

7-23. Determine la fuerza normal interna, la fuerza cortante y el momento en el punto C.

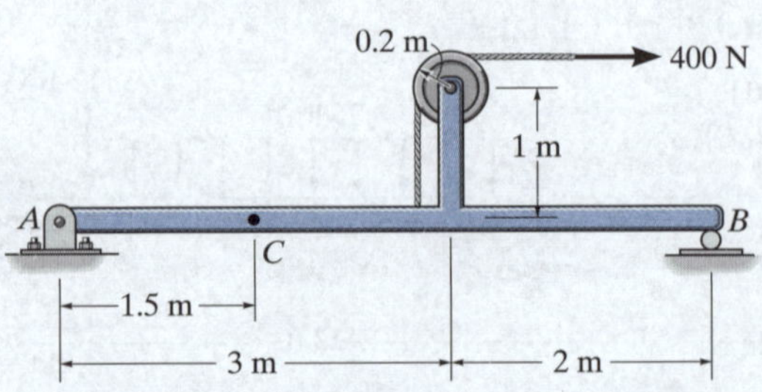

Prob. 7-23

***7-24.** Determine la relación de a/b para la que la fuerza cortante será cero en el punto medio C de la viga.

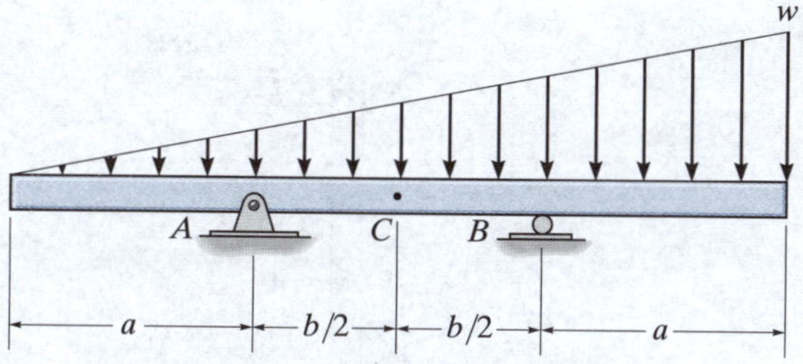

Prob. 7-24

7-25. Determine la fuerza normal, la fuerza cortante y el momento en las secciones de la viga que pasan por los puntos D y E. El punto E está justo a la derecha de la carga de 3 kip.

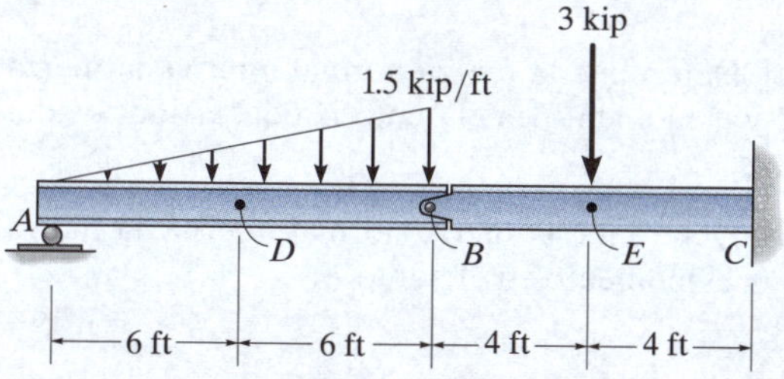

Prob. 7-25

7-26. Determine la fuerza normal interna, la fuerza cortante y el momento flexionante en el punto C.

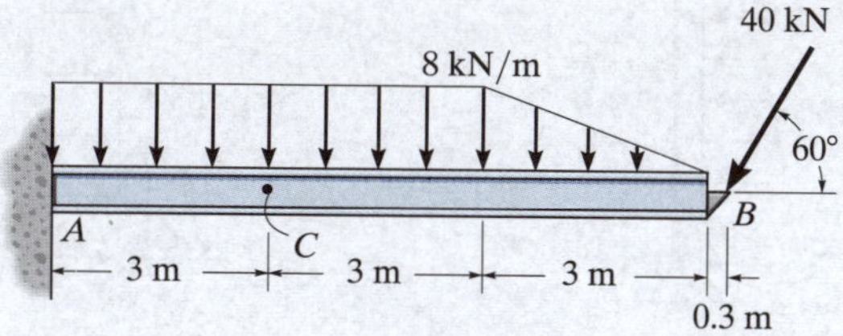

Prob. 7-26

7-27. Determine la fuerza normal interna, la fuerza cortante y el momento en el punto C.

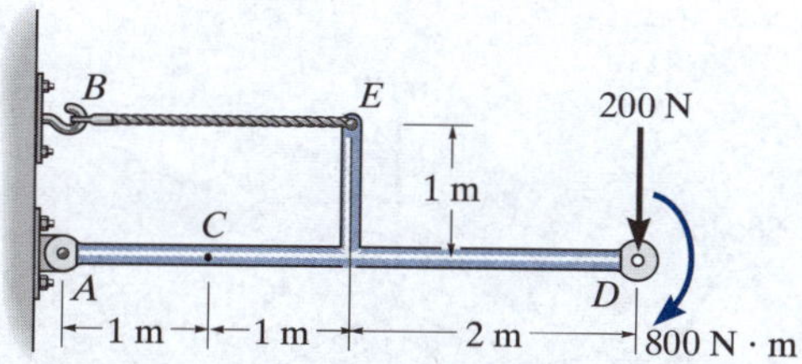

Prob. 7-27

***7-28.** Determine la fuerza normal interna, la fuerza cortante y el momento en los puntos C y D de la viga simplemente apoyada. El punto D se encuentra justo a la izquierda de la carga concentrada de 10 kN.

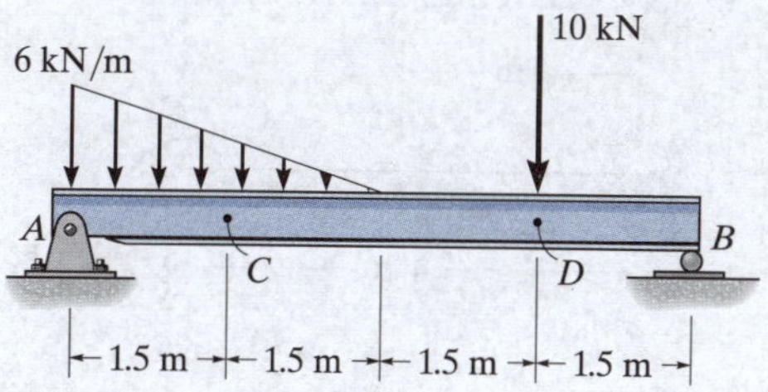

Prob. 7-28

7-29. Determine la fuerza normal, la fuerza cortante y el momento que actúan en una sección que pasa por el punto *C*.

7-30. Determine la fuerza normal, la fuerza cortante y el momento que actúan en una sección que pasa por el punto *D*.

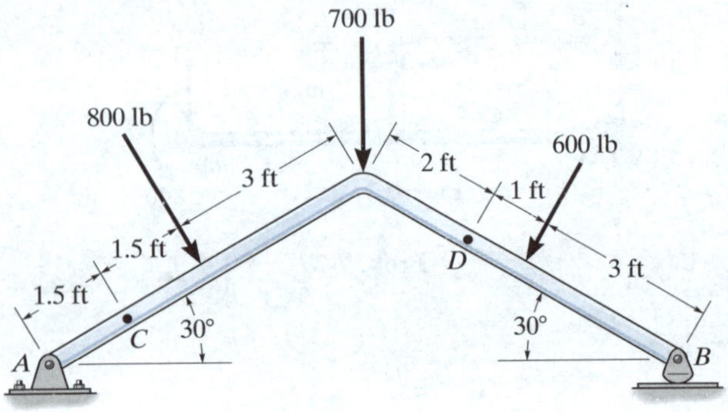

Probs. 7-29/30

***7-32.** Determine la fuerza normal interna, la fuerza cortante y el momento en el punto *D*.

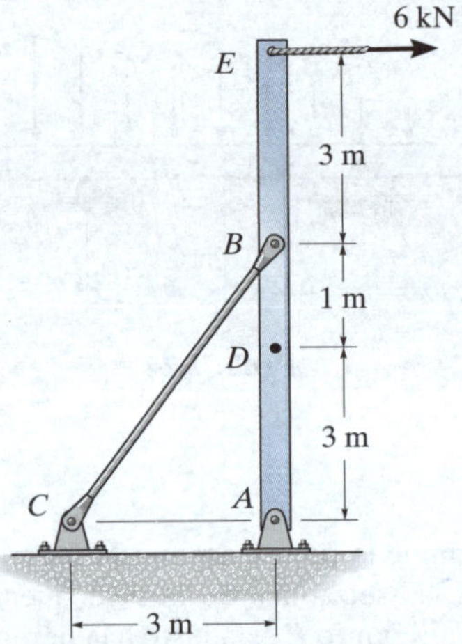

Prob. 7-32

7-31. Determine la fuerza normal interna, la fuerza cortante y el momento que actúan en los puntos *D* y *E* del bastidor.

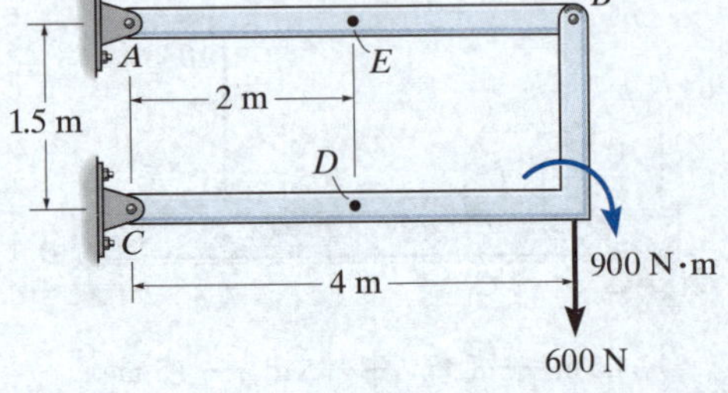

Prob. 7-31

7-33. Determine la fuerza normal interna, la fuerza cortante y el momento en el punto *D* del bastidor de dos elementos.

7-34. Determine la fuerza normal interna, la fuerza cortante y el momento en el punto *E*.

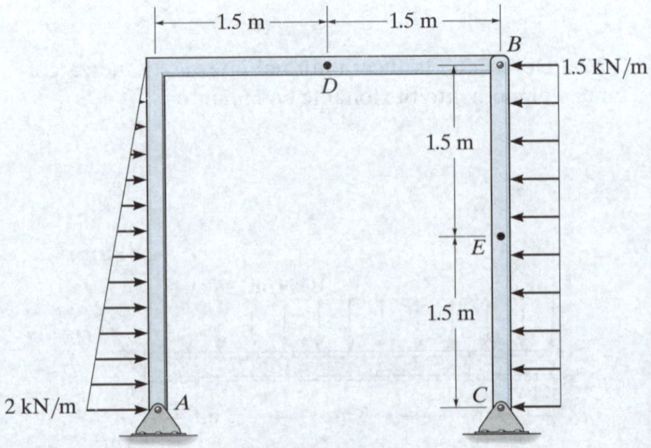

Probs. 7-33/34

7-35. El larguero o viga de izamiento se utiliza para el manejo de materiales. Si la carga suspendida tiene un peso de 2 kN y un centro de gravedad en G, determine la ubicación d de las armellas en la parte superior de la viga, de modo que no se desarrolle un momento en la longitud AB de la viga. La brida de elevación tiene dos brazos que se colocan a 45°, de la manera indicada.

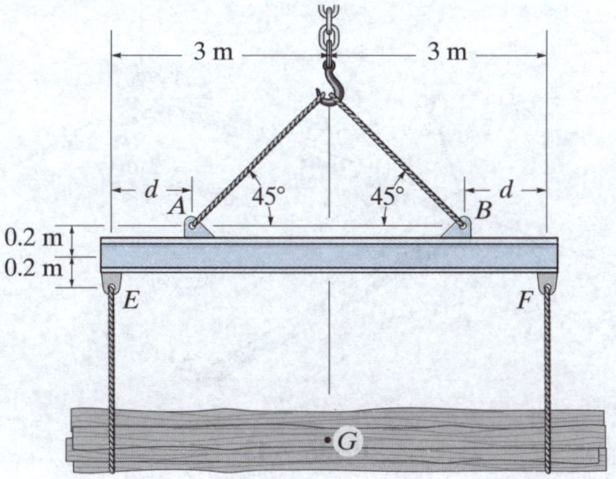

Prob. 7-35

7-37. Determine la fuerza normal interna, la fuerza cortante y el momento en el punto D del bastidor de dos elementos.

7-38. Determine la fuerza normal interna, la fuerza cortante y el momento en el punto E del bastidor de dos elementos.

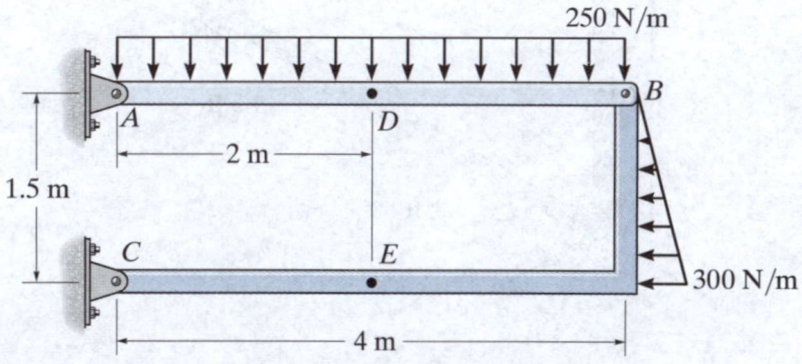

Probs. 7-37/38

***7-36.** Determine la fuerza normal interna, la fuerza cortante y el momento que actúan en los puntos B y C de la varilla curva.

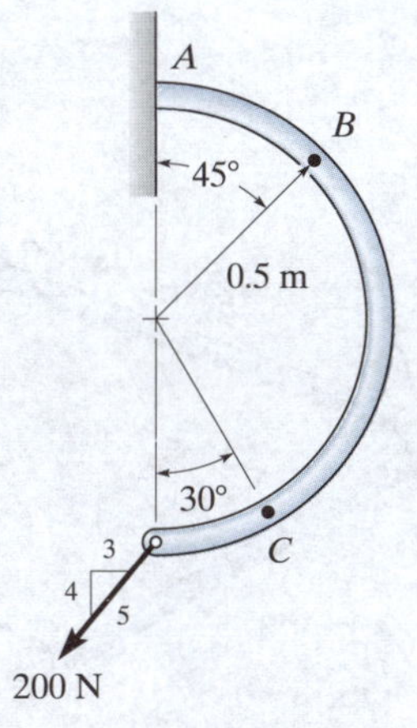

Prob. 7-36

7-39. La carga distribuida $w = w_0$ sen θ, medida por unidad de longitud, actúa sobre la varilla curva. Determine la fuerza normal interna, la fuerza cortante y el momento en la varilla, si $\theta = 45°$.

***7-40.** Resuelva el problema 7-39 para $\theta = 120°$.

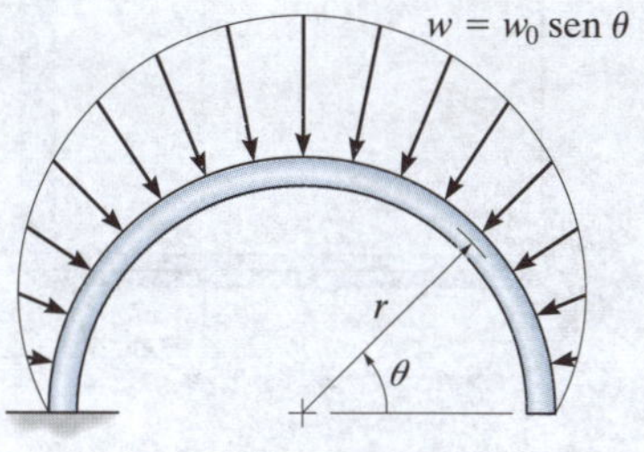

Probs. 7-39/40

7

7-41. Determine las componentes x, y, z de la fuerza y el momento en el punto C del ensamble de tubos. No tome en cuenta el peso de la tubería. Considere que $\mathbf{F}_1 = \{350\mathbf{i} - 400\mathbf{j}\}$ lb y $\mathbf{F}_2 = \{-300\mathbf{j} + 150\mathbf{k}\}$ lb.

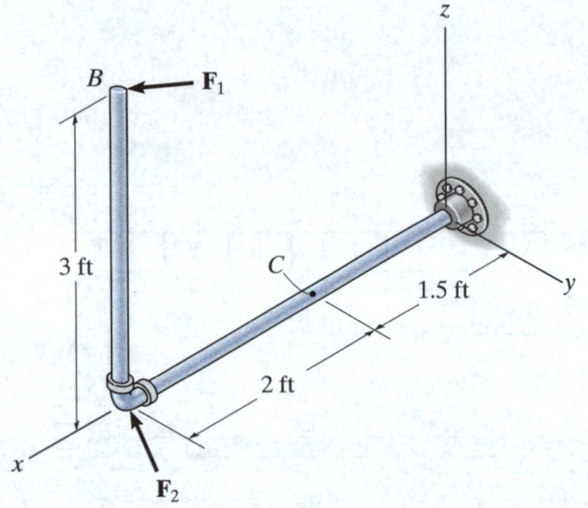

Prob. 7-41

7-43. Determine las componentes x, y, z de la carga interna en una sección que pasa por el punto B del ensamble de tubos. No tome en cuenta el peso de la tubería. Considere que $\mathbf{F}_1 = \{200\mathbf{i} - 100\mathbf{j} - 400\mathbf{k}\}$ N y $\mathbf{F}_2 = \{300\mathbf{i} - 500\mathbf{k}\}$ N.

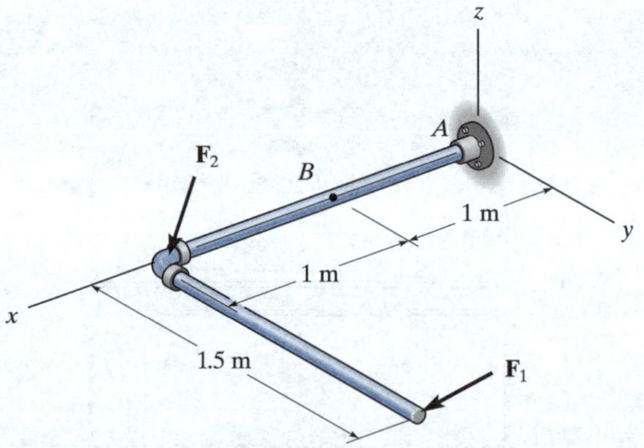

Prob. 7-43

7-42. Determine las componentes x, y, z de la fuerza y el momento en el punto C del ensamble de tubos. No tome en cuenta el peso de la tubería. Las cargas que actúan en (0, 3.5 ft, 3 ft) son $\mathbf{F}_1 = \{-24\mathbf{i} - 10\mathbf{k}\}$ lb y $\mathbf{M} = \{-30\mathbf{k}\}$ lb · ft y en el punto (0, 3.5 ft, 0) $\mathbf{F}_2 = \{-80\mathbf{i}\}$ lb.

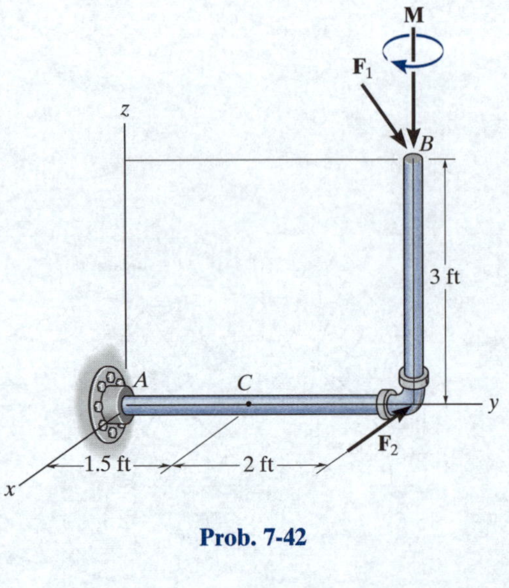

Prob. 7-42

***7-44.** Determine las componentes x, y, z de la carga interna en una sección que pasa por el punto B del ensamble de tubos. No tome en cuenta el peso de la tubería. Considere que $\mathbf{F}_1 = \{100\mathbf{i} - 200\mathbf{j} - 300\mathbf{k}\}$ N y $\mathbf{F}_2 = \{100\mathbf{i} + 500\mathbf{j}\}$ N.

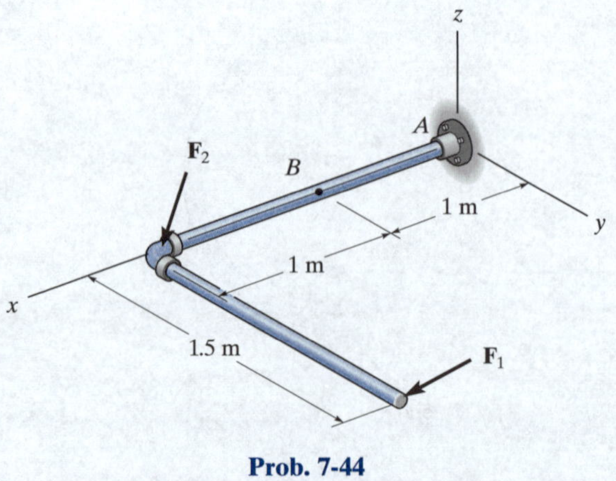

Prob. 7-44

*7.2 Ecuaciones y diagramas de fuerza cortante y de momento flexionante

Las ***vigas*** son elementos estructurales diseñados para soportar cargas aplicadas de manera perpendicular a sus ejes. En general, las vigas son largas y rectas, y tienen un área de sección transversal constante. A menudo, se clasifican según la manera en que están soportadas. Por ejemplo, una ***viga simplemente apoyada*** es aquella que está articulada en un extremo y sostenida por un rodillo en el otro (fig. 7-9*a*), mientras que una ***viga en voladizo*** está fija o empotrada en un extremo y libre en el otro. El diseño real de una viga requiere un conocimiento detallado de la *variación* de la fuerza cortante interna V y del momento flexionante M, que actúan en *cada punto* a lo largo del eje de la viga.*

Para ahorrar material y por lo tanto producir un diseño eficiente, estas vigas, también llamadas largueros, están ahusadas, ya que el momento interno de la viga será mayor en los soportes, o apoyos, que en el centro del claro. (© Russell C. Hibbeler)

Estas *variaciones* de V y M a lo largo del eje de la viga pueden obtenerse con el método de secciones analizado en la sección 7.1. Sin embargo, en este caso es necesario seccionar la viga a una distancia arbitraria x de un extremo para, después, aplicar las ecuaciones de equilibrio al segmento que tiene la longitud x. Al hacer esto es posible obtener V y M como funciones de x.

En general, las funciones de fuerza cortante interna y de momento flexionante serán discontinuas, o sus pendientes serán discontinuas en puntos donde una carga distribuida cambia, o donde se aplican fuerzas o momentos de par concentrados. Debido a esto, tales funciones deben determinarse para *cada segmento* de la viga ubicado entre dos discontinuidades de la carga. Por ejemplo, los segmentos que tienen longitudes x_1, x_2 y x_3 tendrán que usarse para describir la variación de V y M en toda la longitud de la viga en la figura 7-9*a*. Estas funciones serán válidas *sólo* dentro de las regiones desde 0 hasta a para x_1, desde a hasta b para x_2 y desde b hasta L para x_3. Si se grafican las funciones resultantes de x, las gráficas se denominan respectivamente ***diagrama de fuerza cortante*** y ***diagrama de momento flexionante*** (fig. 7-9*b* y fig. 7-9*c*).

7

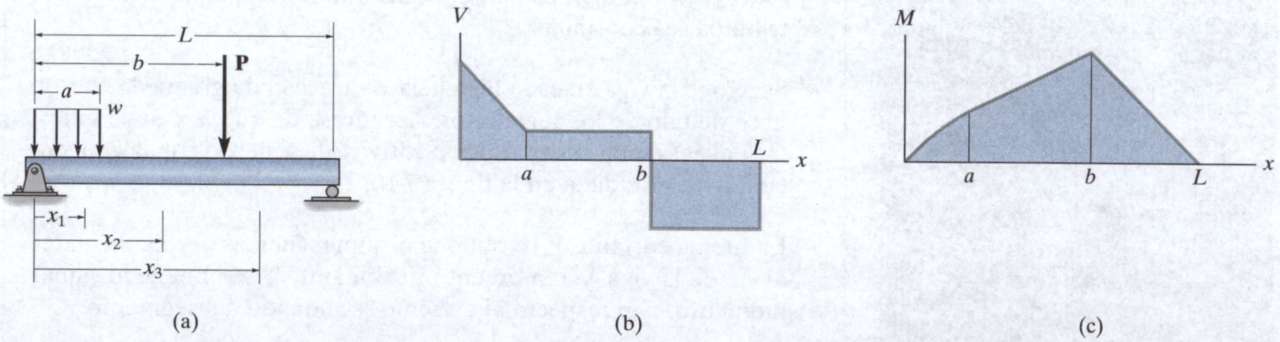

Fig. 7-9

*La fuerza normal interna no se considera por dos razones. En la mayoría de los casos, las cargas aplicadas a una viga actúan de manera perpendicular al eje de la viga y, por consiguiente, producen sólo una fuerza cortante y un momento flexionante internos. Para propósitos de diseño, la resistencia de la viga a la fuerza cortante, y en particular a la flexión, es más importante que su capacidad de resistir una fuerza normal.

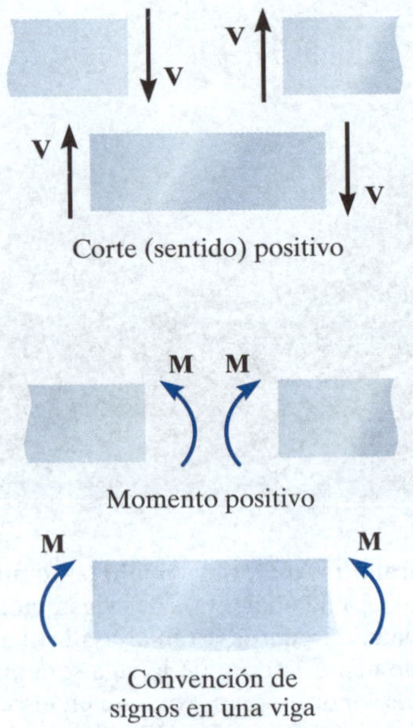

Fig. 7-10

Los brazos de estantería deben diseñarse para resistir en los brazos las cargas internas causadas por la madera. (© Russell C. Hibbeler)

Puntos importantes

- Los diagramas de fuerza cortante y de momento para una viga proporcionan descripciones gráficas acerca de cómo varían la fuerza cortante interna y el momento a lo largo de la longitud de la viga.

- Para obtener estos diagramas, se usa el método de secciones con la finalidad de determinar V y M como funciones de x. Después, estos resultados se representan gráficamente. Si la carga sobre la viga cambia de manera súbita, entonces es necesario seleccionar regiones entre cada una de las cargas para obtener cada función de x.

Procedimiento para el análisis

Los diagramas de fuerza cortante y de momento flexionante para una viga pueden construirse con el siguiente procedimiento.

Reacciones en los soportes

- Determine todas las fuerzas y los momentos de par reactivos que actúan sobre la viga, y descomponga todas las fuerzas en componentes que actúan en forma perpendicular y paralela al eje de la viga.

Funciones de fuerza cortante y de momento flexionante

- Especifique coordenadas x separadas cuyo origen esté en el extremo izquierdo de la viga y que se extienden a regiones de la viga *entre* fuerzas y/o momentos de par concentrados, o donde la carga distribuida sea continua.

- Seccione la viga en cada distancia x y trace el diagrama de cuerpo libre de uno de los segmentos. Asegúrese de que **V** y **M** se muestren al actuar en sus sentidos positivos, de acuerdo con la convención de signos dada en la figura 7-10.

- La fuerza cortante V se obtiene al sumar fuerzas perpendiculares al eje de la viga, y el momento flexionante M se obtiene al sumar momentos con respecto al extremo seccionado del segmento.

Diagramas de fuerza cortante y de momento flexionante

- Grafique el diagrama de fuerza cortante (V contra x) y el diagrama de momento flexionante (M contra x). Si los valores calculados de las funciones que describen V y M son *positivos*, se grafican sobre el eje x; en tanto que si los valores *negativos* se grafican debajo del eje x.

EJEMPLO 7.6

Trace los diagramas de fuerza cortante y de momento flexionante para la flecha que se muestra en la figura 7-11*a*. El soporte en *A* es un chumacera de empuje y el soporte en *C* es una chumacera lisa.

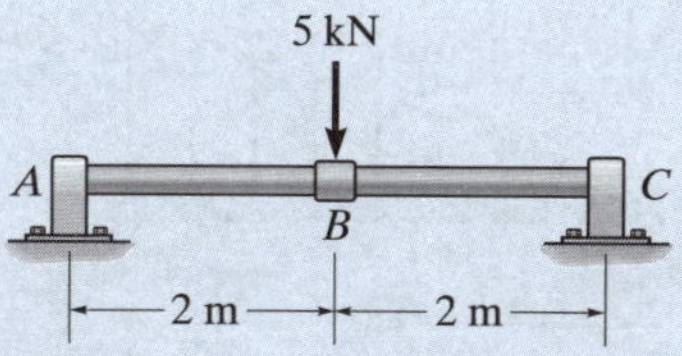

(a)

SOLUCIÓN

Reacciones en los soportes. En la figura 7-11*d* se ilustran las reacciones en los soportes sobre el diagrama de cuerpo libre de la flecha.

Funciones de fuerza cortante y de momento flexionante. La flecha se secciona a una distancia arbitraria *x* del punto *A*, la cual se extiende dentro de la región *AB*, y el diagrama de cuerpo libre del segmento izquierdo se muestra en la figura 7-11*b*. Se supone que las incógnitas **V** y **M** actúan en el *sentido positivo* sobre la cara derecha del segmento, de acuerdo con la convención de signos establecida. Al aplicar las ecuaciones de equilibrio resulta

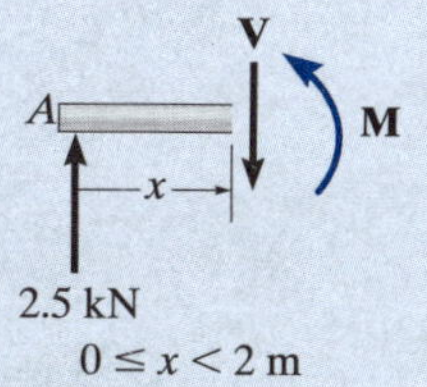

(b)

$$+\uparrow\Sigma F_y = 0; \qquad V = 2.5 \text{ kN} \qquad (1)$$

$$\circlearrowleft+\Sigma M = 0; \qquad M = 2.5x \text{ kN}\cdot\text{m} \qquad (2)$$

En la figura 7-11*c* se presenta un diagrama de cuerpo libre para un segmento izquierdo de la flecha, que se extiende una distancia *x* desde *A* dentro de la región *BC*. Como siempre, **V** y **M** se presentan en acción en el sentido positivo. Por lo tanto,

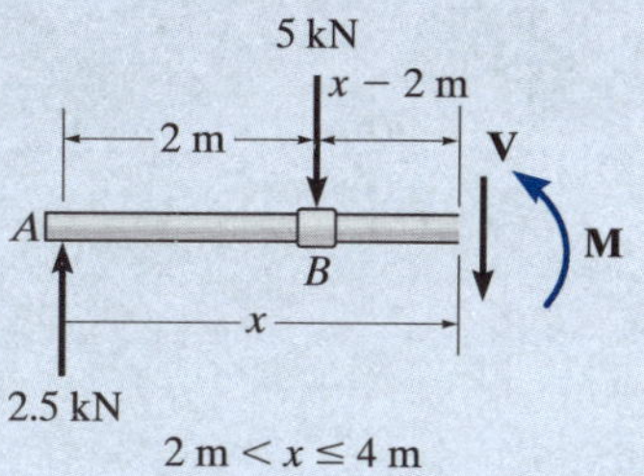

(c)

$$+\uparrow\Sigma F_y = 0; \qquad 2.5 \text{ kN} - 5 \text{ kN} - V = 0$$

$$V = -2.5 \text{ kN} \qquad (3)$$

$$\circlearrowleft+\Sigma M = 0; \qquad M + 5 \text{ kN}(x - 2 \text{ m}) - 2.5 \text{ kN}(x) = 0$$

$$M = (10 - 2.5x) \text{ kN}\cdot\text{m} \qquad (4)$$

Diagramas de fuerza cortante y de momento flexionante. Cuando se grafican las ecuaciones 1 a 4 dentro de las regiones donde son válidas, se obtienen los diagramas de fuerza cortante y de momento flexionante que se muestran en la figura 7-11*d*. El diagrama de fuerza cortante indica que la fuerza cortante interna es siempre de 2.5 kN (positiva) dentro del segmento de flecha *AB*. Justo a la derecha del punto *B*, la fuerza cortante cambia de signo y permanece en el valor constante de −2.5 kN para el segmento *BC*. El diagrama de momento comienza en cero, se incrementa linealmente hasta el punto *B* en $x = 2$ m, donde $M_{\text{máx}} = 2.5 \text{ kN}(2 \text{ m}) = 5 \text{ kN}\cdot\text{m}$ y, después, disminuye de nuevo a cero.

NOTA: En la figura 7-11*d* se observa que la gráfica de los diagramas de fuerza cortante y de momento flexionante "saltan" o cambian abruptamente en los sitios donde actúa una fuerza concentrada, es decir, en los puntos *A*, *B* y *C*. Por tal razón, como se mencionó antes, es necesario expresar por separado las funciones de fuerza cortante y de momento flexionante para regiones entre cargas concentradas. Sin embargo, debería considerarse que todas las discontinuidades de carga son matemáticas, y surgen de la *idealización de una fuerza concentrada y de un momento de par*. Físicamente, las cargas siempre se aplican sobre un área finita, y si la variación real de la carga pudiera tomarse en cuenta, los diagramas de fuerza cortante y de momento flexionante serían continuos sobre toda la longitud de la flecha.

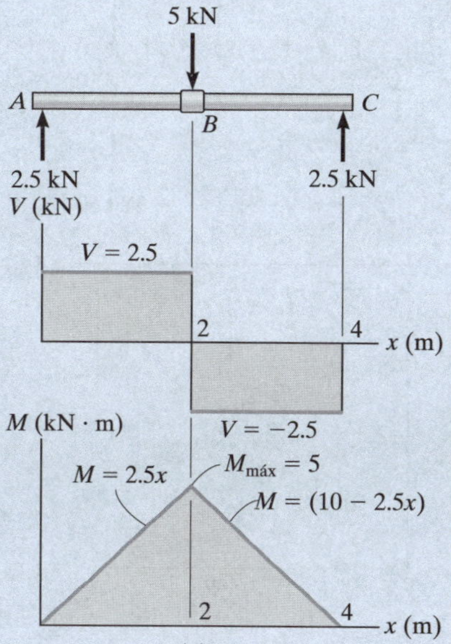

(d)

Fig. 7-11

EJEMPLO 7.7

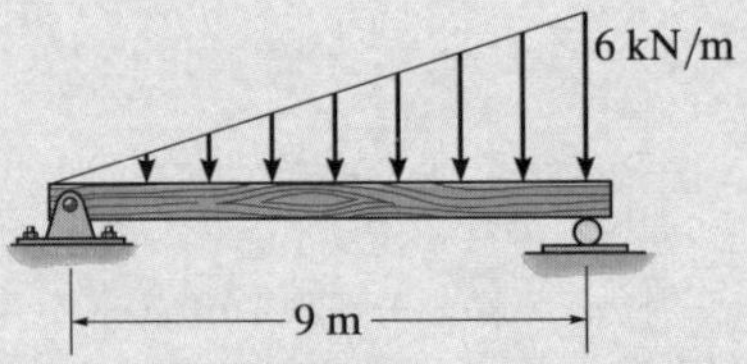

(a)

Trace los diagramas de fuerza cortante y de momento flexionante para la viga de la figura 7-12*a*.

SOLUCIÓN

Reacciones en los soportes. En la figura 7-12*c* se muestran las reacciones en los soportes sobre el diagrama de cuerpo libre de la viga.

Funciones de fuerza cortante y de momento flexionante. En la figura 7-12*b* se presenta un diagrama de cuerpo libre para un segmento izquierdo de la viga que tiene longitud x. Por triángulos semejantes, la carga distribuida que actúa en el extremo de este segmento tiene una intensidad de $w/x = 6/9$ o $w = (2/3)x$. Esta carga se reemplaza por una fuerza resultante *después* de que el segmento se aísla como un diagrama de cuerpo libre. La *magnitud* de la fuerza resultante es igual a $\frac{1}{2}(x)\left(\frac{2}{3}x\right) = \frac{1}{3}x^2$. Esta fuerza *actúa a través del centroide* del área de carga distribuida, a una distancia de $\frac{1}{3}x$ desde el extremo derecho. Al aplicar las dos ecuaciones de equilibrio resulta

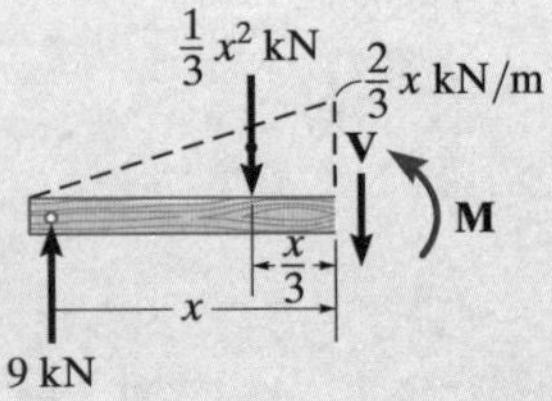

(b)

$$+\uparrow\Sigma F_y = 0; \qquad 9 - \frac{1}{3}x^2 - V = 0$$

$$V = \left(9 - \frac{x^2}{3}\right)\text{ kN} \qquad (1)$$

$$\circlearrowleft + \Sigma M = 0; \qquad M + \frac{1}{3}x^2\left(\frac{x}{3}\right) - 9x = 0$$

$$M = \left(9x - \frac{x^3}{9}\right)\text{ kN}\cdot\text{m} \qquad (2)$$

Diagramas de fuerza cortante y de momento flexionante. Los diagramas de fuerza cortante y de momento flexionante de la figura 7-12*c* se obtienen graficando las ecuaciones 1 y 2.

El punto de *fuerza cortante cero* se puede encontrar con la ecuación 1:

$$V = 9 - \frac{x^2}{3} = 0$$

$$x = 5.20\text{ m}$$

NOTA: En la sección 7-3 se verá que este valor de x representa el punto sobre la viga donde ocurre el *momento máximo*. Con la ecuación (2), tenemos

$$M_{\text{máx}} = \left(9(5.20) - \frac{(5.20)^3}{9}\right)\text{ kN}\cdot\text{m}$$

$$= 31.2\text{ kN}\cdot\text{m}$$

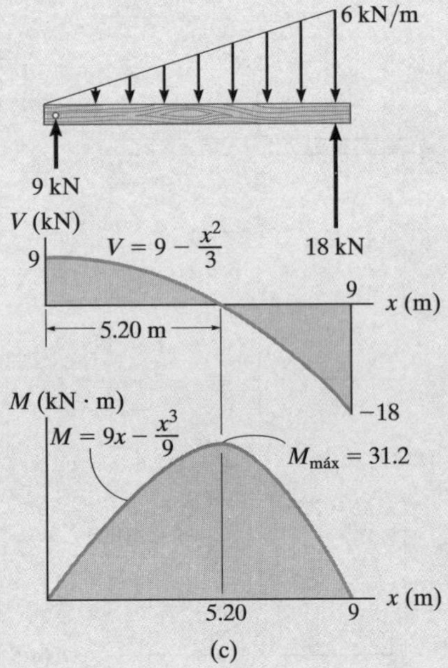

(c)

Fig. 7-12

PROBLEMAS FUNDAMENTALES

F7-7. Determine la fuerza cortante y el momento flexionante como funciones de x; después trace los diagramas de fuerza cortante y de momento flexionante.

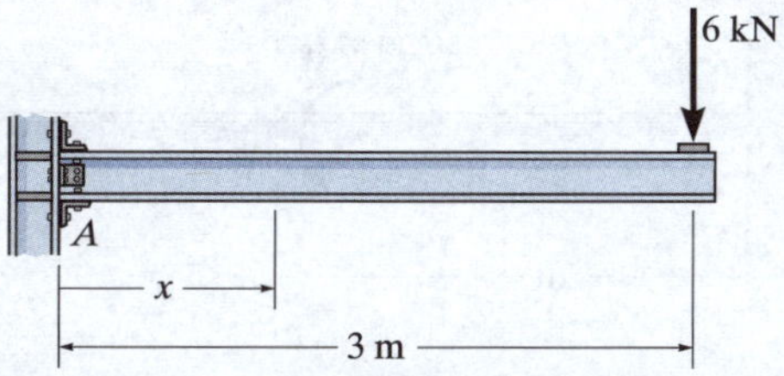

Prob. F7-7

F7-8. Determine la fuerza cortante y el momento flexionante como funciones de x; después trace los diagramas de fuerza cortante y de momento flexionante.

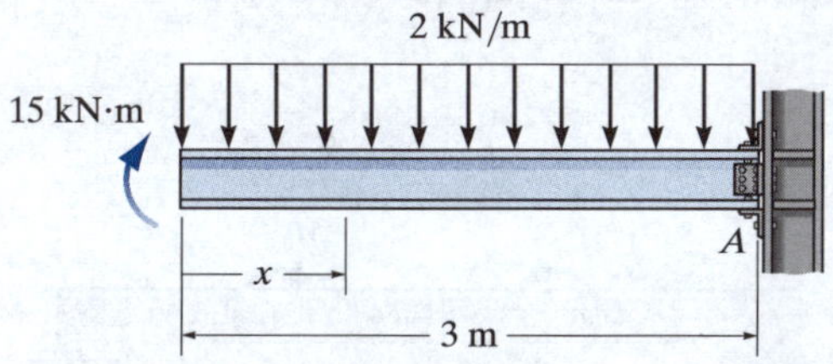

Prob. F7-8

F7-9. Determine la fuerza cortante y el momento flexionante como funciones de x; después trace los diagramas de fuerza cortante y de momento flexionante.

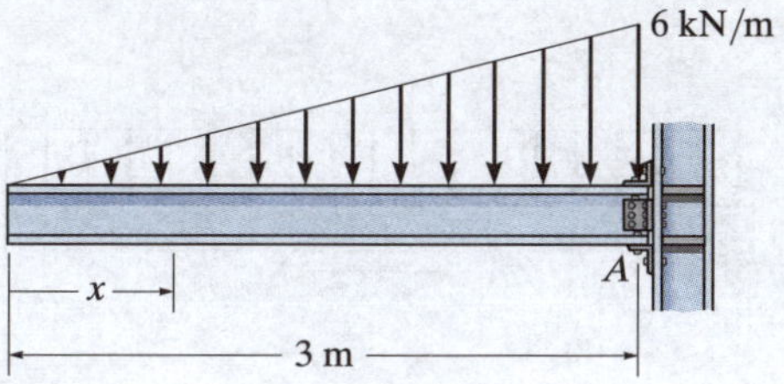

Prob. F7-9

F7-10. Determine la fuerza cortante y el momento flexionante como funciones de x; después trace los diagramas de fuerza cortante y de momento flexionante.

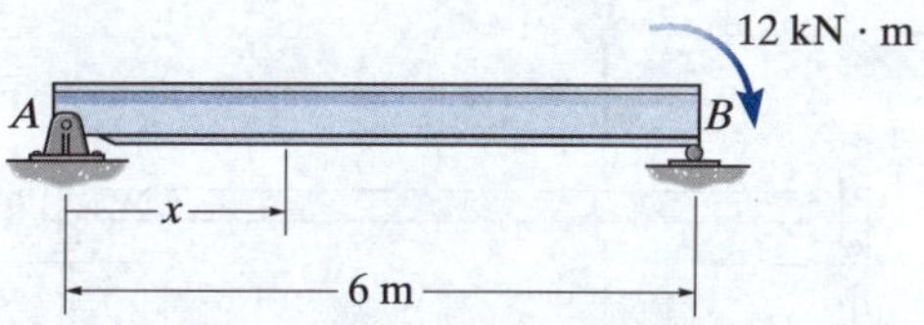

Prob. F7-10

F7-11. Determine la fuerza cortante y el momento flexionante como funciones de x, donde $0 \leq x < 3$ m y $3 \text{ m} < x \leq 6$ m; después trace los diagramas de fuerza cortante y de momento flexionante.

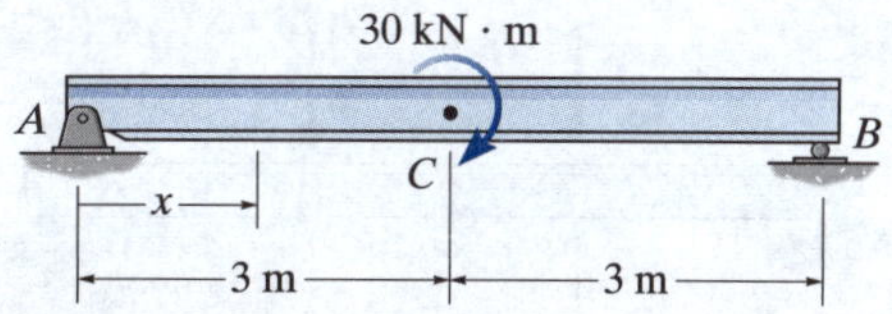

Prob. F7-11

F7-12. Determine la fuerza cortante y el momento flexionante como funciones de x, donde $0 \leq x < 3$ m y $3 \text{ m} < x \leq 6$ m; después trace los diagramas de fuerza cortante y de momento flexionante.

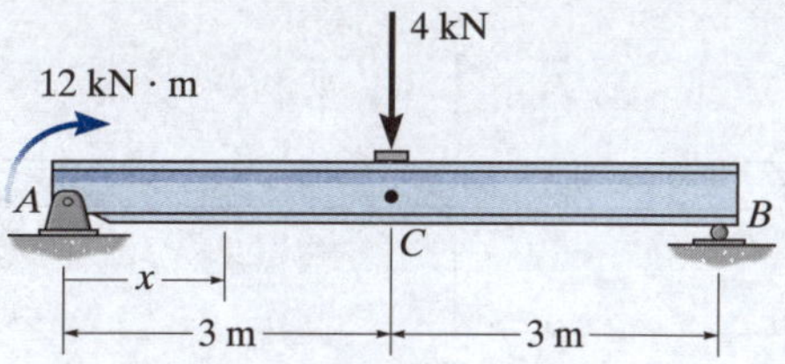

Prob. F7-12

PROBLEMAS

7-45. Dibuje los diagramas de fuerza cortante y de momento para el eje (a) en función de los parámetros mostrados; (b) considere que $P = 9$ kN, $a = 2$ m, $L = 6$ m. En A existe un cojinete de empuje y en B una chumacera.

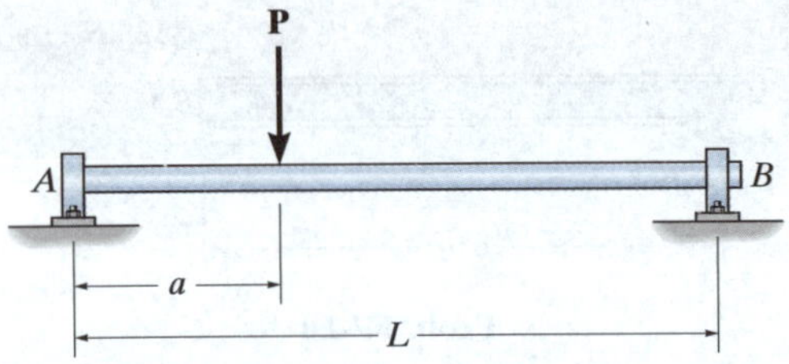

Prob. 7-45

7-46. Dibuje los diagramas de fuerza cortante y de momento para la viga (a) en función de los parámetros mostrados; (b) considere que $P = 800$ lb, $a = 5$ ft, $L = 12$ ft.

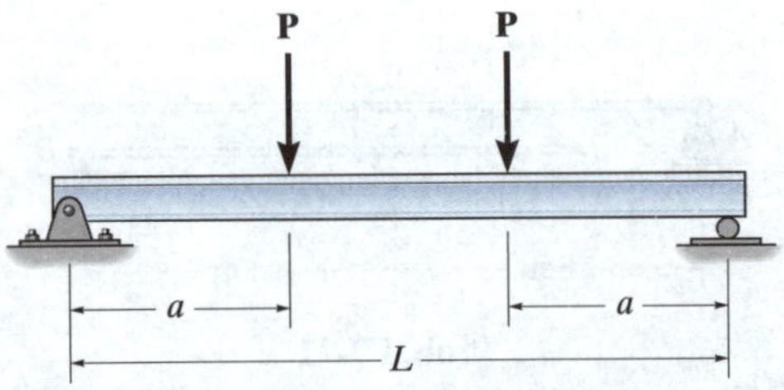

Prob. 7-46

7-47. Dibuje los diagramas de fuerza cortante y de momento para la viga (a) en función de los parámetros mostrados; (b) considere que $P = 600$ lb, $a = 5$ ft, $b = 7$ ft.

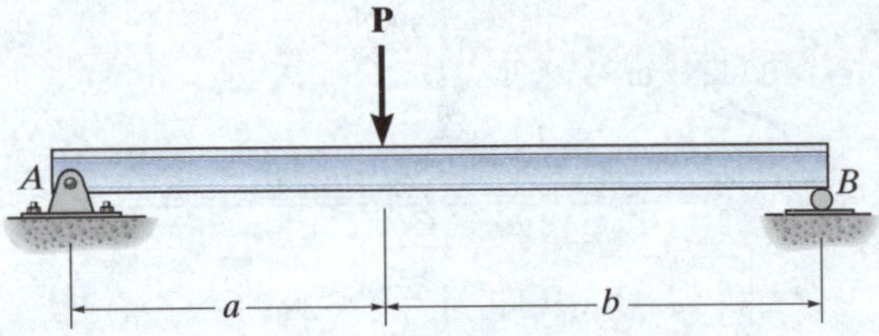

Prob. 7-47

***7-48.** Dibuje los diagramas de fuerza cortante y de momento para la viga en voladizo.

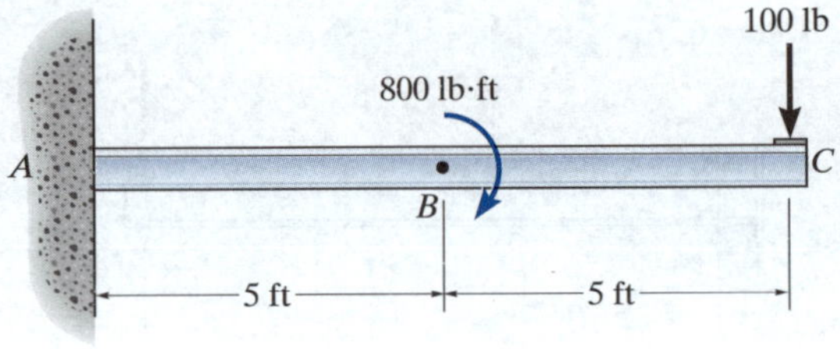

Prob. 7-48

7-49. Dibuje los diagramas de fuerza cortante y de momento de la viga (a) en función de los parámetros mostrados; (b) considere que $M_0 = 500$ N · m, $L = 8$ m.

7-50. Si $L = 9$ m, la viga fallará cuando la fuerza cortante máxima sea $V_{máx} = 5$ kN o el momento flexionante máximo sea $M_{máx} = 2$ kN · m. Determine la magnitud M_0 de los mayores momentos de par que soportará.

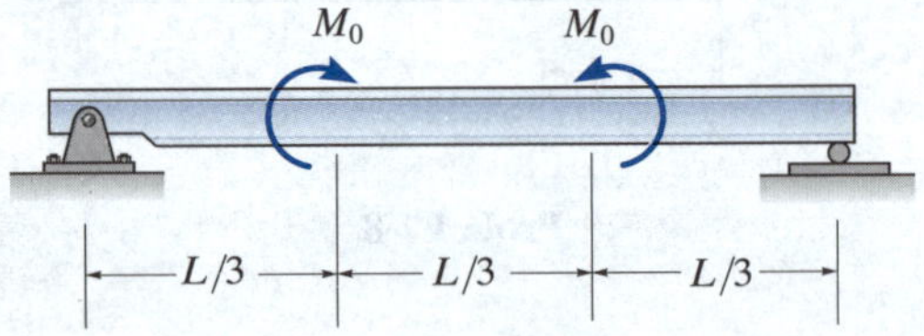

Probs. 7-49/50

7-51. Dibuje los diagramas de fuerza cortante y de momento para la viga.

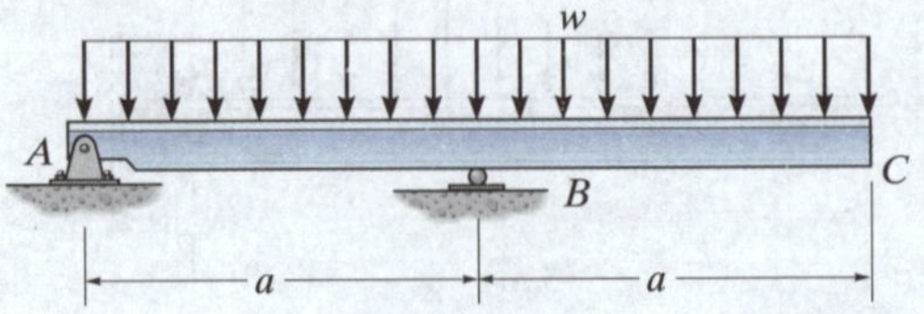

Prob. 7-51

***7-52.** Dibuje los diagramas de fuerza cortante y de momento para la viga.

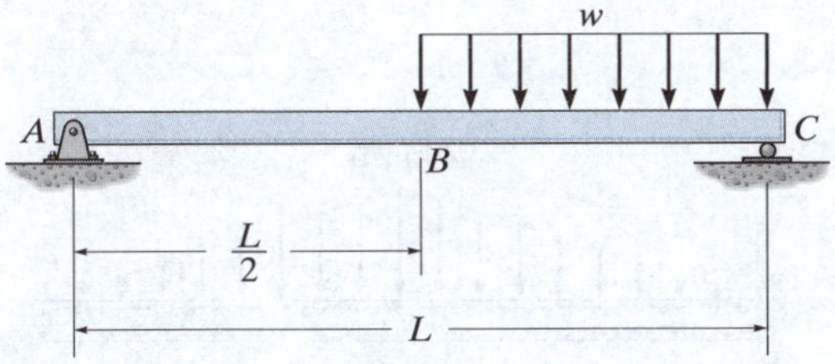

Prob. 7-52

7-53. Dibuje los diagramas de fuerza cortante y de momento flexionante para la viga.

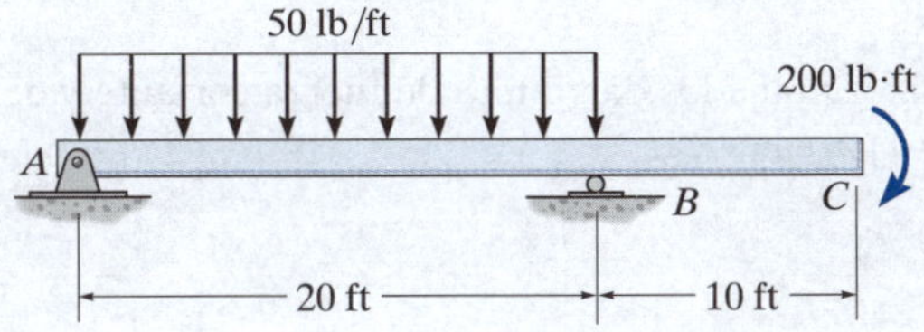

Prob. 7-53

7-54. El eje se sostiene mediante un cojinete de empuje liso en A y un cabestrante liso en B. Dibuje los diagramas de fuerza cortante y de momento para el eje (a) en función de los parámetros mostrados; (b) considere que $w = 500$ lb/ft, $L = 10$ ft.

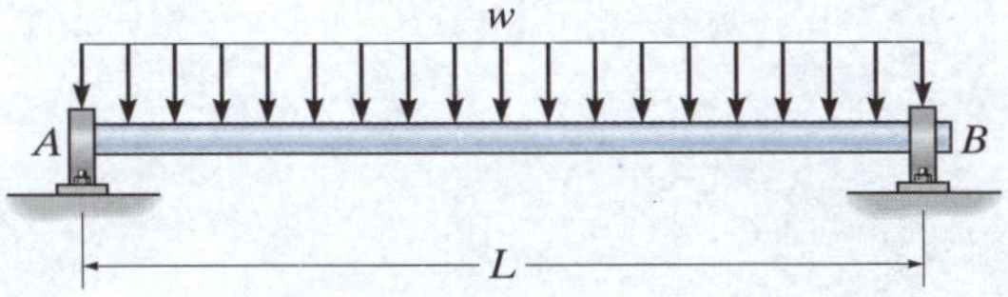

Prob. 7-54

7-55. Dibuje los diagramas de fuerza cortante y de momento para la viga.

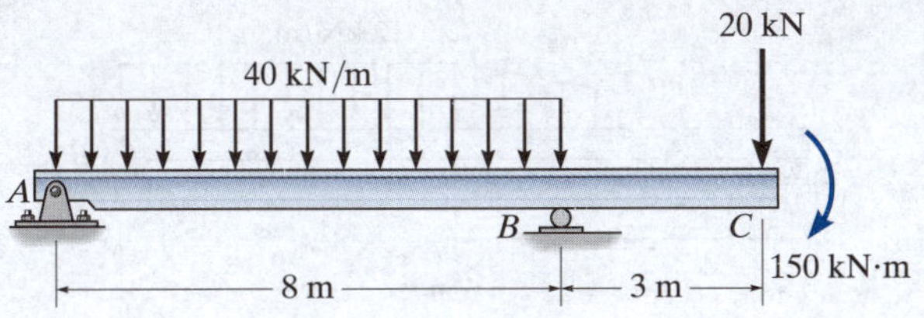

Prob. 7-55

***7-56.** Dibuje los diagramas de fuerza cortante y de momento para la viga.

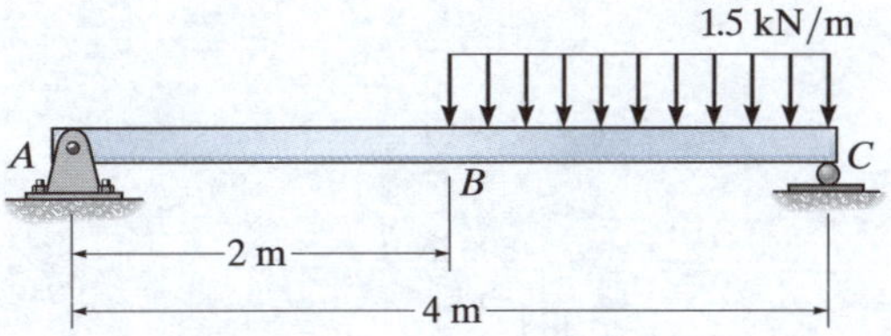

Prob. 7-56

7-57. Dibuje los diagramas de fuerza cortante y de momento para la viga compuesta. La viga está articulada en E y F.

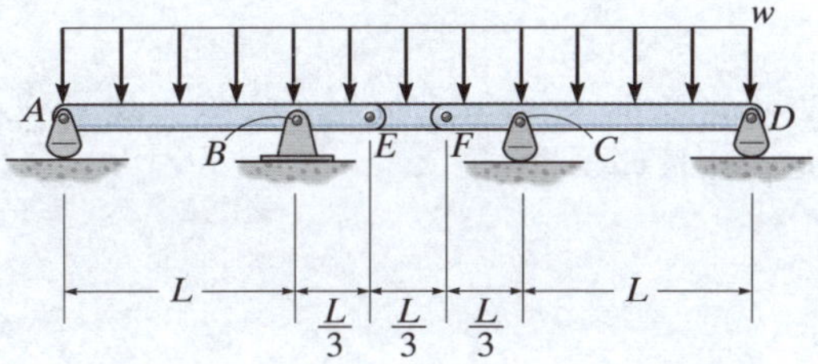

Prob. 7-57

7-58. Dibuje los diagramas de fuerza cortante y de momento flexionante para cada uno de los dos segmentos de la viga compuesta.

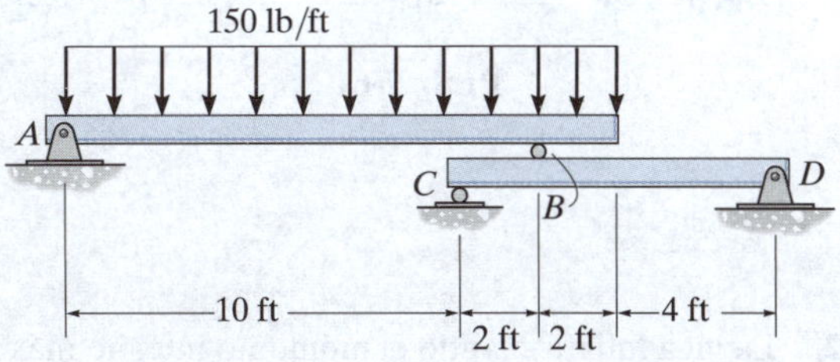

Prob. 7-58

7-59. Dibuje los diagramas de fuerza cortante y de momento para la viga.

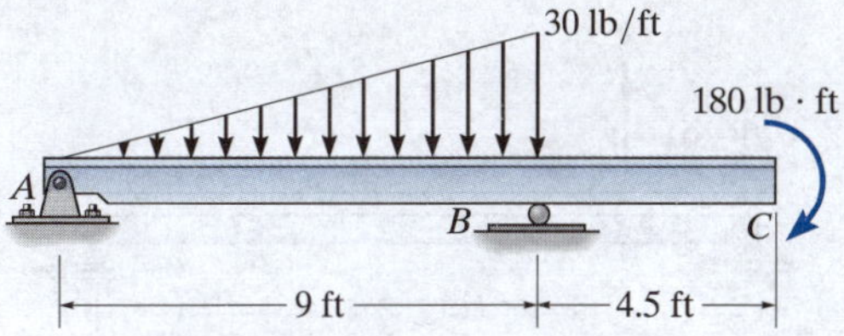

Prob. 7-59

7

***7-60.** El eje se sostiene mediante un cojinete de empuje liso en A y una chumacera lisa en B. Dibuje los diagramas de fuerza cortante y de momento para el eje.

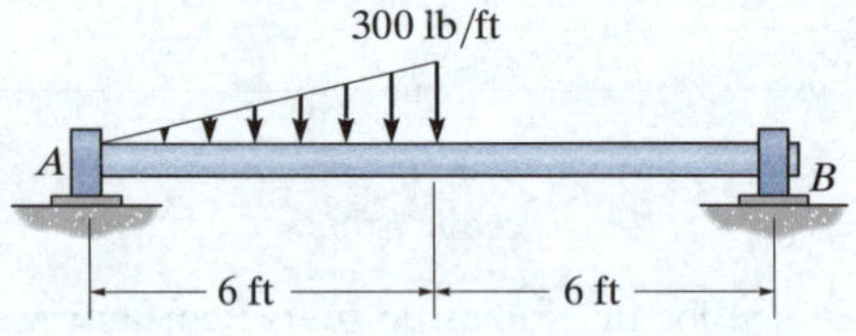

Prob. 7-60

7-61. Dibuje los diagramas de fuerza cortante y de momento para la viga.

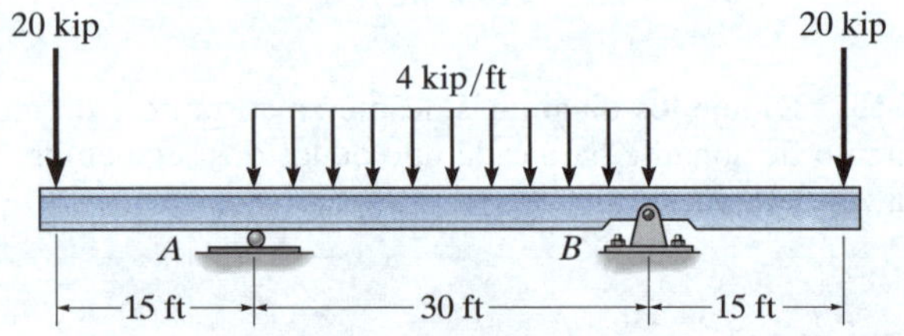

Prob. 7-61

7-62. La viga fallará cuando el momento interno máximo sea $M_{\text{máx}}$. Determine la posición x de la fuerza concentrada **P** y su magnitud más pequeña que ocasionará una falla.

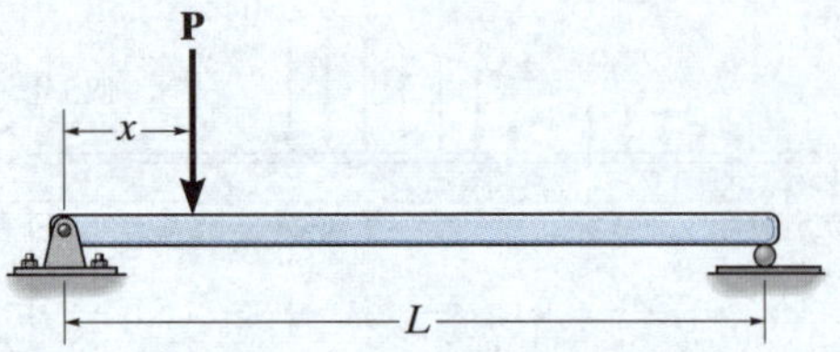

Prob. 7-62

7-63. Dibuje los diagramas de fuerza cortante y de momento para la viga.

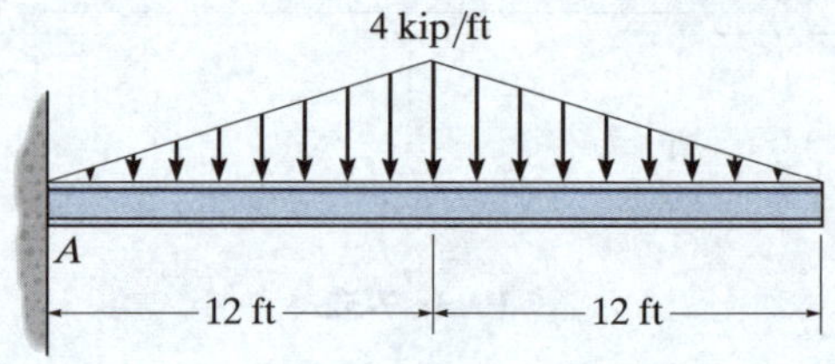

Prob. 7-63

***7-64.** Dibuje los diagramas de fuerza cortante y de momento para la viga.

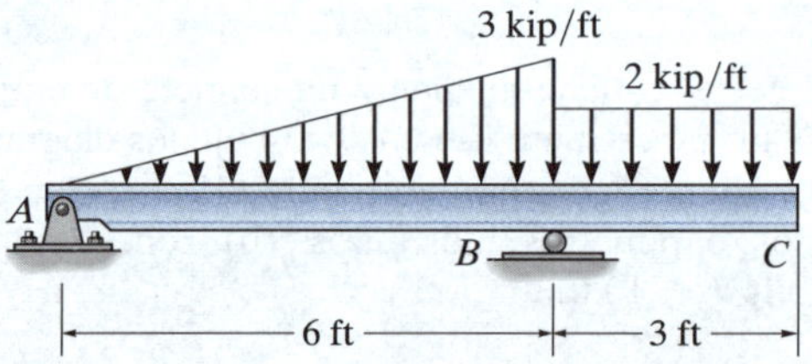

Prob. 7-64

7-65. Dibuje los diagramas de fuerza cortante y de momento para la viga.

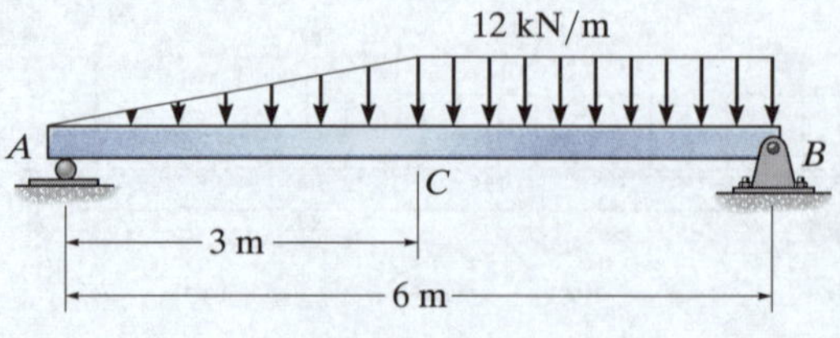

Prob. 7-65

7-66. Dibuje los diagramas de fuerza cortante y de momento para la viga.

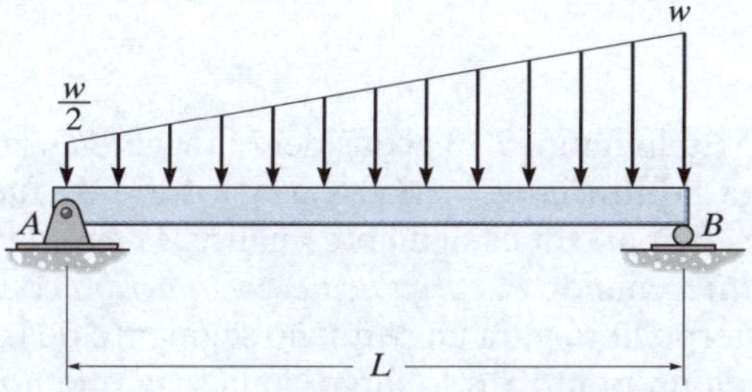

Prob. 7-66

***7-68.** La varilla de un cuarto de círculo se encuentra en el plano horizontal y soporta una fuerza vertical **P** en su extremo. Determine las magnitudes de las componentes de la fuerza cortante interna, del momento y del par de torsión que actúan en la varilla como una función del ángulo θ.

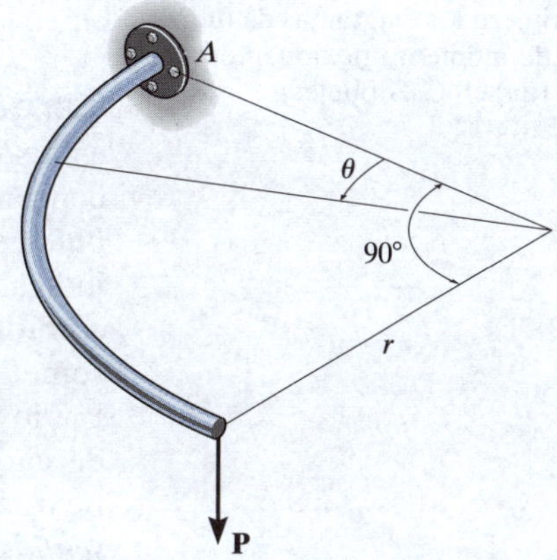

Prob. 7-68

7-67. Determine la fuerza normal interna, la fuerza cortante y el momento en la varilla curva como una función de θ. La fuerza **P** actúa con un ángulo constante ϕ.

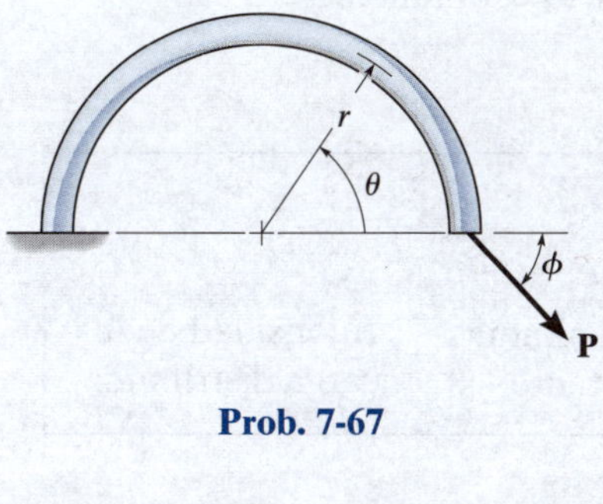

Prob. 7-67

7-69. Exprese las componentes de la fuerza cortante interna y del momento que actúan en la varilla como una función de y, donde $0 \leq y \leq 4$ ft.

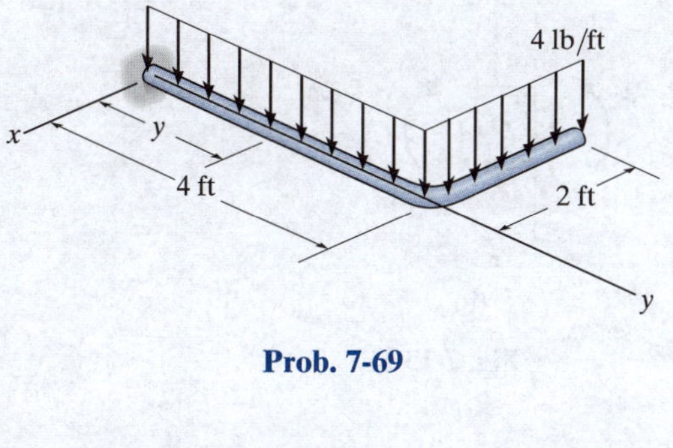

Prob. 7-69

Para diseñar la viga que se usa para soportar estas líneas eléctricas, es importante trazar primero los diagramas de fuerza cortante y de momento flexionante para la viga. (© Russell C. Hibbeler)

*7.3 Relaciones entre carga distribuida, fuerza cortante y momento flexionante

Si una viga está sometida a varios fuerzas concentradas, momentos de par y cargas distribuidas, el método para construir diagramas de fuerza cortante y de momento flexionante analizado en la sección 7.2 puede resultar muy tedioso. En esta sección veremos un método más sencillo para construir esos diagramas —un método que se basa en las relaciones diferenciales entre la carga, la fuerza cortante y el momento flexionante.

Carga distribuida. En la figura 7-13*a* considere la viga AD, la cual está sometida a una carga arbitraria $w = w(x)$ y a una serie de fuerzas concentradas y momentos de par. En el siguiente análisis, la *carga distribuida* se considerará *positiva* cuando la *carga actúe hacia arriba* como se indica. Un diagrama de cuerpo libre para un pequeño segmento de la viga con longitud Δx se elige en un punto x a lo largo de la viga que *no* esté sometida a una fuerza concentrada o a un momento de par (fig. 7-13*b*). Por lo tanto, cualquier resultado que se obtenga no se aplica en los puntos de carga concentrada. Se supone que la fuerza cortante y el momento flexionante internos mostrados en el diagrama de cuerpo libre actúan en *sentido positivo*, de acuerdo con la convención de signos establecida. Observe que tanto la fuerza cortante como el momento flexionante que actúan sobre la cara derecha deben incrementarse en una cantidad pequeña, finita, para mantener el segmento en equilibrio. La carga distribuida ha sido reemplazada por una fuerza resultante $\Delta F = w(x)\,\Delta x$ que actúa a una distancia fraccional $k(\Delta x)$ desde el extremo derecho, donde $0 < k < 1$ [por ejemplo, si $w(x)$ es *uniforme*, $k = \frac{1}{2}$].

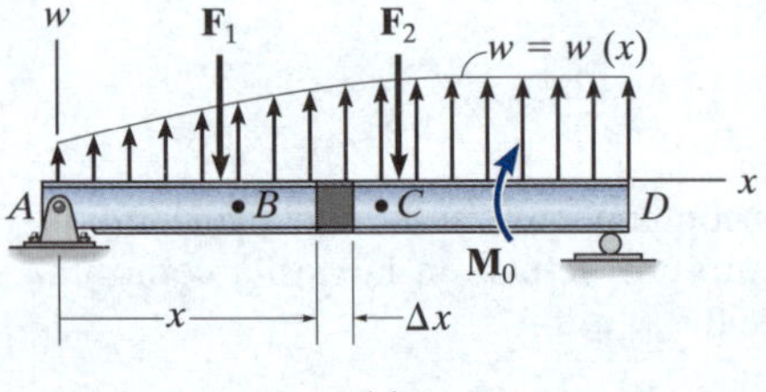

(a)

Relación entre la carga distribuida y la fuerza cortante. Si se aplica al segmento la ecuación de equilibrio de fuerzas, entonces

$$+\uparrow \Sigma F_y = 0; \qquad V + w(x)\Delta x - (V + \Delta V) = 0$$
$$\Delta V = w(x)\Delta x$$

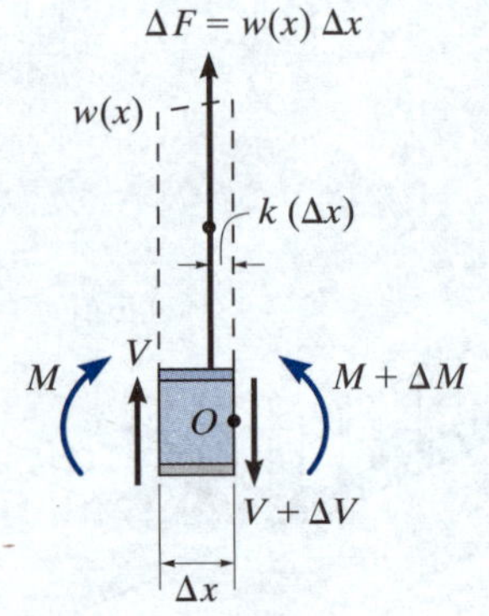

(b)

Fig. 7-13

Al dividir entre Δx y tomar $\Delta x \rightarrow 0$, obtenemos

$$\frac{dV}{dx} = w(x) \tag{7-1}$$

Pendiente del diagrama de fuerza cortante = Intensidad de la carga distribuida

Si volvemos a escribir la ecuación anterior en la forma $dV = w(x)dx$ y realizamos una integración entre dos puntos B y C sobre la viga, veremos que

$$\Delta V = \int w(x)\, dx \qquad (7\text{-}2)$$

Cambio en la fuerza cortante = Área bajo la curva de carga

Relación entre la fuerza cortante y el momento flexionante. Si aplicamos la ecuación de equilibrio de momento con respecto al punto O en el diagrama de cuerpo libre de la figura 7-13b, obtenemos

$$\zeta{+}\Sigma M_O = 0; \quad (M + \Delta M) - [w(x)\Delta x]\, k\Delta x - V\Delta x - M = 0$$
$$\Delta M = V\Delta x + k\, w(x)\Delta x^2$$

Al dividir ambos lados de esta ecuación entre Δx, y si se toma $\Delta x \rightarrow 0$, entonces

$$\frac{dM}{dx} = V \qquad (7\text{-}3)$$

Pendiente del diagrama de momento flexionante = Fuerza cortante

En particular, observe que el momento flexionante máximo absoluto $|M|_{\text{máx}}$ ocurre en el punto donde la pendiente $dM/dx = 0$, ya que es ahí donde la fuerza cortante es igual a cero.

Si la ecuación 7-3 se reescribe en la forma $dM = \int V\, dx$ y se integra entre cualesquiera dos puntos B y C sobre la viga, tenemos

$$\Delta M = \int V\, dx \qquad (7\text{-}4)$$

Cambio en el momento flexionante = Área bajo el diagrama de fuerza cortante

Como se indicó, las ecuaciones anteriores no se aplican donde actúan una fuerza o un momento de par *concentrados*. Ambos casos especiales crean *discontinuidades* en los diagramas de fuerza cortante y de momento flexionante y, en consecuencia, cada uno debe tratarse por separado.

Fuerza. En la figura 7-14a se muestra un diagrama de cuerpo libre de un pequeño segmento de la viga de la figura 7-13a, tomado de debajo de una de las fuerzas. Aquí, el equilibrio de fuerzas requiere

$$+\uparrow\Sigma F_y = 0; \qquad \Delta V = F \qquad (7\text{-}5)$$

Puesto que el *cambio en la fuerza cortante* es positivo, el diagrama de la fuerza cortante "saltará" *hacia arriba cuando* **F** *actúe hacia arriba* sobre la viga. De la misma forma, el salto en la fuerza cortante (ΔV) es hacia abajo cuando **F** actúa hacia abajo.

(a)

Fig. 7-14

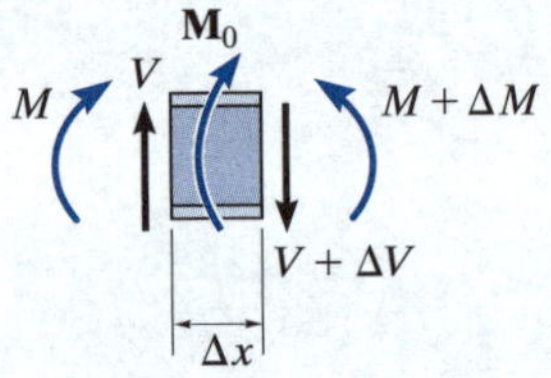

(b)

Fig. 7-14 (cont.)

Momento de par. Si retiramos un segmento de la viga de la figura 7-13*a* que esté ubicado en el momento de par $\mathbf{M}_0$, resultará el diagrama de cuerpo libre de la figura 7-14*b*. En este caso, sea $\Delta x \rightarrow 0$, el equilibrio de momento requiere

$$\zeta + \Sigma M = 0; \qquad \Delta M = M_0 \qquad (7\text{-}6)$$

Así, el *cambio en momento es positivo*, o el diagrama de momento flexionante "saltará" *hacia arriba si* $\mathbf{M}_0$ tiene *el sentido horario*. De la misma forma, el salto DM es hacia abajo cuando $\mathbf{M}_0$ es en sentido antihorario.

Los siguientes ejemplos ilustran la aplicación de las ecuaciones anteriores para la construcción de los diagramas de fuerza cortante y de momento flexionante. Después de trabajar con estos ejemplos, se recomienda regresar a los ejemplos 7.6 y 7.7, y resolverlos con este método.

Esta viga de concreto se usa para soportar el techo. Su tamaño y la colocación del refuerzo de acero en su interior pueden determinarse después de establecer los diagramas de fuerza cortante y de momento flexionante. (© Russell C. Hibbeler)

Puntos importantes

- La pendiente del diagrama de fuerza cortante en un punto es igual a la intensidad de la carga distribuida, donde la carga distribuida positiva es hacia arriba, esto es, $dV/dx = w(x)$.
- El cambio en la fuerza cortante ΔV entre dos puntos es igual *al área* bajo la curva de carga distribuida entre los puntos.
- Si una fuerza concentrada actúa hacia arriba sobre la viga, la fuerza cortante saltará hacia arriba en la misma cantidad.
- La pendiente del diagrama de momento flexionante en un punto es igual a la fuerza cortante, esto es, $dM/dx = V$.
- El cambio en el momento ΔM entre dos puntos es igual al *área* bajo el diagrama de fuerza cortante entre los dos puntos.
- Si un momento de par en *el sentido horario* actúa sobre la viga, la fuerza cortante no se verá afectada; sin embargo, el diagrama de momento flexionante saltará hacia *arriba* en la misma cantidad que el momento.
- Los puntos de *fuerza cortante cero* representan puntos de *momento flexionante máximo o mínimo*, ya que $dM/dx = 0$.
- Como se requieren dos integraciones de $w = w(x)$, para determinar primero el cambio en la fuerza cortante, $\Delta V = \int w(x)\,dx$, después, para determinar el cambio en el momento flexionante, $\Delta M = \int V\,dx$, luego, si la curva de carga $w = w(x)$ es un polinomio de grado n, $V = V(x)$ será una curva de grado $n + 1$, y $M = M(x)$ será una curva de grado $n + 2$.

EJEMPLO 7.8

Trace los diagramas de fuerza cortante y de momento flexionante para la viga en voladizo de la figura 7-15*a*.

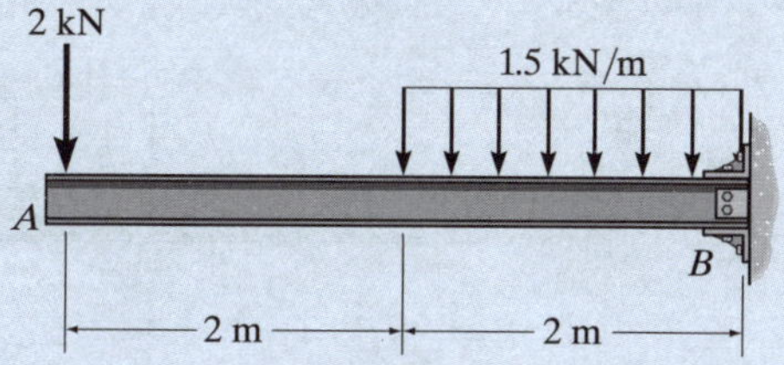

(a)

Fig. 7-15

SOLUCIÓN

En la figura 7-15*b* se muestran las reacciones en el soporte fijo *B*.

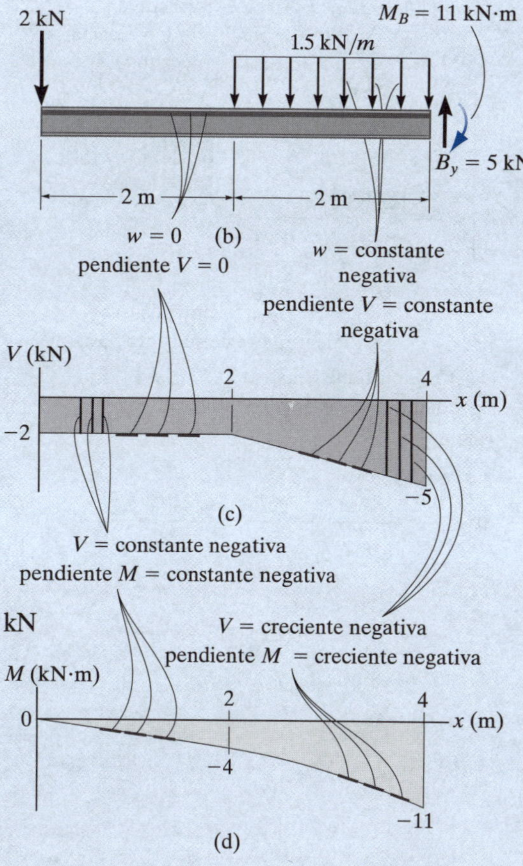

Diagrama de fuerza cortante. La fuerza cortante en el extremo *A* es de –2 kN. Este valor se grafica en $x = 0$ (fig. 7-15*c*). Observe cómo se construye el diagrama de fuerza cortante al seguir las pendientes definidas por la carga *w*. La fuerza cortante en $x = 4$ m es –5 kN, la reacción en la viga. Este valor se puede verificar si se encuentra el área bajo la carga distribuida; es decir,

$$V|_{x=4\text{ m}} = V|_{x=2\text{ m}} + \Delta V = -2\text{ kN} - (1.5\text{ kN/m})(2\text{ m}) = -5\text{ kN}$$

Diagrama de momento flexionante. El momento flexionante cero en $x = 0$ se grafica en la figura 7-15*d*. La construcción del diagrama de momento flexionante se basa en saber que su pendiente es igual a la fuerza cortante en cada punto. El cambio de momento flexionante desde $x = 0$ hasta $x = 2$ m se determina a partir del área bajo el diagrama de fuerza cortante. Por consiguiente, el momento flexionante en $x = 2$ m es

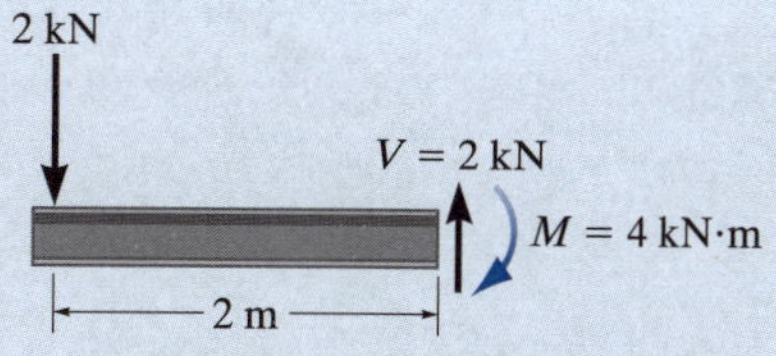

(e)

$$M|_{x=2\text{ m}} = M|_{x=0} + \Delta M = 0 + [-2\text{ kN}(2\text{ m})] = -4\text{ kN}\cdot\text{m}$$

Este mismo valor puede determinarse con el método de secciones (fig. 7-15*e*).

EJEMPLO 7.9

Trace los diagramas de fuerza cortante y de momento flexionante para la viga con voladizo que se ilustra en la figura 7-16*a*.

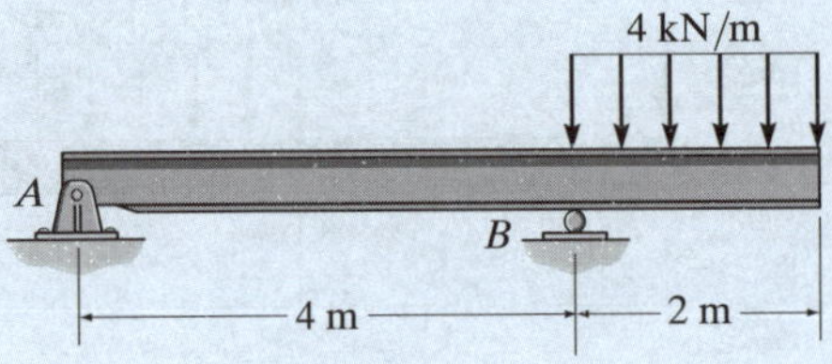

(a)

Fig. 7-16

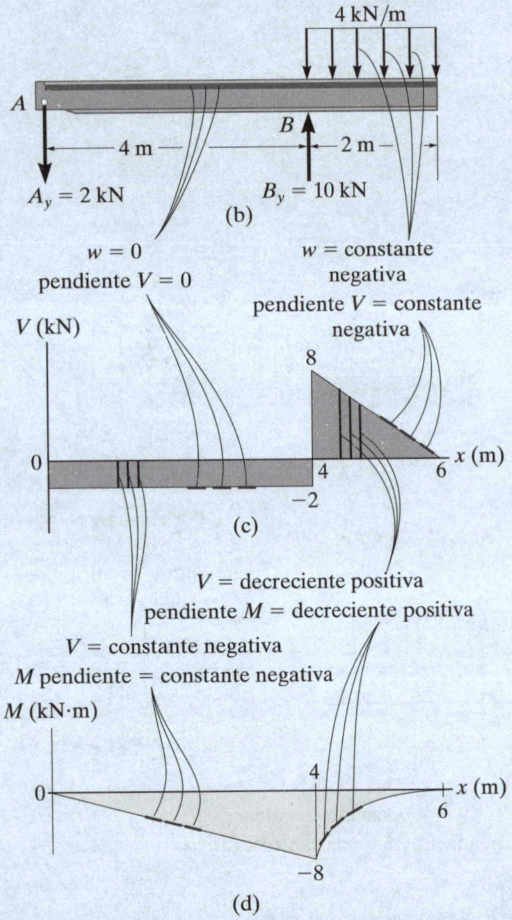

SOLUCIÓN

En la figura 7-16*b* se muestran las reacciones en los soportes.

Diagrama de fuerza cortante. La fuerza cortante de –2 kN en el extremo *A* de la viga se grafica en $x = 0$ (fig. 7-16*c*). Las pendientes se determinan a partir de la carga y con base en ésta se construye el diagrama de fuerza cortante, como se indica en la figura. En particular, observe el salto positivo de 10 kN en $x = 4$ m debido a la fuerza B_y (como se indica en la figura).

Diagrama de momento flexionante. Se traza el momento de cero en $x = 0$ (fig. 7-16*d*); luego, al seguir el comportamiento de la pendiente determinada a partir del diagrama de fuerza cortante, se construye el diagrama de momento flexionante. Dicho momento en $x = 4$ m se determina a partir del área debajo del diagrama de fuerza cortante.

$$M|_{x=4\text{ m}} = M|_{x=0} + \Delta M = 0 + [-2\text{ kN}(4\text{ m})] = -8\text{ kN}\cdot\text{m}$$

También podemos obtener este valor con el método de secciones, como se ilustra en la figura 7-16*e*.

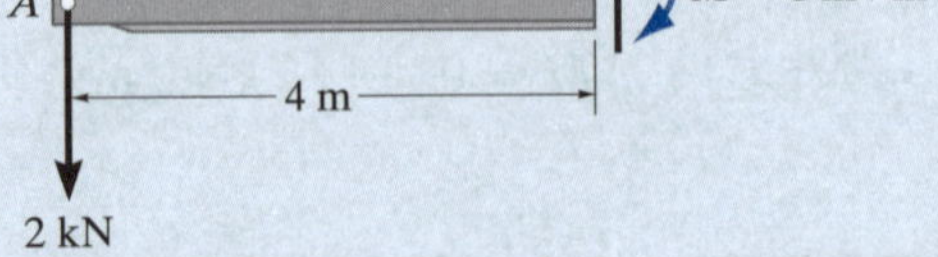

(e)

EJEMPLO 7.10

La flecha que se muestra en la figura 7-17*a* está sostenida por una chumacera de empuje en *A* y una chumacera liso en *B*. Trace los diagramas de fuerza cortante y de momento flexionante.

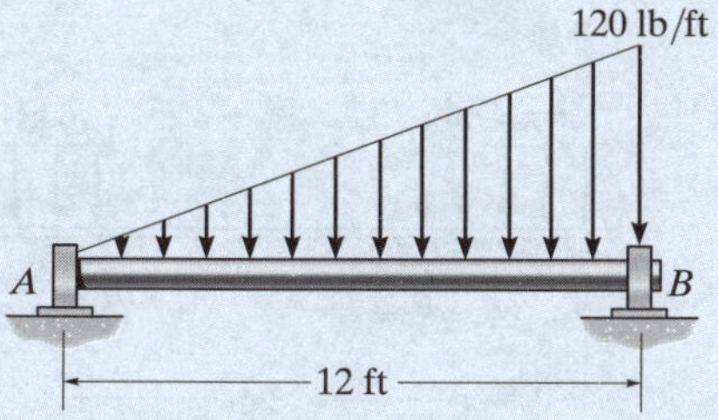

(a)

Fig. 7-17

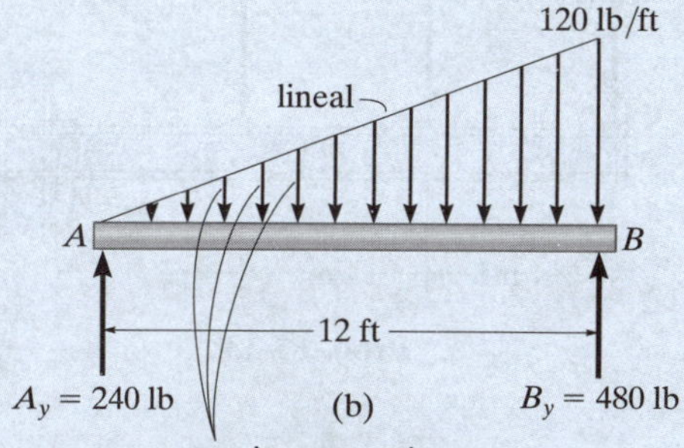

(b)

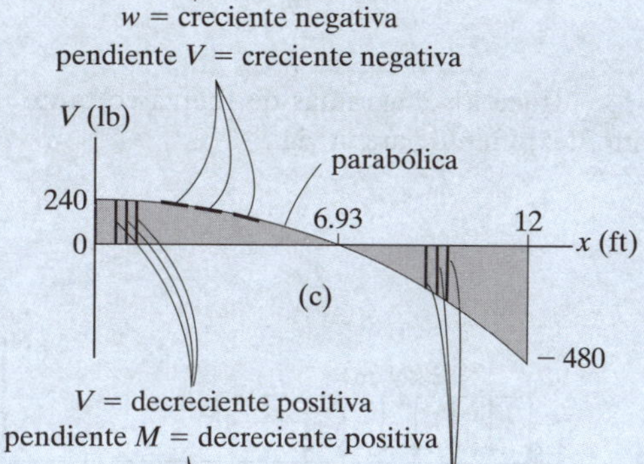

(c)

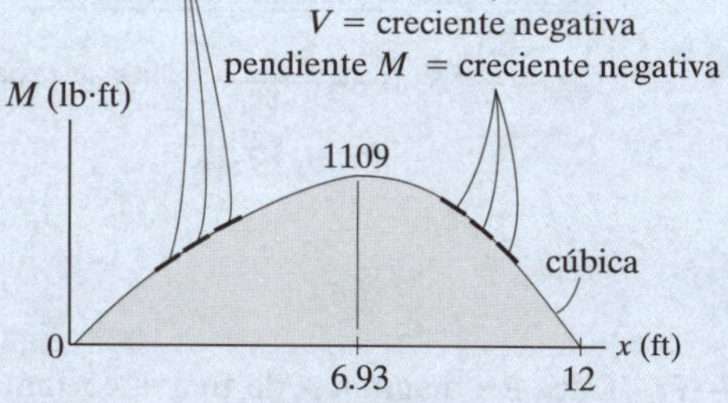

(d)

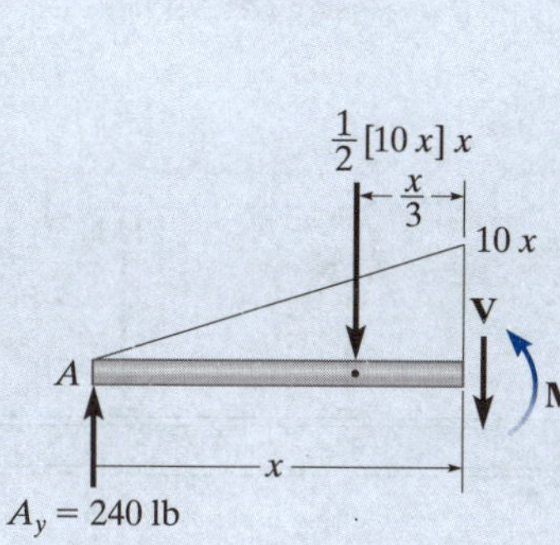

(e)

SOLUCIÓN

En la figura 7-17*b* se muestran las reacciones en los soportes.

Diagrama de fuerza cortante. Como se muestra en la figura 7-17c, la fuerza cortante en $x = 0$ es $+240$. Con la pendiente definida por la carga se construye el diagrama de fuerza cortante, donde en *B* su valor es – 480 lb. Como la fuerza cortante cambia de signo, debe localizarse el punto donde $V = 0$; para ello usaremos el método de secciones. El diagrama de cuerpo libre del segmento izquierdo del eje, seccionado en una posición arbitraria *x* dentro de la región $0 \leq x < 12$ ft, se muestra en la figura 7-17*e*. Observe que la intensidad de la carga distribuida en *x* es $w = 10x$, la cual se encontró mediante triángulos proporcionales, es decir, $120/12 = w/x$.

Así, para $V = 0$,

$$+\uparrow \Sigma F_y = 0; \qquad 240 \text{ lb} - \tfrac{1}{2}(10x)x = 0$$

$$x = 6.93 \text{ ft}$$

Diagrama de momento flexionante. El diagrama de momento comienza en 0 pues no hay momento en *A*; después, se construye con base en la pendiente que se determinó en el diagrama de fuerza cortante. El momento flexionante máximo ocurre en $x = 6.93$ ft, donde la fuerza cortante es igual a cero, ya que $dM/dx = V = 0$ (fig. 7-17*e*),

$$\zeta + \Sigma M = 0;$$

$$M_{\text{máx}} + \tfrac{1}{2}\left[(10)(6.93)\right] 6.93 \left(\tfrac{1}{3}(6.93)\right) - 240(6.93) = 0$$

$$M_{\text{máx}} = 1109 \text{ lb} \cdot \text{ft}$$

Por último, observe que la integración, primero de la carga *w* que es lineal, produce un diagrama de fuerza cortante que es parabólico y, después, un diagrama de momento que es cúbico.

7

PROBLEMAS FUNDAMENTALES

F7-13. Trace los diagramas de fuerza cortante y de momento flexionante para la viga.

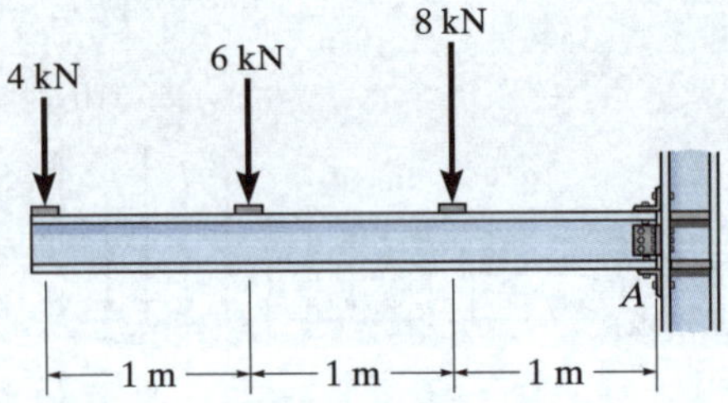

Prob. F7-13

F7-14. Trace los diagramas de fuerza cortante y de momento flexionante para la viga.

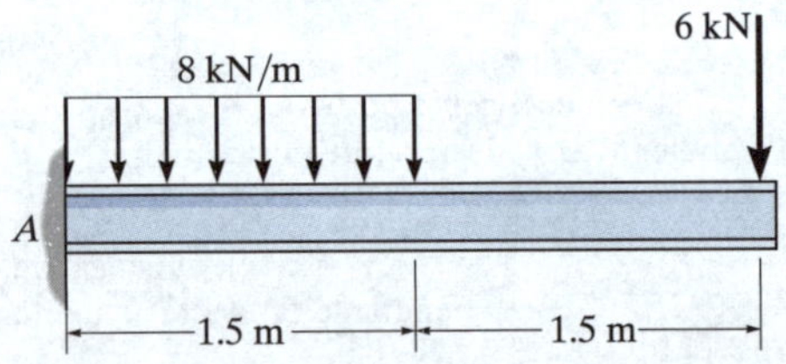

Prob. F7-14

F7-15. Trace los diagramas de fuerza cortante y de momento flexionante para la viga.

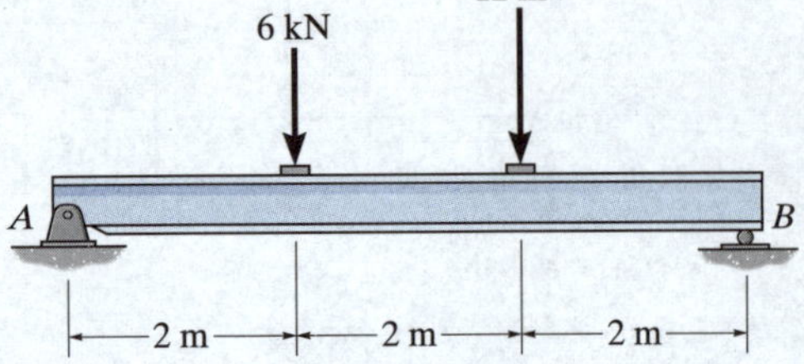

Prob. F7-15

F7-16. Trace los diagramas de fuerza cortante y de momento flexionante para la viga.

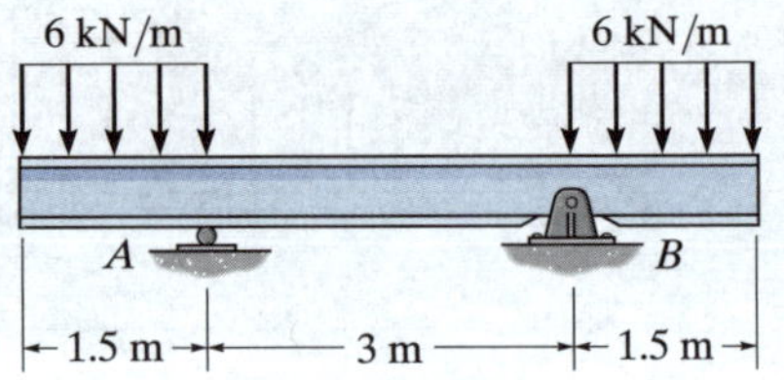

Prob. F7-16

F7-17. Trace los diagramas de fuerza cortante y de momento flexionante para la viga.

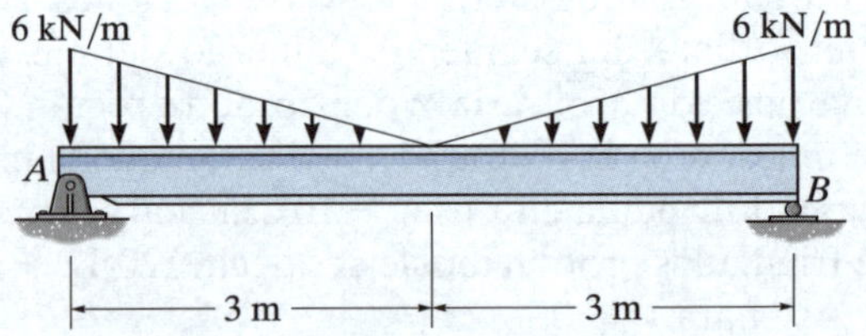

Prob. F7-17

F7-18. Trace los diagramas de fuerza cortante y de momento flexionante para la viga.

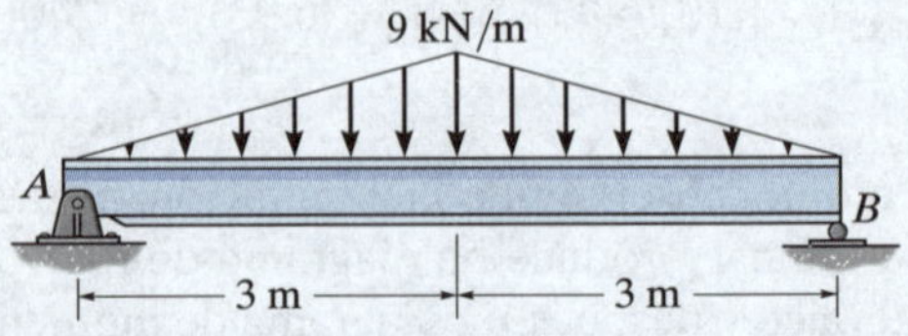

Prob. F7-18

PROBLEMAS

7-70. Trace los diagramas de fuerza cortante y de momento para la viga.

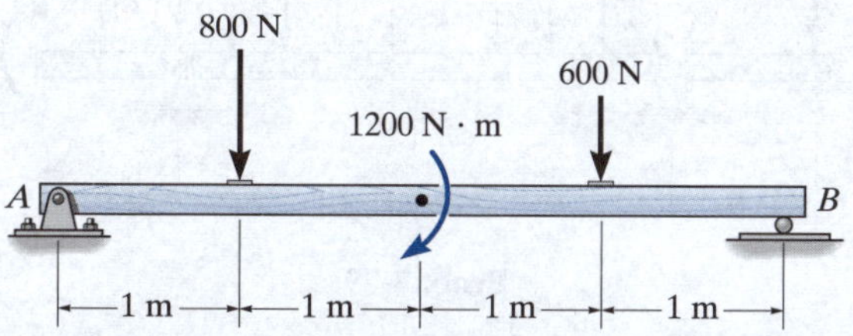

Prob. 7-70

7-71. Trace los diagramas de fuerza cortante y de momento para la viga.

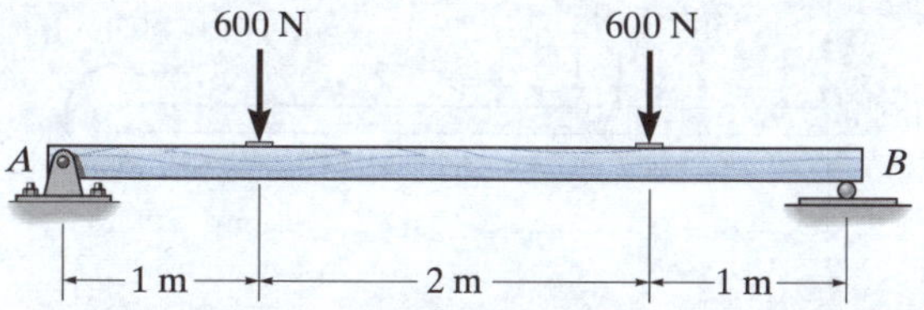

Prob. 7-71

***7-72.** Trace los diagramas de fuerza cortante y de momento para la viga. El soporte en A no ofrece resistencia a la carga vertical.

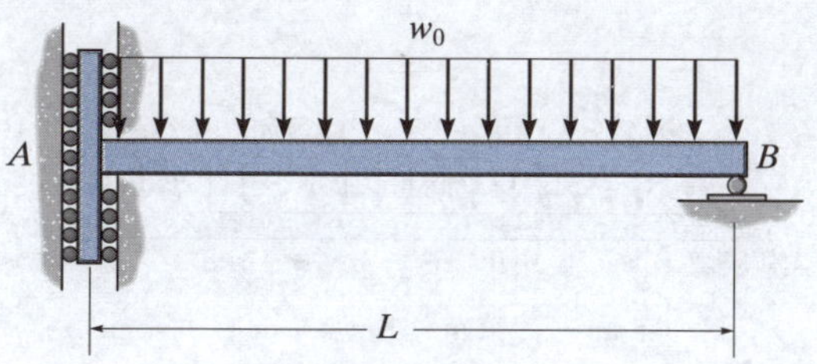

Prob. 7-72

7-73. Trace los diagramas de fuerza cortante y de momento para la viga simplemente apoyada.

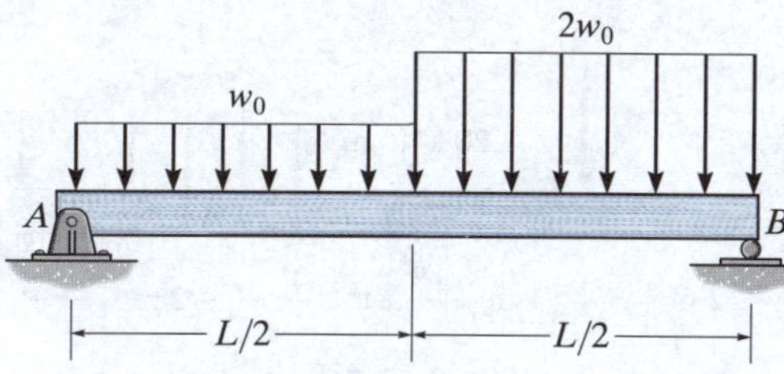

Prob. 7-73

7-74. Trace los diagramas de fuerza cortante y de momento para la viga. Los soportes en A y B son un cojinete de empuje y una chumacera, respectivamente.

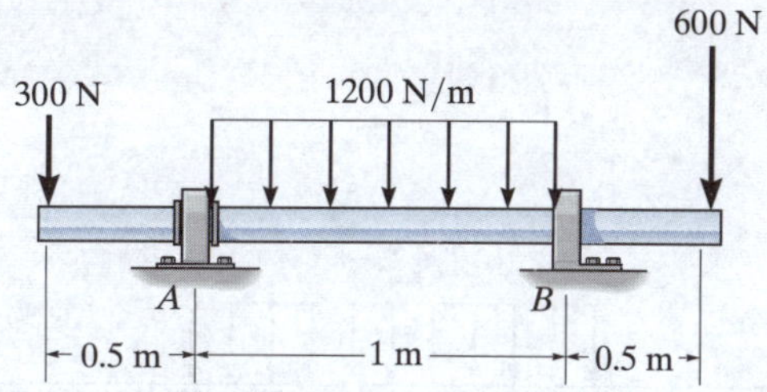

Prob. 7-74

7-75. Trace los diagramas de fuerza cortante y de momento para la viga.

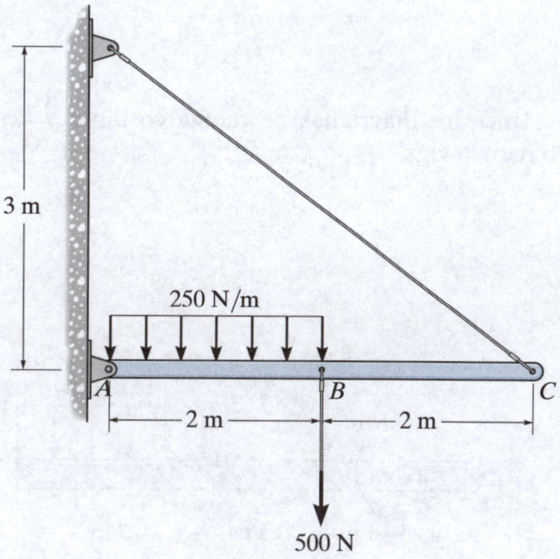

Prob. 7-75

7

***7-76.** Trace los diagramas de fuerza cortante y de momento para la viga.

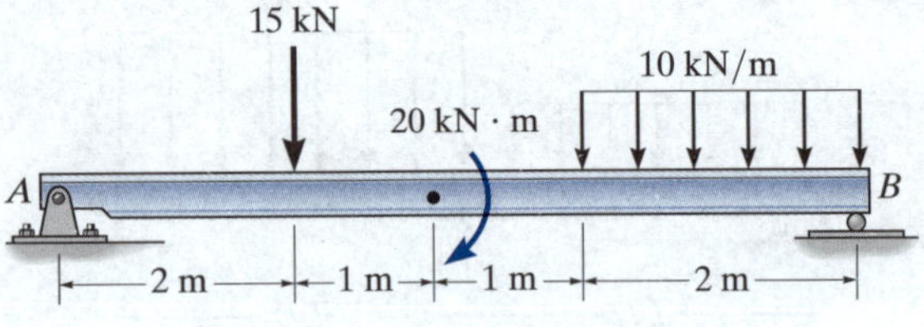

Prob. 7-76

7-77. Trace los diagramas de fuerza cortante y de momento para la viga.

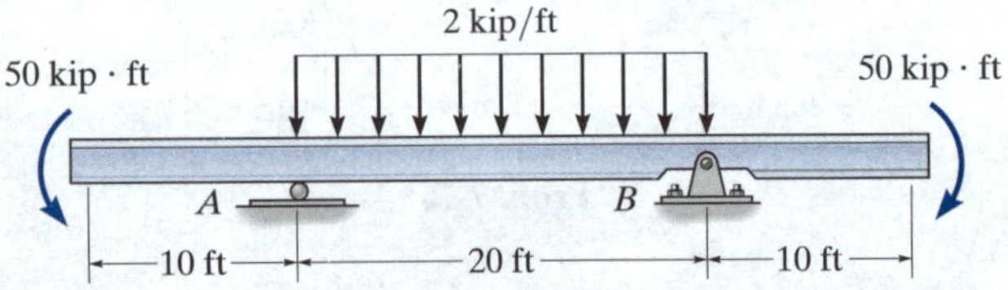

Prob. 7-77

7-78. Trace los diagramas de fuerza cortante y de momento para la viga.

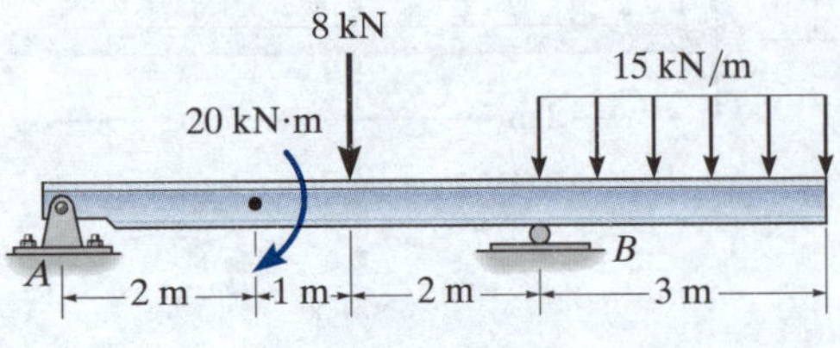

Prob. 7-78

7-79. Trace los diagramas de fuerza cortante y de momento para el eje. El soporte en A es una chumacera y en B es un cojinete de empuje.

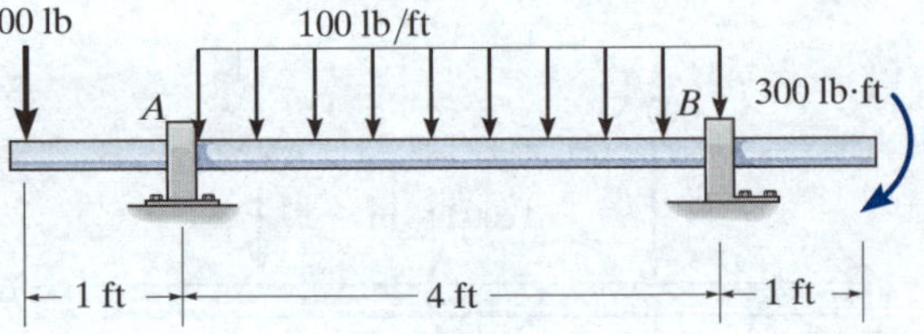

Prob. 7-79

***7-80.** Trace los diagramas de fuerza cortante y de momento para la viga.

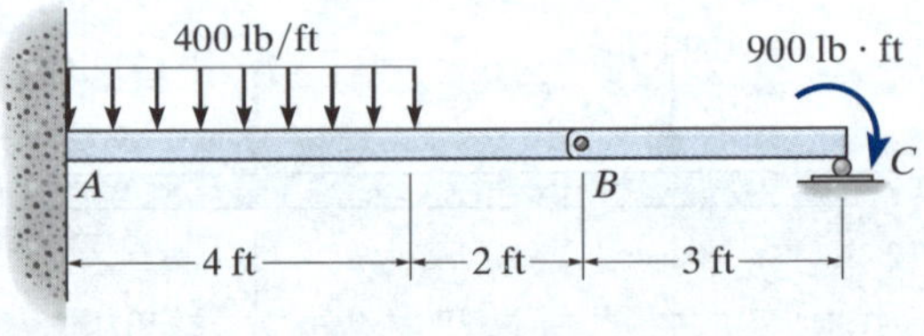

Prob. 7-80

7-81. La viga se compone de tres segmentos articulados en B y en E. Trace los diagramas de fuerza cortante y de momento para la viga.

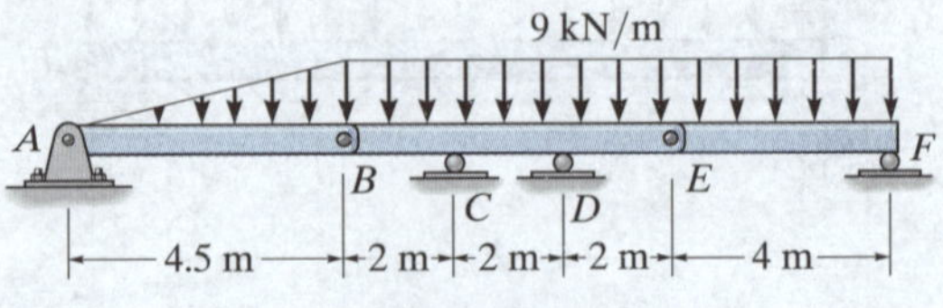

Prob. 7-81

7-82. Trace los diagramas de fuerza cortante y de momento para la viga. Los soportes en *A* y *B* son un cojinete de empuje y una chumacera, respectivamente.

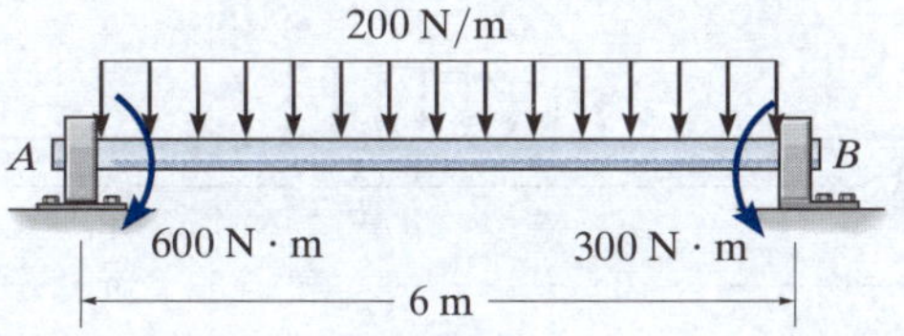

Prob. 7-82

7-83. Trace los diagramas de fuerza cortante y de momento para la viga.

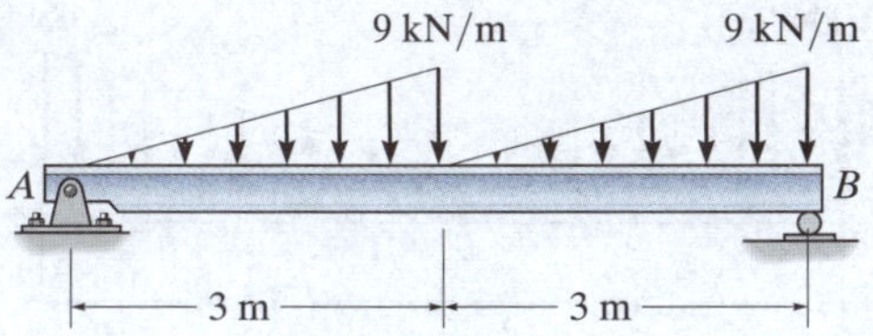

Prob. 7-83

***7-84.** Dibuje los diagramas de fuerza cortante y de momento para la viga.

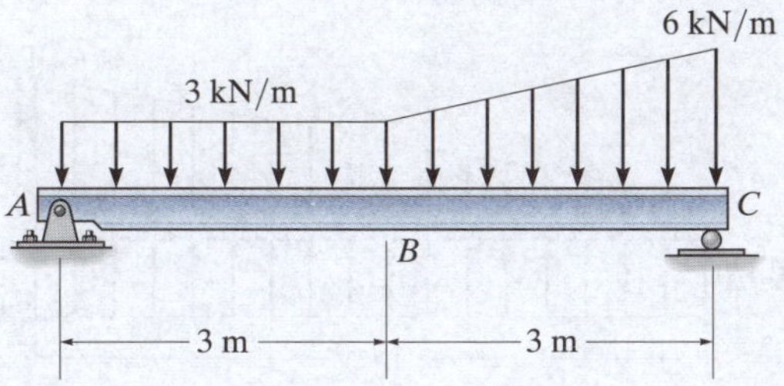

Prob. 7-84

7-85. Trace los diagramas de fuerza cortante y de momento para la viga.

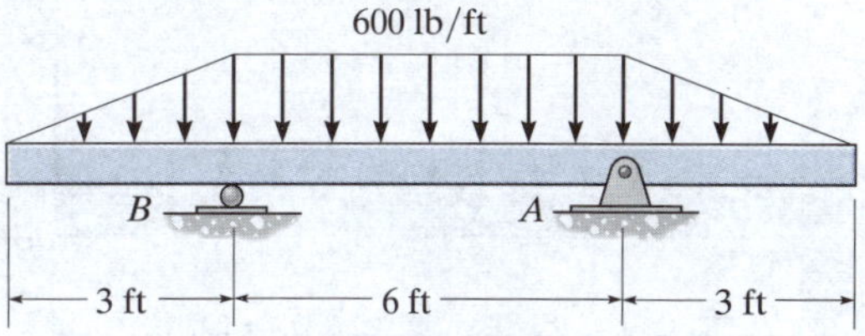

Prob. 7-85

7-86. Trace los diagramas de fuerza cortante y de momento para la viga.

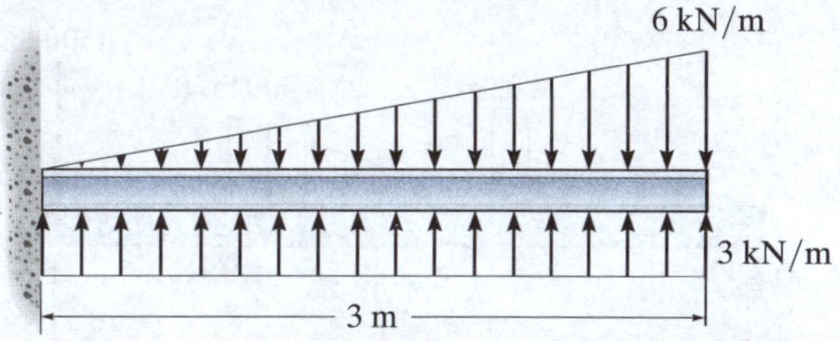

Prob. 7-86

7-87. Trace los diagramas de fuerza cortante y de momento para la viga.

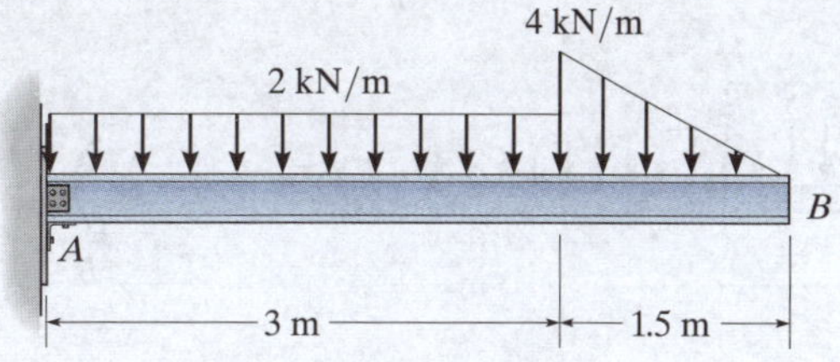

Prob. 7-87

***7-88.** Trace los diagramas de fuerza cortante y de momento para la viga.

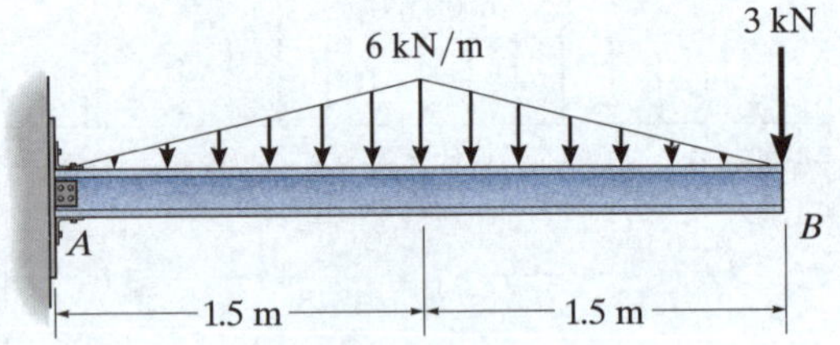

Prob. 7-88

7-89. Trace los diagramas de fuerza cortante y de momento para la viga.

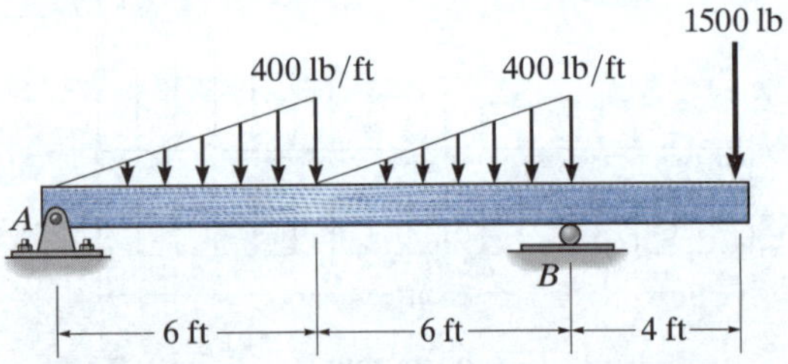

Prob. 7-89

7-90. Trace los diagramas de fuerza cortante y de momento para la viga.

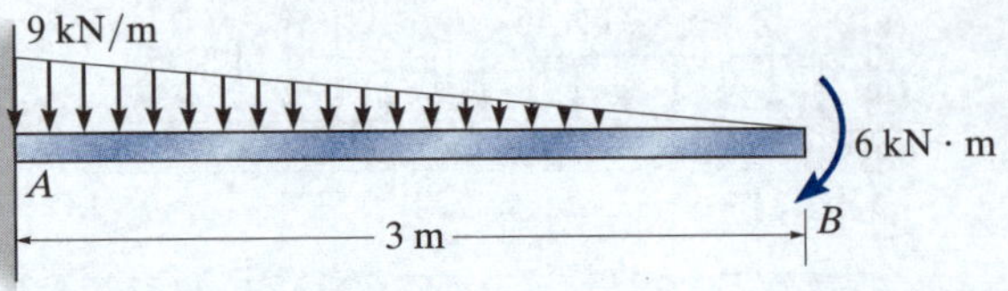

Prob. 7-90

7-91. Trace los diagramas de fuerza cortante y de momento para la viga.

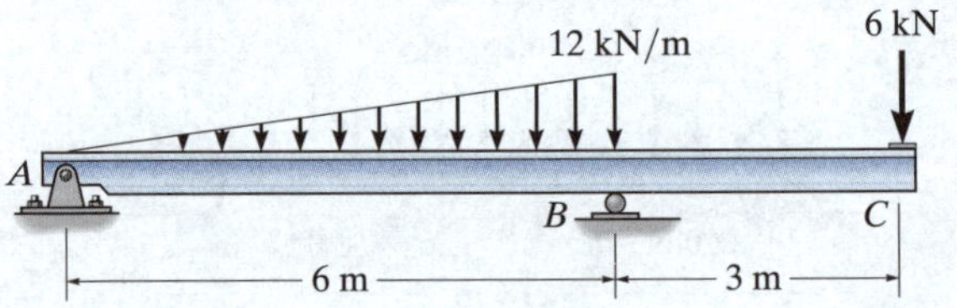

Prob. 7-91

***7-92.** Trace los diagramas de fuerza cortante y de momento para la viga.

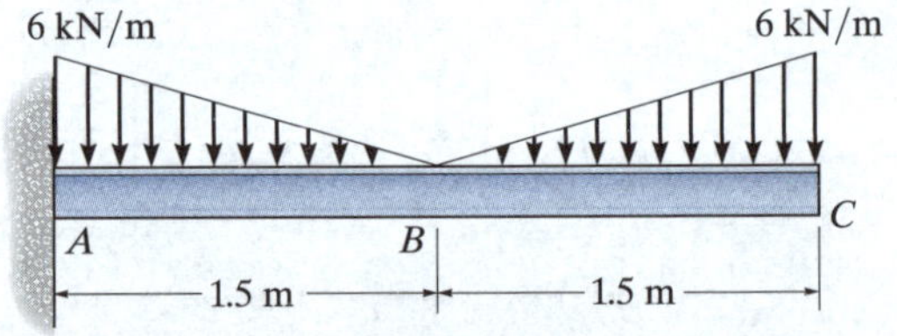

Prob. 7-92

7-93. Trace los diagramas de fuerza cortante y de momento para la viga.

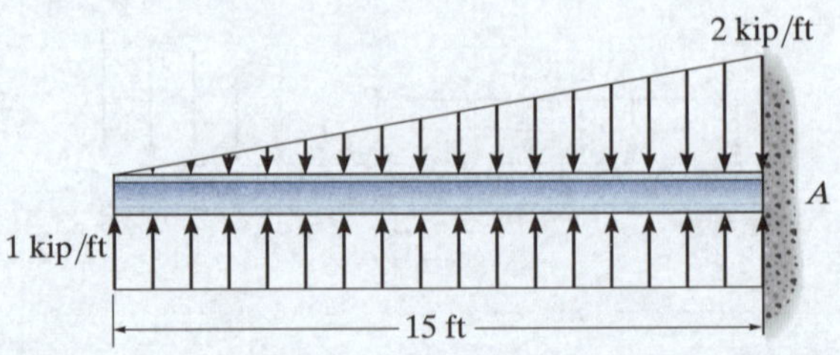

Prob. 7-93

*7.4 Cables

Los cables y las cadenas flexibles combinan resistencia con ligereza y se usan con frecuencia en las estructuras para soportar y transmitir cargas de un elemento a otro. Cuando se utilizan para sostener puentes colgantes y ruedas de cargadores, los cables constituyen el elemento principal de carga de la estructura. En el análisis de fuerzas de tales sistemas, el peso del cable puede pasarse por alto, ya que suele ser pequeño en comparación con la carga que lleva. Por otro lado, cuando los cables se usan como líneas de transmisión y retenidas para antenas de radio y grúas, el peso del cable puede llegar a ser importante y debe incluirse en el análisis estructural.

Cada uno de los segmentos de cable permanece casi recto cuando soporta el peso de los semáforos. (© Russell C. Hibbeler)

En el análisis que se presenta a continuación se considerarán tres casos. En cada uno de ellos supondremos que el cable es *perfectamente flexible e inextensible*. Debido a su flexibilidad, el cable no ofrece resistencia a la flexión y, por lo tanto, la fuerza de tensión que actúa en él es siempre tangente en puntos localizados a lo largo de su extensión. Por ser inextensible, el cable tiene una longitud constante antes y después de aplicarse la carga. Como resultado, una vez aplicada la carga, la geometría del cable permanece fija, y el cable o segmento de éste pueden tratarse como un cuerpo rígido.

Cables sometidos a cargas concentradas. Cuando un cable cuyo peso se puede ignorar soporta varias cargas concentradas, el cable toma la forma de varios segmentos de línea recta, cada uno de los cuales está sometido a una fuerza de tensión constante. Por ejemplo, considere el cable de la figura 7-18, donde se conocen las distancias h, L_1, L_2 y L_3 y las cargas $\mathbf{P}_1$ y $\mathbf{P}_2$. Aquí, el problema es determinar las *nueve incógnitas* consistentes en la tensión en cada uno de los *tres* segmentos, las *cuatro* componentes de reacción en A y B, y las *dos* flechas (combaduras) y_C y y_D en los puntos C y D. Para la solución, podemos escribir *dos* ecuaciones de equilibrio de fuerzas en cada uno de los puntos A, B, C y D. Esto resulta en un total de *ocho ecuaciones*.* Para completar la solución, será necesario saber algo sobre la geometría del cable para obtener la novena ecuación necesaria. Por ejemplo, si la *longitud* total L del cable está especificada, entonces se puede usar el teorema de Pitágoras para relacionar cada una de las tres longitudes de segmento, escritas en términos de h, y_C, y_D, L_1, L_2 y L_3, con la longitud total L. Por desgracia, este tipo de problemas no puede resolverse fácilmente de forma manual. Sin embargo, otra posibilidad es especificar una de las flechas, y_C o y_D, en vez de la longitud del cable. Al hacer esto, entonces las ecuaciones de equilibrio son suficientes para calcular las fuerzas desconocidas y la flecha restante. Una vez obtenida la flecha en cada punto de carga, la longitud del cable puede determinarse mediante trigonometría. El siguiente ejemplo ilustra un procedimiento útil para efectuar el análisis de equilibrio en un problema de este tipo.

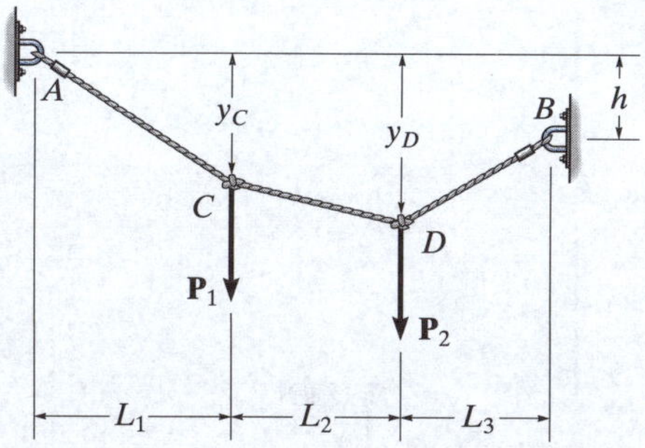

Fig. 7-18

7

*Como se mostrará en el siguiente ejemplo, las ocho ecuaciones de equilibrio pueden escribirse *también* para todo el cable, o cualquier parte de él. Pero *no* están disponibles *más de ocho* ecuaciones independientes.

EJEMPLO 7.11

Determine la tensión en cada segmento del cable de la figura 7-19*a*.

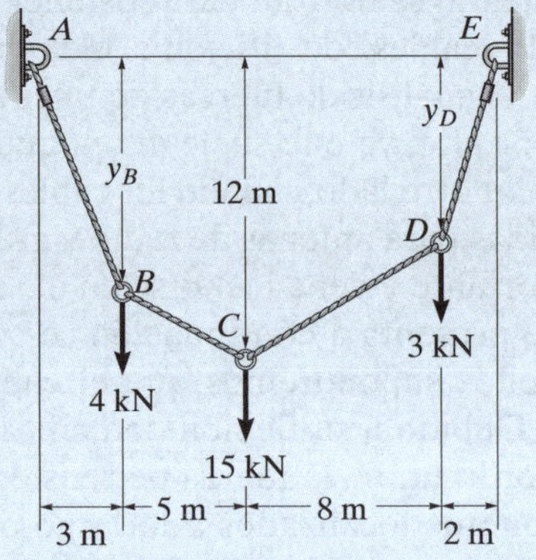

(a)

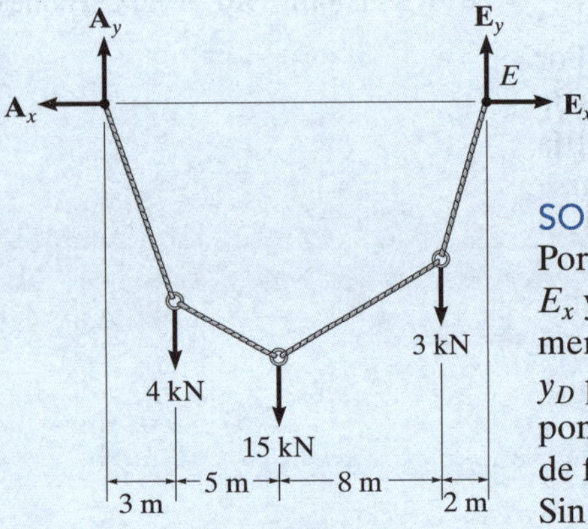

(b)

SOLUCIÓN

Por inspección, hay cuatro reacciones externas desconocidas (A_x, A_y, E_x y E_y) y cuatro tensiones desconocidas en el cable, una en cada segmento. Las ocho incógnitas junto con las dos flechas desconocidas y_B y y_D pueden determinarse a partir de *diez* ecuaciones de equilibrio disponibles. Un método consiste en aplicar las ecuaciones de equilibrio de fuerzas ($\Sigma F_x = 0, \Sigma F_y = 0$) a cada uno de los cinco puntos: de A a E. Sin embargo, aquí usaremos un enfoque más directo.

Considere el diagrama de cuerpo libre para todo el cable (fig. 7-19*b*). Entonces,

$$\overset{+}{\rightarrow} \Sigma F_x = 0; \qquad -A_x + E_x = 0$$

$$\circlearrowleft + \Sigma M_E = 0;$$

$$-A_y(18\text{ m}) + 4\text{ kN }(15\text{ m}) + 15\text{ kN }(10\text{ m}) + 3\text{ kN }(2\text{ m}) = 0$$

$$A_y = 12\text{ kN}$$

$$+\uparrow \Sigma F_y = 0; \qquad 12\text{ kN} - 4\text{ kN} - 15\text{ kN} - 3\text{ kN} + E_y = 0$$

$$E_y = 10\text{ kN}$$

Como se conoce la flecha $y_C = 12$ m, consideraremos ahora la sección ubicada más a la izquierda, la cual corta el cable BC (fig. 7-19*c*).

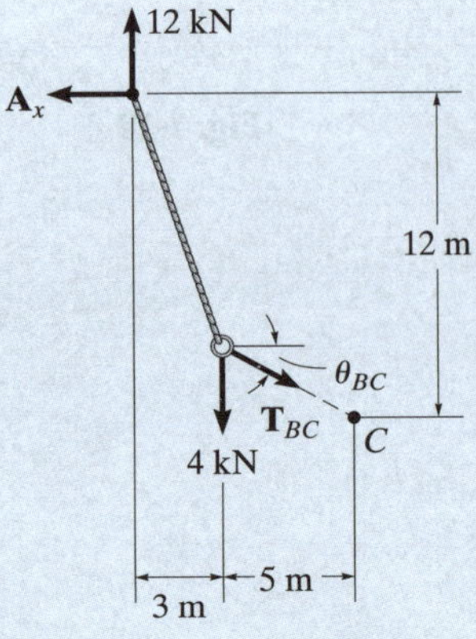

(c)

$$\circlearrowleft + \Sigma M_C = 0; \; A_x(12\text{ m}) - 12\text{ kN }(8\text{ m}) + 4\text{ kN }(5\text{ m}) = 0$$

$$A_x = E_x = 6.33\text{ kN}$$

$$\overset{+}{\rightarrow} \Sigma F_x = 0; \qquad T_{BC} \cos \theta_{BC} - 6.33\text{ kN} = 0$$

$$+\uparrow \Sigma F_y = 0; \quad 12\text{ kN} - 4\text{ kN} - T_{BC} \operatorname{sen} \theta_{BC} = 0$$

Así,

$$\theta_{BC} = 51.6°$$

Fig. 7-19

$$T_{BC} = 10.2\text{ kN}$$ *Resp.*

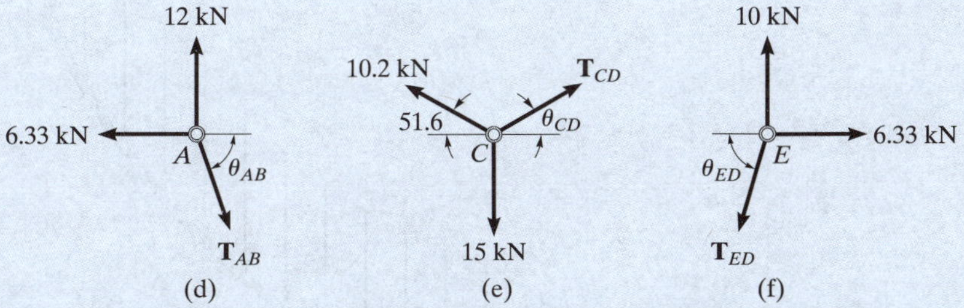

Fig. 7-19 (cont.)

Al proceder ahora al análisis del equilibrio de los puntos A, C y E en secuencia, tenemos

Punto A. (Fig. 7-19d).

$$\overset{+}{\rightarrow} \Sigma F_x = 0; \qquad T_{AB} \cos \theta_{AB} - 6.33 \text{ kN} = 0$$

$$+\uparrow \Sigma F_y = 0; \qquad -T_{AB} \operatorname{sen} \theta_{AB} + 12 \text{ kN} = 0$$

$$\theta_{AB} = 62.2^\circ$$

$$T_{AB} = 13.6 \text{ kN} \qquad \textit{Resp.}$$

Punto C. (Fig. 7-19e).

$$\overset{+}{\rightarrow} \Sigma F_x = 0; \qquad T_{CD} \cos \theta_{CD} - 10.2 \cos 51.6^\circ \text{ kN} = 0$$

$$+\uparrow \Sigma F_y = 0; \qquad T_{CD} \operatorname{sen} \theta_{CD} + 10.2 \operatorname{sen} 51.6^\circ \text{ kN} - 15 \text{ kN} = 0$$

$$\theta_{CD} = 47.9^\circ$$

$$T_{CD} = 9.44 \text{ kN} \qquad \textit{Resp.}$$

Punto E. (Fig. 7-19f).

$$\overset{+}{\rightarrow} \Sigma F_x = 0; \qquad 6.33 \text{ kN} - T_{ED} \cos \theta_{ED} = 0$$

$$+\uparrow \Sigma F_y = 0; \qquad 10 \text{ kN} - T_{ED} \operatorname{sen} \theta_{ED} = 0$$

$$\theta_{ED} = 57.7^\circ$$

$$T_{ED} = 11.8 \text{ kN} \qquad \textit{Resp.}$$

NOTA: Por comparación, vemos que la tensión máxima en el cable está en el segmento AB, ya que este segmento tiene la pendiente (θ) más grande, y se requiere que para cualquier segmento de cable la componente horizontal $T \cos \theta = A_x = E_x$ (una constante). Asimismo, como se han determinado los ángulos de pendiente que forman los segmentos del cable con la horizontal, es posible encontrar las flechas y_B y y_D (fig. 7-19a), por trigonometría.

7

El cable y los tirantes se usan para soportar la carga uniforme de una tubería de gas que cruza el río. (© Russell C. Hibbeler)

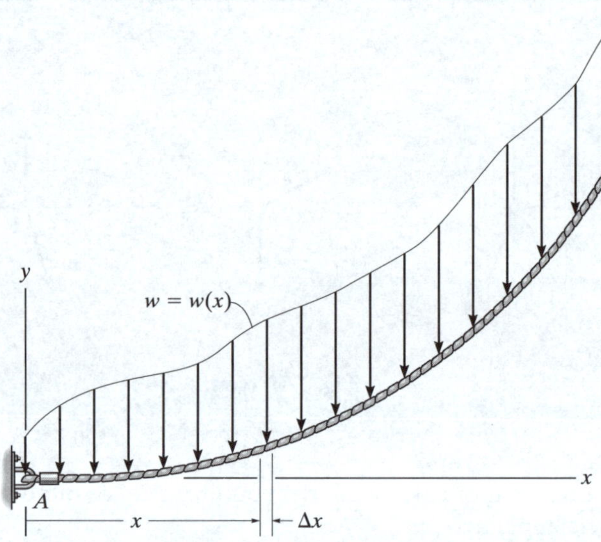

(a)

Fig. 7-20

7

Cable sometido a una carga distribuida. Consideremos ahora el cable sin peso que se muestra en la figura 7-20*a*, el cual está sometido a una carga distribuida $w = w(x)$ que se *mide en la dirección x*. En la figura 7-20*b* se muestra el diagrama de cuerpo libre de un pequeño segmento del cable con una longitud Δs. Como la fuerza de tensión cambia tanto en magnitud como en dirección a través de la longitud del cable, denotaremos este cambio en el diagrama de cuerpo libre mediante ΔT. Por último, la carga distribuida se representa mediante su fuerza resultante $w(x)(\Delta x)$, la cual actúa a una distancia fraccional $k(\Delta x)$ desde el punto O, donde $0 < k < 1$. Al aplicar las ecuaciones de equilibrio, tenemos

$$\stackrel{+}{\rightarrow} \Sigma F_x = 0; \qquad -T\cos\theta + (T + \Delta T)\cos(\theta + \Delta\theta) = 0$$

$$+\uparrow \Sigma F_y = 0; \qquad -T\,\text{sen}\,\theta - w(x)(\Delta x) + (T + \Delta T)\,\text{sen}(\theta + \Delta\theta) = 0$$

$$\circlearrowleft + \Sigma M_O = 0; \qquad w(x)(\Delta x)k(\Delta x) - T\cos\theta\,\Delta y + T\,\text{sen}\,\theta\,\Delta x = 0$$

Al dividir cada una de esas ecuaciones entre Δx y tomar el límite cuando $\Delta x \to 0$ y, por lo tanto, $\Delta y \to 0$, $\Delta\theta \to 0$ y $\Delta T \to 0$, obtenemos

$$\frac{d(T\cos\theta)}{dx} = 0 \qquad (7\text{-}7)$$

$$\frac{d(T\,\text{sen}\,\theta)}{dx} - w(x) = 0 \qquad (7\text{-}8)$$

$$\frac{dy}{dx} = \tan\theta \qquad (7\text{-}9)$$

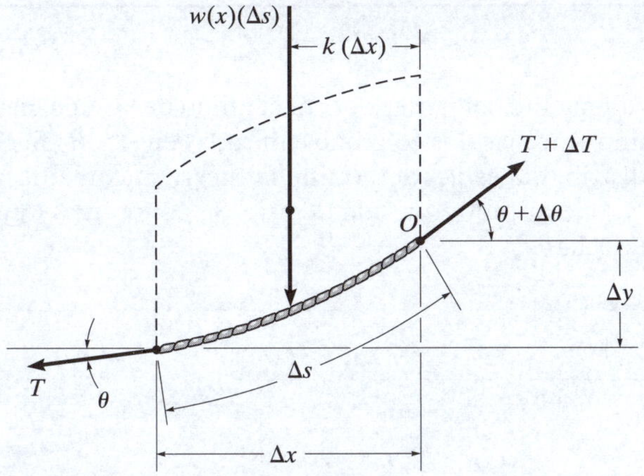

(b)

Fig. 7-20 (cont.)

Si integramos la ecuación 7-7, tenemos

$$T\cos\theta = \text{constante} = F_H \qquad (7\text{-}10)$$

donde F_H representa la componente horizontal de la fuerza de tensión en *cualquier punto* a lo largo del cable.

Al integrar la ecuación 7-8 resulta

$$T\,\text{sen}\,\theta = \int w(x)\,dx \qquad (7\text{-}11)$$

Al dividir la ecuación 7-11 entre la ecuación 7-10 se elimina T. Luego, con la ecuación 7-9, podemos obtener la pendiente del cable.

$$\tan\theta = \frac{dy}{dx} = \frac{1}{F_H}\int w(x)\,dx$$

Realizando una segunda integración,

$$y = \frac{1}{F_H}\int\left(\int w(x)\,dx\right)dx \qquad (7\text{-}12)$$

Esta ecuación sirve para determinar la curva para el cable, $y = f(x)$. La componente horizontal de fuerza F_H y las dos constantes adicionales, digamos C_1 y C_2, que resultan de la integración se determinan aplicando las condiciones de frontera para la curva.

Los cables del puente colgante ejercen fuerzas muy grandes sobre la torre y el bloque de cimiento, las cuales deben tomarse en cuenta para el diseño. (© Russell C. Hibbeler)

7

EJEMPLO 7.12

El cable de un puente colgante soporta la mitad de la superficie uniforme del camino entre las dos columnas ubicadas en A y B (fig. 7-21*a*). Si esta carga distribuida es w_0, determine la fuerza máxima desarrollada en el cable y la longitud requerida de éste. Se conocen la longitud del claro L y la flecha h.

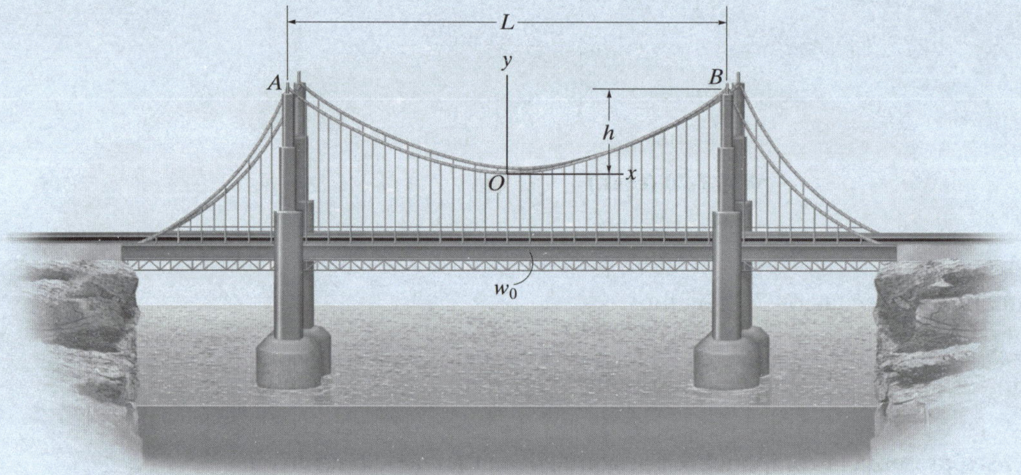

(a)

Fig. 7-21

SOLUCIÓN

Podemos determinar las incógnitas en el problema, si encontramos primero la curva que define la forma del cable mediante la ecuación 7-12. Por razones de simetría, el origen de las coordenadas se colocó en el centro del cable. Si se observa que $w(x) = w_0$, entonces

$$y = \frac{1}{F_H}\int\left(\int w_0\,dx\right)dx$$

Al realizar las dos integraciones resulta

$$y = \frac{1}{F_H}\left(\frac{w_0 x^2}{2} + C_1 x + C_2\right) \quad (1)$$

Las constantes de integración pueden determinarse por las condiciones de frontera $y = 0$ en $x = 0$ y $dy/dx = 0$ en $x = 0$. Al sustituir en la ecuación 1 y su derivada da como resultado $C_1 = C_2 = 0$. Entonces, la ecuación de la curva se convierte en

$$y = \frac{w_0}{2F_H}x^2 \quad (2)$$

Ésta es la ecuación de una *parábola*. La constante F_H puede obtenerse al aplicar la condición de frontera $y = h$ en $x = L/2$. Así,

$$F_H = \frac{w_0 L^2}{8h} \qquad (3)$$

Por lo tanto, la ecuación 2 se convierte en

$$y = \frac{4h}{L^2}x^2 \qquad (4)$$

Como se conoce F_H, la tensión en el cable puede determinarse ahora con la ecuación 7-10, escrita como $T = F_H/\cos\theta$. Para $0 \leq \theta < \pi/2$, la tensión máxima ocurrirá cuando θ esté al *máximo*, es decir, en el punto B (fig. 7-21*a*). A partir de la ecuación 2, la pendiente en este punto es

$$\left.\frac{dy}{dx}\right|_{x=L/2} = \tan\theta_{\text{máx}} = \left.\frac{w_0}{F_H}x\right|_{x=L/2}$$

o

$$\theta_{\text{máx}} = \tan^{-1}\left(\frac{w_0 L}{2F_H}\right) \qquad (5)$$

Por lo tanto,

$$T_{\text{máx}} = \frac{F_H}{\cos(\theta_{\text{máx}})} \qquad (6)$$

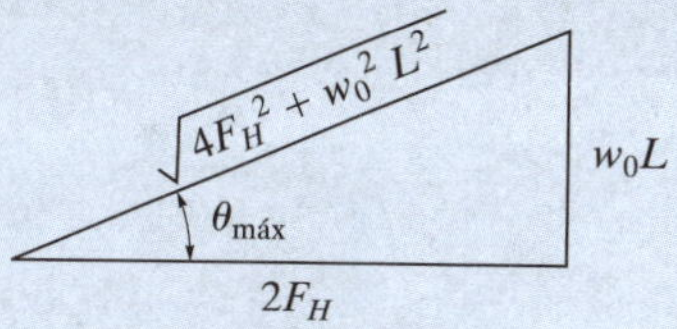

(b)

Fig. 7-21 (cont.)

Con la relación triangular que se muestra en la figura 7-21*b*, que se basa en la ecuación 5, la ecuación 6 puede escribirse como

$$T_{\text{máx}} = \frac{\sqrt{4F_H^2 + w_0^2 L^2}}{2}$$

Al sustituir la ecuación 3 en la ecuación anterior, resulta

$$T_{\text{máx}} = \frac{w_0 L}{2}\sqrt{1 + \left(\frac{L}{4h}\right)^2} \qquad \textit{Resp.}$$

Para un segmento diferencial del cable con longitud ds, podemos escribir

$$ds = \sqrt{(dx)^2 + (dy)^2} = \sqrt{1 + \left(\frac{dy}{dx}\right)^2}\,dx$$

Por consiguiente, la longitud total del cable puede determinarse por integración. Si usamos la ecuación 4, tenemos

$$\mathscr{L} = \int ds = 2\int_0^{L/2}\sqrt{1 + \left(\frac{8h}{L^2}x\right)^2}\,dx \qquad (7)$$

Por integración resulta

$$\mathscr{L} = \frac{L}{2}\left[\sqrt{1 + \left(\frac{4h}{L}\right)^2} + \frac{L}{4h}\operatorname{senh}^{-1}\left(\frac{4h}{L}\right)\right] \qquad \textit{Resp.}$$

7

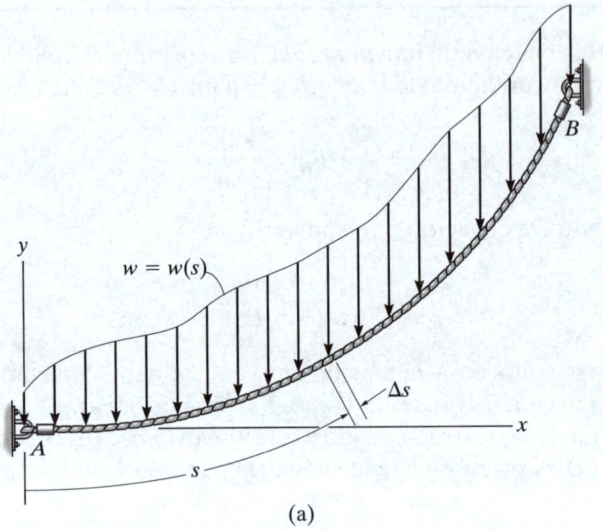

Fig. 7-22

Cable sometido a su propio peso. Cuando el peso de un cable se vuelve importante en el análisis de fuerzas, la función de carga a lo largo del cable será una función de la longitud de arco s en vez de la longitud proyectada x. Para analizar este problema consideraremos una función de carga generalizada $w = w(s)$ que actúa a lo largo del cable, como se muestra en la figura 7-22a. El diagrama de cuerpo libre para un segmento pequeño Δs del cable se ilustra en la figura 7-22b. Al aplicar las ecuaciones de equilibrio al sistema de fuerzas que se encuentra en este diagrama, se obtienen relaciones idénticas a las dadas por las ecuaciones 7-7 a 7-9, pero con s que reemplaza a x en las ecuaciones 7-7 y 7-8. Por lo tanto, podemos demostrar que

$$T\cos\theta = F_H$$

$$T\,\text{sen}\,\theta = \int w(s)\,ds \tag{7-13}$$

$$\frac{dy}{dx} = \frac{1}{F_H}\int w(s)\,ds \tag{7-14}$$

Para realizar una integración directa de la ecuación 7-14, es necesario reemplazar dy/dx por ds/dx. Puesto que

$$ds = \sqrt{dx^2 + dy^2}$$

entonces,

$$\frac{dy}{dx} = \sqrt{\left(\frac{ds}{dx}\right)^2 - 1}$$

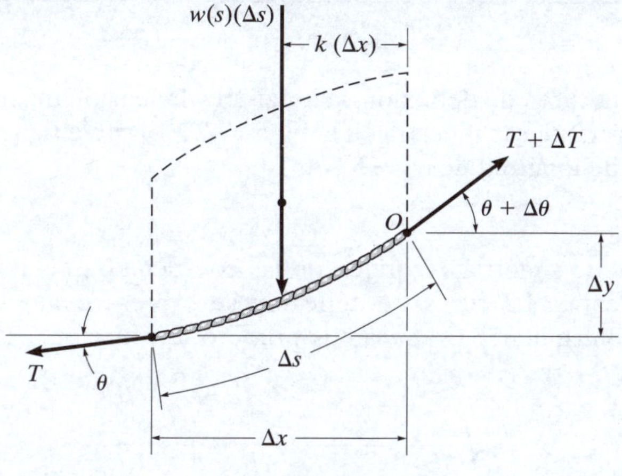

(b)

Fig. 7-22 (cont.)

Por lo tanto,

$$\frac{ds}{dx} = \left[1 + \frac{1}{F_H^2}\left(\int w(s)\,ds\right)^2\right]^{1/2}$$

Si se separan las variables y se integran, entonces

$$x = \int \frac{ds}{\left[1 + \frac{1}{F_H^2}\left(\int w(s)\,ds\right)^2\right]^{1/2}} \tag{7-15}$$

Las dos constantes de integración, digamos C_1 y C_2, se encuentran mediante las condiciones de frontera para la curva.

Las torres de transmisión eléctrica deben estar diseñadas para soportar los pesos de los cables suspendidos. El peso y la longitud de los cables de electricidad se pueden determinar ya que cada uno forma una curva catenaria. (© Russell C. Hibbeler)

EJEMPLO 7.13

Determine la curva de deflexión, la longitud y la tensión máxima en el cable uniforme que se muestra en la figura 7-23. El cable tiene un peso por unidad de longitud de $w_0 = 5$ N/m.

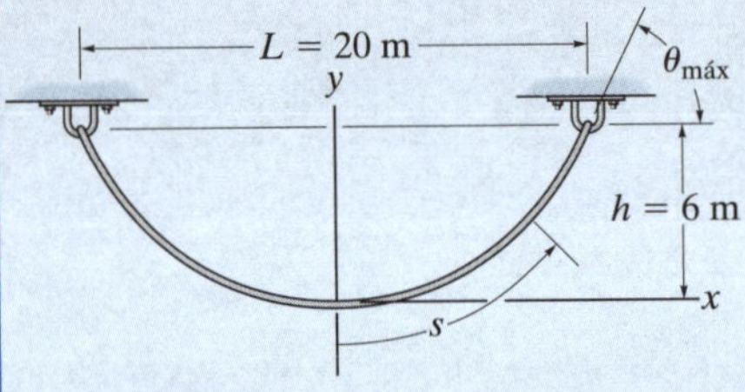

Fig. 7-23

SOLUCIÓN

Por razones de simetría, el origen de las coordenadas se ubica en el centro del cable. La curva de deflexión se expresa como $y = f(x)$. Podemos determinarla si aplicamos primero la ecuación 7-15, donde $w(s) = w_0$.

$$x = \int \frac{ds}{\left[1 + (1/F_H^2)\left(\int w_0\, ds\right)^2\right]^{1/2}}$$

Al integrar el término bajo el signo de integral en el denominador, tenemos

$$x = \int \frac{ds}{[1 + (1/F_H^2)(w_0 s + C_1)^2]^{1/2}}$$

Al sustituir $u = (1/F_H)(w_0 s + C_1)$, de manera que $du = (w_0/F_H)\, ds$, resulta una segunda integración

$$x = \frac{F_H}{w_0}(\operatorname{senh}^{-1} u + C_2)$$

o bien,

$$x = \frac{F_H}{w_0}\left\{\operatorname{senh}^{-1}\left[\frac{1}{F_H}(w_0 s + C_1)\right] + C_2\right\} \tag{1}$$

Para evaluar las constantes observe que, a partir de la ecuación 7-14,

$$\frac{dy}{dx} = \frac{1}{F_H}\int w_0\, ds \quad \text{o} \quad \frac{dy}{dx} = \frac{1}{F_H}(w_0 s + C_1)$$

Como $dy/dx = 0$ en $s = 0$, entonces $C_1 = 0$. Así,

$$\frac{dy}{dx} = \frac{w_0 s}{F_H} \tag{2}$$

La constante C_2 puede evaluarse con la condición $s = 0$ en $x = 0$ de acuerdo con la ecuación 1, en cuyo caso $C_2 = 0$. Para obtener la curva de deflexión, despeje s de la ecuación 1, con lo cual se obtiene

$$s = \frac{F_H}{w_0}\operatorname{senh}\left(\frac{w_0}{F_H}x\right) \tag{3}$$

Ahora sustituya en la ecuación 2, en cuyo caso

$$\frac{dy}{dx} = \operatorname{senh}\left(\frac{w_0}{F_H}x\right)$$

Por consiguiente,

$$y = \frac{F_H}{w_0}\cosh\left(\frac{w_0}{F_H}x\right) + C_3$$

Si se aplica la condición de frontera $y = 0$ en $x = 0$, la constante $C_3 = -F_H/w_0$ y, entonces, la curva de deflexión se convierte en

$$y = \frac{F_H}{w_0}\left[\cosh\left(\frac{w_0}{F_H}x\right) - 1\right] \tag{4}$$

Esta ecuación define la forma de una ***curva catenaria***. La constante F_H se obtiene por la condición de frontera $y = h$ en $x = L/2$, en cuyo caso

$$h = \frac{F_H}{w_0}\left[\cosh\left(\frac{w_0 L}{2F_H}\right) - 1\right] \tag{5}$$

Como $w_0 = 5$ N/m, $h = 6$ m y $L = 20$ m, las ecuaciones 4 y 5 se convierten en

$$y = \frac{F_H}{5\text{ N/m}}\left[\cosh\left(\frac{5\text{ N/m}}{F_H}x\right) - 1\right] \tag{6}$$

$$6\text{ m} = \frac{F_H}{5\text{ N/m}}\left[\cosh\left(\frac{50\text{ N}}{F_H}\right) - 1\right] \tag{7}$$

F_H se puede despejar en la ecuación 7 usando un procedimiento de prueba y error. El resultado es

$$F_H = 45.9\text{ N}$$

y, por consiguiente, la curva de deflexión, ecuación 6, resulta ser

$$y = 9.19[\cosh(0.109x) - 1]\text{ m}$$ *Resp.*

Mediante la ecuación 3 con $x = 10$ m, la mitad de la longitud del cable es

$$\frac{\mathcal{L}}{2} = \frac{45.9\text{ N}}{5\text{ N/m}}\operatorname{senh}\left[\frac{5\text{ N/m}}{45.9\text{ N}}(10\text{ m})\right] = 12.1\text{ m}$$

Por lo tanto,

$$\mathcal{L} = 24.2\text{ m}$$ *Resp.*

Como $T = F_H/\cos\theta$, la tensión máxima ocurre cuando θ es máximo, es decir, en $s = \mathcal{L}/2 = 12.1$ m. Con la ecuación 2 se obtiene

$$\left.\frac{dy}{dx}\right|_{s=12.1\text{ m}} = \tan\theta_{\text{máx}} = \frac{5\text{ N/m}(12.1\text{ m})}{45.9\text{ N}} = 1.32$$

$$\theta_{\text{máx}} = 52.8°$$

Y entonces,

$$T_{\text{máx}} = \frac{F_H}{\cos\theta_{\text{máx}}} = \frac{45.9\text{ N}}{\cos 52.8°} = 75.9\text{ N}$$ *Resp.*

7

PROBLEMAS

7-94. El cable soporta las tres cargas mostradas. Determine las flechas y_B y y_D de B y D. Considere que $P_1 = 800$ N, $P_2 = 500$ N.

7-95. El cable soporta las tres cargas mostradas. Determine la magnitud de $\mathbf{P}_1$ si $P_2 = 600$ N y $y_B = 3$ m. También encuentre la flecha y_D.

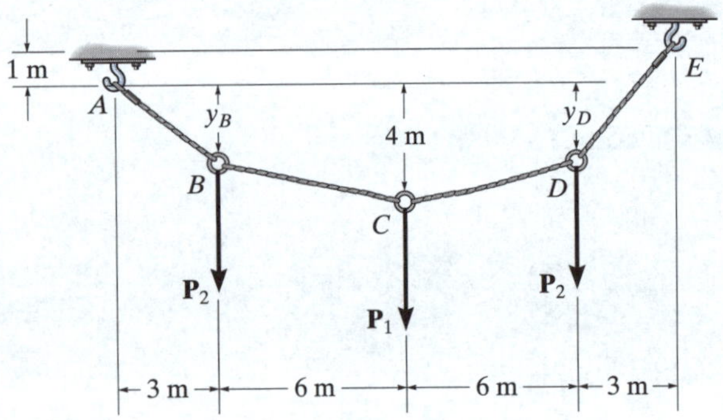

Probs. 7-94/95

7-97. El cable soporta las cargas mostradas. Determine la distancia x_B, medida desde A, a la que actúa la fuerza B. Considere que $P = 800$ N.

7-98. El cable soporta las cargas mostradas. Determine la magnitud de la fuerza horizontal $\mathbf{P}$ tal que $x_B = 5$ m.

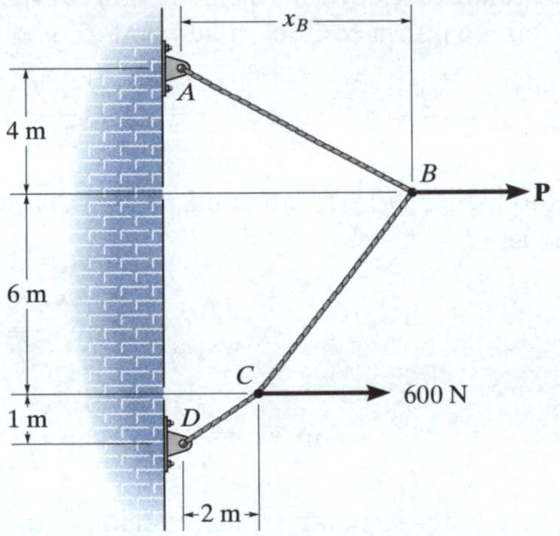

Probs. 7-97/98

***7-96.** Determine la tensión en cada segmento del cable y la longitud total del cable.

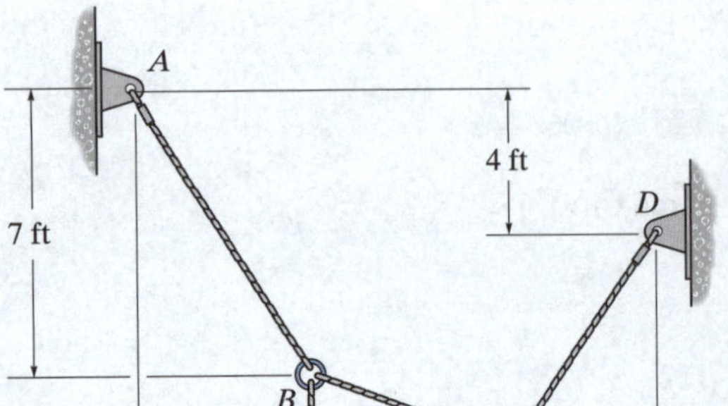

Prob. 7-96

7-99. El cable soporta las tres cargas mostradas. Determine las flechas y_B y y_D de los puntos B y D. Considere que $P_1 = 400$ lb, $P_2 = 250$ lb.

***7-100.** El cable soporta las tres cargas mostradas. Determine la magnitud de $\mathbf{P}_1$ si $P_2 = 300$ lb y $y_B = 8$ ft. Además, encuentre la flecha y_D.

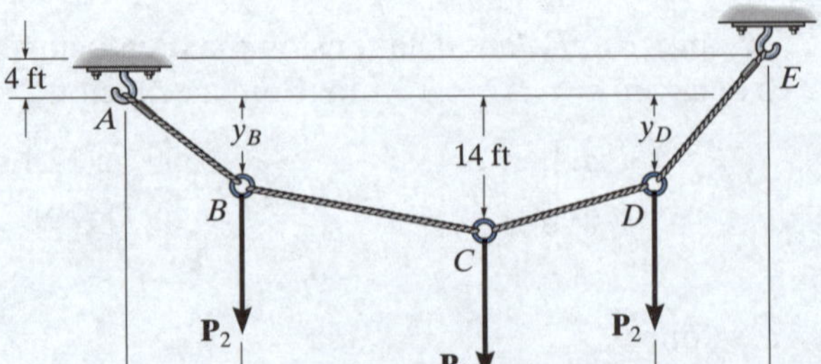

Probs. 7-99/100

7-101. Determine la fuerza P necesaria para mantener el cable en la posición mostrada, es decir, de modo que el segmento BC permanezca horizontal. También, calcule la flecha y_B y la tensión máxima en el cable.

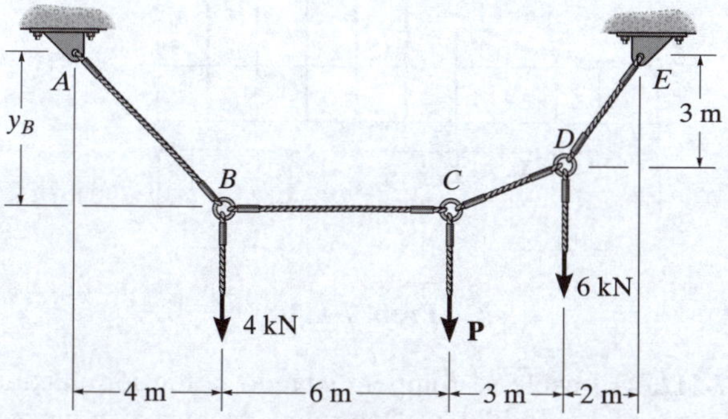

Prob. 7-101

***7-104.** El cable AB se somete a una carga uniforme de 200 N/m. Si no se toma en cuenta el peso del cable, y los ángulos de la pendiente en los puntos A y B son de 30° y 60°, respectivamente, determine la curva que define la forma del cable y la tensión máxima desarrollada en el cable.

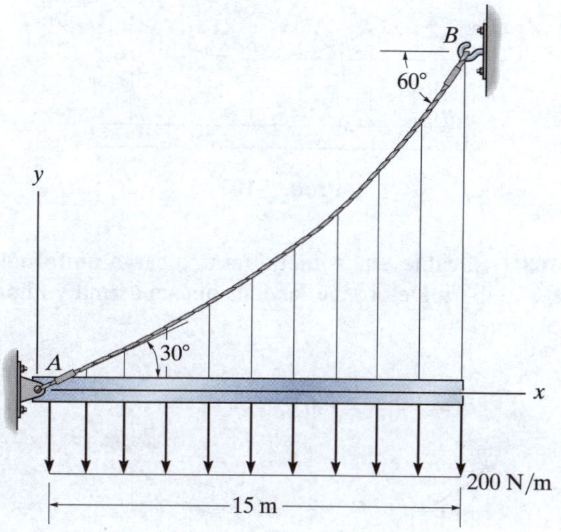

Prob. 7-104

7-102. Determine la carga uniforme máxima w, medida en lb/ft, que el cable puede soportar, si es capaz de sostener una tensión máxima de 3000 lb antes de romperse.

7-103. El cable se somete a una carga uniforme de $w = 250$ lb/ft. Determine las tensiones máxima y mínima en el cable.

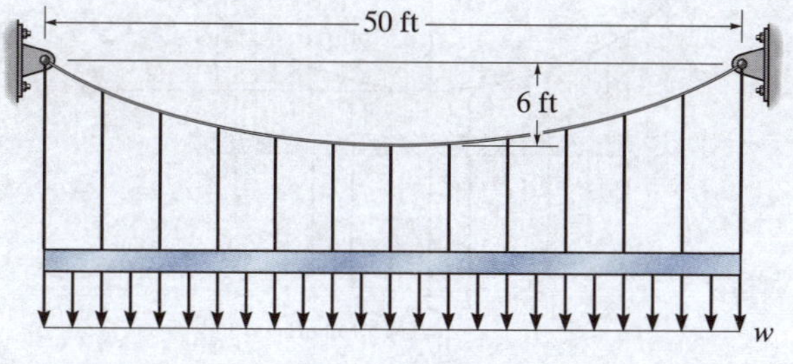

Probs. 7-102/103

7-105. Si $x = 2$ ft y la caja pesa 300 lb, ¿qué segmento de cable, AB, BC o CD tiene la mayor tensión? ¿Cuál es esta fuerza y cuál es la flecha y_B?

7-106. Si $y_B = 1.5$ ft, determine el mayor peso de la caja y su colocación x tales que ninguno de los segmentos de cable, AB, BC o CD, esté sometido a una tensión que exceda 200 lb.

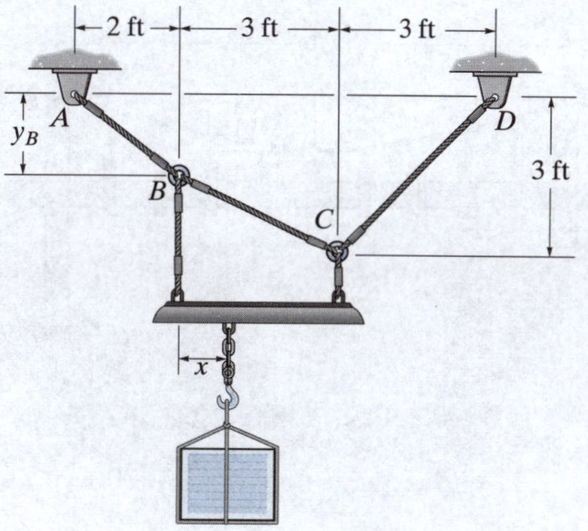

Probs. 7-105/106

7-107. El cable soporta una viga que pesa 850 lb/ft. Determine la tensión del cable en los puntos *A*, *B* y *C*.

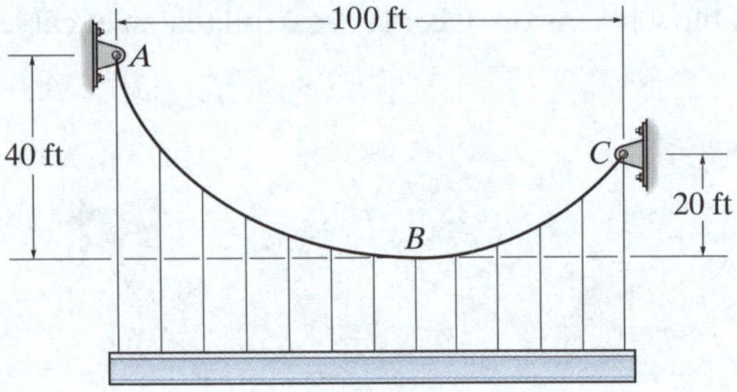

Prob. 7-107

***7-108.** El cable está sometido a una carga uniforme de $w = 200$ lb/ft. Determine las tensiones máxima y mínima en el cable.

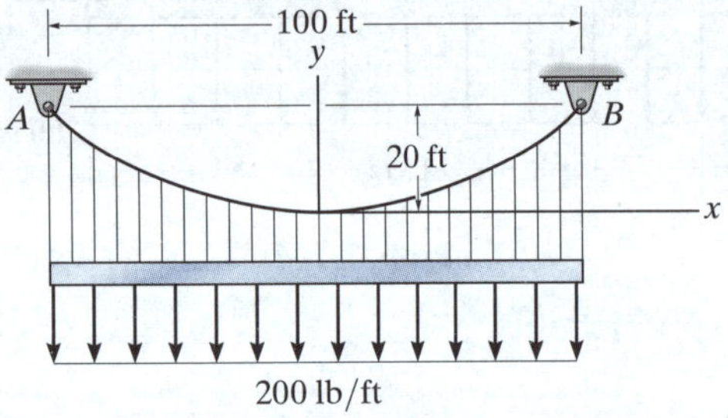

Prob. 7-108

7-109. Si el tubo tiene una masa por unidad de longitud de 1500 kg/m, determine la tensión máxima desarrollada en el cable.

7-110. Si el tubo tiene una masa por unidad de longitud de 1500 kg/m, determine la tensión mínima desarrollada en el cable.

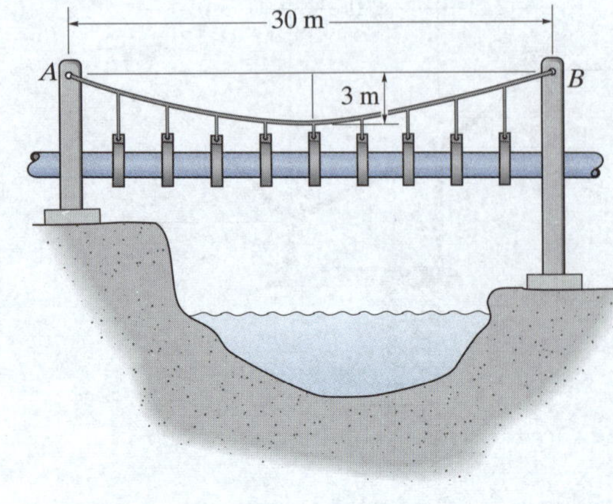

Probs. 7-109/110

7-111. Determine la tensión máxima desarrollada en el cable si está sometido a la carga distribuida triangular.

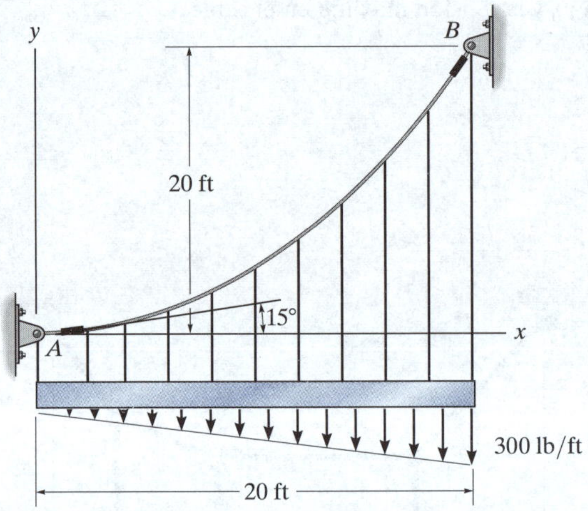

Prob. 7-111

***7-112.** El cable se romperá cuando la tensión máxima alcance $T_{máx} = 10$ kN. Determine la flecha mínima *h* si el cable soporta la carga distribuida uniforme de $w = 600$ N/m.

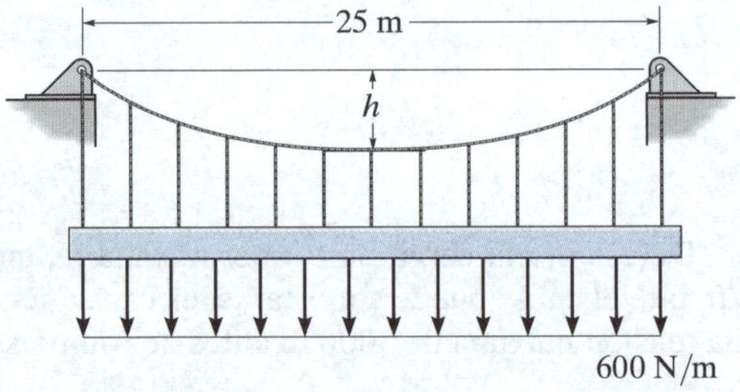

Prob. 7-112

7-113. El cable está sometido a la carga parabólica $w = 150(1 - (x/50)^2)$ lb/ft, donde *x* se da en ft. Determine la ecuación $y = f(x)$ que define la forma del cable *AB* y la tensión máxima en el cable.

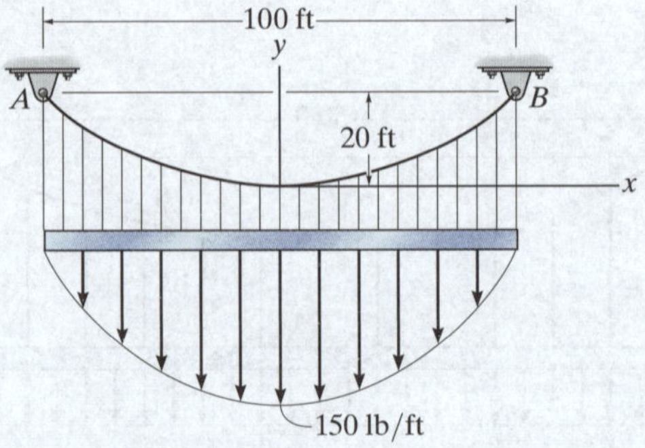

Prob. 7-113

7-114. El cable de transmisión de electricidad pesa 10 lb/ft. Si se requiere que la fuerza horizontal resultante sobre la torre *BD* sea cero, determine la flecha *h* del cable *BC*.

7-115. El cable de transmisión de electricidad pesa 10 lb/ft. Si $h = 10$ ft, determine las fuerzas horizontal y vertical resultantes que ejercen los cables sobre la torre *BD*.

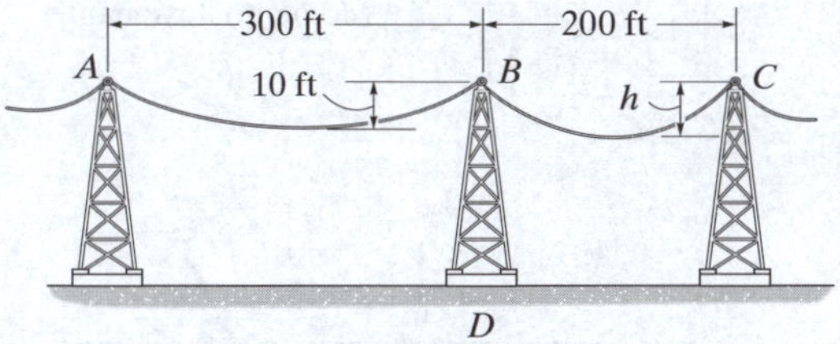

Probs. 7-114/115

***7-116.** El hombre recoge la cadena de 52 ft y la sostiene sólo suficientemente alto para que esté completamente despegada del suelo. La cadena tiene puntos de fijación en *A* y *B* que se encuentran a 50 ft de distancia. Si la cadena tiene un peso de 3 lb/ft, y el hombre pesa 150 lb, determine la fuerza que ejerce sobre el suelo. Además, ¿hasta qué altura *h* debe levantar la cadena? *Sugerencia:* Las pendientes en *A* y *B* son cero.

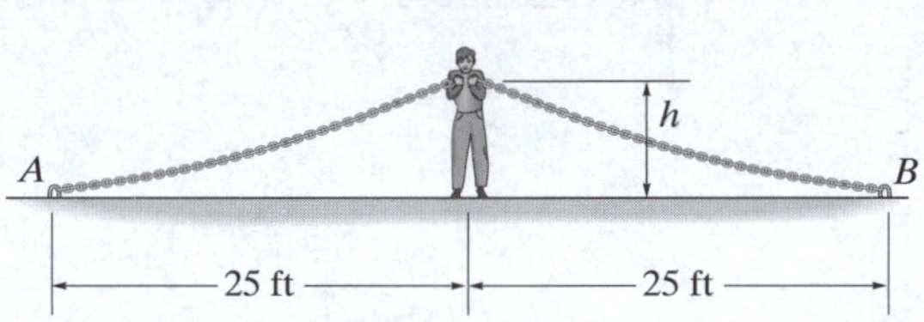

Prob. 7-116

7-117. El cable tiene una masa de 0.5 kg/m y tiene 25 m de largo. Determine las componentes vertical y horizontal de la fuerza que ejerce sobre la parte superior de la torre.

Prob. 7-117

7-118. Un cable de 50 ft está suspendido entre dos puntos a una distancia de 15 ft entre sí y a la misma altura. Si la tensión mínima en el cable es de 200 lb, determine el peso total del cable y la tensión máxima desarrollada en éste.

7-119. Demuestre que la curva de deflexión del cable analizado en el ejemplo 7.13 se reduce a la ecuación 4 del ejemplo 7.12, cuando la *función coseno hiperbólica* se expande en términos de una serie y sólo se conservan los dos primeros términos. (La respuesta indica que la *catenaria* se puede remplazar por una *parábola* en el análisis de problemas donde la flecha es pequeña. En este caso, se supone que el peso del cable está uniformemente distribuido a lo largo de la horizontal.)

***7-120.** Una línea (cable) telefónica(o) se extiende entre dos puntos que están a 150 ft de distancia entre sí y a la misma altura. La línea tiene una flecha de 5 ft y el cable tiene un peso de 0.3 lb/ft. Determine la longitud del cable y la tensión máxima en éste.

7-121. Un cable tiene un peso de 2 lb/ft. Si puede extenderse 100 ft y tiene una flecha de 12 ft, determine la longitud del cable. Los extremos del cable se sostienen a la misma altura.

7

7-122. Un cable tiene un peso de 3 lb/ft y se sostiene en puntos que están a 500 ft de distancia entre sí y a la misma altura. Si el cable tiene una longitud de 600 ft, determine la flecha.

7-123. Un cable tiene un peso de 5 lb/ft. Si puede extenderse 300 ft y tiene una flecha de 15 ft, determine la longitud del cable. Los extremos del cable se sostienen a la misma altura.

***7-124.** El cable de 10 kg/m se sostiene entre los apoyos *A* y *B*. Si el cable puede soportar una tensión máxima de 1.5 kN y la flecha máxima es 3 m, determine la distancia máxima *L* entre los soportes.

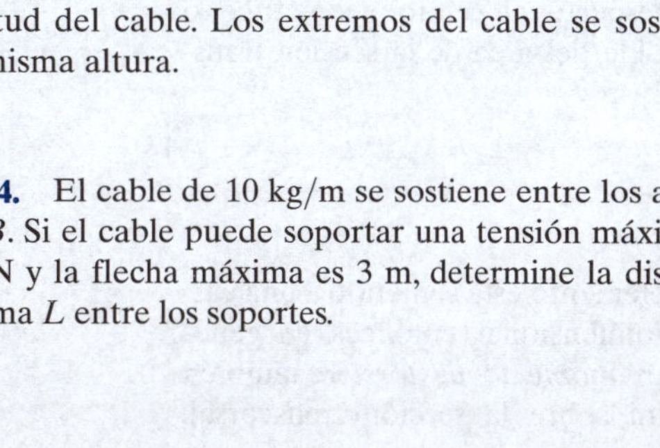

Prob. 7-124

REPASO DEL CAPÍTULO

Cargas internas

Si un sistema de fuerzas coplanar actúa sobre un elemento, entonces en general actuarán una *fuerza normal* interna **N**, una *fuerza cortante* **V** y un *momento flexionante* **M** resultantes, en cualquier sección transversal a lo largo del elemento. En la figura se muestran las direcciones positivas de estas cargas para problemas en dos dimensiones.

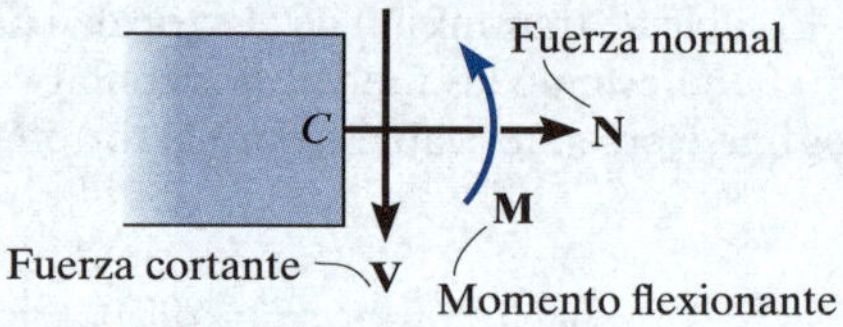

La fuerza normal interna, la fuerza cortante y el momento flexionante resultantes se determinan con el método de secciones. Para encontrarlas, el elemento se secciona en el punto C donde se debe determinar la carga interna. Luego se traza un diagrama de cuerpo libre de una de las partes seccionadas y las cargas internas se muestran en sus direcciones positivas.

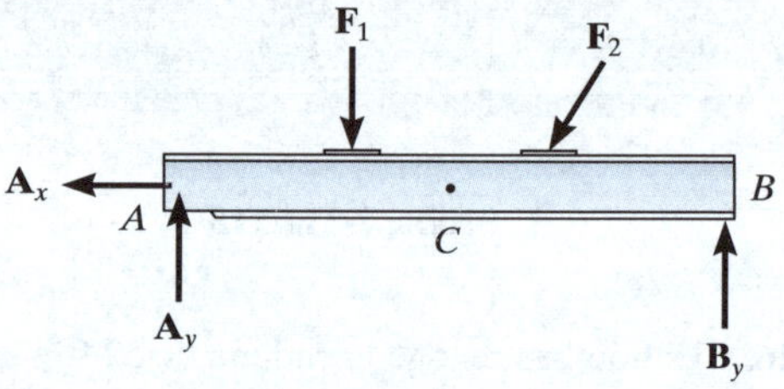

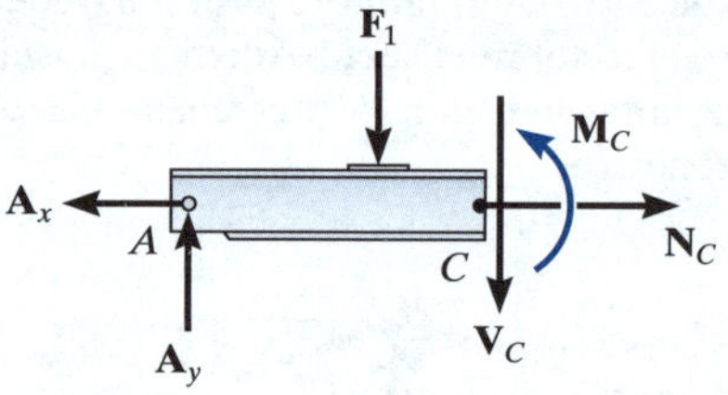

7

La fuerza normal resultante se determina al sumar las fuerzas normales a la sección transversal. La fuerza cortante que resulta se encuentra al sumar las fuerzas tangentes a la sección transversal, y el momento flexionante resultante se encuentra con la suma de momentos con respecto al centro geométrico o centroide del área de la sección transversal.

$$\Sigma F_x = 0$$

$$\Sigma F_y = 0$$

$$\Sigma M_C = 0$$

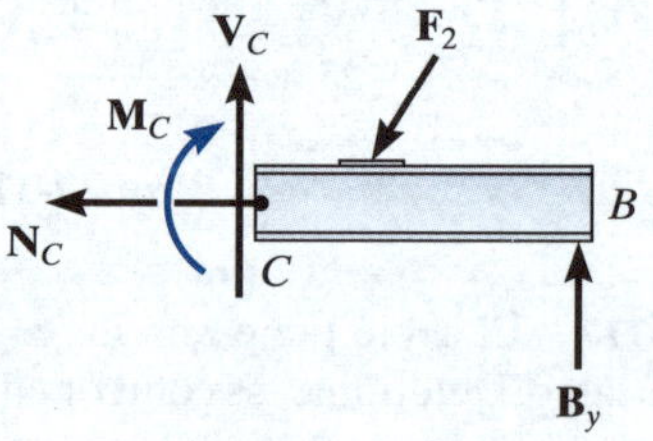

Si el elemento está sometido a una carga tridimensional, entonces, en general, un *momento de torsión* también actuará sobre la sección transversal. Esta carga se puede determinar por la suma de momentos con respecto a un eje perpendicular a la sección transversal que pasa por su centroide.

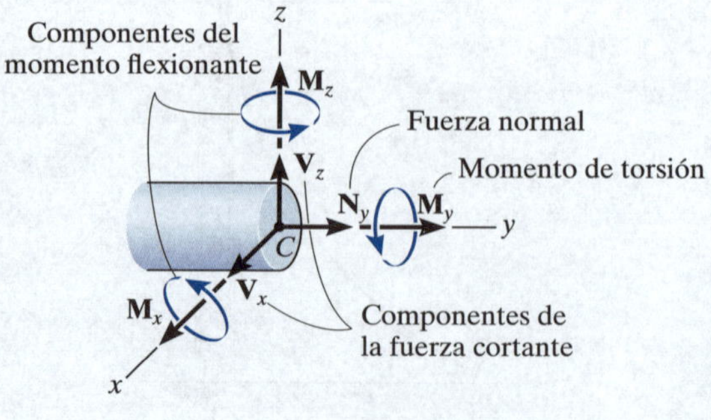

Diagramas de fuerza cortante y de momento flexionante

Para construir los diagramas de fuerza cortante y de momento flexionante para un elemento, es necesario seccionar el elemento en un punto arbitrario, ubicado a una distancia x del extremo izquierdo.

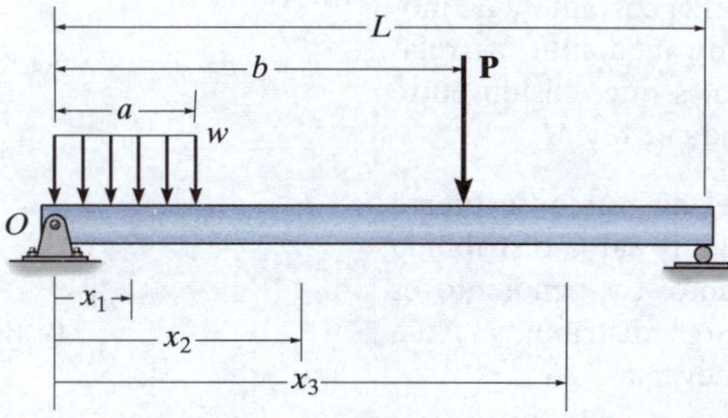

Si la carga externa consta de cambios en la carga distribuida, o sobre el elemento actúa una serie de cargas concentradas y momentos de par, entonces deben determinarse diferentes expresiones para V y M dentro de las regiones entre cualesquiera discontinuidades de carga.

La fuerza cortante y el momento de par desconocidos se indican sobre la sección transversal en la dirección positiva, de acuerdo con la convención de signos establecida y, después, se determinan la fuerza cortante interna y el momento flexionante como funciones de x.

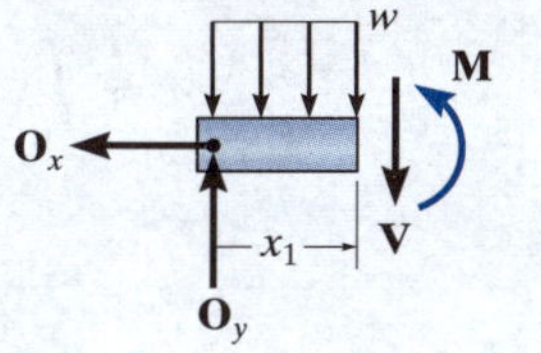

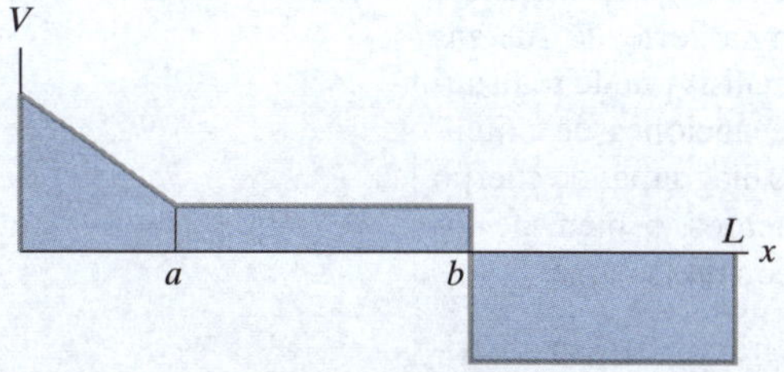

Después se grafica cada una de las funciones de la fuerza cortante y del momento flexionante para crear los diagramas de fuerza cortante y de momento flexionante.

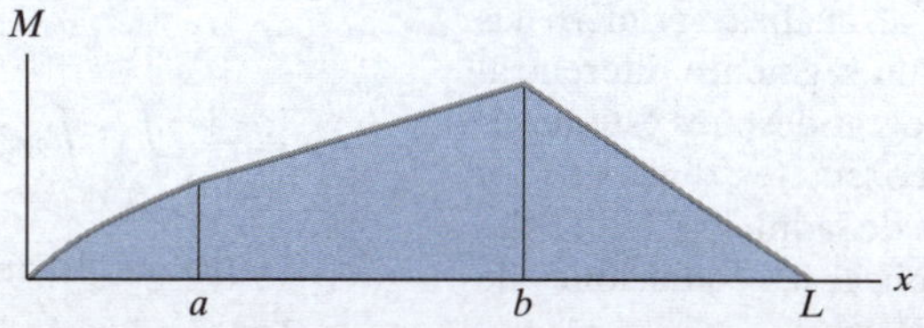

Relaciones entre fuerza cortante y momento flexionante

Es posible graficar rápidamente los diagramas de fuerza cortante y de momento flexionante mediante las relaciones diferenciales que existen entre la carga distribuida w, V y M.

La pendiente del diagrama de fuerza cortante es igual a la carga distribuida en cualquier punto. La pendiente es positiva si la carga distribuida actúa hacia arriba y viceversa.

$$\frac{dV}{dx} = w$$

La pendiente del diagrama de momento flexionante es igual a la fuerza cortante en cualquier punto. La pendiente es positiva si la fuerza cortante es positiva o viceversa.

$$\frac{dM}{dx} = V$$

El cambio en la fuerza cortante entre cualesquiera dos puntos es igual al área bajo la carga distribuida entre los puntos.

$$\Delta V = \int w \, dx$$

El cambio en el momento flexionante es igual al área bajo el diagrama de fuerza cortante entre los puntos.

$$\Delta M = \int V \, dx$$

Cables

Cuando un cable flexible e inextensible está sometido a una serie de fuerzas concentradas, el análisis puede realizarse mediante las ecuaciones de equilibrio aplicadas a los diagramas de cuerpo libre de los segmentos, o bien, de los puntos de aplicación de la carga.

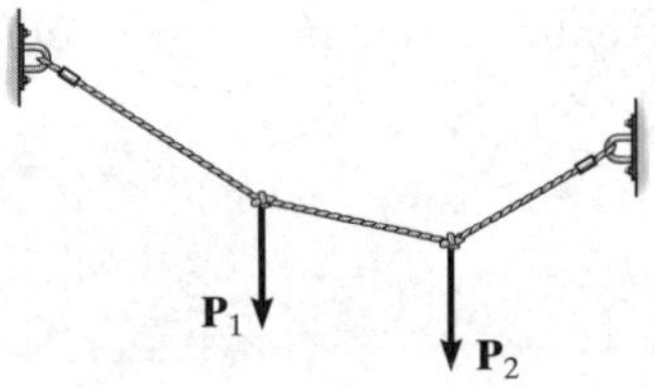

Si deben considerarse cargas distribuidas externas o el peso del cable, entonces la forma del cable debe determinarse al analizar primero las fuerzas sobre un segmento diferencial del cable e integrar después este resultado. Las dos constantes, digamos C_1 y C_2, resultantes de la integración se determinan al aplicar las condiciones de frontera para el cable.

$$y = \frac{1}{F_H} \int \left(\int w(x) \, dx \right) dx$$

Carga distribuida

$$x = \int \frac{ds}{\left[1 + \frac{1}{F_H^2} \left(\int w(s) \, ds \right)^2 \right]^{1/2}}$$

Peso del cable

PROBLEMAS DE REPASO

Todas las soluciones a los problemas deben incluir un DCL.

R7-1. Determine la fuerza normal interna, la fuerza cortante y el momento en los puntos D y E del bastidor.

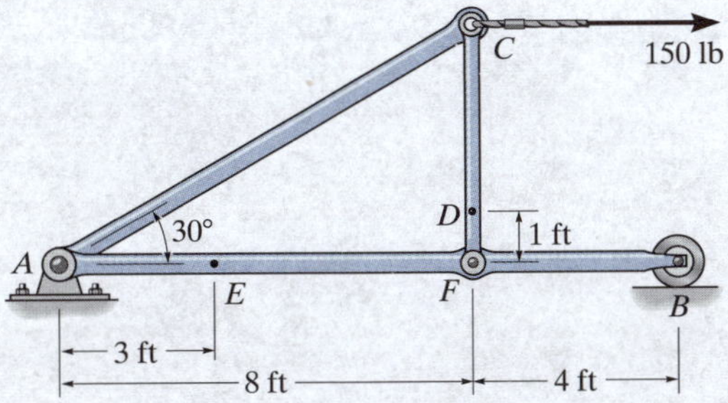

Prob. R7-1

R7-2. Determine la fuerza normal, la fuerza cortante y el momento en los puntos B y C de la viga.

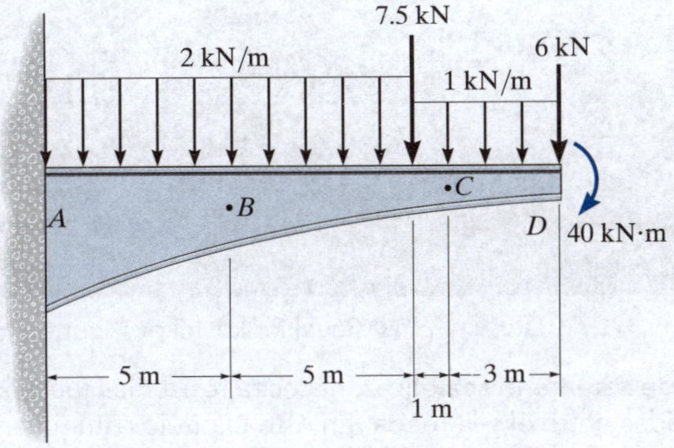

Prob. R7-2

R7-3. Dibuje los diagramas de fuerza cortante y de momento para la viga.

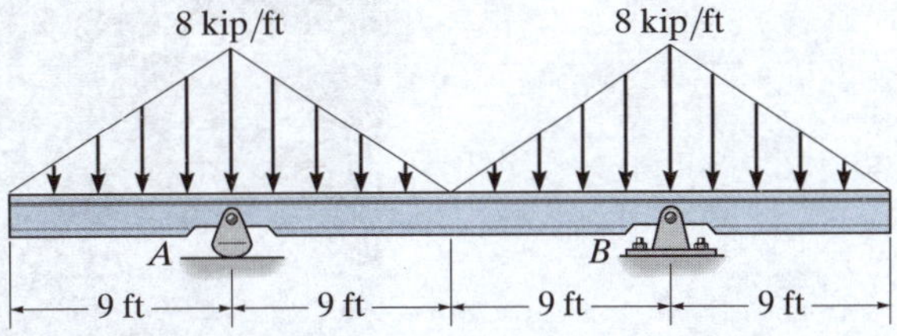

Prob. R7-3

R7-4. Dibuje los diagramas de fuerza cortante y de momento para la viga.

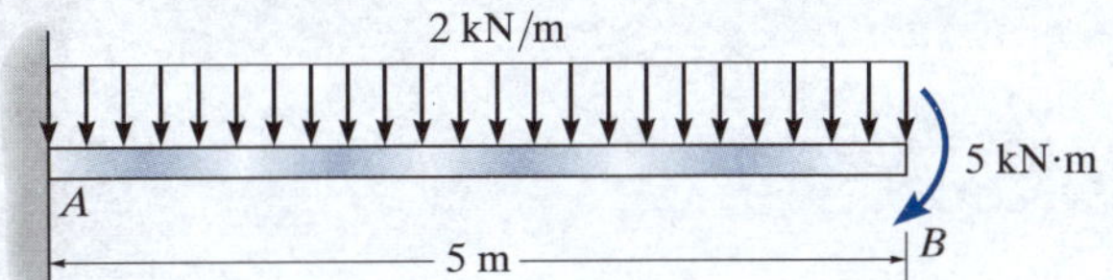

Prob. R7-4

R7-5. Dibuje los diagramas de fuerza cortante y de momento para la viga.

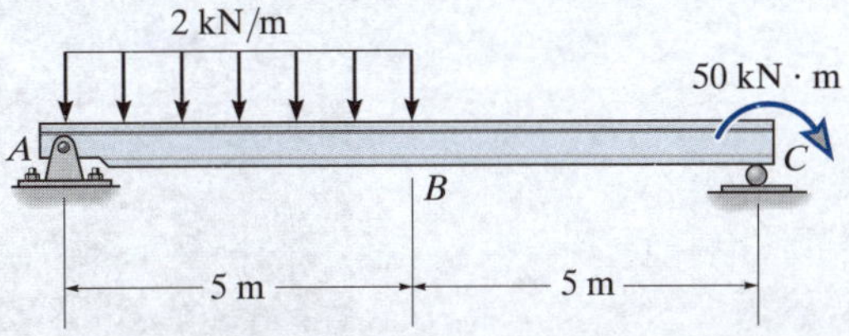

Prob. R7-5

R7-6. Una cadena se suspende entre dos puntos que están a la misma altura y que se encuentran separados una distancia de 60 ft. Si la cadena tiene un peso por unidad de longitud de 0.5 lb/ft y su flecha es de 3 ft, determine la tensión máxima en la cadena.

Capítulo 8

(© Pavel Polkovnikov/Shutterstock)

Para que el diseño de este freno sea eficaz, necesita resistir las fuerzas de fricción desarrolladas entre él y la rueda. En este capítulo estudiaremos la fricción seca y mostraremos cómo se analizan las fuerzas de fricción para diversas aplicaciones de ingeniería.

Fricción

OBJETIVOS DEL CAPÍTULO

- Introducir el concepto de fricción seca y mostrar cómo se analiza el equilibrio de los cuerpos rígidos sujetos a esta fuerza.
- Presentar aplicaciones específicas del análisis de fuerzas de fricción en cuñas, tornillos, bandas y chumaceras.
- Investigar el concepto de resistencia al rodamiento.

8.1 Características de la fricción seca

La *fricción* es una fuerza que resiste el movimiento de dos superficies en contacto que se deslizan relativamente entre sí. Esta fuerza actúa siempre *tangencialmente* a la superficie en los puntos de contacto y está dirigida en sentido opuesto al movimiento posible o existente entre las superficies.

En este capítulo estudiaremos los efectos de la ***fricción seca*** que, en ocasiones, se denomina *fricción de Coulomb*, ya que sus características fueron estudiadas de manera extensa por el físico francés Charles-Agustin de Coulomb en 1781. La fricción seca ocurre entre las superficies de cuerpos en contacto cuando no hay un fluido lubricante.*

El calor que genera la acción abrasiva de la fricción puede observarse cuando se usa esta esmeriladora para afilar una hoja metálica. (© Russell C. Hibbeler)

*Otro tipo de fricción, llamada fricción fluida, se estudia en la mecánica de fluidos.

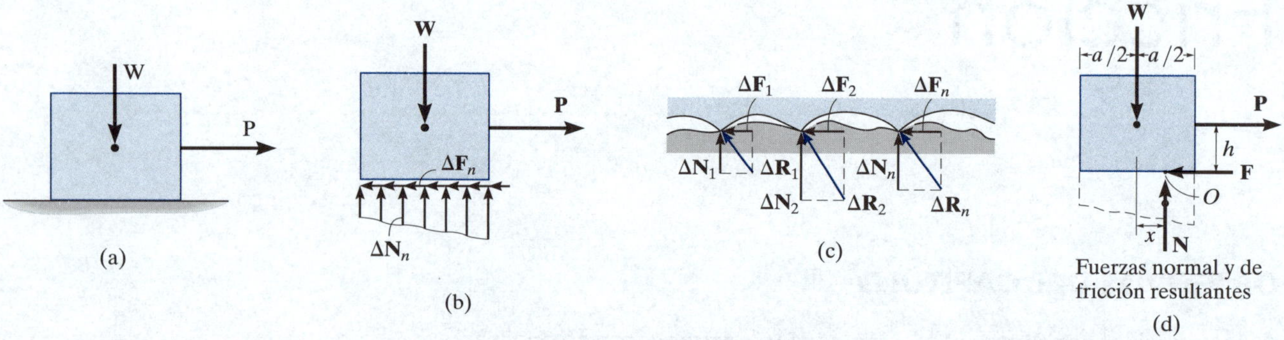

Fig. 8-1

Teoría de la fricción seca.

La teoría de la fricción seca puede explicarse si se consideran los efectos que ocasiona tirar horizontalmente de un bloque de peso uniforme **W**, que descansa sobre una superficie horizontal rugosa que es *no rígida* ni *deformable* (fig. 8-1*a*). Sin embargo, la parte superior del bloque se puede considerar rígida. Como se muestra en el diagrama de cuerpo libre del bloque (fig. 8-1*b*), el piso ejerce una *distribución* dispar tanto de *fuerza normal* $\Delta \mathbf{N}_n$ como de *fuerza de fricción* $\Delta \mathbf{F}_n$ a lo largo de la superficie de contacto. Por equilibrio, las fuerzas normales deben actuar *hacia arriba* para equilibrar el peso **W** del bloque, y las fuerzas de fricción deben actuar hacia la izquierda para evitar que la fuerza aplicada **P** mueva el bloque hacia la derecha. Un examen preciso de las superficies en contacto entre el piso y el bloque revela cómo se desarrollan esas fuerzas de fricción y normales (fig. 8-1*c*). Se observa que existen muchas irregularidades microscópicas entre las dos superficies y, como resultado, se desarrollan fuerzas de reacción $\Delta \mathbf{R}_n$ en cada uno de los puntos de contacto.* Como se muestra, cada fuerza de reacción contribuye con una componente de fricción $\Delta \mathbf{F}_n$ y con una componente normal $\Delta \mathbf{N}_n$.

Sin importar el peso del rastrillo o la pala que se cuelgue, este dispositivo se diseñó para que el pequeño rodillo mantenga el mango en equilibrio, debido a las fuerzas de fricción que se desarrollan en los puntos de contacto *A*, *B*, *C*. (© Russell C. Hibbeler)

Equilibrio. El efecto de las cargas *distribuidas* normal y de fricción está indicado por sus *resultantes* **N** y **F** en el diagrama de cuerpo libre (fig. 8-1*d*). Observe que **N** actúa a una distancia *x* a la derecha de la línea de acción de **W** (fig. 8-1*d*). Esta ubicación, que coincide con el centroide o centro geométrico de la distribución de fuerza normal en la figura 8-1*b*, es necesaria para equilibrar el "efecto de volteo" causado por **P**. Por ejemplo, si **P** se aplica a una altura *h* sobre la superficie (fig. 8-1*d*), entonces el equilibrio de momento con respecto al punto *O* se satisface si $W_x = Ph$ o $x = Ph/W$.

*Además de las interacciones mecánicas explicadas aquí, que conforman lo que se denomina un enfoque clásico, un tratamiento detallado de la naturaleza de las fuerzas de fricción también debe incluir los efectos de temperatura, densidad, limpieza y atracción atómica o molecular entre las superficies de contacto. Vea J. Krim, *Scientific American*, octubre de 1996.

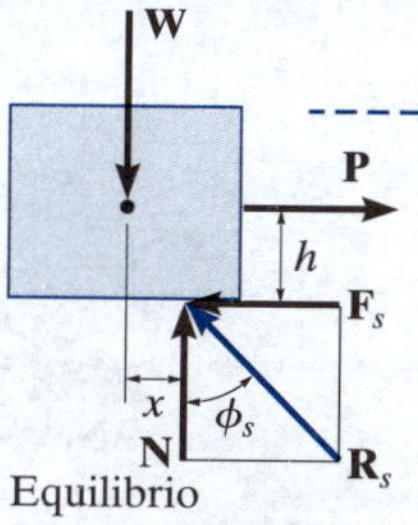

(e)

Fig. 8-1 (cont.)

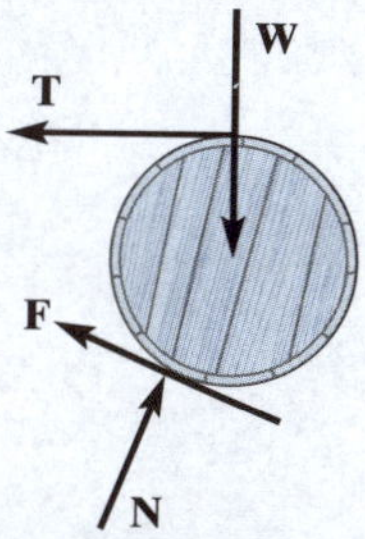

Es posible que algunos objetos, como este barril, no estén a punto de deslizarse; en tales casos, la fuerza de fricción **F** se debe determinar estrictamente a partir de las ecuaciones de equilibrio. (© Russell C. Hibbeler)

Movimiento inminente. En los casos donde las superficies de contacto son "resbalosas", la fuerza de fricción **F** quizá *no* sea lo suficientemente grande como para equilibrar a **P** y, en consecuencia, el bloque tenderá a resbalar. En otras palabras, al incrementarse lentamente P, F aumenta de manera correspondiente hasta que alcanza un cierto *valor máximo* F_s, llamado *fuerza límite de fricción estática* (fig. 8-1*e*). Cuando se alcanza dicho valor, el bloque está en *equilibrio inestable*, ya que cualquier incremento adicional en P ocasionará que el bloque se mueva. De manera experimental, se ha determinado que la fuerza límite de fricción estática F_s es *directamente proporcional* a la fuerza normal resultante N. Expresado en forma matemática,

$$\boxed{F_s = \mu_s N} \qquad (8\text{-}1)$$

donde la constante de proporcionalidad, μ_s (mi "sub" s) se llama ***coeficiente de fricción estática***.

Así, cuando el bloque está *a punto de deslizarse*, la fuerza normal **N** y la fuerza de fricción $\mathbf{F}_s$ se combinan para crear una resultante $\mathbf{R}_s$ (fig. 8-1*e*). El ángulo ϕ_s (fi "sub" s) que forma $\mathbf{R}_s$ con **N** se llama ***ángulo de fricción estática***. A partir de la figura,

$$\phi_s = \tan^{-1}\left(\frac{F_s}{N}\right) = \tan^{-1}\left(\frac{\mu_s N}{N}\right) = \tan^{-1}\mu_s$$

En la tabla 8-1 se proporcionan los valores típicos de μ_s. Observe que tales valores pueden variar, ya que los ensayos experimentales se hicieron en condiciones variables de rugosidad y limpieza de las superficies en contacto. Por consiguiente, en las aplicaciones es importante tener cuidado y buen juicio al seleccionar un coeficiente de fricción para un conjunto dado de condiciones. Cuando se requiere un cálculo más preciso de F_s el coeficiente de fricción debería determinarse directamente con un experimento que implique los dos materiales que se van a utilizar.

TABLA 8-1 Valores típicos para μ_s

Materiales en contacto	Coeficiente de fricción estática (μ_s)
Metal sobre hielo	0.03-0.05
Madera sobre madera	0.30-0.70
Cuero sobre madera	0.20-0.50
Cuero sobre metal	0.30-0.60
Cobre sobre cobre	0.74-1.21

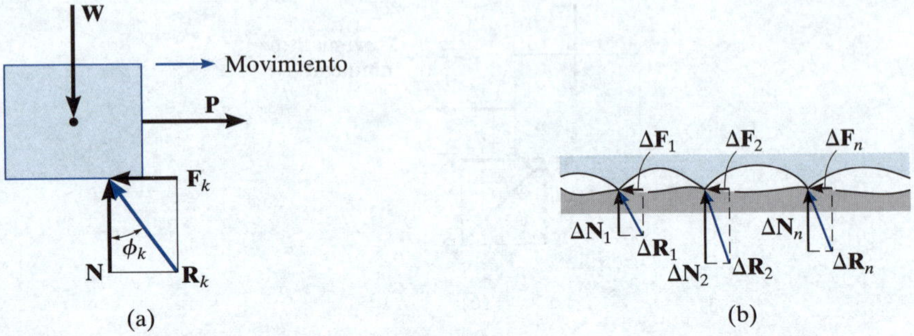

Fig. 8-2

Movimiento. Si la magnitud de **P** que actúa sobre el bloque se incrementa de manera que resulta mayor que F_s, la fuerza de fricción en las superficies de contacto caerá a un valor menor F_k, llamado *fuerza de fricción cinética*. El bloque comenzará a deslizarse con rapidez creciente (fig. 8-2*a*). Cuando sucede esto, el bloque se "montará" en la parte superior de estos picos en los puntos de contacto, como se muestra en la figura 8-2*b*. El rompimiento continuo de la superficie es el mecanismo dominante que crea la fricción cinética.

Los experimentos con bloques deslizantes indican que la magnitud de la fuerza de fricción cinética es directamente proporcional a la magnitud de la fuerza normal resultante, lo cual se expresa en forma matemática como

$$F_k = \mu_k N \tag{8-2}$$

Aquí la constante de proporcionalidad, μ_k, se llama ***coeficiente de fricción cinética***. Los valores típicos para μ_k son aproximadamente 25 por ciento *menores* que los enunciados en la tabla 8-1 para μ_s.

Como se muestra en la figura 8-2*a*, en este caso, la fuerza resultante en la superficie de contacto, $\mathbf{R}_k$, tiene una línea de acción definida por ϕ_k. Este ángulo se denomina ***ángulo de fricción cinética***, donde

$$\phi_k = \tan^{-1}\left(\frac{F_k}{N}\right) = \tan^{-1}\left(\frac{\mu_k N}{N}\right) = \tan^{-1}\mu_k$$

Por comparación, $\phi_s \geq \phi_k$.

Los efectos anteriores referentes a la fricción pueden resumirse con la referencia a la gráfica de la figura 8-3, el cual muestra la variación de la fuerza de fricción F contra la carga aplicada P. Aquí, la fuerza de fricción se clasifica de tres formas diferentes:

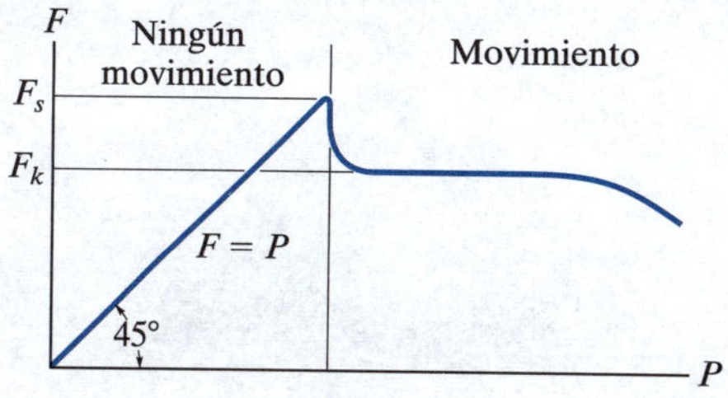

Fig. 8-3

- F es una *fuerza de fricción estática* si se mantiene el equilibrio.
- F es una *fuerza de fricción estática limitante* F_s, cuando alcanza un valor máximo necesario para mantener el equilibrio.
- F se llama *fuerza de fricción cinética* F_k cuando ocurre el deslizamiento en la superficie de contacto.

Observe también en la gráfica que para valores muy grandes de P o para velocidades altas, los efectos aerodinámicos causarán que F_k así como μ_k empiecen a disminuir.

Características de la fricción seca. Como resultado de *experimentos* que son pertinentes para el análisis anterior, establecemos las siguientes reglas aplicables a cuerpos sometidos a fricción seca.

- La fuerza de fricción actúa *tangencialmente* a las superficies de contacto en una dirección *opuesta* al *movimiento* o a la tendencia al movimiento de una superficie con respecto a otra.
- La fuerza de fricción estática máxima F_s que puede desarrollarse es independiente del área de contacto, siempre que la presión normal no sea ni muy baja ni muy grande para deformar o aplastar severamente las superficies de contacto de los cuerpos.
- Por lo general, la fuerza de fricción estática máxima es mayor que la fuerza de fricción cinética, para cualesquiera dos superficies de contacto. Sin embargo, si uno de los cuerpos se está moviendo a *velocidad muy baja* sobre la superficie de otro cuerpo, F_k se vuelve aproximadamente igual a F_s, es decir, $\mu_s \approx \mu_k$.
- Cuando en la superficie de contacto el *deslizamiento* está *a punto de ocurrir*, la fuerza de fricción estática máxima es proporcional a la fuerza normal, de manera que $F_s = \mu_s N$.
- Cuando está *ocurriendo* el *deslizamiento* en la superficie de contacto, la fuerza de fricción cinética es proporcional a la fuerza normal, de manera que $F_k = \mu_k N$.

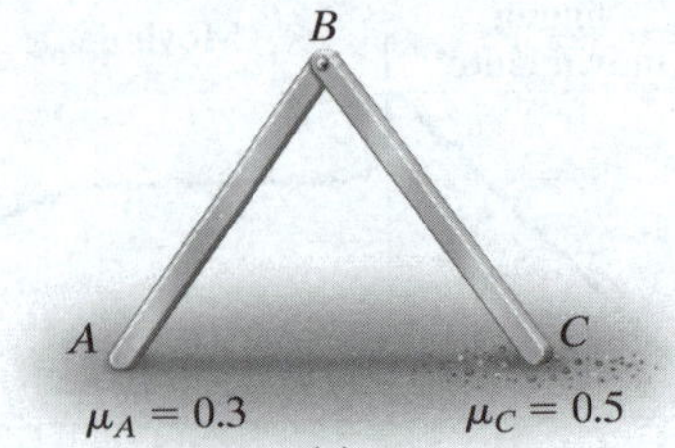

(a)

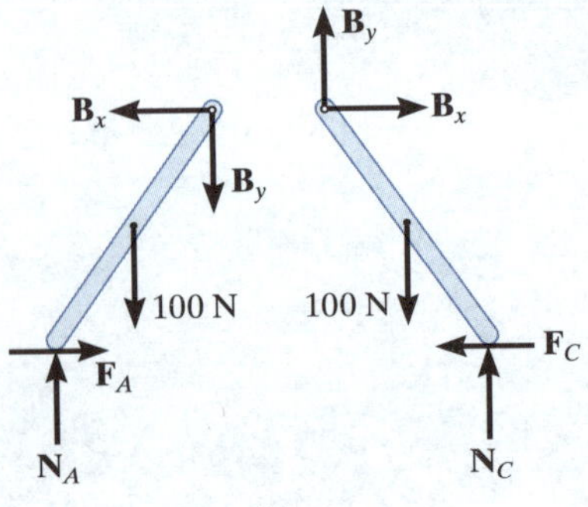

(b)

Fig. 8-4

8.2 Problemas que implican fricción seca

Si un cuerpo rígido está en equilibrio cuando se somete a un sistema de fuerzas que incluye el efecto de la fricción, el sistema de fuerzas debe satisfacer no sólo las ecuaciones de equilibrio, sino *también* las leyes que rigen las fuerzas de fricción.

Tipos de problemas de fricción. En general, hay tres tipos de problemas estáticos que implican la fricción seca, los cuales pueden clasificarse fácilmente, una vez que se trazan los diagramas de cuerpo libre y que se identifica el número total de incógnitas y se compara con el número total de ecuaciones de equilibrio disponibles.

Movimiento inminente no evidente. Los problemas de este tipo son estrictamente problemas de equilibrio que requieren que el número toral de incógnitas sea *igual* al número de ecuaciones de equilibrio disponibles. Sin embargo, una vez determinadas las fuerzas de fricción mediante la solución, sus valores numéricos deben revisarse para garantizar que satisfacen la desigualdad $F \leq \mu_s N$; de otra manera, ocurrirá el deslizamiento y el cuerpo no permanecerá en equilibrio. En la figura 8-4*a*, se muestra un problema de este tipo. Aquí debemos determinar las fuerzas de fricción en A y C, para verificar si se puede mantener la posición de equilibrio del bastidor de dos elementos. Si las barras son uniformes y tienen pesos conocidos de 100 N cada una, entonces los diagramas de cuerpo libre son como se indica en la figura 8-4*b*. Se tienen seis componentes de fuerza desconocidas que pueden determinarse *estrictamente* a partir de las seis ecuaciones de equilibrio (tres para cada elemento). Una vez que se determinan F_A, N_A, F_C y N_C, las barras permanecerán en equilibrio, si se cumple que $F_A \leq 0.3N_A$ y $F_C \leq 0.5N_C$.

8

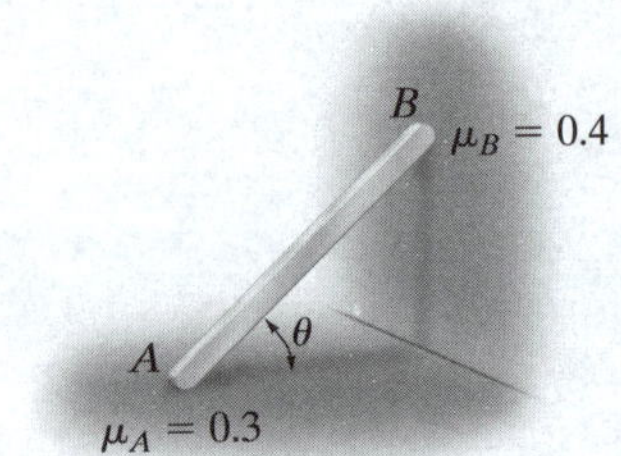

(a)

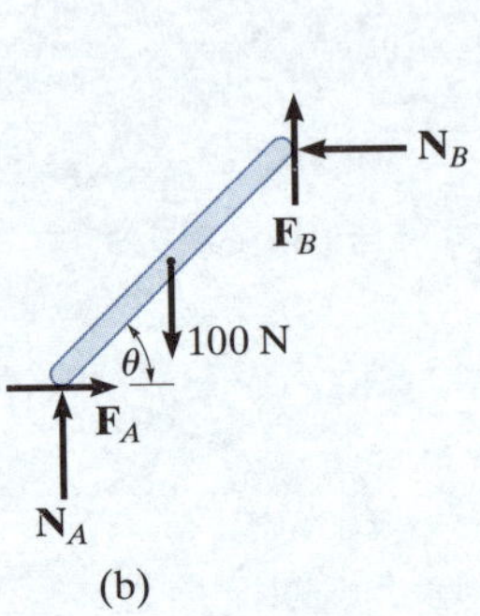

(b)

Fig. 8-5

Movimiento inminente en todos los puntos de contacto. En este caso, el número total de incógnitas será *igual* al número total de ecuaciones de equilibrio disponibles *más* el número total de ecuaciones de fricción disponibles, $F = \mu N$. Cuando *el movimiento es inminente* en los puntos de contacto, entonces $F_s = \mu_s N$; mientras que si el cuerpo se *desliza*, entonces $F_k = \mu_k N$. Por ejemplo, considere el problema de encontrar el ángulo θ más pequeño al cual la barra de 100 N que se muestra en la figura 8-5*a* puede recargarse contra la pared sin que se deslice. El diagrama de cuerpo libre se muestra en la figura 8-5*b*. Aquí las *cinco* incógnitas se determinan a partir de las *tres* ecuaciones de equilibrio y de las *dos* ecuaciones de fricción estática que se aplican en *ambos* puntos de contacto, de manera que $F_A = 0.3N_A$ y $F_B = 0.4N_B$.

Movimiento inminente en algunos puntos de contacto Aquí el número de incógnitas será *menor* que el número de ecuaciones de equilibrio disponibles, más el número total de ecuaciones de fricción o ecuaciones condicionales para el volteo. Como resultado, existirán varias posibilidades para que se produzca el movimiento o el movimiento inminente, y el problema implicará determinar qué tipo de movimiento ocurrirá realmente. Por ejemplo, considere el bastidor de dos elementos que se muestra en la figura 8-6*a*. En este problema queremos determinar la fuerza horizontal P necesaria para ocasionar el movimiento. Si cada elemento tiene un peso de 100 N, entonces los diagramas de cuerpo libre son como se muestran en la figura 8-6*b*. Se tienen *siete* incógnitas y para encontrar una solución única debemos satisfacer las *seis* ecuaciones de equilibrio (tres para cada elemento) y sólo *una* de dos posibles ecuaciones de fricción estática. Esto significa que conforme P aumente causará deslizamiento en A y ningún deslizamiento en C, de manera que $F_A = 0.3N_A$ y $F_C \leq 0.5N_C$; o bien, ocurre deslizamiento en C y ningún deslizamiento en A, en cuyo caso $F_C = 0.5N_C$ y $F_A \leq 0.3N_A$. La situación real puede determinarse al calcular P en cada caso y al seleccionar después el caso para el cual P es *menor*. Si en ambos casos se calcula el *mismo valor* para P, lo que sería altamente improbable, entonces el deslizamiento ocurre simultáneamente en ambos puntos; es decir, las *siete incógnitas* satisfacen *ocho ecuaciones*.

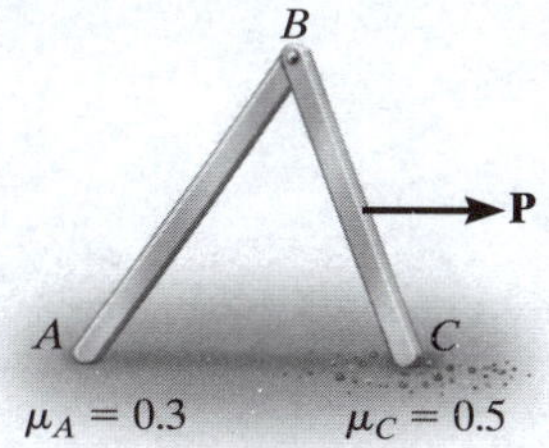

(a)

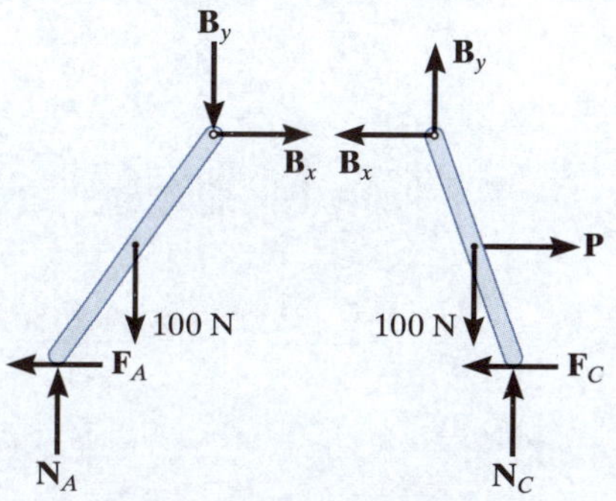

(b)

Fig. 8-6

Ecuaciones de equilibrio contra ecuaciones de fricción.

Siempre que resolvamos un problema como el de la figura 8-4, donde la fuerza de fricción F debe ser una "fuerza de equilibrio" y satisface la desigualdad $F < \mu_s N$, podemos suponer entonces el sentido de la dirección de F en el diagrama de cuerpo libre. El sentido correcto se conoce *después* de obtener F a partir de las ecuaciones de equilibrio. Si F es un escalar negativo, el sentido de **F** es opuesto del que se supuso. Esta conveniencia de *suponer* el sentido de **F** es posible porque las ecuaciones de equilibrio igualan a cero las *componentes de los vectores* que actúan en la *misma dirección*. Sin embargo, en los casos donde la ecuación de fricción $F = \mu N$ se utiliza para resolver un problema, como en el caso de la figura 8-5, la conveniencia de *suponer* el sentido de **F** se *pierde*, ya que la ecuación de fricción relaciona sólo las *magnitudes* de dos vectores *perpendiculares*. En consecuencia, *siempre que* la ecuación de fricción se use para resolver un problema, **F** *debe* mostrarse actuando con su *sentido correcto* en el diagrama de cuerpo libre.

De acuerdo con el punto donde el hombre empuje la caja, ésta se inclinará o se deslizará. (© Russell C. Hibbeler)

Puntos importantes

- La fricción es una fuerza tangencial que resiste el movimiento de una superficie en relación con otra.
- Si no ocurre ningún deslizamiento, el valor máximo de la fuerza de fricción es igual al producto del coeficiente de fricción estática por la fuerza normal en la superficie.
- Si ocurre deslizamiento a una velocidad lenta, entonces la fuerza de fricción es el producto del coeficiente de fricción cinética por la fuerza normal en la superficie.
- Hay tres tipos de problemas de fricción estática. Cada uno de estos problemas se analiza al dibujar primero los diagramas de cuerpo libre necesarios para, después, aplicar las ecuaciones de equilibrio mientras se satisfacen las condiciones de fricción o la posibilidad de volcamiento.

Procedimiento para el análisis

Los problemas de equilibrio que implican fricción seca pueden resolverse con el siguiente procedimiento.

Diagramas de cuerpo libre

- Trace los diagramas de cuerpo libre necesarios y, a menos que se indique en el problema que el movimiento es inminente o que ocurre deslizamiento, muestre *siempre* las fuerzas de fricción como incógnitas (es decir, *no suponga* que $F = \mu N$).

- Determine el número de incógnitas y compárelo con el número de ecuaciones de equilibrio disponibles.

- Si hay más incógnitas que ecuaciones de equilibrio, será necesario aplicar la ecuación de fricción en algunos, si no es que en todos, los puntos de contacto para obtener las ecuaciones adicionales necesarias para una solución completa.

- Si tiene que usarse la ecuación $F = \mu N$, será necesario mostrar que **F** actúa en el sentido correcto en el diagrama de cuerpo libre.

Ecuaciones de equilibrio y de fricción

- Aplique las ecuaciones de equilibrio y las ecuaciones de fricción necesarias (o ecuaciones condicionales si es posible el volteo) y despeje las incógnitas.

- Si el problema implica un sistema de fuerzas tridimensional, tal que resulta difícil obtener las componentes de fuerza o los brazos de momento necesarios, aplique las ecuaciones de equilibrio usando vectores cartesianos.

EJEMPLO 8.1

El embalaje uniforme que se muestra en la figura 8-7*a* tiene una masa de 20 kg. Si una fuerza $P = 80$ N se aplica al embalaje, determine si éste permanece en equilibrio. El coeficiente de fricción estática es $\mu_s = 0.3$.

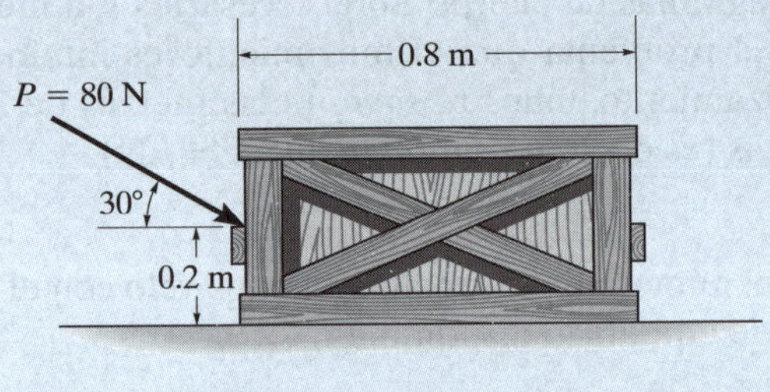

(a)

Fig. 8-7

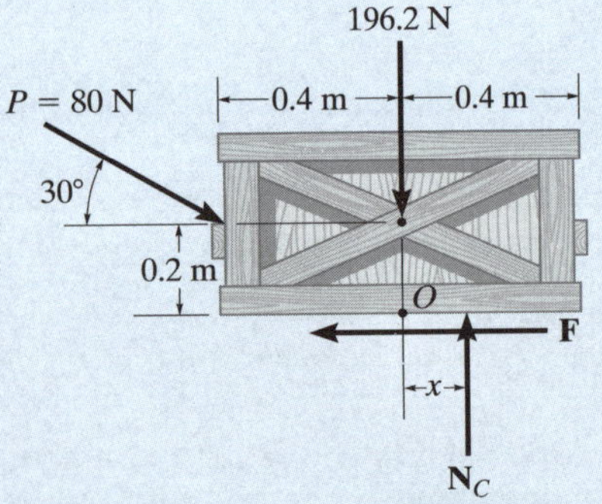

(b)

SOLUCIÓN

Diagrama de cuerpo libre. Como se muestra en la figura 8-7*b*, la fuerza normal *resultante* $\mathbf{N}_C$ debe actuar a una distancia x de la línea central del embalaje para contrarrestar el efecto de volteo causado por **P**. Hay *tres incógnitas*, F, N_C y x, que pueden determinarse estrictamente a partir de las *tres* ecuaciones de equilibrio.

Ecuaciones de equilibrio

$$\xrightarrow{+} \Sigma F_x = 0; \qquad 80 \cos 30° \text{ N} - F = 0$$

$$+\uparrow \Sigma F_y = 0; \qquad -80 \text{ sen } 30° \text{ N} + N_C - 196.2 \text{ N} = 0$$

$$\circlearrowleft + \Sigma M_O = 0; \quad 80 \text{ sen } 30° \text{ N}(0.4 \text{ m}) - 80 \cos 30° \text{ N}(0.2 \text{ m}) + N_C(x) = 0$$

Al resolver,

$$F = 69.3 \text{ N}$$

$$N_C = 236.2 \text{ N}$$

$$x = -0.00908 \text{ m} = -9.08 \text{ mm}$$

Como x es negativa, ello indica que la fuerza normal *resultante* actúa (ligeramente) a la *izquierda* de la línea central del embalaje. No ocurrirá ningún vuelco, ya que $x < 0.4$ m. Además, la fuerza de fricción *máxima* que se puede desarrollar en la superficie de contacto es $F_{\text{máx}} = \mu_s N_C = 0.3(236.2 \text{ N}) = 70.9$ N. Como $F = 69.3 \text{ N} < 70.9$ N, el embalaje *no se deslizará*, aunque estará muy cerca de hacerlo.

EJEMPLO 8.2

Se observa que cuando la caja del camión de volteo se eleva a un ángulo de $\theta = 25°$, las máquinas expendedoras comienzan a deslizarse fuera de la caja (fig. 8-8a). Determine el coeficiente de fricción estática entre las máquinas expendedoras y la superficie de la caja del camión.

(a)
(© Russell C. Hibbeler)

SOLUCIÓN

En la figura 8-8b, se muestra un modelo idealizado de una máquina expendedora que descansa sobre la caja del camión. Se midieron las dimensiones y se ubicó el centro de gravedad. Supondremos que la máquina expendedora pesa W.

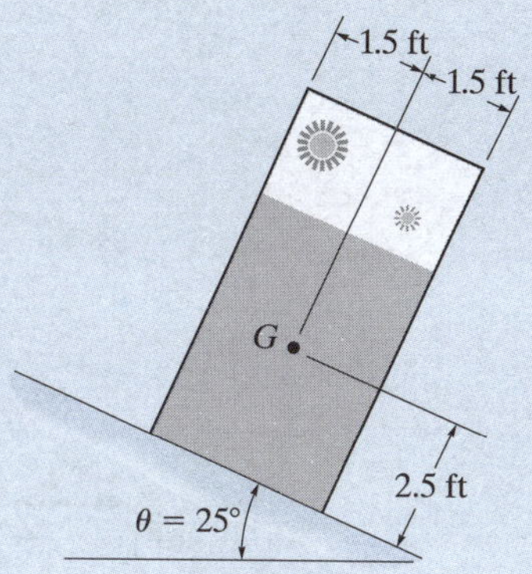

(b)

Diagrama de cuerpo libre. Como se indica en la figura 8-8c, la dimensión x se utiliza para localizar la posición de la fuerza normal resultante $\mathbf{N}$. Hay cuatro incógnitas, N, F, μ_s y x.

Ecuaciones de equilibrio

$$+\searrow\Sigma F_x = 0; \qquad W \operatorname{sen} 25° - F = 0 \qquad (1)$$

$$+\nearrow\Sigma F_y = 0; \qquad N - W\cos 25° = 0 \qquad (2)$$

$$\circlearrowleft + \Sigma M_O = 0; \quad -W \operatorname{sen} 25°(2.5 \text{ ft}) + W\cos 25°(x) = 0 \qquad (3)$$

Como el deslizamiento es inminente en $\theta = 25°$, con las ecuaciones 1 y 2, tenemos

$$F_s = \mu_s N; \qquad W \operatorname{sen} 25° = \mu_s(W\cos 25°)$$

$$\mu_s = \tan 25° = 0.466 \qquad \textit{Resp.}$$

El ángulo de $\theta = 25°$ se denomina ***ángulo de reposo*** y, por comparación, es igual al ángulo de fricción estática, $\theta = \phi_s$. Observe a partir de los cálculos que θ es independiente del peso de la máquina expendedora, por lo que si se conoce θ se tiene un método conveniente para determinar el coeficiente de fricción estática.

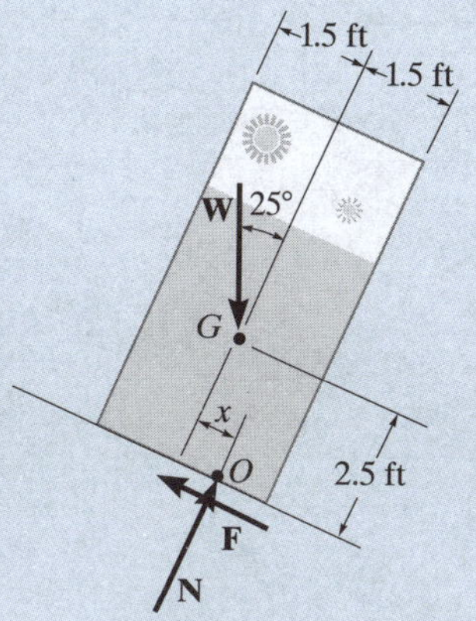

(c)

Fig. 8-8

NOTA: A partir de la ecuación 3, encontramos $x = 1.17$ ft. Como 1.17 ft $<$ 1.5 ft, la máquina expendedora, de hecho, se deslizará antes de volcarse, como se observa en la figura 8-8a.

EJEMPLO 8.3

La escalera uniforme de 10 kg de la figura 8-9*a* está recargada contra la pared lisa en B, y el extremo A descansa sobre el plano horizontal rugoso, cuyo coeficiente de fricción estática es $\mu_s = 0.3$. Determine el ángulo de inclinación θ y la reacción normal en B si la escalera está a punto de deslizarse.

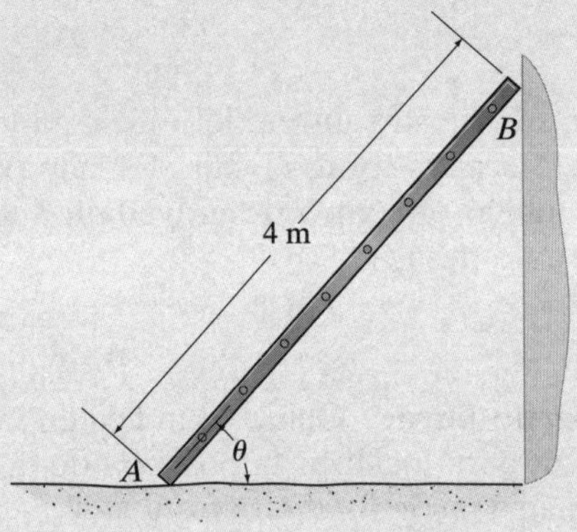

(a)

Fig. 8-9

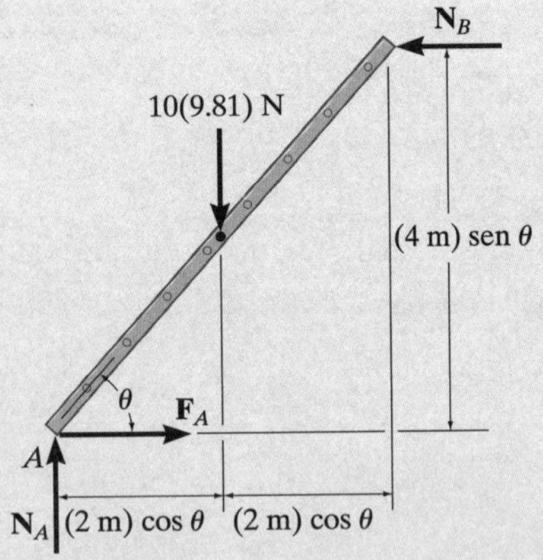

(b)

SOLUCIÓN

Diagrama de cuerpo libre. Como se muestra en el diagrama de cuerpo libre (fig. 8-9*b*), la fuerza de fricción $\mathbf{F}_A$ debe actuar hacia la derecha, pues el movimiento inminente en A es hacia la izquierda.

Ecuaciones de equilibrio y de fricción. Como la escalera está a punto de deslizarse, entonces $F_A = \mu_s N_A = 0.3N_A$. Por inspección, N_A se puede obtener directamente.

$$+\uparrow \Sigma F_y = 0; \qquad N_A - 10(9.81)\text{ N} = 0 \qquad N_A = 98.1\text{ N}$$

Con este resultado, $F_A = 0.3(98.1\text{ N}) = 29.43\text{ N}$. Ahora se puede encontrar N_B.

$$\overset{+}{\rightarrow} \Sigma F_x = 0; \qquad 29.43\text{ N} - N_B = 0$$

$$N_B = 29.43\text{ N} = 29.4\text{ N} \qquad \textit{Resp.}$$

Por último, se determina el ángulo θ sumando los momentos con respecto al punto A.

$$\circlearrowleft + \Sigma M_A = 0; \qquad (29.43\text{ N})(4\text{ m})\operatorname{sen}\theta - [10(9.81)\text{ N}](2\text{ m})\cos\theta = 0$$

$$\frac{\operatorname{sen}\theta}{\cos\theta} = \tan\theta = 1.6667$$

$$\theta = 59.04^\circ = 59.0^\circ \qquad \textit{Resp.}$$

EJEMPLO 8.4

La viga AB está sometida a una carga uniforme de 200 N/m y está sostenida en B mediante el poste BC (fig. 8-10a). Si los coeficientes de fricción estática en B y C son $\mu_B = 0.2$ y $\mu_C = 0.5$, determine la fuerza $\mathbf{P}$ necesaria para tirar del poste por debajo de la viga. Ignore el peso de los elementos y el espesor de la viga.

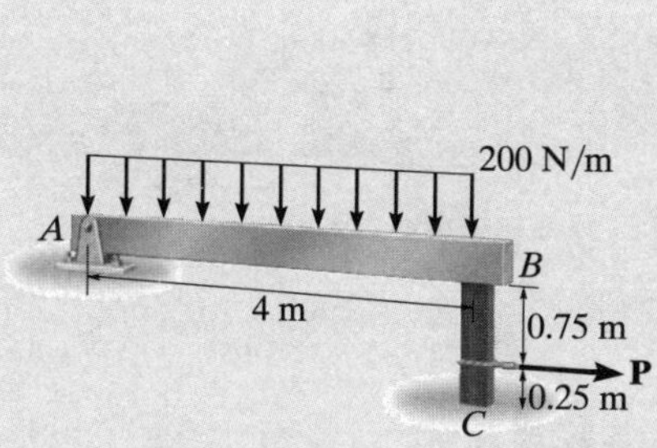

(a)

SOLUCIÓN

Diagramas de cuerpo libre. En la figura 8-10b, se muestra el diagrama de cuerpo libre de la viga. Al aplicar $\Sigma M_A = 0$, obtenemos $N_B = 400$ N. Este resultado se muestra en el diagrama de cuerpo libre del poste (fig. 8-10c). Con referencia a este elemento, las *cuatro* incógnitas F_B, P, F_C y N_C se determinan a partir de las *tres* ecuaciones de equilibrio y *una* ecuación de fricción aplicada en B o en C.

Ecuaciones de equilibrio y fricción

$\xrightarrow{+} \Sigma F_x = 0;$ $\qquad P - F_B - F_C = 0 \qquad (1)$

$+\uparrow \Sigma F_y = 0;$ $\qquad N_C - 400\text{ N} = 0 \qquad (2)$

$\circlearrowleft + \Sigma M_C = 0;$ $\qquad -P(0.25\text{ m}) + F_B(1\text{ m}) = 0 \qquad (3)$

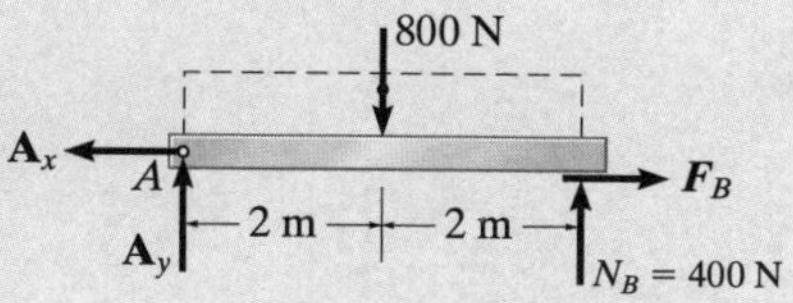

(b)

(El poste se desliza en B y gira alrededor de C.) Esto requiere que $F_C \leq \mu_C N_C$ y $F_B = \mu_B N_B$;

$$F_B = 0.2(400\text{ N}) = 80\text{ N}$$

Al usar este resultado y resolver las ecuaciones 1 a 3, obtenemos

$$P = 320\text{ N}$$
$$F_C = 240\text{ N}$$
$$N_C = 400\text{ N}$$

Como $F_C = 240\text{ N} > m_C N_C = 0.5(400\text{ N}) = 200\text{ N}$, ocurre deslizamiento en C. Por consiguiente, debe estudiarse el otro caso de deslizamiento.

(El poste se desliza en C y gira alrededor de B.) Aquí $F_B \leq \mu_B N_B$ y $F_C = \mu_C N_C$;

$$F_C = 0.5 N_C \qquad (4)$$

Al resolver las ecuaciones 1 a 4 se obtiene

$$P = 267\text{ N} \qquad \textit{Resp.}$$
$$N_C = 400\text{ N}$$
$$F_C = 200\text{ N}$$
$$F_B = 66.7\text{ N}$$

Resulta evidente que este caso se presenta primero, ya que requiere un valor *menor* para P.

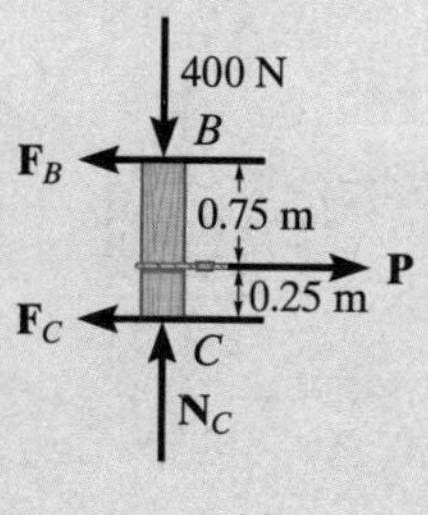

(c)

Fig. 8-10

EJEMPLO 8.5

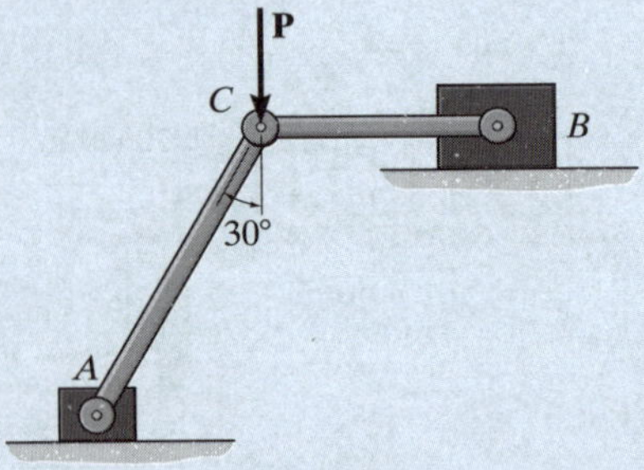

(a)

Los bloques A y B tienen una masa de 3 y 9 kg, respectivamente, y están conectados a las articulaciones sin peso que se muestran en la figura 8-11*a*. Determine la mayor fuerza vertical **P** que puede aplicarse en el pasador C sin causar movimiento alguno. El coeficiente de fricción estática entre los bloques y las superficies en contacto es $\mu_s = 0.3$.

SOLUCIÓN

Diagrama de cuerpo libre. Las articulaciones son elementos de dos fuerzas, como lo muestran los diagramas de cuerpo libre del pasador C y de los bloques A y B (fig. 8-11*b*). Como la componente horizontal de $\mathbf{F}_{AC}$ tiende a mover el bloque A hacia la izquierda, $\mathbf{F}_A$ debe actuar hacia la derecha. Asimismo, $\mathbf{F}_B$ debe actuar hacia la izquierda para oponerse a la tendencia al movimiento del bloque B hacia la derecha, causada por $\mathbf{F}_{BC}$. Hay siete incógnitas y seis ecuaciones de equilibrio de fuerzas disponibles, dos para el pasador y dos para cada bloque, de manera que *sólo* se necesita *una* ecuación de fricción.

Ecuaciones de equilibrio y de fricción. La fuerza en las articulaciones AC y BC pueden relacionarse con P al considerar el equilibrio del pasador C.

$$+\uparrow\Sigma F_y = 0; \qquad F_{AC}\cos 30^\circ - P = 0; \qquad F_{AC} = 1.155P$$

$$\overset{+}{\rightarrow}\Sigma F_x = 0; \qquad 1.155P\,\text{sen}\,30^\circ - F_{BC} = 0; \qquad F_{BC} = 0.5774P$$

Con el resultado de F_{AC} para el bloque A,

$$\overset{+}{\rightarrow}\Sigma F_x = 0; \qquad F_A - 1.155P\,\text{sen}\,30^\circ = 0; \qquad F_A = 0.5774P \qquad (1)$$

$$+\uparrow\Sigma F_y = 0; \qquad N_A - 1.155P\cos 30^\circ - 3(9.81\text{ N}) = 0;$$

$$N_A = P + 29.43\text{ N} \qquad (2)$$

Con el resultado de F_{BC}, para el bloque B,

$$\overset{+}{\rightarrow}\Sigma F_x = 0; \qquad (0.5774P) - F_B = 0; \qquad F_B = 0.5774P \qquad (3)$$

$$+\uparrow\Sigma F_y = 0; \qquad N_B - 9(9.81)\text{ N} = 0; \qquad N_B = 88.29\text{ N}$$

El movimiento del sistema puede estar causado por el deslizamiento inicial *ya sea* del bloque A o del bloque B. Si suponemos que el bloque A se desliza primero, entonces

$$F_A = \mu_s N_A = 0.3N_A \qquad (4)$$

Al sustituir las ecuaciones 1 y 2 en la ecuación 4,

$$0.5774P = 0.3(P + 29.43)$$

$$P = 31.8\text{ N} \qquad \textit{Resp.}$$

Si sustituimos este resultado en la ecuación 3, obtenemos $F_B = 18.4$ N. Como la fuerza de fricción estática máxima en B es $(F_B)_{\text{máx}} = \mu_s N_B = 0.3(88.29\text{ N}) = 26.5\text{ N} > F_B$, el bloque B no se deslizará. Por lo tanto, el supuesto anterior es correcto. Observe que si no se satisficiera la desigualdad, tendríamos que suponer deslizamiento del bloque B y después despejar P.

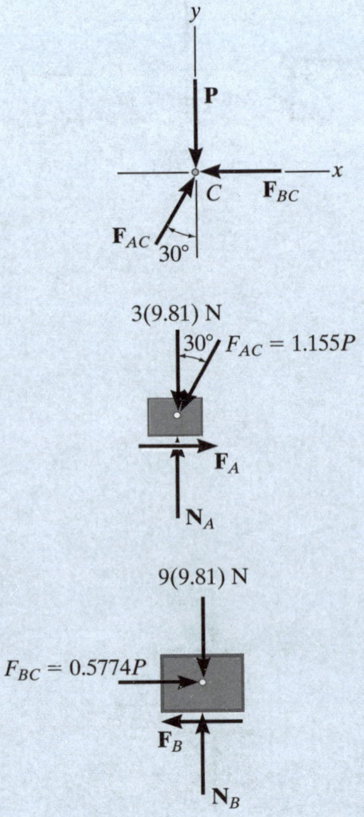

(b)

Fig. 8-11

PROBLEMAS PRELIMINARES

P8-1. Determine la fuerza de fricción en la superficie de contacto.

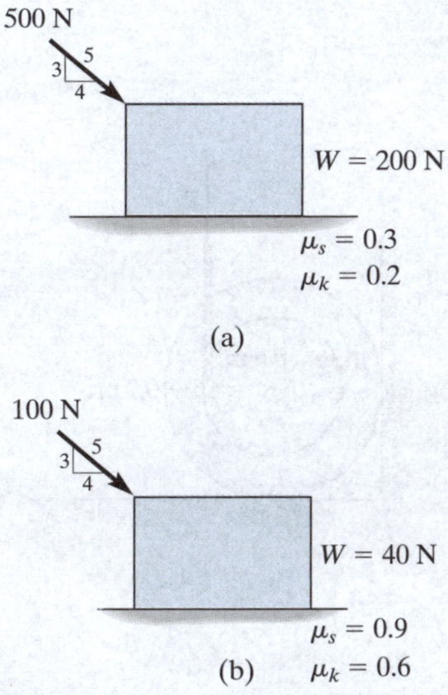

Prob. P8-1

P8-2. Determine el valor de **M** que ocasiona un movimiento inminente del cilindro.

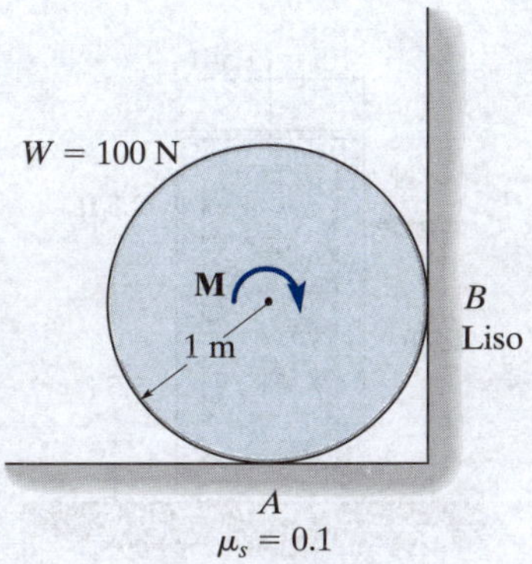

Prob. P8-2

P8-3. Determine la fuerza P necesaria para mover el bloque B.

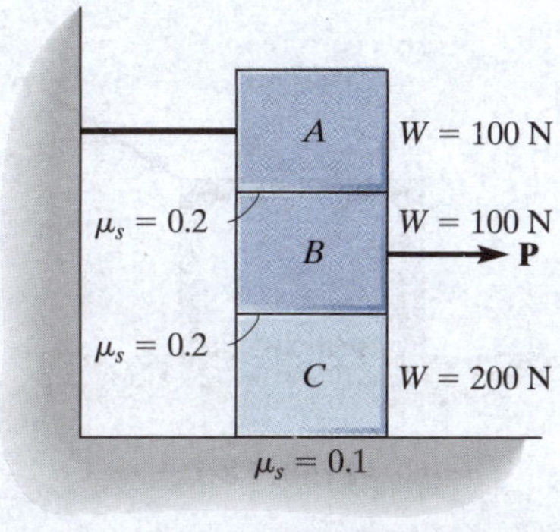

Prob. P8-3

P8-4. Determine la fuerza P necesaria para causar un movimiento inminente del bloque.

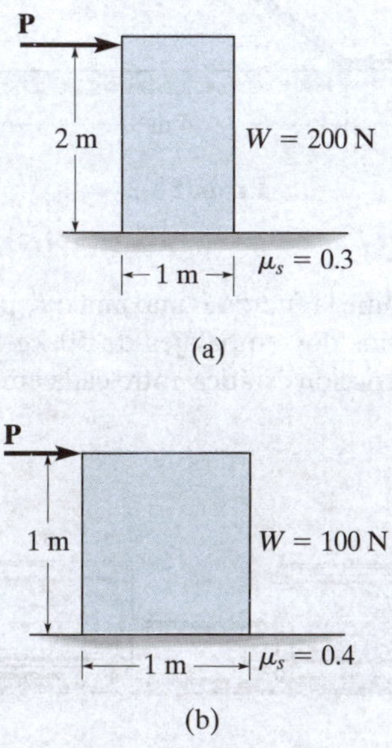

Prob. P8-4

PROBLEMAS FUNDAMENTALES

Todas las soluciones a los problemas deben incluir un DCL.

F8-1. Determine la fricción desarrollada entre la caja de 50 kg y el suelo, si a) $P = 200$ N y b) $P = 400$ N. Los coeficientes de fricción estática y cinética entre la caja y el suelo son $\mu_s = 0.3$ y $\mu_k = 0.2$.

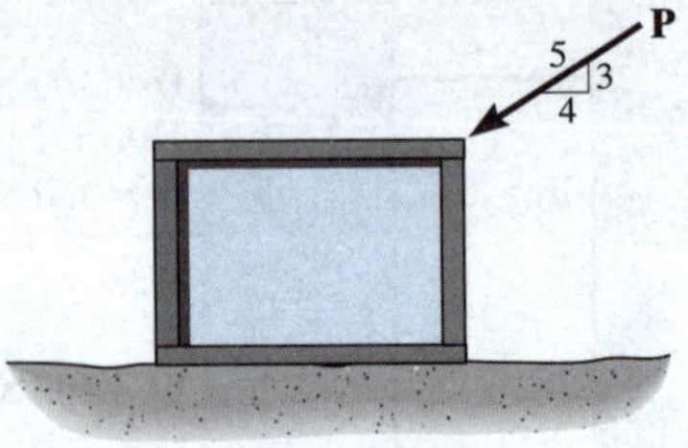

Prob. F8-1

F8-2. Determine la fuerza mínima P para evitar que la varilla AB de 30 kg se deslice. La superficie de contacto en B es lisa, mientras que el coeficiente de fricción estática entre la varilla y la pared en A es $\mu_s = 0.2$.

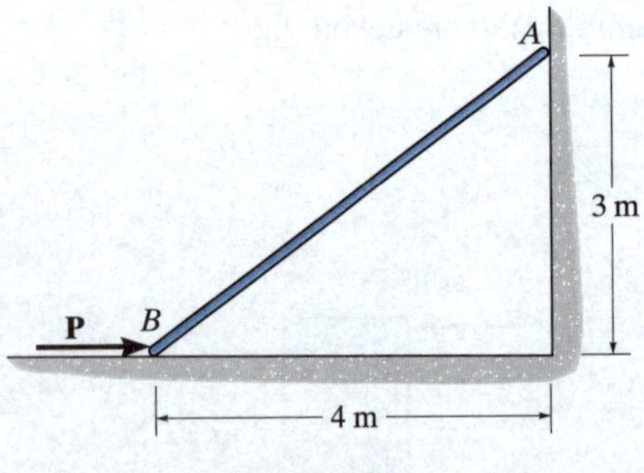

Prob. F8-2

F8-3. Determine la fuerza P máxima que puede aplicarse sin hacer que los dos embalajes de 50 kg se muevan. El coeficiente de fricción estática entre cada embalaje y el suelo es $\mu_s = 0.25$.

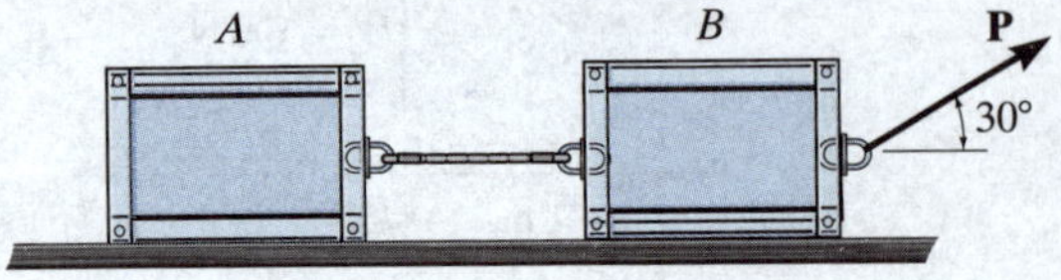

Prob. F8-3

F8-4. Si el coeficiente de fricción estática en los puntos de contacto A y B es $\mu_s = 0.3$, determine la fuerza P máxima que puede aplicarse sin que se mueva el carrete de 100 kg.

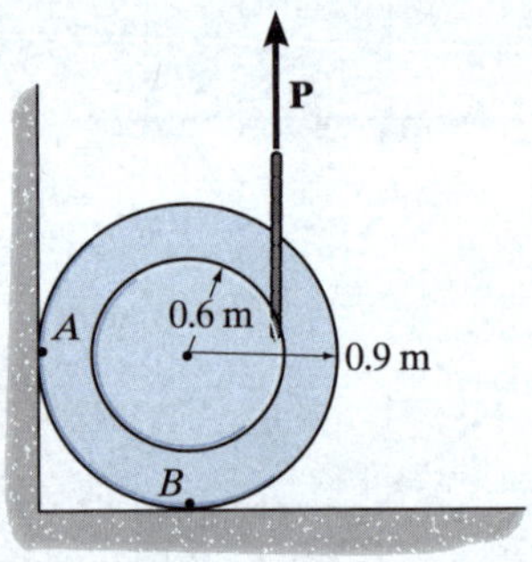

Prob. F8-4

F8-5. Determine la fuerza P mínima que puede aplicarse sin causar el movimiento del embalaje de 250 lb, el cual tiene un centro de gravedad en G. El coeficiente de fricción estática en el piso es $\mu_s = 0.4$.

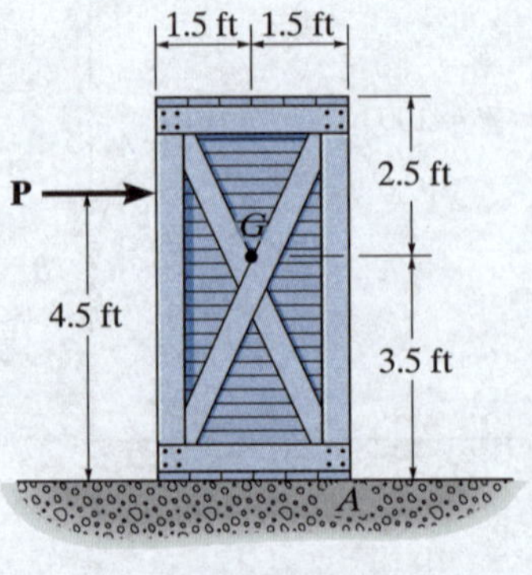

Prob. F8-5

F8-6. Determine el coeficiente de fricción estática mínimo entre el carrete uniforme de 50 kg y la pared, de modo que el carrete no se deslice.

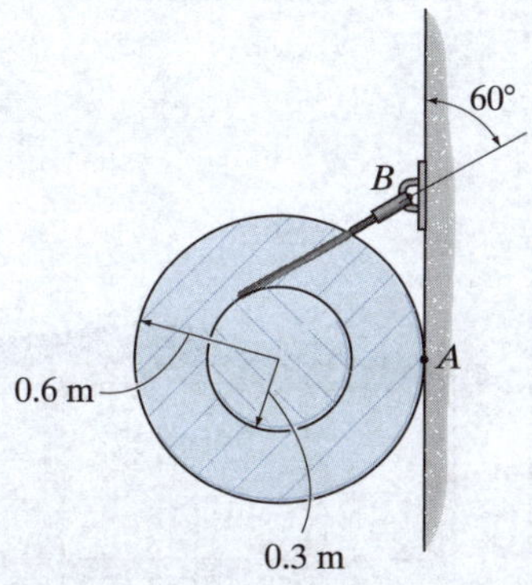

Prob. F8-6

F8-7. Los bloques A, B y C tienen pesos de 50 N, 25 N y 15 N, respectivamente. Determine la mínima fuerza horizontal P que causará un movimiento inminente. El coeficiente de fricción estática entre A y B es $\mu_s = 0.3$; entre B y C, $\mu_s' = 0.4$; y entre el bloque C y el suelo, $\mu_s'' = 0.35$.

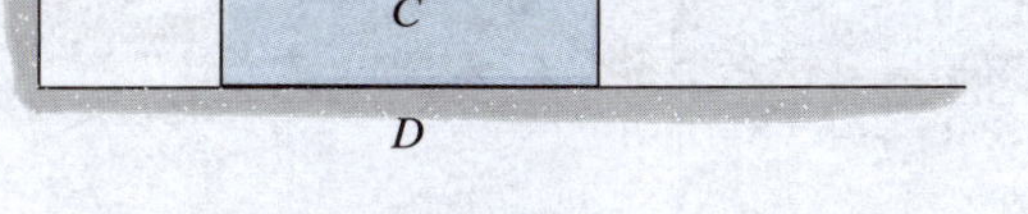

Prob. F8-7

F8-8. Si el coeficiente de fricción estática en todas las superficies de contacto es μ_s, determine la inclinación θ a la que los bloques idénticos, cada uno con peso W, comienzan a deslizarse.

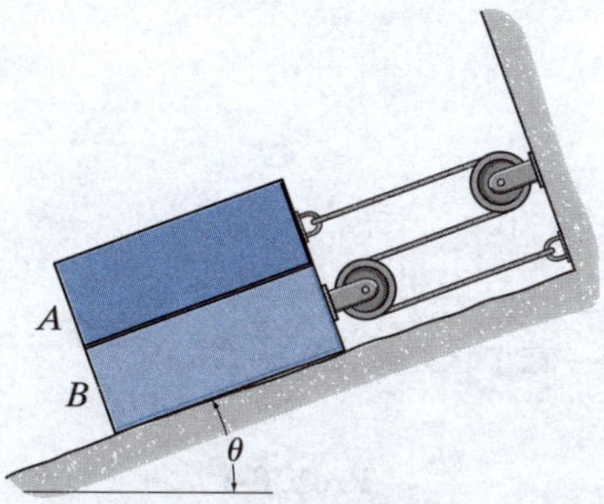

Prob. F8-8

F8-9. Los bloques A y B tienen masas de 7 kg y 10 kg, respectivamente. Utilice los coeficientes de fricción estática indicados para determinar la máxima fuerza P que puede aplicarse al cable sin causar movimiento. Hay poleas en C y D.

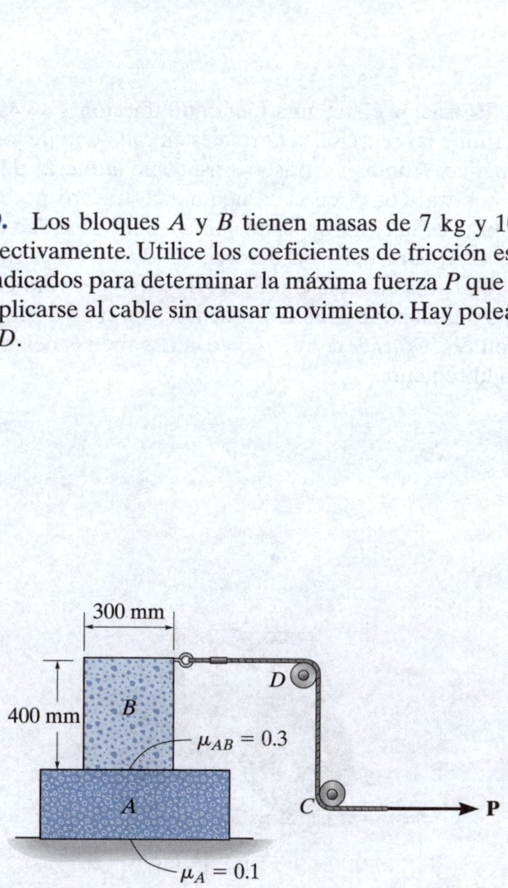

Prob. F8-9

8

PROBLEMAS

Todas las soluciones a los problemas deben incluir un DCL.

8-1. Determine la máxima fuerza P que puede soportar la conexión, de modo que no se produzca deslizamiento entre las placas. Para la conexión se utilizan cuatro pernos y cada uno se aprieta de manera que está sujeto a una tensión de 4 kN. El coeficiente de fricción estática entre las placas es $\mu_s = 0.4$.

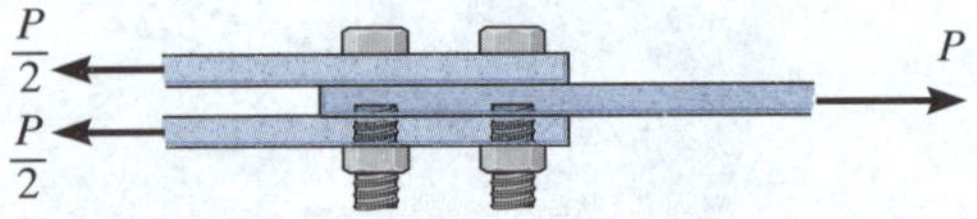

Prob. 8-1

8-2. El tractor ejerce una fuerza de tracción $T = 400$ lb. Determine las reacciones normales en cada uno de los dos neumáticos frontales y traseros, así como la fuerza de fricción por tracción **F** en cada neumático trasero necesaria para tirar de la carga hacia adelante a una velocidad constante. El tractor tiene un peso de 7500 lb y un centro de gravedad ubicado en G_T. Se agrega un peso adicional de 600 lb a su parte delantera, que tiene un centro de gravedad en G_A. Considere que $\mu_s = 0.4$. Las ruedas delanteras giran libremente.

Prob. 8-2

8-3. El carro minero y su contenido tienen una masa total de 6 Mg y un centro de gravedad en G. Si el coeficiente de fricción estática entre las ruedas y las vías es $\mu_s = 0.4$ cuando las ruedas están bloqueadas, encuentre la fuerza normal que actúa sobre las ruedas delanteras en B y las ruedas traseras en A cuando los frenos, tanto en A como en B, están bloqueados. ¿Se mueve el carro?

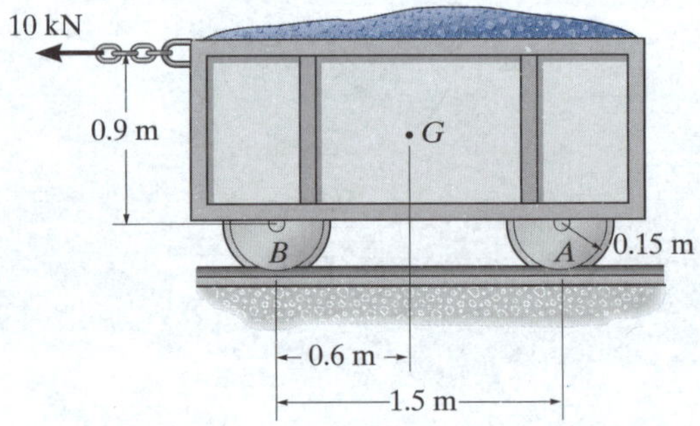

Prob. 8-3

***8-4.** El cabrestante que está sobre el camión se utiliza para subir el depósito de basura a la plataforma del camión. Si el depósito cargado tiene un peso de 8500 lb y centro de gravedad en G, determine la fuerza necesaria en el cable para comenzar la elevación. Los coeficientes de fricción estática en A y B son $\mu_A = 0.3$ y $\mu_B = 0.2$, respectivamente. No tome en cuenta la altura del soporte en A.

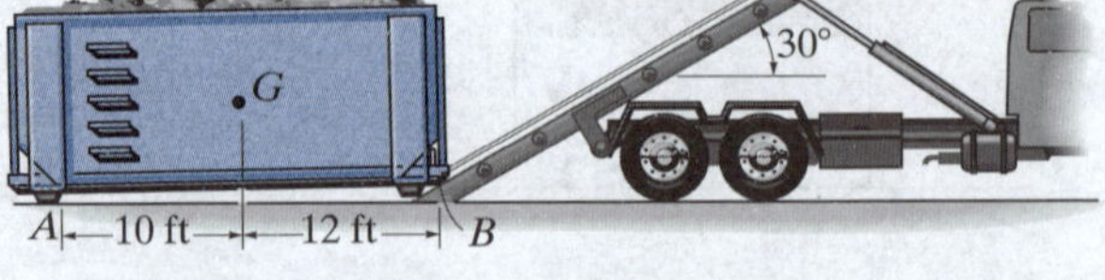

Prob. 8-4

8

8-5. El automóvil tiene una masa de 2 Mg y centro de masa en G. Determine la fuerza de tracción **F** requerida para mover el automóvil, si los frenos traseros están bloqueados y las ruedas delanteras pueden girar libremente. Considere que $\mu_s = 0.3$.

8-6. El automóvil tiene una masa de 2 Mg y centro de masa en G. Determine la fuerza de tracción **F** requerida para mover el automóvil. Tanto los frenos delanteros como los traseros están bloqueados. Considere que $\mu_s = 0.3$.

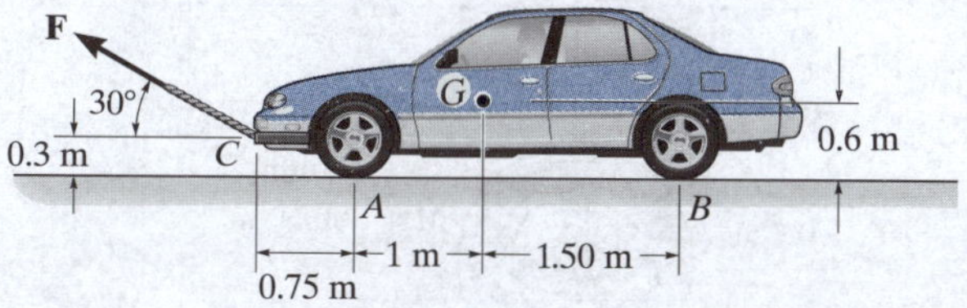

Probs. 8-5/6

***8-8.** El freno de bloque consiste en una palanca articulada y un bloque de fricción en B. El coeficiente de fricción estática entre la rueda y la palanca es $\mu_s = 0.3$, y se aplica un par de torsión de 5 N · m a la rueda. Determine si el freno puede mantener inmóvil la rueda, cuando la fuerza aplicada a la palanca es (a) $P = 30$ N, (b) $P = 70$ N.

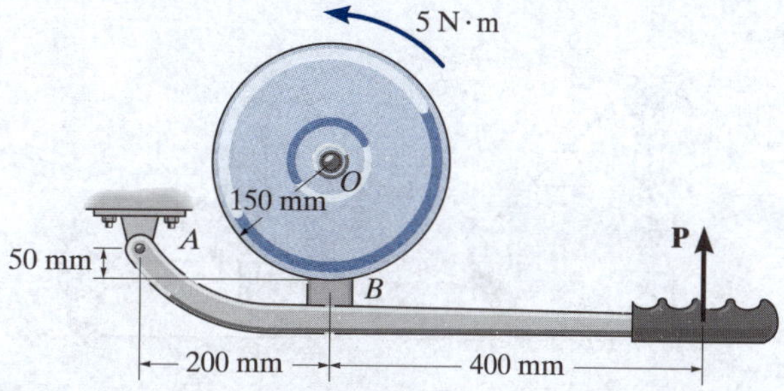

Prob. 8-8

8-9. Se debe tirar del tubo de peso W sobre el plano inclinado con pendiente α usando una fuerza **P**. Si **P** actúa a un ángulo ϕ, muestre que para el deslizamiento $P = W \operatorname{sen}(\alpha + \theta)/\cos(\phi - \theta)$, donde θ es el ángulo de fricción estática; $\theta = \tan^{-1} \mu_s$.

8-7. El freno de bloque consiste en una palanca articulada y un bloque de fricción en B. El coeficiente de fricción estática entre la rueda y la palanca es $\mu_s = 0.3$, y se aplica un par de torsión de 5 N · m a la rueda. Determine si el freno puede mantener inmóvil la rueda, cuando la fuerza aplicada a la palanca es (a) $P = 30$ N, (b) $P = 70$ N.

8-10. Determine el ángulo ϕ al que la fuerza aplicada **P** debe actuar sobre el tubo, de modo que la magnitud de **P** sea lo más pequeña posible para tirar del tubo por la pendiente. ¿Cuál es el valor correspondiente de P? El tubo pesa W y se conoce la pendiente α. Exprese la respuesta en función del ángulo de fricción cinética, $\theta = \tan^{-1} \mu_k$.

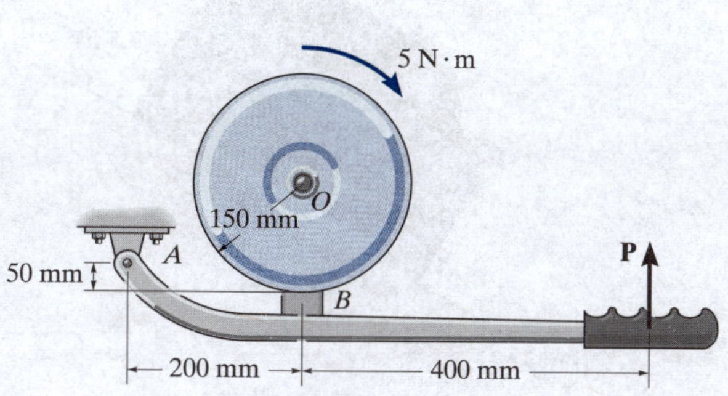

Prob. 8-7

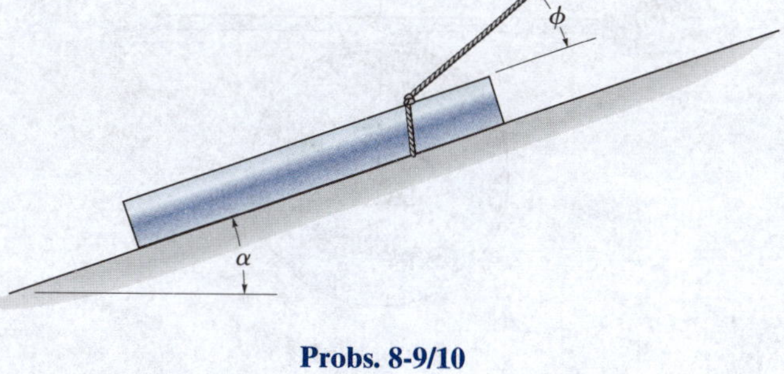

Probs. 8-9/10

8-11. Determine el peso máximo W que puede levantar el hombre con una velocidad constante mediante el sistema de poleas, primero sin la "polea guía" en A y después con ella. El hombre tiene un peso de 200 lb y el coeficiente de fricción estática entre sus pies y el suelo es $\mu_s = 0.6$.

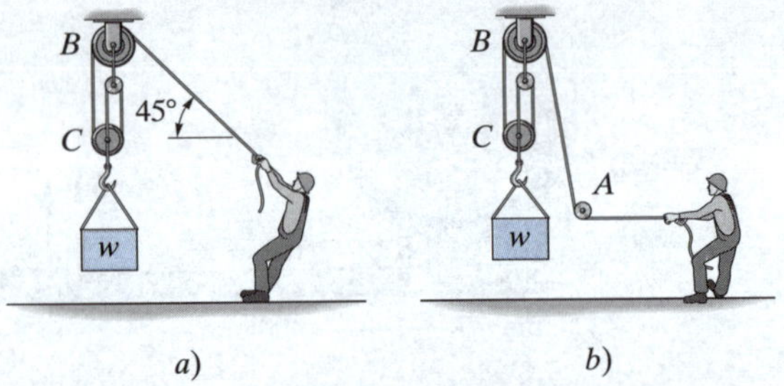

Prob. 8-11

8-13. Si se aplica un par de torsión $M = 300$ N · m al volante, determine la fuerza que debe desarrollarse en el cilindro hidráulico CD para evitar que el volante gire. El coeficiente de fricción estática entre la almohadilla de fricción en B y el volante es $\mu_s = 0.4$.

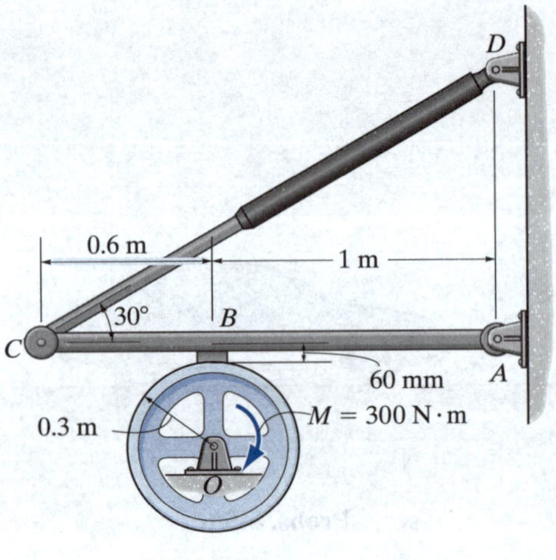

Prob. 8-13

***8-12.** El freno de bloque se utiliza para evitar que la rueda gire cuando ésta se somete a un momento de par $\mathbf{M}_0$. Si el coeficiente de fricción estática entre la rueda y el bloque es μ_s, determine la fuerza P mínima que se debe aplicar.

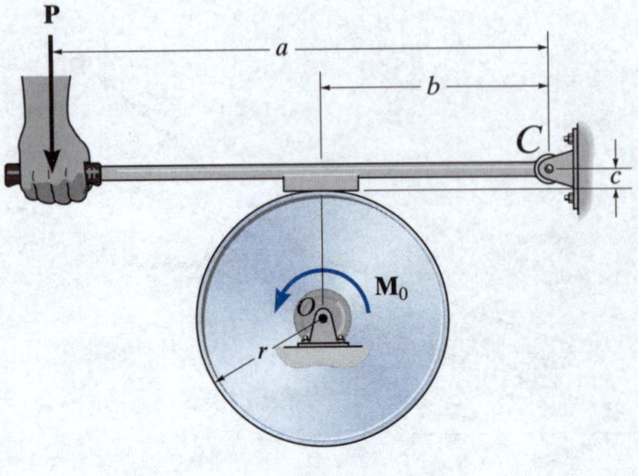

Prob. 8-12

8-14. El automóvil tiene una masa de 1.6 Mg y centro de masa en G. Si el coeficiente de fricción estática entre el peralte de la carretera y los neumáticos es $\mu_s = 0.4$, determine la mayor pendiente θ que puede tener el peralte sin que el automóvil se deslice o se vuelque, si el automóvil se desplaza a velocidad constante.

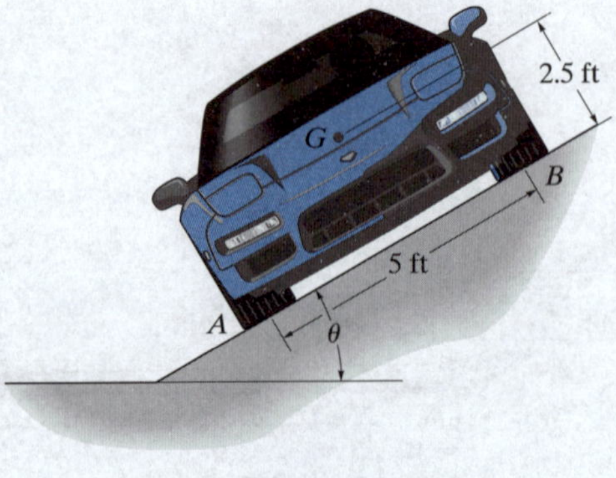

Prob. 8-14

8-15. El tronco tiene un coeficiente de fricción estática de $\mu_s = 0.3$ con el suelo y un peso de 40 lb/ft. Si un hombre puede tirar de la cuerda con una fuerza máxima de 80 lb, determine la mayor longitud l del tronco que puede arrastrar.

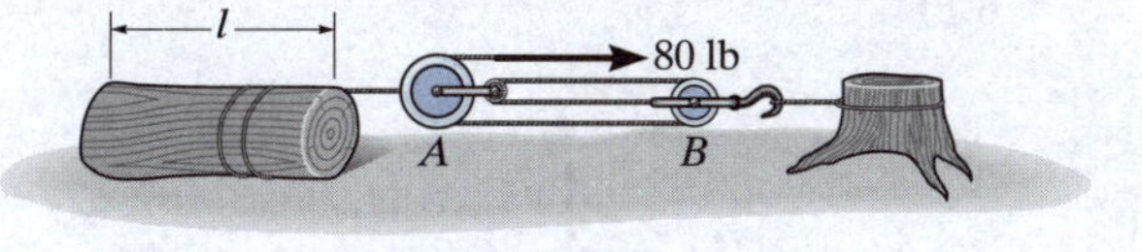

Prob. 8-15

***8-16.** El hombre de 180 lb sube por la escalera y se detiene en la posición que se muestra después de sentir que la escalera está a punto de deslizarse. Determine la inclinación θ de la escalera, si el coeficiente de fricción estática entre la almohadilla de fricción A y el suelo es $\mu_s = 0.4$. Suponga que la pared en B es lisa. El centro de gravedad para el hombre está en G. Ignore el peso de la escalera.

8-17. El hombre de 180 lb sube por la escalera y se detiene en la posición indicada, después de sentir que la escalera está a punto de deslizarse. Determine el coeficiente de fricción estática entre la almohadilla de fricción A y el suelo, si la inclinación de la escalera es $\theta = 60°$ y la pared en B es lisa. El centro de gravedad para el hombre está en G. Ignore el peso de la escalera.

Probs. 8-16/17

8-18. El carrete de alambre que tiene un peso de 300 lb descansa sobre el suelo en B y contra la pared en A. Determine la fuerza P requerida para comenzar a retirar el alambre horizontalmente del carrete. El coeficiente de fricción estática entre el carrete y sus puntos de contacto es $\mu_s = 0.25$.

8-19. El carrete de alambre que tiene un peso de 300 lb descansa sobre el suelo en B y contra la pared en A. Determine la fuerza normal que actúa sobre el carrete en A, si $P = 300$ lb. El coeficiente de fricción estática entre el carrete y el suelo en B es $\mu_s = 0.35$. La pared en A es lisa.

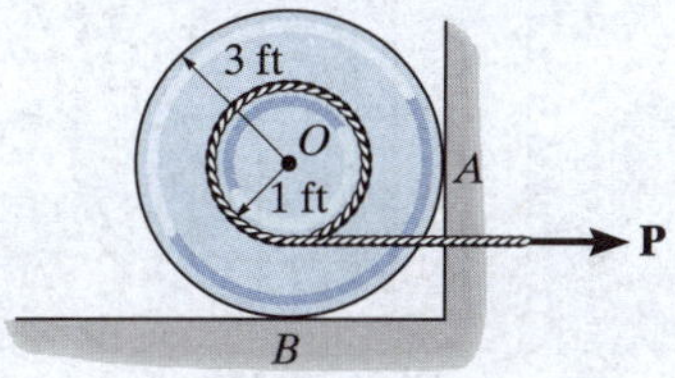

Probs. 8-18/19

***8-20.** El aro tiene una masa de 0.5 kg y descansa sobre la superficie de la mesa. En un esfuerzo para mover el aro, se ejerce sobre él una fuerza normal **P** con el dedo. Si esta fuerza se dirige hacia el centro del aro O como se muestra, determine su magnitud cuando el aro está a punto de deslizarse en A. El coeficiente de fricción estática en A es $\mu_A = 0.2$ y en B es $\mu_B = 0.3$.

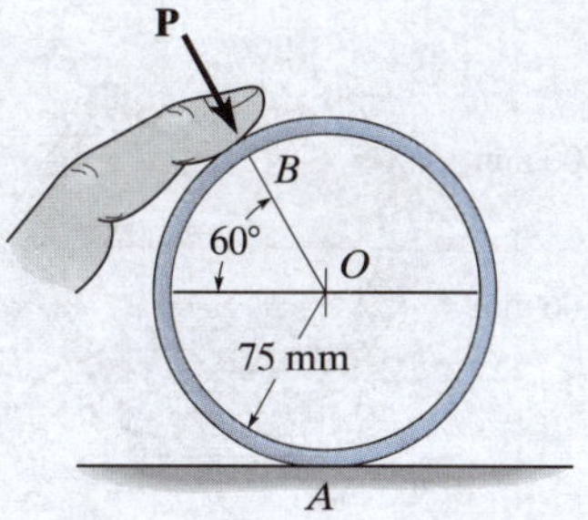

Prob. 8-20

8

8-21. Un hombre intenta sostener una pila de libros de manera horizontal al aplicar con sus manos una fuerza de compresión de $F = 120$ N sobre los extremos de la pila. Si cada libro tiene una masa de 0.95 kg, determine el número máximo de libros que pueden sostenerse en la pila. El coeficiente de fricción estática entre las manos del hombre y un libro es $(\mu_s)_h = 0.6$ y entre cualesquiera dos libros $(\mu_s)_b = 0.4$.

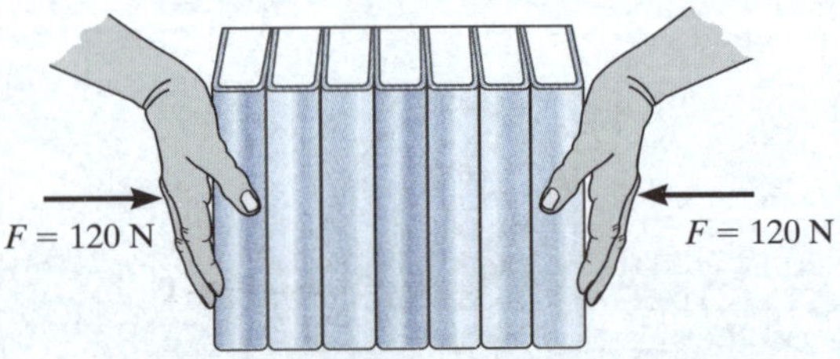

Prob. 8-21

8-22. Las tenazas se usan para levantar el embalaje de 150 kg, cuyo centro de masa está en G. Determine el menor coeficiente de fricción estática en los bloques de pivote, de manera que el embalaje se pueda levantar.

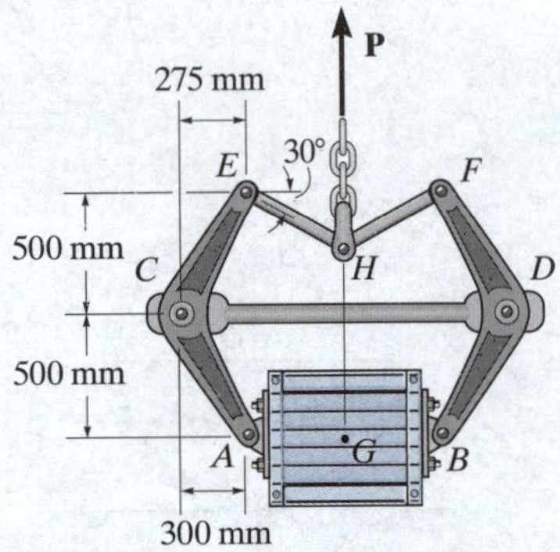

Prob. 8-22

8-23. La viga se sostiene mediante un pasador en A y un rodillo en B, que tiene peso despreciable y un radio de 15 mm. Si el coeficiente de fricción estática es $\mu_B = \mu_C = 0.3$, determine el mayor ángulo θ del plano inclinado tal que el rodillo no se deslice por ninguna fuerza **P** aplicada a la viga.

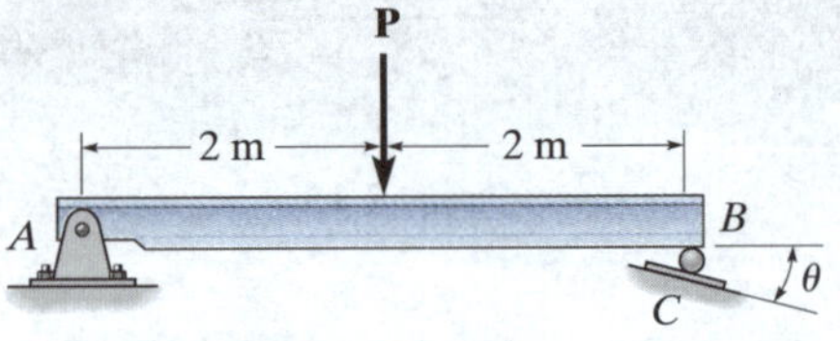

Prob. 8-23

***8-24.** El peso del poste uniforme y delgado es de 30 lb y su longitud de 26 ft. Si se le coloca contra la pared lisa y sobre el piso rugoso en la posición $d = 10$ ft, ¿permanecerá en esa posición cuando se libere? El coeficiente de fricción estática es $\mu_s = 0.3$.

8-25. El peso del poste uniforme es de 30 lb y su longitud de 26 ft. Determine la distancia d máxima a la que puede colocarse de la pared lisa sin deslizarse. El coeficiente de fricción estática entre el piso y el poste es $\mu_s = 0.3$.

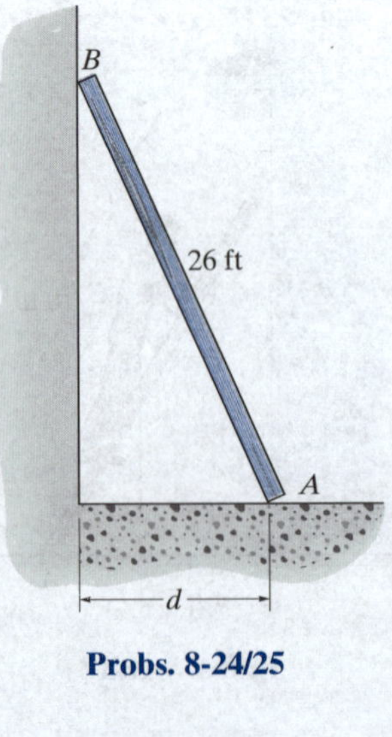

Probs. 8-24/25

8-26. El freno de bloque se utiliza para evitar que la rueda gire cuando ésta se somete a un momento de par $M_0 = 360$ N · m. Si el coeficiente de fricción estática entre la rueda y el bloque es $\mu_s = 0.6$, determine la menor fuerza P que se debería aplicar.

8-27. Resuelva el problema 8-26 si se aplica el momento de par $\mathbf{M}_0$ en sentido antihorario.

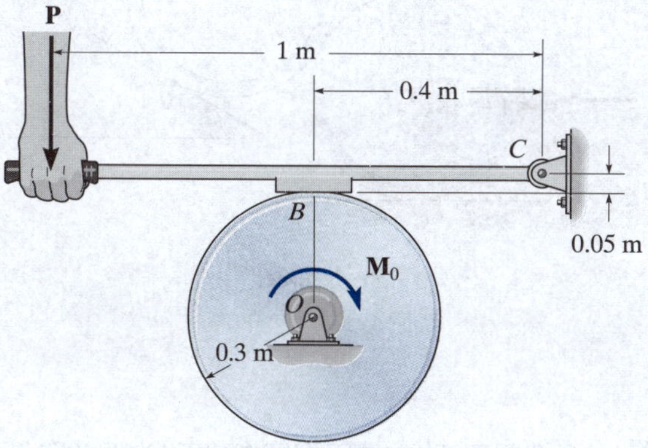

Probs. 8-26/27

**8-28.* Un trabajador camina hacia arriba por el techo inclinado que está definido por la curva $y = (5e^{0.01x})$ ft, donde x está en pies. Determine hasta qué altura h puede ascender sin resbalar. El coeficiente de fricción estática es $\mu_s = 0.6$.

Prob. 8-28

8-29. El trinquete de fricción está articulado en A y descansa contra la rueda en B. Permite libertad de movimiento cuando la rueda está girando en sentido antihorario con respecto a C. La rotación en sentido horario se evita debido a la fricción del trinquete que tiende a fijar la rueda. Si $(\mu_s)_B = 0.6$, determine el ángulo de diseño θ que impedirá el movimiento en sentido horario para cualquier valor del momento M aplicado. *Sugerencia:* Ignore el peso del trinquete para que se convierta en un elemento de dos fuerzas.

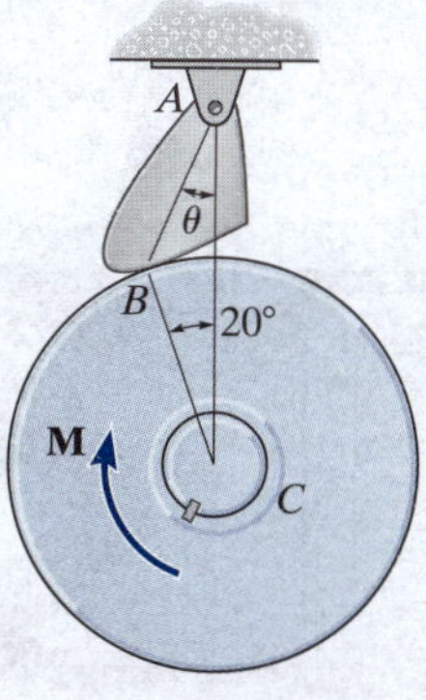

Prob. 8-29

8-30. Dos bloques A y B tienen un peso de 10 lb y 6 lb, respectivamente. Descansan sobre el plano inclinado cuyos coeficientes de fricción estática son $\mu_A = 0.15$ y $\mu_B = 0.25$. Determine el ángulo de inclinación θ para el cual ambos bloques empiezan a deslizarse. Encuentre además el alargamiento o la compresión requeridas en el resorte que los conecta para que esto ocurra. El resorte tiene una rigidez de $k = 2$ lb/ft.

8-31. Dos bloques A y B tienen un peso de 10 lb y 6 lb, respectivamente. Descansan sobre el plano inclinado cuyos coeficientes de fricción estática son $\mu_A = 0.15$ y $\mu_B = 0.25$. Determine el ángulo θ que ocasionará el movimiento de alguno de los bloques. ¿Cuál será la fuerza de fricción bajo cada uno de los bloques cuando esto ocurra? La rigidez del resorte es $k = 2$ lb/ft y en un principio no está alargado.

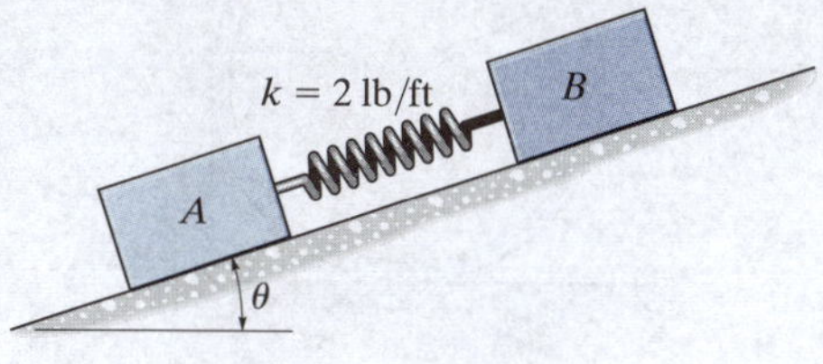

Probs. 8-30/31

***8-32.** Determine la menor fuerza P que se debe aplicar para ocasionar que se mueva la caja uniforme de 150 lb. El coeficiente de fricción estática entre la caja y el suelo es $\mu_s = 0.5$.

8-33. El hombre que tiene un peso de 200 lb empuja horizontalmente la caja. Si el coeficiente de fricción estática entre la caja de 450 lb y el piso es $\mu_s = 0.3$ y entre sus zapatos y el piso es $\mu_s' = 0.6$, determine si puede mover la caja.

Probs. 8-32/33

8-34. El aro uniforme de peso W se somete a la fuerza horizontal P. Determine el coeficiente de fricción estática entre el aro y la superficie de A y B, si el aro está a punto de girar.

8-35. Determine la máxima fuerza horizontal **P** que se puede aplicar al aro de 30 lb sin causar que gire. El coeficiente de fricción estática entre el aro y las superficies A y B es $\mu_s = 0.2$. Considere que $r = 300$ mm.

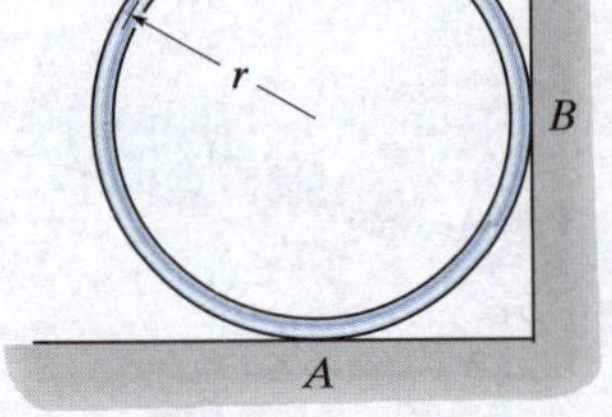

Probs. 8-34/35

***8-36.** Determine la fuerza P mínima necesaria para empujar el tubo E sobre el plano inclinado. La fuerza actúa en forma paralela al plano y los coeficientes de fricción estática en las superficies de contacto son $\mu_A = 0.2$, $\mu_B = 0.3$ y $\mu_C = 0.4$. Tanto el rodillo de 100 kg como el tubo de 40 kg tienen un radio de 150 mm.

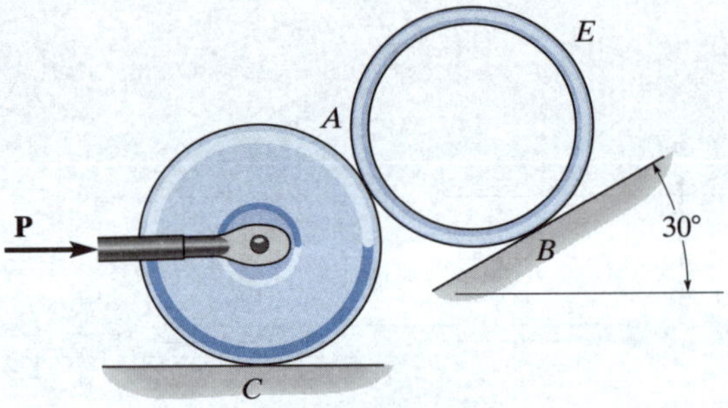

Prob. 8-36

8-37. Los coeficientes de fricción estática y cinética entre el tambor y la barra de frenado son $\mu_s = 0.4$ y $\mu_k = 0.3$, respectivamente. Si $M = 50$ N · m y $P = 85$ N, determine las componentes horizontal y vertical de la reacción en el pasador O. Ignore el peso y el espesor del freno. El tambor tiene una masa de 25 kg.

8-38. El coeficiente de fricción estática entre el tambor y la barra de frenado es $\mu_s = 0.4$. Si el momento $M = 35$ N · m, determine la menor fuerza P que debe aplicarse a la barra de frenado para evitar que el tambor gire. Además, determine las componentes horizontal y vertical correspondientes de la reacción en el pasador O. Ignore el peso y el espesor de la barra de frenado. El tambor tiene una masa de 25 kg.

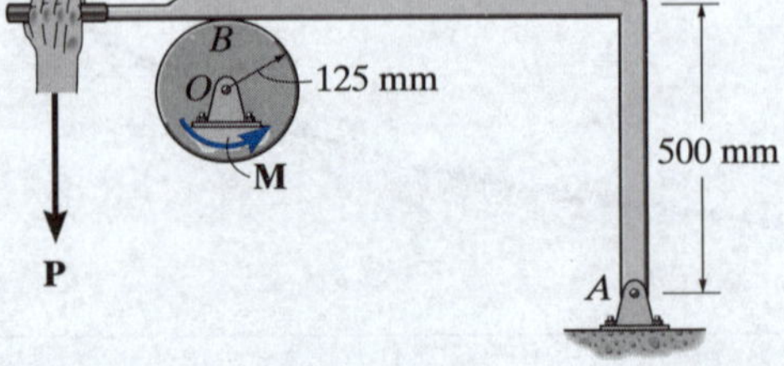

Probs. 8-37/38

8

8-39. Determine el menor coeficiente de fricción estática tanto en A como en B, que se requiere para sostener la barra uniforme de 100 lb en equilibrio. No tome en cuenta el espesor de la barra. Considere que $\mu_A = \mu_B = \mu$.

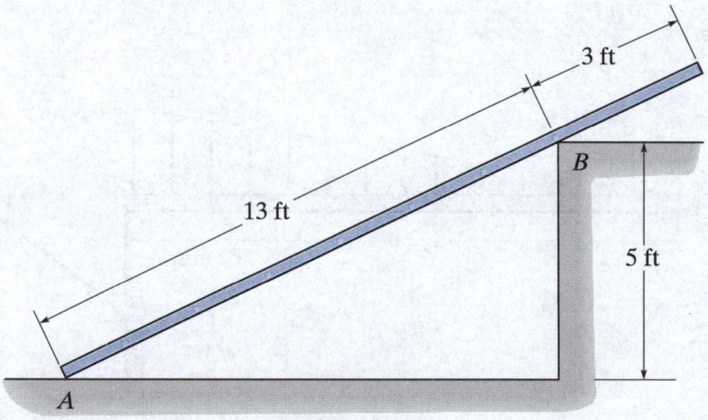

Prob. 8-39

***8-40.** Si $\theta = 30°$, determine el mínimo coeficiente de fricción estática en A y B, tal que se mantenga el equilibrio del bastidor de soporte sin importar la masa del cilindro. No tome en cuenta la masa de las varillas.

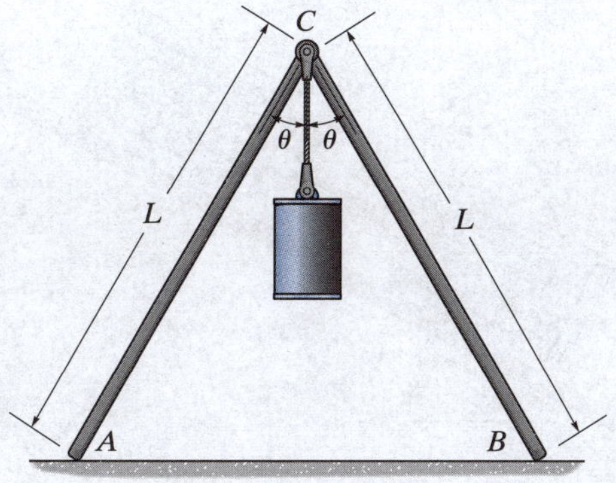

Prob. 8-40

8-41. Si el coeficiente de fricción estática en A y B es $\mu_s = 0.6$, determine el ángulo máximo θ de modo que el bastidor permanezca en equilibrio, independientemente de la masa del cilindro. No tome en cuenta la masa de las varillas.

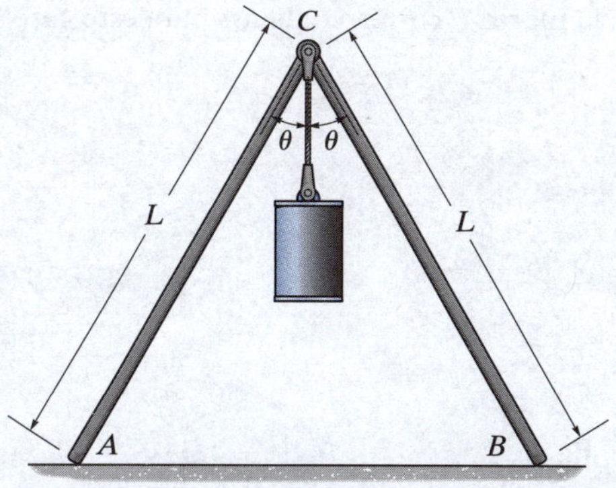

Prob. 8-41

8-42. El disco de 100 kg descansa sobre una superficie para la cual $\mu_B = 0.2$. Determine la menor fuerza vertical **P** que puede aplicarse en forma tangencial al disco, de modo que el movimiento sea inminente.

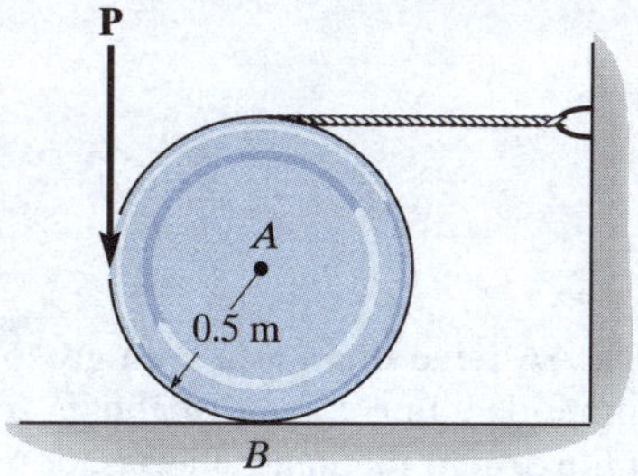

Prob. 8-42

8-43. Investigue si se puede mantener el equilibrio. El bloque uniforme tiene una masa de 500 kg y el coeficiente de fricción estática es $\mu_s = 0.3$.

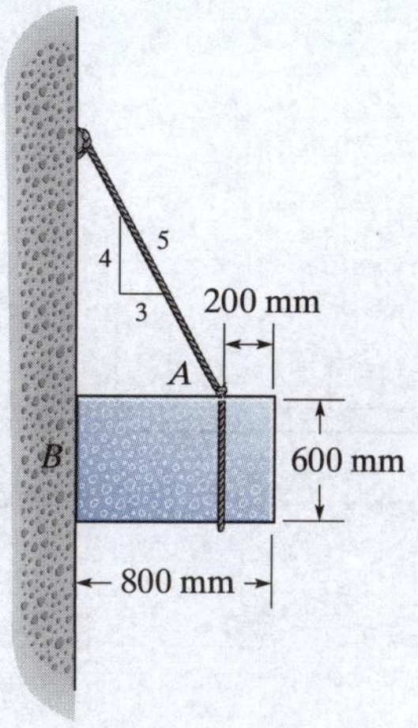

Prob. 8-43

***8-44.** El semicilindro homogéneo tiene una masa de 20 kg y centro de masa en G. Si se aplica una fuerza **P** en el borde, y $r = 300$ mm, determine el ángulo θ al que el semicilindro estará a punto de deslizarse. El coeficiente de fricción estática entre el plano y el cilindro es $\mu_s = 0.3$. Además, ¿cuál es la fuerza P correspondiente para este caso?

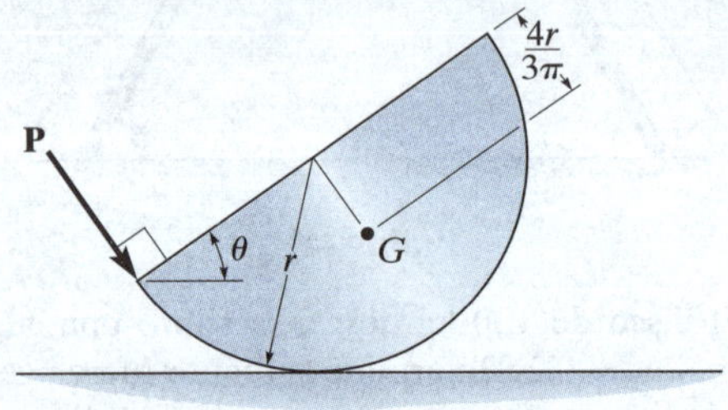

Prob. 8-44

8-46. La viga AB tiene una masa y un grosor despreciables, y está sometida a una carga distribuida triangular. Se sostiene en un extremo mediante un pasador, y en el otro extremo por medio de un poste que tiene una masa de 50 kg y un grosor despreciable. Determine los dos coeficientes de fricción estática en B y en C tales que, cuando la magnitud de la fuerza aplicada se incremente a $P = 150$ N, el poste se deslice en B y C al mismo tiempo.

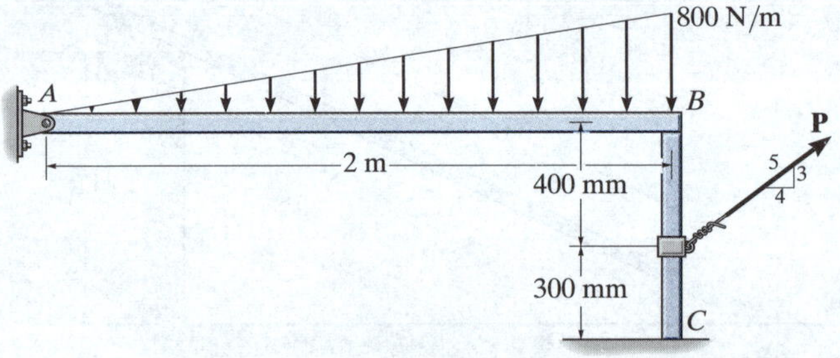

Prob. 8-46

8-45. La viga AB tiene una masa y un grosor despreciables y está sometida a una carga distribuida triangular. Se sostiene en un extremo mediante un pasador y en el otro extremo por medio de un poste con una masa de 50 kg y un grosor despreciable. Determine la fuerza P mínima necesaria para mover el poste. Los coeficientes de fricción estática en B y C son $\mu_B = 0.4$ y $\mu_C = 0.2$, respectivamente.

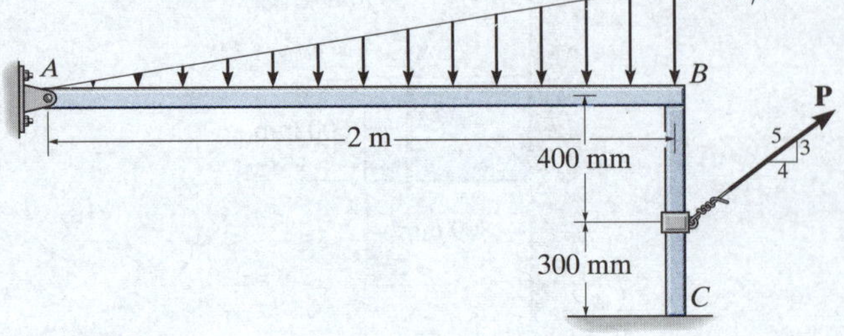

Prob. 8-45

8-47. Los embalajes A y B pesan 200 lb y 150 lb, respectivamente. Están conectados entre sí con un cable y se colocan sobre el plano inclinado. Si el ángulo θ se aumenta de manera gradual, determine θ cuando los embalajes comienzan a deslizarse. Los coeficientes de fricción estática entre los embalajes y el plano son $\mu_A = 0.25$ y $\mu_B = 0.35$.

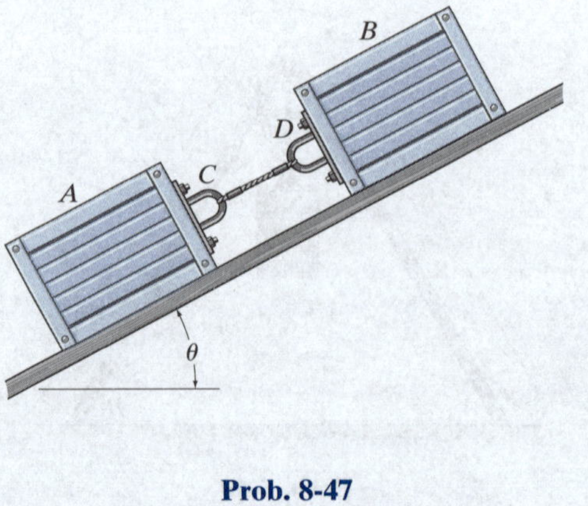

Prob. 8-47

8

***8-48.** Dos bloques A y B, cada uno con masa de 5 kg, están conectados mediante el eslabonamiento que se ilustra. Si el coeficiente de fricción estática en las superficies de contacto es $\mu_s = 0.5$, determine la mayor fuerza P que se puede aplicar al pasador C del eslabonamiento, sin causar que los bloques se muevan. No tome en cuenta el peso de los eslabones.

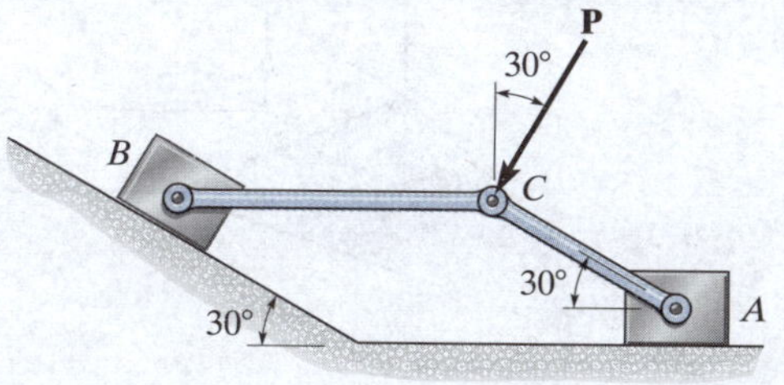

Prob. 8-48

8-49. La caja de embalaje uniforme tiene una masa de 150 kg. Si el coeficiente de fricción estática entre la caja y el piso es $\mu_s = 0.2$, determine si el hombre de 85 kg puede mover la caja. El coeficiente de fricción estática entre sus zapatos y el suelo es $\mu_s' = 0.4$. Suponga que el hombre sólo ejerce una fuerza horizontal sobre la caja.

8-50. La caja de embalaje uniforme tiene una masa de 150 kg. Si el coeficiente de fricción estática entre la caja y el piso es $\mu_s = 0.2$, determine la menor masa del hombre con la cual pueda mover la caja. El coeficiente de fricción estática entre sus zapatos y el piso es $\mu_s' = 0.45$. Suponga que el hombre ejerce solamente una fuerza horizontal sobre la caja.

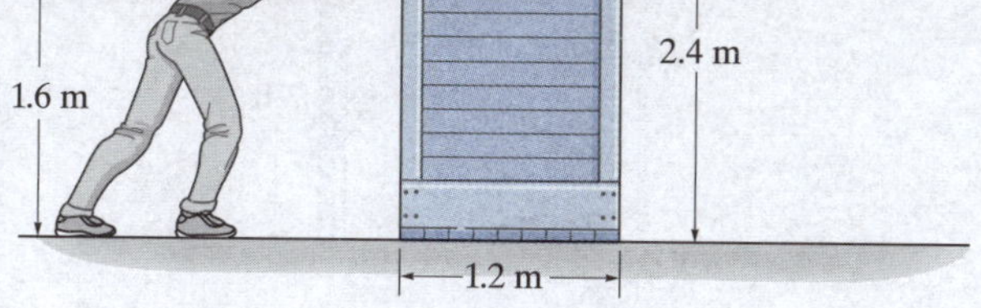

Probs. 8-49/50

8-51. La viga AB tiene una masa y un grosor despreciables, y sostiene el bloque uniforme de 200 kg. Se encuentra articulada en A y se apoya en la parte superior de un poste que tiene una masa de 20 kg y un grosor insignificante. Determine la fuerza P mínima necesaria para mover el poste. Los coeficientes de fricción estática en B y C son $\mu_B = 0.4$ y $\mu_C = 0.2$, respectivamente.

***8-52.** La viga AB tiene una masa y un grosor despreciables, y sostiene el bloque uniforme de 200 kg. Se encuentra articulada en A y se apoya en la parte superior de un poste que tiene una masa de 20 kg y un grosor insignificante. Determine los dos coeficientes de fricción estática en B y en C tales que, cuando la magnitud de la fuerza aplicada se incremente a $P = 300$ N, el poste se desliza en B y C al mismo tiempo.

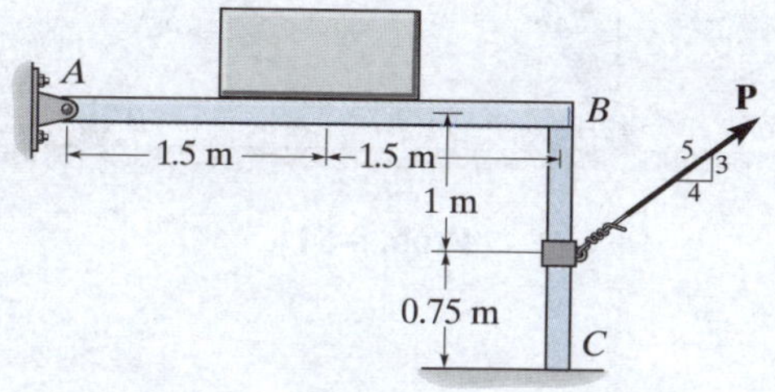

Probs. 8-51/52

8-53. Determine el menor momento de par que puede aplicarse a la rueda de 150 lb que causará un movimiento inminente. El bloque de concreto uniforme tiene un peso de 300 lb. Los coeficientes de fricción estática son $\mu_A = 0.2$, $\mu_B = 0.3$, y entre el bloque de concreto y el suelo, $\mu = 0.4$.

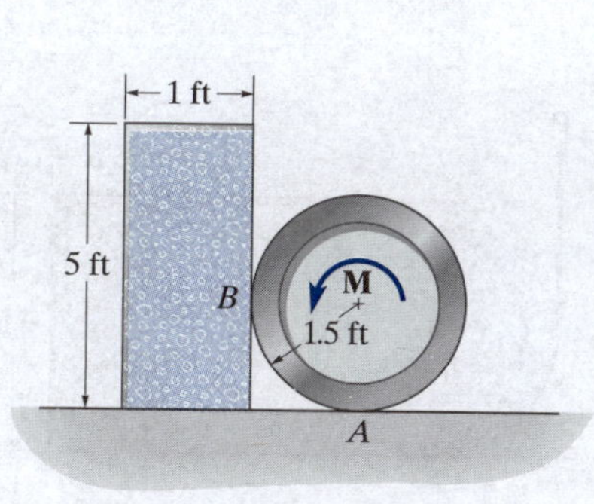

Prob. 8-53

8-54. Determine el mayor ángulo θ al que la escalera no se deslizará, si sostiene al hombre de 75 kg en la posición mostrada. La superficie es bastante resbaladiza, donde el coeficiente de fricción estática en A y B es $\mu_s = 0.3$.

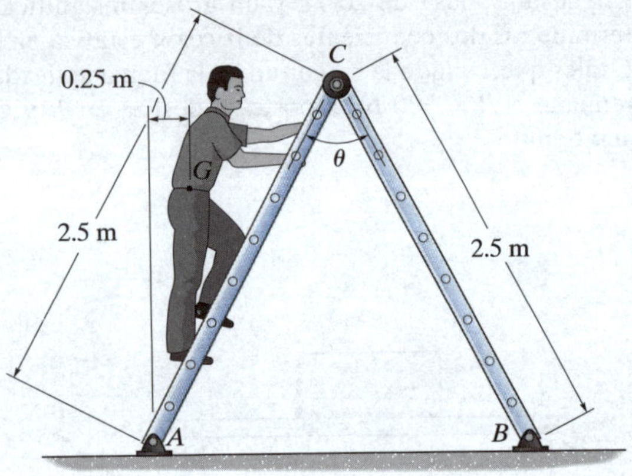

Prob. 8-54

***8-56.** El disco tiene un peso W y se encuentra en un plano que tiene un coeficiente de fricción estática μ. Determine la altura máxima h a la que el plano puede elevarse sin causar que el disco se deslice.

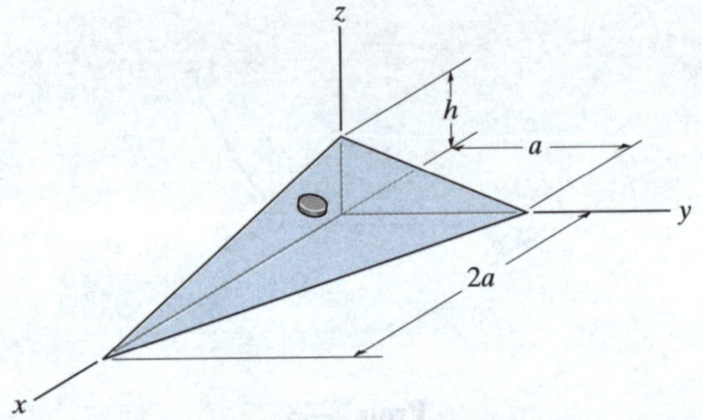

Prob. 8-56

8-55. La rueda pesa 20 lb y descansa sobre una superficie para la que $\mu_B = 0.2$. Un cable enrollado alrededor de la rueda está unido a la parte superior del bloque homogéneo de 30 lb. Si el coeficiente de fricción estática en D es $\mu_D = 0.3$, determine la fuerza vertical más pequeña que puede aplicarse en forma tangencial a la rueda que causará un movimiento inminente.

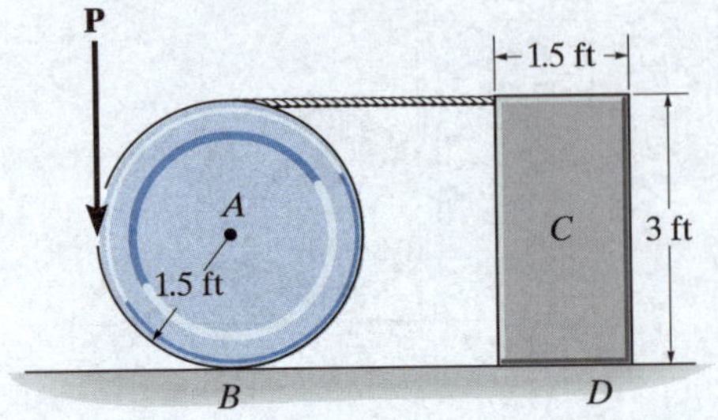

Prob. 8-55

8-57. El hombre tiene un peso de 200 lb y el coeficiente de fricción estática entre sus zapatos y el piso es $\mu_s = 0.5$. Determine dónde debería situar su centro de gravedad G en d, con el fin de ejercer la fuerza horizontal máxima sobre la puerta. ¿Cuál es esta fuerza?

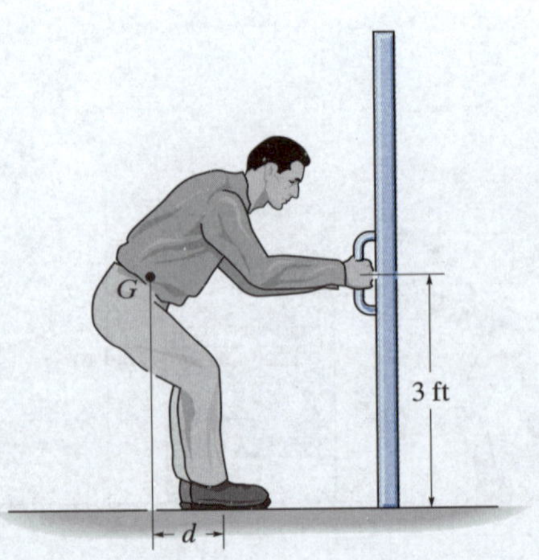

Prob. 8-57

PROBLEMAS CONCEPTUALES

C8-1. Dibuje los diagramas de cuerpo libre de cada uno de los dos elementos de estas pinzas de fricción utilizadas para levantar el bloque de 100 kg.

C8-1 (© Russell C. Hibbeler)

C8-2. Muestre cómo se puede encontrar la fuerza necesaria para mover el bloque superior. Utilice datos razonables y emplee un análisis de equilibrio para explicar su respuesta.

C8-2 (© Russell C. Hibbeler)

C8-3. La cuerda se usa para remolcar el refrigerador. ¿Qué es mejor: tirar de la cuerda ligeramente hacia arriba como se indica en la fotografía, tirar horizontalmente, o tirar un poco hacia abajo? Además, ¿lo mejor es atar la cuerda en una posición alta como se muestra, o en una posición más baja? Haga un análisis de equilibrio para explicar su respuesta.

C8-4. La cuerda se usa para remolcar el refrigerador. Para evitar que la persona se resbale al remolcar el refrigerador, ¿es mejor tirar de la cuerda como se muestra, tirar horizontalmente, o tirar hacia abajo? Haga un análisis de equilibrio para explicar su respuesta.

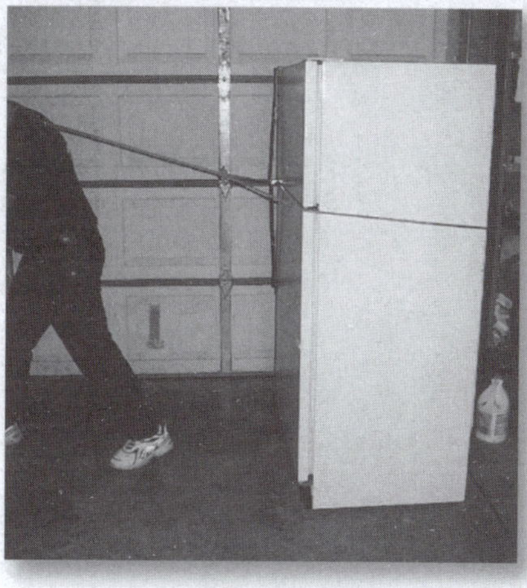

C8-3/4 (© Russell C. Hibbeler)

C8-5. Explique cómo encontrar la fuerza máxima que este hombre puede ejercer sobre el vehículo. Utilice datos razonables y emplee un análisis de equilibrio para explicar su respuesta.

C8-5 (© Russell C. Hibbeler)

8

Las cuñas se usan a menudo para ajustar la elevación de partes estructurales o mecánicas. También proporcionan estabilidad a objetos como este tubo. (© Rusell C. Hibbeler)

8.3 Cuñas

Una ***cuña*** es una máquina simple que se utiliza a menudo para transformar una fuerza aplicada en fuerzas mucho más grandes, dirigidas aproximadamente en ángulos rectos con respecto a la fuerza aplicada. Las cuñas también suelen utilizarse para hacer desplazamientos pequeños o ajustes en cargas pesadas.

Por ejemplo, considere la cuña de la figura 8-12*a*, la cual se usa para *levantar* el bloque aplicando una fuerza a la cuña. Los diagramas de cuerpo libre de bloque y cuña se muestran en la figura 8-12*b*. Aquí hemos excluido el peso de la cuña, ya que usualmente es *pequeño* comparado con el peso **W** del bloque. Asimismo, observe que las fuerzas de fricción $\mathbf{F}_1$ y $\mathbf{F}_2$ deben oponerse al movimiento de la cuña. De la misma manera, la fuerza de fricción $\mathbf{F}_3$ de la pared sobre el bloque debe actuar hacia abajo para oponerse al movimiento del bloque hacia arriba. Las posiciones de las fuerzas normales resultantes no tienen importancia en el análisis de fuerzas, pues ni el bloque ni la cuña se "volcarán". Por consiguiente, no se considerarán las ecuaciones de equilibrio de momento. Hay siete incógnitas que consisten en la fuerza aplicada **P**, necesaria para generar el movimiento de la cuña, y las seis fuerzas normales y de fricción. Las siete ecuaciones disponibles consisten en cuatro ecuaciones de equilibrio de fuerzas $\Sigma F_x = 0$, $\Sigma F_y = 0$ aplicadas a la cuña y al bloque, y tres ecuaciones de fricción, $F = \mu N$, aplicadas en cada superficie de contacto.

Si el bloque debe *descender*, entonces las fuerzas de fricción actuarán en sentido opuesto al que se indica en la figura 8-12*b*. Si el coeficiente de fricción es muy *pequeño* o si el ángulo θ de la cuña es *grande*, entonces la fuerza aplicada **P** debe actuar hacia la derecha para sostener el bloque. De otra manera, **P** puede tener el sentido inverso de dirección para *tirar de* la cuña y retirarla. Si **P** *no se aplica* y las fuerzas de fricción mantienen el bloque en su lugar, entonces se dice que la cuña es *autobloqueante*.

8

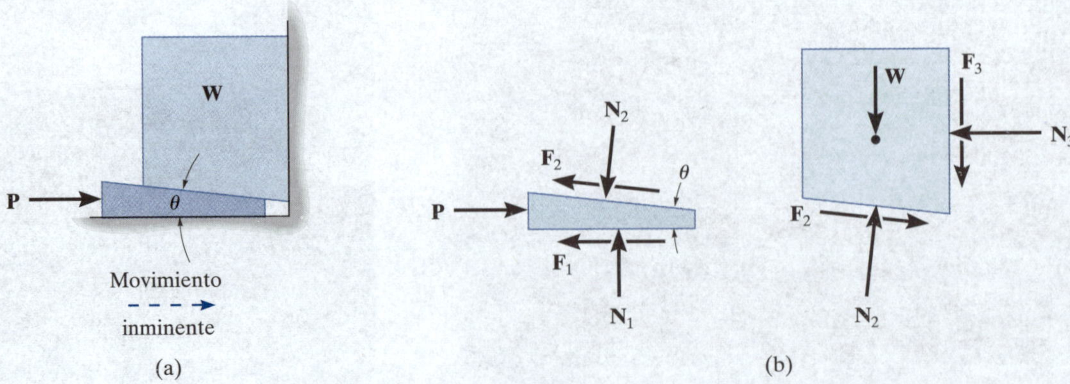

Fig. 8-12

EJEMPLO 8.6

La piedra uniforme que se muestra en la figura 8-13*a* tiene una masa de 500 kg y se mantiene en posición horizontal con una cuña en *B*. Si el coeficiente de fricción estática es $\mu_s = 0.3$ en las superficies de contacto, determine la fuerza *P* mínima necesaria para retirar la cuña. Suponga que la piedra no se desliza en *A*.

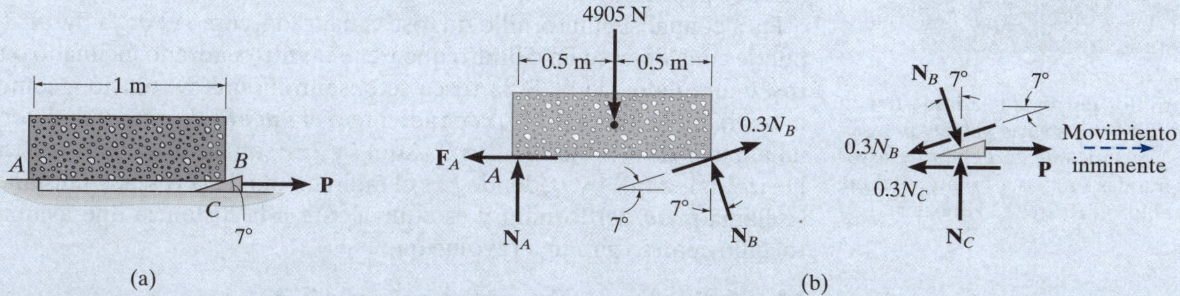

Fig. 8-13

SOLUCIÓN

La fuerza *P* mínima requiere que $F = \mu_s N$ en las superficies de contacto con la cuña. Los diagramas de cuerpo libre de la piedra y la cuña se ilustran en la figura 8-13*b*. Sobre la cuña, la fuerza de fricción se opone al movimiento, y sobre la piedra en *A*, $F_A \leq \mu_s N_A$, ya que el deslizamiento no ocurre ahí. Hay cinco incógnitas. Para encontrar la solución se dispone de tres ecuaciones de equilibrio para la piedra y de dos para la cuña. A partir del diagrama de cuerpo libre de la piedra,

$$\circlearrowleft+\Sigma M_A = 0; \quad -4905 \text{ N}(0.5 \text{ m}) + (N_B \cos 7° \text{ N})(1 \text{ m}) + (0.3N_B \operatorname{sen} 7° \text{ N})(1 \text{ m}) = 0$$

$$N_B = 2383.1 \text{ N}$$

Con este resultado para la cuña, tenemos

$$+\uparrow\Sigma F_y = 0; \quad N_C - 2383.1 \cos 7° \text{ N} - 0.3(2383.1 \operatorname{sen} 7° \text{ N}) = 0$$

$$N_C = 2452.5 \text{ N}$$

$$\overset{+}{\rightarrow} \Sigma F_x = 0; \quad 2383.1 \operatorname{sen} 7° \text{ N} - 0.3(2383.1 \cos 7° \text{ N}) + P - 0.3(2452.5 \text{ N}) = 0$$

$$P = 1154.9 \text{ N} = 1.15 \text{ kN} \qquad \textit{Resp.}$$

NOTA: Como *P* es positiva, de hecho, habrá que retirar la cuña. Si *P* fuera cero, la cuña permanecería en su lugar (autobloqueante) y las fuerzas de fricción desarrolladas en *B* y *C* satisfarían $F_B < \mu_s N_B$ y $F_C < \mu_s N_C$.

8

Los tornillos de rosca cuadrada tienen aplicaciones en válvulas, gatos y prensas, donde específicamente deben desarrollarse grandes fuerzas a lo largo del eje del tornillo. (© Russell C. Hibbeler)

8.4 Fuerzas de fricción sobre tornillos

En la mayoría de los casos, los tornillos se usan como sujetadores; sin embargo, en muchos tipos de máquinas se incorporan para transmitir potencia o movimiento desde una parte de una máquina a otra. Un ***tornillo de rosca cuadrada*** se utiliza comúnmente para este último propósito, sobre todo cuando se aplican grandes fuerzas a lo largo de su eje. En esta sección analizaremos las fuerzas que actúan sobre los tornillos de rosca cuadrada. El análisis de otros tipos de tornillos, como el de rosca en V, se basa en los mismos principios.

Para el análisis, un tornillo de rosca cuadrada, como el de la figura 8-14, puede considerarse un cilindro que tiene un filo cuadrado inclinado o una ***rosca*** alrededor de él. Si la rosca se desenrolla una revolución, como se muestra en la figura 8-14*b*, la pendiente o el ***ángulo de paso*** θ se determina a partir de $\theta = \tan^{-1}(l/2)\pi r)$. Aquí l y $2\pi r$ son las distancias vertical y horizontal entre A y B, donde r es el radio medio de la rosca. La distancia l se llama ***paso*** del tornillo y es equivalente a la distancia que avanza el tornillo cuando gira una revolución.

Movimiento inminente hacia arriba.

Consideremos ahora el caso del gato con tornillo de rosca cuadrada de la figura 8-15, que está sometido a un movimiento inminente hacia arriba causado por el momento de torsión ***M** aplicado. Un diagrama de cuerpo libre de la *rosca completa desenrollada h* en contacto con el gato puede representarse como un bloque, como se ilustra en la figura 8-16*a*. La fuerza **W** es la fuerza vertical que actúa sobre la rosca o la fuerza axial aplicada a la flecha (fig. 8-15), en tanto que M/r es la fuerza horizontal resultante producida por el momento de par M con respecto al eje de la flecha. La reacción **R** de la muesca sobre la rosca tiene componentes de fricción y normales, donde $F = \mu_s N$. El ángulo de fricción estática es $\phi_s = \tan^{-1}(F/N) = \tan^{-1}\mu_s$. Si aplicamos las ecuaciones de equilibrio de fuerzas a lo largo de los ejes horizontal y vertical, entonces

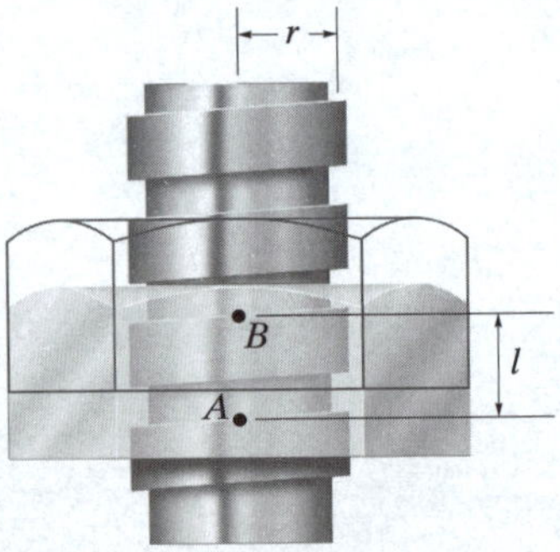

$$\overset{+}{\rightarrow} \Sigma F_x = 0; \qquad M/r - R\,\text{sen}\,(\theta + \phi_s) = 0$$

$$+\uparrow \Sigma F_y = 0; \qquad R\cos(\theta + \phi_s) - W = 0$$

Al eliminar R de estas ecuaciones, obtenemos

$$\boxed{M = rW\tan(\theta + \phi_s)} \tag{8-3}$$

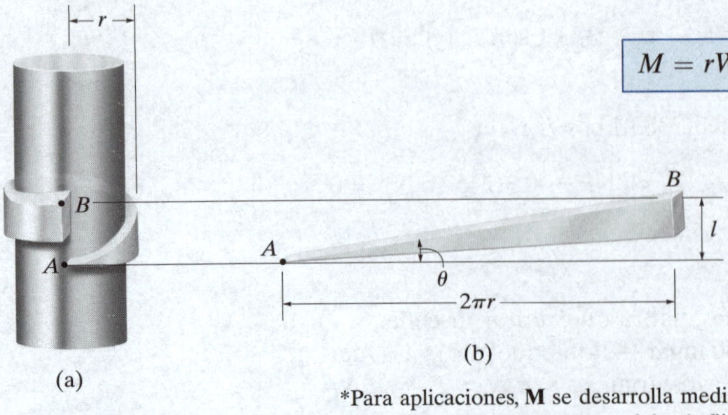

(a) (b)

Fig. 8-14

*Para aplicaciones, **M** se desarrolla mediante una fuerza horizontal **P** en ángulo recto al extremo de una palanca que se debería fijar al tornillo.

8

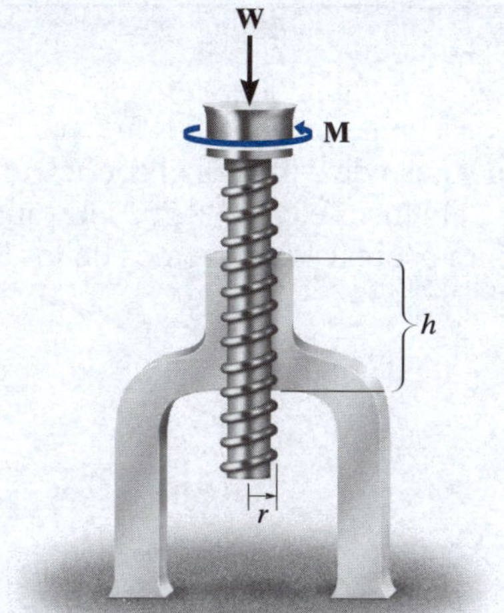

Fig. 8-15

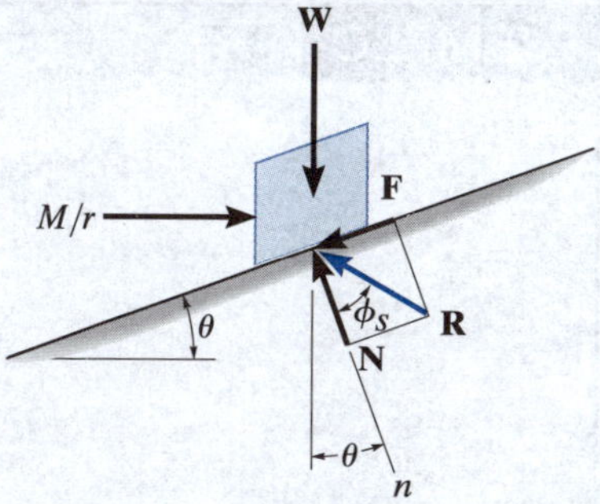

Movimiento del tornillo hacia arriba

(a)

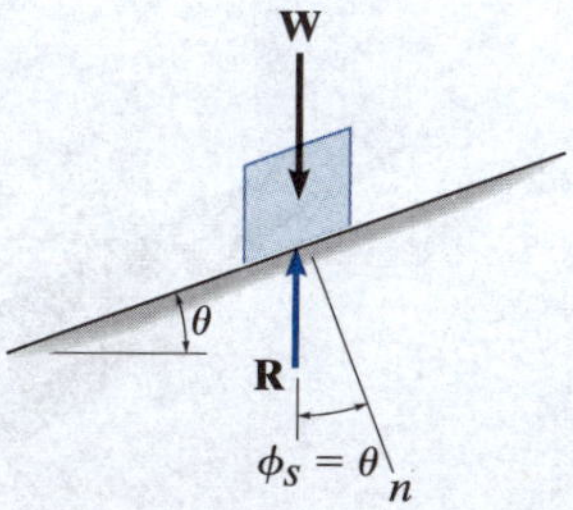

Tornillo autobloqueante ($\theta = \phi_s$)
(a punto de girar hacia abajo)

(b)

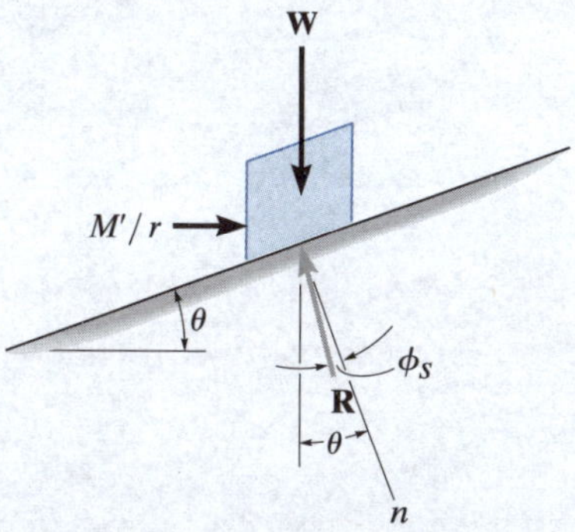

Movimiento del tornillo hacia abajo ($\theta > \phi_s$)

(c)

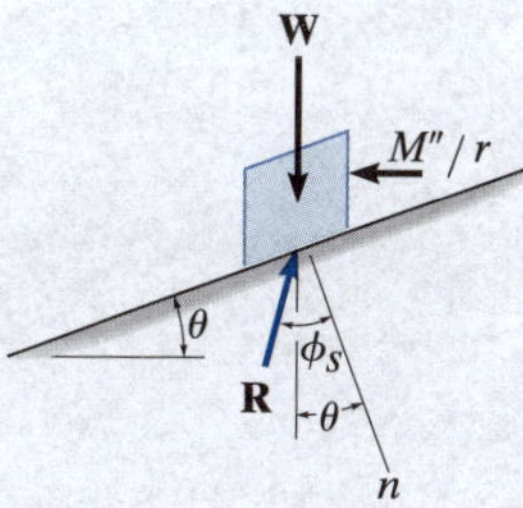

Movimiento del tornillo hacia abajo ($\theta < \phi_s$)

(d)

Fig. 8-16

Tornillo autobloqueante. Se dice que un tornillo es *autobloqueante* si permanece en su lugar bajo cualquier carga axial **W** cuando el momento **M** se retira. Para que esto ocurra, la dirección de la fuerza de fricción debe invertirse de manera que **R** actúe sobre el otro lado de **N**. Aquí el ángulo de fricción estática ϕ_s es mayor o igual que θ (fig. 8-16*d*). Si $\phi_s = \theta$ (fig. 8-16*b*), entonces **R** actuará verticalmente para equilibrar **W**, y el tornillo estará a punto de girar hacia abajo.

Movimiento inminente hacia abajo **($\theta > \phi_s$).** Si el tornillo no es autobloqueante, es necesario aplicar un momento **M′** para evitar que el tornillo gire hacia abajo. Aquí, se requiere que una fuerza horizontal M'/r empuje contra la rosca para evitar que ésta se deslice hacia abajo por el plano (fig. 8-16*c*). Si se usa el mismo procedimiento que antes, la magnitud del momento **M′** requerido para evitar este giro es

$$M' = rW\tan(\theta - \phi_s) \qquad (8\text{-}4)$$

Movimiento inminente hacia abajo **($\phi_s > \theta$).** Si un tornillo es autobloqueante, debe aplicarse un momento de par **M″** al tornillo en la dirección opuesta al movimiento del tornillo hacia abajo ($\phi_s > \theta$). Esto ocasiona una fuerza horizontal inversa M''/r que empuja la rosca hacia abajo como se indica en la figura 8-16*d*. En este caso, obtenemos

$$M'' = rW\tan(\phi_s - \theta) \qquad (8\text{-}5)$$

Si ocurre *movimiento del tornillo*, pueden aplicarse las ecuaciones 8-3, 8-4 y 8-5 con sólo remplazar ϕ_s por ϕ_k.

EJEMPLO 8.7

El tensor que se muestra en la figura 8-17 tiene una rosca cuadrada con radio medio de 5 mm y paso de 2 mm. Si el coeficiente de fricción estática entre el tornillo y el tensor es $\mu_s = 0.25$, determine el momento **M** que debe aplicarse para acercar los extremos de los tornillos.

(© Russell C. Hibbeler)

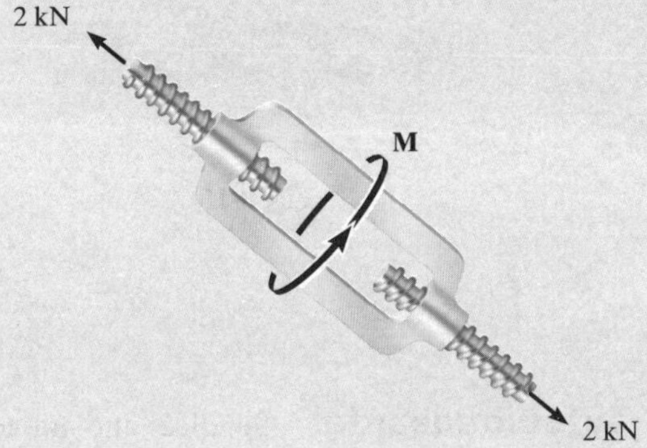

Fig. 8-17

8

SOLUCIÓN

El momento se puede obtener con la ecuación 8-3. Como se debe vencer la fricción en *dos tornillos*, esto requiere

$$M = 2[rW\tan(\theta + \phi_s)] \qquad (1)$$

Aquí $W = 2000$ N, $\phi_s = \tan^{-1}\mu_s = \tan^{-1}(0.25) = 14.04°$, $r = 5$ mm y $\theta = \tan^{-1}(l/2\pi r) = \tan^{-1}(2\text{ mm}/[2\pi(5\text{ mm})]) = 3.64°$. Al sustituir estos valores en la ecuación 1 y resolver, se obtiene

$$M = 2[(2000\text{ N})(5\text{ mm})\tan(14.04° + 3.64°)]$$

$$= 6374.7\text{ N}\cdot\text{mm} = 6.37\text{ N}\cdot\text{m} \qquad \textit{Resp.}$$

NOTA: Cuando se *retire* el momento, el tensor será autobloqueante; es decir, no se desatornillará, ya que $\phi_s > 0$.

PROBLEMAS

8-58. Determine el mayor ángulo θ que hará que la cuña sea autobloqueante, sin importar la magnitud de la fuerza horizontal P aplicada a los bloques. El coeficiente de fricción estática entre la cuña y los bloques es $\mu_s = 0.3$. No tome en cuenta el peso de la cuña.

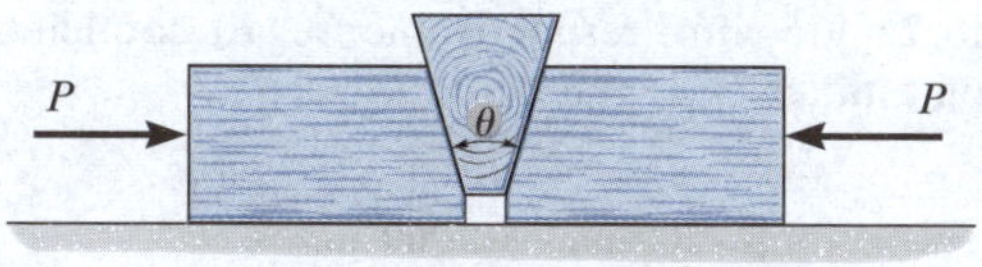

Prob. 8-58

8-59. Si la viga AD se carga de la manera mostrada, determine la fuerza horizontal P que debe aplicarse a la cuña para removerla de debajo de la viga. Los coeficientes de fricción estática en las superficies superior e inferior de la cuña son $\mu_{CA} = 0.25$ y $\mu_{CB} = 0.35$, respectivamente. Si $P = 0$, ¿la cuña es autobloqueante? No tome en cuenta el peso y el tamaño de la cuña ni el espesor de la viga.

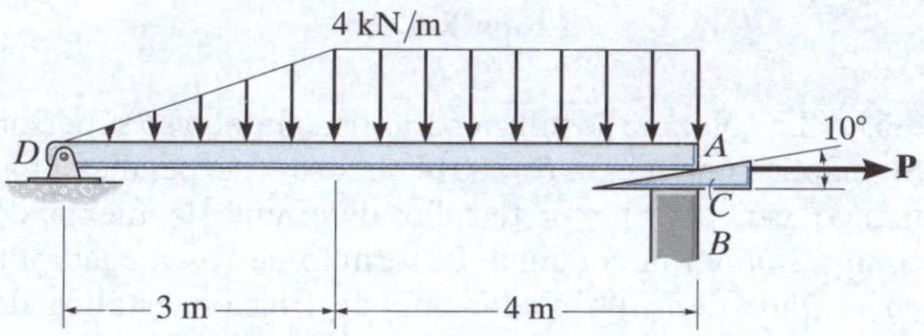

Prob. 8-59

***8-60.** La cuña se utiliza para nivelar el elemento. Determine la fuerza horizontal **P** que debe aplicarse para empezar a empujar la cuña hacia adelante. El coeficiente de fricción estática entre la cuña y las dos superficies de contacto es $\mu_s = 0.2$. No tome en cuenta el peso de la cuña.

Prob. 8-60

8-61. Los dos bloques utilizados en un dispositivo de medición tienen un peso insignificante. Si el resorte se comprime 5 in cuando está en la posición mostrada, determine la fuerza axial P más pequeña que debe ejercer el tornillo de ajuste sobre B para iniciar el movimiento de B hacia abajo. El extremo del tornillo es *liso* y el coeficiente de fricción estática en todos los otros puntos de contacto es $\mu_s = 0.3$.

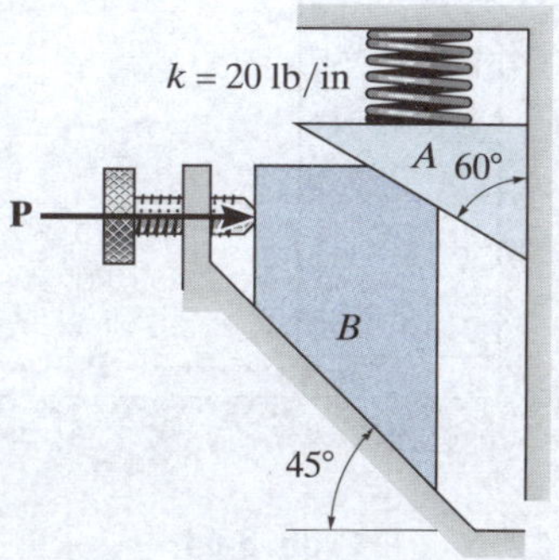

Prob. 8-61

8-62. Si $P = 250$ N, determine la compresión mínima requerida en el resorte de modo que la cuña no se mueva a la derecha. No tome en cuenta el peso de A y B. El coeficiente de fricción estática para todas las superficies de contacto es $\mu_s = 0.35$. Desprecie la fricción en los rodillos.

8-63. Determine la mínima fuerza **P** aplicada que se requiere para mover la cuña A hacia la derecha. El resorte se comprime una distancia de 175 mm. No tome en cuenta el peso de A y B. El coeficiente de fricción estática para todas las superficies de contacto es $\mu_s = 0.35$. Desprecie la fricción en los rodillos.

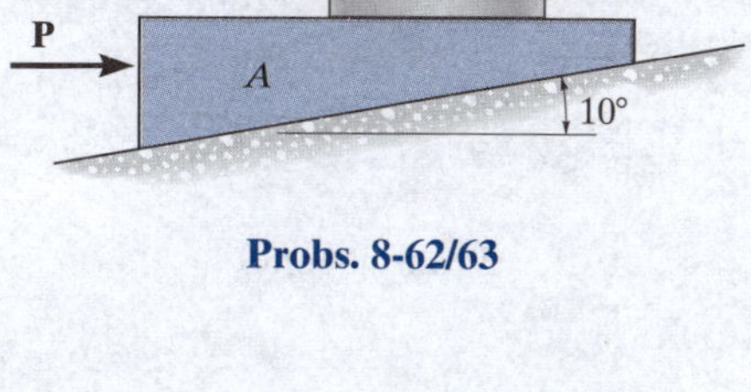

Probs. 8-62/63

8

***8-64.** Si el coeficiente de fricción estática entre todas las superficies de contacto es μ_s, determine la fuerza **P** que debe aplicarse a la cuña para levantar el bloque que tiene un peso W.

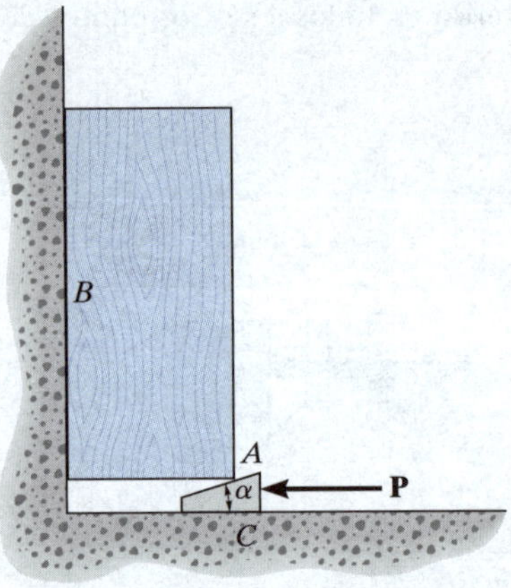

Prob. 8-64

8-65. Determine la fuerza P más pequeña que se requiere para levantar la carga de 3000 lb. El coeficiente de fricción estática entre A y C y entre B y D es $\mu_s = 0.3$, y entre A y B es $\mu_s' = 0.4$. No tome en cuenta el peso de las cuñas.

8-66. Determine la fuerza horizontal invertida $-\mathbf{P}$ necesaria para sacar la cuña A. El coeficiente de fricción estática entre A y C y entre B y D es $\mu_s = 0.2$, y entre A y B es $\mu_s' = 0.1$. No tome en cuenta el peso de las cuñas.

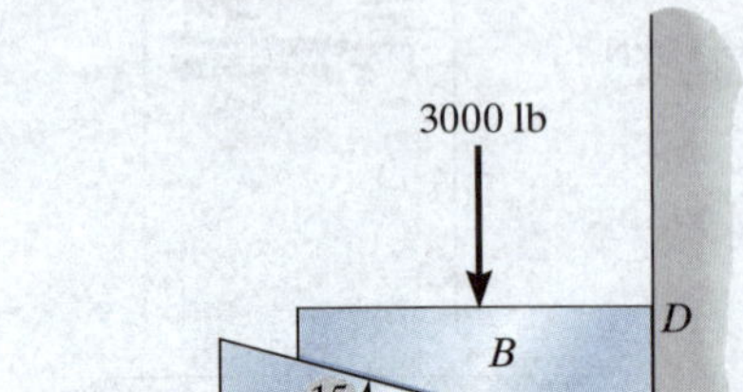

Probs. 8-65/66

8-67. Si la fuerza de sujeción en G es de 900 N, determine la fuerza horizontal **F** que debe aplicarse en forma perpendicular a la manija de la palanca en E. El diámetro medio y el paso de los dos tornillos individuales de rosca cuadrada en C y D son de 25 mm y 5 mm, respectivamente. El coeficiente de fricción estática es $\mu_s = 0.3$.

***8-68.** Si se aplica una fuerza horizontal de $F = 50$ N en forma perpendicular al mango de la palanca en E, determine la fuerza de sujeción desarrollada en G. El diámetro medio y el paso del único tornillo de rosca cuadrada en C y D son de 25 y 5 mm, respectivamente. El coeficiente de fricción estática es $\mu_s = 0.3$.

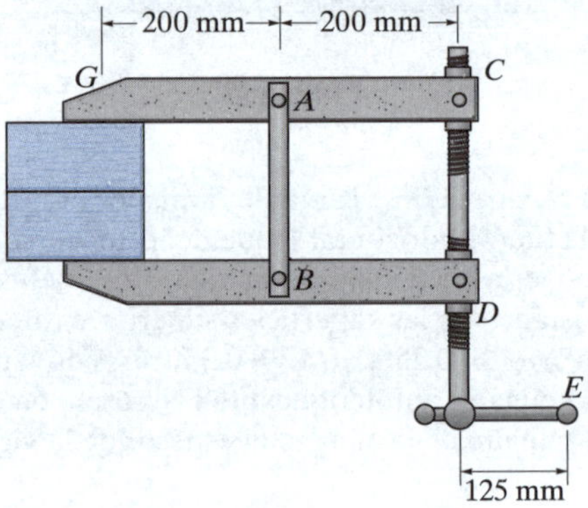

Probs. 8-67/68

8-69. La columna se utiliza para sostener el piso superior. Si se aplica una fuerza $F = 80$ N en forma perpendicular al mango para apretar el tornillo, determine la fuerza de compresión en la columna. El tornillo de rosca cuadrada en el gato tiene un coeficiente de fricción estática de $\mu_s = 0.4$, diámetro medio de 25 mm y paso de 3 mm.

8-70. Si en el problema 8-69 se retira la fuerza **F** del mango del gato, determine si el tornillo es autobloqueante.

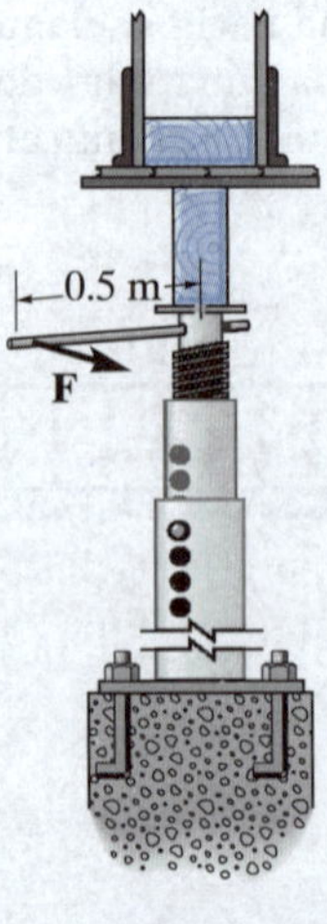

Probs. 8-69/70

8-71. Si se aplican las fuerzas de par de $F = 10$ lb en forma perpendicular a la palanca de la abrazadera en A y B, determine la fuerza de sujeción sobre las tablas. El tornillo único de rosca cuadrada de la abrazadera tiene un diámetro medio de 1 in y un paso de 0.25 in. El coeficiente de fricción estática es $\mu_s = 0.3$.

***8-72.** Si la fuerza de sujeción sobre las tablas es de 600 lb, determine la magnitud requerida de las fuerzas de par, que deben aplicarse en forma perpendicular a la palanca AB de la abrazadera en A y B, con la finalidad de aflojar el tornillo. El tornillo único de rosca cuadrada tiene un diámetro medio de 1 in y un paso de 0.25 in. El coeficiente de fricción estática es $\mu_s = 0.3$.

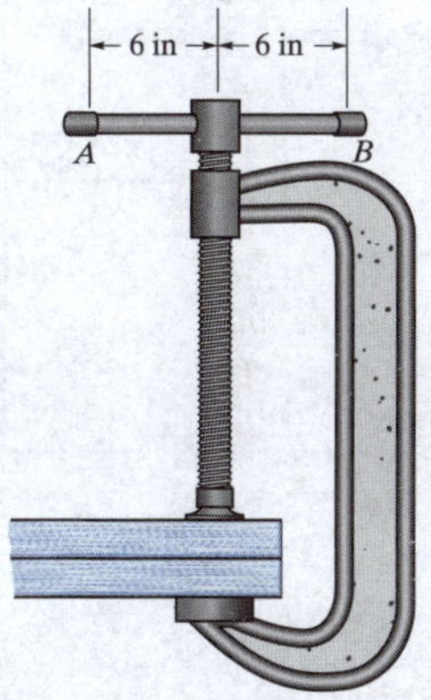

Probs. 8-71/72

8-73. Demuestre que el paso l debe ser menor que $2\pi r \mu_s$ para que el tornillo del gato mostrado en la figura 8-15 sea "autobloqueante".

8-74. El tornillo de rosca cuadrada se utiliza para juntar dos placas. Si el perno tiene un diámetro medio de $d = 20$ mm y un paso de $l = 3$ mm, determine el menor par de torsión M que se requiere para aflojar el tornillo, si la tensión en el tornillo es $T = 40$ kN. El coeficiente de fricción estática entre las roscas y el tornillo es $\mu_s = 0.15$.

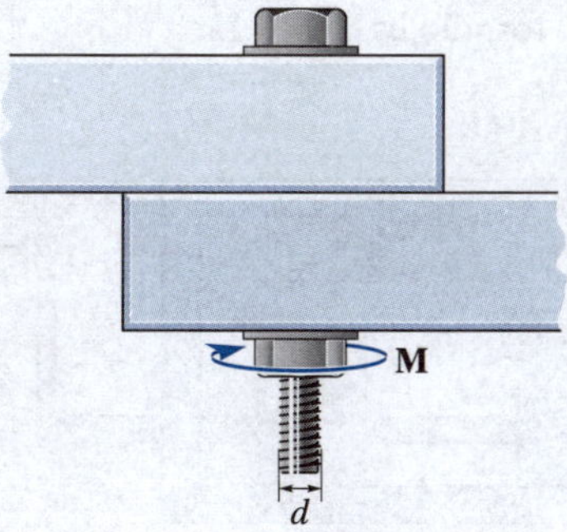

Prob. 8-74

8-75. El eje tiene un tornillo de rosca cuadrada con un paso de 8 mm y un radio medio de 15 mm. Si está en contacto con un engrane de placa que tiene un radio medio de 30 mm, determine el par de torsión de resistencia **M** en el engrane de placa que puede ser superado, si se aplica un par de torsión de 7 N · m al eje. El coeficiente de fricción estática en el tornillo es $\mu_B = 0.2$. No tome en cuenta la fricción de las chumaceras situadas en A y B.

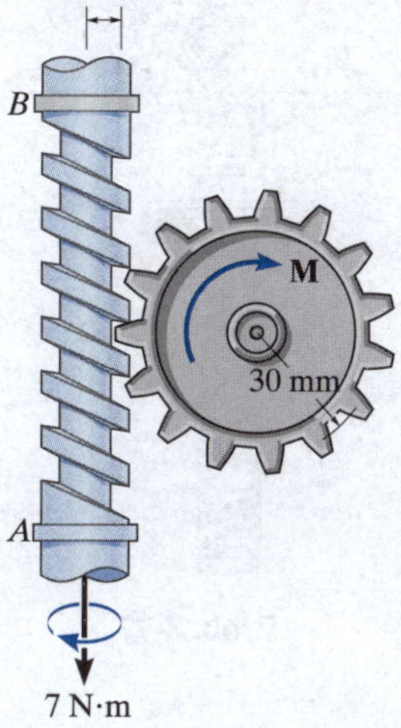

Prob. 8-75

***8-76.** Si se aplican fuerzas de par de $F = 35$ N a la manija de la prensa de maquinista, determine la fuerza de compresión desarrollada en el bloque. Desprecie la fricción en la chumacera A. La guía en B es lisa. El tornillo único de rosca cuadrada tiene un radio medio de 6 mm y un paso de 8 mm, además el coeficiente de fricción estática es $\mu_s = 0.27$.

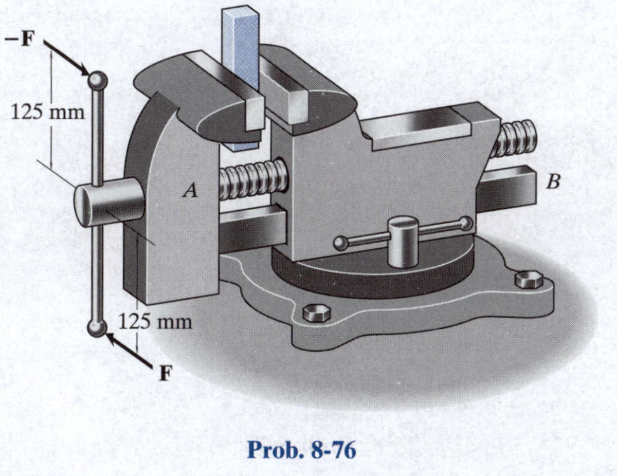

Prob. 8-76

8-77. El tornillo de rosca cuadrada tiene un diámetro medio de 20 mm y un paso de 4 mm. Si el peso de la placa A es de 5 lb, determine el menor coeficiente de fricción estática entre el tornillo y la placa, tal que la placa no se desplace hacia abajo del tornillo cuando la placa se suspende en la forma mostrada.

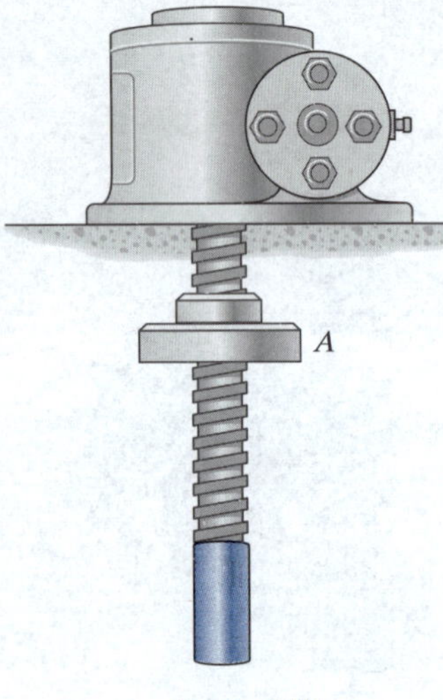

Prob. 8-77

8-78. El dispositivo se utiliza para extraer la terminal del cable de la batería C del poste de una batería. Si la fuerza de extracción requerida es de 85 lb, determine el par de torsión **M** que debe aplicarse a la manija localizada sobre el tornillo para apretarlo. El tornillo tiene roscas cuadradas, diámetro medio de 0.2 in, paso de 0.08 in y el coeficiente de fricción estática es $\mu_s = 0.5$.

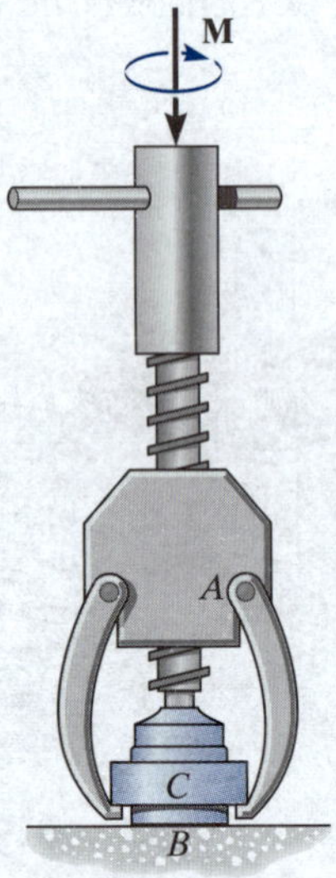

Prob. 8-78

8-79. Determine la fuerza de apriete sobre la tabla A si el tornillo se aprieta con un par de torsión de $M = 8$ N · m. El tornillo de rosca cuadrada tiene un radio medio de 10 mm y un paso de 3 mm; además, el coeficiente de fricción estática es $\mu_s = 0.35$.

***8-80.** Si la fuerza de apriete requerida en la tabla A debe ser de 2 kN, determine el par de torsión M que se tiene que aplicar al tornillo para apretarlo. El tornillo de rosca cuadrada tiene un radio medio de 10 mm y un paso de 3 mm; además, el coeficiente de fricción estática es $\mu_s = 0.35$.

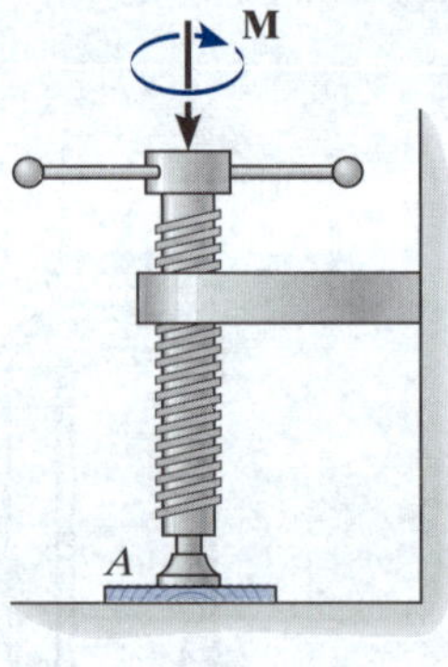

Probs. 8-79/80

8-81. Si una fuerza horizontal de $P = 100$ N se aplica en forma perpendicular a la manija de la palanca en A, determine la fuerza de compresión **F** ejercida sobre el material. Cada tornillo único de rosca cuadrada tiene un diámetro medio de 25 mm y un paso de 7.5 mm. El coeficiente de fricción estática en todas las superficies de contacto de las cuñas es $\mu_s = 0.2$ y el coeficiente de fricción estática en el tornillo es $\mu_s' = 0.15$.

8-82. Determine la fuerza horizontal **P** que debe aplicarse en forma perpendicular a la manija de la palanca en A, para desarrollar una fuerza de compresión de 12 kN sobre el material. Cada tornillo único de rosca cuadrada tiene un diámetro medio de 25 mm y un paso de 7.5 mm. El coeficiente de fricción estática en todas las superficies de contacto de las cuñas es $\mu_s = 0.2$ y el coeficiente de fricción estática en el tornillo es $\mu_s' = 0.15$.

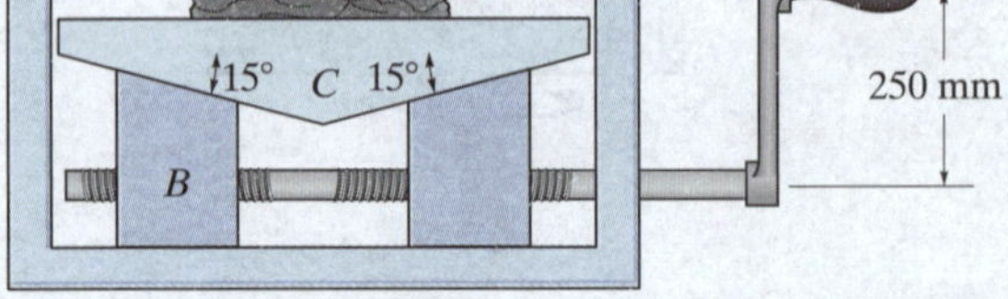

Probs. 8-81/82

8

8.5 Fuerzas de fricción sobre bandas planas

Cuando se diseñan bandas impulsoras o de frenado, es necesario determinar las fuerzas de fricción desarrolladas entre la banda y su superficie de contacto. En esta sección analizaremos las fuerzas de fricción que actúan sobre una banda plana, aunque el análisis de otros tipos de bandas, como la banda V, se basa en principios semejantes.

Considere la banda plana que se ilustra en la figura 8-18*a*, la cual pasa sobre una superficie curva fija, de manera que el ángulo total de contacto entre la banda y la superficie es β en radianes, y el coeficiente de fricción entre ambas superficies es μ. Queremos determinar la tensión T_2 que es necesaria en la banda para tirar de ella en sentido antihorario sobre la superficie, y así vencer las fuerzas de fricción en la superficie de contacto y la tensión T_1 en el otro extremo de la banda. Evidentemente, $T_2 > T_1$.

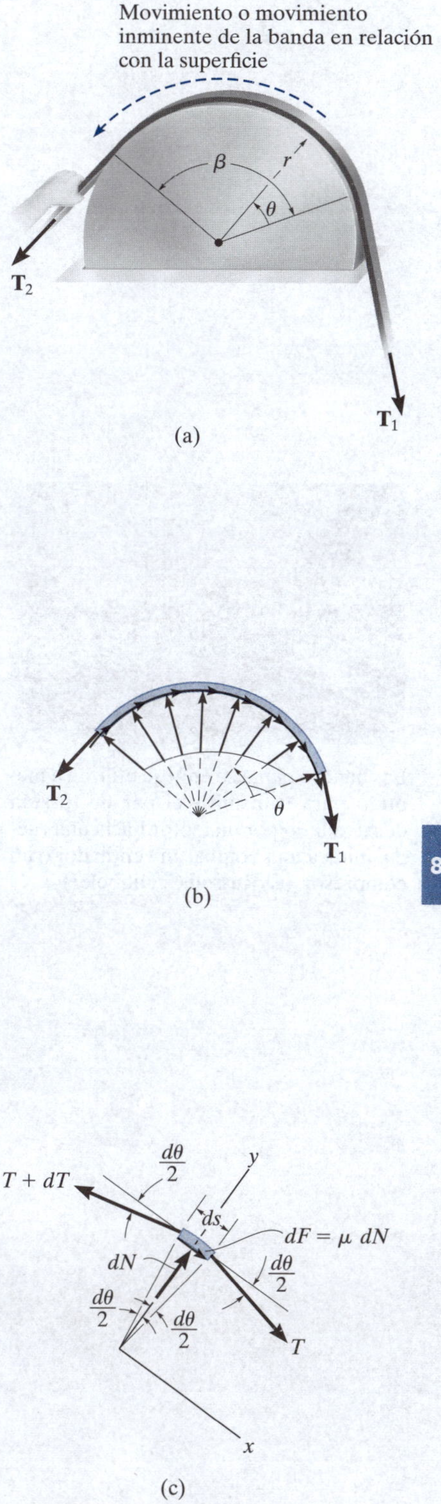

Fig. 8-18

Análisis de fricción. En la figura 8-18*b* se muestra un diagrama de cuerpo libre del segmento de banda que está en contacto con la superficie. Como se indica, la fuerza normal y las fuerzas de fricción, que actúan en puntos diferentes a lo largo de la banda, variarán en magnitud y dirección. Debido a esta distribución *desconocida*, el análisis del problema requerirá primero un estudio de las fuerzas que actúan sobre un elemento diferencial de la banda.

En la figura 8-18*c* se muestra un diagrama de cuerpo libre de un elemento con longitud ds. Si se supone movimiento inminente o movimiento de la banda, la magnitud de la fuerza de fricción es $dF = \mu\, dN$. Esta fuerza se opone al movimiento deslizante de la banda, de modo que aumenta la magnitud de la fuerza de tensión que actúa en la banda mediante dT. Al aplicar las dos ecuaciones de equilibrio de fuerzas, tenemos

$$\searrow + \Sigma F_x = 0; \qquad T\cos\left(\frac{d\theta}{2}\right) + \mu\, dN - (T + dT)\cos\left(\frac{d\theta}{2}\right) = 0$$

$$+\nearrow \Sigma F_y = 0; \qquad dN - (T + dT)\,\mathrm{sen}\left(\frac{d\theta}{2}\right) - T\,\mathrm{sen}\left(\frac{d\theta}{2}\right) = 0$$

Como $d\theta$ es de *tamaño infinitesimal*, $\mathrm{sen}(d\theta/2) = d\theta/2$ y $\cos(d\theta/2) = 1$. Además, el *producto* de las dos infinitesimales dT y $d\theta/2$ puede ignorarse al compararlo con infinitesimales de primer orden. Como resultado, las dos ecuaciones anteriores se convierten en

$$\mu\, dN = dT$$

y

$$dN = T\, d\theta$$

Al eliminar dN resulta

$$\frac{dT}{T} = \mu\, d\theta$$

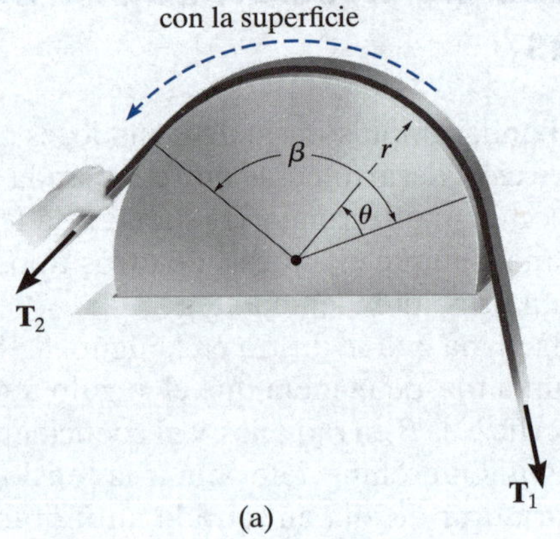

(a)

Fig. 8-18 (Reiterada)

Las bandas planas o en V se utilizan a menudo para transmitir el par de torsión desarrollado por un motor hacia una rueda unida a una bomba, un ventilador o un compresor. (© Russell C. Hibbeler)

8

Al integrar esta ecuación entre todos los puntos de contacto de la banda con el tambor, y al observar que $T = T_1$ en $\theta = 0$ y $T = T_2$ en $\theta = \beta$, resulta

$$\int_{T_1}^{T_2} \frac{dT}{T} = \mu \int_0^{\beta} d\theta$$

$$\ln \frac{T_2}{T_1} = \mu\beta$$

Al despejar T_2, obtenemos

$$\boxed{T_2 = T_1 e^{\mu\beta}} \qquad (8\text{-}6)$$

donde

T_2, T_1 = tensiones en la banda; T_1 se opone a la dirección del movimiento (o movimiento inminente) de la banda medido en relación con la superficie, mientras que T_2 actúa en la dirección del movimiento (o movimiento inminente) relativo de la banda; debido a la fricción, $T_2 > T_1$

μ = coeficiente de fricción estática o cinética entre la banda y la superficie de contacto

β = ángulo entre la banda y la superficie de contacto, medido en radianes

e = 2.718. . . , base del logaritmo natural

Observe que T_2 es *independiente* del *radio* del tambor y que más bien es una función del ángulo entre la banda y la superficie de contacto, β. Como resultado, esta ecuación es válida para bandas planas que pasan sobre cualquier superficie de contacto curva.

EJEMPLO 8.8

La tensión máxima que puede desarrollarse en la cuerda que se muestra en la figura 8-19*a* es de 500 N. Si la polea en *A* puede girar libremente y el coeficiente de fricción estática en los tambores fijos *B* y *C* es $\mu_s = 0.25$, determine la mayor masa que puede tener el cilindro y aún ser levantado por la cuerda.

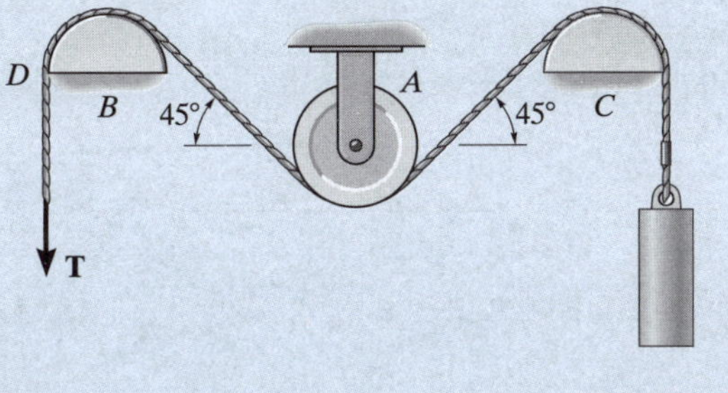

(a)

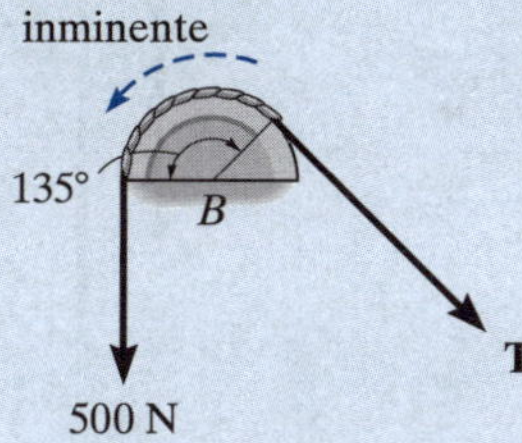

(b)

SOLUCIÓN

Levantar el cilindro, que tiene un peso $W = mg$, ocasiona que la cuerda se mueva en sentido antihorario sobre los tambores localizados en *B* y *C*; por lo tanto, la tensión máxima T_2 en la cuerda ocurre en *D*. Así, $F = T_2 = 500$ N. Una sección de la cuerda que pasa sobre el tambor en *B* se muestra en la figura 8-19*b*. Como $180° = \pi$ rad, el ángulo de contacto entre el tambor y la cuerda es $\beta = (135°/180°)\pi = 3\pi/4$ rad. Si usamos la ecuación 8-6, tenemos

$$T_2 = T_1 e^{\mu_s \beta}; \qquad 500 \text{ N} = T_1 e^{0.25[(3/4)\pi]}$$

Por consiguiente,

$$T_1 = \frac{500 \text{ N}}{e^{0.25[(3/4)\pi]}} = \frac{500 \text{ N}}{1.80} = 277.4 \text{ N}$$

Como la polea en A puede girar libremente, el equilibrio requiere que la tensión en la cuerda permanezca *igual* en ambos lados de la polea.

La sección de la cuerda que pasa sobre el tambor en *C* se muestra en la figura 8-19*c*. El peso $W < 277.4$ N. ¿Por qué? Al aplicar la ecuación 8-6, obtenemos

$$T_2 = T_1 e^{\mu_s \beta}; \qquad 277.4 \text{ N} = W e^{0.25[(3/4)\pi]}$$
$$W = 153.9 \text{ N}$$

de modo que

$$m = \frac{W}{g} = \frac{153.9 \text{ N}}{9.81 \text{ m/s}^2}$$
$$= 15.7 \text{ kg}$$

Resp.

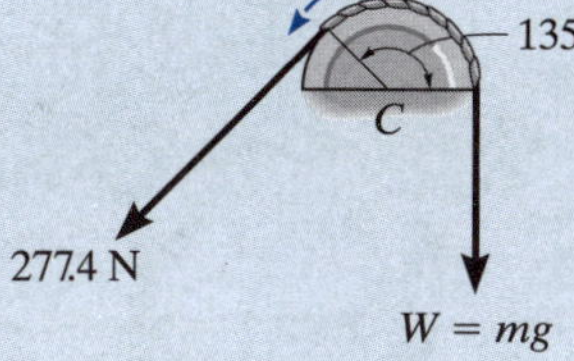

(c)

Fig. 8-19

PROBLEMAS

8-83. La cuerda que se enrolla sobre el tubo sostendrá un cilindro con masa de 250 kg. Determine la menor fuerza vertical **F** que se requiere para soportar la carga, si la cuerda pasa (*a*) una vez sobre el tubo, $\beta = 180°$, y (*b*) dos veces sobre el tubo, $\beta = 540°$. Considere que $\mu_s = 0.2$.

***8-84.** La cuerda que se enrolla sobre el tubo sostendrá un cilindro con masa de 250 kg. Determine la mayor fuerza vertical **F** que puede aplicarse a la cuerda sin que el cilindro se mueva. La cuerda pasa (*a*) una vez sobre el tubo, $\beta = 180°$, y (*b*) dos veces sobre el tubo, $\beta = 540°$. Considere que $\mu_s = 0.2$.

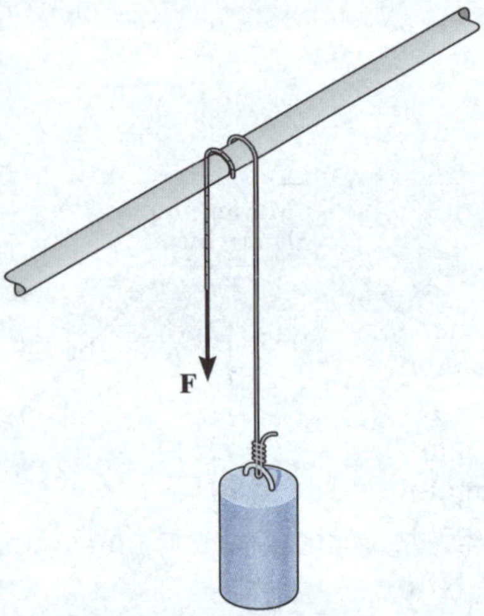

Probs. 8-83/84

8-85. Un granjero de 180 lb intenta evitar que la vaca escape al enrollar la cuerda dos vueltas alrededor del tronco del árbol, como se ilustra en la figura. Si la vaca ejerce una fuerza de 250 lb sobre la cuerda, determine si el granjero puede detener de manera exitosa a la vaca. El coeficiente de fricción estática entre la cuerda y el tronco es $\mu_s = 0.15$ y entre los zapatos del granjero y el suelo $\mu_s' = 0.3$.

Prob. 8-85

8-86. El niño de 100 lb ubicado en *A* está suspendido del cable que pasa sobre la saliente rocosa con forma de un cuarto de círculo. Determine si es posible que la mujer de 185 lb lo suba; y si esto es posible, ¿cuál es la menor fuerza que ella debe ejercer sobre el cable horizontal? El coeficiente de fricción estática entre el cable y la roca es $\mu_s = 0.2$ y entre los zapatos de la mujer y el suelo es $\mu_s' = 0.8$.

Prob. 8-86

8-87. El niño de 100 lb ubicado en *A* está suspendido del cable que pasa sobre la saliente rocosa con forma de un cuarto de círculo. ¿Cuál es la fuerza horizontal que debe ejercer la mujer en *A* sobre el cable para que el niño descienda a velocidad constante? Los coeficientes de fricción estática y de fricción cinética entre el cable y la roca son $\mu_s = 0.4$ y $\mu_k = 0.35$, respectivamente.

Prob. 8-87

***8-88.** El tubo de concreto uniforme tiene un peso de 800 lb y se descarga lentamente desde la plataforma del camión usando la cuerda y las rampas mostradas. Si el coeficiente de fricción cinética entre la cuerda y el tubo es $\mu_k = 0.3$, determine la fuerza que debe ejercer el trabajador sobre la cuerda para bajar el tubo a una velocidad constante. Hay una polea en B, y el tubo no se desliza sobre las rampas. La parte inferior de la cuerda es paralela a las rampas.

Prob. 8-88

8-89. Un cable está conectado a la placa B de 20 kg, pasa sobre una clavija fija en C, y se une al bloque en A. Use los coeficientes de fricción estática mostrados, determine la masa más pequeña del bloque A, tal que se evite un movimiento deslizante de B hacia abajo sobre el plano.

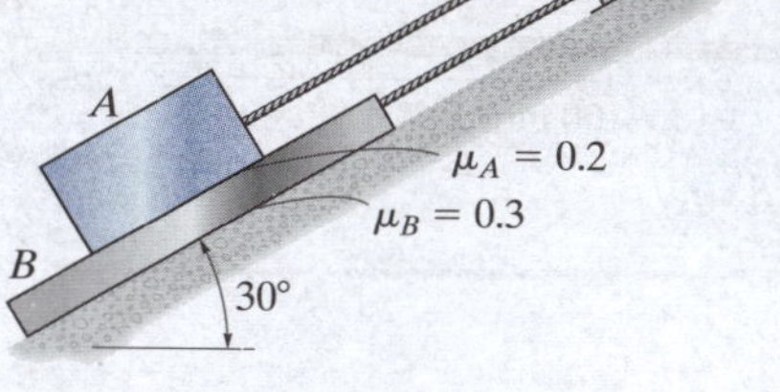

Prob. 8-89

8-90. La viga lisa se está levantando con una cuerda que se enrolla alrededor de la viga y pasa a través de un anillo en A, como se indica en la figura. Si el extremo de la cuerda se somete a una tensión **T** y el coeficiente de fricción estática entre la cuerda y el anillo es $\mu_s = 0.3$, determine el ángulo menor de θ que se requiere para el equilibrio.

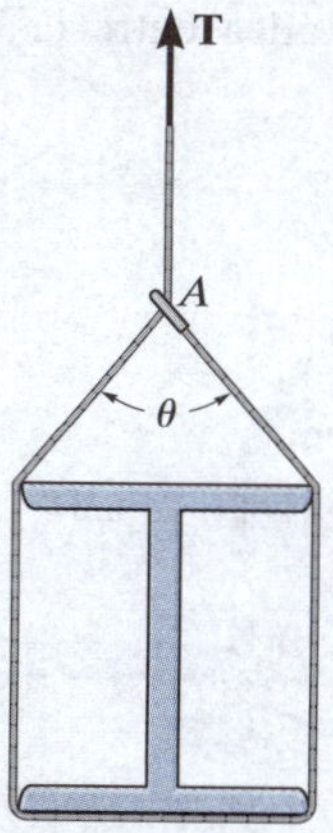

Prob. 8-90

8-91. El bote tiene un peso de 500 lb y se mantiene en posición a un lado del barco mediante los pescantes situados en A y B. Un hombre con peso de 130 lb, y que está de pie en el bote, enrolla una cuerda alrededor de un aguilón situado en lo alto en el punto C y lo une a los extremos del bote como se muestra. Si el bote se desconecta de los pescantes, determine el *número mínimo de medias vueltas* que la cuerda debe tener alrededor del aguilón, para que el bote pueda bajarse con seguridad al agua a velocidad constante. Además, ¿cuál es la fuerza normal entre el bote y el hombre? El coeficiente de fricción cinética entre la cuerda y el aguilón es $\mu_s = 0.15$. *Sugerencia*: El problema requiere que la fuerza normal entre los pies del hombre y el bote sea lo más pequeña posible.

Prob. 8-91

***8-92.** Determine la fuerza P que debe aplicarse en el mango de la palanca para que la rueda esté a punto de girar, si $M = 300$ N · m. El coeficiente de fricción estática entre la banda y la rueda es $\mu_s = 0.3$.

8-93. Si se aplica una fuerza de $P = 30$ N al mango de la palanca, determine el máximo momento de par **M** que puede resistirse de modo que la rueda no gire. El coeficiente de fricción estática entre la banda y la rueda es $\mu_s = 0.3$.

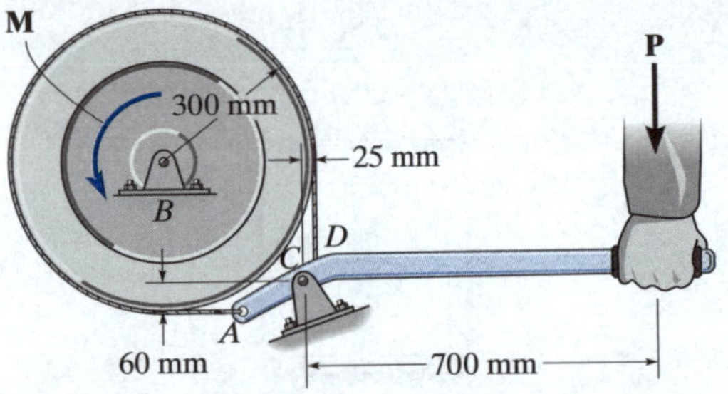

Probs. 8-92/93

***8-96.** Determine los valores máximo y mínimo del peso W que pueden aplicarse sin que el bloque de 50 lb se deslice. El coeficiente de fricción estática entre el bloque y el plano es $\mu_s = 0.2$, y entre la cuerda y el tambor D es $\mu_s' = 0.3$.

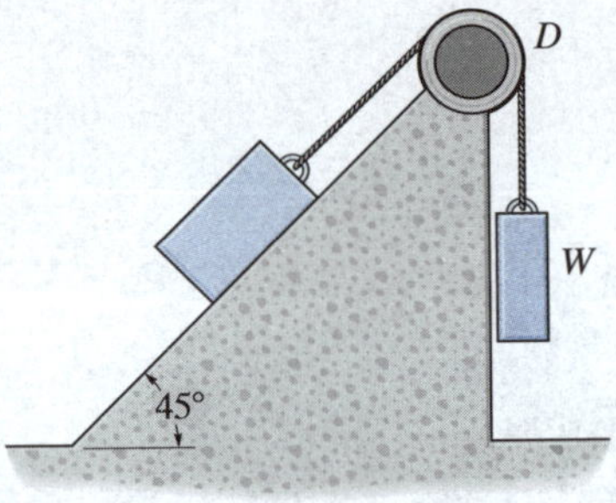

Prob. 8-96

8-94. Se requiere una fuerza mínima de $P = 50$ lb para evitar que el cilindro se deslice contra la banda y la pared. Determine el peso del cilindro, si el coeficiente de fricción entre la banda y el cilindro es $\mu_s = 0.3$ y no se produce deslizamiento en la pared.

8-95. El cilindro pesa 10 lb y se mantiene en equilibrio mediante la banda y la pared. Si no se produce deslizamiento en la pared, determine la fuerza vertical P mínima que debe aplicarse a la banda para lograr el equilibrio. El coeficiente de fricción estática entre la banda y el cilindro es $\mu_s = 0.25$.

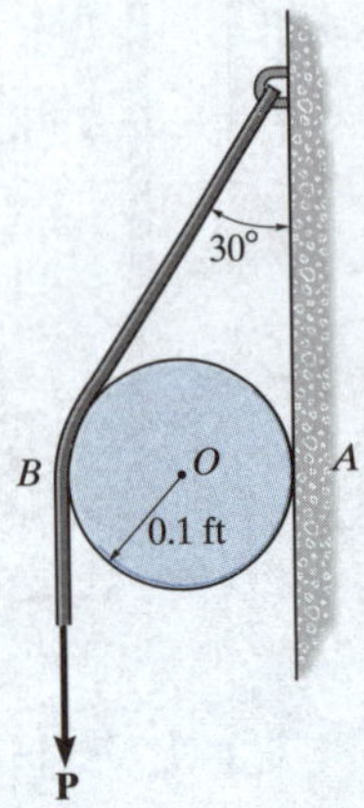

Probs. 8-94/95

8-97. El material granular, que tiene una densidad de 1.5 Mg/m^3, se transporta sobre una banda que se desliza encima de la superficie fija, que tiene un coeficiente de fricción cinética de $\mu_k = 0.3$. La operación de la banda es proporcionada por un motor que suministra un par de torsión **M** a la rueda A. La rueda en B puede girar libremente, y el coeficiente de fricción estática entre la rueda en A y la banda es $\mu_A = 0.4$. Si la banda se somete a una pretensión de 300 N cuando no hay carga sobre ella, determine el mayor volumen V de material que se permite sobre la banda en cualquier momento, sin ocasionar que ésta se detenga. ¿Cuál es el par de torsión **M** requerido para impulsar la banda cuando está sometida a esa carga máxima?

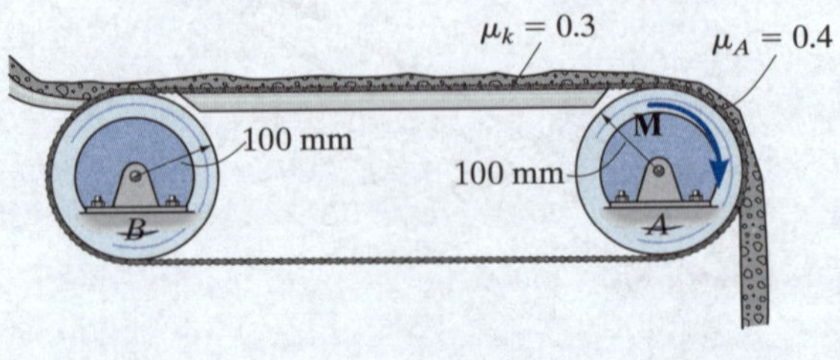

Prob. 8-97

8

8-98. Demuestre que la relación de fricción entre las tensiones en la banda, el coeficiente de fricción m y los contactos angulares a y β para la banda en V es $T_2 = T_1 e^{\mu\beta/\text{sen}(a/2)}$.

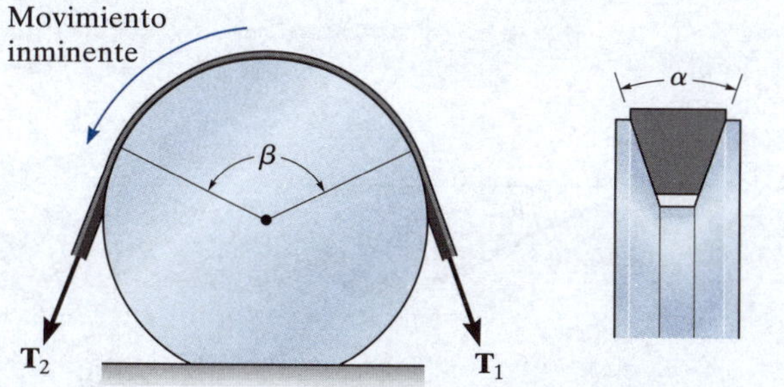

Prob. 8-98

***8-100.** Los bloques A y B tienen una masa de 7 y 10 kg, respectivamente. Utilice los coeficientes de fricción estática indicados para determinar la mayor fuerza vertical P que se puede aplicar al cordón sin causar movimiento.

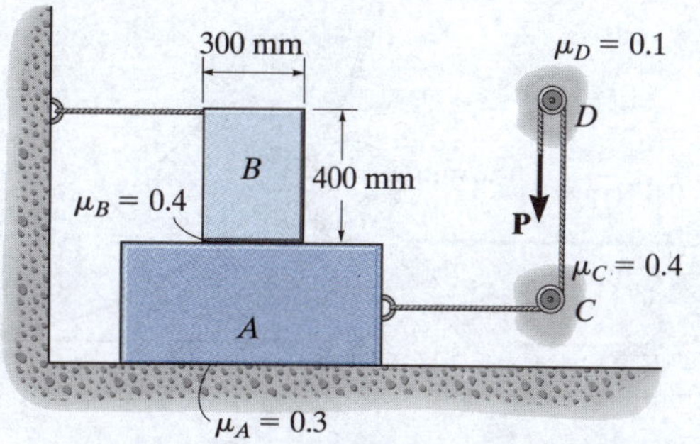

Prob. 8-100

8-99. La rueda se somete a un par de torsión de $M = 50$ N · m. Si el coeficiente de fricción cinética entre el freno de banda y el aro de la rueda es $\mu_k = 0.3$, determine la menor fuerza horizontal P que debe aplicarse a la palanca para detener la rueda.

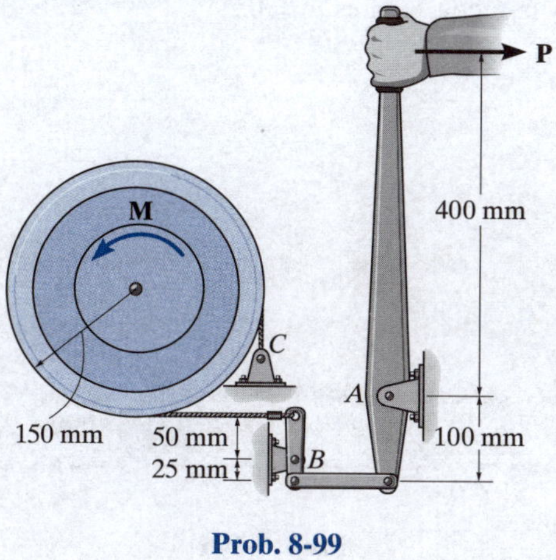

Prob. 8-99

8-101. La barra uniforme AB se sostiene mediante una cuerda que pasa por una polea sin fricción en C y una clavija fija en D. Si el coeficiente de fricción estática entre la cuerda y la clavija es $\mu_D = 0.3$, determine la menor distancia x desde el extremo de la barra a la que se puede colocar una fuerza de 20 N sin ocasionar que la barra se mueva.

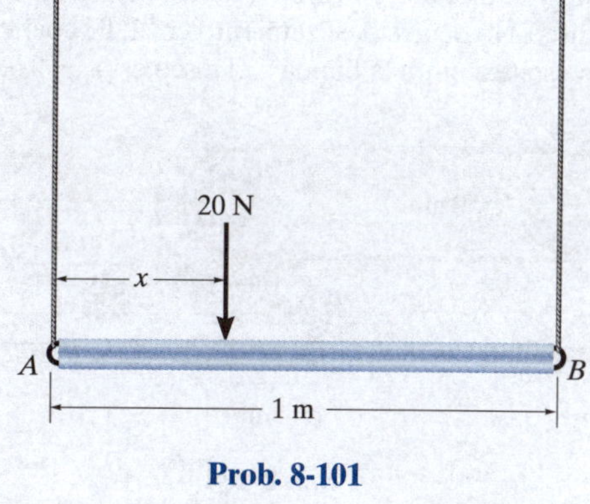

Prob. 8-101

8

8-102. La banda sobre la secadora portátil se enrolla alrededor del tambor D, la polea loca A y la polea motriz B. Si el motor puede desarrollar un par de torsión máximo de $M = 0.80 \text{ N} \cdot \text{m}$, determine la menor tensión del resorte requerida para evitar que la banda se deslice. El coeficiente de fricción estática entre la banda y el tambor y la polea motriz es $\mu_s = 0.3$.

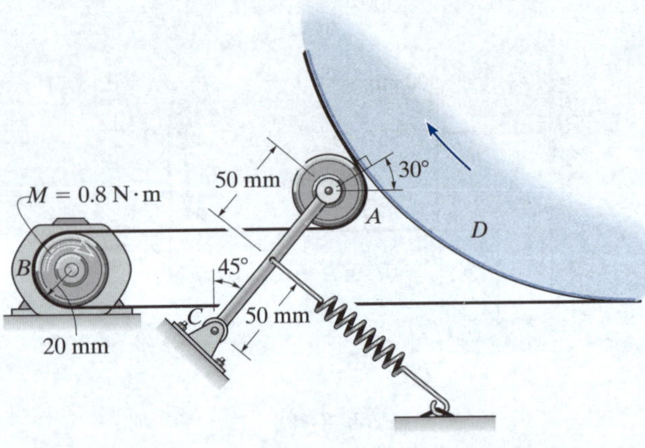

Prob. 8-102

8-103. Los bloques A y B pesan 50 lb y 30 lb, respectivamente. Con los coeficientes de fricción estática indicados, determine el mayor peso del bloque D que no genera movimiento.

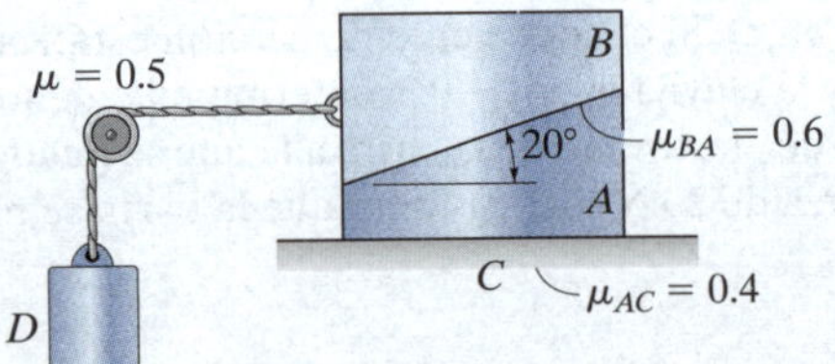

Prob. 8-103

***8-104.** El motor de 20 kg tiene un centro de gravedad en G y está conectado mediante un pasador en C para mantener una tensión en la banda de transmisión. Determine el giro en sentido antihorario o el par de torsión **M** más pequeño que debe ser suministrado por el motor para girar el disco B, si la rueda A se bloquea y ocasiona que la banda se deslice sobre el disco. No ocurre deslizamiento en A. El coeficiente de fricción estática entre la banda y el disco es $\mu_s = 0.3$.

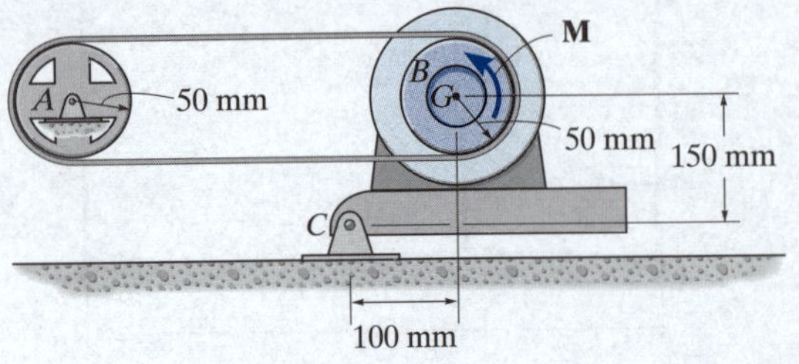

Prob. 8-104

8-105. Un cilindro D de 10 kg, que está unido a una pequeña polea B, se coloca sobre la cuerda de la manera indicada. Determine los ángulos θ más grandes tales que el cable no se deslice sobre la clavija en C. El cilindro en E también tiene una masa de 10 kg, y el coeficiente de fricción estática entre la cuerda y la clavija es $\mu_s = 0.1$.

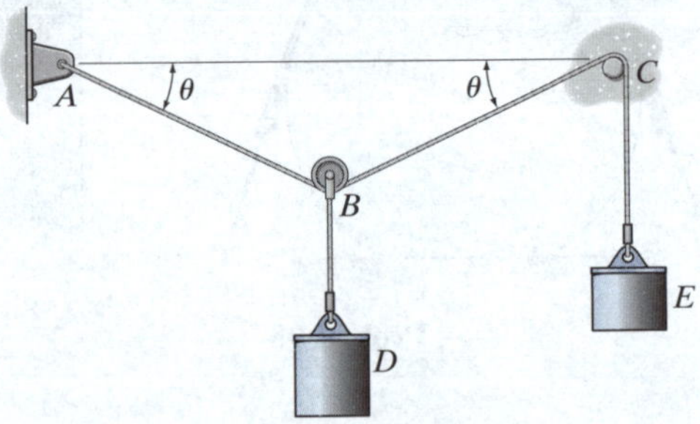

Prob. 8-105

8-106. Una banda transportadora se utiliza para transferir material granular y la resistencia de fricción en la parte superior de la banda es $F = 500$ N. Determine el menor estiramiento del resorte unido al eje móvil de la polea loca B, tal que la banda no se deslice en la polea impulsora A cuando se aplica el par de torsión **M**. ¿Cuál es el par de torsión **M** mínimo requerido para mantener la banda en movimiento? El coeficiente de fricción estática entre la banda y la rueda en A es $\mu_s = 0.2$.

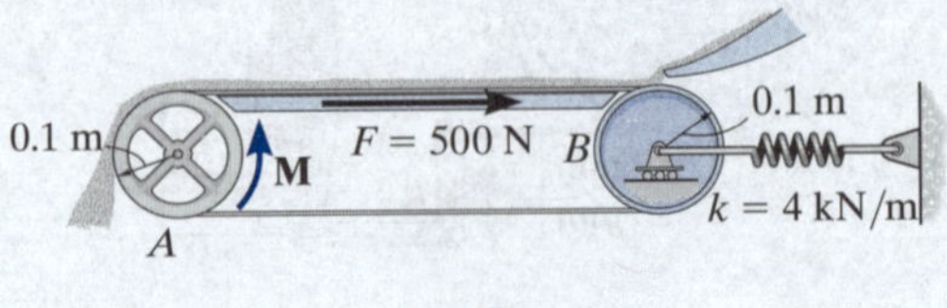

Prob. 8-106

*8.6 Fuerzas de fricción en chumaceras de collarín, chumaceras de pivote y discos

Las ***chumaceras de pivote*** y ***de collarín*** se usan comúnmente en máquinas para soportar una *carga axial* sobre una flecha en rotación. En la figura 8-20 se muestran ejemplos típicos. Siempre que las chumaceras no estén lubricadas o cuando lo estén sólo parcialmente, pueden aplicarse las leyes de la fricción seca para determinar el momento necesario para girar la flecha cuando ésta soporte una fuerza axial.

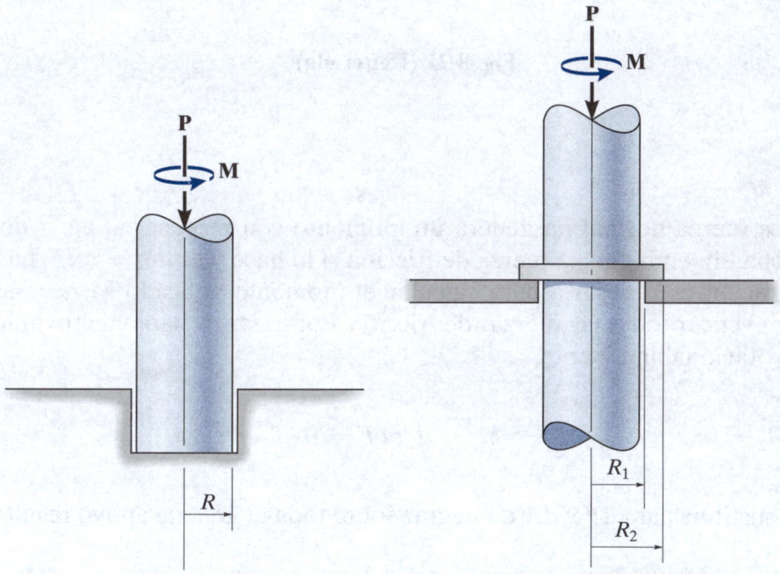

Chumacera de pivote
(a)

Chumacera de collarín
(b)

Fig. 8-20

Análisis de fricción.

La chumacera de collarín que se utiliza en la flecha de la figura 8-21 está sometida a una fuerza axial **P** y tiene un área total de contacto o de apoyo $\pi(R_2^2 - R_1^2)$. Siempre que la chumacera sea nueva y esté soportada uniformemente, la presión normal p sobre la chumacera estará *uniformemente distribuida* sobre esta área. Como $\Sigma F_z = 0$, entonces p, medida como una fuerza por unidad de área, es $p = P/\pi(R_2^2 - R_1^2)$.

El momento necesario para causar una rotación inminente de la flecha puede determinarse a partir del equilibrio de momentos con respecto al eje z. Un elemento diferencial de área $dA = (r\,d\theta)(dr)$, ilustrado en la figura 8-21, está sometido a una fuerza normal $dN = p\,dA$ y a una fuerza de fricción asociada,

$$dF = \mu_s\,dN = \mu_s p\,dA = \frac{\mu_s P}{\pi(R_2^2 - R_1^2)}dA$$

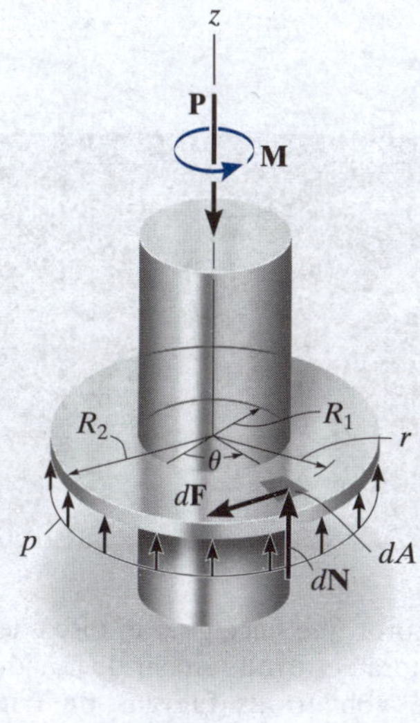

Fig. 8-21

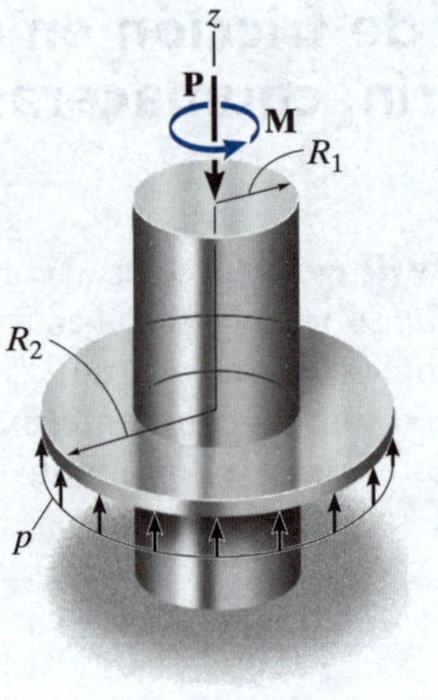

Fig. 8-21 (Reiterada)

La fuerza normal no genera un momento con respecto al eje z de la flecha; sin embargo, la fuerza de fricción sí lo hace y es $dM = r\,dF$. La integración es necesaria para calcular el momento aplicado **M** necesario para vencer todas las fuerzas de fricción. Por lo tanto, para un movimiento rotacional inminente,

$$\Sigma M_z = 0; \qquad M - \int_A r\,dF = 0$$

Al sustituir para dF y dA e integrar sobre toda el área de apoyo resulta

$$M = \int_{R_1}^{R_2}\int_0^{2\pi} r\left[\frac{\mu_s P}{\pi(R_2^2 - R_1^2)}\right](r\,d\theta\,dr) = \frac{\mu_s P}{\pi(R_2^2 - R_1^2)}\int_{R_1}^{R_2} r^2\,dr\int_0^{2\pi} d\theta$$

o bien,

$$M = \frac{2}{3}\mu_s P\left(\frac{R_2^3 - R_1^3}{R_2^2 - R_1^2}\right) \qquad (8\text{-}7)$$

El motor que hace girar el disco de esta pulidora desarrolla un par de torsión que debe vencer las fuerzas de fricción que actúan sobre el disco. (© Russell C. Hibbeler)

El momento desarrollado en el extremo de la flecha, al *girar* ésta con rapidez constante, puede encontrarse al sustituir μ_k por μ_s en la ecuación 8.7.

En el caso de una chumacera de pivote (fig. 8-20*a*), entonces $R_2 = R$ y $R_1 = 0$, y la ecuación 8-7 se reduce a

$$M = \frac{2}{3}\mu_s PR \qquad (8\text{-}8)$$

Recuerde que tanto la ecuación 8-7 como la 8-8 se aplican sólo a superficies de apoyo sometidas a *presión constante*. Si la presión no es uniforme, debe determinarse una variación de la presión como una función del área de apoyo antes de integrar para obtener el momento. El siguiente ejemplo ilustra este concepto.

EJEMPLO 8.9

La barra uniforme que se muestra en la figura 8-22*a* tiene un peso de 4 lb. Si se supone que la presión normal que actúa en la superficie de contacto varía linealmente a lo largo de la longitud de la barra como se indica, determine el momento de par **M** requerido para girar la barra. Suponga que el ancho de la barra es insignificante en comparación con su longitud. El coeficiente de fricción estática es igual a $\mu_s = 0.3$

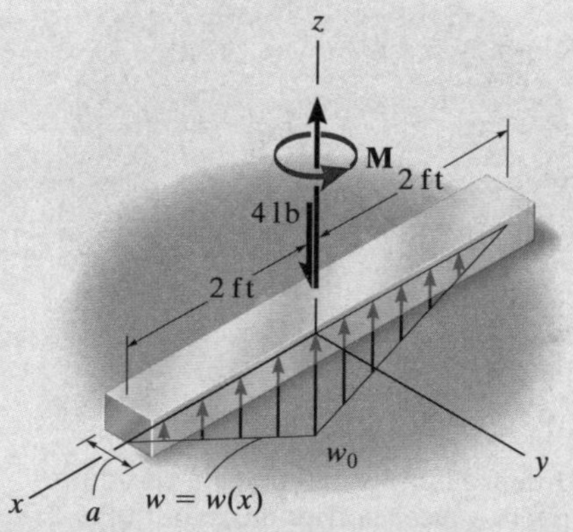

(a)

SOLUCIÓN

En la figura 8-22*b* se muestra un diagrama de cuerpo libre de la barra. La intensidad w_0 de la carga distribuida en el centro ($x = 0$) se determina a partir del equilibrio de fuerzas verticales (fig. 8-22*a*).

$$+\uparrow\Sigma F_z = 0; \qquad -4\text{ lb} + 2\left[\frac{1}{2}\left(2\text{ ft}\right)w_0\right] = 0 \qquad w_0 = 2\text{ lb/ft}$$

Como $w = 0$ en $x = 2$ ft, la carga distribuida expresada como una función de x es

$$w = (2\text{ lb/ft})\left(1 - \frac{x}{2\text{ ft}}\right) = 2 - x$$

La magnitud de la fuerza normal que actúa sobre un segmento diferencial de área con longitud dx es, entonces,

$$dN = w\,dx = (2 - x)dx$$

La magnitud de la fuerza de fricción que actúa sobre el mismo elemento del área es

$$dF = \mu_s\,dN = 0.3(2 - x)dx$$

Por lo tanto, el momento generado por esta fuerza con respecto al eje z es

$$dM = x\,dF = 0.3(2x - x^2)dx$$

La sumatoria de momentos con respecto al eje z de la barra se determina por integración, de donde se obtiene

$$\Sigma M_z = 0; \qquad M - 2\int_0^2 (0.3)(2x - x^2)\,dx = 0$$

$$M = 0.6\left(x^2 - \frac{x^3}{3}\right)\Big|_0^2$$

$$M = 0.8\text{ lb}\cdot\text{ft} \qquad \textit{Resp.}$$

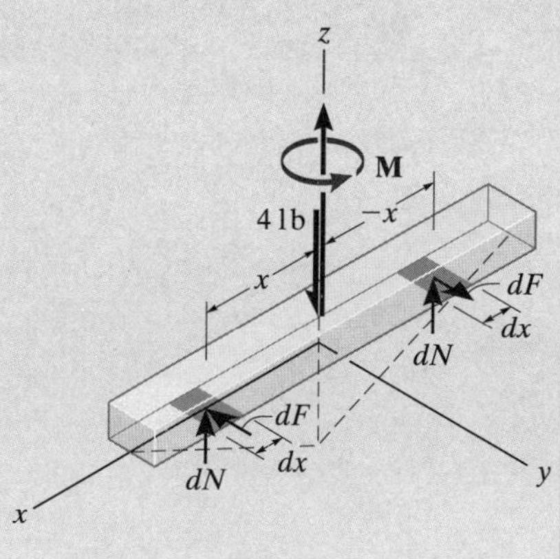

(b)

Fig. 8-22

8

Desenrollar el cable de este carrete requiere vencer la fricción de la flecha de soporte. (© Russell C. Hibbeler)

8.7 Fuerzas de fricción en chumaceras lisas

Cuando una flecha o un eje están sometidos a cargas laterales, comúnmente se emplea como soporte una ***chumacera lisa***. Si la chumacera no está lubricada, o lo está sólo en parte, un análisis razonable de la resistencia a la fricción puede basarse en las leyes de la fricción seca.

Análisis de fricción. En la figura 8-23*a* se muestra un soporte típico de chumacera lisa. Cuando la flecha gira, el punto de contacto se mueve hacia arriba sobre la pared de la chumacera, hasta algún punto A donde ocurre el deslizamiento. Si la carga vertical que actúa en el extremo de la flecha es **P**, entonces la fuerza de reacción de apoyo **R** que actúa en A será igual y opuesta a **P** (fig. 8-23*b*). El momento necesario para mantener la rotación constante de la flecha se puede encontrar sumando momentos con respecto al eje z de la flecha; es decir,

$$\Sigma M_z = 0; \qquad M - (R \operatorname{sen} \phi_k)r = 0$$

o bien,

$$M = Rr \operatorname{sen} \phi_k \tag{8-9}$$

donde ϕ_k es el ángulo de fricción cinética definido por tan $\phi_k = F/N = \mu_k N/N = \mu_k$. En la figura 8-23*c*, se observa que $r \operatorname{sen} \phi_k = r_f$. El círculo de líneas discontinuas y de radio r_f se llama ***círculo de fricción***, y conforme la flecha gira, la reacción **R** será siempre tangente a él. Si la chumacera está parcialmente lubricada, μ_k es pequeña y, por lo tanto, sen $\phi_k \approx \tan \phi_k \approx \mu_k$. En estas condiciones, una *aproximación* razonable al momento necesario para vencer la resistencia a la fricción se convierte en

$$M \approx Rr\mu_k \tag{8-10}$$

Observe que, para minimizar la fricción, el radio de apoyo r debería ser lo más pequeño posible. Sin embargo, en la práctica este tipo de chumacera lisa no es adecuado para servicio de larga duración, ya que la fricción entre la flecha y la chumacera desgastará las superficies en algún momento. En vez de esta chumacera, los diseñadores incorporan "chumaceras de bola" o "rodillos" para minimizar las pérdidas de fricción.

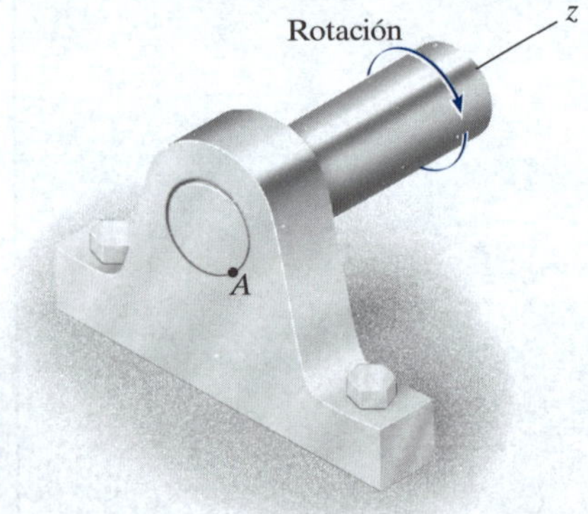

(a)

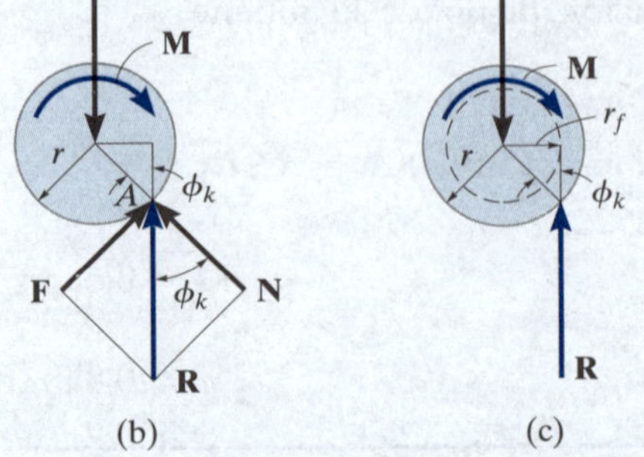

(b) (c)

Fig. 8-23

8

EJEMPLO 8.10

La polea de 100 mm de diámetro que se muestra en la figura 8-24*a* cabe holgadamente en una flecha de 10 mm de diámetro cuyo coeficiente de fricción estática es $\mu_s = 0.4$. Determine la tensión T mínima necesaria en la banda para (a) levantar el bloque de 100 kg y (b) bajar el bloque. Suponga que no ocurre deslizamiento entre la banda y la polea e ignore el peso de la polea.

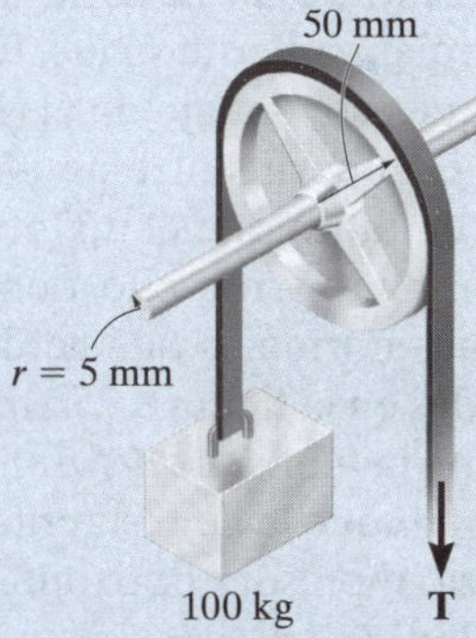

(a)

SOLUCIÓN

Parte (a). En la figura 8-24*b* se ilustra un diagrama de cuerpo libre de la polea. Cuando la polea está sometida a tensiones de la banda de 981 N cada una, hace contacto con la flecha localizada en el punto P_1. Conforme la tensión T se *incremente*, el punto de contacto se moverá alrededor de la flecha hasta el punto P_2 antes de que el movimiento sea inminente. Conforme a la figura, el círculo de fricción tiene un radio $r_f = r \text{ sen } \phi_s$. Con la simplificación $\text{sen } \phi_s \approx \tan \phi_s \approx \mu_s$, entonces $r_f \approx r\mu_s = (5 \text{ mm})(0.4) = 2 \text{ mm}$, por lo que al sumar momentos con respecto a P_2 se obtiene

$$\circlearrowleft + \Sigma M_{P_2} = 0; \qquad 981 \text{ N}(52 \text{ mm}) - T(48 \text{ mm}) = 0$$
$$T = 1063 \text{ N} = 1.06 \text{ kN} \qquad \textit{Resp.}$$

Si se usa un análisis más exacto, entonces $\phi_s = \tan^{-1} 0.4 = 21.8°$. Así, el radio del círculo de fricción sería $r_f = r \text{ sen } \phi_s = 5 \text{ sen } 21.8° = 1.86 \text{ mm}$. Por lo tanto,

$$\circlearrowleft + \Sigma M_{P_2} = 0;$$
$$981 \text{ N}(50 \text{ mm} + 1.86 \text{ mm}) - T(50 \text{ mm} - 1.86 \text{ mm}) = 0$$
$$T = 1057 \text{ N} = 1.06 \text{ kN} \qquad \textit{Resp.}$$

Parte (b). Cuando el bloque se baja, la fuerza resultante **R** que actúa sobre la flecha pasa por el punto que se muestra en la figura 8-24*c*. Al sumar momentos con respecto a este punto resulta

$$\circlearrowleft + \Sigma M_{P_3} = 0; \qquad 981 \text{ N}(48 \text{ mm}) - T(52 \text{ mm}) = 0$$
$$T = 906 \text{ N} \qquad \textit{Resp.}$$

NOTA: Si se usa el análisis aproximado, la diferencia entre subir y bajar el bloque es entonces 157 N.

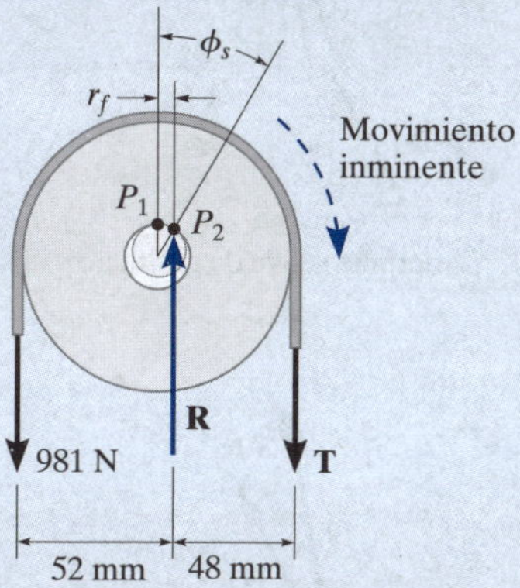

(b)

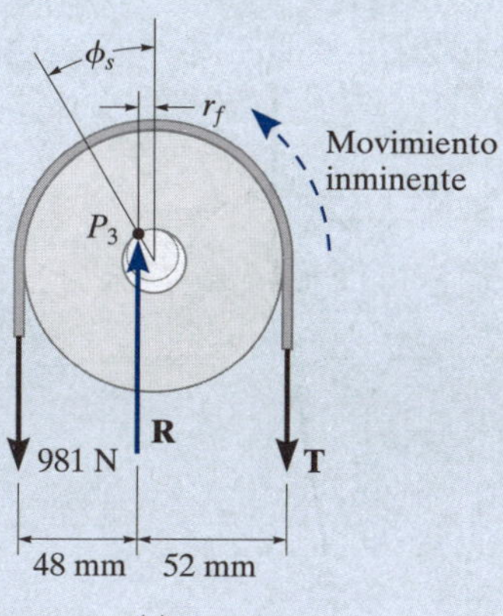

(c)

Fig. 8-24

*8.8 Resistencia al rodamiento

Cuando un cilindro *rígido* rueda a velocidad constante a lo largo de una superficie *rígida*, la fuerza normal ejercida en el cilindro por la superficie actúa perpendicularmente a la tangente en el punto de contacto, como se muestra en la figura 8-25*a*. Sin embargo, en la realidad no existen los materiales perfectamente rígidos y, por lo tanto, la reacción de la superficie en el cilindro consiste en una distribución de presión normal. Por ejemplo, considere que el cilindro está hecho de un material muy duro y que la superficie sobre la cual rueda es relativamente suave. Debido a su peso, el cilindro comprime la superficie que está debajo de él (fig. 8-25*b*). Cuando el cilindro rueda, el material de la superficie frente al cilindro *retarda* el movimiento, ya que se *deforma*; en tanto que el material en la parte posterior se *restaura* del estado deformado y, por ello, tiende a *empujar* al cilindro hacia delante. Las presiones normales que actúan de esta manera sobre el cilindro están representadas en la figura 8-25*b* mediante sus fuerzas resultantes $\mathbf{N}_d$ y $\mathbf{N}_r$. La magnitud de la fuerza de *deformación*, $\mathbf{N}_d$, y su componente horizontal es *siempre mayor* que la de restauración, $\mathbf{N}_r$, y en consecuencia se debe aplicar una fuerza impulsora horizontal **P** al cilindro para mantener el movimiento (fig. 8-25*b*).*

La resistencia al rodamiento está causada principalmente por este efecto, aunque es también, en menor grado, el resultado de la adhesión superficial y el microdeslizamiento relativo entre las superficies de contacto. Como la fuerza real **P** necesaria para vencer esos efectos es difícil de determinar, desarrollaremos aquí un método simplificado para explicar una manera en que los ingenieros han analizado el fenómeno. Para hacerlo, consideraremos la resultante de *toda* la presión normal, $\mathbf{N} = \mathbf{N}_d + \mathbf{N}_r$, que actúa sobre el cilindro (fig. 8-25*c*). Como se muestra en la figura 8-25*d*, esta fuerza actúa a un ángulo θ con la vertical. Para mantener el cilindro en equilibrio, esto es, que ruede con una rapidez constante, es necesario que **N** sea *concurrente* con la fuerza impulsora **P** y el peso **W**. Al sumar momentos con respecto al punto A se obtiene $Wa = P(r \cos \theta)$. Puesto que por lo general las deformaciones son muy pequeñas en relación con el radio del cilindro, $\cos \theta \approx 1$; por consiguiente,

$$\mathrm{Wa} \approx Pr$$

o bien,

$$P \approx \frac{Wa}{r} \qquad (8\text{-}11)$$

La distancia a se denomina ***coeficiente de resistencia al rodamiento***, la cual tiene la dimensión de longitud. Por ejemplo, $a \approx 0.5$ mm para una rueda que gira sobre un riel, ambos hechos de acero dulce. Para cojinetes

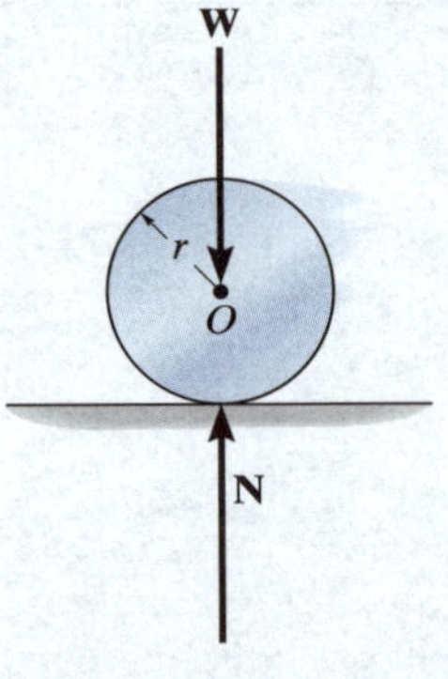

Superficie rígida de contacto

(a)

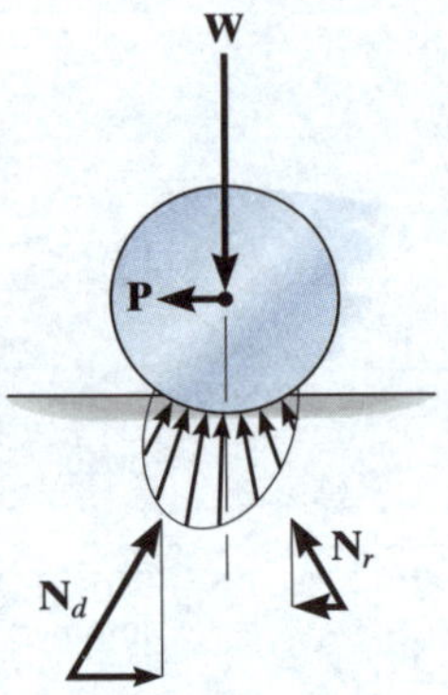

Superficie suave de contacto

(b)

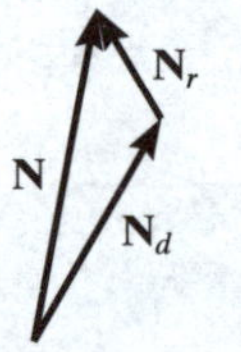

(c)

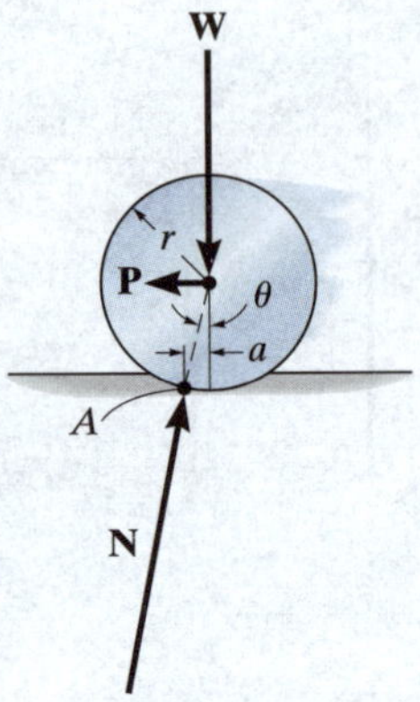

(d)

Fig. 8-25

*En realidad, la fuerza de deformación $\mathbf{N}_d$ ocasiona que se almacene *energía* en el material cuando su magnitud aumenta, mientras que la fuerza restauradora $\mathbf{N}_r$, cuando su magnitud disminuye, permite que se libere parte de esta energía. La energía restante se *pierde* ya que se usa para calentar la superficie, y si el peso del cilindro es muy grande, eso explica la deformación permanente de la superficie. Para compensar esta pérdida, la fuerza horizontal **P** debe realizar su trabajo.

de bolas de acero endurecido, $a \approx 0.1$ mm. Sin embargo, experimentalmente este factor resulta difícil de medir, ya que depende de parámetros como la velocidad de rotación del cilindro y las propiedades elásticas de las superficies de contacto, así como del acabado de la superficie. Por tal motivo, a los datos para la determinación de a se les concede poca confianza. De cualquier manera, el análisis presentado aquí indica por qué, en las mismas condiciones, una carga pesada (W) ofrece mayor resistencia al movimiento (P) que una carga ligera. Asimismo, como Wa/r es generalmente muy pequeña comparada con $\mu_k W$, la fuerza necesaria para hacer *rodar* el cilindro sobre la superficie será mucho menor que la requerida para *deslizarlo* sobre la misma superficie. Por esta razón a menudo se utilizan los rodillos o los cojinetes de bolas para minimizar la resistencia a la fricción entre partes móviles.

La resistencia al rodamiento de las ruedas de ferrocarril sobre los rieles es pequeña, ya que el acero es muy rígido. Por comparación, la resistencia al rodamiento de las ruedas de un tractor en un campo mojado es muy grande. (© Russell C. Hibbeler)

EJEMPLO 8.11

La rueda de acero de 10 kg que se muestra en la figura 8-26*a* tiene un radio de 100 mm y descansa sobre un plano inclinado hecho de madera suave. Si θ se incrementa de manera que la rueda comienza a girar hacia abajo con velocidad constante cuando $\theta = 1.2°$, determine el coeficiente de resistencia al rodamiento.

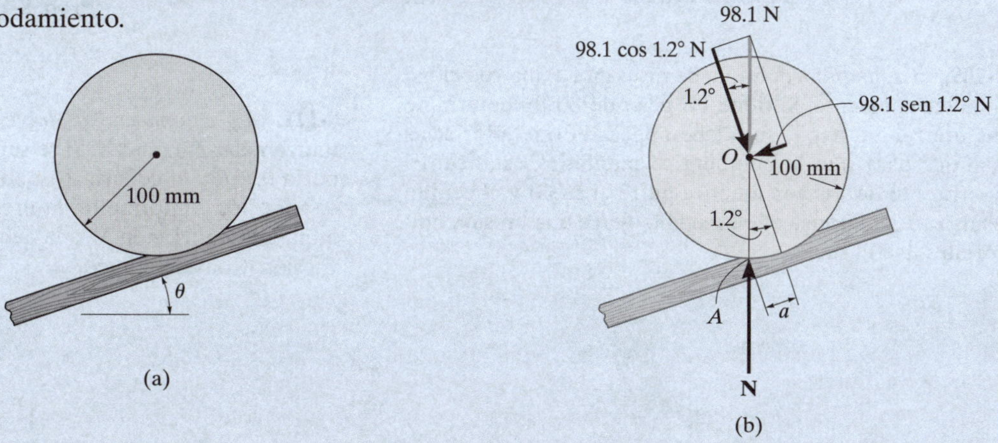

Fig. 8-26

SOLUCIÓN

Como se ilustra en el diagrama de cuerpo libre (fig. 8-26*b*), cuando la rueda está a punto de moverse, la reacción normal **N** actúa en el punto A definido por la dimensión a. Al resolver el peso en las componentes paralela y perpendicular al plano inclinado, y sumar momentos con respecto al punto A, se obtiene

$\circlearrowleft + \Sigma M_A = 0;$

$$-(98.1 \cos 1.2° \text{ N})(a) + (98.1 \text{ sen } 1.2° \text{ N})(100 \cos 1.2° \text{ mm}) = 0$$

Al despejar, obtenemos

$$a = 2.09 \text{ mm} \qquad \textit{Resp.}$$

PROBLEMAS

8-107. La chumacera de collarín soporta de manera uniforme una fuerza axial de $P = 5$ kN. Si el coeficiente de fricción estática es $\mu_s = 0.3$, determine el menor par de torsión M requerido para vencer la fricción.

***8-108.** La chumacera de collarín soporta de manera uniforme una fuerza axial de $P = 8$ kN. Si se aplica un par de torsión de $M = 200$ N · m a la flecha y la hace girar a velocidad constante, determine el coeficiente de fricción cinética en la superficie de contacto.

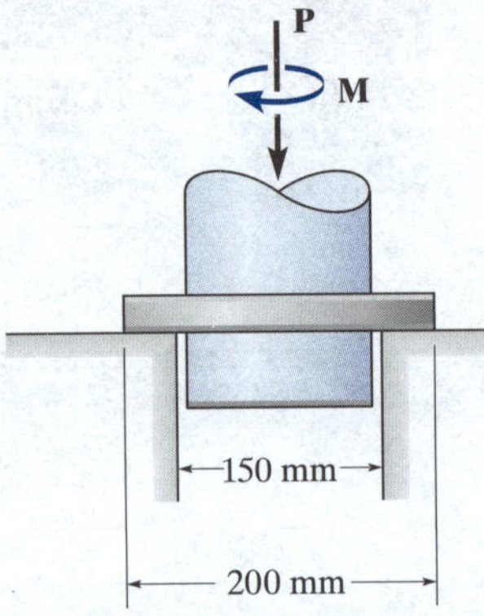

Probs. 8-107/108

8-110. La *chumacera de doble collarín* se somete a una fuerza axial $P = 4$ kN. Si se supone que el collarín A soporta $0.75P$ y el collarín B soporta $0.25P$, ambos con una distribución uniforme de la presión, determine el máximo momento de fricción M que puede ser resistido por la chumacera. Considere que $\mu_s = 0.2$ para ambos collarines.

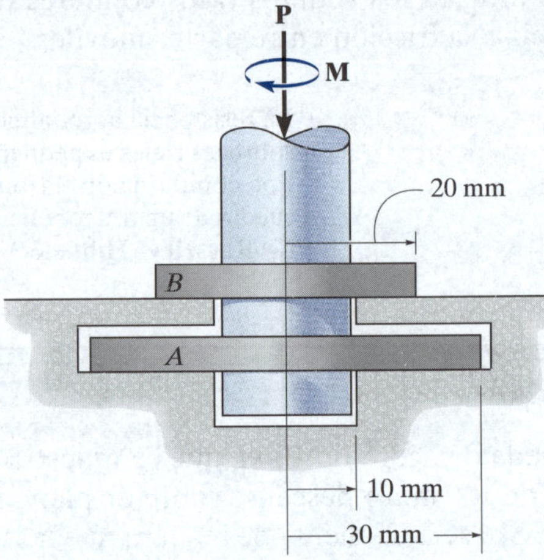

Prob. 8-110

8-109. La máquina pulidora de pisos gira a una velocidad angular constante. Si tiene un peso de 80 lb, determine las fuerzas de par F que debe aplicar el operador a las manijas para que la máquina se mantenga estática. El coeficiente de fricción cinética entre el suelo y el cepillo es $\mu_k = 0.3$. Suponga que el cepillo ejerce una presión uniforme sobre el suelo.

Prob. 8-109

8-111. La *chumacera de doble collarín* se somete a una fuerza axial $P = 16$ kN. Si se supone que el collarín A soporta $0.75P$ y el collarín B soporta $0.25P$, ambos con una distribución uniforme de la presión, determine el menor momento de fricción **M** que debe aplicarse para vencer la fricción. Considere que $\mu_s = 0.2$ para ambos collarines.

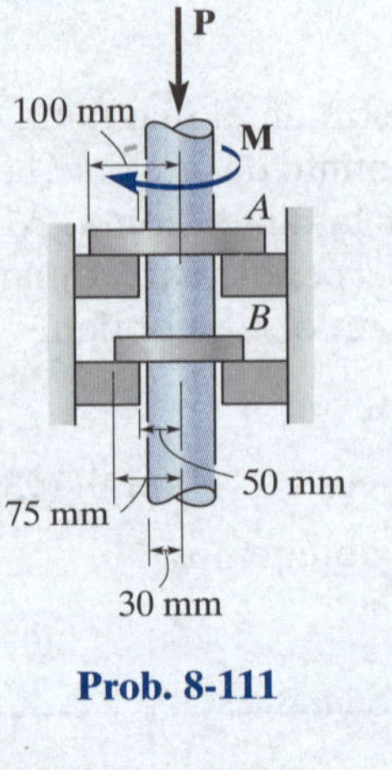

Prob. 8-111

***8-112.** La chumacera de pivote está sometida a una distribución de presión parabólica en su superficie de contacto, como se muestra en la figura. Si el coeficiente de fricción estática es m, determine el par de torsión M requerido para vencer la fricción, si la flecha soporta una fuerza axial **P**.

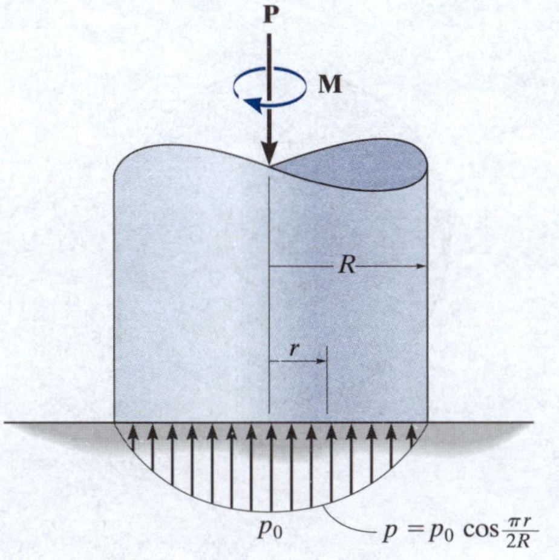

Prob. 8-112

8-113. La chumacera cónica está sometida a una distribución constante de presión en su superficie de contacto. Si el coeficiente de fricción estática es μ_s, determine el par de torsión M requerido para vencer la fricción si la flecha soporta una fuerza axial **P**.

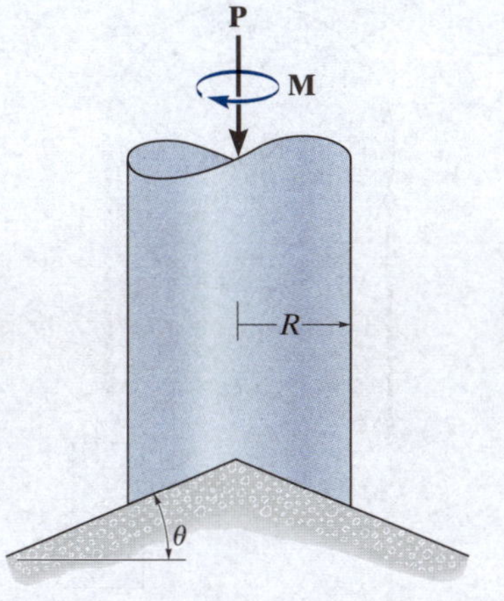

Prob. 8-113

8-114. El eje de 4 in de diámetro se mantiene en el orificio de tal manera que la presión normal que actúa alrededor del eje varía linealmente con su profundidad, como se muestra en la figura. Determine el momento de fricción que debe vencerse para girar el eje. Considere que $\mu_s = 0.2$.

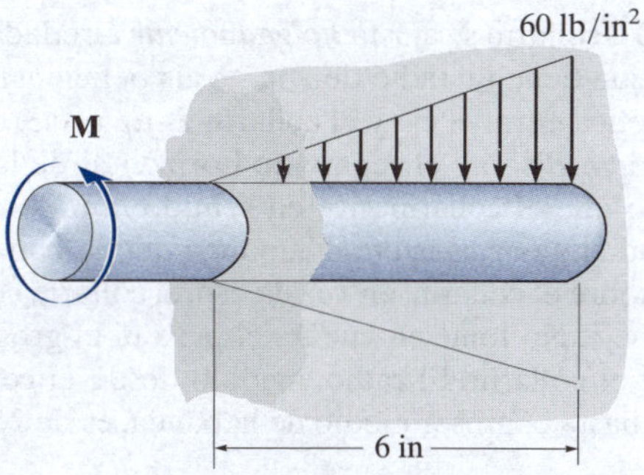

Prob. 8-114

8-115. El embrague de placa consiste en una placa plana A que se desliza sobre el eje giratorio S. El eje está fijo al engrane plano de transmisión B. Si el engrane C, que está acoplado a B, se somete a una torsión de $M = 0.8$ N · m, determine la fuerza más pequeña P que se debe aplicar a través del brazo de control, para detener la rotación. El coeficiente de fricción estática entre las placas A y D es $\mu_s = 0.4$. Suponga que la presión de apoyo entre A y D es uniforme.

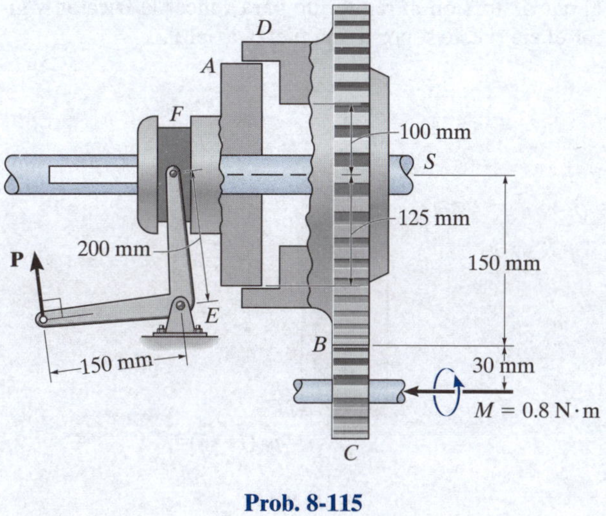

Prob. 8-115

***8-116.** El collarín se ajusta *holgadamente* alrededor de un eje fijo que tiene un radio de 2 in. Si el coeficiente de fricción cinética entre el eje y el collarín es $\mu_k = 0.3$, determine la fuerza P sobre el segmento horizontal de la banda, de modo que el collarín gire en sentido *antihorario* con una velocidad angular constante. Suponga que la banda no se desliza sobre el collarín; en vez de eso, el collarín se desliza sobre el eje. No tome en cuenta el peso ni el grosor de la banda y el collarín. El radio, medido desde el centro del collarín hasta el grosor medio de la banda, es de 2.25 in.

8-117. El collarín se ajusta *holgadamente* alrededor de un eje fijo que tiene un radio de 2 in. Si el coeficiente de fricción cinética entre el eje y el collarín es $\mu_k = 0.3$, determine la fuerza P sobre el segmento horizontal de la banda, de modo que el collarín gire en sentido *horario* con una velocidad angular constante. Suponga que la banda no se desliza sobre el collarín; en vez de eso, el collarín se desliza sobre el eje. No tome en cuenta el peso ni el grosor de la banda y el collarín. El radio, medido desde el centro del collarín hasta el grosor medio de la banda, es de 2.25 in.

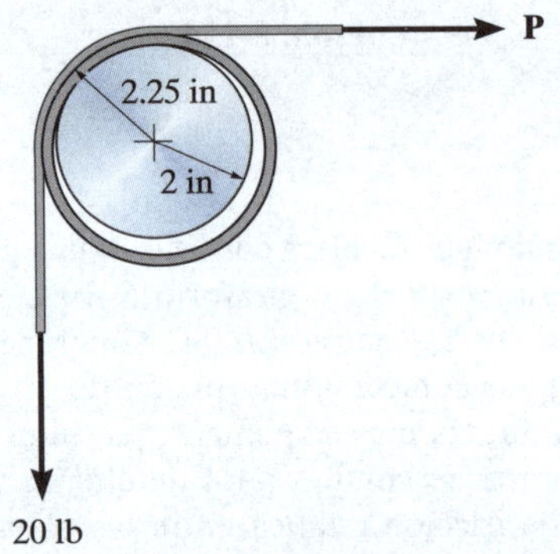

Probs. 8-116/117

8-118. La chumacera de pivote está sometida a una distribución parabólica de la presión en su superficie de contacto. Si el coeficiente de fricción estática es μ_k, determine el par de torsión M requerido para vencer la fricción y girar el eje si éste soporta una fuerza axial **P**.

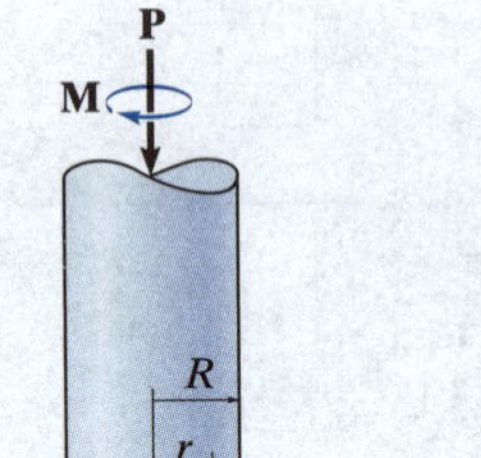

Prob. 8-118

8-119. Un disco que tiene un diámetro exterior de 120 mm se ajusta holgadamente sobre un eje fijo que tiene un diámetro de 30 mm. Si el coeficiente de fricción estática entre el disco y el eje es $\mu_s = 0.15$ y el disco tiene una masa de 50 kg, determine la menor fuerza vertical **F** que actúa sobre el borde y que debe aplicarse al disco para ocasionar que éste se deslice sobre el eje.

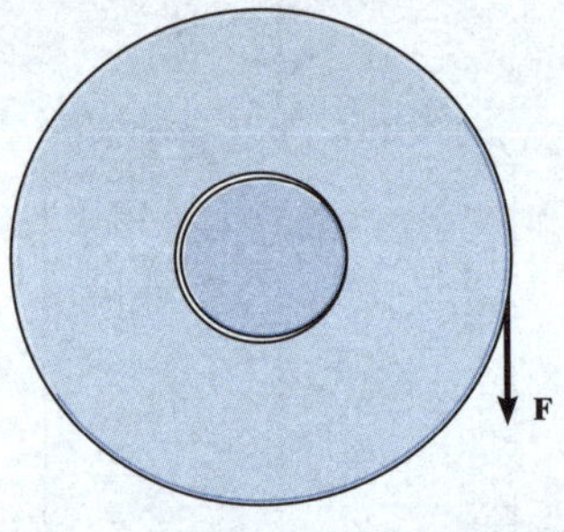

Prob. 8-119

***8-120.** La polea de 4 lb tiene un diámetro de 1 ft y el eje tiene un diámetro de 1 in. Si el coeficiente de fricción cinética entre el eje y la polea es $\mu_k = 0.20$, determine la fuerza vertical P sobre la cuerda requerida para levantar el bloque de 20 lb a velocidad constante.

8-121. Resuelva el problema 8-120 si la fuerza **P** se aplica horizontalmente hacia la izquierda.

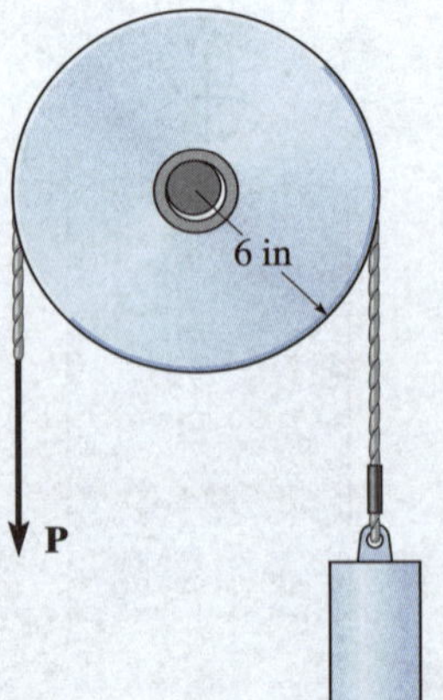

Probs. 8-120/121

8-122. Determine la tensión **T** en la banda necesaria para vencer la tensión de 200 lb creada en el otro lado. Además, ¿cuáles son las componentes de las fuerzas normal y de fricción desarrolladas en el casquillo del collarín? El coeficiente de fricción estática es $\mu_s = 0.21$.

8-123. Si se requiere una fuerza de tensión $T = 215$ lb para tirar de la fuerza de 200 lb alrededor del casquillo del collarín, determine el coeficiente de fricción estática en la superficie de contacto. La banda no se desliza sobre el collarín.

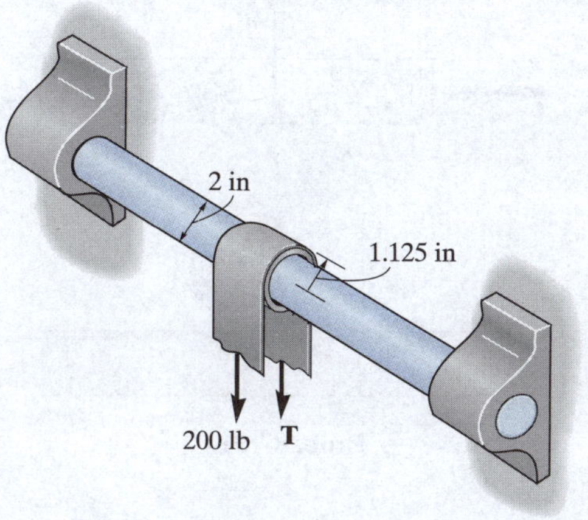

Probs. 8-122/123

***8-124.** El disco uniforme se ajusta holgadamente sobre un eje fijo que tiene un diámetro de 40 mm. Si el coeficiente de fricción estática entre el disco y el eje es $\mu_s = 0.15$, determine la fuerza P vertical más pequeña, que actúa sobre el borde y que debe aplicarse en el disco para ocasionar que se deslice sobre el eje. El disco tiene una masa de 20 kg.

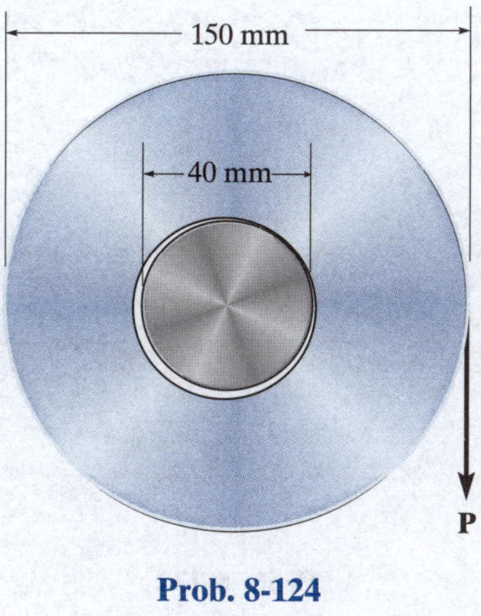

Prob. 8-124

8-125. La patineta de 5 kg rueda hacia abajo por la pendiente de 5° a velocidad constante. Si el coeficiente de fricción cinética entre los ejes de 12.5 mm de diámetro y las ruedas es $\mu_k = 0.3$, determine el radio de las ruedas. No tome en cuenta la resistencia al rodamiento de las ruedas sobre la superficie. El centro de masa de la patineta está en G.

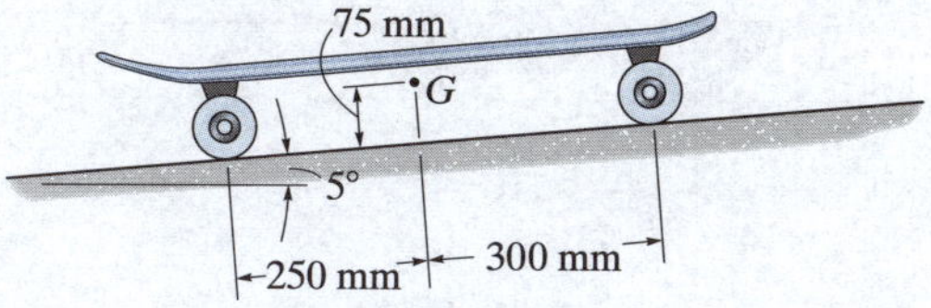

Prob. 8-125

8-126. La manivela de campana entra con holgura en un pasador de 0.5 in de diámetro. Determine la fuerza P requerida que baste para girar la manivela de campana en sentido horario. El coeficiente de fricción estática entre el pasador y la manivela de campana es $\mu_s = 0.3$.

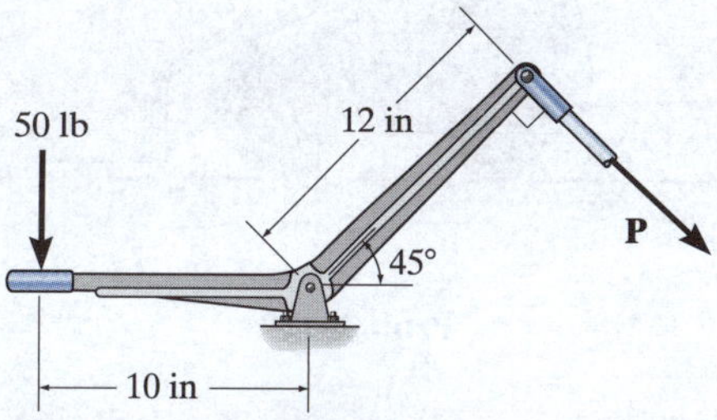

Prob. 8-126

8-127. La manivela de campana entra con holgura en un pasador de 0.5 in de diámetro. Si $P = 41$ lb, la manivela de campana está a punto girar en sentido antihorario. Determine el coeficiente de fricción estática entre el pasador y la manivela de campana.

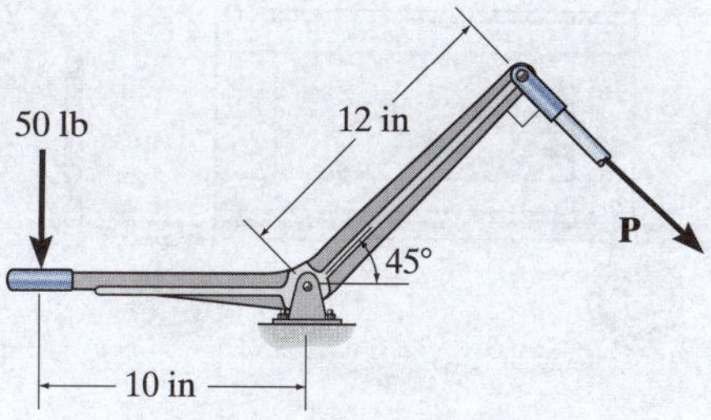

Prob. 8-127

***8-128.** El vehículo tiene un peso de 2600 lb y un centro de gravedad en G. Determine la fuerza horizontal **P** que debe aplicarse para vencer la resistencia al rodamiento de las ruedas. El coeficiente de resistencia al rodamiento es 0.5 in. Los neumáticos tienen un diámetro de 2.75 ft.

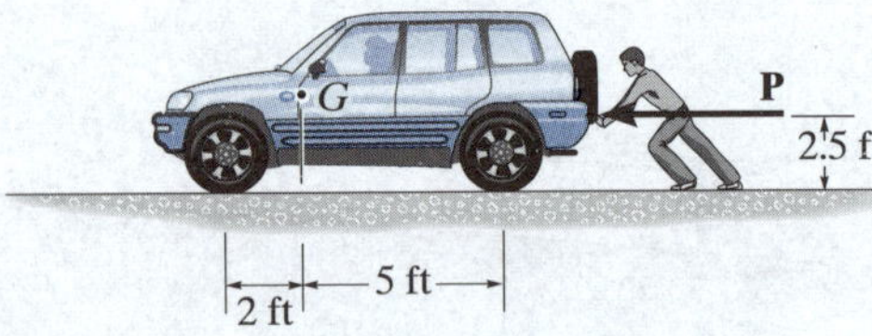

Prob. 8-128

8-129. El tractor tiene un peso de 16 000 lb y el coeficiente de resistencia al rodamiento es $a = 2$ in. Determine la fuerza **P** necesaria para vencer la resistencia al rodamiento en las cuatro ruedas y empujar el tractor hacia adelante.

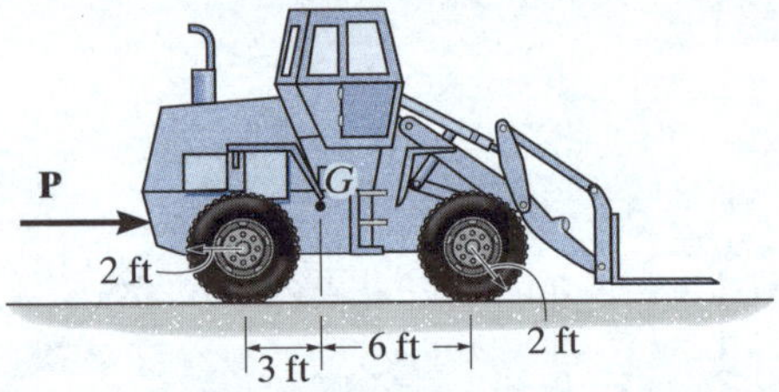

Prob. 8-129

8-130. La carretilla de mano tiene ruedas con un diámetro de 6 in. Si una caja de embalaje que tiene un peso de 1500 lb se coloca sobre la carretilla, determine la fuerza P que se debe aplicar a la manija para superar la resistencia al rodamiento. El coeficiente de resistencia al rodamiento es de 0.04 in. No tome en cuenta el peso de la carretilla.

Prob. 8-130

8-131. El cilindro está sometido a una carga que tiene un peso W. Si los coeficientes de resistencia al rodamiento para las superficies superior e inferior del cilindro son a_A y a_B, respectivamente, demuestre que se requiere una fuerza con magnitud $P = [W(a_A + a_B)]/2r$ para mover la carga y hacer rodar el cilindro hacia delante. No tome en cuenta el peso del cilindro.

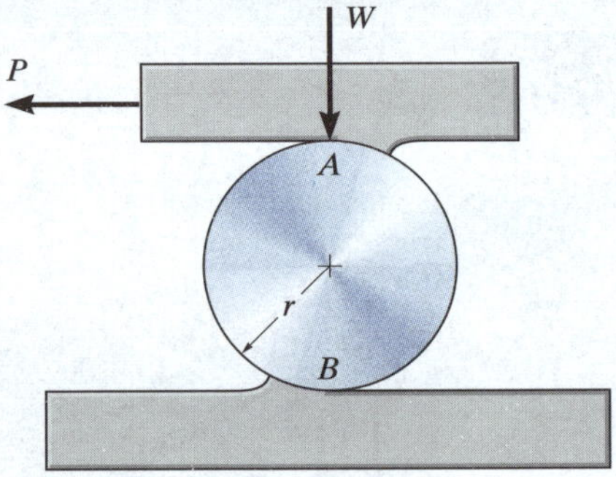

Prob. 8-131

***8-132.** La máquina de 1.4 Mg se debe mover sobre una superficie plana usando una serie de rodillos para los cuales el coeficiente de resistencia al rodamiento es de 0.5 mm en el suelo y 0.2 mm en la superficie inferior de la máquina. Determine el diámetro apropiado de los rodillos, tal que la máquina pueda empujarse hacia adelante con una fuerza horizontal de $P = 250$ N. *Sugerencia:* Use el resultado del problema 8-131.

Prob. 8-132

REPASO DEL CAPÍTULO

Fricción seca

Entre dos superficies rugosas en contacto existen fuerzas de fricción, las cuales actúan sobre un cuerpo al oponerse al movimiento o a la tendencia al movimiento.

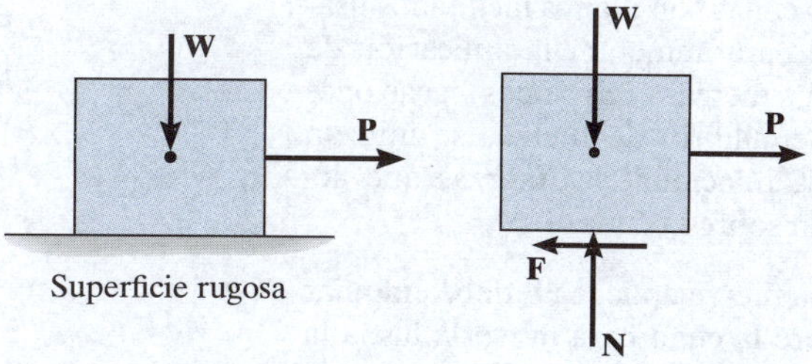

Una fuerza de fricción estática se aproxima a un valor máximo de $F_s = \mu_s N$, donde μ_s es el *coeficiente de fricción estática*. En este caso, el movimiento entre las superficies de contacto es *inminente*.

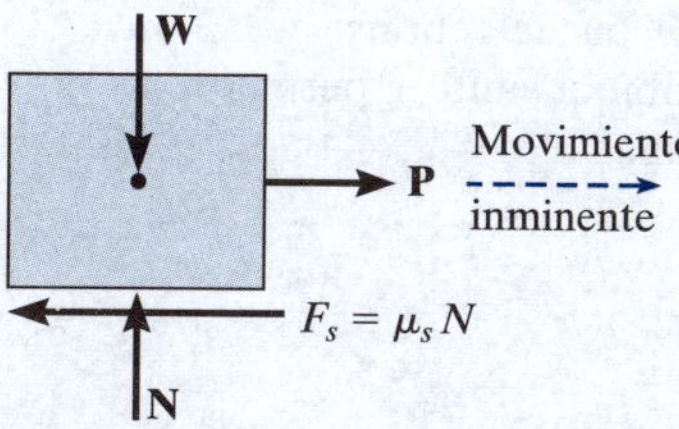

Si ocurre el deslizamiento, entonces la fuerza de fricción permanece esencialmente constante y es igual a $F_k = \mu_k N$. Aquí, μ_k es el *coeficiente de fricción cinética*.

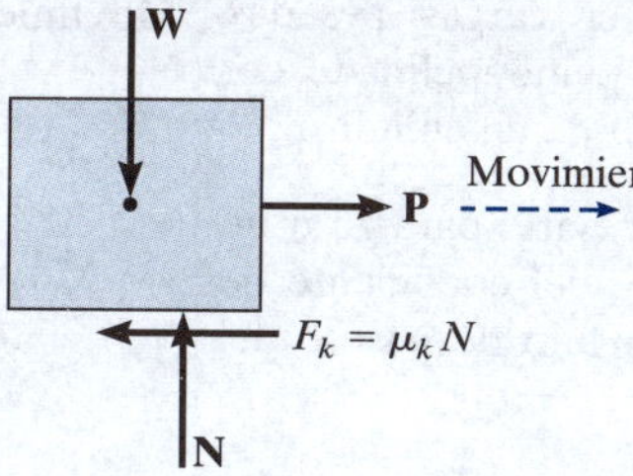

La solución de un problema que implica fricción requiere trazar primero el diagrama de cuerpo libre del cuerpo. Si las incógnitas no pueden determinarse estrictamente a partir de las ecuaciones de equilibrio, y existe la posibilidad de que ocurra el deslizamiento, entonces la ecuación de fricción debería aplicarse en los puntos de contacto adecuados para terminar la solución.

También es posible que objetos esbeltos, como embalajes, se vuelquen, y esta situación tiene que investigarse.

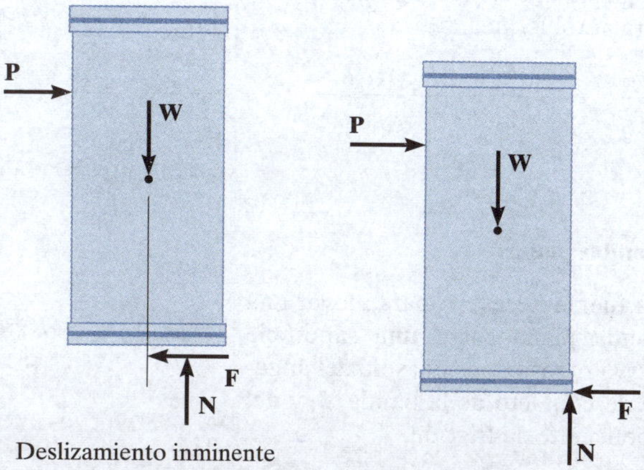

Deslizamiento inminente $F = \mu_s N$

Vuelco

8

Cuñas Las cuñas son planos inclinados usados para aumentar la aplicación de una fuerza. Las dos ecuaciones de equilibrio de fuerzas se utilizan para relacionar las fuerzas que actúan sobre la cuña. Una fuerza aplicada **P** debe empujar sobre la cuña para moverla hacia la derecha. Si los coeficientes de fricción entre las superficies son suficientemente grandes, entonces **P** puede retirarse y la cuña será autobloqueante y permanecerá en su lugar.	$\Sigma F_x = 0$ $\Sigma F_y = 0$	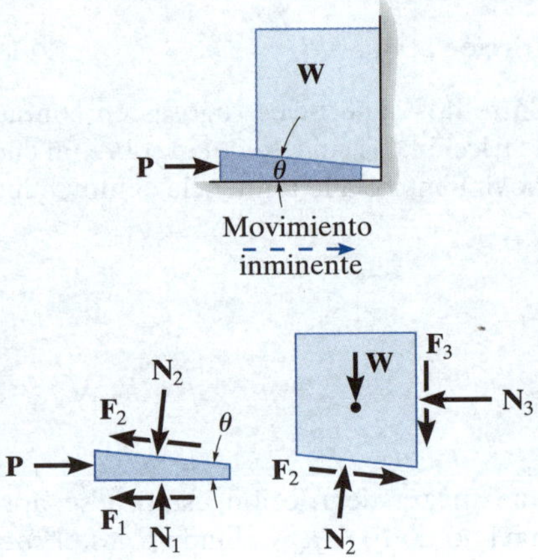
Tornillos Los tornillos de rosca cuadrada se usan para mover cargas pesadas. Representan un plano inclinado, enrollado alrededor de un cilindro. El momento necesario para girar un tornillo depende del coeficiente de fricción y del ángulo de paso θ del tornillo. Si el coeficiente de fricción entre las superficies es suficientemente grande, entonces el tornillo soportará la carga sin que tienda a girar, es decir, será autobloqueante.	$M = rW \tan(\theta + \phi_s)$ Movimiento inminente del tornillo hacia arriba $M' = rW \tan(\theta - \phi_s)$ Movimiento inminente del tornillo hacia abajo $\theta > \phi_s$ $M'' = rW \tan(\phi_s - \theta)$ Movimiento del tornillo hacia abajo $\phi_s > \theta$	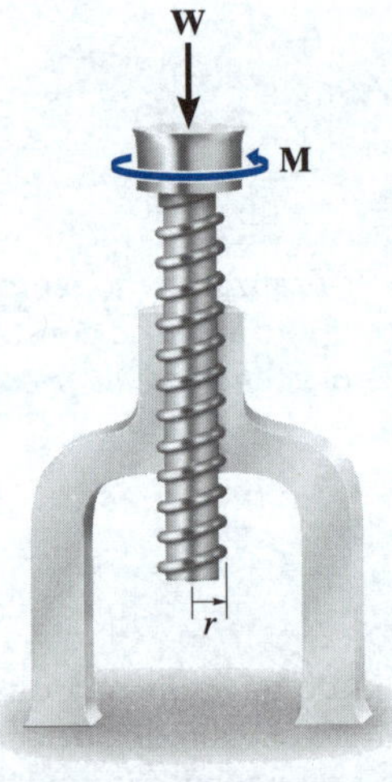
Bandas planas La fuerza necesaria para mover una banda plana sobre una superficie curva rugosa depende sólo del ángulo de contacto de la banda, β, y del coeficiente de fricción.	$T_2 = T_1 e^{\mu\beta}$ $T_2 > T_1$	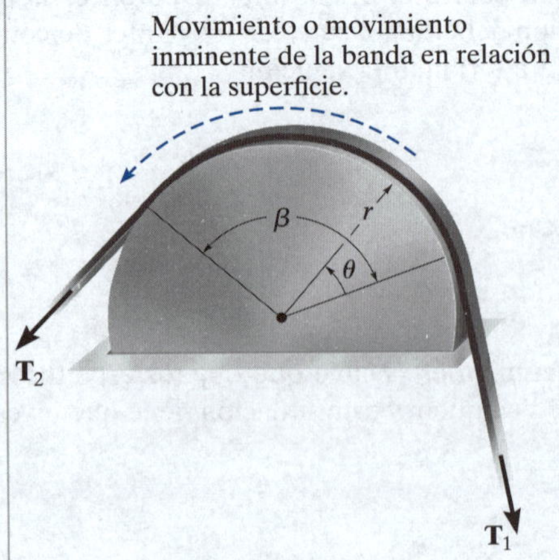

Chumaceras de collarín y discos

El análisis de fricción de una chumacera de collarín o disco requiere considerar un elemento diferencial del área de contacto. La fuerza normal que actúa sobre este elemento se determina a partir del equilibrio de fuerzas a lo largo de la flecha, y el momento necesario para girar la flecha a una razón constante se determina a partir del equilibrio de momentos con respecto al eje de la flecha.

Si la presión sobre la superficie de una chumacera de collarín es uniforme, entonces la integración da el resultado que se muestra.

$$M = \frac{2}{3}\mu_s P\left(\frac{R_2^3 - R_1^3}{R_2^2 - R_1^2}\right)$$

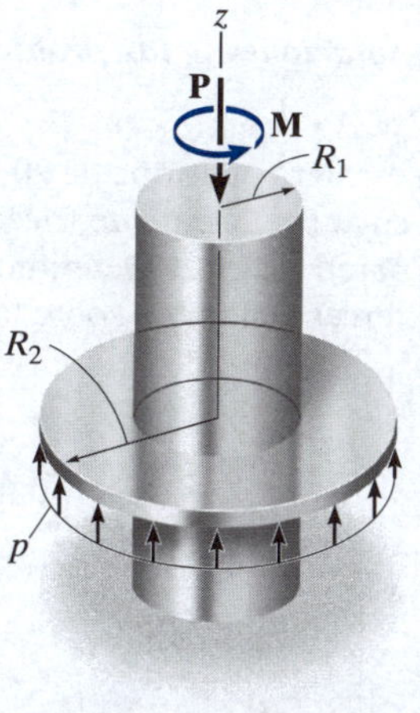

Chumaceras lisas

Cuando se aplica un momento a una flecha en una chumacera lisa no lubricada o parcialmente lubricada, la flecha tenderá a rodar en la chumacera hasta que ocurra el deslizamiento. Lo anterior define el radio de un círculo de fricción, y con base en éste se puede determinar el momento necesario para girar la flecha.

$$M = Rr \operatorname{sen} \phi_k$$

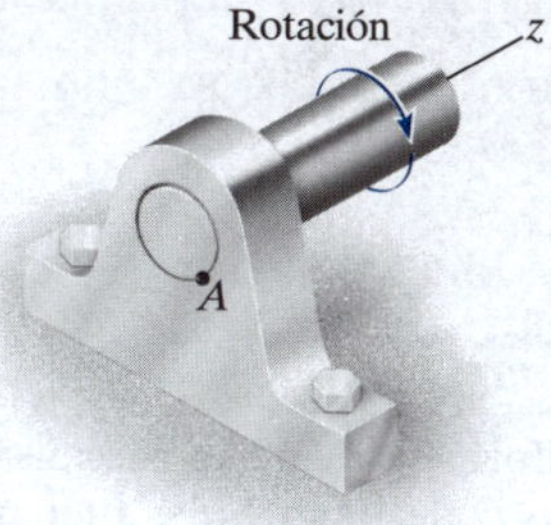

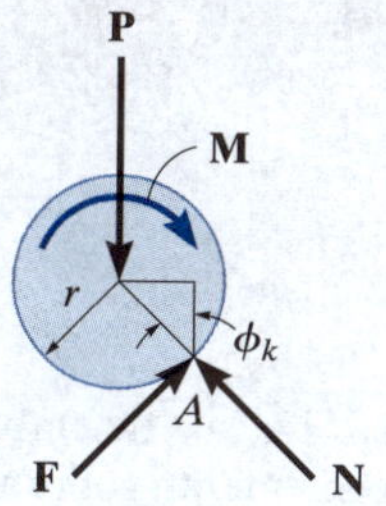

Resistencia al rodamiento

La resistencia de una rueda a girar sobre una superficie la ocasiona la *deformación* de los dos materiales que entran en contacto. Esto hace que la fuerza normal resultante que actúa sobre el cuerpo rodante se incline y proporcione una componente que actúa en la dirección opuesta a la fuerza aplicada **P** que genera el movimiento. El efecto se caracteriza por el *coeficiente de resistencia al rodamiento*, *a*, el cual se determina de manera experimental.

$$P \approx \frac{Wa}{r}$$

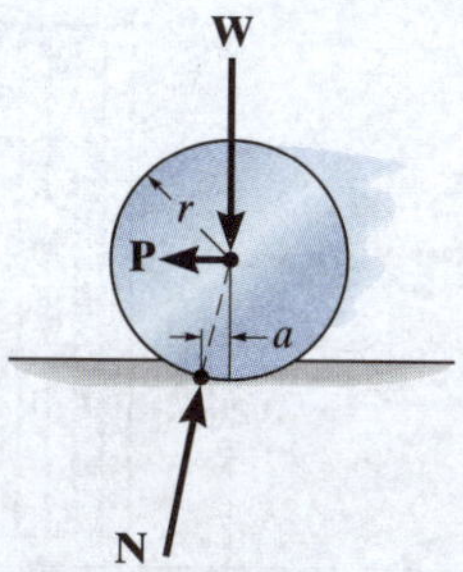

8

PROBLEMAS DE REPASO

Todas las soluciones a las problemas deben incluir un DCL.

R8-1. La escalera uniforme de 20 lb descansa sobre el piso rugoso, cuyo coeficiente de fricción estática es $\mu_s = 0.4$, y contra la pared lisa en B. Determine la fuerza horizontal P que debe ejercer el hombre sobre la escalera para que ésta se mueva.

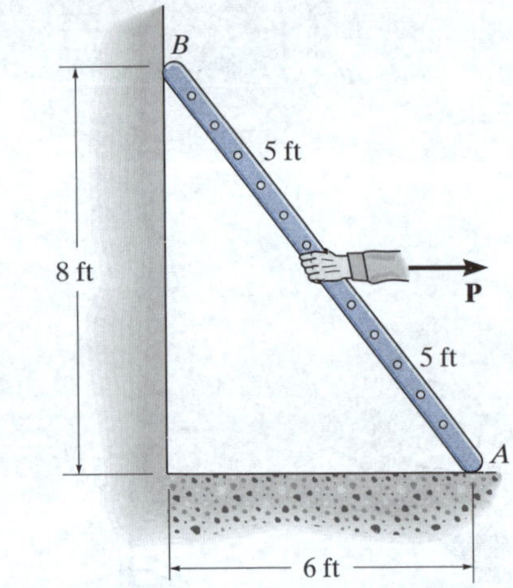

Prob. R8-1

R8-2. La caja de embalaje uniforme C de 60 kg descansa uniformemente sobre un carrito D de 10 kg. Si las ruedas delanteras del carrito en A están bloqueadas para evitar que giren mientras que las ruedas en B pueden rodar libremente, determine la fuerza máxima **P** que se puede aplicar sin causar movimiento de la caja. El coeficiente de fricción estática entre las ruedas y el piso es $\mu_f = 0.35$, y entre el carrito y la caja es $\mu_d = 0.5$.

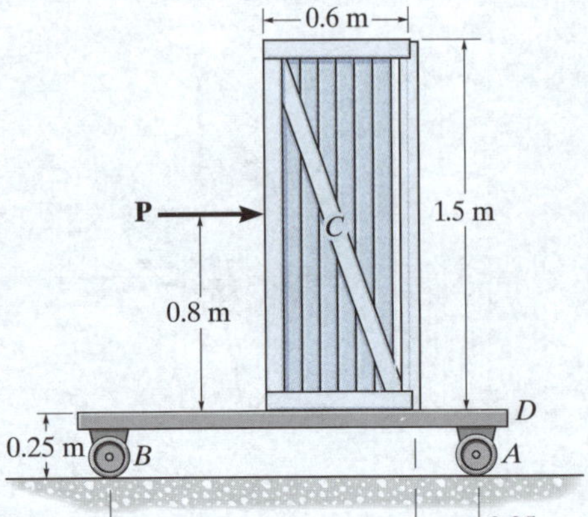

Prob. R8-2

R8-3. Un disco de 35 kg descansa sobre una superficie inclinada para la cual $\mu_s = 0.2$. Determine la fuerza vertical **P** máxima que se puede aplicar a la barra AB sin causar que el disco se deslice en C. No tome en cuenta la masa de la barra.

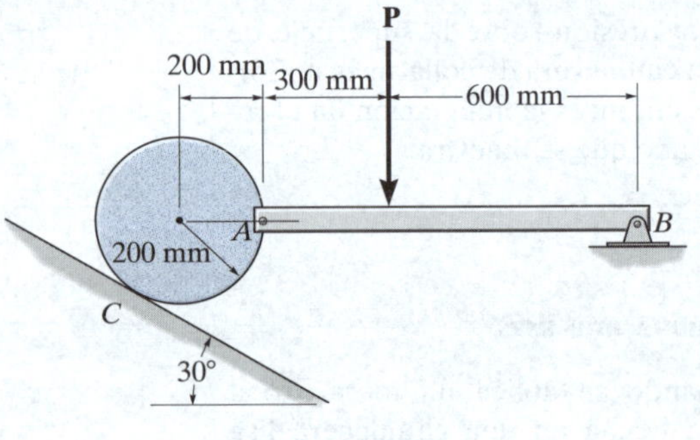

Prob. R8-3

R8-4. La leva está sometida a un momento de par de 5 N · m. Determine la fuerza **P** mínima que se debería aplicar al seguidor, con el propósito de mantener la leva en la posición mostrada. El coeficiente de fricción estática entre la leva y el seguidor es $\mu = 0.4$. La guía en **A** es lisa.

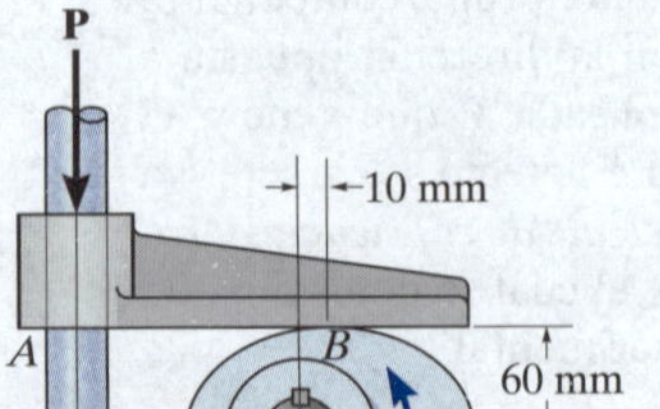

Prob. R8-4

R8-5. Los tres bloques de piedra tienen pesos de $W_A = 600$ lb, $W_B = 150$ lb y $W_C = 500$ lb. Determine la fuerza horizontal P mínima que debe aplicarse al bloque C para mover este bloque. El coeficiente de fricción estática entre los bloques es $\mu_s = 0.3$, y entre el piso y cada bloque $\mu_s' = 0.5$.

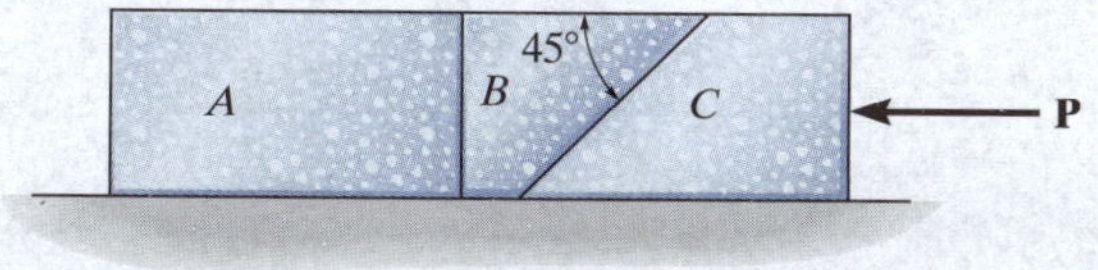

Prob. R8-5

R8-6. El mecanismo del gato consiste en una articulación que tiene un tornillo de rosca cuadrada con diámetro medio de 0.5 in, paso de 0.20 in y coeficiente de fricción estática $\mu_s = 0.4$. Determine el par de torsión M que debe aplicarse al tornillo para que comience a levantar la carga de 6000 lb que actúa en el extremo del elemento ABC.

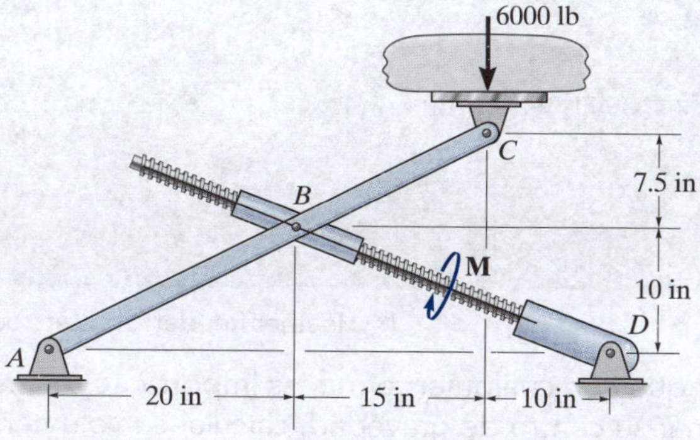

Prob. R8-6

R8-7. La viga uniforme de 50 lb está sostenida por la cuerda que se encuentra unida al extremo de la viga, se enrolla sobre la clavija rugosa y, después, se conecta al bloque de 100 lb. Si el coeficiente de fricción estática entre la viga y el bloque, y entre la cuerda y la clavija, es $\mu_s = 0.4$, determine la distancia máxima desde A a la cual puede colocarse el bloque y aún permanecer en equilibrio. Suponga que el bloque no se volcará.

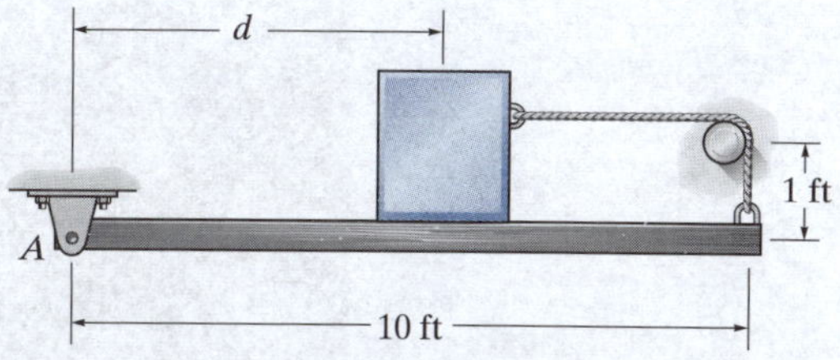

Prob. R8-7

R8-8. La carretilla manual tiene ruedas con un diámetro de 80 mm. Si una caja que tiene una masa de 500 kg se coloca sobre la carretilla de modo que cada rueda soporte la misma carga, determine la fuerza horizontal P que se debe aplicar a la manija para vencer la resistencia al rodamiento. El coeficiente de resistencia al rodamiento es de 2 mm. No tome en cuenta la masa de la carretilla.

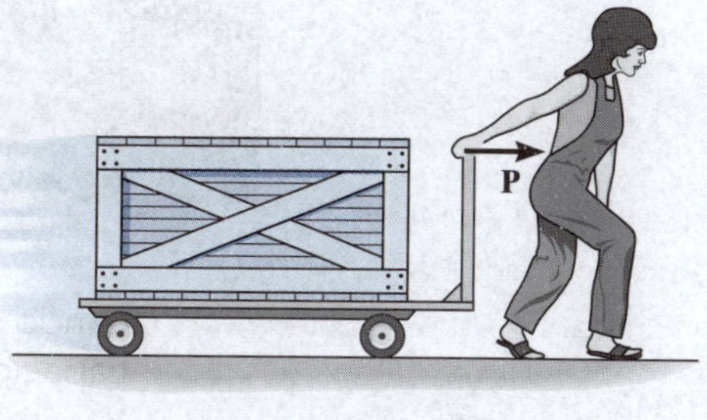

Prob. R8-8

8

Capítulo 9

(© Heather Reeder/Shutterstock)

Cuando se diseña un tanque con cualquier forma, es importante tener la capacidad de determinar su centro de gravedad, calcular su volumen y área superficial, así como determinar las fuerzas de los líquidos que contiene. Todos estos temas se analizan en el presente capítulo.

Centro de gravedad y centroide

OBJETIVOS DEL CAPÍTULO

- Analizar los conceptos de centro de gravedad, centro de masa y centroide.
- Mostrar cómo se determina la ubicación del centro de gravedad y el centroide para un cuerpo de forma arbitraria y un cuerpo compuesto de diversas partes.
- Utilizar los teoremas de Pappus y Guldinus para encontrar el área superficial y el volumen de un cuerpo que tiene simetría axial.
- Presentar un método para encontrar la resultante de una carga general distribuida, y demostrar cómo se aplica para encontrar la fuerza resultante de una carga de presión causada por un fluido.

9.1 Centro de gravedad, centro de masa y el centroide de un cuerpo

El conocimiento del peso resultante o total de un cuerpo y su ubicación es importante cuando se considera el efecto que esta fuerza produce en el cuerpo. El punto de ubicación se llama el centro de gravedad, y en esta sección mostraremos cómo encontrarlo en el caso de un cuerpo de forma irregular. Después extenderemos el método para demostrar cómo se encuentra el centro de masa del cuerpo y su centro geométrico o centroide.

Centro de gravedad. Un cuerpo está compuesto por un número infinito de partículas de tamaño diferencial y, por tal motivo, si el cuerpo se ubica dentro de un campo gravitacional, entonces cada una de esas partículas tendrá un peso dW. Tales pesos formarán un sistema de fuerzas paralelas, y la fuerza resultante de ese sistema es el peso total del cuerpo, que pasa a través de un solo punto llamado ***centro de gravedad***, G.*

*En sentido estricto, esto es válido mientras se suponga que el campo de gravedad tiene la misma magnitud y dirección en todas partes. Aunque la fuerza de gravedad real se dirige hacia el centro de la tierra, y esta fuerza varía con su distancia desde el centro, para la mayoría de las aplicaciones de ingeniería se puede suponer que el campo de gravedad tiene las mismas magnitud y dirección en todas partes.

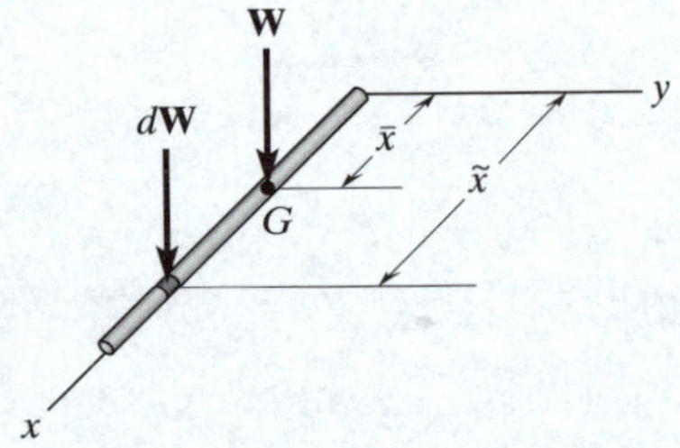

(a)

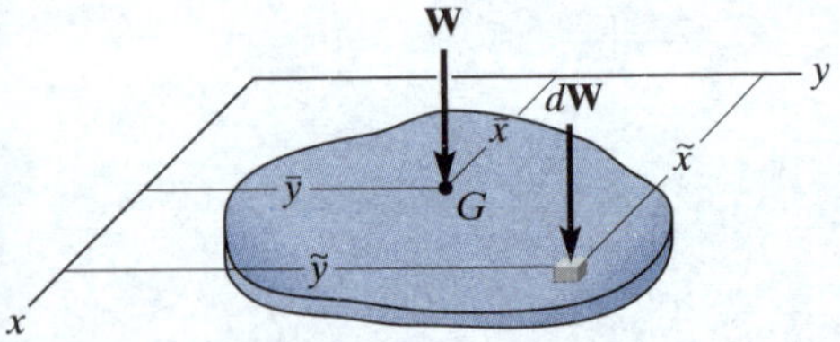

(b)

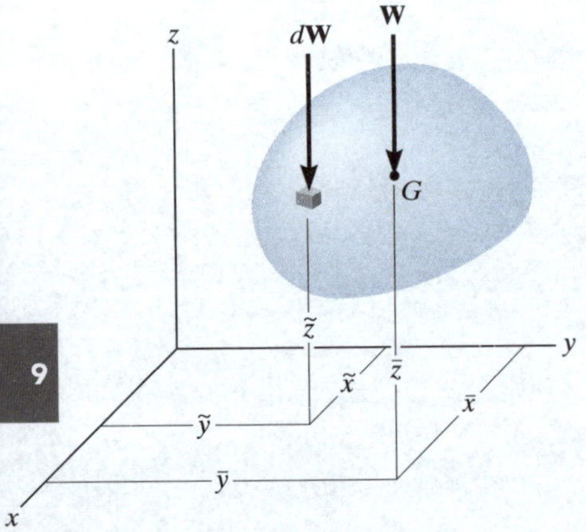

(c)

Fig. 9-1

Para mostrar cómo se determina la ubicación del centro de gravedad, considere la varilla en la figura 9-1*a*, donde se encuentra el segmento que tiene el peso dW en la posición arbitraria $\tilde{x}$. Utilizando los métodos descritos en la sección 4.8, el peso total de la varilla es la suma de los pesos de todas sus partículas, es decir,

$$+\downarrow F_R = \Sigma F_z; \qquad W = \int dW$$

La ubicación del centro de gravedad, medida desde el eje y, se determina al igualar el momento de W con respecto al eje y (fig. 9-1*b*) con la suma de los momentos de los pesos de las partículas con respecto a ese mismo eje. Por lo tanto,

$$(M_R)_y = \Sigma M_y; \qquad \bar{x}W = \int \tilde{x}dW$$

$$\bar{x} = \frac{\int \tilde{x}\, dW}{\int dW}$$

De una manera similar, si el cuerpo representa una placa (fig. 9-7*b*), entonces sería necesario un equilibrio de momentos con respecto a los ejes x y y para determinar la ubicación $(\bar{x}, \bar{y})$ del punto G. Finalmente podemos generalizar esta idea para un cuerpo tridimensional (fig. 9-1*c*), y realizar un equilibrio de momentos con respecto a los tres ejes con la finalidad de localizar G, para cualquier posición girada de los ejes. Esto da lugar a las siguientes ecuaciones

$$\bar{x} = \frac{\int \tilde{x}\, dW}{\int dW} \qquad \bar{y} = \frac{\int \tilde{y}\, dW}{\int dW} \qquad \bar{z} = \frac{\int \tilde{z}\, dW}{\int dW} \qquad (9\text{-}1)$$

donde

$\bar{x}, \bar{y}, \bar{z}$ son las coordenadas del centro de gravedad G.

$\tilde{x}, \tilde{y}, \tilde{z}$ son las coordenadas de una partícula arbitraria en el cuerpo.

Centro de masa de un cuerpo. Para estudiar la *respuesta dinámica* o el movimiento acelerado de un cuerpo, resulta importante localizar el ***centro de masa*** C_m (fig. 9-2) del cuerpo. Esta ubicación se determina sustituyendo $dW = g\,dm$ en las ecuaciones 9-1. Como g es constante, se cancela y entonces

$$\bar{x} = \frac{\int \tilde{x}\,dm}{\int dm} \qquad \bar{y} = \frac{\int \tilde{y}\,dm}{\int dm} \qquad \bar{z} = \frac{\int \tilde{z}\,dm}{\int dm} \tag{9-2}$$

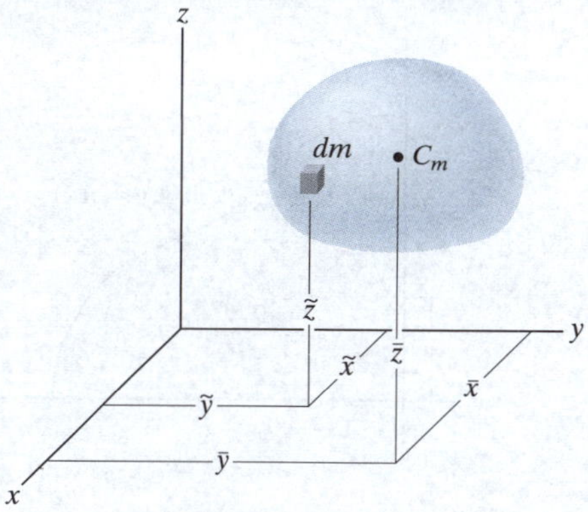

Fig. 9-2

Centroide de un volumen. Si el cuerpo de la figura 9-3 está hecho de un *material homogéneo*, entonces su densidad r (ro) será *constante*. Por lo tanto, un elemento diferencial de volumen dV tiene una masa $dm = \rho\,dV$. Al sustituir esto en las ecuaciones 9-2 y al cancelar ρ, obtenemos fórmulas que ubican el ***centroide*** C o centro geométrico del cuerpo; a saber,

$$\bar{x} = \frac{\int_V \tilde{x}\,dV}{\int_V dV} \qquad \bar{y} = \frac{\int_V \tilde{y}\,dV}{\int_V dV} \qquad \bar{z} = \frac{\int_V \tilde{z}\,dV}{\int_V dV} \tag{9-3}$$

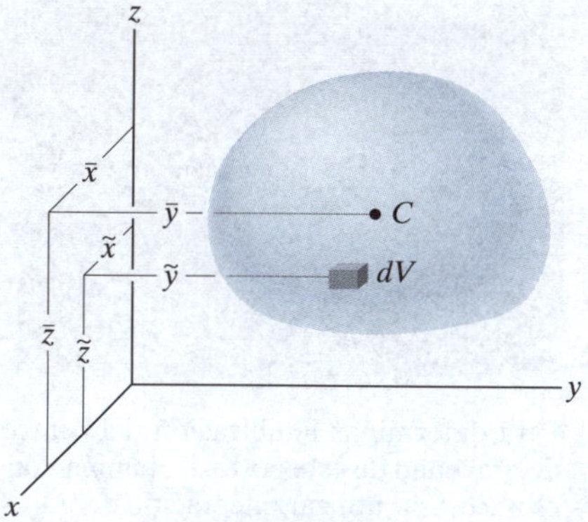

Fig. 9-3

Estas ecuaciones representan un equilibrio de los momentos del volumen del cuerpo. Por consiguiente, si el volumen posee dos planos de simetría, entonces su centroide debe estar a lo largo de la línea de intersección de ambos planos. Por ejemplo, el cono de la figura 9-4 tiene un centroide que se encuentra sobre el eje y de modo que $\bar{x} = \bar{z} = 0$. La ubicación $\bar{y}$ puede encontrarse con una integración simple al elegir un elemento diferencial representado por un *disco delgado* de grosor dy y radio $r = z$. Su volumen es $dV = \pi r^2\,dy = \pi z^2\,dy$ y su centroide se encuentra en $\tilde{x} = 0, \tilde{y} = y, \tilde{z} = 0$.

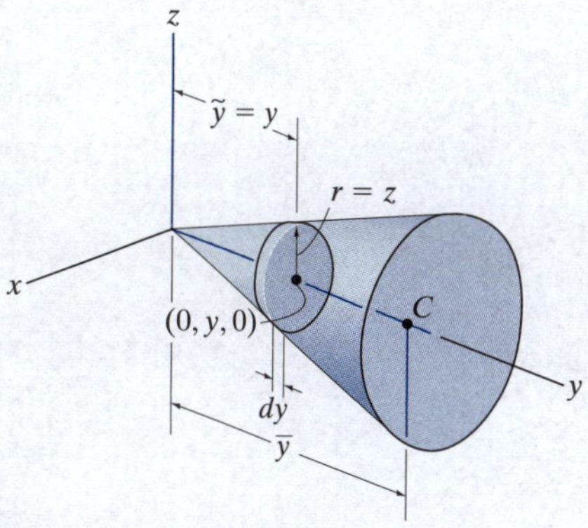

Fig. 9-4

9

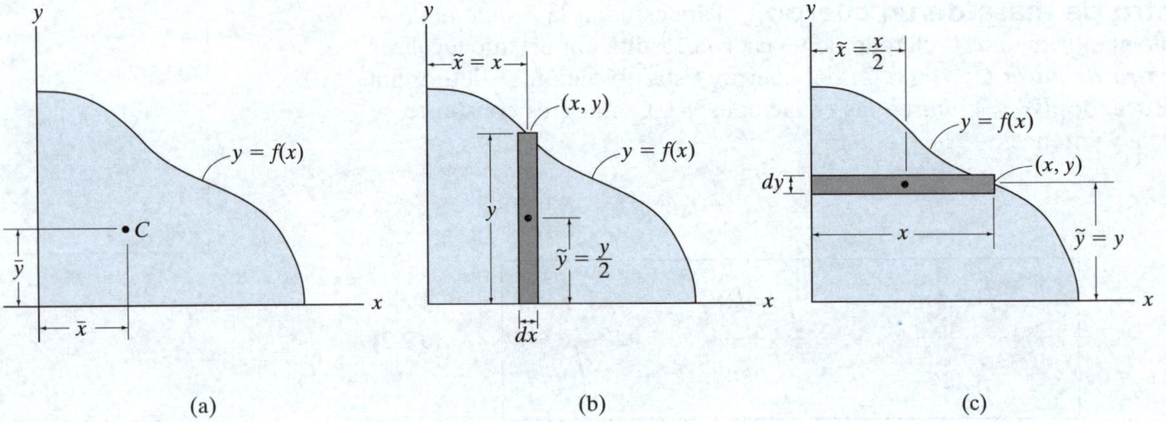

Fig. 9-5

Para determinar la ubicación del centro de gravedad de este poste de iluminación, es necesario utilizar integración debido a la curvatura del elemento de soporte. (© Russell C. Hibbeler)

Centroide de un área. Si el área se encuentra en el plano *x-y* y está delimitada por la curva $y = f(x)$, como se muestra en la figura 9-5*a*, entonces su centroide pertenecerá a este plano y podrá determinarse a partir de integrales similares a las ecuaciones 9-3, a saber,

$$\bar{x} = \frac{\int_A \tilde{x}\, dA}{\int_A dA} \qquad \bar{y} = \frac{\int_A \tilde{y}\, dA}{\int_A dA} \tag{9-4}$$

Estas integrales pueden evaluarse mediante una *integración simple*, si utilizamos una *franja rectangular* como elemento de área diferencial. Por ejemplo, si se utiliza una franja vertical (fig. 9-5*b*), el área del elemento es $dA = y\, dx$, y su centroide se ubica en $\tilde{x} = x$ y $\tilde{y} = y/2$. Si consideramos una franja horizontal (fig. 9-5c), entonces $dA = x\, dy$, y su centroide se ubica en $\tilde{x} = x/2$ y $\tilde{y} = y$.

Centroide de una línea. Si un segmento de línea (o varilla) pertenece al plano *x-y* y puede describirse mediante una curva delgada $y = f(x)$ (fig. 9-6*a*), entonces su centroide está determinado por

$$\bar{x} = \frac{\int_L \tilde{x}\, dL}{\int_L dL} \qquad \bar{y} = \frac{\int_L \tilde{y}\, dL}{\int_L dL} \tag{9-5}$$

Aquí, la longitud del elemento diferencial está dada por el teorema de Pitágoras, $dL = \sqrt{(dx)^2 + (dy)^2}$, que también se escribe en la forma

$$dL = \sqrt{\left(\frac{dx}{dx}\right)^2 dx^2 + \left(\frac{dy}{dx}\right)^2 dx^2}$$

$$= \left(\sqrt{1 + \left(\frac{dy}{dx}\right)^2}\right) dx$$

o bien,

$$dL = \sqrt{\left(\frac{dx}{dy}\right)^2 dy^2 + \left(\frac{dy}{dy}\right)^2 dy^2}$$

$$= \left(\sqrt{\left(\frac{dx}{dy}\right)^2 + 1}\right) dy$$

Cualquiera de estas expresiones puede usarse; sin embargo, para su aplicación debería seleccionarse aquella que implique una integración más sencilla. Por ejemplo, considere la varilla de la figura 9-6*b*, definida por $y = 2x^2$. La longitud del elemento es $dL = \sqrt{1 + (dy/dx)^2}\, dx$, y como $dy/dx = 4x$, entonces $dL = \sqrt{1 + (4x)^2}\, dx$. El centroide para este elemento se localiza en $\tilde{x} = x$ y $\tilde{y} = y$.

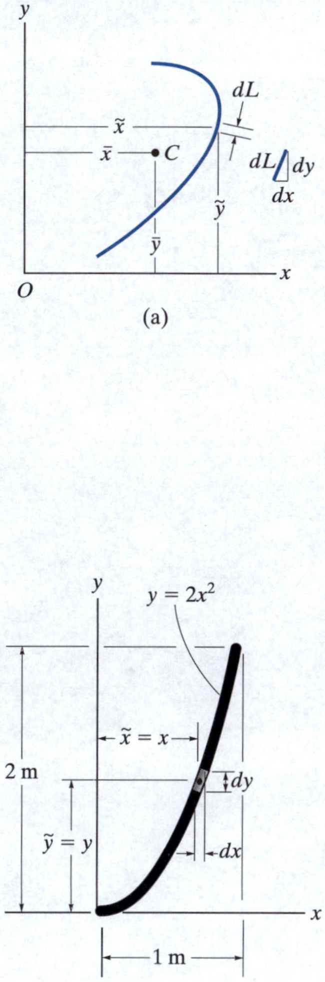

Fig. 9-6

Puntos importantes

- El centroide representa el centro geométrico de un cuerpo. Este punto coincide con el centro de masa o con el centro de gravedad, sólo si el material que compone el cuerpo es uniforme u homogéneo.
- Las fórmulas usadas para ubicar el centro de gravedad o el centroide simplemente representan un equilibrio entre la suma de momentos de todas las partes del sistema y el momento de la "resultante" para el sistema.
- En algunos casos, el centroide se ubica en un punto fuera del objeto, como en el caso de un anillo, donde el centroide está en el centro del anillo. Además, este punto se encontrará sobre cualquier eje de simetría del cuerpo (fig. 9-7).

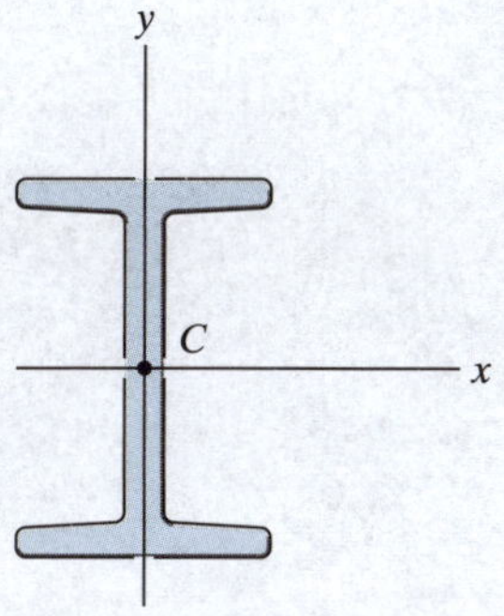

Fig. 9-7

Procedimiento para el análisis

El centro de gravedad o centroide de un objeto, o una forma, se puede determinar mediante integraciones simples con el siguiente procedimiento.

Elemento diferencial

- Seleccione un sistema de coordenadas apropiado, especifique los ejes de coordenadas y, luego, elija un elemento diferencial para la integración.
- Para líneas, el elemento se representa mediante un segmento de línea diferencial con longitud dL.
- Para áreas, por lo general el elemento es un rectángulo de área dA, con una longitud finita y un ancho diferencial.
- Para volúmenes, el elemento puede ser un disco circular de volumen dV, con un radio finito y un espesor diferencial.
- Localice el elemento de manera que toque el punto arbitrario (x, y, z) sobre la curva que define la frontera de la forma.

Tamaño y brazos de momento

- Exprese la longitud dL, el área dA o el volumen dV del elemento en términos de las coordenadas que describen la curva.
- Exprese los brazos de momento $\tilde{x}$, $\tilde{y}$, $\tilde{z}$ para el centroide o centro de gravedad del elemento, en términos de las coordenadas que describen la curva.

Integraciones

- Sustituya las formulaciones para $\tilde{x}$, $\tilde{y}$, $\tilde{z}$ y dL, dA o dV en las ecuaciones apropiadas (ecuaciones 9-1 a 9-5).
- Exprese la función en el integrando en términos de la *misma variable aplicada al espesor diferencial del elemento*.
- Los límites de la integral se definen a partir de las dos ubicaciones extremas del espesor diferencial del elemento, de manera que cuando los elementos se "suman" o se realiza la integración, toda la región queda cubierta.

EJEMPLO 9.1

Ubique el centroide de la varilla doblada en forma de arco parabólico, como se muestra en la figura 9-8.

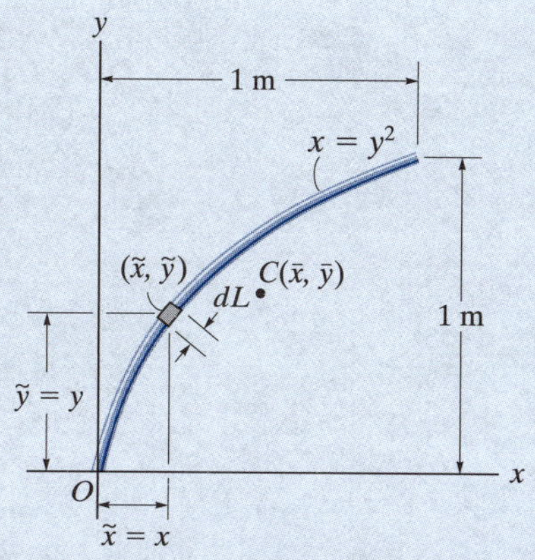

Fig. 9-8

SOLUCIÓN

Elemento diferencial. El elemento diferencial se muestra en la figura 9-8. Se ubica sobre la curva en el *punto arbitrario* (x, y).

Área y brazos de momento. El elemento diferencial de longitud dL puede expresarse en términos de las diferenciales dx y dy con el teorema de Pitágoras.

$$dL = \sqrt{(dx)^2 + (dy)^2} = \sqrt{\left(\frac{dx}{dy}\right)^2 + 1}\, dy$$

Como $x = y^2$, entonces $dx/dy = 2y$. Por lo tanto, al expresar dL en términos de y y dy, tenemos

$$dL = \sqrt{(2y)^2 + 1}\, dy$$

Como se muestra en la figura 9-8, el centroide del elemento se ubica en $\tilde{x} = x$, $\tilde{y} = y$.

Integraciones. Al aplicar las ecuaciones 9-5 y con la fórmula de integración para evaluar las integrales, obtenemos

$$\bar{x} = \frac{\int_L \tilde{x}\, dL}{\int_L dL} = \frac{\int_0^{1\text{ m}} x\sqrt{4y^2 + 1}\, dy}{\int_0^{1\text{ m}} \sqrt{4y^2 + 1}\, dy} = \frac{\int_0^{1\text{ m}} y^2\sqrt{4y^2 + 1}\, dy}{\int_0^{1\text{ m}} \sqrt{4y^2 + 1}\, dy}$$

$$= \frac{0.6063}{1.479} = 0.410\text{ m} \qquad \textit{Resp.}$$

$$\bar{y} = \frac{\int_L \tilde{y}\, dL}{\int_L dL} = \frac{\int_0^{1\text{ m}} y\sqrt{4y^2 + 1}\, dy}{\int_0^{1\text{ m}} \sqrt{4y^2 + 1}\, dy} = \frac{0.8484}{1.479} = 0.574\text{ m} \qquad \textit{Resp.}$$

NOTA: Estos resultados para C parecen razonables cuando se grafican en la figura 9-8.

9

EJEMPLO 9.2

Ubique el centroide del segmento circular del alambre que se ilustra en la figura 9-9.

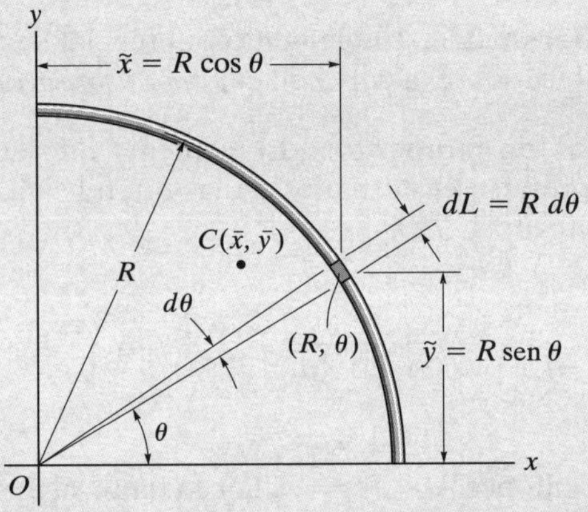

Fig. 9-9

SOLUCIÓN

Para resolver este problema usaremos coordenadas polares, ya que el arco es circular.

Elemento diferencial. Se selecciona un arco circular diferencial como se indica en la figura. Este elemento interseca la curva en (R, θ).

Longitud y brazo de momento. La longitud del elemento diferencial es $dL = R\,d\theta$, y su centroide se ubica en $\tilde{x} = R\cos\theta$ y $\tilde{y} = R$ sen θ.

Integraciones. Al aplicar las ecuaciones 9.5 e integrar con respecto a θ, obtenemos

$$\bar{x} = \frac{\int_L \tilde{x}\,dL}{\int_L dL} = \frac{\int_0^{\pi/2} (R\cos\theta)R\,d\theta}{\int_0^{\pi/2} R\,d\theta} = \frac{R^2\int_0^{\pi/2}\cos\theta\,d\theta}{R\int_0^{\pi/2} d\theta} = \frac{2R}{\pi} \qquad \textit{Resp.}$$

$$\bar{y} = \frac{\int_L \tilde{y}\,dL}{\int_L dL} = \frac{\int_0^{\pi/2} (R\,\text{sen}\,\theta)R\,d\theta}{\int_0^{\pi/2} R\,d\theta} = \frac{R^2\int_0^{\pi/2}\text{sen}\,\theta\,d\theta}{R\int_0^{\pi/2} d\theta} = \frac{2R}{\pi} \qquad \textit{Resp.}$$

NOTA: Como se esperaba, las dos coordenadas son numéricamente iguales debido a la simetría del alambre.

9

EJEMPLO 9.3

Determine la distancia $\tilde{y}$ medida desde el eje x hasta el centroide del área del triángulo que se muestra en la figura 9-10.

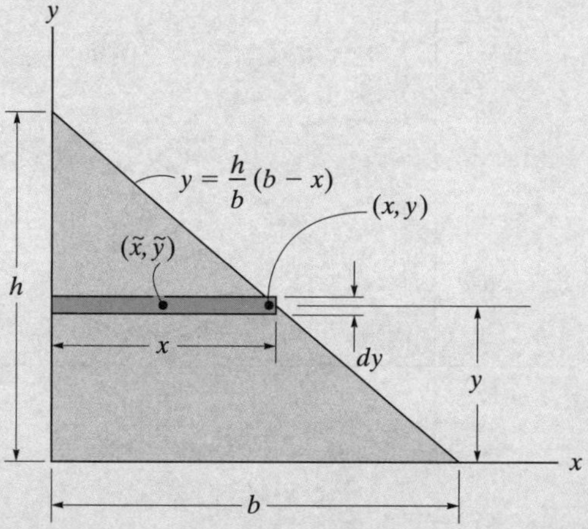

Fig. 9-10

SOLUCIÓN

Elemento diferencial. Considere un elemento rectangular que tiene un espesor dy y que se ubica en una posición arbitraria, de manera que interseca la frontera en (x, y) (fig. 9-10).

Área y brazos de momento. El área del elemento es $dA = x\,dy = \frac{b}{h}(h - y)\,dy$, y su centroide se encuentra a una distancia $\tilde{y} = y$ del eje x.

Integración. Al aplicar la segunda de las ecuaciones 9-4 e integrar con respecto a y, resulta

$$\bar{y} = \frac{\int_A \tilde{y}\,dA}{\int_A dA} = \frac{\int_0^h y\left[\frac{b}{h}(h - y)\,dy\right]}{\int_0^h \frac{b}{h}(h - y)\,dy} = \frac{\frac{1}{6}bh^2}{\frac{1}{2}bh}$$

$$= \frac{h}{3} \qquad \textit{Resp.}$$

NOTA: Este resultado es válido para cualquier forma de triángulo. Establece que el centroide se ubica a un tercio de la altura medida desde la base del triángulo.

9

EJEMPLO 9.4

Localice el centroide para el área de un cuarto de círculo que se muestra en la figura 9-11.

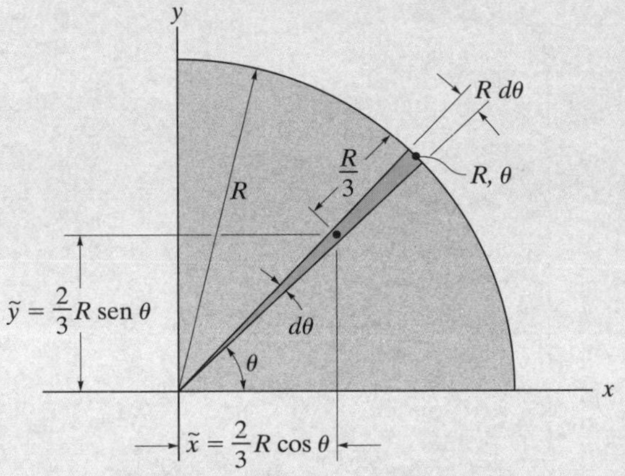

Fig. 9-11

SOLUCIÓN

Elemento diferencial. Se usarán coordenadas polares, ya que la frontera es circular. Seleccionamos el elemento en forma de un *triángulo* (fig. 9-11). (En realidad, la forma es un sector circular; sin embargo, al ignorar las diferenciales de orden superior, el elemento se vuelve triangular). El elemento interseca la curva en el punto (R, θ).

Área y brazos de momento. El área del elemento es

$$dA = \tfrac{1}{2}(R)(R\,d\theta) = \frac{R^2}{2}d\theta$$

y al usar los resultados del ejemplo 9.3, el centroide del elemento (triangular) se ubica en $\tilde{x} = \frac{2}{3}R\cos\theta$, $\tilde{y} = \frac{2}{3}R\,\text{sen}\,\theta$.

Integraciones. Al aplicar las ecuaciones 9-4 e integrar con respecto a θ, obtenemos

$$\bar{x} = \frac{\int_A \tilde{x}\,dA}{\int_A dA} = \frac{\int_0^{\pi/2}\left(\frac{2}{3}R\cos\theta\right)\frac{R^2}{2}d\theta}{\int_0^{\pi/2}\frac{R^2}{2}d\theta} = \frac{\left(\frac{2}{3}R\right)\int_0^{\pi/2}\cos\theta\,d\theta}{\int_0^{\pi/2}d\theta} = \frac{4R}{3\pi} \quad \textit{Resp.}$$

$$\bar{y} = \frac{\int_A \tilde{y}\,dA}{\int_A dA} = \frac{\int_0^{\pi/2}\left(\frac{2}{3}R\,\text{sen}\,\theta\right)\frac{R^2}{2}d\theta}{\int_0^{\pi/2}\frac{R^2}{2}d\theta} = \frac{\left(\frac{2}{3}R\right)\int_0^{\pi/2}\text{sen}\,\theta\,d\theta}{\int_0^{\pi/2}d\theta} = \frac{4R}{3\pi} \quad \textit{Resp.}$$

9

EJEMPLO 9.5

Localice el centroide del área que se muestra en la figura 9-12*a*.

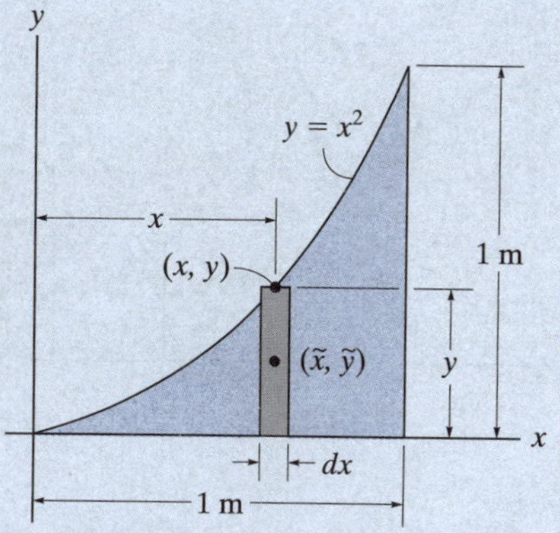

(a)

SOLUCIÓN I

Elemento diferencial. En la figura 9-12*a* se muestra un elemento diferencial de espesor dx. El elemento interseca la curva en el *punto arbitrario* (x, y), por lo que tiene una altura y.

Área y brazos de momento. El área del elemento es $dA = y\,dx$, y su centroide se ubica en $\tilde{x} = x$, $\tilde{y} = y/2$.

Integraciones. Al aplicar las ecuaciones 9-4 e integrar con respecto a x se obtiene

$$\bar{x} = \frac{\int_A \tilde{x}\,dA}{\int_A dA} = \frac{\int_0^{1\text{ m}} xy\,dx}{\int_0^{1\text{ m}} y\,dx} = \frac{\int_0^{1\text{ m}} x^3\,dx}{\int_0^{1\text{ m}} x^2\,dx} = \frac{0.250}{0.333} = 0.75\text{ m} \qquad \textit{Resp.}$$

$$\bar{y} = \frac{\int_A \tilde{y}\,dA}{\int_A dA} = \frac{\int_0^{1\text{ m}} (y/2)y\,dx}{\int_0^{1\text{ m}} y\,dx} = \frac{\int_0^{1\text{ m}} (x^2/2)x^2\,dx}{\int_0^{1\text{ m}} x^2\,dx} = \frac{0.100}{0.333} = 0.3\text{ m} \qquad \textit{Resp.}$$

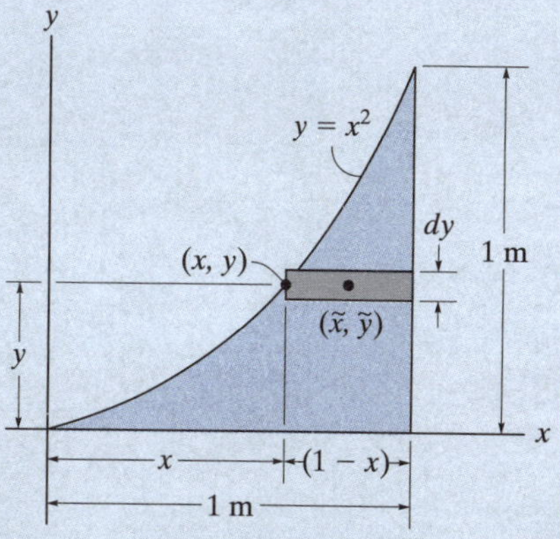

(b)

Fig. 9-12

SOLUCIÓN II

Elemento diferencial. En la figura 9-12*b* se muestra el elemento diferencial de espesor dy que interseca la curva en el *punto arbitrario* (x, y), por lo que tiene una longitud $(1 - x)$.

Área y brazos de momento. El área del elemento es $dA = (1 - x)dy$, y su centroide se localiza en

$$\tilde{x} = x + \left(\frac{1-x}{2}\right) = \frac{1+x}{2},\ \tilde{y} = y$$

Integraciones. Al aplicar las ecuaciones 9-4 e integrar con respecto a y, obtenemos

$$\bar{x} = \frac{\int_A \tilde{x}\,dA}{\int_A dA} = \frac{\int_0^{1\text{ m}} [(1+x)/2](1-x)\,dy}{\int_0^{1\text{ m}} (1-x)\,dy} = \frac{\frac{1}{2}\int_0^{1\text{ m}} (1-y)\,dy}{\int_0^{1\text{ m}} (1-\sqrt{y})\,dy} = \frac{0.250}{0.333} = 0.75\text{ m} \qquad \textit{Resp.}$$

$$\bar{y} = \frac{\int_A \tilde{y}\,dA}{\int_A dA} = \frac{\int_0^{1\text{ m}} y(1-x)\,dy}{\int_0^{1\text{ m}} (1-x)\,dy} = \frac{\int_0^{1\text{ m}} (y - y^{3/2})\,dy}{\int_0^{1\text{ m}} (1-\sqrt{y})\,dy} = \frac{0.100}{0.333} = 0.3\text{ m} \qquad \textit{Resp.}$$

NOTA: Grafique estos resultados y observe que parezcan razonables. Además, para este problema, los elementos de espesor dx ofrecen una solución más sencilla.

9

EJEMPLO 9.6

Localice el centroide del área semielíptica que se ilustra en la figura 9-13*a*.

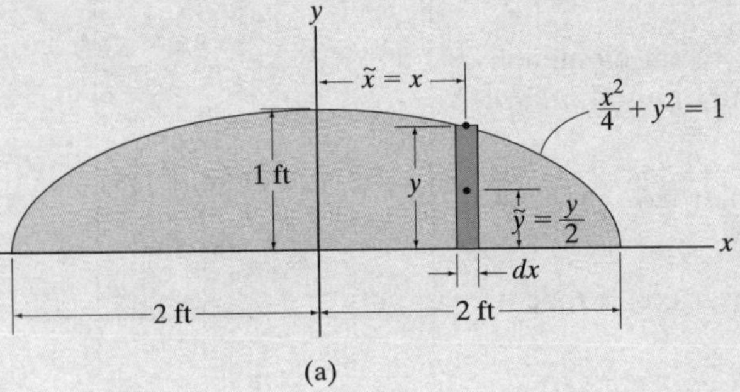

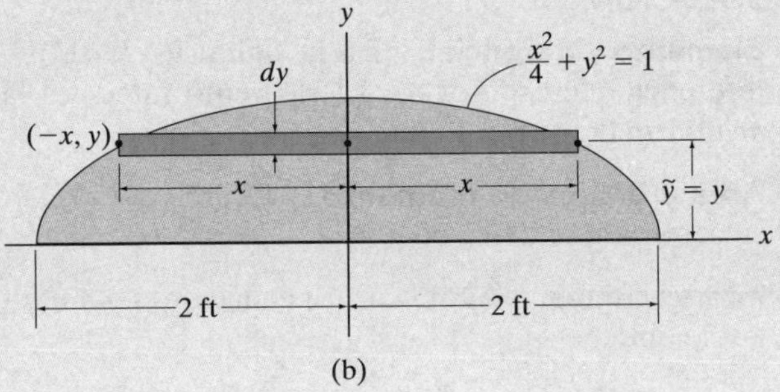

Fig. 9-13

SOLUCIÓN I

Elemento diferencial. Se considerará el elemento diferencial rectangular paralelo al eje y que se muestra sombreado en la figura 9-13*a*. Este elemento tiene un espesor de dx y una altura de y.

Área y brazos de momento. Así, el área es $dA = y\,dx$, y su centroide se localiza en $\tilde{x} = x$ y $\tilde{y} = y/2$.

Integración. Como el área es simétrica con respecto al eje y,

$$\bar{x} = 0 \qquad \textit{Resp.}$$

Si aplicamos la segunda de las ecuaciones 9-4 con $y = \sqrt{1 - \frac{x^2}{4}}$, tenemos

$$\bar{y} = \frac{\int_A \tilde{y}\,dA}{\int_A dA} = \frac{\int_{-2\text{ ft}}^{2\text{ ft}} \frac{y}{2}(y\,dx)}{\int_{-2\text{ ft}}^{2\text{ ft}} y\,dx} = \frac{\frac{1}{2}\int_{-2\text{ ft}}^{2\text{ ft}}\left(1 - \frac{x^2}{4}\right)dx}{\int_{-2\text{ ft}}^{2\text{ ft}}\sqrt{1 - \frac{x^2}{4}}\,dx} = \frac{4/3}{\pi} = 0.424\text{ ft} \qquad \textit{Resp.}$$

SOLUCIÓN II

Elemento diferencial. Se considerará el elemento diferencial rectangular sombreado de grosor dy y ancho $2x$, paralelo al eje x (fig. 9-13*b*).

Área y brazos de momento. El área es $dA = 2x\,dy$, y su centroide está en $\tilde{x} = 0$ y $\tilde{y} = y$.

Integración. Si aplicamos la segunda de las ecuaciones 9-4 con $x = 2\sqrt{1 - y^2}$, tenemos

$$\bar{y} = \frac{\int_A \tilde{y}\,dA}{\int_A dA} = \frac{\int_0^{1\text{ ft}} y(2x\,dy)}{\int_0^{1\text{ ft}} 2x\,dy} = \frac{\int_0^{1\text{ ft}} 4y\sqrt{1 - y^2}\,dy}{\int_0^{1\text{ ft}} 4\sqrt{1 - y^2}\,dy} = \frac{4/3}{\pi}\text{ ft} = 0.424\text{ ft} \qquad \textit{Resp.}$$

9

EJEMPLO 9.7

Ubique el centroide $\bar{y}$ para el paraboloide de revolución que se muestra en la figura 9-14.

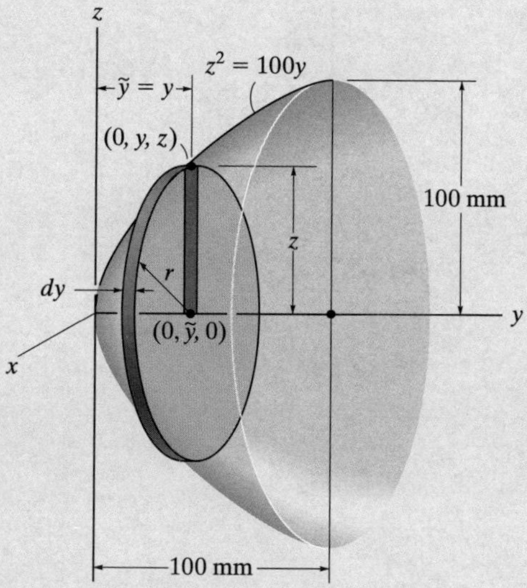

Fig. 9-14

SOLUCIÓN

Elemento diferencial. Se selecciona un elemento con la forma de un *disco delgado*. Este elemento tiene un espesor dy e interseca la curva generatriz en el *punto arbitrario* $(0, y, z)$, por lo que su radio es $r = z$.

Volumen y brazo de momento. El volumen del elemento es $dV = (\pi z^2)dy$, y su centroide está ubicado en $\tilde{y} = y$.

Integración. Al aplicar la segunda de las ecuaciones 9-3, e integrar con respecto a y resulta

$$\bar{y} = \frac{\int_V \tilde{y}\, dV}{\int_V dV} = \frac{\int_0^{100\text{ mm}} y(\pi z^2)\, dy}{\int_0^{100\text{ mm}} (\pi z^2)\, dy} = \frac{100\pi \int_0^{100\text{ mm}} y^2\, dy}{100\pi \int_0^{100\text{ mm}} y\, dy} = 66.7 \text{ mm} \qquad \textit{Resp.}$$

9

EJEMPLO 9.8

Determine la ubicación del centro de masa del cilindro que se muestra en la figura 9-15, si su densidad varía directamente con la distancia desde su base, es decir, $\rho = 200z \text{ kg/m}^3$.

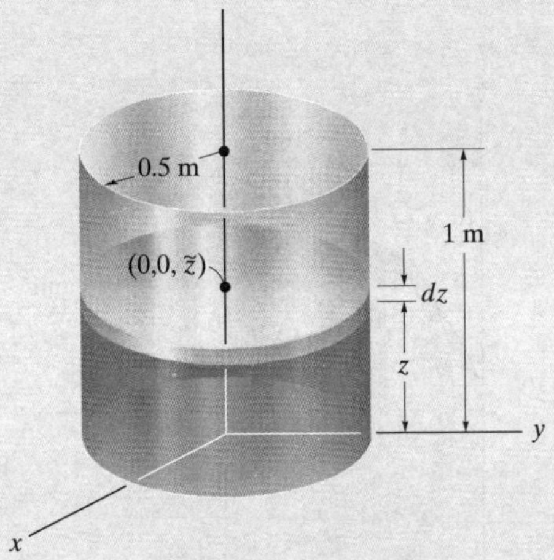

Fig. 9-15

SOLUCIÓN

Por razones de simetría del material,

$$\bar{x} = \bar{y} = 0 \qquad \textit{Resp.}$$

Elemento diferencial. Para realizar la integración se elige un elemento en forma de disco, con radio de 0.5 m y espesor dz (fig. 9-15), ya que la *densidad de todo el elemento es constante* para un valor dado de z. El elemento se encuentra a lo largo del eje z en el *punto arbitrario* $(0, 0, z)$.

Volumen y brazo de momento. El volumen del elemento es $dV = \pi(0.5)^2\,dz$, y su centroide se localiza en $\tilde{z} = z$.

Integraciones. Si se utiliza la tercera de las ecuaciones 9-2 con $dm = \rho\,dV$ y se integra con respecto a z, observamos que $\rho = 200z$, y tenemos

$$\bar{z} = \frac{\int_V \tilde{z}\rho\,dV}{\int_V \rho\,dV} = \frac{\int_0^{1\text{ m}} z(200z)\left[\pi(0.5)^2\,dz\right]}{\int_0^{1\text{ m}} (200z)\pi(0.5)^2\,dz}$$

$$= \frac{\int_0^{1\text{ m}} z^2\,dz}{\int_0^{1\text{ m}} z\,dz} = 0.667 \text{ m} \qquad \textit{Resp.}$$

9

PROBLEMAS PRELIMINARES

P9-1. En cada caso, utilice el elemento mostrado y especifique $\tilde{x}$, $\tilde{y}$, y dA.

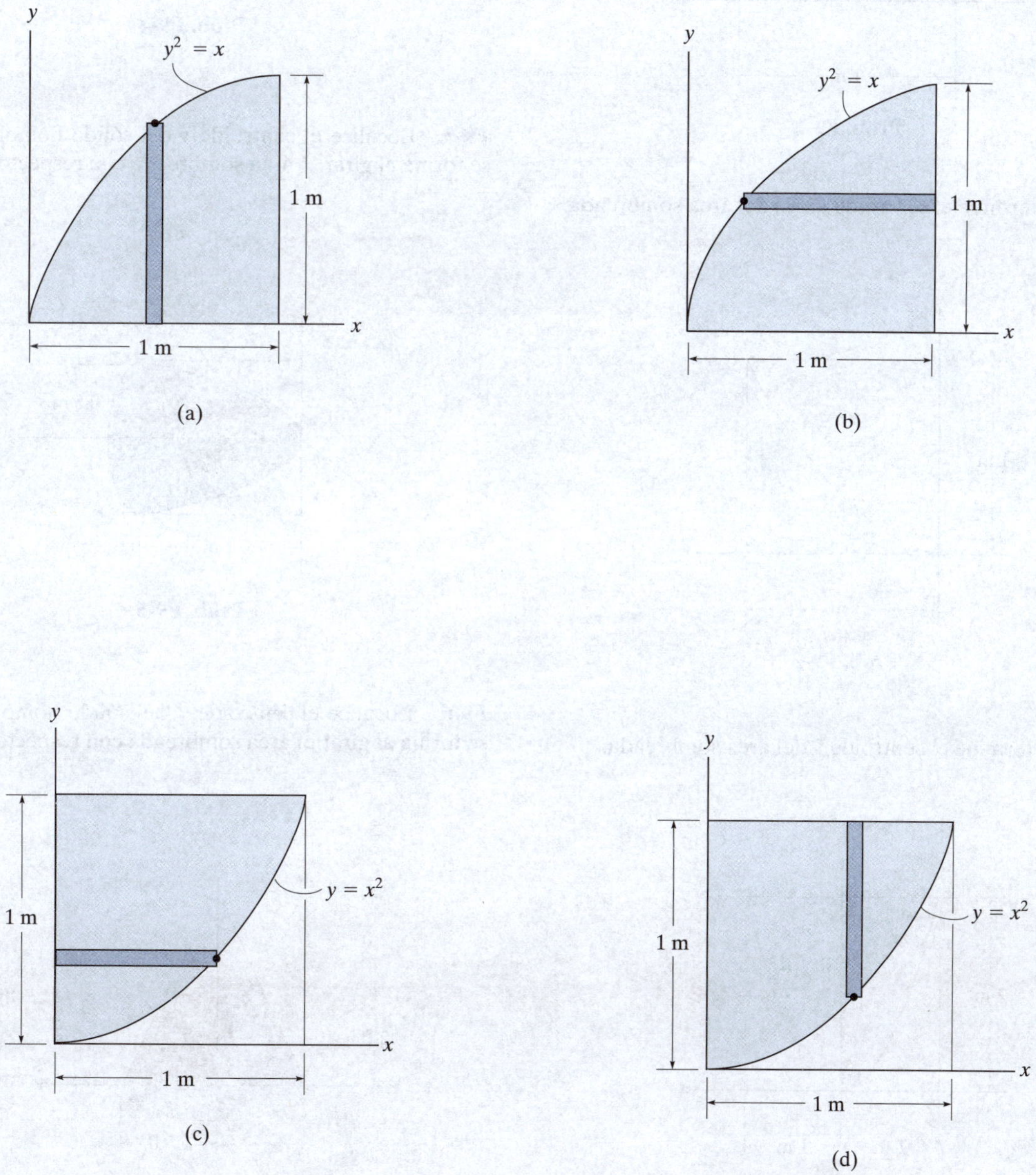

Prob. P9-1

PROBLEMAS FUNDAMENTALES

F9-1. Determine el centroide $(\bar{x}, \bar{y})$ del área sombreada.

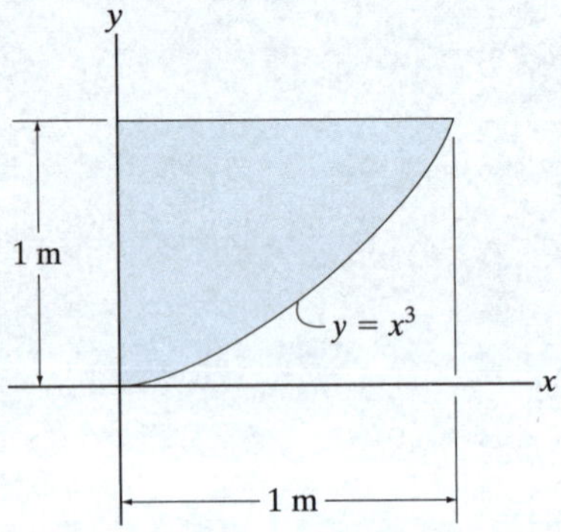

Prob. F9-1

F9-2. Determine el centroide $(\bar{x}, \bar{y})$ del área sombreada.

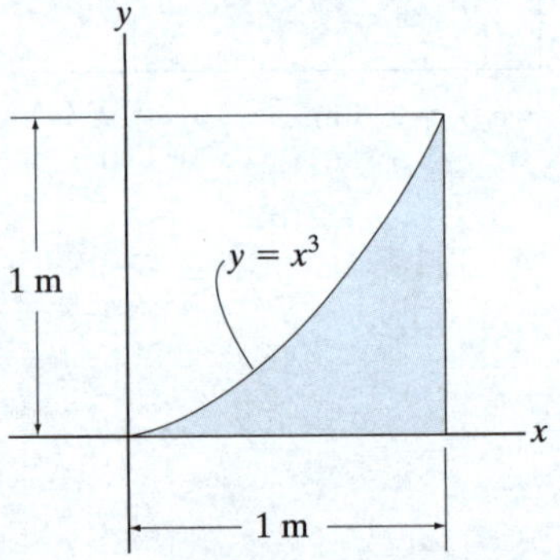

Prob. F9-2

F9-3. Determine el centroide $\bar{y}$ del área sombreada.

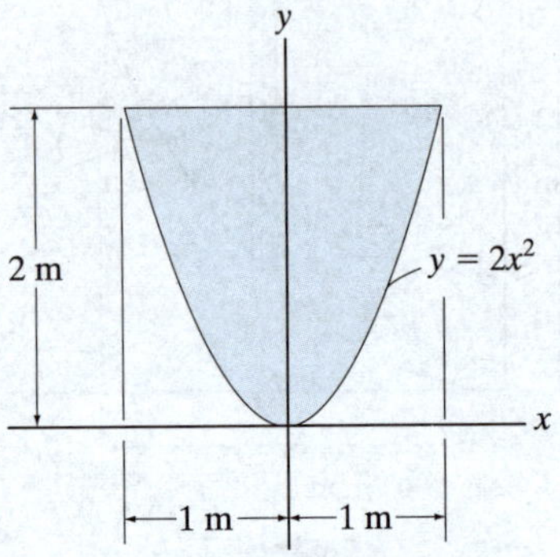

Prob. F9-3

F9-4. Localice el centro de masa $\bar{x}$ de la varilla recta, si su masa por unidad de longitud está dada por $m = m_0(1 + x^2/L^2)$.

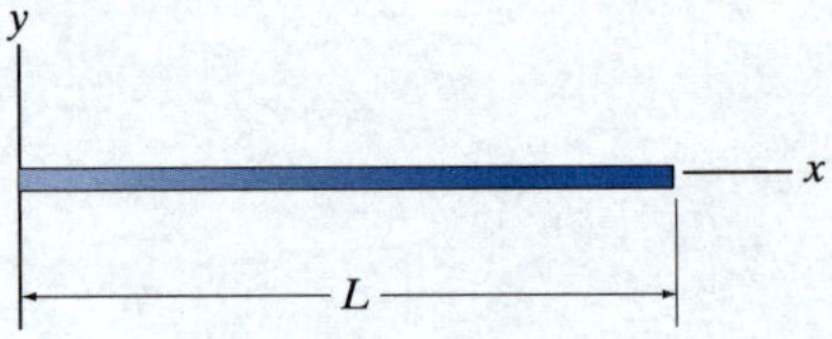

Prob. F9-4

F9-5. Localice el centroide $\bar{y}$ del sólido homogéneo que se forma al girar el área sombreada con respecto al eje y.

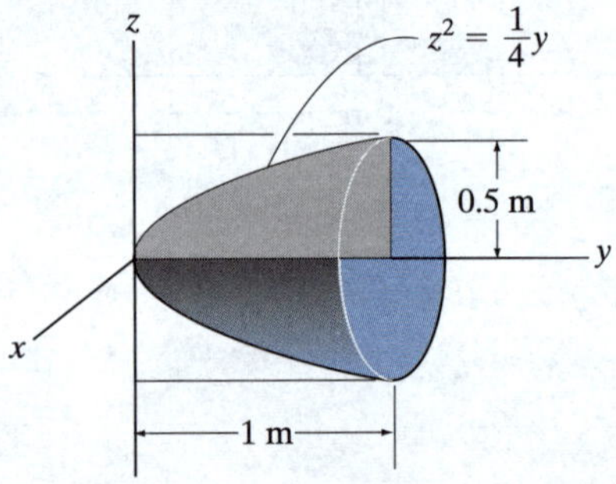

Prob. F9-5

F9-6. Localice el centroide $\bar{z}$ del sólido homogéneo que se forma al girar el área sombreada con respecto al eje z.

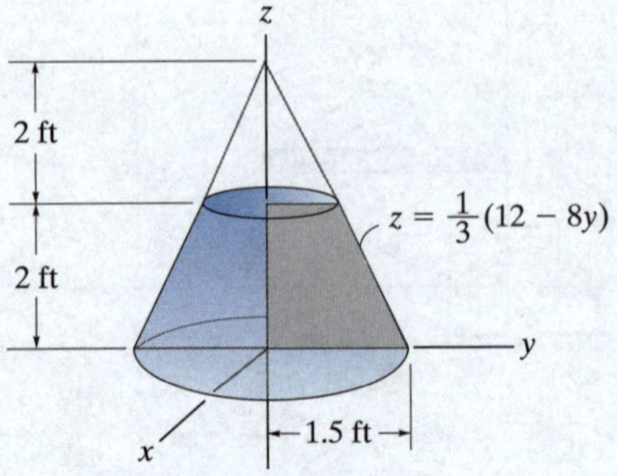

Prob. F9-6

PROBLEMAS

9-1. Localice el centro de masa de la varilla homogénea doblada en forma de un arco circular.

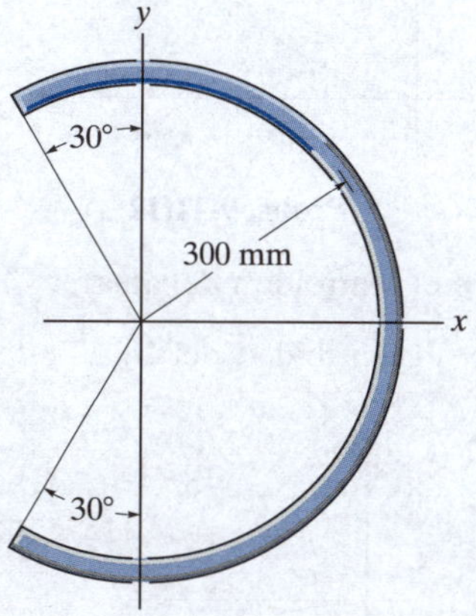

Prob. 9-1

9-2. Determine la ubicación $(\bar{x}, \bar{y})$ del centroide del alambre.

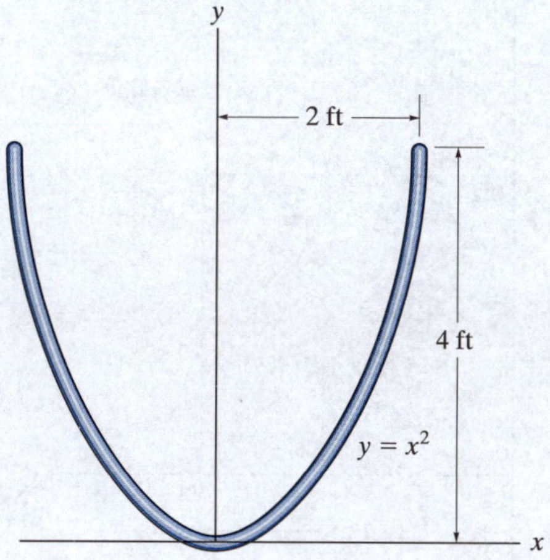

Prob. 9-2

9-3. Localice el centro de gravedad $\bar{x}$ de la varilla homogénea. Si la barra tiene un peso por unidad de longitud de 100 N/m, determine la reacción vertical en A y las componentes x y y de la reacción en el pasador B.

***9-4.** Localice el centro de gravedad $\bar{y}$ de la varilla homogénea.

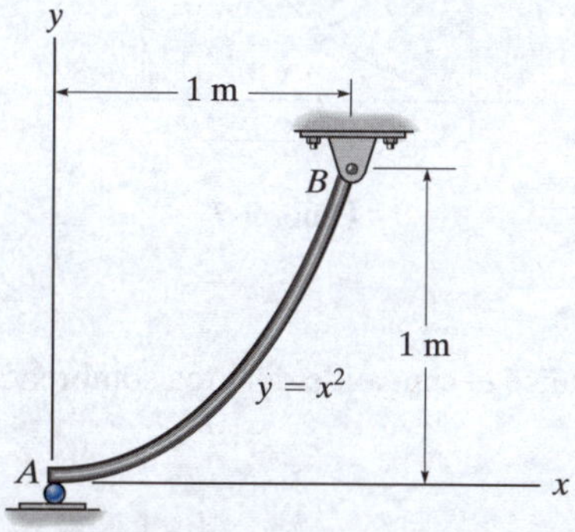

Probs. 9-3/4

9-5. Determine la distancia $\bar{y}$ al centro de gravedad de la varilla homogénea.

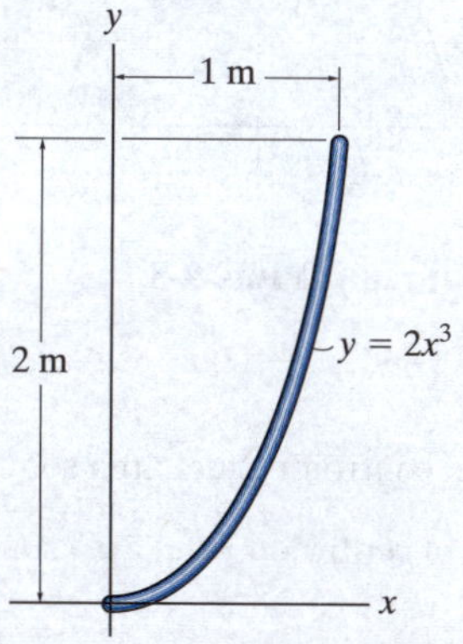

Prob. 9-5

9-6. Localice el centroide $\bar{y}$ del área.

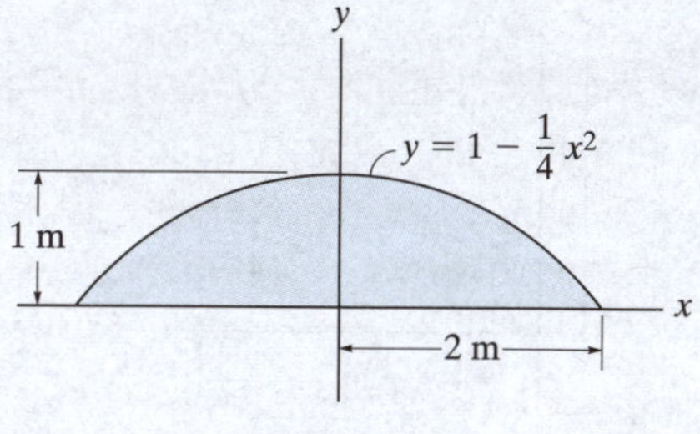

Prob. 9-6

9-7. Localice el centroide $\bar{x}$ del área parabólica.

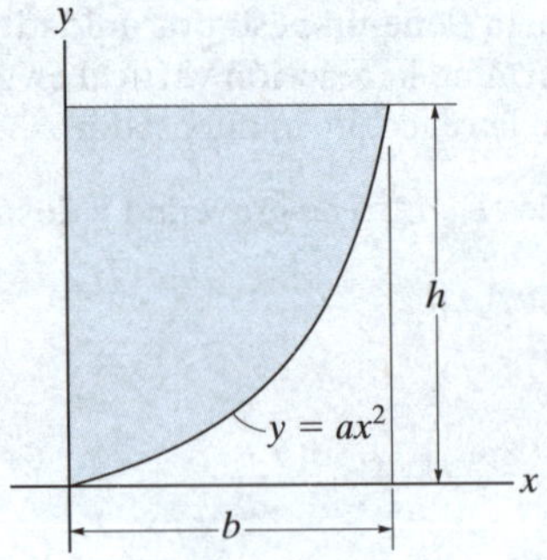

Prob. 9-7

***9-8.** Localice el centroide del área sombreada.

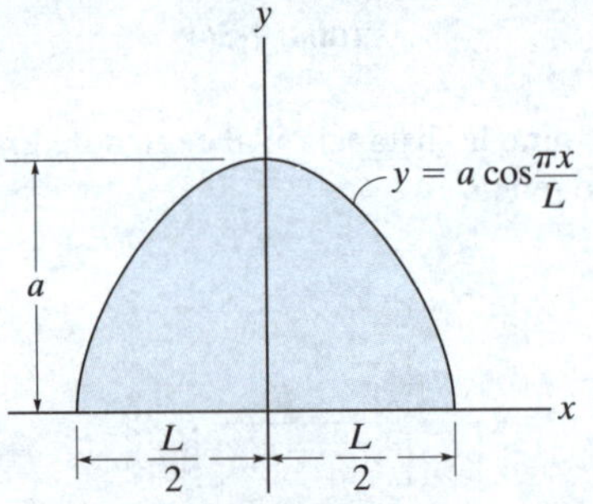

Prob. 9-8

9-9. Localice el centroide $\bar{x}$ del área sombreada.

9-10. Localice el centroide $\bar{y}$ del área sombreada.

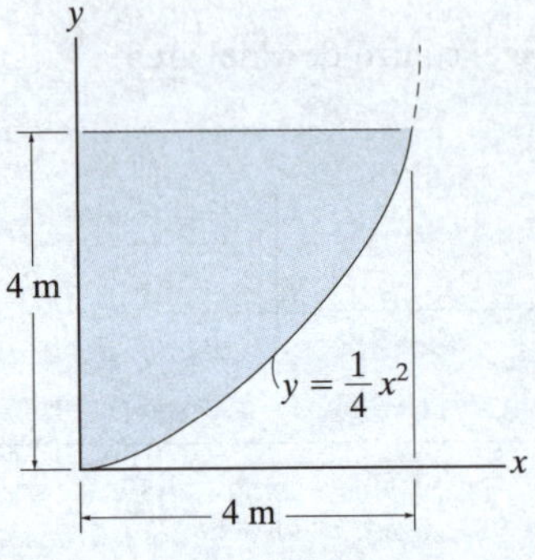

Probs. 9-9/10

9-11. Localice el centroide $\bar{x}$ del área.

***9-12.** Localice el centroide $\bar{y}$ del área.

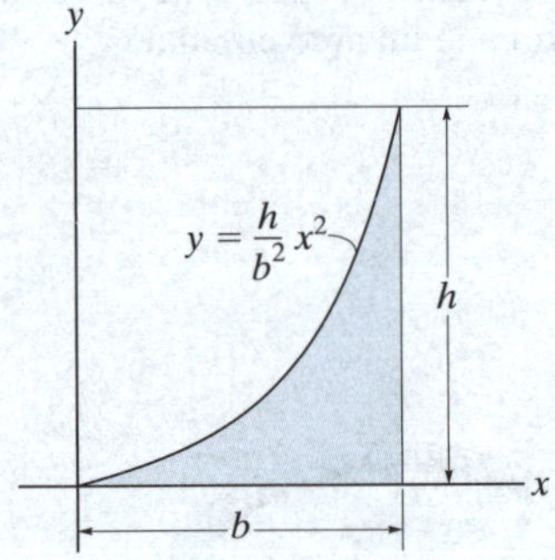

Probs. 9-11/12

9-13. Localice el centroide $\bar{x}$ del área.

9-14. Localice el centroide $\bar{y}$ del área.

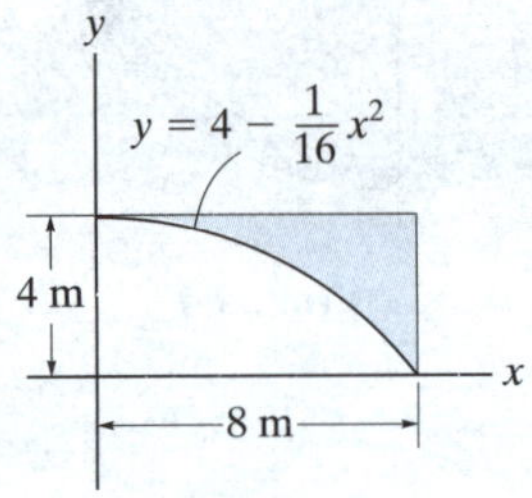

Probs. 9-13/14

9-15. Localice el centroide $\bar{x}$ del área sombreada. Resuelva el problema mediante la evaluación de las integrales utilizando la regla de Simpson.

***9-16.** Localice el centroide $\bar{y}$ del área sombreada. Resuelva el problema mediante la evaluación de las integrales utilizando la regla de Simpson.

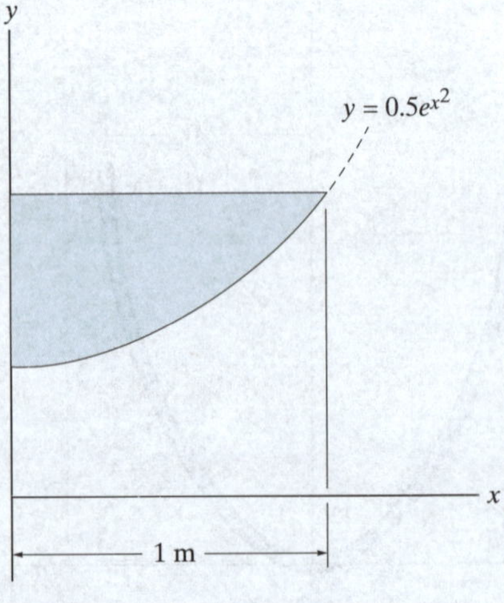

Probs. 9-15/16

9-17. Localice el centroide $\bar{y}$ del área.

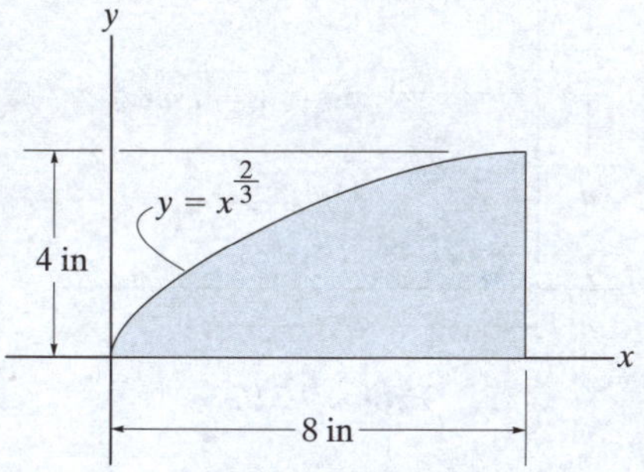

Prob. 9-17

9-18. Localice el centroide $\bar{x}$ del área.

9-19. Localice el centroide $\bar{y}$ del área.

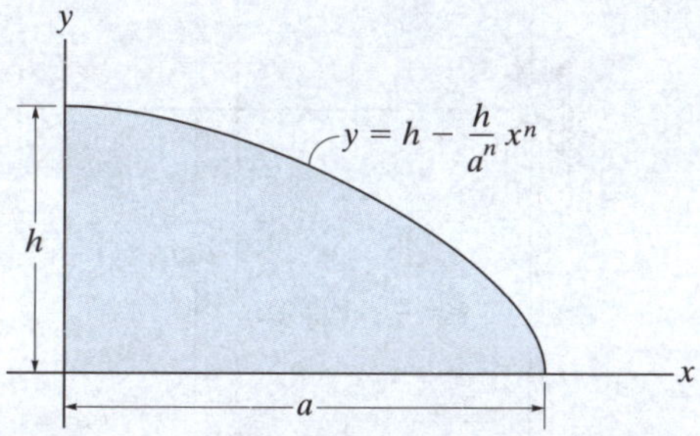

Probs. 9-18/19

***9-20.** Localice el centroide $\bar{y}$ del área sombreada.

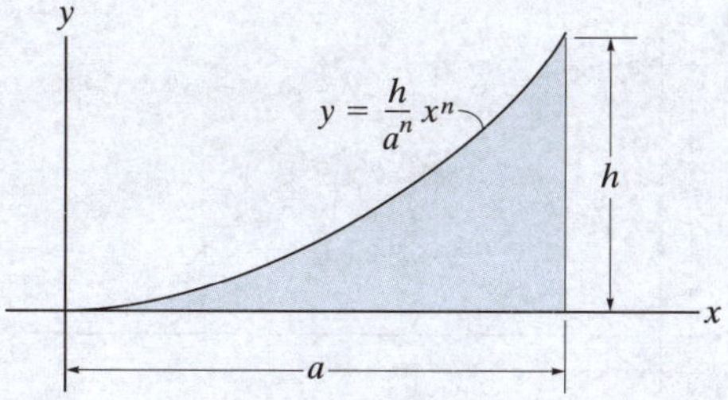

Prob. 9-20

9-21. Localice el centroide $\bar{x}$ del área sombreada.

9-22. Localice el centroide $\bar{y}$ del área sombreada.

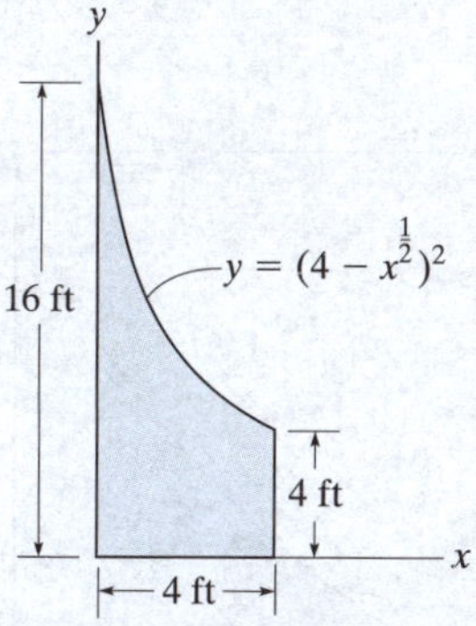

Probs. 9-21/22

9-23. Localice el centroide $\bar{x}$ del área sombreada.

***9-24.** Localice el centroide $\bar{y}$ del área sombreada.

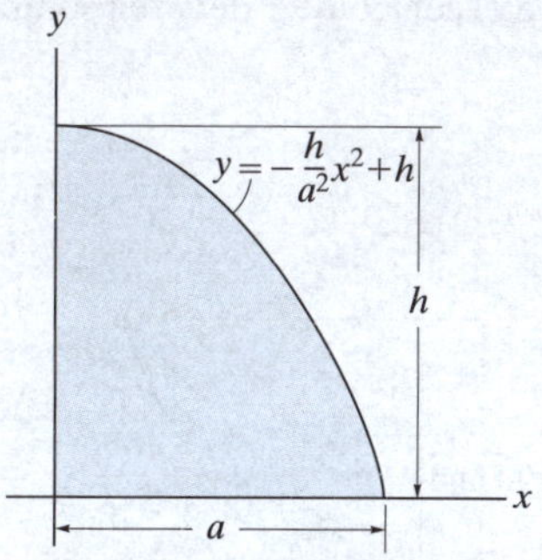

Probs. 9-23/24

9-25. La placa tiene un espesor de 0.25 ft y un peso específico de $\gamma = 180\ \text{lb/ft}^3$. Determine la ubicación de su centro de gravedad. Además, encuentre la tensión en cada una de las cuerdas utilizadas para sostenerla.

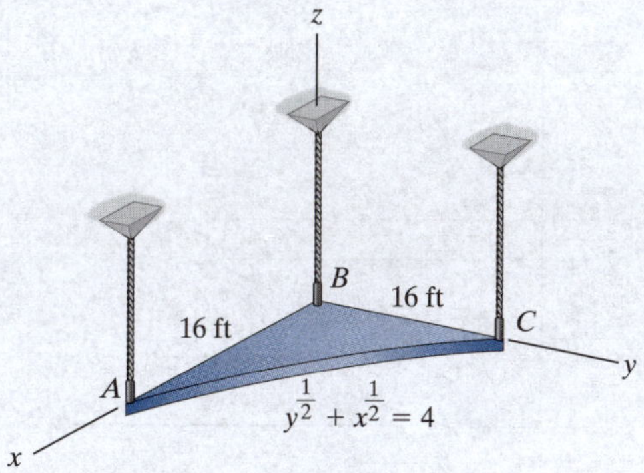

Prob. 9-25

9

9-26. Localice el centroide $\overline{x}$ del área sombreada.

9-27. Localice el centroide $\overline{y}$ del área sombreada.

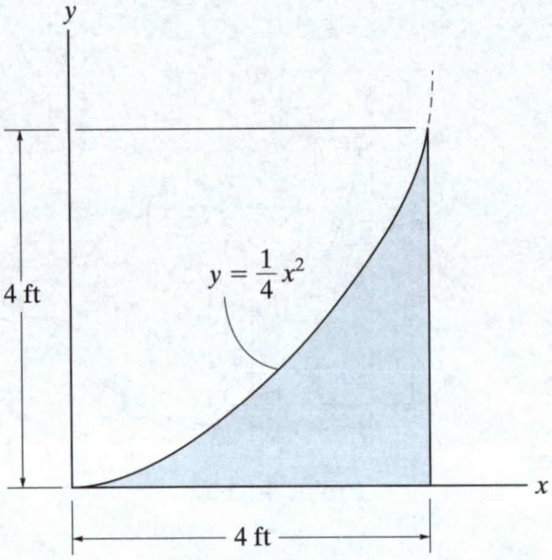

Probs. 9-26/27

***9-28.** Localice el centroide $\overline{x}$ del área sombreada.

9-29. Localice el centroide $\overline{y}$ del área sombreada.

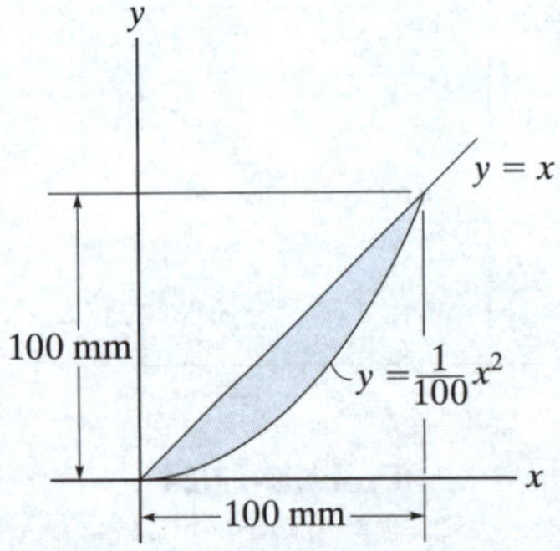

Probs. 9-28/29

9-30. Localice el centroide $\overline{x}$ del área sombreada.

9-31. Localice el centroide $\overline{y}$ del área sombreada.

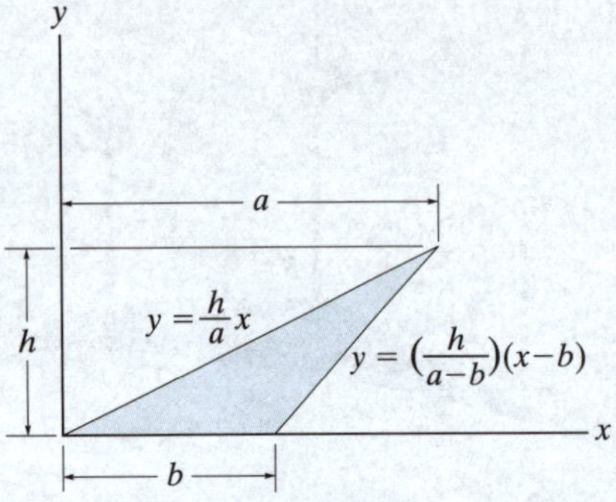

Probs. 9-30/31

***9-32.** Localice el centroide $\overline{x}$ del área.

9-33. Localice el centroide $\overline{y}$ del área.

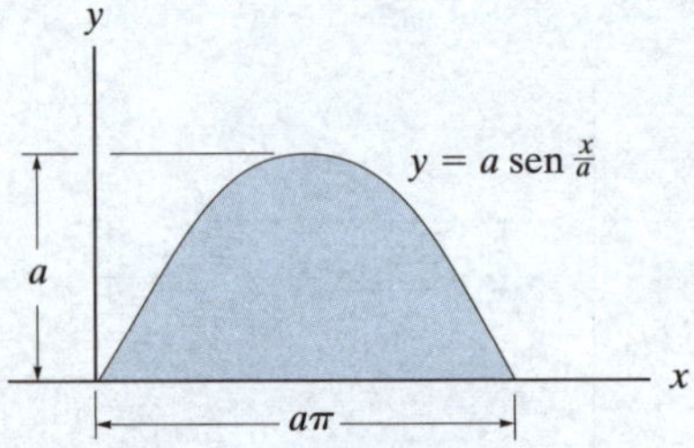

Probs. 9-32/33

9-34. La placa de acero tiene un espesor de 0.3 m y una densidad de 7850 kg/m^3. Determine la ubicación de su centro de masa. También encuentre las reacciones en el soporte de pasador y rodillo.

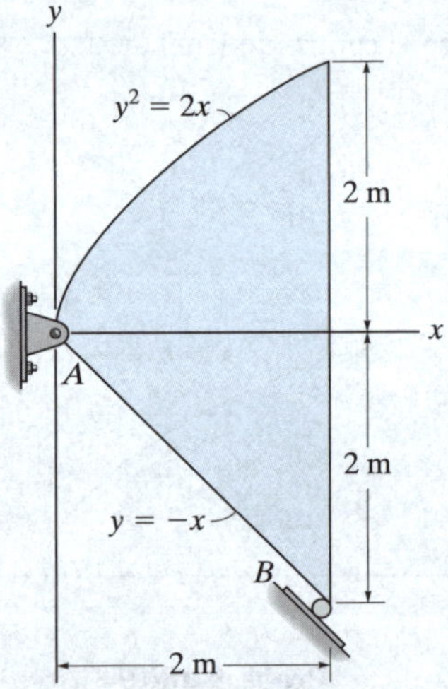

Prob. 9-34

9-35. Localice el centroide $\overline{x}$ del área sombreada.

***9-36.** Localice el centroide $\overline{y}$ del área sombreada.

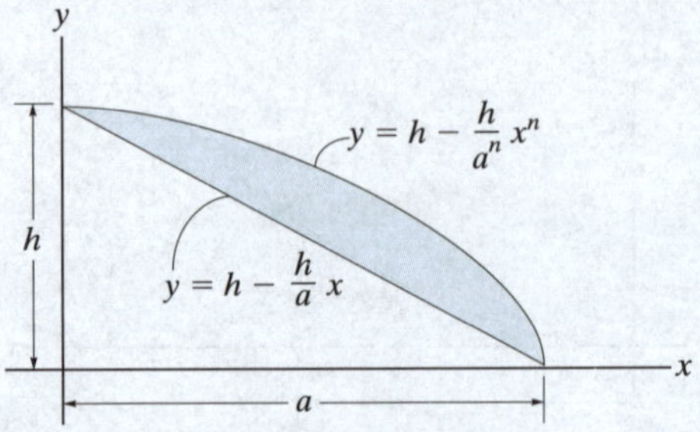

Probs. 9-35/36

9-37. Localice el centroide $\bar{x}$ del sector circular.

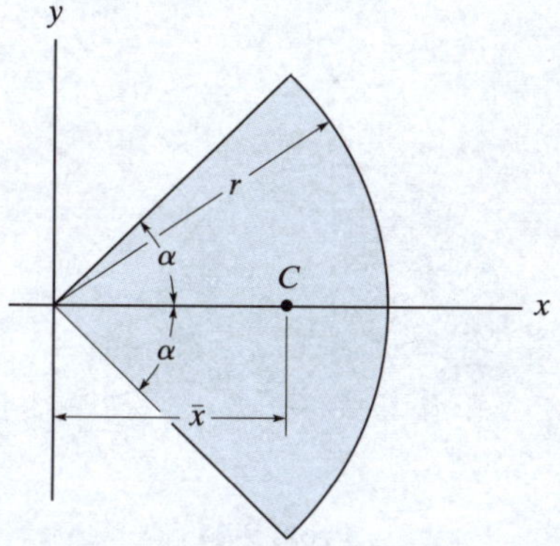

Prob. 9-37

9-38. Determine la ubicación $\bar{r}$ del centroide C para el lazo de la lemniscata, $r^2 = 2a^2 \cos 2\theta$ $(-45° \leq \theta \leq 45°)$.

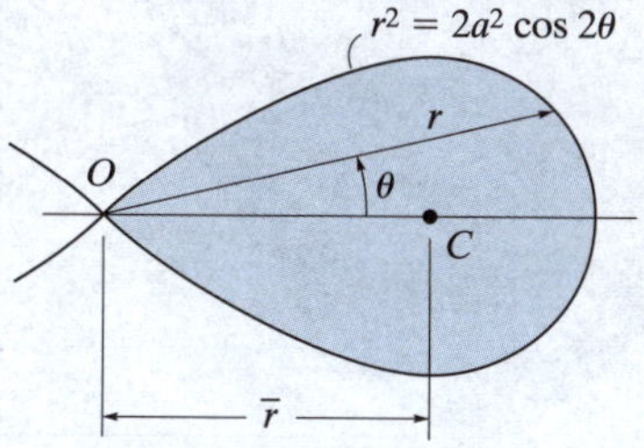

Prob. 9-38

9-39. Localice el centro de gravedad del volumen. El material es homogéneo.

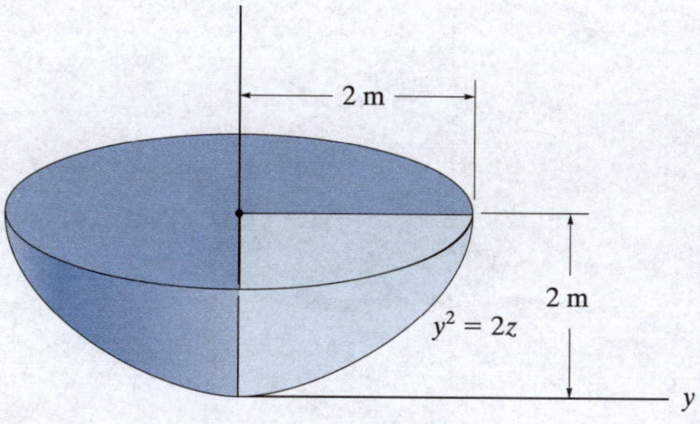

Prob. 9-39

***9-40.** Localice el centroide $\bar{y}$ del paraboloide.

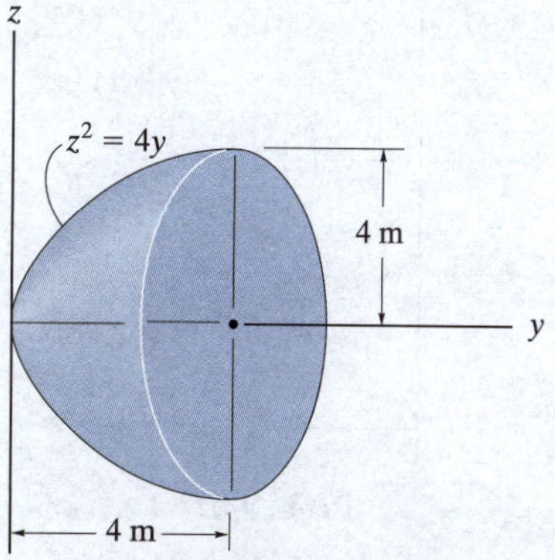

Prob. 9-40

9-41. Localice el centroide $\bar{z}$ del cono truncado circular recto.

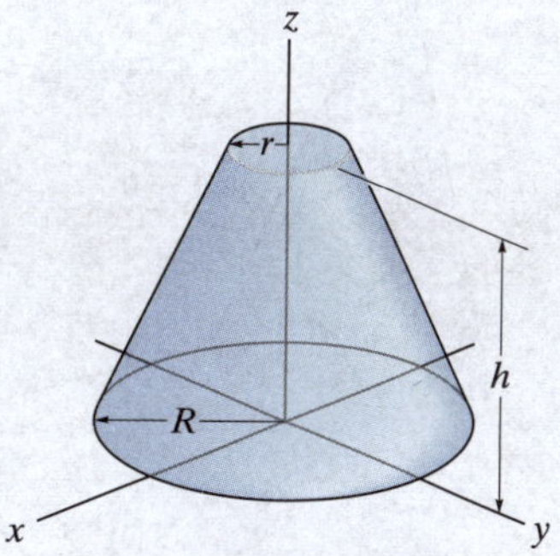

Prob. 9-41

9-42. Determine el centroide $\bar{y}$ del sólido.

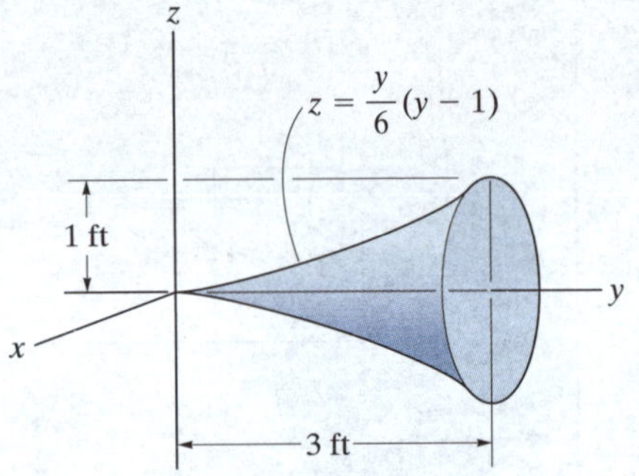

Prob. 9-42

9-43. Localice el centroide del cuarto de cono.

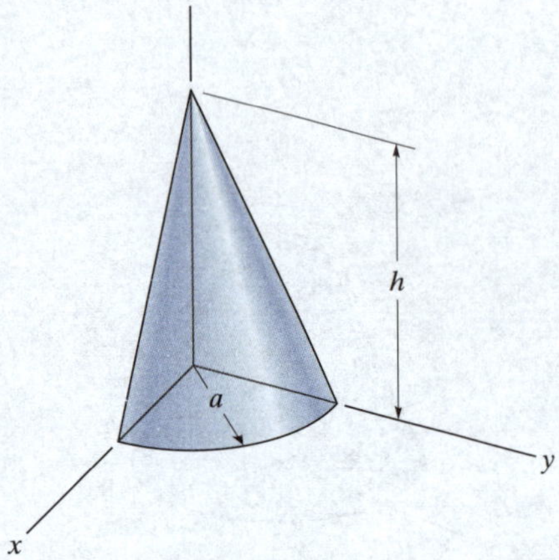

Prob. 9-43

***9-44.** La semiesfera de radio r está hecha de una serie de placas muy finas, cuya densidad varía con la altura, $\rho = kz$, donde k es una constante. Determine su masa y la distancia $\bar{z}$ al centro de masa G.

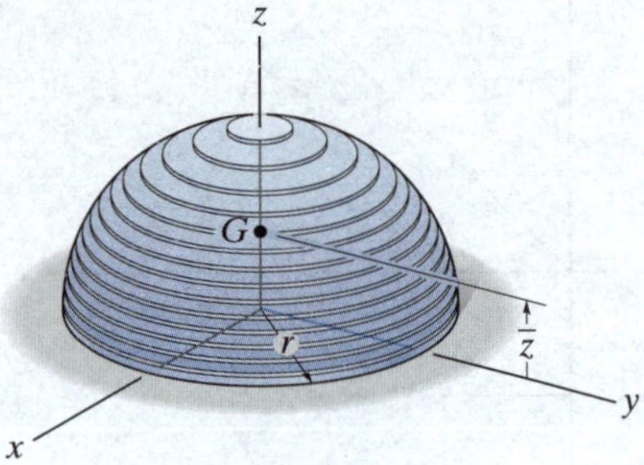

Prob. 9-44

9-45. Localice el centroide $\bar{z}$ del volumen.

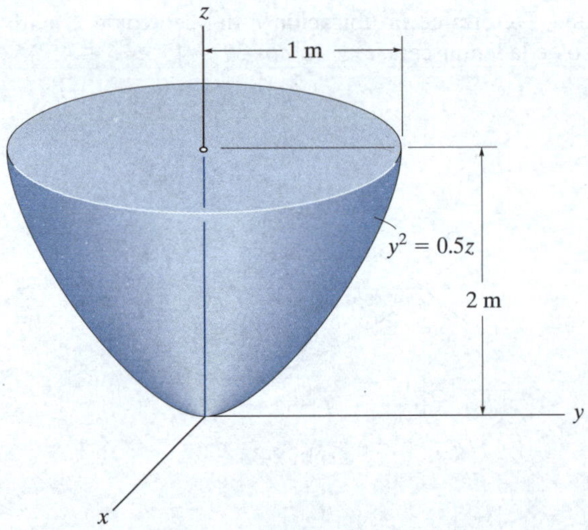

Prob. 9-45

9-46. Localice el centroide del elipsoide de revolución.

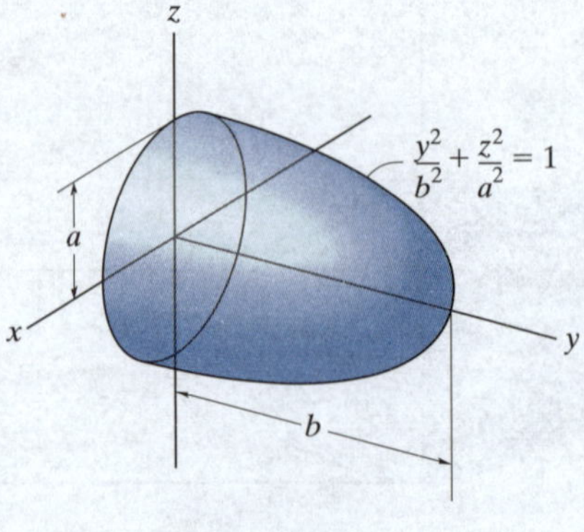

Prob. 9-46

9-47. Localice el centro de gravedad $\bar{z}$ del sólido.

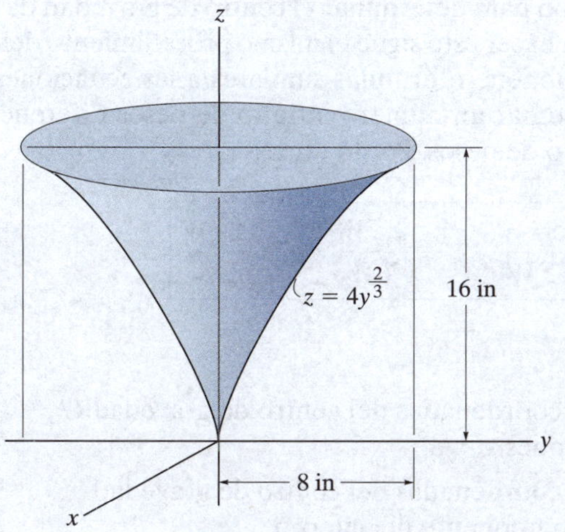

Prob. 9-47

***9-48.** Localice el centro de gravedad $\bar{z}$ del volumen. El material es homogéneo.

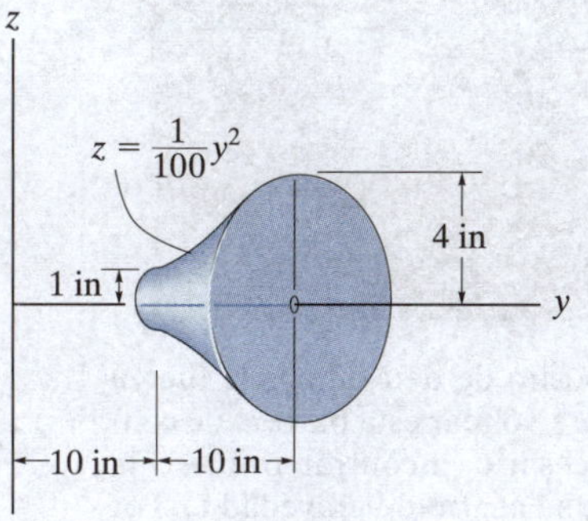

Prob. 9-48

9-49. Localice el centroide $\bar{z}$ del segmento esférico.

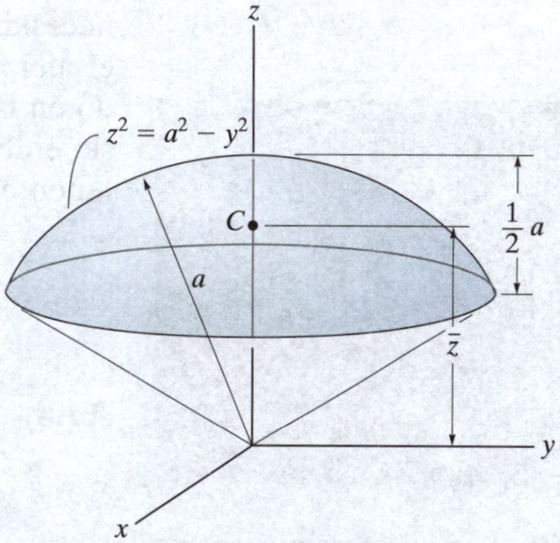

Prob. 9-49

9-50. Determine la ubicación $\bar{z}$ del centroide para el tetraedro. *Sugerencia:* Utilice un elemento con forma de "placa" triangular paralelo al plano *x-y* y con espesor *dz*.

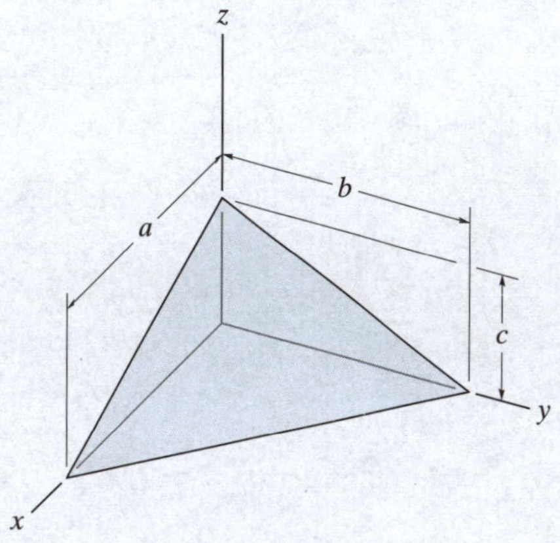

Prob. 9-50

9

9.2 Cuerpos compuestos

Un análisis de esfuerzo de este ángulo requiere que se localice el centroide del área de su sección transversal. (© Russell C. Hibbeler)

Un ***cuerpo compuesto*** consiste en una serie de cuerpos "más simples" conectados, los cuales pueden ser rectangulares, triangulares, semicirculares, etcétera. Un cuerpo de este tipo a menudo suele seccionarse o dividirse en sus partes componentes y, si se conocen el *peso* y la ubicación del centro de gravedad de cada una de esas partes, es posible eliminar la necesidad de la integración para determinar el centro de gravedad de todo el cuerpo. El método para hacer esto sigue el mismo procedimiento delineado en la sección 9.1. Se obtienen fórmulas similares a las ecuaciones 9-1; sin embargo, en vez de tomar un número infinito de pesos diferenciales, tenemos un número finito de pesos. Por lo tanto,

$$\bar{x} = \frac{\Sigma \tilde{x} W}{\Sigma W} \quad \bar{y} = \frac{\Sigma \tilde{y} W}{\Sigma W} \quad \bar{z} = \frac{\Sigma \tilde{z} W}{\Sigma W} \tag{9-6}$$

Aquí

$\bar{x}, \bar{y}, \bar{z}$ representan las coordenadas del centro de gravedad G del cuerpo compuesto.

$\tilde{x}, \tilde{y}, \tilde{z}$ representan las coordenadas del centro de gravedad de cada parte componente del cuerpo.

ΣW es la suma de los pesos de todas las partes componentes del cuerpo, o simplemente el peso total del cuerpo.

Cuando el cuerpo tiene *densidad o peso específico constantes*, el centro de gravedad *coincide* con el centroide del cuerpo. El centroide para líneas, áreas y volúmenes compuestos puede encontrarse con relaciones análogas a las ecuaciones 9-6; sin embargo, a las W las reemplazan las L, las A y las V, respectivamente. Los centroides para formas comunes de líneas, áreas, cascarones y volúmenes, que a menudo constituyen un cuerpo compuesto, están dados en la tabla que se muestra en los forros de este libro.

9

Con el propósito de determinar la fuerza requerida para voltear esta barrera de concreto, es necesario encontrar primero la ubicación de su centro de gravedad G. Por simetría, G descansará en el eje de simetría vertical. (© Russell C. Hibbeler)

Procedimiento para el análisis

La ubicación del centro de gravedad de un cuerpo o del centroide de un objeto geométrico compuesto representado por una línea, un área o un volumen, se determina con el siguiente procedimiento.

Partes componentes

- Mediante un croquis, divida el cuerpo u objeto en un número finito de partes componentes que tengan formas más simples.
- Si una parte componente tiene un *orificio*, o una región geométrica que no contenga material, entonces considérela sin el orificio y a éste como una parte componente *adicional* con peso o tamaño negativos.

Brazos de momento

- Establezca los ejes de coordenadas sobre el croquis y determine las coordenadas $\tilde{x}$, $\tilde{y}$, $\tilde{z}$ del centro de gravedad o centroide de cada parte.

Sumatorias

- Determine $\bar{x}$, $\bar{y}$, $\bar{z}$ mediante la aplicación de las ecuaciones del centro de gravedad, las ecuaciones 9-6, o las ecuaciones análogas del centroide.
- Si un objeto es *simétrico* con respecto a un eje, su centroide se encuentra sobre este eje.

Si se desea, los cálculos pueden arreglarse en forma tabular, como se indica en los siguientes tres ejemplos.

El centro de gravedad de este tanque de agua puede determinarse al dividirlo en partes componentes para después aplicar las ecuaciones 9-6. (© Russell C. Hibbeler)

EJEMPLO 9.9

Localice el centroide del alambre que se muestra en la figura 9-16*a*.

SOLUCIÓN

Partes componentes. El alambre está dividido en tres segmentos como se ilustra en la figura 9-16*b*.

Brazos de momento. La ubicación del centroide para cada segmento se determina e indica en la figura. En particular, el centroide del segmento (1) está determinado por integración o por la tabla que aparece en los forros de este libro.

Sumatorias. Por conveniencia, los cálculos pueden tabularse de la siguiente manera:

Segmento	L (mm)	$\tilde{x}$ (mm)	$\tilde{y}$ (mm)	$\tilde{z}$ (mm)	$\tilde{x}L$ (mm^2)	$\tilde{y}L$ (mm^2)	$\tilde{z}L$ (mm^2)
1	$\pi(60) = 188.5$	60	−38.2	0	11 310	−7200	0
2	40	0	20	0	0	800	0
3	20	0	40	−10	0	800	−200
	$\Sigma L = 248.5$				$\Sigma \tilde{x}L = 11\,310$	$\Sigma \tilde{y}L = -5600$	$\Sigma \tilde{z}L = -200$

Por consiguiente,

$$\bar{x} = \frac{\Sigma \tilde{x}L}{\Sigma L} = \frac{11\,310}{248.5} = 45.5 \text{ mm} \qquad \textit{Resp.}$$

$$\bar{y} = \frac{\Sigma \tilde{y}L}{\Sigma L} = \frac{-5600}{248.5} = -22.5 \text{ mm} \qquad \textit{Resp.}$$

$$\bar{z} = \frac{\Sigma \tilde{z}L}{\Sigma L} = \frac{-200}{248.5} = -0.805 \text{ mm} \qquad \textit{Resp.}$$

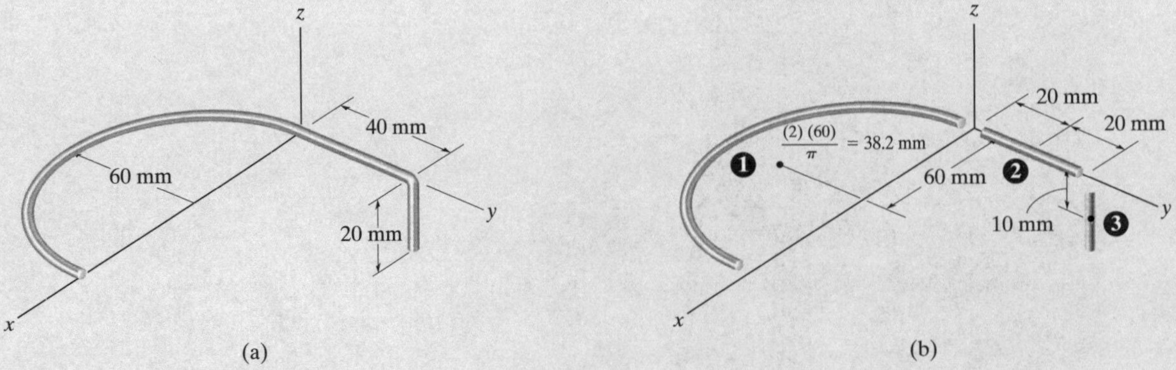

Fig. 9-16

9

EJEMPLO 9.10

Localice el centroide del área de la placa que se muestra en la figura 9-17*a*.

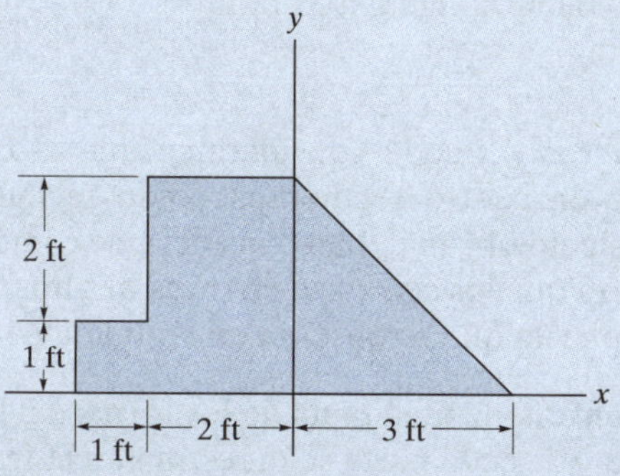

(a)

Fig. 9-17

SOLUCIÓN

Partes compuestas. La placa está dividida en tres segmentos como se muestra en la figura 9-17*b*. Aquí el área del rectángulo pequeño ③ se considera "negativa", ya que se debe restar del rectángulo más grande ②.

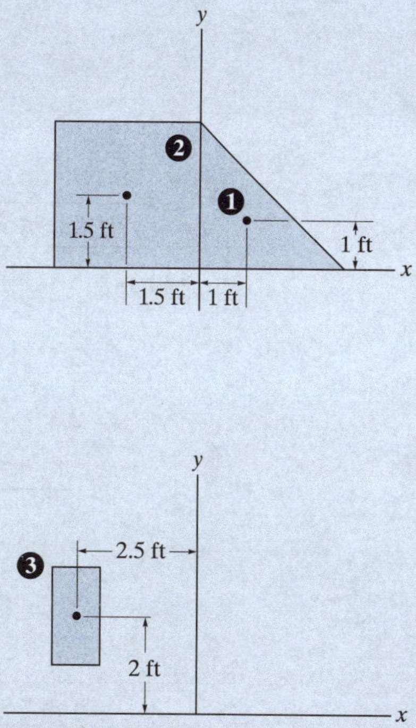

(b)

Brazos de momento. El centroide de cada segmento se localiza del modo que se indica en la figura. Observe que las coordenadas $\tilde{x}$ de ② y ③ son *negativas*.

Sumatorias. Con los datos de la figura 9-17*b*, los cálculos se tabulan de la siguiente manera:

Segmento	A (ft^2)	$\tilde{x}$ (ft)	$\tilde{y}$ (ft)	$\tilde{x}A$ (ft^3)	$\tilde{y}A$ (ft^3)
1	$\frac{1}{2}(3)(3) = 4.5$	1	1	4.5	4.5
2	$(3)(3) = 9$	-1.5	1.5	-13.5	13.5
3	$-(2)(1) = -2$	-2.5	2	5	-4
	$\Sigma A = 11.5$			$\Sigma \tilde{x}A = -4$	$\Sigma \tilde{y}A = 14$

Por consiguiente,

$$\bar{x} = \frac{\Sigma \tilde{x}A}{\Sigma A} = \frac{-4}{11.5} = -0.348 \text{ ft} \qquad \textit{Resp.}$$

$$\bar{y} = \frac{\Sigma \tilde{y}A}{\Sigma A} = \frac{14}{11.5} = 1.22 \text{ ft} \qquad \textit{Resp.}$$

NOTA: Si estos resultados se grafican en la figura 9-17*a*, parece razonable la ubicación del punto *C*.

EJEMPLO 9.11

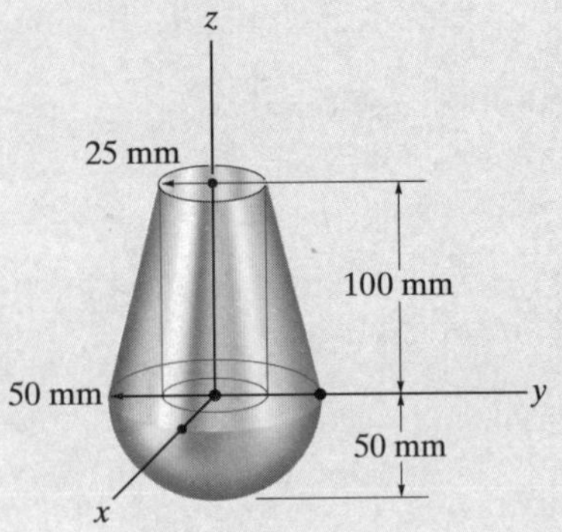

Fig. 9-18

Localice el centro de masa del ensamble que se muestra en la figura 9-18*a*. La densidad del cono truncado es $\rho_c = 8 \text{ Mg/m}^3$, y la de la semiesfera es $\rho_h = 4 \text{ Mg/m}^3$. En el centro del cono truncado hay un orificio cilíndrico de radio igual a 25 mm.

SOLUCIÓN

Partes compuestas. Puede considerarse que el ensamble que se muestra consiste en cuatro segmentos, como se indica en la figura 9-18*b*. Para los cálculos, l y m deben considerarse como segmentos "negativos", de manera que los cuatro segmentos, al sumarse, resulten en la forma total compuesta que se observa en la figura 9-18*a*.

Brazo de momento. Con la tabla de los forros del libro, los cálculos para el centroide $\tilde{z}$ de cada pieza se muestran en la figura.

Sumatorias. Debido a la *simetría*, observe que

$$\bar{x} = \bar{y} = 0$$ *Resp.*

Como $W = mg$, y g es constante, la tercera de las ecuaciones 9-6 toma la forma $\bar{z} = \Sigma \tilde{z}m/\Sigma m$. La masa de cada pieza puede calcularse a partir de $m = \rho V$ y usarse en los cálculos. Además, $1 \text{ Mg/m}^3 = 10^{-6} \text{ kg/mm}^3$, de manera que

Segmento	m (kg)	$\tilde{z}$ (mm)	$\tilde{z}m$ (kg · mm)
1	$8(10^{-6})\left(\frac{1}{3}\right)\pi(50)^2(200) = 4.189$	50	209.440
2	$4(10^{-6})\left(\frac{2}{3}\right)\pi(50)^3 = 1.047$	−18.75	−19.635
3	$-8(10^{-6})\left(\frac{1}{3}\right)\pi(25)^2(100) = -0.524$	100 + 25 = 125	−65.450
4	$-8(10^{-6})\pi(25)^2(100) = -1.571$	50	−78.540
	$\Sigma m = 3.142$		$\Sigma \tilde{z}m = 45.815$

Entonces,
$$\bar{z} = \frac{\Sigma \tilde{z}m}{\Sigma m} = \frac{45.815}{3.142} = 14.6 \text{ mm}$$ *Resp.*

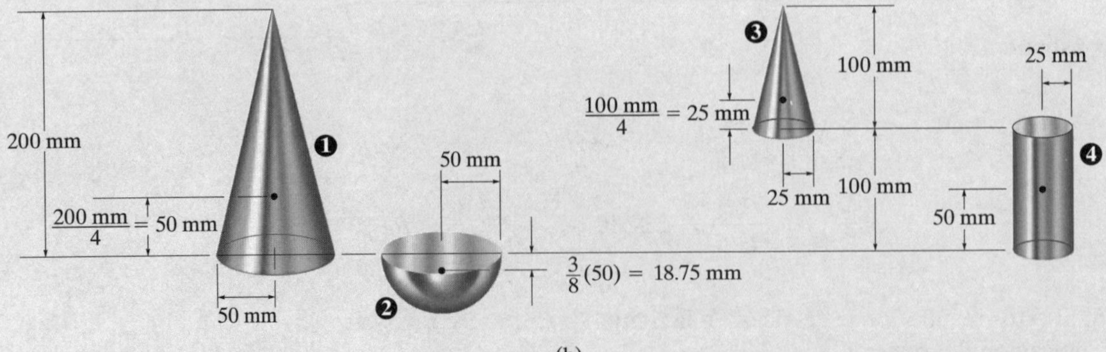

PROBLEMAS FUNDAMENTALES

F9-7. Localice el centroide $(\bar{x}, \bar{y}, \bar{z})$ del alambre que se dobla en la forma indicada.

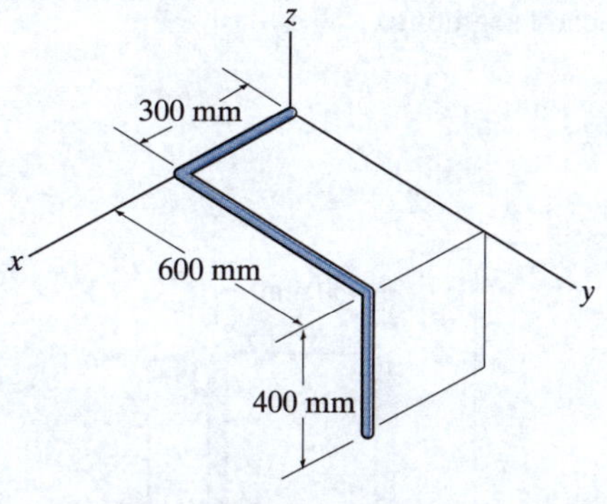

Prob. F9-7

F9-8. Localice el centroide $\bar{y}$ del área de la sección transversal de la viga.

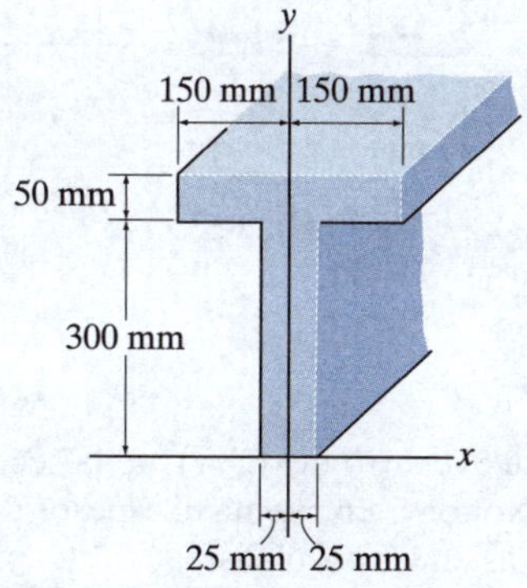

Prob. F9-8

F9-9. Localice el centroide $\bar{y}$ del área de la sección transversal de la viga.

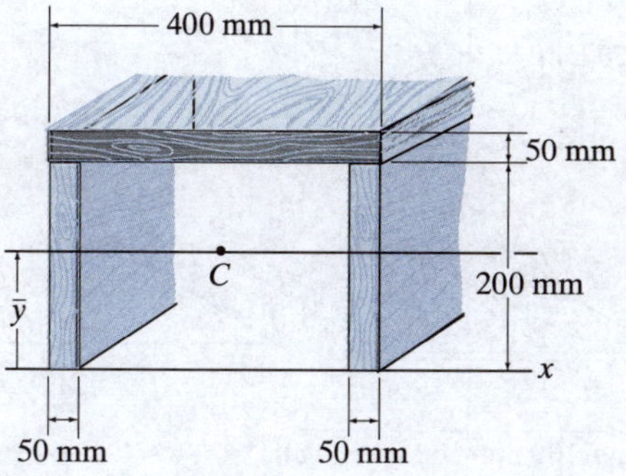

Prob. F9-9

F9-10. Localice el centroide $(\bar{x}, \bar{y})$ del área de la sección transversal.

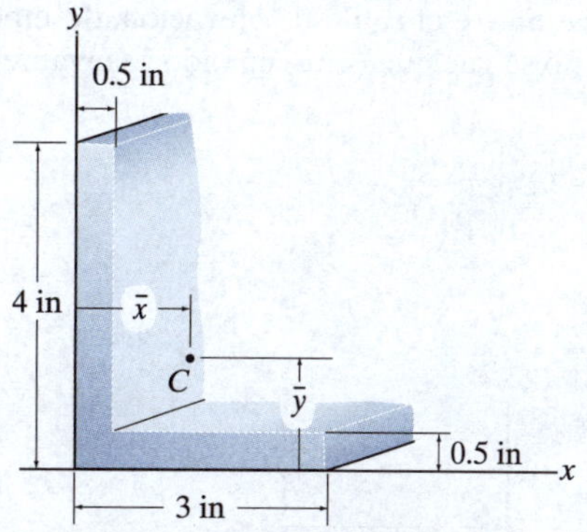

Prob. F9-10

F9-11. Localice el centro de masa $(\bar{x}, \bar{y}, \bar{z})$ del bloque sólido homogéneo.

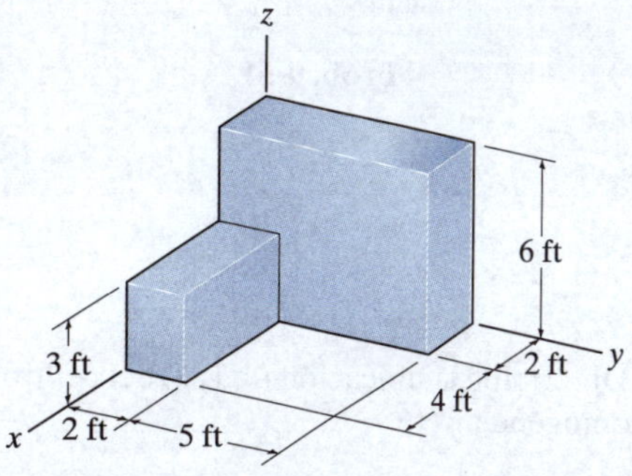

Prob. F9-11

F9-12. Localice el centro de masa $(\bar{x}, \bar{y}, \bar{z})$ del bloque sólido homogéneo.

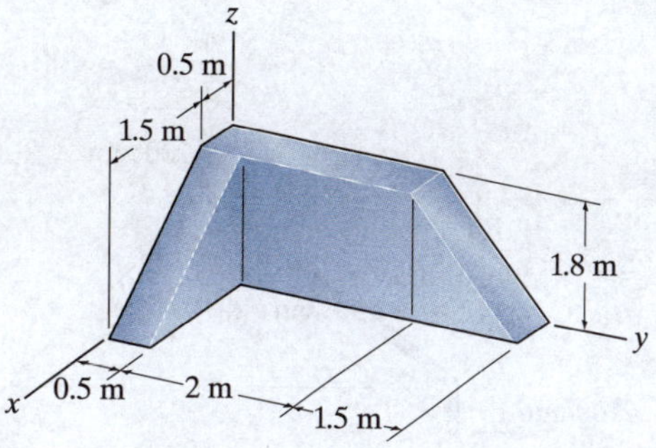

Prob. F9-12

9

PROBLEMAS

9.51. La armadura está hecha de cinco elementos, cada uno con una longitud de 4 m y una masa de 7 kg/m. Si la masa de las placas de unión en los nodos y el espesor de los elementos se pueden despreciar, determine la distancia d a la que debe unirse el cable de elevación, de modo que la armadura no se vuelque (gire) cuando se levante.

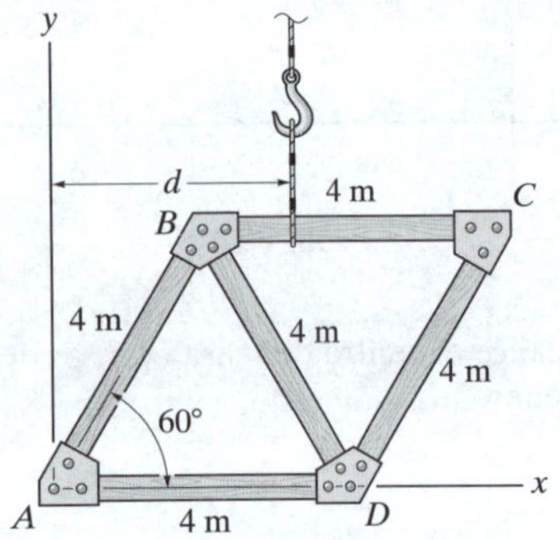

Prob. 9-51

9-53. La pieza está hecha de una hoja de acero formada mediante laminado y tiene la sección transversal mostrada. Determine la ubicación $(\bar{x}, \bar{y})$ del centroide de la sección transversal. Las dimensiones se indican en el centro del espesor de cada segmento.

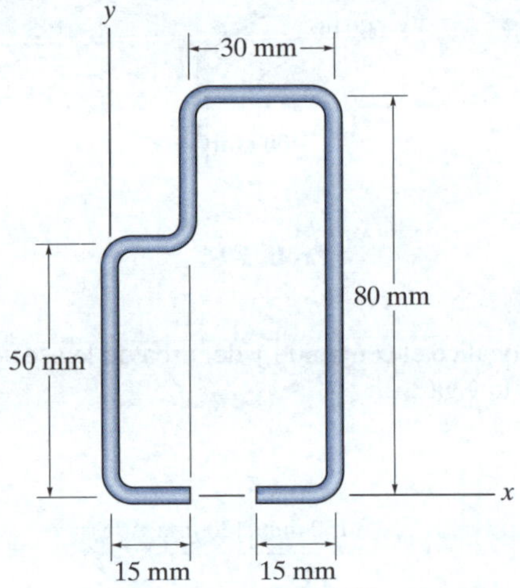

Prob. 9-53

***9-52.** Determine la ubicación $(\bar{x}, \bar{y}, \bar{z})$ del centroide de la varilla homogénea.

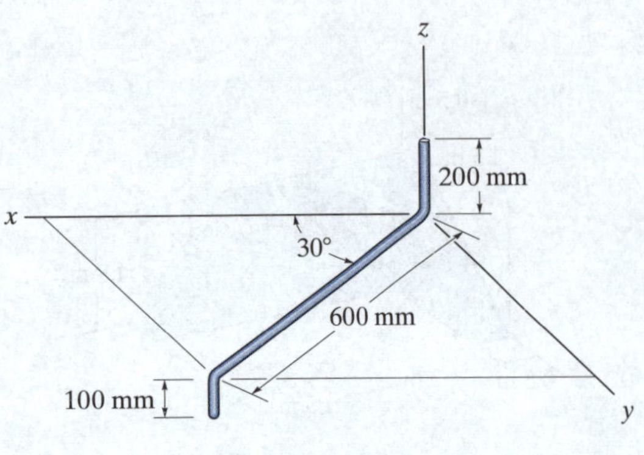

Prob. 9-52

9-54. Localice el centroide $(\bar{x}, \bar{y})$ de la sección transversal del metal. No tome en cuenta el espesor del material ni las ligeras curvas en las esquinas.

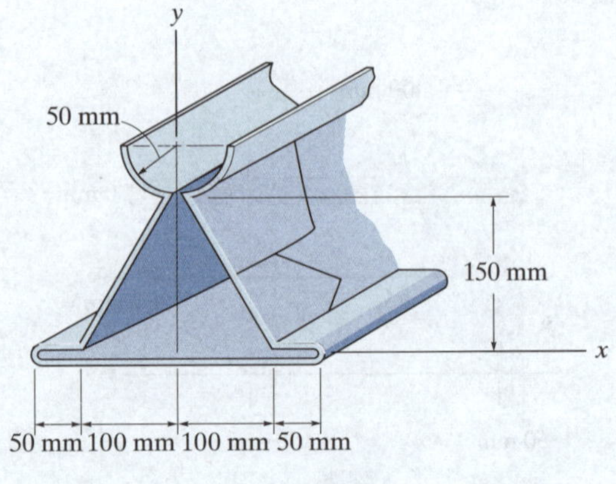

Prob. 9-54

9-55. Localice el centro de gravedad ($\bar{x}$, $\bar{y}$, $\bar{z}$) del alambre homogéneo.

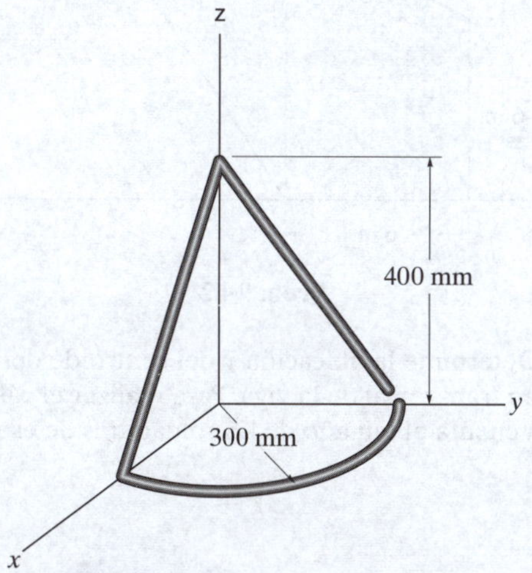

Prob. 9-55

***9-56.** El ensamble de placas de acero y aluminio está atornillado y sujeto a la pared. Cada placa tiene una anchura constante en la dirección z de 200 mm y un espesor de 20 mm. Si la densidad de A y B es $\rho_s = 7.85\ \text{Mg/m}_3$, y para C, $\rho_{al} = 2.71\ \text{Mg/m}^3$, determine la ubicación $\bar{x}$ del centro de masa. Desprecie el tamaño de los tornillos y tuercas.

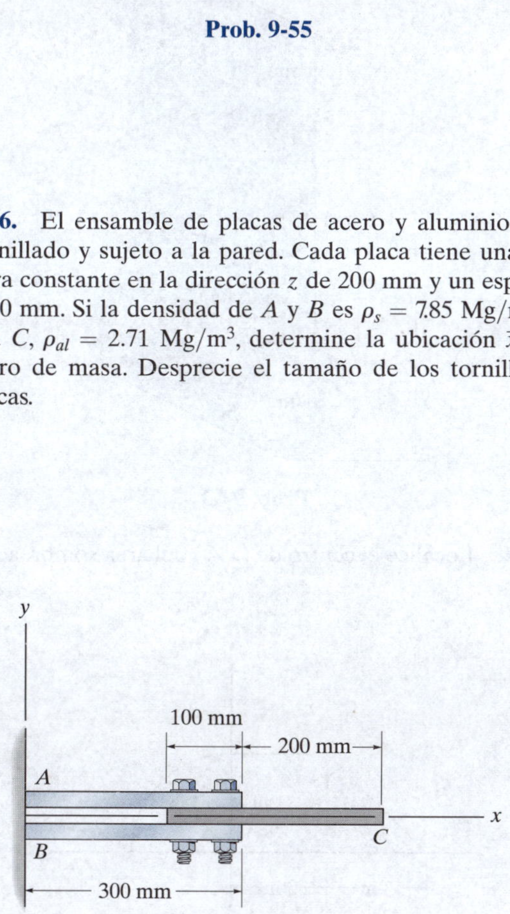

Prob. 9-56

9-57. Localice el centro de gravedad $G(\bar{x}, \bar{y})$ de la lámpara urbana. No tome en cuenta el espesor de cada segmento. La masa por unidad de longitud de cada segmento es la siguiente: $\rho_{AB} = 12$ kg/m, $\rho_{BC} = 8$ kg/m, $\rho_{CD} = 5$ kg/m y $\rho_{DE} = 2$ kg/m.

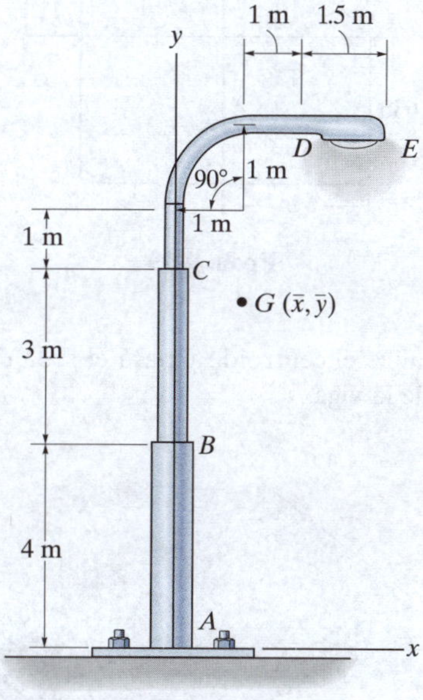

Prob. 9-57

9-58. Determine la ubicación $\bar{y}$ del eje centroidal $\bar{x}$–$\bar{x}$ del área de la sección transversal de la viga. Para realizar el cálculo, desprecie el tamaño de las soldaduras de esquina en A y B.

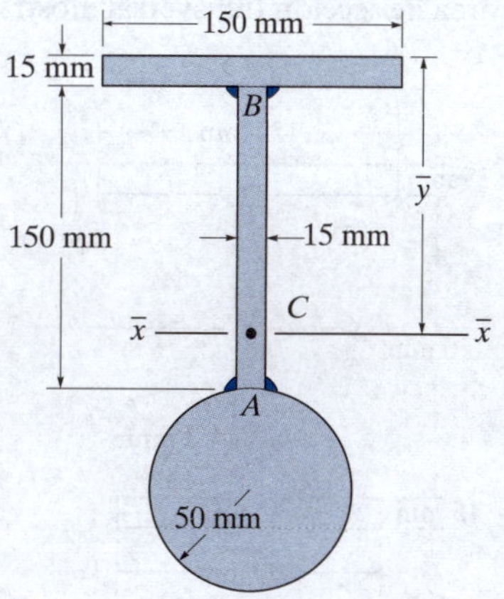

Prob. 9-58

9

9-59. Localice el centroide $(\bar{x}, \bar{y})$ de la zona sombreada.

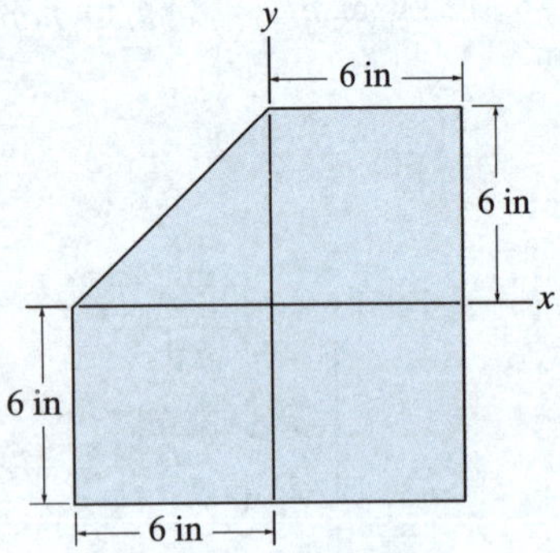

Prob. 9-59

***9-60.** Localice el centroide $\bar{y}$ para el área de la sección transversal de la viga.

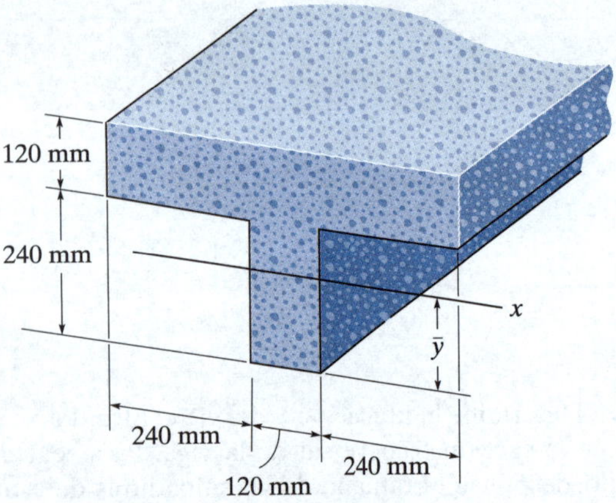

Prob. 9-60

9-61. Determine la ubicación $\bar{y}$ del centroide C de la viga que tiene el área de sección transversal mostrada.

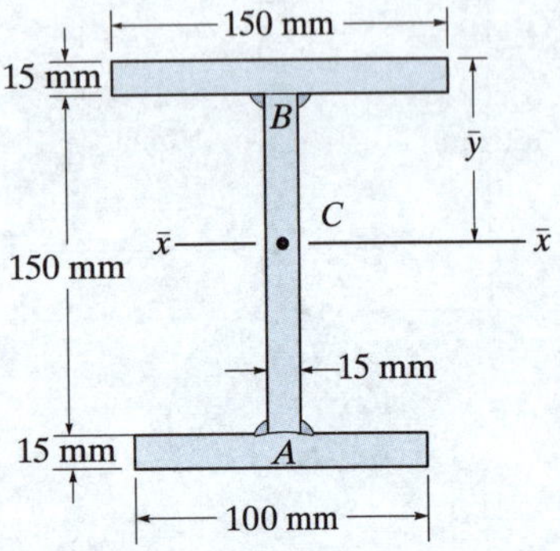

Prob. 9-61

9-62. Localice el centroide $(\bar{x}, \bar{y})$ del área sombreada.

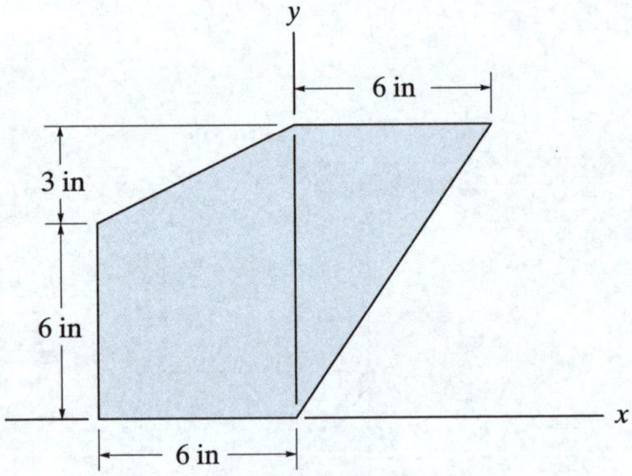

Prob. 9-62

9-63. Determine la ubicación $\bar{y}$ del centroide del área de la sección transversal de la viga. Para realizar el cálculo, no tome en cuenta el tamaño de las soldaduras de esquina en A y B.

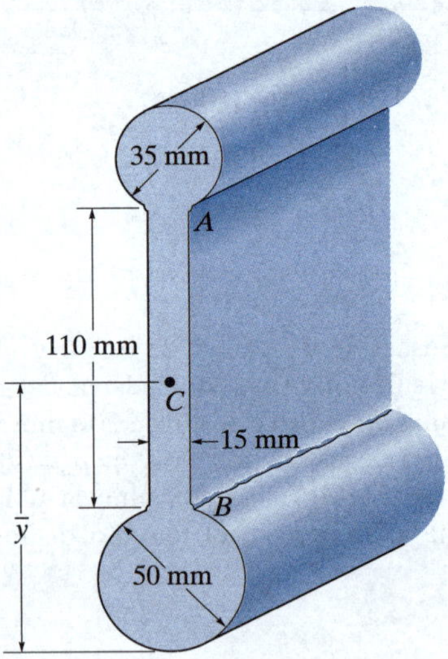

Prob. 9-63

***9-64.** Localice el centroide $(\bar{x}, \bar{y})$ del área sombreada.

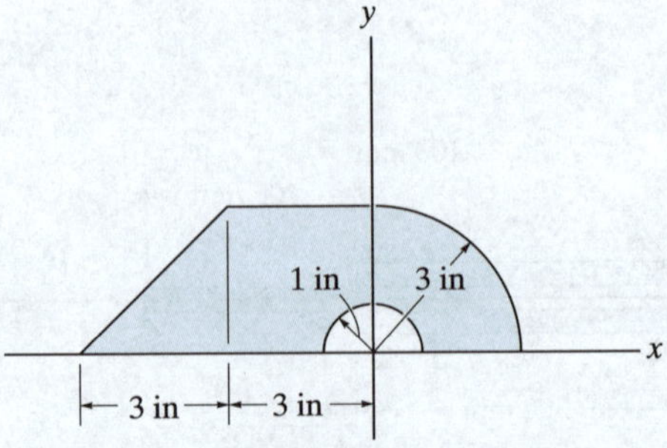

Prob. 9-64

9-65. Determine la ubicación $(\bar{x}, \bar{y})$ del centroide C del área.

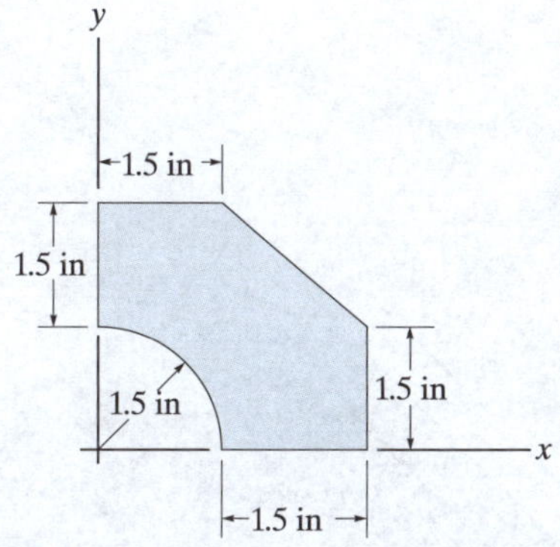

Prob. 9-65

9-66. Determine la ubicación $\bar{y}$ del centroide C para una viga que tiene el área de la sección transversal mostrada. La viga es simétrica con respecto al eje y.

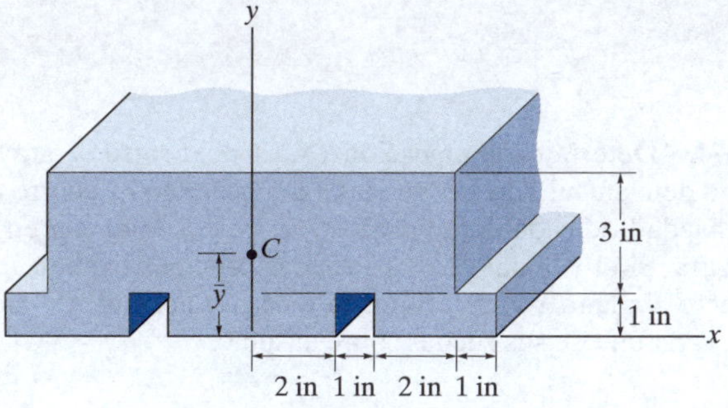

Prob. 9-66

9-67. Localice el centroide $\bar{y}$ del área de la sección transversal de la viga, que se construyó a partir de un canal y una placa. Suponga que todas las esquinas son cuadradas y no tome en cuenta el tamaño de la soldadura en A.

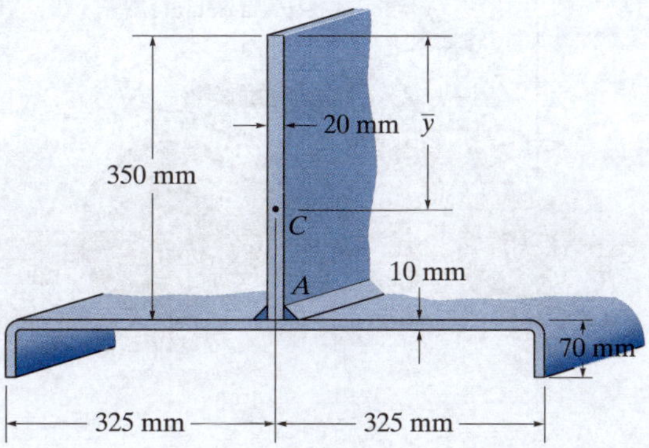

Prob. 9-67

***9-68.** Una placa triangular hecha de material homogéneo tiene un espesor constante que es muy pequeño. Si se pliega de la manera mostrada, determine la ubicación $\bar{y}$ del centro de gravedad G de la placa.

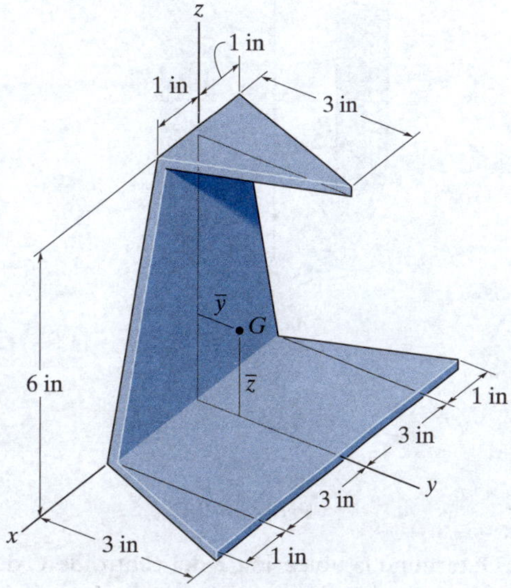

Prob. 9-68

9-69. Una placa triangular hecha de material homogéneo tiene un espesor constante que es muy pequeño. Si se pliega de la manera mostrada, determine la ubicación $\bar{z}$ del centro de gravedad G de la placa.

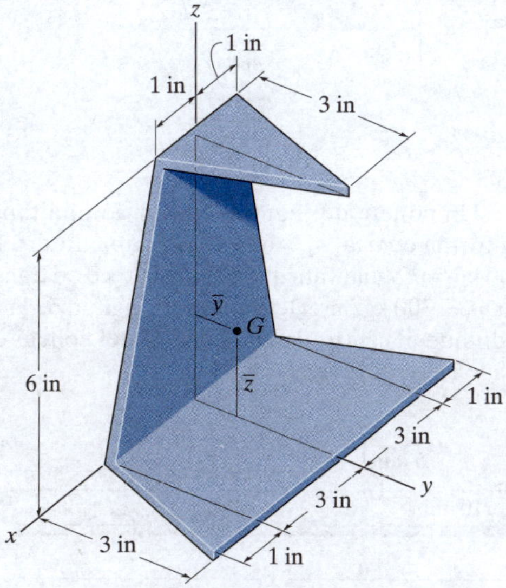

Prob. 9-69

9-70. Localice el centro de masa $\bar{z}$ del nivel en forma de horquilla que está hecho de un material homogéneo y tiene las dimensiones mostradas.

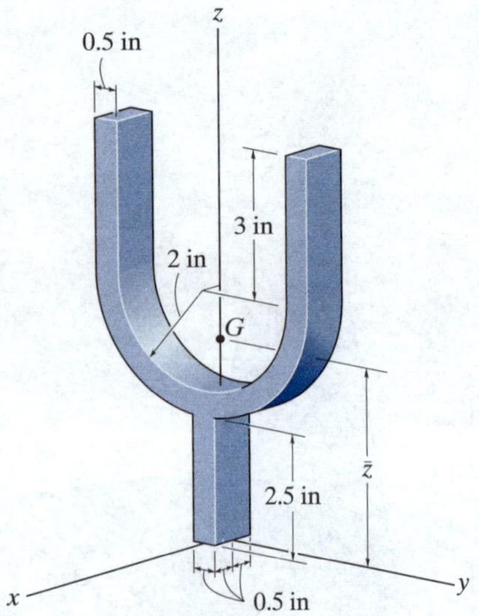

Prob. 9-70

9-71. Determine la ubicación $\bar{x}$ del centroide C del área sombreada, la cual forma parte de un círculo que tiene un radio r.

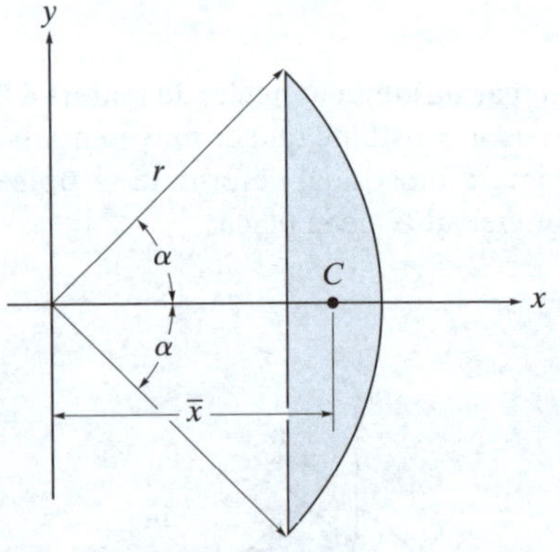

Prob. 9-71

***9-72.** Un cohete de juguete consta de una tapa sólida con forma cónica, $\rho_i = 600\ \text{kg/m}^3$; un cilindro hueco, $\rho_c = 400\ \text{kg/m}^3$; y una vara que tiene una sección transversal circular, $\rho_s = 300\ \text{kg/m}^3$. Determine la longitud de la vara, x, de modo que el centro de gravedad G del cohete esté situado a lo largo de la línea aa.

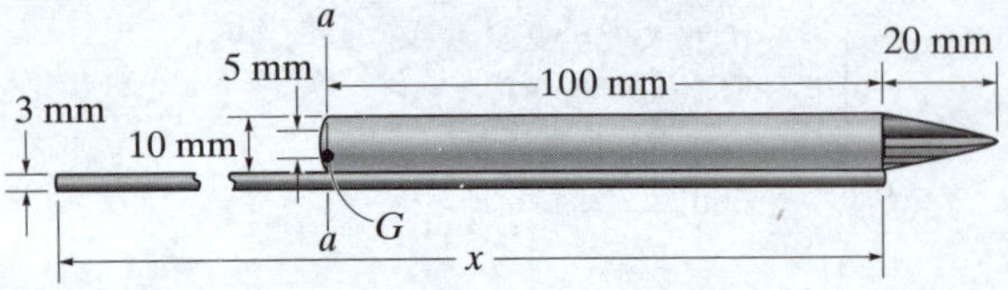

Prob. 9-72

9-73. Localice el centroide $\bar{y}$ para el área de la sección transversal del ángulo.

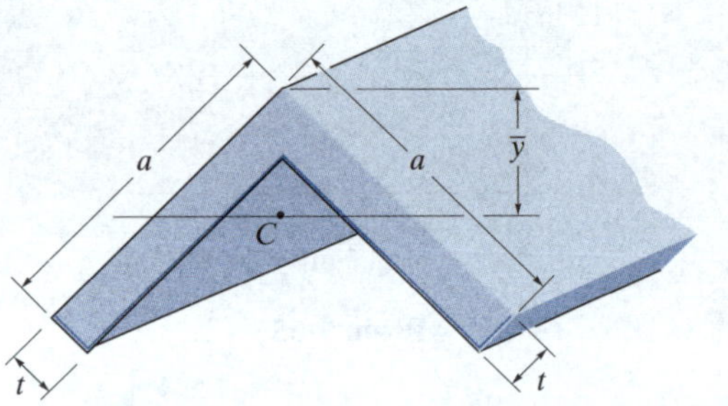

Prob. 9-73

9-74. Determine la ubicación $(\bar{x}, \bar{y})$ del centro de gravedad del vehículo de tres ruedas. La ubicación del centro de gravedad de cada componente y su peso se indican en la figura. Si el vehículo de tres ruedas es simétrico con respecto al plano x-y, determine la reacción normal que ejerce cada una de sus ruedas sobre el suelo.

1. Ruedas traseras	18 lb
2. Componentes mecánicos	85 lb
3. Bastidor	120 lb
4. Rueda delantera	8 lb

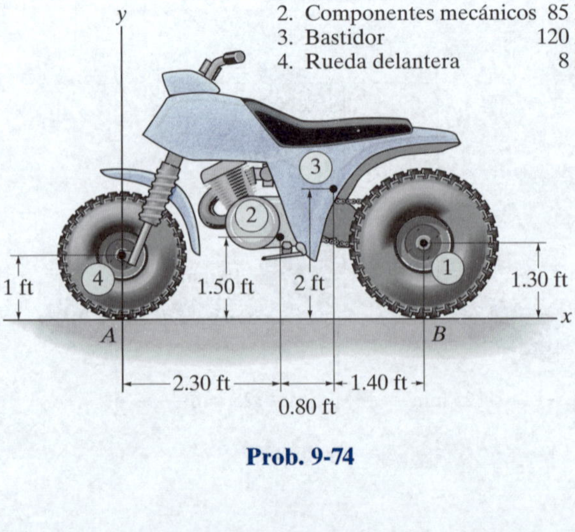

Prob. 9-74

9-75. Localice el centro de masa $(\bar{x}, \bar{y}, \bar{z})$ del ensamble homogéneo de bloques.

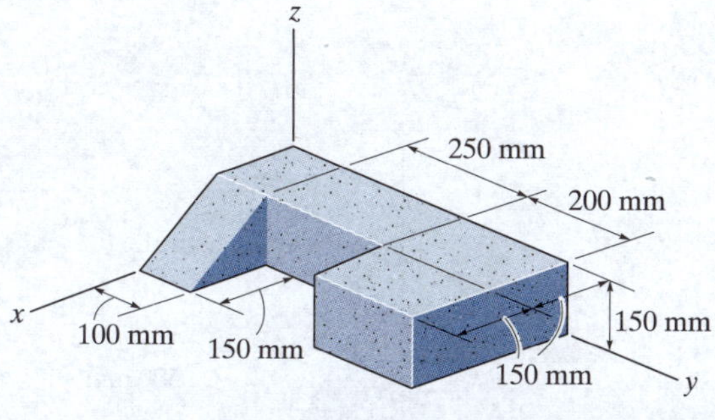

Prob. 9-75

***9-76.** La pieza de hoja metálica tiene las dimensiones mostradas. Determine la ubicación $(\bar{x}, \bar{y}, \bar{z})$ de su centroide.

9-77. La pieza de hoja metálica tiene un peso por unidad de área de 2 lb/ft^2 y se sostiene mediante la varilla lisa y por medio de la cuerda en C. Si se corta la cuerda, la pieza girará alrededor del eje y hasta alcanzar el equilibrio. Determine el ángulo de inclinación para el equilibrio, medido hacia abajo desde el eje x negativo que forma AD con el eje $-x$.

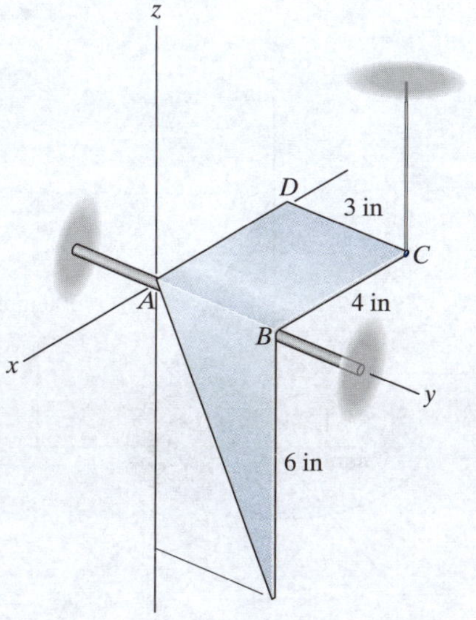

Probs. 9-76/77

9-78. La mesa de madera está hecha con una tabla cuadrada que pesa 15 lb. Cada una de las patas pesa 2 lb y tiene 3 ft de largo. Determine la altura de su centro de gravedad medida desde el piso. Además, ¿cuál es el ángulo, medido desde la horizontal, a través del cual su superficie superior puede inclinarse sobre dos de sus patas, antes de que comience a voltearse? No tome en cuenta el grosor de cada pata.

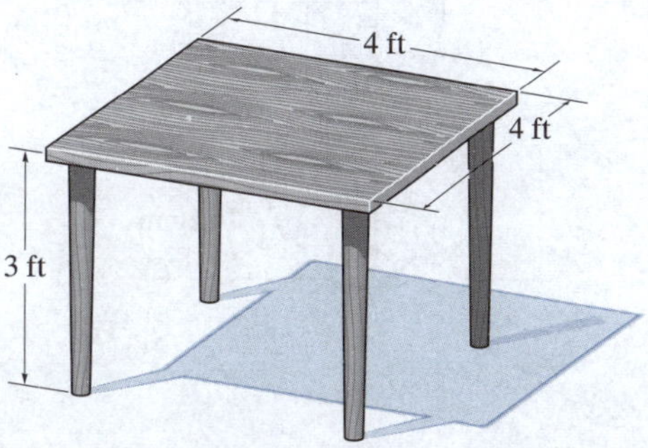

Prob. 9-78

9-79. La boya está hecha con dos conos homogéneos, cada uno con un radio de 1.5 ft. Si $h = 1.2$ ft, encuentre la distancia $\bar{z}$ al centro de gravedad G de la boya.

***9-80.** La boya está hecha con dos conos homogéneos, cada uno con un radio de 1.5 ft. Si se requiere que el centro de gravedad G de la boya se localice en $\bar{z} = 0.5$ ft, determine la altura h del cono superior.

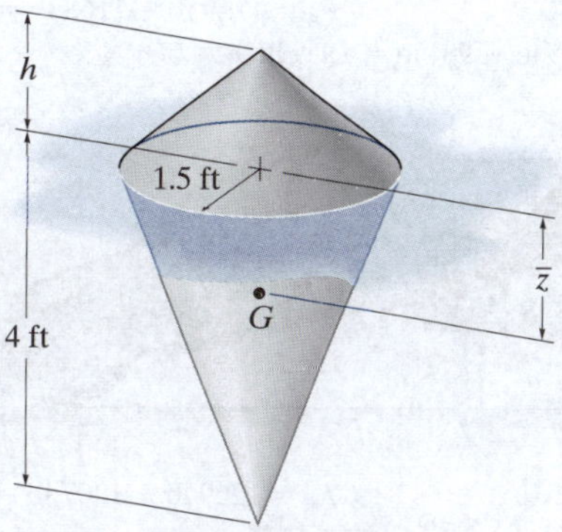

Probs. 9-79/80

9.81. El ensamble está hecho de una semiesfera de acero, $\rho_{ac} = 7.80\ \text{Mg/m}^3$ y un cilindro de aluminio $\rho_{al} = 2.70\ \text{Mg/m}^3$. Determine el centro de masa del ensamble, si la altura del cilindro es $h = 200$ mm.

9.82. El ensamble está hecho de una semiesfera de acero, $\rho_{ac} = 7.80\ \text{Mg/m}^3$ y un cilindro de aluminio $\rho_{al} = 2.70\ \text{Mg/m}^3$. Determine la altura h del cilindro, de manera que el centro de masa del ensamble se localice en $\bar{z} = 160$ mm.

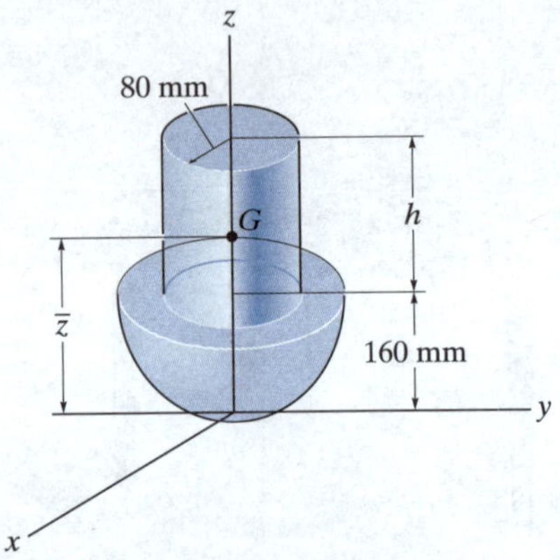

Probs. 9-81/82

9-83. El automóvil descansa sobre cuatro básculas y, en esta posición, las lecturas de las básculas para los neumáticos traseros y los delanteros son F_A y F_B. Cuando los neumáticos traseros se elevan a una altura de 3 ft por encima de las básculas delanteras, se registran las nuevas lecturas para los neumáticos delanteros. Utilice estos datos para calcular la ubicación $\bar{x}$ y $\bar{y}$ del centro de gravedad G del automóvil. Cada uno de los neumáticos tiene un diámetro de 1.98 ft.

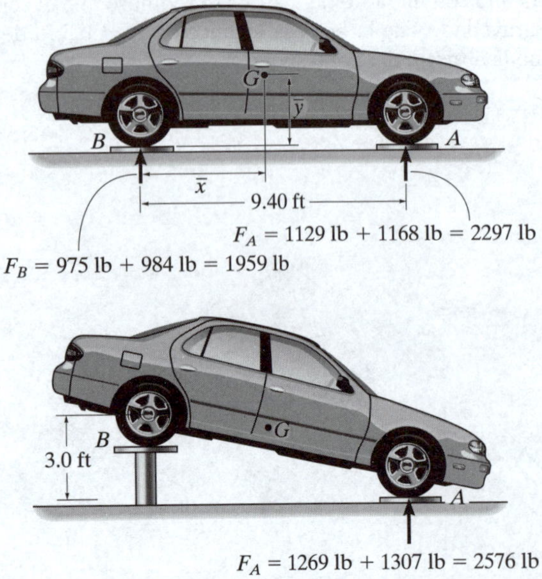

Prob. 9-83

***9-84.** Determine la distancia h hasta la que debe perforarse un orificio de 100 mm de diámetro en la base del cono, de manera que el centro de masa de la forma resultante se localice en $\bar{z} = 115$ mm. El material tiene una densidad de 8 Mg/m^3.

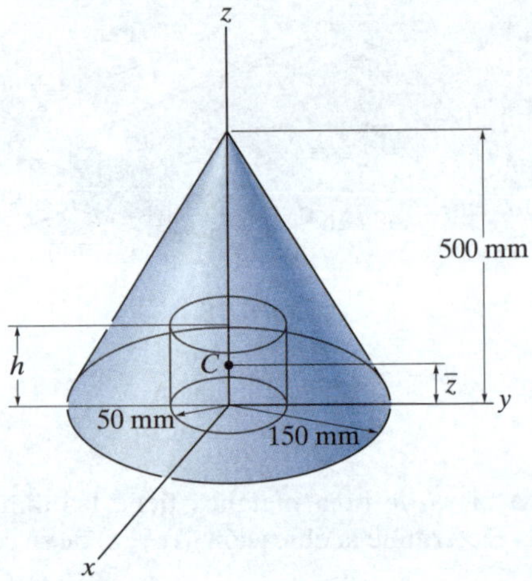

Prob. 9-84

9-85. Determine la distancia $\bar{z}$ al centroide de la forma que consta de un cono, con un orificio de longitud $h = 50$ mm perforado en su base.

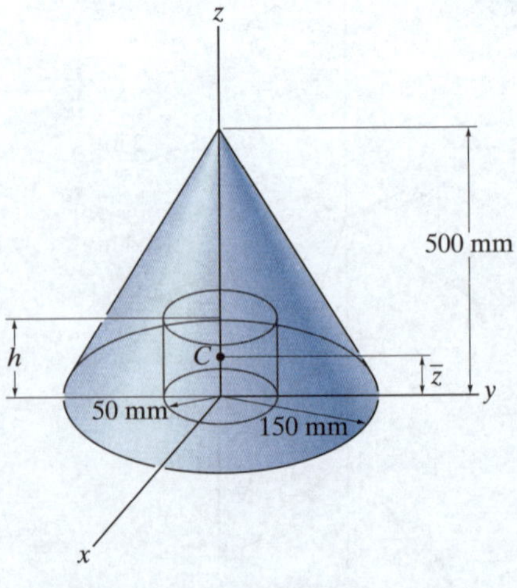

Prob. 9-85

9-86. Localice el centro de masa $\bar{z}$ del ensamble. El cilindro y el cono están hechos de materiales cuyas densidades son de 5 Mg/m^3 y 9 Mg/m^3, respectivamente.

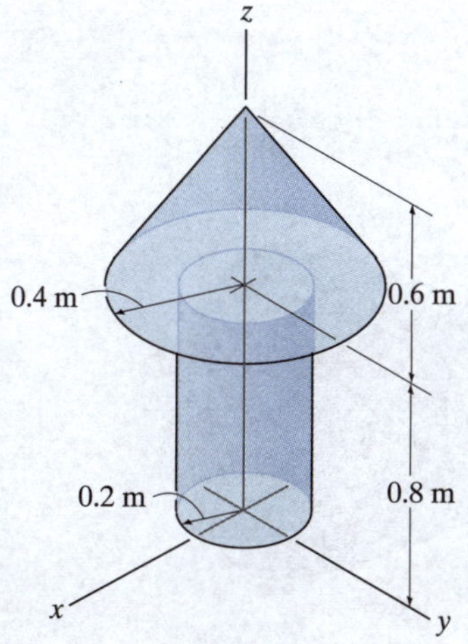

Prob. 9-86

***9-88.** El ensamble se compone de una vara de madera de 20 in y un collarín de acero que se ajusta de manera estrecha. Determine la distancia $\bar{x}$ a su centro de gravedad, si los pesos específicos de los materiales son $\gamma_m = 150$ lb/ft^3 y $\gamma_{ac} = 490$ lb/ft^3. Los radios de la vara y el collarín se muestran en la figura.

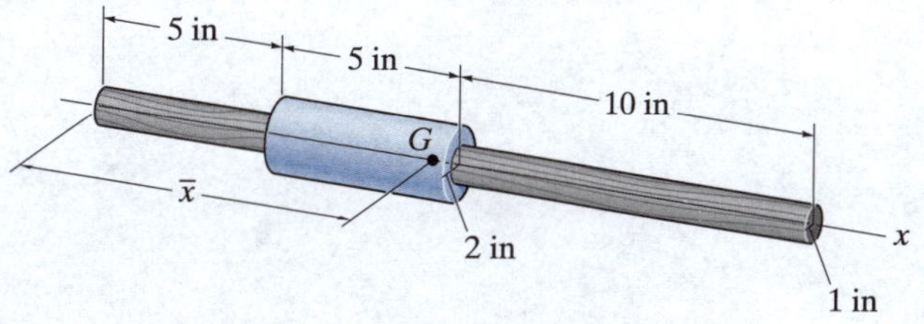

Prob. 9-88

9-87. Las cargas más importantes en el piso de un taller son causadas por los pesos de los objetos mostrados. Cada fuerza actúa a través de su respectivo centro de gravedad G. Localice el centro de gravedad $(\bar{x}, \bar{y})$ del conjunto de componentes.

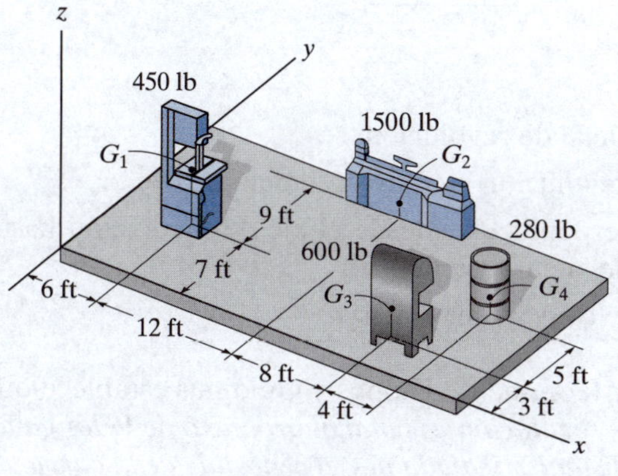

Prob. 9-87

9-89. La placa compuesta está hecha de segmentos de acero (*A*) y de latón (*B*). Determine la masa y la ubicación $(\bar{x}, \bar{y}, \bar{z})$ de su centro de masa *G*. Considere que $\rho_{ac} = 7.85$ Mg/m^3 y $\rho_{lt} = 8.74$ Mg/m^3.

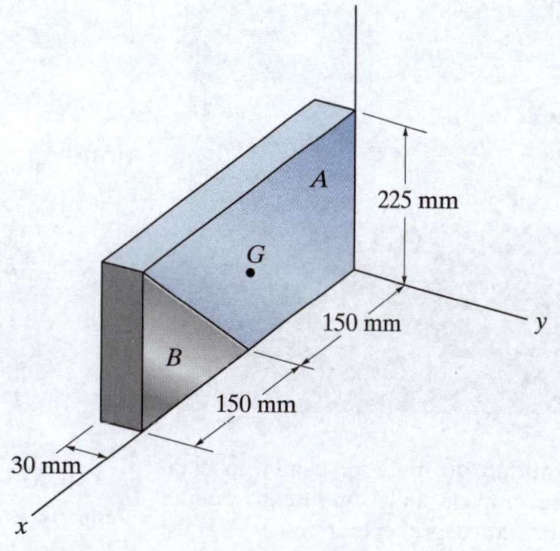

Prob. 9-89

*9.3 Teoremas de Pappus y Guldinus

Los dos ***teoremas de Pappus y Guldinus*** se usan para encontrar el área superficial y el volumen de cualquier cuerpo de revolución. Fueron desarrollados primero por Pappus de Alejandría durante el siglo IV d.C. y, luego, reformulados por el matemático suizo Paul Guldin o Guldinus (1577-1643).

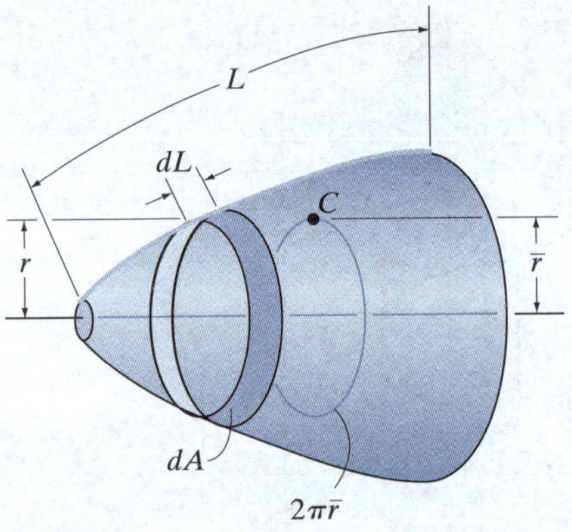

Fig. 9-19

Área superficial.

Si giramos una *curva plana* alrededor de un eje que no interseque la curva, generaremos un área *superficial de revolución*. Por ejemplo, el área superficial de la figura 9-19 se forma al girar la curva de longitud L alrededor del eje horizontal. Para determinar esta área superficial, consideraremos primero el elemento lineal diferencial de longitud dL. Si este elemento se gira 2π radianes alrededor del eje, se generará un anillo con un área superficial de $dA = 2\pi r\, dL$. Así, el área superficial de todo el cuerpo es $A = 2\pi \int r\, dL$. Como $\int r\, dL = \bar{r}L$ (ecuación 9-5), entonces $A = 2\pi\bar{r}L$. Si la curva se gira sólo un ángulo de θ (radianes), entonces

$$\boxed{A = \theta\bar{r}L} \tag{9-7}$$

donde

A = área superficial de revolución

θ = ángulo de revolución medido en radianes, $\theta \leq 2\pi$

$\bar{r}$ = distancia perpendicular desde el eje de revolución hasta el centroide de la curva generatriz

L = longitud de la curva generatriz

Por lo tanto, el primer teorema de Pappus y Guldinus establece que *el área de una superficie de revolución es igual al producto de la longitud de la curva generatriz y la distancia viajada por el centroide de la curva al generar el área superficial.*

9

La cantidad de material usada en esta construcción de almacenamiento puede estimarse con el primer teorema de Pappus y Guldinus para determinar su área superficial. (© Russell C. Hibbeler)

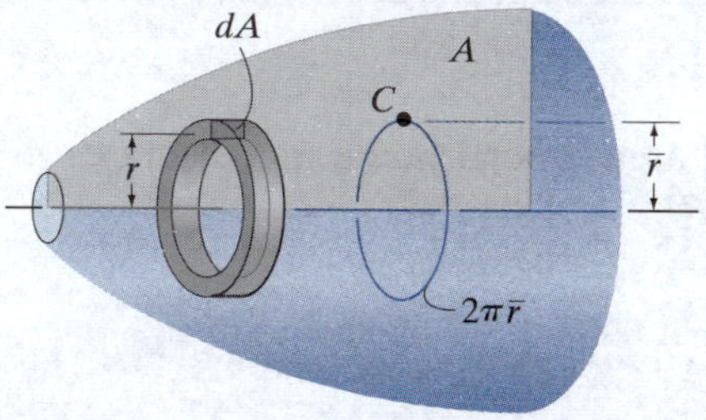

Fig. 9-20

Volumen. Un *volumen* puede generarse al girar un área plana alrededor de un eje que no interseque el área. Por ejemplo, si giramos el área sombreada A en la figura 9-20 alrededor del eje horizontal, se genera el volumen mostrado, el cual se determina si se gira primero el elemento diferencial de área dA 2π radianes alrededor del eje, de manera que se genere un anillo con el volumen $dV = 2\pi r\,dA$. Entonces, todo el volumen es $V = 2\pi \int r\,dA$. Sin embargo, $\int r\,dA = \bar{r}A$, ecuación 9-4, de modo que $V = 2\pi\bar{r}A$. Si el área sólo se gira a través de un ángulo θ (radianes), entonces

$$\boxed{V = \theta\bar{r}A} \tag{9-8}$$

donde

V = volumen de revolución o giro

θ = Ángulo de revolución medido en radianes, $\theta \leq 2\pi$

$\bar{r}$ = distancia perpendicular desde el eje de revolución hasta el centroide del área generatriz

A = área generatriz

Por consiguiente, el segundo teorema de Pappus y Guldinus establece que *el volumen de un cuerpo de revolución es igual al producto del área generatriz y la distancia viajada por el centroide del área al generar el volumen.*

El volumen de fertilizante contenido dentro de este silo puede determinarse con el segundo teorema de Pappus y Guldinus. (© Russell C. Hibbeler)

Formas compuestas. También podemos aplicar los dos teoremas anteriores a líneas o áreas que están integradas por una serie de partes componentes. En este caso, el área superficial total o el volumen generado es la suma de las áreas superficiales o volúmenes generados por cada una de las partes componentes. Si la distancia perpendicular desde el eje de revolución hasta el centroide de cada parte componente es $\tilde{r}$, entonces

$$A = \theta\Sigma(\tilde{r}L) \tag{9-9}$$

y

$$V = \theta\Sigma(\tilde{r}A) \tag{9-10}$$

En los siguientes ejemplos se ilustra en forma numérica la aplicación de los teoremas anteriores.

9

EJEMPLO 9.12

Demuestre que el área superficial de una esfera es $A = 4\pi R^2$ y su volumen es $V = \frac{4}{3}\pi R^3$.

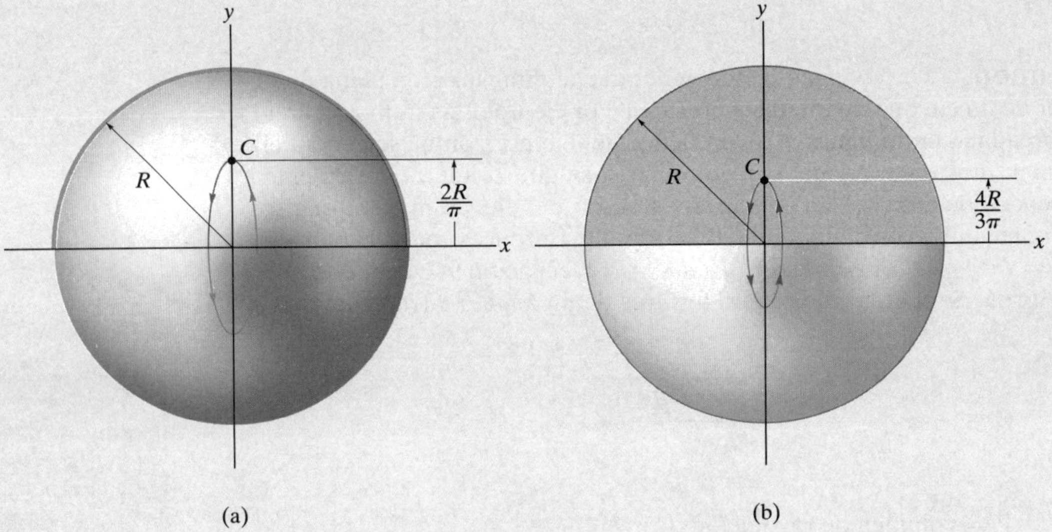

Fig. 9-21

SOLUCIÓN

Área superficial. El área superficial de la esfera en la figura 9-21*a* se genera al girar un *arco* semicircular alrededor del eje *x*. Con la tabla de los forros del libro, se observa que el centroide de este arco se localiza a una distancia $\bar{r} = 2R/\pi$ del eje de revolución (eje *x*). Como el centroide se mueve a través de un ángulo de $\theta = 2\pi$ rad para generar la esfera, entonces aplicando la ecuación 9-7 tenemos

$$A = \theta\bar{r}L; \qquad A = 2\pi\left(\frac{2R}{\pi}\right)\pi R = 4\pi R^2 \qquad \textit{Resp.}$$

Volumen. El volumen de la esfera se genera al girar el *área* semicircular de la figura 9-21*b* alrededor del eje *x*. Con la tabla de los forros del libro para localizar el centroide del área, es decir, $\bar{r} = 4R/3\pi$, y al aplicar la ecuación 9-8, tenemos

$$V = \theta\bar{r}A; \qquad V = 2\pi\left(\frac{4R}{3\pi}\right)\left(\frac{1}{2}\pi R^2\right) = \frac{4}{3}\pi R^3 \qquad \textit{Resp.}$$

9

EJEMPLO 9.13

Determine el área superficial y el volumen del sólido completo que se muestra en la figura 9-22*a*.

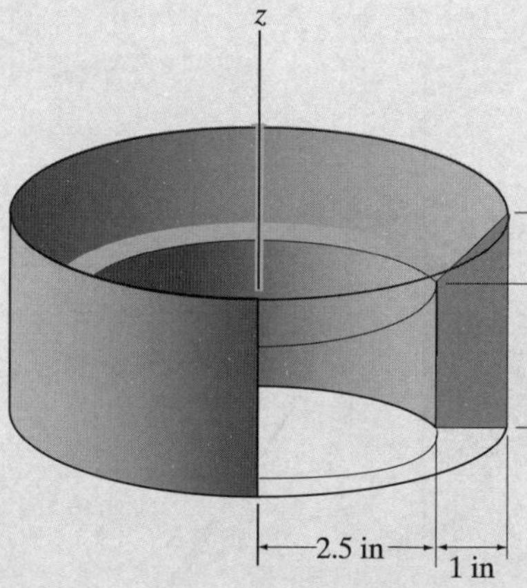

(a)

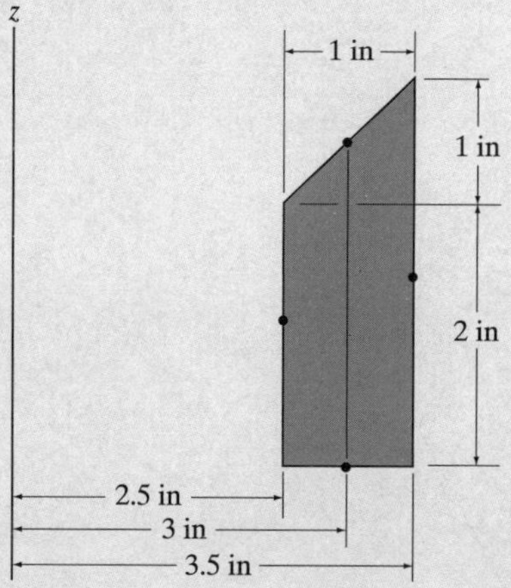

(b)

Fig. 9-22

SOLUCIÓN

Área superficial. El área superficial se genera al girar 2π radianes alrededor del eje z, los cuatro segmentos de línea que se ilustran en la figura 9-22*b*. Las distancias desde el centroide de cada segmento hasta el eje z también se muestran en la figura. Aplicando la ecuación 9-7, se obtiene

$$A = 2\pi\Sigma\bar{r}L = 2\pi\left[(2.5\text{ in})(2\text{ in}) + (3\text{ in})\left(\sqrt{(1\text{ in})^2 + (1\text{ in})^2}\right) + (3.5\text{ in})(3\text{ in}) + (3\text{ in})(1\text{ in})\right]$$

$$= 143\text{ in}^2 \qquad \textit{Resp.}$$

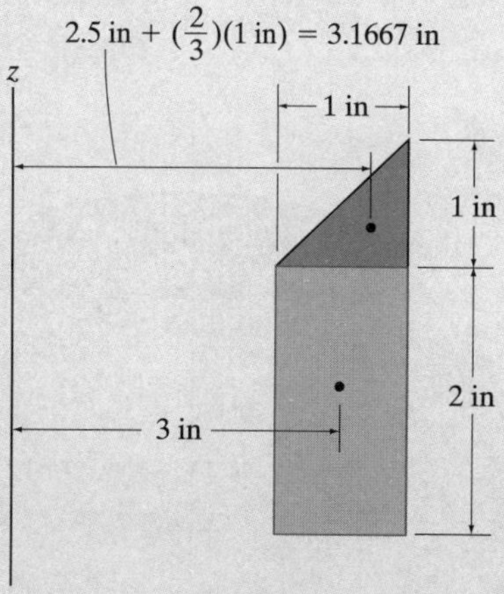

(c)

Volumen. El volumen del sólido se genera al girar 2π radianes alrededor del eje z, los dos segmentos de área que se muestran en la figura 9-22*c*. En la figura también se muestran las distancias desde el centroide de cada segmento hasta el eje z. Si aplicamos la ecuación 9-10, tenemos

$$V = 2\pi\Sigma\bar{r}A = 2\pi\left\{(3.1667\text{ in})\left[\frac{1}{2}(1\text{ in})(1\text{ in})\right] + (3\text{ in})[(2\text{ in})(1\text{ in})\right\}$$

$$= 47.6\text{ in}^3 \qquad \textit{Resp.}$$

PROBLEMAS FUNDAMENTALES

F9-13. Determine el área superficial y el volumen del sólido que se forma al girar el área sombreada 360° alrededor del eje z.

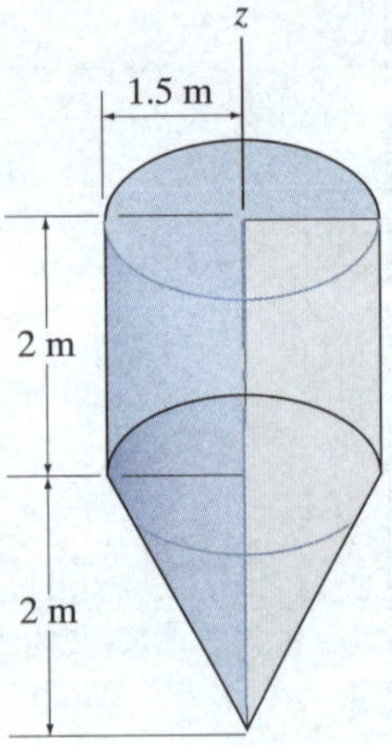

Prob. F9-13

F9-14. Determine el área superficial y el volumen del sólido que se forma al girar el área sombreada 360° alrededor del eje z.

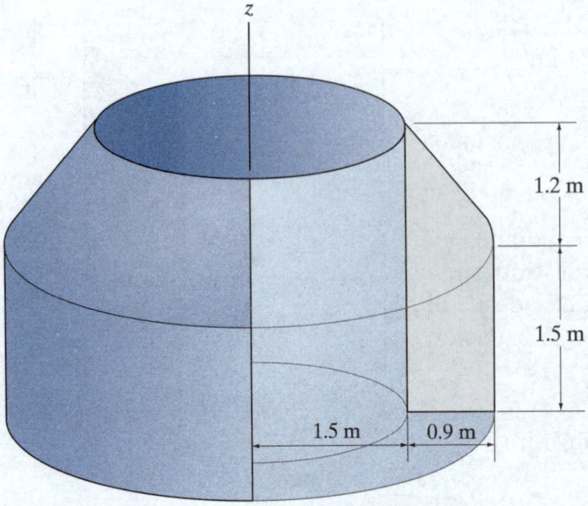

Prob. F9-14

F9-15. Determine el área superficial y el volumen del sólido que se forma al girar el área sombreada 360° alrededor del eje z.

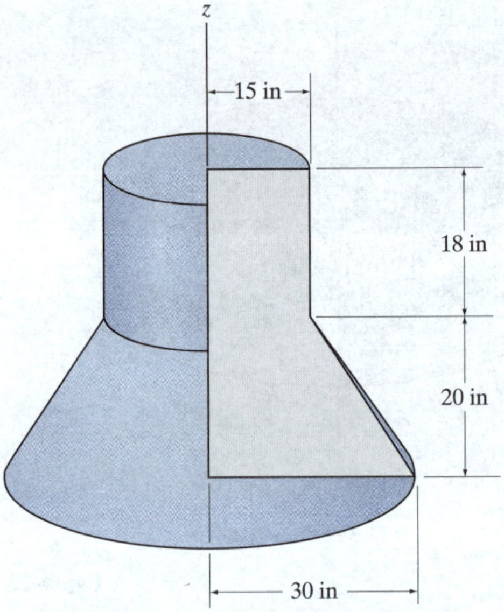

Prob. F9-15

F9-16. Determine el área superficial y el volumen del sólido que se forma al girar el área sombreada 360° alrededor del eje z.

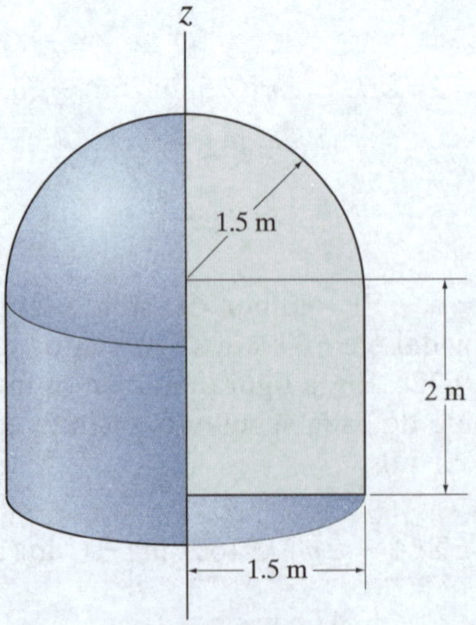

Prob. F9-16

PROBLEMAS

9-90. Determine el volumen del silo que se compone de un cilindro y una tapa semiesférica. Desprecie el grosor de las placas.

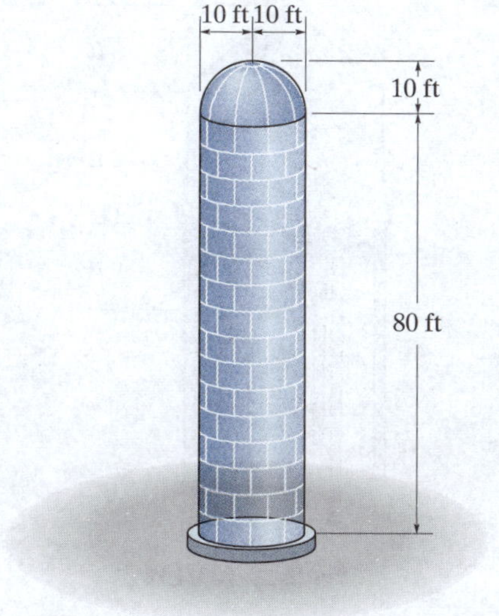

Prob. 9-90

9-91. Determine el área de la superficie exterior del tanque de almacenamiento.

***9-92.** Determine el volumen del tanque de almacenamiento.

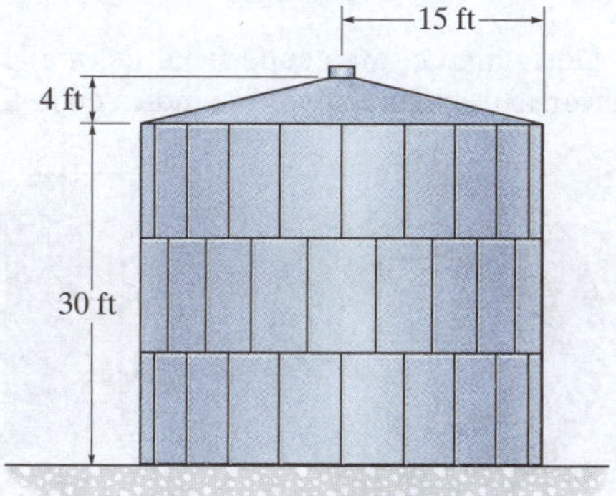

Probs. 9-91/92

9-93. Determine el área superficial del dique marino de concreto, excluyendo su parte inferior.

9-94. Un dique marino circular está hecho de concreto. Determine el peso total del muro si el concreto tiene un peso específico de $\gamma_c = 150\ \text{lb/ft}^3$.

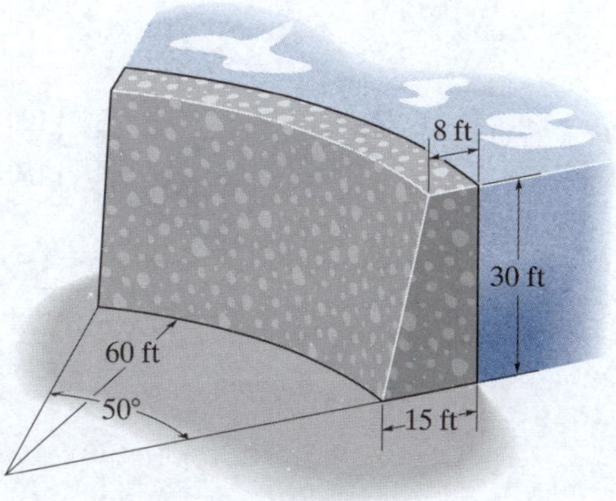

Probs. 9-93/94

9-95. Se genera un anillo al rotar el área de un cuarto de círculo alrededor del eje x. Determine su volumen.

***9-96.** Se genera un anillo al rotar el área de un cuarto de círculo alrededor del eje x. Determine su área superficial.

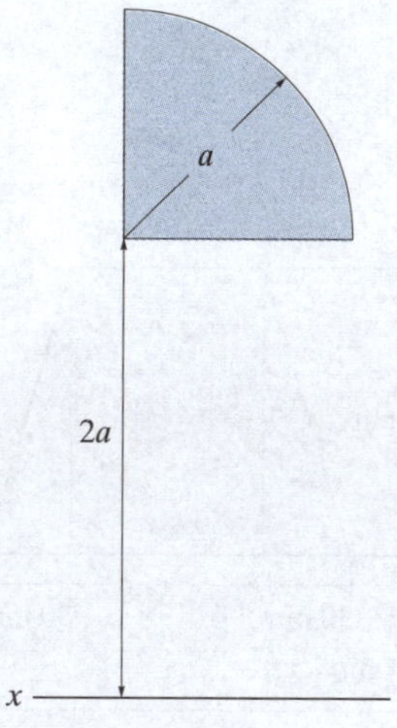

Probs. 9-95/96

9

9-97. Determine el volumen de concreto necesario para construir la acera.

9-98. Determine el área superficial de la acera. Para realizar el cálculo, no incluya el área de los extremos.

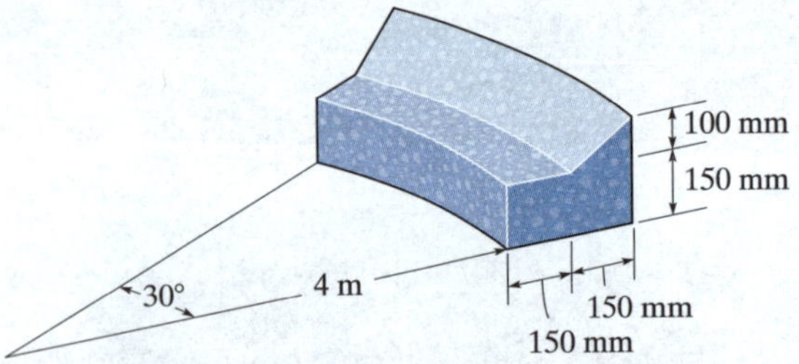

Probs. 9-97/98

9-99. Se forma un anillo mediante la rotación del área 360° alrededor de los ejes $\overline{x}-\overline{x}$. Determine su área superficial.

***9-100.** Se forma un anillo mediante la rotación del área 360° alrededor de los ejes $\overline{x}-\overline{x}$. Determine su volumen.

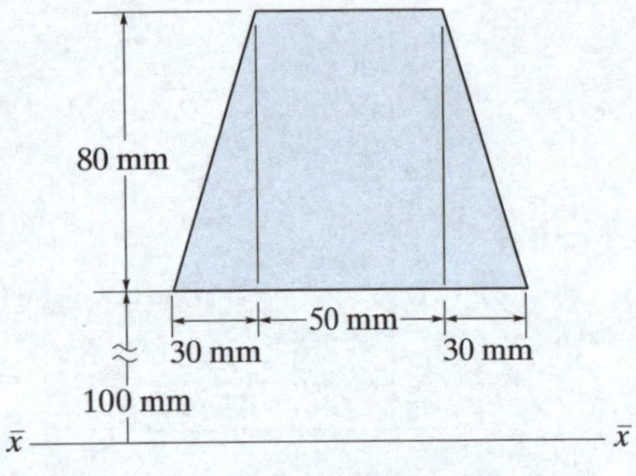

Probs. 9-99/100

9-101. El tanque de suministro de agua tiene un fondo semisférico y lados cilíndricos. Determine el peso del agua en el tanque cuando se llena hasta la parte superior en C. Considere que $\gamma_w = 62.4\ \text{lb/ft}^3$.

9-102. Determine el número de galones de pintura necesarios para pintar la superficie exterior del tanque de suministro de agua, que consiste en un fondo semiesférico, lados cilíndricos y una parte superior cónica. Cada galón de pintura puede cubrir 250 ft^2.

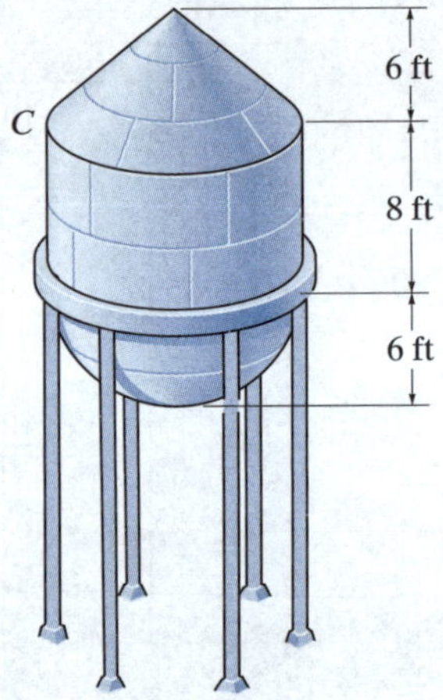

Probs. 9-101/102

9-103. Determine el área superficial y el volumen del anillo formado al girar el cuadrado alrededor del eje vertical.

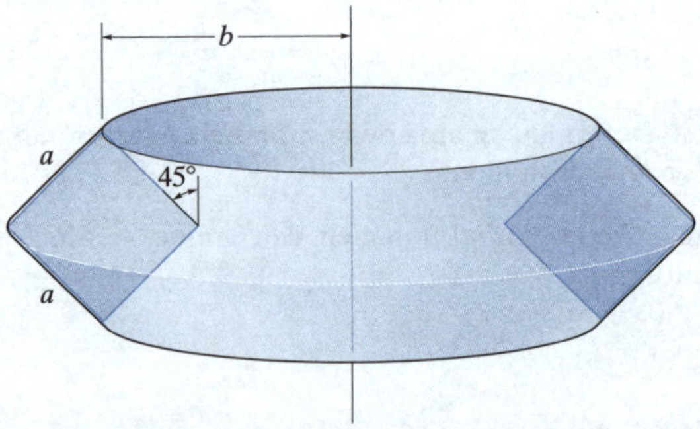

Prob. 9-103

***9-104.** Determine el área superficial del anillo. La sección transversal es circular, como se indica en la figura.

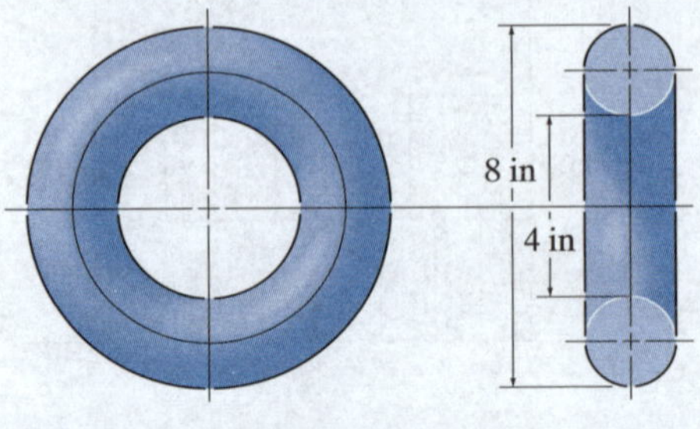

Prob. 9-104

9-105. El intercambiador de calor irradia energía térmica a razón de 2500 kJ/h para cada metro cuadrado de su superficie. Determine cuántos joules (J) irradia en un periodo de 5 horas.

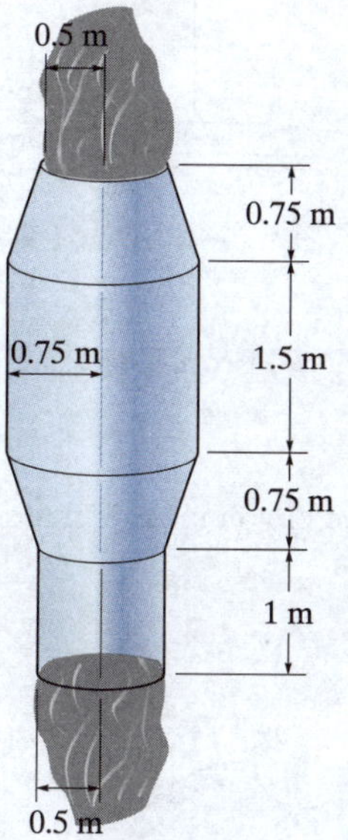

Prob. 9-105

9-106. Determine el área de la superficie interior del pistón de freno. Consiste en una pieza circular completa. Su sección transversal se muestra en la figura.

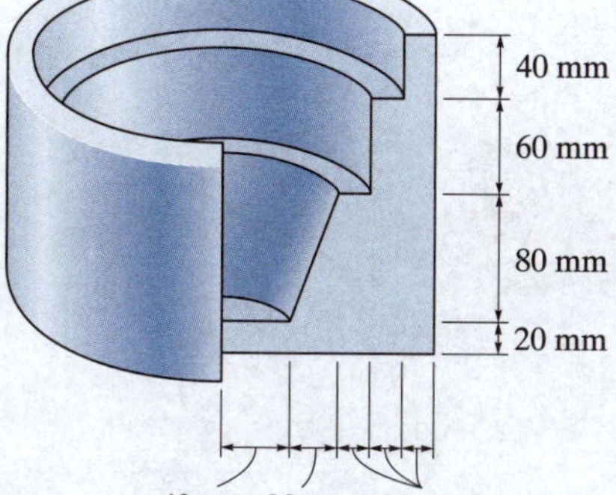

Prob. 9-106

9-107. El depósito de carbón en suspensión está hecho de placas que se curvan a la forma natural que tomaría una membrana completamente flexible, si se sometiera a una carga completa de carbón. Esta curva se puede aproximar mediante una parábola, $y = 0.2x^2$. Determine el peso del carbón que contendría el depósito si estuviera completamente lleno. El carbón tiene un peso específico de $\gamma = 50\ \text{lb/ft}^3$, y se supone que hay una pérdida de 20% en el volumen debido al aire atrapado. Resuelva el problema por integración para determinar el área en la sección transversal de ABC; después, use el segundo teorema de Pappus y Guldinus para encontrar el volumen.

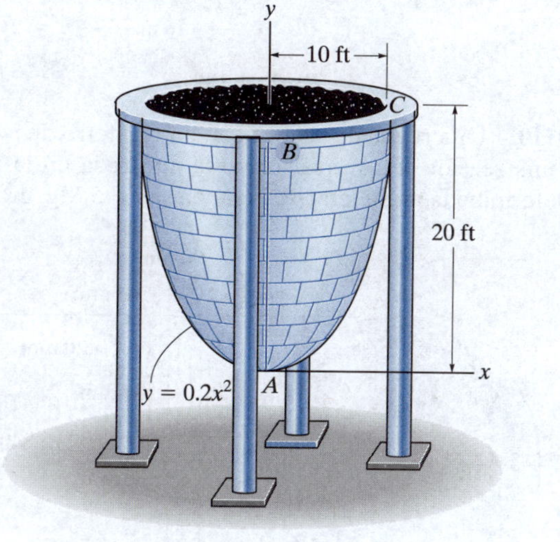

Prob. 9-107

***9-108.** Determine hasta qué altura h debería verterse el líquido en la copa cónica para que haga contacto con tres cuartas partes del área superficial del interior de la copa. Para realizar el cálculo, no tome en cuenta el espesor de la copa.

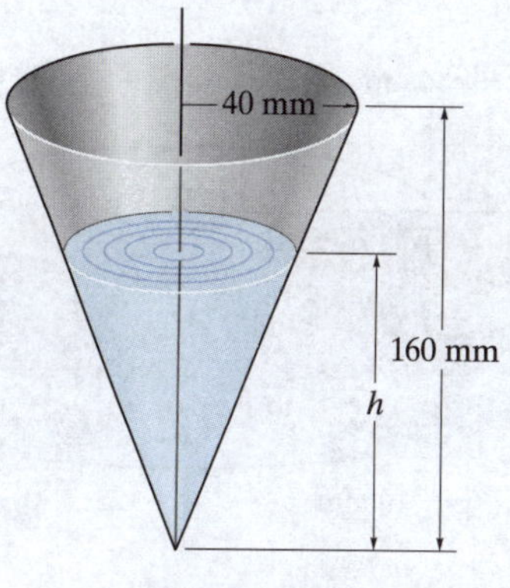

Prob. 9-108

9

9-109. Determine el área superficial del techo de la estructura, si éste se forma al girar la parábola alrededor del eje y.

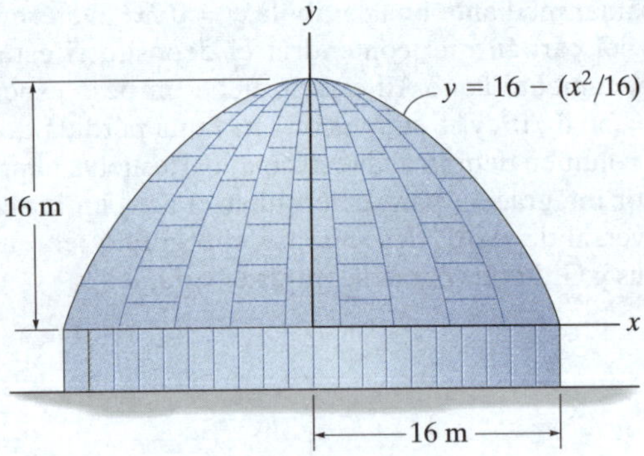

Prob. 9-109

9-110. Una rueda de acero tiene un diámetro de 840 mm y una sección transversal como la mostrada en la figura. Determine la masa total de la rueda si $\rho = 5\ \text{Mg/m}^3$.

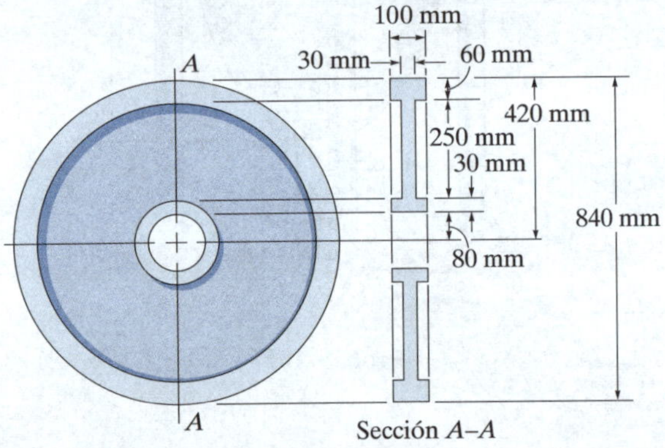

Prob. 9-110

9-111. En la figura se muestra la mitad de la sección transversal de un recubrimiento de acero. Hay seis orificios para pernos con 10 mm de diámetro alrededor de su borde. Determine su masa. La densidad del acero es $7.85\ \text{Mg/m}^3$. El recubrimiento es una pieza circular completa.

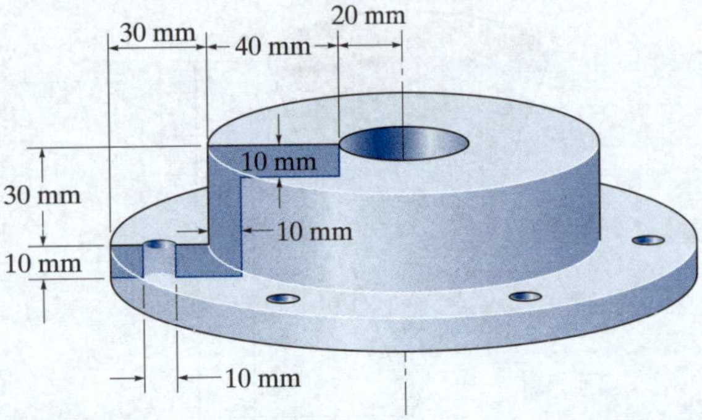

Prob. 9-111

***9-112.** El tanque de agua tiene un techo en forma de paraboloide. Si un litro de pintura puede cubrir $3\ \text{m}^2$ del tanque, determine el número de litros necesarios para cubrir el techo.

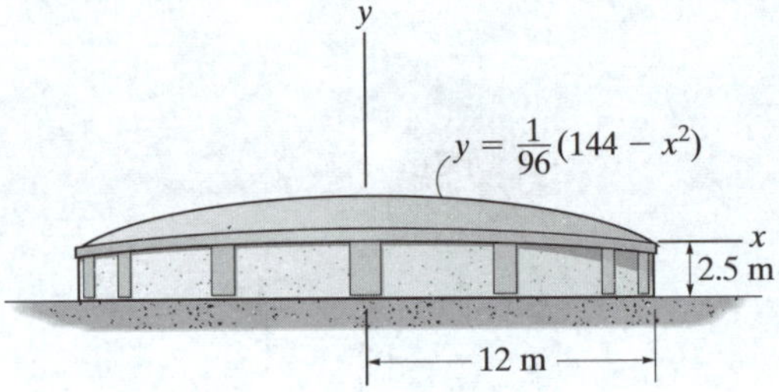

Prob. 9-112

9-113. Determine el volumen de material necesario para hacer la fundición.

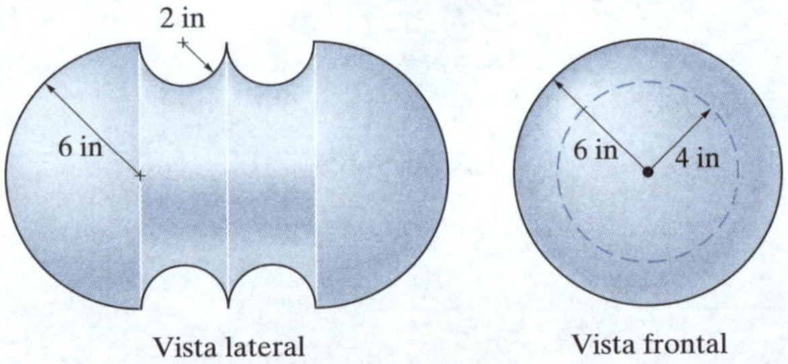

Prob. 9-113

9-114. Determine hasta qué altura h debería verterse el líquido en la copa, de manera que haga contacto con la mitad del área superficial del interior de la copa. Para realizar el cálculo, no tome en cuenta el espesor de la copa.

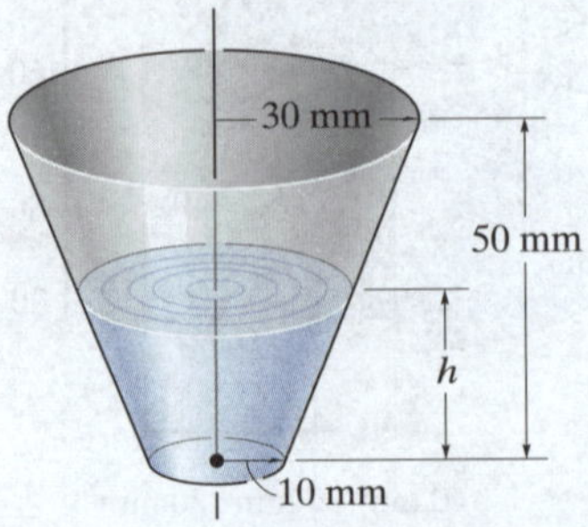

Prob. 9-114

9

*9.4 Resultante de una carga general distribuida

En la sección 4.9 analizamos el método usado para simplificar una carga distribuida en dos dimensiones a una sola fuerza resultante que actúa en un punto específico. En esta sección generalizaremos este método para incluir superficies planas que tienen una forma arbitraria y están sometidas a una distribución de carga variable. Por ejemplo, considere la placa plana de la figura 9-23*a*, la cual está sometida a la carga definida por $p = p(x, y)$ Pa, donde 1 Pa (pascal) $= 1\ \text{N/m}^2$. Conocida esta función, podemos determinar la fuerza resultante $\mathbf{F}_R$ que actúa sobre la placa y su ubicación $(\bar{x}, \bar{y})$, (fig. 9-23*b*).

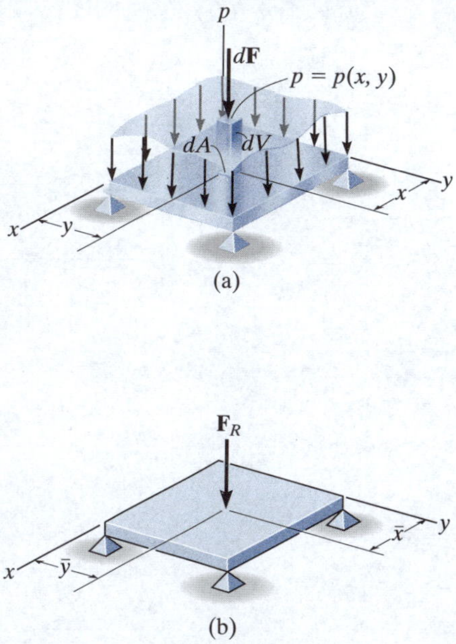

Fig. 9-23

Magnitud de la fuerza resultante.

La fuerza $d\mathbf{F}$ que actúa sobre el área diferencial $dA\ \text{m}^2$ de la placa, ubicada en el punto arbitrario (x, y), tiene una magnitud de $dF = [p(x, y)\ \text{N/m}^2](dA\ \text{m}^2) = [p(x, y)dA]\ \text{N}$. Observe que $p(x, y)\ dA = dV$, el *elemento de volumen* diferencial sombreado que se muestra en la figura 9-23*a*. La *magnitud* de $\mathbf{F}_R$ es la suma de las fuerzas diferenciales que actúan sobre *toda el área superficial* A de la placa. Entonces:

$$F_R = \Sigma F; \qquad F_R = \int_A p(x, y)\ dA = \int_V dV = V \tag{9-11}$$

Este resultado indica que la *magnitud de la fuerza resultante es igual al volumen total bajo el diagrama de carga distribuida.*

La resultante de una carga del viento que está distribuida en la parte frontal, o en las paredes laterales de esta construcción, debe calcularse mediante integración, con la finalidad de diseñar la estructura que mantiene unida la construcción. (© Russell C. Hibbeler)

9

Ubicación de la fuerza resultante.

La ubicación $(\bar{x}, \bar{y})$ de $\mathbf{F}_R$ se determina al establecer los momentos de $\mathbf{F}_R$ iguales a los momentos de todas las fuerzas diferenciales $d\mathbf{F}$ con respecto a los ejes y y x respectivos: a partir de las figuras 9-23*a* y 9-23*b*, con la ecuación 9-11, esto resulta en

$$\bar{x} = \frac{\displaystyle\int_A x p(x, y)\ dA}{\displaystyle\int_A p(x, y)\ dA} = \frac{\displaystyle\int_V x\ dV}{\displaystyle\int_V dV} \qquad \bar{y} = \frac{\displaystyle\int_A y p(x, y)\ dA}{\displaystyle\int_A p(x, y)\ dA} = \frac{\displaystyle\int_V y\ dV}{\displaystyle\int_V dV} \tag{9-12}$$

Por lo tanto, la *línea de acción de la fuerza resultante pasa a través del centro geométrico o centroide del volumen bajo el diagrama de carga distribuida.*

*9.5 Presión de un fluido

De acuerdo con la ley de Pascal, un fluido en reposo crea cierta presión p en un punto que es la *misma* en *todas* direcciones. La magnitud de p, medida como una fuerza por unidad de área, depende del peso específico γ o de la densidad de masa ρ del fluido y de la profundidad z del punto desde la superficie del fluido.* La relación se puede expresar matemáticamente como

$$p = \gamma z = \rho g z \tag{9-13}$$

donde g es la aceleración debida a la gravedad. Esta ecuación es válida sólo para fluidos que se suponen *incompresibles*, como es el caso de la mayoría de los líquidos. Los gases son fluidos compresibles y, como sus densidades cambian significativamente con la presión y la temperatura, no puede utilizarse la ecuación 9-13.

Para ilustrar cómo se aplica la ecuación 9-13, considere la placa sumergida que se muestra en la figura 9-24. Se han especificado tres puntos sobre la placa. Como el punto B está a una profundidad z_1 de la superficie del líquido, la *presión* en este punto tiene una magnitud $p_1 = \gamma z_1$. De la misma forma, los puntos C y D están a una profundidad z_2; por consiguiente, $p_2 = \gamma z_2$. En todos los casos, la presión actúa en forma *normal* con respecto al área superficial dA que se localiza en el punto especificado.

Con la ecuación 9-13 y los resultados de la sección 9.4, es posible determinar la fuerza resultante causada por un líquido y especificar su ubicación sobre la superficie de una placa sumergida. A continuación, se considerarán tres formas diferentes de placas.

9

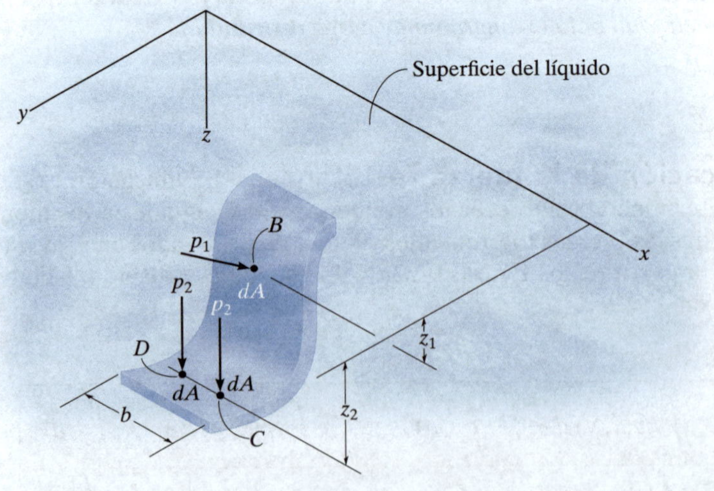

Fig. 9-24

*En particular, para agua $\gamma = 62.4\ \text{lb/ft}^3$, o bien, $\gamma = \rho g = 9810\ \text{N/m}^3$ ya que $\rho = 1000\ \text{kg/m}^3$ y $g = 9.81\ \text{m/s}^2$.

Placa plana de ancho constante. En la figura 9-25*a* se observa una placa rectangular de ancho constante, que está sumergida en un líquido con un peso específico γ. Como la presión varía linealmente con la profundidad, ecuación 9-13, la distribución de presión sobre la superficie de la placa se representa mediante un volumen trapezoidal, con intensidades de $p_1 = \gamma z_1$ a la profundidad z_1 y $p_2 = yz_2$ a la profundidad z_2. Como vimos en la sección 9.4, la magnitud de la *fuerza resultante* $\mathbf{F}_R$ es igual al *volumen* de este diagrama de carga y $\mathbf{F}_R$ tiene una *línea de acción* que pasa por el centroide C del volumen. Por consiguiente, $\mathbf{F}_R$ *no* actúa en el centroide de la placa, sino en un punto P, llamado el *centro de presión*.

Como la placa tiene un *ancho constante*, la distribución de carga también puede observarse en dos dimensiones (fig. 9-25*b*). Aquí, la intensidad de la carga se mide como fuerza/longitud y varía linealmente desde $w_1 = bp_1 = byz_1$ hasta $w_2 = bp_2 = byz_2$. La magnitud de $\mathbf{F}_R$ en este caso es igual al *área* trapezoidal, y $\mathbf{F}_R$ tiene una *línea de acción* que pasa por el *centroide* C del área. Para aplicaciones numéricas, el área y la ubicación del centroide para un trapecio están tabuladas en los forros de este libro.

Las paredes del tanque deben diseñarse para soportar la fuerza de presión del líquido que está contenido en él. (© Russell C. Hibbeler)

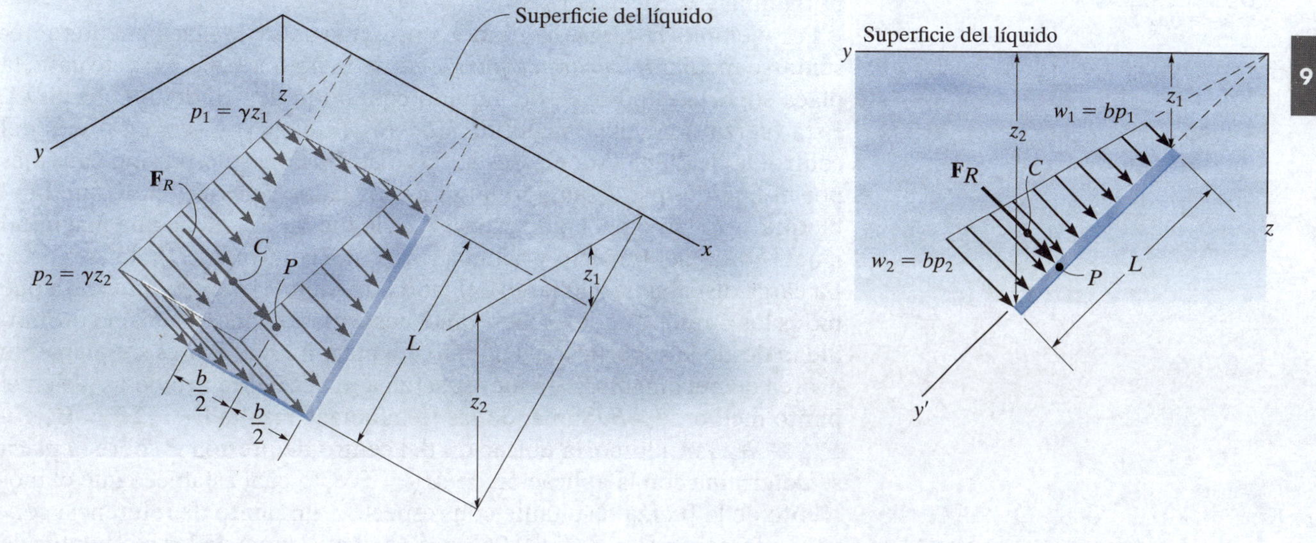

(a) (b)

Fig. 9-25

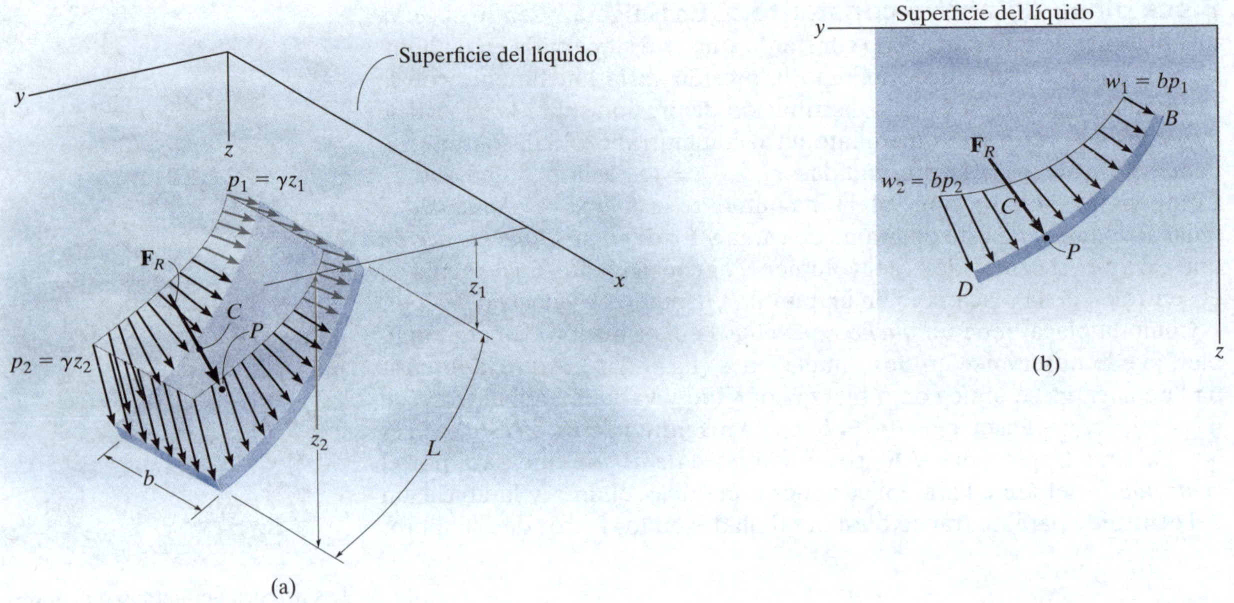

Fig. 9-26

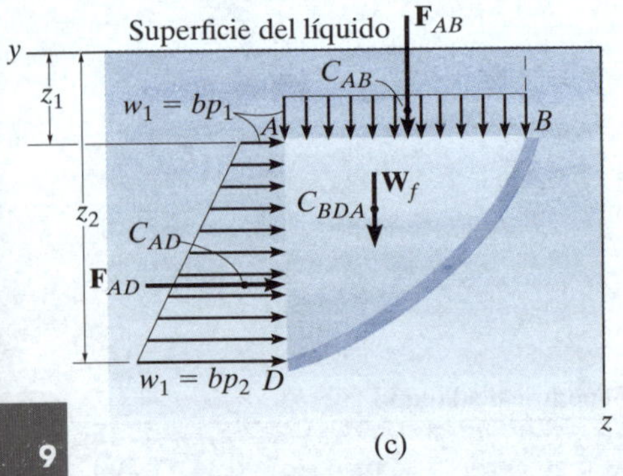

Placa curva de ancho constante. Cuando la placa sumergida es curva de ancho constante, la presión que actúa en forma normal a la placa cambia su magnitud y su dirección de manera continua y, por tanto, el cálculo de la magnitud de $\mathbf{F}_R$ y su ubicación P es más difícil que para una placa plana. En las figuras 9-26*a* y 9-26*b* se muestran vistas en dos y en tres dimensiones de la distribución de carga, respectivamente. Aunque puede usarse la integración para resolver este problema, existe un método más sencillo, el cual requiere cálculos separados de las *componentes* horizontal y vertical de $\mathbf{F}_R$.

Por ejemplo, la carga distribuida que actúa sobre la placa puede representarse mediante la *carga equivalente* de la figura 9-26c. En este caso, la placa soporta el peso W_f del líquido contenido dentro del bloque BDA. Esta fuerza tiene una magnitud $W_f = (\gamma_b)(\text{área}_{BDA})$ y actúa a través del centroide de BDA. Además, están las distribuciones de presión causadas por el líquido que actúa a lo largo de los lados vertical y horizontal del bloque. A lo largo del lado vertical AD, la fuerza $\mathbf{F}_{AD}$ tiene una magnitud igual al área del trapecio y actúa a través del centroide C_{AD} de esta área. La carga distribuida a lo largo del lado horizontal AB es *constante*, ya que todos los puntos que se encuentran en este plano tienen la misma profundidad desde la superficie del líquido. La magnitud de $\mathbf{F}_{AB}$ es simplemente el área del rectángulo. Esta fuerza actúa a través del centroide C_{AB} o en el punto medio de AB. Sumando las tres fuerzas resulta $\mathbf{F}_R = \Sigma\mathbf{F} = \mathbf{F}_{AD} + \mathbf{F}_{AB} + \mathbf{W}_f$. Por último, la ubicación del centro de presión P sobre la placa se determina con la aplicación de $M_R = \Sigma M$, lo cual establece que el momento de la fuerza resultante con respecto a un punto de referencia conveniente, como D o B (fig. 9-26*b*), es igual a la suma de los momentos de las tres fuerzas mostradas en la figura 9-26*c* con respecto a este mismo punto.

Placa plana de ancho variable. La distribución de presión que actúa sobre la superficie de una placa sumergida con ancho variable se muestra en la figura 9-27. Si consideramos la fuerza $d\mathbf{F}$ que actúa sobre la franja de área diferencial dA, paralela al eje x, entonces su magnitud es $dF = p\ dA$. Como la profundidad de dA es z, la presión sobre el elemento es $p = \gamma z$. Por lo tanto, $dF = (\gamma z)dA$ y la fuerza resultante toma la forma

$$F_R = \int dF = \gamma \int z\,dA$$

Si la profundidad hasta el centroide C' del área es $\bar{z}$, (fig. 9-27), entonces, $\int z\,dA = \bar{z}A$. Si sustituimos, tenemos

$$F_R = \gamma \bar{z} A \tag{9-14}$$

En otras palabras, *la magnitud de la fuerza resultante que actúa sobre cualquier placa plana es igual al producto del área A de la placa y la presión* $p = \gamma\bar{z}$ *a la profundidad del centroide* C' *del área*. Como se explicó en la sección 9.4, esta fuerza también es equivalente al volumen bajo la distribución de presión. Observe que su línea de acción pasa a través del centroide C de este *volumen* e interseca la placa en el centro de presión P (fig. 9-27). Observe que la ubicación C' no coincide con la ubicación de P.

La fuerza resultante de la presión del agua y su ubicación sobre la placa elíptica trasera del tanque de este camión debe determinarse mediante integración. (© Russell C. Hibbeler)

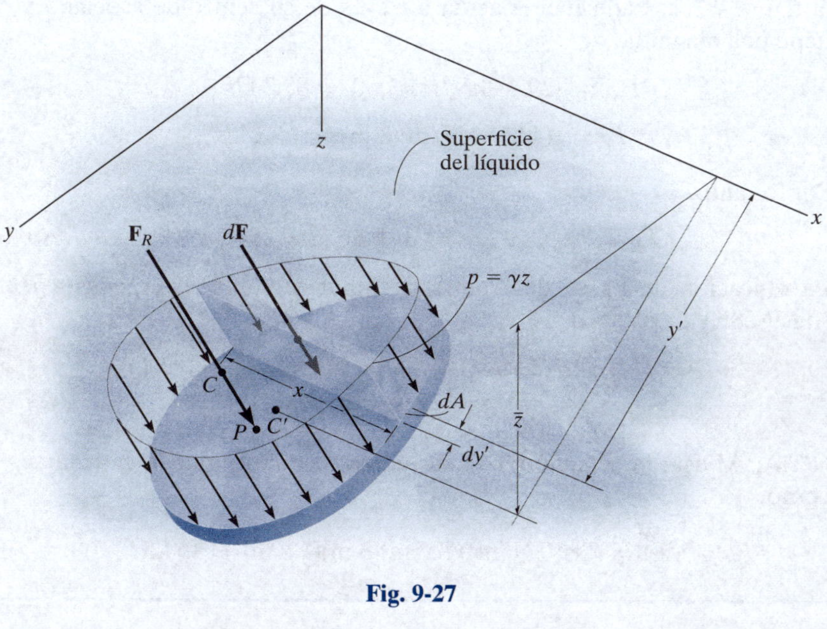

Fig. 9-27

9

EJEMPLO 9.14

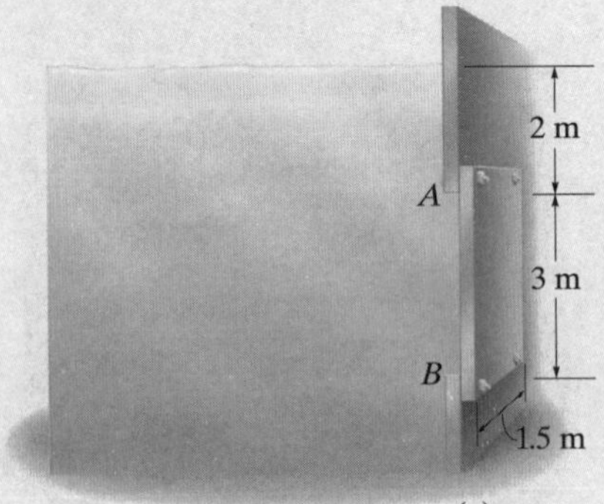

(a)

Determine la magnitud y la ubicación de la fuerza hidrostática resultante que actúa sobre la placa rectangular AB sumergida que se muestra en la figura 9-28*a*. La placa tiene un ancho de 1.5 m; $\rho_w = 1000 \text{ kg/m}^3$.

SOLUCIÓN I

Las presiones del agua a las profundidades A y B son

$$p_A = \rho_w g z_A = (1000 \text{ kg/m}^3)(9.81 \text{ m/s}^2)(2 \text{ m}) = 19.62 \text{ kPa}$$

$$p_B = \rho_w g z_B = (1000 \text{ kg/m}^3)(9.81 \text{ m/s}^2)(5 \text{ m}) = 49.05 \text{ kPa}$$

Como la placa tiene un ancho constante, la carga de presión puede verse en dos dimensiones, como se indica en la figura 9-28*b*. Las intensidades de la carga en A y B son

$$w_A = bp_A = (1.5 \text{ m})(19.62 \text{ kPa}) = 29.43 \text{ kN/m}$$

$$w_B = bp_B = (1.5 \text{ m})(49.05 \text{ kPa}) = 73.58 \text{ kN/m}$$

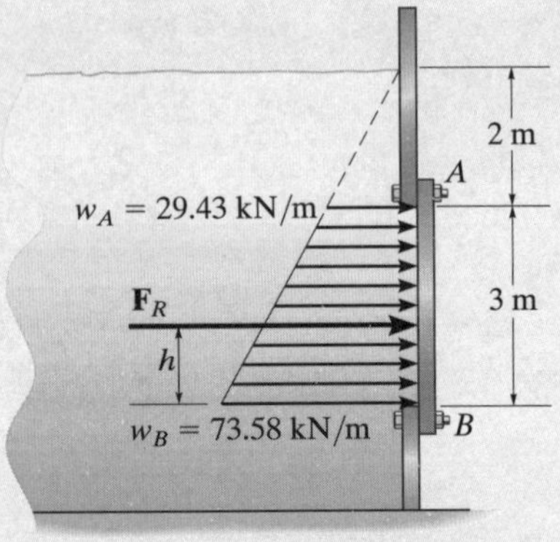

(b)

De la tabla de los forros del libro, la magnitud de la fuerza resultante $\mathbf{F}_R$ creada por esta carga distribuida es

$$F_R = \text{área de un trapezoide} = \tfrac{1}{2}(3)(29.4 + 73.6) = 154.5 \text{ kN} \qquad \textit{Resp.}$$

Esta fuerza actúa a través del centroide del área.

$$h = \frac{1}{3}\left(\frac{2(29.43) + 73.58}{29.43 + 73.58}\right)(3) = 1.29 \text{ m} \qquad \textit{Resp.}$$

medida hacia arriba desde B (fig. 9-31*b*).

SOLUCIÓN II

Los mismos resultados se pueden obtener al considerar dos componentes de $\mathbf{F}_R$, definidos por el triángulo y el rectángulo que se muestran en la figura 9-28*c*. Cada fuerza actúa a través de su centroide asociado y tiene una magnitud de

$$F_{Re} = (29.43 \text{ kN/m})(3 \text{ m}) = 88.3 \text{ kN}$$

$$F_t = \tfrac{1}{2}(44.15 \text{ kN/m})(3 \text{ m}) = 66.2 \text{ kN}$$

Por lo tanto,

$$F_R = F_{Re} + F_t = 88.3 + 66.2 = 154.5 \text{ kN} \qquad \textit{Resp.}$$

La ubicación de $\mathbf{F}_R$ se determina al sumar momentos respecto a B (fig. 9-28*b* y *c*), es decir,

$$\circlearrowleft +(M_R)_B = \Sigma M_B;\ (154.5)h = 88.3(1.5) + 66.2(1)$$

$$h = 1.29 \text{ m} \qquad \textit{Resp.}$$

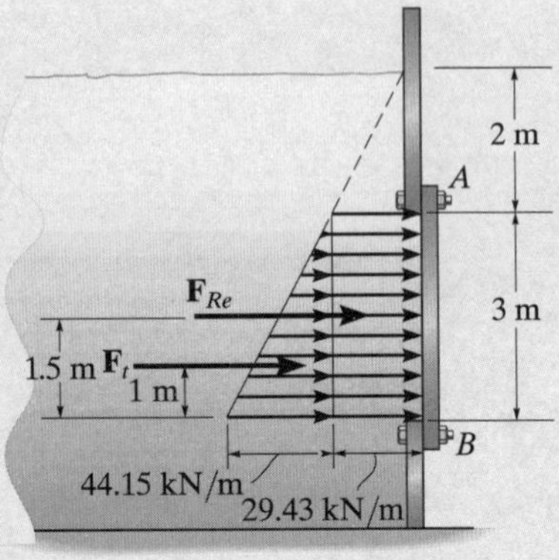

(c)

NOTA: Al usar la ecuación 9-14, la fuerza resultante puede calcularse como

$$F_R = \gamma \bar{z} A = (9810 \text{ N/m}^3)(3.5 \text{ m})(3 \text{ m})(1.5 \text{ m}) = 154.5 \text{ kN}.$$

Fig. 9-28

EJEMPLO 9.15

Determine la magnitud de la fuerza hidrostática resultante que actúa sobre la superficie de una pared marina que tiene la forma de una parábola, como se ilustra en la figura 9-29*a*. La pared tiene 5 m de largo; $\rho_w = 1020 \text{ kg/m}^3$.

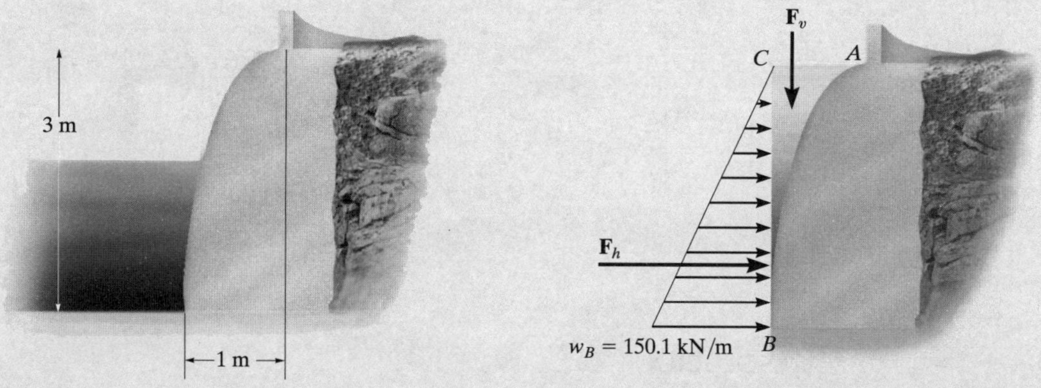

Fig. 9-29

SOLUCIÓN

Se calcularán las componentes horizontal y vertical de la fuerza resultante (fig. 9-29*b*). Como

$$p_B = \rho_w g z_B = (1020 \text{ kg/m}^3)(9.81 \text{ m/s}^2)(3 \text{ m}) = 30.02 \text{ kPa}$$

entonces

$$w_B = bp_B = 5 \text{ m}(30.02 \text{ kPa}) = 150.1 \text{ kN/m}$$

En consecuencia,

$$F_h = \tfrac{1}{2}(3 \text{ m})(150.1 \text{ kN/m}) = 225.1 \text{ kN}$$

El área del sector parabólico ABC puede determinarse con la fórmula para un área parabólica $A = \frac{1}{3}ab$. Por lo tanto, el peso del agua dentro de esta región de 5 m de longitud es

$$\begin{aligned} F_v &= (\rho_w g b)(\text{área}_{ABC}) \\ &= (1020 \text{ kg/m}^3)(9.81 \text{ m/s}^2)(5 \text{ m})\left[\tfrac{1}{3}(1 \text{ m})(3 \text{ m})\right] = 50.0 \text{ kN} \end{aligned}$$

Por consiguiente, la fuerza resultante es

$$\begin{aligned} F_R &= \sqrt{F_h^2 + F_v^2} = \sqrt{(225.1 \text{ kN})^2 + (50.0 \text{ kN})^2} \\ &= 231 \text{ kN} \end{aligned}$$
Resp.

9

EJEMPLO 9.16

Determine la magnitud y la ubicación de la fuerza resultante que actúa sobre las placas triangulares del extremo del canal para agua que se muestra en la figura 9-30*a*; $\rho_w = 1000 \text{ kg/m}^3$.

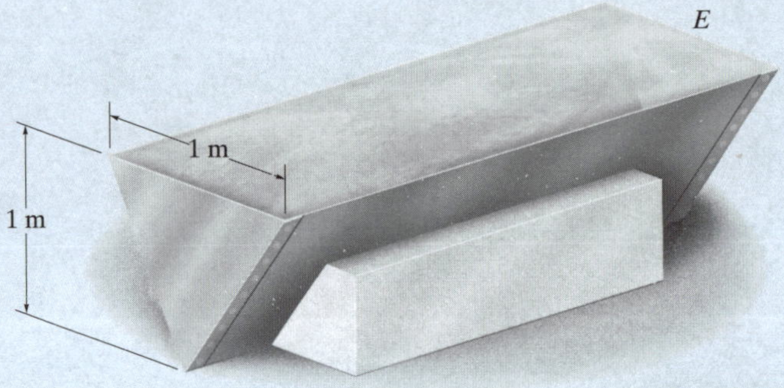

(a)

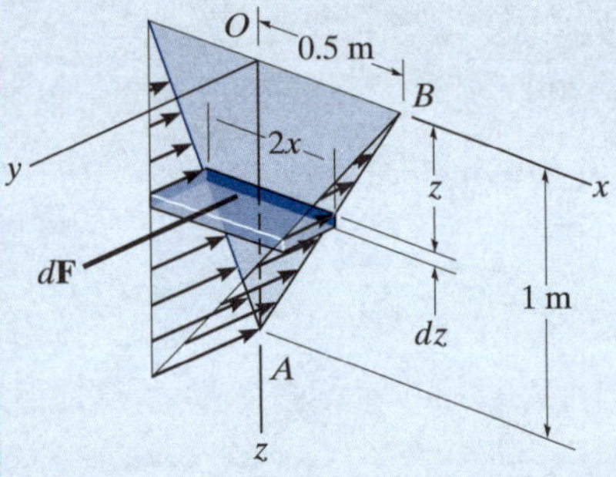

(b)

Fig. 9-30

SOLUCIÓN

La distribución de presión que actúa sobre la placa E del extremo se ilustra en la figura 9-30*b*. La magnitud de la fuerza resultante es igual al volumen de esta distribución de carga. Resolveremos el problema por integración. Si seleccionamos el elemento diferencial de volumen mostrado en la figura, tenemos

$$dF = dV = p\,dA = \rho_w g z(2x\,dz) = 19\,620zx\,dz$$

La ecuación de la línea AB es

$$x = 0.5(1 - z)$$

Por lo tanto, al sustituir e integrar con respecto a z desde $z = 0$ hasta $z = 1$ m resulta

$$F = V = \int_V dV = \int_0^{1\text{ m}} (19\,620)z[0.5(1 - z)]\,dz$$

$$= 9810 \int_0^{1\text{ m}} (z - z^2)\,dz = 1635 \text{ N} = 1.64 \text{ kN} \qquad \textit{Resp.}$$

Esta resultante pasa a través del *centroide del volumen*. Por simetría,

$$\bar{x} = 0 \qquad \textit{Resp.}$$

Como $\tilde{z} = z$ para el elemento de volumen, entonces

$$\bar{z} = \frac{\int_V \tilde{z}\,dV}{\int_V dV} = \frac{\int_0^{1\text{ m}} z(19\,620)z[0.5(1 - z)]\,dz}{1635} = \frac{9810\int_0^{1\text{ m}} (z^2 - z^3)\,dz}{1635}$$

$$= 0.5 \text{ m} \qquad \textit{Resp.}$$

NOTA: También podemos determinar la fuerza resultante al aplicar la ecuación 9-14, $F_R = \gamma\bar{z}A = \left(9810 \text{ N/m}^3\right)\left(\frac{1}{3}\right)(1 \text{ m})\left[\frac{1}{2}(1 \text{ m})(1 \text{ m})\right] = 1.64 \text{ kN}$.

9

PROBLEMAS FUNDAMENTALES

F9-17. Determine la magnitud de la fuerza hidrostática por metro de longitud que actúa sobre la pared. El agua tiene una densidad de $\rho = 1\ \text{Mg/m}^3$.

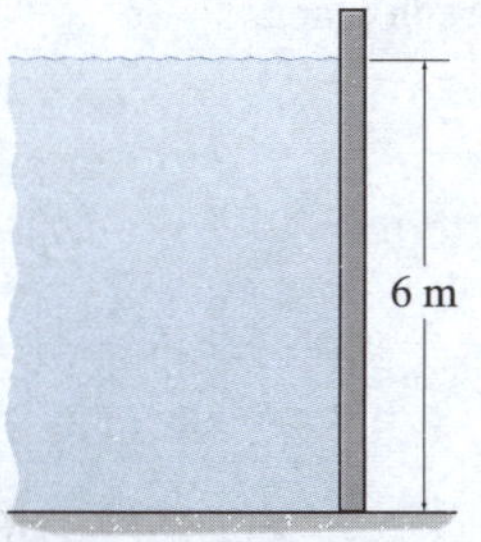

Prob. F9-17

F9-18. Determine la magnitud de la fuerza hidrostática que actúa sobre la compuerta AB, la cual tiene un ancho de 4 ft. El peso específico del agua es $\gamma = 62.4\ \text{lb/ft}^3$.

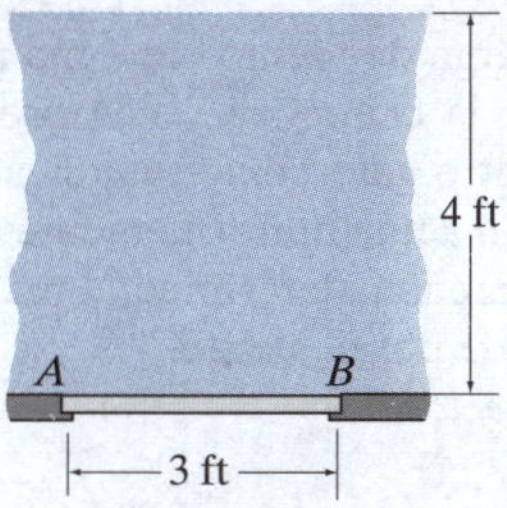

Prob. F9-18

F9-19. Determine la magnitud de la fuerza hidrostática que actúa sobre la compuerta AB, la cual tiene un ancho de 1.5 m. El agua tiene una densidad de $\rho = 1\ \text{Mg/m}^3$.

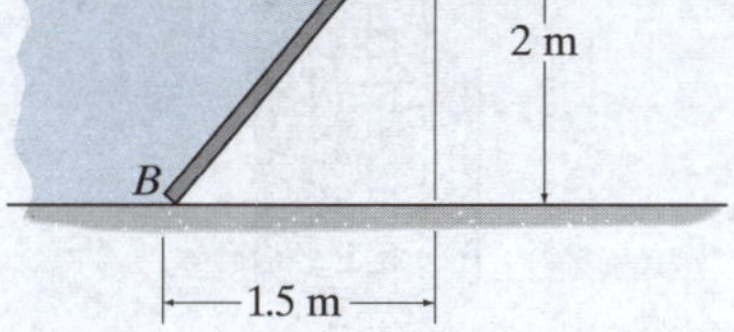

Prob. F9-19

F9-20. Determine la magnitud de la fuerza hidrostática que actúa sobre la compuerta AB, la cual tiene un ancho de 2 m. El agua tiene una densidad de $\rho = 1\ \text{Mg/m}^3$.

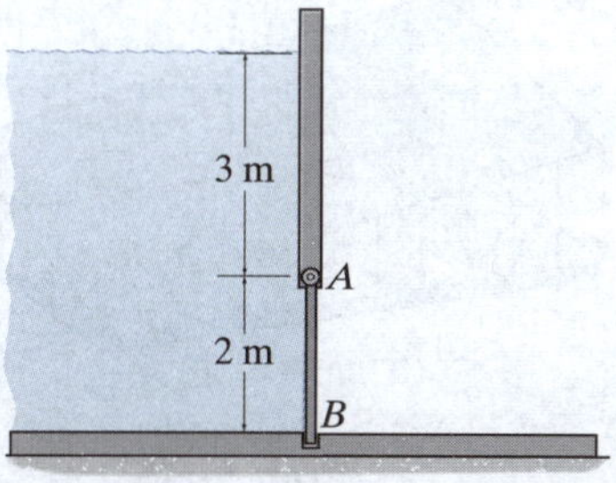

Prob. F9-20

F9-21. Determine la magnitud de la fuerza hidrostática que actúa sobre la compuerta AB, la cual tiene un ancho de 2 ft. El peso específico del agua es $\gamma = 62.4\ \text{lb/ft}^3$.

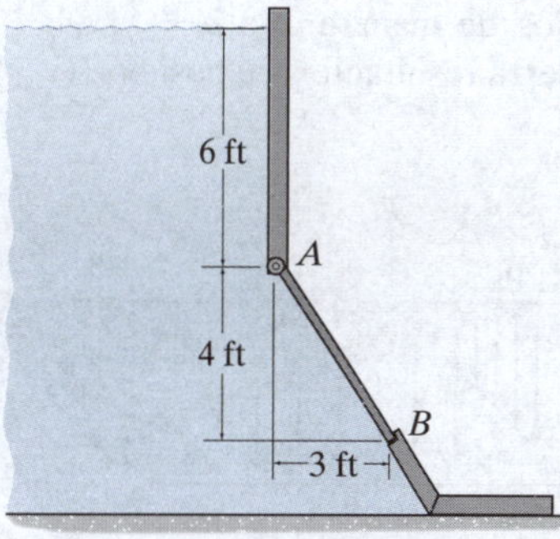

Prob. F9-21

PROBLEMAS

9-115. La carga de presión sobre la placa varía de manera uniforme a lo largo de cada uno de sus bordes. Determine la magnitud de la fuerza resultante y las coordenadas $(\bar{x}, \bar{y})$ del punto donde la línea de acción de la fuerza interseca la placa. *Sugerencia:* La ecuación que define la frontera de la carga tiene la forma $p = ax + by + c$, donde deben determinarse las constantes a, b y c.

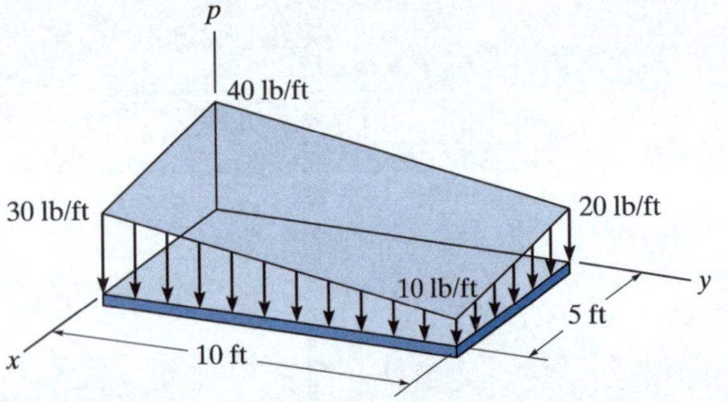

Prob. 9-115

***9-116.** La carga sobre la placa varía linealmente a lo largo de sus lados, de tal manera que $p = (12 - 6x + 4y)$ kPa. Determine la magnitud de la fuerza resultante y las coordenadas $(\bar{x}, \bar{y})$ del punto donde la línea de acción de la fuerza interseca la placa.

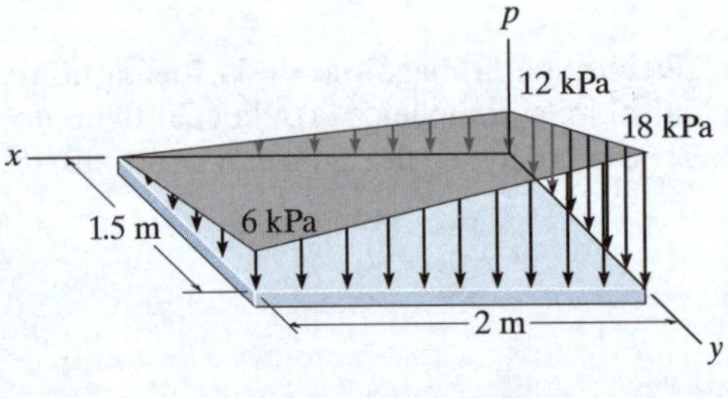

Prob. 9-116

9-117. La carga sobre la placa varía linealmente a lo largo de sus lados, de manera que $p = \frac{2}{3}[x(4 - y)]$ kPa. Determine la fuerza resultante y su posición $(\bar{x}, \bar{y})$ sobre la placa.

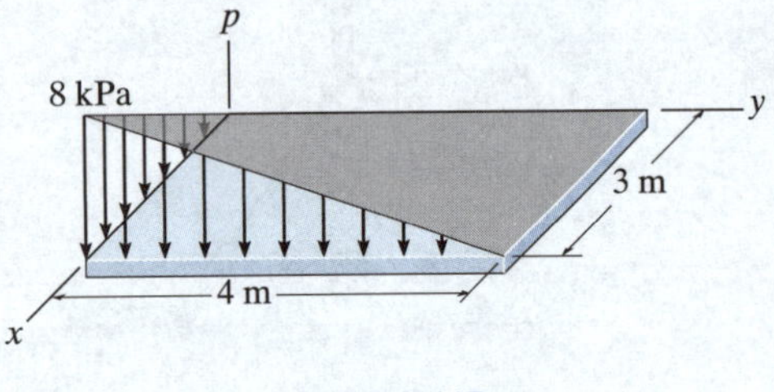

Prob. 9-117

9-118. La placa rectangular está sometida a una carga distribuida sobre *toda su superficie*. La carga está definida por la expresión $p = p_0$ sen $(\pi x/a)$ sen $(\pi y/b)$, donde p_0 representa la presión que actúa en el centro de la placa. Determine la magnitud y ubicación de la fuerza resultante que actúa sobre la placa.

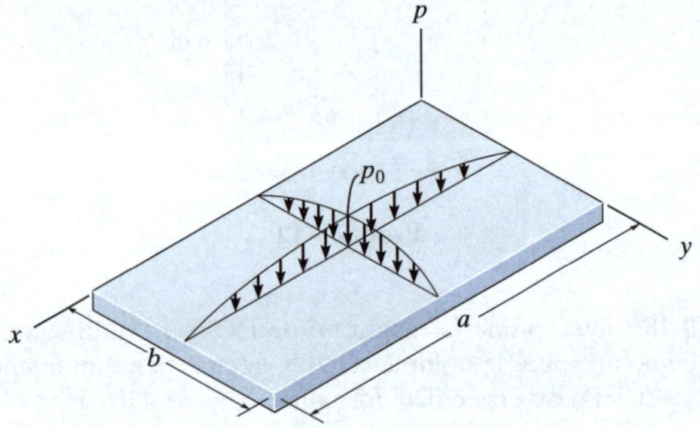

Prob. 9-118

9-119. Una carga de viento crea una presión positiva sobre un lado de la chimenea y una presión negativa (succión) sobre el otro lado, como se indica en la figura. Si esta carga de presión actúa uniformemente a lo largo de la longitud de la chimenea, determine la magnitud de la fuerza resultante creada por el viento.

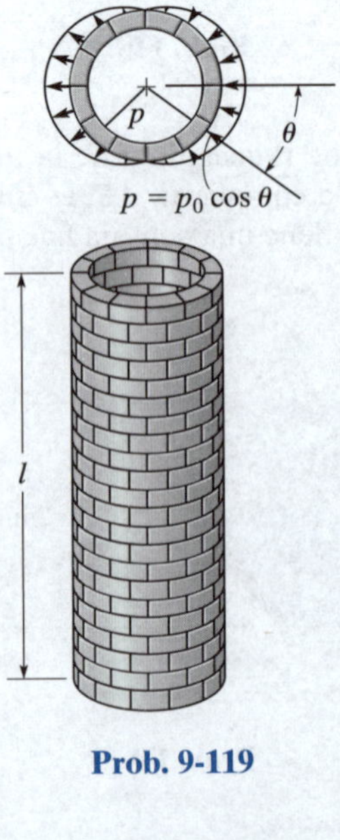

Prob. 9-119

***9-120.** Cuando el agua de la marea A disminuye, la compuerta de marea se abre automáticamente para drenar la marisma B. Para la condición de marea alta que se muestra, determine las reacciones horizontales desarrolladas en la articulación C y el bloque de contención D. La longitud de la compuerta es 6 m y su altura es 4 m. $\rho_w = 1.0\ \text{Mg/m}^3$.

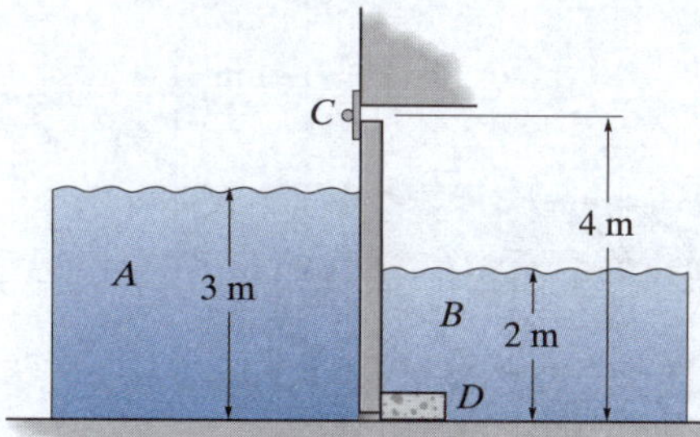

Prob. 9-120

9-121. El tanque se llena con agua hasta una profundidad de $d = 4$ m. Determine la fuerza resultante que ejerce el agua sobre el lado A y el lado B del tanque. Si en el tanque se colocara aceite en lugar de agua, ¿hasta qué profundidad d debería llegar, de modo que cree las mismas fuerzas resultantes? $\rho_{aceite} = 900\ \text{kg/m}^3$ y $\rho_w = 1000\ \text{kg/m}^3$.

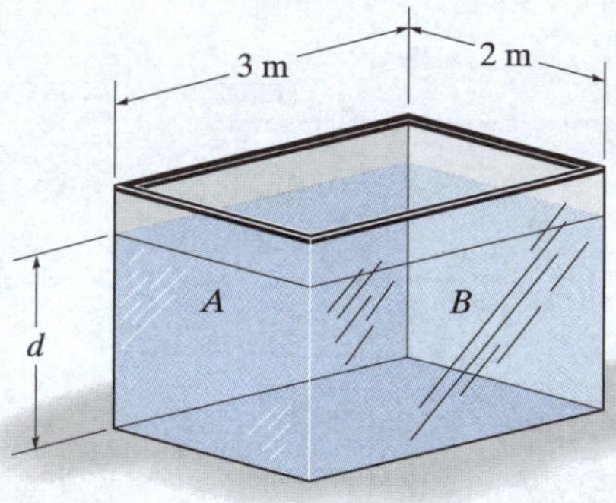

Prob. 9-121

9-122. La presa de "gravedad" de concreto se mantiene en su lugar por su propio peso. Si la densidad del concreto es $\rho_c = 2.5\ \text{Mg/m}^3$, y el agua tiene una densidad de $\rho_w = 1.0\ \text{Mg/m}^3$, determine la menor dimensión d que impedirá que la presa se voltee con respecto a su extremo A.

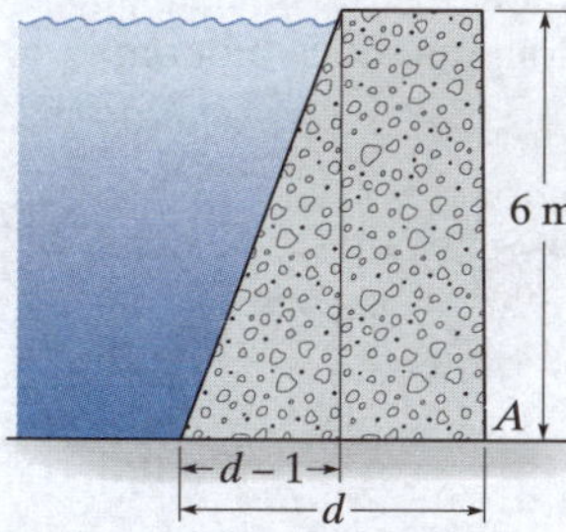

Prob. 9-122

9-123. El factor de seguridad para el volteo de la presa de concreto se define como la relación entre el momento estabilizador debido al peso de la presa dividido entre el momento de volcamiento con respecto a O debido a la presión del agua. Determine este factor, si el concreto tiene una densidad de $\rho_{conc} = 2.5\ \text{Mg/m}^3$ y para el agua $\rho_w = 1\ \text{Mg/m}^3$.

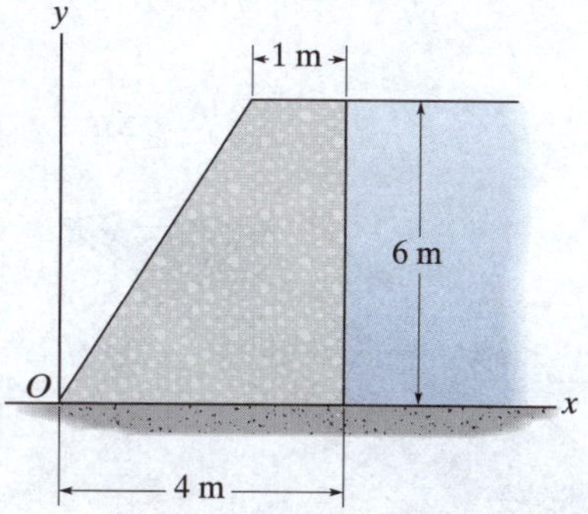

Prob. 9-123

***9-124.** La presa de concreto tiene la forma de un cuarto de círculo. Determine la magnitud de la fuerza hidrostática resultante que actúa sobre la presa por metro de longitud. La densidad del agua es $\rho_w = 1\ \text{Mg/m}^3$.

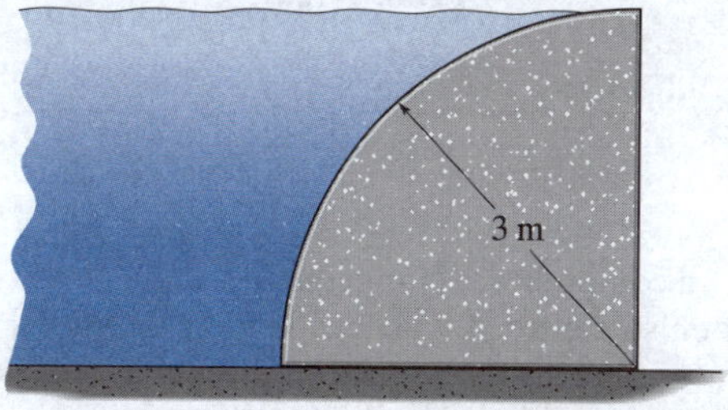

Prob. 9-124

9-125. El tanque se utiliza para almacenar un líquido que tiene una densidad de 80 lb/ft^3. Si se llena hasta la parte superior, determine la magnitud de la fuerza que ejerce el líquido sobre cada uno de sus dos lados $ABDC$ y $BDFE$.

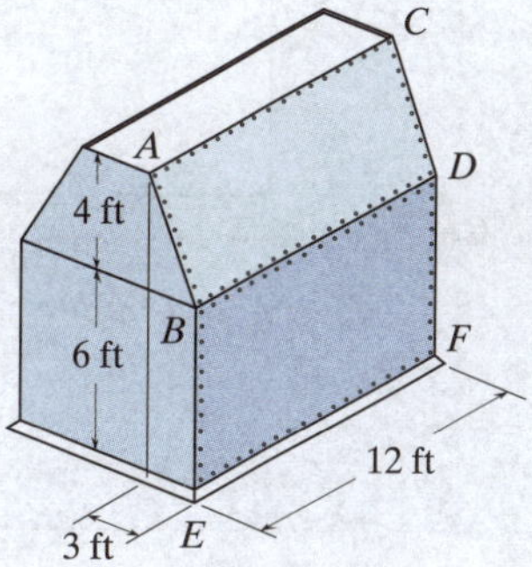

Prob. 9-125

9

9-126. La placa parabólica se somete a una presión de fluido que varía linealmente desde 0 en su parte superior hasta 100 lb/ft en su parte inferior B. Determine la magnitud de la fuerza resultante y su ubicación en la placa.

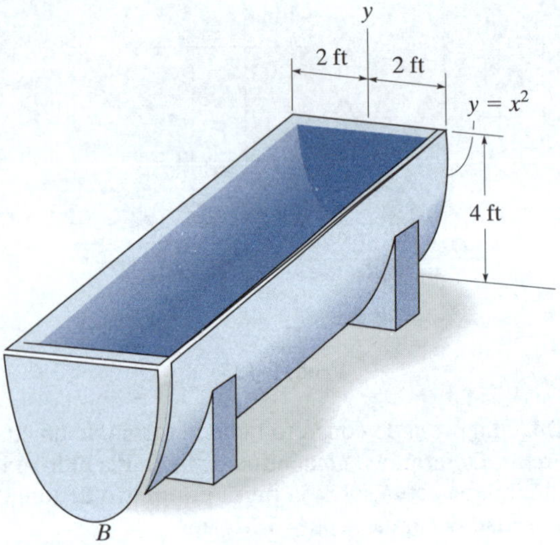

Prob. 9-126

9-127. La compuerta rectangular de 2 m de ancho está articulada en su centro A y no puede girar debido al bloque en B. Determine las reacciones en estos soportes debido a la presión hidrostática. $\rho_w = 1.0$ Mg/m^3.

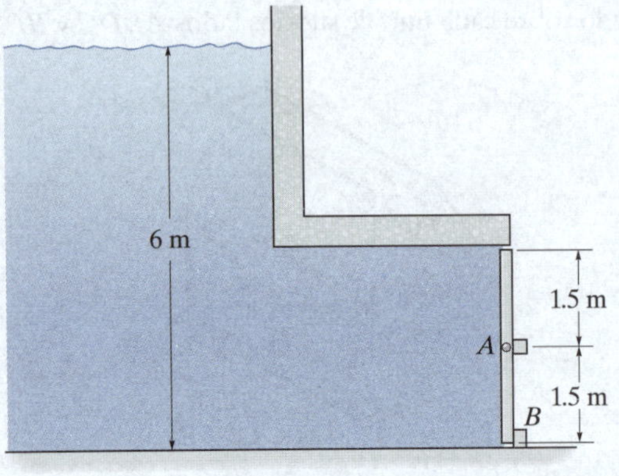

Prob. 9-127

***9-128.** El tanque se llena con un líquido que tiene una densidad de 900 kg/m^3. Determine la fuerza resultante que ejerce sobre la placa elíptica del extremo, y la ubicación del centro de presión, medida desde el eje x.

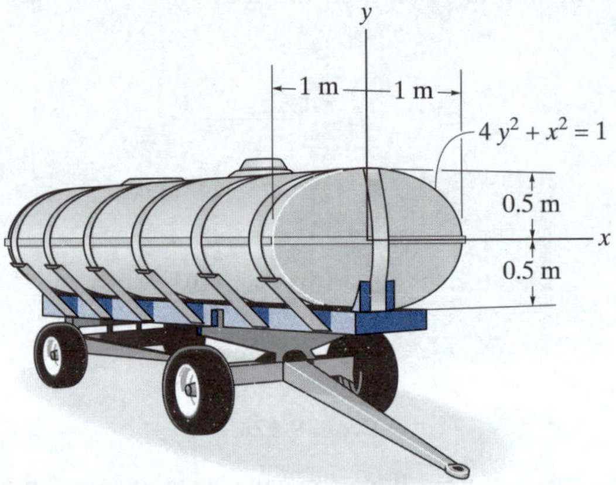

Prob. 9-128

9-129. Determine la magnitud de la fuerza resultante que actúa sobre la compuerta ABC debido a la presión hidrostática. La compuerta tiene un ancho de 1.5 m. $\rho_w = 1.0$ Mg/m^3.

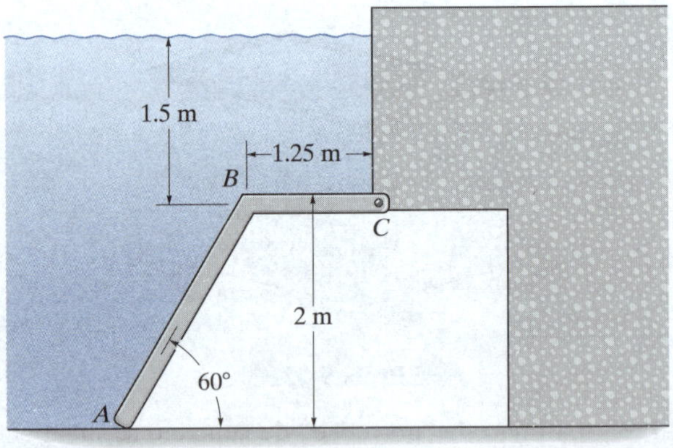

Prob. 9-129

9-130. El tubo semicircular de drenaje está lleno de agua. Determine las componentes horizontal y vertical de la fuerza resultante que ejerce el agua sobre el lado AB del tubo por pie de longitud de la tubería; $\gamma_w = 62.4$ lb/ft^3.

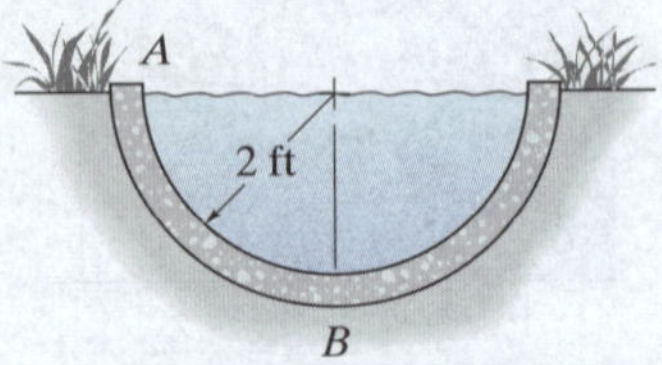

Prob. 9-130

REPASO DEL CAPÍTULO

Centro de gravedad y centroide

El *centro de gravedad G* representa un punto donde el peso del cuerpo puede considerarse concentrado. La distancia desde un eje a este punto suele determinarse a partir del equilibrio de momentos. Esto requiere que el momento del peso de todas las partículas del cuerpo con respecto a este eje deba ser igual al momento de todo el peso del cuerpo con respecto al eje.

$$\bar{x} = \frac{\int \tilde{x}\, dW}{\int dW}$$

$$\bar{y} = \frac{\int \tilde{y}\, dW}{\int dW}$$

$$\bar{z} = \frac{\int \tilde{z}\, dW}{\int dW}$$

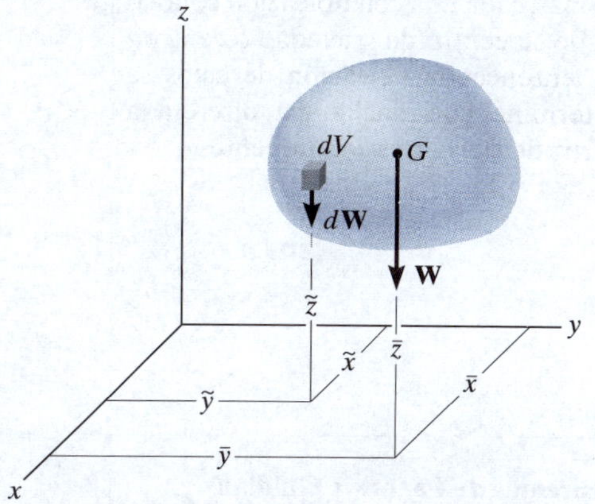

El centro de masa coincidirá con el centro de gravedad siempre que la aceleración de la gravedad sea constante.

$$\bar{x} = \frac{\int_L \tilde{x}\, dL}{\int_L dL} \quad \bar{y} = \frac{\int_L \tilde{y}\, dL}{\int_L dL} \quad \bar{z} = \frac{\int_L \tilde{z}\, dL}{\int_L dL}$$

$$\bar{x} = \frac{\int_A \tilde{x}\, dA}{\int_A dA} \quad \bar{y} = \frac{\int_A \tilde{y}\, dA}{\int_A dA} \quad \bar{z} = \frac{\int_A \tilde{z}\, dA}{\int_A dA}$$

El *centroide* es la ubicación del centro geométrico del cuerpo. Se determina de una manera parecida, por un equilibrio de momentos de elementos geométricos, como segmentos de líneas, áreas o volúmenes. Para cuerpos que tienen una forma continua, los momentos se suman (integran) mediante elementos diferenciales.

$$\bar{x} = \frac{\int_V \tilde{x}\, dV}{\int_V dV} \quad \bar{y} = \frac{\int_V \tilde{y}\, dV}{\int_A dV} \quad \bar{z} = \frac{\int_V \tilde{z}\, dV}{\int_V dV}$$

El centro de masa coincidirá con el centroide siempre que el material sea homogéneo, es decir, que la densidad sea la misma en todo el material. El centroide siempre se encontrará en un eje de simetría.

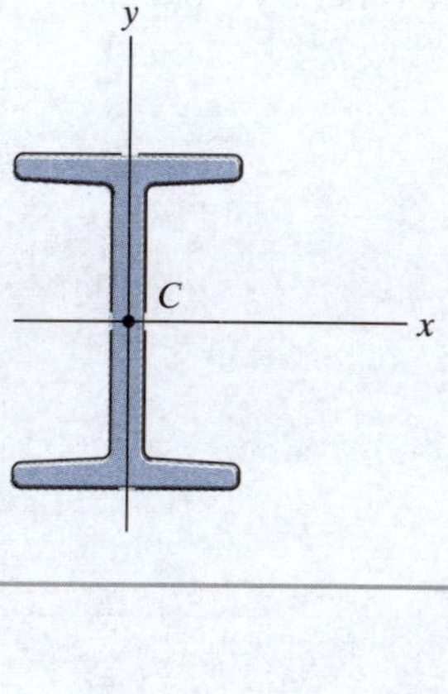

Cuerpo compuesto Si el cuerpo está compuesto de varias formas, cada una con ubicación conocida de su centro de gravedad o centroide, entonces la ubicación de éstos se determina con una suma discreta a partir de sus partes componentes.	$\bar{x} = \frac{\Sigma \tilde{x} W}{\Sigma W}$ $\bar{y} = \frac{\Sigma \tilde{y} W}{\Sigma W}$ $\bar{z} = \frac{\Sigma \tilde{z} W}{\Sigma W}$	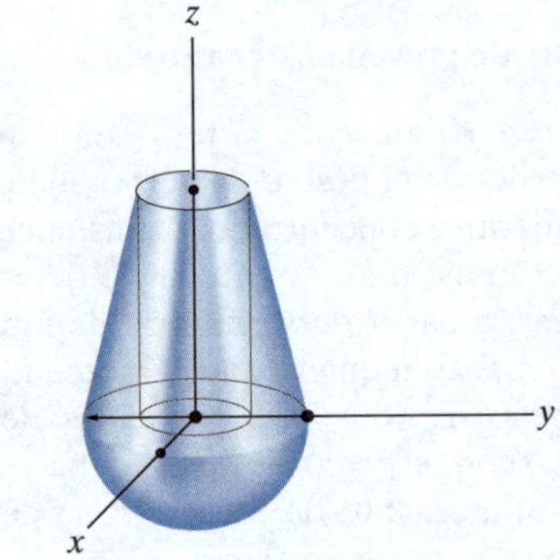
Teoremas de Pappus y Guldinus Los teoremas de Pappus y Guldinus se pueden usar para determinar el área superficial y el volumen de un cuerpo de revolución.		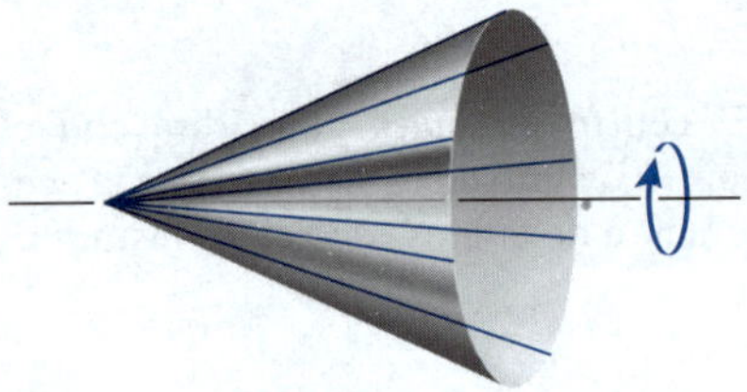
El *área superficial* es igual al producto de la longitud de la curva generatriz y la distancia recorrida por el centroide de la curva para generar el área.	$A = \theta \bar{r} L$	
El *volumen* del cuerpo es igual al producto del área generatriz y la distancia recorrida por el centroide de esta área para generar el volumen.	$V = \theta \bar{r} A$	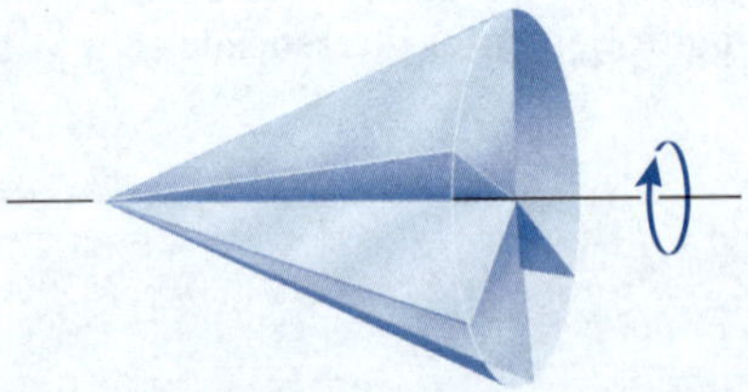

Carga general distribuida

La magnitud de la fuerza resultante es igual al volumen total bajo el diagrama de carga distribuida. La línea de acción de la fuerza resultante pasa a través del centro geométrico o centroide de este volumen.

$$F_R = \int_A p(x, y)\, dA = \int_V dV$$

$$\bar{x} = \frac{\int_V x\, dV}{\int_V dV}$$

$$\bar{y} = \frac{\int_V y\, dV}{\int_V dV}$$

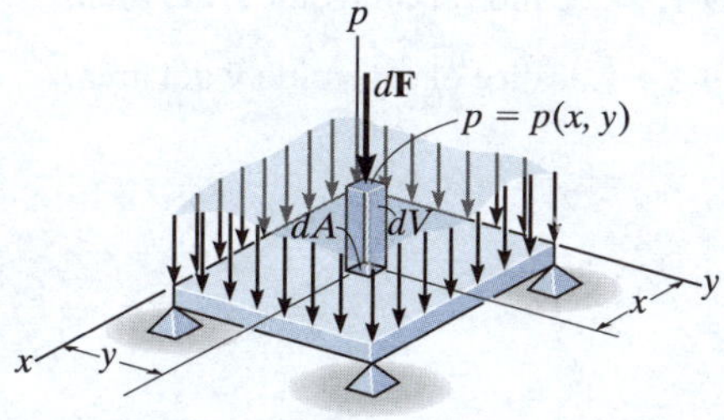

Presión de fluidos

La presión desarrollada por un líquido en un punto sobre una superficie sumergida depende de la profundidad del punto y de la densidad del líquido, de acuerdo con la ley de Pascal, $\rho = \rho g h = \gamma h$. Esta presión creará una *distribución lineal* de carga sobre una superficie plana vertical o inclinada.

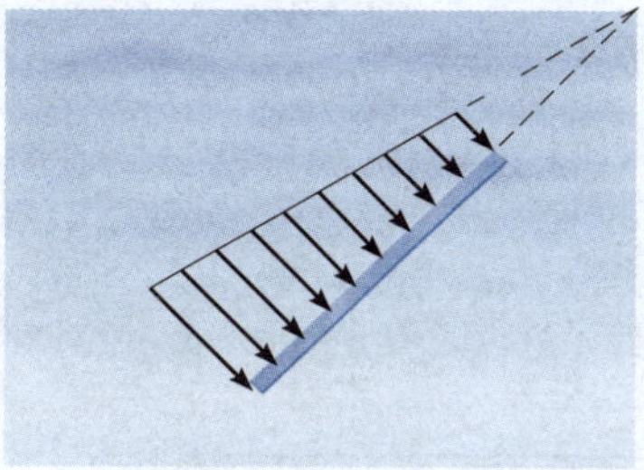

Si la superficie es horizontal, entonces la carga será *uniforme*.

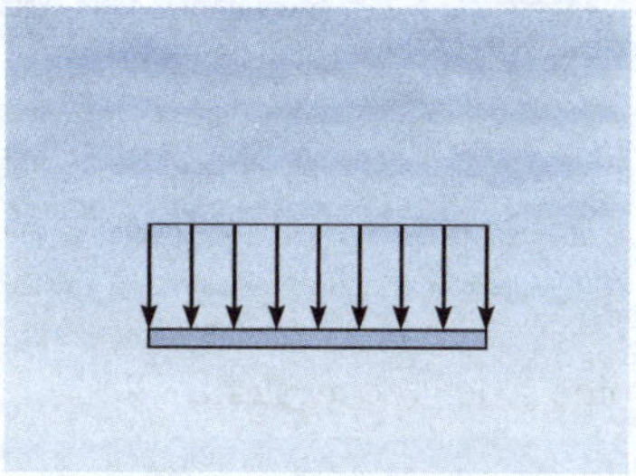

En todo caso, las resultantes de estas cargas se pueden determinar si se encuentra el volumen bajo la curva de carga o por medio de $F_R = \gamma \bar{z} A$, donde $\bar{z}$ es la profundidad hasta el centroide del área de la placa. La línea de acción de la fuerza resultante pasa por el centroide del volumen del diagrama de carga y actúa en un punto P sobre la placa, llamado el centro de presión.

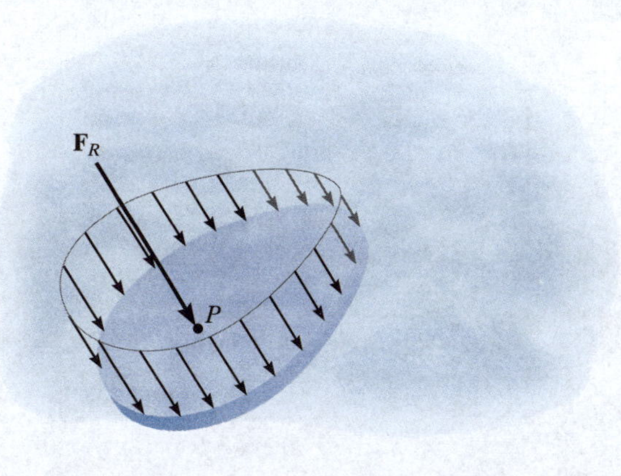

PROBLEMAS DE REPASO

R9-1. Localice el centroide $\bar{x}$ del área.

R9-2. Localice el centroide $\bar{y}$ del área.

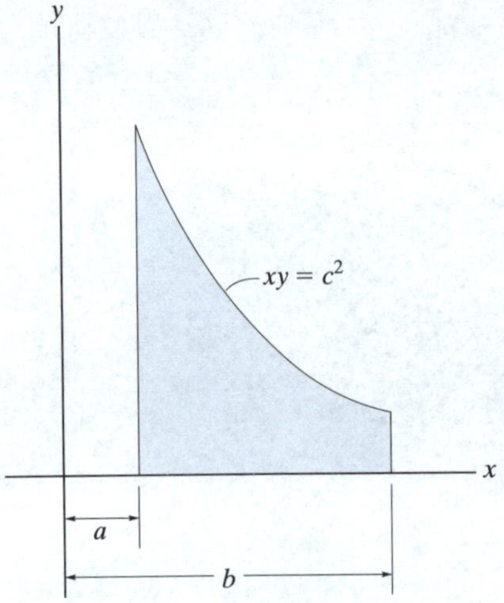

Probs. R9-1/2

R9-3. Localice el centroide $\bar{z}$ de la semiesfera.

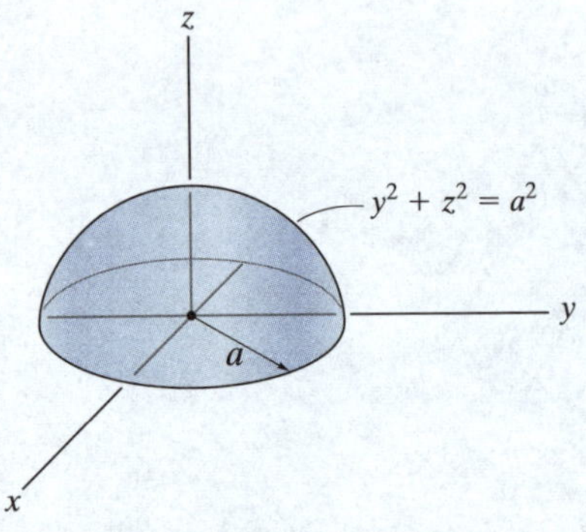

Prob. R9-3

R9-4. Localice el centroide de la varilla.

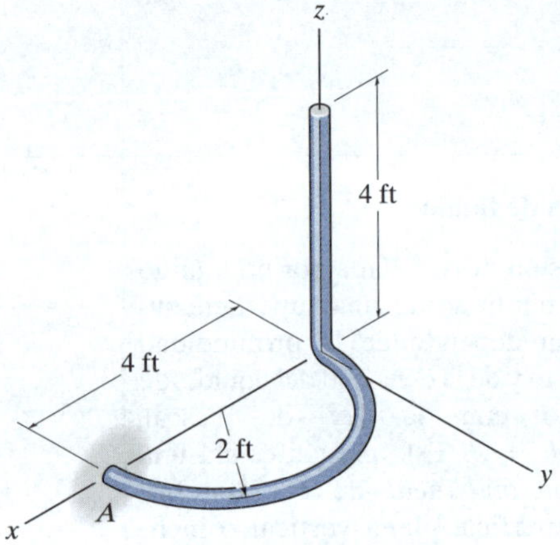

Prob. R9-4

R9-5. Localice el centroide $\bar{y}$ del área de la sección transversal de la viga.

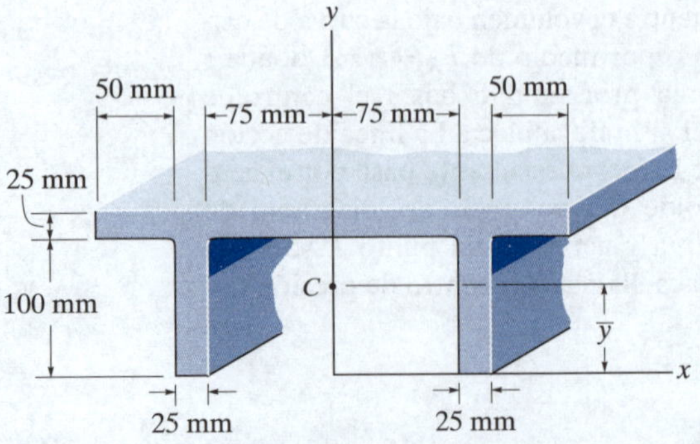

Prob. R9-5

R9-6. Una banda circular en V tiene un radio interior de 600 mm y un área de sección transversal como la mostrada. Determine el área superficial de la banda.

R9-7. Una banda circular en V tiene un radio interior de 600 mm y un área de sección transversal como la mostrada. Determine el volumen del material requerido para hacer la banda.

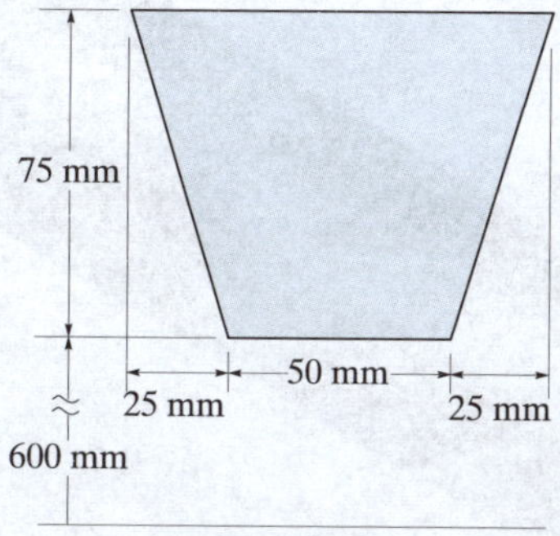

Probs. R9-6/7

R9-9. La compuerta AB tiene 8 m de ancho. Determine las componentes horizontal y vertical de la fuerza que actúa sobre el pasador en B y la reacción vertical en el soporte liso A; $\rho_w = 1.0 \text{ Mg/m}^3$.

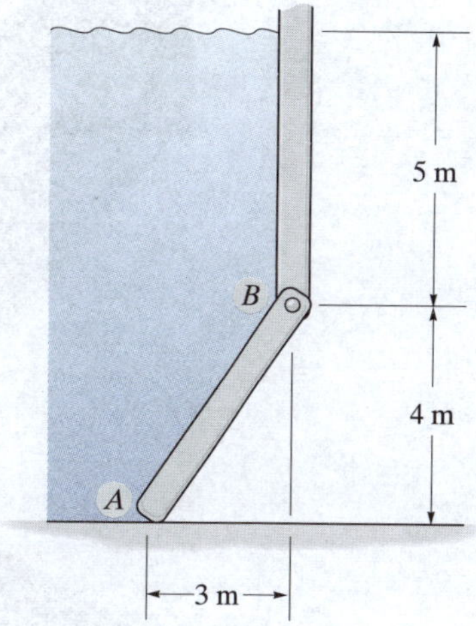

Prob. R9-9

R9-8. El contenedor rectangular está lleno de carbón, el cual crea una distribución de presión a lo largo de la pared A que varía de la manera indicada; es decir, $p = 4z^{1/3} \text{ lb/ft}^2$, donde z se da en pies. Determine la fuerza resultante creada por el carbón y su ubicación, medida desde la superficie superior de este último.

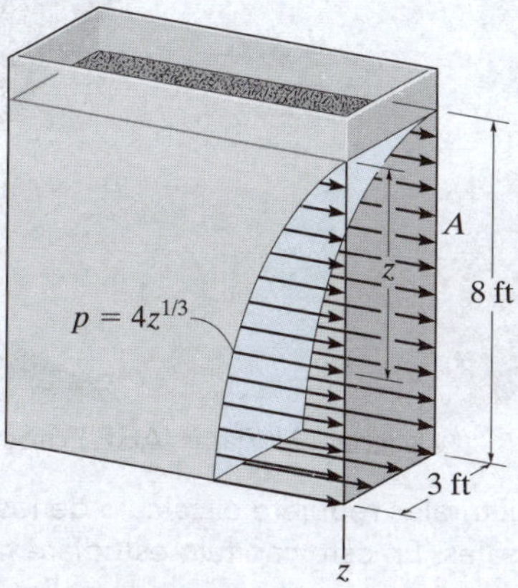

Prob. R9-8

R9-10. Determine la magnitud de la fuerza hidrostática resultante que actúa por pie de longitud sobre el muro marino; $\gamma_w = 62.4 \text{ lb/ft}^3$.

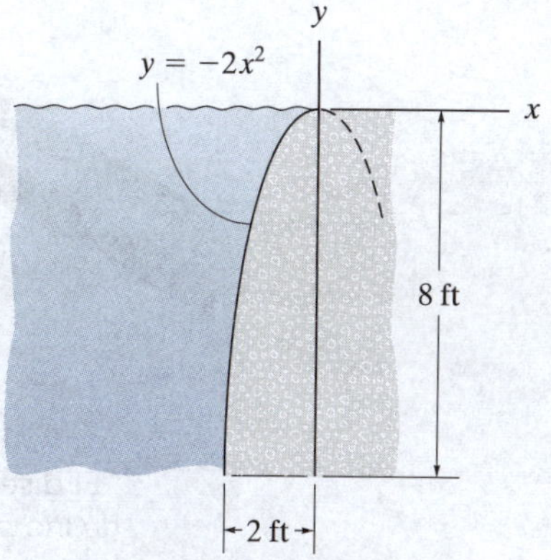

Prob. R9-10

Capítulo 10

(© Michael N. Paras/AGE Fotostock/Alamy)

El diseño de estos elementos estructurales requiere el cálculo de los momentos de inercia de sus secciones transversales. En este capítulo estudiaremos cómo se realiza ese cálculo.

Momentos de inercia

OBJETIVOS DEL CAPÍTULO

- Desarrollar un método para determinar el momento de inercia para un área.
- Introducir el producto de inercia y mostrar cómo se determinan los momentos de inercia máximo y mínimo para un área.
- Analizar el momento de inercia de masa.

10.1 Definición de momentos de inercia para áreas

Siempre que una carga distribuida actúa en forma perpendicular a una área y que su intensidad varía linealmente, el cálculo del momento de la carga con respecto a un eje implicará una integral de la forma $\int y^2 dA$. Por ejemplo, considere la placa de la figura 10.1, la cual está sumergida en un fluido y sometida a la presión p. Como se analizó en la sección 9.5, esta presión varía en forma lineal con la profundidad, de tal manera que $p = \gamma y$, donde γ es el peso específico del fluido. Así, la fuerza que actúa sobre el área diferencial dA de la placa es $dF = p\, dA = (\gamma y)dA$. Por lo tanto, el *momento* de esta fuerza con respecto al eje x es $dM = y\, dF = \gamma y^2 dA$, y al integrar dM sobre toda el área de la placa, resulta $M = \gamma \int y^2 dA$. La integral $\int y^2 dA$ se conoce en ocasiones como el "segundo momento" del área con respecto a un eje (el eje x), pero con más frecuencia se denomina el ***momento de inercia del área***. La palabra "inercia" se utiliza aquí porque la formulación es semejante al momento de inercia de masa, $\int y^2 dm$, que es una propiedad dinámica descrita en la sección 10.8. Aunque esta integral no tiene significado físico para un área, surge con frecuencia en fórmulas utilizadas en la mecánica de fluidos, la mecánica de materiales, la mecánica estructural y el diseño mecánico, por lo que los ingenieros deben estar familiarizados con los métodos empleados para determinar el momento de inercia.

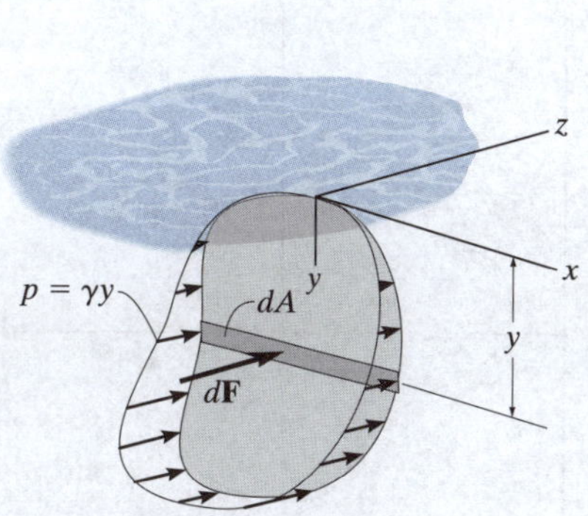

Fig. 10-1

Momento de inercia. Por definición, los momentos de inercia de un área diferencial dA con respecto a los ejes x y y son $dI_x = y^2\,dA$ y $dI_y = x^2\,dA$, respectivamente (fig. 10-2). Los ***momentos de inercia*** se determinan por integración para toda el área A; es decir,

$$I_x = \int_A y^2\,dA$$
$$I_y = \int_A x^2\,dA \qquad (10\text{-}1)$$

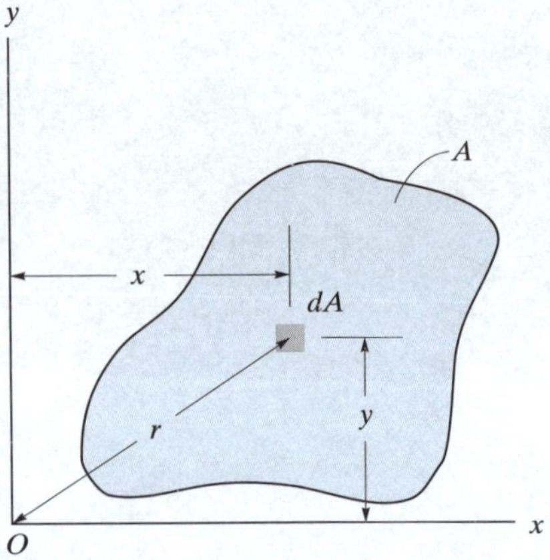

Fig. 10-2

También podemos formular esta cantidad para dA con respecto al "polo" O o eje z (fig. 10-2). A éste se le llama ***momento de inercia polar***. Se define como $dJ_O = r^2\,dA$, donde r es la distancia perpendicular desde el polo (eje z) hasta el elemento dA. Para toda el área, el *momento de inercia polar* es

$$J_O = \int_A r^2\,dA = I_x + I_y \qquad (10\text{-}2)$$

Esta relación entre J_O e I_x, I_y es posible ya que $r^2 = x^2 + y^2$ (fig. 10-2).

A partir de las formulaciones anteriores, se observa que I_x, I_y y J_O *siempre* serán *positivos*, ya que implican el producto de una distancia al cuadrado y un área. Asimismo, las unidades para el momento de inercia implican la longitud elevada a la cuarta potencia, por ejemplo, m^4, mm^4 o in^4.

10.2 Teorema de los ejes paralelos para un área

El ***teorema de los ejes paralelos*** puede usarse para determinar el momento de inercia de un área con respecto a *cualquier eje* que sea paralelo a un eje que pasa a través de su centroide y del cual se conozca el momento de inercia. Para desarrollar este teorema, consideraremos determinar el momento de inercia del área sombreada que se muestra en la figura 10-3 con respecto al eje x. Para iniciar, elegimos un elemento diferencial dA que está ubicado a una distancia arbitraria y' del eje *centroidal* x'. Si la distancia entre los ejes paralelos x y x' se define como d_y, entonces el momento de inercia de dA con respecto al eje x es $dI_x = (y' + dy)^2\,dA$. Para toda el área,

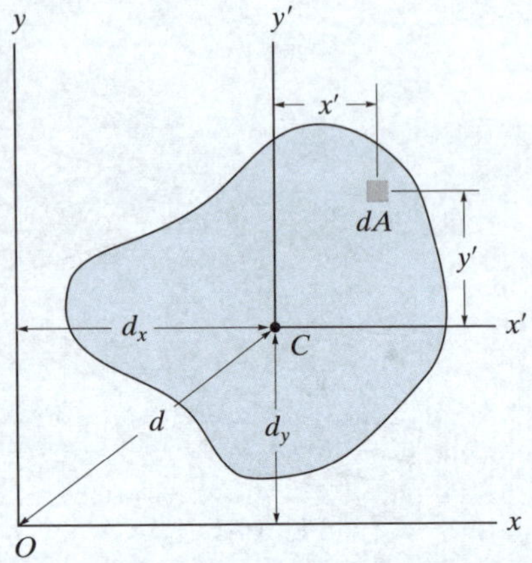

Fig. 10-3

$$I_x = \int_A (y' + d_y)^2\,dA$$
$$= \int_A y'^2\,dA + 2d_y\int_A y'\,dA + d_y^2\int_A dA$$

La primera integral representa el momento de inercia del área con respecto al eje centroidal $\bar{I}_{x'}$. La segunda integral es cero, ya que el eje x' pasa a través del centroide C del área; es decir, $\int y'\, dA = \bar{y}' \int dA = 0$ pues $\bar{y}' = 0$. Observamos que como la tercera integral representa el área total A, el resultado final es, por lo tanto,

$$I_x = \bar{I}_{x'} + Ad_y^2 \tag{10-3}$$

Para I_y, se puede escribir una expresión similar; es decir,

$$I_y = \bar{I}_{y'} + Ad_x^2 \tag{10-4}$$

Y, por último, para el momento de inercia polar, como $\bar{J}_C = \bar{I}_{x'} + \bar{I}_{y'}$ y $d^2 = d_x^2 + d_y^2$, tenemos

$$J_O = \bar{J}_C + Ad^2 \tag{10-5}$$

La forma de cada una de estas tres ecuaciones establece que *el momento de inercia de un área con respecto a un eje es igual al momento de inercia del área con respecto a un eje paralelo que pase a través del centroide del área, más el producto del área y el cuadrado de la distancia perpendicular entre los ejes.*

Para predecir la resistencia y la deflexión de esta viga, es necesario calcular el momento de inercia del área de su sección transversal. (© Russell C. Hibbeler)

10.3 Radio de giro de un área

El ***radio de giro*** de un área con respecto a un eje tiene unidades de longitud y es una cantidad que se utiliza a menudo en mecánica estructural para el diseño de columnas. Si *se conocen* las áreas y los momentos de inercia, los radios de giro se determinan a partir de las fórmulas

$$k_x = \sqrt{\frac{I_x}{A}}$$

$$k_y = \sqrt{\frac{I_y}{A}} \tag{10-6}$$

$$k_O = \sqrt{\frac{J_O}{A}}$$

La forma de estas ecuaciones es fácil de recordar, ya que es semejante a la que se usa para encontrar el momento de inercia para un área diferencial con respecto a un eje. Por ejemplo, $I_x = k_x^2 A$; mientras que para un área diferencial $dI_x = y^2\, dA$.

10

Puntos importantes

- El momento de inercia es una propiedad geométrica de un área que se utiliza para determinar la fuerza de un elemento estructural o la ubicación de una fuerza de presión resultante que actúa sobre una placa sumergida en un fluido. En ocasiones se conoce como el segundo momento del área con respecto a un eje, porque la distancia desde el eje hasta cada elemento de área está elevada al cuadrado.
- Si se conoce el momento de inercia de un área con respecto a su eje centroidal, entonces es posible determinar el momento de inercia con respecto a un eje paralelo correspondiente, usando el teorema de los ejes paralelos.

Procedimiento para el análisis

En la mayoría de los casos, el momento de inercia puede determinarse con una integración simple. El siguiente procedimiento muestra dos formas en las cuales se puede hacer esto.

- Si la curva que define la frontera del área se expresa como $y = f(x)$, entonces seleccione un elemento diferencial rectangular, de modo que tenga una longitud finita y un ancho diferencial.
- El elemento debería estar ubicado de manera que interseque la curva en el *punto arbitrario* (x, y).

Caso 1

- Oriente el elemento de forma que su longitud sea *paralela* al eje con respecto al cual se calcula el momento de inercia. Esta situación ocurre cuando el elemento rectangular que se muestra en la figura 10-4*a* se utiliza para determinar I_x del área. Aquí, todo el elemento está a una distancia y del eje x pues tiene un espesor dy. Así, $I_x = \int y^2\, dA$. Para determinar I_y, el elemento se orienta de la manera que se muestra en la figura 10-4*b*. Este elemento se encuentra a la *misma* distancia x del eje y, de manera que $I_y = \int x^2\, dA$.

Caso 2

- La longitud del elemento puede estar orientada de manera *perpendicular* al eje con respecto al cual se calcula el momento de inercia; sin embargo, la ecuación 10-1 *no es aplicable*, ya que todos los puntos del elemento *no* se encuentran a la misma distancia del brazo de momento desde el eje. Por ejemplo, si el elemento rectangular de la figura 10-4*a* se usa para determinar I_y, primero será necesario calcular el momento de inercia del *elemento* con respecto a un eje paralelo al eje y que pase por el centroide del elemento y luego determinar el momento de inercia del *elemento* con respecto al eje y por el teorema de los ejes paralelos. Mediante la integración de este resultado se obtendrá I_y. Vea los ejemplos 10.2 y 10.3.

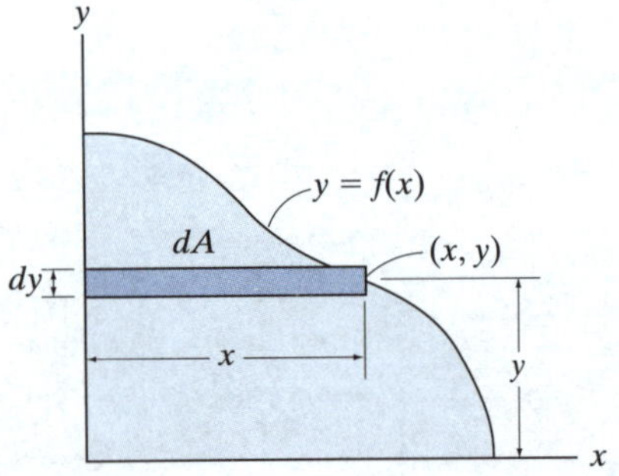

(a)

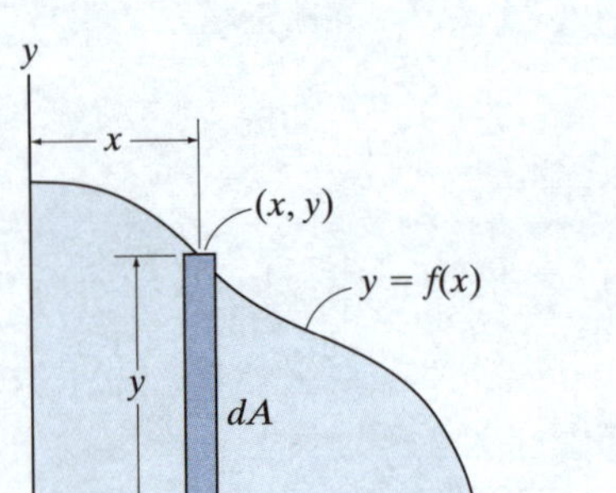

(b)

Fig. 10-4

EJEMPLO 10.1

Determine el momento de inercia del área rectangular de la figura 10-5 con respecto a (a) el eje centroidal x', (b) el eje x_b que pasa por la base del rectángulo y (c) el polo o eje z' perpendicular al plano x'-y' y que pasa a través del centroide C.

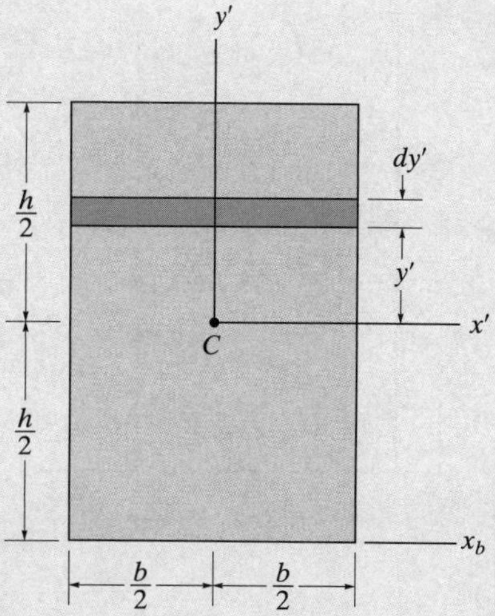

Fig. 10-5

SOLUCIÓN (CASO 1)

Parte (a). Para la integración se elige el elemento diferencial que se muestra en la figura 10-5. Debido a su ubicación y orientación, *todo el elemento* está a una distancia y' del eje x'. Aquí es necesario integrar desde $y' = -h/2$ a $y' = h/2$. Como $dA = b\,dy'$, entonces

$$\bar{I}_{x'} = \int_A y'^2\,dA = \int_{-h/2}^{h/2} y'^2(b\,dy') = b\int_{-h/2}^{h/2} y'^2\,dy'$$

$$\bar{I}_{x'} = \frac{1}{12}bh^3 \qquad \textit{Resp.}$$

Parte (b). El momento de inercia con respecto a un eje que pase por la base del rectángulo se puede obtener usando el resultado del inciso (a) y aplicando el teorema de los ejes paralelos, ecuación 10-3.

$$I_{x_b} = \bar{I}_{x'} + Ad_y^2$$

$$= \frac{1}{12}bh^3 + bh\left(\frac{h}{2}\right)^2 = \frac{1}{3}bh^3 \qquad \textit{Resp.}$$

Parte (c). Para obtener el momento de inercia polar con respecto al punto C, debemos obtener primero $\bar{I}_{y'}$, la cual se determina intercambiando las dimensiones b y h en el resultado del inciso (a), es decir,

$$\bar{I}_{y'} = \frac{1}{12}hb^3$$

Con la ecuación 10-2, el momento de inercia polar con respecto a C es, por lo tanto,

$$\bar{J}_C = \bar{I}_{x'} + \bar{I}_{y'} = \frac{1}{12}bh(h^2 + b^2) \qquad \textit{Resp.}$$

10

EJEMPLO 10.2

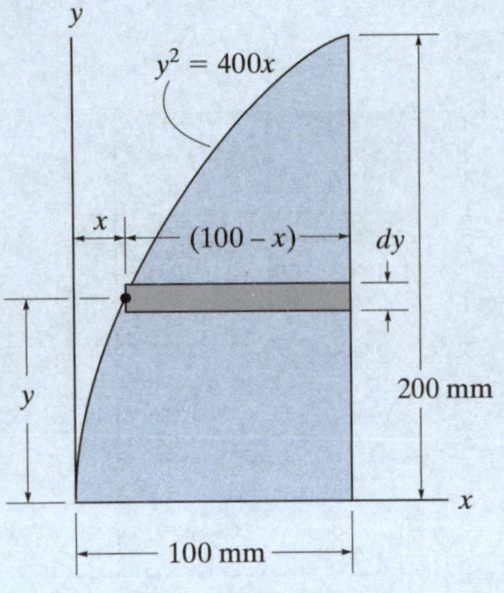

(a)

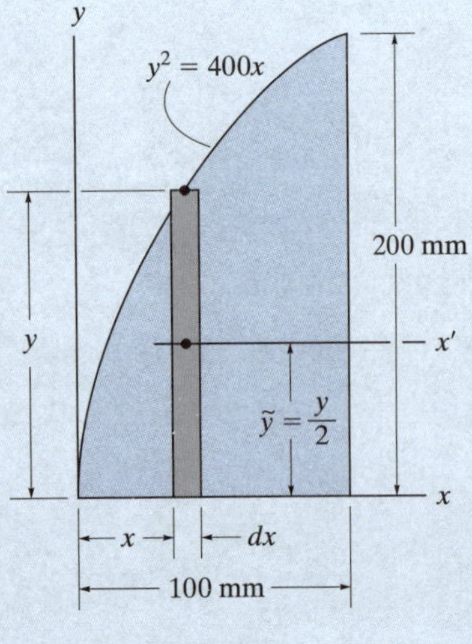

(b)

Fig. 10-6

Determine el momento de inercia del área sombreada de la figura 10-6*a*, con respecto al eje *x*.

SOLUCIÓN I (CASO 1)

Para la integración se elige un elemento diferencial de área que sea *paralelo* al eje x, como se indica en la figura 10-6*a*. Como este elemento tiene un espesor dy e interseca la curva en el *punto arbitrario* (x, y), su área es $dA = (100 - x)dy$. Además, el elemento se encuentra a la misma distancia y desde el eje x. Por consiguiente, al integrar con respecto a y, desde $y = 0$ hasta $y = 200$ m, se obtiene

$$I_x = \int_A y^2\, dA = \int_0^{200\text{ mm}} y^2(100 - x)\, dy$$

$$= \int_0^{200\text{ mm}} y^2\left(100 - \frac{y^2}{400}\right) dy = \int_0^{200\text{ mm}} \left(100y^2 - \frac{y^4}{400}\right) dy$$

$$= 107(10^6)\text{ mm}^4$$ *Resp.*

SOLUCIÓN II (CASO 2)

Para la integración, se elige un elemento diferencial *paralelo* al eje y, como se muestra en la figura 10-6*b*. El elemento interseca la curva en el *punto arbitrario* (x, y). En este caso, *no* todos los puntos del elemento se encuentran a la misma distancia del eje x, por lo tanto, debe usarse el teorema de los ejes paralelos para determinar el *momento de inercia del elemento* con respecto a este eje. Para un rectángulo con base b y altura h, el momento de inercia con respecto a su eje centroidal ya fue determinado en el inciso (a) del ejemplo 10.1. Se encontró que $\bar{I}_{x'} = \frac{1}{12}bh^3$. Para el elemento diferencial mostrado en la figura 10-6*b*, $b = dx$ y $h = y$, y entonces $d\bar{I}_{x'} = \frac{1}{12}dx\, y^3$. Como el centroide del elemento está en $\tilde{y} = y/2$ desde el eje x, el momento de inercia del elemento con respecto a este eje es

$$dI_x = d\bar{I}_{x'} + dA\,\tilde{y}^2 = \frac{1}{12}dx\, y^3 + y\, dx\left(\frac{y}{2}\right)^2 = \frac{1}{3}y^3\, dx$$

(Este resultado también puede obtenerse a partir del inciso (b) del ejemplo 10.1.) Al integrar con respecto a x, desde $x = 0$ hasta $x = 100$ mm, resulta

$$I_x = \int dI_x = \int_0^{100\text{ mm}} \frac{1}{3}y^3\, dx = \int_0^{100\text{ mm}} \frac{1}{3}(400x)^{3/2}\, dx$$

$$= 107(10^6)\text{ mm}^4$$ *Resp.*

EJEMPLO 10.3

Determine el momento de inercia con respecto al eje x del área circular que se muestra en la figura 10-7a.

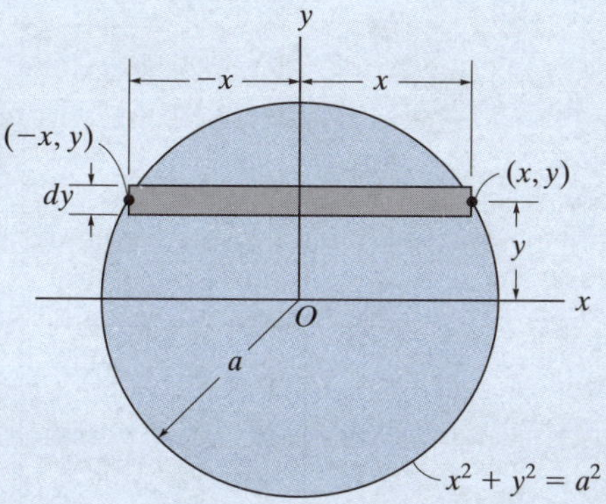

(a)

SOLUCIÓN I (CASO 1)

Si usamos el elemento diferencial que se muestra en la figura 10-7a, como $dA = 2x\, dy$, tenemos

$$I_x = \int_A y^2\, dA = \int_A y^2(2x)\, dy$$

$$= \int_{-a}^{a} y^2\left(2\sqrt{a^2 - y^2}\right) dy = \frac{\pi a^4}{4} \qquad \textit{Resp.}$$

SOLUCIÓN II (CASO 2)

Cuando se elige el elemento diferencial que se muestra en la figura 10-7b, el centroide del elemento se encuentra en el eje x, y como $\bar{I}_{x'} = \frac{1}{12}bh^3$ para un rectángulo, tenemos

$$dI_x = \frac{1}{12}dx(2y)^3$$

$$= \frac{2}{3}y^3\, dx$$

Integrar con respecto a x resulta

$$I_x = \int_{-a}^{a}\frac{2}{3}(a^2 - x^2)^{3/2}\, dx = \frac{\pi a^4}{4} \qquad \textit{Resp.}$$

NOTA: Por comparación, la solución I requiere la realización de menos cálculos. Por lo tanto, si una integral que utiliza un elemento particular parece difícil de evaluar, intente resolver el problema con un elemento orientado en la otra dirección.

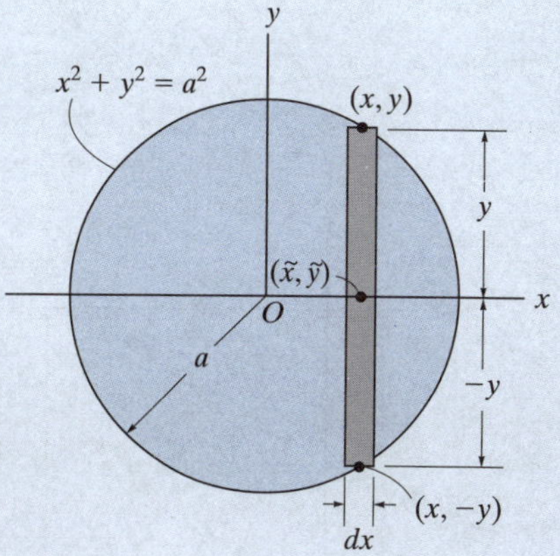

(b)

Fig. 10-7

10

PROBLEMAS FUNDAMENTALES

F10-1. Determine el momento de inercia del área sombreada con respecto al eje x.

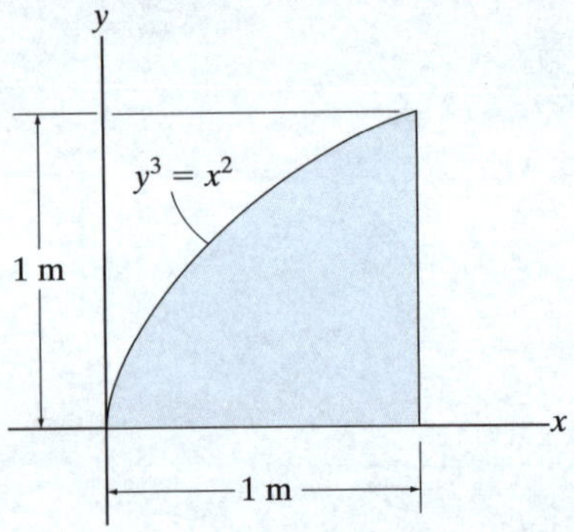

Prob. F10-1

F10-2. Determine el momento de inercia del área sombreada con respecto al eje x.

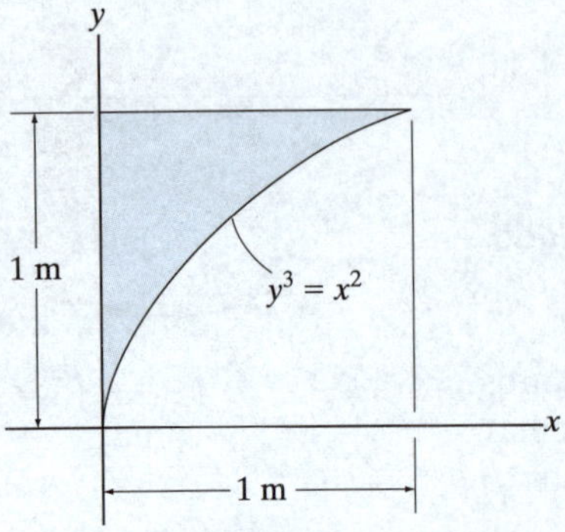

Prob. F10-2

F10-3. Determine el momento de inercia del área sombreada con respecto al eje y.

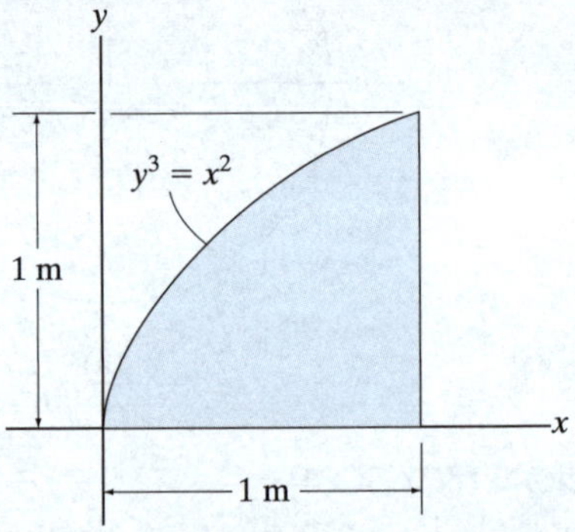

Prob. F10-3

F10-4. Determine el momento de inercia del área sombreada con respecto al eje y.

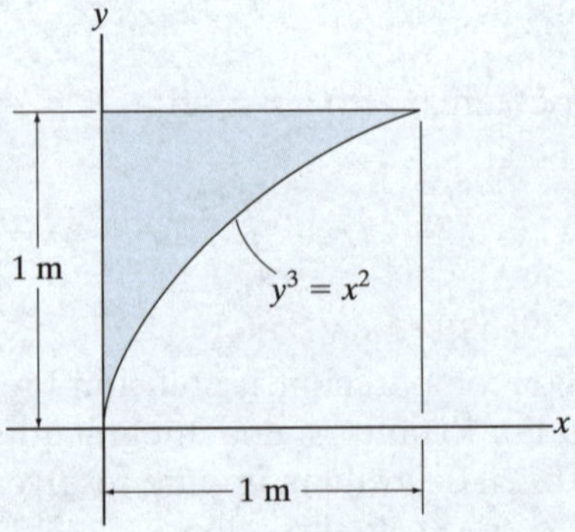

Prob. F10-4

PROBLEMAS

10-1. Determine el momento de inercia con respecto al eje x.

10-2. Determine el momento de inercia con respecto al eje y.

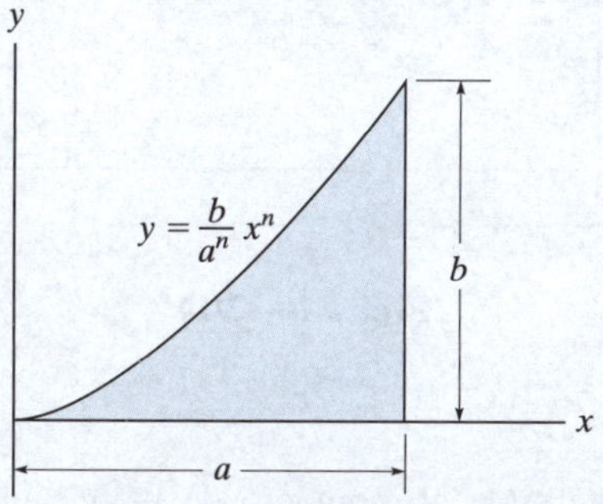

Probs. 10-1/2

10-3. Determine el momento de inercia para el área sombreada con respecto al eje x.

***10-4.** Determine el momento de inercia para el área sombreada con respecto al eje y.

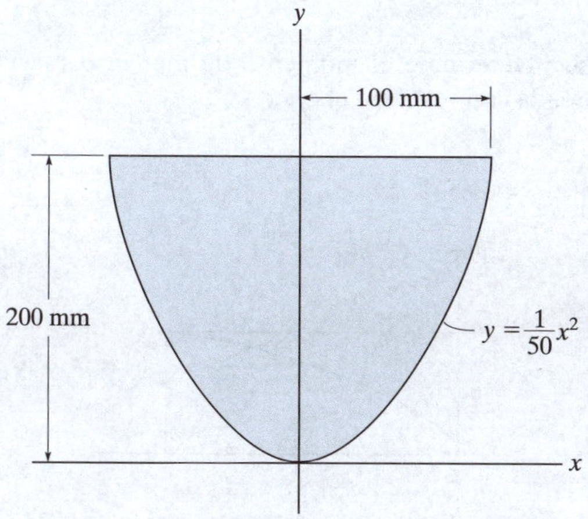

Probs. 10-3/4

10-5. Determine el momento de inercia para el área sombreada con respecto al eje x.

10-6. Determine el momento de inercia para el área sombreada con respecto al eje y.

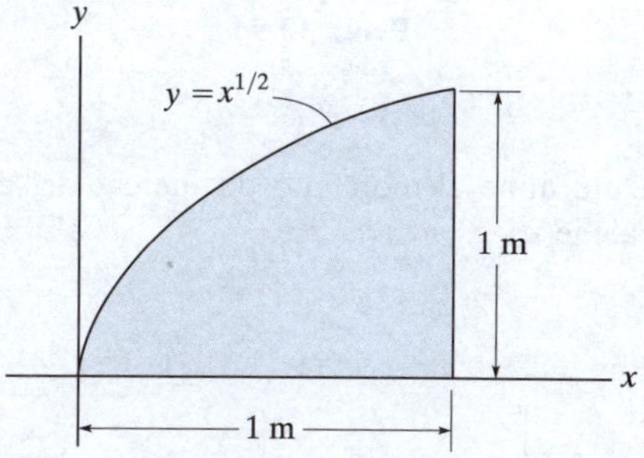

Probs. 10-5/6

10-7. Determine el momento de inercia para el área sombreada con respecto al eje x.

***10-8.** Determine el momento de inercia para el área sombreada con respecto al eje y.

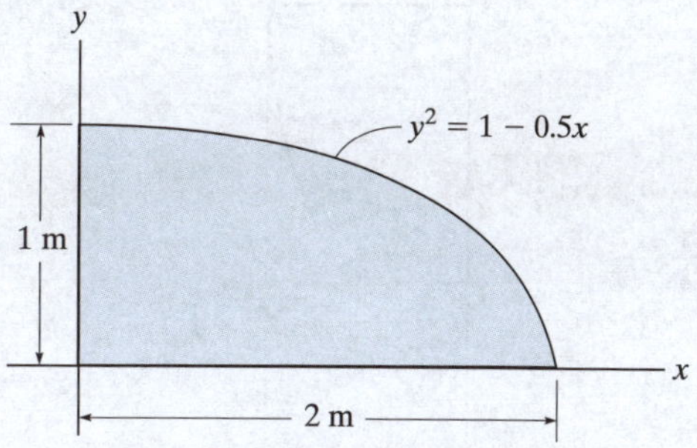

Probs. 10-7/8

10

10.9. Determine el momento de inercia del área con respecto al eje x. Resuelva el problema de dos maneras, utilizando elementos diferenciales rectangulares (a) con un espesor dx y (b) con un espesor dy.

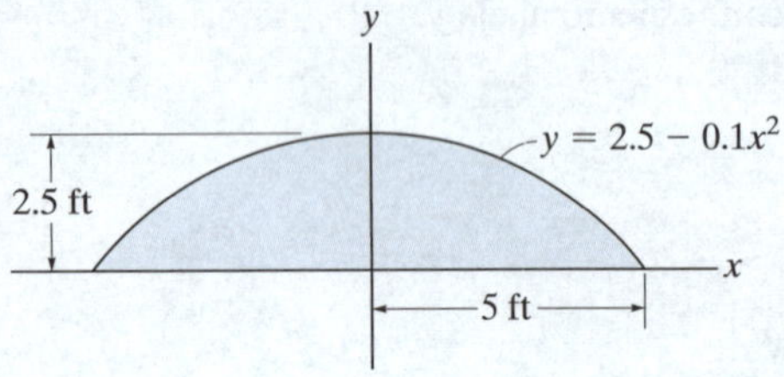

Prob. 10-9

10-10. Determine el momento de inercia del área con respecto al eje x.

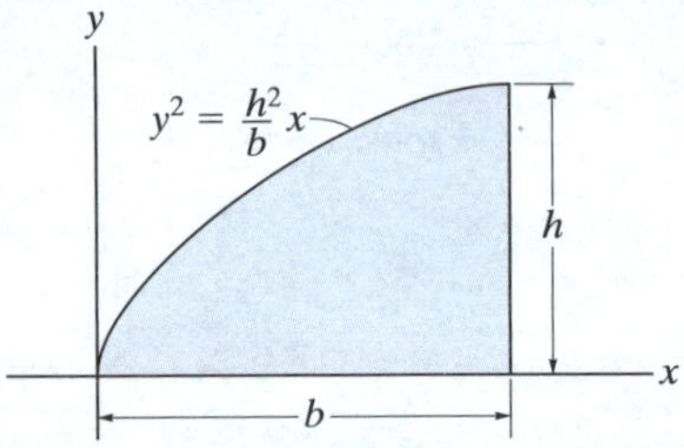

Prob. 10-10

10-11. Determine el momento de inercia para el área sombreada con respecto al eje x.

***10-12.** Determine el momento de inercia para el área sombreada con respecto al eje y.

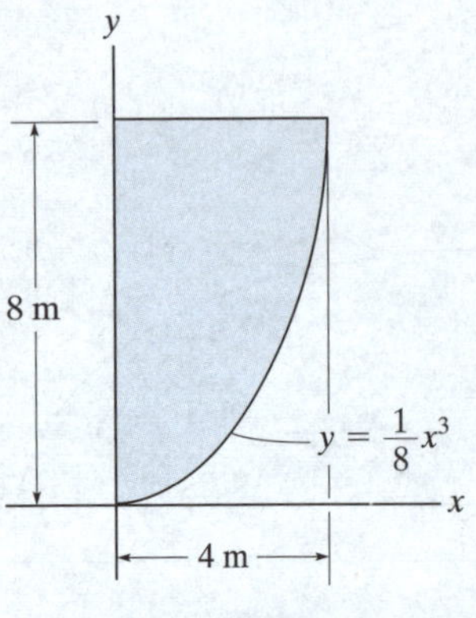

Probs. 10-11/12

10-13. Determine el momento de inercia con respecto al eje x.

10-14. Determine el momento de inercia con respecto al eje y.

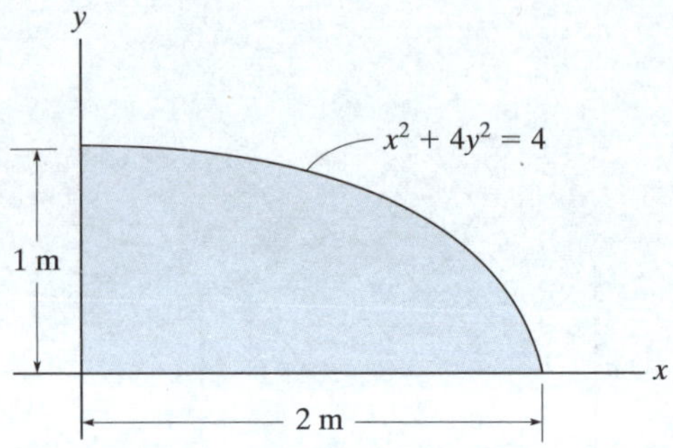

Probs. 10-13/14

10-15. Determine el momento de inercia para el área sombreada con respecto al eje x.

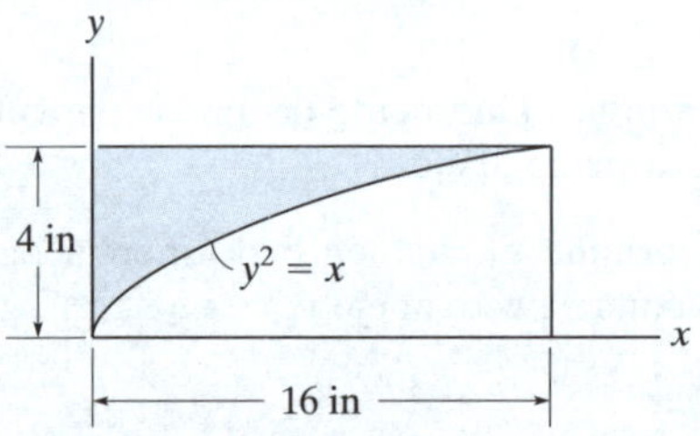

Prob. 10-15

***10-16.** Determine el momento de inercia para el área sombreada con respecto al eje y.

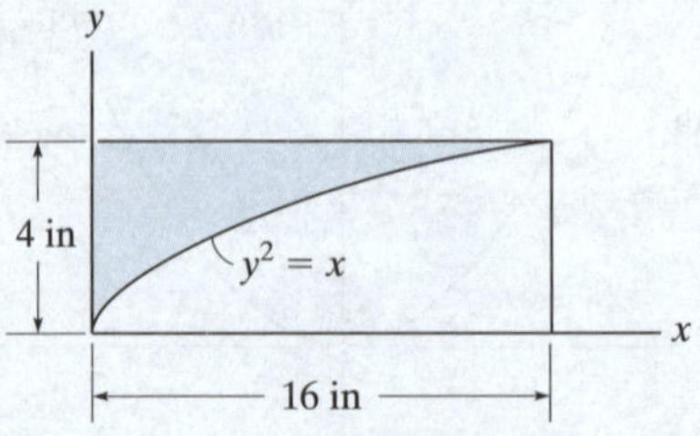

Prob. 10-16

10-17. Determine el momento de inercia para el área sombreada con respecto al eje x.

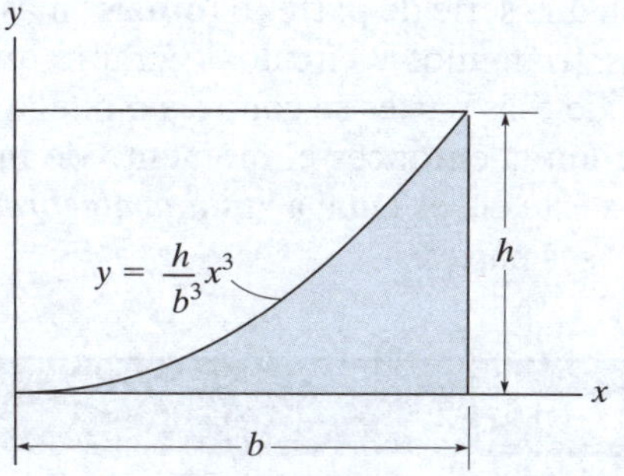

Prob. 10-17

10-18. Determine el momento de inercia para el área sombreada con respecto al eje y.

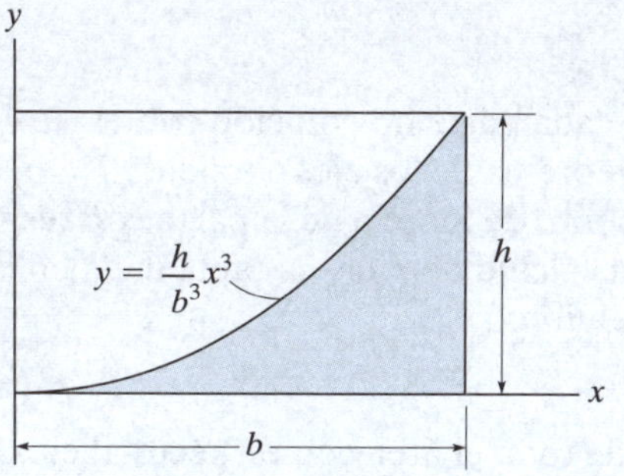

Prob. 10-18

10-19. Determine el momento de inercia para el área sombreada con respecto al eje x.

***10-20.** Determine el momento de inercia para el área sombreada con respecto al eje y.

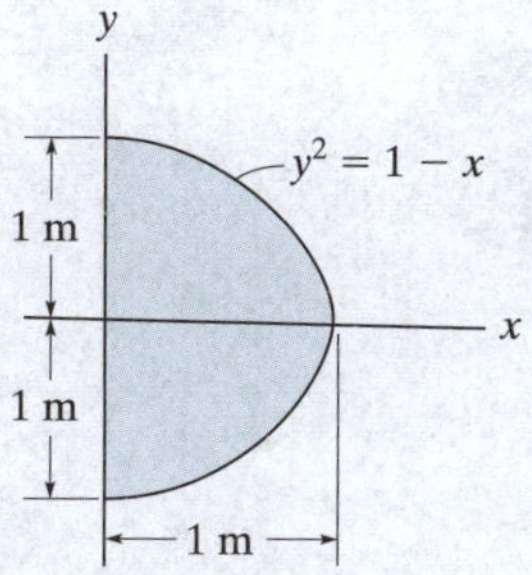

Probs. 10-19/20

10-21. Determine el momento de inercia para el área sombreada con respecto al eje x.

10-22. Determine el momento de inercia para el área sombreada con respecto al eje y.

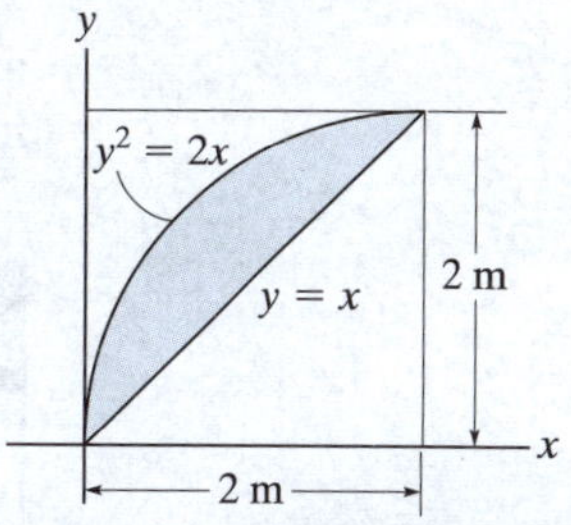

Probs. 10-21/22

10-23. Determine el momento de inercia para el área sombreada con respecto al eje x.

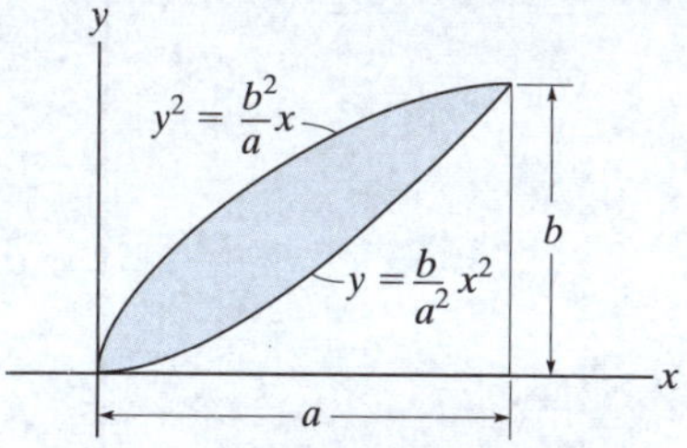

Prob. 10-23

***10-24.** Determine el momento de inercia para el área sombreada con respecto al eje y.

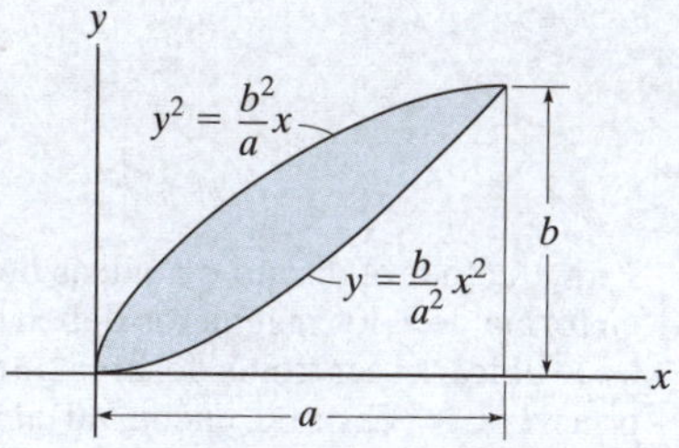

Prob. 10-24

10

10.4 Momentos de inercia para áreas compuestas

Un área compuesta consiste en una serie de partes o formas "más simples" conectadas, como rectángulos, triángulos y círculos. Siempre que el momento de inercia de cada una de esas partes se conozca o pueda determinarse con respecto a un eje común, entonces el momento de inercia del área compuesta con respecto a este eje es igual a la *suma algebraica* de los momentos de inercia de todas sus partes.

Puntos importantes

El momento de inercia para un área compuesta con respecto a un eje de referencia puede determinarse mediante el siguiente procedimiento.

Partes compuestas

- Con un croquis, divida el área en sus partes componentes e indique la distancia perpendicular desde el centroide de cada parte hasta el eje de referencia.

Teorema de los ejes paralelos

- Si el eje centroidal para cada parte no coincide con el eje de referencia, deberá usarse el teorema de los ejes paralelos, $I = \bar{I} + Ad^2$, para determinar el momento de inercia de la parte con respecto al eje de referencia. Para el cálculo de $\bar{I}$, use la tabla dada en la parte interior de la portada del libro.

Suma

- El momento de inercia de toda el área con respecto al eje de referencia se determina mediante la suma de los resultados de sus partes componentes con respecto a este eje.
- Si una parte componente tiene una región vacía (orificio), su momento de inercia se encuentra al restar el momento de inercia de esta región del momento de inercia de toda la parte, incluida la región.

Para efectuar el diseño o análisis de esta viga en forma de T, los ingenieros deben ser capaces de ubicar el centroide del área de su sección transversal y, después, encontrar el momento de inercia de esta área con respecto al eje centroidal. (© Russell C. Hibbeler)

EJEMPLO 10.4

Determine el momento de inercia del área que se muestra en la figura 10-8*a* con respecto al eje *x*.

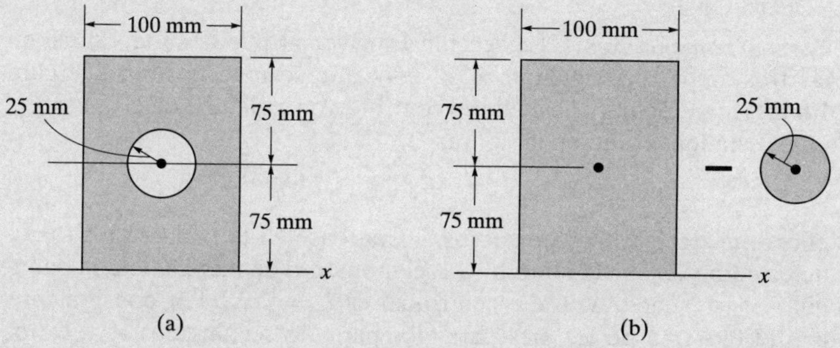

Fig. 10-8

SOLUCIÓN

Partes compuestas. El área puede obtenerse al *restar* el círculo del rectángulo de la figura 10-8*b*. El centroide de cada área está ubicado en la figura.

Teorema de los ejes paralelos. Los momentos de inercia con respecto al eje *x* se determinan con el teorema de los ejes paralelos y las fórmulas de las propiedades geométricas para las áreas circulares y rectangulares $I_x = \frac{1}{4}\pi r^4$; $I_x = \frac{1}{12}bh^3$, que pueden encontrarse en el interior de la portada de este libro.

Círculo

$$I_x = \bar{I}_{x'} + Ad_y^2$$
$$= \frac{1}{4}\pi(25)^4 + \pi(25)^2(75)^2 = 11.4(10^6)\text{ mm}^4$$

Rectángulo

$$I_x = \bar{I}_{x'} + Ad_y^2$$
$$= \frac{1}{12}(100)(150)^3 + (100)(150)(75)^2 = 112.5(10^6)\text{ mm}^4$$

Suma. Entonces, el momento de inercia del área compuesta es

$$I_x = -11.4(10^6) + 112.5(10^6)$$
$$= 101(10^6)\text{ mm}^4 \qquad \textit{Resp.}$$

10

EJEMPLO 10.5

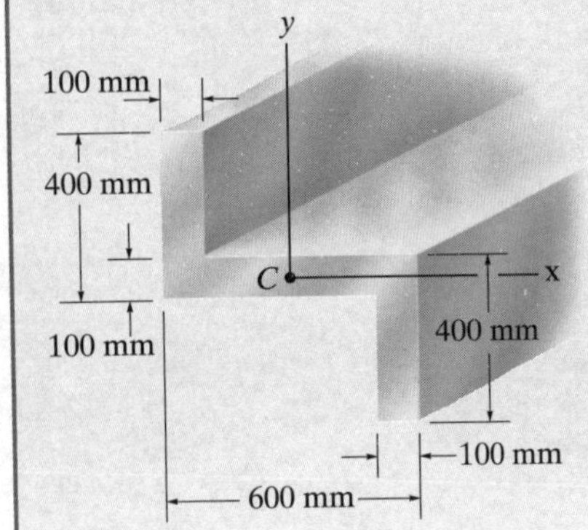

(a)

Determine los momentos de inercia para el área de la sección transversal del elemento que se muestra en la figura 10-9*a* con respecto a los ejes centroidales *x* y *y*.

SOLUCIÓN

Partes compuestas. La sección transversal puede subdividirse en las tres áreas rectangulares *A*, *B* y *D* que se muestran en la figura 10-9*b*. Para efectuar el cálculo, el centroide de cada uno de esos rectángulos está localizado en la figura.

Teorema de los ejes paralelos. Con base en la tabla de los forros de este libro, o en el ejemplo 10.1, el momento de inercia de un rectángulo con respecto a su eje centroidal es $\bar{I} = \frac{1}{12}bh^3$. Por consiguiente, con el teorema de los ejes paralelos para los rectángulos *A* y *D*, los cálculos son como sigue:

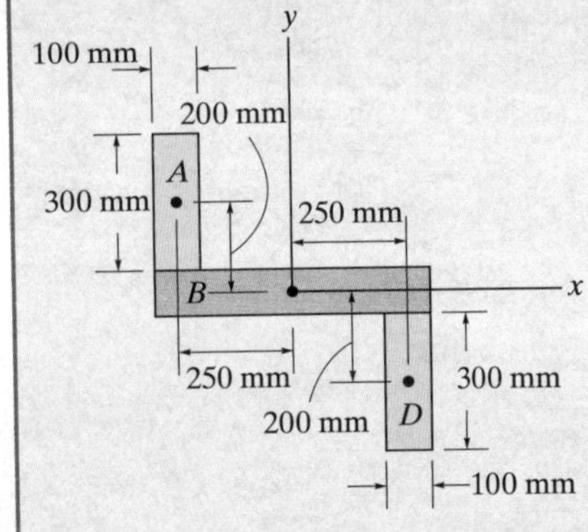

(b)

Fig. 10-9

Rectángulos A y D

$$I_x = \bar{I}_{x'} + Ad_y^2 = \frac{1}{12}(100)(300)^3 + (100)(300)(200)^2$$
$$= 1.425(10^9)\text{ mm}^4$$

$$I_y = \bar{I}_{y'} + Ad_x^2 = \frac{1}{12}(300)(100)^3 + (100)(300)(250)^2$$
$$= 1.90(10^9)\text{ mm}^4$$

Rectángulo B

$$I_x = \frac{1}{12}(600)(100)^3 = 0.05(10^9)\text{ mm}^4$$
$$I_y = \frac{1}{12}(100)(600)^3 = 1.80(10^9)\text{ mm}^4$$

Suma. Entonces, los momentos de inercia para toda la sección transversal son

$$I_x = 2[1.425(10^9)] + 0.05(10^9)$$
$$= 2.90(10^9)\text{ mm}^4 \qquad \textit{Resp.}$$
$$I_y = 2[1.90(10^9)] + 1.80(10^9)$$
$$= 5.60(10^9)\text{ mm}^4 \qquad \textit{Resp.}$$

10

PROBLEMAS FUNDAMENTALES

F10-5. Determine el momento de inercia del área de la sección transversal de la viga con respecto a los ejes centroidales *x* y *y*.

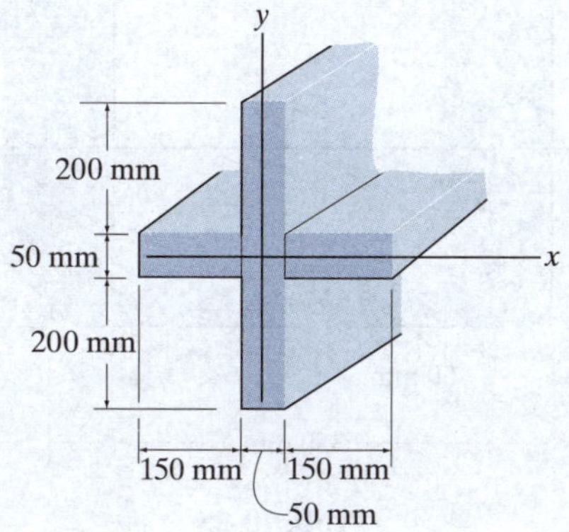

Prob. F10-5

F10-6. Determine el momento de inercia del área de la sección transversal de la viga con respecto a los ejes centroidales *x* y *y*.

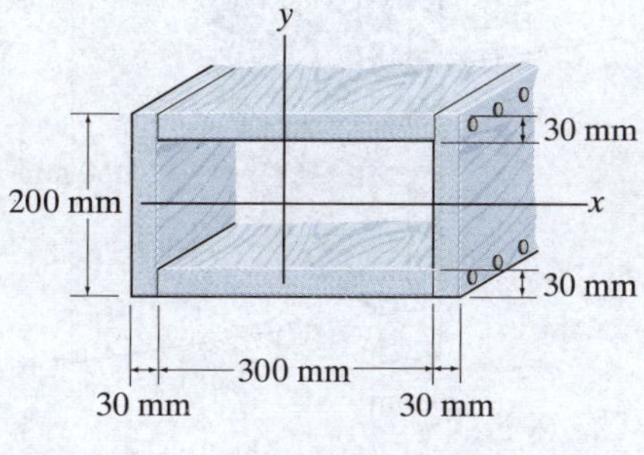

Prob. F10-6

F10-7. Determine el momento de inercia del área de la sección transversal del canal con respecto al eje *y*.

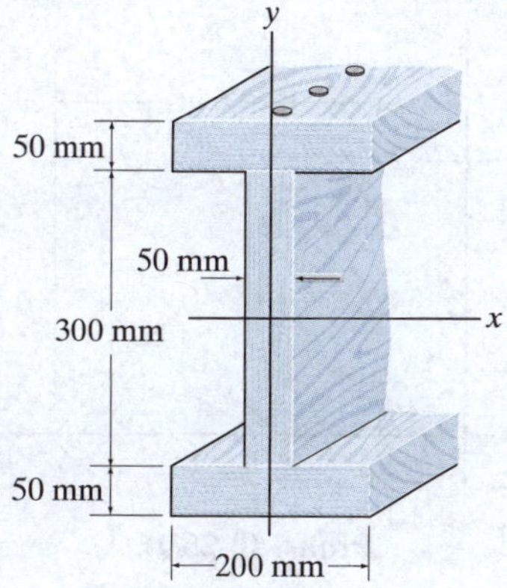

Prob. F10-7

F10-8. Determine el momento de inercia del área de la sección transversal de la viga en forma de T, con respecto al eje *x′* que pasa por el centroide de la sección transversal.

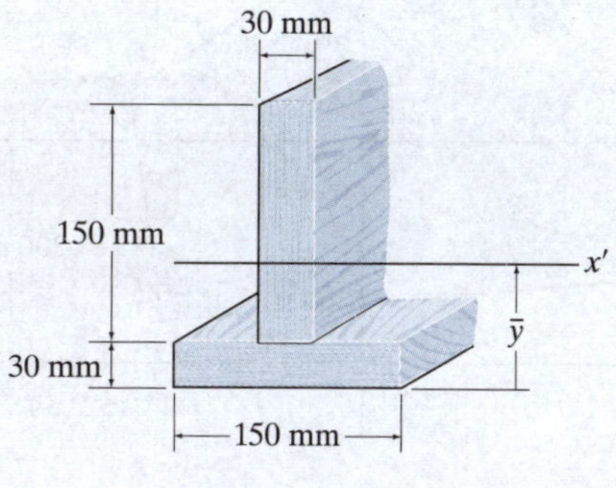

Prob. F10-8

PROBLEMAS

10-25. Determine el momento de inercia del área compuesta con respecto al eje *x*.

10-26. Determine el momento de inercia del área compuesta con respecto al eje *y*.

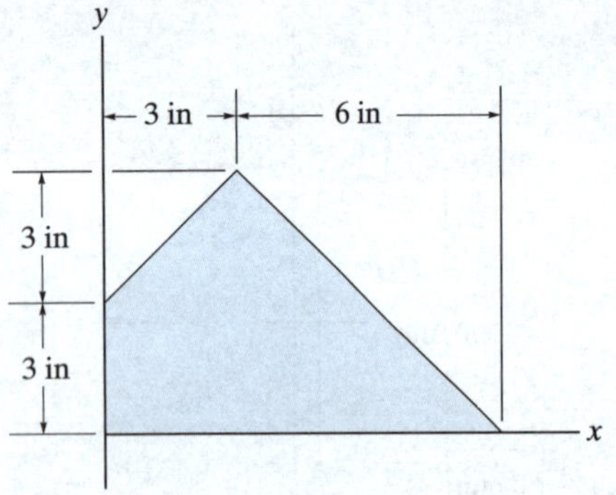

Probs. 10-25/26

10-27. El momento de inercia polar para el área es $J_C = 642(10^6)\ \text{mm}^4$, con respecto al eje z' que pasa por el centroide *C*. El momento de inercia con respecto al eje y' es $264(10^6)\ \text{mm}^4$ y el momento de inercia con respecto al eje *x* es $938(10^6)\ \text{mm}^4$. Determine el área *A*.

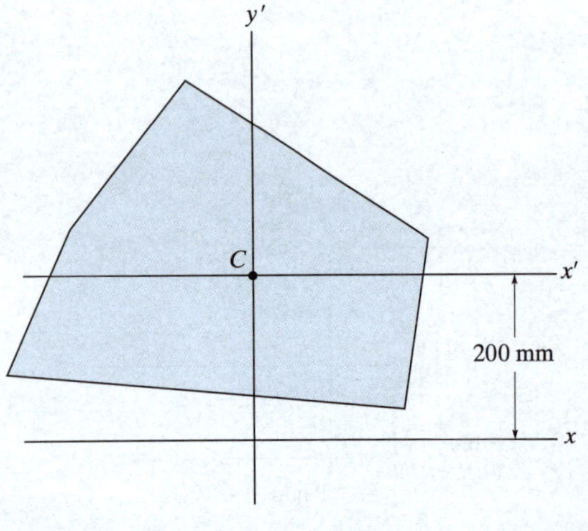

Prob. 10-27

***10-28.** Determine la ubicación $\bar{y}$ del centroide del área de la sección transversal del canal y, después, calcule el momento de inercia del área con respecto a este eje.

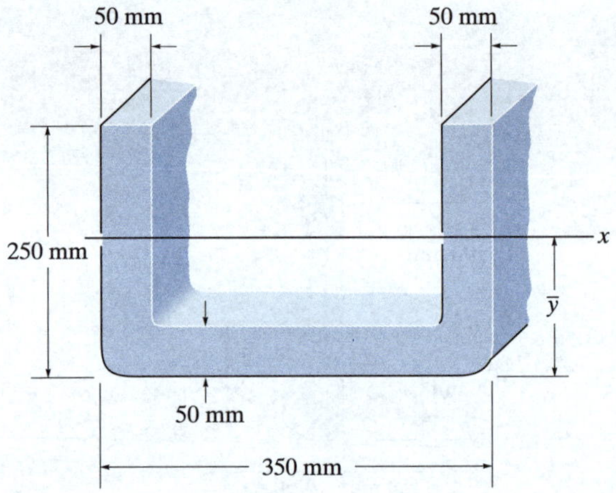

Prob. 10-28

10-29. Determine $\bar{y}$, que localiza el eje centroidal x' para el área de la sección transversal de la viga en T; después, encuentre los momentos de inercia $I_{x'}$ e $I_{y'}$.

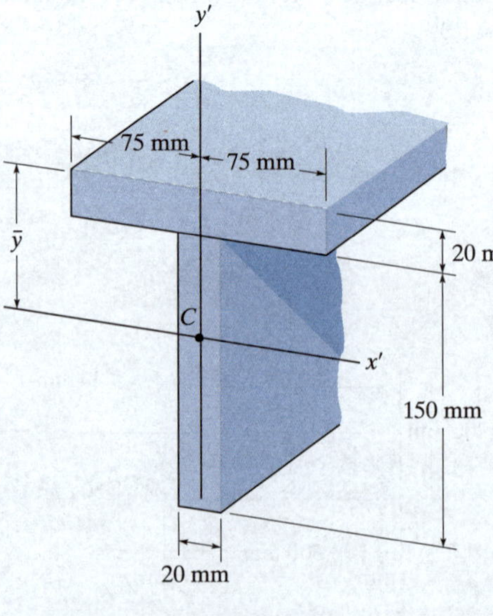

Prob. 10-29

10-30. Determine el momento de inercia para el área de la sección transversal de la viga con respecto al eje x.

10-31. Determine el momento de inercia para el área de la sección transversal de la viga con respecto al eje y.

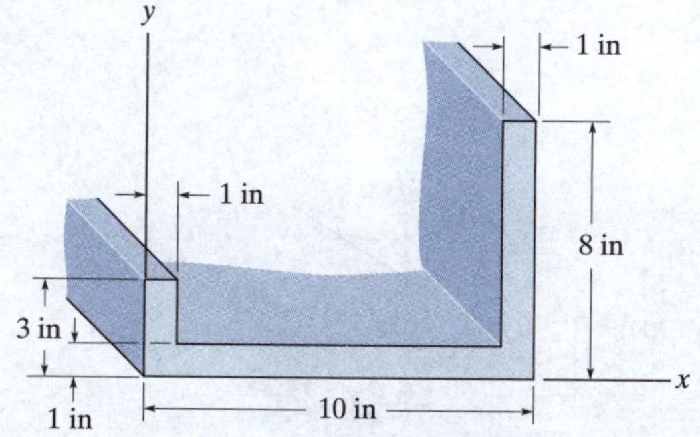

Probs. 10-30/31

10-34. Determine el momento de inercia del área de la sección transversal de la viga con respecto al eje y.

10-35. Determine $\bar{y}$, que localiza el eje centroidal x' para el área de la sección transversal de la viga en T, y después encuentre el momento de inercia con respecto al eje x'.

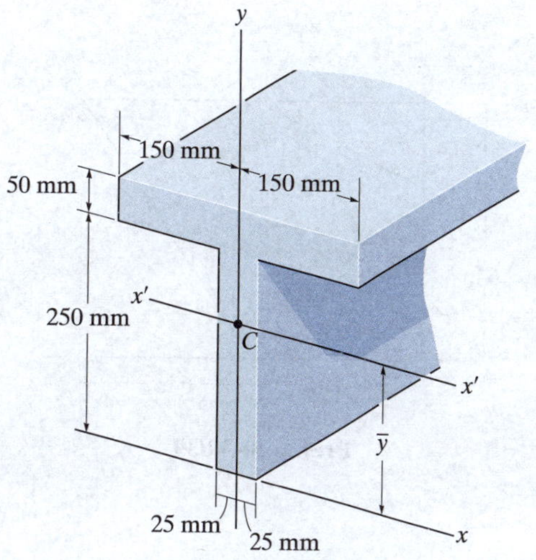

Probs. 10-34/35

***10-32.** Determine el momento de inercia I_x del área sombreada con respecto al eje x.

10-33. Determine el momento de inercia I_x del área sombreada con respecto al eje y.

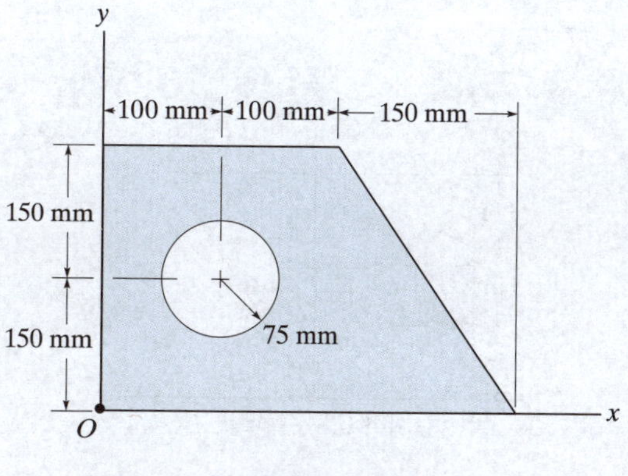

Probs. 10-32/33

***10-36.** Determine el momento de inercia con respecto al eje x.

10-37. Determine el momento de inercia con respecto al eje y.

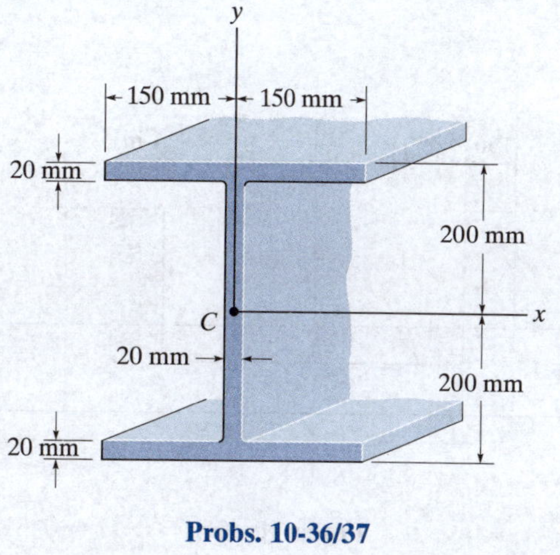

Probs. 10-36/37

10-38. Determine el momento de inercia del área sombreada con respecto al eje x.

10-39. Determine el momento de inercia del área sombreada con respecto al eje y.

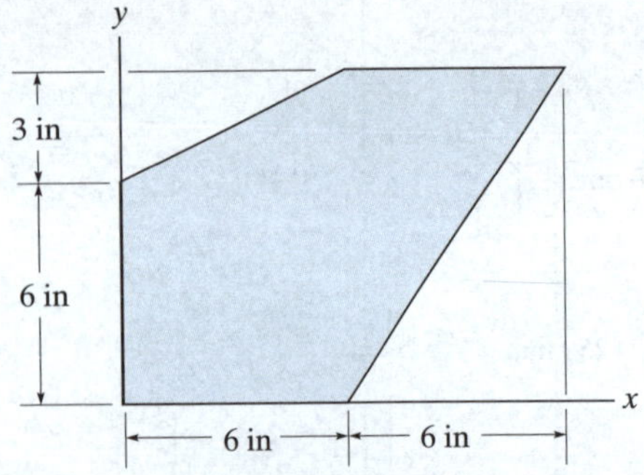

Probs. 10-38/39

***10-40.** Determine la distancia $\bar{y}$ al centroide del área de la sección transversal de la viga; después, encuentre el momento de inercia con respecto al eje centroidal x'.

10-41. Determine el momento de inercia del área de la sección transversal de la viga con respecto al eje y.

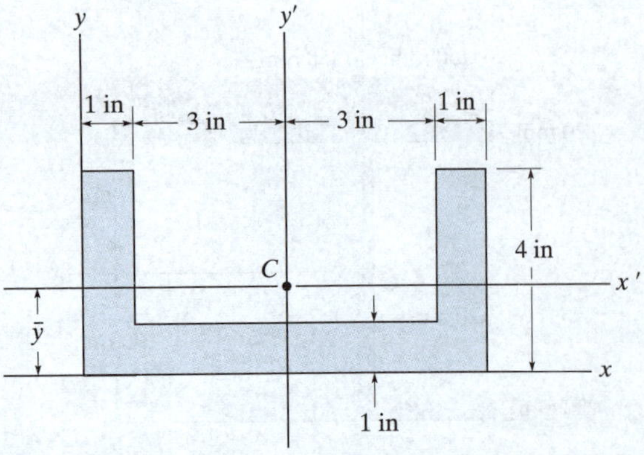

Probs. 10-40/41

10-42. Determine el momento de inercia del área de la sección transversal de la viga con respecto al eje x.

10-43. Determine el momento de inercia del área de la sección transversal de la viga con respecto al eje y.

***10-44.** Determine la distancia $\bar{y}$ al centroide C del área de la sección transversal de la viga, y después calcule el momento de inercia $\bar{I}_{x'}$ con respecto al eje x'.

10-45. Determine la distancia $\bar{x}$ al centroide C del área de la sección transversal de la viga, y después calcule el momento de inercia $\bar{I}_{y'}$ con respecto al eje y'.

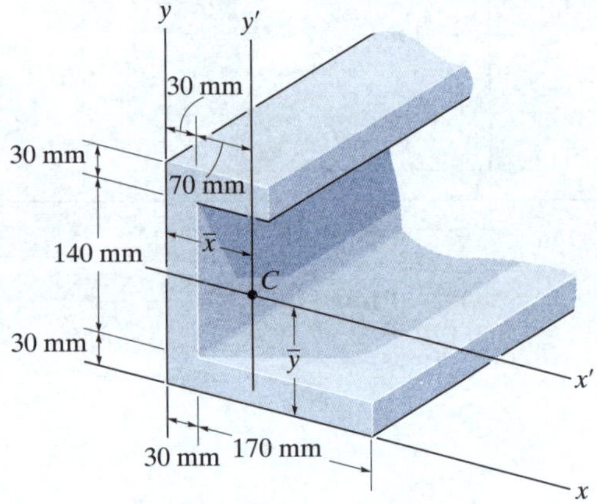

Probs. 10-42/43/44/45

10-46. Determine el momento de inercia para el área sombreada con respecto al eje x.

10-47. Determine el momento de inercia para el área sombreada con respecto al eje y.

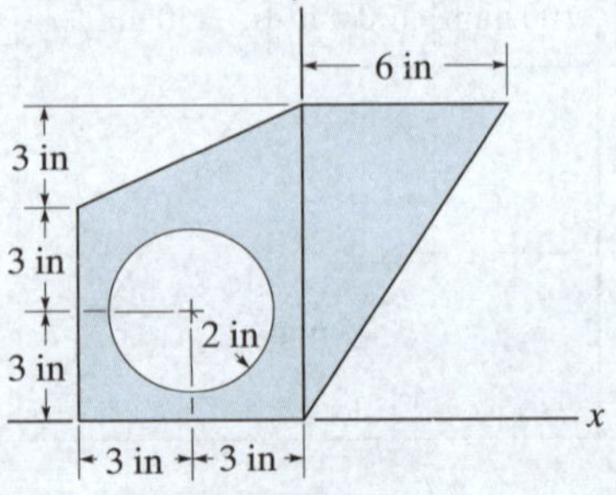

Probs. 10-46/47

***10-48.** Determine el momento de inercia del paralelogramo con respecto al eje x' que pasa a través del centroide C del área.

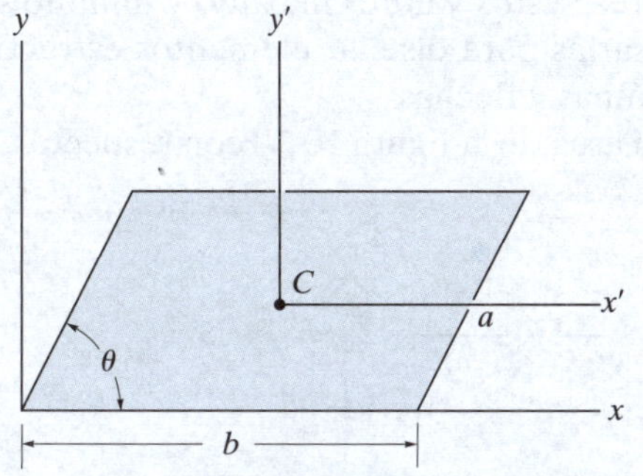

Prob. 10-48

10-49. Determine el momento de inercia del paralelogramo con respecto al eje y' que pasa a través del centroide C del área.

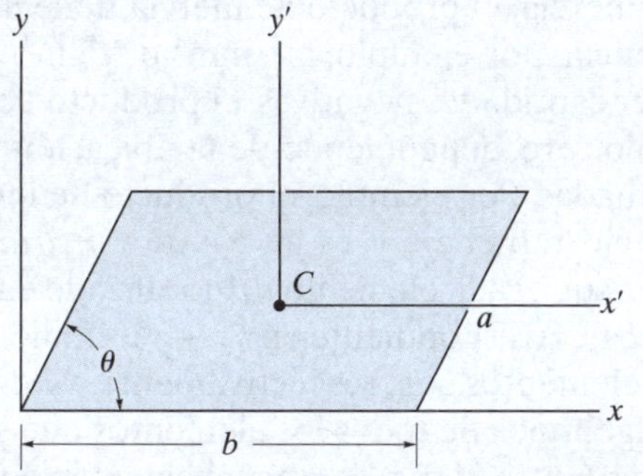

Prob. 10-49

10-50. Localice el centroide $\bar{y}$ de la sección transversal y determine el momento de inercia de la sección con respecto al eje x'.

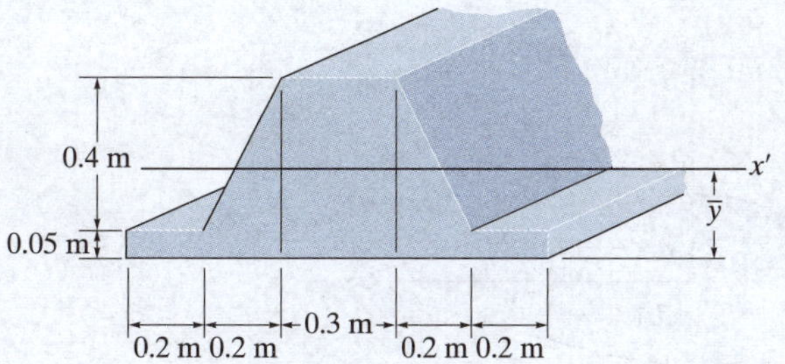

Prob. 10-50

10-51. Determine el momento de inercia para el área de la sección transversal de la viga, con respecto al eje x' que pasa a través del centroide C de la sección transversal.

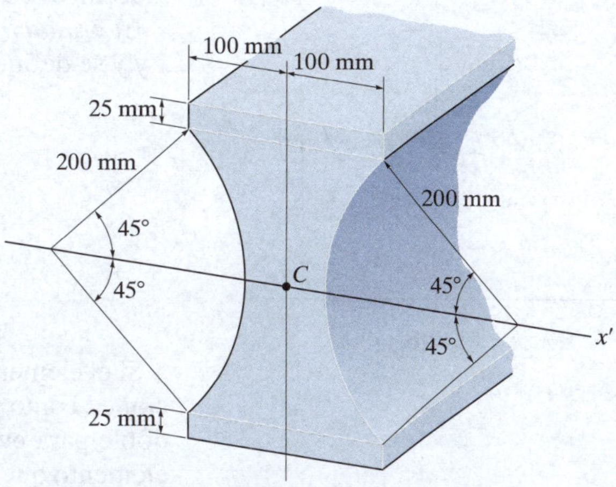

Prob. 10-51

***10-52.** Determine el momento de inercia del área con respecto al eje x.

10-53. Determine el momento de inercia del área con respecto al eje y.

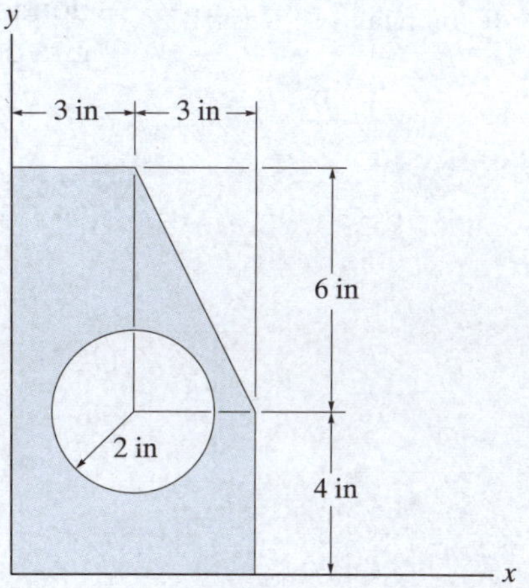

Probs. 10-52/53

10

*10.5 Producto de inercia para un área

En la siguiente sección se mostrará que la propiedad de un área, llamada el producto de inercia, es necesaria al determinar los momentos de inercia *máximo* y *mínimo* para el área. Estos valores máximo y mínimo son propiedades importantes necesarias para diseñar elementos estructurales y mecánicos como vigas, columnas y flechas.

El ***producto de inercia*** del área de la figura 10-10 con respecto a los ejes x y y se define como

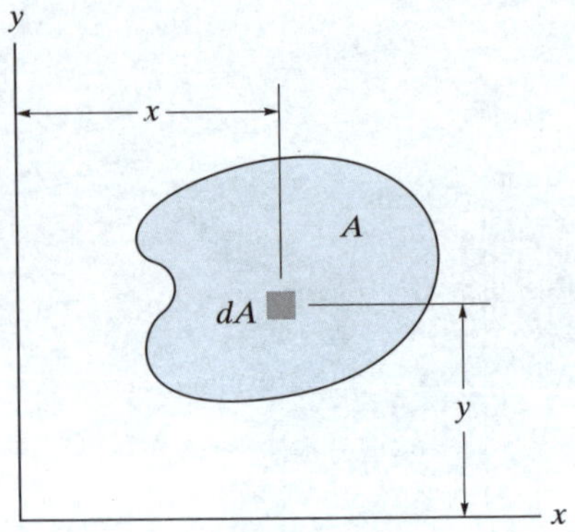

Fig. 10-10

$$I_{xy} = \int_A xy\, dA \qquad (10\text{-}7)$$

Si el elemento de área elegido tiene un tamaño diferencial en dos direcciones, como se indica en la figura 10-10, debe realizarse una integración doble para evaluar I_{xy}. Sin embargo, con frecuencia es más fácil elegir un elemento que tenga un tamaño o espesor diferencial en sólo una dirección, en cuyo caso la evaluación requiere únicamente una integración simple (vea el ejemplo 10.6).

La efectividad de esta viga para resistir la flexión puede determinarse una vez que se conozcan sus momentos de inercia y su producto de inercia. (© Russell C. Hibbeler)

Igual que el momento de inercia, el producto de inercia tiene unidades de longitud a la cuarta potencia, por ejemplo, m^4, mm^4 o ft^4, in^4. Sin embargo, como x o y pueden ser cantidades negativas, el producto de inercia puede ser positivo, negativo o cero, dependiendo de la ubicación y orientación de los ejes de coordenadas. Por ejemplo, el producto de inercia I_{xy} para un área será *cero* si el eje x, o el eje y, es un eje de *simetría* para el área, como en la figura 10-11. Aquí, cada elemento dA localizado en el punto (x, y) tiene un elemento dA correspondiente en $(x, -y)$. Como los productos de inercia para esos elementos son, respectivamente, $xy\,dA$ y $-xy\,dA$, la suma o integración algebraica de todos los elementos que se elijan de esta manera se cancelarán entre sí. En consecuencia, el producto de inercia para el área total se convierte en cero. De la definición de I_{xy} también se infiere que el "signo" de esta cantidad depende del cuadrante donde se ubique el área. Como se muestra en la figura 10-12, si el área se gira de un cuadrante a otro, cambiará el signo de I_{xy}.

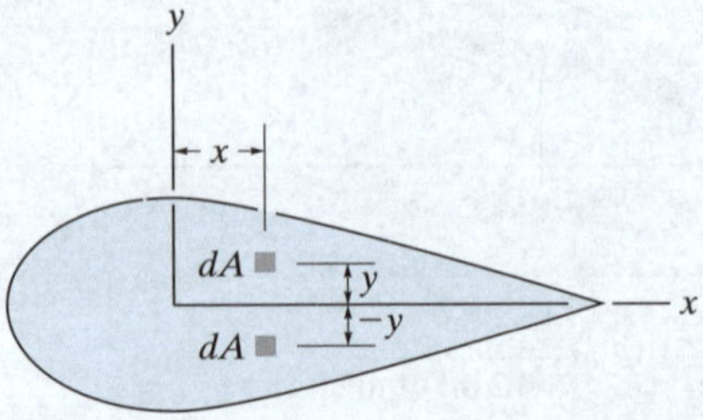

Fig. 10-11

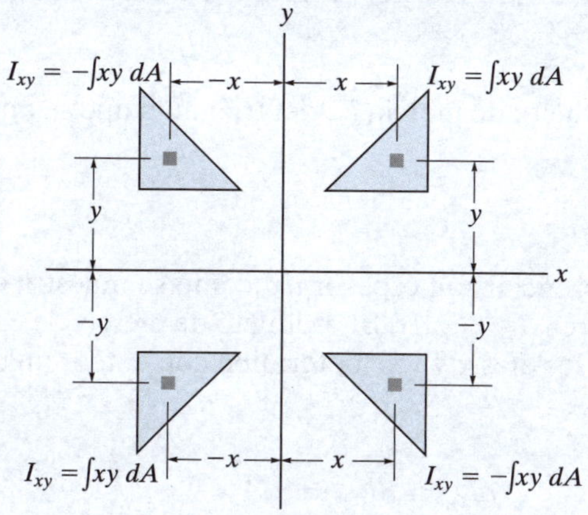

Fig. 10-12

Teorema de los ejes paralelos. Considere el área sombreada que se ilustra en la figura 10-13, donde x' y y' representan un conjunto de ejes que pasan a través del *centroide del área*, y tanto x como y representan un conjunto correspondiente de ejes paralelos. Como el producto de inercia de dA con respecto a los ejes x y y es $dI_{xy} = (x' + d_x)(y' + d_y)\,dA$, entonces para toda el área,

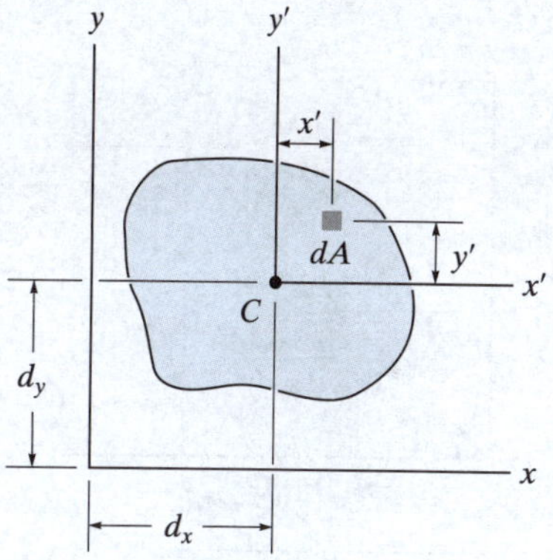

Fig. 10-13

$$I_{xy} = \int_A (x' + d_x)(y' + d_y)\,dA$$
$$= \int_A x'y'\,dA + d_x\int_A y'\,dA + d_y\int_A x'\,dA + d_xd_y\int_A dA$$

El primer término del lado derecho representa el producto de inercia del área con respecto a los ejes centroidales, $\bar{I}_{x'y'}$. Las integrales en los términos segundo y tercero son cero, ya que los momentos del área se toman con respecto al eje centroidal. Al observar que la cuarta integral representa el área total A, el teorema de los ejes paralelos para el producto de inercia se convierte en

$$I_{xy} = \bar{I}_{x'y'} + Ad_xd_y \qquad (10\text{-}8)$$

Es importante que los *signos algebraicos* para d_x y d_y se mantengan al aplicar esta ecuación.

10

EJEMPLO 10.6

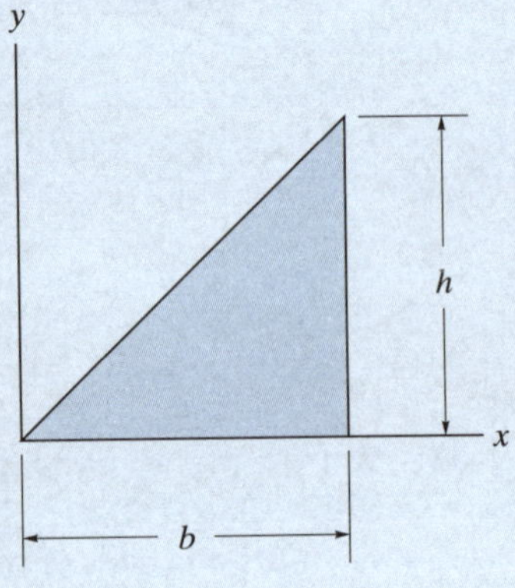

(a)

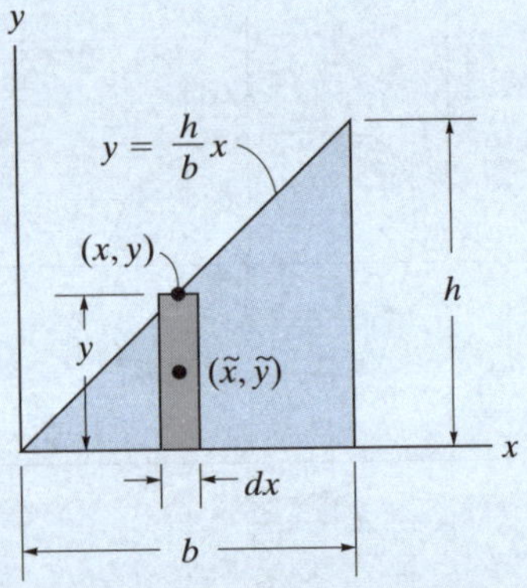

(b)

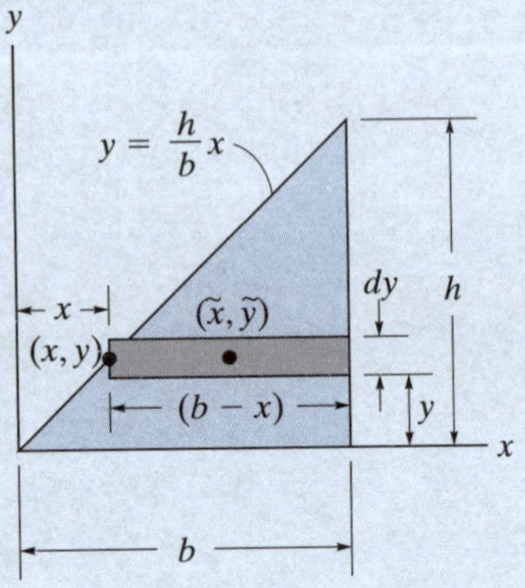

(c)

Fig. 10-14

Determine el producto de inercia I_{xy} del triángulo que se muestra en la figura 10-14*a*.

SOLUCIÓN I

Un elemento diferencial con espesor dx, como se muestra en la figura 10-14*b*, tiene un área $dA = y\,dx$. El producto de inercia de este elemento con respecto a los ejes x y y se determina con el teorema de los ejes paralelos,

$$dI_{xy} = d\bar{I}_{x'y'} + dA\,\tilde{x}\,\tilde{y}$$

donde $\tilde{x}$ y $\tilde{y}$ ubican el *centroide* del elemento o el origen de los ejes x', y'. (Vea la figura 10-13). Como $d\bar{I}_{x'y'} = 0$, debido a la simetría, y $\tilde{x} = x$, $\tilde{y} = y/2$, entonces

$$dI_{xy} = 0 + (y\,dx)x\left(\frac{y}{2}\right) = \left(\frac{h}{b}x\,dx\right)x\left(\frac{h}{2b}x\right)$$
$$= \frac{h^2}{2b^2}x^3\,dx$$

Al integrar con respecto a x desde $x = 0$ hasta $x = b$ se obtiene

$$I_{xy} = \frac{h^2}{2b^2}\int_0^b x^3\,dx = \frac{b^2h^2}{8} \qquad \textit{Resp.}$$

SOLUCIÓN II

También puede usarse el elemento diferencial que tiene un espesor dy, como se muestra en la figura 10-14*c*. Su área es $dA = (b - x)\,dy$. El *centroide* se localiza en el punto $\tilde{x} = x + (b - x)/2 = (b + x)/2$, $\tilde{y} = y$, por lo que el producto de inercia del elemento se vuelve

$$dI_{xy} = d\bar{I}_{x'y'} + dA\,\tilde{x}\,\tilde{y}$$
$$= 0 + (b - x)\,dy\left(\frac{b + x}{2}\right)y$$
$$= \left(b - \frac{b}{h}y\right)dy\left[\frac{b + (b/h)y}{2}\right]y = \frac{1}{2}y\left(b^2 - \frac{b^2}{h^2}y^2\right)dy$$

Al integrar con respecto a y desde $y = 0$ hasta $y = h$ resulta

$$I_{xy} = \frac{1}{2}\int_0^h y\left(b^2 - \frac{b^2}{h^2}y^2\right)dy = \frac{b^2h^2}{8} \qquad \textit{Resp.}$$

10

EJEMPLO 10.7

Determine el producto de inercia para el área de la sección transversal del elemento que se muestra en la figura 10-15*a*, con respecto a los ejes centroidales *x* y *y*.

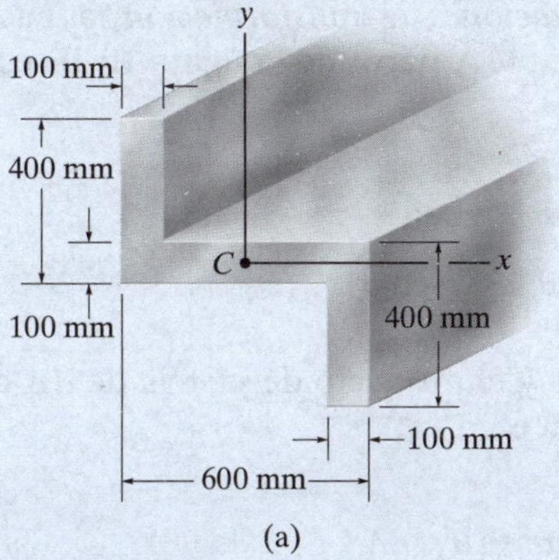

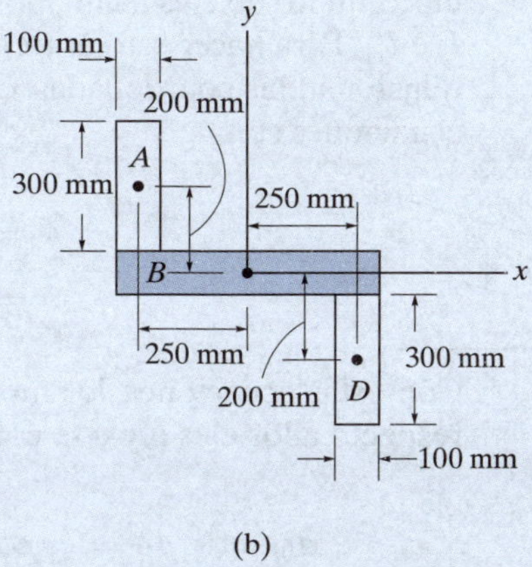

Fig. 10-15

SOLUCIÓN

Igual que en el ejemplo 10.5, la sección transversal puede subdividirse en tres áreas rectangulares compuestas *A*, *B* y *D* (fig. 10-15*b*). Las coordenadas para el centroide de cada uno de esos rectángulos se muestran en la figura. Debido a la simetría, el producto de inercia de *cada rectángulo* es *cero* con respecto a cada conjunto de ejes x', y' que pasan a través del centroide de cada rectángulo. Si usamos el teorema de los ejes paralelos, tenemos

Rectángulo A

$$I_{xy} = \bar{I}_{x'y'} + Ad_xd_y$$
$$= 0 + (300)(100)(-250)(200) = -1.50(10^9)\text{ mm}^4$$

Rectángulo B

$$I_{xy} = \bar{I}_{x'y'} + Ad_xd_y$$
$$= 0 + 0 = 0$$

Rectángulo D

$$I_{xy} = \bar{I}_{x'y'} + Ad_xd_y$$
$$= 0 + (300)(100)(250)(-200) = -1.50(10^9)\text{ mm}^4$$

Por lo tanto, el producto de inercia de toda la sección transversal es

$$I_{xy} = -1.50(10^9) + 0 - 1.50(10^9) = -3.00(10^9)\text{ mm}^4 \qquad \textit{Resp.}$$

NOTA: Este resultado negativo se debe al hecho de que los rectángulos *A* y *D* tienen centroides ubicados con coordenadas *x* negativa y *y* negativa, respectivamente.

*10.6 Momentos de inercia para un área con respecto a ejes inclinados

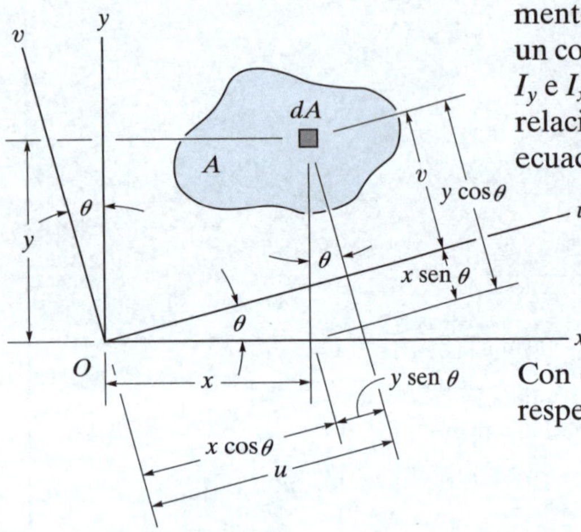

Fig. 10-16

En el diseño estructural y mecánico, a veces es necesario calcular los momentos y el producto de inercia de I_u, I_v e I_{uv} para un área con respecto a un conjunto de ejes inclinados u y v cuando *se conocen* los valores de θ, I_x, I_y e I_{xy}. Para hacer esto usaremos *ecuaciones de transformación*, las cuales relacionan las coordenadas x, y con u, v. A partir de la figura 10-16, estas ecuaciones son

$$u = x \cos \theta + y \operatorname{sen} \theta$$

$$v = y \cos \theta - x \operatorname{sen} \theta$$

Con estas ecuaciones, los momentos y el producto de inercia de dA con respecto a los ejes u y v se convierten en

$$dI_u = v^2\, dA = (y \cos \theta - x \operatorname{sen} \theta)^2\, dA$$

$$dI_v = u^2\, dA = (x \cos \theta + y \operatorname{sen} \theta)^2\, dA$$

$$dI_{uv} = uv\, dA = (x \cos \theta + y \operatorname{sen} \theta)(y \cos \theta - x \operatorname{sen} \theta)\, dA$$

Al desarrollar cada expresión e integrarlas, así como al tener presente que $I_x = \int y^2\, dA$, $I_y = \int x^2\, dA$, y $I_{xy} = \int xy\, dA$, obtenemos

$$I_u = I_x \cos^2 \theta + I_y \operatorname{sen}^2 \theta - 2I_{xy} \operatorname{sen} \theta \cos \theta$$

$$I_v = I_x \operatorname{sen}^2 \theta + I_y \cos^2 \theta + 2I_{xy} \operatorname{sen} \theta \cos \theta$$

$$I_{uv} = I_x \operatorname{sen} \theta \cos \theta - I_y \operatorname{sen} \theta \cos \theta + I_{xy}(\cos^2 \theta - \operatorname{sen}^2 \theta)$$

Estas ecuaciones pueden simplificarse mediante las identidades trigonométricas $\operatorname{sen} 2\theta = 2 \operatorname{sen} \theta \cos \theta$ y $\cos 2\theta = \cos^2 \theta - \operatorname{sen}^2 \theta$, en cuyo caso

$$I_u = \frac{I_x + I_y}{2} + \frac{I_x - I_y}{2} \cos 2\theta - I_{xy} \operatorname{sen} 2\theta$$

$$I_v = \frac{I_x + I_y}{2} - \frac{I_x - I_y}{2} \cos 2\theta + I_{xy} \operatorname{sen} 2\theta \qquad (10\text{-}9)$$

$$I_{uv} = \frac{I_x - I_y}{2} \operatorname{sen} 2\theta + I_{xy} \cos 2\theta$$

Observe que si se suman la primera y la segunda ecuaciones, podemos mostrar que el momento de inercia polar con respecto al eje z que pasa a través del punto O es, como se esperaba, *independiente* de la orientación de los ejes u y v; es decir,

$$J_O = I_u + I_v = I_x + I_y$$

10

Momentos de inercia principales. Las ecuaciones 10-9 muestran que I_u, I_v e I_{uv} dependen del ángulo de inclinación θ de los ejes u, v. Ahora determinaremos la orientación de esos ejes con respecto a los cuales los momentos de inercia del área son máximo y mínimo. Este sistema específico de ejes se llama *ejes principales* del área, y los momentos de inercia correspondientes con respecto a esos ejes se llaman ***momentos de inercia principales***. En general, hay un conjunto de ejes principales para cada origen O elegido. Sin embargo, para el diseño estructural y mecánico, el origen O se ubica en el centroide del área.

El ángulo que define la orientación de los ejes principales puede encontrarse al diferenciar la primera de las ecuaciones 10-9 con respecto a θ y establecer el resultado igual a cero. De modo que,

$$\frac{dI_u}{d\theta} = -2\left(\frac{I_x - I_y}{2}\right)\operatorname{sen} 2\theta - 2I_{xy}\cos 2\theta = 0$$

Por lo tanto, en $\theta = \theta_p$,

$$\tan 2\theta_p = \frac{-I_{xy}}{(I_x - I_y)/2} \qquad (10\text{-}10)$$

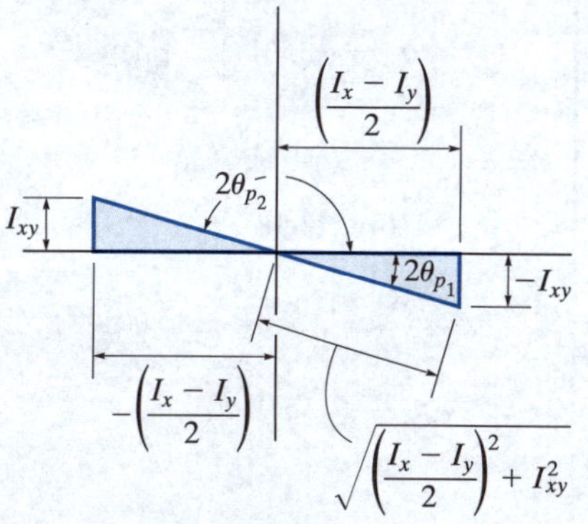

Fig. 10-17

Las dos raíces, θ_{p_1} y θ_{p_2}, de esta ecuación están separadas 90° y especifican la inclinación de uno de los ejes principales. Para sustituirlos en la ecuación 10-9, debemos encontrar primero el seno y el coseno de $2\theta_{p_1}$ y $2\theta_{p_2}$. Esto puede hacerse mediante la relación de los triángulos de la figura 10-17, que se basan en la ecuación 10-10.

Si sustituimos cada una de las relaciones de seno y coseno en la primera o la segunda de las ecuaciones 10-9, y simplificamos, obtenemos

$$I_{\substack{\text{máx}\\ \text{mín}}} = \frac{I_x + I_y}{2} \pm \sqrt{\left(\frac{I_x - I_y}{2}\right)^2 + I_{xy}^2} \qquad (10\text{-}11)$$

Según el signo que se elija, este resultado proporciona el momento de inercia máximo o mínimo para el área. Además, si las relaciones trigonométricas anteriores para θ_{p_1} y θ_{p_2} se sustituyen en la tercera de las ecuaciones 10-9, se observa que $I_{uv} = 0$; es decir, el *producto de inercia con respecto a los ejes principales es cero*. Como en la sección 10.6 se indicó que el producto de inercia es cero con respecto a cualquier eje simétrico, se infiere que *cualquier eje simétrico representa un eje principal de inercia para el área.*

EJEMPLO 10.8

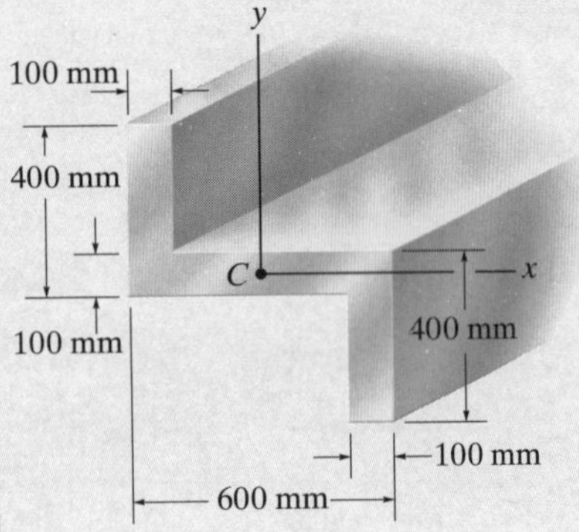

(a)

Determine los momentos de inercia principales y la orientación de los ejes principales para el área de la sección transversal del elemento que se muestra en la figura 10-18*a*, con respecto a un eje que pase a través del centroide.

SOLUCIÓN

Los momentos y productos de inercia de la sección transversal con respecto a los ejes *x*, *y* se determinaron en los ejemplos 10.5 y 10.7. Los resultados son

$$I_x = 2.90(10^9)\ \text{mm}^4 \quad I_y = 5.60(10^9)\ \text{mm}^4 \quad I_{xy} = -3.00(10^9)\ \text{mm}^4$$

Con la ecuación 10-10, los ángulos de inclinación de los ejes principales *u* y *v* son

$$\tan 2\theta_p = \frac{-I_{xy}}{(I_x - I_y)/2} = \frac{-[-3.00(10^9)]}{[2.90(10^9) - 5.60(10^9)]/2} = -2.22$$

$$2\theta_p = -65.8^\circ \text{ y } 114.2^\circ$$

Entonces, por inspección de la figura 10-18*b*,

$$\theta_{p_2} = -32.9^\circ \quad \text{y} \quad \theta_{p_1} = 57.1^\circ \qquad \textit{Resp.}$$

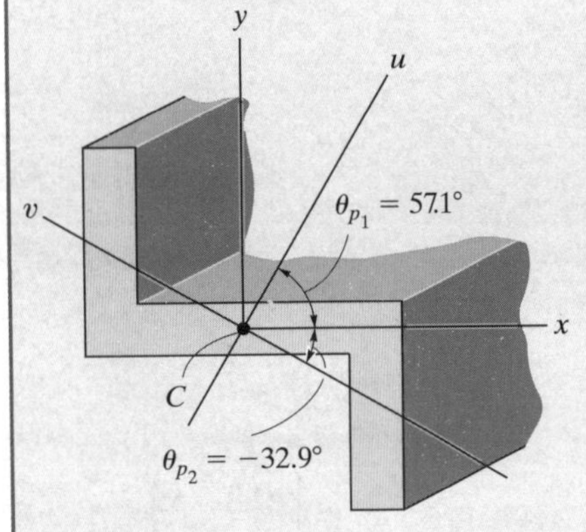

(b)

Fig. 10-18

Los momentos de inercia principales con respecto a estos ejes se determinan con la ecuación 10-11. Por consiguiente,

$$I_{\substack{\text{máx}\\\text{mín}}} = \frac{I_x + I_y}{2} \pm \sqrt{\left(\frac{I_x - I_y}{2}\right)^2 + I_{xy}^2}$$

$$= \frac{2.90(10^9) + 5.60(10^9)}{2} \pm \sqrt{\left[\frac{2.90(10^9) - 5.60(10^9)}{2}\right]^2 + [-3.00(10^9)]^2}$$

$$I_{\substack{\text{máx}\\\text{mín}}} = 4.25(10^9) \pm 3.29(10^9)$$

o bien,

$$I_{\text{máx}} = 7.54(10^9)\ \text{mm}^4 \quad I_{\text{mín}} = 0.960(10^9)\ \text{mm}^4$$

NOTA: El momento de inercia máximo, $I_{\text{máx}} = 7.54(10^9)\ \text{mm}^4$, ocurre con respecto al eje *u*, ya que *por inspección* se observa que la mayor parte del área de la sección transversal está muy alejada de este eje. O, dicho de otra manera, $I_{\text{máx}}$ ocurre con respecto al eje *u* ya que éste se encuentra ubicado dentro de $\pm 45^\circ$ del eje *y*, el cual tiene el mayor valor de I ($I_y > I_x$). Además, esto puede concluirse también sustituyendo los datos con $\theta = 57.1^\circ$ en la primera de las ecuaciones 10-9 y al despejar I_u.

*10.7 Círculo de Mohr para momentos de inercia

Las ecuaciones 10-9, 10-10 y 10-11 tienen una solución gráfica que, por lo general, es fácil de usar y de recordar. Al elevar al cuadrado la primera y la tercera de las ecuaciones 10-9 y sumarlas, se encuentra que

$$\left(I_u - \frac{I_x + I_y}{2}\right)^2 + I_{uv}^2 = \left(\frac{I_x - I_y}{2}\right)^2 + I_{xy}^2$$

Aquí, I_x, I_y e I_{xy} son *constantes conocidas*. Así, la ecuación anterior puede escribirse en forma compacta como

$$(I_u - a)^2 + I_{uv}^2 = R^2$$

Cuando esta ecuación se grafica sobre un sistema de ejes que representan los respectivos momento de inercia y producto de inercia, como se ilustra en la figura 10-19, la gráfica resultante representa un *círculo* de radio

$$R = \sqrt{\left(\frac{I_x - I_y}{2}\right)^2 + I_{xy}^2}$$

con su centro ubicado en el punto $(a, 0)$, donde $a = (I_x + I_y)/2$. El círculo construido de esta manera se llama ***círculo de Mohr***, en honor del ingeniero alemán Otto Mohr (1835-1918).

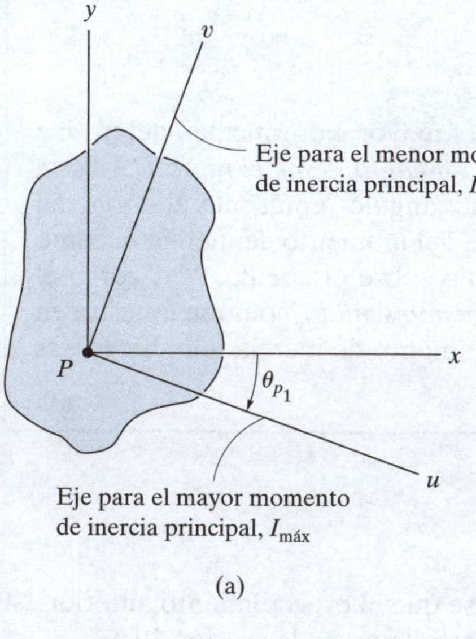

(a)

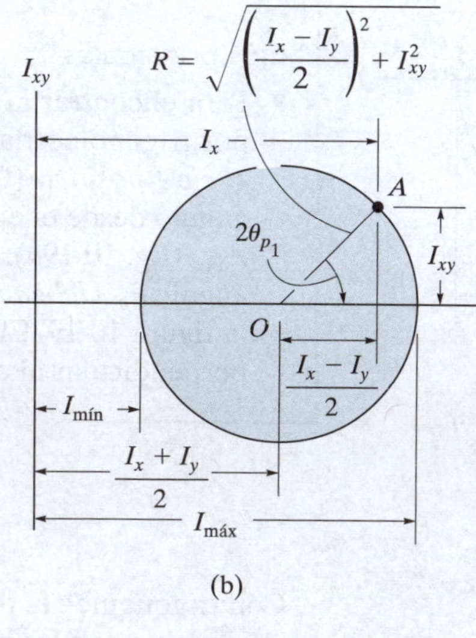

(b)

Fig. 10-19

Procedimiento para el análisis

El principal propósito de usar aquí el círculo de Mohr es tener un medio conveniente para encontrar los momentos de inercia principales para el área. El siguiente procedimiento ofrece un método adecuado para lograrlo.

Determine I_x, I_y e I_{xy}

- Establezca los ejes x, y y determine I_x, I_y e I_{xy} (fig. 10-19*a*).

Construya el círculo

- Construya un sistema de coordenadas rectangular, de modo que el eje horizontal represente el momento de inercia I, y el eje vertical represente el producto de inercia I_{xy} (fig. 10-19*b*).

- Determine el centro O del círculo que se localiza a una distancia $(I_x + I_y)/2$ del origen, y grafique el punto A de referencia con coordenadas (I_x, I_{xy}). Recuerde que I_x es siempre positivo, mientras que I_{xy} puede ser positivo o negativo.

- Conecte el punto de referencia A con el centro del círculo y determine la distancia OA por trigonometría. Esta distancia representa el radio del círculo (fig. 10-19*b*). Por último, trace el círculo.

Momentos de inercia principales

- Los puntos donde el círculo interseca al eje I proporcionan los valores de los momentos de inercia principales $I_{mín}$ e $I_{máx}$. Observe que, tal como se esperaba, el *producto de inercia será cero en estos puntos* (fig. 10-19*b*).

Ejes principales

- Para encontrar la orientación del mayor eje principal, determine por trigonometría el ángulo $2\theta_{p_1}$, *medido desde el radio OA hasta el eje I positivo* (fig. 10-19*b*). Este ángulo representa el *doble* del ángulo desde el eje x hasta el eje del momento de inercia máximo $I_{máx}$ (fig. 10-19*a*). Tanto el ángulo sobre el círculo, $2\theta_{p_1}$, como el ángulo θ_{p_1} *deben medirse en el mismo sentido*, como se muestra en la figura 10-19. El eje para el momento de inercia mínimo $I_{mín}$ es perpendicular al eje para $I_{máx}$.

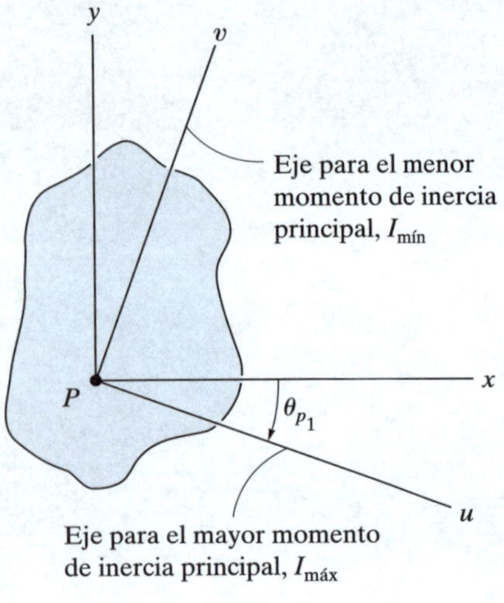

(a)

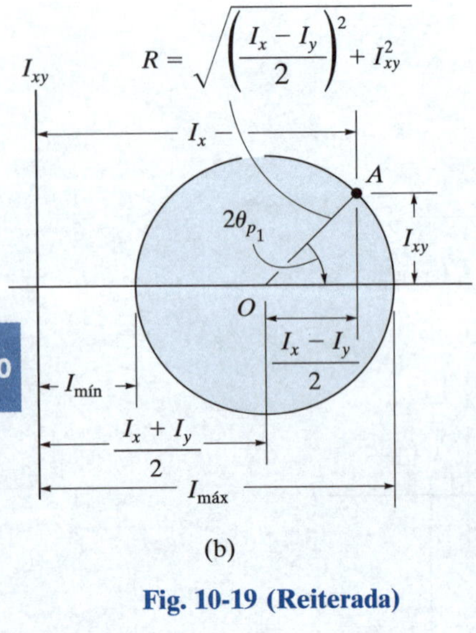

(b)

Fig. 10-19 (Reiterada)

10

Con trigonometría puede verificarse que el procedimiento anterior esté de acuerdo con las ecuaciones desarrolladas en la sección 10.6.

EJEMPLO 10.9

Con el círculo de Mohr, determine los momentos de inercia principales y la orientación de los mayores ejes principales para el área de la sección transversal del elemento que se muestra en la figura 10-20*a*, con respecto a un eje que pase a través del centroide.

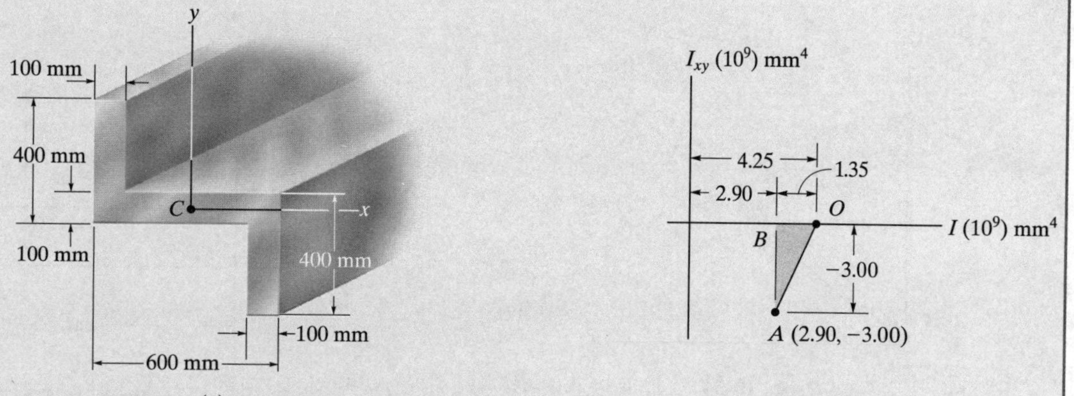

(a) (b)

SOLUCIÓN

Determine I_x, I_y, I_{xy}. Los momentos de inercia y el producto de inercia se determinaron en los ejemplos 10.5 y 10.7 con respecto a los ejes x, y mostrados en la figura 10-20*a*. Los resultados son $I_x = 2.90(10^9)$ mm^4, $I_y = 5.60(10^9)$ mm^4 e $I_{xy} = -3.00(10^9)$ mm^4.

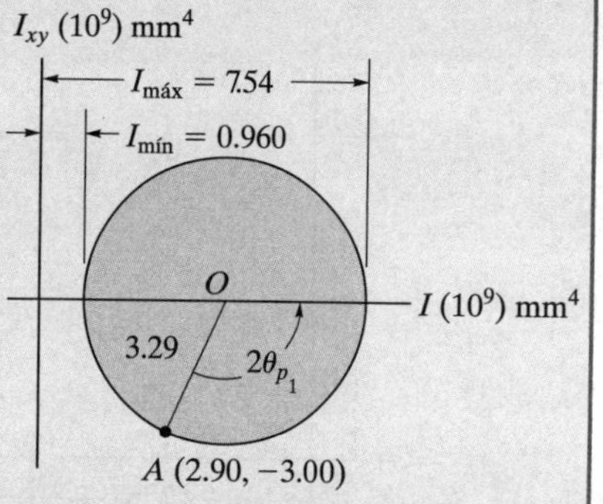

(c)

Construya el círculo. Los ejes I e I_{xy} se ilustran en la figura 10-20*b*. El centro del círculo O se encuentra a una distancia $(I_x + I_y)/2 = (2.90 + 5.60)/2 = 4.25$ del origen. Cuando el punto de referencia $A(I_x, I_{xy})$ o $A(2.90. -3.00)$ se conecta al punto O, el radio OA se determina a partir del triángulo OBA con el teorema de Pitágoras.

$$OA = \sqrt{(1.35)^2 + (-3.00)^2} = 3.29$$

El círculo está construido en la figura 10-20*c*.

Momentos de inercia principales. El círculo interseca el eje I en los puntos (7.54, 0) y (0.960, 0). Por lo tanto,

$$I_{máx} = (4.25 + 3.29)10^9 = 7.54(10^9)\text{ mm}^4 \qquad \textit{Resp.}$$

$$I_{mín} = (4.25 - 3.29)10^9 = 0.960(10^9)\text{ mm}^4 \qquad \textit{Resp.}$$

Ejes principales. Como se indica en la figura 10-20*c*, el ángulo $2\theta_{p_1}$ se determina a partir del círculo midiendo, en sentido antihorario, desde OA hacia la dirección del eje *I positivo*. Por consiguiente,

$$2\theta_{p_1} = 180° - \text{sen}^{-1}\left(\frac{|BA|}{|OA|}\right) = 180° - \text{sen}^{-1}\left(\frac{3.00}{3.29}\right) = 114.2°$$

El eje principal para $I_{máx} = 7.54(10^9)$ mm^4 está, por lo tanto, orientado a un ángulo $\theta_{p_1} = 57.1°$, medido, en *sentido antihorario*, desde el eje *x positivo* hacia el eje *u positivo*. El eje v es perpendicular a este eje. Los resultados se muestran en la figura 10-20*d*.

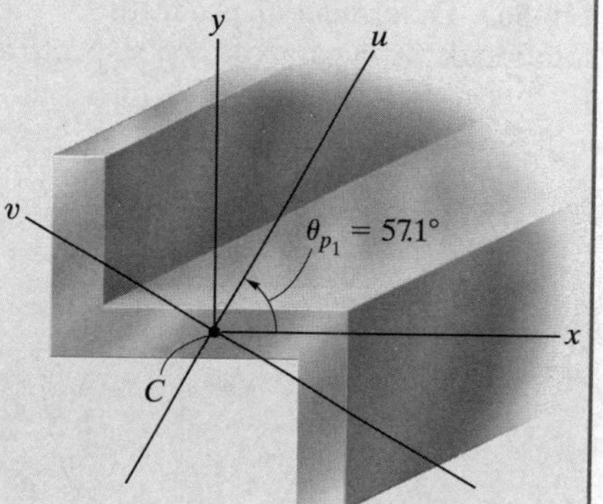

(d)

Fig. 10-20

PROBLEMAS

10-54. Determine el producto de inercia de la franja delgada del área con respecto a los ejes *x* y *y*. La franja está orientada en un ángulo θ con respecto al eje *x*. Suponga que $t \ll l$.

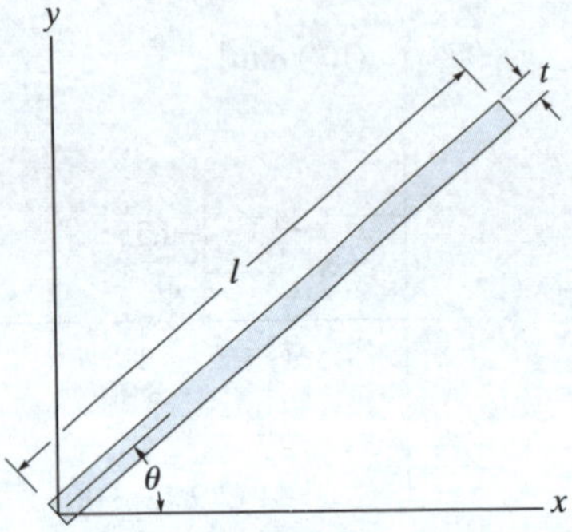

Prob. 10-54

10-55. Determine el producto de inercia del área sombreada con respecto a los ejes *x* y *y*.

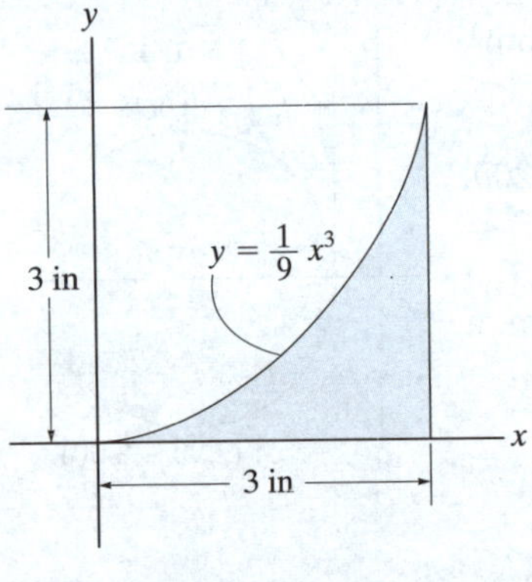

Prob. 10-55

***10-56.** Determine el producto de inercia para el área sombreada de la parábola con respecto a los ejes *x* y *y*.

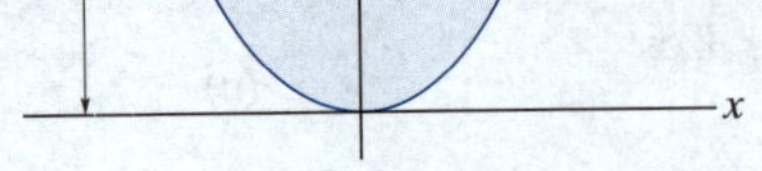

Prob. 10-56

10-57. Determine el producto de inercia del área sombreada con respecto a los ejes *x* y *y*; después use el teorema de los ejes paralelos para encontrar el producto de inercia del área con respecto a los ejes centroidales x' y y'.

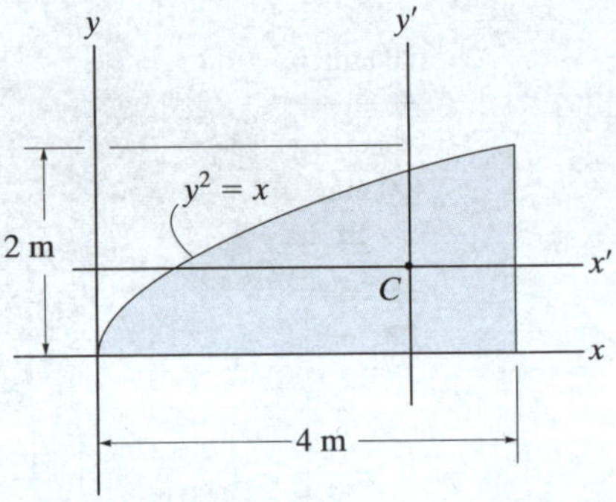

Prob. 10-57

10-58. Determine el producto de inercia para el área parabólica con respecto a los ejes *x* y *y*.

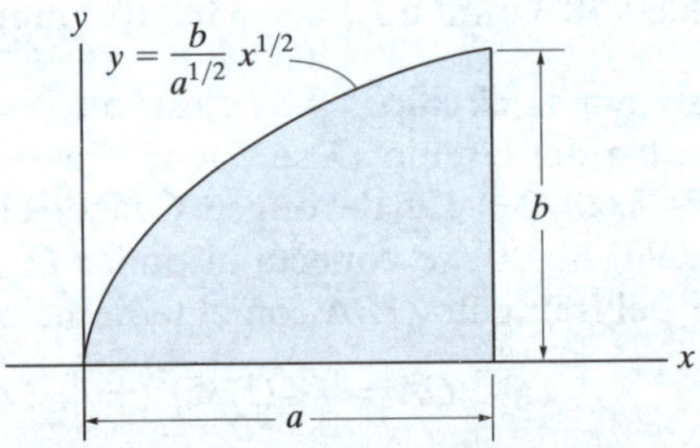

Prob. 10-58

10-59. Determine el producto de inercia del área sombreada con respecto a los ejes *x* y *y*.

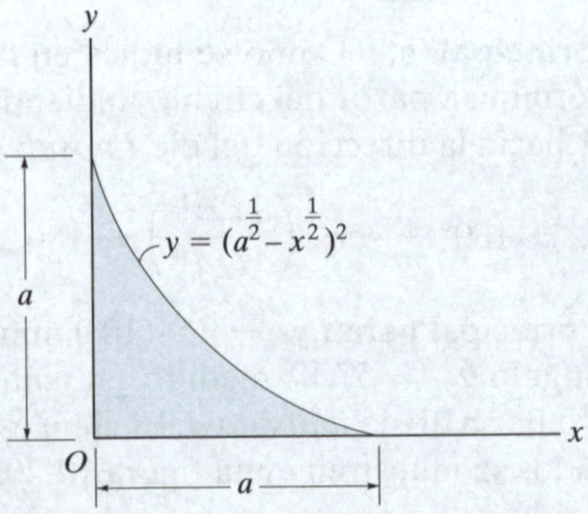

Prob. 10-59

***10-60.** Determine el producto de inercia del área sombreada con respecto a los ejes x y y.

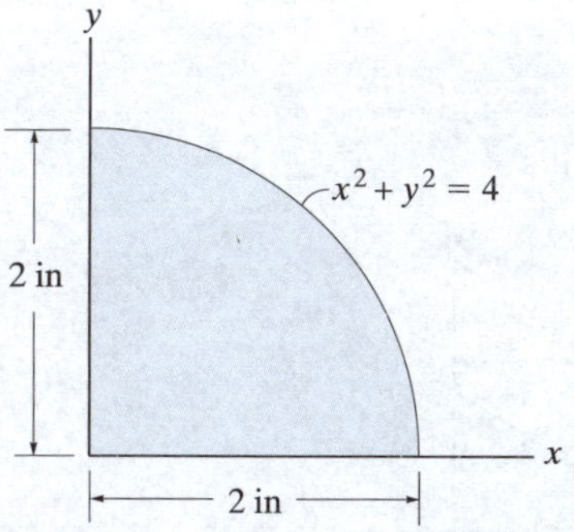

Prob. 10-60

10-61. Determine el producto de inercia del área sombreada con respecto a los ejes x y y.

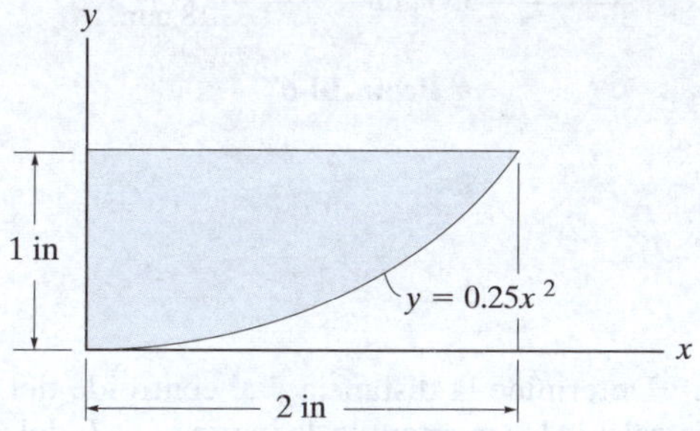

Prob. 10-61

10-62. Determine el producto de inercia para el área de la sección transversal de la viga con respecto a los ejes x y y.

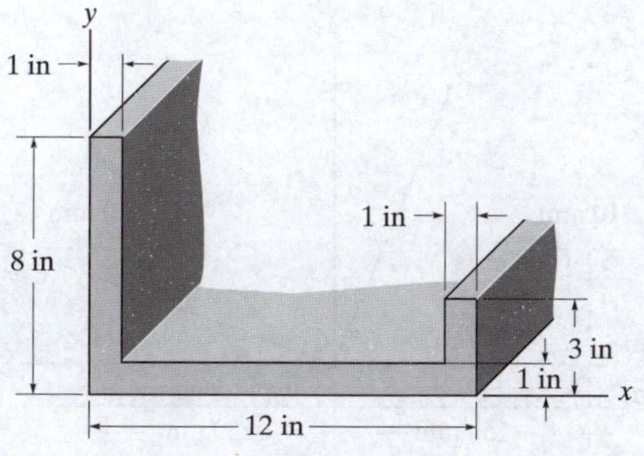

Prob. 10-62

10-63. Determine los momentos de inercia del área sombreada con respecto a los ejes u y v.

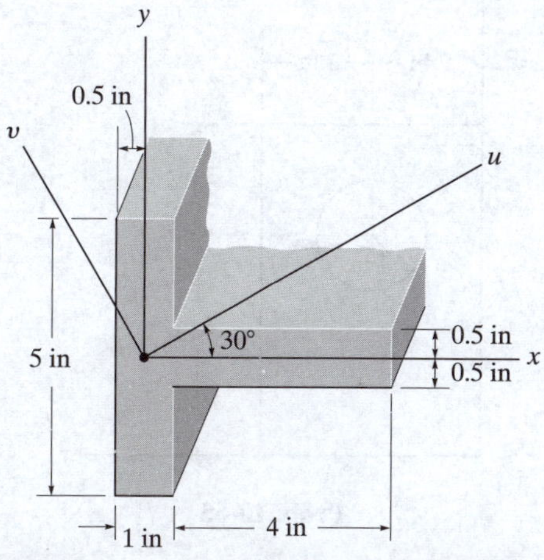

Prob. 10-63

***10-64.** Determine el producto de inercia para el área de la sección transversal de la viga con respecto a los ejes u y v.

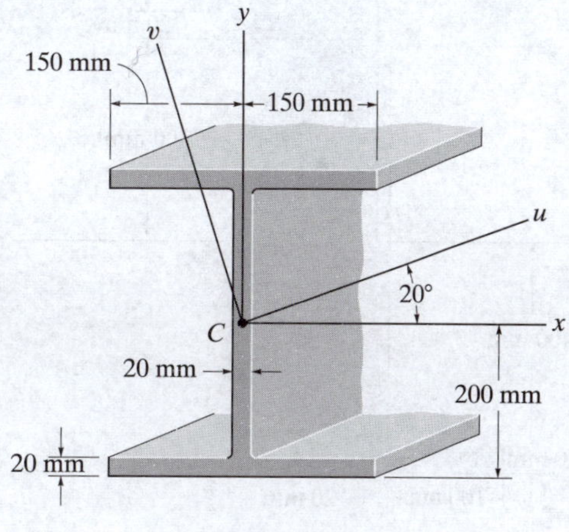

Prob. 10-64

10

10-65. Determine el producto de inercia del área sombreada con respecto a los ejes x y y.

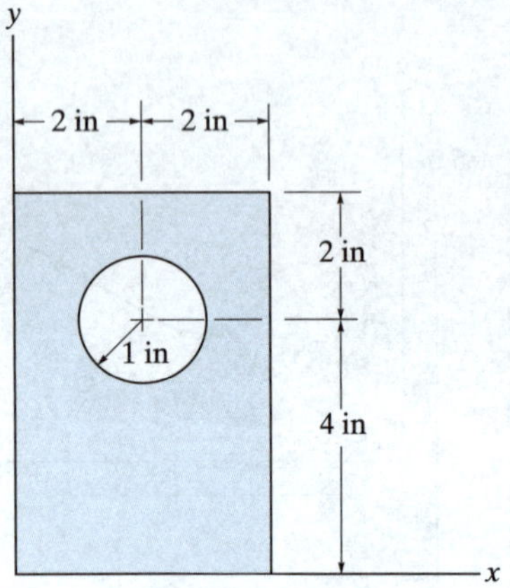

Prob. 10-65

10-66. Determine el producto de inercia del área de la sección transversal con respecto a los ejes x y y.

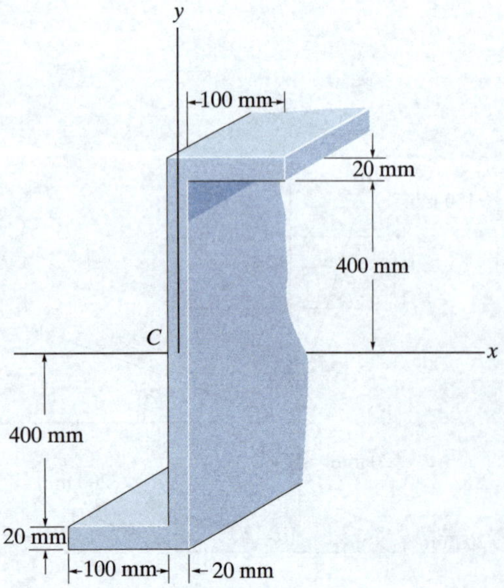

Prob. 10-66

10-67. Determine la ubicación $(\bar{x}, \bar{y})$ para el centroide C del área de la sección transversal del ángulo y, después, calcule el producto de inercia con respecto a los ejes x' y y'.

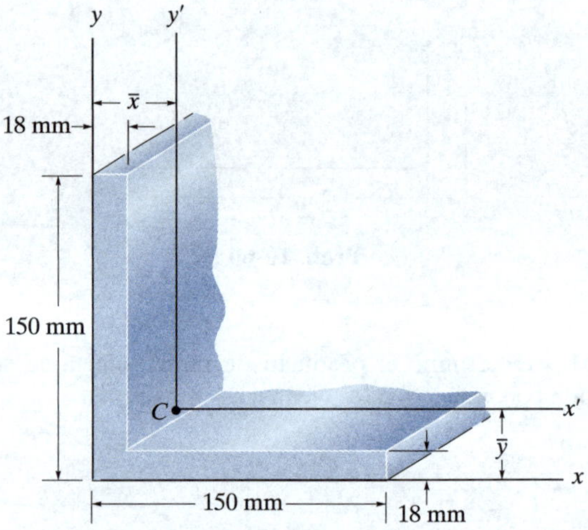

Prob. 10-67

***10-68.** Determine la distancia $\bar{y}$ al centroide del área y, después, calcule los momentos de inercia I_u e I_v del área de la sección transversal del canal. Los ejes u y v tienen su origen en el centroide C. Para realizar el cálculo, suponga que todas las esquinas son cuadradas.

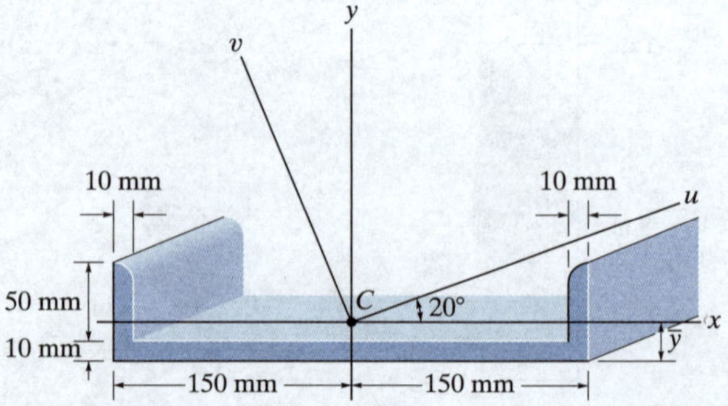

Prob. 10-68

10

10-69. Determine los momentos de inercia I_u, I_v y el producto de inercia I_{uv} para el área de la sección transversal de la viga. Considere que $\theta = 45°$.

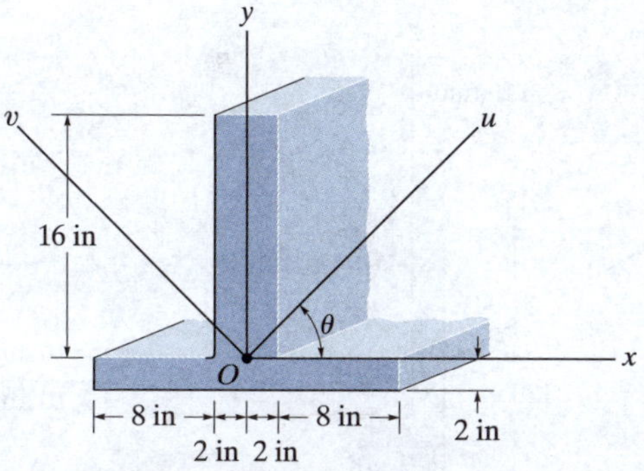

Prob. 10-69

10-70. Determine los momentos de inercia I_u, I_v y el producto de inercia I_{uv} para el área rectangular. Los ejes u y v pasan a través del centroide C.

10-71. Resuelva el problema 10-70 usando el círculo de Mohr. *Sugerencia:* Para encontrar la solución, determine las coordenadas del punto $P(I_u, I_{uv})$ sobre el círculo, medidas en sentido antihorario desde la línea radial OA. (Vea la figura 10-19). El punto $Q(I_v, -I_{uv})$ está sobre el lado opuesto del círculo.

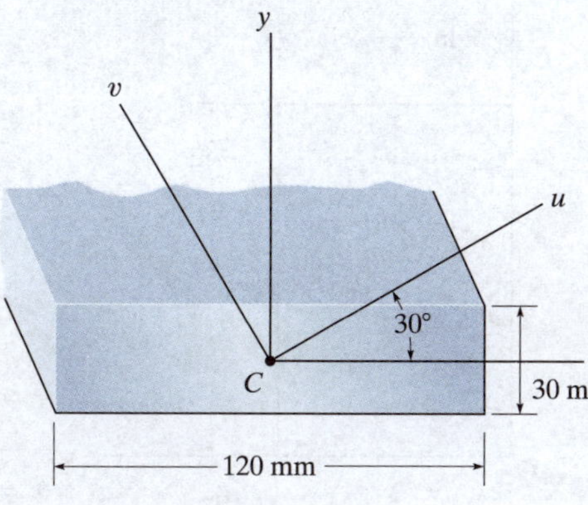

Probs. 10-70/71

***10-72.** Determine las direcciones de los ejes principales que tienen origen en el punto O; también encuentre los momentos de inercia principales para el área triangular con respecto a estos ejes.

10-73. Resuelva el problema 10-72 usando el círculo de Mohr.

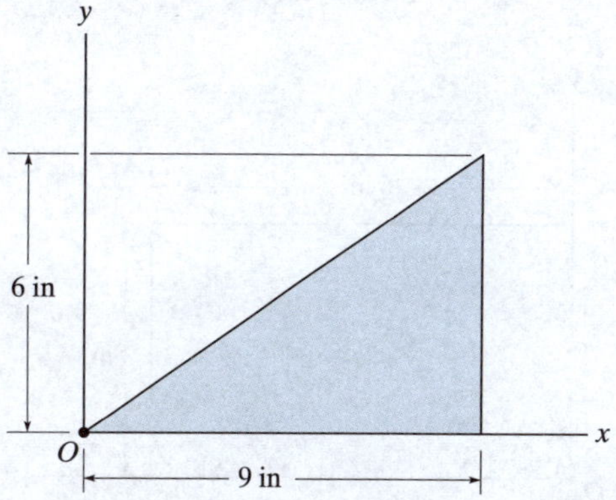

Probs. 10-72/73

10-74. Determine la orientación de los ejes principales que tienen origen en el punto C; también encuentre los momentos de inercia principales de la sección transversal con respecto a estos ejes.

10-75. Resuelva el problema 10-74 usando el círculo de Mohr.

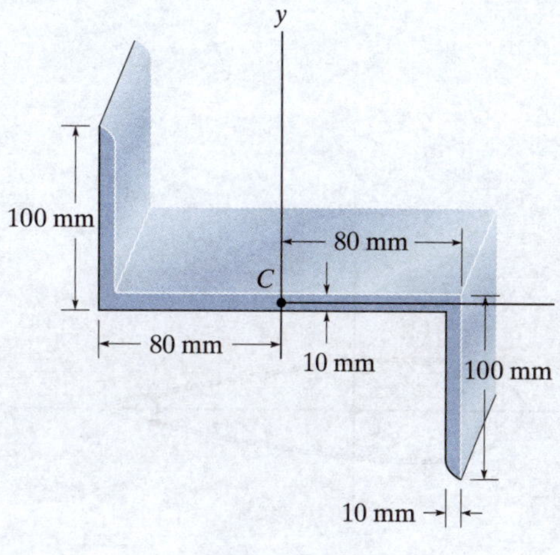

Probs. 10-74/75

***10-76.** Determine la orientación de los ejes principales que tienen origen en el punto O; también encuentre los momentos de inercia principales para el área rectangular con respecto a estos ejes.

10-77. Resuelva el problema 10-76 usando el círculo de Mohr.

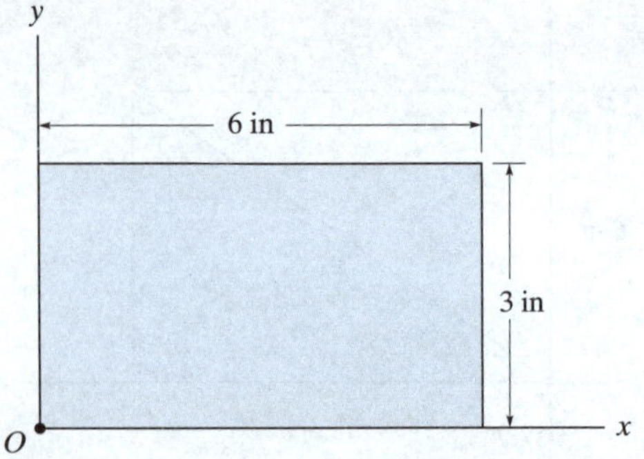

Probs. 10-76/77

***10-80.** Determine los momentos y el producto de inercia para el área sombreada con respecto a los ejes u y v.

10-81. Resuelva el problema 10-80 usando el círculo de Mohr.

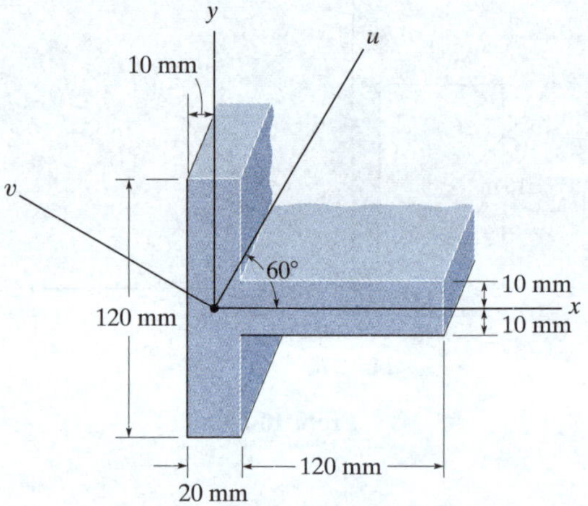

Probs. 10-80/81

10-78. El área de la sección transversal de una ala de avión tiene las siguientes propiedades con respecto a los ejes x y y que pasan a través del centroide C: $\bar{I}_x = 450\ \text{in}^4$, $\bar{I}_y = 1730\ \text{in}^4$, $\bar{I}_{xy} = 138\ \text{in}^4$. Determine la orientación de los ejes principales y los momentos de inercia principales.

10-79. Resuelva el problema 10-78 usando el círculo de Mohr.

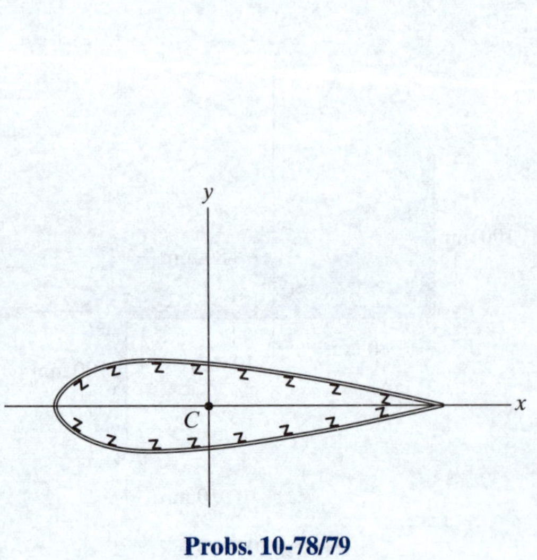

Probs. 10-78/79

10-82. Determine las direcciones de los ejes principales con origen ubicado en el punto O; también encuentre los momentos de inercia principales para el área con respecto a estos ejes.

10-83. Resuelva el problema 10-82 usando el círculo de Mohr.

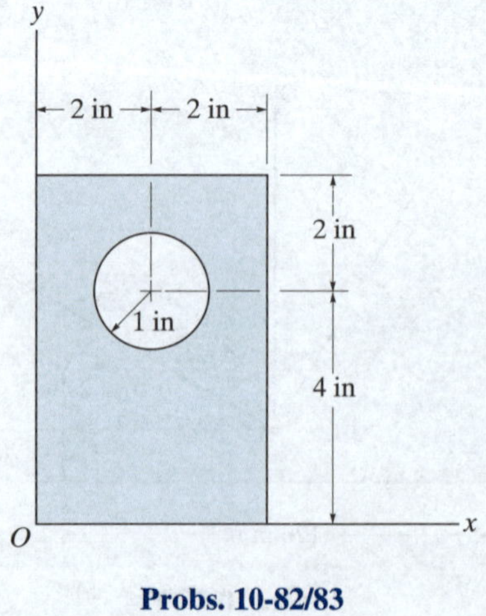

Probs. 10-82/83

10

10.8 Momento de inercia de masa

El momento de inercia de masa de un cuerpo es una medida de la resistencia del cuerpo a la aceleración angular. Como este momento se usa en dinámica para estudiar el movimiento rotatorio, a continuación se analizarán los métodos para realizar su cálculo.*

Considere el cuerpo rígido que se muestra en la figura 10-21. Definimos el *momento de inercia de masa* del cuerpo con respecto al eje z como

$$I = \int_m r^2\, dm \qquad (10\text{-}12)$$

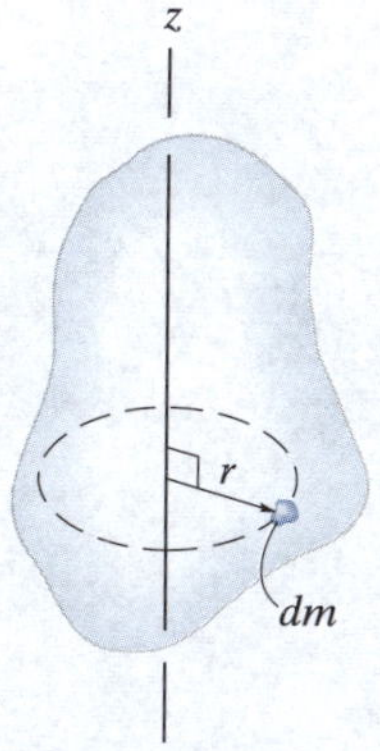

Fig. 10-21

Aquí, r es la distancia perpendicular desde el eje hasta el elemento arbitrario dm. Como la formulación implica a r, el valor de I es *único* para cada eje con respecto al cual se calcula. Sin embargo, el eje que generalmente se elige pasa por el centro de masa G del cuerpo. Las unidades que se utilizan comúnmente para esta medida son $kg \cdot m^2$ o $slug \cdot ft^2$.

Si el cuerpo consiste en material con densidad ρ, entonces $dm = \rho\, dV$ (fig. 10-22*a*). Al sustituir esto en la ecuación 10-12, el momento de inercia del cuerpo se calcula entonces con *elementos de volumen* para la integración; es decir,

$$I = \int_V r^2 \rho\, dV \qquad (10\text{-}13)$$

Para la mayoría de las aplicaciones, ρ será una *constante*, por lo que este término puede factorizarse fuera de la integral, y la integración es entonces solamente una función de la geometría.

$$I = \rho \int_V r^2\, dV \qquad (10\text{-}14)$$

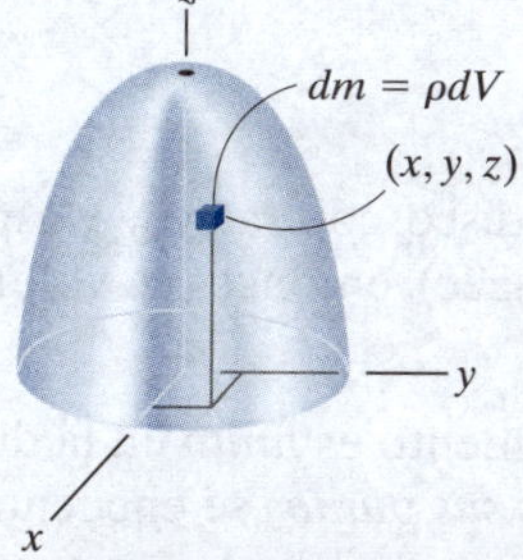

(a)

Fig. 10-22

*Otra propiedad del cuerpo que mide la simetría de la masa del cuerpo con respecto a un sistema de coordenadas es el producto de inercia de masa. Esta propiedad se aplica con frecuencia al movimiento tridimensional de un cuerpo y se analiza en nuestro otro libro *Ingeniería mecánica: Dinámica* (capítulo 21).

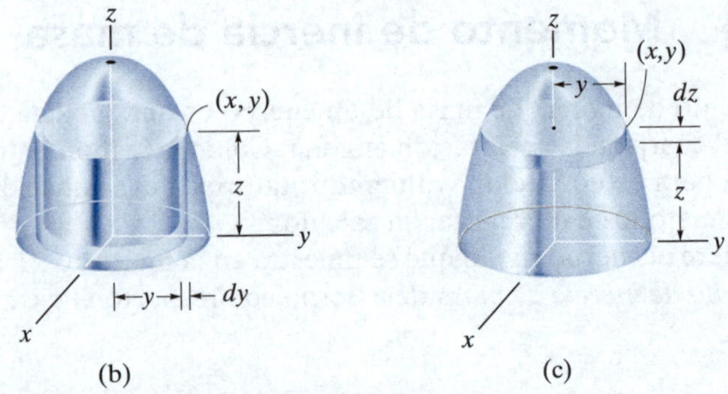

Fig. 10-22 (cont.)

Procedimiento para el análisis

Si un cuerpo es simétrico con respecto a un eje, como en la figura 10-22, entonces su momento de inercia de masa con respecto al eje puede determinarse mediante una integración simple. Los elementos de cascarón o de disco se utilizan para tal propósito.

Elemento de cascarón

- Si un *elemento de cascarón* con altura z, radio y y espesor dy se elige para la integración (fig. 10-22*b*), entonces su volumen es $dV = (2\pi y)(z)\,dy$.

- Este elemento se puede usar en las ecuaciones 10-13 o 10-14 para determinar el momento de inercia I_z del cuerpo con respecto al eje z, ya que *todo el elemento*, debido a su "delgadez", se encuentra a la *misma* distancia perpendicular $r = y$ del eje z (vea el ejemplo 10.10).

Elemento de disco

- Si un elemento de disco, con radio y y espesor dz se elige para la integración (fig. 10-22*c*), entonces su volumen es $dV = (\pi y^2)\,dz$.

- En este caso, el elemento es *finito* en la dirección radial y, en consecuencia, *no todos sus puntos* se encuentran a la *misma distancia radial* r del eje z. Como resultado, las ecuaciones 10-13 o 10-14 *no se pueden* usar para determinar I_z. En vez de realizar la integración con este elemento, primero es necesario determinar el momento de inercia *del elemento* con respecto al eje z y, luego, integrar este resultado (vea el ejemplo 10.11).

EJEMPLO 10.10

Determine el momento de inercia de masa del cilindro que se muestra en la figura 10-23*a* con respecto al eje *z*. La densidad ρ del material es constante.

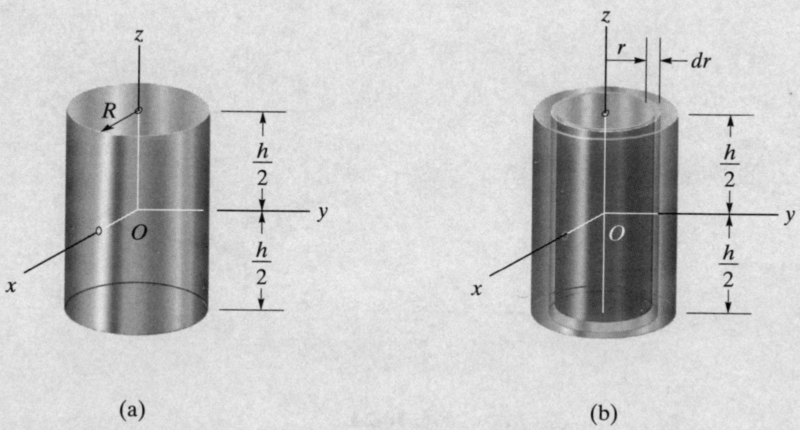

Fig. 10-23

SOLUCIÓN

Elemento de cascarón. Este problema se resuelve con el *elemento de cascarón* que se ilustra en la figura 10-23*b* y sólo se requiere una integración simple. El volumen del elemento es $dV = (2\pi r)(h)\,dr$, de modo que su masa es $dm = \rho\,dV = \rho(2\pi hr\,dr)$. Como *todo el elemento* se encuentra a la misma distancia *r* del eje *z*, el momento de inercia *del elemento* es

$$dI_z = r^2\,dm = \rho 2\pi h r^3\,dr$$

Al integrar sobre todo el cilindro resulta

$$I_z = \int_m r^2\,dm = \rho 2\pi h \int_0^R r^3\,dr = \frac{\rho\pi}{2}R^4 h$$

Como la masa del cilindro es

$$m = \int_m dm = \rho 2\pi h \int_0^R r\,dr = \rho\pi h R^2$$

entonces,

$$I_z = \frac{1}{2}mR^2 \qquad \textit{Resp.}$$

10

EJEMPLO 10.11

Si la densidad del sólido de la figura 10-24*a* es 5 slug/ft^3, determine el momento de inercia de masa con respecto al eje *y*.

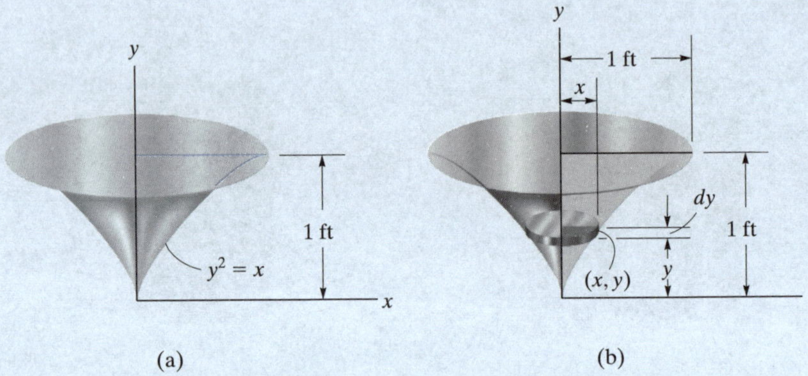

Fig. 10-24

SOLUCIÓN

Elemento de disco. El momento de inercia se determinará con este *elemento de disco*, como se indica en la figura 10-24*b*. Aquí, el elemento interseca la curva en el punto arbitrario (x, y) y tiene una masa

$$dm = \rho\, dV = \rho(\pi x^2)\, dy$$

Aunque todos los puntos del elemento *no* están ubicados a la misma distancia del eje *y*, es posible determinar el momento de inercia dI_y *del elemento* con respecto al eje *y*. En el ejemplo anterior se demostró que el momento de inercia de un cilindro homogéneo con respecto a su eje longitudinal es $I = \frac{1}{2}mR^2$, donde *m* y *R* son la masa y el radio del cilindro. Como la altura del cilindro no está implicada en esta fórmula, también la podemos usar para un disco. Así, para el elemento de disco que se muestra en la figura 10-24*b*, tenemos

$$dI_y = \frac{1}{2}(dm)x^2 = \frac{1}{2}[\rho(\pi x^2)\, dy]x^2$$

Sustituimos $x = y^2$, $\rho = 5$ slug/ft^3, e integramos con respecto a *y*, desde $y = 0$ hasta $y = 1$ ft, y obtenemos el momento de inercia para todo el sólido.

$$I_y = \frac{5\pi}{2}\int_0^{1\text{ ft}} x^4\, dy = \frac{5\pi}{2}\int_0^{1\text{ ft}} y^8\, dy = 0.873 \text{ slug}\cdot\text{ft}^2 \qquad \textit{Resp.}$$

10

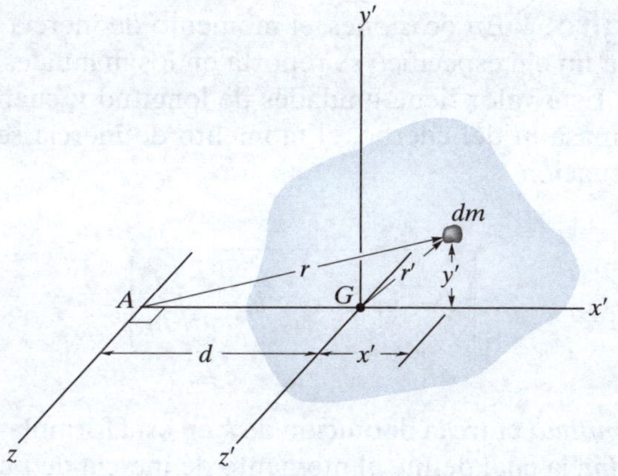

Fig. 10-25

Teorema de los ejes paralelos. Si se conoce el momento de inercia del cuerpo con respecto a un eje que pase por el centro de masa del cuerpo, entonces el momento de inercia con respecto a cualquier otro *eje paralelo* puede determinarse con el *teorema de los ejes paralelos*. Para derivar este teorema, considere el cuerpo que se muestra en la figura 10-25. El eje z' pasa por el centro de masa G, mientras que el correspondiente *eje z paralelo* se encuentra a una distancia constante d. Al seleccionar el elemento diferencial de masa dm que se ubica en el punto (x', y') y con el teorema de Pitágoras, $r^2 = (d + x')^2 + y'^2$, el momento de inercia del cuerpo con respecto al eje z es

$$
\begin{aligned}
I = \int_m r^2\, dm &= \int_m [(d + x')^2 + y'^2]\, dm \\
&= \int_m (x'^2 + y'^2)\, dm + 2d \int_m x'\, dm + d^2 \int_m dm
\end{aligned}
$$

Como $r'^2 = x'^2 + y'^2$, la primera integral representa a I_G. La segunda integral es igual a *cero*, ya que el eje z' pasa por el centro de masa del cuerpo, es decir, $\int x'\, dm = \bar{x} \int dm = 0$ ya que $\bar{x} = 0$. Por último, la tercera integral representa la masa total m del cuerpo. Por consiguiente, el momento de inercia con respecto al eje z puede escribirse como

$$
I = I_G + md^2 \tag{10-15}
$$

donde

I_G = momento de inercia con respecto al eje z' que pasa por el centro de masa G

m = masa del cuerpo

d = distancia entre los ejes paralelos

10

Radio de giro. En ocasiones, el momento de inercia de un cuerpo con respecto a un eje específico se reporta en los manuales usando el *radio de giro* k. Este valor tiene unidades de longitud y, cuando se conoce junto con la masa m del cuerpo, el momento de inercia se determina a partir de la ecuación

$$I = mk^2 \quad \text{o} \quad k = \sqrt{\frac{I}{m}} \tag{10-16}$$

Observe la *similitud* entre la definición de k en esta fórmula y r en la ecuación $dI = r^2\,dm$, la cual define el momento de inercia de un elemento diferencial de masa dm del cuerpo con respecto a un eje.

Cuerpos compuestos. Si un cuerpo está construido a partir de un número de formas simples como discos, esferas y varillas, el momento de inercia del cuerpo con respecto a cualquier eje z puede determinarse al sumar algebraicamente los momentos de inercia de todas las formas componentes calculadas con respecto al mismo eje. La suma algebraica es necesaria, ya que una parte componente se debe considerar como una cantidad negativa, si ya se incluyó dentro de otra parte —como en el caso de un "orificio" que se resta de una placa sólida. Además, el teorema de los ejes paralelos es necesario para los cálculos, si el centro de masa de cada parte componente no se encuentra sobre el eje z. Para realizar los cálculos, en los forros de este libro se incluye una tabla con algunas formas simples.

Este volante, que opera un cortador de metal, tiene un momento de inercia grande con respecto a su centro. Una vez que comienza a girar es difícil detenerlo y, por consiguiente, es posible transferir de manera efectiva un movimiento uniforme a la hoja cortadora. (© Russell C. Hibbeler)

EJEMPLO 10.12

Si la placa que se muestra en la figura 10-26*a* tiene densidad de 8000 kg/m^3 y un espesor de 10 mm, determine su momento de inercia de masa con respecto a un eje perpendicular a la página y que pase por el punto O.

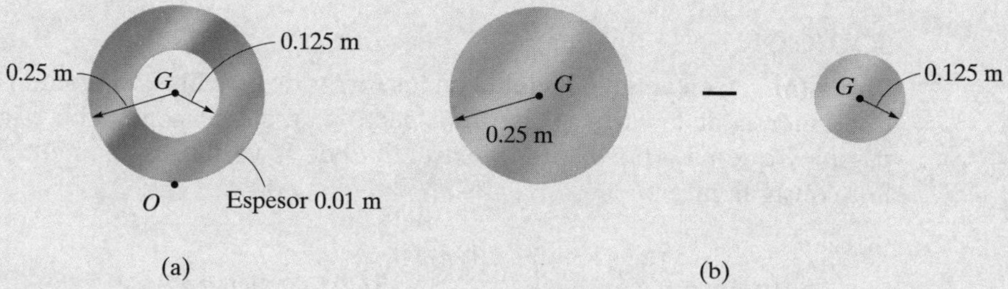

Fig. 10-26

SOLUCIÓN

La placa consta de dos partes compuestas, el disco de 250 mm de radio *menos* un disco de 125 mm de radio (fig. 10-26*b*). El momento de inercia con respecto a O puede determinarse calculando el momento de inercia de cada una de esas partes con respecto a O, y luego sumando *algebraicamente* los resultados. Los cálculos se realizan con el teorema de los ejes paralelos, junto con la fórmula del momento de inercia de masa para un disco circular, $I_G = \frac{1}{2}mr^2$, que se puede encontrar en los forros de este libro.

Disco. El momento de inercia de un disco con respecto a un eje perpendicular al plano del disco y que pasa por G es $I_G = \frac{1}{2}mr^2$. El centro de masa de ambos discos está a una distancia de 0.25 m del punto O. Entonces,

$$m_d = \rho_d V_d = 8000 \text{ kg/m}^3\,[\pi(0.25\text{ m})^2(0.01\text{ m})] = 15.71\text{ kg}$$

$$\begin{aligned}(I_O)_d &= \tfrac{1}{2}m_d r_d^2 + m_d d^2\\ &= \tfrac{1}{2}(15.71\text{ kg})(0.25\text{ m})^2 + (15.71\text{ kg})(0.25\text{ m})^2\\ &= 1.473\text{ kg}\cdot\text{m}^2\end{aligned}$$

Orificio. Para el disco más pequeño (orificio), tenemos

$$m_h = \rho_h V_h = 8000 \text{ kg/m}^3\,[\pi(0.125\text{ m})^2(0.01\text{ m})] = 3.93\text{ kg}$$

$$\begin{aligned}(I_O)_h &= \tfrac{1}{2}m_h r_h^2 + m_h d^2\\ &= \tfrac{1}{2}(3.93\text{ kg})(0.125\text{ m})^2 + (3.93\text{ kg})(0.25\text{ m})^2\\ &= 0.276\text{ kg}\cdot\text{m}^2\end{aligned}$$

Por lo tanto, el momento de inercia de la placa con respecto al punto O es

$$\begin{aligned}I_O &= (I_O)_d - (I_O)_h\\ &= 1.473\text{ kg}\cdot\text{m}^2 - 0.276\text{ kg}\cdot\text{m}^2\\ &= 1.20\text{ kg}\cdot\text{m}^2\end{aligned}$$

Resp.

EJEMPLO 10.13

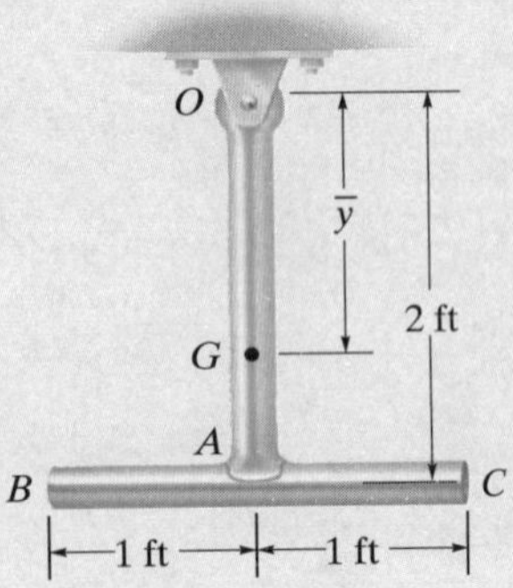

Fig. 10-27

El péndulo que se ilustra en la figura 10-27 consiste en dos varillas delgadas, cada una con un peso de 10 lb. Determine el momento de inercia de masa del péndulo con respecto a un eje que pase por (a) el perno en O y (b) el centro de masa G del péndulo.

SOLUCIÓN

Parte (a). Con la tabla incluida en los forros de este libro, el momento de inercia de la varilla OA con respecto a un eje perpendicular a la página y que pasa por el punto extremo O de la varilla, es $I_O = \frac{1}{3}ml^2$. Por consiguiente,

$$(I_{OA})_O = \frac{1}{3}ml^2 = \frac{1}{3}\left(\frac{10 \text{ lb}}{32.2 \text{ ft/s}^2}\right)(2 \text{ ft})^2 = 0.414 \text{ slug} \cdot \text{ft}^2$$

Observe que este mismo valor puede calcularse con $I_G = \frac{1}{12}ml^2$ y el teorema de los ejes paralelos; es decir,

$$(I_{OA})_O = \frac{1}{12}ml^2 + md^2 = \frac{1}{12}\left(\frac{10 \text{ lb}}{32.2 \text{ ft/s}^2}\right)(2 \text{ ft})^2 + \frac{10 \text{ lb}}{32.2 \text{ ft/s}^2}(1 \text{ ft})^2$$
$$= 0.414 \text{ slug} \cdot \text{ft}^2$$

Para la varilla BC tenemos

$$(I_{BC})_O = \frac{1}{12}ml^2 + md^2 = \frac{1}{12}\left(\frac{10 \text{ lb}}{32.2 \text{ ft/s}^2}\right)(2 \text{ ft})^2 + \frac{10 \text{ lb}}{32.2 \text{ ft/s}^2}(2 \text{ ft})^2$$
$$= 1.346 \text{ slug} \cdot \text{ft}^2$$

El momento de inercia del péndulo con respecto a O es, por lo tanto,

$$I_O = 0.414 + 1.346 = 1.76 \text{ slug} \cdot \text{ft}^2 \qquad \textit{Resp.}$$

Parte (b). El centro de masa G se localizará con respecto al perno situado en O. Si suponemos que esta distancia es $\bar{y}$ (fig. 10-27), y usamos la fórmula para determinar el centro de masa, entonces

$$\bar{y} = \frac{\Sigma \tilde{y} m}{\Sigma m} = \frac{1(10/32.2) + 2(10/32.2)}{(10/32.2) + (10/32.2)} = 1.50 \text{ ft}$$

El momento de inercia I_G puede calcularse de la misma manera que I_O, lo cual requiere aplicaciones sucesivas del teorema de los ejes paralelos para transferir los momentos de inercia de las varillas OA y BC a G. Sin embargo, una solución más directa significa aplicar el teorema de los ejes paralelos con el resultado para I_O determinado anteriormente; es decir,

$$I_O = I_G + md^2; \qquad 1.76 \text{ slug} \cdot \text{ft}^2 = I_G + \left(\frac{20 \text{ lb}}{32.2 \text{ ft/s}^2}\right)(1.50 \text{ ft})^2$$
$$I_G = 0.362 \text{ slug} \cdot \text{ft}^2 \qquad \textit{Resp.}$$

10

PROBLEMAS

***10-84.** Determine el momento de inercia del anillo delgado con respecto al eje z. El anillo tiene una masa m.

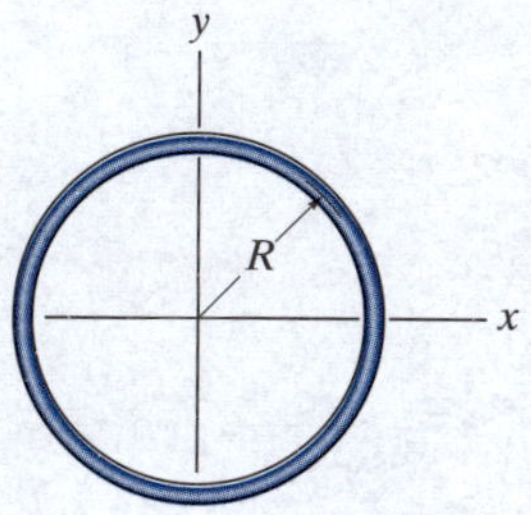

Prob. 10-84

10-85. Determine el momento de inercia del elipsoide con respecto al eje x y exprese el resultado en términos de la masa m del elipsoide. El material tiene una densidad constante ρ.

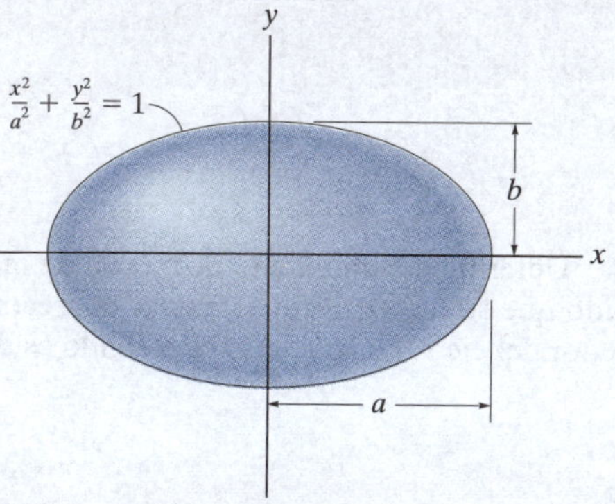

Prob. 10-85

10-86. Determine el radio de giro k_x del paraboloide. La densidad del material es $\rho = 5\ \mathrm{Mg/m^3}$.

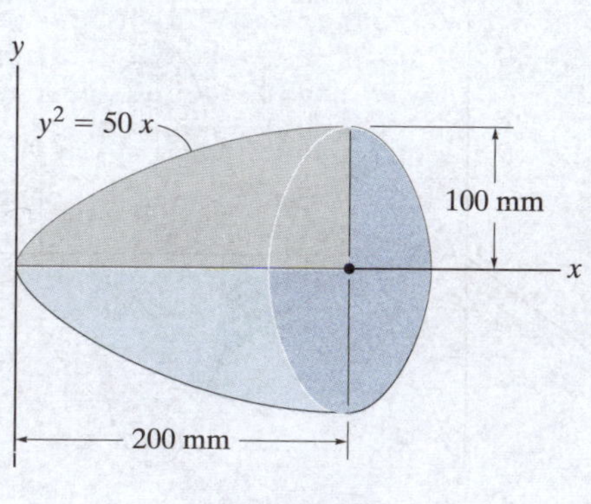

Prob. 10-86

10-87. El paraboloide se forma al revolucionar el área sombreada alrededor del eje x. Determine el momento de inercia con respecto al eje x y exprese el resultado en términos de la masa total m del paraboloide. El material tiene una densidad constante ρ.

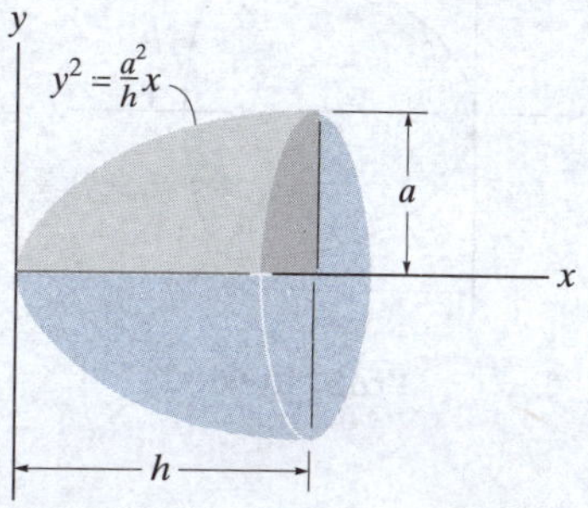

Prob. 10-87

***10-88.** Determine el momento de inercia del prisma triangular homogéneo con respecto al eje y. Exprese el resultado en términos de la masa m del prisma. *Sugerencia:* Para la integración, utilice elementos de una placa delgada con un espesor dz y que sean paralelos al plano x-y.

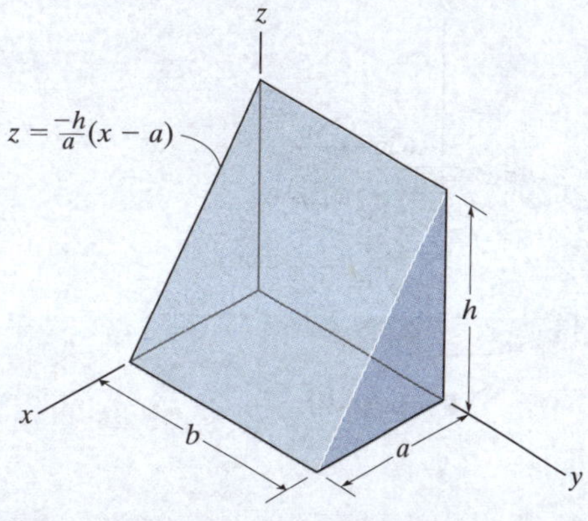

Prob. 10-88

10-89. Determine el momento de inercia del semielipsoide con respecto al eje x y exprese el resultado en términos de la masa m del semielipsoide. El material tiene una densidad constante ρ.

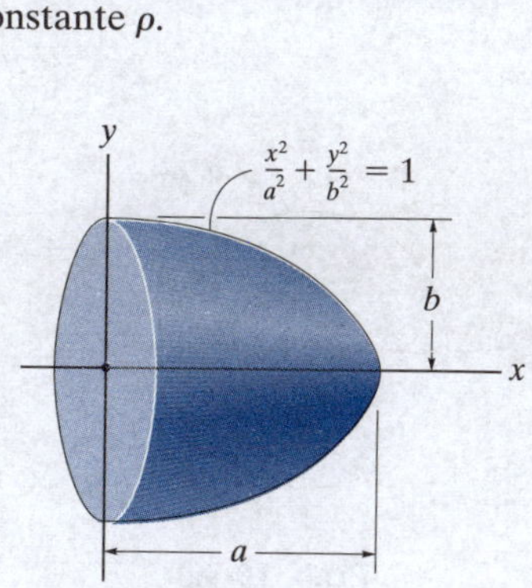

Prob. 10-89

10-90. Determine el radio de giro k_x del sólido que se forma al revolucionar el área sombreada alrededor del eje x. La densidad del material es ρ.

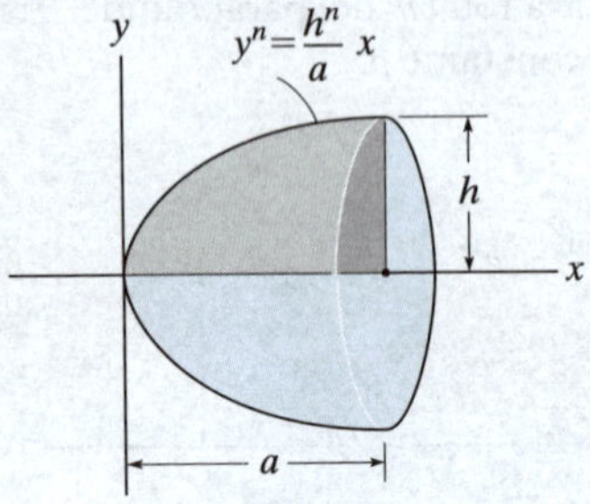

Prob. 10-90

10-91. La forma de concreto se obtiene al girar la zona sombreada alrededor del eje y. Determine el momento de inercia I_y. El peso específico del concreto es $\gamma = 150 \text{ lb/ft}^3$.

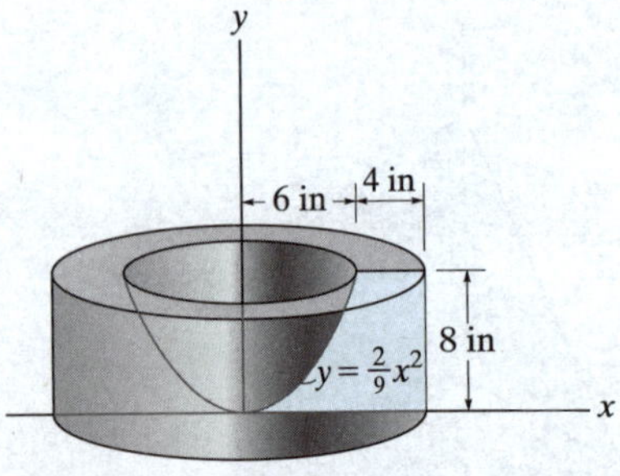

Prob. 10-91

***10-92.** Determine el momento de inercia I_x de la esfera y exprese el resultado en términos de la masa total m de la esfera. La esfera tiene una densidad constante ρ.

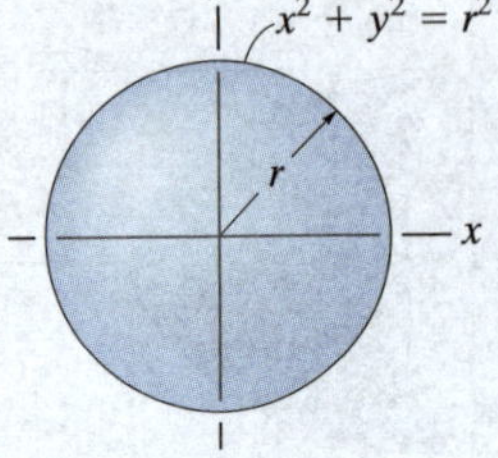

Prob. 10-92

10-93. El cono circular recto se forma al revolucionar el área sombreada alrededor del eje x. Determine el momento de inercia I_x y exprese el resultado en términos de la masa total m del cono. El cono tiene una densidad constante ρ.

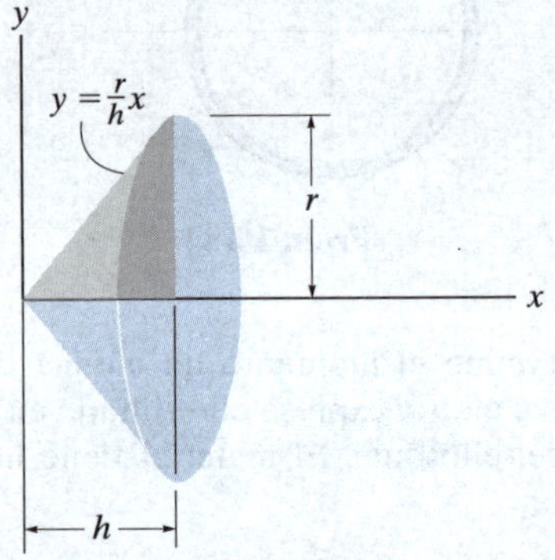

Prob. 10-93

10-94. Determine el momento de inercia de masa I_y para el sólido que se forma al revolucionar el área sombreada alrededor del eje y. La masa total del sólido es de 1500 kg.

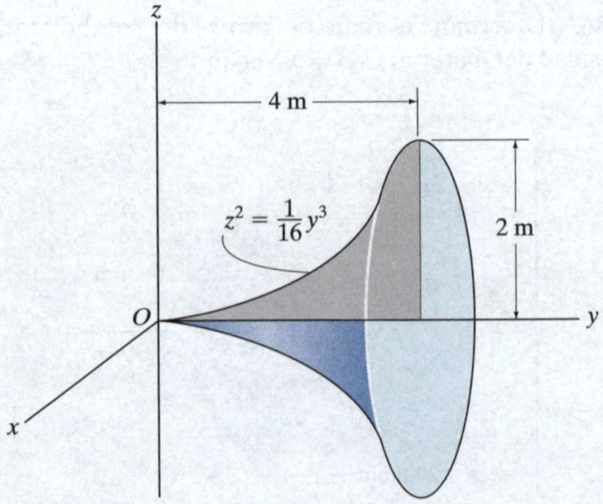

Prob. 10-94

10

10-95. Las varillas delgadas tienen una masa de 4 kg/m. Determine el momento de inercia del ensamble con respecto a un eje que sea perpendicular a la página y que pase a través del punto A.

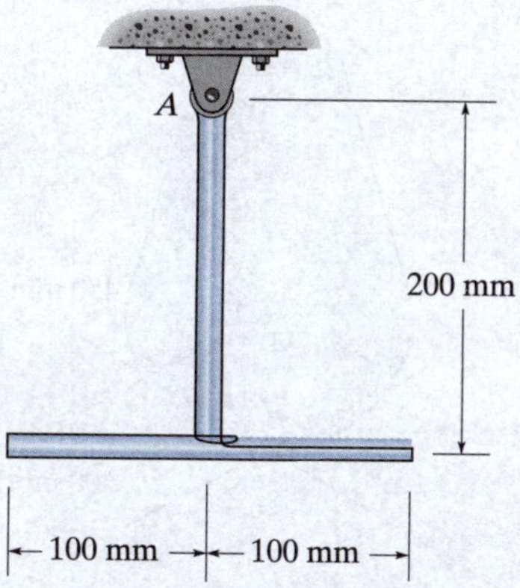

Prob. 10-95

***10-96.** El péndulo consiste en un disco circular A de 8 kg, un disco circular B de 2 kg y una varilla delgada de 4 kg. Determine el radio de giro del péndulo con respecto a un eje que sea perpendicular a la página y que pase a través del punto O.

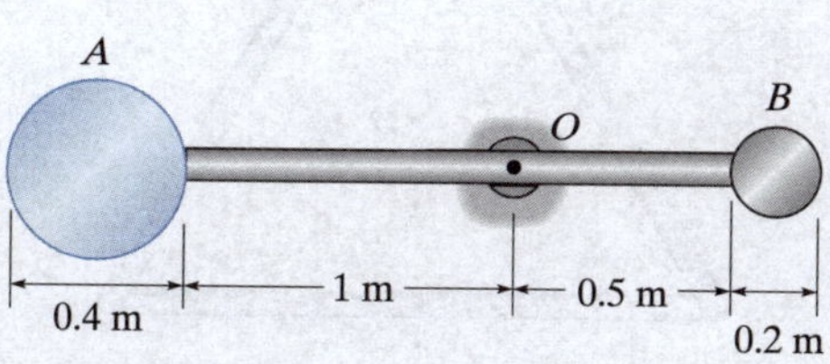

Prob. 10-96

10-97. Determine el momento de inercia I_z del cono truncado que tiene una depresión cónica. El material tiene una densidad de 200 kg/m^3.

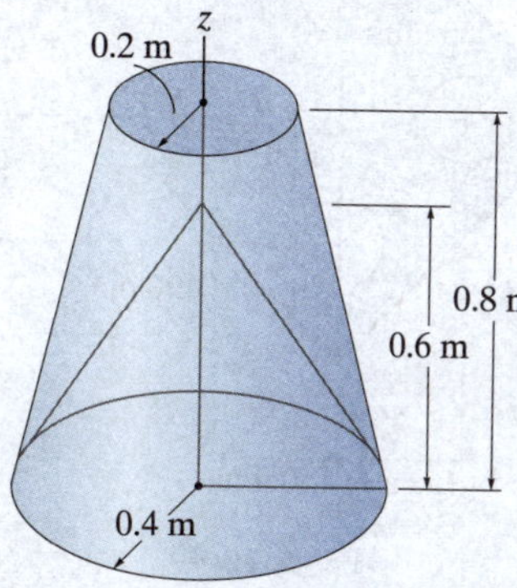

Prob. 10-97

10-98. El péndulo consiste en la varilla delgada de 3 kg y la placa delgada de 5 kg. Determine la ubicación $\bar{y}$ del centro de masa G del péndulo; después, encuentre el momento de inercia de masa del péndulo con respecto a un eje que sea perpendicular a la página y que pase a través de G.

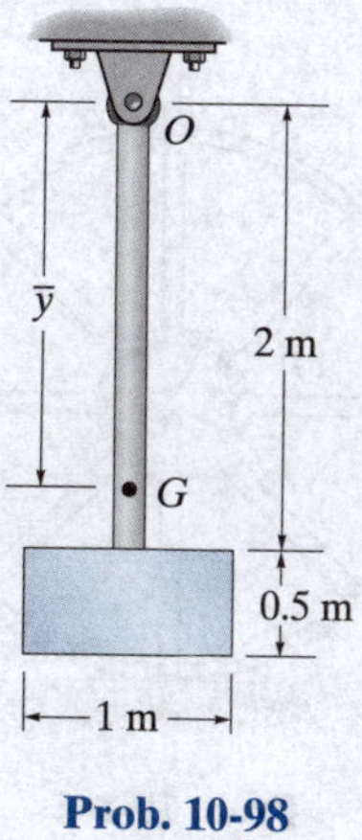

Prob. 10-98

10-99. Determine el momento de inercia de masa de la placa delgada con respecto a un eje que sea perpendicular a la página y que pase por el punto O. El material tiene una masa por unidad de superficie de 20 kg/m^2.

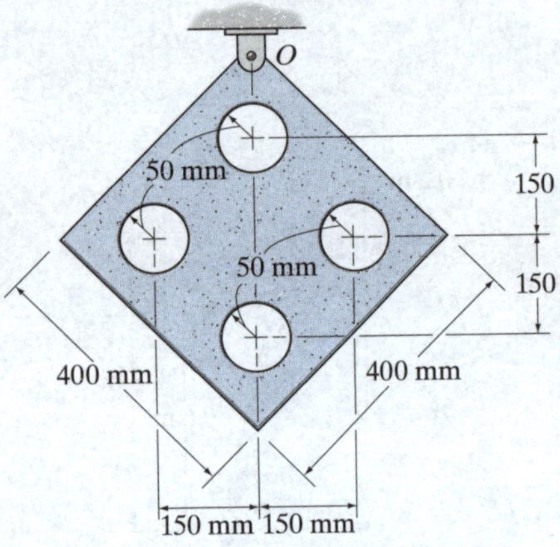

Prob. 10-99

***10-100.** El péndulo consiste en una placa que tiene un peso de 12 lb y una varilla delgada que tiene un peso de 4 lb. Determine el radio de giro del péndulo con respecto a un eje que sea perpendicular a la página y que pase por el punto O.

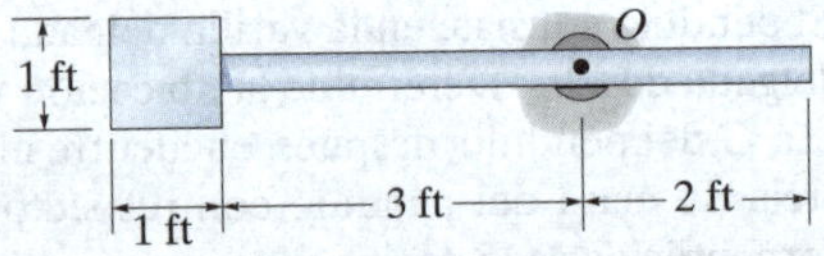

Prob. 10-100

10-101. Si el aro grande, el anillo pequeño y cada uno de los rayos pesan 100 lb, 15 lb y 20 lb, respectivamente, determine el momento de inercia de masa de la rueda con respecto a un eje que sea perpendicular a la página y que pase por el punto A.

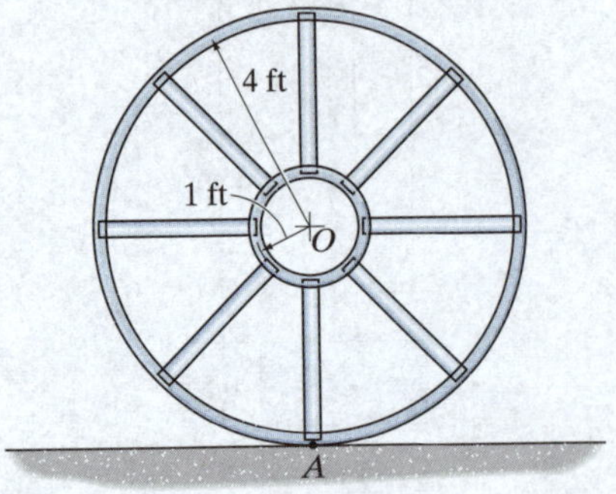

Prob. 10-101

10-102. Determine el momento de inercia de masa del ensamble con respecto al eje z. La densidad del material es 7.85 Mg/m^3.

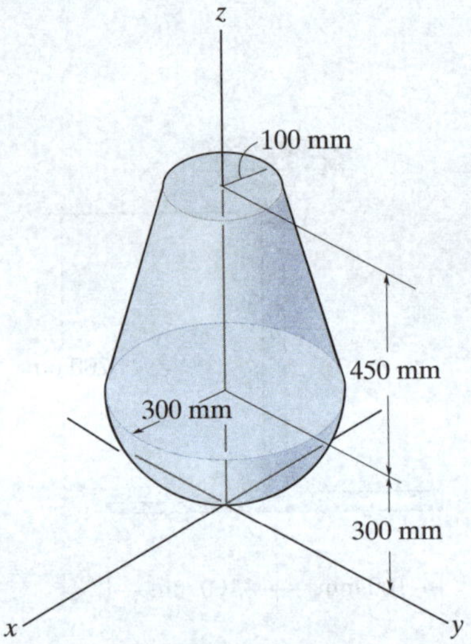

Prob. 10-102

10-103. Cada una de las tres varillas delgadas tiene una masa m. Determine el momento de inercia del ensamble con respecto a un eje que sea perpendicular a la página y que pase por el punto central O.

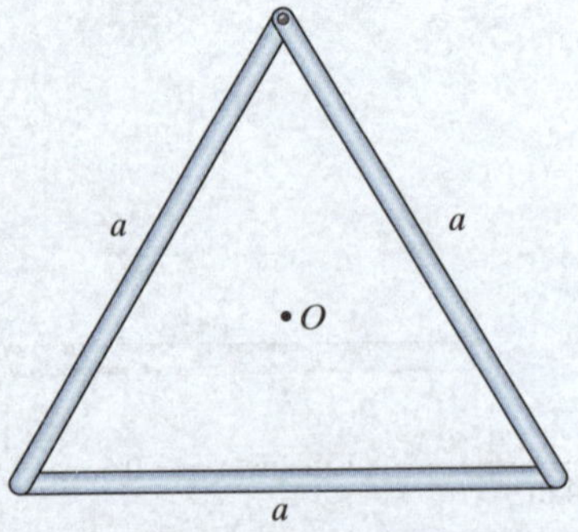

Prob. 10-103

***10-104.** La placa delgada tiene una masa por unidad de superficie de 10 kg/m^2. Determine su momento de inercia con respecto al eje y.

10-105. La placa delgada tiene una masa por unidad de superficie de 10 kg/m^2. Determine su momento de inercia con respecto al eje z.

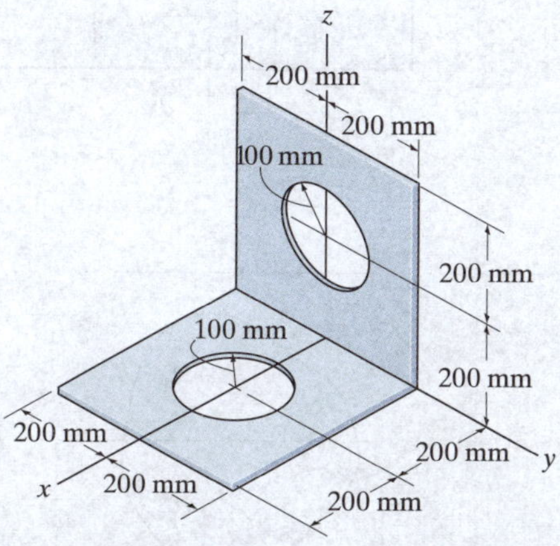

Probs. 10-104/105

10-106. Determine el momento de inercia del ensamble con respecto a un eje que sea perpendicular a la página y que pase a través del centro de masa G. El material tiene un peso específico de $\gamma = 90$ lb/ft^3.

10-107. Determine el momento de inercia del ensamble con respecto a un eje que sea perpendicular a la página y que pase a través del punto O. El material tiene un peso específico de $\gamma = 90$ lb/ft^3.

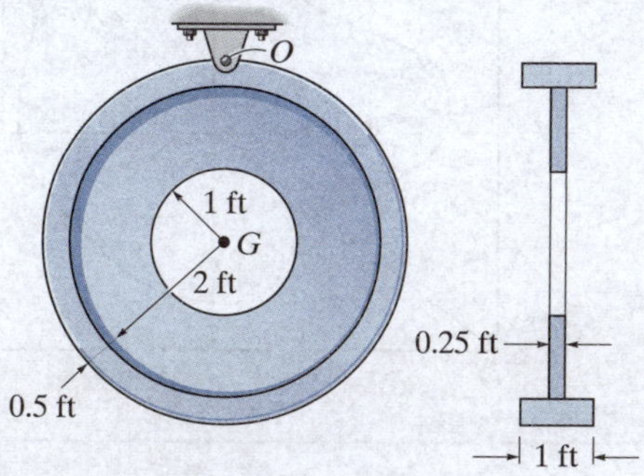

Probs. 10-106/107

***10-108.** El péndulo consiste en dos varillas delgadas AB y OC que tienen una masa de 3 kg/m. La placa delgada tiene una masa de 12 kg/m^2. Determine la ubicación $\overline{y}$ del centro de masa G del péndulo y, después, calcule el momento de inercia del péndulo con respecto a un eje que sea perpendicular a la página y que pase a través de G.

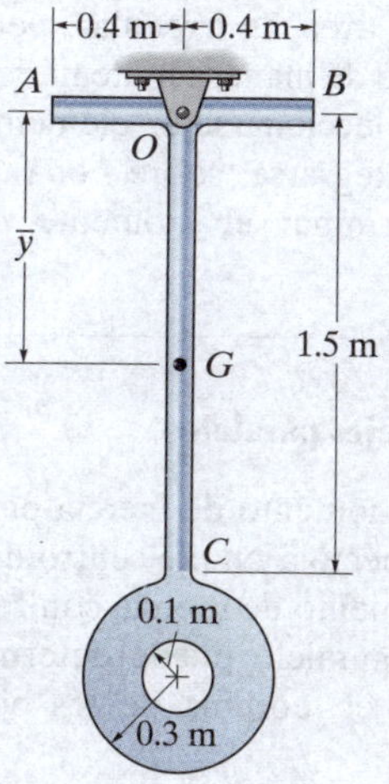

Prob. 10-108

10-109. Determine el momento de inercia I_z del cono truncado que tiene una depresión cónica. El material tiene una densidad de 200 kg/m^3.

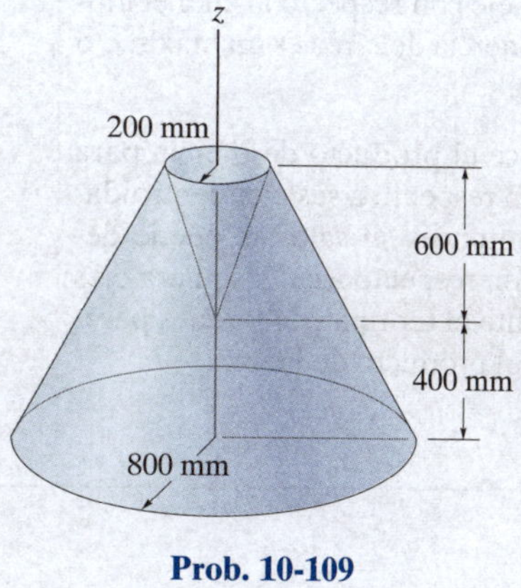

Prob. 10-109

REPASO DEL CAPÍTULO

Momento de inercia de área

El *momento de inercia de un área* representa el segundo momento del área con respecto a un eje. Se usa con frecuencia en fórmulas relacionadas con la resistencia y la estabilidad de elementos estructurales o elementos mecánicos.

Si la forma del área es irregular, pero puede describirse de manera matemática, entonces debe seleccionarse un elemento diferencial e integrarse sobre toda el área, para determinar el momento de inercia.

$$I_y = \int_A x^2\, dA$$

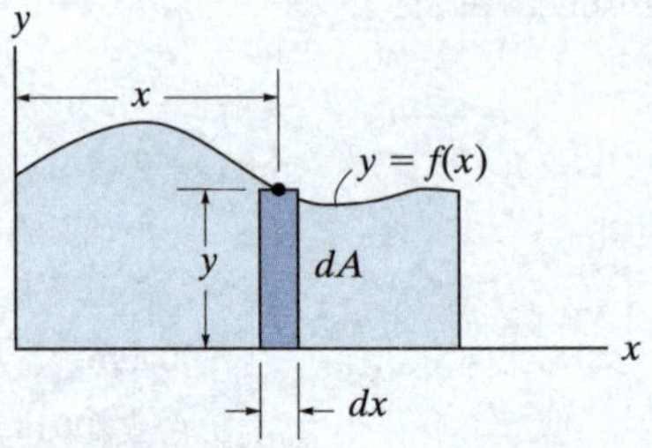

Teorema de los ejes paralelos

Si se conoce el momento de inercia para un área con respecto a un eje centroidal, entonces su momento de inercia con respecto a un eje paralelo puede determinarse mediante el teorema de los ejes paralelos.

$$I = \bar{I} + Ad^2$$

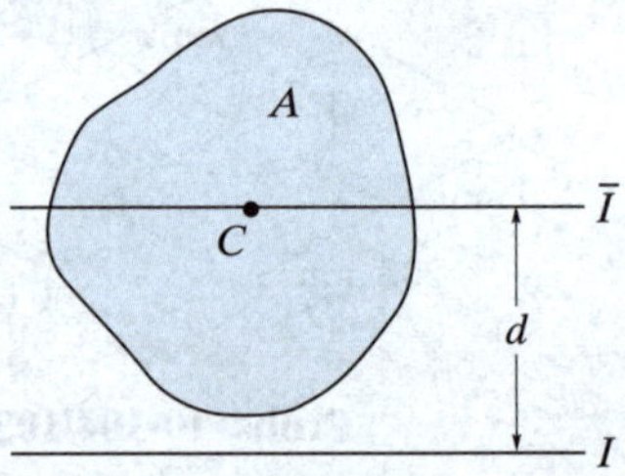

Área compuesta

Si un área es una composición de formas comunes, como las que se encuentran en los forros de este libro, entonces su momento de inercia es igual a la suma algebraica de los momentos de inercia de cada una de sus partes.

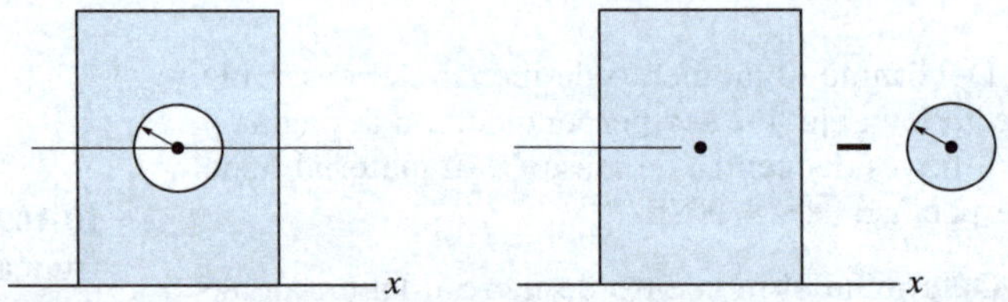

Producto de inercia

El *producto de inercia* de un área se usa en fórmulas para determinar la orientación de un eje con respecto al cual el momento de inercia del área es un máximo o un mínimo.

Si se conoce el producto de inercia para un área con respecto a sus ejes centroidales x', y', entonces su valor se puede determinar con respecto a cualesquiera ejes x, y mediante el teorema de los ejes paralelos para el producto de inercia.

$$I_{xy} = \int_A xy\, dA$$

$$I_{xy} = \bar{I}_{x'y'} + A d_x d_y$$

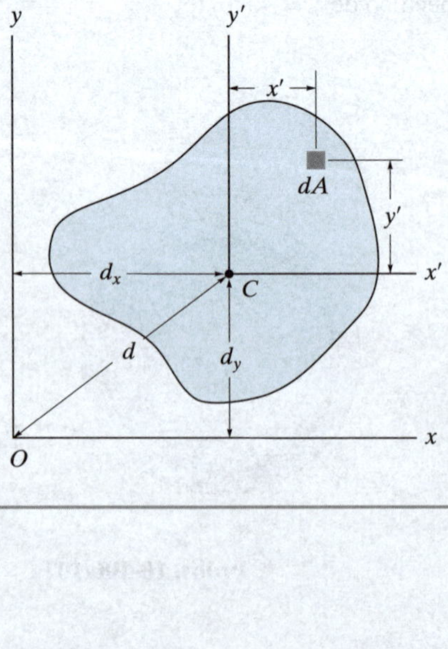

10

Momentos principales de inercia Siempre que se conozcan los momentos de inercia I_x e I_y, y el producto de inercia I_{xy}, entonces pueden usarse las fórmulas de transformación, o del círculo de Mohr, para determinar los *momentos de inercia principales* máximo y mínimo para el área, así como para encontrar la orientación de los ejes de inercia principales.	$I_{\substack{\text{máx}\\\text{mín}}} = \dfrac{I_x + I_y}{2} \pm \sqrt{\left(\dfrac{I_x - I_y}{2}\right)^2 + I_{xy}^2}$ $\tan 2\theta_p = \dfrac{-I_{xy}}{(I_x - I_y)/2}$	
Momento de inercia de masa El *momento de inercia de masa* es la propiedad de un cuerpo que mide su resistencia a un cambio en su rotación. Este momento se define como el "segundo momento" de los elementos de masa del cuerpo con respecto a un eje.	$I = \int_m r^2\, dm$	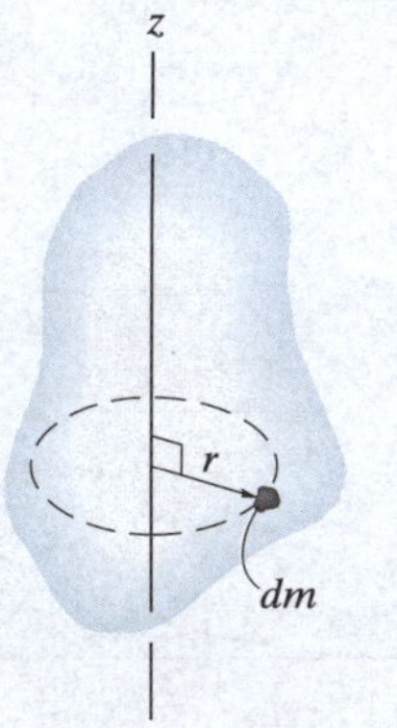
Para cuerpos homogéneos con simetría axial, el momento de inercia de masa se puede determinar por integración simple usando los elementos de disco o de cascarón.	$I = \rho \int_V r^2 dV$	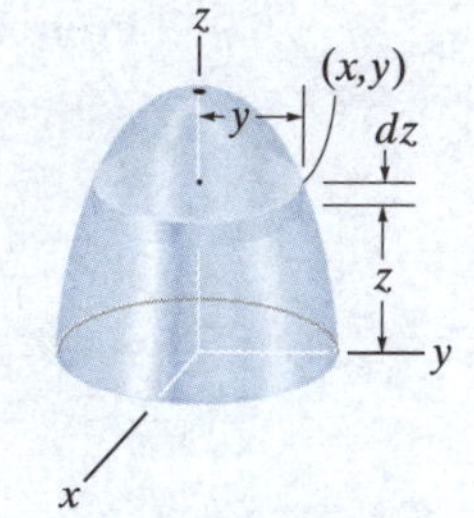 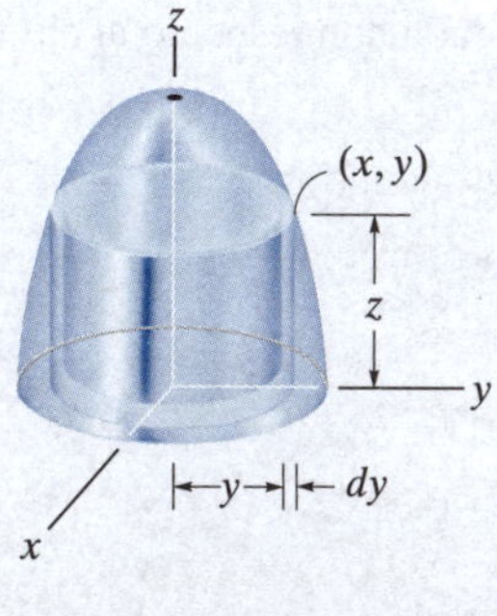
El momento de inercia de masa de un cuerpo compuesto se determina al usar valores tabulares de sus formas compuestas, que pueden encontrarse en los forros del libro, junto con el teorema de los ejes paralelos.	$I = I_G + md^2$	

PROBLEMAS DE REPASO

R10-1. Determine el momento de inercia para el área sombreada con respecto al eje x.

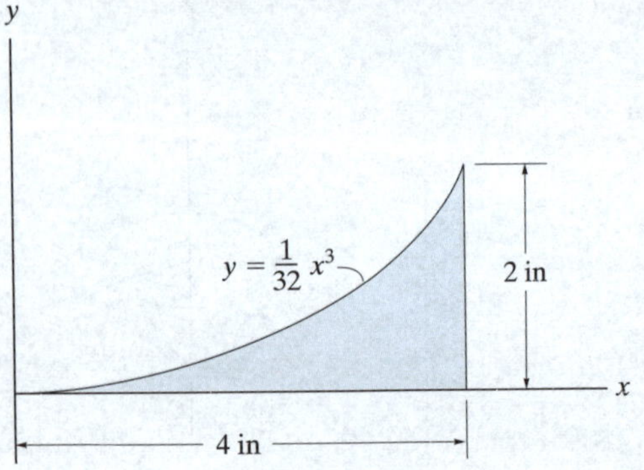

Prob. R10-1

R10-2. Determine el momento de inercia para el área sombreada con respecto al eje x.

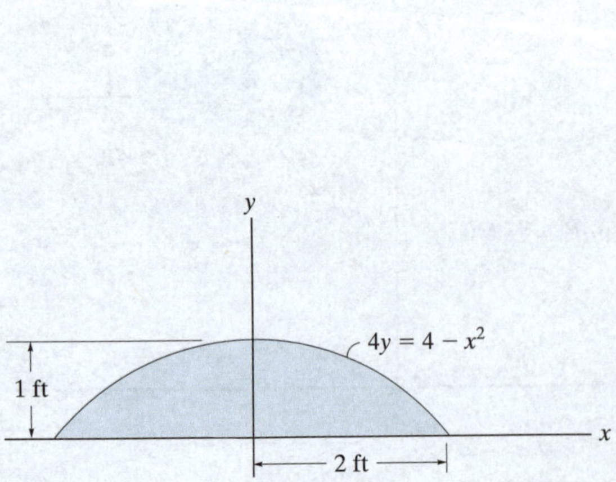

Prob. R10-2

R10-3. Determine el momento de inercia del área sombreada con respecto al eje y.

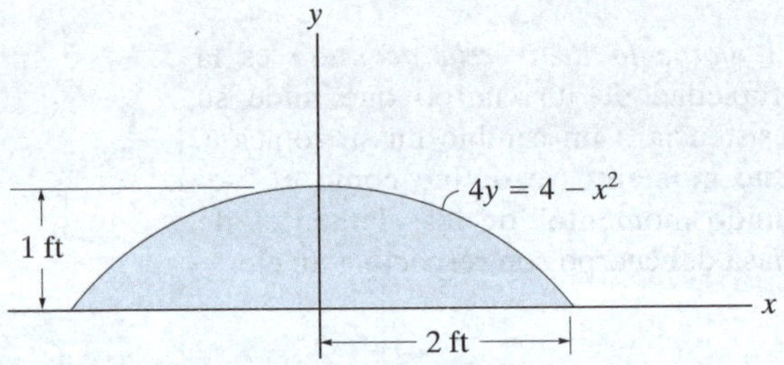

Prob. R10-3

R10-4. Determine el momento de inercia del área con respecto al eje x. Después, use el teorema de los ejes paralelos para encontrar el momento de inercia del área con respecto al eje x' que pasa por el centroide C del área. Considere que $\overline{y} = 120$ mm.

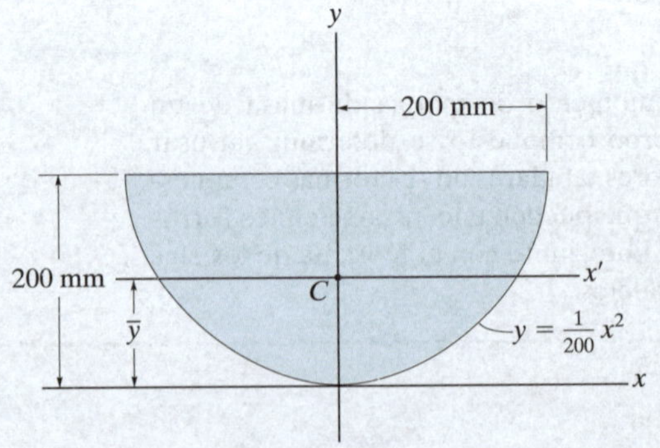

Prob. R10-4

R10-5. Determine momento de inercia del área triangular con respecto (a) al eje x y (b) al eje centroidal x'.

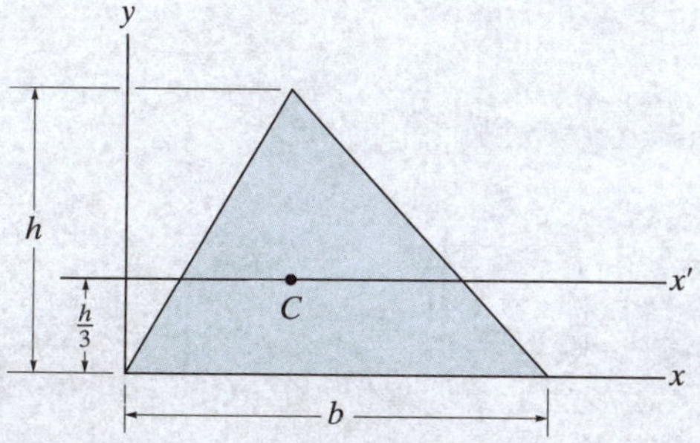

Prob. R10-5

R10-6. Determine el producto de inercia del área sombreada con respecto a los ejes x y y.

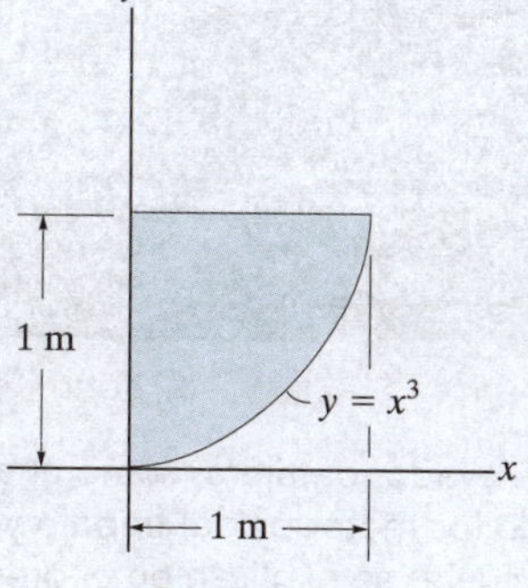

Prob. R10-6

R10-7. Determine el momento de inercia del área de la sección transversal de la viga con respecto al eje x que pasa a través del centroide C.

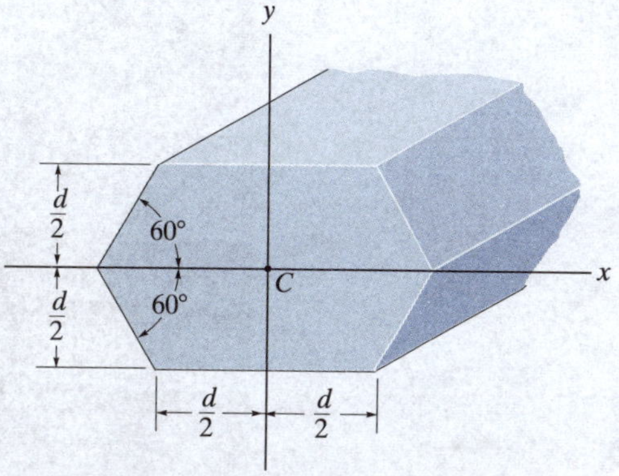

Prob. R10-7

R10-8. Determine el momento de inercia de masa I_x del cuerpo y exprese el resultado en función de la masa total m del cuerpo. La densidad es constante.

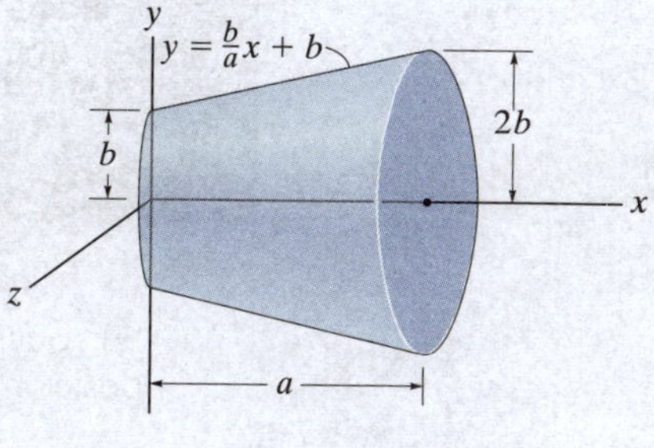

Prob. R10-8

Capítulo 11

(© John Kershaw/Alamy)

El equilibrio y la estabilidad de este elevador de tijera, como una función de su posición, pueden determinarse usando los métodos del trabajo y la energía, los cuales se explican en el presente capítulo.

Trabajo virtual

OBJETIVOS DEL CAPÍTULO

- Presentar el principio del trabajo virtual y cómo aplicarlo para encontrar la configuración del equilibrio de un sistema de elementos conectados mediante pasadores.
- Establecer la función de la energía potencial y utilizar el método de la energía potencial, para determinar el tipo de equilibrio o estabilidad de un cuerpo rígido o un sistema de elementos conectados mediante pasadores.

11.1 Definición de trabajo

El *principio del trabajo virtual* fue propuesto por el matemático suizo Jean Bernoulli en el siglo XVIII. Proporciona un método alternativo para resolver problemas que implican el equilibrio de una partícula, un cuerpo rígido o un sistema de cuerpos rígidos conectados. Sin embargo, antes de analizar este principio, primero debemos definir el trabajo producido por una fuerza y por un momento de par.

Trabajo de una fuerza. Una fuerza realiza trabajo cuando provoca un desplazamiento en la dirección de su línea de acción. Por ejemplo, considere la fuerza **F** que se muestra en la figura 11-1*a*, la cual provoca un desplazamiento diferencial $d\mathbf{r}$. Si θ es el ángulo entre la fuerza y el des-

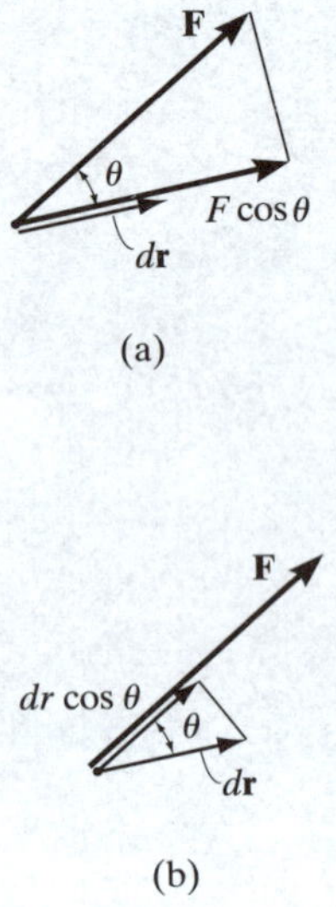

Fig. 11-1

plazamiento, entonces la componente de **F** en la dirección del desplazamiento es $F \cos \theta$. Y así el trabajo producido por **F** es

$$dU = \text{F}\, dr \cos \theta$$

Observe que esta expresión también es el producto de la fuerza F y la componente de desplazamiento en la dirección de la fuerza, $dr \cos \theta$ (fig. 11-1*b*). Si usamos la definición del producto punto (ecuación 2-11) el trabajo también se escribe como

$$dU = \mathbf{F} \cdot d\mathbf{r}$$

Como indican las ecuaciones anteriores, el trabajo es un ***escalar*** y, como otras cantidades escalares, tiene una magnitud que puede ser *positiva* o *negativa*. El trabajo será *positivo* si **F** y d**r** tienen el mismo sentido y *negativo* si tienen sentidos contrarios.

En el sistema internacional (SI), la unidad de trabajo es un ***joule*** (J), que es el trabajo producido por una fuerza de 1 N que se desplaza a través de una distancia de 1 m en la dirección de la fuerza ($1\text{ J} = 1\text{ N} \cdot \text{m}$). En el sistema de uso común en Estados Unidos (pie-libra-segundo, FPS) la unidad del trabajo es el pie-libra (ft · lb), que es el trabajo producido por una fuerza de 1 lb que se desplaza una distancia de 1 ft en la dirección de la fuerza.

El momento de una fuerza tiene la misma combinación de unidades; sin embargo, los conceptos de momento y trabajo no están relacionados de forma alguna. Un momento es una cantidad vectorial, mientras que el trabajo es un escalar.

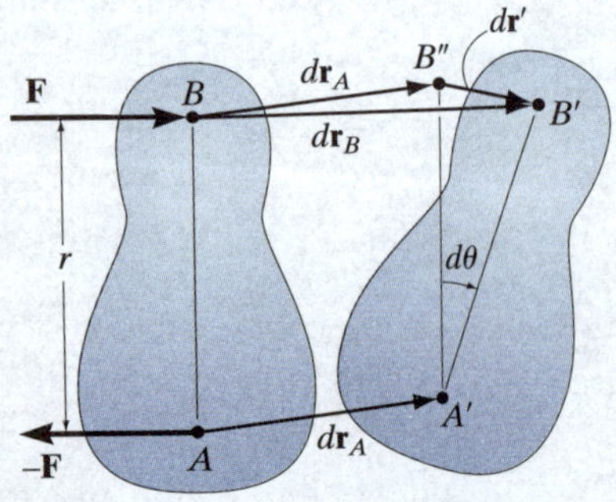

Fig. 11-2

Trabajo de un momento de par. La rotación de un momento de par también produce trabajo. Considere el cuerpo rígido de la figura 11-2, el cual está sometido al par de fuerzas **F** y –**F** que produce un momento de par **M** que tiene una magnitud $M = Fr$. Cuando el cuerpo experimenta el desplazamiento diferencial que se muestra, los puntos A y B mueven $d\mathbf{r}_A$ y $d\mathbf{r}_B$ hasta sus posiciones finales A' y B', respectivamente. Como $d\mathbf{r}_B = d\mathbf{r}_A + d\mathbf{r}'$, se puede pensar en este movimiento como en una *traslación* $d\mathbf{r}_A$, donde A y B se mueven hasta A' y B'', y una *rotación* alrededor de A', donde el cuerpo gira a través del ángulo $d\theta$ respecto de A. Las fuerzas de par no trabajan durante la traslación $d\mathbf{r}_A$ porque cada fuerza realiza la misma cantidad de desplazamiento en direcciones opuestas y, así, cancelan el trabajo. Sin embargo, durante la rotación **F** se desplaza $dr' = r\, d\theta$ y, por lo tanto, realiza un trabajo $dU = F\, dr' = F\, r\, d\theta$. Como $M = Fr$, entonces el trabajo del momento de par **M** es

$$dU = Md\theta$$

Si **M** y $d\theta$ tienen el mismo sentido, el trabajo es *positivo*; sin embargo, si tienen el sentido opuesto, el trabajo será *negativo*.

Trabajo virtual. Las definiciones del trabajo de una fuerza y de un par se han presentado en términos de *movimientos reales* expresados mediante desplazamientos diferenciales con magnitudes de dr y $d\theta$. Considere ahora un ***movimiento imaginario*** o ***virtual*** de un cuerpo en equilibrio estático, el cual indica un desplazamiento, o una rotación, que es *supuesto* y *no existe realmente*. Estos movimientos son cantidades diferenciales de primer orden y se denotarán mediante los símbolos δr y $\delta\theta$ (delta r y delta θ), respectivamente. El *trabajo virtual* realizado por una fuerza que provoca un desplazamiento virtual δr es

$$\delta U = F \cos\theta\, \delta r \tag{11-1}$$

Del mismo modo, cuando un par tiene una rotación virtual $\delta\theta$ en el plano de las fuerzas del par, el *trabajo virtual* es

$$\delta U = M\, \delta\theta \tag{11-2}$$

11.2 Principio del trabajo virtual

El ***principio del trabajo virtual*** establece que si un cuerpo está en equilibrio, entonces la suma algebraica del trabajo virtual realizado por todas las fuerzas, y los momentos de par que actúan sobre el cuerpo, es cero para cualquier desplazamiento virtual del cuerpo. Entonces,

$$\delta U = 0 \tag{11-3}$$

Por ejemplo, considere el diagrama de cuerpo libre de la partícula (pelota) que descansa sobre el piso (fig. 11-3). Si "imaginamos" que la pelota se desplaza hacia abajo una cantidad virtual δy, entonces el peso efectúa trabajo virtual positivo, $W\,\delta y$, y la fuerza normal efectúa trabajo virtual negativo, $-N\,\delta y$. Por equilibrio, el trabajo virtual total debe ser cero, de modo que $\delta U = W\,\delta y - N\,\delta y = (W - N)\,\delta y = 0$. Como $\delta y \neq 0$, entonces $N = W$ como se requiere al aplicar $\Sigma F_y = 0$.

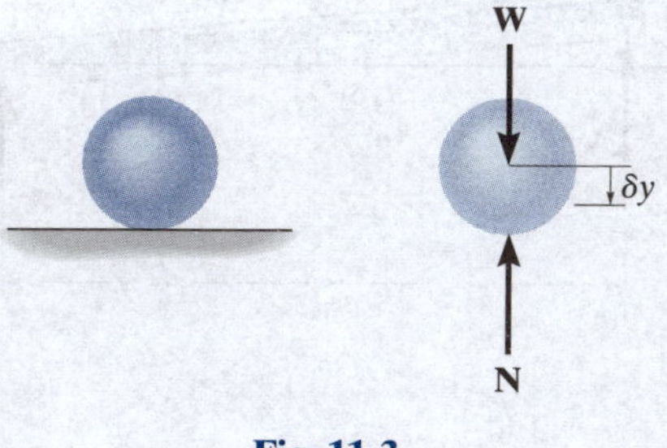

Fig. 11-3

De una manera semejante, también podemos aplicar la ecuación del trabajo virtual $\delta U = 0$ a un cuerpo rígido sometido a un sistema de fuerzas coplanares. Aquí, las traslaciones virtuales separadas en las direcciones x y y, así como una rotación virtual con respecto a un eje perpendicular al plano x-y que pasa por un punto arbitrario O, corresponderán a las tres ecuaciones de equilibrio, $\Sigma F_x = 0$, $\Sigma F_y = 0$ y $\Sigma M_O = 0$. Al escribir estas ecuaciones, *no es necesario* incluir el trabajo realizado por las *fuerzas internas* que actúan dentro del cuerpo, ya que un cuerpo rígido *no se deforma* cuando está sometido a una carga externa y, además, cuando el cuerpo se mueve a través de un desplazamiento virtual, las fuerzas internas ocurren en pares colineales iguales pero opuestos, de manera que se cancelará el correspondiente trabajo efectuado por cada par de fuerzas.

Para demostrar una aplicación, considere la viga simplemente apoyada de la figura 11-4*a*. Cuando a la viga se le da una rotación virtual $\delta\theta$ con respecto al punto B (fig. 11-4*b*), las únicas fuerzas que trabajan son **P** y $\mathbf{A}_y$. Como $\delta y = l\,\delta\theta$ y $\delta y' = (l/2)\,\delta\theta$, la ecuación del trabajo virtual para este caso es $\delta U = A_y(l\,\delta\theta) - P(l/2)\,\delta\theta = (A_y l - Pl/2)\,\delta\theta = 0$. Como $\delta\theta \neq 0$, entonces $A_y = P/2$. Si se excluye $\delta\theta$, observe que los términos entre paréntesis representan en realidad la aplicación de $\Sigma M_B = 0$.

Como se vio en los dos ejemplos anteriores, no se obtiene ninguna ventaja al resolver problemas de equilibrio de partícula y de cuerpo rígido mediante el principio del trabajo virtual. Esto se debe a que para cada aplicación de la ecuación del trabajo virtual, el desplazamiento virtual, común a cada término, se factoriza y deja una ecuación que podría obtenerse de forma *más directa* aplicando simplemente las ecuaciones de equilibrio.

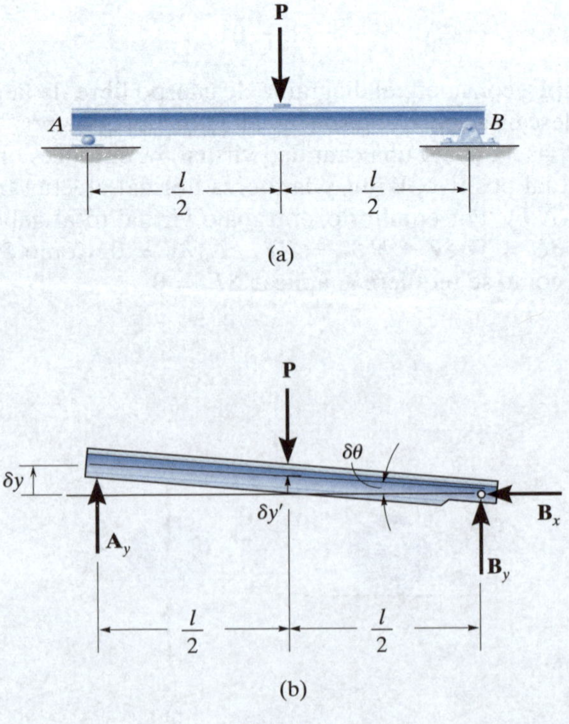

Fig. 11-4

11.3 Principio del trabajo virtual para un sistema de cuerpos rígidos conectados

El método del trabajo virtual es especialmente efectivo para resolver problemas de equilibrio que implican un sistema de varios cuerpos rígidos *conectados*, como los que muestran en la figura 11-5.

Se dice que cada uno de estos sistemas tiene sólo un grado de libertad, pues el arreglo de los eslabones puede especificarse por completo con tan sólo una coordenada θ. En otras palabras, con esta única coordenada y la longitud de los elementos podemos ubicar la posición de las fuerzas **F** y **P**.

En este texto consideraremos únicamente la aplicación del principio del trabajo virtual a sistemas que contienen un grado de libertad.* Como son menos complicados, servirán como una forma de acercarse a la solución de problemas más complejos que implican sistemas con muchos grados de libertad. A continuación se presenta el procedimiento para resolver problemas que implican un sistema de cuerpos rígidos conectados sin fricción.

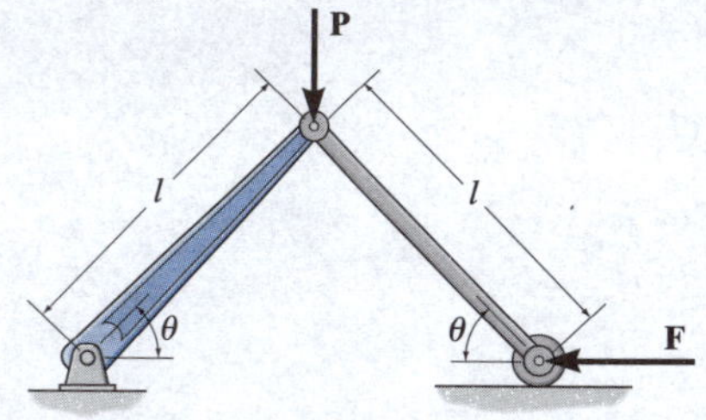

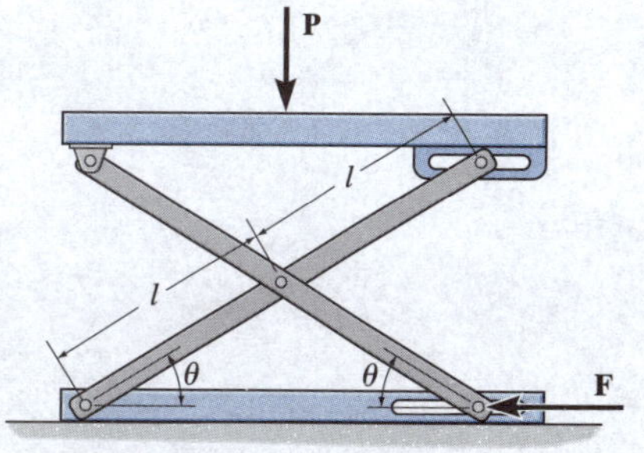

Fig. 11-5

Puntos importantes

- Una fuerza realiza trabajo cuando provoca un desplazamiento en la dirección de la fuerza. Un momento de par efectúa trabajo cuando provoca una rotación colineal. Específicamente, se realiza trabajo positivo cuando la fuerza o el momento de par y sus desplazamientos tienen el mismo sentido.
- Por lo general, el principio del trabajo virtual se usa para determinar la configuración de equilibrio para un sistema de elementos de conexión múltiple.
- Un desplazamiento virtual es imaginario, es decir, en realidad no ocurre. Es un diferencial dado en la dirección positiva de la coordenada de posición.
- Las fuerzas o los momentos de par que no se desplazan virtualmente no efectúan trabajo virtual.

Este elevador de tijera tiene un grado de libertad. Sin necesidad de desmembrar el mecanismo, la fuerza en el cilindro hidráulico *AB* requerida para hacer funcionar el elevador puede determinarse *directamente* si aplicamos el principio del trabajo virtual. (© Russell C. Hibbeler)

11

*En ocasiones, a este método de aplicar el principio del trabajo virtual se le llama *método de los desplazamientos virtuales*, ya que se aplica un desplazamiento virtual, lo cual da como resultado el cálculo de una fuerza real. Aunque no se usará aquí, también podemos aplicar el principio del trabajo virtual como un *método de fuerzas virtuales*. Este método se usa a menudo para aplicar una fuerza virtual y, después, determinar los desplazamientos de los puntos en un cuerpo deformable. Vea R.C. Hibbeler, *Mechanics of Materials*, 8a. ed., Pearson/Prentice Hall, 2011.

Procedimiento para el análisis

Diagrama de cuerpo libre

- Trace el diagrama de cuerpo libre del sistema completo de cuerpos conectados y defina la *coordenada independiente q que va a medir el desplazamiento virtual.*

- Grafique la "posición flexionada" del sistema en el diagrama de cuerpo libre, cuando el sistema experimenta un desplazamiento *virtual positivo* δq.

Desplazamientos virtuales

- Indique las *coordenadas de posición* s, medidas desde un *punto fijo* en el diagrama de cuerpo libre. Estas coordenadas se dirigen hacia las fuerzas que realizan trabajo.

- Cada uno de estos ejes de coordenadas debe ser *paralelo* a la línea de acción de la fuerza hacia la que está dirigida, de manera que pueda calcularse el trabajo virtual a lo largo del eje de coordenadas.

- Relacione cada una de las coordenadas de posición s con la coordenada independiente q; luego *diferencie* estas expresiones para representar cada uno de los desplazamientos virtuales δs en términos de δq.

Ecuación del trabajo virtual

- Escriba la *ecuación del trabajo virtual* para el sistema y suponga que, sea posible o no, todas las coordenadas de posición s experimentan desplazamientos virtuales *positivos* δs. Si una fuerza o un momento de par tiene la misma dirección que el desplazamiento virtual positivo, el trabajo es positivo. En caso contrario es negativo.

- Exprese el trabajo de *cada* fuerza y momento de par en la ecuación, en términos de δq.

- Factorice este desplazamiento común de todos los términos y despeje la fuerza, el momento de par o la posición q de equilibrio desconocidos

EJEMPLO 11.1

Determine el ángulo θ necesario para lograr el equilibrio del eslabonamiento de dos elementos que se muestra en la figura 11-6*a*. Cada elemento tiene una masa de 10 kg.

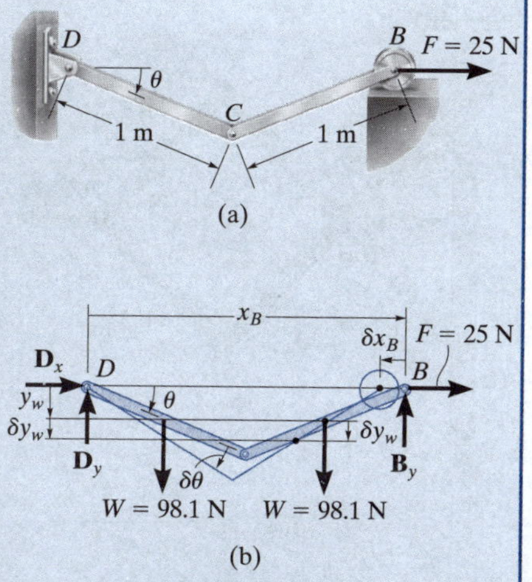

Fig. 11-6

SOLUCIÓN

Diagrama de cuerpo libre. El sistema tiene sólo un grado de libertad, ya que la ubicación de ambos eslabones puede especificarse mediante la sola coordenada independiente $(q =)\ \theta$. Como se muestra en el diagrama de cuerpo libre de la figura 11-6*b*, cuando θ tiene una rotación virtual *positiva* $\delta\theta$ (en el sentido horario), sólo la fuerza **F** y los dos pesos de 98.1-N realizan trabajo (las fuerzas de reacción $\mathbf{D}_x$ y $\mathbf{D}_y$ están fijas, y $\mathbf{B}_y$ no se mueve a lo largo de su línea de acción).

Desplazamientos virtuales. Si el origen de coordenadas se establece en el soporte de pasador *fijo D*, la ubicación de **F** y **W** puede especificarse mediante las *coordenadas de posición* x_B y y_w. Para determinar el trabajo, observe que, como se necesita, las coordenadas son paralelas a las líneas de acción de sus fuerzas asociadas. Al expresar las coordenadas de posición en términos de θ y al obtener las derivadas, resulta

$$x_B = 2(1 \cos\theta)\text{ m} \qquad \delta x_B = -2 \operatorname{sen}\theta\, \delta\theta \text{ m} \qquad (1)$$

$$y_w = \tfrac{1}{2}(1 \operatorname{sen}\theta)\text{ m} \qquad \delta y_w = 0.5 \cos\theta\, \delta\theta \text{ m} \qquad (2)$$

Se observa por los *signos* de esas ecuaciones, y está indicado en la figura 11-6*b*, que un incremento de θ (es decir, $\delta\theta$) ocasiona una *disminución* en x_B y un *incremento* de y_w.

Ecuación del trabajo virtual. Si los desplazamientos virtuales δx_B y δy_w fueran *ambos positivos*, entonces las fuerzas **W** y **F** realizarían trabajo positivo, ya que las fuerzas y sus correspondientes desplazamientos tendrían el mismo sentido. Por lo tanto, la ecuación del trabajo virtual para el desplazamiento $\delta\theta$ es

$$\delta U = 0; \qquad W\delta y_w + W\delta y_w + F\,\delta x_B = 0 \qquad (3)$$

Al sustituir las ecuaciones 1 y 2 en la ecuación 3 para relacionar los desplazamientos virtuales con el desplazamiento virtual común $\delta\theta$ resulta

$$98.1(0.5 \cos\theta\, \delta\theta) + 98.1(0.5 \cos\theta\, \delta\theta) + 25(-2 \operatorname{sen}\theta\, \delta\theta) = 0$$

Observe que el "trabajo negativo" realizado por **F** (fuerza en el sentido opuesto al desplazamiento) en realidad se ha *tomado en cuenta* en la ecuación anterior mediante el "signo negativo" de la ecuación 1. Al factorizar el *desplazamiento común* $\delta\theta$ y despejar θ, si se observa que $\delta\theta \neq 0$, obtenemos

$$(98.1 \cos\theta - 50 \operatorname{sen}\theta)\,\delta\theta = 0$$

$$\theta = \tan^{-1}\frac{98.1}{50} = 63.0^\circ \qquad \textit{Resp.}$$

NOTA: Si este problema se hubiera resuelto con las ecuaciones de equilibrio, habría sido necesario desmembrar los eslabones y aplicar tres ecuaciones escalares a *cada* eslabón. El principio del trabajo virtual, por medio del cálculo, ha eliminado esta tarea para que la respuesta se obtenga directamente.

EJEMPLO 11.2

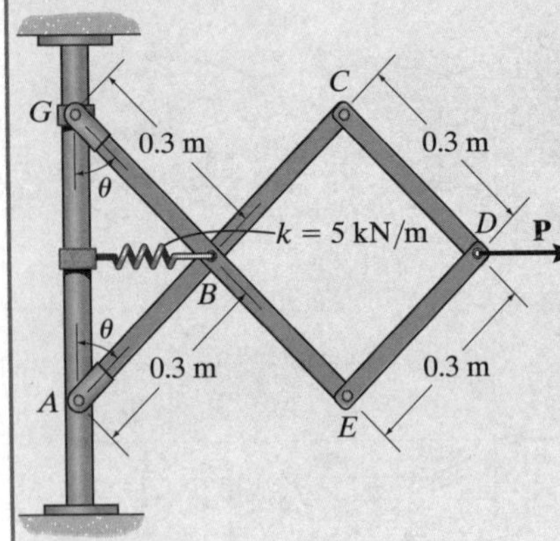

(a)

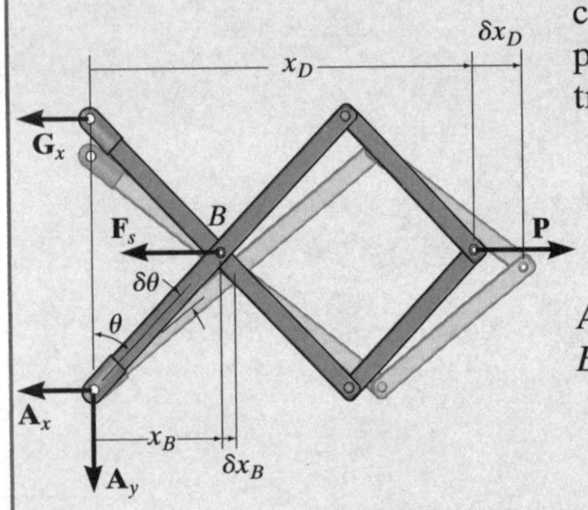

(b)

Fig. 11-7

Determine la fuerza P requerida en la figura 11-7a, la cual es necesaria para mantener el equilibrio del eslabonamiento de tijera, cuando $\theta = 60°$. El resorte está sin estirar cuando $\theta = 30°$. Ignore la masa de los eslabones.

SOLUCIÓN

Diagrama de cuerpo libre. Sólo $\mathbf{F}_s$ y $\mathbf{P}$ realizan trabajo cuando θ experimenta un desplazamiento virtual *positivo* $\delta\theta$ (fig. 11-7b). Para la posición arbitraria θ, el resorte está estirado (0.3 m) sen θ – (0.3 m) sen 30°, de forma que

$$F_s = ks = 5000\ \text{N/m}\,[(0.3\ \text{m})\ \text{sen}\,\theta - (0.3\ \text{m})\ \text{sen}\,30°]$$
$$= (1500\ \text{sen}\,\theta - 750)\ \text{N}$$

Desplazamientos virtuales. Las coordenadas de posición, x_B y x_D, medidas desde el *punto fijo* A, se usan para localizar $\mathbf{F}_s$ y $\mathbf{P}$. Estas coordenadas son paralelas a la línea de acción de sus fuerzas correspondientes. Al expresar x_B y x_D en términos del ángulo θ y mediante trigonometría,

$$x_B = (0.3\ \text{m})\ \text{sen}\,\theta$$
$$x_D = 3[(0.3\ \text{m})\ \text{sen}\,\theta] = (0.9\ \text{m})\ \text{sen}\,\theta$$

Al diferenciar, obtenemos los desplazamientos virtuales de los puntos B y D.

$$\delta x_B = 0.3\cos\theta\,\delta\theta \qquad (1)$$
$$\delta x_D = 0.9\cos\theta\,\delta\theta \qquad (2)$$

Ecuación del trabajo virtual. La fuerza $\mathbf{P}$ realiza trabajo positivo puesto que actúa en el sentido positivo de su desplazamiento virtual. La fuerza de resorte $\mathbf{F}_s$ efectúa trabajo negativo, ya que actúa en forma opuesta a su desplazamiento virtual positivo. Así, la ecuación del trabajo virtual toma la forma

$$\delta U = 0; \qquad -F_s\,\delta x_B + P\delta x_D = 0$$
$$-[1500\ \text{sen}\,\theta - 750]\,(0.3\cos\theta\,\delta\theta) + P\,(0.9\cos\theta\,\delta\theta) = 0$$
$$[0.9P + 225 - 450\ \text{sen}\,\theta]\cos\theta\,\delta\theta = 0$$

Como $\cos\theta\,\delta\theta \neq 0$, entonces esta ecuación requiere que

$$P = 500\ \text{sen}\,\theta - 250$$

Cuando $\theta = 60°$,

$$P = 500\ \text{sen}\,60° - 250 = 183\ \text{N} \qquad \textit{Resp.}$$

11

EJEMPLO 11.3

Si la caja de la figura 11-8*a* tiene una masa de 10 kg, determine el momento de par M necesario para mantener el equilibrio cuando $\theta = 60°$. Ignore la masa de los elementos.

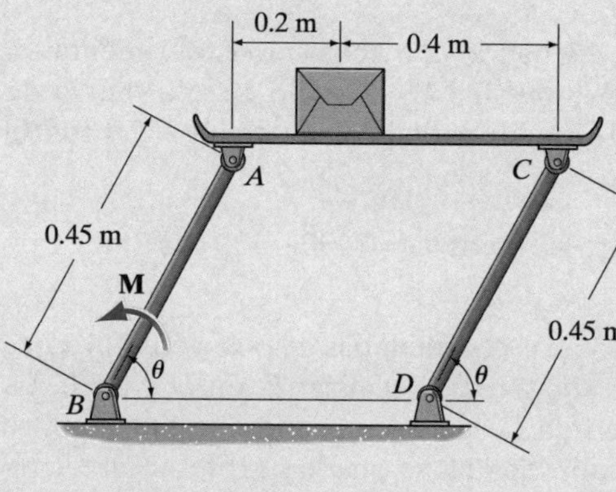

(a)

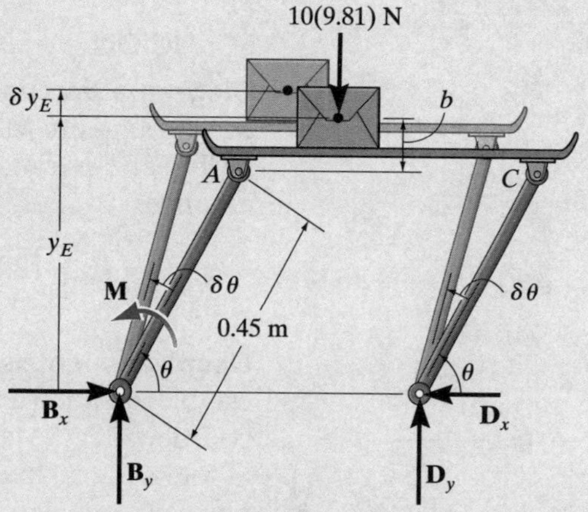

(b)

Fig. 11-8

SOLUCIÓN

Diagrama de cuerpo libre. Cuando θ experimenta un desplazamiento virtual positivo $\delta\theta$, sólo el momento de par **M** y el peso de la caja realizan trabajo (fig. 11-8*b*).

Desplazamientos virtuales. La coordenada de posición y_E medida desde el *punto fijo B*, ubica el peso, 10(9.81) N. Aquí,

$$y_E = (0.45 \text{ m}) \operatorname{sen} \theta + b$$

donde b es una distancia constante. Al diferenciar esta ecuación obtenemos

$$\delta y_E = 0.45 \text{ m} \cos\theta \, \delta\theta \qquad (1)$$

Ecuación del trabajo virtual. La ecuación del trabajo virtual toma la forma

$$\delta U = 0; \qquad M\,\delta\theta - [10(9.81) \text{ N}]\delta y_E = 0$$

Al sustituir la ecuación 1 en esta ecuación

$$M\,\delta\theta - 10(9.81) \text{ N}(0.45 \text{ m} \cos\theta \, \delta\theta) = 0$$

$$\delta\theta(M - 44.145 \cos\theta) = 0$$

Como $\delta\theta \neq 0$, entonces

$$M - 44.145 \cos\theta = 0$$

Como se requiere que $\theta = 60°$, entonces

$$M = 44.145 \cos 60° = 22.1 \text{ N} \cdot \text{m} \qquad \textit{Resp.}$$

EJEMPLO 11.4

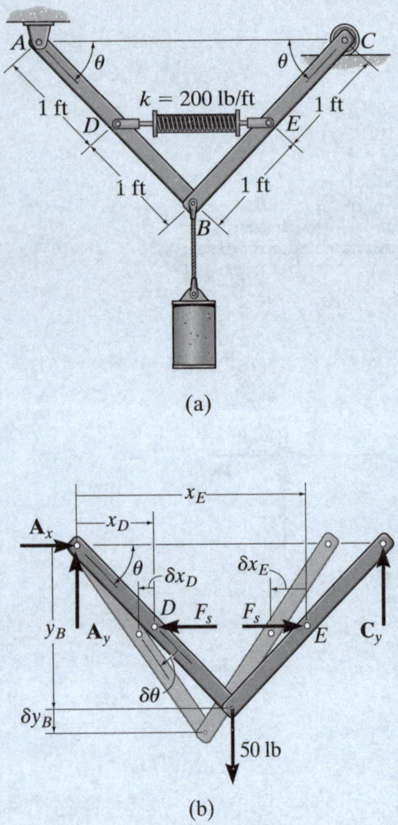

Fig. 11-9

El mecanismo de la figura 11-9*a* sostiene el cilindro de 50 lb. Determine el ángulo θ necesario para el equilibrio, si el resorte tiene una longitud sin estirar de 2 ft cuando $\theta = 0°$. Ignore la masa de los elementos.

SOLUCIÓN

Diagrama de cuerpo libre. Cuando el mecanismo experimenta un desplazamiento virtual positivo $\delta\theta$ (fig. 11-9*b*), sólo $\mathbf{F}_s$ y la fuerza de 50 lb realizan trabajo. Como la longitud final del resorte es $2(1 \text{ ft} \cos\theta)$, entonces

$$F_s = ks = (200 \text{ lb/ft})(2 \text{ ft} - 2 \text{ ft} \cos\theta) = (400 - 400\cos\theta) \text{ lb}$$

Desplazamientos virtuales. Las coordenadas de posición x_D y x_E se establecen a partir del *punto fijo A* para localizar $\mathbf{F}_s$ en D y en E. La coordenada y_B, también medida desde A, especifica la posición de la fuerza de 50 lb en B. Las coordenadas se pueden expresar en términos de θ con trigonometría.

$$x_D = (1 \text{ ft})\cos\theta$$

$$x_E = 3[(1 \text{ ft})\cos\theta] = (3 \text{ ft})\cos\theta$$

$$y_B = (2 \text{ ft}) \operatorname{sen}\theta$$

Al diferenciar, obtenemos los desplazamientos virtuales de los puntos D, E y B como

$$\delta x_D = -1 \operatorname{sen}\theta\, \delta\theta \quad (1)$$

$$\delta x_E = -3 \operatorname{sen}\theta\, \delta\theta \quad (2)$$

$$\delta y_B = 2\cos\theta\, \delta\theta \quad (3)$$

Ecuación del trabajo virtual. La ecuación del trabajo virtual se escribe como si todos los desplazamientos virtuales fueran positivos; por lo tanto,

$$\delta U = 0; \qquad F_s\,\delta x_E + 50\,\delta y_B - F_s\,\delta x_D = 0$$

$$(400 - 400\cos\theta)(-3\operatorname{sen}\theta\,\delta\theta) + 50(2\cos\theta\,\delta\theta)$$

$$-(400 - 400\cos\theta)(-1\operatorname{sen}\theta\,\delta\theta) = 0$$

$$\delta\theta(800\operatorname{sen}\theta\cos\theta - 800\operatorname{sen}\theta + 100\cos\theta) = 0$$

Como $\delta\theta \neq 0$, entonces

$$800\operatorname{sen}\theta\cos\theta - 800\operatorname{sen}\theta + 100\cos\theta = 0$$

Al resolver por prueba y error,

$$\theta = 34.9° \qquad \textit{Resp.}$$

11

PROBLEMAS FUNDAMENTALES

F11-1. Determine la magnitud de la fuerza **P** requerida para mantener el equilibrio del eslabonamiento en $\theta = 60°$. Cada eslabón tiene una masa de 20 kg.

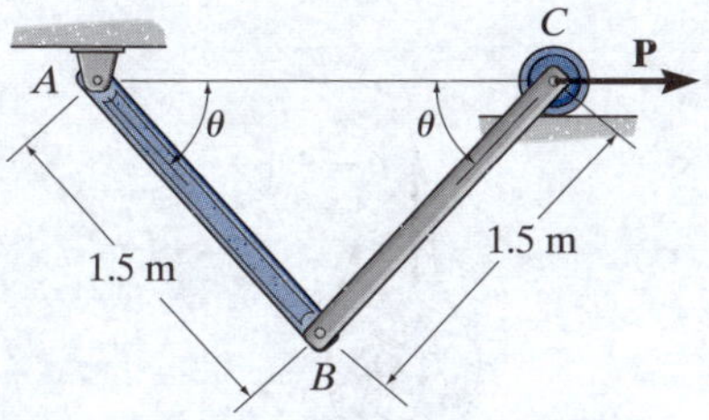

Prob. F11-1

F11-2. Determine la magnitud de la fuerza **P** requerida para sostener la barra lisa de 50 kg en equilibrio en $\theta = 60°$.

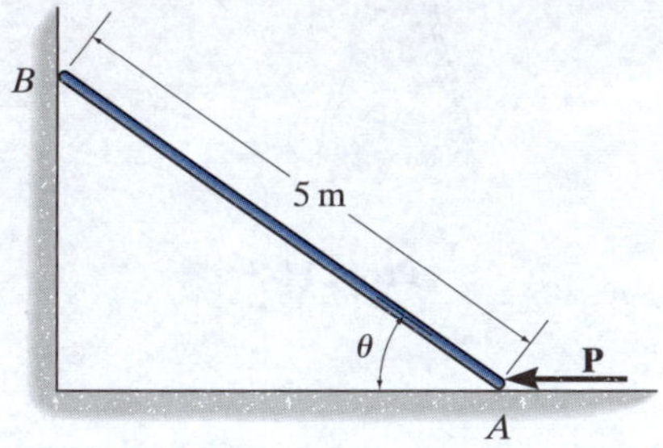

Prob. F11-2

F11-3. El eslabonamiento está sometido a una fuerza de $P = 2$ kN. Determine el ángulo θ necesario para el equilibrio. El resorte no está estirado cuando $\theta = 0°$. Ignore la masa de los eslabones.

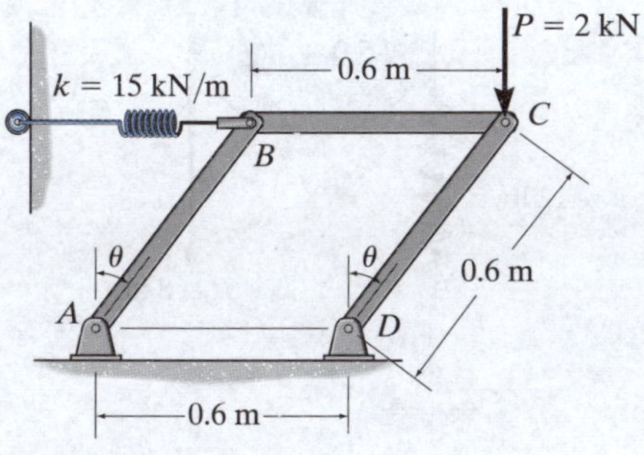

Prob. F11-3

F11-4. El eslabonamiento está sometido a una fuerza de $P = 6$ kN. Determine el ángulo θ necesario para el equilibrio. El resorte no está estirado cuando $\theta = 60°$. Ignore la masa de los eslabones.

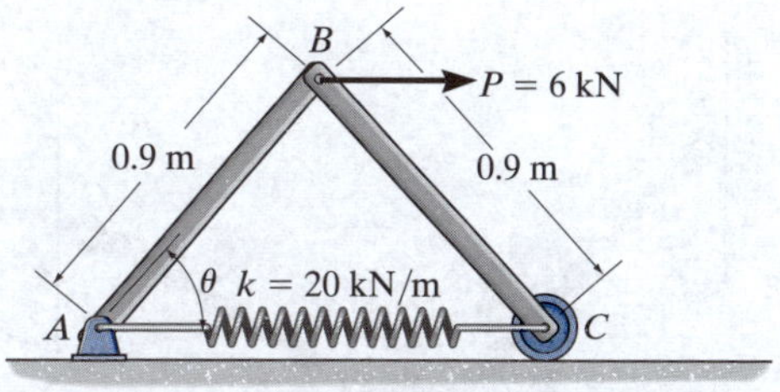

Prob. F11-4

F11-5. Determine el ángulo θ con el cual la barra de 50 kg se encuentra en equilibrio. El resorte no está estirado cuando $\theta = 60°$.

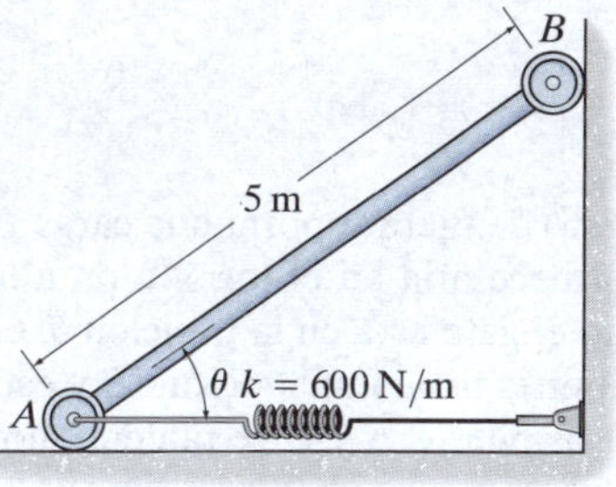

Prob. F11-5

F11-6. El eslabonamiento de tijera está sometido a una fuerza de $P = 150$ N. Determine el ángulo θ necesario para el equilibrio. El resorte no está estirado cuando $\theta = 0°$. Ignore la masa de los eslabones.

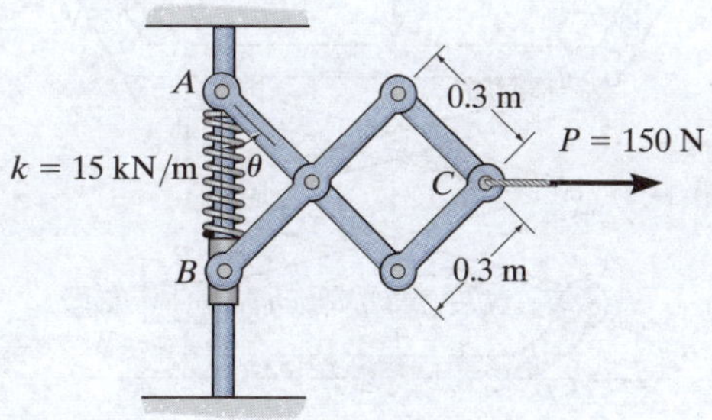

Prob. F11-6

PROBLEMAS

11-1. Utilice el método del trabajo virtual para determinar la tensión en el cable AC. La lámpara pesa 10 lb.

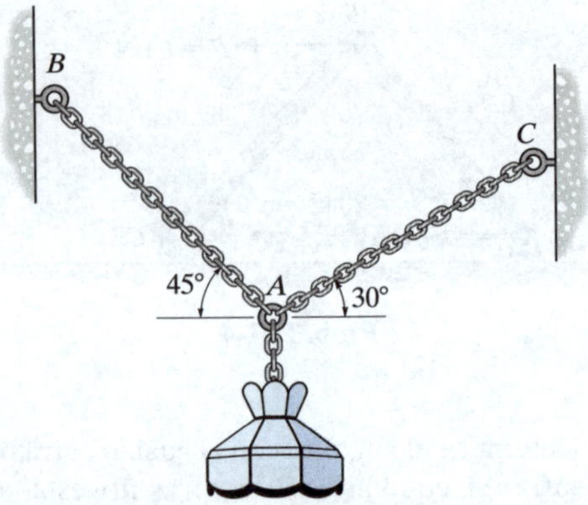

Prob. 11-1

11-2. El gato de tijera soporta una carga **P**. Determine la fuerza axial necesaria en el tornillo para lograr el equilibrio, cuando el gato está en la posición θ. Cada uno de los cuatro eslabones tiene una longitud L y está articulado en su centro. Los puntos B y D se pueden mover horizontalmente.

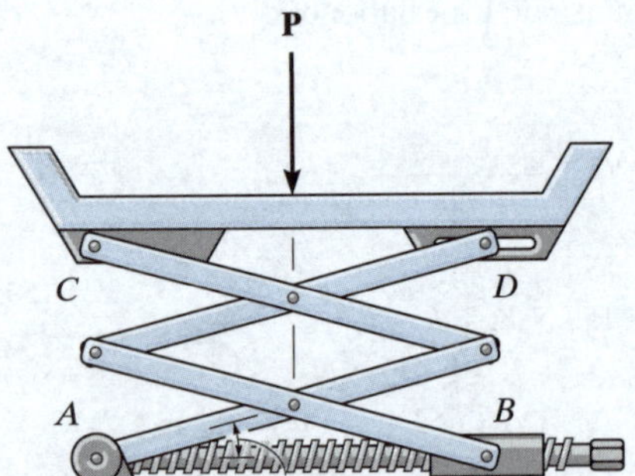

Prob. 11-2

11-3. Si se aplica una fuerza de $P = 5$ lb a la manija del mecanismo, determine la fuerza que ejerce el tornillo sobre el corcho de la botella. El tornillo está unido al pasador en A y pasa a través del collarín que está unido al cuello de la botella en B.

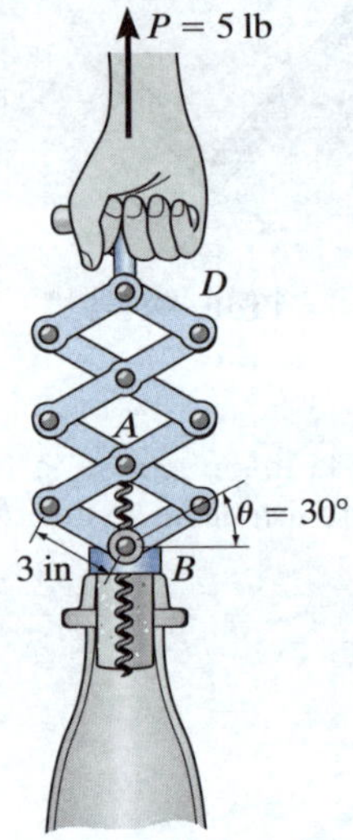

Prob. 11-3

***11-4.** El disco tiene un peso de 10 lb y está sometido a una fuerza vertical $P = 8$ lb, así como a un momento de par $M = 8$ lb · ft. Determine la rotación θ del disco, si el extremo del resorte pasa alrededor de la periferia del disco mientras éste gira. Al principio, el resorte no está estirado.

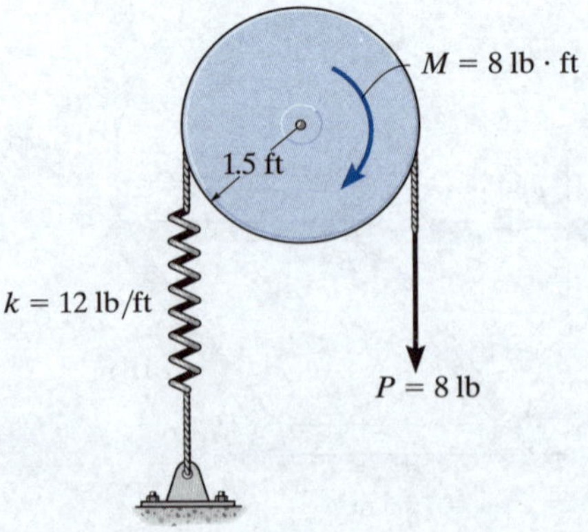

Prob. 11-4

11-5. La prensa troqueladora consta de la corredera R, la biela AB y un volante. Si se aplica un par de torsión de $M = 75$ N · m al volante, determine la fuerza **F** aplicada a la corredera para mantener la biela en la posición $\theta = 60°$.

11-6. El volante está sometido a un par de torsión de $M = 75$ N · m. Determine la fuerza de compresión horizontal F y grafique el resultado de F (ordenada) contra la posición θ de equilibrio (abscisa) para $0° \leq \theta \leq 180°$.

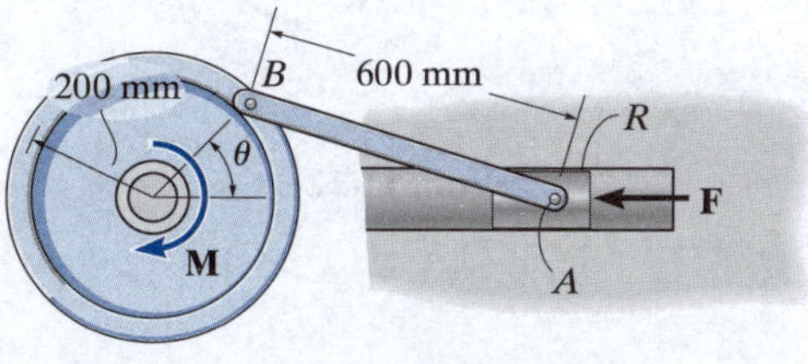

Probs. 11-5/6

***11-8.** La barra se sostiene mediante el resorte y el collarín liso que permite que el resorte siempre esté perpendicular a la barra para cualquier ángulo θ. Si la longitud sin estirar del resorte es l_0, determine la fuerza P necesaria para mantener la barra en la posición de equilibrio θ. No tome en cuenta el peso de la barra.

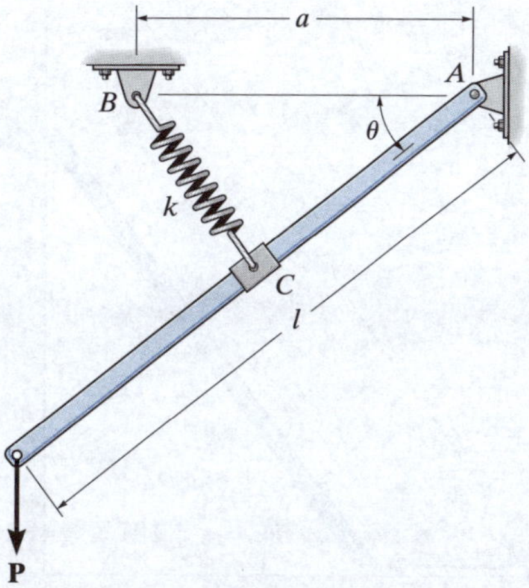

Prob. 11-8

11-7. Cuando $\theta = 20°$, el bloque uniforme de 50 lb comprime 4 in los dos resortes verticales. Si los eslabones uniformes AB y CD pesan cada uno 10 lb, determine la magnitud de los momentos de par **M** aplicados que se requieren para mantener el equilibrio cuando $\theta = 20°$.

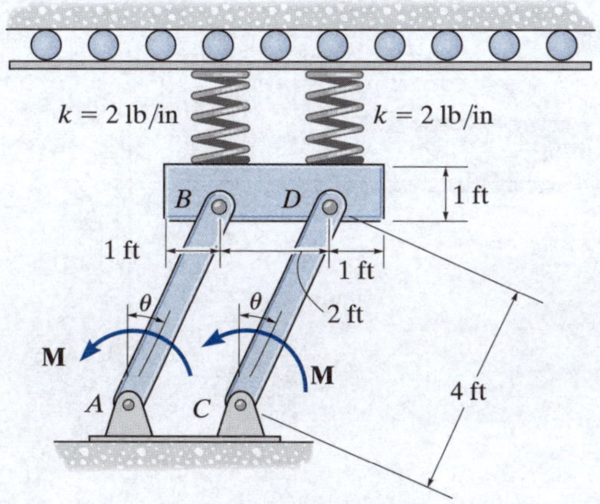

Prob. 11-7

11-9. Los elementos de 4 ft del mecanismo están articulados en sus centros. Si las fuerzas verticales $P_1 = P_2 = 30$ lb actúan en C y E de la manera indicada, determine el ángulo θ necesario para el equilibrio. El resorte no está estirado cuando $\theta = 45°$. No tome en cuenta el peso de los elementos.

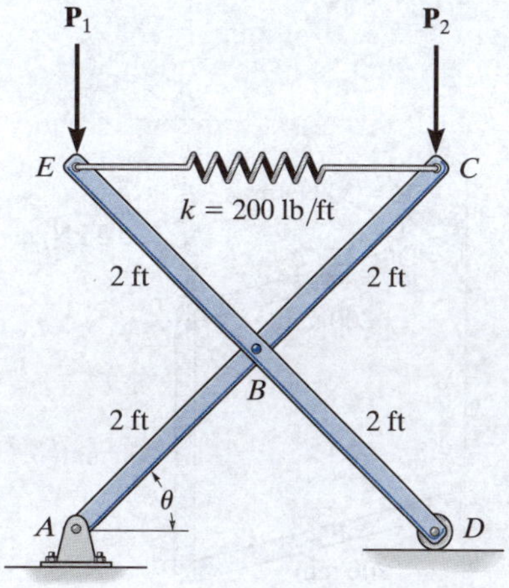

Prob. 11-9

11-10. La varilla delgada de peso W se apoya contra la pared y el piso lisos. Determine la magnitud de la fuerza **P** necesaria para mantenerla en equilibrio en un ángulo dado θ.

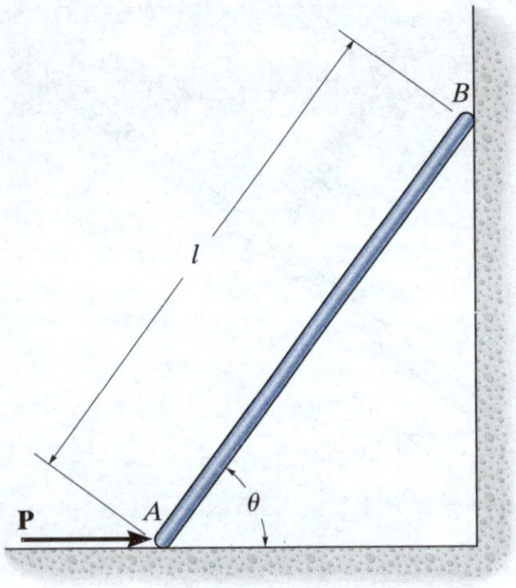

Prob. 11-10

11-11. Si cada uno de los tres eslabones del mecanismo tiene una masa de 4 kg, determine el ángulo θ necesario para el equilibrio. El resorte, que siempre se mantiene vertical, no está estirado cuando $\theta = 0°$.

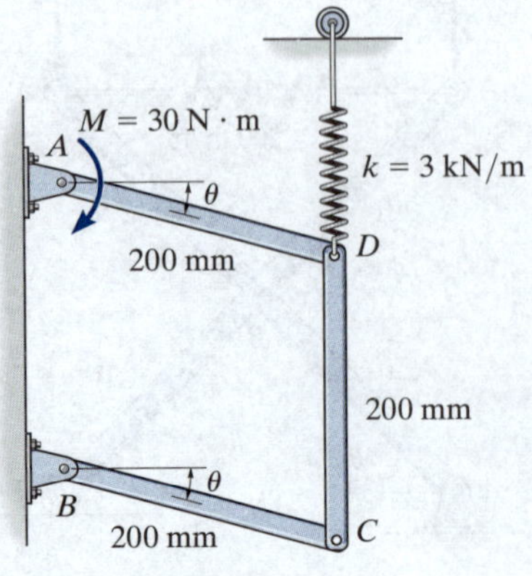

Prob. 11-11

***11-12.** El disco se somete a un momento de par M. Determine la rotación θ del disco requerida para el equilibrio. El extremo del resorte se enrolla alrededor de la periferia del disco mientras éste gira. Al principio, el resorte está sin estirar.

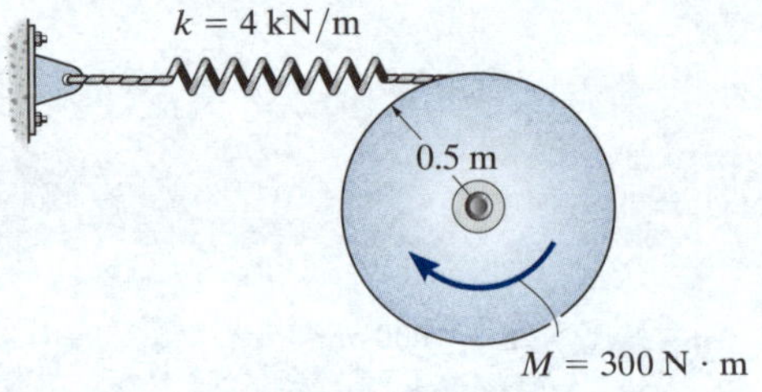

Prob. 11-12

11-13. Una mesa de servicio uniforme de 5 kg se sostiene a cada lado mediante dos pares de eslabones idénticos, AB y CD, y por medio de resortes CE. Si el tazón tiene una masa de 1 kg, determine el ángulo θ, donde la mesa se encuentra en equilibrio. Los resortes tienen una rigidez de $k = 200$ N/m cada uno y están sin estirar cuando $\theta = 90°$. No tome en cuenta la masa de los eslabones.

11-14. Una mesa de servicio uniforme de 5 kg se sostiene a cada lado mediante dos pares de eslabones idénticos, AB y CD, y por medio de resortes CE. Si el tazón tiene una masa de 1 kg, y está en equilibrio cuando $\theta = 45°$, determine la rigidez k de cada resorte. Los resortes están sin estirar cuando $\theta = 90°$. No tome en cuenta la masa de los eslabones.

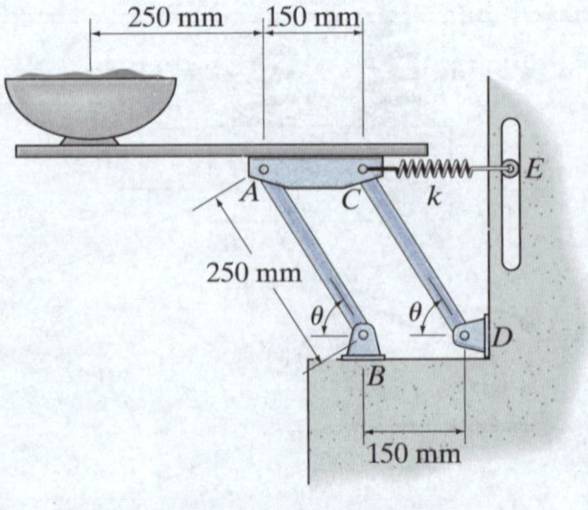

Probs. 11-13/14

11-15. La ventana de servicio en un restaurante de comida rápida consiste en puertas de vidrio que se abren y cierran automáticamente, utilizando un motor que suministra un par de torsión **M** a cada puerta. Los extremos lejanos, A y B, se mueven a lo largo de las guías horizontales. Si una bandeja de comida queda atrapada entre las puertas, como se muestra en la figura, determine la fuerza horizontal que ejercen las puertas sobre la bandeja en la posición θ.

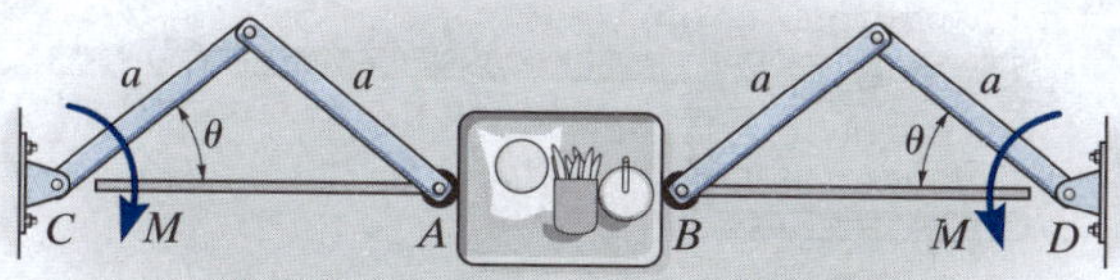

Prob. 11-15

***11-16.** Los elementos del mecanismo están articulados. Si en A actúa una fuerza vertical de 800 N, determine el ángulo θ para el equilibrio. El resorte no está estirado cuando $\theta = 0°$. No tome en cuenta la masa de los eslabones.

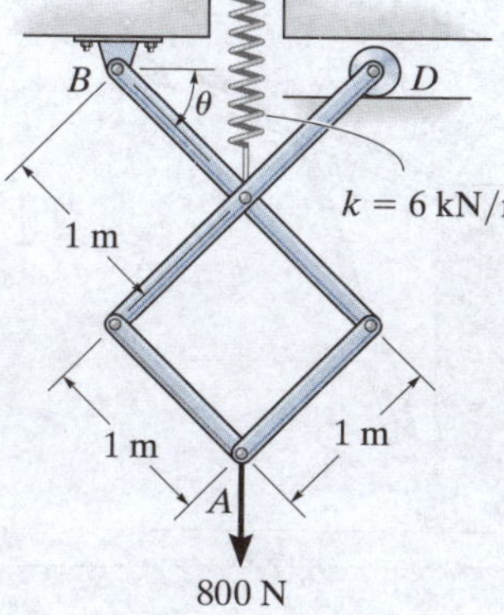

Prob. 11-16

11-17. Cuando $\theta = 30°$, el bloque uniforme de 25 kg comprime los dos resortes horizontales de 100 mm. Determine la magnitud de los momentos de par **M** que deben aplicarse para mantener el equilibrio. Considere que $k = 3$ kN/m y no tome en cuenta la masa de los eslabones.

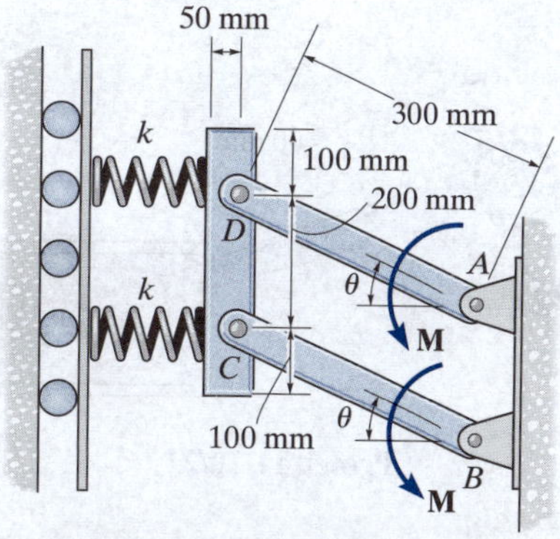

Prob. 11-17

11-18. Las "tijeras de Nuremberg" se someten a una fuerza horizontal de $P = 600$ N. Determine el ángulo θ para el equilibrio. El resorte tiene una rigidez de $k = 15$ kN/m y no está estirado cuando $\theta = 15°$.

11-19. Las "tijeras de Nuremberg" se someten a una fuerza horizontal $P = 600$ N. Determine la rigidez k del resorte para el equilibrio, cuando $\theta = 60°$. El resorte no está estirado cuando $\theta = 15°$.

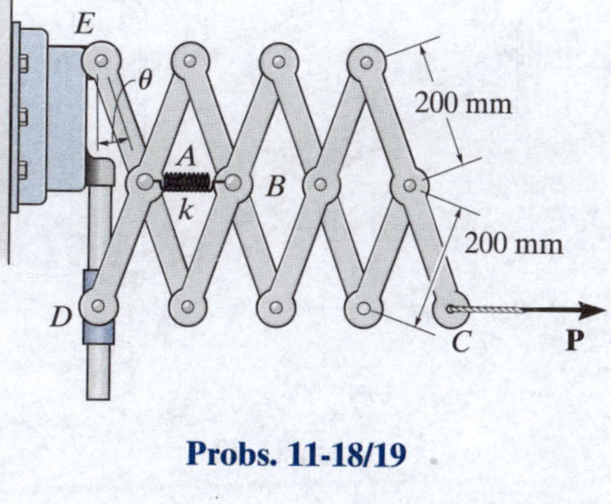

Probs. 11-18/19

***11-20.** El cigüeñal está sometido a un par de torsión de $M = 50$ N · m. Determine la fuerza de compresión horizontal F aplicada al pistón, para lograr el equilibrio cuando $\theta = 60°$.

11-21. El cigüeñal está sometido a un par de torsión de $M = 50$ N · m. Determine la fuerza de compresión horizontal F y grafique el resultado de F (ordenada) contra θ (abscisa) para $0° \leq \theta \leq 90°$.

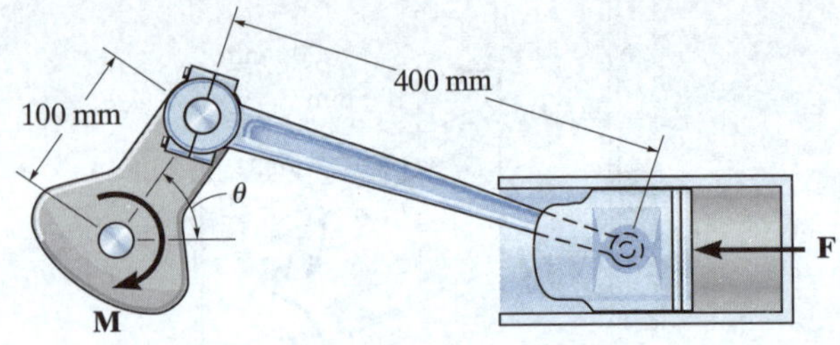

Probs. 11-20/21

11-22. El resorte no está estirado cuando $\theta = 0°$. Si $P = 8$ lb, determine el ángulo θ necesario para el equilibrio. Debido al rodillo guía, el resorte siempre permanece vertical. No tome en cuenta el peso de los eslabones.

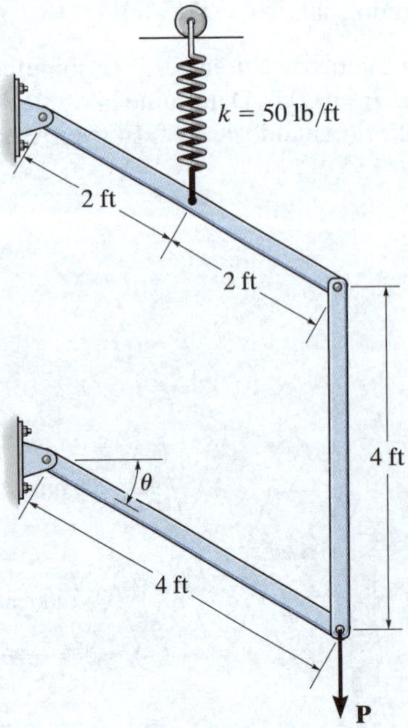

Prob. 11-22

11-23. Determine el peso del bloque G necesario para equilibrar la palanca diferencial, cuando se coloca una carga F de 20 lb sobre la bandeja. La palanca está en equilibrio cuando la carga y el bloque no están sobre ella. Considere que $x = 12$ in.

***11-24.** Si la carga F pesa 20 lb y el bloque G pesa 2 lb, determine su posición x necesaria para el equilibrio de la palanca diferencial. La palanca está en equilibrio cuando la carga y el bloque no están sobre ella.

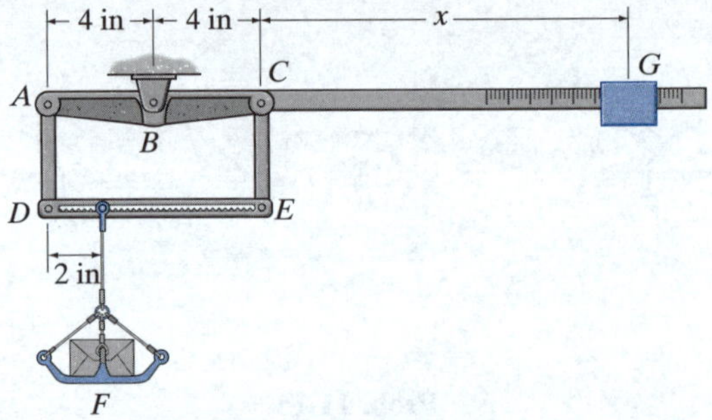

Probs. 11-23/24

11-25. El contenedor tiene un peso W y un centro de gravedad en G. Determine la fuerza requerida en el cilindro hidráulico para mantenerlo en la posición general θ.

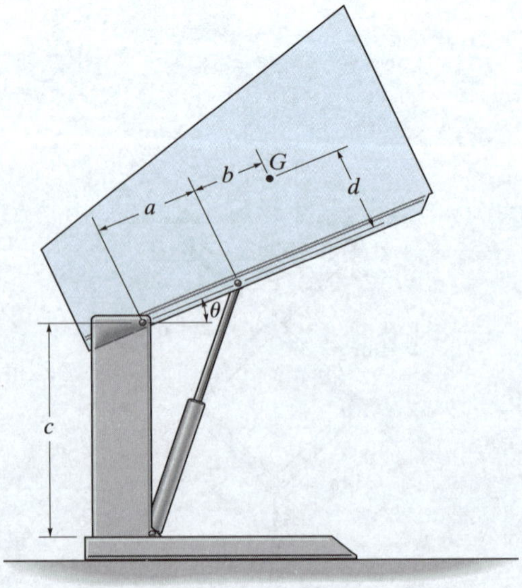

Prob. 11-25

*11.4 Fuerzas conservadoras

Cuando una fuerza realiza un trabajo que depende sólo de las posiciones inicial y final de la fuerza, y que es *independiente* de la trayectoria que recorre, entonces la fuerza se conoce como una ***fuerza conservadora***. El peso de un cuerpo y la fuerza de un resorte son dos ejemplos de fuerzas conservadoras.

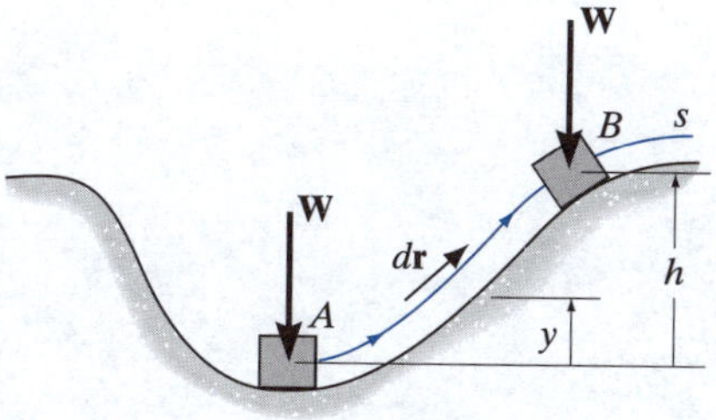

(a)

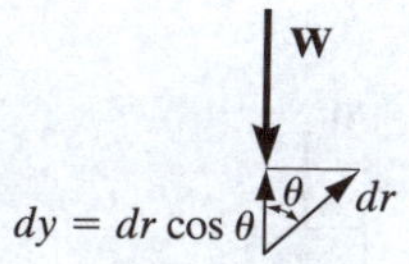

(b)

Fig. 11-10

Peso. Considere un bloque de peso **W** que viaja a lo largo de la trayectoria que se muestra en la figura 11-10*a*. Cuando se desplaza hacia arriba por la trayectoria una cantidad $d\mathbf{r}$, entonces el trabajo es $dU = \mathbf{W} \cdot d\mathbf{r}$, o $dU = -W(dr \cos \theta) = -W\,dy$, como se ilustra en la figura 11-10*b*. En este caso, el trabajo es *negativo*, ya que **W** actúa en el sentido opuesto a dy. De modo que si el bloque se mueve desde A hasta B, a través del desplazamiento vertical h, el trabajo es

$$U = -\int_0^h W\,dy = -Wh$$

Por lo tanto, el peso de un cuerpo es una fuerza conservadora, debido a que el trabajo realizado por el peso depende sólo del desplazamiento vertical del cuerpo, y es independiente de la trayectoria a lo largo de la cual viaja éste.

Fuerza de resorte. Ahora considere el resorte linealmente elástico de la figura 11-11, el cual experimenta un desplazamiento ds. El trabajo realizado por la fuerza del resorte sobre el bloque es $dU = -F_s\,ds = -ks\,ds$. El trabajo es *negativo* debido a que $\mathbf{F}_s$ actúa en sentido opuesto al de ds. Entonces, el trabajo de $\mathbf{F}_s$ cuando el bloque se desplaza desde $s = s_1$ hasta $s = s_2$ es

$$U = -\int_{s_1}^{s_2} ks\,ds = -\left(\tfrac{1}{2}ks_2^2 - \tfrac{1}{2}ks_1^2\right)$$

Aquí, el trabajo depende sólo de las posiciones inicial y final del resorte, s_1 y s_2, medidas desde la posición del resorte sin estirar. Como este resultado es independiente de la trayectoria tomada por el bloque mientras se mueve, entonces la fuerza del resorte también es una *fuerza conservadora*.

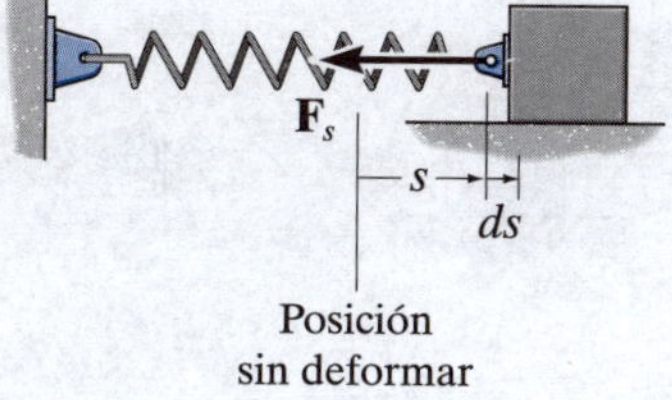

Fig. 11-11

Fricción. Al contrario de una fuerza conservadora, considere la fuerza de *fricción* ejercida por una superficie fija sobre un cuerpo deslizante. El trabajo realizado por la fuerza de fricción depende de la trayectoria; cuanto más larga sea la trayectoria, mayor será el trabajo. En consecuencia, las fuerzas de fricción son *no conservadoras*, y la mayoría del trabajo realizado por ellas se disipa del cuerpo en forma de calor.

*11.5 Energía potencial

Una fuerza conservadora puede dar al cuerpo la capacidad de realizar trabajo. Esta capacidad, medida como ***energía potencial***, depende de la ubicación o "posición" del cuerpo en relación con una posición o *plano de referencia* de referencia fijo.

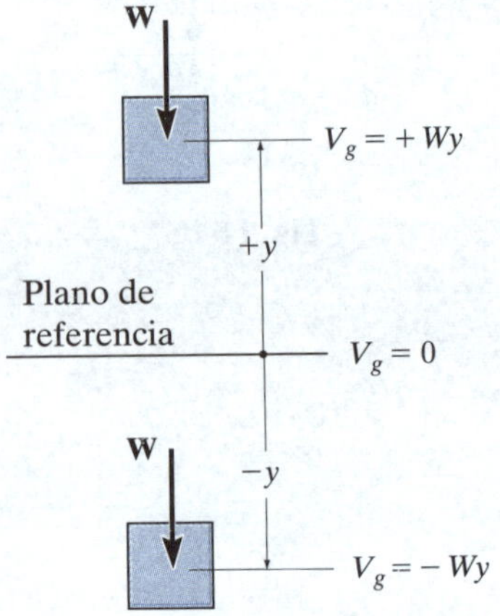

Fig. 11-12

Energía potencial gravitacional. Si un cuerpo está ubicado a una distancia *y por arriba* de una referencia fija horizontal o plano de referencia, como en la figura 11-12, el peso del cuerpo tiene energía potencial gravitacional *positiva* V_g y puesto que **W** tiene la capacidad de realizar trabajo positivo cuando el cuerpo se lleva hacia abajo al plano de referencia. De la misma forma, si el cuerpo está localizado a una distancia *y por abajo* del plano de referencia, V_g es *negativa* puesto que el peso efectúa trabajo negativo cuando el cuerpo se mueve hacia arriba hasta el plano de referencia, en el cual, $V_g = 0$.

Si *y* se mide como *positiva hacia arriba*, entonces la energía potencial gravitacional del peso **W** del cuerpo es

$$V_g = Wy \qquad (11\text{-}4)$$

Energía potencial elástica. Cuando un resorte está estirado o comprimido en una cantidad *s* desde su posición sin estirar (el plano de referencia), la energía almacenada en el resorte se denomina *energía potencial elástica*. Se determina a partir de

$$V_e = \frac{1}{2}ks^2 \qquad (11\text{-}5)$$

Esta energía siempre es una cantidad positiva, ya que la fuerza de resorte que actúa sobre el cuerpo unido realiza trabajo *positivo* sobre el cuerpo mientras la fuerza regresa al cuerpo a la posición del resorte sin estirar (fig. 11-13).

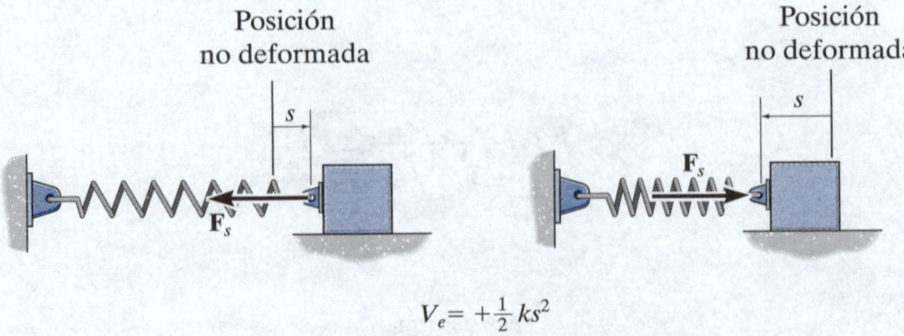

Fig. 11-13

Función potencial. En el caso general, si un cuerpo está sometido a fuerzas *tanto* gravitacionales *como* elásticas, la *energía potencial o función potencial* V del cuerpo puede expresarse como la suma algebraica

$$V = V_g + V_e \tag{11-6}$$

donde la medida de V depende de la ubicación del cuerpo con respecto a un plano de referencia seleccionado de acuerdo con las ecuaciones 11-4 y 11-5.

En particular, si un *sistema* sin fricción de cuerpos rígidos conectados tiene *un solo grado de libertad*, de modo que su distancia vertical desde el plano de referencia está definida por la coordenada q, entonces la función potencial para el sistema puede expresarse como $V = V(q)$. El trabajo realizado por todos los pesos y las fuerzas de resorte que actúan sobre el sistema para moverlo desde q_1 hasta q_2, se mide por la diferencia en V; es decir,

$$U_{1-2} = V(q_1) - V(q_2) \tag{11-7}$$

Por ejemplo, la función potencial para un sistema que consiste en un bloque de peso **W** sostenido por un resorte, como en la figura 11-14, puede expresarse en términos de la coordenada $(q =)\ y$, medida desde una referencia fija ubicada en la longitud sin estirar del resorte. Aquí

$$\begin{aligned} V &= V_g + V_e \\ &= -Wy + \tfrac{1}{2}ky^2 \end{aligned} \tag{11-8}$$

Si el bloque se mueve desde y_1 hasta y_2, entonces al aplicar la ecuación 11-7 el trabajo de **W** y $\mathbf{F}_s$ es

$$U_{1-2} = V(y_1) - V(y_2) = -W(y_1 - y_2) + \tfrac{1}{2}ky_1^2 - \tfrac{1}{2}ky_2^2$$

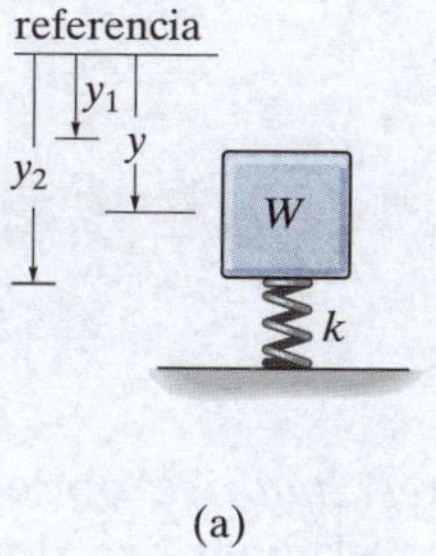

(a)

Fig. 11-14

*11.6 Criterio de la energía potencial para el equilibrio

Si un sistema sin fricción conectado tiene un grado de libertad, y su posición está definida por la coordenada q, entonces si se desplaza desde q hasta $q + dq$, la ecuación 11-7 toma la forma de

El contrapeso en A equilibra el peso de la plataforma B de este puente levadizo simple. Al aplicar el método de la energía potencial podemos analizar el estado de equilibrio del puente. (© Russell C. Hibbeler)

$$dU = V(q) - V(q + dq)$$

o bien

$$dU = -dV$$

Si el sistema está en equilibrio y experimenta un *desplazamiento virtual* δq, en vez de un desplazamiento real dq, entonces la ecuación anterior se convierte en $\delta U = -\delta V$. Sin embargo, el principio del trabajo virtual requiere que $\delta U = 0$ y, por lo tanto, $\delta V = 0$, por lo que es posible escribir $\delta V = (dV/dq)\delta q = 0$. Como $\delta q \neq 0$, esta expresión se escribe de la siguiente manera

$$\frac{dV}{dq} = 0 \qquad (11\text{-}9)$$

Por consiguiente, *cuando un sistema sin fricción de cuerpos rígidos conectados está en equilibrio, la primera derivada de su función potencial es cero.* Por ejemplo, con la ecuación 11-8 podemos determinar la posición de equilibrio para el resorte y el bloque de la figura 11-14*a*. Tenemos

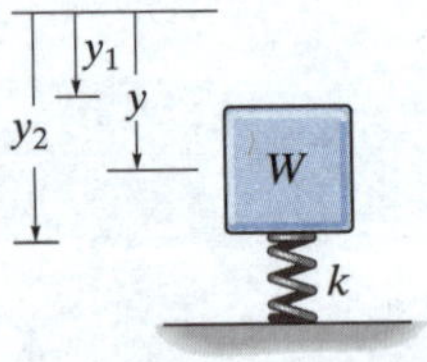

(a)

$$\frac{dV}{dy} = -W + ky = 0$$

Entonces, la posición de equilibrio $y = y_{eq}$ es

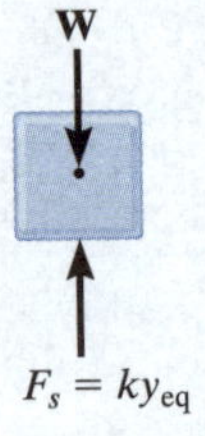

(b)

Fig. 11-14 (cont.)

$$y_{eq} = \frac{W}{k}$$

Por supuesto, este *mismo resultado* se obtiene aplicando $\Sigma F_y = 0$ a las fuerzas que actúan sobre el diagrama de cuerpo libre del bloque (fig. 11-14*b*).

*11.7 Estabilidad de la configuración del equilibrio

La función potencial V de un sistema también puede usarse para investigar la estabilidad de la configuración del equilibrio, el cual se clasifica como *estable*, *neutro* o *inestable*.

Equilibrio estable. Se dice que un sistema está en ***equilibrio estable*** si tiene una tendencia a regresar a su posición original, cuando se le da un pequeño desplazamiento al sistema. En este caso, la energía potencial del sistema está en su *mínimo*. En la figura 11-15*a*, Cuando al disco se le da un pequeño desplazamiento, su centro de gravedad G siempre se moverá (girará) de regreso a su posición de equilibrio, la cual se encuentra en el *punto más bajo* de su trayectoria. Ésta es la razón por la que la energía potencial del disco está en su *mínimo*.

Cuando hay vientos fuertes o si pasan por una curva, estos camiones con caña de azúcar pueden volverse inestables y volcarse, ya que cuando están cargados al máximo, sus centros de gravedad están muy arriba y fuera del camino. (© Russell C. Hibbeler).

Equilibro neutro. Se dice que un sistema está en ***equilibrio neutro*** si el sistema permanece en equilibrio aun cuando se le dé un pequeño desplazamiento desde su posición original. En este caso, la energía potencial del sistema es *constante*. En la figura 11-15*b*, se muestra el equilibrio neutro, donde un disco está articulado en G. Cada vez que se gira el disco, se establece una nueva posición de equilibrio y la energía potencial permanece sin cambios.

Equilibrio inestable. Se dice que un sistema está en ***equilibrio inestable***, si tiene una tendencia a *desplazarse aún más lejos* de su posición de equilibrio original cuando se le da un pequeño desplazamiento. En este caso, la energía potencial del sistema es un *máximo*. En la figura 11-15*c*, se muestra una posición de equilibrio inestable del disco. Aquí el disco girará alejándose de su posición de equilibrio cuando su centro de gravedad se desplaza ligeramente. En el *punto más alto*, su energía potencial es un *máximo*.

Sistema con un grado de libertad. Si un sistema tiene sólo un grado de libertad, y su posición se define mediante la coordenada q, entonces se puede graficar la función potencial V para el sistema en términos de q (fig. 11-16). Siempre que el sistema esté en *equilibrio*, entonces dV/dq, lo

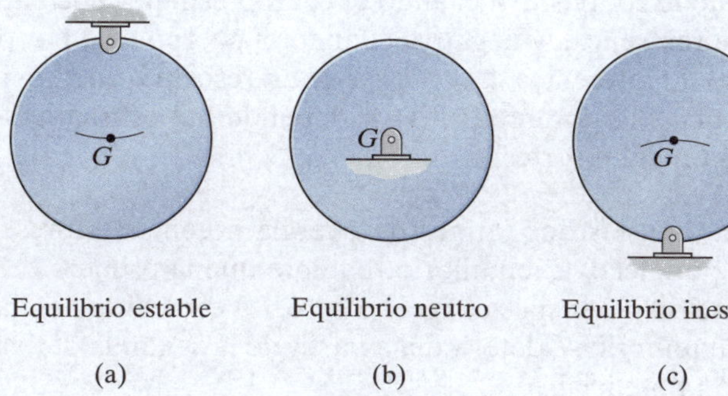

Fig. 11-15

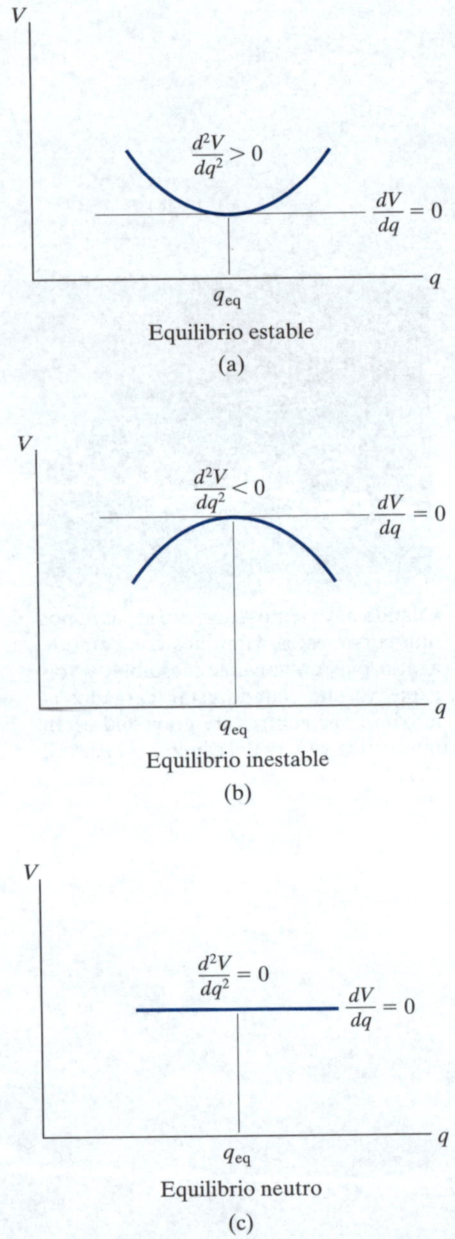

Fig. 11-16

cual representa la pendiente de esta función, debe ser igual a cero. Por lo tanto, una investigación de la estabilidad en la configuración del equilibrio requiere la evaluación de la segunda derivada de la función potencial.

Si d^2V/dq^2 es mayor que cero (fig. 11-16*a*), la energía potencial del sistema será un *mínimo*, lo cual indica que la configuración del equilibrio es *estable*. Por consiguiente,

$$\frac{dV}{dq} = 0, \qquad \frac{d^2V}{dq^2} > 0 \qquad \text{Equilibrio estable} \tag{11-10}$$

Si d^2V/dq^2 es menor que cero (fig. 11-16*b*), la energía potencial del sistema será un *máximo*. Esto indica una configuración *inestable* del equilibrio. Por lo tanto,

$$\frac{dV}{dq} = 0, \qquad \frac{d^2V}{dq^2} < 0 \qquad \text{Equilibrio inestable} \tag{11-11}$$

Por último, si d^2V/dq^2 es igual a cero, será necesario investigar las derivadas de orden más alto para determinar la estabilidad. La configuración del equilibrio será *estable*, si la primera derivada distinta de cero es de un orden *par* y es *positiva*. De la misma manera, el equilibrio será *inestable* si esta primera derivada distinta de cero es impar o si es par y negativa. Si todas las derivadas de orden más alto son *cero*, se dice que el sistema está en *equilibrio neutro* (fig. 11-16*c*). Por lo tanto,

$$\frac{dV}{dq} = \frac{d^2V}{dq^2} = \frac{d^3V}{dq^3} = \cdots = 0 \qquad \text{Equilibrio neutro} \tag{11-12}$$

Esta condición ocurre sólo si la función de energía potencial para el sistema es constante en q_{eq} o en la vecindad de éste.

Puntos importantes

- Una fuerza conservadora realiza un trabajo que es independiente de la trayectoria a través de la cual se mueve la fuerza. Los ejemplos incluyen el peso y la fuerza del resorte.
- La energía potencial proporciona al cuerpo la capacidad de realizar un trabajo, cuando el cuerpo se mueve con respecto a una posición fija o plano de referencia. La energía potencial gravitacional puede ser positiva cuando el cuerpo está por encima de un plano de referencia, y negativa cuando el cuerpo está por debajo del plano de referencia. La energía de un resorte o energía potencial elástica es siempre positiva y depende del estiramiento o la compresión del resorte.
- La suma de estas dos formas de energía potencial representa la función potencial. El equilibrio requiere que la primera derivada de la función potencial sea igual a cero. La estabilidad en la posición de equilibrio se determina a partir de la segunda derivada de la función potencial.

Procedimiento para el análisis

Con los métodos de energía potencial, las posiciones de equilibrio y la estabilidad de un cuerpo o de un sistema de cuerpos conectados, que tienen un solo grado de libertad, se obtiene mediante el siguiente procedimiento.

Función potencial

- Bosqueje el sistema de modo que quede ubicado en alguna *posición arbitraria* especificada por la coordenada q.

- Establezca un *plano de referencia* horizontal a través de un *punto fijo** y exprese la energía potencial gravitatoria V_g en términos del peso W de cada elemento y de su distancia vertical y desde el plano de referencia, $V_g = Wy$.

- Exprese la energía potencial elástica V_e del sistema en términos del estiramiento o la compresión s de cualquier resorte conectado, $V_e = \frac{1}{2}ks^2$.

- Formule la función potencial $V = V_g + V_e$, y exprese las *coordenadas de posición* y y s en términos de la coordenada independiente q.

Posición de equilibrio

- La posición de equilibrio del sistema se determina al tomar la primera derivada de V y establecerla como igual a cero, $dV/dq = 0$.

Estabilidad

- La estabilidad en la posición de equilibrio se determina mediante la evaluación de la segunda derivada o la derivada de mayor orden de V.

- Si la segunda derivada es mayor que cero, el sistema es estable; si todas las derivadas son iguales a cero, el sistema está en equilibrio neutro; y si la segunda derivada es menor que cero, el sistema es inestable.

*La ubicación del plano de referencia es *arbitraria*, ya que sólo se requieren los *cambios* o diferenciales de V para investigar la posición de equilibrio y su estabilidad.

EJEMPLO 11.5

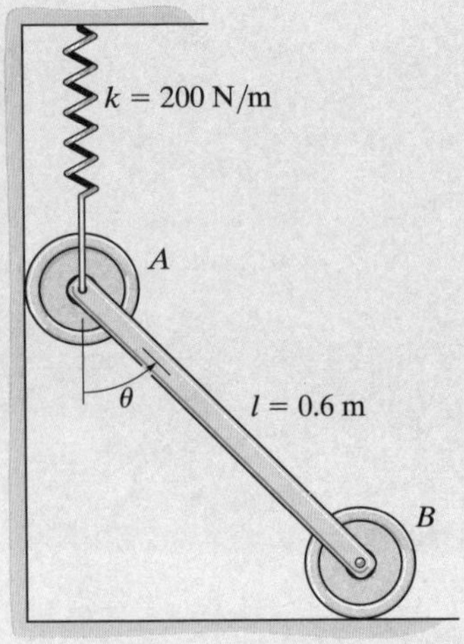

(a)

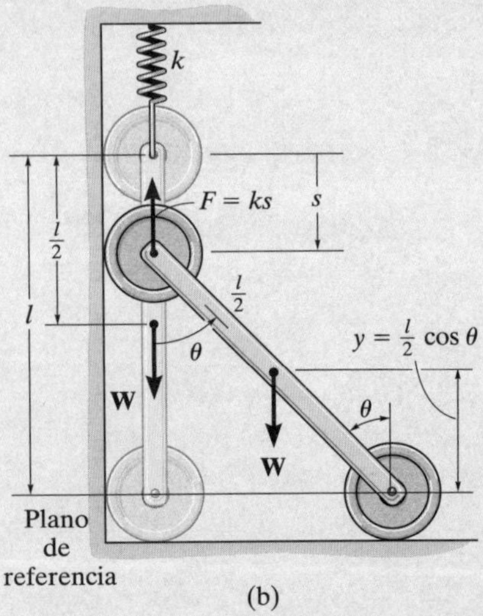

(b)

Fig. 11-17

El eslabón uniforme que se muestra en la figura 11-17*a* tiene una masa de 10 kg. Si el resorte no está alargado cuando $\theta = 0°$, determine el ángulo θ necesario para el equilibrio e investigue la estabilidad en la posición de equilibrio.

SOLUCIÓN

Función potencial. El plano de referencia se establece en la parte inferior del eslabón (fig. 11-17*b*). Cuando el eslabón se ubica en la posición arbitraria θ, el resorte aumenta su energía potencial al alargarse y el peso disminuye su energía potencial. Por lo tanto,

$$V = V_e + V_g = \frac{1}{2}ks^2 + Wy$$

Como $l = s + l\cos\theta$ o $s = l(1 - \cos\theta)$, y $y = (l/2)\cos\theta$, entonces

$$V = \frac{1}{2}kl^2(1 - \cos\theta)^2 + W\left(\frac{l}{2}\cos\theta\right)$$

Posición de equilibrio. La primera derivada de V es

$$\frac{dV}{d\theta} = kl^2(1 - \cos\theta)\operatorname{sen}\theta - \frac{Wl}{2}\operatorname{sen}\theta = 0$$

o bien,

$$l\left[kl(1 - \cos\theta) - \frac{W}{2}\right]\operatorname{sen}\theta = 0$$

Esta ecuación se satisface siempre que

$$\operatorname{sen}\theta = 0 \qquad \theta = 0° \qquad \textit{Resp.}$$

o bien,

$$\theta = \cos^{-1}\left(1 - \frac{W}{2kl}\right) = \cos^{-1}\left[1 - \frac{10(9.81)}{2(200)(0.6)}\right] = 53.8° \quad \textit{Resp.}$$

Estabilidad. La segunda derivada de V es

$$\frac{d^2V}{d\theta^2} = kl^2(1 - \cos\theta)\cos\theta + kl^2\operatorname{sen}\theta\operatorname{sen}\theta - \frac{Wl}{2}\cos\theta$$

$$= kl^2(\cos\theta - \cos 2\theta) - \frac{Wl}{2}\cos\theta$$

Al sustituir valores para las constantes, con $\theta = 0°$ y $\theta = 53.8°$, se obtiene

$$\left.\frac{d^2V}{d\theta^2}\right|_{\theta=0°} = 200(0.6)^2(\cos 0° - \cos 0°) - \frac{10(9.81)(0.6)}{2}\cos 0°$$

$$= -29.4 < 0 \quad \text{(equilibrio inestable en } \theta = 0°) \quad \textit{Resp.}$$

$$\left.\frac{d^2V}{d\theta^2}\right|_{\theta=53.8°} = 200(0.6)^2(\cos 53.8° - \cos 107.6°) - \frac{10(9.81)(0.6)}{2}\cos 53.8°$$

$$= 46.9 > 0 \quad \text{(equilibrio estable en } \theta = 53.8°) \quad \textit{Resp.}$$

EJEMPLO 11.6

Si el resorte *AD* de la figura 11-18*a* tiene una rigidez de 18 kN/m y no está estirado cuando $\theta = 60°$, determine el ángulo θ necesario para el equilibrio. La carga tiene una masa de 1.5 Mg. Investigue la estabilidad en la posición de equilibrio.

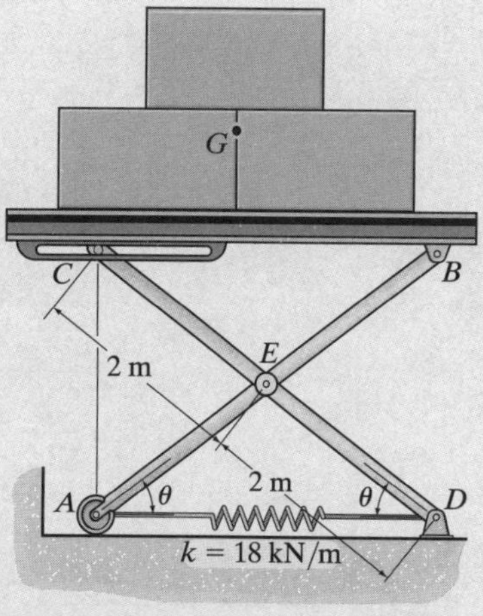

(a)

SOLUCIÓN

Energía potencial. La energía potencial gravitacional para la carga con respecto al plano de referencia fijo, que se muestra en la figura 11-18*b*, es

$$V_g = mgy = 1500(9.81)\,\text{N}[(4\text{ m})\,\text{sen}\,\theta + h] = 58\,860\,\text{sen}\,\theta + 14\,715h$$

donde *h* es una distancia constante. A partir de la geometría del sistema, el alargamiento del resorte cuando la carga está sobre la plataforma es $s = (4\text{ m})\cos\theta - (4\text{ m})\cos 60° = (4\text{ m})\cos\theta - 2\text{ m}$.

Por consiguiente, la energía potencial elástica del sistema es

$$V_e = \tfrac{1}{2}ks^2 = \tfrac{1}{2}(18\,000\text{ N/m})(4\text{ m}\cos\theta - 2\text{ m})^2 = 9000(4\cos\theta - 2)^2$$

Por lo tanto, la función de energía potencial para el sistema es

$$V = V_g + V_e = 58\,860\,\text{sen}\,\theta + 14\,715h + 9000(4\cos\theta - 2)^2 \qquad (1)$$

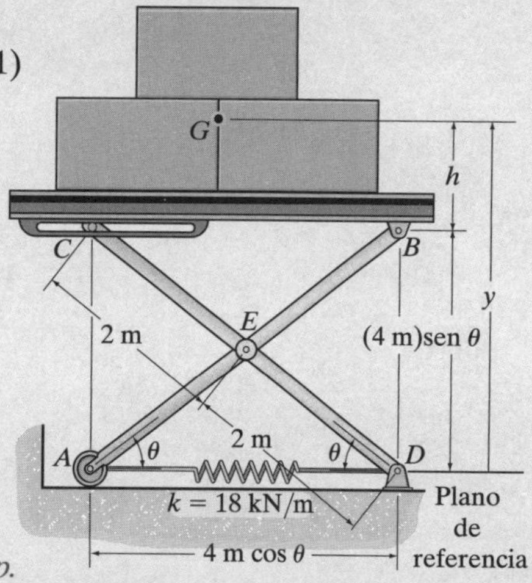

(b)

Fig. 11-18

Equilibrio. Cuando el sistema está en equilibrio,

$$\frac{dV}{d\theta} = 58\,860\cos\theta + 18\,000(4\cos\theta - 2)(-4\,\text{sen}\,\theta) = 0$$

$$58\,860\cos\theta - 288\,000\,\text{sen}\,\theta\cos\theta + 144\,000\,\text{sen}\,\theta = 0$$

Como $\text{sen}\,2\theta = 2\,\text{sen}\,\theta\cos\theta$,

$$58\,860\cos\theta - 144\,000\,\text{sen}\,2\theta + 144\,000\,\text{sen}\,\theta = 0$$

Al resolver por prueba y error,

$$\theta = 28.18°\text{ y }\theta = 45.51° \qquad \textit{Resp.}$$

Estabilidad. Si se obtiene la segunda derivada de la ecuación 1,

$$\frac{d^2V}{d\theta^2} = -58\,860\,\text{sen}\,\theta - 288\,000\cos 2\theta + 144\,000\cos\theta$$

Al sustituir $\theta = 28.18°$ se obtiene

$$\frac{d^2V}{d\theta^2} = -60\,402 < 0 \qquad \text{Inestable} \qquad \textit{Resp.}$$

Y para $\theta = 45.51°$,

$$\frac{d^2V}{d\theta^2} = 64\,073 > 0 \qquad \text{Estable} \qquad \textit{Resp.}$$

11

EJEMPLO 11.7

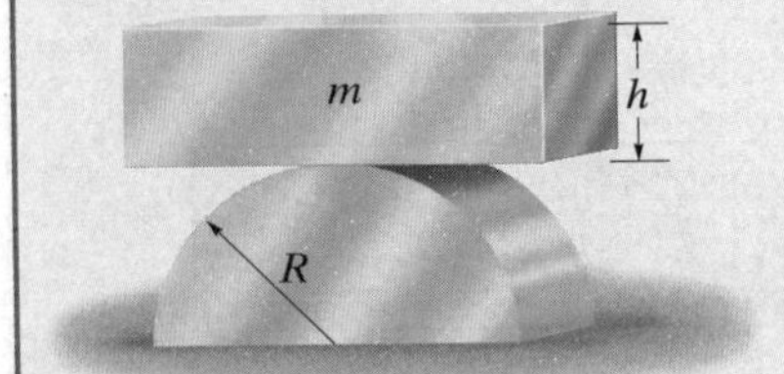

(a)

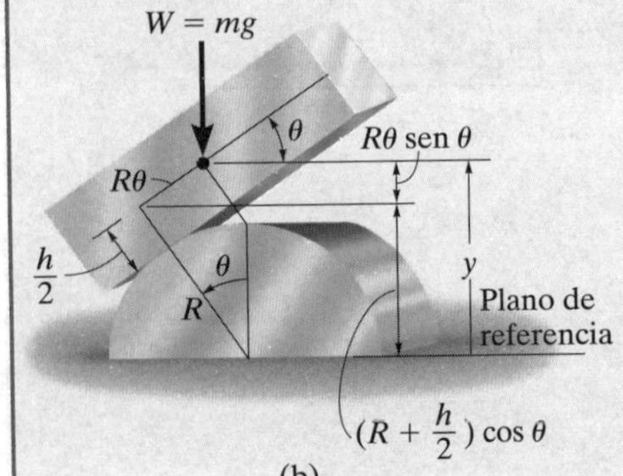

(b)

Fig. 11-19

El bloque homogéneo con masa m descansa sobre la superficie superior del medio cilindro (fig. 11-19*a*). Demuestre que es una condición de equilibrio inestable, si $h > 2R$.

SOLUCIÓN

Función potencial. El plano de referencia se establece en la base del medio cilindro (fig. 11-19*b*). Si el bloque se desplaza una cantidad θ desde la posición de equilibrio, la función potencial es

$$V = V_e + V_g$$
$$= 0 + mgy$$

A partir de la figura 11-19*b*,

$$y = \left(R + \frac{h}{2}\right)\cos\theta + R\theta\operatorname{sen}\theta$$

Por lo tanto,

$$V = mg\left[\left(R + \frac{h}{2}\right)\cos\theta + R\theta\operatorname{sen}\theta\right]$$

Posición de equilibrio

$$\frac{dV}{d\theta} = mg\left[-\left(R + \frac{h}{2}\right)\operatorname{sen}\theta + R\operatorname{sen}\theta + R\theta\cos\theta\right] = 0$$
$$= mg\left(-\frac{h}{2}\operatorname{sen}\theta + R\theta\cos\theta\right) = 0$$

Observe que $\theta = 0°$ satisface esta ecuación.

Estabilidad. Al tomar la segunda derivada de V se obtiene

$$\frac{d^2V}{d\theta^2} = mg\left(-\frac{h}{2}\cos\theta + R\cos\theta - R\theta\operatorname{sen}\theta\right)$$

En $\theta = 0°$,

$$\left.\frac{d^2V}{d\theta^2}\right|_{\theta=0°} = -mg\left(\frac{h}{2} - R\right)$$

Como todas las constantes son positivas, el bloque estará en equilibrio inestable siempre que $h > 2R$, porque entonces $d^2V/d\theta^2 < 0$.

PROBLEMAS

11-26. La energía potencial de un sistema de un grado de libertad está definida por $V = (20x^3 - 10x^2 - 25x - 10)$ ft · lb, donde x se da en ft. Determine las posiciones de equilibrio e investigue la estabilidad para cada posición.

11-27. Si la función potencial para un sistema conservador de un grado de libertad es $V = (12 \text{ sen } 2\theta + 15 \cos \theta)$ J, donde $0° < \theta < 180°$, determine las posiciones para el equilibrio e investigue la estabilidad en cada una de estas posiciones.

***11-28.** Si la función potencial para un sistema conservador de un grado de libertad es $V = (8x^3 - 2x^2 - 10)$ J, donde x se da en metros, determine las posiciones para el equilibrio e investigue la estabilidad en cada una de estas posiciones.

11-29. Si la función potencial para un sistema conservador de un grado de libertad es $V = (10 \cos 2\theta + 25 \text{ sen } \theta)$ J, donde $0° < \theta < 180°$, determine las posiciones de equilibrio e investigue la estabilidad en cada una de estas posiciones.

11-30. Si la energía potencial para un sistema conservador de un grado de libertad se expresa mediante la relación $V = (4x^3 - x^2 - 3x + 10)$ ft · lb, donde x está dado en pies, determine las posiciones de equilibrio e investigue la estabilidad en cada posición.

11-31. El eslabón homogéneo AB tiene una masa de 3 kg y está articulado en ambos extremos. La varilla BD tiene un peso insignificante y pasa a través de un collarín de giro en C. Si el resorte tiene una rigidez de $k = 100$ N/m, y no está estirado cuando $\theta = 0°$, determine el ángulo θ para el equilibrio e investigue la estabilidad en la posición de equilibrio. Desprecie el tamaño del collarín de giro.

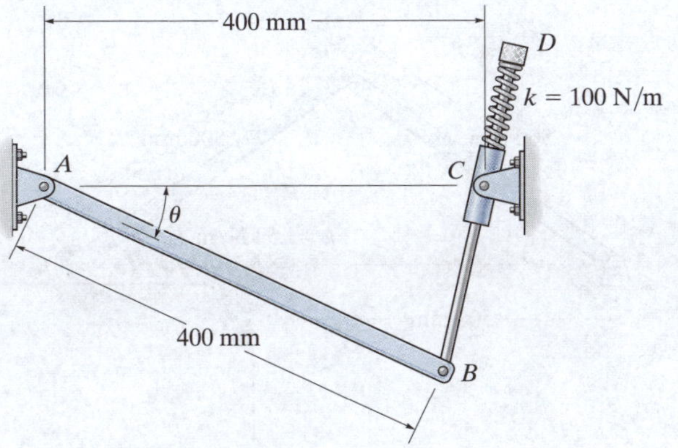

Prob. 11-31

***11-32.** El resorte de la balanza tiene una longitud sin estirar de a. Determine el ángulo θ para el equilibrio cuando un peso W se apoya sobre la plataforma. No tome en cuenta el peso de los elementos. Qué valor W sería necesario para mantener la balanza en equilibrio neutro cuando $\theta = 0°$?

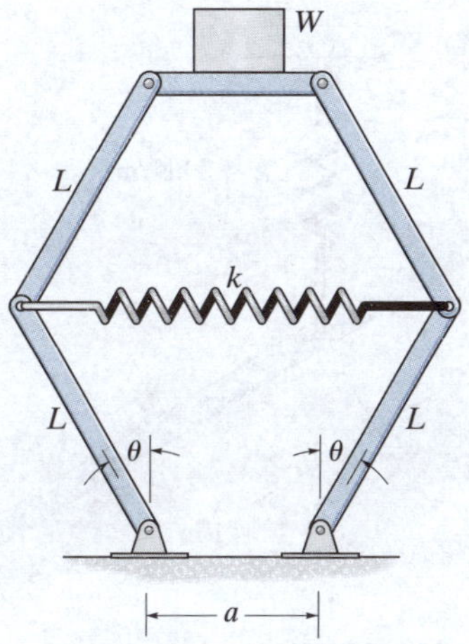

Prob. 11-32

11-33. La barra homogénea tiene una masa de 80 kg. Determine el ángulo θ para el equilibrio e investigue la estabilidad de la barra cuando se encuentra en esta posición. El resorte tiene una longitud no estirada cuando $\theta = 90°$.

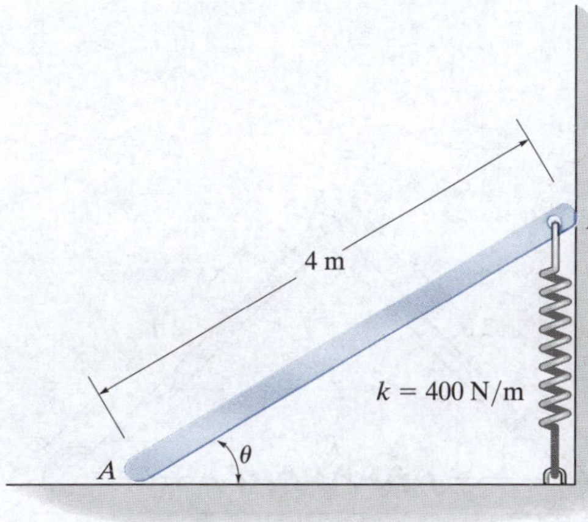

Prob. 11-33

11-34. La barra homogénea AD tiene una masa de 20 kg. Si el resorte unido está sin estirar cuando $\theta = 90°$, determine el ángulo θ para el equilibrio. Tenga en cuenta que el resorte permanece siempre en posición vertical debido a la guía de rodillo. Investigue la estabilidad de la barra cuando se encuentra en la posición de equilibrio.

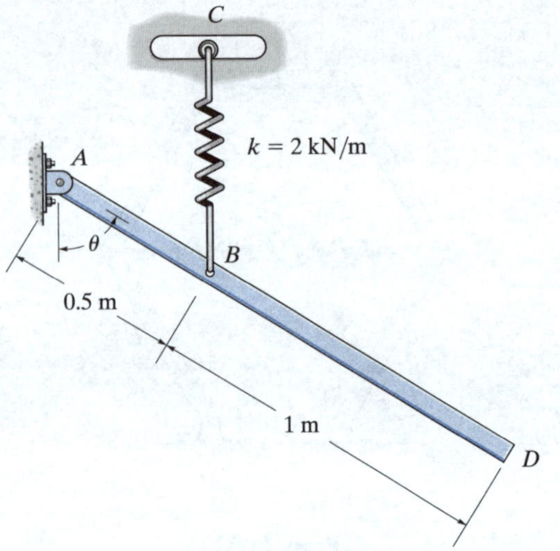

Prob. 11-34

11-35. Las dos barras tienen un peso de 8 lb cada una. Determine la rigidez requerida k del resorte, de modo que las dos barras estén en equilibrio cuando $\theta = 30°$. El resorte tiene una longitud sin estirar de 1 ft.

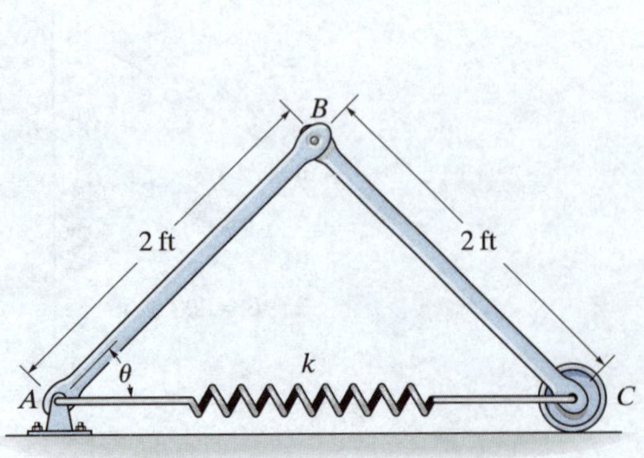

Prob. 11-35

***11-36.** Determine el ángulo θ para el equilibrio e investigue la estabilidad en esta posición. Cada una de las barras tiene una masa de 3 kg y el bloque suspendido D tiene una masa de 7 kg. La cuerda DC tiene una longitud total de 1 m.

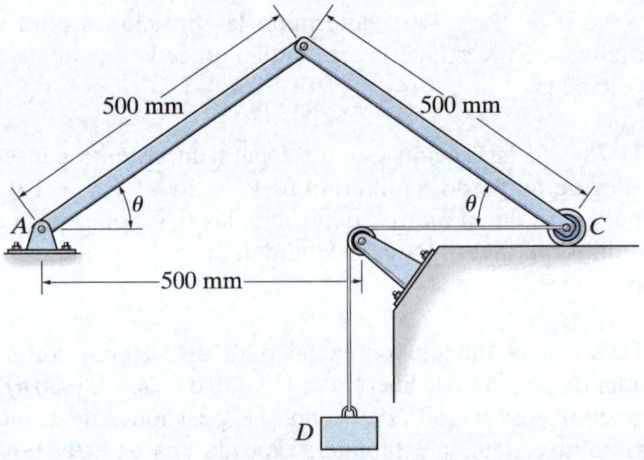

Prob. 11-36

11-37. Determine el ángulo θ para el equilibrio e investigue la estabilidad en esta posición. Cada una de las barras tiene una masa de 10 kg y el resorte sin estirar tiene una longitud de 100 mm.

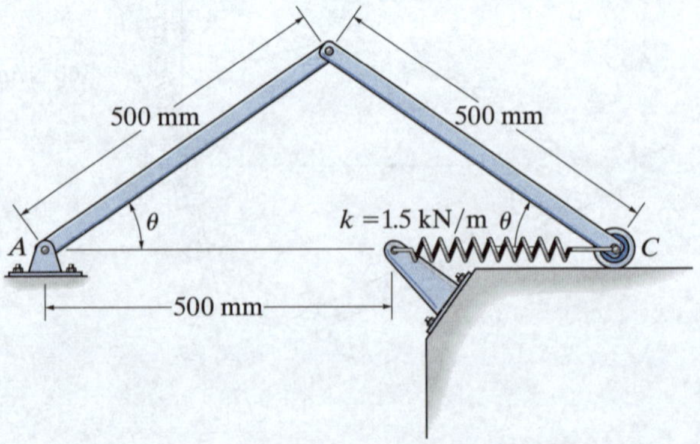

Prob. 11-37

11-38. Cada una de las dos barras tiene una masa de 8 kg. Determine la rigidez k necesaria del resorte para que las dos barras estén en equilibrio cuando $\theta = 60°$. El resorte sin estirar tiene una longitud de 1 m. Investigue la estabilidad del sistema en la posición de equilibrio.

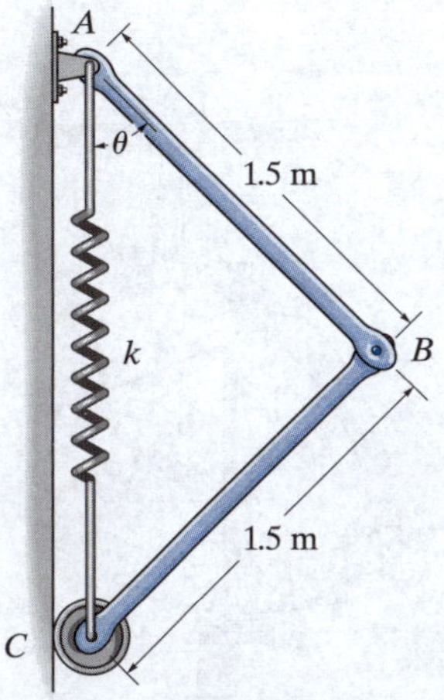

Prob. 11-38

11-39. Un resorte con una rigidez a la torsión k está unido a la articulación en B, y está sin estirar cuando el ensamble de varillas se encuentra en posición vertical. Determine el peso W del bloque que resulta en el equilibrio neutro. *Sugerencia:* Establezca la función de energía potencial para un ángulo pequeño θ, es decir, aproxime sen $\theta \approx 0$ y cos $\theta \approx 1 - \theta^2/2$.

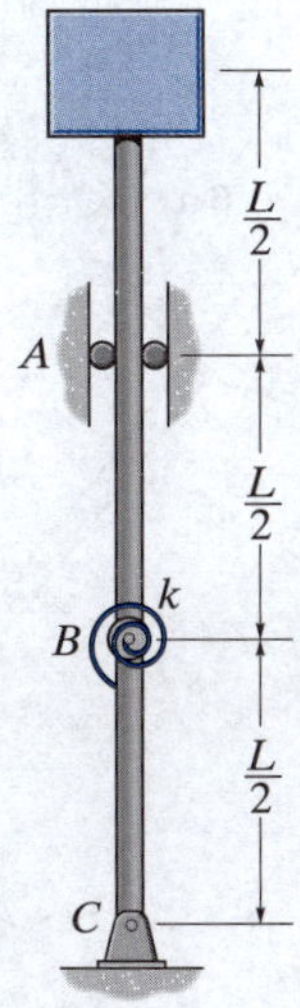

Prob. 11-39

***11-40.** Se perfora un orificio cónico en la parte inferior del cilindro, el cual se apoya sobre el punto de apoyo A. Determine la distancia mínima d para que el cilindro permanezca en equilibrio estable.

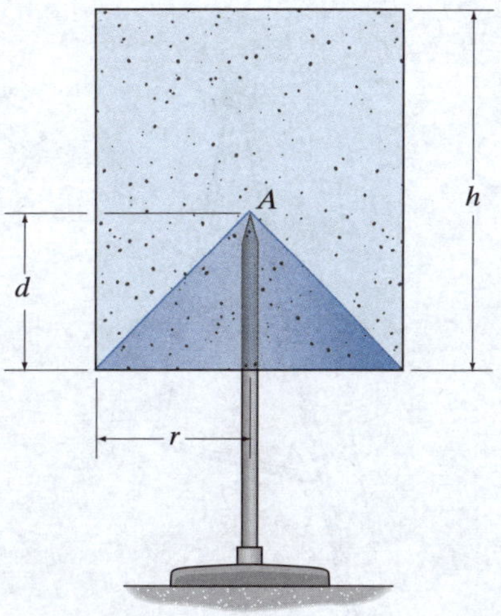

Prob. 11-40

11-41. La varilla homogénea tiene una masa de 100 kg. Si el resorte no está estirado cuando $\theta = 60°$, determine el ángulo θ necesario para el equilibrio e investigue la estabilidad en la posición de equilibrio. El resorte siempre está en posición horizontal debido a la guía de rodillo en B.

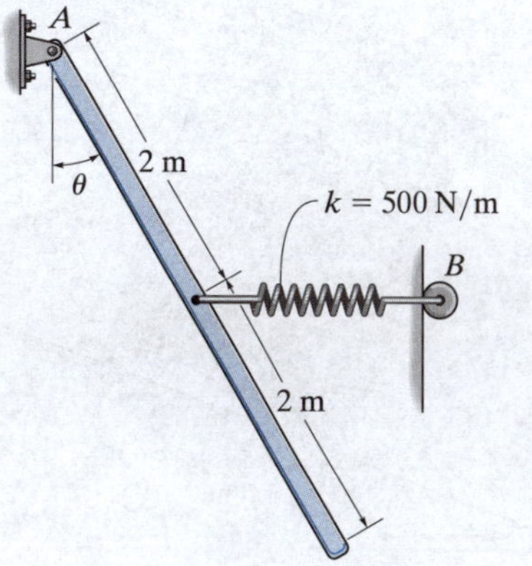

Prob. 11-41

11-42. Cada barra tiene una masa por unidad de longitud de m_0. Determine los ángulos θ y ϕ a los cuales se encuentran suspendidas en equilibrio. El contacto en A es liso y ambas barras están articuladas en B.

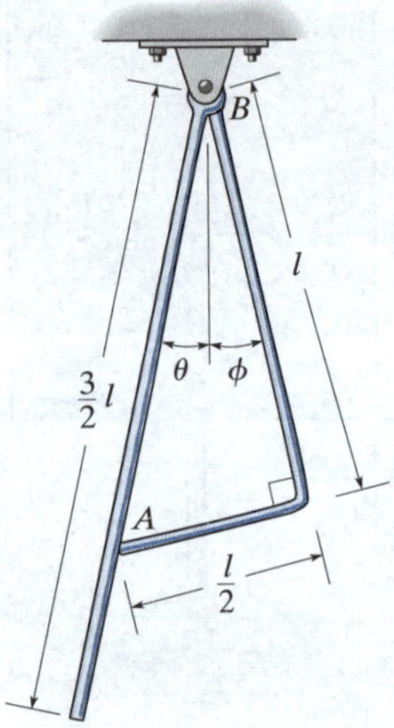

Prob. 11-42

11-43. El camión tiene una masa de 20 Mg y un centro de masa en G. Determine la pendiente más empinada θ donde se puede estacionar sin volcarse e investigue la estabilidad en esa posición.

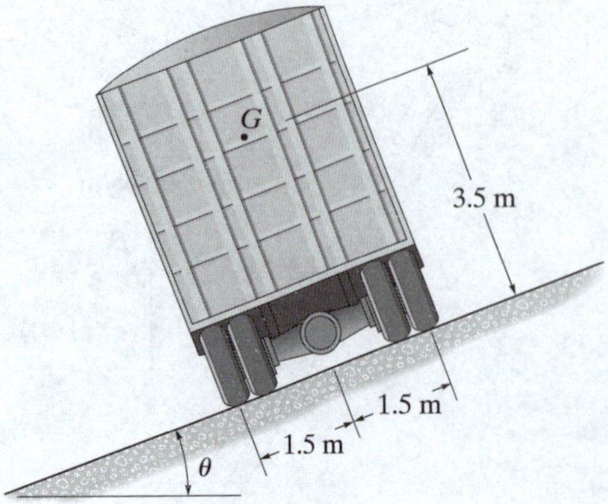

Prob. 11-43

***11-44.** La pequeña balanza postal consiste en un contrapeso W_1, conectado a los elementos que tienen un peso insignificante. Determine el peso W_2 que está sobre la bandeja en términos de los ángulos θ y ϕ y de las dimensiones mostradas. Todos los elementos están articulados.

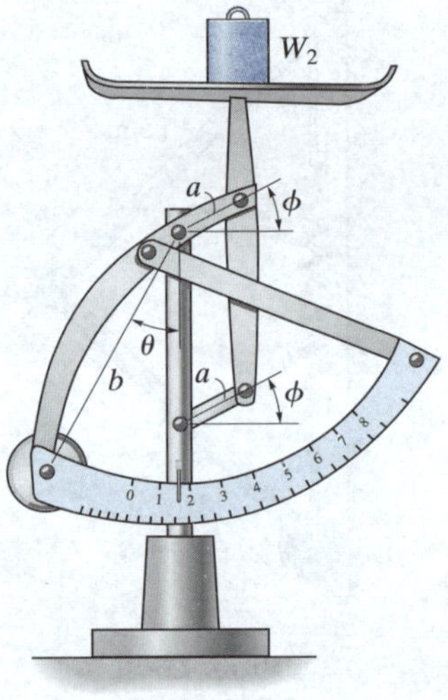

Prob. 11-44

11-45. Un peso de 3 libras está unido al extremo de la varilla ABC. Si la varilla se sostiene mediante un bloque deslizante liso en C y la varilla BD, determine el ángulo θ para el equilibrio. No tome en cuenta el peso de las varillas ni del bloque deslizante.

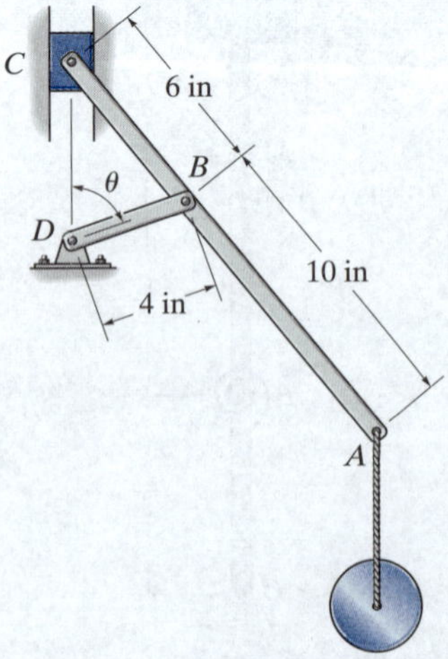

Prob. 11-45

11-46. Si la varilla homogénea OA tiene una masa de 12 kg, determine la masa m que mantendrá a la varilla en equilibrio cuando $\theta = 30°$. El punto C coincide con B cuando OA se encuentra en posición horizontal. Desprecie el tamaño de la polea en B.

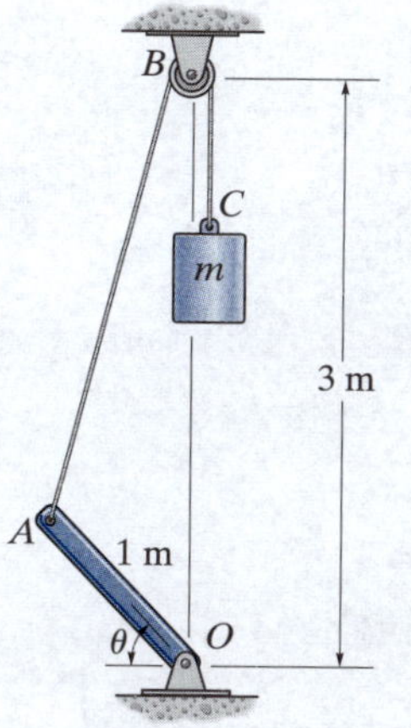

Prob. 11-46

11-47. El cilindro está hecho de dos materiales tales que el cilindro tiene una masa m y un centro de gravedad en el punto G. Demuestre que cuando G está por encima del centroide C del cilindro, el equilibrio es inestable.

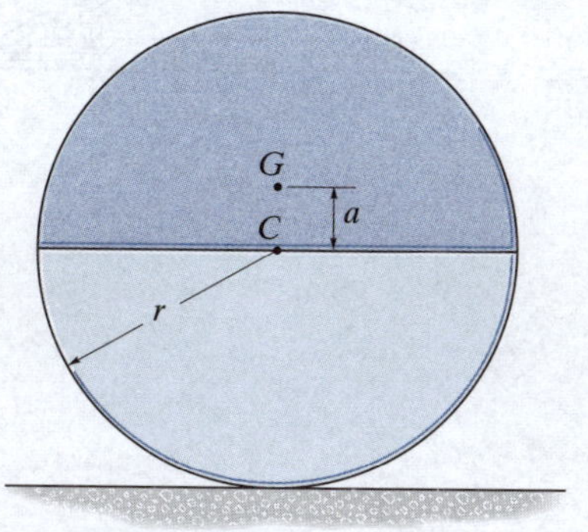

Prob. 11-47

***11-48.** La varilla doblada tiene un peso de 5 lb/ft. Un pivote está unido en su centro A y la varilla se equilibra de la manera mostrada. Determine la longitud L de sus segmentos verticales, de modo que permanezca en equilibrio neutral. No tome en cuenta el espesor de la varilla.

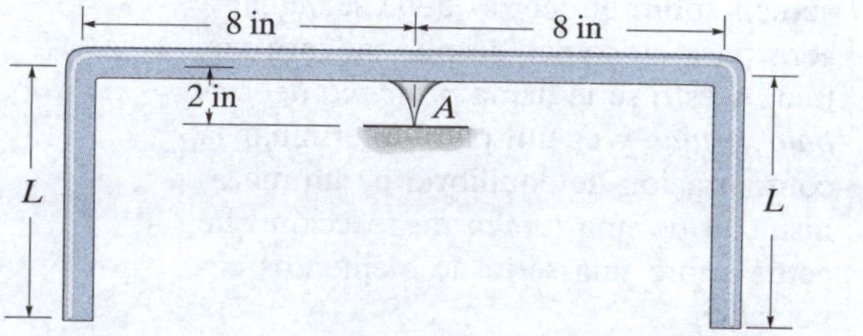

Prob. 11-48

11-49. El bloque triangular de peso W descansa sobre las esquinas lisas que están separadas por una distancia a. Si el bloque tiene tres lados iguales de longitud d, determine el ángulo θ necesario para el equilibrio.

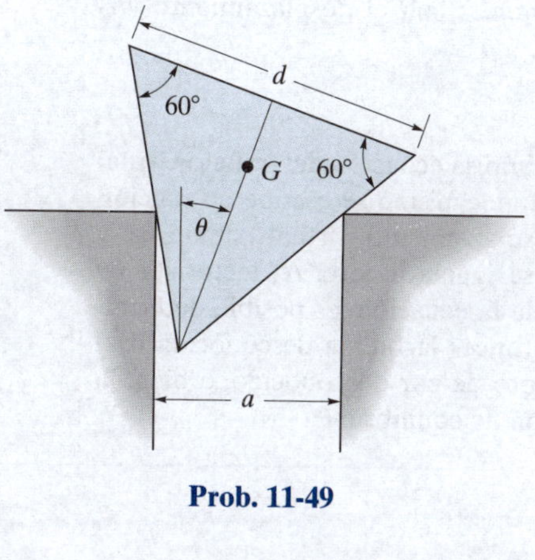

Prob. 11-49

REPASO DEL CAPÍTULO

Principio del trabajo virtual

Las fuerzas que actúan sobre un cuerpo realizarán *trabajo virtual* cuando el cuerpo experimente un desplazamiento o una rotación diferencial *imaginario*.

$\delta y, \delta y'$, desplazamientos virtuales

$\delta\theta$, rotación virtual

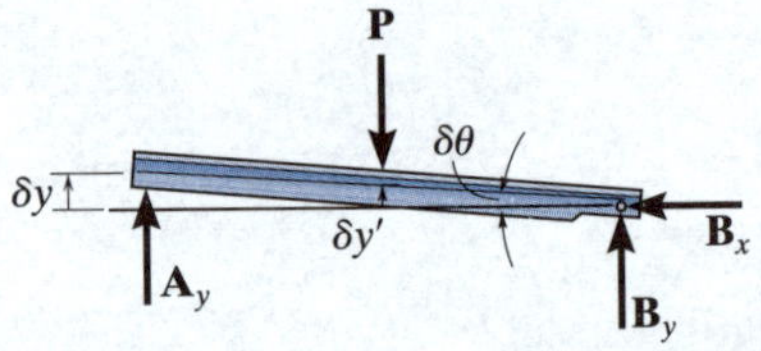

Para el equilibrio, la suma del trabajo virtual realizado por todas las fuerzas que actúan sobre el cuerpo debe ser igual a cero para cualquier desplazamiento virtual. A esto se le llama *principio del trabajo virtual*, y es útil para determinar la configuración de equilibrio de un mecanismo o de una fuerza de reacción que actúe sobre una serie de elementos conectados.

$$\delta U = 0$$

Si el sistema de elementos conectados tiene un grado de libertad, entonces su posición puede especificarse mediante una coordenada independiente como θ.

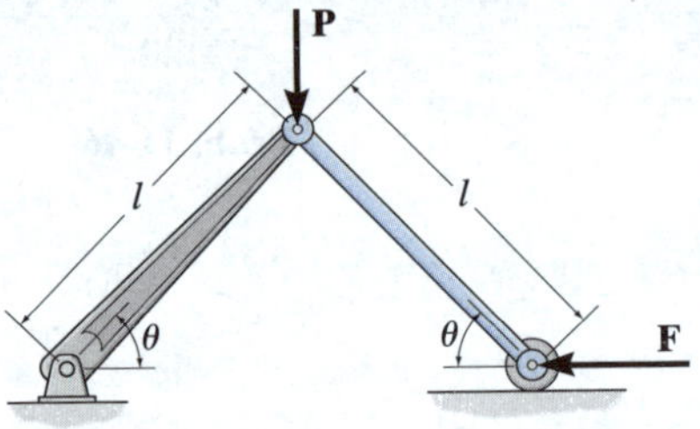

Para aplicar el principio del trabajo virtual, primero es necesario usar *coordenadas de posición* para localizar todas las fuerzas y los momentos actuantes sobre el mecanismo que efectuarán trabajo cuando éste experimente un movimiento virtual $\delta\theta$.

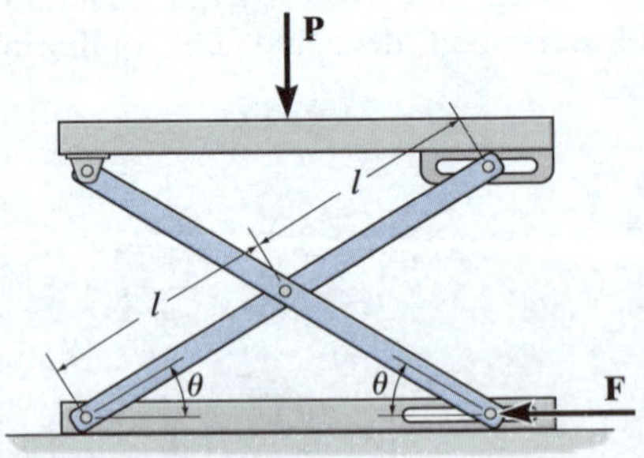

Las coordenadas se relacionan con la coordenada independiente θ, y entonces esas expresiones se diferencian para relacionar los desplazamientos coordenados *virtuales* con el desplazamiento virtual $\delta\theta$.

Por último, la ecuación del trabajo virtual para el mecanismo se escribe en función del desplazamiento virtual común $\delta\theta$ y luego se iguala a cero. Al factorizar $\delta\theta$ fuera de la ecuación, es posible determinar entonces la fuerza desconocida o el momento de par desconocido, o bien, la posición de equilibrio θ.

Criterio de la energía potencial para el equilibrio

Cuando un sistema está sometido sólo a fuerzas conservadoras, como las fuerzas del peso o las de un resorte, entonces la configuración del equilibrio puede determinarse con la *función V de la energía potencial* para el sistema.

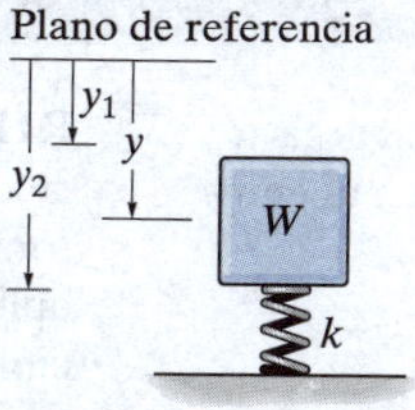

$$V = V_g + V_e = -Wy + \tfrac{1}{2}ky^2$$

La función de la energía potencial se establece al expresar la energía potencial del peso y del resorte, para el sistema en términos de la coordenada independiente q.

Una vez formulada la función de la energía potencial, su primera derivada se establece como igual a cero. La solución proporciona la posición de equilibrio q_{eq} para el sistema.

$$\frac{dV}{dq} = 0$$

La estabilidad del sistema se puede investigar si se toma la segunda derivada de V.

$$\frac{dV}{dq} = 0, \quad \frac{d^2V}{dq^2} > 0 \quad \text{equilibrio estable}$$

$$\frac{dV}{dq} = 0, \quad \frac{d^2V}{dq^2} < 0 \quad \text{equilibrio inestable}$$

$$\frac{dV}{dq} = \frac{d^2V}{dq^2} = \frac{d^3V}{dq^3} = \cdots = 0 \quad \text{equilibrio neutro}$$

PROBLEMAS DE REPASO

R11-1. La junta articulada se somete a la carga P. Determine la fuerza de compresión F que crea en el cilindro en A como una función de θ.

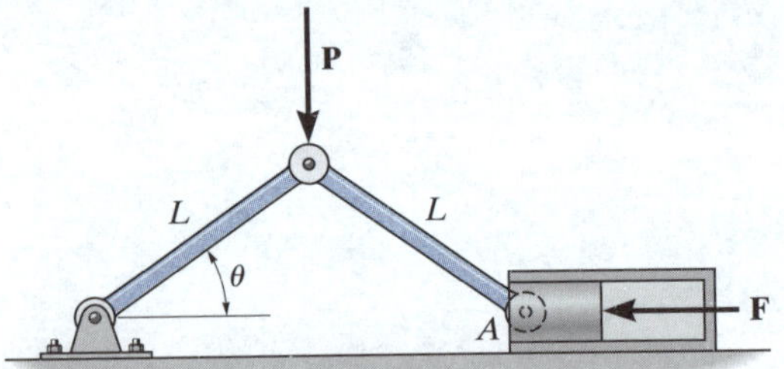

Prob. R11-1

R11-2. Los eslabones homogéneos AB y BC pesan 2 lb cada uno y el cilindro pesa 20 lb. Determine la fuerza horizontal **P** requerida para mantener el mecanismo en la posición cuando $\theta = 45°$. El resorte tiene una longitud sin estirar de 6 in.

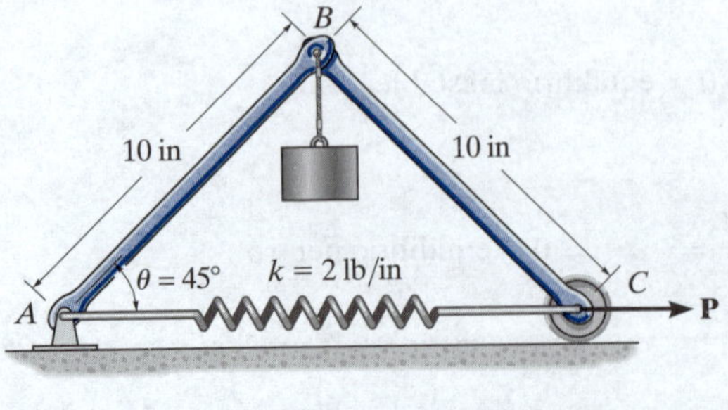

Prob. R11-2

R11-3. La prensa troqueladora está formada por la corredera R, la biela AB y un volante. Si se aplica un par de torsión de $M = 50$ N · m al volante, determine la fuerza **F** aplicada en la corredera para mantener la biela en la posición $\theta = 60°$.

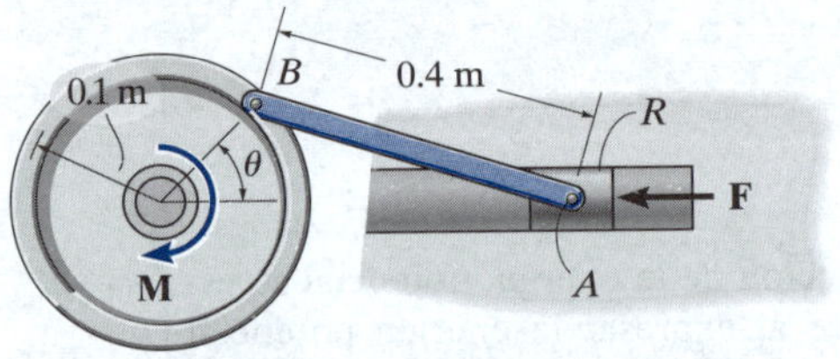

Prob. R11-3

R11-4. La barra homogénea AB pesa 10 lb. Si el resorte adjunto está sin estirar cuando $\theta = 90°$, utilice el método del trabajo virtual y determine el ángulo θ necesario para el equilibrio. Note que el resorte permanece siempre en posición vertical debido a la guía de rodillo.

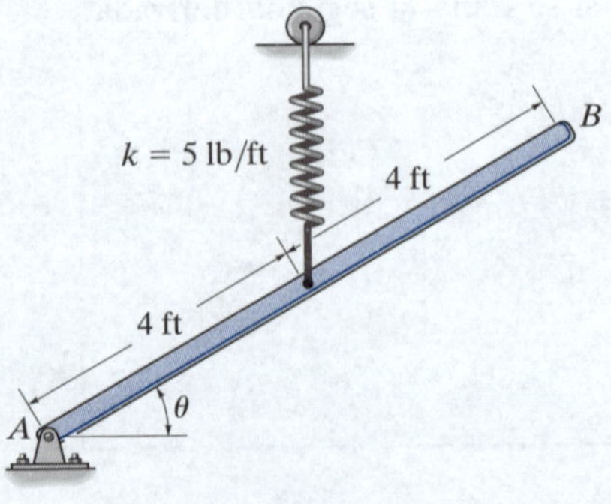

Prob. R11-4

R11-5. El resorte tiene una longitud sin estirar de 0.3 m. Determine el ángulo θ necesario para el equilibrio, si los eslabones homogéneos tienen una masa de 5 kg cada uno.

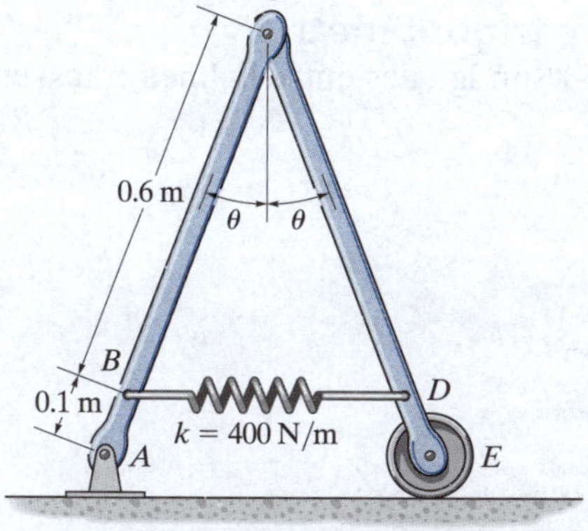

Prob. R11-5

R11-7. La barra homogénea AB pesa 100 lb. Si los dos resortes DE y BC no están estirados cuando $\theta = 90°$, determine el ángulo θ necesario para el equilibrio usando el principio de la energía potencial. Investigue la estabilidad en la posición de equilibrio. Ambos resortes actúan siempre en posición horizontal debido a las guías de rodillo en C y E.

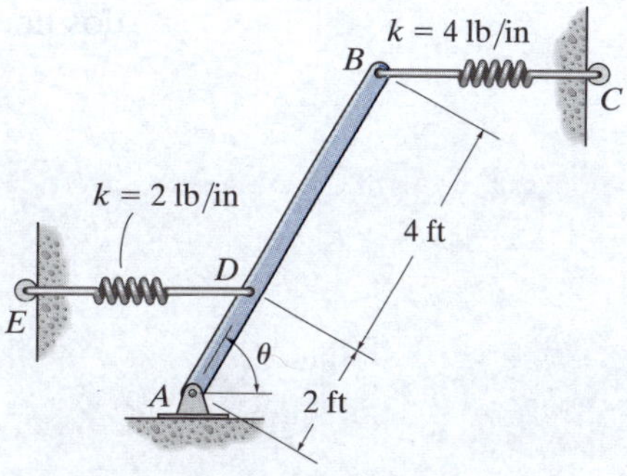

Prob. R11-7

R11-6. Determine el ángulo θ necesario para el equilibrio e investigue la estabilidad del mecanismo en esta posición. El resorte tiene una rigidez de $k = 1.5$ kN/m y no está estirado cuando $\theta = 90°$. El bloque A tiene una masa de 40 kg. No tome en cuenta la masa de los eslabones.

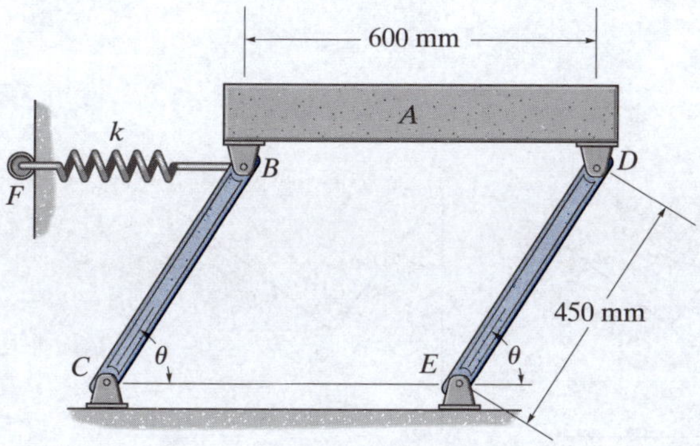

Prob. R11-6

R11-8. El resorte unido al mecanismo tiene una longitud no estirada cuando $\theta = 90°$. Determine la posición θ para el equilibrio e investigue la estabilidad del mecanismo en esta posición. El disco A está conectado al bastidor en B y tiene un peso de 20 lb. No tome en cuenta el peso de las barras.

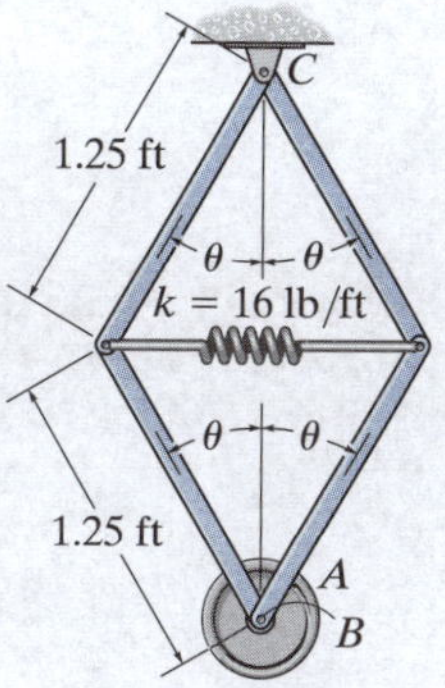

Prob. R11-8

APÉNDICE

A Repaso y expresiones matemáticas

Repaso de geometría y trigonometría

Los ángulos θ en la figura A-1 son iguales entre la línea transversal y las dos líneas paralelas.

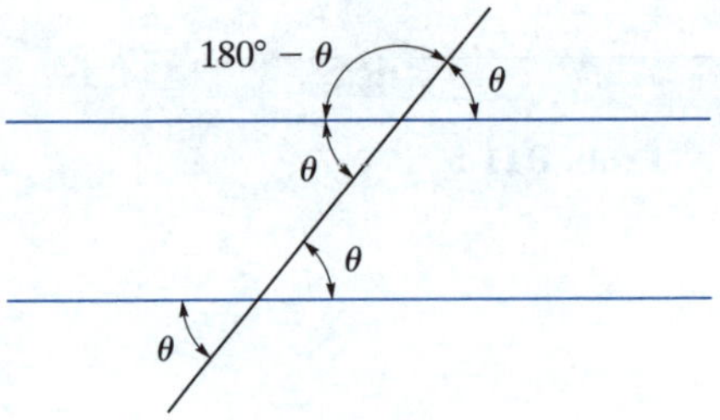

Fig. A-1

Para una línea y su normal, los ángulos θ de la figura A-2 son iguales.

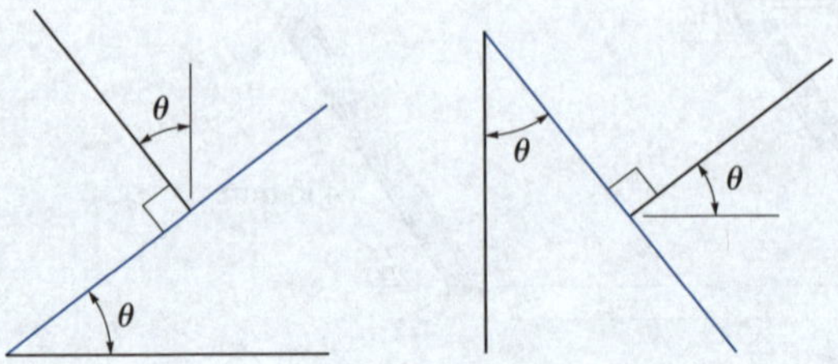

Fig. A-2

Para el círculo de la figura A-3, $s = \theta r$, de manera que cuando $\theta = 360° = 2\pi$ rad, entonces la circunferencia es $s = 2\pi r$. Además, como $180° = \pi$ rad, entonces θ (rad) $= (\pi/180°)\theta°$. El área del círculo es $A = \pi r^2$.

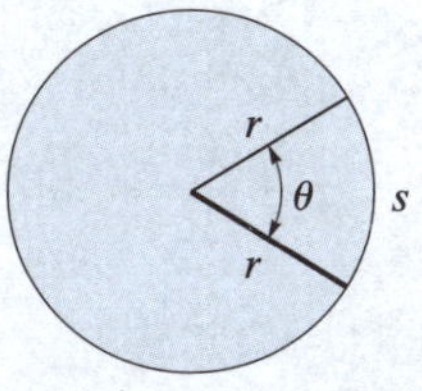

Fig. A-3

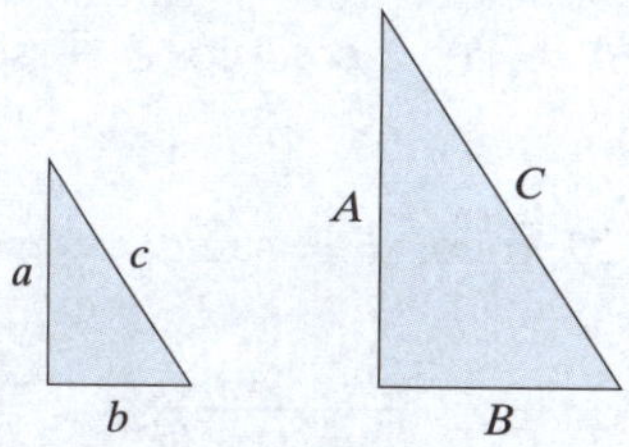

Fig. A-4

Los lados de un triángulo semejante se obtienen mediante proporción, como en la figura A-4, donde $\dfrac{a}{A} = \dfrac{b}{B} = \dfrac{c}{C}$.

Para el triángulo rectángulo de la figura A-5, el teorema de Pitágoras es

$$h = \sqrt{(o)^2 + (a)^2}$$

Las funciones trigonométricas son

$$\operatorname{sen}\theta = \frac{o}{h}$$

$$\cos\theta = \frac{a}{h}$$

$$\tan\theta = \frac{o}{a}$$

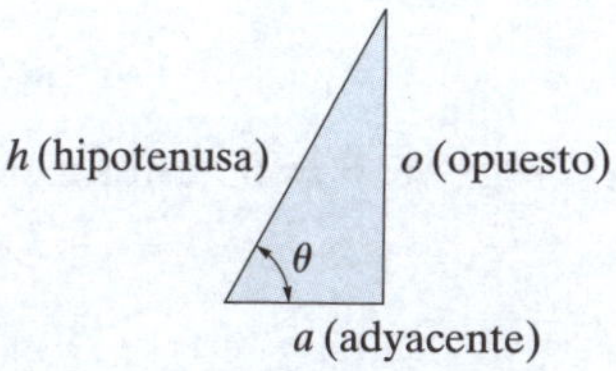

Fig. A-5

Lo anterior puede recordarse con facilidad como "soh, cah, toa", es decir, el seno es el opuesto sobre la hipotenusa, etcétera. A partir de esto se obtienen las demás funciones trigonométricas.

$$\csc\theta = \frac{1}{\operatorname{sen}\theta} = \frac{h}{o}$$

$$\sec\theta = \frac{1}{\cos\theta} = \frac{h}{a}$$

$$\cot\theta = \frac{1}{\tan\theta} = \frac{a}{o}$$

Identidades trigonométricas

$\text{sen}^2\,\theta + \cos^2\theta = 1$

$\text{sen}(\theta \pm \phi) = \text{sen}\,\theta\cos\phi \pm \cos\theta\,\text{sen}\,\phi$

$\text{sen}\,2\theta = 2\,\text{sen}\,\theta\cos\theta$

$\cos(\theta \pm \phi) = \cos\theta\cos\phi \mp \text{sen}\,\theta\,\text{sen}\,\phi$

$\cos 2\theta = \cos^2\theta - \text{sen}^2\,\theta$

$\cos\theta = \pm\sqrt{\dfrac{1+\cos 2\theta}{2}}$, $\text{sen}\,\theta = \pm\sqrt{\dfrac{1-\cos 2\theta}{2}}$

$\tan\theta = \dfrac{\text{sen}\,\theta}{\cos\theta}$

$1 + \tan^2\theta = \sec^2\theta \qquad 1 + \cot^2\theta = \csc^2\theta$

Fórmula cuadrática

Si $ax^2 + bx + c = 0$, entonces $x = \dfrac{-b \pm \sqrt{b^2 - 4ac}}{2a}$

Funciones hiperbólicas

$\text{senh}\,x = \dfrac{e^x - e^{-x}}{2}$,

$\cosh x = \dfrac{e^x + e^{-x}}{2}$,

$\tanh x = \dfrac{\text{senh}\,x}{\cosh x}$

Expansiones de series de potencias

$\text{sen}\,x = x - \dfrac{x^3}{3!} + \cdots$, $\cos x = 1 - \dfrac{x^2}{2!} + \cdots$

$\text{senh}\,x = x + \dfrac{x^3}{3!} + \cdots$, $\cosh x = 1 + \dfrac{x^2}{2!} + \cdots$

Derivadas

$\dfrac{d}{dx}(u^n) = nu^{n-1}\dfrac{du}{dx} \qquad \dfrac{d}{dx}(\text{sen}\,u) = \cos u\dfrac{du}{dx}$

$\dfrac{d}{dx}(uv) = u\dfrac{dv}{dx} + v\dfrac{du}{dx} \qquad \dfrac{d}{dx}(\cos u) = -\text{sen}\,u\dfrac{du}{dx}$

$\dfrac{d}{dx}\left(\dfrac{u}{v}\right) = \dfrac{v\dfrac{du}{dx} - u\dfrac{dv}{dx}}{v^2} \qquad \dfrac{d}{dx}(\tan u) = \sec^2 u\dfrac{du}{dx}$

$\dfrac{d}{dx}(\cot u) = -\csc^2 u\dfrac{du}{dx} \qquad \dfrac{d}{dx}(\text{senh}\,u) = \cosh u\dfrac{du}{dx}$

$\dfrac{d}{dx}(\sec u) = \tan u\sec u\dfrac{du}{dx} \qquad \dfrac{d}{dx}(\cosh u) = \text{senh}\,u\dfrac{du}{dx}$

$\dfrac{d}{dx}(\csc u) = -\csc u\cot u\dfrac{du}{dx}$

Integrales

$$\int x^n\,dx = \frac{x^{n+1}}{n+1} + C, n \neq -1$$

$$\int \frac{dx}{a+bx} = \frac{1}{b}\ln(a+bx) + C$$

$$\int \frac{dx}{a+bx^2} = \frac{1}{2\sqrt{-ab}}\ln\left[\frac{a+x\sqrt{-ab}}{a-x\sqrt{-ab}}\right] + C,\quad ab < 0$$

$$\int \frac{x\,dx}{a+bx^2} = \frac{1}{2b}\ln(bx^2+a) + C$$

$$\int \frac{x^2\,dx}{a+bx^2} = \frac{x}{b} - \frac{a}{b\sqrt{ab}}\tan^{-1}\frac{x\sqrt{ab}}{a} + C, ab > 0$$

$$\int \sqrt{a+bx}\,dx = \frac{2}{3b}\sqrt{(a+bx)^3} + C$$

$$\int x\sqrt{a+bx}\,dx = \frac{-2(2a-3bx)\sqrt{(a+bx)^3}}{15b^2} + C$$

$$\int x^2\sqrt{a+bx}\,dx = \frac{2(8a^2-12abx+15b^2x^2)\sqrt{(a+bx)^3}}{105b^3} + C$$

$$\int \sqrt{a^2-x^2}\,dx = \frac{1}{2}\left[x\sqrt{a^2-x^2} + a^2\,\mathrm{sen}^{-1}\frac{x}{a}\right] + C,\quad a > 0$$

$$\int x\sqrt{a^2-x^2}\,dx = -\frac{1}{3}\sqrt{(a^2-x^2)^3} + C$$

$$\int x^2\sqrt{a^2-x^2}\,dx = -\frac{x}{4}\sqrt{(a^2-x^2)^3} + \frac{a^2}{8}\left(x\sqrt{a^2-x^2} + a^2\,\mathrm{sen}^{-1}\frac{x}{a}\right) + C, a > 0$$

$$\int \sqrt{x^2 \pm a^2}\,dx = \frac{1}{2}\left[x\sqrt{x^2 \pm a^2} \pm a^2\ln\left(x+\sqrt{x^2 \pm a^2}\right)\right] + C$$

$$\int x\sqrt{x^2 \pm a^2}\,dx = \frac{1}{3}\sqrt{(x^2 \pm a^2)^3} + C$$

$$\int x^2\sqrt{x^2 \pm a^2}\,dx = \frac{x}{4}\sqrt{(x^2 \pm a^2)^3} \mp \frac{a^2}{8}x\sqrt{x^2 \pm a^2} - \frac{a^4}{8}\ln\left(x+\sqrt{x^2 \pm a^2}\right) + C$$

$$\int \frac{dx}{\sqrt{a+bx}} = \frac{2\sqrt{a+bx}}{b} + C$$

$$\int \frac{x\,dx}{\sqrt{x^2 \pm a^2}} = \sqrt{x^2 \pm a^2} + C$$

$$\int \frac{dx}{\sqrt{a+bx+cx^2}} = \frac{1}{\sqrt{c}}\ln\left[\sqrt{a+bx+cx^2} + x\sqrt{c} + \frac{b}{2\sqrt{c}}\right] + C, c > 0$$

$$= \frac{1}{\sqrt{-c}}\mathrm{sen}^{-1}\left(\frac{-2cx-b}{\sqrt{b^2-4ac}}\right) + C, c < 0$$

$$\int \mathrm{sen}\,x\,dx = -\cos x + C$$

$$\int \cos x\,dx = \mathrm{sen}\,x + C$$

$$\int x\cos(ax)\,dx = \frac{1}{a^2}\cos(ax) + \frac{x}{a}\mathrm{sen}(ax) + C$$

$$\int x^2\cos(ax)\,dx = \frac{2x}{a^2}\cos(ax) + \frac{a^2x^2-2}{a^3}\mathrm{sen}(ax) + C$$

$$\int e^{ax}\,dx = \frac{1}{a}e^{ax} + C$$

$$\int xe^{ax}\,dx = \frac{e^{ax}}{a^2}(ax-1) + C$$

$$\int \mathrm{senh}\,x\,dx = \cosh x + C$$

$$\int \cosh x\,dx = \mathrm{senh}\,x + C$$

A

Soluciones parciales y respuestas a los problemas fundamentales

Capítulo 2

F2-1.

$F_R = \sqrt{(2\text{ kN})^2 + (6\text{ kN})^2 - 2(2\text{ kN})(6\text{ kN})\cos 105°}$

$= 6.798\text{ kN} = 6.80\text{ kN}$ *Resp.*

$\frac{\text{sen}\,\phi}{6\text{ kN}} = \frac{\text{sen }105°}{6.798\text{ kN}}, \quad \phi = 58.49°$

$\theta = 45° + \phi = 45° + 58.49° = 103°$ *Resp.*

F2-2. $F_R = \sqrt{200^2 + 500^2 - 2(200)(500)\cos 140°}$

$= 666\text{ N}$ *Resp.*

F2-3. $F_R = \sqrt{600^2 + 800^2 - 2(600)(800)\cos 60°}$

$= 721.11\text{ N} = 721\text{ N}$ *Resp.*

$\frac{\text{sen}\,\alpha}{8\,00} = \frac{\text{sen }60°}{72\,1.11}; \quad \alpha = 73.90°$

$\phi = \alpha - 30° = 73.90° - 30° = 43.9°$ *Resp.*

F2-4. $\frac{F_u}{\text{sen }45°} = \frac{30}{\text{sen }105°}; \quad F_u = 22.0\text{ lb}$ *Resp.*

$\frac{F_v}{\text{sen }30°} = \frac{30}{\text{sen }105°}; \quad F_v = 15.5\text{ lb}$ *Resp.*

F2-5. $\frac{F_{AB}}{\text{sen }105°} = \frac{450}{\text{sen }30°}$

$F_{AB} = 869\text{ lb}$ *Resp.*

$\frac{F_{AC}}{\text{sen }45°} = \frac{450}{\text{sen }30°}$

$F_{AC} = 636\text{ lb}$ *Resp.*

F2-6. $\frac{F}{\text{sen }30°} = \frac{6}{\text{sen }105°} \quad F = 3.11\text{ kN}$ *Resp.*

$\frac{F_v}{\text{sen }45°} = \frac{6}{\text{sen }105°} \quad F_v = 4.39\text{ kN}$ *Resp.*

F2-7. $(F_1)_x = 0 \quad (F_1)_y = 300\text{ N}$ *Resp.*

$(F_2)_x = -(450\text{ N})\cos 45° = -318\text{ N}$ *Resp.*

$(F_2)_y = (450\text{ N})\text{ sen }45° = 318\text{ N}$ *Resp.*

$(F_3)_x = \left(\frac{3}{5}\right)600\text{ N} = 360\text{ N}$ *Resp.*

$(F_3)_y = \left(\frac{4}{5}\right)600\text{ N} = 480\text{ N}$ *Resp.*

F2-8. $F_{Rx} = 300 + 400\cos 30° - 250\left(\frac{4}{5}\right) = 446.4\text{ N}$

$F_{Ry} = 400\text{ sen }30° + 250\left(\frac{3}{5}\right) = 350\text{ N}$

$F_R = \sqrt{(446.4)^2 + 350^2} = 567\text{ N}$ *Resp.*

$\theta = \tan^{-1}\frac{350}{446.4} = 38.1°\measuredangle$ *Resp.*

F2-9.

$\overset{+}{\rightarrow}(F_R)_x = \Sigma F_x;$

$(F_R)_x = -(700\text{ lb})\cos 30° + 0 + \left(\frac{3}{5}\right)(600\text{ lb})$

$= -246.22\text{ lb}$

$+\uparrow(F_R)_y = \Sigma F_y;$

$(F_R)_y = -(700\text{ lb})\text{ sen }30° - 400\text{ lb} - \left(\frac{4}{5}\right)(600\text{ lb})$

$= -1230\text{ lb}$

$F_R = \sqrt{(246.22\text{ lb})^2 + (1230\text{ lb})^2} = 1254\text{ lb}$ *Resp.*

$\phi = \tan^{-1}\left(\frac{1230\text{ lb}}{246.22\text{ lb}}\right) = 78.68°$

$\theta = 180° + \phi = 180° + 78.68° = 259°$ *Resp.*

F2-10. $\overset{+}{\rightarrow}(F_R)_x = \Sigma F_x;$

$750\text{ N} = F\cos\theta + \left(\frac{5}{13}\right)(325\text{ N}) + (600\text{ N})\cos 45°$

$+\uparrow(F_R)_y = \Sigma F_y;$

$0 = F\text{ sen }\theta + \left(\frac{12}{13}\right)(325\text{ N}) - (600\text{ N})\text{sen }45°$

$\tan\theta = 0.6190 \quad \theta = 31.76° = 31.8°\measuredangle$ *Resp.*

$F = 236\text{ N}$ *Resp.*

F2-11. $\overset{+}{\rightarrow}(F_R)_x = \Sigma F_x;$

$(80\text{ lb})\cos 45° = F\cos\theta + 50\text{ lb} - \left(\frac{3}{5}\right)90\text{ lb}$

$+\uparrow(F_R)_y = \Sigma F_y;$

$-(80\text{ lb})\text{ sen }45° = F\text{ sen }\theta - \left(\frac{4}{5}\right)(90\text{ lb})$

$\tan\theta = 0.2547 \quad \theta = 14.29° = 14.3°\measuredangle$ *Resp.*

$F = 62.5\text{ lb}$ *Resp.*

F2-12. $(F_R)_x = 15\left(\frac{4}{5}\right) + 0 + 15\left(\frac{4}{5}\right) = 24\text{ kN}\rightarrow$

$(F_R)_y = 15\left(\frac{3}{5}\right) + 20 - 15\left(\frac{3}{5}\right) = 20\text{ kN}\uparrow$

$F_R = 31.2\text{ kN}$ *Resp.*

$\theta = 39.8°$ *Resp.*

F2-13. $F_x = 75\cos 30°\text{ sen }45° = 45.93\text{ lb}$

$F_y = 75\cos 30°\cos 45° = 45.93\text{ lb}$

$F_z = -75\text{ sen }30° = -37.5\text{ lb}$

$\alpha = \cos^{-1}\left(\frac{45.93}{75}\right) = 52.2°$ *Resp.*

$\beta = \cos^{-1}\left(\frac{45.93}{75}\right) = 52.2°$ *Resp.*

$\gamma = \cos^{-1}\left(\frac{-37.5}{75}\right) = 120°$ *Resp.*

F2-14. $\cos\beta = \sqrt{1 - \cos^2 120° - \cos^2 60°} = \pm 0.7071$

Se requiere $\beta = 135°$.

$\mathbf{F} = F\mathbf{u}_F = (500\text{ N})(-0.5\mathbf{i} - 0.7071\mathbf{j} + 0.5\mathbf{k})$

$= \{-250\mathbf{i} - 354\mathbf{j} + 250\mathbf{k}\}\text{ N}$ *Resp.*

F2-15. $\cos^2\alpha + \cos^2 135° + \cos^2 120° = 1$

$\alpha = 60°$

$\mathbf{F} = F\mathbf{u}_F = (500\text{ N})(0.5\mathbf{i} - 0.7071\mathbf{j} - 0.5\mathbf{k})$

$= \{250\mathbf{i} - 354\mathbf{j} - 250\mathbf{k}\}\text{ N}$ *Resp.*

F2-16. $F_z = (50\text{ lb})\text{ sen } 45° = 35.36\text{ lb}$

$F' = (50\text{ lb})\cos 45° = 35.36\text{ lb}$

$F_x = \left(\frac{3}{5}\right)(35.36\text{ lb}) = 21.21\text{ lb}$

$F_y = \left(\frac{4}{5}\right)(35.36\text{ lb}) = 28.28\text{ lb}$

$\mathbf{F} = \{-21.2\mathbf{i} + 28.3\mathbf{j} + 35.4\mathbf{k}\}\text{ lb}$ *Resp.*

F2-17. $F_z = (750\text{ N})\text{ sen } 45° = 530.33\text{ N}$

$F' = (750\text{ N})\cos 45° = 530.33\text{ N}$

$F_x = (530.33\text{ N})\cos 60° = 265.2\text{ N}$

$F_y = (530.33\text{ N})\text{ sen } 60° = 459.3\text{ N}$

$\mathbf{F}_2 = \{265\mathbf{i} - 459\mathbf{j} + 530\mathbf{k}\}\text{ N}$ *Resp.*

F2-18. $\mathbf{F}_1 = \left(\frac{4}{5}\right)(500\text{ lb})\,\mathbf{j} + \left(\frac{3}{5}\right)(500\text{ lb})\mathbf{k}$

$= \{400\mathbf{j} + 300\mathbf{k}\}\text{ lb}$

$\mathbf{F}_2 = [(800\text{ lb})\cos 45°]\cos 30°\,\mathbf{i}$

$+ [(800\text{ lb})\cos 45°]\text{ sen } 30°\mathbf{j}$

$+ (800\text{ lb})\text{ sen } 45°\,(-\mathbf{k})$

$= \{489.90\mathbf{i} + 282.84\mathbf{j} - 565.69\mathbf{k}\}\text{ lb}$

$\mathbf{F}_R = \mathbf{F}_1 + \mathbf{F}_2 = \{490\mathbf{i} + 683\mathbf{j} - 266\mathbf{k}\}\text{ lb}$ *Resp.*

F2-19. $\mathbf{r}_{AB} = \{-6\mathbf{i} + 6\mathbf{j} + 3\mathbf{k}\}\text{ m}$ *Resp.*

$r_{AB} = \sqrt{(-6\text{ m})^2 + (6\text{ m})^2 + (3\text{ m})^2} = 9\text{ m}$ *Resp.*

$\alpha = 132°,\quad \beta = 48.2°,\quad \gamma = 70.5°$ *Resp.*

F2-20. $\mathbf{r}_{AB} = \{-4\mathbf{i} + 2\mathbf{j} + 4\mathbf{k}\}\text{ ft}$ *Resp.*

$r_{AB} = \sqrt{(-4\text{ ft})^2 + (2\text{ ft})^2 + (4\text{ ft})^2} = 6\text{ ft}$ *Resp.*

$\alpha = \cos^{-1}\left(\frac{-4\text{ ft}}{6\text{ ft}}\right) = 131.8°$

$\theta = 180° - 131.8° = 48.2°$ *Resp.*

F2-21. $\mathbf{r}_{AB} = \{2\mathbf{i} + 3\mathbf{j} - 6\mathbf{k}\}\text{ m}$

$\mathbf{F}_{AB} = F_{AB}\mathbf{u}_{AB}$

$= (630\text{ N})\left(\frac{2}{7}\mathbf{i} + \frac{3}{7}\mathbf{j} - \frac{6}{7}\mathbf{k}\right)$

$= \{180\mathbf{i} + 270\mathbf{j} - 540\mathbf{k}\}\text{ N}$ *Resp.*

F2-22. $\mathbf{F} = F\mathbf{u}_{AB} = 900\text{N}\left(-\frac{4}{9}\mathbf{i} + \frac{7}{9}\mathbf{j} - \frac{4}{9}\mathbf{k}\right)$

$= \{-400\mathbf{i} + 700\mathbf{j} - 400\mathbf{k}\}\text{ N}$ *Resp.*

F2-23. $\mathbf{F}_B = F_B\mathbf{u}_B$

$= (840\text{ N})\left(\frac{3}{7}\mathbf{i} - \frac{2}{7}\mathbf{j} - \frac{6}{7}\mathbf{k}\right)$

$= \{360\mathbf{i} - 240\mathbf{j} - 720\mathbf{k}\}\text{ N}$

$\mathbf{F}_C = F_C\mathbf{u}_C$

$= (420\text{ N})\left(\frac{2}{7}\mathbf{i} + \frac{3}{7}\mathbf{j} - \frac{6}{7}\mathbf{k}\right)$

$= \{120\mathbf{i} + 180\mathbf{j} - 360\mathbf{k}\}\text{ N}$

$F_R = \sqrt{(480\text{ N})^2 + (-60\text{ N})^2 + (-1080\text{ N})^2}$

$= 1.18\text{ kN}$ *Resp.*

F2-24. $\mathbf{F}_B = F_B\mathbf{u}_B$

$= (600\text{ lb})\left(-\frac{1}{3}\mathbf{i} + \frac{2}{3}\mathbf{j} - \frac{2}{3}\mathbf{k}\right)$

$= \{-200\mathbf{i} + 400\mathbf{j} - 400\mathbf{k}\}\text{ lb}$

$\mathbf{F}_C = F_C\mathbf{u}_C$

$= (490\text{ lb})\left(-\frac{6}{7}\mathbf{i} + \frac{3}{7}\mathbf{j} - \frac{2}{7}\mathbf{k}\right)$

$= \{-420\mathbf{i} + 210\mathbf{j} - 140\mathbf{k}\}\text{ lb}$

$\mathbf{F}_R = \mathbf{F}_B + \mathbf{F}_C = \{-620\mathbf{i} + 610\mathbf{j} - 540\mathbf{k}\}\text{ lb}$ *Resp.*

F2-25. $\mathbf{u}_{AO} = -\frac{1}{3}\mathbf{i} + \frac{2}{3}\mathbf{j} - \frac{2}{3}\mathbf{k}$

$\mathbf{u}_F = -0.5345\mathbf{i} + 0.8018\mathbf{j} + 0.2673\mathbf{k}$

$\theta = \cos^{-1}(\mathbf{u}_{AO} \cdot \mathbf{u}_F) = 57.7°$ *Resp.*

F2-26. $\mathbf{u}_{AB} = -\frac{3}{5}\mathbf{j} + \frac{4}{5}\mathbf{k}$

$\mathbf{u}_F = \frac{4}{5}\mathbf{i} - \frac{3}{5}\mathbf{j}$

$\theta = \cos^{-1}(\mathbf{u}_{AB} \cdot \mathbf{u}_F) = 68.9°$ *Resp.*

F2-27. $\mathbf{u}_{OA} = \frac{12}{13}\mathbf{i} + \frac{5}{13}\mathbf{j}$

$\mathbf{u}_{OA} \cdot \mathbf{j} = u_{OA}(1)\cos\theta$

$\cos\theta = \frac{5}{13};\quad \theta = 67.4°$ *Resp.*

F2-28. $\mathbf{u}_{OA} = \frac{12}{13}\mathbf{i} + \frac{5}{13}\mathbf{j}$

$\mathbf{F} = F\mathbf{u}_F = [650\mathbf{j}]\text{ N}$

$F_{OA} = \mathbf{F} \cdot \mathbf{u}_{OA} = 250\text{ N}$

$\mathbf{F}_{OA} = F_{OA}\,\mathbf{u}_{OA} = \{231\mathbf{i} + 96.2\mathbf{j}\}\text{ N}$ *Resp.*

F2-29. $\mathbf{F} = (400\text{ N})\dfrac{\{4\,\mathbf{i} + 1\,\mathbf{j} - 6\,\mathbf{k}\}\text{ m}}{\sqrt{(4\text{ m})^2 + (1\text{ m})^2 + (-6\text{ m})^2}}$

$= \{219.78\mathbf{i} + 54.94\mathbf{j} - 329.67\mathbf{k}\}\text{ N}$

$\mathbf{u}_{AO} = \dfrac{\{-4\,\mathbf{j} - 6\,\mathbf{k}\}\text{ m}}{\sqrt{(-4\text{ m})^2 + (-6\text{ m})^2}}$

$= -0.5547\mathbf{j} - 0.8321\mathbf{k}$

$(F_{AO})_{\text{proj}} = \mathbf{F}\cdot\mathbf{u}_{AO} = 244\text{ N}$ *Resp.*

F2-30. $\mathbf{F} = [(-600\text{ lb})\cos 60°]\text{ sen }30°\,\mathbf{i}$

$+ [(600\text{ lb})\cos 60°]\cos 30°\,\mathbf{j}$

$+ [(600\text{ lb})\text{ sen }60°]\,\mathbf{k}$

$= \{-150\mathbf{i} + 259.81\mathbf{j} + 519.62\mathbf{k}\}\text{ lb}$

$\mathbf{u}_A = -\frac{2}{3}\mathbf{i} + \frac{2}{3}\mathbf{j} + \frac{1}{3}\mathbf{k}$

$(F_A)_{\text{par}} = \mathbf{F}\cdot\mathbf{u}_A = 446.41\text{ lb} = 446\text{ lb}$ *Resp.*

$(F_A)_{\text{per}} = \sqrt{(600\text{ lb})^2 - (446.41\text{ lb})^2}$

$= 401\text{ lb}$ *Resp.*

F2-31. $\mathbf{F} = 56\text{ N}(\frac{3}{7}\mathbf{i} - \frac{6}{7}\mathbf{j} + \frac{2}{7}\mathbf{k})$

$= \{24\mathbf{i} - 48\mathbf{j} + 16\mathbf{k}\}\text{ N}$

$(F_{AO})_{\|} = \mathbf{F}\cdot\mathbf{u}_{AO} = (24\mathbf{i} - 48\mathbf{j} + 16\mathbf{k})\cdot(\frac{3}{7}\mathbf{i} - \frac{6}{7}\mathbf{j} - \frac{2}{7}\mathbf{k})$

$= 46.86\text{ N} = 46.9\text{ N}$ *Resp.*

$(F_{AO})_{\perp} = \sqrt{F^2 - (F_{AO})_{\|}} = \sqrt{(56)^2 - (46.86)^2}$

$= 30.7\text{ N}$ *Resp.*

Capítulo 3

F3-1. $\overset{+}{\rightarrow}\Sigma F_x = 0;\ \frac{4}{5}F_{AC} - F_{AB}\cos 30° = 0$

$+\uparrow\Sigma F_y = 0;\ \frac{3}{5}F_{AC} + F_{AB}\text{ sen }30° - 550 = 0$

$F_{AB} = 478\text{ lb}$ *Resp.*

$F_{AC} = 518\text{ lb}$ *Resp.*

F3-2. $+\uparrow\Sigma F_y = 0;\ -2(1500)\text{ sen }\theta + 700 = 0$

$\theta = 13.5°$

$L_{ABC} = 2\left(\frac{5\text{ ft}}{\cos 13.5°}\right) = 10.3\text{ ft}$ *Resp.*

F3-3. $\overset{+}{\rightarrow}\Sigma F_x = 0;\quad T\cos\theta - T\cos\phi = 0$

$\phi = \theta$

$+\uparrow\Sigma F_y = 0;\quad 2T\text{ sen }\theta - 49.05\text{ N} = 0$

$\theta = \tan^{-1}\left(\frac{0.15\text{ m}}{0.2\text{ m}}\right) = 36.87°$

$T = 40.9\text{ N}$ *Resp.*

F3-4. $+\nearrow\Sigma F_x = 0;\ \frac{4}{5}(F_{sp}) - 5(9.81)\text{ sen }45° = 0$

$F_{sp} = 43.35\text{ N}$

$F_{sp} = k(l - l_0);\ 43.35 = 200(0.5 - l_0)$

$l_0 = 0.283\text{ m}$ *Resp.*

F3-5. $+\uparrow\Sigma F_y = 0;\quad (392.4\text{ N})\text{sen }30° - m_A(9.81) = 0$

$m_A = 20\text{ kg}$ *Resp.*

F3-6. $+\uparrow\Sigma F_y = 0;\quad T_{AB}\text{ sen }15° - 10(9.81)\text{ N} = 0$

$T_{AB} = 379.03\text{ N} = 379\text{ N}$ *Resp.*

$\overset{+}{\rightarrow}\Sigma F_x = 0;\quad T_{BC} - 379.03\text{ N}\cos 15° = 0$

$T_{BC} = 366.11\text{ N} = 366\text{ N}$ *Resp.*

$\overset{+}{\rightarrow}\Sigma F_x = 0;\quad T_{CD}\cos\theta - 366.11\text{ N} = 0$

$+\uparrow\Sigma F_y = 0;\quad T_{CD}\text{ sen }\theta - 15(9.81)\text{ N} = 0$

$T_{CD} = 395\text{ N}$ *Resp.*

$\theta = 21.9°$ *Resp.*

F3-7. $\Sigma F_x = 0;\quad [(\frac{3}{5})F_3](\frac{3}{5}) + 600\text{ N} - F_2 = 0$ (1)

$\Sigma F_y = 0;\quad (\frac{4}{5})F_1 - [(\frac{3}{5})F_3](\frac{4}{5}) = 0$ (2)

$\Sigma F_z = 0;\quad (\frac{4}{5})F_3 + (\frac{3}{5})F_1 - 900\text{ N} = 0$ (3)

$F_3 = 776\text{ N}$ *Resp.*

$F_1 = 466\text{ N}$ *Resp.*

$F_2 = 879\text{ N}$ *Resp.*

F3-8. $\Sigma F_z = 0;\quad F_{AD}(\frac{4}{5}) - 900 = 0$

$F_{AD} = 1125\text{ N} = 1.125\text{ kN}$ *Resp.*

$\Sigma F_y = 0;\quad F_{AC}(\frac{4}{5}) - 1125(\frac{3}{5}) = 0$

$F_{AC} = 843.75\text{ N} = 844\text{ N}$ *Resp.*

$\Sigma F_x = 0;\quad F_{AB} - 843.75(\frac{3}{5}) = 0$

$F_{AB} = 506.25\text{ N} = 506\text{ N}$ *Resp.*

F3-9. $\mathbf{F}_{AD} = F_{AD}\left(\frac{\mathbf{r}_{AD}}{r_{AD}}\right) = \frac{1}{3}F_{AD}\mathbf{i} - \frac{2}{3}F_{AD}\mathbf{j} + \frac{2}{3}F_{AD}\mathbf{k}$

$\Sigma F_z = 0;\quad \frac{2}{3}F_{AD} - 600 = 0$

$F_{AD} = 900\text{ N}$ *Resp.*

$\Sigma F_y = 0;\quad F_{AB}\cos 30° - \frac{2}{3}(900) = 0$

$F_{AB} = 692.82\text{ N} = 693\text{ N}$ *Resp.*

$\Sigma F_x = 0;\quad \frac{1}{3}(900) + 692.82\text{ sen }30° - F_{AC} = 0$

$F_{AC} = 646.41\text{ N} = 646\text{ N}$ *Resp.*

F3-10. $\mathbf{F}_{AC} = F_{AC}\{-\cos 60°\text{ sen }30°\,\mathbf{i}$

$+ \cos 60°\cos 30°\,\mathbf{j} + \text{sen }60°\,\mathbf{k}\}$

$= -0.25F_{AC}\mathbf{i} + 0.4330F_{AC}\mathbf{j} + 0.8660F_{AC}\mathbf{k}$

$\mathbf{F}_{AD} = F_{AD}\{\cos 120°\,\mathbf{i} + \cos 120°\,\mathbf{j} + \cos 45°\,\mathbf{k}\}$

$= -0.5F_{AD}\mathbf{i} - 0.5F_{AD}\mathbf{j} + 0.7071F_{AD}\mathbf{k}$

$\Sigma F_y = 0;\quad 0.4330F_{AC} - 0.5F_{AD} = 0$

$\Sigma F_z = 0;\quad 0.8660F_{AC} + 0.7071F_{AD} - 300 = 0$

$F_{AD} = 175.74\text{ lb} = 176\text{ lb}$ *Resp.*

$F_{AC} = 202.92\text{ lb} = 203\text{ lb}$ *Resp.*

$\Sigma F_x = 0;\quad F_{AB} - 0.25(202.92) - 0.5(175.74) = 0$

$F_{AB} = 138.60\text{ lb} = 139\text{ lb}$ *Resp.*

F3-11. $\mathbf{F}_B = F_B\left(\frac{\mathbf{r}_{AB}}{r_{AB}}\right)$

$= F_B\left[\frac{\{-6\mathbf{i} + 3\mathbf{j} + 2\mathbf{k}\}\text{ ft}}{\sqrt{(-6\text{ ft})^2 + (3\text{ ft})^2 + (2\text{ ft})^2}}\right]$

$= -\frac{6}{7}F_B\mathbf{i} + \frac{3}{7}F_B\mathbf{j} + \frac{2}{7}F_B\mathbf{k}$

$\mathbf{F}_C = F_C\left(\frac{\mathbf{r}_{AC}}{r_{AC}}\right)$

$= F_C\left[\frac{\{-6\mathbf{i} - 2\mathbf{j} + 3\mathbf{k}\}\text{ ft}}{\sqrt{(-6\text{ ft})^2 + (-2\text{ ft})^2 + (3\text{ft})^2}}\right]$

$= -\frac{6}{7}F_C\mathbf{i} - \frac{2}{7}F_C\mathbf{j} + \frac{3}{7}F_C\mathbf{k}$

$\mathbf{F}_D = F_D\mathbf{i}$

$\mathbf{W} = \{-150\mathbf{k}\}$ lb

$\Sigma F_x = 0;\ -\frac{6}{7}F_B - \frac{6}{7}F_C + F_D = 0$ (1)

$\Sigma F_y = 0;\ \frac{3}{7}F_B - \frac{2}{7}F_C = 0$ (2)

$\Sigma F_z = 0;\ \frac{2}{7}F_B + \frac{3}{7}F_C - 150 = 0$ (3)

$F_B = 162$ lb *Resp.*

$F_C = 1.5(162\text{ lb}) = 242$ lb *Resp.*

$F_D = 346.15\text{ lb} = 346$ lb *Resp.*

Capítulo 4

F4-1. $\zeta + M_O = -\left(\frac{4}{5}\right)(100\text{ N})(2\text{ m}) - \left(\frac{3}{5}\right)(100\text{ N})(5\text{ m})$

$= -460\text{ N}\cdot\text{m} = 460\text{ N}\cdot\text{m}$ ↻ *Resp.*

F4-2. $\zeta + M_O = [(300\text{ N})\text{ sen }30°][0.4\text{ m} + (0.3\text{ m})\cos 45°]$

$- [(300\text{ N})\cos 30°][(0.3\text{ m})\text{ sen }45°]$

$= 36.7\text{ N}\cdot\text{m}$ *Resp.*

F4-3. $\zeta + M_O = (600\text{ lb})(4\text{ ft} + (3\text{ ft})\cos 45° - 1\text{ ft})$

$= 3.07\text{ kip}\cdot\text{ft}$ *Resp.*

F4-4. $\zeta + M_O = 50\text{ sen }60°\ (0.1 + 0.2\cos 45° + 0.1)$

$- 50\cos 60°(0.2\text{ sen }45°)$

$= 11.2\text{ N}\cdot\text{m}$ *Resp.*

F4-5. $\zeta + M_O = 600\text{ sen }50°\ (5) + 600\cos 50°\ (0.5)$

$= 2.49\text{ kip}\cdot\text{ft}$ *Resp.*

F4-6. $\zeta + M_O = 500\text{ sen }45°\ (3 + 3\cos 45°)$

$- 500\cos 45°\ (3\text{ sen }45°)$

$= 1.06\text{ kN}\cdot\text{m}$ *Resp.*

F4-7. $\zeta + (M_R)_O = \Sigma Fd;$

$(M_R)_O = -(600\text{ N})(1\text{ m})$

$+ (500\text{ N})[3\text{ m} + (2.5\text{ m})\cos 45°]$

$- (300\text{ N})[(2.5\text{ m})\text{ sen }45°]$

$= 1254\text{ N}\cdot\text{m} = 1.25\text{ kN}\cdot\text{m}$ *Resp.*

F4-8. $\zeta + (M_R)_O = \Sigma Fd;$

$(M_R)_O = \left[\left(\frac{3}{5}\right)500\text{ N}\right](0.425\text{ m})$

$- \left[\left(\frac{4}{5}\right)500\text{ N}\right](0.25\text{ m})$

$- [(600\text{ N})\cos 60°](0.25\text{ m})$

$- [(600\text{ N})\text{ sen }60°](0.425\text{ m})$

$= -268\text{ N}\cdot\text{m} = 268\text{ N}\cdot\text{m}$ ↻ *Resp.*

F4-9. $\zeta + (M_R)_O = \Sigma Fd;$

$(M_R)_O = (300\cos 30°\text{ lb})(6\text{ ft} + 6\text{ sen }30°\text{ ft})$

$- (300\text{ sen }30°\text{ lb})(6\cos 30°\text{ ft})$

$+ (200\text{ lb})(6\cos 30°\text{ ft})$

$= 2.60\text{ kip}\cdot\text{ft}$ *Resp.*

F4-10. $\mathbf{F} = F\mathbf{u}_{AB} = 500\text{ N}\left(\frac{4}{5}\mathbf{i} - \frac{3}{5}\mathbf{j}\right) = \{400\mathbf{i} - 300\mathbf{j}\}$ N

$\mathbf{M}_O = \mathbf{r}_{OA} \times \mathbf{F} = \{3\mathbf{j}\}\text{ m} \times \{400\mathbf{i} - 300\mathbf{j}\}$ N

$= \{-1200\mathbf{k}\}\text{ N}\cdot\text{m}$ *Resp.*

o

$\mathbf{M}_O = \mathbf{r}_{OB} \times \mathbf{F} = \{4\mathbf{i}\}\text{ m} \times \{400\mathbf{i} - 300\mathbf{j}\}$ N

$= \{-1200\mathbf{k}\}\text{ N}\cdot\text{m}$ *Resp.*

F4-11. $\mathbf{F} = F\mathbf{u}_{BC}$

$= 120\text{ lb}\left[\frac{\{4\,\mathbf{i} - 4\,\mathbf{j} - 2\,\mathbf{k}\}\text{ ft}}{\sqrt{(4\text{ ft})^2 + (-4\text{ ft})^2 + (-2\text{ ft})^2}}\right]$

$= \{80\mathbf{i} - 80\mathbf{j} - 40\mathbf{k}\}$ lb

$$\mathbf{M}_O = \mathbf{r}_C \times \mathbf{F} = \begin{vmatrix} \mathbf{i} & \mathbf{j} & \mathbf{k} \\ 5 & 0 & 0 \\ 80 & -80 & -40 \end{vmatrix}$$

$= \{200\mathbf{j} - 400\mathbf{k}\}\text{ lb}\cdot\text{ft}$ *Resp.*

o

$$\mathbf{M}_O = \mathbf{r}_B \times \mathbf{F} = \begin{vmatrix} \mathbf{i} & \mathbf{j} & \mathbf{k} \\ 1 & 4 & 2 \\ 80 & -80 & -40 \end{vmatrix}$$

$= \{200\mathbf{j} - 400\mathbf{k}\}\text{ lb}\cdot\text{ft}$ *Resp.*

F4-12. $\mathbf{F}_R = \mathbf{F}_1 + \mathbf{F}_2$

$= \{(100 - 200)\mathbf{i} + (-120 + 250)\mathbf{j}$

$+ (75 + 100)\mathbf{k}\}$ lb

$= \{-100\mathbf{i} + 130\mathbf{j} + 175\mathbf{k}\}$ lb

$$(\mathbf{M}_R)_O = \mathbf{r}_A \times \mathbf{F}_R = \begin{vmatrix} \mathbf{i} & \mathbf{j} & \mathbf{k} \\ 4 & 5 & 3 \\ -100 & 130 & 175 \end{vmatrix}$$

$= \{485\mathbf{i} - 1000\mathbf{j} + 1020\mathbf{k}\}\text{ lb}\cdot\text{ft}$ *Resp.*

F4-13. $M_x = \mathbf{i}\cdot(\mathbf{r}_{OB}\times\mathbf{F}) = \begin{vmatrix} 1 & 0 & 0 \\ 0.3 & 0.4 & -0.2 \\ 300 & -200 & 150 \end{vmatrix}$

$= 20\ \text{N}\cdot\text{m}$ *Resp.*

F4-14. $\mathbf{u}_{OA} = \dfrac{\mathbf{r}_A}{r_A} = \dfrac{\{0.3\mathbf{i} + 0.4\mathbf{j}\}\ \text{m}}{\sqrt{(0.3\ \text{m})^2 + (0.4\ \text{m})^2}} = 0.6\,\mathbf{i} + 0.8\,\mathbf{j}$

$M_{OA} = \mathbf{u}_{OA}\cdot(\mathbf{r}_{AB}\times\mathbf{F}) = \begin{vmatrix} 0.6 & 0.8 & 0 \\ 0 & 0 & -0.2 \\ 300 & -200 & 150 \end{vmatrix}$

$= -72\ \text{N}\cdot\text{m}$ *Resp.*

$|M_{OA}| = 72\ \text{N}\cdot\text{m}$

F4-15. Análisis escalar

Las magnitudes de las componentes de fuerza son

$F_x = |200\cos 120^\circ| = 100\ \text{N}$

$F_y = 200\cos 60^\circ = 100\ \text{N}$

$F_z = 200\cos 45^\circ = 141.42\ \text{N}$

$M_x = -F_y(z) + F_z(y)$

$= -(100\ \text{N})(0.25\ \text{m}) + (141.42\ \text{N})(0.3\ \text{m})$

$= 17.4\ \text{N}\cdot\text{m}$ *Resp.*

Análisis vectorial

$M_x = \begin{vmatrix} 1 & 0 & 0 \\ 0 & 0.3 & 0.25 \\ -100 & 100 & 141.42 \end{vmatrix} = 17.4\ \text{N}\cdot\text{m}$ *Resp.*

F4-16. $M_y = \mathbf{j}\cdot(\mathbf{r}_A\times\mathbf{F}) = \begin{vmatrix} 0 & 1 & 0 \\ -3 & -4 & 2 \\ 30 & -20 & 50 \end{vmatrix}$

$= 210\ \text{N}\cdot\text{m}$ *Resp.*

F4-17. $\mathbf{u}_{AB} = \dfrac{\mathbf{r}_{AB}}{r_{AB}} = \dfrac{\{-4\mathbf{i} + 3\mathbf{j}\}\ \text{ft}}{\sqrt{(-4\ \text{ft})^2 + (3\ \text{ft})^2}} = -0.8\mathbf{i} + 0.6\mathbf{j}$

$M_{AB} = \mathbf{u}_{AB}\cdot(\mathbf{r}_{AC}\times\mathbf{F})$

$= \begin{vmatrix} -0.8 & 0.6 & 0 \\ 0 & 0 & 2 \\ 50 & -40 & 20 \end{vmatrix} = -4\ \text{lb}\cdot\text{ft}$

$\mathbf{M}_{AB} = M_{AB}\mathbf{u}_{AB} = \{3.2\mathbf{i} - 2.4\mathbf{j}\}\ \text{lb}\cdot\text{ft}$ *Resp.*

F4-18. Análisis escalar

Las magnitudes de las componentes de fuerza son

$F_x = \left(\frac{3}{5}\right)\left[\frac{4}{5}(500)\right] = 240\ \text{N}$

$F_y = \frac{4}{5}\left[\frac{4}{5}(500)\right] = 320\ \text{N}$

$F_z = \frac{3}{5}(500) = 300\ \text{N}$

$M_x = -320(3) + 300(2) = -360\ \text{N}\cdot\text{m}$ *Resp.*

$M_y = -240(3) - 300(-2) = -120\ \text{N}\cdot\text{m}$ *Resp.*

$M_z = 240(2) - 320(2) = -160\ \text{N}\cdot\text{m}$ *Resp.*

Análisis vectorial

$\mathbf{F} = \{-240\mathbf{i} + 320\mathbf{j} + 300\mathbf{k}\}\ \text{N}$

$\mathbf{r}_{OA} = \{-2\mathbf{i} + 2\mathbf{j} + 3\mathbf{k}\}\ \text{m}$

$M_x = \mathbf{i}\cdot(\mathbf{r}_{OA}\times\mathbf{F}) = -360\ \text{N}\cdot\text{m}$

$M_y = \mathbf{j}\cdot(\mathbf{r}_{OA}\times\mathbf{F}) = -120\ \text{N}\cdot\text{m}$

$M_z = \mathbf{k}\cdot(\mathbf{r}_{OA}\times\mathbf{F}) = -160\ \text{N}\cdot\text{m}$

F4-19. $\circlearrowright + M_{C_R} = \Sigma M_A = 400(3) - 400(5) + 300(5)$

$+ 200(0.2) = 740\ \text{N}\cdot\text{m}$ *Resp.*

Además,

$\circlearrowright + M_{C_R} = 300(5) - 400(2) + 200(0.2)$

$= 740\ \text{N}\cdot\text{m}$ *Resp.*

F4-20. $\circlearrowleft + M_{C_R} = 300(4) + 200(4) + 150(4)$

$= 2600\ \text{lb}\cdot\text{ft}$ *Resp.*

F4-21. $\circlearrowleft + (M_B)_R = \Sigma M_B$

$-1.5\ \text{kN}\cdot\text{m} = (2\ \text{kN})(0.3\ \text{m}) - F(0.9\ \text{m})$

$F = 2.33\ \text{kN}$ *Resp.*

F4-22. $\circlearrowleft + M_C = 10\left(\frac{3}{5}\right)(2) - 10\left(\frac{4}{5}\right)(4) = -20\ \text{kN}\cdot\text{m}$

$= 20\ \text{kN}\cdot\text{m} \circlearrowright$ *Resp.*

F4-23. $\mathbf{u}_1 = \dfrac{\mathbf{r}_1}{r_1} = \dfrac{\{-2\mathbf{i} + 2\mathbf{j} + 3.5\mathbf{k}\}\ \text{ft}}{\sqrt{(-2\ \text{ft})^2 + (2\ \text{ft})^2 + (3.5\ \text{ft})^2}}$

$= -\frac{2}{4.5}\mathbf{i} + \frac{2}{4.5}\mathbf{j} + \frac{3.5}{4.5}\mathbf{k}$

$\mathbf{u}_2 = -\mathbf{k}$

$\mathbf{u}_3 = \frac{1.5}{2.5}\mathbf{i} - \frac{2}{2.5}\mathbf{j}$

$(\mathbf{M}_c)_1 = (M_c)_1\mathbf{u}_1$

$= (450\ \text{lb}\cdot\text{ft})\left(-\frac{2}{4.5}\mathbf{i} + \frac{2}{4.5}\mathbf{j} + \frac{3.5}{4.5}\mathbf{k}\right)$

$= \{-200\mathbf{i} + 200\mathbf{j} + 350\mathbf{k}\}\ \text{lb}\cdot\text{ft}$

$(\mathbf{M}_c)_2 = (M_c)_2\mathbf{u}_2 = (250\ \text{lb}\cdot\text{ft})(-\mathbf{k})$

$= \{-250\mathbf{k}\}\ \text{lb}\cdot\text{ft}$

$(\mathbf{M}_c)_3 = (M_c)_3\,\mathbf{u}_3 = (300\ \text{lb}\cdot\text{ft})\left(\frac{1.5}{2.5}\mathbf{i} - \frac{2}{2.5}\mathbf{j}\right)$

$= \{180\mathbf{i} - 240\mathbf{j}\}\ \text{lb}\cdot\text{ft}$

$(\mathbf{M}_c)_R = \Sigma \mathbf{M}_c;$

$(\mathbf{M}_c)_R = \{-20\mathbf{i} - 40\mathbf{j} + 100\mathbf{k}\}\ \text{lb}\cdot\text{ft}$ *Resp.*

F4-24. $\mathbf{F}_B = \left(\frac{4}{5}\right)(450\text{ N})\mathbf{j} - \left(\frac{3}{5}\right)(450\text{ N})\mathbf{k}$

$= \{360\mathbf{j} - 270\mathbf{k}\}\text{ N}$

$$\mathbf{M}_c = \mathbf{r}_{AB} \times \mathbf{F}_B = \begin{vmatrix} \mathbf{i} & \mathbf{j} & \mathbf{k} \\ 0.4 & 0 & 0 \\ 0 & 360 & -270 \end{vmatrix}$$

$= \{108\mathbf{j} + 144\mathbf{k}\}\text{ N}\cdot\text{m}$ *Resp.*

Además,

$\mathbf{M}_c = (\mathbf{r}_A \times \mathbf{F}_A) + (\mathbf{r}_B \times \mathbf{F}_B)$

$$= \begin{vmatrix} \mathbf{i} & \mathbf{j} & \mathbf{k} \\ 0 & 0 & 0.3 \\ 0 & -360 & 270 \end{vmatrix} + \begin{vmatrix} \mathbf{i} & \mathbf{j} & \mathbf{k} \\ 0.4 & 0 & 0.3 \\ 0 & 360 & -270 \end{vmatrix}$$

$= \{108\mathbf{j} + 144\mathbf{k}\}\text{ N}\cdot\text{m}$ *Resp.*

F4-25. $\overset{+}{\leftarrow} F_{Rx} = \Sigma F_x;\ F_{Rx} = 200 - \frac{3}{5}(100) = 140\text{ lb}$

$+\downarrow F_{Ry} = \Sigma F_y;\ F_{Ry} = 150 - \frac{4}{5}(100) = 70\text{ lb}$

$F_R = \sqrt{140^2 + 70^2} = 157\text{ lb}$ *Resp.*

$\theta = \tan^{-1}\left(\frac{70}{140}\right) = 26.6°$ *Resp.*

$\circlearrowleft + M_{A_R} = \Sigma M_A;$

$M_{A_R} = \frac{3}{5}(100)(4) - \frac{4}{5}(100)(6) + 150(3)$

$M_{R_A} = 210\text{ lb}\cdot\text{ft}$ *Resp.*

F4-26. $\overset{+}{\rightarrow} F_{Rx} = \Sigma F_x;\quad F_{Rx} = \frac{4}{5}(50) = 40\text{ N}$

$+\downarrow F_{Ry} = \Sigma F_y;\quad F_{Ry} = 40 + 30 + \frac{3}{5}(50)$

$= 100\text{ N}$

$F_R = \sqrt{(40)^2 + (100)^2} = 108\text{ N}$ *Resp.*

$\theta = \tan^{-1}\left(\frac{100}{40}\right) = 68.2°$ *Resp.*

$\circlearrowleft + M_{A_R} = \Sigma M_A;$

$M_{A_R} = 30(3) + \frac{3}{5}(50)(6) + 200$

$= 470\text{ N}\cdot\text{m}$ *Resp.*

F4-27. $\overset{+}{\rightarrow} (F_R)_x = \Sigma F_x;$

$(F_R)_x = 900\text{ sen }30° = 450\text{ N} \rightarrow$

$+\uparrow (F_R)_y = \Sigma F_y;$

$(F_R)_y = -900\cos 30° - 300$

$= -1079.42\text{ N} = 1079.42\text{ N}\downarrow$

$F_R = \sqrt{450^2 + 1079.42^2}$

$= 1169.47\text{ N} = 1.17\text{ kN}$ *Resp.*

$\theta = \tan^{-1}\left(\frac{1079.42}{450}\right) = 67.4°$ *Resp.*

$\circlearrowleft + (M_R)_A = \Sigma M_A;$

$(M_R)_A = 300 - 900\cos 30°(0.75) - 300(2.25)$

$= -959.57\text{ N}\cdot\text{m}$

$= 960\text{ N}\cdot\text{m}\circlearrowright$ *Resp.*

F4-28. $\overset{+}{\rightarrow} (F_R)_x = \Sigma F_x;$

$(F_R)_x = 150\left(\frac{3}{5}\right) + 50 - 100\left(\frac{4}{5}\right) = 60\text{ lb}\rightarrow$

$+\uparrow (F_R)_y = \Sigma F_y;$

$(F_R)_y = -150\left(\frac{4}{5}\right) - 100\left(\frac{3}{5}\right)$

$= -180\text{ lb} = 180\text{ lb}\downarrow$

$F_R = \sqrt{60^2 + 180^2} = 189.74\text{ lb} = 190\text{ lb}$ *Resp.*

$\theta = \tan^{-1}\left(\frac{180}{60}\right) = 71.6°$ *Resp.*

$\circlearrowleft + (M_R)_A = \Sigma M_A;$

$(M_R)_A = 100\left(\frac{4}{5}\right)(1) - 100\left(\frac{3}{5}\right)(6) - 150\left(\frac{4}{5}\right)(3)$

$= -640 = 640\text{ lb}\cdot\text{ft}\circlearrowright$ *Resp.*

F4-29. $\mathbf{F}_R = \Sigma\mathbf{F};$

$F_R = \mathbf{F}_1 + \mathbf{F}_2$

$= (-300\mathbf{i} + 150\mathbf{j} + 200\mathbf{k}) + (-450\mathbf{k})$

$= \{-300\mathbf{i} + 150\mathbf{j} - 250\mathbf{k}\}\text{ N}$ *Resp.*

$\mathbf{r}_{OA} = (2 - 0)\mathbf{j} = \{2\mathbf{j}\}\text{ m}$

$\mathbf{r}_{OB} = (-1.5 - 0)\mathbf{i} + (2 - 0)\mathbf{j} + (1 - 0)\mathbf{k}$

$= \{-1.5\mathbf{i} + 2\mathbf{j} + 1\mathbf{k}\}\text{ m}$

$(\mathbf{M}_R)_O = \Sigma\mathbf{M};$

$(\mathbf{M}_R)_O = \mathbf{r}_{OB} \times \mathbf{F}_1 + \mathbf{r}_{OA} \times \mathbf{F}_2$

$$= \begin{vmatrix} \mathbf{i} & \mathbf{j} & \mathbf{k} \\ -1.5 & 2 & 1 \\ -300 & 150 & 200 \end{vmatrix} + \begin{vmatrix} \mathbf{i} & \mathbf{j} & \mathbf{k} \\ 0 & 2 & 0 \\ 0 & 0 & -450 \end{vmatrix}$$

$= \{-650\mathbf{i} + 375\mathbf{k}\}\text{ N}\cdot\text{m}$ *Resp.*

F4-30. $\mathbf{F}_1 = \{-100\mathbf{j}\}\text{ N}$

$$\mathbf{F}_2 = (200\text{ N})\left[\frac{\{-0.4\mathbf{i} - 0.3\mathbf{k}\}\text{ m}}{\sqrt{(-0.4\text{ m})^2 + (-0.3\text{ m})^2}}\right]$$

$= \{-160\mathbf{i} - 120\mathbf{k}\}\text{ N}$

$\mathbf{M}_c = \{-75\mathbf{i}\}\text{ N}\cdot\text{m}$

$\mathbf{F}_R = \{-160\mathbf{i} - 100\mathbf{j} - 120\mathbf{k}\}\text{ N}$ *Resp.*

$(\mathbf{M}_R)_O = (0.3\mathbf{k}) \times (-100\mathbf{j})$

$$+ \begin{vmatrix} \mathbf{i} & \mathbf{j} & \mathbf{k} \\ 0 & 0.5 & 0.3 \\ -160 & 0 & -120 \end{vmatrix} + (-75\mathbf{i})$$

$= \{-105\mathbf{i} - 48\mathbf{j} + 80\mathbf{k}\}\text{ N}\cdot\text{m}$ *Resp.*

F4-31. $+\downarrow F_R = \Sigma F_y;\quad F_R = 500 + 250 + 500$

$= 1250\text{ lb}$ *Resp.*

$\circlearrowleft + F_R x = \Sigma M_O;$

$1250(x) = 500(3) + 250(6) + 500(9)$

$x = 6\text{ ft}$ *Resp.*

F4-32. $\xrightarrow{+} (F_R)_x = \Sigma F_x;$

$(F_R)_x = 100\left(\frac{3}{5}\right) + 50 \text{ sen } 30° = 85 \text{ lb} \rightarrow$

$+\uparrow (F_R)_y = \Sigma F_y;$

$(F_R)_y = 200 + 50 \cos 30° - 100\left(\frac{4}{5}\right)$

$= 163.30 \text{ lb}\uparrow$

$F_R = \sqrt{85^2 + 163.30^2} = 184 \text{ lb}$

$\theta = \tan^{-1}\left(\frac{163.30}{85}\right) = 62.5°$ *Resp.*

$\zeta +(M_R)_A = \Sigma M_A;$

$163.30(d) = 200(3) - 100\left(\frac{4}{5}\right)(6) + 50 \cos 30°(9)$

$d = 3.12 \text{ ft}$ *Resp.*

F4-33. $\xrightarrow{+} (F_R)_x = \Sigma F_x;$

$(F_R)_x = 15\left(\frac{4}{5}\right) = 12 \text{ kN}\rightarrow$

$+\uparrow (F_R)_y = \Sigma F_y;$

$(F_R)_y = -20 + 15\left(\frac{3}{5}\right) = -11 \text{ kN} = 11 \text{ kN}\downarrow$

$F_R = \sqrt{12^2 + 11^2} = 16.3 \text{ kN}$ *Resp.*

$\theta = \tan^{-1}\left(\frac{11}{12}\right) = 42.5°$ *Resp.*

$\zeta +(M_R)_A = \Sigma M_A;$

$-11(d) = -20(2) - 15\left(\frac{4}{5}\right)(2) + 15\left(\frac{3}{5}\right)(6)$

$d = 0.909 \text{ m}$ *Resp.*

F4-34. $\xrightarrow{+} (F_R)_x = \Sigma F_x;$

$(F_R)_x = \left(\frac{3}{5}\right) 5 \text{ kN} - 8 \text{ kN}$

$= -5 \text{ kN} = 5 \text{ kN}\leftarrow$

$+\uparrow (F_R)_y = \Sigma F_y;$

$(F_R)_y = -6 \text{ kN} - \left(\frac{4}{5}\right) 5 \text{ kN}$

$= -10 \text{ kN} = 10 \text{ kN}\downarrow$

$F_R = \sqrt{5^2 + 10^2} = 11.2 \text{ kN}$ *Resp.*

$\theta = \tan^{-1}\left(\frac{10 \text{ kN}}{5 \text{ kN}}\right) = 63.4°$ *Resp.*

$\zeta +(M_R)_A = \Sigma M_A;$

$5 \text{ kN}(d) = 8 \text{ kN}(3 \text{ m}) - 6 \text{ kN}(0.5 \text{ m})$

$- \left[\left(\frac{4}{5}\right) 5 \text{ kN}\right](2 \text{ m})$

$- \left[\left(\frac{3}{5}\right) 5 \text{ kN}\right](4 \text{ m})$

$d = 0.2 \text{ m}$ *Resp.*

F4-35. $+\downarrow F_R = \Sigma F_z; \quad F_R = 400 + 500 - 100$

$= 800 \text{ N}$ *Resp.*

$M_{Rx} = \Sigma M_x; \ -800y = -400(4) - 500(4)$

$y = 4.50 \text{ m}$ *Resp.*

$M_{Ry} = \Sigma M_y; \quad 800x = 500(4) - 100(3)$

$x = 2.125 \text{ m}$ *Resp.*

F4-36. $+\downarrow F_R = \Sigma F_z;$

$F_R = 200 + 200 + 100 + 100$

$= 600 \text{ N}$ *Resp.*

$\zeta +M_{Rx} = \Sigma M_x;$

$-600y = 200(1) + 200(1) + 100(3) - 100(3)$

$y = -0.667 \text{ m}$ *Resp.*

$\curvearrowright +M_{Ry} = \Sigma M_y;$

$600x = 100(3) + 100(3) + 200(2) - 200(3)$

$x = 0.667 \text{ m}$ *Resp.*

F4-37. $+\uparrow F_R = \Sigma F_y;$

$-F_R = -6(1.5) - 9(3) - 3(1.5)$

$F_R = 40.5 \text{ kN}\downarrow$ *Resp.*

$\zeta +(M_R)_A = \Sigma M_A;$

$-40.5(d) = 6(1.5)(0.75)$

$- 9(3)(1.5) - 3(1.5)(3.75)$

$d = 1.25 \text{ m}$ *Resp.*

F4-38. $F_R = \frac{1}{2}(6)(150) + 8(150) = 1650 \text{ lb}$ *Resp.*

$\curvearrowright +M_{A_R} = \Sigma M_A;$

$1650d = \left[\frac{1}{2}(6)(150)\right](4) + [8(150)](10)$

$d = 8.36 \text{ ft}$ *Resp.*

F4-39. $+\uparrow F_R = \Sigma F_y;$

$-F_R = -\frac{1}{2}(6)(3) - \frac{1}{2}(6)(6)$

$F_R = 27 \text{ kN}\downarrow$ *Resp.*

$\zeta +(M_R)_A = \Sigma M_A;$

$-27(d) = \frac{1}{2}(6)(3)(1) - \frac{1}{2}(6)(6)(2)$

$d = 1 \text{ m}$ *Resp.*

F4-40. $+\downarrow F_R = \Sigma F_y;$

$F_R = \frac{1}{2}(50)(6) + 150(6) + 500$

$= 1550 \text{ lb}$ *Resp.*

$\curvearrowright +M_{A_R} = \Sigma M_A;$

$1550d = \left[\frac{1}{2}(50)(6)\right](4) + [150(6)](3) + 500(9)$

$d = 5.03 \text{ ft}$ *Resp.*

F4-41. $+\uparrow F_R = \Sigma F_y;$

$-F_R = -\frac{1}{2}(3)(4.5) - 3(6)$

$F_R = 24.75 \text{ kN}\downarrow$ *Resp.*

$\zeta +(M_R)_A = \Sigma M_A;$

$-24.75(d) = -\frac{1}{2}(3)(4.5)(1.5) - 3(6)(3)$

$d = 2.59 \text{ m}$ *Resp.*

F4-42. $F_R = \int w(x)\,dx = \int_0^4 2.5x^3\,dx = 160 \text{ N}$

$\curvearrowleft +M_{A_R} = \Sigma M_A;$

$$x = \frac{\int x w(x)\,dx}{\int w(x)\,dx} = \frac{\int_0^4 2.5x^4\,dx}{160} = 3.20 \text{ m}$$ *Resp.*

Capítulo 5

F5-1. $\overset{+}{\rightarrow}\Sigma F_x = 0; \quad -A_x + 500\left(\frac{3}{5}\right) = 0$

$A_x = 300 \text{ lb}$ *Resp.*

$\zeta + \Sigma M_A = 0; \quad B_y(10) - 500\left(\frac{4}{5}\right)(5) - 600 = 0$

$B_y = 260 \text{ lb}$ *Resp.*

$+\uparrow \Sigma F_y = 0; \quad A_y + 260 - 500\left(\frac{4}{5}\right) = 0$

$A_y = 140 \text{ lb}$ *Resp.*

F5-2. $\zeta + \Sigma M_A = 0;$

$F_{CD} \operatorname{sen} 45°(1.5 \text{ m}) - 4 \text{ kN}(3 \text{ m}) = 0$

$F_{CD} = 11.31 \text{ kN} = 11.3 \text{ kN}$ *Resp.*

$\overset{+}{\rightarrow}\Sigma F_x = 0; \quad A_x + (11.31 \text{ kN}) \cos 45° = 0$

$A_x = -8 \text{ kN} = 8 \text{ kN} \leftarrow$ *Resp.*

$+\uparrow \Sigma F_y = 0;$

$A_y + (11.31 \text{ kN}) \operatorname{sen} 45° - 4 \text{ kN} = 0$

$A_y = -4 \text{ kN} = 4 \text{ kN} \downarrow$ *Resp.*

F5-3. $\zeta + \Sigma M_A = 0;$

$N_B[6 \text{ m} + (6 \text{ m}) \cos 45°]$

$- 10 \text{ kN}[2 \text{ m} + (6 \text{ m}) \cos 45°]$

$- 5 \text{ kN}(4 \text{ m}) = 0$

$N_B = 8.047 \text{ kN} = 8.05 \text{ kN}$ *Resp.*

$\overset{+}{\rightarrow}\Sigma F_x = 0;$

$(5 \text{ kN}) \cos 45° - A_x = 0$

$A_x = 3.54 \text{ kN}$ *Resp.*

$+\uparrow \Sigma F_y = 0;$

$A_y + 8.047 \text{ kN} - (5 \text{ kN}) \operatorname{sen} 45° - 10 \text{ kN} = 0$

$A_y = 5.49 \text{ kN}$ *Resp.*

F5-4. $\overset{+}{\rightarrow}\Sigma F_x = 0; \quad -A_x + 400 \cos 30° = 0$

$A_x = 346 \text{ N}$ *Resp.*

$+\uparrow \Sigma F_y = 0;$

$A_y - 200 - 200 - 200 - 400 \operatorname{sen} 30° = 0$

$A_y = 800 \text{ N}$ *Resp.*

$\zeta + \Sigma M_A = 0;$

$M_A - 200(2.5) - 200(3.5) - 200(4.5)$

$- 400 \operatorname{sen} 30°(4.5) - 400 \cos 30°(3 \operatorname{sen} 60°) = 0$

$M_A = 3.90 \text{ kN} \cdot \text{m}$ *Resp.*

F5-5. $\zeta + \Sigma M_A = 0;$

$N_C(0.7 \text{ m}) - [25(9.81) \text{ N}]\,(0.5 \text{ m}) \cos 30° = 0$

$N_C = 151.71 \text{ N} = 152 \text{ N}$ *Resp.*

$\overset{+}{\rightarrow}\Sigma F_x = 0;$

$T_{AB} \cos 15° - (151.71 \text{ N}) \cos 60° = 0$

$T_{AB} = 78.53 \text{ N} = 78.5 \text{ N}$ *Resp.*

$+\uparrow \Sigma F_y = 0;$

$F_A + (78.53 \text{ N}) \operatorname{sen} 15°$

$+ (151.71 \text{ N}) \operatorname{sen} 60° - 25(9.81) \text{ N} = 0$

$F_A = 93.5 \text{ N}$ *Resp.*

F5-6. $\overset{+}{\rightarrow}\Sigma F_x = 0;$

$N_C \operatorname{sen} 30° - (250 \text{ N}) \operatorname{sen} 60° = 0$

$N_C = 433.0 \text{ N} = 433 \text{ N}$ *Resp.*

$\zeta + \Sigma M_B = 0;$

$-N_A \operatorname{sen} 30\ (0.15 \text{ m}) - 433.0 \text{ N}(0.2 \text{ m})$

$+ [(250 \text{ N}) \cos 30°](0.6 \text{ m}) = 0$

$N_A = 577.4 \text{ N} = 577 \text{ N}$ *Resp.*

$+\uparrow \Sigma F_y = 0;$

$N_B - 577.4 \text{ N} + (433.0 \text{ N}) \cos 30°$

$- (250 \text{ N}) \cos 60° = 0$

$N_B = 327 \text{ N}$ *Resp.*

F5-7. $\Sigma F_z = 0;$

$T_A + T_B + T_C - 200 - 500 = 0$

$\Sigma M_x = 0;$

$T_A(3) + T_C(3) - 500(1.5) - 200(3) = 0$

$\Sigma M_y = 0;$

$-T_B(4) - T_C(4) + 500(2) + 200(2) = 0$

$T_A = 350 \text{ lb}, T_B = 250 \text{ lb}, \ T_C = 100 \text{ lb}$ *Resp.*

F5-8. $\Sigma M_y = 0;$

$600 \text{ N}(0.2 \text{ m}) + 900 \text{ N}(0.6 \text{ m}) - F_A(1 \text{ m}) = 0$

$F_A = 660 \text{ N}$ *Resp.*

$\Sigma M_x = 0;$

$D_z(0.8 \text{ m}) - 600 \text{ N}(0.5 \text{ m}) - 900 \text{ N}(0.1 \text{ m}) = 0$

$D_z = 487.5 \text{ N}$ *Resp.*

$\Sigma F_x = 0; \qquad D_x = 0$ *Resp.*

$\Sigma F_y = 0; \qquad D_y = 0$ *Resp.*

$\Sigma F_z = 0;$

$T_{BC} + 660 \text{ N} + 487.5 \text{ N} - 900 \text{ N} - 600 \text{ N} = 0$

$T_{BC} = 352.5 \text{ N}$ *Resp.*

F5-9. $\Sigma F_y = 0;\ \ 400\text{ N} + C_y = 0;$

$C_y = -400\text{ N}$ *Resp.*

$\Sigma M_y = 0;\ \ -C_x(0.4\text{ m}) - 600\text{ N}(0.6\text{ m}) = 0$

$C_x = -900\text{ N}$ *Resp.*

$\Sigma M_x = 0;\ \ B_z(0.6\text{ m}) + 600\text{ N}(1.2\text{ m})$
$+ (-400\text{ N})(0.4\text{ m}) = 0$

$B_z = -933.3\text{ N}$ *Resp.*

$\Sigma M_z = 0;$

$-B_x(0.6\text{ m}) - (-900\text{ N})(1.2\text{ m})$
$+ (-400\text{ N})(0.6\text{ m}) = 0$

$B_x = 1400\text{ N}$ *Resp.*

$\Sigma F_x = 0;\ \ 1400\text{ N} + (-900\text{ N}) + A_x = 0$

$A_x = -500\text{ N}$ *Resp.*

$\Sigma F_z = 0;\ \ A_z - 933.3\text{ N} + 600\text{ N} = 0$

$A_z = 333.3\text{ N}$ *Resp.*

F5-10. $\Sigma F_x = 0;\ \ B_x = 0$ *Resp.*

$\Sigma M_z = 0;$

$C_y(0.4\text{ m} + 0.6\text{ m}) = 0\ \ C_y = 0$ *Resp.*

$\Sigma F_y = 0;\ \ A_y + 0 = 0\ \ A_y = 0$ *Resp.*

$\Sigma M_x = 0;\ C_z(0.6\text{ m} + 0.6\text{ m}) + B_z(0.6\text{ m})$
$- 450\text{ N}(0.6\text{ m} + 0.6\text{ m}) = 0$

$1.2C_z + 0.6B_z - 540 = 0$

$\Sigma M_y = 0;\ -C_z(0.6\text{ m} + 0.4\text{ m})$
$-B_z(0.6\text{ m}) + 450\text{ N}(0.6\text{ m}) = 0$

$-C_z - 0.6B_z + 270 = 0$

$C_z = 1350\text{ N}\ \ B_z = -1800\text{ N}$ *Resp.*

$\Sigma F_z = 0;$

$A_z + 1350\text{ N} + (-1800\text{ N}) - 450\text{ N} = 0$

$A_z = 900\text{ N}$ *Resp.*

F5-11. $\Sigma F_y = 0;\ \ A_y = 0$ *Resp.*

$\Sigma M_x = 0;\ \ -9(3) + F_{CE}(3) = 0$

$F_{CE} = 9\text{ kN}$ *Resp.*

$\Sigma M_z = 0;\ \ F_{CF}(3) - 6(3) = 0$

$F_{CF} = 6\text{ kN}$ *Resp.*

$\Sigma M_y = 0;\ \ 9(4) - A_z(4) - 6(1.5) = 0$

$A_z = 6.75\text{ kN}$ *Resp.*

$\Sigma F_x = 0;\ \ A_x + 6 - 6 = 0\ \ A_x = 0$ *Resp.*

$\Sigma F_z = 0;\ \ F_{DB} + 9 - 9 + 6.75 = 0$

$F_{DB} = -6.75\text{ kN}$ *Resp.*

F5-12. $\Sigma F_x = 0;\ \ A_x = 0$ *Resp.*

$\Sigma F_y = 0;\ \ A_y = 0$ *Resp.*

$\Sigma F_z = 0;\ \ A_z + F_{BC} - 80 = 0$

$\Sigma M_x = 0;\ (M_A)_x + 6F_{BC} - 80(6) = 0$

$\Sigma M_y = 0;\ 3F_{BC} - 80(1.5) = 0\ \ F_{BC} = 40\text{ lb}$ *Resp.*

$\Sigma M_z = 0;\ (M_A)_z = 0$ *Resp.*

$A_z = 40\text{ lb}\ \ \ (M_A)_x = 240\text{ lb}\cdot\text{ft}$ *Resp.*

Capítulo 6

F6-1. *Nodo A.*

$+\uparrow\Sigma F_y = 0;\ \ 225\text{ lb} - F_{AD}\operatorname{sen}45^\circ = 0$

$F_{AD} = 318.20\text{ lb} = 318\text{ lb (C)}$ *Resp.*

$\overset{+}{\rightarrow}\Sigma F_x = 0;\ \ F_{AB} - (318.20\text{ lb})\cos 45^\circ = 0$

$F_{AB} = 225\text{ lb (T)}$ *Resp.*

Nodo B.

$\overset{+}{\rightarrow}\Sigma F_x = 0;\ \ F_{BC} - 225\text{ lb} = 0$

$F_{BC} = 225\text{ lb (T)}$ *Resp.*

$+\uparrow\Sigma F_y = 0;\ \ F_{BD} = 0$ *Resp.*

Nodo D.

$\overset{+}{\rightarrow}\Sigma F_x = 0;$

$F_{CD}\cos 45^\circ + (318.20\text{ lb})\cos 45^\circ - 450\text{ lb} = 0$

$F_{CD} = 318.20\text{ lb} = 318\text{ lb (T)}$ *Resp.*

F6-2. *Nodo D.*

$+\uparrow\Sigma F_y = 0;\ \tfrac{3}{5}F_{CD} - 300 = 0;$

$F_{CD} = 500\text{ lb (T)}$ *Resp.*

$\overset{+}{\rightarrow}\Sigma F_x = 0;\ -F_{AD} + \tfrac{4}{5}(500) = 0$

$F_{AD} = 400\text{ lb (C)}$ *Resp.*

$F_{BC} = 500\text{ lb (T)},\ F_{AC} = F_{AB} = 0$ *Resp.*

F6-3. $D_x = 200\text{ lb},\ D_y = 650\text{ lb},\ B_y = 150\text{ lb}$

Nodo B.

$\overset{+}{\rightarrow}\Sigma F_x = 0;\ F_{BA} = 0$ *Resp.*

$+\uparrow\Sigma F_y = 0;\ 150 - F_{BC} = 0;\ F_{BC} = 150\text{ lb (C)}$ *Resp.*

Nodo A.

$\overset{+}{\rightarrow}\Sigma F_x = 0;\ F_{AC}\left(\tfrac{4}{5}\right) = 0;\ F_{AC} = 0$ *Resp.*

$+\uparrow\Sigma F_y = 0;\ F_{AD} - 800 = 0;\ F_{AD} = 800\text{ lb (T)}$ *Resp.*

Nodo C.

$\overset{+}{\rightarrow}\Sigma F_x = 0;\ -F_{CD} + 200 = 0;\ F_{CD} = 200\text{ lb (T)}$ *Resp.*

F6-4. *Nodo C.*

$+\uparrow\Sigma F_y = 0; \quad 2F\cos 30° - P = 0$

$F_{AC} = F_{BC} = F = \frac{P}{2\cos 30°} = 0.5774P$ (C)

Nodo B.

$\overset{+}{\rightarrow}\Sigma F_x = 0; 0.5774P\cos 60° - F_{AB} = 0$

$F_{AB} = 0.2887P$ (T)

$F_{AB} = 0.2887P = 2$ kN

$P = 6.928$ kN

$F_{AC} = F_{BC} = 0.5774P = 1.5$ kN

$P = 2.598$ kN

Se elige el *menor valor* de P.

$P = 2.598$ kN $= 2.60$ kN *Resp.*

F6-5. $F_{CB} = 0$ *Resp.*

$F_{CD} = 0$ *Resp.*

$F_{AE} = 0$ *Resp.*

$F_{DE} = 0$ *Resp.*

F6-6. *Nodo C.*

$+\uparrow\Sigma F_y = 0; \quad 259.81 \text{ lb} - F_{CD}\text{ sen } 30° = 0$

$F_{CD} = 519.62$ lb $= 520$ lb (C) *Resp.*

$\overset{+}{\rightarrow}\Sigma F_x = 0; \quad (519.62 \text{ lb})\cos 30° - F_{BC} = 0$

$F_{BC} = 450$ lb (T) *Resp.*

Nodo D.

$+\nearrow\Sigma F_{y'} = 0; \quad F_{BD}\cos 30° = 0 \quad F_{BD} = 0$ *Resp.*

$+\searrow\Sigma F_{x'} = 0; \quad F_{DE} - 519.62 \text{ lb} = 0$

$F_{DE} = 519.62$ lb $= 520$ lb (C) *Resp.*

Nodo B.

$\uparrow\Sigma F_y = 0; \quad F_{BE}\text{ sen }\phi = 0 \quad F_{BE} = 0$ *Resp.*

$\overset{+}{\rightarrow}\Sigma F_x = 0; \quad 450 \text{ lb} - F_{AB} = 0$

$F_{AB} = 450$ lb (T) *Resp.*

Nodo A.

$+\uparrow\Sigma F_y = 0; \quad 340.19 \text{ lb} - F_{AE} = 0$

$F_{AE} = 340$ lb (C) *Resp.*

F6-7. $+\uparrow\Sigma F_y = 0; F_{CF}\text{ sen } 45° - 600 - 800 = 0$

$F_{CF} = 1980$ lb (T) *Resp.*

$\zeta +\Sigma M_C = 0; F_{FE}(4) - 800(4) = 0$

$F_{FE} = 800$ lb (T) *Resp.*

$\zeta +\Sigma M_F = 0; F_{BC}(4) - 600(4) - 800(8) = 0$

$F_{BC} = 2200$ lb (C) *Resp.*

F6-8. $\zeta +\Sigma M_A = 0; \quad G_y(12 \text{ m}) - 20 \text{ kN}(2 \text{ m})$

$- 30 \text{ kN}(4 \text{ m}) - 40 \text{ kN}(6 \text{ m}) = 0$

$G_y = 33.33$ kN

$+\uparrow\Sigma F_y = 0; F_{KC} + 33.33 \text{ kN} - 40 \text{ kN} = 0$

$F_{KC} = 6.67$ kN (C) *Resp.*

$\zeta + \Sigma M_K = 0;$

$33.33 \text{ kN}(8 \text{ m}) - 40 \text{ kN}(2 \text{ m}) - F_{CD}(3 \text{ m}) = 0$

$F_{CD} = 62.22$ kN $= 62.2$ kN (T) *Resp.*

$\overset{+}{\rightarrow}\Sigma F_x = 0; \quad F_{LK} - 62.22 \text{ kN} = 0$

$F_{LK} = 62.2$ kN (C) *Resp.*

F6-9. A partir de la geometría de la armadura,

$\phi = \tan^{-1}(3 \text{ m}/2 \text{ m}) = 56.31°$.

$\zeta +\Sigma M_K = 0;$

$33.33 \text{ kN}(8 \text{ m}) - 40 \text{ kN}(2 \text{ m}) - F_{CD}(3 \text{ m}) = 0$

$F_{CD} = 62.2$ kN (T) *Resp.*

$\zeta +\Sigma M_D = 0; \quad 33.33 \text{ kN}(6 \text{ m}) - F_{KJ}(3 \text{ m}) = 0$

$F_{KJ} = 66.7$ kN (C) *Resp.*

$+\uparrow\Sigma F_y = 0;$

$33.33 \text{ kN} - 40 \text{ kN} + F_{KD}\text{ sen } 56.31° = 0$

$F_{KD} = 8.01$ kN (T) *Resp.*

F6-10. A partir de la geometría de la armadura,

$\tan\phi = \frac{(9 \text{ ft})\tan 30°}{3 \text{ ft}} = 1.732 \quad \phi = 60°$

$\zeta +\Sigma M_C = 0;$

$F_{EF}\text{ sen } 30°(6 \text{ ft}) + 300 \text{ lb}(6 \text{ ft}) = 0$

$F_{EF} = -600$ lb $= 600$ lb (C) *Resp.*

$\zeta +\Sigma M_D = 0;$

$300 \text{ lb}(6 \text{ ft}) - F_{CF}\text{ sen } 60° (6 \text{ ft}) = 0$

$F_{CF} = 346.41$ lb $= 346$ lb (T) *Resp.*

$\zeta +\Sigma M_F = 0;$

$300 \text{ lb}(9 \text{ ft}) - 300 \text{ lb}(3 \text{ ft}) - F_{BC}(9 \text{ ft})\tan 30° = 0$

$F_{BC} = 346.41$ lb $= 346$ lb (T) *Resp.*

F6-11. A partir de la geometría de la armadura,

$\theta = \tan^{-1}(1 \text{ m}/2 \text{ m}) = 26.57°$

$\phi = \tan^{-1}(3 \text{ m}/2 \text{ m}) = 56.31°$.

La ubicación de O se puede encontrar mediante el uso de triángulos semejantes.

$$\frac{1 \text{ m}}{2 \text{ m}} = \frac{2 \text{ m}}{2 \text{ m} + x}$$

$$4 \text{ m} = 2 \text{ m} + x$$

$$x = 2 \text{ m}$$

$\zeta + \Sigma M_G = 0;$

$26.25 \text{ kN}(4 \text{ m}) - 15 \text{ kN}(2 \text{ m}) - F_{CD}(3 \text{ m}) = 0$

$F_{CD} = 25 \text{ kN (T)}$ *Resp.*

$\zeta + \Sigma M_D = 0;$

$26.25 \text{ kN}(2 \text{ m}) - F_{GF} \cos 26.57°(2 \text{ m}) = 0$

$F_{GF} = 29.3 \text{ kN (C)}$ *Resp.*

$\zeta + \Sigma M_O = 0;\ 15 \text{ kN}(4 \text{ m}) - 26.25 \text{ kN}(2 \text{ m})$

$- F_{GD} \text{ sen } 56.31°(4 \text{ m}) = 0$

$F_{GD} = 2.253 \text{ kN} = 2.25 \text{ kN (T)}$ *Resp.*

F6-12. $\zeta + \Sigma M_H = 0;$

$F_{DC}(12 \text{ ft}) + 1200 \text{ lb}(9 \text{ ft}) - 1600 \text{ lb}(21 \text{ ft}) = 0$

$F_{DC} = 1900 \text{ lb (C)}$ *Resp.*

$\zeta + \Sigma M_D = 0;$

$1200 \text{ lb}(21 \text{ ft}) - 1600 \text{ lb}(9 \text{ ft}) - F_{HI}(12 \text{ ft}) = 0$

$F_{HI} = 900 \text{ lb (C)}$ *Resp.*

$\zeta + \Sigma M_C = 0;\ F_{JI} \cos 45°(12 \text{ ft}) + 1200 \text{ lb}(21 \text{ ft})$

$- 900 \text{ lb}(12 \text{ ft}) - 1600 \text{ lb}(9 \text{ ft}) = 0$

$F_{JI} = 0$ *Resp.*

F6-13. $+\uparrow \Sigma F_y = 0;\quad 3P - 60 = 0$

$P = 20 \text{ lb}$ *Resp.*

F6-14. $\zeta + \Sigma M_C = 0;$

$-\left(\frac{4}{5}\right)(F_{AB})(9) + 400(6) + 500(3) = 0$

$F_{AB} = 541.67 \text{ lb}$

$\overset{+}{\rightarrow} \Sigma F_x = 0;\ -C_x + \frac{3}{5}(541.67) = 0$

$C_x = 325 \text{ lb}$ *Resp.*

$+\uparrow \Sigma F_y = 0;\ C_y + \frac{4}{5}(541.67) - 400 - 500 = 0$

$C_y = 467 \text{ lb}$ *Resp.*

F6-15. $\zeta + \Sigma M_A = 0;\ 100 \text{ N}(250 \text{ mm}) - N_B(50 \text{ mm}) = 0$

$N_B = 500 \text{ N}$ *Resp.*

$\overset{+}{\rightarrow} \Sigma F_x = 0;\quad (500 \text{ N}) \text{ sen } 45° - A_x = 0$

$A_x = 353.55 \text{ N}$

$+\uparrow \Sigma F_y = 0;\ A_y - 100 \text{ N} - (500 \text{ N}) \cos 45° = 0$

$A_y = 453.55 \text{ N}$

$F_A = \sqrt{(353.55 \text{ N})^2 + (453.55 \text{ N})^2}$

$= 575 \text{ N}$ *Resp.*

F6-16. $\zeta + \Sigma M_C = 0;$

$400(2) + 800 - F_{BA}\left(\frac{3}{\sqrt{10}}\right)(1)$

$- F_{BA}\left(\frac{1}{\sqrt{10}}\right)(3) = 0$

$F_{BA} = 843.27 \text{ N}$

$\overset{+}{\rightarrow} \Sigma F_x = 0;\ C_x - 843.27\left(\frac{3}{\sqrt{10}}\right) = 0$

$C_x = 800 \text{ N}$ *Resp.*

$+\uparrow \Sigma F_y = 0;\ C_y + 843.27\left(\frac{1}{\sqrt{10}}\right) - 400 = 0$

$C_y = 133 \text{ N}$ *Resp.*

F6-17. Placa A:

$+\uparrow \Sigma F_y = 0;\ 2T + N_{AB} - 100 = 0$

Placa B:

$+\uparrow \Sigma F_y = 0;\ 2T - N_{AB} - 30 = 0$

$T = 32.5 \text{ lb},\ N_{AB} = 35 \text{ lb}$ *Resp.*

F6-18. Polea C:

$+\uparrow \Sigma F_y = 0;\ T - 2P = 0;\ T = 2P$

Viga:

$+\uparrow \Sigma F_y = 0;\quad 2P + P - 6 = 0$

$P = 2 \text{ kN}$ *Resp.*

$\zeta + \Sigma M_A = 0;\ 2(1) - 6(x) = 0$

$x = 0.333 \text{ m}$ *Resp.*

F6-19. Elemento CD

$\zeta + \Sigma M_D = 0;\quad 600(1.5) - N_C(3) = 0$

$N_C = 300 \text{ N}$

Elemento ABC

$\zeta + \Sigma M_A = 0;\quad -800 + B_y(2) - (300 \text{ sen } 45°)\, 4 = 0$

$B_y = 824.26 = 824 \text{ N}$ *Resp.*

$\overset{+}{\rightarrow} \Sigma F_x = 0;\quad A_x - 300 \cos 45° = 0;$

$A_x = 212 \text{ N}$ *Resp.*

$+\uparrow \Sigma F_y = 0;\quad -A_y + 824.26 - 300 \text{ sen} 45° = 0;$

$A_y = 612 \text{ N}$ *Resp.*

F6-20. AB es un elemento de dos fuerzas.

Elemento BC

$\zeta + \Sigma M_c = 0;\ 15(3) + 10(6) - F_{BC}\left(\frac{4}{5}\right)(9) = 0$

$F_{BC} = 14.58 \text{ kN}$

$\overset{+}{\rightarrow} \Sigma F_x = 0;\quad (14.58)\left(\frac{3}{5}\right) - C_x = 0;$

$C_x = 8.75 \text{ kN}$

$+\uparrow \Sigma F_y = 0;\quad (14.58)\left(\frac{4}{5}\right) - 10 - 15 + C_y = 0;$

$C_y = 13.3 \text{ kN}$

Elemento CD

$\overset{+}{\rightarrow} \Sigma F_x = 0;\quad 8.75 - D_x = 0;\ D_x = 8.75 \text{ kN}$ *Resp.*

$+\uparrow \Sigma F_y = 0;\quad -13.3 + D_y = 0;\ D_y = 13.3 \text{ kN}$ *Resp.*

$\zeta + \Sigma M_D = 0;\ -8.75(4) + M_D = 0;\ M_D = 35 \text{ kN} \cdot \text{m}$ *Resp.*

F6-21. Bastidor completo

$\circlearrowleft +\Sigma M_A = 0; \quad -600(3) - [400(3)](1.5) + C_y(3) = 0$

$C_y = 1200\text{ N}$ *Resp.*

$+\uparrow \Sigma F_y = 0; \quad A_y - 400(3) + 1200 = 0$

$A_y = 0$ *Resp.*

$\overset{+}{\rightarrow} \Sigma F_x = 0; \quad 600 - A_x - C_x = 0$

Elemento AB

$\circlearrowleft +\Sigma M_B = 0; \quad 400(1.5)(0.75) - A_x(3) = 0$

$A_x = 150\text{ N}$ *Resp.*

$C_x = 450\text{ N}$ *Resp.*

Este mismo resultado se obtiene considerando los elementos AB y BC.

F6-22. Bastidor completo

$\circlearrowleft +\Sigma M_E = 0; \quad 250(6) - A_y(6) = 0$

$A_y = 250\text{ N}$

$\overset{+}{\rightarrow} \Sigma F_x = 0; \quad E_x = 0$

$+\uparrow \Sigma F_y = 0; \quad 250 - 250 + E_y = 0; \quad E_y = 0$

Elemento BD

$\circlearrowleft +\Sigma M_D = 0; \quad 250(4.5) - B_y(3) = 0;$

$B_y = 375\text{ N}$

Elemento ABC

$\circlearrowleft +\Sigma M_C = 0; \; -250(3) + 375(1.5) + B_x(2) = 0$

$B_x = 93.75\text{ N}$

$\overset{+}{\rightarrow} \Sigma F_x = 0; \quad C_x - B_x = 0; \quad C_x = 93.75\text{ N}$ *Resp.*

$+\uparrow \Sigma F_y = 0; \quad 250 - 375 + C_y = 0; \quad C_y = 125\text{ N}$ *Resp.*

F6-23. AD, CB son elementos de dos fuerzas.

Elemento AB

$\circlearrowleft +\Sigma M_A = 0; \quad -[\tfrac{1}{2}(3)(4)](1.5) + B_y(3) = 0$

$B_y = 3\text{ kN}$

Como BC es un elemento de dos fuerzas

$C_y = B_y = 3\text{ kN}$ y $C_x = 0\ (\Sigma M_B = 0)$.

Elemento EDC

$\circlearrowleft +\Sigma M_E = 0; \quad F_{DA}(\tfrac{4}{5})(1.5) - 5(3) - 3(3) = 0$

$F_{DA} = 20\text{ kN}$

$\overset{+}{\rightarrow} \Sigma F_x = 0; \quad E_x - 20(\tfrac{3}{5}) = 0; \quad E_x = 12\text{ kN}$ *Resp.*

$+\uparrow \Sigma F_y = 0; \quad -E_y + 20(\tfrac{4}{5}) - 5 - 3 = 0;$

$E_y = 8\text{ kN}$ *Resp.*

F6-24. AC y DC son elementos de dos fuerzas.

Elemento BC

$\circlearrowleft +\Sigma M_C = 0; \quad [\tfrac{1}{2}(3)(8)](1) - B_y(3) = 0$

$B_y = 4\text{ kN}$

Elemento BA

$\circlearrowleft +\Sigma M_B = 0; \quad 6(2) - A_x(4) = 0$

$A_x = 3\text{ kN}$ *Resp.*

$+\uparrow \Sigma F_y = 0; \quad -4\text{ kN} + A_y = 0; \quad A_y = 4\text{ kN}$ *Resp.*

Bastidor completo

$\circlearrowleft +\Sigma M_A = 0; \quad -6(2) - [\tfrac{1}{2}(3)(8)](2) + D_y(3) = 0$

$D_y = 12\text{ kN}$ *Resp.*

Como DC es un elemento de dos fuerzas ($\Sigma M_C = 0$) entonces $D_x = 0$ *Resp.*

Capítulo 7

F7-1. $\circlearrowleft +\Sigma M_A = 0; \quad B_y(6) - 10(1.5) - 15(4.5) = 0$

$B_y = 13.75\text{ kN}$

$\overset{+}{\rightarrow} \Sigma F_x = 0; \quad N_C = 0$ *Resp.*

$+\uparrow \Sigma F_y = 0; \quad V_C + 13.75 - 15 = 0$

$V_C = 1.25\text{ kN}$ *Resp.*

$\circlearrowleft +\Sigma M_C = 0; \quad 13.75(3) - 15(1.5) - M_C = 0$

$M_C = 18.75\text{ kN}\cdot\text{m}$ *Resp.*

F7-2. $\circlearrowleft +\Sigma M_B = 0; \quad 30 - 10(1.5) - A_y(3) = 0$

$A_y = 5\text{ kN}$

$\overset{+}{\rightarrow} \Sigma F_x = 0; \quad N_C = 0$ *Resp.*

$+\uparrow \Sigma F_y = 0; \quad 5 - V_C = 0$

$V_C = 5\text{ kN}$ *Resp.*

$\circlearrowleft +\Sigma M_C = 0; \quad M_C + 30 - 5(1.5) = 0$

$M_C = -22.5\text{ kN}\cdot\text{m}$ *Resp.*

F7-3. $\overset{+}{\rightarrow} \Sigma F_x = 0; \quad B_x = 0$

$\circlearrowleft +\Sigma M_A = 0; \quad 3(6)(3) - B_y(9) = 0$

$B_y = 6\text{ kip}$

$\overset{+}{\rightarrow} \Sigma F_x = 0; \quad N_C = 0$ *Resp.*

$\circlearrowleft +\uparrow \Sigma F_y = 0; \quad V_C - 6 = 0$

$V_C = 6\text{ kip}$ *Resp.*

$\circlearrowleft +\Sigma M_C = 0; \quad -M_C - 6(4.5) = 0$

$M_C = -27\text{ kip}\cdot\text{ft}$ *Resp.*

F7-4. $\circlearrowleft +\Sigma M_A = 0; \quad B_y(6) - 12(1.5) - 9(3)(4.5) = 0$

$B_y = 23.25\text{ kN}$

$\overset{+}{\rightarrow} \Sigma F_x = 0; \quad N_C = 0$ *Resp.*

$+\uparrow \Sigma F_y = 0; \quad V_C + 23.25 - 9(1.5) = 0$

$V_C = -9.75\text{ kN}$ *Resp.*

$\circlearrowleft +\Sigma M_C = 0;$

$23.25(1.5) - 9(1.5)(0.75) - M_C = 0$

$M_C = 24.75\text{ kN}\cdot\text{m}$ *Resp.*

F7-5. $\circlearrowleft +\Sigma M_A = 0;\quad B_y(6) - \frac{1}{2}(9)(6)(3) = 0$

$B_y = 13.5 \text{ kN}$

$\overset{+}{\rightarrow}\Sigma F_x = 0;\quad N_C = 0$ *Resp.*

$+\uparrow\Sigma F_y = 0;\quad V_C + 13.5 - \frac{1}{2}(9)(3) = 0$

$V_C = 0$ *Resp.*

$\circlearrowleft +\Sigma M_C = 0;\quad 13.5(3) - \frac{1}{2}(9)(3)(1) - M_C = 0$

$M_C = 27 \text{ kN}\cdot\text{m}$ *Resp.*

F7-6. $\circlearrowleft +\Sigma M_A = 0;$

$B_y(6) - \frac{1}{2}(6)(3)(2) - 6(3)(4.5) = 0$

$B_y = 16.5 \text{ kN}$

$\overset{+}{\rightarrow}\Sigma F_x = 0;\quad N_C = 0$ *Resp.*

$+\uparrow\Sigma F_y = 0;\quad V_C + 16.5 - 6(3) = 0$

$V_C = 1.50 \text{ kN}$ *Resp.*

$\circlearrowleft +\Sigma M_C = 0;\quad 16.5(3) - 6(3)(1.5) - M_C = 0$

$M_C = 22.5 \text{ kN}\cdot\text{m}$ *Resp.*

F7-7. $+\uparrow\Sigma F_y = 0;\quad 6 - V = 0\quad V = 6\text{kN}$

$\circlearrowleft +\Sigma M_O = 0;\quad M + 18 - 6x = 0$

$M = (6x - 18) \text{ kN}\cdot\text{m}$

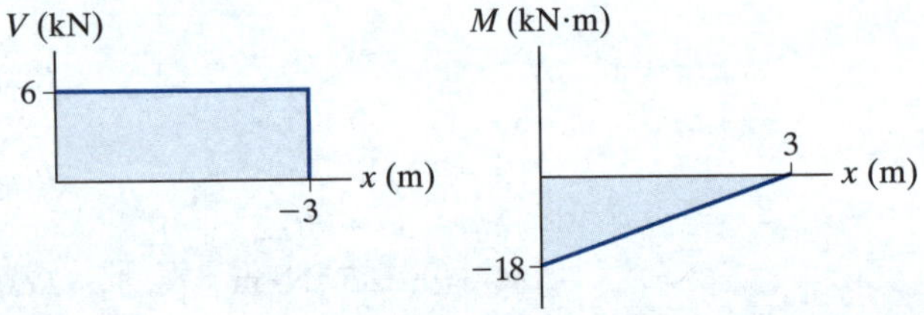

Fig. F7-7

F7-8. $+\uparrow\Sigma F_y = 0;\quad -V - 2x = 0$

$V = (-2x) \text{ kN}$

$\circlearrowleft +\Sigma M_O = 0;\quad M + 2x\,\frac{x}{2} - 15 = 0$

$M = (15 - x^2) \text{ kN}\cdot\text{m}$

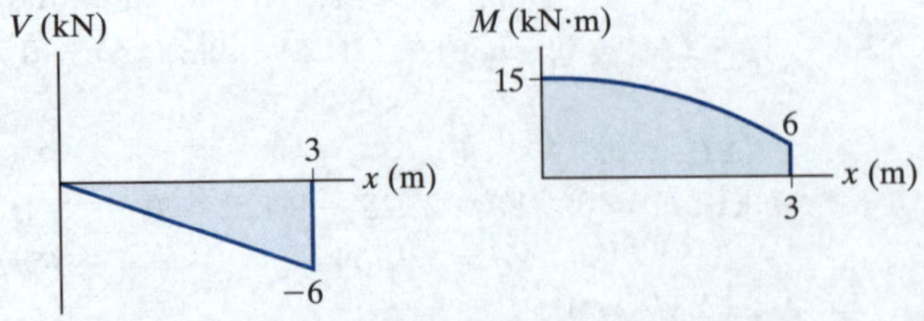

Fig. F7-8

F7-9. $+\uparrow\Sigma F_y = 0;\quad -V - \frac{1}{2}(2x)(x) = 0$

$V = -(x^2) \text{ kN}$

$\circlearrowleft +\Sigma M_O = 0;\quad M + \frac{1}{2}(2x)(x)(\frac{x}{3}) = 0$

$M = -(\frac{1}{3}x^3) \text{ kN}\cdot\text{m}$

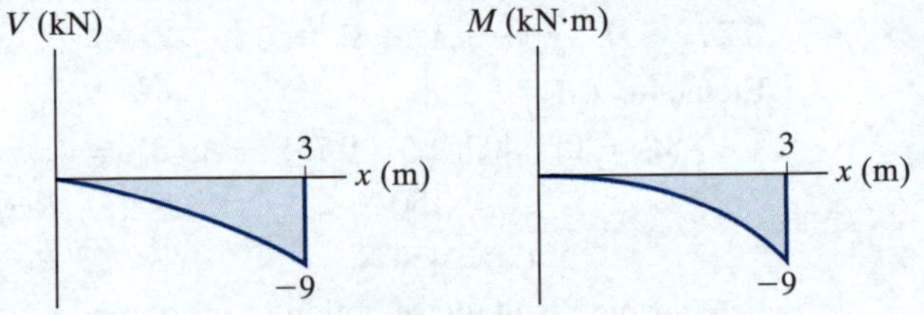

Fig. F7-9

F7-10. $+\uparrow\Sigma F_y = 0;\quad -V - 2x = 0$

$V = -2 \text{ kN}$

$\circlearrowleft +\Sigma M_O = 0;\quad M + 2x = 0$

$M = (-2x) \text{ kN}\cdot\text{m}$

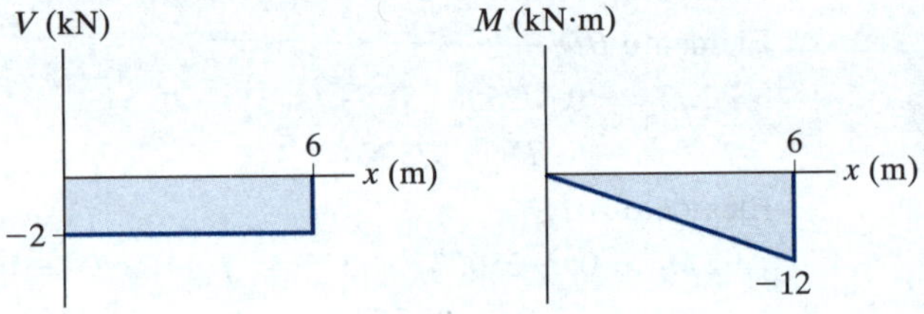

Fig. F7-10

F7-11. Región $3 \text{ m} \leq x < 3 \text{ m}$

$+\uparrow\Sigma F_y = 0;\quad -V - 5 = 0\quad V = -5 \text{ kN}$

$\circlearrowleft +\Sigma M_O = 0;\quad M + 5x = 0$

$M = (-5x) \text{ kN}\cdot\text{m}$

Región $0 < x \leq 6 \text{ m}$

$+\uparrow\Sigma F_y = 0;\quad V + 5 = 0\quad V = -5 \text{ kN}$

$\circlearrowleft +\Sigma M_O = 0;\quad 5(6 - x) - M = 0$

$M = \left(5(6 - x)\right) \text{ kN}\cdot\text{m}$

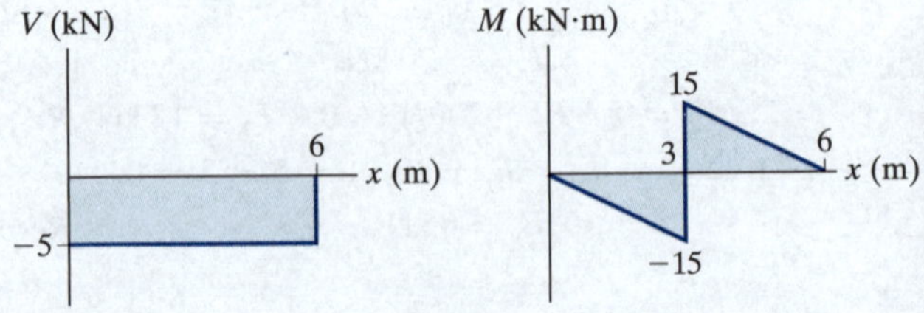

Fig. F7-11

F7-12. Región $0 \leq x < 3$ m

$+\uparrow \Sigma F_y = 0; \quad V = 0$

$\zeta + \Sigma M_O = 0; \quad M - 12 = 0$

$M = 12 \text{ kN} \cdot \text{m}$

Región $3 \text{ m} < x \leq 6$ m

$+\uparrow \Sigma F_y = 0; \quad V + 4 = 0 \quad V = -4 \text{ kN}$

$\zeta + \Sigma M_O = 0; \quad 4(6 - x) - M = 0$

$M = (4(6 - x)) \text{ kN} \cdot \text{m}$

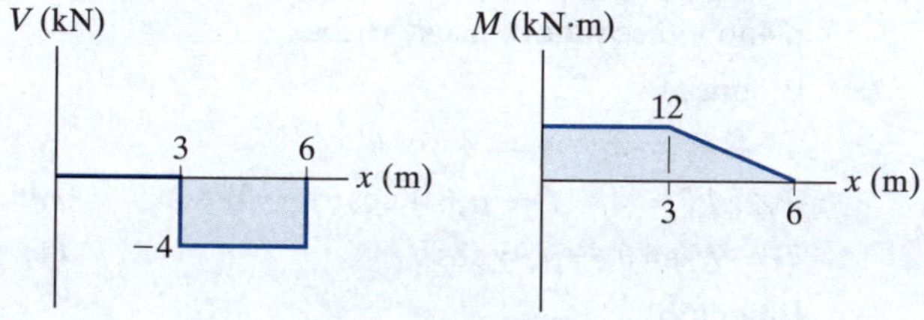

Fig. F7-12

F7-13.

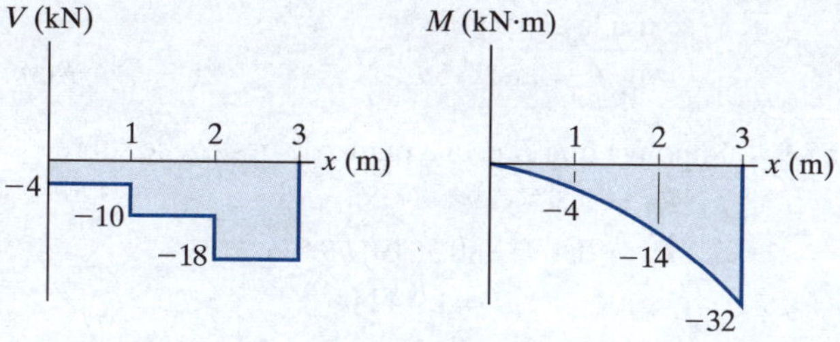

Fig. F7-13

F7-14.

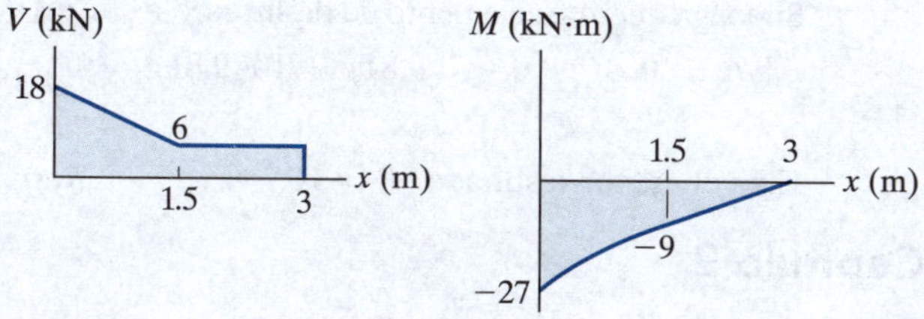

Fig. F7-14

F7-15.

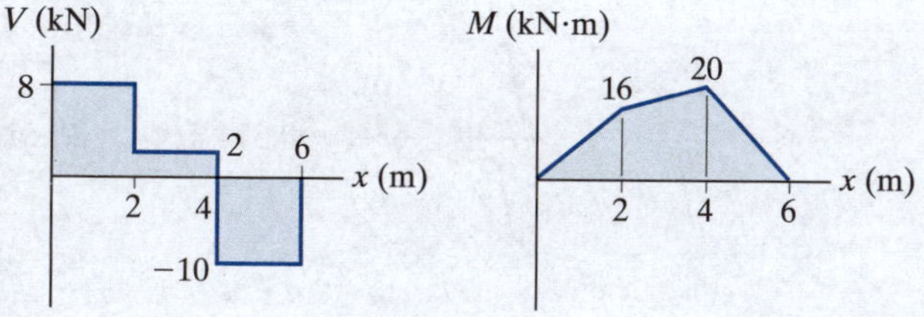

Fig. F7-15

F7-16.

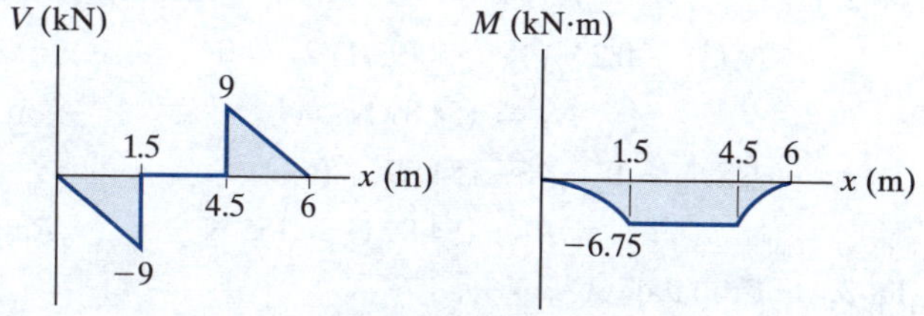

Fig. F7-16

F7-17.

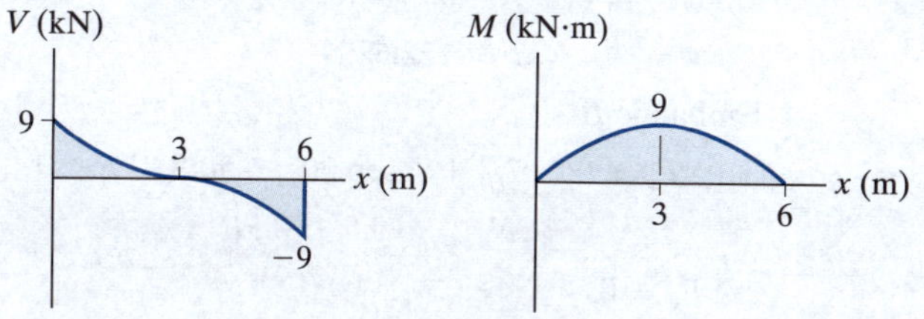

Fig. F7-17

F7-18.

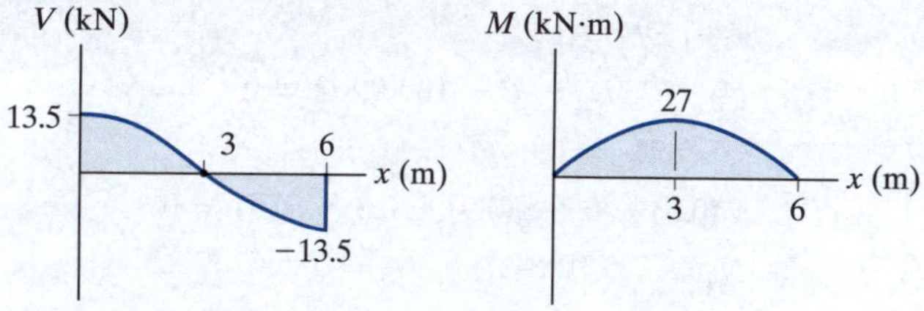

Fig. F7-18

Capítulo 8

F8-1. a) $+\uparrow \Sigma F_y = 0; \quad N - 50(9.81) - 200\left(\frac{3}{5}\right) = 0$

$N = 610.5 \text{ N}$

$\overset{+}{\rightarrow} \Sigma F_x = 0; \quad F - 200\left(\frac{4}{5}\right) = 0$

$F = 160 \text{ N}$

$F < F_{\text{máx}} = \mu_s N = 0.3(610.5) = 183.15 \text{ N}$,

por lo tanto, $F = 160$ N *Resp.*

b) $+\uparrow \Sigma F_y = 0; \quad N - 50(9.81) - 400\left(\frac{3}{5}\right) = 0$

$N = 730.5 \text{ N}$

$\overset{+}{\rightarrow} \Sigma F_x = 0; \quad F - 400\left(\frac{4}{5}\right) = 0$

$F = 320 \text{ N}$

$F > F_{\text{máx}} = \mu_s N = 0.3(730.5) = 219.15 \text{ N}$

El bloque se desliza

$F = \mu_s N = 0.2(730.5) = 146 \text{ N}$ *Resp.*

F8-2. $\circlearrowleft + \Sigma M_B = 0;$

$N_A(3) + 0.2N_A(4) - 30(9.81)(2) = 0$

$N_A = 154.89 \text{ N}$

$\overset{+}{\rightarrow}\Sigma F_x = 0; \quad P - 154.89 = 0$

$P = 154.89 \text{ N} = 155 \text{ N}$ *Resp.*

F8-3. Embalaje A

$+\uparrow \Sigma F_y = 0; \quad N_A - 50(9.81) = 0$

$N_A = 490.5 \text{ N}$

$\overset{+}{\rightarrow}\Sigma F_x = 0; \quad T - 0.25(490.5) = 0$

$T = 122.62 \text{ N}$

Embalaje B

$+\uparrow \Sigma F_y = 0; \quad N_B + P \operatorname{sen} 30° - 50(9.81) = 0$

$N_B = 490.5 - 0.5P$

$\overset{+}{\rightarrow}\Sigma F_x = 0;$

$P \cos 30° - 0.25(490.5 - 0.5\,P) - 122.62 = 0$

$P = 247 \text{ N}$ *Resp.*

F8-4. $\overset{+}{\rightarrow}\Sigma F_x = 0; \quad N_A - 0.3N_B = 0$

$+\uparrow \Sigma F_y = 0;$

$N_B + 0.3N_A + P - 100(9.81) = 0$

$\circlearrowleft + \Sigma M_O = 0;$

$P(0.6) - 0.3N_B(0.9) - 0.3\,N_A(0.9) = 0$

$N_A = 175.70 \text{ N} \qquad N_B = 585.67 \text{ N}$

$P = 343 \text{ N}$ *Resp.*

F8-5. Si ocurre deslizamiento:

$+\uparrow \Sigma F_y = 0; \quad N_c - 250 \text{ lb} = 0; \; N_c = 250 \text{ lb}$

$\overset{+}{\rightarrow}\Sigma F_x = 0; \quad P - 0.4(250) = 0; \; P = 100 \text{ lb}$

Si ocurre volcadura:

$\circlearrowleft + \Sigma M_A = 0; \; -P(4.5) + 250(1.5) = 0$

$P = 83.3 \text{ lb}$ *Resp.*

F8-6.

$\circlearrowleft + \Sigma M_A = 0; \quad 490.5(0.6) - T\cos 60°(0.3 \cos 60° + 0.6)$

$- T \operatorname{sen} 60°(0.3 \operatorname{sen} 60°) = 0$

$T = 490.5 \text{ N}$

$\overset{+}{\rightarrow}\Sigma F_x = 0; \quad 490.5 \operatorname{sen} 60° - N_A = 0; \quad N_A = 424.8 \text{ N}$

$+\uparrow \Sigma F_y = 0; \quad \mu_s(424.8) + 490.5 \cos 60° - 490.5 = 0$

$\mu_s = 0.577$ *Resp.*

F8-7. A no se moverá. Suponga que B está a punto de deslizarse sobre C y A, además C permanece inmóvil.

$\overset{+}{\rightarrow}\Sigma F_x = 0; \quad P - 0.3(50) - 0.4(75); \quad P = 45 \text{ N}$

Suponga que C está a punto de deslizarse y que B no se desliza sobre C, pero está a punto de deslizarse en A.

$\overset{+}{\rightarrow}\Sigma F_x = 0; \quad P - 0.3(50) - 0.35(90) = 0$

$P = 46.5 \text{ N} > 45 \text{ N}$

$P = 45 \text{ N}$ *Resp.*

F8-8. A está a punto de moverse hacia abajo sobre el plano y B se mueve hacia arriba.

Bloque A

$+\nwarrow \Sigma F_y = 0; \quad N = W \cos\theta$

$+\nearrow \Sigma F_x = 0; \quad T + \mu_s(W\cos\theta) - W \operatorname{sen}\theta = 0$

$T = W \operatorname{sen}\theta - \mu_s W\cos\theta \qquad (1)$

Bloque B

$+\nwarrow \Sigma F_y = 0; \quad N' = 2W\cos\theta$

$+\nearrow \Sigma F_x = 0; \quad 2T - \mu_s W\cos\theta - \mu_s(2W\cos\theta)$

$- W \operatorname{sen}\theta = 0$

Si se usa la ecuación (1)

$\theta = \tan^{-1} 5\mu_s$ *Resp.*

F8-9. Suponga que B está a punto de deslizarse sobre

$F_B = 0.3\,N_B.$

$\overset{+}{\rightarrow}\Sigma F_x = 0; \quad P - 0.3(10)(9.81) = 0$

$P = 29.4 \text{ N}$

Suponga que B está a punto de volcarse sobre A, $x = 0$.

$\circlearrowleft + \Sigma M_O = 0; \quad 10(9.81)(0.15) - P(0.4) = 0$

$P = 36.8 \text{ N}$

Suponga que A está a punto de deslizarse, $F_A = 0.1\,N_A$.

$\overset{+}{\rightarrow}\Sigma F_x = 0 \quad P - 0.1[7(9.81) + 10(9.81)] = 0$

$P = 16.7 \text{ N}$

Elija el menor resultado. $P = 16.7 \text{ N}$ *Resp.*

Capítulo 9

F9-1. $$\bar{x} = \frac{\int_A \tilde{x}\, dA}{\int_A dA} = \frac{\frac{1}{2}\int_0^{1\text{ m}} y^{2/3}\, dy}{\int_0^{1\text{ m}} y^{1/3} dy} = 0.4 \text{ m} \qquad \textit{Resp.}$$

$$\bar{y} = \frac{\int_A \tilde{y}\, dA}{\int_A dA} = \frac{\int_0^{1\text{ m}} y^{4/3}\, dy}{\int_0^{1\text{ m}} y^{1/3} dy} = 0.571 \text{ m} \qquad \textit{Resp.}$$

F9-2. $$\bar{x} = \frac{\int_A \tilde{x}\,dA}{\int_A dA} = \frac{\int_0^{1\text{ m}} x(x^3\,dx)}{\int_0^{1\text{ m}} x^3\,dx}$$

$= 0.8$ m *Resp.*

$$\bar{y} = \frac{\int_A \tilde{y}\,dA}{\int_A dA} = \frac{\int_0^{1\text{ m}} \frac{1}{2}x^3(x^3\,dx)}{\int_0^{1\text{ m}} x^3\,dx}$$

$= 0.286$ m *Resp.*

F9-3. $$\bar{y} = \frac{\int_A \tilde{y}\,dA}{\int_A dA} = \frac{\int_0^{2\text{ m}} y\left(2\left(\frac{y^{1/2}}{\sqrt{2}}\right)\right)dy}{\int_0^{2\text{ m}} 2\left(\frac{y^{1/2}}{\sqrt{2}}\right)dy}$$

$= 1.2$ m *Resp.*

F9-4. $$\bar{x} = \frac{\int_m \tilde{x}\,dm}{\int_m dm} = \frac{\int_0^L x\left[m_0\left(1 + \frac{x^2}{L^2}\right)dx\right]}{\int_0^L m_0\left(1 + \frac{x^2}{L^2}\right)dx}$$

$= \frac{9}{16}L$ *Resp.*

F9-5. $$\bar{y} = \frac{\int_V \tilde{y}\,dV}{\int_V dV} = \frac{\int_0^{1\text{ m}} y\left(\frac{\pi}{4}\,y dy\right)}{\int_0^{1\text{ m}} \frac{\pi}{4} y\,dy}$$

$= 0.667$ m *Resp.*

F9-6. $$\bar{z} = \frac{\int_V \tilde{z}\,dV}{\int_V dV} = \frac{\int_0^{2\text{ ft}} z\left[\frac{9\pi}{64}(4 - z)^2\,dz\right]}{\int_0^{2\text{ ft}} \frac{9\pi}{64}(4 - z)^2\,dz}$$

$= 0.786$ ft *Resp.*

F9-7. $$\bar{x} = \frac{\Sigma \tilde{x} L}{\Sigma L} = \frac{150(300) + 300(600) + 300(400)}{300 + 600 + 400}$$

$= 265$ mm *Resp.*

$$\bar{y} = \frac{\Sigma \tilde{y} L}{\Sigma L} = \frac{0(300) + 300(600) + 600(400)}{300 + 600 + 400}$$

$= 323$ mm *Resp.*

$$\bar{z} = \frac{\Sigma \tilde{z} L}{\Sigma L} = \frac{0(300) + 0(600) + (-200)(400)}{300 + 600 + 400}$$

$= -61.5$ mm *Resp.*

F9-8. $$\bar{y} = \frac{\Sigma \tilde{y} A}{\Sigma A} = \frac{150[300(50)] + 325[50(300)]}{300(50) + 50(300)}$$

$= 237.5$ mm *Resp.*

F9-9. $$\bar{y} = \frac{\Sigma \tilde{y} A}{\Sigma A} = \frac{100[2(200)(50)] + 225[50(400)]}{2(200)(50) + 50(400)}$$

$= 162.5$ mm *Resp.*

F9-10. $$\bar{x} = \frac{\Sigma \tilde{x} A}{\Sigma A} = \frac{0.25[4(0.5)] + 1.75[0.5(2.5)]}{4(0.5) + 0.5(2.5)}$$

$= 0.827$ in *Resp.*

$$\bar{y} = \frac{\Sigma \tilde{y} A}{\Sigma A} = \frac{2[4(0.5)] + 0.25[(0.5)(2.5)]}{4(0.5) + (0.5)(2.5)}$$

$= 1.33$ in *Resp.*

F9-11. $$\bar{x} = \frac{\Sigma \tilde{x} V}{\Sigma V} = \frac{1[2(7)(6)] + 4[4(2)(3)]}{2(7)(6) + 4(2)(3)}$$

$= 1.67$ ft *Resp.*

$$\bar{y} = \frac{\Sigma \tilde{y} V}{\Sigma V} = \frac{3.5[2(7)(6)] + 1[4(2)(3)]}{2(7)(6) + 4(2)(3)}$$

$= 2.94$ ft *Resp.*

$$\bar{z} = \frac{\Sigma \tilde{z} V}{\Sigma V} = \frac{3[2(7)(6)] + 1.5[4(2)(3)]}{2(7)(6) + 4(2)(3)}$$

$= 2.67$ ft *Resp.*

F9-12. $$\bar{x} = \frac{\Sigma \tilde{x} V}{\Sigma V}$$

$$= \frac{0.25[0.5(2.5)(1.8)] + 0.25\left[\frac{1}{2}(1.5)(1.8)(0.5)\right] + (1.0)\left[\frac{1}{2}(1.5)(1.8)(0.5)\right]}{0.5(2.5)(1.8) + \frac{1}{2}(1.5)(1.8)(0.5) + \frac{1}{2}(1.5)(1.8)(0.5)}$$

$= 0.391$ m *Resp.*

$$\bar{y} = \frac{\Sigma \tilde{y} V}{\Sigma V} = \frac{5.00625}{3.6} = 1.39 \text{ m}$$ *Resp.*

$$\bar{z} = \frac{\Sigma \tilde{z} V}{\Sigma V} = \frac{2.835}{3.6} = 0.7875 \text{ m}$$ *Resp.*

F9-13. $A = 2\pi \Sigma \tilde{r} L$

$= 2\pi\left[0.75(1.5) + 1.5(2) + 0.75\sqrt{(1.5)^2 + (2)^2}\right]$

$= 37.7 \text{ m}^2$ *Resp.*

$V = 2\pi \Sigma \tilde{r} A$

$= 2\pi\left[0.75(1.5)(2) + 0.5\left(\tfrac{1}{2}\right)(1.5)(2)\right]$

$= 18.8 \text{ m}^3$ *Resp.*

F9-14. $A = 2\pi\Sigma\tilde{r}L$

$= 2\pi\left[1.95\sqrt{(0.9)^2 + (1.2)^2} + 2.4(1.5) + 1.95(0.9) + 1.5(2.7)\right]$

$= 77.5 \text{ m}^2$ *Resp.*

$V = 2\pi\Sigma\tilde{r}A$

$= 2\pi\left[1.8\left(\frac{1}{2}\right)(0.9)(1.2) + 1.95(0.9)(1.5)\right]$

$= 22.6 \text{ m}^3$ *Resp.*

F9-15. $A = 2\pi\Sigma\tilde{r}L$

$= 2\pi\left[7.5(15) + 15(18) + 22.5\sqrt{15^2 + 20^2} + 15(30)\right]$

$= 8765 \text{ in}^2$ *Resp.*

$V = 2\pi\Sigma\tilde{r}A$

$= 2\pi\left[7.5(15)(38) + 20\left(\frac{1}{2}\right)(15)(20)\right]$

$= 45\,710 \text{ in}^3$ *Resp.*

F9-16. $A = 2\pi\Sigma\tilde{r}L$

$= 2\pi\left[\frac{2(1.5)}{\pi}\left(\frac{\pi(1.5)}{2}\right) + 1.5(2) + 0.75(1.5)\right]$

$= 40.1 \text{ m}^2$ *Resp.*

$V = 2\pi\Sigma\tilde{r}A$

$= 2\pi\left[\frac{4(1.5)}{3\pi}\left(\frac{\pi(1.5^2)}{4}\right) + 0.75(1.5)(2)\right]$

$= 21.2 \text{ m}^3$ *Resp.*

F9-17. $w_b = \rho_w g h b = 1000(9.81)(6)(1)$

$= 58.86 \text{ kN/m}$

$F_R = \frac{1}{2}(58.76)(6) = 176.58 \text{ kN} = 177 \text{ kN}$ *Resp.*

F9-18. $w_b = \gamma_w h b = 62.4\,(4)(4) = 998.4 \text{ lb/ft}$

$F_R = 998.4(3) = 3.00 \text{ kip}$ *Resp.*

F9-19. $w_b = \rho_w g h_B b = 1000(9.81)(2)(1.5)$

$= 29.43 \text{ kN/m}$

$F_R = \frac{1}{2}(29.43)\left(\sqrt{(1.5)^2 + (2)^2}\right)$

$= 36.8 \text{ kN}$ *Resp.*

F9-20. $w_A = \rho_w g h_A b = 1000(9.81)(3)(2)$

$= 58.86 \text{ kN/m}$

$w_B = \rho_w g h_B b = 1000(9.81)(5)(2)$

$= 98.1 \text{ kN/m}$

$F_R = \frac{1}{2}(58.86 + 98.1)(2) = 157 \text{ kN}$ *Resp.*

F9-21. $w_A = \gamma_w h_A b = 62.4(6)(2) = 748.8 \text{ lb/ft}$

$w_B = \gamma_w h_B b = 62.4(10)(2) = 1248 \text{ lb/ft}$

$F_R = \frac{1}{2}(748.8 + 1248)\left(\sqrt{(3)^2 + (4)^2}\right)$

$= 4.99 \text{ kip}$ *Resp.*

Capítulo 10

F10-1.

$I_x = \int_A y^2\, dA = \int_0^{1\text{ m}} y^2\left[\left(1 - y^{3/2}\right)dy\right] = 0.111 \text{ m}^4$ *Resp.*

F10-2.

$I_x = \int_A y^2\, dA = \int_0^{1\text{ m}} y^2\left(y^{3/2}\, dy\right) = 0.222 \text{ m}^4$ *Resp.*

F10-3.

$I_y = \int_A x^2\, dA = \int_0^{1\text{ m}} x^2\left(x^{2/3}\right)dx = 0.273 \text{ m}^4$ *Resp.*

F10-4.

$I_y = \int_A x^2\, dA = \int_0^{1\text{ m}} x^2\left[\left(1 - x^{2/3}\right)dx\right] = 0.0606 \text{ m}^4$ *Resp.*

F10-5. $I_x = \left[\frac{1}{12}(50)\left(450^3\right) + 0\right] + \left[\frac{1}{12}(300)\left(50^3\right) + 0\right]$

$= 383\left(10^6\right) \text{ mm}^4$ *Resp.*

$I_y = \left[\frac{1}{12}(450)\left(50^3\right) + 0\right]$

$+ 2\left[\frac{1}{12}(50)\left(150^3\right) + (150)(50)(100)^2\right]$

$= 183\left(10^6\right) \text{ mm}^4$ *Resp.*

F10-6. $I_x = \frac{1}{12}(360)\left(200^3\right) - \frac{1}{12}(300)\left(140^3\right)$

$= 171\left(10^6\right) \text{ mm}^4$ *Resp.*

$I_y = \frac{1}{12}(200)\left(360^3\right) - \frac{1}{12}(140)\left(300^3\right)$

$= 463\left(10^6\right) \text{ mm}^4$ *Resp.*

F10-7. $I_y = 2\left[\frac{1}{12}(50)\left(200^3\right) + 0\right]$

$+ \left[\frac{1}{12}(300)\left(50^3\right) + 0\right]$

$= 69.8\left(10^6\right) \text{ mm}^4$ *Resp.*

F10-8.

$\bar{y} = \frac{\Sigma\tilde{y}A}{\Sigma A} = \frac{15(150)(30) + 105(30)(150)}{150(30) + 30(150)} = 60 \text{ mm}$

$\bar{I}_{x'} = \Sigma(\bar{I} + Ad^2)$

$= \left[\frac{1}{12}(150)(30)^3 + (150)(30)(60 - 15)^2\right]$

$+ \left[\frac{1}{12}(30)(150)^3 + 30(150)(105 - 60)^2\right]$

$= 27.0\left(10^6\right) \text{ mm}^4$ *Resp.*

Capítulo 11

F11-1. $y_G = 0.75 \text{ sen } \theta \qquad \delta y_G = 0.75 \cos \theta \, \delta\theta$

$x_C = 2(1.5) \cos \theta \qquad \delta x_C = -3 \text{ sen } \theta \, \delta\theta$

$\delta U = 0; \quad 2W\delta y_G + P\delta x_C = 0$

$(294.3 \cos \theta - 3P \text{ sen } \theta)\delta\theta = 0$

$P = 98.1 \cot \theta \big|_{\theta=60°} = 56.6 \text{ N}$ *Resp.*

F11-2. $x_A = 5 \cos \theta \qquad \delta x_A = -5 \text{ sen } \theta \, \delta\theta$

$y_G = 2.5 \text{ sen } \theta \qquad \delta y_G = 2.5 \cos \theta \, \delta\theta$

$\delta U = 0; \qquad -P\delta x_A + (-W\delta y_G) = 0$

$(5P \text{ sen } \theta - 1226.25 \cos \theta)\delta\theta = 0$

$P = 245.25 \cot \theta \big|_{\theta=60°} = 142 \text{ N}$ *Resp.*

F11-3. $x_B = 0.6 \text{ sen } \theta \qquad \delta x_B = 0.6 \cos \theta \, \delta\theta$

$y_C = 0.6 \cos \theta \qquad \delta y_C = -0.6 \text{ sen } \theta \, \delta\theta$

$\delta U = 0; \qquad -F_{sp}\delta x_B + (-P\delta y_C) = 0$

$-9(10^3) \text{ sen } \theta \, (0.6 \cos \theta \, \delta\theta)$

$- 2000(-0.6 \text{ sen } \theta \, \delta\theta) = 0$

$\text{sen } \theta = 0 \qquad \theta = 0°$ *Resp.*

$-5400 \cos \theta + 1200 = 0$

$\theta = 77.16° = 77.2°$ *Resp.*

F11-4. $x_B = 0.9 \cos \theta \qquad \delta x_B = -0.9 \text{ sen } \theta \, \delta\theta$

$x_C = 2(0.9 \cos \theta) \qquad \delta x_C = -1.8 \text{ sen } \theta \, \delta\theta$

$\delta U = 0; \quad P\delta x_B + \left(-F_{sp} \, \delta x_C\right) = 0$

$6(10^3)(-0.9 \text{ sen } \theta \, \delta\theta)$

$- 36(10^3)(\cos \theta - 0.5)(-1.8 \text{ sen } \theta \, \delta\theta) = 0$

$\text{sen } \theta \, (64\,800 \cos \theta - 37\,800)\delta\theta = 0$

$\text{sen } \theta = 0 \qquad \theta = 0°$ *Resp.*

$64\,800 \cos \theta - 37\,800 = 0$

$\theta = 54.31° = 54.3°$ *Resp.*

F11-5. $y_G = 2.5 \text{ sen } \theta \quad \delta y_G = 2.5 \cos \theta \, \delta\theta$

$x_A = 5 \cos \theta \qquad \delta x_C = -5 \text{ sen } \theta \, \delta\theta$

$\delta U = 0; \qquad \left(-F_{sp}\delta x_A\right) - W\delta y_G = 0$

$(15\,000 \text{ sen } \theta \cos \theta - 7500 \text{ sen } \theta$

$- 1226.25 \cos \theta)\delta\theta = 0$

$\theta = 56.33° = 56.3°$ *Resp.*

o $\theta = 9.545° = 9.55°$ *Resp.*

F11-6. $F_{sp} = 15\,000(0.6 - 0.6 \cos \theta)$

$x_C = 3[0.3 \text{ sen } \theta] \qquad \delta x_C = 0.9 \cos \theta \, \delta\theta$

$y_B = 2[0.3 \cos \theta] \qquad \delta y_B = -0.6 \text{ sen } \theta \, \delta\theta$

$\delta U = 0; \qquad P\delta x_C + F_{sp}\delta y_B = 0$

$(135 \cos \theta - 5400 \text{ sen } \theta + 5400 \text{ sen } \theta \cos \theta)\delta\theta = 0$

$\theta = 20.9°$ *Resp.*

Soluciones a los problemas preliminares de estática

Capítulo 2

P2-1.

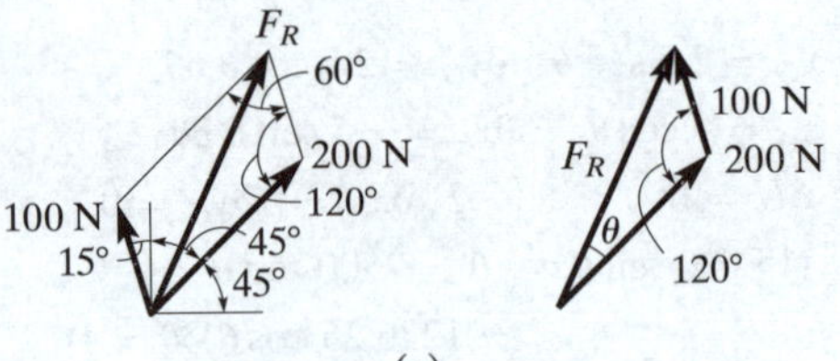

(a)

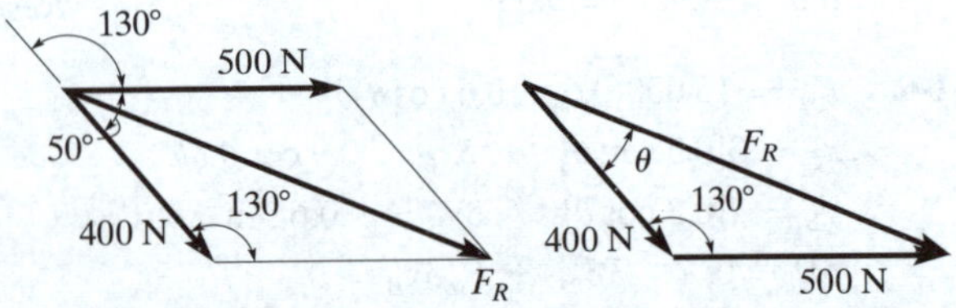

(b)

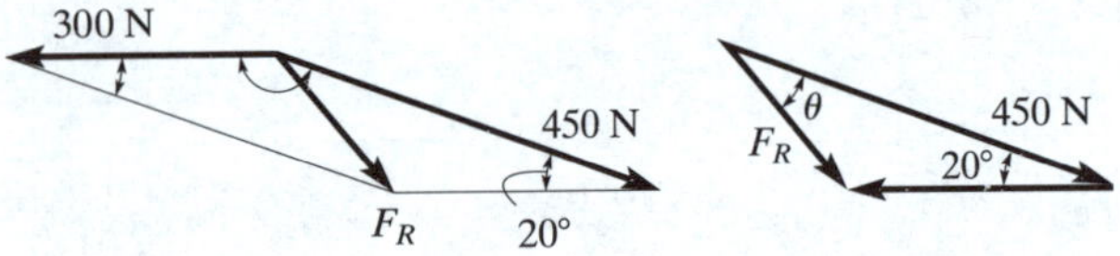

(c)

P2-2.

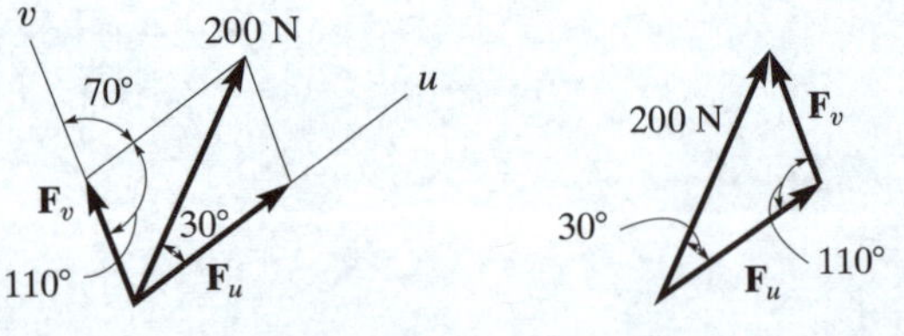

(a)

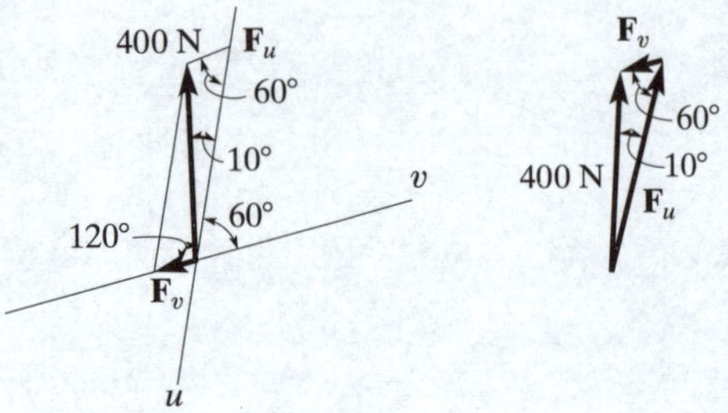

(b)

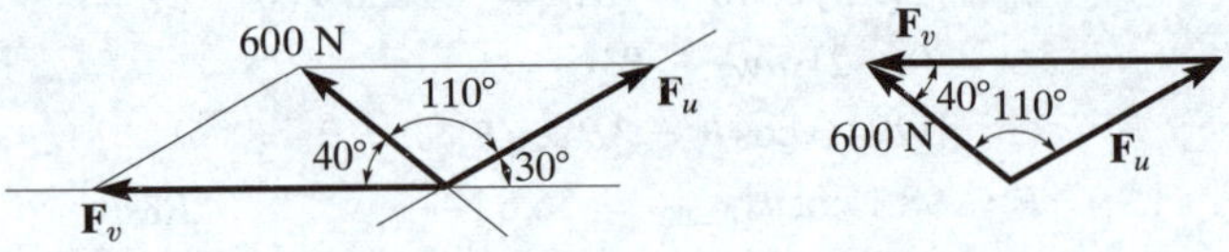

(c)

P2-3.

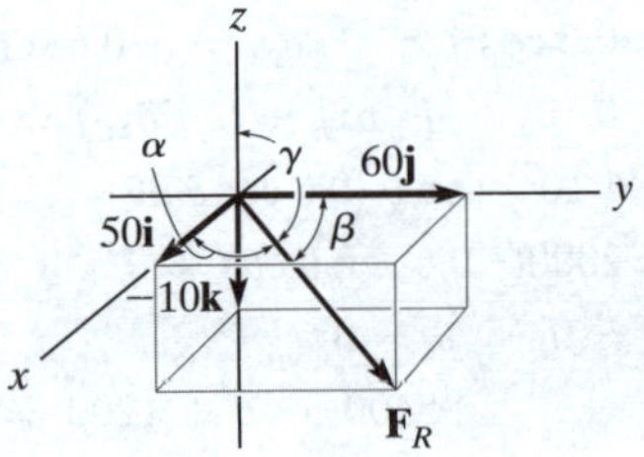

(a)

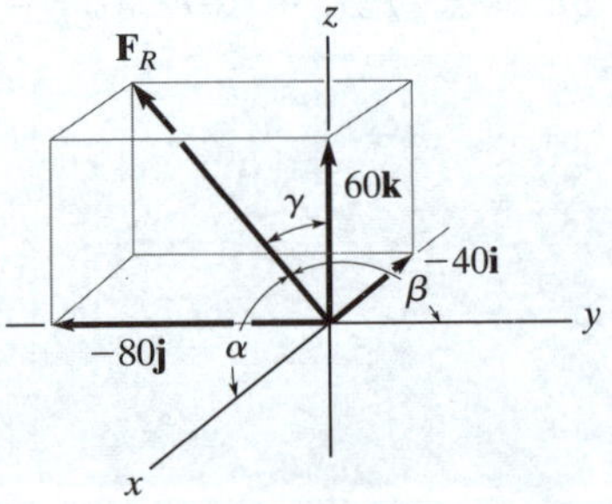

(b)

P2-4. a) $\mathbf{F} = \{-4\mathbf{i} - 4\mathbf{j} + 2\mathbf{k}\}$ kN

$$F = \sqrt{(4)^2 + (-4)^2 + (2)^2} = 6 \text{ kN}$$

$$\cos\beta = \frac{-2}{3}$$

b) $\mathbf{F} = \{20\mathbf{i} + 20\mathbf{j} - 10\mathbf{k}\}$ N

$$F = \sqrt{(20)^2 + (20)^2 + (-10)^2} = 30 \text{ N}$$

$$\cos\beta = \frac{2}{3}$$

P2-5.

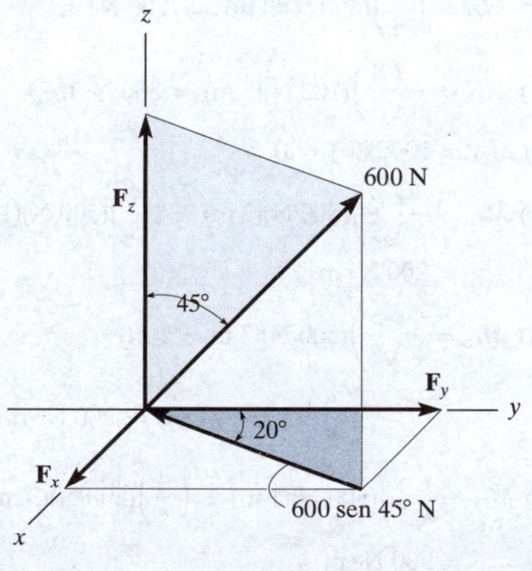

(a)

$F_x = (600 \text{ sen } 45°) \text{ sen } 20° \text{ N}$
$F_y = (600 \text{ sen } 45°) \cos 20° \text{ N}$
$F_z = 600 \cos 45° \text{ N}$

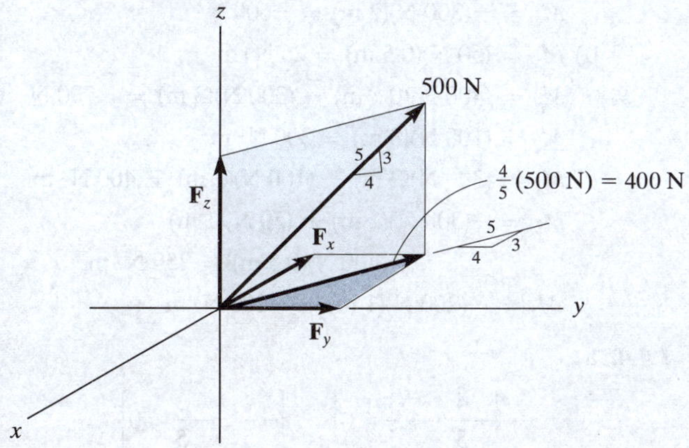

(b)

$$F_x = -\frac{3}{5}(400) \text{ N}$$

$$F_y = \frac{4}{5}(400) \text{ N}$$

$$F_z = \frac{3}{5}(500) \text{ N}$$

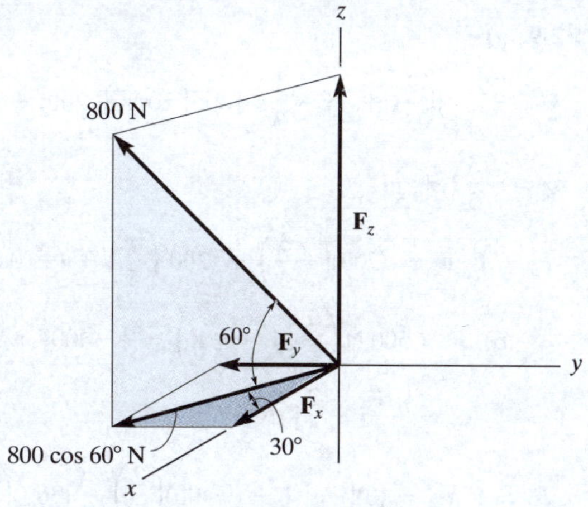

(c)

$F_x = 800 \cos 60° \cos 30° \text{ N}$
$F_y = -800 \cos 60° \text{ sen } 30° \text{ N}$
$F_z = 800 \text{ sen } 60° \text{ N}$

P2-6. a) $\mathbf{r}_{AB} = \{-5\mathbf{i} + 3\mathbf{j} - 2\mathbf{k}\}$ m

b) $\mathbf{r}_{AB} = \{4\mathbf{i} + 8\mathbf{j} - 3\mathbf{k}\}$ m

c) $\mathbf{r}_{AB} = \{6\mathbf{i} - 3\mathbf{j} - 4\mathbf{k}\}$ m

P2-7. a) $\mathbf{F} = 15 \text{ kN}\left(\frac{-3}{5}\mathbf{i} + \frac{4}{5}\mathbf{j}\right) = \{-9\mathbf{i} + 12\mathbf{j}\}$ kN

b) $\mathbf{F} = 600 \text{ N}\left(\frac{2}{3}\mathbf{i} + \frac{2}{3}\mathbf{j} - \frac{1}{3}\mathbf{k}\right)$
$= \{400\mathbf{i} + 400\mathbf{j} - 200\mathbf{k}\}$ N

c) $\mathbf{F} = 300 \text{ N}\left(-\frac{2}{3}\mathbf{i} + \frac{2}{3}\mathbf{j} - \frac{1}{3}\mathbf{k}\right)$
$= \{-200\mathbf{i} + 200\mathbf{j} - 100\mathbf{k}\}$ N

P2-8. a) $\mathbf{r}_A = \{3\mathbf{k}\}$ m, $r_A = 3$ m
$\mathbf{r}_B = \{2\mathbf{i} + 2\mathbf{j} - 1\mathbf{k}\}$ m, $r_B = 3$ m
$\mathbf{r}_A \cdot \mathbf{r}_B = 0(2) + 0(2) + (3)(-1) = -3 \text{ m}^2$
$\mathbf{r}_A \cdot \mathbf{r}_B = r_A r_B \cos\theta$
$-3 = 3(3)\cos\theta$

b) $\mathbf{r}_A = \{-2\mathbf{i} + 2\mathbf{j} + 1\mathbf{k}\}$ m, $r_A = 3$ m
$\mathbf{r}_B = \{1.5\mathbf{i} - 2\mathbf{k}\}$ m, $r_B = 2.5$ m
$\mathbf{r}_A \cdot \mathbf{r}_B = (-2)(1.5) + 2(0) + (1)(-2) = -5 \text{ m}^2$
$\mathbf{r}_A \cdot \mathbf{r}_B = r_A r_B \cos\theta$
$-5 = 3(2.5)\cos\theta$

P2-9. a)

$$\mathbf{F} = 300\ \text{N}\left(\frac{2}{3}\mathbf{i} + \frac{2}{3}\mathbf{j} - \frac{1}{3}\mathbf{k}\right) = \{200\mathbf{i} + 200\mathbf{j} - 100\mathbf{k}\}\ \text{N}$$

$$\mathbf{u}_a = -\frac{3}{5}\mathbf{i} + \frac{4}{5}\mathbf{j}$$

$$F_a = \mathbf{F}\cdot\mathbf{u}_a = (200)\left(-\frac{3}{5}\right) + (200)\left(\frac{4}{5}\right) + (-100)\left(0\right)$$

b) $\mathbf{F} = 500\ \text{N}\left(-\frac{4}{5}\mathbf{j} + \frac{3}{5}\mathbf{k}\right) = \{-400\mathbf{j} + 300\mathbf{k}\}\ \text{N}$

$$\mathbf{u}_a = -\frac{1}{3}\mathbf{i} + \frac{2}{3}\mathbf{j} + \frac{2}{3}\mathbf{k}$$

$$F_a = \mathbf{F}\cdot\mathbf{u}_a = (0)\left(-\frac{1}{3}\right) + (-400)\left(\frac{2}{3}\right) + (300)\left(\frac{2}{3}\right)$$

Capítulo 3

P3-1.

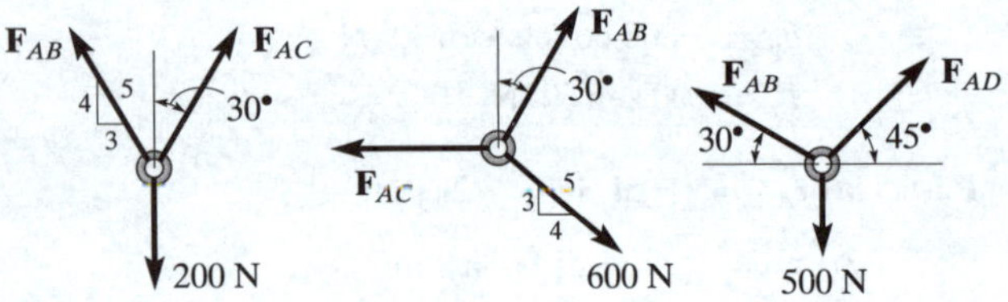

(a) (b) (c)

P3-2. a) $\Sigma F_x = 0; \quad F\cos 60° - P\left(\frac{1}{\sqrt{2}}\right) - 600\left(\frac{4}{5}\right) = 0$

$\Sigma F_y = 0; \quad -F\,\text{sen}\,60° - P\left(\frac{1}{\sqrt{2}}\right) + 600\left(\frac{3}{5}\right) = 0$

b) $\Sigma F_x = 0; \quad P\left(\frac{4}{5}\right) - F\,\text{sen}\,60° - 200\,\text{sen}\,15° = 0$

$\Sigma F_y = 0; \quad -P\left(\frac{3}{5}\right) - F\cos 60° + 200\cos 15° = 0$

c) $\Sigma F_x = 0;$

$300\cos 40° + 450\cos 30° - P\cos 30° + F\,\text{sen}\,10° = 0$

$\Sigma F_y = 0;$

$-300\,\text{sen}\,40° + 450\,\text{sen}\,30° - P\,\text{sen}\,30° - F\cos 10° = 0$

Capítulo 4

P4-1. a) $M_O = 100\ \text{N}(2\ \text{m}) = 200\ \text{N}\cdot\text{m}$ ↻

b) $M_O = -100\ \text{N}(1\ \text{m}) = 100\ \text{N}\cdot\text{m}$ ↻

c) $M_O = -\left(\frac{3}{5}\right)(500\ \text{N})(2\ \text{m}) = 600\ \text{N}\cdot\text{m}$ ↻

d) $M_O = \left(\frac{4}{5}\right)(500\ \text{N})(3\ \text{m}) = 1200\ \text{N}\cdot\text{m}$ ↺

e) $M_O = -\left(\frac{3}{5}\right)(100\ \text{N})(5\ \text{m}) = 300\ \text{N}\cdot\text{m}$ ↻

f) $M_O = 100\ \text{N}(0) = 0$

g) $M_O = -\left(\frac{3}{5}\right)(500\ \text{N})(2\ \text{m}) + \left(\frac{4}{5}\right)(500\ \text{N})(1\ \text{m})$

$= 200\ \text{N}\cdot\text{m}$ ↻

h) $M_O = -\left(\frac{3}{5}\right)(500\ \text{N})(3\ \text{m} - 1\ \text{m})$

$+ \left(\frac{4}{5}\right)(500\ \text{N})(1\ \text{m}) = 200\ \text{N}\cdot\text{m}$ ↻

i) $M_O = \left(\frac{3}{5}\right)(500\ \text{N})(1\ \text{m}) - \left(\frac{4}{5}\right)(500\ \text{N})(3\ \text{m})$

$= 900\ \text{N}\cdot\text{m}$ ↻

P4-2. $\mathbf{M}_P = \begin{vmatrix} \mathbf{i} & \mathbf{j} & \mathbf{k} \\ 2 & -3 & 0 \\ -3 & 2 & 5 \end{vmatrix} \qquad \mathbf{M}_P = \begin{vmatrix} \mathbf{i} & \mathbf{j} & \mathbf{k} \\ 2 & 5 & -1 \\ 2 & -4 & -3 \end{vmatrix}$

$\mathbf{M}_P = \begin{vmatrix} \mathbf{i} & \mathbf{j} & \mathbf{k} \\ 5 & -4 & -1 \\ -2 & 3 & 4 \end{vmatrix}$

P4-3. a) $M_x = -(100\ \text{N})(3\ \text{m}) = -300\ \text{N}\cdot\text{m}$

$M_y = -(200\ \text{N})(2\ \text{m}) = -400\ \text{N}\cdot\text{m}$

$M_z = -(300\ \text{N})(2\ \text{m}) = -600\ \text{N}\cdot\text{m}$

b) $M_x = (50\ \text{N})(0.5\ \text{m}) = 25\ \text{N}\cdot\text{m}$

$M_y = (400\ \text{N})(0.5\ \text{m}) - (300\ \text{N})(3\ \text{m}) = -700\ \text{N}\cdot\text{m}$

$M_z = (100\ \text{N})(3\ \text{m}) = 300\ \text{N}\cdot\text{m}$

c) $M_x = (300\ \text{N})(2\ \text{m}) - (100\ \text{N})(2\ \text{m}) = 400\ \text{N}\cdot\text{m}$

$M_y = -(300\ \text{N})(1\ \text{m}) + (50\ \text{N})(1\ \text{m})$

$+ (400\ \text{N})(0.5\ \text{m}) = 250\ \text{N}\cdot\text{m}$

$M_z = -(200\ \text{N})(1\ \text{m}) = -200\ \text{N}\cdot\text{m}$

P4-4. a)

$$M_a = \begin{vmatrix} -\frac{4}{5} & -\frac{3}{5} & 0 \\ -5 & 2 & 0 \\ 6 & 2 & 3 \end{vmatrix} = \begin{vmatrix} -\frac{4}{5} & -\frac{3}{5} & 0 \\ -1 & 5 & 0 \\ 6 & 2 & 3 \end{vmatrix}$$

b)

$$M_a = \begin{vmatrix} -\frac{1}{\sqrt{2}} & \frac{1}{\sqrt{2}} & 0 \\ 3 & 4 & -2 \\ 2 & -4 & 3 \end{vmatrix} = \begin{vmatrix} -\frac{1}{\sqrt{2}} & \frac{1}{\sqrt{2}} & 0 \\ 5 & 2 & -2 \\ 2 & -4 & 3 \end{vmatrix}$$

c) $M_a = \begin{vmatrix} \frac{2}{3} & -\frac{1}{3} & \frac{2}{3} \\ -5 & -4 & 0 \\ 2 & -4 & 3 \end{vmatrix} = \begin{vmatrix} \frac{2}{3} & -\frac{1}{3} & \frac{2}{3} \\ -3 & -5 & 2 \\ 2 & -4 & 3 \end{vmatrix}$

P4-5. a) $\overset{+}{\rightarrow} (F_R)_x = \Sigma F_x;$

$(F_R)_x = -\left(\frac{4}{5}\right)500\text{ N} + 200\text{ N} = -200\text{ N}$

$+\uparrow (F_R)_y = \Sigma F_y;$

$(F_R)_y = -\frac{3}{5}(500\text{ N}) - 400\text{ N} = -700\text{ N}$

$\zeta + (M_R)_O = \Sigma M_O;$

$(M_R)_O = -\left(\frac{3}{5}\right)(500\text{ N})(2\text{ m}) - 400\text{ N}(4\text{ m})$

$= -2200\text{ N}\cdot\text{m}$

b) $\overset{+}{\rightarrow} (F_R)_x = \Sigma F_x;$

$(F_R)_x = \left(\frac{4}{5}\right)(500\text{ N}) = 400\text{ N}$

$+\uparrow (F_R)_y = \Sigma F_y;$

$(F_R)_y = -(300\text{ N}) - \left(\frac{3}{5}\right)(500\text{ N}) = -600\text{ N}$

$\zeta + (M_R)_O = \Sigma M_O;$

$(M_R)_O = -(300\text{ N})(2\text{ m}) - \left(\frac{3}{5}\right)(500\text{ N})(4\text{ m})$

$- 200\text{ N}\cdot\text{m} = -2000\text{ N}\cdot\text{m}$

c) $\overset{+}{\rightarrow} (F_R)_x = \Sigma F_x;$

$(F_R)_x = \left(\frac{3}{5}\right)(500\text{ N}) + 100\text{ N} = 400$

$+\uparrow (F_R)_y = \Sigma F_y;$

$(F_R)_y = -(500\text{ N}) - \left(\frac{4}{5}\right)(500\text{ N}) = -900\text{ N}$

$\zeta + (M_R)_O = \Sigma M_O;$

$(M_R)_O = -(500\text{ N})(2\text{ m}) - \left(\frac{4}{5}\right)(500\text{ N})(4\text{ m})$

$+ \left(\frac{3}{5}\right)(500\text{ N})(2\text{ m}) = -2000\text{ N}\cdot\text{m}$

d) $\overset{+}{\rightarrow} (F_R)_x = \Sigma F_x;$

$(F_R)_x = -\left(\frac{4}{5}\right)(500\text{ N}) + \left(\frac{3}{5}\right)(500\text{ N}) = -100\text{ N}$

$+\uparrow (F_R)_y = \Sigma F_y;$

$(F_R)_y = -\left(\frac{3}{5}\right)(500\text{ N}) - \left(\frac{4}{5}\right)(500\text{ N}) = -700\text{ N}$

$\zeta + (M_R)_O = \Sigma M_O;$

$(M_R)_O = \left(\frac{4}{5}\right)(500\text{ N})(4\text{ m}) + \left(\frac{3}{5}\right)(500\text{ N})(2\text{ m})$

$- \left(\frac{3}{5}\right)(500\text{ N})(4\text{ m}) + 200\text{ N}\cdot\text{m} = 1200\text{ N}\cdot\text{m}$

P4-6. a) $\overset{+}{\rightarrow} (F_R)_x = \Sigma F_x; \quad (F_R)_x = 0$

$+\uparrow (F_R)_y = \Sigma F_y;$

$(F_R)_y = -200\text{ N} - 260\text{ N} = -460\text{ N}$

$\zeta + (F_R)_y d = \Sigma M_O;$

$-(460\text{ N})d = -(200\text{ N})(2\text{ m}) - (260\text{ N})(4\text{ m})$

$d = 3.13\text{ m}$

Nota: Aunque la fuerza de 460 N actúa hacia abajo, ésta *no* es la razón por la que –(460 N)d es negativa. La razón es que el *momento* de la fuerza de 460 N con respecto a O es negativo.

b) $\overset{+}{\rightarrow} (F_R)_x = \Sigma F_x;$

$(F_R)_x = -\left(\frac{3}{5}\right)(500\text{ N}) = -300\text{ N}$

$+\uparrow (F_R)_y = \Sigma F_y;$

$(F_R)_y = -400\text{ N} - \left(\frac{4}{5}\right)(500\text{ N}) = -800\text{ N}$

$\zeta + (F_R)_y d = \Sigma M_O;$

$-(800\text{ N})d = -(400\text{ N})(2\text{ m}) - \left(\frac{4}{5}\right)(500\text{ N})(4\text{ m})$

$d = 3\text{ m}$

c) $\overset{+}{\rightarrow} (F_R)_x = \Sigma F_x;$

$(F_R)_x = \left(\frac{4}{5}\right)(500\text{ N}) - \left(\frac{4}{5}\right)(500\text{ N}) = 0$

$+\uparrow (F_R)_y = \Sigma F_y;$

$(F_R)_y = -\left(\frac{3}{5}\right)(500\text{ N}) - \left(\frac{3}{5}\right)(500\text{ N}) = -600\text{ N}$

$\zeta + (F_R)_y d = \Sigma M_O;$

$-(600\text{ N})d = -\left(\frac{3}{5}\right)(500\text{ N})(2\text{ m}) - \left(\frac{3}{5}\right)(500\text{ N})(4\text{ m})$

$- 600\text{ N}\cdot\text{m}$

$d = 4\text{ m}$

P4-7. a) $+\downarrow F_R = \Sigma F_z;$

$F_R = 200\text{ N} + 100\text{ N} + 200\text{ N} = 500\text{ N}$

$(M_R)_x = \Sigma M_x;$

$-(500\text{ N})y = -(100\text{ N})(2\text{ m}) - (200\text{ N})(2\text{ m})$

$y = 1.20\text{ m}$

$(M_R)_y = \Sigma M_y;$

$(500\text{ N})x = (100\text{ N})(2\text{ m}) + (200\text{ N})(1\text{ m})$

$x = 0.80\text{ m}$

b) $+\downarrow F_R = \Sigma F_z;$

$F_R = 100\text{ N} - 100\text{ N} + 200\text{ N} = 200\text{ N}$

$(M_R)_x = \Sigma M_x;$

$-(200\text{ N})y = (100\text{ N})(1\text{ m}) + (100\text{ N})(2\text{ m})$
$- (200\text{ N})(2\text{ m})$

$y = 0.5\text{ m}$

$(M_R)_y = \Sigma M_y;$

$(200\text{ N})x = -(100\text{ N})(2\text{ m}) + (100\text{ N})(2\text{ m})$

$x = 0$

c) $+\downarrow F_R = \Sigma F_z;$

$F_R = 400\text{ N} + 300\text{ N} + 200\text{ N} + 100\text{ N} = 1000\text{ N}$

$(M_R)_x = \Sigma M_x;$

$-(1000\text{ N})y = -(300\text{ N})(4\text{ m}) - (100\text{ N})(4\text{ m})$

$y = 1.6\text{ m}$

$(M_R)_y = \Sigma M_y;$

$(1000\text{ N})x = (400\text{ N})(2\text{ m}) + (300\text{ N})(2\text{ m})$
$- (200\text{ N})(2\text{ m}) - (100\text{ N})(2\text{ m})$

$x = 0.8\text{ m}$

Capítulo 5

P5-1.

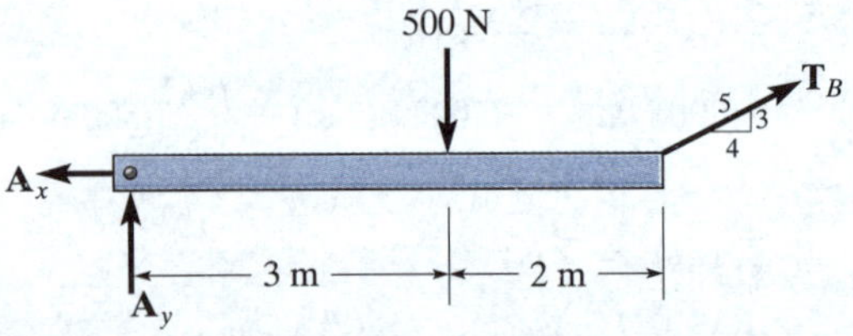

(a)

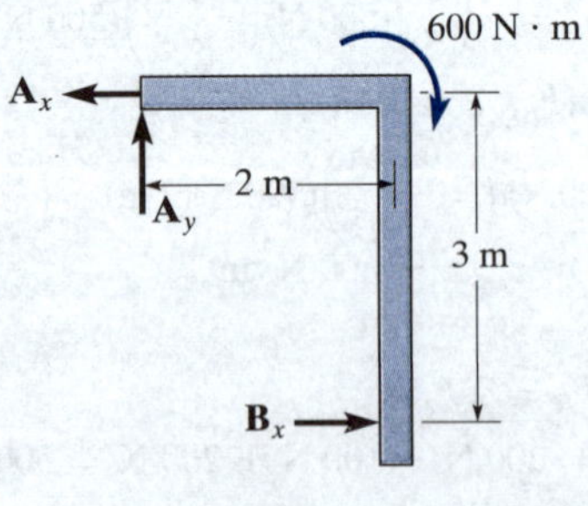

(b)

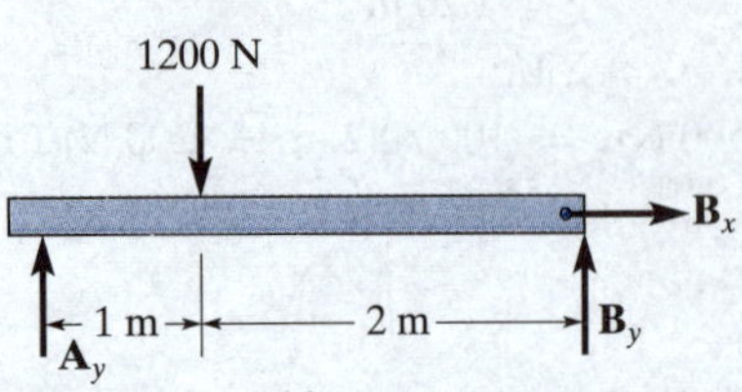

(c)

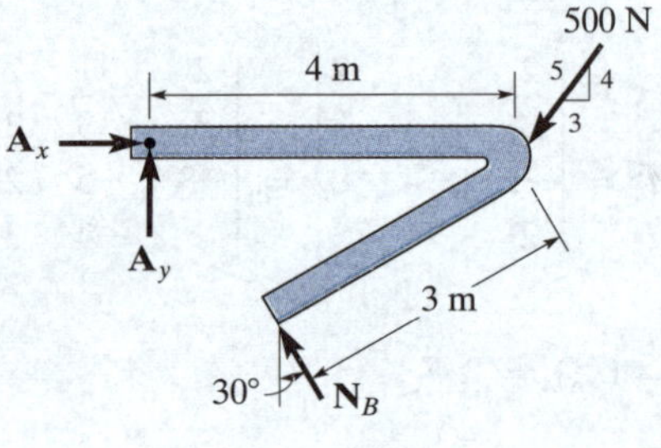

(d)

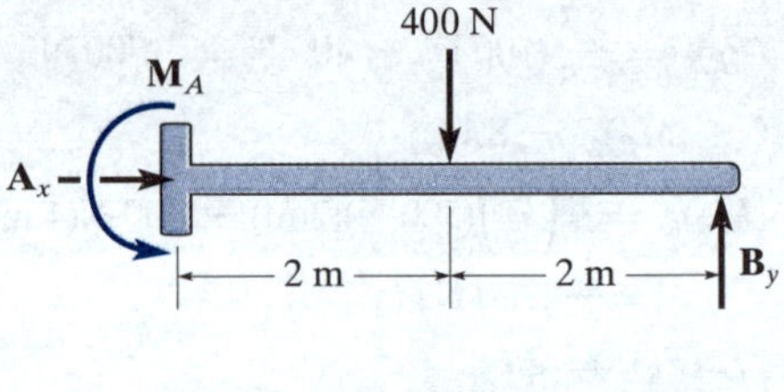

(e)

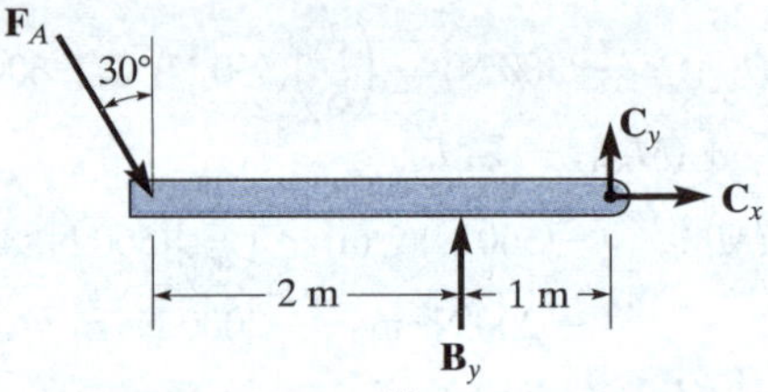

(f)

P5-2.

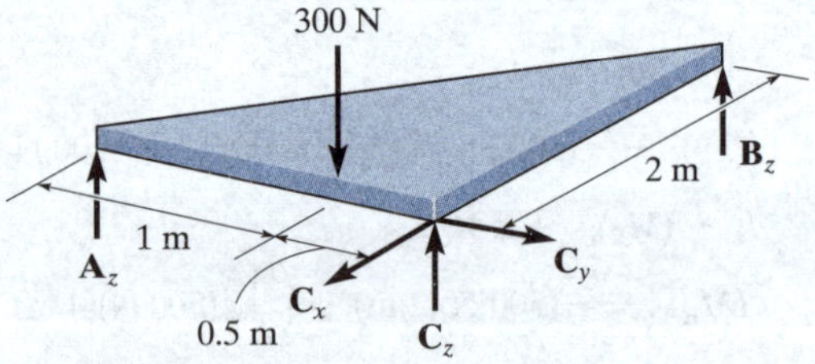

(a)

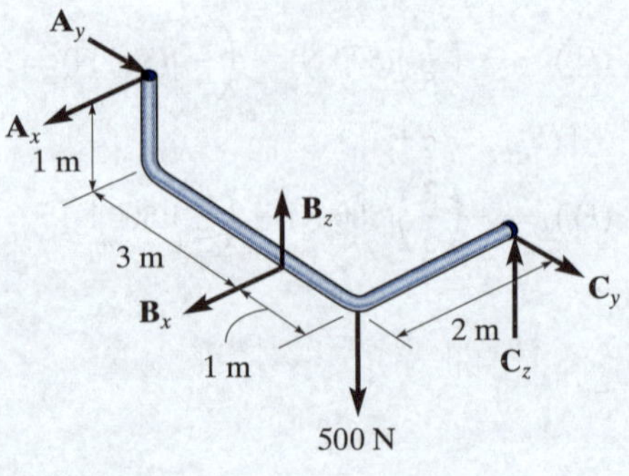

(b)

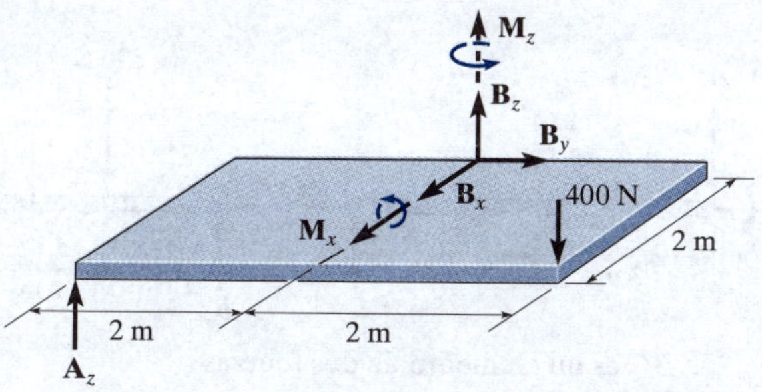

(c)

P5-3. a) $\Sigma M_x = 0;$

$$-(400\text{ N})(2\text{ m}) - (600\text{ N})(5\text{ m}) + B_z(5\text{ m}) = 0$$

$$\Sigma M_y = 0; \qquad -A_z(4\text{ m}) - B_z(4\text{ m}) = 0$$

$$\Sigma M_z = 0; \qquad B_y(4\text{ m}) - B_x(5\text{ m}) + (300\text{ N})(5\text{ m}) = 0$$

b) $\Sigma M_x = 0; \qquad A_z(4\text{ m}) + C_z(6\text{ m}) = 0$

$$\Sigma M_y = 0; \qquad B_z(1\text{ m}) - C_z(1\text{ m}) = 0$$

$$\Sigma M_z = 0; \qquad -B_y(1\text{ m}) + (300\text{ N})(2\text{ m}) - A_x(4\text{ m}) + C_y(1\text{ m}) = 0$$

c) $\Sigma M_x = 0; \qquad B_z(2\text{ m}) + C_z(3\text{ m}) - 800\text{ N}\cdot\text{m} = 0$

$$\Sigma M_y = 0; \qquad -C_z(1.5\text{ m}) = 0$$

$$\Sigma M_z = 0; \qquad -B_x(2\text{ m}) + C_y(1.5\text{ m}) = 0$$

Capítulo 6

P6-1. a) $A_y = 200\text{ N}, D_x = 0, D_y = 200\text{ N}$

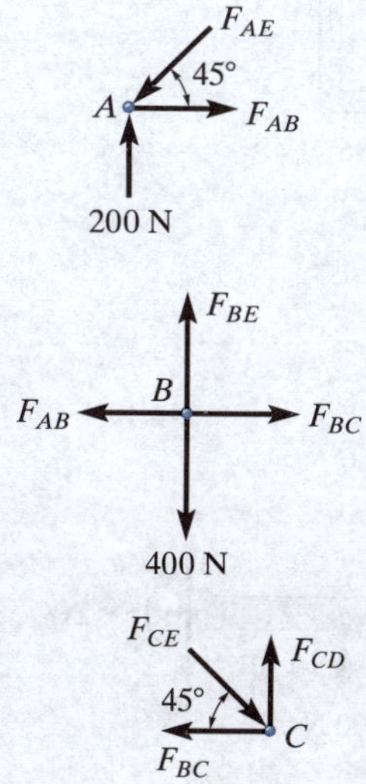

b) $A_y = 300\text{ N}, C_x = 0, C_y = 300\text{ N}$

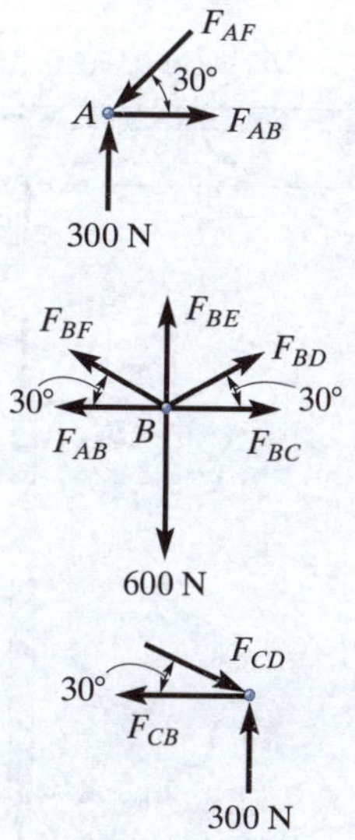

P6-2. a)

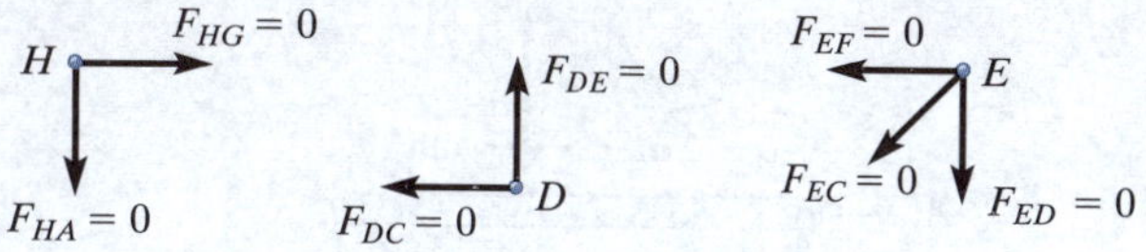

b)

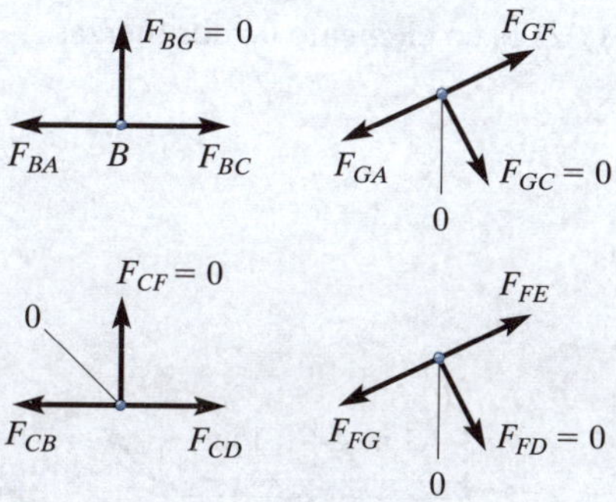

P6-3. a)

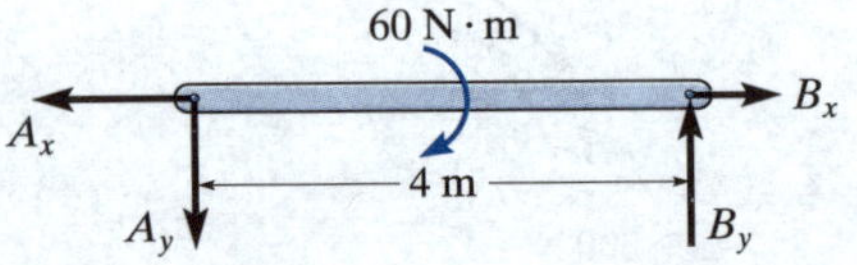

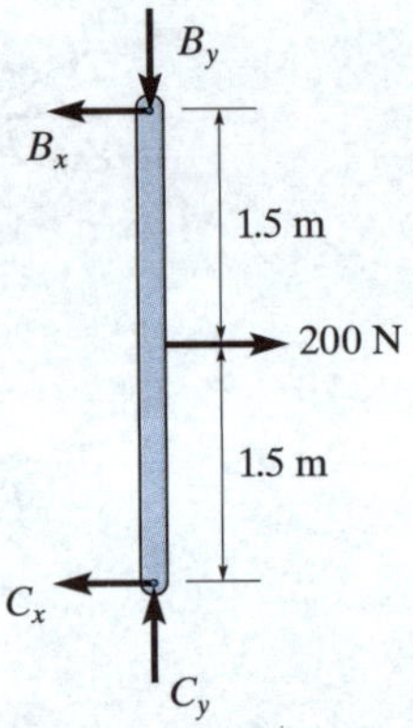

b) *CB* es un elemento de dos fuerzas.

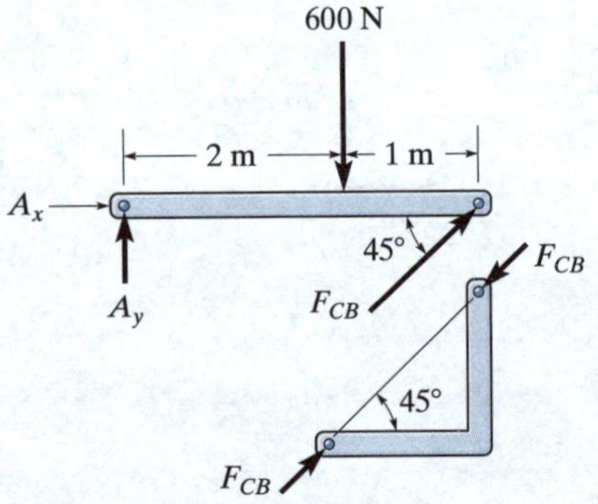

c) *CD* es un elemento de dos fuerzas.

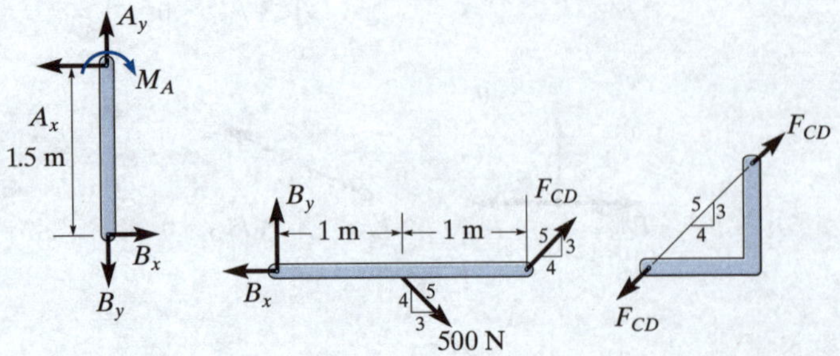

d)

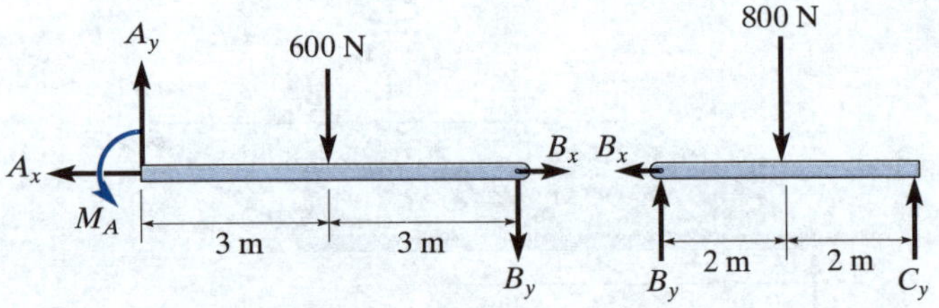

BC es un elemento de dos fuerzas.

e)

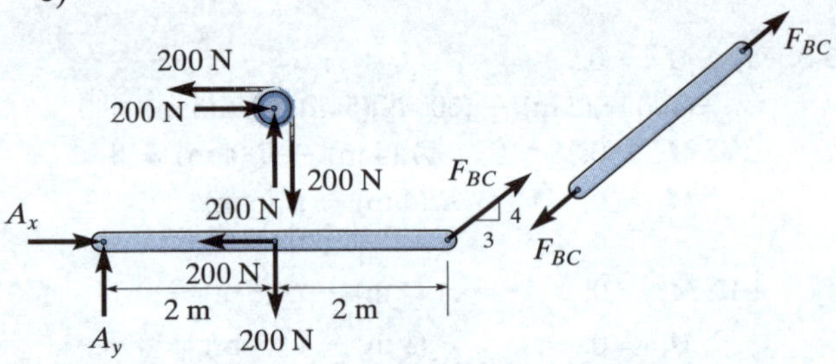

BC es un elemento de dos fuerzas.

f)

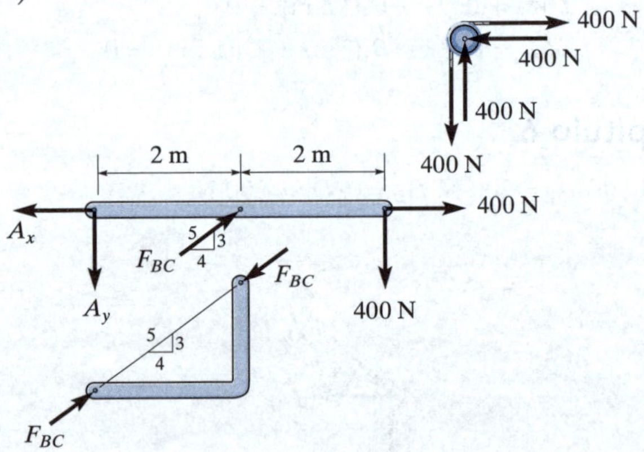

Capítulo 7

P7-1.

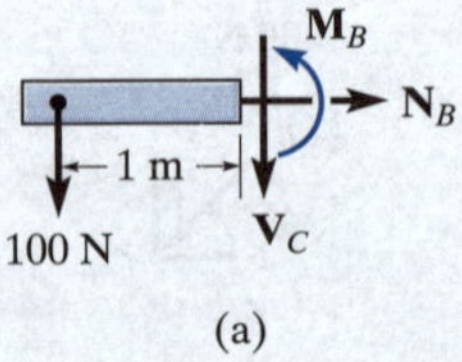

(a)

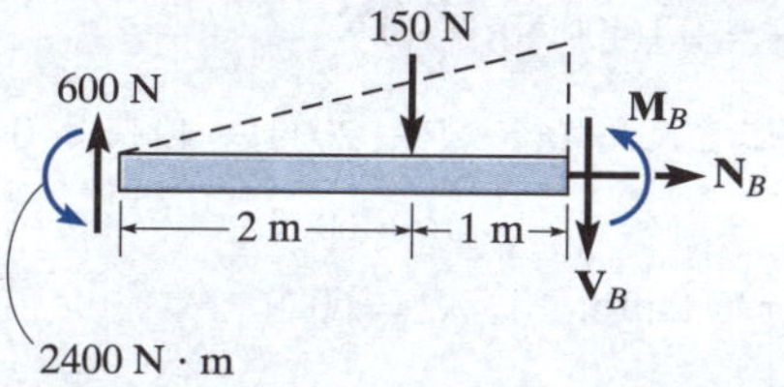

(b)

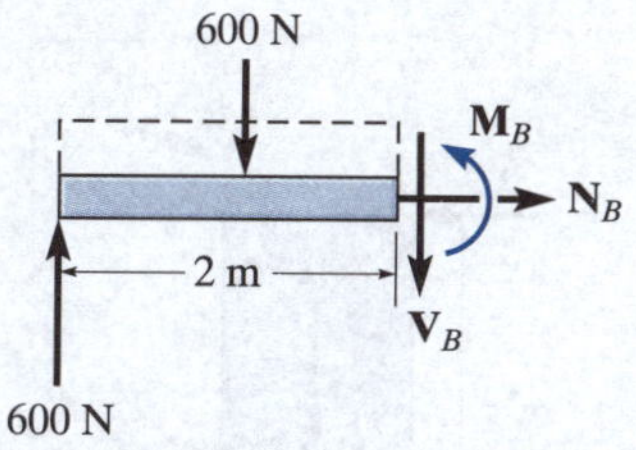

(c)

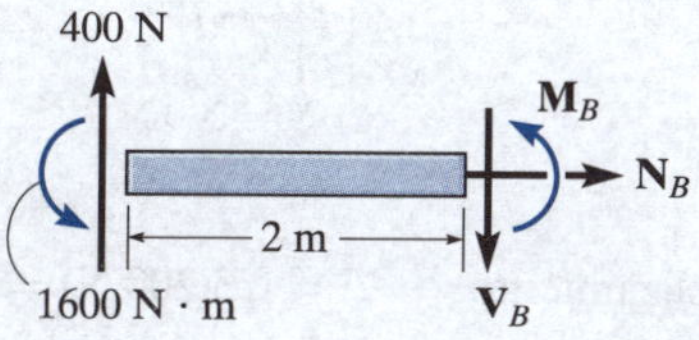

(d)

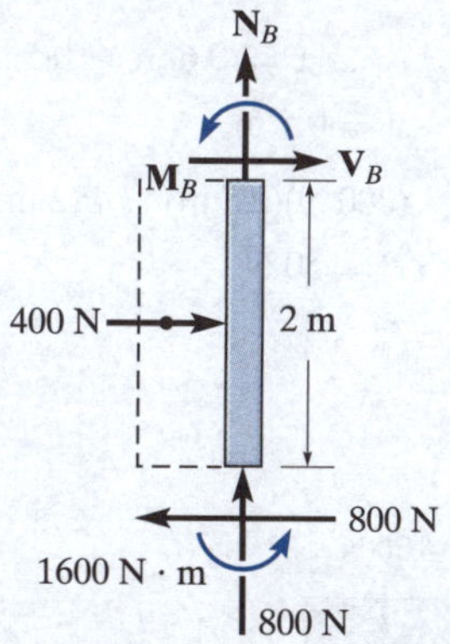

(e)

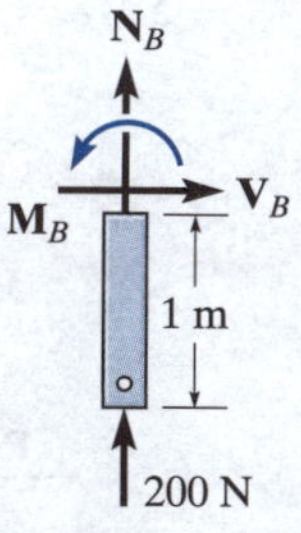

(f)

Capítulo 8

P8-1. a)

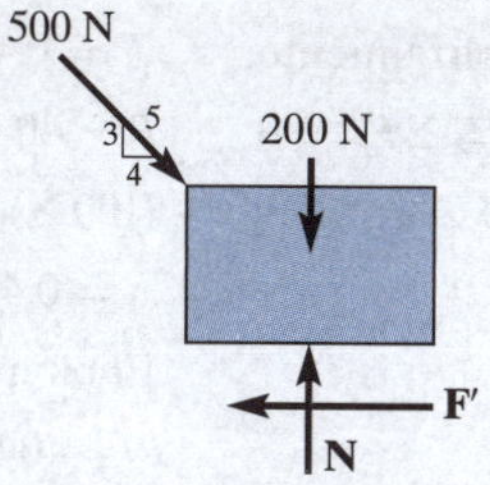

$\xrightarrow{+} \Sigma F_x = 0;$

$\left(\dfrac{4}{5}\right)(500 \text{ N}) - F' = 0, F' = 400 \text{ N}$

$+\uparrow \Sigma F_y = 0;$

$N - 200 \text{ N} - \left(\dfrac{3}{5}\right)(500 \text{ N}) = 0, N = 500 \text{ N}$

$F_{\text{máx}} = 0.3(500 \text{ N}) = 150 \text{ N} < 400 \text{ N}$

Deslizamiento $F = \mu_k N = 0.2(500 \text{ N}) = 100 \text{ N}$

Resp.

b)

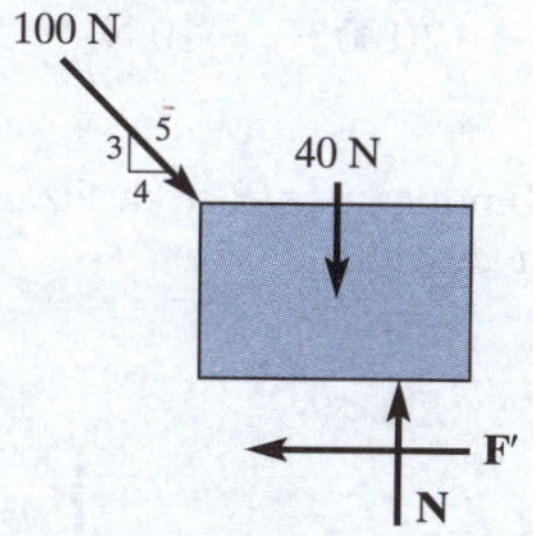

$\xrightarrow{+} \Sigma F_x = 0;$

$\dfrac{4}{5}(100 \text{ N}) - F' = 0; F' = 80 \text{ N}$

$+\uparrow \Sigma F_y = 0;$

$N - 40 \text{ N} - \left(\dfrac{3}{5}\right)(100 \text{ N}) = 0; N = 100 \text{ N}$

$F_{\text{máx}} = 0.9(100 \text{ N}) = 90 \text{ N} > 80 \text{ N}$

$F = F' = 80 \text{ N}$

Resp.

P8-2.

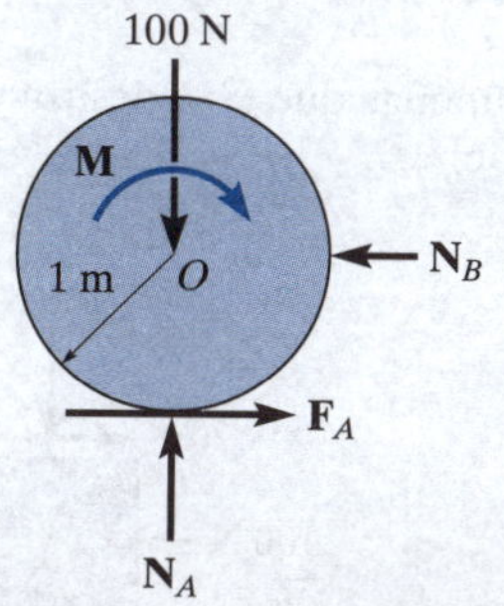

Se requiere que $\quad F_A = 0.1 N_A$

$+\uparrow \Sigma F_y = 0; \quad N_A - 100 \text{ N} = 0$

$N_A = 100 \text{ N}$

$F_A = 0.1(100 \text{ N}) = 10 \text{ N}$

$\circlearrowleft + \Sigma M_O = 0; \quad -M + (10 \text{ N})(1 \text{ m}) = 0$

$M = 10 \text{ N} \cdot \text{m}$

P8-3. a) Debe ocurrir deslizamiento entre A y B.

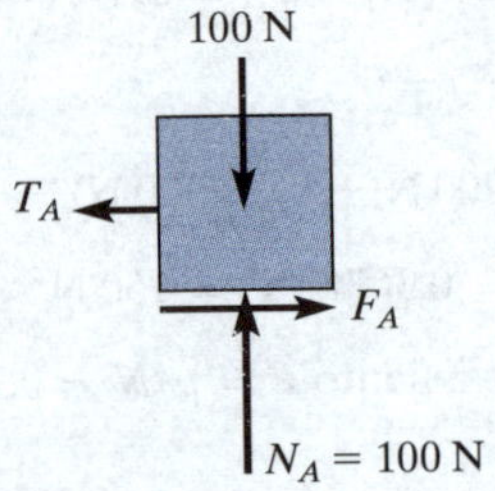

$F_A = 0.2(100 \text{ N}) = 20 \text{ N}$

b) Suponga que B se desliza sobre C y que C no se desliza.

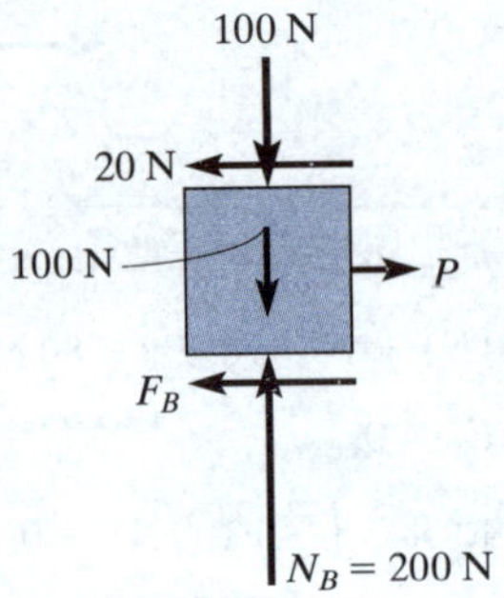

$F_B = 0.2(200 \text{ N}) = 40 \text{ N}$

$\xrightarrow{+} \Sigma F_x = 0; \quad P - 20 \text{ N} - 40 \text{ N} = 0$

$P = 60 \text{ N}$

c) Suponga que C se desliza y que B no se desliza sobre C.

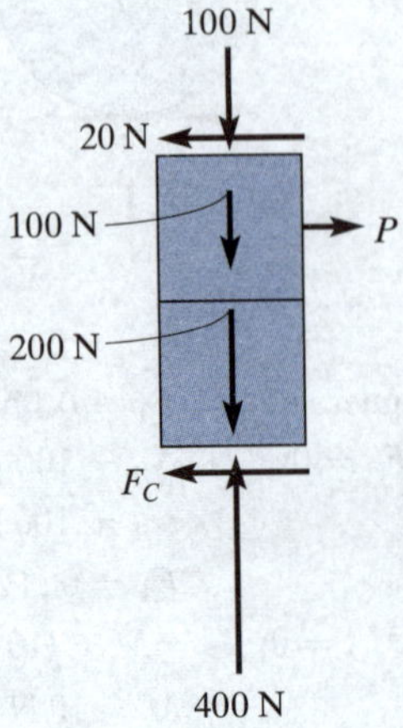

$F_C = 0.1(400 \text{ N}) = 40 \text{ N}$

$\xrightarrow{+} \Sigma F_x = 0; \quad P - 20 \text{ N} - 40 \text{ N} = 0$

$P = 60 \text{ N}$

Por lo tanto, $\quad P = 60 \text{ N}$ *Resp.*

P8-4.

a)

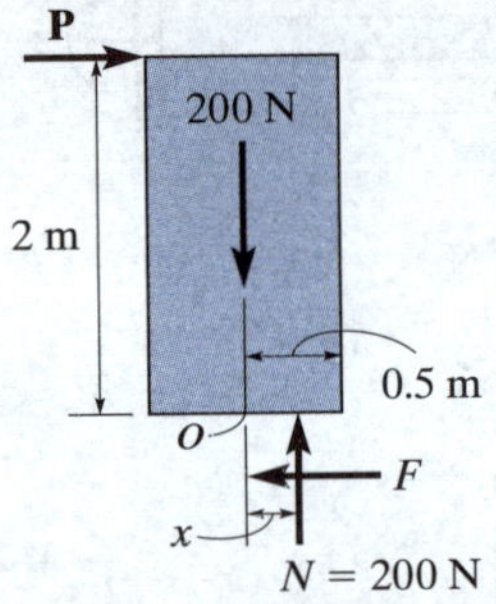

Suponga deslizamiento, $\quad F = 0.3(200 \text{ N}) = 60 \text{ N}$

$\xrightarrow{+} \Sigma F_x = 0; \quad P - 60 \text{ N} = 0; \; P = 60 \text{ N}$

$\circlearrowleft + \Sigma M_O = 0; \quad 200 \text{ N}(x) - (60 \text{ N})(2 \text{ m}) = 0$

$x = 0.6 \text{ m} > 0.5 \text{ m}$

El bloque se vuelca $\quad x = 0.5 \text{ m}$

$\circlearrowleft + \Sigma M_O = 0 \quad (200 \text{ N})(0.5 \text{ m}) - P(2 \text{ m}) = 0$

$P = 50 \text{ N}$ *Resp.*

b)

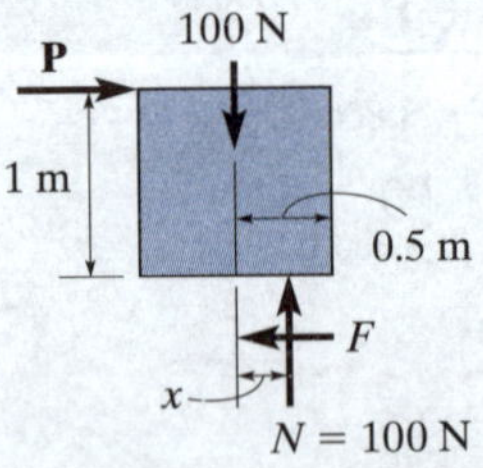

Suponga deslizamiento, $\quad F = 0.4(100 \text{ N}) = 40 \text{ N}$

$\xrightarrow{+} \Sigma F_x = 0; \quad P - 40 \text{ N} = 0; P = 40 \text{ N}$

$\circlearrowleft + \Sigma M_O = 0; \quad (100 \text{ N})(x) - (40 \text{ N})(1 \text{ m}) = 0$

$x = 0.4 \text{ m} < 0.5 \text{ m}$

El bloque se vuelca

$P = 40 \text{ N}$ *Resp.*

Capítulo 9

P9-1. a)

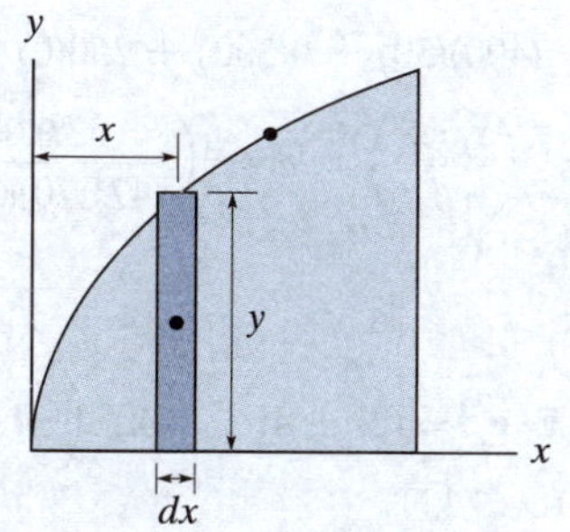

$$\tilde{x} = x$$

$$\tilde{y} = \frac{y}{2} = \frac{\sqrt{x}}{2}$$

$$dA = ydx = \sqrt{x}\,dx$$

b)

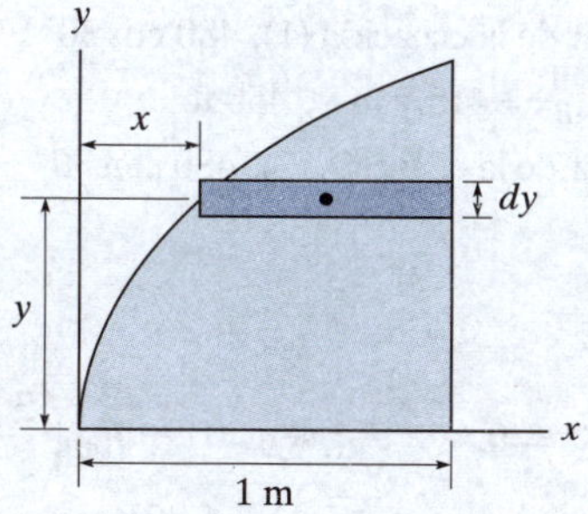

$$\tilde{x} = x + \left(\frac{1-x}{2}\right) = \frac{1+x}{2} = \frac{1+y^2}{2}$$

$$\tilde{y} = y$$

$$dA = (1-x)dy = (1-y^2)dy$$

c)

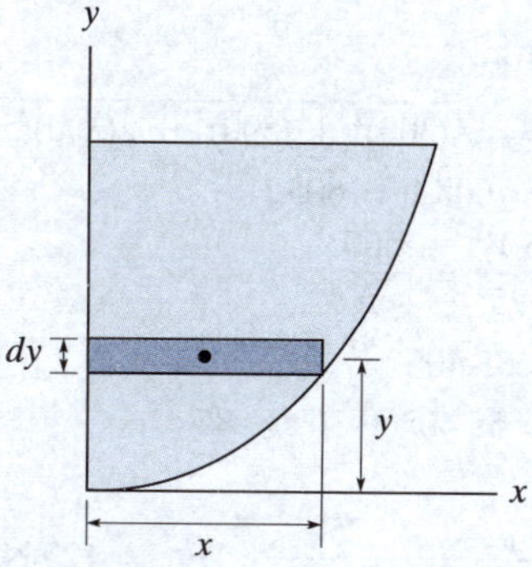

$$\tilde{x} = \frac{x}{2} = \frac{\sqrt{y}}{2}$$

$$\tilde{y} = y$$

$$dA = xdy = \sqrt{y}\,dy$$

d)

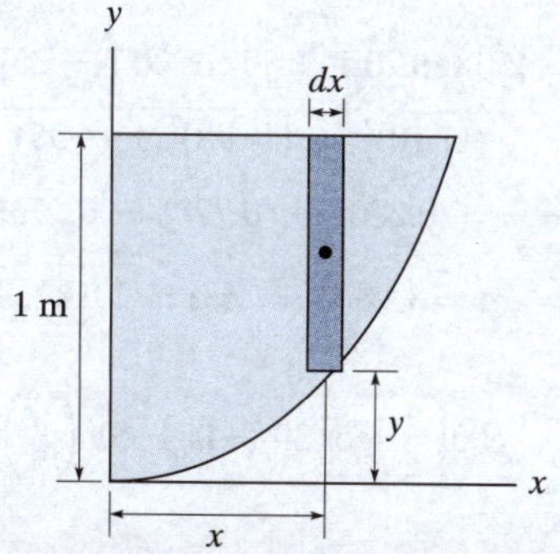

$$\tilde{x} = x$$

$$\tilde{y} = y + \left(\frac{1-y}{2}\right) = \frac{1+y}{2} = \frac{1+x^2}{2}$$

$$dA = (1-y)dx = (1-x^2)dx$$

Soluciones a los problemas de repaso

Capítulo 2

R2-1. $F_R = \sqrt{(300)^2 + (500)^2 - 2(300)(500)\cos 95°}$

$= 605.1 = 605 \text{ N}$ *Resp.*

$\dfrac{605.1}{\text{sen } 95°} = \dfrac{500}{\text{sen } \theta}$

$\theta = 55.40°$

$\phi = 55.40° + 30° = 85.4°$ *Resp.*

R2-2. $\dfrac{F_{1v}}{\text{sen } 30°} = \dfrac{250}{\text{sen } 105°}$ $\quad F_{1v} = 129 \text{ N}$ *Resp.*

$\dfrac{F_{1u}}{\text{sen } 45°} = \dfrac{250}{\text{sen } 105°}$ $\quad F_{1u} = 183 \text{ N}$ *Resp.*

R2-3. $F_{Rx} = F_{1x} + F_{2x} + F_{3x} + F_{4x}$

$F_{Rx} = -200 + 320 + 180 - 300 = 0$

$F_{Ry} = F_{1y} + F_{2y} + F_{3y} + F_{4y}$

$F_{Ry} = 0 - 240 + 240 + 0 = 0$

Así, $F_R = 0$ *Resp.*

R2-4. $\cos^2 30° + \cos^2 70° + \cos^2 \gamma = 1$

$\cos \gamma = \pm 0.3647$

$\gamma = 68.61°$ o $111.39°$

Por inspección, $\gamma = 111.39°$.

$\mathbf{F} = 250\{\cos 30°\mathbf{i} + \cos 70°\mathbf{j} + \cos 111.39°\}$ 1b

$= \{217\mathbf{i} + 85.5\mathbf{j} - 91.2\mathbf{k}\}$ 1b *Resp.*

R2-5. $\mathbf{r} = \{50 \text{ sen } 20°\mathbf{i} + 50\cos 20°\mathbf{j} - 35\mathbf{k}\}$ ft

$r = \sqrt{(17.10)^2 + (46.98)^2 + (-35)^2} = 61.03$ ft

$\mathbf{u} = \dfrac{\mathbf{r}}{r} = (0.280\mathbf{i} + 0.770\mathbf{j} - 0.573\mathbf{k})$

$\mathbf{F} = F\mathbf{u} = \{98.1\mathbf{i} + 269\mathbf{j} - 201\mathbf{k}\}$ lb *Resp.*

R2-6. $\mathbf{F}_1 = 600\left(\dfrac{4}{5}\right)\cos 30°(+\mathbf{i}) + 600\left(\dfrac{4}{5}\right)\text{sen } 30°(-\mathbf{j})$

$+ 600\left(\dfrac{3}{5}\right)(+\mathbf{k})$

$= \{415.69\mathbf{i} - 240\mathbf{j} + 360\mathbf{k}\}$ N *Resp.*

$\mathbf{F}_2 = 0\mathbf{i} + 450\cos 45°(+\mathbf{j}) + 450 \text{ sen } 45°(+\mathbf{k})$

$= \{318.20\mathbf{j} + 318.20\mathbf{k}\}$ **N** *Resp.*

R2-7. $\mathbf{r}_1 = \{400\mathbf{i} + 250\mathbf{k}\}$ mm; $\quad r_1 = 471.70$ mm

$\mathbf{r}_2 = \{50\mathbf{i} + 300\mathbf{j}\}$ mm; $\quad r_2 = 304.14$ mm

$\mathbf{r}_1 \cdot \mathbf{r}_2 = (400)(50) + 0(300) + 250(0) = 20\,000$

$\theta = \cos^{-1}\left(\dfrac{\mathbf{r}_1 \cdot \mathbf{r}_2}{r_1 r_2}\right) = \cos^{-1}\left(\dfrac{20\,000}{(471.70)(304.14)}\right)$

$= 82.0°$ *Resp.*

R2-8. $F_{\text{Proy}} = \mathbf{F} \cdot \mathbf{u}_v = (2\mathbf{i} + 4\mathbf{j} + 10\mathbf{k}) \cdot \left(\dfrac{2}{3}\mathbf{i} + \dfrac{2}{3}\mathbf{j} - \dfrac{1}{3}\mathbf{k}\right)$

$F_{\text{Proy}} = 0.667$ kN

Capítulo 3

R3-1. $\overset{+}{\rightarrow} \Sigma F_x = 0; \quad F_B - F_A\cos 60° - 50\left(\dfrac{4}{5}\right) = 0$

$+\uparrow \Sigma F_y = 0; \quad -F_A \text{ sen } 60° + 50\left(\dfrac{3}{5}\right) = 0$

$F_A = 34.6$ lb $\quad F_B = 57.3$ lb *Resp.*

R3-2. $\overset{+}{\rightarrow} \Sigma F_x = 0; \quad F_{AC}\cos 30° - F_{AB} = 0 \quad (1)$

$+\uparrow \Sigma F_y = 0; \quad F_{AC} \text{ sen } 30° - W = 0 \quad (2)$

Si se supone que el cable AB alcanza la tensión máxima $F_{AB} = 450$ lb.

A partir de la ecuación (1) $F_{AC}\cos 30° - 450 = 0$

$F_{AC} = 519.6 \text{ lb} > 480 \text{ lb}$ (No es correcto)

Si se supone que el cable AC alcanza la tensión máxima $F_{AC} = 480$ lb.

A partir de la ecuación (1), $480\cos 30° - F_{AB} = 0$

$F_{AB} = 415.7 \text{ lb} < 450 \text{ lb}$ (OK)

A partir de la ecuación (2), $480 \text{ sen } 30° - W = 0$

$W = 240$ lb

Resp.

R3-3. $\overset{+}{\rightarrow} \Sigma F_x = 0; \quad F_{AC} \text{ sen } 30° - F_{AB}\left(\dfrac{3}{5}\right) = 0$

$F_{AC} = 1.20F_{AB}$ **(1)**

$+\uparrow \Sigma F_y = 0; \quad F_{AC}\cos 30° + F_{AB}\left(\dfrac{4}{5}\right) - W = 0$

$0.8660F_{AC} + 0.8F_{AB} = W$ **(2)**

Como $F_{AC} > F_{AB}$, a falla ocurrirá primero en el cable AC con $F_{AC} = 50$ lb. Entonces, al resolver las ecuaciones (1) y (2), se obtiene

$F_{AB} = 41.67$ lb

$W = 76.6$ lb *Resp.*

R3-4. $s_1 = \frac{60}{40} = 1.5$ ft

$+\uparrow \Sigma F_y = 0; \quad F - 2\left(\frac{1}{2}T\right) = 0; \quad F = T$

$\overset{+}{\rightarrow} \Sigma F_x = 0; \quad -F_s + 2\left(\frac{\sqrt{3}}{2}\right)F = 0$

$F_s = 1.732F$

El estiramiento final es $1.5 + 0.268 = 1.768$ ft

$40(1.768) = 1.732F$

$F = 40.8$ lb *Resp.*

R3-5. $\Sigma F_x = 0; \quad -F_1 \text{ sen } 45° = 0 \quad F_1 = 0$ *Resp.*

$\Sigma F_z = 0; \quad F_2 \text{ sen } 40° - 200 = 0$

$F_2 = 311.14 \text{ lb} = 311 \text{ lb}$ *Resp.*

Si se usan los resultados $F_1 = 0$ y $F_2 = 311.14$ lb y para después sumar las fuerzas a lo largo del eje y, se tiene

$\Sigma F_y = 0; \quad F_3 - 311.14 \cos 40° = 0$

$F_3 = 238$ lb *Resp.*

R3-6. $\mathbf{F}_1 = \mathbf{F}_1\{\cos 60°\mathbf{i} + \text{sen } 60°\mathbf{k}\}$

$= \{0.5F_1\mathbf{i} + 0.8660F_1\mathbf{k}\}$ N

$\mathbf{F}_2 = F_2\left\{\frac{3}{5}\mathbf{i} - \frac{4}{5}\mathbf{j}\right\}$

$= \{0.6\,F_2\mathbf{i} - 0.8\,F_2\mathbf{j}\}$ N

$\mathbf{F}_3 = F_3\{-\cos 30°\mathbf{i} - \text{sen } 30°\mathbf{j}\}$

$= \{-0.8660F_3\mathbf{i} - 0.5F_3\mathbf{j}\}$ N

$\Sigma F_x = 0; \quad 0.5F_1 + 0.6F_2 - 0.8660F_3 = 0$

$\Sigma F_y = 0; \quad -0.8F_2 - 0.5F_3 + 800 \text{ sen } 30° = 0$

$\Sigma F_z = 0; \quad 0.8660F_1 - 800 \cos 30° = 0$

$F_1 = 800$ N $\quad F_2 = 147$ N $\quad F_3 = 564$ N *Resp.*

R3-7. $\Sigma F_x = 0; \quad F_{CA}\left(\frac{1}{\sqrt{10}}\right) - F_{CB}\left(\frac{1}{\sqrt{10}}\right) = 0$

$\Sigma F_y = 0; \quad -F_{CA}\left(\frac{3}{\sqrt{10}}\right) - F_{CB}\left(\frac{3}{\sqrt{10}}\right) + F_{CD}\left(\frac{3}{5}\right) = 0$

$\Sigma F_z = 0; \quad -500 + F_{CD}\left(\frac{4}{5}\right) = 0$

Al despejar:

$F_{CD} = 625$ lb $\quad F_{CA} = F_{CB} = 198$ lb

R3-8. $\mathbf{F}_{AB} = 700\left(\frac{2\mathbf{i} + 3\mathbf{j} - 6\mathbf{k}}{\sqrt{2^2 + 3^2 + (-6)^2}}\right)$

$= \{200\mathbf{i} + 300\mathbf{j} - 600\mathbf{k}\}$ N

$\mathbf{F}_{AC} = F_{AC}\left(\frac{-1.5\mathbf{i} + 2\mathbf{j} - 6\mathbf{k}}{\sqrt{(-1.5)^2 + 2^2 + (-6)^2}}\right)$

$= -0.2308F_{AC}\mathbf{i} + 0.3077F_{AC}\mathbf{j} - 0.9231F_{AC}\mathbf{k}$

$\mathbf{F}_{AD} = F_{AD}\left(\frac{-3\mathbf{i} - 6\mathbf{j} - 6\mathbf{k}}{\sqrt{(-3)^2 + (-6)^2 + (-6)^2}}\right)$

$= -0.3333F_{AD}\mathbf{i} - 0.6667F_{AD}\mathbf{j} - 0.6667F_{AD}\mathbf{k}$

$\mathbf{F} = F\mathbf{k}$

$\Sigma\mathbf{F} = 0; \quad \mathbf{F}_{AB} + \mathbf{F}_{AC} + \mathbf{F}_{AD} + \mathbf{F} = \mathbf{0}$

$(200 - 0.2308F_{AC} - 0.3333F_{AD})\mathbf{i}$

$+ (300 + 0.3077F_{AC} - 0.6667F_{AD})\mathbf{j}$

$+ (-600 - 0.9231F_{AC} - 0.6667F_{AD} + F)\mathbf{k} = \mathbf{0}$

$200 - 0.2308F_{AC} - 0.3333F_{AD} = 0$

$300 + 0.3077F_{AC} - 0.6667F_{AD} = 0$

$-600 - 0.9231F_{AC} - 0.6667F_{AD} + F = 0$

$F_{AC} - 130$ N $\quad F_{AD} = 510$ N

$F = 1060 \text{ N} = 1.06 \text{ kN}$ *Resp.*

Capítulo 4

R4-1. $20(10^3) = 800(16 \cos 30°) + W(30 \cos 30° + 2)$

$W = 319$ lb *Resp.*

R4-2. $\mathbf{F}_R = 50 \text{ lb}\left[\frac{(10\mathbf{i} + 15\mathbf{j} - 30\mathbf{k})}{\sqrt{(10)^2 + (15)^2 + (-30)^2}}\right]$

$\mathbf{F}_R = \{14.3\mathbf{i} + 21.4\mathbf{j} - 42.9\mathbf{k}\}$ 1b *Resp.*

$(\mathbf{M}_R)_C = \mathbf{r}_{CB} \times \mathbf{F} = \begin{vmatrix} \mathbf{i} & \mathbf{j} & \mathbf{k} \\ 10 & 45 & 0 \\ 14.29 & 21.43 & -42.86 \end{vmatrix}$

$= \{-1929\mathbf{i} + 428.6\mathbf{j} - 428.6\mathbf{k}\}$ lb · ft *Resp.*

R4-3. $\mathbf{r} = \{4\mathbf{i}\}$ ft

$\mathbf{F} = 24 \text{ lb}\left(\frac{-2\mathbf{i} + 2\mathbf{j} + 4\mathbf{k}}{\sqrt{(-2)^2 + (2)^2 + (4)^2}}\right)$

$= \{-9.80\mathbf{i} + 9.80\mathbf{j} + 19.60\mathbf{k}\}$ 1b

$M_y = \begin{vmatrix} 0 & 1 & 0 \\ 4 & 0 & 0 \\ -9.80 & 9.80 & 19.60 \end{vmatrix} = -78.4 \text{ lb} \cdot \text{ft}$

$\mathbf{M}_y = \{-78.4\mathbf{j}\}$ lb · ft *Resp.*

R4-4. $(M_c)_R = \Sigma M_z; \quad 0 = 100 - 0.75F$

$F = 133$ N *Resp.*

R4-5. $\xrightarrow{+} \Sigma F_{Rx} = \Sigma F_x;\quad F_{Rx} = 6\left(\frac{5}{13}\right) - 4\cos 60°$
$= 0.30769\text{ kN}$

$+\uparrow \Sigma F_{Ry} = \Sigma F_y;\quad F_{Ry} = 6\left(\frac{12}{13}\right) - 4\text{ sen }60°$
$= 2.0744\text{ kN}$

$F_R = \sqrt{(0.30769)^2 + (2.0744)^2} = 2.10\text{ kN}$ *Resp.*

$\theta = \tan^{-1}\left[\frac{2.0744}{0.30769}\right] = 81.6°$ a *Resp.*

$\circlearrowleft + M_P = \Sigma M_P;\quad M_P = 8 - 6\left(\frac{12}{13}\right)(7) + 6\left(\frac{5}{13}\right)(5)$
$- 4\cos 60°(4) + 4\text{ sen }60°(3)$
$M_P = -16.8\text{ kN}\cdot\text{m}$
$= 16.8\text{ kN}\cdot\text{m} \circlearrowright$ *Resp.*

R4-6. $\xrightarrow{+} \Sigma(F_R)_x = \Sigma F_x;\quad (F_R)_x = 200\cos 45° - 250\left(\frac{4}{5}\right)$
$- 300 = -358.58\text{ lb} = 358.58\text{ lb}\leftarrow$

$+\uparrow (F_R)_y = \Sigma F_y;\quad (F_R)_y = -200\text{ sen }45° - 250\left(\frac{3}{5}\right)$
$= -291.42\text{ lb} = 291.42\text{ lb}\downarrow$

$F_R = \sqrt{(F_R)_x^2 + (F_R)_y^2} = \sqrt{358.58^2 + 291.42^2}$
$= 462.07\text{ lb} = 462\text{ lb}$ *Resp.*

$\theta = \tan^{-1}\left[\frac{(F_R)_y}{(F_R)_x}\right] = \tan^{-1}\left[\frac{291.42}{358.58}\right] = 39.1°$ d *Resp.*

$\circlearrowleft +(M_R)_A = \Sigma M_A;\quad 358.58(d) = 250\left(\frac{3}{5}\right)(2.5) + 250\left(\frac{4}{5}\right)(4)$
$+ 300(4) - 200\cos 45°(6) - 200\text{ sen }45°(3)$
$d = 3.07\text{ ft}$ *Resp.*

R4-7. $+\uparrow F_R = \Sigma F_z;\quad F_R = -20 - 50 - 30 - 40$
$= -140\text{ kN} = 140\text{ kN}\downarrow$ *Resp.*

$(M_R)_x = \Sigma M_x;\quad -140y = -50(3) - 30(11) - 40(13)$
$y = 7.14\text{ m}$ *Resp.*

$(M_R)_y = \Sigma M_y;\quad 140x = 50(4) + 20(10) + 40(10)$
$x = 5.71\text{ m}$ *Resp.*

R4-8. $+\downarrow F_R = \Sigma F;\quad F_R = 12000 + 6000 = 18000\text{ lb}$
$F_R = 18.0\text{ kip}$ *Resp.*

$\circlearrowright + M_{RC} = \Sigma M_C;\quad 18000x = 12000(7.5) + 6000(20)$
$x = 11.7\text{ ft}$ *Resp.*

Capítulo 5

R5-1. $\circlearrowleft + \Sigma M_A = 0\text{: } F(6) + F(4) + F(2) - 3\cos 45°(2) = 0$
$F = 0.3536\text{ kN} = 354\text{ N}$ *Resp.*

R5-2. $\circlearrowleft + \Sigma M_A = 0;\ N_B(7) - 1400(3.5) - 300(6) = 0$
$N_B = 957.14\text{ N} = 957\text{ N}$ *Resp.*

$+\uparrow \Sigma F_y = 0;\ A_y - 1400 - 300 + 957 = 0\quad A_y = 743\text{ N}$

$\xrightarrow{+} \Sigma F_x = 0;\quad A_x = 0$ *Resp.*

R5-3. $\circlearrowleft + \Sigma M_A = 0;\quad 10(0.6 + 1.2\cos 60°) + 6(0.4)$
$- N_A(1.2 + 1.2\cos 60°) = 0$
$N_A = 8.00\text{ kN}$ *Resp.*

$\xrightarrow{+} \Sigma F_x = 0;\quad B_x - 6\cos 30° = 0;\quad B_x = 5.20\text{ kN}$ *Resp.*
$+\uparrow \Sigma F_y = 0;\quad B_y + 8.00 - 6\text{ sen }30° - 10 = 0$
$B_y = 5.00\text{ kN}$ *Resp.*

R5-4. $\circlearrowleft + \Sigma M_A = 0;\quad 50\cos 30°(20) + 50\text{ sen }30°(14)$
$- F_B(18) = 0$
$F_B = 67.56\text{ lb} = 67.6\text{ lb}$ *Resp.*
$\xrightarrow{+} \Sigma F_x = 0;\quad A_x - 50\text{ sen }30° = 0$
$A_x = 25\text{ lb}$ *Resp.*
$+\uparrow \Sigma F_y = 0;\quad A_y - 50\cos 30° - 67.56 = 0$
$A_y = 110.86\text{ lb} = 111\text{ lb}$ *Resp.*

R5-5. $\Sigma F_x = 0;\quad A_x = 0$ *Resp.*
$\Sigma F_y = 0;\quad A_y + 200 = 0$
$A_y = -200\text{ N}$ *Resp.*
$\Sigma F_z = 0;\quad A_z - 150 = 0$
$A_z = 150\text{ N}$ *Resp.*
$\Sigma M_x = 0;\quad -150(2) + 200(2) - (M_A)_x = 0$
$(M_A)_x = 100\text{ N}\cdot\text{m}$ *Resp.*
$\Sigma M_y = 0;\quad (M_A)_y = 0$ *Resp.*
$\Sigma M_z = 0;\quad 200(2.5) - (M_A)_z = 0$
$(M_A)_z = 500\text{ N}\cdot\text{m}$ *Resp.*

R5-6.
$\Sigma M_y = 0;\quad P(8) - 80(10) = 0\quad P = 100\text{ lb}$ *Resp.*
$\Sigma M_x = 0;\quad B_z(28) - 80(14) = 0\quad B_z = 40\text{ lb}$ *Resp.*
$\Sigma M_z = 0;\quad -B_x(28) - 100(10) = 0\quad B_x = -35.7\text{ lb}$ *Resp.*
$\Sigma F_x = 0;\quad A_x + (-35.7) - 100 = 0\quad A_x = 136\text{ lb}$ *Resp.*
$\Sigma F_y = 0;\quad B_y = 0$ *Resp.*
$\Sigma F_z = 0;\quad A_z + 40 - 80 = 0\quad A_z = 40\text{ lb}$ *Resp.*

R5-7. $W = (4\text{ ft})(2\text{ ft})(2\text{ lb/ft}^2) = 16\text{ lb}$

$\Sigma F_x = 0; \quad A_x = 0$ *Resp.*

$\Sigma F_y = 0; \quad A_y = 0$ *Resp.*

$\Sigma F_z = 0; \quad A_z + B_z + C_z - 16 = 0$

$\Sigma M_x = 0; \quad 2B_z - 16(1) + C_z(1) = 0$

$\Sigma M_y = 0; \quad -B_z(2) + 16(2) - C_z(4) = 0$

$A_z + B_z + C_z = 5.33\text{ lb}$ *Resp.*

R5-8.

$\Sigma F_x = 0; \quad A_x = 0$ *Resp.*

$\Sigma F_y = 0; \quad 350 - 0.6F_{BC} + 0.6F_{BD} = 0$

$\Sigma F_z = 0; \quad A_z - 800 + 0.8F_{BC} + 0.8F_{BD} = 0$

$\Sigma M_x = 0; \quad (M_A)_x + 0.8F_{BD}(6) + 0.8F_{BC}(6) - 800(6) = 0$

$\Sigma M_y = 0; \quad 800(2) - 0.8F_{BC}(2) - 0.8F_{BD}(2) = 0$

$\Sigma M_z = 0; \quad (M_A)_z - 0.6F_{BC}(2) + 0.6F_{BD}(2) = 0$

$F_{BD} = 208\text{ N}$ *Resp.*

$F_{BC} = 792\text{ N}$ *Resp.*

$A_z = 0$ *Resp.*

$(M_A)_x = 0$ *Resp.*

$(M_A)_z = 700\text{ N}\cdot\text{m}$ *Resp.*

Capítulo 6

R6-1. Nodo B:

$\overset{+}{\rightarrow}\Sigma F_x = 0; \quad F_{BC} = 3\text{ kN (C)}$ *Resp.*

$+\uparrow\Sigma F_y = 0; \quad F_{BA} = 8\text{ kN (C)}$ *Resp.*

Nodo A:

$+\uparrow\Sigma F_y = 0; \quad 8.875 - 8 - \frac{3}{5}F_{AC} = 0$

$F_{AC} = 1.458 = 1.46\text{ kN (C)}$ *Resp.*

$\overset{+}{\rightarrow}\Sigma F_x = 0; \quad F_{AF} - 3 - \frac{4}{5}(1.458) = 0$

$F_{AF} = 4.17\text{ kN (T)}$ *Resp.*

Nodo C:

$\overset{+}{\rightarrow}\Sigma F_x = 0; \quad 3 + \frac{4}{5}(1.458) - F_{CD} = 0$

$F_{CD} = 4.167 = 4.17\text{ kN (C)}$ *Resp.*

$+\uparrow\Sigma F_y = 0; \quad F_{CF} - 4 + \frac{3}{5}(1.458) = 0$

$F_{CF} = 3.125 = 3.12\text{ kN (C)}$ *Resp.*

Nodo E:

$\overset{+}{\rightarrow}\Sigma F_x = 0; \quad F_{EF} = 0$ *Resp.*

$+\uparrow\Sigma F_y = 0; \quad F_{ED} = 13.125 = 13.1\text{ kN (C)}$ *Resp.*

Nodo D:

$+\uparrow\Sigma F_y = 0; \quad 13.125 - 10 - \frac{3}{5}F_{DF} = 0$

$F_{DF} = 5.21\text{ kN (T)}$ *Resp.*

R6-2. Nodo A:

$\overset{+}{\rightarrow}\Sigma F_x = 0; \quad F_{AB} - F_{AG}\cos 45° = 0$

$+\uparrow\Sigma F_y = 0; \quad 333.3 - F_{AG}\,\text{sen}\,45° = 0$

$F_{AG} = 471\text{ lb (C)}$ *Resp.*

$F_{AB} = 333.3 = 333\text{ lb (T)}$ *Resp.*

Nodo B:

$\overset{+}{\rightarrow}\Sigma F_x = 0; \quad F_{BC} = 333.3 = 333\text{ lb (T)}$ *Resp.*

$+\uparrow\Sigma F_y = 0; \quad F_{GB} = 0$ *Resp.*

Nodo D:

$\overset{+}{\rightarrow}\Sigma F_x = 0; \quad -F_{DC} + F_{DE}\cos 45° = 0$ *Resp.*

$+\uparrow\Sigma F_y = 0; \quad 666.7 - F_{DE}\,\text{sen}\,45° = 0$

$F_{DE} = 942.9\text{ lb} = 943\text{ lb (C)}$ *Resp.*

$F_{DC} = 666.7\text{ lb} = 667\text{ lb (T)}$ *Resp.*

Nodo E:

$\overset{+}{\rightarrow}\Sigma F_x = 0; \quad -942.9\,\text{sen}\,45° + F_{EG} = 0$

$+\uparrow\Sigma F_y = 0; \quad -F_{EC} + 942.9\cos 45° = 0$

$F_{EC} = 666.7\text{ lb} = 667\text{ lb (T)}$ *Resp.*

$F_{EG} = 666.7\text{ lb} = 667\text{ lb (C)}$ *Resp.*

Nodo C:

$+\uparrow\Sigma F_y = 0; \quad F_{GC}\cos 45° + 666.7 - 1000 = 0$

$F_{GC} = 471\text{ lb (T)}$ *Resp.*

R6-3. $\circlearrowleft+\Sigma M_C = 0; \quad -1000(10) + 1500(20)$

$- F_{GJ}\cos 30°(20\tan 30°) = 0$

$F_{GJ} = 2.00\text{ kip (C)}$ *Resp.*

$+\uparrow\Sigma F_y = 0; \quad -1000 + 2(2000\cos 60°) - F_{GC} = 0$

$F_{GC} = 1.00\text{ kip (T)}$ *Resp.*

R6-4.

$+\uparrow\Sigma F_y = 0; \quad 2A_y - 800 - 600 - 800 = 0 \quad A_y = 1100\text{ lb}$

$\overset{+}{\rightarrow}\Sigma F_x = 0; \quad A_x = 0$

$\circlearrowleft+\Sigma M_B = 0; \quad F_{GF}\,\text{sen}\,30°(10) + 800(10 - 10\cos^2 30°)$

$- 1100(10) = 0$

$F_{GF} = 1800\text{ lb (C)} = 1.80\text{ kip (C)}$ *Resp.*

$\circlearrowleft+\Sigma M_A = 0; \quad F_{FB}\,\text{sen}\,60°(10) - 800(10\cos^2 30°) = 0$

$F_{FB} = 692.82\text{ lb (T)} = 693\text{ lb (T)}$ *Resp.*

$\circlearrowleft+\Sigma M_F = 0; \quad F_{BC}(15\tan 30°) + 800(15 - 10\cos^2 30°)$

$- 1100(15) = 0$

$F_{BC} = 1212.43\text{ lb (T)} = 1.21\text{ kip (T)}$ *Resp.*

R6-5. Nodo A:

$$\Sigma F_z = 0; \quad F_{AD}\left(\frac{2}{\sqrt{68}}\right) - 600 = 0$$

$$F_{AD} = 2473.86 \text{ lb (T)} = 2.47 \text{ kip (T)} \qquad \textit{Resp.}$$

$$\Sigma F_x = 0; \quad F_{AC}\left(\frac{1.5}{\sqrt{66.25}}\right) - F_{AB}\left(\frac{1.5}{\sqrt{66.25}}\right) = 0$$

$$F_{AC} = F_{AB}$$

$$\Sigma F_y = 0; \quad F_{AC}\left(\frac{8}{\sqrt{66.25}}\right) + F_{AB}\left(\frac{8}{\sqrt{66.25}}\right)$$

$$- 2473.86\left(\frac{8}{\sqrt{68}}\right) = 0$$

$$0.9829\, F_{AC} + 0.9829\, F_{AB} = 2400$$

$$F_{AC} = F_{AB} = 1220.91 \text{ lb (C)} = 1.22 \text{ kip (C)} \qquad \textit{Resp.}$$

R6-6. CB es un elemento de dos fuerzas.

Elemento AC:

$$\zeta + \Sigma M_A = 0; \quad -600(0.75) + 1.5(F_{CB} \operatorname{sen} 75°) = 0$$

$$F_{CB} = 310.6$$

$$B_x = B_y = 310.6\left(\frac{1}{\sqrt{2}}\right) = 220 \text{ N} \qquad \textit{Resp.}$$

$$\xrightarrow{+} \Sigma F_x = 0; \quad -A_x + 600 \operatorname{sen} 60° - 310.6 \cos 45° = 0$$

$$A_x = 300 \text{ N} \qquad \textit{Resp.}$$

$$+\uparrow \Sigma F_y = 0; \quad A_y - 600 \cos 60° + 310.6 \operatorname{sen} 45° = 0$$

$$A_y = 80.4 \text{ N} \qquad \textit{Resp.}$$

R6-7. Elemento AB:

$$\zeta + \Sigma M_A = 0; \quad -750(2) + B_y(3) = 0$$

$$B_y = 500 \text{ N}$$

Elemento BC:

$$\zeta + \Sigma M_C = 0; \quad -1200(1.5) - 900(1) + B_x(3) - 500(3) = 0$$

$$B_x = 1400 \text{ N}$$

$$+\uparrow \Sigma F_y = 0; \quad A_y - 750 + 500 = 0$$

$$A_y = 250 \text{ N} \qquad \textit{Resp.}$$

Elemento AB:

$$\xrightarrow{+} \Sigma F_x = 0; \quad -A_x + 1400 = 0$$

$$A_x = 1400 \text{ N} = 1.40 \text{ kN} \qquad \textit{Resp.}$$

Elemento BC:

$$\xrightarrow{+} \Sigma F_x = 0; \quad C_x + 900 - 1400 = 0$$

$$C_x = 500 \text{ N} \qquad \textit{Resp.}$$

$$+\uparrow \Sigma F_y = 0; \quad -500 - 1200 + C_y = 0$$

$$C_y = 1700 \text{ N} = 1.70 \text{ kN} \qquad \textit{Resp.}$$

R6-8. $\zeta + \Sigma M_B = 0; \quad F_{CD}(7) - \frac{4}{5}F_{BE}(2) = 0$

$$\zeta + \Sigma M_A = 0; \quad -150(7)(3.5) + \frac{4}{5}F_{BE}(5) - F_{CD}(7) = 0$$

$$F_{BE} = 1531 \text{ lb} = 1.53 \text{ kip} \qquad \textit{Resp.}$$

$$F_{CD} = 350 \text{ lb} \qquad \textit{Resp.}$$

Capítulo 7

R7-1. $\zeta + \Sigma M_A = 0; \quad F_{CD}(8) - 150(8 \tan 30°) = 0$

$$F_{CD} = 86.60 \text{ lb}$$

Puesto que el elemento CF es un elemento de dos fuerzas,

$$V_D = M_D = 0 \qquad \textit{Resp.}$$

$$N_D = F_{CD} = 86.6 \text{ lb} \qquad \textit{Resp.}$$

$$\zeta + \Sigma M_A = 0; \quad B_y(12) - 150(8 \tan 30°) = 0$$

$$B_y = 57.735 \text{ lb}$$

$$\xrightarrow{+} \Sigma F_x = 0; \quad N_E = 0 \qquad \textit{Resp.}$$

$$+\uparrow \Sigma F_y = 0; \quad V_E + 57.735 - 86.60 = 0$$

$$V_E = 28.9 \text{ lb} \qquad \textit{Resp.}$$

$$\zeta + \Sigma M_E = 0; \quad 57.735(9) - 86.60(5) - M_E = 0$$

$$M_E = 86.6 \text{ lb} \cdot \text{ft} \qquad \textit{Resp.}$$

R7-2. Segmento DC

$$\xrightarrow{+} \Sigma F_x = 0; \quad N_C = 0 \qquad \textit{Resp.}$$

$$+\uparrow \Sigma F_y = 0; \quad V_C - 3.00 - 6 = 0 \quad V_C = 9.00 \text{ kN} \qquad \textit{Resp.}$$

$$\zeta + \Sigma M_C = 0; \quad -M_C - 3.00(1.5) - 6(3) - 40 = 0$$

$$M_C = -62.5 \text{ kN} \cdot \text{m} \qquad \textit{Resp.}$$

Segmento DB

$$\xrightarrow{+} \Sigma F_x = 0; \quad N_B = 0 \qquad \textit{Resp.}$$

$$+\uparrow \Sigma F_y = 0; \quad V_B - 10.0 - 7.5 - 4.00 - 6 = 0$$

$$V_B = 27.5 \text{ kN} \qquad \textit{Resp.}$$

$$\zeta + \Sigma M_B = 0; \quad -M_B - 10.0(2.5) - 7.5(5)$$

$$-4.00(7) - 6(9) - 40 = 0$$

$$M_B = -184.5 \text{ kN} \cdot \text{m} \qquad \textit{Resp.}$$

R7-3.

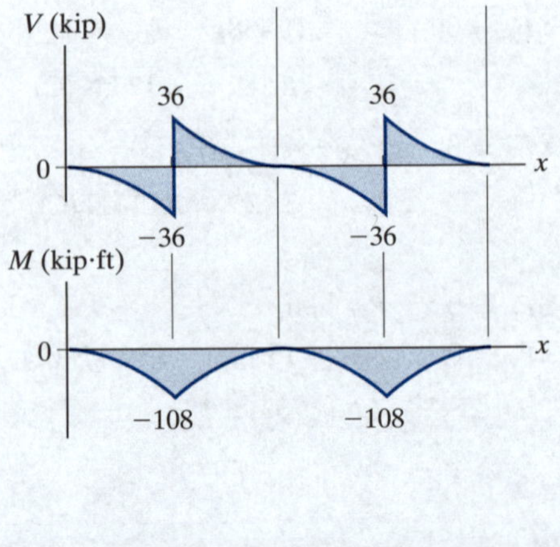

R7-4.

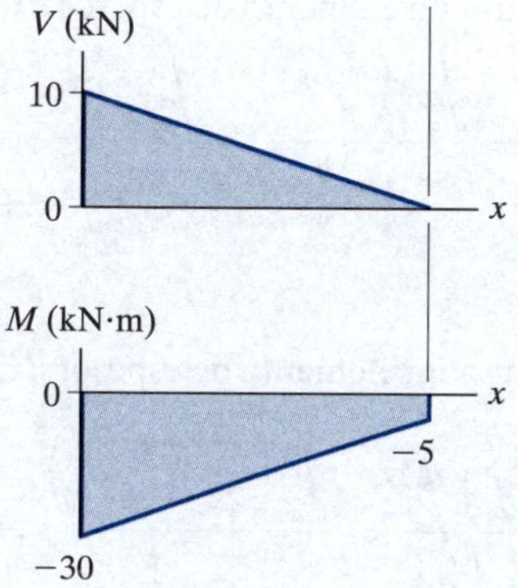

R7-5.

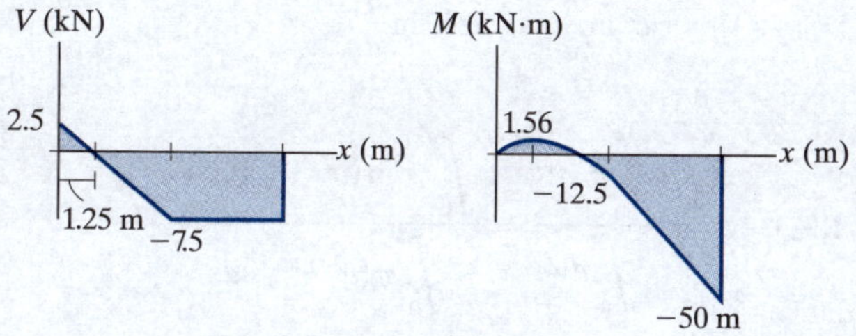

R7-6.

En $x = 30$ ft; $\quad y = 3$ ft; $\quad 3 = \dfrac{F_H}{0.5}\left[\cosh\left(\dfrac{0.5}{F_H}(30)\right) - 1\right]$

$$F_H = 75.25 \text{ lb}$$

$$\tan\theta_{\text{máx}} = \left.\frac{dy}{dx}\right|_{x=30\text{ ft}} = \text{senh}\left(\frac{0.5(30)}{75.25}\right) \quad \theta_{\text{máx}} = 11.346°$$

$$T_{\text{máx}} = \frac{F_H}{\cos\theta_{\text{máx}}} = \frac{75.25}{\cos 11.346°} = 76.7 \text{ lb} \qquad \textit{Resp.}$$

Capítulo 8

R8-1. Suponga que la escalera se desliza en A:

$F_A = 0.4\,N_A$

$+\uparrow\Sigma F_y = 0; \quad N_A - 20 = 0$

$N_A = 20$ lb

$F_A = 0.4(20) = 8$ lb

$\circlearrowleft +\Sigma M_B = 0; \quad P(4) - 20(3) + 20(6) - 8(8) = 0$

$P = 1$ lb $\qquad$ *Resp.*

$\overset{+}{\rightarrow} \Sigma F_x = 0; \quad N_B + 1 - 8 = 0$

$N_B = 7 \text{ lb} > 0$ $\qquad$ **Correcto**

La escalera permanecerá en contacto con la pared.

R8-2. Caja de embalaje

$+\uparrow\Sigma F_y = 0; \quad N_d - 588.6 = 0 \quad N_d = 588.6$ N

$\overset{+}{\rightarrow} \Sigma F_x = 0; \quad P - F_d = 0$ $\qquad$ **(1)**

$\circlearrowleft +\Sigma M_A = 0; \quad 588.6(x) - P(0.8) = 0$ $\qquad$ **(2)**

Caja de embalaje y carrito

$+\uparrow\Sigma F_y = 0; \quad N_B + N_A - 588.6 - 98.1 = 0$ $\qquad$ **(3)**

$\overset{+}{\rightarrow} \Sigma F_x = 0; \quad P - F_A = 0$ $\qquad$ **(4)**

$\circlearrowleft +\Sigma M_B = 0; \quad N_A(1.5) - P(1.05)$

$- 588.6(0.95) - 98.1(0.75) = 0$ $\qquad$ **(5)**

Fricción: Si se supone que la caja se desliza sobre el carrito, entonces $F_d = \mu_{sd} N_d = 0.5(588.6) = 294.3$ N. Al resolver las ecuaciones (1) y (2),

$$P = 294.3 \text{ N} \qquad x = 0.400 \text{ m}$$

Puesto que $x > 0.3$ m, la caja de embalaje se vuelca sobre el carrito. Si esto ocurre, $x = 0.3$ m. Al resolver las ecuaciones (1) y (2) con $x = 0.3$ m, se obtiene

$$P = 220.725 \text{ N}$$

$$F_d = 220.725 \text{ N}$$

Si se supone que el carrito se desliza en A, entonces $F_A = \mu_{sf} N_A = 0.35 N_A$. Al sustituir este valor en las ecuaciones (3), (4) y (5), para después resolver, se obtiene

$$N_A = 559 \text{ N} \qquad N_B = 128 \text{ N}$$

$P = 195.6 \text{ N} = 196$ N *(Controla)* $\qquad$ *Resp.*

R8-3. Barra

$\circlearrowleft +\Sigma M_B = 0; \quad P(600) - A_y(900) = 0 \quad A_y = 0.6667P$

Disco

$+\uparrow\Sigma F_y = 0; \quad N_C \text{sen}\, 60° - F_C \text{sen}\, 30°$

$- 0.6667P - 343.35 = 0$ $\qquad$ **(1)**

$\circlearrowleft +\Sigma M_O = 0; \quad F_C(200) - 0.6667P(200) = 0$ $\qquad$ **(2)**

Fricción: Si el disco está a punto de moverse, el deslizamiento tendría que ocurrir en el punto C. Por lo tanto, $F_C = \mu_s N_C = 0.2 N_C$. Al sustituir esto en las ecuaciones (1) y (2), para después resolver, se tiene

$P = 182$ N $\qquad$ *Resp.*

$$N_C = 606.60 \text{ N}$$

R8-4. Leva:

$\circlearrowleft +\Sigma M_O = 0; \quad 5 - 0.4\,N_B(0.06) - 0.01(N_B) = 0$

$N_B = 147.06$ N

Seguidor:

$+\uparrow\Sigma F_y = 0; \quad 147.06 - P = 0$

$P = 147$ N $\qquad$ *Resp.*

R8-5. $\xrightarrow{+} \Sigma F_x = 0; \quad -P + 0.5(1250) = 0$

$P = 625 \text{ lb}$

Suponga que el bloque B se desliza hacia arriba y que el bloque A no se mueve.

Bloque A:

$\xrightarrow{+} \Sigma F_x = 0; \quad F_A - N'' = 0$

$+\uparrow \Sigma F_y = 0; \quad N_A - 600 - 0.3N'' = 0$

Bloque B:

$\xrightarrow{+} \Sigma F_x = 0; \quad N'' - N' \cos 45° - 0.3\, N' \operatorname{sen} 45° = 0$

$+\uparrow \Sigma F_y = 0; \quad N' \operatorname{sen} 45 - 0.3\, N' \cos 45° - 150 - 0.3\, N'' = 0$

Bloque C:

$\xrightarrow{+} \Sigma F_x = 0; \quad 0.3\, N' \cos 45 - N' \cos 45 - 0.5\, N_C - P = 0$

$+\uparrow \Sigma F_y = 0; \quad N_C - N' \operatorname{sen} 45 - 0.3\, N' \operatorname{sen} 45 - 500 = 0$

Al resolver,

$N'' = 629.0 \text{ lb}, \ N' = 684.3 \text{ lb}, \ N_C = 838.7 \text{ lb}, \ P = 1048 \text{ lb}, \ N_A = 411.3 \text{ lb}$

$F_A = 629.0 \text{ lb} > 0.5\,(411.3) = 205.6 \text{ lb}$ No es correcto

Todos los bloques se deslizan al mismo tiempo: $P = 625 \text{ lb}$ *Resp.*

R8-6. $\alpha = \tan^{-1}\left(\dfrac{10}{25}\right) = 21.80°$

$\circlearrowleft +\Sigma M_A = 0; \quad -6000\,(35) + F_{BD} \cos 21.80°(10) + F_{BD} \operatorname{sen} 21.80°(20) = 0$

$F_{BD} = 12\,565 \text{ lb}$

$\phi_s = \tan^{-1}(0.4) = 21.80°$

$\theta = \tan^{-1}\left(\dfrac{0.2}{2\pi(0.25)}\right) = 7.256°$

$M = Wr \tan(\theta + \phi)$

$M = 12\,565\,(0.25) \tan(7.256° + 21.80°)$

$M = 1745 \text{ lb} \cdot \text{in} = 145 \text{ lb} \cdot \text{ft}$ *Resp.*

R8-7. Bloque:

$+\uparrow \Sigma F_y = 0; \quad N - 100 = 0$

$N - 100 \text{ lb}$

$\xrightarrow{+} \Sigma F_x = 0; \quad T_1 = 0.4(100) = 0$

$T_1 = 40 \text{ lb}$

$T_2 = T_1 e^{\mu\beta}; \quad T_2 = 40e^{0.4(\frac{\pi}{2})} = 74.978 \text{ lb}$

Sistema:

$\circlearrowleft +\Sigma M_A = 0; \quad -100(d) - 40(1) - 50(5) + 74.978(10) = 0$

$d = 4.60 \text{ ft}$ *Resp.*

R8-8. $P \approx \dfrac{Wa}{r}$

$= 500(9.81)\left(\dfrac{2}{40}\right)$

$P = 245 \text{ N}$ *Resp.*

Capítulo 9

R9-1. Si se usa un elemento de espesor dx,

$$\bar{x} = \frac{\int_A \tilde{x}\, dA}{\int_A dA} = \frac{\int_a^b x\left(\frac{c^2}{x}\, dx\right)}{c^2 \ln \frac{b}{a}} = \frac{\int_a^b c^2\, dx}{c^2 \ln \frac{b}{a}} = \frac{c^2\, x\Big|_a^b}{c^2 \ln \frac{b}{a}} = \frac{b - a}{\ln \frac{b}{a}}$$

Resp.

R9-2. Si se usa un elemento de espesor dx,

$$\bar{y} = \frac{\int_A y\, dA}{\int_A dA} = \frac{\int_a^b \left(\frac{c^2}{2x}\right)\left(\frac{c^2}{x}\, dx\right)}{c^2 \ln \frac{b}{a}} = \frac{\int_a^b \frac{c^4}{2x^2} dx}{c^2 \ln \frac{b}{a}}$$

$$= \frac{-\frac{c^4}{2x}\Big|_a^b}{c^2 \ln \frac{b}{a}} = \frac{c^2(b - a)}{2ab \ln \frac{b}{a}}$$

Resp.

R9-3.

$$\tilde{z} = \frac{\int_v \tilde{z}\, dV}{\int_v dV} = \frac{\int_0^a z[\pi(a^2 - z^2)dz]}{\int_0^a \pi(a^2 - z^2)dz}$$

$$= \frac{\pi\left(\frac{a^2 z^2}{2} - \frac{z^4}{4}\right)\Big|_0^a}{\pi\left(a^2 z - \frac{z^3}{3}\right)\Big|_0^a} = \frac{3}{8}a$$

Resp.

R9-4. $\Sigma \tilde{x} L = 0(4) + 2(\pi)(2) = 12.5664 \text{ ft}^2$

$\Sigma \tilde{y} L = 0(4) + \dfrac{2(2)}{\pi}(\pi)(2) = 8 \text{ ft}^2$

$\Sigma \tilde{z} L = 2(4) + 0(\pi)(2) = 8 \text{ ft}^2$

$\Sigma L = 4 + \pi(2) = 10.2832 \text{ ft}$

$\tilde{x} = \dfrac{\Sigma \tilde{x} L}{\Sigma L} = \dfrac{12.5664}{10.2832} = 1.22 \text{ ft}$ *Resp.*

$\tilde{y} = \dfrac{\Sigma \tilde{y} L}{\Sigma L} = \dfrac{8}{10.2832} = 0.778 \text{ ft}$ *Resp.*

$\tilde{z} = \dfrac{\Sigma \tilde{z} L}{\Sigma L} = \dfrac{8}{10.2832} = 0.778 \text{ ft}$ *Resp.*

R9-5.

Segmento	$A(\text{mm}^2)$	$\tilde{y}$ (mm)	$\tilde{y}A(\text{mm}^3)$
1	300(25)	112.5	843 750
2	100(50)	50	250 000
Σ	12 500		1 093 750

Por lo tanto,

$$\bar{y} = \frac{\Sigma \tilde{y} A}{\Sigma A} = \frac{1\,093\,750}{12\,500} = 87.5 \text{ mm} \qquad \textit{Resp.}$$

R9-6.

$$A = \Sigma \theta \tilde{r} L$$
$$= 2\pi\left[\, 0.6\,(0.05) + 2(0.6375)\sqrt{(0.025)^2 + (0.075)^2} + 0.675\,(0.1)\right]$$
$$= 1.25 \text{ m}^2 \qquad \textit{Resp.}$$

R9-7.

$$V = \Sigma \theta \tilde{r} A$$
$$= 2\pi\left[2\,(0.65)\left(\frac{1}{2}(0.025)(0.075)\right) + 0.6375(0.05)(0.075)\right]$$
$$= 0.0227 \text{ m}^3 \qquad \textit{Resp.}$$

R9-8. $dF = \int dA = 4z^{\frac{1}{3}}(3)dz$

$$F = 12\int_0^x z^{\frac{1}{3}}\, dz = 12\left[\frac{3}{4}z^{\frac{4}{3}}\right]_0^8 = 144 \text{ lb} \qquad \textit{Resp.}$$

$$\int_A z\, dF = 12\int_0^8 z^{\frac{4}{3}}\, dz = 12\left[\frac{3}{7}z^{\frac{7}{3}}\right]_0^8 = 658.29 \text{ lb}\cdot\text{ft}$$

$$\tilde{z} = \frac{658.29}{144} = 4.57 \text{ ft} \qquad \textit{Resp.}$$

R9-9.

$$p_a = 1.0(10^3)(9.81)(9) = 88\,290 \text{ N/m}^2 = 88.29 \text{ kN/m}^2$$
$$p_b = 1.0(10^3)(9.81)(5) = 49\,050 \text{ N/m}^2 = 49.05 \text{ kN/m}^2$$

Por lo tanto,

$$w_A = 88.29(8) = 706.32 \text{ kN/m}$$
$$w_B = 49.05(8) = 392.40 \text{ kN/m}$$
$$F_{R_1} = 392.4(5) = 1962.0 \text{ kN}$$
$$F_{R_2} = \frac{1}{2}(706.32 - 392.4)(5) = 784.8 \text{ kN}$$

$$\circlearrowleft + \Sigma M_B = 0; \quad 1962.0(2.5) + 784.8(3.333) - A_y(3) = 0$$
$$A_y = 2507 \text{ kN} = 2.51 \text{ MN} \qquad \textit{Resp.}$$

$$\xrightarrow{+} \Sigma F_x = 0; \quad 784.8\left(\frac{4}{5}\right) + 1962\left(\frac{4}{5}\right) - B_x = 0$$
$$B_x = 2197 \text{ kN} = 2.20 \text{ MN} \qquad \textit{Resp.}$$

$$+\uparrow \Sigma F_y = 0; \quad 2507 - 784.8\left(\frac{3}{5}\right) - 1962\left(\frac{3}{5}\right) - B_y = 0$$
$$B_y = 859 \text{ kN} \qquad \textit{Resp.}$$

R9-10.

$$A = \int_A dA = \int_{-2}^{a} -y dx = \int_{-2}^{a} 2x^2 dx = \frac{2}{3}x^3\Big|_{-2}^{0} = 5.333 \text{ ft}^2$$
$$w = b\,\gamma\, h = 1(62.4)(8) = 499.2 \text{ lb}\cdot\text{ft}$$
$$F_y = 5.333(1)(62.4) = 332.8 \text{ lb}$$
$$F_x = \frac{1}{2}(499.2)(8) = 1997 \text{ lb}$$
$$F_N = \sqrt{(332.8)^2 + (1997)^2} = 2024 \text{ lb} = 2.02 \text{ kip} \qquad \textit{Resp.}$$

Capítulo 10

R10-1.

$$I_x = \int_A y^2 dA = \int_0^2 y^2(4 - x)dy = \int_0^2 y^2\left(4 - (32)^{\frac{1}{3}}y^{\frac{1}{3}}\right) dy$$
$$= 1.07 \text{ in}^4 \qquad \textit{Resp.}$$

R10-2.

$$I_x = \int_A y^2 dA = \int_0^1 y^2(2x\, dy) = \int_0^1 y^2\left(4(1 - y)^{\frac{1}{2}}\right) dy$$
$$= 0.610 \text{ ft}^4 \qquad \textit{Resp.}$$

R10-3.

$$I_y = \int_A x^2 dA = 2\int_0^2 x^2(y\, dx) = 2\int_0^2 x^2(1 - 0.25\, x^2)dx$$
$$= 2.13 \text{ ft}^4 \qquad \textit{Resp.}$$

R10-4. $dI_{xy} = d\bar{I}_{x^2y^2} + dA\bar{x}\,\bar{y} = 0 + \left(y^{\frac{1}{3}}\, dy\right)\left(\frac{1}{2}y^{\frac{1}{3}}\right)(y)$

$$= \frac{1}{2}y^{\frac{5}{3}}\, d\, y$$

$$I_{xy} = \int d\, I_{xy} = \int_0^{1\text{ m}} \frac{1}{2}y^{\frac{5}{3}}\, dy = \frac{3}{16}y^{\frac{8}{3}}\Big|_0^{1\text{ m}} = 0.1875 \text{ m}^4 \qquad \textit{Resp.}$$

R10-5. $\dfrac{s}{h - y} = \dfrac{b}{h},\qquad s = \dfrac{b}{h}(h - y)$

(a) $dA = s\, dy = \left[\dfrac{b}{h}(h - y)\right]dy$

$$I_x = \int y^2 dA = \int_0^h y^2\left[\frac{b}{h}(h - y)\right]dy = \frac{bh^3}{12} \qquad \textit{Resp.}$$

(b) $I_x = \bar{I}_{x'} + A\, d^2 \quad \dfrac{bh^3}{12} = \bar{I}_{x'} + \dfrac{1}{2}bh\left(\dfrac{h}{3}\right)^2 \quad I_x = \dfrac{bh^3}{36}$ *Resp.*

R10-6. $dI_{xy} = dI_{x^2y^2} + dA\,\bar{x}\,\bar{y}$

$$= 0 + (y^{\frac{1}{3}}dy)\left(\frac{1}{2}y^{\frac{1}{3}}\right)(y)$$
$$= \frac{1}{2}y^{\frac{5}{3}}\, dy$$

$$I_{xy} = \int dI_{xy} = \int_0^{1\text{ m}} \frac{1}{2} y^{\frac{5}{3}} dy = \frac{3}{16} y^{\frac{8}{3}} \Big|_0^{1\text{ m}}$$

$$= 0.1875\text{ m}^4$$ *Resp.*

R10-7. $$I_y = \left[\frac{1}{12}(d)(d^3) + 0\right] + 4\left[\frac{1}{36}(0.2887d)\left(\frac{d}{2}\right)^3 + \frac{1}{2}(0.2887d)\left(\frac{d}{2}\right)\left(\frac{d}{6}\right)^2\right]$$

$$= 0.0954d^4$$ *Resp.*

R10-8. $$d\,I_x = \frac{1}{2}\rho\pi\,y^4\,dx = \frac{1}{2}\rho\pi\left(\frac{b^4}{a^4}x^4 + \frac{4b^4}{a^3}x^3 + \frac{6b^4}{a^2}x^2 + \frac{4b^4}{a}x + b^4\right)dx$$

$$I_x = \int dI_x = \frac{1}{2}\rho\pi \int_0^a \left(\frac{b^4}{a^4}x^4 + \frac{4b^4}{a^3}x^3 + \frac{6b^4}{a^2}x^2 + \frac{4b^4}{a}x + b^4\right)dx$$

$$= \frac{31}{10}\rho\pi ab^4$$

$$m = \int_m dm = \int_0^a \rho\pi\,y^2\,dx$$

$$= \rho\pi \int_0^a \left(\frac{b^2}{a^2}x^2 + \frac{2b^2}{a}x + b^2\right)dx$$

$$= \frac{7}{3}\rho\pi ab^2$$

$$I_x = \frac{93}{70}mb^2$$ *Resp.*

Capítulo 11

R11-1. $$x = 2L\cos\theta$$
$$\delta x = -2L\,\text{sen}\,\theta\,\delta\theta$$
$$y = L\,\text{sen}\,\theta$$
$$\delta y = L\cos\theta\,\delta\theta$$
$$\delta U = 0; \quad -P\delta y - F\delta x = 0$$
$$-PL\cos\theta\delta\theta - F(-2L\,\text{sen}\,\theta)\delta\theta = 0$$
$$-P\cos\theta + 2F\,\text{sen}\,\theta = 0$$
$$F = \frac{P}{2\tan\theta}$$ *Resp.*

R11-2. $y_B = 10\,\text{sen}\,\theta \qquad \delta y_B = 10\cos\theta\delta\theta$

$y_D = 5\,\text{sen}\,\theta \qquad \delta y_D = 5\cos\theta\delta\theta$

$x_C = 2(10\cos\theta) \qquad \delta x_C = -20\,\text{sen}\,\theta\delta\theta$

$$\delta U = 0; \quad -F_{sp}\delta x_C - 2(2\delta y_D - 20\delta y_B + P\delta x_C = 0$$
$$(20F_{sp}\,\text{sen}\,\theta - 20P\,\text{sen}\,\theta - 220\cos\theta)\delta\theta = 0$$

Sin embargo, a partir de la fórmula del resorte, $F_{sp} = kx = 2[2(10\cos\theta) - 6] = 40\cos\theta - 12$.

Después de sustituir,

$$(800\,\text{sen}\,\theta\cos\theta - 240\,\text{sen}\,\theta - 220\cos\theta - 20P\,\text{sen}\,\theta)\,\delta\theta = 0$$

Como $\delta\theta \neq 0$, entonces

$$800\,\text{sen}\,\theta\cos\theta - 240\,\text{sen}\,\theta - 220\cos\theta - 20P\,\text{sen}\,\theta = 0$$
$$P = 40\cos\theta - 11\cot\theta - 12$$

En la posición de equilibrio, $\theta = 45°$. Entonces

$$P = 40\cos 45° - 11\cot 45° - 12 = 5.28\text{ lb}$$ *Resp.*

R11-3. Mediante la ley de los cosenos,

$$0.4^2 = x_A^2 + 0.1^2 - 2(x_A)(0.1)\cos\theta$$

Al diferenciar,

$$0 = 2x_A\delta x_A - 0.2\delta x_A\cos\theta + 0.2x_A\,\text{sen}\,\theta\delta\theta$$
$$\delta x_A = \frac{0.2x_A\,\text{sen}\,\theta}{0.2\cos\theta - 2x_A}\delta\theta$$
$$\delta U = 0; \quad -F\delta x_A - 50\delta\theta = 0$$
$$\left(\frac{0.2x_A\,\text{sen}\,\theta}{0.2\cos\theta - 2x_A}F - 50\right)\delta\theta = 0$$

Como $\delta\theta \neq 0$, entonces

$$\frac{0.2x_A\,\text{sen}\,\theta}{0.2\cos\theta - 2x_A}F - 50 = 0$$
$$F = \frac{50(0.2\cos\theta - 2x_A)}{0.2x_A\,\text{sen}\,\theta}$$

En la posición de equilibrio, $\theta = 60°$,

$$0.4^2 = x_A^2 + 0.1^2 - 2(x_A)(0.1)\cos 60°$$
$$x_A = 0.4405\text{ m}$$
$$F = \frac{50[0.2\cos 60° - 2(0.4405)]}{0.2(0.4405)\,\text{sen}\,60°} = 512\text{ N}$$ *Resp.*

R11-4. $$y = 4\,\text{sen}\,\theta$$
$$\delta y = 4\cos\theta\,\delta\theta$$
$$F_s = 5(4 - 4\,\text{sen}\,\theta)$$
$$\delta U = 0; \quad -10\delta y + F_s\delta y = 0$$
$$[-10 + 20(1 - \text{sen}\,\theta)](4\cos\theta\,\delta\theta) = 0$$
$$\cos\theta = 0 \quad \text{y} \quad 10 - 20\,\text{sen}\,\theta = 0$$
$$\theta = 90° \qquad \theta = 30°$$ *Resp.*

R11-5. $x_B = 0.1\,\text{sen}\,\theta \qquad \delta x_B = 0.1\cos\theta\delta\theta$

$x_D = 2(0.7\,\text{sen}\,\theta) - 0.1\,\text{sen}\,\theta = 1.3\,\text{sen}\,\theta \qquad \delta x_D = 1.3\cos\theta\delta\theta$

$y_G = 0.35\cos\theta \qquad \delta y_G = -0.35\,\text{sen}\,\theta\delta\theta$

$\delta U = 0; \qquad 2(-49.05\delta y_G) + F_{sp}(\delta x_B - \delta x_D) = 0$

$\qquad (34.335 \operatorname{sen}\theta - 1.2F_{sp}\cos\theta)\delta\theta = 0$

Sin embargo, a partir de la fórmula del resorte,

$$F_{sp} = kx = 400[2(0.6 \operatorname{sen}\theta) - 0.3] = 480 \operatorname{sen}\theta - 120.$$

Al sustituir,

$$(34.335 \operatorname{sen}\theta - 576 \operatorname{sen}\theta\cos\theta + 144\cos\theta)\delta\theta = 0$$

Como $\delta\theta \neq 0$, entonces

$$34.335 \operatorname{sen}\theta - 576 \operatorname{sen}\theta\cos\theta + 144\cos\theta = 0$$

$\theta = 15.5°$ *Resp.*

y $\theta = 85.4°$ *Resp.*

R11-6.

$V_g = mgy = 40(9.81)(0.45 \operatorname{sen}\theta + b) = 176.58 \operatorname{sen}\theta + 392.4\, b$

$$V_e = \frac{1}{2}(1500)(0.45\cos\theta)^2 = 151.875\cos^2\theta$$

$$V = V_g + V_e = 176.58 \operatorname{sen}\theta + 151.875\cos^2\theta + 392.4\, b$$

$$\frac{dV}{d\theta} = 176.58\cos\theta - 303.75\cos\theta \operatorname{sen}\theta = 0$$

$$\cos\theta(176.58 - 303.75 \operatorname{sen}\theta) = 0$$

$\cos\theta = 0 \qquad \theta = 90°$ *Resp.*

$\theta = 35.54° = 35.5°$ *Resp.*

$$\frac{d^2V}{d^2\theta} = -176.58 \operatorname{sen}\theta - 303.75\cos 2\theta$$

En $\theta = 90°, \left.\dfrac{d^2V}{d^2\theta}\right|_{\theta-a°} = -176.58 \operatorname{sen} 90° - 303.75\cos 180°$

$= 127.17 > 0$

$= 127.17 > 0$ Estable *Resp.*

En $\theta = 35.54°, \left.\dfrac{d^2V}{d^2\theta}\right|_{\theta=35.54°} = -176.58 \operatorname{sen} 35.54°$

$- 303.75\cos 71.09°$

$= -201.10 < 0$ Inestable *Resp.*

R11-7. $V = V_e + V_g$

$$= \frac{1}{2}(24)(2\cos\theta)^2 + \frac{1}{2}(48)(6\cos\theta)^2 + 100(3 \operatorname{sen}\theta)$$

$$= 912\cos^2\theta + 300 \operatorname{sen}\theta$$

$$\frac{dV}{d\theta} = -1824 \operatorname{sen}\theta\cos\theta + 300\cos\theta = 0$$

$$\frac{dV}{d\theta} = -912 \operatorname{sen} 2\theta + 300\cos\theta = 0$$

$\theta = 90° \quad$ o $\quad \theta = 9.467°$

$$\frac{d^2V}{d\theta^2} = -1824\cos 2\theta - 300 \operatorname{sen}\theta$$

$$\left.\frac{d^2V}{d\theta^2}\right|_{\theta=90°} = -1824\cos 180° - 300 \operatorname{sen} 90°$$

$= 1524 > 0$ *Resp.*

$$\left.\frac{d^2V}{d\theta^2}\right|_{\theta=9.467°} = -1824\cos 18.933° - 300 \operatorname{sen} 9.467°$$

$= 1774.7 < 0$

Por lo tanto, el sistema está en equilibrio inestable en $\theta = 9.47°$. *Resp.*

R11-8. $V = V_e + V_g$

$$= \frac{1}{2}kx^2 - Wy$$

$$= \frac{1}{2}(16)(2.5 - 2.5 \operatorname{sen}\theta)^2 - 20(2.5\cos\theta)$$

$$= 50 \operatorname{sen}^2\theta - 100 \operatorname{sen}\theta - 50\cos\theta + 50$$

$$\frac{dV}{d\theta} = 100 \operatorname{sen}\theta\cos\theta - 100\cos\theta + 50 \operatorname{sen}\theta = 0$$

$$\frac{dV}{d\theta} = 50 \operatorname{sen} 2\theta - 100\cos\theta + 50 \operatorname{sen}\theta = 0$$

$\theta = 37.77° = 37.8°$

$$\frac{d^2V}{d\theta^2} = 100\cos 2\theta + 100 \operatorname{sen}\theta + 50\cos\theta$$

$$\left.\frac{d^2V}{d\theta^2}\right|_{\theta=37.77°} = 100\cos 75.55° + 100 \operatorname{sen} 37.77° + 50\cos 37.77°$$

$= 125.7 > 0$

Por lo tanto, el sistema está en equilibrio estable en $\theta = 37.8°$ *Resp.*

Respuestas a problemas seleccionados

Capítulo 1

1-1. **a.** 78.5 N
b. 0.392 mN
c. 7.46 MN

1-2. **a.** GN/s
b. Gg/N
c. GN/(kg · s)

1-3. **a.** Gg/s
b. kN/m
c. kN/(kg · s)

1-5. **a.** 45.3 MN
b. 56.8 km
c. 5.63 μg

1-6. **a.** 58.3 km
b. 68.5 s
c. 2.55 kN
d. 7.56 mg

1-7. **a.** 0.431 g
b. 35.3 kN
c. 5.32 m

1-9. **a.** km/s
b. mm
c. Gs/kg
d. mm · N

1-10. **a.** kN · m
b. Gg/m
c. $\mu N/s^2$
d. GN/s

1-11. **a.** 8.653 s
b. 8.368 kN
c. 893 g

1-13. 2.71 Mg/m^3

1-14. **a.** $44.9(10)^{-3}\ N^2$
b. $2.79(10^3)\ s^2$
c. 23.4 s

1-15. 7.41 μN

1-17. 1.00 Mg/m^3

1-18. **a.** 0.447 kg · m/N
b. 0.911 kg · s
c. 18.8 GN/m

1-19. 1.04 kip

1-21. $F = 10.0$ nN, $W_1 = 78.5$ N, $W_2 = 118$ N

Capítulo 2

2-1. $F_R = 497$ N, $\phi = 155°$

2-2. $F = 960$ N, $\theta = 45.2°$

2-3. $F_R = 393$ lb, $\phi = 353°$

2-5. $F_{AB} = 314$ lb, $F_{AC} = 256$ lb

2-6. $\phi = 1.22°$

2-7. $(F_1)_v = 2.93$ kN, $(F_1)_u = 2.07$ kN

2-9. $F = 616$ lb, $\theta = 46.9°$

2-10. $F_R = 980$ lb, $\phi = 19.4°$

2-11. $F_R = 10.8$ kN, $\phi = 3.16°$

2-13. $F_a = 30.6$ lb, $F_b = 26.9$ lb

2-14. $F = 19.6$ lb, $F_b = 26.4$ lb

2-15. $F = 917$ lb, $\theta = 31.8°$

2-17. $F_R = 19.2$ N, $\theta = 2.37° \measuredangle$

2-18. $F_R = 19.2$ N, $\theta = 2.37° \measuredangle$

2-19. $\theta = 53.5°$, $F_{AB} = 621$ lb

2-21. $F_R = 257$ N, $\phi = 163°$

2-22. $F_R = 257$ N, $\phi = 163°$

2-23. $\theta = 75.5°$

2-25. $\theta = 36.3°$, $\phi = 26.4°$

2-26. $\theta = 54.3°$, $F_A = 686$ N

2-27. $F_R = 1.23$ kN, $\theta = 6.08°$

2-29. $F_B = 1.61$ kN, $\theta = 38.3°$

2-30. $F_R = 4.01$ kN, $\phi - 16.2°$

2-31. $\theta = 90°$, $F_B = 1$ kN, $F_R = 1.73$ kN

2-33. $F_R = 983$ N, $\theta = 21.8°$

2-34. $\mathbf{F}_1 = \{200\mathbf{i} + 346\mathbf{j}\}$ N, $\mathbf{F}_2 = \{177\mathbf{i} - 177\mathbf{j}\}$ N

2-35. $F_R = 413$ N, $\theta = 24.2°$

2-37. $F_R = 1.96$ kN, $\theta = 4.12°$

2-38. $\mathbf{F}_1 = \{30\mathbf{i} + 40\mathbf{j}\}$ N, $\mathbf{F}_2 = \{-20.7\mathbf{i} - 77.3\mathbf{j}\}$ N, $\mathbf{F}_3 = \{30\mathbf{i}\}$, $F_R = 54.2$ N, $\theta = 43.5°$

2-39. $F_{1x} = 141$ N, $F_{1y} = 141$ N, $F_{2x} = -130$ N, $F_{2y} = 75$ N

2-41. $F_R = 12.5$ kN, $\theta = 64.1°$

2-42. $\mathbf{F}_1 = \{680\mathbf{i} - 510\mathbf{j}\}$ N, $\mathbf{F}_2 = \{-312\mathbf{i} - 541\mathbf{j}\}$ N, $\mathbf{F}_3 = \{-530\mathbf{i} + 530\mathbf{j}\}$ N

2-43. $F_R = 546$ N, $\theta = 253°$

2-45. $F_R = \sqrt{F_1^2 + F_2^2 + 2F_1F_2\cos\phi}$, $\theta = \tan^{-1}\left(\dfrac{F_1 \operatorname{sen}\phi}{F_2 + F_1\cos\phi}\right)$

2-46. $\theta = 68.6°$, $F_B = 960$ N

2-47. $F_R = 839$ N, $\theta = 14.8°$

2-49. $F_R = 389$ N, $\phi' = 42.7°$

2-50. $\mathbf{F}_1 = \{9.64\mathbf{i} + 11.5\mathbf{j}\}$ kN, $\mathbf{F}_2 = \{-24\mathbf{i} + 10\mathbf{j}\}$ kN, $\mathbf{F}_3 = \{31.2\mathbf{i} - 18\mathbf{j}\}$ kN

2-51. $F_R = 17.2$ kN, $\theta = 11.7°$

2-53. $\mathbf{F}_1 = \{-15.0\mathbf{i} - 26.0\mathbf{j}\}$ kN, $\mathbf{F}_2 = \{-10.0\mathbf{i} + 24.0\mathbf{j}\}$ kN

2-54. $F_R = 25.1$ kN, $\theta = 185°$

2-55. $F = 2.03$ kN, $F_R = 7.87$ kN

2-57. $F_R = 380$ N, $F_1 = 57.8$ N

2-58. $\theta = 86.0°, F = 1.97$ kN
2-59. $F_R = 11.1$ kN, $\theta = 47.7°$
2-61. $F_x = 40$ N, $F_y = 40$ N, $F_z = 56.6$ N
2-62. $\alpha = 48.4°, \beta = 124°, \gamma = 60°, F = 8.08$ kN
2-63. $F_R = 114$ lb, $\alpha = 62.1°, \beta = 113°, \gamma = 142°$
2-65. $\mathbf{F}_1 = \{-106\mathbf{i} + 106\mathbf{j} + 260\mathbf{k}\}$ N, $\mathbf{F}_2 = \{250\mathbf{i} + 354\mathbf{j} - 250\mathbf{k}\}$ N, $\mathbf{F}_R = \{144\mathbf{i} + 460\mathbf{j} + 9.81\mathbf{k}\}$ N, $F_R = 482$ N, $\alpha = 72.6°, \beta = 17.4°, \gamma = 88.8°$
2-66. $\alpha_1 = 111°, \beta_1 = 69.3°, \gamma_1 = 30.0°$
2-67. $F_3 = 428$ lb, $\alpha = 88.3°, \beta = 20.6°, \gamma = 69.5°$
2-69. $F_R = 430$ N, $\alpha = 28.9°, \beta = 67.3°, \gamma = 107°$
2-70. $F_R = 384$ N, $\cos\alpha = 14.8°, \cos\beta = 88.9°, \cos\gamma = 105°$
2-71. $F_1 = 429$ lb, $\alpha_1 = 62.2°, \beta_1 = 110°, \gamma_1 = 145°$
2-73. $\mathbf{F}_1 = \{72.0\mathbf{i} + 54.0\mathbf{k}\}$ N, $\mathbf{F}_2 = \{53.0\mathbf{i} + 53.0\mathbf{j} + 130\mathbf{k}\}$ N, $\mathbf{F}_3 = \{200\mathbf{k}\}$
2-74. $F_R = 407$ N, $\alpha = 72.1°, \beta = 82.5°, \gamma = 19.5°$
2-75. $\mathbf{F}_1 = \{14.0\mathbf{j} - 48.0\mathbf{k}\}$ lb, $\mathbf{F}_2 = \{90\mathbf{i} - 127\mathbf{j} + 90\mathbf{k}\}$ lb
2-77. $F_R = 610$ N, $\alpha = 19.4°, \beta = 77.5°, \gamma = 105°$
2-78. $F_2 = 66.4$ lb, $\alpha = 59.8°, \beta = 107°, \gamma = 144°$
2-79. $\alpha = 124°, \beta = 71.3°, \gamma = 140°$
2-81. $F_R = 1.55$ kip, $\alpha = 82.4°, \beta = 37.6°, \gamma = 53.4°$
2-82. $F_R = 1.60$ kN, $\alpha = 82.6°, \beta = 29.4°, \gamma = 61.7°$
2-83. $\alpha_3 = 139°$, $\beta_3 = 128°, \gamma_3 = 102°, F_{R1} = 387$ N, $\beta_3 = 60.7°, \gamma_3 = 64.4°, F_{R2} = 1.41$ kN
2-85. $F = 2.02$ kN, $F_y = 0.523$ kN
2-86. $r_{AB} = 397$ mm
2-87. $\mathbf{F} = \{59.4\mathbf{i} - 88.2\mathbf{j} - 83.2\mathbf{k}\}$ lb, $\alpha = 63.9°$, $\beta = 131°, \gamma = 128°$
2-89. $x = 5.06$ m, $y = 3.61$ m, $z = 6.51$ m
2-90. $z = 6.63$ m
2-91. $x = y = 4.42$ m
2-93. $F_R = 1.17$ kN, $\alpha = 66.9°, \beta = 92.0°, \gamma = 157°$
2-94. $F_R = 1.17$ kN, $\alpha = 68.0°, \beta = 96.8°, \gamma = 157°$
2-95. $\mathbf{F}_{BA} = \{-109\mathbf{i} + 131\mathbf{j} + 306\mathbf{k}\}$ lb, $\mathbf{F}_{CA} = \{103\mathbf{i} + 103\mathbf{j} + 479\mathbf{k}\}$ lb, $\mathbf{F}_{DA} = \{-52.1\mathbf{i} - 156\mathbf{j} + 365\mathbf{k}\}$ lb
2-97. $F_R = 757$ N, $\alpha = 149°, \beta = 90.0°, \gamma = 59.0°$
2-98. $F = \{-34.3\mathbf{i} + 22.9\mathbf{j} - 68.6\mathbf{k}\}$ lb
2-99. $\mathbf{F} = \{13.4\mathbf{i} + 23.2\mathbf{j} + 53.7\mathbf{k}\}$ lb
2-101. $\mathbf{F}_A = \{169\mathbf{i} + 33.8\mathbf{j} - 101\mathbf{k}\}$ lb, $\mathbf{F}_B = \{97.6\mathbf{i} + 97.6\mathbf{j} - 58.6\mathbf{k}\}$ lb, $F_R = 338$ lb, $\alpha = 37.8°$, $\beta = 67.1°, \gamma = 118°$
2-102. $\mathbf{F}_1 = \{389\mathbf{i} - 64.9\mathbf{j} + 64.9\mathbf{k}\}$ lb, $\mathbf{F}_2 = \{-584\mathbf{i} + 97.3\mathbf{j} - 97.3\mathbf{k}\}$ lb
2-103. $F_R = 52.2$ lb, $\alpha = 87.8°, \beta = 63.7°, \gamma = 154°$
2-105. $F = 105$ lb
2-106. $\mathbf{F} = \{466\mathbf{i} + 339\mathbf{j} - 169\mathbf{k}\}$ N
2-107. $\mathbf{F} = \{476\mathbf{i} + 329\mathbf{j} - 159\mathbf{k}\}$ N
2-109. $F = 52.1$ lb
2-110. $r_{AB} = 10.0$ ft, $\mathbf{F} = \{-19.1\mathbf{i} - 14.9\mathbf{j} + 43.7\mathbf{k}\}$ lb, $\alpha = 112°$, $\beta = 107°, \gamma = 29.0°$
2-111. $r_{AB} = 592$ mm, $\mathbf{F} = \{-13.2\mathbf{i} - 17.7\mathbf{j} + 20.3\mathbf{k}\}$ N
2-113. $(F_{ED})_{\|} = 334$ N, $(F_{ED})_{\perp} = 498$ N
2-114. $\theta = 36.4°$
2-115. $(F_1)_{AC} = 56.3$ N
2-117. $|\text{Proy } F_{AB}| = 70.5$ N, $|\text{Proy } F_{AC}| = 65.1$ N
2-118. $\theta = 31.0°$
2-119. $F_1 = 18.3$ lb, $F_2 = 35.6$ lb
2-121. $\theta = 100°$
2-122. $\theta = 19.2°$
2-123. $F_{BA} = 187$ N
2-125. $F_u = 246$ N
2-126. $F_{\|} = 10.5$ lb
2-127. $\theta = 142°$
2-129. $F_{\|} = 0.182$ kN
2-130. $\theta = 74.4°, \phi = 55.4°$
2-131. $(F_{BC})_{\|} = 28.3$ lb, $(F_{BC})_{\perp} = 68.0$ lb
2-133. $\theta = 132°$
2-134. $\theta = 23.4°$
2-135. $[(F)_{AB}]_{\|} = 63.2$ lb, $[(F)_{AB}]_{\perp} = 64.1$ lb
2-137. $F_{OA} = 242$ N
2-138. $\theta = 82.9°$
2-139. Proy $\mathbf{F}_{AB} = \{0.229\mathbf{i} - 0.916\mathbf{j} + 1.15\mathbf{k}\}$ lb

Capítulo 3

3-1. $F_2 = 9.60$ kN, $F_1 = 1.83$ kN
3-2. $\theta = 4.69°, F_1 = 4.31$ kN
3-3. $\theta = 82.2°, F = 3.96$ kN
3-5. $T = 7.20$ kN, $F = 5.40$ kN
3-6. $T = 7.66$ kN, $\theta = 70.1°$
3-7. $\theta = 20°, T = 30.5$ lb
3-9. $F = 960$ lb
3-10. $\theta = 40°, T_{AB} = 37.6$ lb
3-11. $\theta = 40°, W = 42.6$ lb
3-13. $F_{CA} = 500(10^3)$ lb, $F_{AB} = 433(10^3)$ lb, $F_{AD} = 250(10^3)$ lb
3-14. $x_{AD} = 0.4905$ m, $x_{AC} = 0.793$ m, $x_{AB} = 0.467$ m
3-15. $m = 8.56$ kg
3-17. $\dfrac{1}{k_T} = \dfrac{1}{k_1} + \dfrac{1}{k_2}$
3-18. $k = 176$ N/m
3-19. $l_0 = 2.03$ m
3-21. $l = 2.66$ ft
3-22. $F = 158$ N
3-23. $d = 1.56$ m
3-25. $y = 2$ m, $F_1 = 833$ N

3-26. $T_{HA} = 294$ N, $T_{AB} = 340$ N, $T_{AE} = 170$ N, $T_{BD} = 490$ N, $T_{BC} = 562$ N
3-27. $m = 26.7$ kg
3-29. $F_{DE} = 392$ N, $F_{CD} = 340$ N, $F_{CB} = 275$ N, $F_{CA} = 243$ N
3-30. $m = 20.4$ kg
3-31. $s = 3.38$ m, $F = 76.0$ N
3-33. $T_{AB} = 11.0$ lb, $T_{AC} = 7.76$ lb, $T_{BC} = 11.0$ lb, $T_{BE} = 19.0$ lb, $T_{CD} = 17.4$ lb, $\theta = 18.4°$
3-34. $\theta = 18.4°$, $W = 15.8$ lb
3-35. $F_{AB} = 175$ lb, $l = 2.34$ ft, o $F_{AB} = 82.4$ lb, $l = 1.40$ ft
3-37. $m_B = 3.58$ kg, $N = 19.7$ N
3-38. $F_{AB} = 98.6$ N, $F_{AC} = 267$ N
3-39. $d = 2.42$ m
3-41. $T = 30.6$ lb, $x = 1.92$ ft
3-42. $W_B = 18.3$ lb
3-43. $F_{AD} = 763$ N, $F_{AC} = 392$ N, $F_{AB} = 523$ N
3-45. $F_{DA} = 10.0$ lb, $F_{DB} = 1.11$ lb, $F_{DC} = 15.6$ lb
3-46. $s_{OB} = 327$ mm, $s_{OA} = 218$ mm
3-47. $F_{AB} = 219$ N, $F_{AC} = F_{AD} = 54.8$ N
3-49. $m = 102$ kg
3-50. $F_{AC} = 113$ lb, $F_{AB} = 257$ lb, $F_{AD} = 210$ lb
3-51. $F = 1558$ lb
3-53. $F_{AD} = 557$ lb, $W = 407$ lb
3-54. $F_{AB} = 79.2$ lb, $F_{AC} = 119$ lb, $F_{AD} = 283$ lb
3-55. $W_C = 265$ lb
3-57. $W = 55.8$ N
3-58. $F_{AB} = 441$ N, $F_{AC} = 515$ N, $F_{AD} = 221$ N
3-59. $F_{AB} = 348$ N, $F_{AC} = 413$ N, $F_{AD} = 174$ N
3-61. $F_{AC} = 85.8$ N, $F_{AB} = 578$ N, $F_{AD} = 565$ N
3-62. $m = 88.5$ kg
3-63. $F_{AD} = 1.56$ kN, $F_{BD} = 521$ N, $F_{CD} = 1.28$ kN
3-65. $F_{AE} = 2.91$ kip, $F = 1.61$ kip
3-66. $F_{AB} = 360$ lb, $F_{AC} = 180$ lb, $F_{AD} = 360$ lb
3-67. $W = 375$ lb

Capítulo 4

4-5. $(M_{F_1})_B = 4.125$ kip·ft↺, $(M_{F_2})_B = 2.00$ kip·ft↺, $(M_{F_3})_B = 40.0$ lb·ft↺
4-6. $M_P = 341$ in·lb↺
$M_F = 403$ in·lb↻
No es suficiente
4-7. $(M_{F_1})_A = 433$ N·m↻
$(M_{F_2})_A = 1.30$ kN·m↻
$(M_{F_3})_A = 800$ N·m↻
4-9. $M_B = 90.6$ lb·ft↻, $M_C = 141$ lb·ft↺
4-10. $M_A = 195$ lb·ft↺
4-11. $(M_O)_{máx} = 48.0$ kN·m↺, $x = 9.81$ m
4-13. $\mathbf{M}_B = \{-3.36\mathbf{k}\}$ N·m, $\alpha = 90°$, $\beta = 90°$, $\gamma = 180°$
4-14. $\mathbf{M}_O = \{0.5\mathbf{i} + 0.866\mathbf{j} - 3.36\mathbf{k}\}$ N·m, $\alpha = 81.8°$, $\beta = 75.7°$, $\gamma = 163°$
4-15. $(M_A)_C = 768$ lb·ft↻
$(M_A)_B = 636$ lb·ft↺
En el sentido horario
4-17. $m = \left(\dfrac{l}{d+l}\right)M$
4-18. $M_P = (537.5 \cos\theta + 75 \operatorname{sen}\theta)$ lb·ft
4-19. $F = 239$ lb
4-21. $F = 27.6$ lb
4-22. $r = 13.3$ mm
4-23. $(M_R)_A = (M_R)_B = 76.0$ kN·m↺
4-25. $(M_{AB})_A = 3.88$ kip·ft↻, $(M_{BCD})_A = 2.05$ kip·ft↻, $(M_{hombre})_A = 2.10$ kip·ft↻
4-26. $(M_R)_A = 8.04$ kip·ft↻
4-27. $\mathbf{M}_O = \{-40\mathbf{i} - 44\mathbf{j} - 8\mathbf{k}\}$ kN·m
4-29. $\mathbf{M}_O = \{-25\mathbf{i} + 6200\mathbf{j} - 900\mathbf{k}\}$ lb·ft
4-30. $\mathbf{M}_A = \{-175\mathbf{i} + 5600\mathbf{j} - 900\mathbf{k}\}$ lb·ft
4-31. $\mathbf{M}_P = \{-24\mathbf{i} + 24\mathbf{j} + 8\mathbf{k}\}$ kN·m
4-33. $\mathbf{M}_B = \{-110\mathbf{i} - 180\mathbf{j} - 420\mathbf{k}\}$ N·m
4-34. $\mathbf{M}_A = \{574\mathbf{i} + 350\mathbf{j} + 1385\mathbf{k}\}$ N·m
4-35. $F = 585$ N
4-37. $\mathbf{M}_O = \{163\mathbf{i} - 346\mathbf{j} - 360\mathbf{k}\}$ N·m
4-38. $\mathbf{M}_A = \{-82.9\mathbf{i} + 41.5\mathbf{j} + 232\mathbf{k}\}$ lb·ft
4-39. $\mathbf{M}_B = \{-82.9\mathbf{i} - 96.8\mathbf{j} - 52.8\mathbf{k}\}$ lb·ft
4-41. $F = 18.6$ lb
4-42. $M_O = 4.27$ N·m, $\alpha = 95.2°$, $\beta = 110°$, $\gamma = 20.6°$
4-43. $\mathbf{M}_A = \{-5.39\mathbf{i} + 13.1\mathbf{j} + 11.4\mathbf{k}\}$ N·m
4-45. $y = 2$ m, $z = 1$ m
4-46. $y = 1$ m, $z = 3$ m, $d = 1.15$ m
4-47. $\mathbf{M}_A = \{-16.0\mathbf{i} - 32.1\mathbf{k}\}$ N·m
4-49. $\mathbf{M}_B = \{1.00\mathbf{i} + 0.750\mathbf{j} - 1.56\mathbf{k}\}$ kN·m
4-50. $\mathbf{M}_O = \{373\mathbf{i} - 99.9\mathbf{j} + 173\mathbf{k}\}$ N·m
4-51. $\theta_{máx} = 90°$, $\theta_{mín} = 0, 180°$
4-53. Sí, sí
4-54. $M_{y'} = 464$ lb·ft
4-55. $M_x = 440$ lb·ft
4-57. $\mathbf{M}_{AC} = \{11.5\mathbf{i} + 8.64\mathbf{j}\}$ lb·ft
4-58. $M_x = 21.7$ N·m
4-59. $F = 139$ N
4-61. $M_{AB} = 136$ N·m
4-62. $M_{BC} = 165$ N·m
4-63. $M_{CA} = 226$ N·m
4-65. $F = 5.66$ N
4-66. $M_a = 4.37$ N·m, $\alpha = 33.7°$, $\beta = 90°$, $\gamma = 56.3°$, $M = 5.41$ N·m
4-67. $R = 28.9$ N
4-69. $F = 75$ N, $P = 100$ N
4-70. $(M_R)_C = 435$ lb·ft↺
4-71. $F = 139$ lb
4-73. $F = 830$ N

4-74. $M_C = 22.5\ \text{N}\cdot\text{m}$ ↻
4-75. $F = 83.3\ \text{N}$
4-77. $(M_R)_C = 240\ \text{lb}\cdot\text{ft}$ ↺
4-78. $F = 167$ lb. El par resultante puede actuar en cualquier parte.
4-79. $d = 2.03\ \text{ft}$
4-81. $M_C = 126\ \text{lb}\cdot\text{ft}$ ↺
4-82. $\mathbf{M}_C = \{-50\mathbf{i} + 60\mathbf{j}\}\ \text{lb}\cdot\text{ft}$
4-83. $M_R = 96.0\ \text{lb}\cdot\text{ft}$, $\alpha = 47.4°$, $\beta = 74.9°$, $\gamma = 133°$
4-85. $M_R = 64.0\ \text{lb}\cdot\text{ft}$, $\alpha = 94.7°$, $\beta = 13.2°$, $\gamma = 102°$
4-86. $M_2 = 424\ \text{N}\cdot\text{m}$, $M_3 = 300\ \text{N}\cdot\text{m}$
4-87. $M_R = 576\ \text{lb}\cdot\text{in}$, $\alpha = 37.0°$, $\beta = 111°$, $\gamma = 61.2°$
4-89. $F = 15.4\ \text{N}$
4-90. $M_C = 45.1\ \text{N}\cdot\text{m}$
4-91. $F = 832\ \text{N}$
4-93. $F = 98.1\ \text{N}$
4-94. $\mathbf{M}_C = \{-2\mathbf{i} + 20\mathbf{j} + 17\mathbf{k}\}\ \text{kN}\cdot\text{m}$, $M_C = 26.3\ \text{kN}\cdot\text{m}$
4-95. $(M_C)_R = 71.9\ \text{N}\cdot\text{m}$, $\alpha = 44.2°$, $\beta = 131°$, $\gamma = 103°$
4-97. $F_R = 365\ \text{N}$, $\theta = 70.8°$ d , $(M_R)_O = 2364\ \text{N}\cdot\text{m}$ ↺
4-98. $F_R = 365\ \text{N}$, $\theta = 70.8°$ d , $(M_R)_P = 2799\ \text{N}\cdot\text{m}$ ↺
4-99. $F_R = 5.93\ \text{kN}$, $\theta = 77.8°$ d , $M_{R_A} = 34.8\ \text{kN}\cdot\text{m}$ ↻
4-101. $F_R = 294\ \text{N}$, $\theta = 40.1°$ d , $M_{RO} = 39.6\ \text{N}\cdot\text{m}$ ↻
4-102. $F_R = 1.30\ \text{kN}$, $\theta = 86.7°$ c , $(M_R)_A = 1.02\ \text{kN}\cdot\text{m}$ ↺
4-103. $F_R = 1.30\ \text{kN}$, $\theta = 86.7°$ c , $(M_R)_B = 10.1\ \text{kN}\cdot\text{m}$ ↺
4-105. $F_R = 938\ \text{N}$, $\theta = 35.9°$ c , $(M_R)_A = 680\ \text{N}\cdot\text{m}$ ↺
4-106. $\mathbf{M}_{RO} = \{0.650\mathbf{i} + 19.75\mathbf{j} - 9.05\mathbf{k}\}\ \text{kN}\cdot\text{m}$
4-107. $\mathbf{F}_R = \{270\mathbf{k}\}\ \text{N}$, $\mathbf{M}_{RO} = \{-2.22\mathbf{i}\}\ \text{N}\cdot\text{m}$
4-109. $\mathbf{F}_R = \{6\mathbf{i} + 5\mathbf{j} - 5\mathbf{k}\}\ \text{kN}$, $(\mathbf{M}_R)_O = \{2.5\mathbf{i} - 7\mathbf{j}\}\ \text{kN}\cdot\text{m}$
4-110. $\mathbf{F}_R = \{44.5\mathbf{i} + 53.1\mathbf{j} - 40.0\mathbf{k}\}\ \text{N}$, $\mathbf{M}_{RA} = \{-5.39\mathbf{i} + 13.1\mathbf{j} + 11.4\mathbf{k}\}\ \text{N}\cdot\text{m}$
4-111. $\mathbf{F}_R = \{-40\mathbf{j} - 40\mathbf{k}\}\ \text{N}$, $\mathbf{M}_{RA} = \{-12\mathbf{j} + 12\mathbf{k}\}\ \text{N}\cdot\text{m}$
4-113. $F_R = 10.75\ \text{kip}\downarrow$, $d = 13.7\ \text{ft}$
4-114. $F_R = 10.75\ \text{kip}\downarrow$, $d = 9.26\ \text{ft}$
4-115. $F = 798\ \text{lb}$, $67.9°$ d , $x = 7.43\ \text{ft}$
4-117. $F = 1302\ \text{N}$, $\theta = 84.5°$ d , $x = 7.36\ \text{m}$
4-118. $F = 1302\ \text{N}$, $\theta = 84.5°$ d , $x = 1.36\ \text{m}$ (hacia la derecha)
4-119. $F_R = 1000\ \text{N}$, $\theta = 53.1°$ c , $d = 2.17\ \text{m}$
4-121. $F_R = 356\ \text{N}$, $\theta = 51.8°$, $d = 1.75\ \text{m}$
4-122. $F_R = 542\ \text{N}$, $\theta = 10.6°$ b , $d = 0.827\ \text{m}$
4-123. $F_R = 542\ \text{N}$, $\theta = 10.6°$ b , $d = 2.17\ \text{m}$
4-125. $F_R = 197\ \text{lb}$, $\theta = 42.6°$a , $d = 5.24\ \text{ft}$
4-126. $F_R = 197\ \text{lb}$, $\theta = 42.6°$a , $d = 0.824\ \text{ft}$
4-127. $F_R = 26\ \text{kN}$, $y = 82.7\ \text{mm}$, $x = 3.85\ \text{mm}$
4-129. $F_C = 600\ \text{N}$, $F_D = 500\ \text{N}$
4-130. $F_R = 35\ \text{kN}$, $y = 11.3\ \text{m}$, $x = 11.5\ \text{m}$
4-131. $F_1 = 27.6\ \text{kN}$, $F_2 = 24.0\ \text{kN}$
4-133. $F_A = 30\ \text{kN}$, $F_B = 20\ \text{kN}$, $F_R = 190\ \text{kN}$
4-134. $\mathbf{F}_R = \{141\mathbf{i} + 100\mathbf{j} + 159\mathbf{k}\}\ \text{N}$, $\mathbf{M}_{R_O} = \{122\mathbf{i} - 183\mathbf{k}\}\ \text{N}\cdot\text{m}$
4-135. $F_R = 379\ \text{N}$, $M_R = 590\ \text{N}\cdot\text{m}$, $z = 2.68\ \text{m}$, $x = -2.76\ \text{m}$
4-137. $F_R = 539\ \text{N}$, $M_R = 1.45\ \text{kN}\cdot\text{m}$, $x = 1.21\ \text{m}$, $y = 3.59\ \text{m}$
4-138. $F_R = 0$, $M_{RO} = 1.35\ \text{kip}\cdot\text{ft}$
4-139. $F_R = 6.75\ \text{kN}$, $\bar{x} = 2.5\ \text{m}$
4-141. $F_R = 7\ \text{lb}$, $\bar{x} = 0.268\ \text{ft}$
4-142. $F_R = 15.0\ \text{kN}$, $d = 3.40\ \text{m}$
4-143. $F_R = 12.5\ \text{kN}$, $d = 1.54\ \text{m}$
4-145. $F_R = 15.4\ \text{kN}$, $(M_R)_O = 18.5\ \text{kN}\cdot\text{m}$ ↻
4-146. $F_R = 27.0\ \text{kN}$, $(M_R)_A = 81.0\ \text{kN}\cdot\text{m}$ ↻
4-147. $a = 1.54\ \text{m}$
4-149. $w_2 = 17.2\ \text{kN/m}$, $w_1 = 30.3\ \text{kN/m}$
4-150. $F_R = 51.0\ \text{kN}\downarrow$, $M_{R_O} = 914\ \text{kN}\cdot\text{m}$ ↻
4-151. $F_R = 51.0\ \text{kN}\downarrow$, $d = 17.9\ \text{m}$
4-153. $F_R = 1.80\ \text{kN}$, $d = 2.33\ \text{m}$
4-154. $F_R = 12.0\ \text{kN}$, $\theta = 48.4°$ d , $d = 3.28\ \text{m}$
4-155. $F_R = 12.0\ \text{kN}$, $\theta = 48.4°$ d , $d = 3.69\ \text{m}$
4-157. $F_R = 6.75\ \text{kN}$, $(M_R)_O = 4.05\ \text{kN}\cdot\text{m}$ ↺
4-158. $F_R = 43.6\ \text{lb}$, $x = 3.27\ \text{ft}$
4-159. $d = 2.22\ \text{ft}$
4-161. $F_R = \dfrac{2Lw_0}{\pi}$, $(M_R)_O = \left(\dfrac{2\pi - 4}{\pi^2}\right)w_0L^2$ ↻
4-162. $F_R = 107\ \text{kN}$, $h = 1.60\ \text{m}$

Capítulo 5

5-10. $A_x = 3.46\ \text{kN}$, $A_y = 8\ \text{kN}$, $M_A = 20.2\ \text{kN}\cdot\text{m}$
5-11. $N_A = 750\ \text{N}$, $B_y = 600\ \text{N}$, $B_x = 450\ \text{N}$
5-13. $N_A = 2.175\ \text{kN}$, $B_y = 1.875\ \text{kN}$, $B_x = 0$
5-14. $N_A = 3.33\ \text{kN}$, $B_x = 2.40\ \text{kN}$, $B_y = 133\ \text{N}$
5-15. $A_y = 5.00\ \text{kN}$, $N_B = 9.00\ \text{kN}$, $A_x = 5.00\ \text{kN}$
5-17. $\theta = 41.4°$
5-18. $A_x = 0$, $B_y = P$, $M_A = \dfrac{PL}{2}$
5-19. $T = \dfrac{W}{2}\,\text{sen}\,\theta$
5-21. $T_{BC} = 113\ \text{N}$
5-22. $N_A = 3.71\ \text{kN}$, $B_x = 1.86\ \text{kN}$, $B_y = 8.78\ \text{kN}$
5-23. $w = 2.67\ \text{kN/m}$
5-25. $N_A = 39.7\ \text{lb}$, $N_B = 82.5\ \text{lb}$, $M_A = 106\ \text{lb}\cdot\text{ft}$
5-26. $\theta = 70.3°$, $N'_A = (29.4 - 31.3\,\text{sen}\,\theta)\ \text{kN}$, $N'_B = (73.6 + 31.3\,\text{sen}\,\theta)\ \text{kN}$
5-27. $N_B = 98.1\ \text{N}$, $A_x = 85.0\ \text{N}$, $A_y = 147\ \text{N}$
5-29. $P = 272\ \text{N}$
5-30. $P_{\text{mín}} = 271\ \text{N}$
5-31. $F_B = 86.6\ \text{N}$, $B_x = 43.3\ \text{N}$, $B_y = 110\ \text{N}$
5-33. $A_x = 25.4\ \text{kN}$, $B_y = 22.8\ \text{kN}$, $B_x = 25.4\ \text{kN}$
5-34. $F = 14.0\ \text{kN}$

5-35. $N_A = 173$ N, $N_C = 416$ N, $N_B = 69.2$ N
5-37. $N_A = 975$ lb, $B_x = 975$ lb, $B_y = 780$ lb
5-38. $A_x = 1.46$ kip, $F_B = 1.66$ kip
5-39. $\theta = 17.5°$
5-41. $F = 311$ kN, $A_x = 460$ kN, $A_y = 7.85$ kN
5-42. $F_{CB} = 782$ N, $A_x = 625$ N, $A_y = 681$ N
5-43. $F_2 = 724$ N, $F_1 = 1.45$ kN, $F_A = 1.75$ kN
5-45. $P = 660$ N, $N_A = 442$ N, $\theta = 48.0°$ b
5-46. $d = \frac{3a}{4}$
5-47. $F_{BC} = 80$ kN, $A_x = 54$ kN, $A_y = 16$ kN
5-49. $F_C = 10$ mN
5-50. $k = 250$ N/m
5-51. $w_B = 2.19$ kip/ft, $w_A = 10.7$ kip/ft
5-53. $\alpha = 10.4°$
5-54. $h = 0.645$ m
5-55. $h = \sqrt{\frac{s^2 - l^2}{3}}$
5-57. $w_1 = 83.3$ lb/ft, $w_2 = 167$ lb/ft
5-58. $w_1 = \frac{2P}{L}, w_2 = \frac{4P}{L}$
5-59. $\theta = 23.2°, 85.2°$
5-61. $N_A = 346$ N, $N_B = 693$ N, $a = 0.650$ m
5-62. $T = 1.84$ kN, $F = 6.18$ kN
5-63. $R_D = 22.6$ kip, $R_E = 22.6$ kip, $R_F = 13.7$ kip
5-65. $N_A = 28.6$ lb, $N_B = 10.7$ lb, $N_C = 10.7$ lb
5-66. $T_{BC} = 43.9$ N, $N_B = 58.9$ N, $A_x = 58.9$ N, $A_y = 39.2$ N, $A_z = 177$ N
5-67. $T_C = 14.8$ kN, $T_B = 16.5$ kN, $T_A = 7.27$ kN
5-69. $F_{AB} = 467$ N, $F_{AC} = 674$ N, $D_x = 1.04$ kN, $D_y = 0$, $D_z = 0$
5-70. $T_{BA} = 2.00$ kN, $T_{BC} = 1.35$ kN, $D_x = 0.327$ kN, $D_y = 1.31$ kN, $D_z = 4.58$ kN
5-71. $F_{BD} = F_{BC} = 350$ N, $A_x = 600$ N, $A_y = 0$, $A_z = 300$ N
5-73. $C_y = 800$ N, $B_z = 107$ N, $B_y = 600$ N, $C_x = 53.6$ N, $A_x = 400$ N, $A_z = 800$ N
5-74. $F = 746$ N
5-75. $T_{BC} = 1.40$ kN, $A_y = 800$ N, $A_x = 1.20$ kN, $(M_A)_x = 600$ N·m, $(M_A)_y = 1.20$ kN·m, $(M_A)_z = 2.40$ kN·m
5-77. $A_x = 300$ N, $A_y = 500$ N, $N_B = 400$ N, $(M_A)_x = 1.00$ kN·m, $(M_A)_y = 200$ N·m, $(M_A)_z = 1.50$ kN·m
5-78. $A_x = 633$ lb, $A_y = -141$ lb, $B_x = -721$ lb $B_z = 895$ lb, $C_y = 200$ lb, $C_z = -506$ lb
5-79. $F_2 = 674$ lb
5-81. $C_z = 10.6$ lb, $D_y = -0.230$ lb, $C_y = 0.230$ lb, $D_x = 5.17$ lb, $C_x = 5.44$ lb, $M = 0.459$ lb·ft
5-82. $F_{BD} = 294$ N, $F_{BC} = 589$ N, $A_x = 0$, $A_y = 589$N, $A_z = 490.5$ N
5-83. $T = 58.0$ N, $C_z = 87.0$ N, $C_y = 28.8$ N, $D_x = 0$, $D_y = 79.2$ N, $D_z = 58.0$ N
5-85. $F_{BC} = 0$, $A_y = 0$, $A_z = 800$ lb, $(M_A)_x = 4.80$ kip·ft, $(M_A)_y = 0$, $(M_A)_z = 0$

Capítulo 6

6-1. $F_{CB} = 0$, $F_{CD} = 20.0$ kN (C), $F_{DB} = 33.3$ kN (T), $F_{DA} = 36.7$ kN (C)
6-2. $F_{CB} = 0$, $F_{CD} = 45.0$ kN (C), $F_{DB} = 75.0$ kN (T), $F_{DA} = 90.0$ kN (C)
6-3. $F_{AC} = 150$ lb (C), $F_{AB} = 140$ lb (T), $F_{BD} = 140$ lb (T), $F_{BC} = 0$, $F_{CD} = 150$ lb (T), $F_{CE} = 180$ lb (C), $F_{DE} = 120$ lb (C), $F_{DF} = 230$ lb (T), $F_{EF} = 300$ lb (C)
6-5. $F_{CD} = 5.21$ kN(C), $F_{CB} = 4.17$ kN(T), $F_{AD} = 1.46$ kN(C), $F_{AB} = 4.17$ kN(T), $F_{BD} = 4$ kN(T)
6-6. $F_{CD} = 5.21$ kN (C), $F_{CB} = 2.36$ kN (T), $F_{AD} = 1.46$ kN (C), $F_{AB} = 2.36$ kN (T), $F_{BD} = 4$ kN (T)
6-7. $F_{DE} = 16.3$ kN (C), $F_{DC} = 8.40$ kN (T), $F_{EA} = 8.85$ kN (C), $F_{EC} = 6.20$ kN (C), $F_{CF} = 8.77$ kN (T), $F_{CB} = 2.20$ kN (T), $F_{BA} = 3.11$ kN (T), $F_{BF} = 6.20$ kN (C), $F_{FA} = 6.20$ kN (T)
6-9. $F_{AE} = 5.66$ kN (C), $F_{AB} = 4.00$ kN (T), $F_{DE} = 7.07$ kN (C), $F_{DC} = 5.00$ kN (T), $F_{BE} = 3.16$ kN (T), $F_{BC} = 3.00$ kN (T), $F_{CE} = 6.32$ kN (T)
6-10. $F_{AE} = 9.90$ kN (C), $F_{AB} = 7.00$ kN (T), $F_{DE} = 11.3$ kN (C), $F_{DC} = 8.00$ kN (T), $F_{BE} = 6.32$ kN (T), $F_{BC} = 5.00$ kN (T), $F_{CE} = 9.49$ kN (T)
6-11. $F_{JD} = 33.3$ kN(T), $F_{AL} = F_{GH} = F_{LK} = F_{HI} = 28.3$ kN(C), $F_{AB} = F_{GF} = F_{BC} = F_{FE} = F_{CD} = F_{ED} =$ 20 kN(T), $F_{BL} = F_{FH} = F_{LC} = F_{HE} = 0$, $F_{CK} = F_{EI} = 10$ kN(T), $F_{KJ} = F_{IJ} = 23.6$ kN(C), $F_{KD} = F_{ID} = 7.45$ kN(C)
6-13. $F_{CD} = F_{AD} = 0.687P$ (T), $F_{CB} = F_{AB} = 0.943P$ (C), $F_{DB} = 1.33P$ (T)
6-14. $P_{máx} = 849$ lb
6-15. $P_{máx} = 849$ lb
6-17. $P = 5.20$ kN
6-18. $F_{DE} = 8.94$ kN (T), $F_{DC} = 4.00$ kN (C), $F_{CB} = 4.00$ kN (C), $F_{CE} = 0$, $F_{EB} = 11.3$ kN (C), $F_{EF} = 12.0$ kN (T), $F_{BA} = 12.0$ kN (C), $F_{BF} = 18.0$ kN (T), $F_{FA} = 20.1$ kN (C), $F_{FG} = 21.0$ kN (T)

6-19. $F_{DE} = 13.4$ kN (T), $F_{DC} = 6.00$ kN (C), $F_{CB} = 6.00$ kN (C), $F_{CE} = 0$, $F_{EB} = 17.0$ kN (C), $F_{EF} = 18.0$ kN (T), $F_{BA} = 18.0$ kN (C), $F_{BF} = 20.0$ kN (T), $F_{FA} = 22.4$ kN (C), $F_{FG} = 28.0$ kN (T)

6-21. $F_{DE} = F_{DC} = F_{FA} = 0$, $F_{CE} = 34.4$ kN (C), $F_{CB} = 20.6$ kN (T), $F_{BA} = 20.6$ kN (T), $F_{BE} = 15.0$ kN (T), $F_{FE} = 30.0$ kN (C), $F_{EA} = 15.6$ kN (T)

6-22. $F_{FE} = 0.667P$ (T), $F_{FD} = 1.67P$ (T), $F_{AB} = 0.471P$ (C), $F_{AE} = 1.67P$ (T), $F_{AC} = 1.49P$ (C), $F_{BF} = 1.41P$ (T), $F_{BD} = 1.49P$ (C), $F_{EC} = 1.41P$ (T), $F_{CD} = 0.471P$ (C)

6-23. $F_{EC} = 1.20P$ (T), $F_{ED} = 0$, $F_{AB} = F_{AD} = 0.373P$ (C), $F_{DC} = 0.373P$ (C), $F_{DB} = 0.333P$ (T), $F_{BC} = 0.373P$ (C)

6-25. $F_{CB} = 2.31$ kN (C), $F_{CD} = 1.15$ kN (C), $F_{DB} = 4.00$ kN (T), $F_{DA} = 4.62$ kN (C), $F_{AB} = 2.31$ kN (C)

6-26. $P_{\text{máx}} = 1.30$ kN

6-27. $F_{HI} = 42.5$ kN (T), $F_{HC} = 100$ kN (T), $F_{DC} = 125$ kN (C)

6-29. $F_{HG} = 1125$ lb (T), $F_{DE} = 3375$ lb (C), $F_{EH} = 3750$ lb (T)

6-30. $F_{CD} = 3375$ lb (C), $F_{HI} = 6750$ lb (T), $F_{CH} = 5625$ lb (C)

6-31. $F_{KJ} = 11.25$ kip (T), $F_{CD} = 9.375$ kip (C), $F_{CJ} = 3.125$ kip (C), $F_{DJ} = 0$

6-33. $F_{GF} = 12.5$ kN (C), $F_{CD} = 6.67$ kN (T), $F_{GC} = 0$

6-34. $F_{GH} = 12.5$ kN (C), $F_{BG} = 6.01$ kN (T), $F_{BC} = 6.67$ kN (T)

6-35. $F_{BC} = 5.33$ kN (C), $F_{EF} = 5.33$ kN (T), $F_{CF} = 4.00$ kN (T)

6-37. $F_{EF} = 14.0$ kN (C), $F_{BC} = 13.0$ kN (T), $F_{BE} = 1.41$ kN (T), $F_{BF} = 8.00$ kN (T)

6-38. $F_{EF} = 15.0$ kN (C), $F_{BC} = 12.0$ kN (T), $F_{BE} = 4.24$ kN (T)

6-39. $F_{BC} = 10.4$ kN (C), $F_{HG} = 9.16$ kN (T), $F_{HC} = 2.24$ kN (T)

6-41. $F_{BC} = 18.0$ kN (T), $F_{FE} = 15.0$ kN (C), $F_{EB} = 5.00$ kN (C)

6-42. $F_{HG} = 17.6$ kN (C), $F_{HC} = 5.41$ kN (C), $F_{BC} = 19.1$ kN (T)

6-43. $F_{GJ} = 17.6$ kN (C), $F_{CJ} = 8.11$ kN (C), $F_{CD} = 21.4$ kN (T), $F_{CG} = 7.50$ kN (T)

6-45. $F_{BF} = 0$, $F_{BG} = 35.4$ kN (C), $F_{AB} = 45$ kN (T)

6-46. $F_{BC} = 11.0$ kN (T), $F_{GH} = 11.2$ kN (C), $F_{CH} = 1.25$ kN (C), $F_{CG} = 10.0$ kN (T)

6-47. $F_{CD} = 18.0$ kN (T), $F_{CJ} = 10.8$ kN (T), $F_{KJ} = 26.8$ kN (T)

6-49. $F_{EF} = 12.9$ kN (T), $F_{FI} = 7.21$ kN (T), $F_{HI} = 21.1$ kN (C)

6-50. $F_{CA} = F_{CB} = 122$ lb (C), $F_{CD} = 173$ lb (T), $F_{BD} = 86.6$ lb (T), $F_{BA} = 0$, $F_{DA} = 86.6$ lb (T)

6-51. $F_{AB} = 6.46$ kN (T), $F_{AC} = F_{AD} = 1.50$ kN (C), $F_{BC} = F_{BD} = 3.70$ kN (C), $F_{BE} = 4.80$ kN (T)

6-53. $F_{CA} = 833$ lb (T), $F_{CB} = 667$ lb (C), $F_{CD} = 333$ lb (T), $F_{AD} = F_{AB} = 354$ lb (C), $F_{DB} = 50$ lb (T)

6-54. $F_{CA} = 1000$ lb (C), $F_{CD} = 406$ lb (T), $F_{CB} = 344$ lb (C), $F_{AB} = F_{AD} = 424$ lb (T), $F_{DB} = 544$ lb (C)

6-55. $F_{DF} = 5.31$ kN (C), $F_{EF} = 2.00$ kN (T), $F_{AF} = 0.691$ kN (T)

6-57. $F_{BF} = 0$, $F_{BC} = 0$, $F_{BE} = 500$ lb (T), $F_{AB} = 300$ lb (C), $F_{AC} = 583$ lb (T), $F_{AD} = 333$ lb (T), $F_{AE} = 667$ lb (C), $F_{DE} = 0$, $F_{EF} = 300$ lb (C), $F_{CD} = 300$ lb (C), $F_{CF} = 300$ lb (C), $F_{DF} = 424$ lb (T)

6-58. $F_{BF} = 0$, $F_{BC} = 0$, $F_{BE} = 500$ lb (T), $F_{AB} = 300$ lb (C), $F_{AC} = 972$ lb (T), $F_{AD} = 0$, $F_{AE} = 367$ lb (C), $F_{DE} = 0$, $F_{EF} = 300$ lb (C), $F_{CD} = 500$ lb (C), $F_{CF} = 300$ lb (C), $F_{DF} = 424$ lb (T)

6-59. $F_{AD} = 686$ N (T), $F_{BD} = 0$, $F_{CD} = 615$ N (C), $F_{BC} = 229$ N (T), $F_{AC} = 343$ N (T), $F_{EC} = 457$ N (C)

6-61. $P = 12.5$ lb

6-62. **a.** $P = 25.0$ lb, **b.** $P = 33.3$ lb, **c.** $P = 11.1$ lb

6-63. $P = 18.9$ N

6-65. $B_x = 4.00$ kN, $B_y = 5.33$ kN, $A_x = 4.00$ kN, $A_y = 5.33$ kN

6-66. $A_x = 24.0$ kN, $A_y = 12.0$ kN, $D_x = 18.0$ kN, $D_y = 24.0$ kN

6-67. $A_x = 120$ lb, $A_y = 0$, $N_C = 15.0$ lb

6-69. $B_x = 2.80$ kip, $B_y = 1.05$ kip, $A_x = 2.80$ kip, $A_y = 5.10$ kip, $M_A = 43.2$ kip·ft

6-70. $C_y = 184$ N, $C_x = 490.5$ N, $B_x = 1.23$ kN, $B_y = 920$ kN

6-71. $N_E = 18.0$ kN, $N_C = 4.50$ kN, $A_x = 0$, $A_y = 7.50$ kN, $M_A = 22.5$ kN·m

6-73. $N_E = 3.60$ kN, $N_B = 900$ N, $A_x = 0$, $A_y = 2.70$ kN, $M_A = 8.10$ kN·m

6-74. $T = 350$ lb, $A_y = 700$ lb, $A_x = 1.88$ kip, $D_x = 1.70$ kip, $D_y = 1.70$ kip

6-75. $T = 350$ lb, $A_y = 700$ lb, $D_x = 1.82$ kip, $D_y = 1.84$ kip, $A_x = 2.00$ kip

6-77. $A_x = 96$ lb, $A_y = 72$ lb, $D_y = 2.18$ kip, $E_x = 96.0$ lb, $E_y = 1.61$ kip

6-78. $N_C = 3.00$ kN, $N_A = 3.00$ kN, $B_y = 18.0$ kN, $B_x = 0$

6-79. $N_C = N_D = 2$ lb
6-81. $F_{FB} = 1.94$ kN, $F_{BD} = 2.60$ kN
6-82. $N_A = 36.0$ lb
6-83. $F_{FD} = 20.1$ kN, $F_{BD} = 25.5$ kN,
Elemento EDC: $C'_x = 18.0$ kN, $C'_y = 12.0$ kN,
Elemento ABC: $C''_y = 12.0$ kN, $C''_x = 18.0$ kN
6-85. $T_{AI} = 2.88$ kip, $F_H = 3.99$ kip
6-86. $M = 314$ lb·ft
6-87. $F_C = 19.6$ kN
6-89. $C_x = 650$ N, $C_y = 0$
6-90. $N_B = N_C = 49.5$ N
6-91. $F_{EF} = 8.18$ kN (T), $F_{AD} = 158$ kN (C)
6-93. $P(\theta) = \dfrac{250\sqrt{2.25^2 - \cos^2\theta}}{\operatorname{sen}\theta\cos\theta + \sqrt{2.25^2 - \cos^2\theta}\cdot\cos\theta}$
6-94. $N_B = 0.1175$ lb, $N_A = 0.0705$ lb
6-95. $F_N = 5.25$ lb
6-97. **a.** $F = 205$ lb, $N_C = 380$ lb,
b. $F = 102$ lb, $N_C = 72.5$ lb
6-98. $E_y = 1.00$ kN, $E_x = 3.00$ kN, $B_x = 2.50$ kN,
$B_y = 1.00$ kN, $A_x = 2.50$ kN, $A_y = 500$ N
6-99. $N_C = 12.7$ kN, $A_x = 12.7$ kN, $A_y = 2.94$ kN,
$N_D = 1.05$ kN
6-101. $F = 370$ N
6-102. $N_A = 284$ N
6-103. $B_y = 2.67$ kN, $B_x = 4.25$ kN,
$A_y = 3.33$ kN, $A_x = 7.25$ kN
6-105. $P = 198$ N
6-106. $F = 66.1$ lb
6-107. $d = 0.638$ ft
6-109. $P = 46.9$ lb
6-110. $\theta = 23.7°$
6-111. $m = 26.0$ kg
6-113. $m_S = 1.71$ kg
6-114. $m_L = 106$ kg
6-115. $P = 283$ N, $B_x = D_x = 42.5$ N,
$B_y = D_y = 283$ N, $B_z = D_z = 283$ N
6-117. $M_{Ex} = 0.5$ kN·m, $M_{Ey} = 0$, $E_y = 0$, $E_x = 0$
6-118. $F_D = 20.8$ lb, $F_F = 14.7$ lb, $F_A = 24.5$ lb

Capítulo 7

7-1. $N_C = 0$, $V_C = -386$ lb, $M_C = -857$ lb·ft,
$N_D = 0$, $V_D = 300$ lb, $M_D = -600$ lb·ft
7-2. $N_C = 0$, $V_C = -1.00$ kip, $M_C = 56.0$ kip·ft,
$N_D = 0$, $V_D = -1.00$ kip, $M_D = 48.0$ kip·ft
7-3. $V_A = 0$, $N_A = -39$ kN, $M_A = -2.425$ kN·m
7-5. $V_C = -133$ lb, $M_C = 133$ lb·in
7-6. $a = \dfrac{L}{3}$
7-7. $V_C = -4.00$ kip, $M_C = 24.0$ kip·ft
7-9. $N_C = -30$ kN, $V_C = -8$ kN, $M_C = 6$ kN·m
7-10. $P = 0.533$ kN, $N_C = -2$ kN, $V_C = -0.533$ kN,
$M_C = 0.400$ kN·m
7-11. $N_C = 265$ lb, $V_C = -649$ lb, $M_C = -4.23$ kip·ft,
$N_D = -265$ lb, $V_D = 637$ lb, $M_D = -3.18$ kip·ft
7-13. $N_D = 0$, $V_D = 3.00$ kip, $M_D = 12.0$ kip·ft,
$N_E = 0$, $V_E = -8.00$ kip, $M_E = -20.0$ kip·ft
7-14. $M_C = -15.0$ kip·ft, $N_C = 0$, $V_C = 2.01$ kip,
$M_D = 3.77$ kip·ft, $N_D = 0$, $V_D = 1.11$ kip
7-15. $N_C = 0$, $V_C = -1.50$ kN, $M_C = 13.5$ kN·m
7-17. $N_A = 86.6$ lb, $V_A = 150$ lb, $M_A = 1.80$ kip·in
7-18. $V_C = 2.49$ kN, $N_C = 2.49$ kN, $M_C = 4.97$ kN·m,
$N_D = 0$, $V_D = -2.49$ kN, $M_D = 16.5$ kN·m
7-19. $N_C = -4.32$ kip, $V_C = 1.35$ kip, $M_C = 4.72$ kip·ft
7-21. $N_E = 720$ N, $V_E = 1.12$ kN, $M_E = -320$ N·m,
$N_F = 0$, $V_F = -1.24$ kN, $M_F = -1.41$ kN·m
7-22. $N_D = 4$ kN, $V_D = -9$ kN, $M_D = -18$ kN·m,
$N_E = 4$ kN, $V_E = 3.75$ kN, $M_E = -4.875$ kN·m
7-23. $N_C = 400$ N, $V_C = -96$ N, $M_C = -144$ N·m
7-25. $N_D = 0$, $V_D = 0.75$ kip, $M_D = 13.5$ kip·ft,
$N_E = 0$, $V_E = -9$ kip, $M_E = -24.0$ kip·ft
7-26. $N_C = -20.0$ kN, $V_C = 70.6$ kN,
$M_C = -302$ kN·m
7-27. $N_C = -1.60$ kN, $V_C = 200$ N, $M_C = 200$ N·m
7-29. $N_C = -406$ lb, $V_C = 903$ lb, $M_C = 1.35$ kip·ft
7-30. $N_D = -464$ lb, $V_D = -203$ lb, $M_D = 2.61$ kip·ft
7-31. $N_E = 2.20$ kN, $V_E = 0$, $M_E = 0$,
$N_D = -2.20$ kN, $V_D = 600$ N, $M_D = 1.20$ kN·m
7-33. $N_D = -2.25$ kN, $V_D = 1.25$ kN, -1.88 kN·m
7-34. $N_E = 1.25$ kN, $V_E = 0$, $M_B = 1.69$ kN·m
7-35. $d = 0.200$ m
7-37. $N_D = 1.26$ kN, $V_D = 0$, $M_D = 500$ N·m
7-38. $N_E = -1.48$ kN, $V_E = 500$ N, $M_E = 1000$ N·m
7-39. $V = 0.278\, w_0 r$, $N = 0.0759\, w_0 r$,
$M = 0.0759\, w_0 r^2$
7-41. $N_C = -350$ lb, $(V_C)_y = 700$ lb, $(V_C)_z = -150$ lb,
$(M_C)_x = -1.20$ kip·ft, $(M_C)_y = -750$ lb·ft,
$(M_C)_z = 1.40$ kip·ft
7-42. $(V_C)_x = 104$ lb, $N_C = 0$, $(V_C)_z = 10$ lb,
$(M_C)_x = 20$ lb·ft, $(M_C)_y = 72$ lb·ft,
$(M_C)_z = -178$ lb·ft
7-43. $N_x = -500$ N, $V_y = 100$ N, $V_z = 900$ N,
$M_x = 600$ N·m, $M_y = -900$ N·m,
$M_z = 400$ N·m
7-45. **a.** $0 \le x < a$: $V = \left(1 - \dfrac{a}{L}\right)P$,
$M = \left(1 - \dfrac{a}{L}\right)Px$,
$a < x \le L$: $V = -\left(\dfrac{a}{L}\right)P$,
$M = P\left(a - \dfrac{a}{L}x\right)$

b. $0 \leq x < 2$ m: $V = 6$ kN, $M = \{6x\}$ kN·m
2 m $< x \leq 6$ m: $V = -3$ kN,
$M = \{18 - 3x\}$ kN·m

7-46. **a.** Para $0 \leq x < a$, $V = P$, $M = Px$,
Para $a < x < L - a$, $V = 0$, $M = Pa$,
Para $L - a < x \leq L$, $V = -P$,
$M = P(L - x)$

b. Para $0 \leq x < 5$ ft, $V = 800$ lb,
$M = 800x$ lb·ft,
Para 5 ft $< x < 7$ ft, $V = 0$,
$M = 4000$ lb·ft,
Para 7 ft $< x \leq 12$ ft, $V = -800$ lb,
$M = (9600 - 800x)$ lb·ft

7-47. **a.** Para $0 \leq x < a$, $V = \dfrac{Pb}{a + b}$, $M = \dfrac{Pb}{a + b}x$,
Para $a < x \leq a + b$, $V = -\dfrac{Pa}{a + b}$,
$M = Pa - \dfrac{Pa}{a + b}x$,

b. Para $0 \leq x < 5$ ft, $V = 350$ lb,
$M = 350x$ lb·ft,
Para 5 ft $< x \leq 12$ ft, $V = -250$ lb,
$M = 3000 - 250x$ lb·ft

7-49. $0 \leq x < \dfrac{L}{3}$: $V = 0$, $M = 0$,
$\dfrac{L}{3} < x < \dfrac{2L}{3}$: $V = 0$, $M = M_0$,
$\dfrac{2L}{3} < x \leq L$: $V = 0$, $M = 0$,
$0 \leq x < \dfrac{8}{3}$ m: $V = 0$, $M = 0$,
$\dfrac{8}{3}$ m $< x \dfrac{16}{3}$ m: $V = 0$, $M = 500$ N·m,
$\dfrac{16}{3}$ m $< x \leq 8$ m: $V = 0$, $M = 0$

7-50. $M_{\text{máx}} = 2$ kN·m

7-51. $0 \leq x < a$: $V = -wx$, $M = -\dfrac{w}{2}x^2$
$a < x \leq 2a$: $V = w(2a - x)$,
$M = 2wax - 2wa^2 - \dfrac{w}{2}x^2$

7-53. Para $0 \leq x < 20$ ft, $V = \{490 - 50.0x\}$ lb,
$M = \{490x - 25.0x^2\}$ lb·ft,
Para 20 ft $< x \leq 30$ ft, $V = 0$, $M = -200$ lb·ft

7-54. **a.** $V = \dfrac{w}{2}(L - 2x)$, $M = \dfrac{w}{2}(Lx - x^2)$

b. $V = (2500 - 500x)$ lb,
$M = (2500x - 250x^2)$ lb·ft

7-55. Para $0 \leq x < 8$ m, $V = (133.75 - 40x)$ kN,
$M = (133.75x - 20x^2)$ kN·m,
Para 8 m $< x \leq 11$ m, $V = 20$ kN,
$M = (20x - 370)$ kN·m

7-57. Para $0 \leq x < L$, $V = \dfrac{w}{18}(7L - 18x)$,
$M = \dfrac{w}{18}(7Lx - 9x^2)$,
Para $L < x < 2L$,
$V = \dfrac{w}{2}(3L - 2x)$, $M = \dfrac{w}{18}(27Lx - 20L^2 - 9x^2)$,
Para $2L < x \leq 3L$, $V = \dfrac{w}{18}(47L - 18x)$,
$M = \dfrac{w}{18}(47Lx - 9x^2 - 60L^2)$

7-58. Elemento AB: Para $0 \leq x < 12$ ft,
$V = \{875 - 150x\}$ lb,
$M = \{875x - 75.0x^2\}$ lb·ft,
Para 12 ft $< x \leq 14$ ft, $V = \{2100 - 150x\}$ lb,
$M = \{-75.0x^2 + 2100x - 14700\}$ lb·ft,
Elemento CBD: Para $0 \leq x < 2$ ft, $V = 919$ lb,
$M = \{919x\}$ lb·ft, Para 2 ft $< x \leq 8$ ft,
$V = -306$ lb, $M = \{2450 - 306x\}$ lb·ft

7-59. Para $0 \leq x < 9$ ft, $V = 25 - 1.67x^2$,
$M = 25x - 0.556x^3$
Para 9 ft $< x \leq 13.5$ ft, $V = 0$, $M = -180$

7-61. $x = 15^-$, $V = -20$, $M = -300$,
$x = 30^+$, $V = 0$, $M = 150$,
$x = 45^-$, $V = -60$, $M = -300$

7-62. $x = \dfrac{L}{2}$, $P = \dfrac{4M_{\text{máx}}}{L}$

7-63. $0 \leq x \leq 12$ ft: $V = \left\{48.0 - \dfrac{x^2}{6}\right\}$ kip,
$M = \left\{48.0x - \dfrac{x^3}{18} - 576\right\}$ kip·ft,
$12 < x \leq 24$ ft: $V = \left\{\dfrac{1}{6}(24 - x)^2\right\}$ kip,
$M = \left\{-\dfrac{1}{18}(24 - x)^3\right\}$ kip·ft

7-65. Para $0 \leq x < 3$ m, $V = \{21.0 - 2x^2\}$ kN,
$M = \left\{21.0x - \dfrac{2}{3}x^3\right\}$ kN·m,
Para 3 m $< x \leq 6$ m, $V = \{39.0 - 12x\}$ kN,
$M = \{-6x^2 + 39x - 18\}$ kN·m

7-66. $V = \dfrac{w}{12L}(4L^2 - 6Lx - 3x^2)$,
$M = \dfrac{w}{12L}(4L^2x - 3Lx^2 - x^3)$, $M_{\text{máx}} = 0.0940\, wL^2$

7-67. $N = P\operatorname{sen}(\theta + \phi)$, $V = -P\cos(\theta + \phi)$,
$M = Pr[\operatorname{sen}(\theta + \phi) - \operatorname{sen}\phi]$

7-69. $V_x = 0$, $V_z = \{24.0 - 4y\}$ lb,
$M_x = \{2y^2 - 24y + 64.0\}$ lb·ft,
$M_y = 8.00$ lb·ft, $M_z = 0$

7-70. $x = 1^-$, $V = 450$ N, $M = 450$ N·m,
$x = 3^+$, $V = -950$ N, $M = 950$ N·m

7-71. $x = 1^-$, $V = 600$ N, $M = 600$ N·m
7-74. $x = 0.5^+$, $V = 450$ N, $M = -150$ N·m,
$x = 1.5^-$, $V = -750$ N, $M = -300$ N·m
7-75. $x = 2^+$, $V = -375$ N, $M = 750$ N·m
7-77. $x = 10^+$, $V = 20.0$ kip, $M = -50.0$ kip·ft
7-78. $x = 2^+$, $V = -14.3$, $M = -8.6$
7-79. $x = 1^+$, $V = 175$, $M = -200$,
$x = 5^-$, $V = -225$, $M = -300$
7-81. $x = 4.5^-$, $V = -31.5$ kN, $M = -45.0$ kN·m,
$x = 8.5^+$, $V = 36.0$ kN, $M = -54.0$ kN·m
7-82. $x = 2.75$, $V = 0$, $M = 1356$ N·m
7-83. $x = 3$, $V = -2.25$ kN, $M = 20.25$ kN·m
7-85. $x = 3^+$, $V = 1800$ lb, $M = -900$ lb·ft
$x = 6$, $V = 0$, $M = 1800$ lb·ft
7-86. $x = 1.5$, $V = 2.25$ kN, $M = -2.25$ kN·m
7-87. $x = 3$, $V = 3.00$ kN, $M = -1.50$ kN·m
7-89. $x = \sqrt{15}$, $V = 0$, $M = 1291$ lb·ft
$x = 12^-$, $V = -1900$ lb, $M = -6000$ lb·ft
7-90. $x = 0$, $V = 13.5$ kN, $M = -9.5$ kN·m
7-91. $x = 3$, $V = 0$, $M = 18.0$ kN·m
$x = 6^-$, $V = -27.0$ kN, $M = -18.0$ kN·m
7-93. $x = 15$, $V = 0$, $M = 37.5$ kip·ft
7-94. $y_B = 2.22$ m, $y_D = 1.55$ m
7-95. $P_1 = 320$ N, $y_D = 2.33$ m
7-97. $x_B = 5.39$ m
7-98. $P = 700$ N
7-99. $y_B = 8.67$ ft, $y_D = 7.04$ ft
7-101. $y_B = 3.53$ m, $P = 0.8$ kN, $T_{máx} = T_{DE} = 8.17$ kN
7-102. $w = 51.9$ lb/ft
7-103. $T_{máx} = 14.4$ kip, $T_{mín} = 13.0$ kip
7-105. $T_{AB} = T_{CD} = 212$ lb (máx), $y_B = 2$ ft
7-106. $x = 2.57$ ft, $W = 247$ lb
7-107. $T_A = 61.7$ kip, $T_B = 36.5$ kip, $T_C = 50.7$ kip
7-109. $T_{máx} = 594$ kN
7-110. $T_{mín} = 552$ kN
7-111. $T_{máx} = 3.63$ kip
7-113. $y = \dfrac{x^2}{7813}\left(75 - \dfrac{x^2}{200}\right)$, $T_{máx} = 9.28$ kip
7-114. $h = 4.44$ ft
7-115. $(F_h)_R = 6.25$ kip, $(F_v)_R = 2.51$ kip
7-117. $(F_v)_A = 165$ N, $(F_h)_A = 73.9$ N
7-118. $W = 4.00$ kip, $T_{máx} = 2.01$ kip
7-121. $l = 104$ ft
7-122. $h = 146$ ft
7-123. $L = 302$ ft

Capítulo 8

8-1. $P = 12.8$ kN
8-2. $N_B = 2.43$ kip, $N_C = 1.62$ kip, $F = 200$ lb
8-3. $N_A = 16.5$ kN, $N_B = 42.3$ kN,
No se mueve.
8-5. $F = 2.76$ kN
8-6. $F = 5.79$ kN
8-7. **a.** No
b. Sí
8-10. $\phi = \theta$, $P = W \operatorname{sen}(\alpha + \theta)$
8-11. **a.** $W = 318$ lb
b. $W = 360$ lb
8-13. $F_{CD} = 3.05$ kN
8-14. $\theta = 21.8°$
8-15. $l = 26.7$ ft
8-17. $\mu_s = 0.231$
8-18. $P = 1350$ lb
8-19. $N_A = 200$ lb
8-21. $n = 12$
8-22. $\mu_s = 0.595$
8-23. $\theta = 33.4°$
8-25. $d = 13.4$ ft
8-26. $P = 740$ N
8-27. $P = 860$ N
8-29. $\theta = 11.0°$
8-30. $\theta = 10.6°$, $x = 0.184$ ft
8-31. $\theta = 8.53°$, $F_A = 1.48$ lb, $F_B = 0.890$ lb
8-33. No
8-34. Si $P = \dfrac{1}{2}W$, $\mu_s = \dfrac{1}{3}$
Si $P \neq \dfrac{1}{2}W$,
$$\mu_s = \frac{(P + W) - \sqrt{(W + 7P)(W - P)}}{2(2P - W)}$$
para $0 < P < W$
8-35. $P = 8.18$ lb
8-37. $O_y = 400$ N, $O_x = 46.4$ N
8-38. $P = 350$ N, $O_y = 945$ N, $O_x = 280$ N
8-39. $\mu_s = 0.230$
8-41. $\theta = 31.0°$
8-42. $P = 654$ N
8-43. El bloque no se mantiene en equilibrio.
8-45. $P = 355$ N
8-46. $\mu_C = 0.0734$, $\mu_B = 0.0964$
8-47. $\theta = 16.3°$
8-49. Sí
8-50. $m = 66.7$ kg
8-51. $P = 408$ N
8-53. $M = 55.2$ lb·ft
8-54. $\theta = 33.4°$
8-55. $P = 13.3$ lb
8-57. $P = 100$ N, $d = 1.50$ ft
8-58. $\theta = 33.4°$
8-59. $P = 5.53$ kN, sí
8-61. $P = 39.6$ lb
8-62. $x = 18.3$ mm
8-63. $P = 2.39$ kN

8-65. $P = 4.05$ kip
8-66. $P = 106$ lb
8-67. $F = 66.7$ N
8-69. $W = 7.19$ kN
8-70. El tornillo es autobloqueante.
8-71. $P = 617$ lb
8-74. $M = 40.6$ N·m
8-75. $M = 48.3$ N·m
8-77. $\mu_s = 0.0637$
8-78. $M = 5.69$ lb·in
8-79. $F = 1.98$ kN
8-81. $F = 11.6$ kN
8-82. $P = 104$ N
8-83. **a.** $F = 1.31$ kN
b. $F = 372$ N
8-85. El granjero detendrá a la vaca.
8-86. Sí, es posible.
$F = 137$ lb
8-87. $T_1 = 57.7$ lb
8-89. $m_A = 2.22$ kg
8-90. $\theta = 99.2°$
8-91. $n = 3$ medias vueltas, $N_m = 6.74$ lb
8-93. $M = 458$ N·m
8-94. $W = 9.17$ lb
8-95. $P = 78.7$ lb
8-97. $M = 75.4$ N·m, $V = 0.171$ m^3
8-99. $P = 53.6$ N
8-101. $x = 0.384$ m
8-102. $F_s = 85.4$ N
8-103. $W_D = 12.7$ lb
8-105. $\theta_{\text{máx}} = 38.8°$
8-106. $M = 50.0$ N·m, $x = 286$ mm
8-107. $M = 132$ N·m
8-109. $F = 10.7$ lb
8-110. $M = 16.1$ N·m
8-111. $M = 237$ N·m
8-113. $M = \dfrac{2\mu_s PR}{3\cos\theta}$
8-114. $T = 905$ lb·in
8-115. $P = 118$ N
8-117. $P = 29.0$ lb
8-118. $M = \dfrac{8}{15}\mu_s PR$
8-119. $F = 18.9$ N
8-121. $P = 20.5$ lb
8-122. $T = 289$ lb, $N = 479$ lb, $F = 101$ lb
8-123. $\mu_s = 0.0407$
8-125. $r = 20.6$ mm
8-126. $P = 42.2$ lb
8-127. $\mu_s = 0.411$
8-129. $P = 1333$ lb
8-130. $P = 25.3$ lb

Capítulo 9

9-1. $\bar{x} = 124$ mm, $\bar{y} = 0$
9-2. $\bar{x} = 0$, $\bar{y} = 1.82$ ft
9-3. $\bar{x} = 0.574$ m, $B_x = 0$, $A_y = 63.1$ N, $B_y = 84.8$ N
9-5. $\bar{y} = 0.857$ m
9-6. $\bar{y} = \dfrac{2}{5}$ m
9-7. $\bar{x} = \dfrac{3}{8}a$
9-9. $\bar{x} = \dfrac{3}{2}$ m
9-10. $\bar{y} = \dfrac{12}{5}$ m
9-11. $\bar{x} = \dfrac{3}{4}b$
9-13. $\bar{x} = 6$ m
9-14. $\bar{y} = 2.8$ m
9-15. $\bar{x} = 0.398$ m
9-17. $\bar{y} = 1.43$ in
9-18. $\bar{x} = \dfrac{a(1+n)}{2(2+n)}$
9-19. $\bar{y} = \dfrac{hn}{2n+1}$
9-21. $\bar{x} = 1\dfrac{3}{5}$ ft
9-22. $\bar{y} = 4\dfrac{8}{55}$ ft
9-23. $\bar{x} = \dfrac{3}{8}a$
9-25. $\bar{x} = 3.20$ ft, $\bar{y} = 3.20$ ft, $T_A = 384$ lb,
$T_C = 384$ lb, $T_B = 1.15$ kip
9-26. $\bar{x} = 3$ ft
9-27. $\bar{y} = \dfrac{6}{5}$ ft
9-29. $\bar{y} = 40.0$ mm
9-30. $\bar{x} = \dfrac{1}{3}(a+b)$
9-31. $\bar{y} = \dfrac{h}{3}$
9-33. $\bar{y} = \dfrac{\pi a}{8}$
9-34. $\bar{x} = 1.26$ m, $\bar{y} = 0.143$ m, $N_B = 47.9$ kN,
$A_x = 33.9$ kN, $A_y = 73.9$ kN
9-35. $\bar{x} = \left[\dfrac{2(n+1)}{3(n+2)}\right]a$
9-37. $\bar{x} = \dfrac{2}{3}\left(\dfrac{r\,\text{sen}\,\alpha}{\alpha}\right)$
9-38. $\bar{x} = 0.785\,a$
9-39. $\bar{x} = \bar{y} = 0$, $\bar{z} = \dfrac{4}{3}$ m

9-41. $\bar{z} = \dfrac{R^2 + 3r^2 + 2rR}{4(R^2 + r^2 + rR)}h$
9-42. $\bar{y} = 2.61$ ft
9-43. $\bar{z} = \dfrac{h}{4}, \bar{x} = \bar{y} = \dfrac{a}{\pi}$
9-45. $\bar{z} = \dfrac{4}{3}$ m
9-46. $\bar{y} = \dfrac{3}{8}b, \bar{x} = \bar{z} = 0$
9-47. $\bar{z} = 12.8$ in
9-49. $\bar{z} = 0.675a$
9-50. $\bar{z} = \dfrac{c}{4}$
9-51. $d = 3$ m
9-53. $\bar{x} = 24.4$ mm, $\bar{y} = 40.6$ mm
9-54. $\bar{x} = 0, \bar{y} = 58.3$ mm
9-55. $\bar{x} = 112$ mm, $\bar{y} = 112$ mm, $\bar{z} = 136$ mm
9-57. $\bar{x} = 0.200$ m, $\bar{y} = 4.37$ m
9-58. $\bar{y} = 154$ mm
9-59. $\bar{x} = 0.571$ in, $\bar{y} = -0.571$ in
9-61. $\bar{y} = 79.7$ mm
9-62. $\bar{x} = -1.00$ in, $\bar{y} = 4.625$ in
9-63. $\bar{y} = 85.9$ mm
9-65. $\bar{x} = 1.57$ in, $\bar{y} = 1.57$ in
9-66. $\bar{y} = 2$ in
9-67. $\bar{y} = 272$ mm
9-69. $\bar{z} = 1.625$ in
9-70. $\bar{z} = 4.32$ in
9-71. $\bar{x} = \dfrac{\frac{2}{3}r \operatorname{sen}^3 \alpha}{\alpha - \frac{\operatorname{sen} 2\alpha}{2}}$
9-73. $\bar{y} = \dfrac{\sqrt{2}(a^2 + at - t^2)}{2(2a - t)}$
9-74. $\bar{x} = 2.81$ ft, $\bar{y} = 1.73$ ft, $N_B = 72.1$ lb, $N_A = 86.9$ lb
9-75. $\bar{x} = 120$ mm, $\bar{y} = 305$ mm, $\bar{z} = 73.4$ mm
9-77. $\theta = 53.1°$
9-78. $\bar{z} = 2.48$ ft, $\theta = 38.9°$
9-79. $\bar{z} = 0.70$ ft
9-81. $\bar{z} = 122$ mm
9-82. $h = 385$ mm
9-83. $\bar{x} = 5.07$ ft, $\bar{y} = 3.80$ ft
9-85. $\bar{z} = 128$ mm
9-86. $\bar{z} = 754$ mm
9-87. $\bar{x} = 19.0$ ft, $\bar{y} = 11.0$ ft
9-89. $\Sigma m = 16.4$ kg, $\bar{x} = 153$ mm, $\bar{y} = -15$ mm, $\bar{z} = 111$ mm
9-90. $V = 27.2(10^3)$ ft^3
9-91. $A = 3.56\,(10^3)$ ft^2
9-93. $A = 4856$ ft^2
9-94. $W = 3.12(10^6)$ lb
9-95. $V = \dfrac{\pi(6\pi + 4)}{6}a^3$
9-97. $V = 0.114$ m^3
9-98. $A = 2.25$ m^2
9-99. $A = 276(10^3)$ mm^2
9-101. $W = 84.7$ kip
9-102. Número de galones = 2.75 gal
9-103. $A = 8\pi ba, V = 2\pi ba^2$
9-105. $Q = 205$ MJ
9-106. $A = 119(10^3)$ mm^2
9-107. $W = 126$ kip
9-109. $A = 1365$ m^2
9-110. $m = 138$ kg
9-111. $m = 2.68$ kg
9-113. $V = 1.40(10^3)$ in^3
9-114. $h = 29.9$ mm
9-115. $F_R = 1250$ lb, $\bar{x} = 2.33$ ft, $\bar{y} = 4.33$ ft
9-117. $F_R = 24.0$ kN, $\bar{x} = 2.00$ m, $\bar{y} = 1.33$ m
9-118. $F_R = \dfrac{4ab}{\pi^2}p_0,\ \bar{x} = \dfrac{a}{2}, \bar{y} = \dfrac{b}{2}$
9-119. $F_{Rx} = 2rlp_0\left(\dfrac{\pi}{2}\right), F_R = \pi lrp_0$
9-121. Para el agua: $F_{R_A} = 157$ kN, $F_{R_B} = 235$ kN
Para el aceite: $d = 4.22$ m
9-122. $d = 2.61$ m
9-123. F.S. = 2.71
9-125. $F_1 = 9.60$ kip, $F_2 = 40.3$ kip
9-126. $F_R = 427$ lb, $\bar{y} = 1.71$ ft, $\bar{x} = 0$
9-127. $F_B = 29.4$ kN, $F_A = 235$ kN
9-129. $F = 102$ kN
9-130. $F_{R_v} = 196$ lb, $F_{R_h} = 125$ lb

Capítulo 10

10-1. $I_x = \dfrac{ab^3}{3(3n + 1)}$
10-2. $I_y = \dfrac{a^3b}{n + 3}$
10-3. $I_x = 457(10^6)$ mm^4
10-5. $I_x = 0.133$ m^4
10-6. $I_y = 0.286$ m^4
10-7. $I_x = 0.267$ m^4
10-9. $I_x = 23.8$ ft^4
10-10. $I_x = \dfrac{2}{15}bh^3$
10-11. $I_x = 614$ m^4
10-13. $I_x = \dfrac{\pi}{8}$ m^4
10-14. $I_y = \dfrac{\pi}{2}$ m^4

10-15. $I_x = 205 \text{ in}^4$
10-17. $I_x = \frac{1}{30}bh^3$
10-18. $I_y = \frac{b^3h}{6}$
10-19. $I_x = 0.267 \text{ m}^4$
10-21. $I_x = 0.8 \text{ m}^4$
10-22. $I_y = 0.571 \text{ m}^4$
10-23. $I_x = \frac{3ab^3}{35}$
10-25. $I_x = 209 \text{ in}^4$
10-26. $I_y = 533 \text{ in}^4$
10-27. $A = 14.0(10^3) \text{ mm}^2$
10-29. $\bar{y} = 52.5 \text{ mm}$, $I_{x'} = 16.6(10^6) \text{ mm}^4$, $I_{y'} = 5.725(10^6) \text{ mm}^4$
10-30. $I_x = 182 \text{ in}^4$
10-31. $I_y = 966 \text{ in}^4$
10-33. $I_y = 2.03(10^9) \text{ mm}^4$
10-34. $I_y = 115(10^6) \text{ mm}^4$
10-35. $\bar{y} = 207 \text{ mm}$, $\bar{I}_{x'} = 222(10^6) \text{ mm}^4$
10-37. $I_y = 90.2(10^6) \text{ mm}^4$
10-38. $I_x = 1971 \text{ in}^4$
10-39. $I_y = 2376 \text{ in}^4$
10-41. $I_y = 341 \text{ in}^4$
10-42. $I_x = 154(10^6) \text{ mm}^4$
10-43. $I_y = 91.3(10^6) \text{ mm}^4$
10-45. $\bar{x} = 61.6 \text{ mm}$, $\bar{I}_{y'} = 41.2(10^6) \text{ mm}^4$
10-46. $I_x = 1845 \text{ in}^4$
10-47. $I_y = 522 \text{ in}^4$
10-49. $I_{y'} = \frac{ab \operatorname{sen} \theta}{12}(b^2 + a^2 \cos^2 \theta)$
10-50. $\bar{y} = 0.181 \text{ m}$, $\bar{I}_{x'} = 4.23(10^{-3}) \text{ m}^4$
10-51. $\bar{I}_{x'} = 520(10^6) \text{ mm}^4$
10-53. $I_y = 365 \text{ in}^4$
10-54. $I_{xy} = \frac{1}{3}tl^3 \operatorname{sen} 2\theta$
10-55. $I_{xy} = 5.06 \text{ in}^4$
10-57. $I_{xy} = 10.7 \text{ m}^4$, $\bar{I}_{x'y'} = 1.07 \text{ m}^4$
10-58. $I_{xy} = \frac{1}{6}a^2b^2$
10-59. $I_{xy} = \frac{a^4}{280}$
10-61. $I_{xy} = 0.667 \text{ in}^4$
10-62. $I_{xy} = 97.8 \text{ in}^4$
10-63. $I_u = 15.75 \text{ in}^4$, $I_u = 25.75 \text{ in}^4$
10-65. $I_{xy} = 119 \text{ in}^4$
10-66. $I_{xy} = 98.4(10^6) \text{ mm}^4$
10-67. $\bar{x} = \bar{y} = 44.1 \text{ mm}$, $I_{x'y'} = -6.26(10^6) \text{ mm}^4$
10-69. $I_u = 3.47(10^3) \text{ in}^4$, $I_v = 3.47(10^3) \text{ in}^4$, $I_{uv} = 2.05(10^3) \text{ in}^4$
10-70. $I_u = 1.28(10^6) \text{ mm}^4$, $I_v = 3.31(10^6) \text{ mm}^4$, $I_{uv} = -1.75(10^6) \text{ mm}^4$
10-71. $I_u = 1.28(10^6) \text{ mm}^4$, $I_{uv} = -1.75(10^6) \text{ mm}^4$, $I_v = 3.31(10^6) \text{ mm}^4$
10-73. $I_{\text{máx}} = 1219 \text{ in}^4$, $I_{\text{mín}} = 36.3 \text{ in}^4$, $(\theta_p)_2 = 19.0°$ ↺, $(\theta_p)_1 = 71.0°$ ↻
10-74. $I_{\text{máx}} = 17.4(10^6) \text{ mm}^4$, $I_{\text{mín}} = 1.84(10^6) \text{ mm}^4$ $(\theta_p)_1 = 60.0°$, $(\theta_p)_2 = -30.0°$
10-75. $I_{\text{máx}} = 17.4(10^6) \text{ mm}^4$, $I_{\text{mín}} = 1.84(10^6) \text{ mm}^4$, $(\theta_p)_2 = 30.0°$ ↺, $(\theta_p)_1 = 60.0°$ ↺
10-77. $I_{\text{máx}} = 250 \text{ in}^4$, $I_{\text{mín}} = 20.4 \text{ in}^4$, $(\theta_p)_2 = 22.5°$ ↺ $(\theta_p)_1 = 67.5°$ ↻
10-78. $\theta = 6.08°$, $I_{\text{máx}} = 1.74(10^3) \text{ in}^4$, $I_{\text{mín}} = 435 \text{ in}^4$
10-79. $\theta = 6.08°$, $I_{\text{máx}} = 1.74(10^3) \text{ in}^4$, $I_{\text{mín}} = 435 \text{ in}^4$
10-81. $I_u = 11.8(10^6) \text{ mm}^4$, $I_{uv} = -5.09(10^6) \text{ mm}^4$, $I_v = 5.90(10^6) \text{ mm}^4$
10-82. $\theta_{p1} = -31.4°$, $\theta_{p2} = 58.6°$, $I_{\text{máx}} = 309 \text{ in}^4$, $I_{\text{mín}} = 42.1 \text{ in}^4$
10-83. $I_{\text{máx}} = 309 \text{ in}^4$, $I_{\text{mín}} = 42.1 \text{ in}^4$, $\theta_{p1} = -31.4°$, $\theta_{p2} = 58.6°$
10-85. $I_x = \frac{2}{5}mb^2$
10-86. $k_x = 57.7 \text{ mm}$
10-87. $I_x = \frac{1}{3}ma^2$
10-89. $I_x = \frac{2}{5}mb^2$
10-90. $k_x = \sqrt{\frac{n+2}{2(n+4)}}h$
10-91. $I_y = 2.25 \text{ slug} \cdot \text{ft}^2$
10-93. $I_x = \frac{3}{10}mr^2$
10-94. $I_y = 1.71(10^3) \text{ kg} \cdot \text{m}^2$
10-95. $I_A = 0.0453 \text{ kg} \cdot \text{m}^2$
10-97. $I_z = 1.53 \text{ kg} \cdot \text{m}^2$
10-98. $\bar{y} = 1.78 \text{ m}$, $I_G = 4.45 \text{ kg} \cdot \text{m}^2$
10-99. $I_O = 0.276 \text{ kg} \cdot \text{m}^2$
10-101. $I_A = 222 \text{ slug} \cdot \text{ft}^2$
10-102. $I_z = 29.4 \text{ kg} \cdot \text{m}^2$
10-103. $I_O = \frac{1}{2}ma^2$
10-105. $I_z = 0.113 \text{ kg} \cdot \text{m}^2$
10-106. $I_G = 118 \text{ slug} \cdot \text{ft}^2$
10-107. $I_O = 282 \text{ slug} \cdot \text{ft}^2$
10-109. $I_z = 34.2 \text{ kg} \cdot \text{m}^2$

Capítulo 11

11-1. $F_{AC} = 7.32 \text{ lb}$
11-2. $F = 2P \cot \theta$
11-3. $F_S = 15 \text{ lb}$
11-5. $F = 369 \text{ N}$

11-7. $M = 52.0 \text{ lb} \cdot \text{ft}$
11-9. $\theta = 16.6°, \theta = 35.8°$
11-10. $P = \dfrac{W}{2} \cot \theta$
11-11. $\theta = 23.8°, \theta = 72.3°$
11-13. $\theta = 90°, \theta = 36.1°$
11-14. $k = 166 \text{ N/m}$
11-15. $F = \dfrac{M}{2a \text{ sen } \theta}$
11-17. $M = 13.1 \text{ N} \cdot \text{m}$
11-18. $\theta = 41.2°$
11-19. $k = 9.88 \text{ kN/m}$
11-21. $F = \dfrac{500\sqrt{0.04 \cos^2 \theta + 0.6}}{(0.2 \cos \theta + \sqrt{0.04 \cos^2 \theta + 0.6}) \text{ sen } \theta}$
11-22. $\theta = 9.21°$
11-23. $W_G = 2.5 \text{ lb}$
11-25. $F = \dfrac{W(a + b - d \tan\theta)}{ac} \sqrt{a^2 + c^2 + 2ac \text{ sen } \theta}$
11-26. $x = -0.5$ ft inestable, $x = 0.833$ ft estable
11-27. Inestable en $\theta = 34.6°$, estable en $\theta = 145°$
11-29. $\theta = 38.7°$ inestable, $\theta = 90°$ estable, $\theta = 141°$ inestable
11-30. $x = -0.424$ ft inestable, $x = 0.590$ ft estable
11-31. $\theta = 20.2°$, estable
11-33. Equilibrio inestable en $\theta = 90°$
Equilibrio estable en $\theta = 49.0°$
11-34. Equilibrio inestable en $\theta = 0°$
Equilibrio estable en $\theta = 72.9°$
11-35. $k = 2.81 \text{ lb/ft}$
11-37. Equilibrio estable en $\theta = 51.2°$
Equilibrio inestable en $\theta = 4.71°$
11-38. $k = 157 \text{ N/m}$
Equilibrio estable en $\theta = 60°$
11-39. $W = \dfrac{8k}{3L}$
11-41. Equilibrio estable en $\theta = 24.6°$
11-42. $\phi = 17.4°, \theta = 9.18°$
11-43. Equilibrio inestable en $\theta = 23.2°$
11-45. $\theta = 0°, \theta = 33.0°$
11-46. $m = 5.29 \text{ kg}$
11-49. $\theta = 0°, \theta = \cos^{-1}\left(\dfrac{d}{4a}\right)$

Índice

Propiedades geométricas de elementos lineales y de área

Ubicación del centroide	Ubicación del centroide	Momento de inercia de área

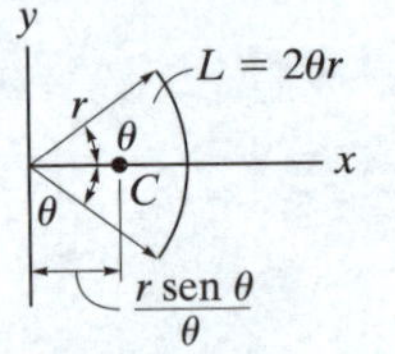

Segmento de arco circular

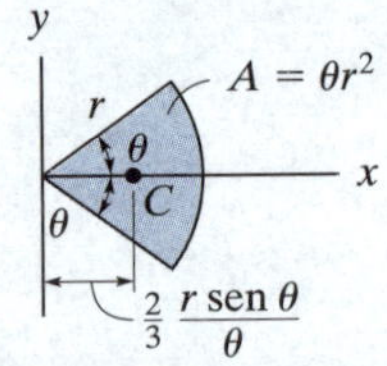

Área de un sector circular

$$I_x = \frac{1}{4} r^4 \left(\theta - \frac{1}{2} \operatorname{sen} 2\theta\right)$$

$$I_y = \frac{1}{4} r^4 \left(\theta + \frac{1}{2} \operatorname{sen} 2\theta\right)$$

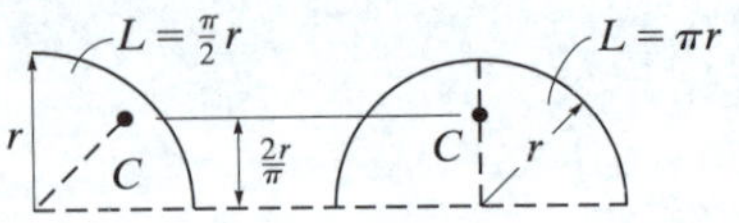

Arcos de un cuarto de círculo y semicircular

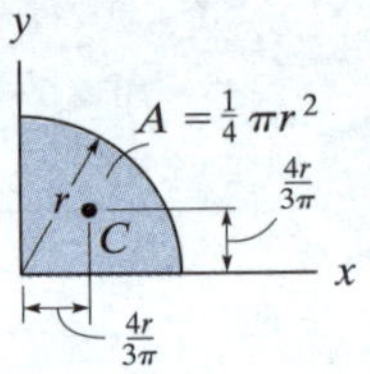

Área de un cuarto de círculo

$$I_x = \frac{1}{16} \pi r^4$$

$$I_y = \frac{1}{16} \pi r^4$$

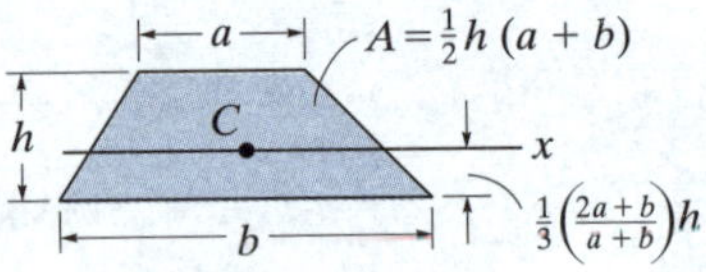

Área trapezoidal

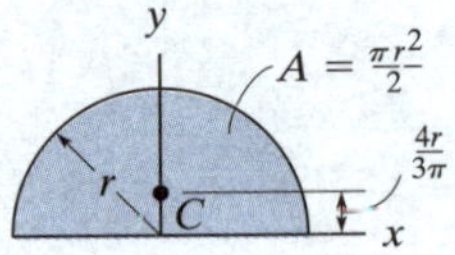

Área semicircular

$$I_x = \frac{1}{8} \pi r^4$$

$$I_y = \frac{1}{8} \pi r^4$$

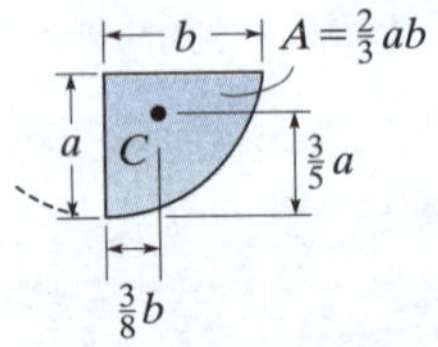

Área semiparabólica

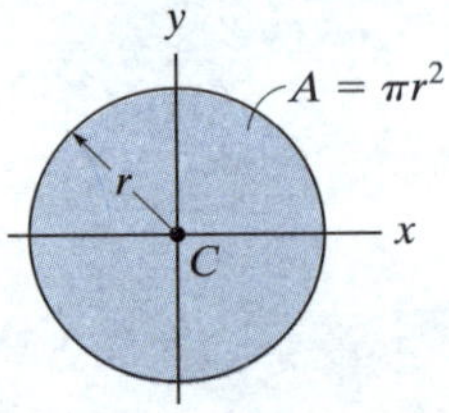

Área circular

$$I_x = \frac{1}{4} \pi r^4$$

$$I_y = \frac{1}{4} \pi r^4$$

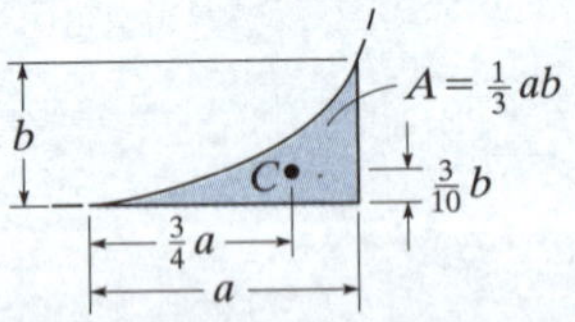

Área exparabólica

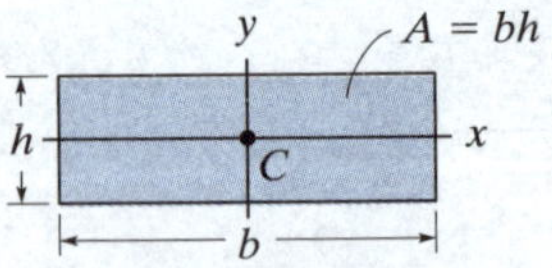

Área rectangular

$$I_x = \frac{1}{12} bh^3$$

$$I_y = \frac{1}{12} hb^3$$

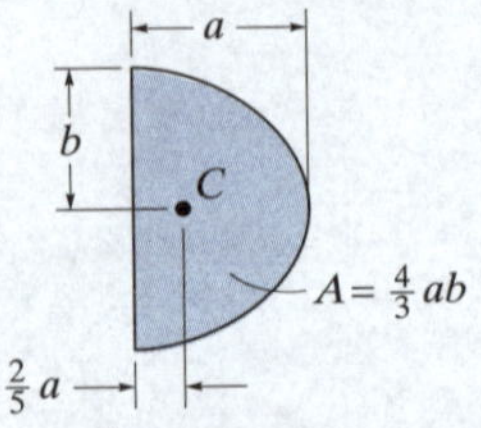

Área parabólica

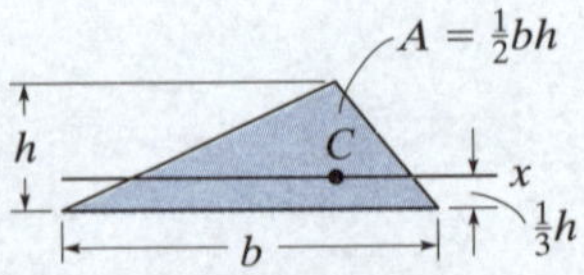

Área triangular

$$I_x = \frac{1}{36} bh^3$$